国家科学技术学术著作出版基金资助出版

构造岩相学理论与铁铜多金属矿床找矿预测应用

方维萱　李天成　贾润幸　杜玉龙　鲁　佳　王寿成等　著

本书谨献给
有色金属矿产地质调查中心
成立20周年

科学出版社
北　京

内 容 简 介

本书通过系统的构造岩相学和地球化学岩相学解析研究，对我国塔里木叠合盆地西部盆山原镶嵌区和北部盆山镶嵌构造带中-新生代陆内挤压伸展转换盆地、秦岭造山带内柞山-商丹泥盆纪拉分盆地、云南东川中元古代陆缘裂谷盆地，玻利维亚盆山原镶嵌区图披萨（Tupiza）中生代陆内裂谷盆地，智利中生代主岛弧带、弧前盆地、弧间盆地和弧后盆地等弧相关盆地系统，以及相关铜铁金多金属矿床等提出系列新认识。从沉积盆地成盆期、盆地构造变形期、盆内岩浆叠加期、盆地表生变化期四期垂向大地构造岩相学结构序列和成岩相系，对砂砾岩型铜铅锌-天青石-煤成矿系统、铁氧化物铜金型（IOCG）成矿系统和热水沉积型银铜铅锌-重晶石成矿系统进行了深入研究。

本书可供从事造山带与沉积盆地、盆山原耦合转换、金属矿产、金属矿产-煤-铀-油气资源同盆共存富集成矿成藏研究的科研人员和高校相关专业师生参考。

图书在版编目(CIP)数据

构造岩相学理论与铁铜多金属矿床找矿预测应用/方维萱等著. —北京：科学出版社，2021. 7

ISBN 978-7-03-067286-5

Ⅰ. ①构…　Ⅱ. ①方…　Ⅲ. ①铁矿床-多金属矿床-找矿-预测-研究②铜矿床-多金属矿床-找矿-预测-研究　Ⅳ. ①P618. 31②P618. 41

中国版本图书馆 CIP 数据核字（2020）第 252916 号

责任编辑：王　运　李　静 / 责任校对：王　瑞

责任印制：肖　兴 / 封面设计：北京图阅盛世

科学出版社 出版

北京东黄城根北街 16 号

邮政编码：100717

http://www.sciencep.com

三河市春园印刷有限公司 印刷

科学出版社发行　各地新华书店经销

*

2021 年 7 月第　一　版　开本：787×1092　1/16

2021 年 7 月第一次印刷　印张：34

字数：806 000

定价：418. 00 元

（如有印装质量问题，我社负责调换）

本书作者名单

方维萱　李天成　贾润幸　杜玉龙

鲁　佳　王寿成　郭玉乾　王同荣

王　磊　李建旭

序　一

构造岩相学是地球科学的一个重要分支，重点研究沉积盆地形成演化、盆内构造-岩相-岩浆-热事件和资源环境效应，它与经济社会发展密切相关，也是新时期地球科学研究的热点。方维萱研究员团队以问题为导向，从矿产地质学角度研究盆山原耦合区带内盆地系统形成演化与生态环境资源效应的内在关系，创新构造岩相学理论，研发新技术系列，这对找矿预测研究和生态环境资源保护均有重要意义。

该团队立足于矿产资源的科学开发，对我国塔里木盆地西部和北部中-新生代陆内挤压伸展转换盆地、秦岭造山带内柞水-商丹泥盆纪拉分盆地、云南东川中元古代陆缘裂谷盆地以及国外玻利维亚 Tupiza 中生代陆内裂谷盆地等典型盆地进行系统研究，提出了沉积盆地的成盆期、构造变形期、盆内岩浆叠加期、盆地表生变化期等四期垂向大地构造岩相学结构序列和成岩相系，创新性地提出盆地系统内部在时间序列上“异时源、同相位、多期次叠加成矿”，在空间关系上，成岩成矿机理为“多向物源、同向聚集、异时叠加、同位富集”。还以构造岩相学和地球化学岩相学相结合解析揭示了“源—运—聚—成”和“变—叠—表—耦”演化过程，总结概括相当精辟。

以上述理论为基础，建立了“矿山井巷工程立体构造岩相学解析与找矿预测”“地球化学岩相学解剖与建模”“地球物理探测深部构造岩相学填图”等原创性方法技术，还提出“热水沉积盆地构造岩相学解析方法”“热液角砾岩构造系统”“岩浆侵入构造系统”“深部隐蔽构造与综合识别圈定方法”等作为创新性专题填图理论与方法技术组合。

以上提出的理论与方法技术在找矿预测、战略性勘查选区和矿业权快速评价等方面发挥了重要作用，取得大量创新成果，例如，对东川 IOCG 型铜金多金属矿床和塔西砂砾岩型铜铅锌矿床的成矿系统建模和相关研究，促进了区域矿产资源开发和生态环境保护。

《构造岩相学理论与铁铜多金属矿床找矿预测应用》一书是方维萱研究员从业以来矿产勘查研究实践的系统总结、提炼和升华，是一部富有特色的地学创新著述，其研究思路、方法和成果，对从事矿产勘查实践、教学、研究的地质科技人员具有重要的启示和参考价值。

我衷心祝贺这一专著的问世，期望它能推广构造岩相学并促进其在找矿预测中的应用、发展和创新，为提高地球科学理论水平和更好地指导矿产勘查实践做出应有贡献。

中国科学院院士 翟裕生

2021 年 7 月

序　二

沉积盆地和造山带与金属成矿、金属矿床深地预测评价和高效勘查，是地学界和勘查界关注的热点和难点，特别是金属矿山深部和外围新矿床类型、新矿种、新矿体的预测和勘查发现始终是矿业界追求的核心目标，也是长期困扰矿业界的科学和技术难题。

方维萱研究员和他带领的科研技术团队，通过长期的科学研究、国内外勘查地勘查实践以及金属矿山深部和外围深地资源预测和验证成果，创立了构造岩相学填图新理论和找矿预测技术系列、地球化学岩相学新理论和预测技术系列，完成了构造岩相学理论创新并建立了综合方法技术研发体系。《构造岩相学理论与铁铜多金属矿床找矿预测应用》一书将创新性理论研究、找矿预测技术研发和矿产勘查示范实践应用紧密有机结合起来，通过系统的构造岩相学和地球化学岩相学解析研究，对我国塔里木叠合盆地西部盆山原镶嵌区和北部盆山镶嵌构造带中-新生代陆内挤压伸展转换盆地、秦岭造山带内柞山-商丹泥盆纪拉分盆地、云南东川中元古代陆缘裂谷盆地，国外玻利维亚盆山原镶嵌区 Tupiza 中生代陆内裂谷盆地，智利中生代主岛弧带、弧前盆地、弧间盆地和弧后盆地等弧相关盆地系统，以及相关铜铁金多金属矿床等进行系统解剖。从沉积盆地成盆期、盆地构造变形期、盆内岩浆叠加期、盆地表生变化期四期垂向大地构造岩相学结构序列和成岩相系，对砂砾岩型铜铅锌-天青石-煤成矿系统、铁氧化物铜金型（IOCG）成矿系统和热水沉积型银铜铅锌-重晶石成矿系统进行了深入研究。对我国塔里木盆地砂砾岩型铜铅锌矿床、秦岭铜银多金属矿床、东川铜铁金多金属矿床，以及国外玻利维亚砂砾岩型铜矿床、智利 IOCG 型铜金矿床采用构造事件、盆-山转换、构造岩浆叠加、盆地酸碱性成岩相系、氧化还原成岩相系等综合分析方法，对成矿进行亚系统划分并阐述了亚系统间的内在联系，在注重基础性和创新性研究的同时，注重构造岩相学填图、地球化学岩相学、地球物理深部物性填图的综合研究和综合分析，预测成果在验证工程取得找矿新发现的基础上，对上述矿集区和矿床类型的预测要素和标志进行了系统总结，创建的找矿预测方法技术和成矿相体识别技术具有原创性，提出的云南东川小溜口岩组顶面不整合面型铜钴金矿体具有独创性新认识。在我国塔西北、陕西秦岭和云南东川，以及国外玻利维亚、智利等勘查区和金属矿山构造岩相学研究基础上，阐述了应用构造岩相学填图创新理论、找矿预测新方法技术系列、成矿相体和储矿相体识别技术的显著的找矿预测效果，对开展进一步的找矿预测研究具有重要的理论价值和实际意义。

该书汇聚了作者多年来理论探索和大量野外亲身实践研究的成果，书中丰富的图件和数据均基于作者工作过的勘查区和金属矿山的野外调查研究和构造岩相学填图的实测资料，可以科学并形象地向读者展示找矿预测工作中的科学和关键问题的认识和解释，对金属矿产深地资源预测评价和高效勘查具有极其宝贵的参考价值。

该书可供从事造山带与沉积盆地、盆山原耦合转换、金属矿产、金属矿产–煤–铀–油气资源同盆共存富集成矿成藏研究的科研人员和高校相关专业的师生参考。

中国科学院院士　[signature]

2021 年 6 月

前　言

大陆内部盆山原镶嵌构造区由陆内盆地、造山带、高原、非构造平原（侵蚀平原和冲积平原）等构造-地貌区组成，与生态环境资源和人类社会关系密切。陆内盆地与生态环境资源垂向四期构造岩相学结构序列为：①成盆期。初始成盆期、主成盆期和盆地构造反转期具有不同的盆内同生构造样式，发育同生构造-热事件和埋深压实成岩相系。②盆地构造变形期。陆内盆地在卷入造山带或构造高原过程中，形成了盆地构造变形序列、变形构造样式和构造组合、变形构造-热事件与构造成岩相系。③盆内岩浆叠加期。陆缘裂谷盆地、弧后（裂谷）盆地、陆内盆地等在卷入造山带过程中，经历了盆内岩浆叠加期，形成了盆内岩浆叠加成岩相系。岩浆侵入构造系统可导致沉积盆地在局部地段形成变质作用和构造岩相重建，形成复杂储矿相体。④盆地表生变化期。陆内盆地经历了构造抬升、掀斜变形和剥蚀作用等新构造运动，与不同景观生态环境和人类活动具有强烈耦合作用，如在干旱蒸发、大气降水和浅部地下水活跃区，形成了表生成岩相系。构造岩相学综合调查和研究，有助于解析研究这些不同的构造岩相学事件序列、构造岩相样式与组合，深入揭示陆内盆地形成演化规律与生态环境资源效应的内在关系。建立盆内构造-岩浆-热事件探测识别技术，进行生态环境资源的深地探测和建模预测，为构造岩相学理论创新和技术研发的驱动因素。本书对我国塔里木叠合盆地西部和北部中-新生代沉积盆地与砂砾岩型铜铅锌矿床、秦岭造山带陕西柞水-山阳（以下简称“柞山”）晚古生代陆缘拉分断陷盆地与热水沉积-改造型（SEDEX 型）铜银多金属矿床、云南东川元古宙陆缘裂谷盆地与铁氧化物铜金型（IOCG 型）和火山热水沉积-改造型（SSC 型）铜银矿床，智利活动大陆边缘中生代主岛弧带与 IOCG 型铜金矿床、玻利维亚构造高原内中生代弧后裂谷盆地与砂砾岩型（SSC 型）铜银矿床等进行了研究。根据复杂储矿相体五维拓扑结构解析和探测、复杂成矿系统叠加成矿作用、构造岩相学建模预测和演化过程等多学科综合探测和解析研究认为：在沉积盆地形成演化与后期构造变形、盆内岩浆叠加期和盆地表生变化过程中，构造岩相成相和金属矿产超常富集成矿机制为“异时源、同向位、多期次叠加成矿”。在盆山原镶嵌构造区内从成矿物质的蚀源岩区到搬运路径，从盆山耦合转换到盆地源汇系统，从盆地构造变形到盆山原转换过程，从盆内岩浆叠加期和盆地表生变化期，到盆地深部地质作用和表生作用的多重耦合结构与过程中，盆地内金属成矿超常富集机理为“多向物源、同向聚集、异时叠加、同位富集”。盆地内成矿相系与金属储矿相体，在构造岩相学和地球化学岩相学特征上记录了“源—运—聚—成”和“变—叠—表—耦”演化过程信息，因此，储矿构造岩相体作为成矿系统物质组成，是矿集区内深地探测和预测的目标物。

从多学科协同研究出发，对沉积盆地形成演化、盆内构造-岩浆-热事件和资源环境进行研究，需要将造山带-沉积盆地-构造高原与资源环境耦合转换紧密结合起来，进行多学科协同研究和融合创新。我们先后在国内的秦岭晚古生代沉积盆地、热水沉积-改造型铅锌矿床和卡林型-类卡林型金矿床，贵州热水沉积型重晶石矿床，云南墨江晚古生代有限洋盆、三叠纪前陆盆地和金镍矿床，云南个旧三叠纪弧后裂谷盆地和卡房-老厂矿田锡铜钨铯铷多金属矿田，云南中元古代陆缘裂谷盆地和东川铁铜金矿床（SSC 型铜矿床和 IOCG 型铜金钴稀土矿床），以及国外的智利中生代火山岛弧带、弧后盆地、弧内盆地、弧前盆地和 IOCG 型铜金矿床等，进行大比例尺构造岩相学填图和找矿预测、地球化学岩相学解剖和预测建模。经过对创新技术应用推广，取得了找矿突破。在智利、玻利维亚、老挝等境外矿产勘查项目中，持续进行创新技术示范推广应用，有针对性地开展深度研发，促进技术重现性的持续增长，技术成熟度不断提升。在构造岩相学理论和找矿技术方面具有以下优势。

（1）大比例尺构造岩相学填图理论和找矿预测方法系列技术为自主创新，具有原创性和独创性，示范应用效果显著。① 开发了矿山井巷工程立体构造岩相学解析与找矿预测新技术、地球化学岩相学解剖与建模预测技术、地球物理探测与深部构造岩相学填图技术。② 独创性专题填图理论与找矿预测技术包括热水沉积盆地构造岩相学解析方法，热液角砾岩构造系统与构造岩相学填图和找矿预测方法，岩浆侵入构造系统构造岩相学填图和找矿预测方法，深部隐蔽构造与综合识别圈定方法，以及成岩成矿系统时间-空间-物质结构与构造岩相学和地球化学岩相学解析方法。③ 在原创性理论指导下，创建了大比例尺构造岩相学示矿信息提取新方法和找矿预测，大比例尺地球化学岩相学示矿信息提取新方法和找矿预测，实现了以自主创新技术为主的总体技术突破。④ 针对砂砾岩型铜铅锌矿床、IOCG 型铜金矿床和钨铯铷多金属矿床等深部找矿预测、境外战略性勘查选区和矿业权区快速评价关键技术难题进行研发，自主创立了构造岩相学填图理论体系和地球化学岩相学预测评价系统，分别在我国云南东川铁铜矿床、海南儋州丰收钨铯铷矿床和新疆萨热克砂砾岩型铜多金属矿床，智利月亮山铁铜金矿床等进行示范推广应用，取得显著效果。

（2）与国内外先进技术相比，总体技术水平达到同类技术的领先水平。一是构造岩相学填图理论、地球化学岩相学填图理论等，以多学科协同研究和融合创新为总体思想，创新技术具有层级系列和层级穿透性。依据地球科学复杂性理论，制订了构造岩相学填图工作流程，运用于战略选区及目标靶区研究、预查—普查—详查—勘探等各矿产勘查阶段与找矿预测，提高了找矿预测效果和矿产勘查的成功率。二是将大比例尺地球化学岩相学填图理论和找矿预测技术、构造岩相学填图理论和找矿预测技术应用于矿山生产勘探→矿山生产流程跟踪研究→尾矿资源评价→残采回收区综合找矿评价→矿山生态环境调查评价与修复等矿山地质各阶段工作，为主矿产、共伴生矿产和有害杂质元素的综合评价提供了支撑体系。三是在矿山生态环境调查和修复等方面具有开拓性，对陕西省富硒黑色岩系区石煤矿区、超基性岩区镁砂矿区和硒中毒区，云南东川铁铜矿床和个旧锡铜多金属矿山等，进行生态环境和尾矿可利用性研究。对新疆萨热克砂砾岩型铜多金属矿山、乌拉根砂砾岩型铅锌矿山、帕卡布拉克天青石矿山、康苏-前进-岳普湖煤矿山等开展综合调查评价，提出区域社会-生态环境-资源协调发展相关建议。

（3）在自创的大比例尺构造岩相学和地球化学岩相学理论模型等支撑下，实现了技术创新。首先，以构造岩相学填图技术和矿物地球化学岩相学填图研发为核心，依据大比例尺构造岩相学原创性的填图理论体系，创建的关键核心技术具有普适性：①实测勘探线构造岩相学剖面图、相体分布规律、相体结构模式和储矿相体类型的解析技术；②实测纵向构造岩相学剖面图、相体分布规律、相体结构模式和储矿相体类型的解析技术；③矿体顶板等高线变化规律和控矿规律研究分析技术；④矿化体底板等高线变化规律和控矿规律研究分析技术；⑤含矿层厚度等值线变化规律和控矿规律研究技术；⑥矿体厚度等值线变化规律研究和控矿规律分析技术；⑦铜矿化强度等值线变化规律和控矿规律研究分析技术；⑧成矿强度等值线变化规律研究和控矿规律分析技术；⑨隐伏基底顶面等高线变化规律与古隆起和古构造洼地控矿规律研究分析技术。其次，依据所创立的地球化学岩相学理论，按照流体地球化学动力学-岩石组合系列，将地球化学岩相学相系类型划分为氧化-还原相（FOR）、酸碱相（FEh-pH）、盐度相（FS）、温度相（FT）、压力相（FP）、化学位相（FC）、不等化学位相和不等时不等化学位相 8 种不同的相系类型，创建相应的地球化学岩相学识别新技术。最后，依据原创的构造岩相学理论，创建热水沉积岩相系、成岩相系、火山热水沉积岩相系、碎裂岩化相系、糜棱岩化相系和沥青化蚀变相系等构造岩相学相系结构模型和地球化学岩相学识别新技术。对沉积岩型铜铅锌矿床、IOCG 型铜金矿床、夕卡岩型锡铜多金属矿床、火山热水沉积-岩浆热液叠加型铜锡钨-铯铷矿床等，进行构造岩相学类型和地球化学岩相学识别和填图，取得良好的应用效果和找矿突破。

（4）技术重现性好，技术成熟度高。已实施规模化应用证实技术稳定性好，成果的转化程度高，实现了集成创新和持续深度研发。通过在我国云南东川铜铁金矿集区、海南儋州丰收钨铯铷矿床、塔西砂砾岩型铜铅锌矿床，智利月亮山铁铜矿床，玻利维亚图披萨（Tupiza）和古布利达（Cuprita）铜矿床等国内外勘查项目和生产矿山示范应用，取得了良好的示范推广应用效果和找矿突破，在圈定隐蔽成矿构造岩相体空间几何形态、新矿体和新矿种的发现等方面具有显著功能。包括如下 9 个方面：①沉积盆地和构造岩相学类型划分的地球化学岩相学识别技术和构造岩相学识别技术；②IOCG 型铜金成岩成矿系统的远端相、成矿流体通道相、中心相和根部相，多期次叠加相系列的构造岩相学-地球化学岩相学识别技术；③热液角砾岩构造系统和构造岩相学填图单元确定方法与找矿预测；④岩浆侵入构造系统和构造岩相学填图单元确定方法与找矿预测；⑤地球化学岩相学类型确定方法、识别技术与找矿预测；⑥基于 AMT 深部地球物理构造岩相学探测和隐蔽构造岩相填图，恢复沉积盆地的基底顶面形态，圈定隐伏找矿靶区，进行工程验证修改完善技术，提高了隐伏矿体的预测能力；⑦依据创建的云南东川“九层立交地铁式”铜铁-金红石-铜钴金银成矿系统时间-空间-物质结构模式、成矿系统深部结构和根部相模式，建立了相应的构造岩相学、地球化学岩相学和地球物理探测等综合识别技术；⑧建立了塔西中-新生代砂砾岩型铜铅锌成矿系统物质-时间-空间结构模型，划分出燕山期（J_{2+3}-K_1）铜多金属-煤（铀）成矿亚系统、燕山晚期—喜马拉雅早期（K_2-E）铅锌-天青石-铀成矿亚系统、喜马拉雅晚期（N_{1-2}）铜铀成矿亚系统三个成矿亚系统；⑨系统揭示了砂砾岩型铜矿床和铅锌矿床成矿系统的时-空结构与子系统组成，包括“源、生、气-卤-烃、运-聚-时、耦、存、叠、表”8个成岩成矿要素和成矿系统内部结构，创建了成岩成矿要素识别技术，提出了构造-热事件和构造-岩浆-热事件生排烃作用与金属成矿新认识。

（5）促进行业技术进步和提高矿山企业的竞争力。大比例尺构造岩相学原创性理论和技术创新，显著地推动了行业科技进步和提高了市场竞争能力，市场需求度高，具有国际市场竞争优势。①新增东川铜铁矿山资源储量，延长了云南金沙矿业股份有限公司下属因民矿区、滥泥坪矿区和汤丹矿区的服务年限，新发现了铜钴金、稀土和金红石等新类型的新矿种，拓展了找矿新空间。②在云南金沙矿业股份有限公司、云南金水矿业有限责任公司等下属矿山，进行新技术示范推广应用和找矿预测，创建了产学研合作新范式，取得显著找矿突破，提高了企业和相关行业竞争能力。③在构造岩相学-地球化学岩相学理论创新、新技术研发和示范推广过程中，探索出了多学科集成研究、协同创新和融合解释、工程验证和完善修改提升的新路径，推动和实现了行业技术跨越和技术进步。④相关技术在智利、玻利维亚、苏里南、老挝、墨西哥等国家的矿产勘查项目中，进行了深度研发和示范应用，具有显著的国际竞争优势。⑤先后在中国矿业联合会培训班和“第五届全国矿田构造与深部找矿预测”会前培训班进行技术培训和科普推广，取得良好效果。⑥探索建立了砂砾岩型铜铅锌矿床的找矿预测集成方法技术体系和找矿预测指标体系、覆盖层下IOCG矿床和铁铜矿床深部隐伏矿体找矿技术，在新疆萨热克、乌拉根和喀炼铁厂，云南东川铜铁金矿集区，海南儋州丰收钨铯铷多金属矿区等示范应用取得显著找矿效果。发现和探明了中大型铁铜矿床五处，为矿山企业提交了后备资源，推广示范应用成果对行业中找矿预测系列技术难题的攻破具有促进作用。⑦为我国同行业开展境外资源勘查提供了经验，对创新技术传播和进一步应用奠定了良好的基础，取得了十分显著的经济、社会和生态效益。

在对我国云南东川铁铜矿床、新疆萨热克铜多金属矿床，智利科皮亚波-GV地区铁铜金矿床，玻利维亚图披萨（Tupiza）铜银矿床等深度研发和工程验证取得新发现基础上，经样品分析测试和室内系统研究，完成了本书撰写和修改。本书由方维萱执笔撰写，参加编写人员有李天成、鲁佳、杜玉龙、贾润幸、王寿成、郭玉乾、王磊、王同荣、李建旭。有色金属矿产地质调查中心矿山生态环境资源创新实验室参与了资料整理研究。

致　谢

本书是在国家公益性行业科研专项“塔西砂砾岩型铜铅锌矿床成矿系统、找矿预测技术集成与靶区圈定”（201511016-1），国家科技支撑计划项目“东川-易门铜矿山深部及外围勘查技术及示范研究”（2006BAB01B09），科技部转制科研院所技术开发研究专项（2014EG115019），中国地质调查局项目“新疆乌恰县萨热克地区铜多金属矿整装勘查区专项填图与技术应用示范”（12120114081501），国外矿产资源风险勘查专项“智利科皮亚波月亮山铁铜矿普查”，中战会（北京）矿业科技有限公司委托海外战略选区项目“玻利维亚 Tupiza、Cuprita 等铜矿区资源潜力评价”，全国危机矿山接替资源勘查专项“云南省昆明市东川区东川铜矿接替资源勘查”（200553026），云南金沙矿业股份有限公司委托项目“东川铜矿区因民铜矿基础地质工作、地质综合研究与找矿预测”、“金沙公司矿权范围内综合找矿研究”和“汤丹铜矿区靶区定位预测与增储研究”等，中国地质调查局项目“新疆乌恰县乌拉根-萨热克地区 1∶5 万资源环境综合调查”［DD20160001（121201001000150088）］共 9 类项目的系统集成性综合研究和专项深度研发基础上形成的理论成果。

本书研究成果得到了自然资源部、科技部和中国地质调查局等部门的支持，得到了国家公益性行业科研专项基金、中央地勘基金、国家科技支撑计划项目基金和有色金属矿产地质调查中心专著出版基金等的联合资助。本书撰写过程中得到了有色金属矿产地质调查中心、昆明理工大学、北京矿产地质研究院、云南金沙矿业股份有限公司、中色地科矿产勘查股份有限公司和中色地科（智利）矿产勘查有限责任公司、海南茂高矿业有限责任公司等单位和领导的大力支持，在此一并致以诚挚的谢意。在大比例尺构造岩相学填图技术前期建相解剖研究过程中，得到了西北有色地质勘查局、西北大学、中国科学院地球化学研究所、西北有色地质勘查局物化探总队等单位和领导的大力支持和帮助，得到了张国伟院士、翟裕生院士、肖文交院士、毛景文院士等的亲切关怀和帮助，得到了胡瑞忠研究员、刘家军教授、韩润生教授等的热情指导和帮助。部分研究得到了国家自然科学基金项目（41730426、41030423、41872160）、云南省矿产资源预测评价工程实验室（2010）、云南省地质过程与矿产资源创新团队（2012）和中战会（北京）矿业科技有限公司等的联合资助。

感谢国家科学技术学术著作出版基金的资助和科学出版社的支持。

谨以此书献给有色金属矿产地质调查中心成立 20 周年。

目　　录

第 1 章　构造岩相学理论的研究内容与方法论

1.1　构造岩相学填图技术与找矿预测理论基础

1.1.1　构造岩相学理论创新驱动因素

金属矿床的形成是一个复杂的地质作用过程，前人从地质背景、成矿过程和成矿系统等多方面进行了研究（翟裕生，1999，2004，2007；翟裕生等，2000；侯增谦等，2003；毛景文，2005；侯增谦，2010；Xiao et al.，2010；肖文交等，2019）。沉积盆地-造山带-构造高原与资源环境相互耦合作用是构造岩相学研究的主要内容之一，本书对我国塔里木叠合盆地西部和北部中-新生代沉积盆地与砂砾岩型铜铅锌矿床、秦岭造山带陕西柞水-山阳晚古生代陆缘拉分断陷盆地与热水沉积-改造型（SEDEX 型）铜银多金属矿床、云南东川元古宙陆缘裂谷盆地与铁氧化物铜金型（IOCG 型）和火山热水沉积-改造型铜银矿床，智利活动大陆边缘中生代主岛弧带与 IOCG 型铜金矿床，玻利维亚构造高原内中生代弧后裂谷盆地与砂砾岩型铜银矿床等进行研究。在沉积盆地-造山带-构造高原与资源环境-人类活动相互耦合效应的时间域序列上，沉积盆地和相关的资源环境形成演化，主体形成了四期一级垂向大地构造岩相学的结构序列。①沉积盆地成盆期：在初始成盆期、主成盆期和盆地构造反转期形成演化过程中，形成了不同的盆内同生构造样式和同生构造组合，发育不同类型的同生构造-热事件和埋深压实成岩相系。构造岩相学调查和研究有助于恢复和厘定这些不同构造岩相学事件序列、构造岩相样式和构造岩相组合，深入揭示沉积盆地形成演化规律与资源环境效应内在关系。②盆地构造变形期：在沉积盆地经过构造反转后或主岛弧带-弧后盆地经构造反转后卷入造山带过程中，沉积盆地经历了构造变形和构造改造，形成了盆地构造变形序列、变形构造岩相学样式和构造组合、构造变形-热事件和盆地改造成岩相系。对它们进行构造岩相学调查和研究，有助于恢复和厘定盆地构造岩相变形事件序列、变形构造岩相样式和变形构造岩相组合，深入揭示盆地变形事件序列结构与资源环境内在效应关系。③盆内岩浆叠加期：在陆缘裂谷盆地、弧后盆地、弧后裂谷盆地和卷入造山带内沉积盆地，多经历了较强烈的盆内岩浆叠加期，形成盆内岩浆叠加成岩相系，岩浆侵入构造系统可导致沉积盆地在局部地段形成构造岩相重建，形成复杂储矿相体。通过对盆内岩浆叠加成岩相系解析研究，建立盆内岩浆叠加期构造-岩浆-热事件识别标志和技术，进行建模预测，为成矿系统深部探测提供依据。盆内岩浆叠加成岩相系和构造-岩浆-热事件的构造岩相学识别技术和地球化学岩相识别技术研发，有助于识别和圈定隐伏构造-岩浆-热事件中心和成矿系统深部结构，为超大型金属矿床深部预测提供依据。

④盆地表生变化期：沉积盆地在陆内不同景观生态环境下，经历了构造抬升、掀斜变形和剥蚀作用等新构造运动作用，与不同景观生态环境和人类活动具有强烈相互耦合作用，如干旱蒸发、大气降水和浅部地下水较为活跃等，现今和地质历史时期在强烈表生作用下形成了表生成岩相系，如盆地抬升剥蚀、新构造运动与水圈相互作用下不但形成了盆地表生成岩相系和表生富集成矿作用；同时，强烈变化（如地震和泥石流等地质灾害事件）也给人类生存环境带来巨大影响。研究和揭示上述复杂地质过程和相互作用，成为构造岩相学理论创新的驱动因素。

面对实践需求，创新技术研发带动理论创新是新高效研究范式。在对我国陕西秦岭造山带内沉积盆地与金-铜铅锌多金属矿集区（方维萱，1999a，1999b，1999c，1999d，1999e，1999f，1999g；Fang，2017）、云南个旧锡铜钨铯铷多金属矿集区、云南墨江金镍矿床、贵州晴隆大厂锑萤石硫铁矿-金矿集区、东天山地区和滇黔桂地区卡林型金矿和重晶石矿床，以及智利月亮山-GV 地区 IOCG 型矿集区等深入研究的基础上（方维萱等，2000a，2000b，2000c，2000d，2001a，2001b，2001c，2001d，2001e，2001f，2002，2003，2004，2006，2018a；方维萱和胡瑞忠，2001；方维萱和郭玉乾，2009；方维萱和贾润幸，2011；方维萱和韩润生，2014；方维萱和李建旭，2014；方维萱和黄转盈，2019），进行构造岩相学创新技术研发，为实现理论创新奠定基础。

市场需求驱动是理论创新和技术创新的力量源泉。生产矿山深部和外围综合立体勘探和找矿预测是大比例尺构造岩相学创新研究的主要客体之一。在云南东川铁铜矿床深部找矿中应用推广，证明岩相学填图法对新类型铁铜矿和新矿种具有直接的预测功能（方维萱等，2009，2012，2013）。隐伏 IOCG 型矿床和 IOCG 型成矿系统探测与构造岩相学找矿预测具有广阔应用前景。震旦系与下伏中元古界东川群呈角度不整合接触，在这种基岩覆盖之下（埋深在 1000m 以上）的隐伏矿体找矿难度就更大，尤其是寻找东川稀矿山式含铜磁铁矿矿体，还是寻找新类型铁铜矿床就成为关键问题，两种不同找矿勘探思路和勘查对象，也严重制约了勘探工程设计布置与实施。因此，研发矿山深部立体构造岩相学填图技术是当前最为紧迫的应用理论和新技术方法。云南东川与全球元古宙 IOCG 型矿床赋矿层位（Hitzman et al.，1992；Haynes et al.，1995；Barton et al.，1996）类似，但成矿作用和地球动力学背景有差异（方维萱等，2009；方维萱和李建旭，2014）。因此重新认识扬子地块西南缘侵入岩与铁铜矿床关系，基于地球物理勘探进行深部地质填图，基于矿山深部井巷工程进行立体地质填图，开展生产矿山深部和外围深部找矿预测，具有广阔的应用前景。

境外 IOCG 型勘查选区技术创新和应用是我国矿业公司的急迫需求，境外矿产勘查选区与快速勘查评价是构造岩相学创新研究的主要任务之一。南美中生代 IOCG 型矿床成矿带位于太平洋东岸海岸山带，包括智利曼托贝尔德（Mantoverde）、曼托斯布兰科斯（Mantos Blancos）、坎德拉里亚-科皮亚波铜三角（Candelaria-Punta del Cobre）、仙多明格（Santo Domingo）和埃尔索达朵（El Soldado）等大型-超大型铁氧化物铜金型矿床（Marschik and Fontboté，2001a，2001b；Oyarzún et al.，2003；Sillitoe，2003），铜平均品位为 1.0%，铁矿为独立矿体，金、银、锌和钴等共生或伴生组分具有综合回收的工业价值。IOCG 型成矿带也是战略性勘查选区的主要对象，如何实现快速高效的预查和普查，也面临诸多的理论与技术难题。尤其是 IOCG 型矿床形成的大地构造岩相学和区域构造岩相学类型特征是什么？从 IOCG 型矿床和矿体赋存规律角度看，如何实现立体勘查，由航磁异常→地面高精度磁法勘探→构造岩相学综合方法探测→深部验证→建模外推预测→圈定深部钻探验证靶区和勘查靶位，更是关键技术难题。

有针对性地深度研发和理论创新，揭示我国特色成矿系统内部时间–空间–物质域多重耦合结构，实现生态环境资源与区域社会协调发展，是当前和今后多学科研究和融合创新的发展方向。塔西地区中–新生代陆内沉积盆地具有金属矿产–油气资源–煤炭–铀同盆共存富集成矿特征，这是我国陆内特色成矿系统（张鸿翔，2009）。砂砾岩型铜铅锌矿床具有多层位富集成矿的显著特征（刘增仁等，2011，2014），与典型砂岩型铜矿床具有差别（韩润生等，2010；祝新友等，2011；吴海枝等，2014；时文革等，2015；邹海俊等，2017；韩文华等，2017），面临成矿规律和成矿时代研究难度大（方维萱等，2018a，2019b）的问题。需要开展深度研发和技术方法创新，才能最终实现理论创新和多学科融合创新（方维萱等，2015，2016，2017a，2017b，2018a，2018b，2019a，2019b），对矿产资源勘查开发与生态环境资源进行整体性综合调查和预测评价，为实现生态环境资源与区域社会协调发展提供科学依据。

在构造岩相学深度研发和融合创新上，需要与地球化学岩相学、地球物理岩相学紧密结合，基于大数据平台和人工智能技术，进行深入融合创新研究。地球化学岩相学可以有效地从时间域–物质域上进行解剖研究，为地球化学岩相学–构造岩相学综合预测建模提供坚实的基础，实现构造岩相学五维以上的多维解剖研究与综合预测建模。地球物理岩相学和综合地球物理勘探，与构造岩相学紧密结合，有助于实现在空间域和物质域上进行深部隐伏构造岩相体预测建模和大比例尺隐伏构造岩相体填图，在岩矿石和矿物的物性参数系统测量基础上，进行隐伏构造岩相体精确三维建模预测。基于大数据平台和人工智能技术，构造岩相学–地球化学岩相学–地球物理岩相学深度融合创新研究，可实现可视化远程管理和可视化预测建模。

1.1.2　构造变形域与变形构造型相

构造变形域按变形作用特征可分为：脆性构造变形域、脆–韧性构造变形域和韧性构造变形域（方维萱等，2018a）。在构造岩相学填图中，可按照变形作用特征（变质相型）进行野外填图单元划分，在岩石学的 $P\text{-}T\text{-}t\text{-}M$ 研究基础上，进一步恢复重建其形成深度和相关压力–温度参数，脆性构造变形域（<3km）与浊沸石相、葡萄石–绿纤石相和方解石绿泥石相变质相对应；在韧–脆性和脆–韧性构造变形域（3 ~ 15km）主要为绿片岩相，野外填图在绿片岩相内，绿泥石绢云母型、绿泥石黑云母型和黑云母钾钠长石型脆韧性剪切带，其角闪岩相、麻粒岩相、蓝片岩相和榴辉岩相韧性剪切带，可以利用 $P\text{-}T\text{-}t\text{-}M$ 参数按照压力–温度进一步划分，恢复重建构造变形域。

变形构造型相是指在相近或同一构造变形域中（构造变形层次），同类岩石或不同类型岩石组合，在不同深度、温度和压力条件下，因构造应力–流体–岩石耦合方式的差异，不同构造动力学作用或流体动力学作用形成了一套特定的构造样式和构造变形群落。按照构造样式-构造群落-岩相学特征，可以恢复同类岩石或不同类型岩石组合形成的不同深度、温度、压力、流体-岩石耦合方式和环境。

1.1.3 研究层次与研究尺度

方维萱等（2012a）对构造岩相学释义为：在一定时间-空间结构上，岩石组合类型及这些岩石特征代表的构造-地质环境和条件的综合反映。构造岩相学具有横断科学特征，采用综合集成性研究手段和有针对性的创新研究方法进行新技术研究与示范应用推广；同时须遵循岩相古地理学、矿相学、火山岩相学和岩石地球化学等多学科的工作方法、研究思路和手段。构造岩相学主要在6个不同层次上进行研究，即大地构造岩相学、区域构造岩相学、矿田构造岩相学、矿床构造岩相学、矿体构造岩相学、显微构造岩相学等（方维萱等，2018a），围绕成岩成矿作用大陆动力学和找矿预测进行研究。

按照地质构造现象和区域的规模大小可以划分9种不同的构造尺度：①全球构造（10^7 ~ 10^8m），如地幔柱等；②大地构造（10^6 ~ 10^7m），如板块构造和造山带等；③区域构造（10^4 ~ 10^6m），如沉积盆地和造山带等；④中型构造（10 ~ 10^4m），如岩浆侵入构造系统、逆冲推覆构造系统、前陆冲断褶皱构造带系统等；⑤小型构造（10^{-2} ~ 10m），如断裂、褶皱等；⑥微型构造（10^{-4} ~ 10^{-2}m），如劈理和构造面理等；⑦显微构造（10^{-6} ~ 10^{-4}m），如矿物的波状消光和溶蚀等；⑧次显微构造（10^{-8} ~ 10^{-6}m），如方解石、铁白云石和钠长石等矿物的晶格位错等；⑨超显微构造（10^{-12} ~ 10^{-8}m），如纳米级黏土矿物、热液裂缝、构造裂缝、气洗蚀变带等（方维萱等，2018a）。

1.2 创新研究思路及技术方法

1.2.1 构造岩相学研究思路

构造岩相学创新的研究思路和技术方法（方维萱，2016）如下：

（1）系统整体思路。构造岩相学主要技术方法包括构造岩相学填图和五维拓扑（点-线-面-体-时）相体解析等两大方面。即：

$$构造岩相学 = F\{x, y, z, T, M-(t-P-T)\}$$

五维立体（点-线-面-体-时）相体解析 $= D(x, y, z, t)$；$M = M_i - t_i - P_i - T_i$

式中，点＝地质观测点，包括 x，y，z 等三维坐标数据。线＝实测构造岩相学剖面线，包括 x-y、x-z 或 y-z 坐标数据。面＝勘探线剖面和中段平面剖面、地表构造岩相学图，在地表岩相学填图中，以 x、y 为投影平面，但实际上包括地形标高（Z）。体＝单一相体和矿体纵向、横向和垂向三向构造岩相学剖面图，并制作勘探线剖面联立图和不同中段平面联立图。M 为物质组成及演化趋势，即为岩石地球化学常量组分（%）和微量组分（10^{-6}）。M_i为在 t_i 时间的物质成分；t_i 为采用同位素地球化学年代学厘定的形成年龄或采用构造岩相学筛分方法确定的构造世代；P_i 为在 t_i 时间相体和物质组成形成的压力条件；T_i 为在 t_i

时间相体和物质组成形成的温度条件，采用矿物包裹体测温和矿物温度计获得形成的 P_i 和 T_i 数据，用于对多期次形成的构造岩相体进行多维场解剖研究，当 i 为相对固定的形成时代情况下（如缺少穿插关系，且在同位素地球化学年代学方法测试误差范围内等），即可采用 t-P-T 参数描述形成的时间–压力–温度条件。在（次火山）侵入岩相研究中，一般对相关岩相进行 t-P-T 轨迹研究来描述（次火山）侵入岩相冷却过程中降压和降温的持续时间，或叠加侵入岩相的增温–增压过程，以及在附近地层（围岩）中形成的构造–热事件年龄、增温–增压过程和降温–降压过程，精确厘定（次火山）侵入岩与成矿年龄关系。

（2）多维拓扑学结构思路。技术方法包括空间–时间和空间–物质量等四维、空间–时间–物质量五维拓扑学结构等三大类相体解析图，即采用 x-y-z 表示空间域，T 表示时间域，T_0 表示初始状态的年龄，T_i 表示后期构造叠加相年龄，M 表示物质成分（岩石学、岩相学和岩石地球化学），即

$$构造岩相学 = F(x\text{–}y\text{–}z,\ T/M)$$

在初始状态下进行岩相学解析，则

$$构造岩相学\ M\text{–}(t\text{–}P\text{–}T)\ [D(x,\ y,\ z)] = F(x\text{–}y\text{–}z,\ M);\ T=T_0$$

在空间域内，空间拓扑学结构主要为同时异相的相分异结构和相序结构，主要在同一构造岩相学系统中，因相系发生相分异作用而导致系列相变，形成空间域内相序结构。在时间域内进行地球化学岩相学解析，则：

$$M\text{–}(t\text{–}P\text{–}T)\ [D(x,\ y,\ z)] = T_0 + T_i$$

在空间域内进行地球化学岩相学解析，则：

$$M\text{–}(t\text{–}P\text{–}T)\ [D(x_1 \pm x_2,\ y_1 \pm y_2,\ z_1 \pm z_2)] = T_0 + T_i$$

在时间域内，主要研究不同相体的物质组成及主要成岩成矿期的物质强度，即成岩成矿中心或成矿中心在时间域分布规律。在空间域内，主要研究同一相系中叠加相体的物质组成及主要成岩成矿期的物质强度，即特定时间域内，同一相系中叠加相体在空间域中成岩成矿作用强度中心，用于圈定成岩成矿中心或成矿中心位置。

（3）几何学、运动学、动力学、物质学和年代学（时间–空间拓扑学结构）。采用实测构造岩相学剖面，建立岩相学类型和填图单元，系统进行1：100井巷工程地质编录和1：5000～1：1000井巷工程构造岩相学填图。在野外和显微镜下，并基于先进仪器测试，对物质学和年代学进行研究。构造岩相学研究中，年代学研究采用构造岩相学筛分相对定年，进一步通过同位素年代学精确定年，厘定绝对年龄，最终建立构造事件和构造变形序列、构造样式和构造组合图。采用构造样式测量研究其几何学特征，采用角砾岩相体填图和矿体空间几何形态学测量，研究各类角砾岩相体与矿体间的空间拓扑学结构。

（4）综合方法进行深部构造岩相学填图。地震勘探是进行深部构造岩相学填图的有效方法（胡煜昭等，2012）。采用磁力勘探–深部磁化率填图和重力勘探–深部密度填图等综合方法，圈定预测古火山机构中具有磁性的次火山岩和侵入岩（基性–超基性岩类）和铁铜矿体深部几何学特征，以大比例尺深部磁化率填图和构造岩相学解剖相结合，进行磁化率–构造岩相建模和深部专项构造岩相–磁化率填图和找矿预测、验证工程设计，以及深部井巷工程设计论证研究和工程地质专项研究，为深地探测和开采工程提供综合依据。

基于GDP32电法工作站和EH4电磁法测量等综合方法，进行深部电性-构造岩相学填图。采用MT（大地电磁法）、AMT（音频大地电磁法）和CSAMT（可控源音频大地电磁法）等综合物探方法，进行深部构造岩相学填图。采用地球化学岩相学、矿物地球化学、磁化率-密度和人工重砂测量等一系列专项填图，对多矿种共伴生矿床进行研究。采用航空磁力和遥感开展蚀变填图，可快速、高效和低成本大范围缩小勘查靶区；对矿田和区域深部的隐伏构造岩相体进行探测。总之，采用综合方法完成1∶2000、1∶1万和1∶5万构造岩相学填图，局部采用放大图形式表达核心内容。

1.2.2　区域构造岩相学填图方法技术系列与找矿预测

在区域构造岩相学编图（1∶400万～1∶100万）、路线构造岩相学观测和典型矿床构造岩相学调查基础上，进行大地构造单元类型恢复和划分。以构造岩相学垂向结构序列与主要成岩成矿系统分布规律为依据，进行成岩成矿系统划分与战略性靶区优选，构造岩相学预测目标物为金属矿集区尺度，如智利IOCG型和浅成低温热液型金银矿集区战略性选区（方维萱等，2018a）。

在区域找矿预测中，进行1∶50万～1∶20万区域构造岩相学编图、构造岩相学专题填图技术方法与找矿预测，以大地构造岩相学类型和区域构造岩相学类型划分和识别为主，进行重要金属矿集区解剖研究，确定已知金属矿集区、已知矿田和已知成矿集中区的构造岩相学指标和指标组合，为圈定成矿远景区提供依据。进行成矿远景区圈定，按照成矿规律和成矿地质条件，进行勘查工作部署。

1∶5万构造岩相学专题填图技术方法与找矿预测关键在于建立构造岩相学事件序列和相关填图单位和单元。在萨热克巴依幅1∶5万构造岩相学专项填图和区域找矿预测示范的系列技术要点中，重大构造岩相学事件与构造岩相学独立填图单元（非正式独立填图单位）为盆山原镶嵌构造区重点研究内容，构造岩相学独立填图单元确定的主要依据有重大构造岩相学事件、构造岩相学序列与构造变形型相。构造岩相学找矿预测需要与遥感构造-蚀变相（铁化蚀变相+泥化蚀变相）解译+实测构造岩相学路线+物化探异常检查评价+矿点检查评价+基于物探资料的深部构造岩相学填图等紧密结合，实现学科交叉融合解释，圈定找矿靶位，进行深部找矿预测，如萨热克巴依幅1∶5万区域找矿预测和萨热克地区1∶1万矿区找矿预测等（方维萱等，2019a）。

1.2.3　深部构造岩相学填图方法技术系列与找矿预测

目前在深部隐伏构造岩相图填图方面，以大陆地壳和大洋地壳深部钻探工程、井巷工程和坑内钻探、井巷工程-坑内钻探-井巷工程地球物理探测、综合地球物理深部探测和综合解译为主，实现深部隐伏构造岩相学填图的主要途径基于4类研究思路和技术方法系列：①综合深部地球物理探测、物性填图和综合解译。以天然地震、深层地震、中深层地震和浅层地震等地震勘探为主导技术系列（钱俊锋，2008；吕庆田等，2015）；以大地音频电磁法勘探为主导的技术系列，包括MT、AMT、CSAMT等不同装置和仪器的大地音频电磁勘探方法（邱小平等，2013；李天成等，2017）；在获取基础地球物理数据后，经过数据处理和建模，进行深部物性填图和解译，如板块构造内部和边缘深部构造岩相学填图（侯贺晟等，2012）。②深部钻探工程和综合研究，如大陆超深钻探等。③井巷工程和坑内钻探相结合探测。④井巷工程-坑内钻探-井巷工程地球物理探测。

（1）采用AMT和低飞航空磁法测量，进行面积性地球物理勘探。进行大比例尺AMT和高精度地面磁法勘探，在基于已知钻孔效验基础上，建立深部隐伏构造岩相体物性模型，开展深部隐伏构造岩相体填图和找矿预测。

（2）在沉积盆地基底等深面图和隐伏侵入岩体顶面等高线图等一系列隐伏构造岩相学填图中，基于已知钻孔验证和主要构造岩相体的物性参数、构造岩相学类型研究，进行大比例尺深部磁化率填图和构造岩相学建模、（音频）大地电磁测深（CSAMT、AMT和MT）和三极激电测量等，可以有效地进行隐伏构造岩相学填图和找矿预测。

（3）深部隐伏磁性体和隐伏构造岩相体填图。基于地面高精度磁法测量、井巷工程磁化率填图和比磁化率填图、井巷工程三分量精细磁法测量，建立构造岩相体的磁化率和比磁化率解译模型，进行深部磁化率填图和定量解译，开展找矿预测。

1.3　地球化学岩相学研究思路及技术方法

地球化学岩相学内涵的释义为：阐明元素在自然界内地质体中赋存状态、各相态分布规律及地质-地球化学机理和意义。地球化学岩相学相应的外延包括：①元素赋存状态（或元素赋存相态），包括气相、水合相、水溶化合物相、黏土吸附相、有机络合物相、碳质吸附相、非晶质铁锰吸附相、矿物中类质同象和独立矿物相（包括原生矿物相、表生矿物相、原生-表生混合矿物相）。初期以偏提取技术（元素特定相态）为主导，进行环境资源地球化学勘查，随着相态分析技术发展（龚美菱，2007；刘崇民等，2013），在加强矿物相和传统岩相学调查研究基础上，元素不同相态分析测试在环境资源领域中应用普适性不断增强，但仍然以技术创新为主要特色。②自然界内地质体包括各类岩石（矿石）、土壤和流体等组成的各类地质体。虽然在不同地质体中元素各相态分布规律不同，但仍然表现出具有较强的规律性和地球化学岩相体特征，如重晶石岩相、天青石岩相和黄钾铁矾相等，揭示了高氧化态地球化学酸性相和相应的成岩成矿环境；它们也是地质相体（重晶石岩相体）和地球化学岩相体（氧化态的地球化学酸性相），这些相体对表生环境系统有较大影响。因此，需要从地球化学系统-成岩成矿-成晕成相的综合角度，实现多学科综合研究、融合解释和理论创新。

地球化学岩相体可理解为：在特定的时间-空间拓扑学结构上，一组岩石类型、土壤类型和水体类型，以及它们的岩石-矿物-化学成分，因所处系统和环境变化、物质间相互作用而发生成岩成矿作用；或不同时间序次上，不同源区和成因的成岩成壤物质和水体-岩石-土壤在同位空间上相互作用和叠加改造，最终形成了具有空间拓扑学结构的地球化学岩相学记录体。地球化学岩相体是一组或几组岩石类型、土壤类型和水体类型及其物质成分形成的地质地球化学条件和环境的综合记载和物质记录体，进行系统研究后可恢复重建它们形成时的地球化学条件和环境、构造-古地理环境和位置。

1.3.1 地球化学岩相学及研究内容

地球化学岩相学场为多项函数（方维萱，2017）：

$$F_{GL}=F[T, P, t, M, f_i(m, D, T, P)]$$

式中，F_{GL}为地球化学岩相学场多项式函数；T 为成岩成矿温度；P 为成岩成矿压力；t 为成岩成矿年龄；M 为成岩成矿相体的物质组成（可解剖研究）；F 为地球化学岩相学场函数；f_i为特定时间域成岩成矿相体的物质组成函数；m 为特定时间域的成岩成矿相体物质；D 为特定时间域的成岩成矿深度。

采用 T-P-t-M 作为地球化学岩相学参数，对地球化学岩相学场函数 F 进行数量化精确描述。成岩成矿相体的物质组成（M）因时间不同，描述不同期次的相体结构需要从运动学-时间域-空间域角度进行解剖，即物质组成（M）为特定期次物质（m）、形成深度（D）、形成温度（T）和形成压力（P）多项函数，即多期次相体七维多项函数。

在沉积盆地分析中，地球化学岩相学研究内容主要包括：

（1）在空间域上，同一成岩成矿体系在不同演化阶段形成的地球化学岩相体，在时间域内具有明确的演化方向，从岩石学、矿物学和地球化学研究，可揭示地球化学岩相体演化方向，重建不同相体类型的空间拓扑学结构，如一维垂向亚相和微相相序结构。

（2）在时间域上，同一演化阶段上因系统环境和系统内部改变，地球化学动力学作用导致物质沉淀形成了地球化学岩相体，这些相体类型及走向相变规律有助于揭示同一时间域中，地球化学岩相学相体在空间域展布特征与分带规律，如二维亚相相体剖面图和坑道二维相体平面图。

（3）在不同时间域上，不同期次地球化学岩相体在同位空间域上相互叠加，形成了非等时-非等化学位地球化学岩相体，这种交集型空间拓扑学结构具有找矿预测功能，如在上述剖面-平面图上，增加时间域，制作三维亚相相体剖面图和坑道三维相体平面图。

（4）在特定时间的空间域上，地球化学相体系因系统内部或系统环境发生变化而导致体系失稳，造成成岩成矿作用和过程发生，最终形成一种岩石或一组岩石组合。这种地球化学相体系相对便于研究和解剖，这是建立地球化学岩相学类型的关键基础，也是地球化学岩相学的建相对象、对比依据和标准。根据成岩成矿作用方式不同，进行地球化学岩相学单元划分。根据在野外现场填图的基础工作，进行初步的系统研究框架划分（常采用标志层和标志相层）。结合大量室内样品分析测试开展综合研究，最终建立和划分地球化学岩相学类型和填图单元。制作三维亚相相体剖面图和坑道三维体平面图，用于恢复重建流体地球化学动力学类型及系统结构图。

（5）在盆地形成演化与不同时间-空间域演化方向上，地球化学相体系因系统内部或系统环境变化而导致体系失稳，造成成岩成矿作用和过程发生，最终形成一种岩石或一组岩石组合。无论地球化学相体系是因系统内部还是系统环境变化导致成岩成矿作用发生，都可以寻找和研究这种地球化学动力学因素，进行解剖、归类和综合研究，筛分主控地球化学动力学因素类型。地球化学相体系失稳地球化学动力学类型包括 T-P 降低、酸碱演化与酸碱相互作用（pH）、氧化-还原演化方向与相互叠加作用（Eh）、超压流体临界沸腾、浓度扩散作用、非等化学位传输作用（浓度差、密度差、盐度差等）、流体混合作用等。这是划分地球化学岩相学类型和建相对比的主要类型和依据。同时，须结合岩相学类型综合对比，以便于建立独立填图单元，恢复重建多因素多重耦合、多期次和多种成分的流体叠加场结构图，进行大比例尺地球化学岩相学填图技术研发。

（6）建立盆内、盆缘和盆外等三个不同构造部位的构造变形型相、构造变形样式及构造组合，总结盆内构造-热事件预测标志。研究沉积盆地内部和边缘的脆韧性剪切带和构造岩的岩相学分带规律。通过野外实测剖面和室内综合研究，对构造岩进行地球化学岩相学和构造岩相学解剖研究，研究沉积盆地构造史与构造变形样式，研究盆地流体运移构造通道与地球化学岩相学记录，探索盆地改造过程中流体大规模运移的多因素多重耦合动力学机制，建立盆地变形期的隐伏构造-热事件预测标志。

（7）盆内岩浆叠加区、盆内岩浆-构造叠加区和盆内缺少岩浆叠加区对比研究，总结隐伏盆内岩浆叠加区预测标志。对沉积盆地内侵入岩体、侵入构造和热变质带进行地球化学岩相学研究，建立不同类型侵入岩对沉积盆地构造变形和热流体叠加相、垂向热驱动机制下盆地中循环对流体系地球化学岩相学记录，结合构造-岩相学筛分，探寻不同期次盆地构造变形和盆地流体大规模运移规律，总结流体场在温度、压力、流体成分等不同梯度下，同生期流体相、改造期流体相和叠加期流体相的相序结构、时空分布和分带规律，建立深部找矿预测标志和预测准则，进行地球化学岩相学填图和找矿预测。

1.3.2　地球化学岩相学类型与研究方法

按照流体地球化学动力学-岩石组合系列或岩相学-地球化学相进行岩相类型划分，地球化学岩相学的相系统类型分为：氧化-还原相（F_{OR}）、酸碱相（$F_{\mathrm{Eh\text{-}pH}}$）、盐度相（$F_S$）、温度相（$F_T$）、压力相（$F_P$）、化学位相（$F_C$）、同期不等化学位相（$F_{\mathrm{SI}}$）和不等时不等化学位地球化学岩相（$F_{\mathrm{PSI}}$）8 种（方维萱，1999a，1999b，2012a，2012b，2017）。在野外和室内研究中，首先以岩相学类型划分为基础，然后结合岩石地球化学、矿物地球化学、同位素地球化学、包裹体地球化学、电子探针等分析技术，最终建立地球化学岩相学类型、相序结构标准剖面和填图单元。

（1）在沉积盆地形成演化和盆地表生变化期，重视表生系统中水文地球化学类型和地球化学岩相学类型研究，如酸碱相（$F_{\mathrm{Eh\text{-}pH}}$）、盐度相（$F_S$）、氧化-还原相（$F_{\mathrm{OR}}$）、化学位相（$F_C$）等，在同一沉积盆地不同部位，它们具有不同特征和变化趋势，也是同期不等化学位相（F_{SI}）作用的关键因素。

（2）在岩相学研究基础上，结合有关地球化学专项分析测试与研究，按照上述 8 种相系统类型进行地球化学岩相学类型划分，主要用于对岩相学类型的亚相和微相划分。大相划分遵循三分法原则，如酸碱相系统可以划分为酸性相、中性相和碱性相。亚相划分按照五分法原则进行，如在氧化-还原相系统中，亚相可以进一步划分为强氧化相、弱氧化相、氧化-还原过渡相、弱还原相和强还原相。在微相分类中，主要按照成岩成矿作用方式或地球化学标志矿物相进行划分，标志矿物相及矿物组合类型主要适用于提取特殊的地球化学岩相学标志，以便突出这些关键因素的特殊作用，如萤石-电气石±方柱石微相一般指示了富 F 强酸性流体场特征（方维萱，2012b；方维萱等，2018a）。

（3）在盆内岩浆叠加期，重视对岩浆叠加期温度相（F_T）、压力相（F_P）、化学位相（F_C）等的识别和建立，它们是预测盆内隐伏岩浆叠加期的有效指标。

1.3.3 地球化学岩相学理论创新与技术研发方向

在岩相学研究和填图基础上，地球化学岩相学研究和专项技术研发急需发展的方向有：①在空间属性上，同一成岩成矿体系在不同演化阶段形成的地球化学岩相体，在时间域内具有相对明确的演化方向，岩石学、矿物学和地球化学研究可揭示这种地球化学岩相体演化方向，重建其空间拓扑学结构。②在时间属性上，同一演化阶段上因系统环境和系统内部改变，地球化学动力学作用导致物质沉淀形成了地球化学岩相体。③在不同时间域上，不同期次地球化学岩相体在同位空间域上相互叠加形成了非等时-非等化学位地球化学岩相体，这种交集型空间拓扑学结构具有找矿预测功能。④在同一时间-空间域上因系统内部或系统环境变化而导致体系失稳，成相和成岩成矿作用形成了成岩相系。对这些成岩相系进行地球化学岩相学解剖研究是地球化学岩相学预测建模的关键基础。⑤在不同时间-空间域演化方向上，地球化学相体系因体系失稳发生成相和成岩成矿作用并形成了成岩相系，通过地球化学岩相学解剖研究，有助于进行地球化学动力学机制恢复，进行解剖、归类和综合研究，筛分出主控地球化学动力学因素。地球化学相体系失稳的地球化学动力学类型（成岩-成相作用）包括 T-P 变化、酸碱演化与酸碱相互作用（pH）、氧化-还原演化方向与相互叠加作用（Eh）、超压流体临界沸腾、浓度扩散作用、非等化学位传输作用（浓度差、密度差、盐度差等）、流体混合作用等。这是划分地球化学岩相学类型的对比建相和预测建模的主要类型和依据。同时，必须结合岩相学类型综合对比研究，以便于建立独立填图单元，进行大比例尺地球化学岩相学填图技术研发。⑥在同一时间-空间域上可能形成相似的成岩相系，根据成相-成岩成矿作用方式特征和岩相学标志，在野外现场初步进行地球化学岩相学单元划分；开展室内综合研究，最终建立和划分地球化学岩相学类型和填图单元，为预测建模提供基础。

1.4 沉积盆地形成演化史和构造变形-岩浆叠加史

沉积盆地内成岩相作用和成岩相系划分和研究，有助于提升对沉积盆地内金属矿产、非金属矿产、能源矿产（石油、天然气、煤和铀矿）等同盆共存富集与协同成岩成矿成藏作用等研究，也有助于提升对沉积盆地演化史、盆山和盆山原耦合转换等大陆动力学过程研究。我国石油天然气行业标准（SY/T 5477—2003 和 SY/T 5478—92），按照淡水-半咸水介质、酸性水介质（含煤地层）和碱性水介质（盐湖），对不同成岩阶段划分与成岩相深入研究，促进了油气资源储集层预测和勘探新发现（邹才能等，2008）。将盆内成岩相系划分与地球化学岩相学识别技术紧密结合起来，采用构造岩相学与地球化学岩相学研究思路和方法，以成岩事件序列为主线，将沉积盆地内成岩相系划分为：①成盆期埋深压实物理-化学成岩作用和成岩相系；②盆地改造期构造-热事件成岩作用与构造-热事件改造成岩相系；③盆内岩浆叠加期构造-岩浆-热事件成岩作用和岩浆叠加成岩相系；④盆地表生变化期表生成岩作用和表生成岩相系。从地球化学岩相学成岩机理上，对成岩相系的成岩环境和成岩机理进行识别，有助于促进非金属矿产、金属矿产-油气资源-煤-铀等同盆共存与协同富集成矿成藏机理研究和深部矿产预测。

在盆内成岩作用和成岩相研究上，岩石类型、地理-气候环境类型、成岩演化阶段和成岩事件序列、盆地动力学类型、沉积盆地成岩作用系统、构造成岩作用、岩浆热事件、水-岩-烃-流体相互作用系统及时空演变机制等为重点领域（邹才能等，2008；李忠和刘嘉庆，2009；张金亮等，2013；刘池洋等，2017；方维萱，2018）。近年来，在我国塔西地区、鄂尔多斯-内蒙古，南美玻利维亚和阿根廷等盆山原镶嵌构造区内，发现了多种能源矿产、非金属矿产、金属矿产-油气资源-煤-铀等同盆共存与协同富集成矿成藏（李荣西等，2011a；韩凤彬等，2012；董新丰等，2013；王丹等，2015；方维萱等，2017a，2017b，2018a，2019a），揭示需从协同勘查新角度，重新认识沉积盆地内成岩作用类型和成岩机理、成岩事件序列与成岩相系、成岩成矿成藏事件与成岩相类型。深入揭示多种矿产同盆共存的成岩成矿成藏动力学机制，进行综合高效找矿预测，为深部（5000m）示矿信息提取、构造岩相体填图和成矿成藏圈闭构造预测等提供依据。

针对碎屑岩、碳酸盐岩和火山岩等扩容性成岩相发育有机酸性水溶解作用、白云石化等 8 种成岩作用机理，划分了 9 类扩容性成岩相和 7 类致密化成岩相，建立了“孔渗级别+岩石类型+成岩作用类型”的成岩相命名方案（邹才能等，2008）。沉积盆地内成岩作用类型可划分为沉积-化学流体成岩作用、沉积-构造成岩作用和沉积-热变质成岩作用，它们形成了三大类成岩相系，为多重地质作用相互叠加形成的构造岩相学产物（方维萱，2018）。成岩事件序列包括埋深压实成岩事件、构造-热事件、构造-流体-热事件、构造-壳源岩浆-叠加热事件、构造-幔源岩浆-叠加热事件等，按照构造岩相学和地球化学岩相学研究方法和填图理论创新思路，建立成岩事件序列，对油气和金属矿产预测具有重要作用。将沉积盆地内成岩成矿期次划分为同生沉积成岩成矿期、早期成岩成矿期（B 和 C 阶段）、中期后生内源性热流体改造成岩成矿期（A、B 和 C 阶段）、中期后生外源性热流体叠加改造成岩成矿期（A、B 和 C 阶段）、晚期表生成岩成矿期（A、B 和 C 阶段）。按照参与成岩成矿流体介质类型不同，划分为酸性相、碱性相、中性相、多期叠加相及多种过渡相类型。沉积盆地内构造成岩作用和成岩相系、与构造-岩浆-热事件有关的成岩事件序列和成岩相系等系列科学问题，仍处于持续完善和不断创新研究中。依据大陆内部沉积盆地具有复杂演化历史实际特征，需要从沉积盆地的成盆期、盆地改造期、盆内岩浆叠加期、盆地表生变化期等重大地质事件序列出发，深入研究大陆内部“山-弧-盆”和“盆-山-原”镶嵌构造耦合转换过程中，沉积盆地内成盆期、构造-热事件改造期、盆内构造-岩浆-热事件叠加期、盆地表生变化期与成岩成矿成藏作用，揭示沉积盆地内多种叠加改造成岩作用在物质-时间-空间上分布规律与成矿成藏机理，创建含矿-示矿信息提取方法。从非金属矿产、金属矿产、油气资源、煤和铀等多矿产同盆共存富集成矿成藏角度，揭示多种矿产之间协同富集成矿成藏机理机制，创建示矿信息提取方法。在地质系统复杂性科学理论（於崇文，2003）指导下，采用“共性导向，交叉融通”原则，以成岩事件序列为主线，将构造岩相学与地球化学岩相学研究方法相结合，对沉积盆地内成岩作用和成岩事件序列的物质-时间-空间结构特征进行研究。将沉积盆地内成岩相系划分为：①成盆期埋深压实成岩相系；②盆地改造期的构造成岩相系；③盆内岩浆叠加期内岩浆叠加成岩相系；④盆地表生变化期内表生成岩相系。从地球化学岩相学角度，通过成岩相系的成岩环境和成岩机理研究，揭示成岩成矿与成藏机理，促进（非）金属矿产-油气资源-煤-铀同盆共存与协同富集成矿成藏机理的研究和预测。

1.4.1　沉积盆地内成岩作用与成岩相系划分

在大陆内部“山-弧-盆”和“盆-山-原”耦合转换过程中，从金属矿产和能源矿产（石油、天然气、煤炭和铀）高效综合勘查角度，考虑到盆地改造期和盆内岩浆叠加期等后生叠加成岩作用，以金属矿产储集相体层和能源矿产优质储集层成岩作用和控制因素为核心，按照成岩事件序列、成岩作用方式、参与成岩作用的物质和能量内源性和外源性流体叠加成岩机理，将沉积盆地演化期次和沉积盆地内成岩作用事件划分为：成盆期埋深压实物理-化学成岩作用、盆地改造期构造-热事件成岩作用、盆地岩浆叠加期构造-岩浆-热事件叠加成岩作用、盆地表生变化期表生成岩作用四大类型成岩作用，分别形成了四大类成岩相系（方维萱，2018，2020）。

1. 成岩作用类型与成岩相系

在成岩相系和相类型划分研究基础上，将构造岩相学填图、地球化学岩相学填图和识别技术等相结合，配合流体地质填图、专题填图和矿物包裹体研究等专题方法，确定成岩作用演化、成岩相系组合和成岩事件序列。可有效圈定沉积盆地内成盆期与成岩事件、盆地改造期与构造-热事件改造成岩事件、盆内岩浆叠加期与构造-岩浆-热事件叠加成岩事件、盆地表生变化期和表生成岩事件等，根据不同成岩事件序列在物质-时间-空间上的结构特征、识别标志和分布范围，进行深部构造岩相体探测和矿产资源预测。

（1）成盆期埋深压实与物理-化学成岩作用。沉积物在埋深压实过程中，经历了沉积-生物-物理-化学等初始成岩作用，以沉积盆地内源性地质作用和内源性热流体作用为主。在沉积盆地内部整体性埋深压实过程中，沉积-生物-物理-化学作用等初始成岩作用具有显著耦合过程，如因埋深压实作用（沉积物自身重力作用）导致沉积物密度增大和孔隙度减小的物理收缩作用；同时，随着埋深增大和压实作用增强，沉积物中水排泄作用增强。伴随古地温增热作用增大（压力-热效应），有机质成熟作用和成熟度增加；随着物理-化学和内源性流体耦合作用增强，成岩相系内相分异作用增加，形成了与埋深压实物理-化学成岩作用有关的相系和相类型（初始成岩作用或早期成岩作用）。

（2）盆地改造期内构造-热事件改造成岩作用主要为盆地变形过程中构造-热事件、构造应力和热应力事件作用等综合形成，如垂向构造抬升和沉降作用、横向挤压收缩作用、斜冲走滑构造作用和层间滑动作用等，它们均形成了沉积盆地内区域构造成岩作用。角度不整合面和古风化壳、沉积岩中节理-裂隙构造带、层间滑动构造带中碎裂岩化相、构造热流体角砾岩相、节理-裂隙化相、热流体角砾岩相、碎裂岩化相、糜棱岩化相、似层状类角岩-类角岩化等相体，与盆地改造期内构造-热事件密切相关。

（3）盆内岩浆叠加期以构造–岩浆–热事件叠加成岩作用为主导，形成异源岩浆侵入叠加成岩作用和沉积–热变质成岩作用等，它们为盆内构造–岩浆–热事件叠加成岩相系类型和相体结构。构造–岩浆–热事件叠加成岩作用和相体特征为：①在盆内岩浆叠加期，岩浆侵入和火山喷发作用是盆地深部地质作用所形成的，侵入岩体和火山岩体本身就是异源叠加成岩相体，以底源热物质和热能量添加为主；在盆地内形成岩浆–热流体循环对流体系和叠加成岩作用以及较大规模的热流体循环对流体系，对沉积盆地内先存沉积相系形成了强烈的叠加改造成岩作用。②构造–岩浆–热事件和相关构造岩相体，它们围绕盆内侵入岩体和火山喷发机构呈环带状和半环状分布，如角岩–角岩化相系和夕卡岩–夕卡岩化相系为盆内侵入岩体接触热变质和接触热交代作用形成的构造–岩浆–热事件记录。③在盆内岩浆叠加期内，同岩浆侵入期的构造–热事件较为发育。沿同岩浆侵入期的相关断裂带内，常形成面带状和线带状蚀变带、角岩化相带和夕卡岩化相带，为岩浆热液–盆地热流体循环对流体系所形成的叠加成岩相带。④与区域性构造–岩浆–热事件同期相伴，在增温型古地热场和构造动热转换作用下，形成了大气降水–盆地封存水等组成的热水循环对流体系，常以角度不整合面、滑脱构造带、断裂带、热液角砾岩相带等为热水循环对流体系中心，形成构造–热事件叠加成岩作用。这些构造–热事件叠加成岩事件和成岩相系，为深部构造岩相体填图和找矿预测研究对象。

（4）在盆地表生变化期以沉积盆地局部抬升和剥蚀作用为主，表生裂隙发育，形成表生富集和贫化，大气降水渗滤循环作用强烈，形成沥青化蚀变相和碳质岩系的褪色化蚀变。在热带雨林地区表生淋滤和残余富集作用下，形成铁铝矾土、铁矾土、铝矾土、富有机酸质沼泽土化等酸性地球化学相。在干旱气候条件下，以机械风化作用和盐碱障积沉淀作用为主，毛细管蒸腾作用强烈，发育氯化钠型盐积盘壳和白垩土化型钙积盘壳等，尤其是铜、铁、铝和锌、煤和油页岩矿等，它们具有显著的表生成岩作用。

2. *成岩相系的相类型与预测功能*

在成盆期埋深压实物理–化学成岩作用、盆地改造期内构造–热事件改造成岩作用、盆地岩浆叠加期的盆内构造–岩浆–热事件叠加成岩作用、盆地表生变化期内表生成岩作用过程中，因参与成岩作用的流体类型、成分和性状（地球化学岩相学类型）等不同，沉积物和沉积岩成分也不同，这些相体结构和相类型在成岩（成矿成藏）作用上也具有不同的响应。可按照四大类成岩相系的岩石组合不同，将成岩相系划分为不同相类型（岩石组合），这些相类型及相体结构组合，具有特殊预测功能。它们能够揭示和预测成盆期埋深压实物理–化学成岩作用、盆地改造期构造–热事件改造成岩作用、盆地岩浆叠加期构造–岩浆–热事件叠加成岩作用、盆地表生变化期表生成岩作用等。不同成岩事件序列和相应的成岩相系在物质–时间–空间上的结构和分布规律，对隐蔽构造–热事件和隐伏盆内构造–岩浆–热事件预测非常重要。深入研究成岩事件序列和相系特征，可为解析和预测金属矿产储集相体层、油气资源成藏系统、煤和铀成藏成矿系统等，提供丰富含矿和示矿信息。通过解剖揭示不同相系的成晕成岩与成矿成藏机理，为创建含矿和示矿信息提取方法提供科学依据。

1.4.2　原型盆地恢复、沉积盆地形成演化与构造沉积相序列结构

沉积盆地形成演化和变形改造叠加作用可以划分为初始成盆期、主成盆期、盆地反转期、盆地萎缩期、盆地改造期、盆内岩浆叠加期、盆地表生变化期7个主要形成演化期。其中初始成盆期、主成盆期、盆地反转期和盆地萎缩期，属成盆期埋深压实物理-化学成岩作用期。在成盆期埋深压实物理-化学成岩作用和相系类型划分上，按照成盆期埋深压实物理-化学成岩作用，从地球化学岩相学成岩机理和相分异作用角度，可将埋深压实物理-化学成岩相系划分为7种主要相系类型，即酸性成岩相系（如有机质酸性成岩相等）、碱性成岩相系（如Fe-Mn-Ca-Mg碳酸盐型成岩相等）、酸碱耦合反应成岩相系、氧化-还原成岩相系（如硫酸盐热化学还原作用）、化学溶蚀-充填成岩相系、同生断裂带-热化学反应界面相系和标型成岩矿物相系。

1. 酸性成岩相系与相类型

酸性成岩相为有机酸和无机酸等酸性地球化学环境下成岩作用总称，根据酸基类型和相关成岩作用不同，进一步可划分为有机酸型成岩相、无机酸型成岩相和复合酸型成岩相，它们为酸性地球化学相类型。

（1）有机酸成岩作用以有机质、煤、油气资源和外来富含有机质流体参与成岩作用为主，形成有机酸型成岩相。主要表现为大量有机酸参与成岩作用，一是沉积物和沉积岩中自身含有较多有机质或煤炭和烃类流体等，随着成岩作用不断形成了有机酸类和烃类流体，有机酸和烃类流体参与成岩作用。二是在沉积物形成过程中，外界有机酸物质大量加入而参与沉积物成岩作用，以富烃类还原性流体形成酸性还原地球化学岩相学作用（如含烃盐水、气液烃类流体等）为特征。地幔和地壳排气作用也可形成有机酸型成岩相，但目前对此研究不够。

（2）在酸性成岩相系内，在沉积岩、火山沉积岩、火山岩和岩浆岩内，大量无机酸类成岩作用过程形成了酸性成岩环境，如石膏-硬石膏相、重晶石-重晶石岩相、天青石-天青石岩相、明矾石-明矾石岩、芒硝-无水芒硝-钙芒硝-白钠镁矾型含钠硫酸盐岩、萤石-萤石岩，它们形成于酸性成岩环境内，指示了酸性成岩相。

（3）在酸性成矿相系内，复合酸型酸性成岩相系包括以磷灰石为标志的磷酸盐相、以氟碳铈矿和独居石为标志的含REE磷酸盐相、以硼砂-电气石为标志的硼酸盐相-硼硅酸盐相等，它们揭示了复合酸型的酸性成岩环境。在同一成岩成矿体系内，酸性-碱性成岩相系具有显著的地球化学相分异作用，如玻利维亚劳拉里（Laurani）高硫化型浅成低温热液金银成矿系统内，酸性-碱性地球化学相分异作用明显，中心相为石英明矾石化蚀变带，标志矿物相为重晶石-明矾石相，为强氧化态酸性地球化学相；外缘相为绿泥石铁碳酸盐化蚀变相，标志矿物相为菱铁矿-铁绿泥石相，为弱还原态碱性地球化学相。

2. 碱性成岩相系与相类型

碱性成岩相系包括天然碱-碳氢钠石-碳酸钠钙石-小苏打型碱性成岩相系、Fe-Mn-Ca-Mg碳酸盐碱性成岩相系、片钠铝石型碱性成岩相系、富含碱性木质素碱性有机质成岩

相系等，它们为碱性地球化学相类型。

在陆内山间盆地和高原盆地内，陆内咸化湖泊环境中发育碱性地球化学岩相学垂向和水平相序结构，有助于恢复咸化湖盆沉积环境和演化史。在干旱气候环境下湖泊水体逐渐咸化过程中，溶解度较小物质先沉淀，形成了碳酸盐沉积物、硫酸盐沉积物、氯化物沉积物等，最终碱化湖泊以沙化干枯而消亡，发育的4个碱性地球化学相组成的垂向相序结构为：①碱化湖泊环境以方解石-白云石相、苏打-天然碱相和硼砂相为特征。在咸化湖泊环境初期，溶解度较低的碳酸盐首先达到饱和而结晶沉淀，形成碳酸盐沉积物。Ca-Mg碳酸盐首先形成结晶沉淀，形成方解石-白云石相。随着咸化湖泊环境进一步形成咸化水体，形成苏打-天然碱，苏打（$Na_2CO_3 \cdot H_2O$）-天然碱（$Na_2CO_3 \cdot H_2O \cdot NaHCO_3 \cdot H_2O$）以$CO_3^{2-}$浓缩富集为特征，称为碱湖环境或苏打湖。在含有较高硼含量的碱化湖泊环境中，形成硼砂相（$Na_2B_4O_7 \cdot 10H_2O$），称为硼砂湖。②苦盐湖环境以石膏相和芒硝相为特征，咸化湖泊环境进一步发生水体咸化和水体深度变浅，溶解度较大的硫酸盐类开始结晶沉淀，石膏相（$CaSO_4 \cdot 2H_2O$）开始形成。咸化湖泊环境再进一步发生水体咸化，形成芒硝相（$Na_2SO_4 \cdot 10H_2O$），较为干旱气候下形成无水芒硝（Na_2SO_4）。③残余咸化盐湖环境中，咸化水体最终达到氯化物结晶沉淀期，形成含盐量较高的卤水，氯化钠型天然卤水可供直接开采。湖水持续浓缩和蒸发，氯化钠（NaCl）、光卤石（$KCl \cdot MgCl_2 \cdot 6H_2O$）和钾盐（KCl）开始结晶沉淀，氯化物相形成于咸化湖泊环境下水体的盐度最高的卤水环境。④咸化湖泊环境沙化萎缩期，咸化湖泊最终被沙化和萎缩封闭，封存于砂层下的卤水层可发生再度成岩作用，以水溶作用-碱性地球化学相为特征。

按照成岩作用方式不同，Fe-Mn-Ca-Mg碳酸盐碱性成岩相系可划分为同生沉积型Fe-Mn-Ca-Mg碳酸盐碱性成岩相、Fe-Mn-Ca-Mg碳酸盐蚀变岩相和Fe-Mn-Ca-Mg碳酸盐热液角砾岩相。在IOCG矿床成岩成矿系统中，Fe-Mn-Ca-Mg碳酸盐蚀变相（方解石化、铁方解石化-铁白云石化、锰方解石化-锰白云石化）为成岩成矿系统远端相标志。①铁白云石-菱铁矿蚀变岩相、铁方解石-铁白云石蚀变岩相一般为在先存脆性断裂带中，热液充填作用形成的构造岩相学类型，以铁白云石-菱铁矿-铁方解石矿物组合为特征，揭示了强还原偏碱性的地球化学岩相学类型。②铁锰碳酸盐化硅化蚀变岩相以先存断裂带为前提，指示了构造减压作用导致两类成矿热液发生混合作用，形成铜金银成矿物质卸载沉淀、扩容构造储矿构造环境和构造样式。③铁锰碳酸盐化热液角砾岩相可能在构造减压沸腾或成岩成矿流体内压力较大，形成热液角砾岩化相，揭示为构造-流体-围岩多重耦合结构，属于顶端相（远端相）热液蚀变体系中心部位的构造岩相学标志。④铁锰碳酸盐化蚀变相多为顶部相的构造岩相学标志，形成铁锰碳酸盐化角砾岩带和铁锰碳酸盐化蚀变脉带，主要为金银铜富集成矿的构造岩相学指标。受断裂-裂隙构造控制明显，一般分布在脆韧性剪切带和脆性断裂带中，地球化学岩相学为开放体系中强还原偏碱性环境，如智利月亮山和GV地区IOCG矿床、贝多卡铜银金矿床等。

在智利侏罗纪-白垩纪弧前盆地和弧后盆地内，在盆地改造期形成了铁锰碳酸盐化蚀变相，它们为智利曼陀型（火山-沉积型）铜银金矿床内小型储矿构造的构造岩相学特征。①铁锰碳酸盐化蚀变相为盆地流体形成的构造流体蚀变岩相，其物质组成为铁锰方解石细脉-网脉带、铁锰白云石细脉-网脉带、铁锰碳酸盐化-硅化细脉-网脉带和盆地液压致裂角砾岩类。②细脉-细网脉铁锰碳酸盐化蚀变和铁锰碳酸盐化-硅化受脆韧性剪切带和脆性断裂带控制明显，与碎裂岩化相共生，常为碎裂岩化相内节理和裂隙内热液充填物，形成了受断裂带控制的构造岩相带，指示了盆地流体运移构造通道相。③铁锰碳酸盐化蚀变与碎裂岩化-盆地流体角砾岩化相共生，常为热液角砾岩化相内热液胶结物，构成了盆地热流体角砾岩相系，它们具有构造流体角砾岩构造系统物质组成和构造岩相学特征。

3. 氧化-还原成岩相系与相类型

以成岩过程中氧化-还原地球化学岩相学作用为主要特征，可以划分为氧化成岩相系、氧化-还原成岩相系、还原成岩相系三种不同相系。

（1）同生沉积成岩作用为主的氧化成岩相系有五种主要相类型，分别为紫红色赤铁矿质氧化成岩相、灰色-灰黑色氧化锰质氧化成岩相、重晶石氧化成岩相、天青石氧化成岩相和石膏质氧化成岩相。在蚀变岩区和火山岩区内，以赤铁矿相、明矾石相、重晶石相和天青石相、锰氧化物相、铜氧化物相（赤铜矿-氯铜矿等）等标志矿物相为氧化地球化学相确定的依据：①在蚀变岩和蚀变火山岩区进行成岩相类型恢复，以标志矿物相为依据进行厘定，如赤铁矿相为青磐岩化和钠长石化蚀变区标志矿物相，赤铁矿青磐岩化蚀变相、绿泥石绿帘石赤铁矿相、绿帘石-赤铁矿相和钠长石-赤铁矿相等，均为氧化地球化学相类型确定标志。②在智利新近纪弧前山间盆地内，Mina Sur 和 Huinquintipa（异地铜矿）砂砾岩型铜矿床发育氧化地球化学相，铜工业矿物为副氯铜矿-氯铜矿（内带）、硅孔雀石-孔雀石-蓝铜矿（中带）和含铜铁锰氧化物（外带），这些表生富集成矿作用形成铜工业矿物，呈胶结物形式分布在河流相粗砾岩和盐沼潟湖相砂砾岩内。

（2）在氧化-还原成岩相系存在氧化成岩相与还原成岩相共存的非平衡相态，它们是氧化-还原地球化学相非平衡相分异作用或相耦合界面直接岩相学记录，也是典型氧化-还原作用导致物质聚沉的非等化学位相耦合反应界面物质记录，如碳酸盐岩层内的硫酸盐热化学还原作用（TSR）就是典型的氧化-还原成岩相。TSR 是导致高含硫化氢天然气生成和聚集、碳酸岩盐储层酸化和溶蚀的重要因素，也是沉积盆地内水-岩-烃类流体之间耦合反应结果。碳酸盐岩层富含干酪根热降解生成气态烃，与硫酸盐接触后发生热化学还原反应，热化学还原反应最低反应温度主要集中在 100～180℃；气态烃和硫酸盐是热化学还原反应的主要反应物；硫化氢、水、二氧化碳和碳酸盐、金属硫化物是主要产物，也是油气资源与金属矿产协同成岩成矿作用结果。

（3）还原成岩相系主要相类型包括富氢气型还原成岩相、富氮气型还原成岩相、富有机质型还原成岩相、富 H_2S 型还原成岩相、富 $Fe\text{-}Mn\text{-}Mg\text{-}Ca\text{-}CO_2$ 型还原成岩相、富硫化物型还原成岩相，它们为主要还原地球化学相类型。

在气侵作用与气相还原地球化学相作用过程中，由于气相成分多为瞬态或中间过渡相态成分，气相还原地球化学相作用主要记录在矿物包裹体和气体成分内。在新疆萨热克砂砾岩型铜多金属矿床内：①石英包裹体内发育 CO_2 型、CH_4 型、N_2 型、H_2S 型、$N_2\text{-}CH_4$ 型、$N_2\text{-}CO_2$ 型、$N_2\text{-}CH_4\text{-}CO_2$ 型和 $N_2\text{-}CH_4\text{-}H_2O$ 型等气相包裹体，它们分别为富氮气型还原成岩相、CH_4 型富烃类还原成岩相、CO_2 型还原成岩相和富 H_2S 型还原成岩相等不同地球化学岩相学记录。含烃盐水、液烃、气烃液烃、轻质油、沥青、CH_4 型气相包裹体，均归集为富烃类流体还原成岩相。N_2 型、H_2S 型、$N_2\text{-}CH_4$ 型和 $N_2\text{-}CO_2$ 型等气相包裹体归集为非烃类还原性成岩相。N_2-CH_4-CO_2 型和 N_2-CH_4-H_2O 型等气相包裹体归集为富烃类-非烃类混合还原性成岩相。总之，它们均具有还原成岩相的地球化学岩相学物质组成特征。②富氮气型还原成岩相独立存在，具有特殊意义，N_2具有较强地球化学还原相作用，煤层在遭受构造-热事件和构造-岩浆-热事件后，形成煤层气具有 CH_4-N_2-CO_2 型特征（郝国强等，2013），属典型地球化学还原相气体。冶金实验也证明惰性气体 N_2具有还原作用，N_2不但有助于还原铜渣中 Fe_3O_4（王冲等，2014），而且有助于将胶质黄铁矿还原为磁黄铁矿（李平等，2013）。塔里木叠合盆地天然气中氮气具有三种来源，油型天然气中 N_2 和煤型天然气中 N_2，与烃类流体具有同源特征。烃源岩在成熟、高成熟和过成熟阶段均能形成 N_2，塔西阿克莫木气田天然气中 N_2，除了来自高-过成熟阶段烃源岩热氨化过程外，还存在较为明显的幔源 N_2混入（李谨等，2013），暗示塔西地区 N_2具有多源性特征。萨热克地区硫和碳同位素示踪研究，揭示烃类流体主要来自下伏侏罗系煤系烃源岩，推测石英包裹体内氮气来自煤系烃源岩，随烃类流体运移到库孜贡苏组储集相体层内。③富氢型流体还原成岩相主要为沉积盆地内源型和沉积盆地深部异源型气相氢和富氢流体气侵还原成岩作用。深部异源型气相氢和富氢流体气侵作用主要与深部岩浆侵入活动和幔型断裂带气侵作用有关。气相氢和富氢流体具有较强的成矿物质搬运能力，也是地幔流体主要成分之一（杜乐天，1989；郑大中和郑若锋，2004；杜乐天和欧光习，2007）。实验研究证明超基性岩-基性岩在蛇纹石化蚀变过程中，形成 H_2-CO_2-CH_4型共生气相流体（黄瑞芳等，2013，2015；张雪彤等，2017），来自地幔的气相氢和富氢流体对油气资源形成具有特殊作用（杨雷和金之钧，2001；李玉宏等，2007；杜乐天等，2015）。煤岩、煤系烃源岩、油型天然气和煤型天然气中气相氢和富氢流体等，属盆地内源型富氢流体。煤系烃源岩和煤层自燃、构造煤岩、盆内岩浆侵入活动等，均能使煤岩和煤系烃源岩形成气相 H_2和富氢流体（H_2-CO_2-CH_4型等），而且 H_2-CO_2型非烃类流体与 CH_4型烃类流体共生（周强等，2006；琚宜文等，2014），它们为内源型富氢型流体还原成岩相的主要物质特征。在盆地改造期，构造-热事件造成了油气藏破坏，油气耗散作用（刘池洋等，2006；吴柏林等，2014）形成了铀矿床和大规模褪色化蚀变相系。萨热克砂砾岩型铜多金属矿区和乌拉根砂砾岩型天青石-铅锌矿区，发育大规模褪色化蚀变相，与富烃类还原性流体和富 N_2-H_2-CO_2-H_2S 非烃类流体大规模气侵还原性蚀变作用有十分密切的关系，导致大量 Fe^{3+}被还原为 Fe^{2+}形成褪色化-灰色化蚀变，属还原成岩相。现代煤层自燃作用仍会形成富氢气型流体，对于铁氧化物和铜氧化物相，具较强的表生还原成岩作用，如砂岩型铜矿床内自然铜和赤铜矿等的形成，推测与气相 H_2还原作用相关。

4. 酸碱耦合反应成岩相系与相类型

酸碱耦合反应界面成岩相系为酸性-碱性地球化学相耦合反应导致化学聚沉作用所形成。在酸碱耦合反应成岩相系内，碳酸盐岩内热水岩溶作用为典型酸碱耦合反应界面成岩相系，如贵州晴隆大厂锑-萤石-黄铁矿-金矿田内，茅口组结晶灰岩-生物碎屑灰岩顶面发育硅质热液角砾岩相系，云南东川小溜口岩组白云质灰岩顶面古喀斯特和古风化壳发育，以复合热液角砾岩相系为铜金银钴综合矿体主要储矿构造岩相学类型；在新疆乌拉根砂砾岩型天青石-铅锌矿田内，古近系阿尔塔什组白云质角砾岩和白云质结晶灰岩中，发育气成高温相氧化态酸性地球化学相作用，形成热水岩溶白云质角砾岩，它们为典型酸碱耦合反应形成的成岩相系（复合热液角砾岩相系）和相类型。

5. 化学溶蚀–充填成岩相系与相类型

以酸性、碱性、酸碱反应的地球化学相作用为主要特征，化学溶蚀–充填成岩相系可进一步划分为碱性化学溶蚀–充填成岩相、酸性化学溶蚀–充填成岩相、酸碱反应–溶蚀–充填成岩相和水–岩–烃–流体–气相等多重耦合反应相四种主要相类型。

（1）碱性化学溶蚀–充填成岩相。主要为碱性流体溶蚀–充填作用所形成。如在海拉尔油气田内，发育幔源气藏和碱性地幔流体交代作用，形成了碱性化学溶蚀–充填成岩相，以碱性蚀变成岩相和大量热液溶蚀孔隙为储层特征，发育柯绿泥石化、钠长石化、钠板石化、碳钠铝石化、蒙脱石化、方沸石化、片钠铝石化、绿磷石、铈褐帘石和铁绿泥石等碱性蚀变相。在碱性成岩环境中，形成了铁方解石、铁白云石、菱铁矿等铁碳酸盐胶结，碎屑高岭石和自生高岭石–迪开石发生大量溶解等岩相（沈光政等，2006；董林森等，2011；孙先达等，2013）。

（2）酸性化学溶蚀–充填成岩相。在碳酸盐岩中较为发育，在富含有机酸流体或无机酸流体作用下，碳酸盐岩发生热液岩溶作用而形成大量扩容性裂隙和溶洞，充填酸性成岩环境中形成的热液充填物和热液角砾岩等，如贵州晴隆大厂金–萤石–锑矿田内，茅口组碳酸盐岩顶面不但发育古岩溶构造，且火山热水岩溶作用强烈，硅化蚀变岩、硅化热液角砾岩、萤石岩（脉）、石膏岩（脉）、黄铁矿岩和重晶石–萤石热液角砾岩等较为发育，局部呈上大下小的漏斗状，为典型酸性化学溶蚀–充填成岩相。

（3）酸碱反应–溶蚀–充填成岩相。在酸性地球化学岩相学和碱性地球化学岩相学相互作用界面，因强烈酸碱地球化学岩相学作用，形成了酸性–碱性地球化学相耦合反应界面，导致在碱性成岩环境和酸性成岩坏境内发生了酸碱反应、化学溶蚀和物理性充填等作用，形成了成岩成矿物质聚沉和同沉淀共存富集，它们为酸碱反应–溶蚀–充填成岩相。在云南东川新太古代–古元古代小溜口岩组顶面发育古风化壳和复合热液角砾岩构造系统，小溜口岩组顶面古喀斯特内，形成了巨晶状方解石铁白云石岩（碱性成岩相）、黄铜矿硅化铁白云石岩和黄铜矿硅化铁白云石热液角砾岩（酸碱反应–溶蚀–充填成岩相）；在岩溶裂隙带内充填方解石黄铁矿脉带、方解石黄铜矿黄铁矿脉、黄铜矿黄铁矿脉和钴黄铁矿脉等组成的酸性化学溶蚀–充填成岩相。

（4）水–岩–烃–流体–气相等多重耦合反应相（如地下水溶蚀、流体混合、流体溶蚀、流体沸腾作用）。在早期沉积成岩过程中，盆地流体参与成岩作用，因地下水溶蚀、流体混合溶蚀和流体沸腾作用等，在特定深度范围内形成了水–岩–（烃类）流体耦合反应相界面作用，如在地下水的含水层内，不但可以形成地下水化学溶蚀层，也因该层内亦为流体混合层（地下水渗流与盆地流体混合）形成溶蚀孔隙，流体混合导致矿质沉淀等耦合反应形成相界面。在前压实成岩作用区，因孔隙释压作用，低温流体沸腾作用也具有显著的热液充填–胶结成岩作用。火山岩区对于金属成矿与油气成藏具有类似的水–岩–烃类流体多重耦合反应，需要将微观尺度下火山岩成岩作用和成岩演化研究，与宏观尺度上盆地构造–埋藏热史–烃类充注过程地质演化背景相结合，建立与盆地构造演化史–埋藏热史–烃类充注史相应的火山岩储层的成岩–孔隙时空演化动态过程，从而实现火山岩成岩演化在空间–时间–物质上的定量化描述（罗静兰等，2013）。

6. 同生断裂带–热化学反应界面相系与相类型

同生断裂带为金属成矿盆地主要盆内同生构造样式，也是控制热水沉积岩相和火山热水沉积岩相系的主控因素，它们不但是各类成矿成藏流体运移和输送的构造通道系统，在沉积盆地内同生断裂带发育部位，也是十分重要的成矿成藏中心相，成矿成藏场所常围绕同生断裂形成同心圆状、椭圆状或带状拓扑学结构，以热水沉积岩相和火山热水沉积岩相系垂向相序分带和水平相序分带为典型特征，对于恢复热水沉积成岩成矿系统和构造岩相学找矿预测具有较大作用。

7. 标型成岩矿物相系及矿物地球化学岩相学指示意义

在沉积盆地内，单矿物岩和标志性矿物为主的岩石类型中，研究不同的标型成岩矿物组合，有助于恢复成岩相系的地球化学岩相学类型：①石膏–硬石膏相、重晶石–重晶石岩相、天青石–天青石岩相、明矾石–明矾石岩、萤石–萤石岩等，指示了高氧化态的强酸性地球化学相（酸性成岩相）。②天然碱（碳氢钠石）、碳氢钠石–碳酸钠钙石、片钠铝石、碳酸盐型卤水等，指示了高氧化态的碱性地球化学相（碱性成岩相）；在碱性成岩环境下，以方解石和白云石等碳酸盐胶结物为主，菱铁矿和白云石等标型成岩矿物相，石英多发生溶蚀作用。③高岭石–绢云母相指示了酸性成岩相。

在标型成岩矿物相系内，标型成岩矿物相可以用来恢复不同成岩温度相、古地温场和异常古地温场结构、压力相和构造侧向挤压应力场、盆地流体排泄场等，如：①石膏–硬石膏相相变规律，结合矿物包裹体测温和测压等矿物地球化学岩相学研究，可以揭示埋深压实成岩作用和构造侧向挤压成岩作用，恢复盆地流体排泄场；②多水高岭石–伊利石–绢云母相系列与矿物地球化学岩相学研究，有助于揭示埋深压实成岩作用和构造侧向挤压成岩作用，恢复盆地流体排泄场；③结合矿物包裹体等地球化学岩相学和矿物地球化学岩相学研究，根据不同类型的绿泥石成岩相，可恢复古地温场和异常古地温场结构、估算古地温场热通量、厘定构造–热事件和盆内构造–岩浆–热事件等。

1.4.3　沉积盆地改造变形史与构造–热事件序列结构

在盆地构造变形样式与构造–热事件和构造岩相学特征上，已识别出的构造岩相学空间拓扑学结构模式主要有 6 种类型，尚有新类型构造样式待研究。

（1）盆地单边式盆缘变形带型一般为盆山耦合转换带，在山前盆地和前陆盆地中较为发育。构造组合为冲断层+冲断褶皱带+断层相关褶皱。同构造期热事件一般集中在盆地边缘构造变形带内，随着递进构造变形相带逐渐发育，紧邻造山带前缘构造变形强度大，构造流体运移规模较强，构造运动和盆地流体具有定向性运移规律，流体圈闭构造为断褶带和断层相关褶皱带、劈理化相带、片理化相带和碎裂岩化相带，以构造裂隙储集相体层为主，如新疆乌鲁克恰提中新生代沉积盆地西侧，为东阿莱山冲断褶皱带。

（2）盆地双边式盆地变形带型一般为对冲式厚皮型逆冲推覆构造系统所形成，在山间盆地、后陆盆地和背驮式盆地中较为发育，为盆地→造山带转换镶嵌过程中形成的构造组合。变形的沉积盆地为造山带流体大规模运移的圈闭构造，储集相体层为碎裂岩化相、劈理化相带和劈理化相带、热液角砾岩化相带等，如新疆萨热克巴依次级盆地内构造变形样式和构造组合（方维萱，2018；方维萱等，2018a）。

（3）盆地整体递进变形型一般发育在盆山镶嵌构造区内，从盆地内部到卷入造山带核部，褶皱群落具有显著的构造样式分带，盆内中心变形带为宽缓褶皱+直立褶皱，盆地内变形带为断褶带+斜歪褶皱群落，盆地边缘为冲断褶皱带和逆冲推覆构造系统，如云南楚雄中新生代沉积盆地构造变形，形成了白垩系裙边式复式褶皱构造系统。

（4）定向迁移式盆山转换带和冲断褶皱带型一般位于盆山耦合转换镶嵌构造区内，常是两大板块构造边缘过渡部位。随着脉动式递进造山作用发展和陆内断块作用等差异抬升和沉降构造作用相伴形成，在造山带之前形成前陆盆地和新生陆内山前盆地（非经典的前陆盆地系统）。造山带不断增生并将相邻前陆盆地和新生陆内山前盆地卷入复合造山带前缘，形成了盆内构造变形系统；同时，陆内山前盆地发生迁移而形成新生的沉降中心和沉积中心（被称为再生前陆盆地）。以新疆库车-拜城中-新生代陆内沉积盆地和构造变形最为典型，因复合造山带将沉积盆地卷入造山带外缘，形成了大规模构造的生排烃事件，冲断褶皱带为盆地流体大规模运移驱动力和圈闭构造系统。山前冲断褶皱带、前展式薄皮型冲断褶皱带、厚皮型逆冲推覆构造系统、盐底辟构造系统等为主要构造组合，以发育NE向和NW向陆内斜冲走滑转换断裂带为特殊构造样式和构造组合，它们与近EW向断褶带具有斜交或正交拓扑学结构，同时，也缺乏岩浆侵入构造系统。

（5）弧形楔入盆山转换带和冲断褶皱带型一般位于盆山原耦合转换区内，为典型的盆山原镶嵌构造区内的构造组合。以塔西南-乌恰-萨哈尔中-新生代沉积盆地最为典型，在帕米尔高原北缘正向突刺作用下，形成了一系列弧形北向南倾的冲断褶皱带。同时，受西南天山反向作用，形成了一系列南向北倾的冲断褶皱带。经过强烈盆地构造变形作用，塔西地区完全镶嵌在帕米尔高原与西南天山复合造山带之中。但目前对于这种盆山原镶嵌构造区内的构造变形样式、构造组合和构造-热事件序列结构等研究还不够深入。

（6）陆内斜冲走滑转换构造带型一般位于陆内造山带边缘部位，同时，这些部位也是陆内断块构造边缘或盆山过渡部位。因陆内挤压构造以正向和斜向应力场交切，在古老刚性地块边缘效应下，挤压应力场转变为持续稳定的走滑应力场，形成大规模陆内斜冲走滑转换构造带，如康滇断块东侧个旧-小江-鲜水河陆内斜冲走滑转换构造带、大兴安岭中北段陆内斜冲走滑构造带、NE向阿尔金山脉、NW向山区阿尔泰-戈壁阿尔泰等，均为大型陆内斜冲走滑转换构造带。它们具有显著的区域构造和构造组合分带性：①在盆地基底构造层-古老刚性地块内，以挤压造山隆升作用为主，深部韧性剪切带常被抬升到地表浅部，发育挤压性斜冲走滑脆韧性剪切带，为大型造山型金矿床形成的有利成矿地质条件，蚀变糜棱岩化相和蚀变千糜岩相、碎裂岩化相等，为造山带中成矿流体储集相体层。②在盆地基底构造层-古老刚性地块边缘效应下，发育大型陆内斜冲走滑转换构造带，沿断裂带形成小型拉分断陷盆地，为地震和地质灾害易发区。③在沉积盆地区发育冲断褶皱带，发育张剪性结构面（碎裂岩化相）和张剪性断裂带，褶皱群落轴向与主陆内斜冲走滑转换构造带多呈斜交关系，并形成系列轴向一致的褶皱群落，如小江陆内斜冲走滑转换构造带东侧古生代和新生代地层中，发育一系列NE向褶皱群落；在新疆NW向喀拉玉尔滚陆内斜冲走滑转换构造带东侧，分布一系列轴向为近EW向褶皱群落，它们均指示了斜冲走滑构造带的区域运动学方向，同时，也是大规模盆地流体和成矿流体的圈闭构造。④在陆内斜冲走滑转换构造带的较新地层区侧，形成旋转构造区，断裂–褶皱带整体呈现旋涡运动，它们也是盆地流体和成矿流体大型圈闭构造。

在以上构造变形–热事件过程中，以盆地构造变形作用为主，缺乏规模性的岩浆侵入事件，仅局部可能存在盆地改造期构造–热事件成岩作用与相系类型。与盆地改造期构造–热事件成岩作用有关主要有 6 类构造–热事件改造成岩相系，分别为构造压实固结成岩相系与微裂缝相、节理–裂隙–劈理化成岩相系、碎裂岩–碎裂岩化相系、碎斑岩化相–角砾岩化相系、初糜棱岩化相–热流体角砾岩化相系、糜棱岩相系和蚀变糜棱岩相系，它们为构造应力和热力改造成岩作用不断增加过程中所形成的相系，同时伴随构造热流体作用不断增强。盆地改造期构造–热事件成岩作用与相系类型，与盆地改造期构造–热事件场结构和构造–热事件序列有密切关系：①在单一构造–热事件形成过程中，构造岩相学侧向相序结构和分带规律能够揭示构造–热事件场热结构和构造应力场分布规律。如塔西地区中–新生代陆内沉积盆地内，从沉积盆地中心到相邻造山带，构造岩相学侧向相序结构为固结压实成岩相系→节理–裂隙–劈理化成岩相系→碎裂岩–碎裂岩化相系→碎斑岩化相–角砾岩化相系→初糜棱岩化相–热流角砾岩化相系→糜棱岩相系，揭示了从沉积盆地至造山带耦合转换带内，具有构造变形强度不断增加的构造应力场特征；同时，构造–热事件形成古地温场不断增温和构造–热流体作用不断增强的构造岩相学过程和相变模式。②在盆地改造期内，多期次构造–热事件叠加改造成岩作用，可形成两期以上构造–热事件改造成岩事件序列，一般均需要进行构造岩相学变形筛分，建立构造事件序列与构造–热事件序列。③在盆内构造–岩浆–热事件作用过程中，以侵入岩体为中心，形成盆内构造–岩浆–热事件叠加成岩作用，随着远离侵入岩体，也形成同期区域构造–热事件改造成岩作用。但在盆地岩浆叠加期形成侵入岩体尚未剥蚀出露地表的情况下，现今观测到构造岩相学特征主要为构造–热事件改造相系，需要结合深部构造岩相学填图、地球物理深部探测和地球化学岩相学综合研究等，进行系统综合分析研究，寻找隐伏岩浆侵入构造系统和隐伏成岩成矿中心。

1. 构造压实固结成岩相系与微裂缝相

构造压实成岩相系以发育微裂隙–微裂缝、节理–裂隙等构造样式为特征，按照构造样式和构造变形作用强度，进行构造成岩相系划分。构造成岩相系主要控制因素如下。

（1）构造成岩作用在盆山原耦合转换构造带和盆→山转换构造带内十分发育。在沉积盆地边缘与相邻造山带的构造转换带内（如前陆冲断褶皱带等），沉积物在埋深压实成岩作用和构造侧向挤压的压实成岩作用等双重作用下，形成了构造压实固结成岩相系。在沉积盆地边缘沉积物发育区，构造侧向挤压或埋深压实的初始成岩作用较强，以沉积物压实、孔隙度减小、流体排泄、体积缩小等构造成岩作用为主。富水沉积物和矿物类（如黏土矿物和石膏等）发生脱水作用；泥质胶结物、赤铁矿和褐铁矿等铁质胶结物、有机质胶结物等细粒–胶体类胶结物发生压实成岩和脱水反应。在构造侧向挤压压实固结成岩相系内以发育微裂缝相和微裂隙相为主要特点。构造成岩相系是识别盆山原和盆→山转换构造带的构造岩相学标志。

（2）构造成岩作用发育于盆地反转构造带内。在盆缘同生断裂带的构造正反转作用包括由伸展作用反转为挤压作用、从走滑拉分断陷成盆作用反转为挤压走滑变形作用等，如新疆萨热克巴依盆地在中侏罗世末期，从拉分断陷成盆转变为挤压走滑作用为主导，在构造侧向挤压作用形成构造应力压实固结成岩作用区微裂隙系统，随着构造侧向挤压应力不断增加，发育断层传播褶皱带。在断裂挤压变形-传播褶皱带内，构造侧向挤压和褶皱作用导致富水沉积物和黏土矿物类、泥质和铁质胶结物等发生了构造压实固结成岩作用，形成了构造流体排泄作用、煤系烃源岩内构造生排烃作用。在萨热克砂砾岩型铜多金属矿床北侧区域，在中侏罗世末—晚侏罗世初盆地正反转构造作用下，莎里塔什组、康苏组、杨叶组、塔尔尕组下段等地层内，形成了小型褶皱、层间褶皱和构造侧向挤压成岩作用，煤系烃源岩生排烃作用较强。在中-下侏罗统内发育碎裂岩化相、层间裂隙相带和层间褶皱带，它们为盆地反转构造期形成的构造压实固结成岩相系。

（3）在盆→山转换过程和盆地构造变形期，在前陆冲断褶皱带和逆冲断裂-断层相关褶皱带内发育构造成岩作用。在盆地卷入造山带的外缘带（盆→山转换带）、盆缘前陆冲断褶皱带、盆内逆冲断裂和断层相关褶皱带、断层传播褶皱带等构造侧向挤压强烈变形带内，形成盆地超压流体、构造-热流体角砾岩化相、微裂隙相和微裂缝相等多种变形构造型相和构造-热流体岩相，也是煤-铀-天然气-金属矿等多种矿产同盆共存富集成矿区域，如库车拗陷北部克拉苏-依奇克里克构造带，为南天山造山带南侧前陆冲断褶皱带发育部位，在大北-克深地区已发现了大北气田、克深 22 气藏和克深 5 气藏等盐下超深层千亿立方米级大型天然气藏，下白垩统巴什基奇克组为超深层致密砂岩储层，埋深超过 6200m，最深约 8000m。研究揭示（邹华耀等，2005；王珂等，2017；杨海军等，2018），前陆逆冲带具有异常高压、构造圈闭发育和成藏条件复杂特点，该区域特大型气藏形成于超压流体主排放通道上。在逆冲断裂强烈构造挤压作用下，古近系膏泥岩/盐岩封闭层因塑性流动变薄并发育断裂，成为超压流体排放的主要通道，也是超压流体主排放通道和天然气垂向运移的主要途径。下部烃源岩层系内天然气不断地向上部白垩系储层运移。超压流体排放有助于形成溶蚀孔隙而改善储层物性，超压流体主排放通道对该区天然气成藏具有控制作用。前陆逆冲带构造挤压作用有利于构造裂缝的形成，两组构造裂缝为近 EW 向高角度的张性裂缝、近 SN 向直立的剪切裂缝，前者充填率相对较高，后者多数未被充填；微观构造裂缝多为穿粒缝，缝宽 10 ~ 100μm。三期构造裂隙形成于白垩纪、古近纪、新近纪-第四纪，第 3 期构造裂缝为区域工业规模气藏形成的关键因素。构造裂缝对天然气储层改造成岩作用表现为 3 个方面：①构造裂缝直接提高了储层渗透率，沿构造裂缝发生溶蚀作用有效改善孔喉结构，早期充填裂缝仍可作为有效渗流通道；②背斜高部位为张性和张剪性裂缝形成较为有利区，也是构造裂缝渗透率高值区和天然气富集高产区；③网状及垂向开启缝与储层基质孔喉高效沟通，促进了天然气产量高产和稳产。

（4）在盆地深部构造应力转换层、构造侧向挤压应力与强流变岩层耦合转换等构造应力-流体-岩石多重耦合的远程传输机理下，特殊的构造-热流体成岩作用强烈，构造-热流体形成底辟构造和盐底辟构造。在区域性构造侧向挤压收缩体制下，在沉积盆地内部构造流体-软弱岩层垂向上涌，形成了构造侧向挤压传输与构造-流体垂向转换区域应力场，初期盆内塑性流动和盆内流体垂向上涌，盐底辟构造作用为主导；晚期以逆冲推覆构造作用为主导，形成构造-流体转换作用下的构造侧向挤压成岩相系，如在库车-拜城地区秋里塔格冲断褶皱带西段发育盐构造系统（汪新等，2009；余一欣等，2007；程海艳，2014；赵孟军等，2015），古新世-始新世厚层膏盐岩和含膏泥岩在压实重力作用下发生塑性流动，形成了却勒盐丘和吐孜玛扎盐墙等盐底辟构造；在上新世晚期强烈区域挤压应力场下，大规模逆冲推覆构造作用形成底辟型盐墙和喷出型盐席，发育整合型米斯坎塔克盐背斜和大宛齐盐枕。滴水砂岩型铜矿床与却勒盐推覆构造和整合型米斯坎塔克盐背斜密切相关。在云南东川-易门沉积岩型铜矿集区内，发育岩浆热底辟构造、构造热流体型和构造角砾岩型底辟构造，它们具有十分显著的构造岩相学特征和构造成岩成矿机制，易门凤山式铜矿床受刺穿构造岩相体控制（韩润生等，2011；王雷等，2014）。因此，构造-热流体底辟构造和盐底辟构造与油气矿产-煤-铀-金属矿-非金属矿同盆共存富集规律和协同成矿成藏机理是今后主要的研究方向。

2. 节理-裂隙-劈理化成岩相系

在沉积盆地构造变形带内，当沉积物和沉积岩达到一定压实作用或有外界构造作用协同时，产生显著破裂，发育了节理-裂隙（裂缝）-劈理化带等构造成岩相系，表现为：①这些构造扩容空间（节理-裂隙-劈理带）为成岩期间的流体排泄通道，呈充填-半充填等分布有侧分泌作用形成的内源性构造热液脉体；②节理-裂隙-劈理化成岩相为外源性热流体充填-半充填状态，其节理-裂隙-劈理化成岩相发育程度和分布区域，指示了沉积盆地内外源性热流体形成叠加成岩作用空间位置和叠加强度；③节理-裂隙-劈理化成岩相中，因内源性热流体和外源性热流体耦合作用，发生了较大规模的水岩反应，具有显著的化学成岩作用，为识别构造-热事件与地球化学岩相学反应界面的标志。例如，新疆乌拉根砂砾岩型铅锌矿床北侧康苏-前进煤矿带，在中侏罗世杨叶期末形成了前陆冲断褶皱带，以南向北倾的冲断褶皱带为主体特征，形成了构造片岩相、构造劈理化相、节理-裂隙化相等成岩相系。在层间滑动构造面上分布碎裂状煤岩和初糜棱岩相煤岩，煤岩呈S型、S-L型、透镜状、脉状和网脉状。前陆冲断褶皱带的构造侧向挤压驱动力造成杨叶组煤系烃源岩发生了构造生排烃事件，这些节理-裂隙-劈理化成岩相系，为盆地内源性烃类流体提供了大规模的南向运移的构造通道。

3. 碎裂岩-碎裂岩化相系

该相系主要沿沉积盆地内逆冲断裂和断层相关褶皱带呈切层和顺层分布，在褶皱群落内层间滑动构造带内呈似层状相体。碎裂岩化相是原岩在较强的应力作用下破碎而形成的，碎裂岩化相内粒化作用仅发生在矿物颗粒的边缘，因而颗粒间的相对位移不大，原岩的特征一部分被保存下来。按碎斑与基质含量比例，可将碎裂岩分为3种类型：①初碎裂岩，基质占10%~50%；②碎裂岩，基质占50%~90%，主要粒级在0.5~1.0mm；③超碎裂岩，基质为90%~100%，主要粒级小于0.1mm。碎裂岩化相由初碎裂岩、碎裂岩和超碎裂岩等组成，它们是岩石经过碎裂岩化构造变形后形成的构造岩类，以碎裂结构特征命名岩石类型，如碎裂状泥岩、碎裂状粉砂岩、强碎裂状粗砾岩等。针对不同岩石类型进行建相研究后，确定碎裂岩化相和碎裂岩化相强度识别标志，如在海南省儋州市丰收钨铯铷多金属矿区，根据角岩类中裂隙类型和裂隙密度等，碎裂岩化相划分为4种类型：①强碎裂岩化角岩（裂隙密度>100条/m）；②中碎裂岩化角岩（裂隙密度50~100条/m）；

③弱碎裂岩化角岩（裂隙密度<50 条/m），它们组成了碎裂岩化相独立填图单元；④角岩（无碎裂岩化）（裂隙密度<0.1 条/m）。新疆萨热克铜多金属矿区碎裂岩化相划分为 4 种类型：①强碎裂岩化杂砾岩（裂隙密度>5 条/m）；②中碎裂岩化杂砾岩（裂隙密度 1 ~ 5 条/m）；③弱碎裂岩化杂砾岩（裂隙密度<1 条/m）；④紫红色铁质杂砾岩（无碎裂岩化）（裂隙密度<0.01 条/m）。

4. 碎斑岩化相-角砾岩化相系

碎斑岩化相-角砾岩化相为多期次碎裂岩化相叠加作用或多组构造应力场叠加变形所形成的构造岩相学类型，它们在沉积盆地呈似层状构造岩相体，多为层间滑脱构造岩相带，或呈切层构造岩相体受断裂带控制。碎斑岩化相和角砾岩化相分布在断裂带内、层间滑动构造带和层间滑脱构造带产状变化部位、层间滑脱构造与切层断裂交汇部位等，这些部位是构造应力与热流体强烈耦合部位。在乌拉根-康西砂砾岩型天青石-铅锌成矿带内，在下白垩统克孜勒苏群顶部与古近系阿尔塔什组底部发育层间滑脱构造带、碎斑岩化相和构造-热流体角砾岩相带，为层间滑脱构造带形成的构造-热流体-热事件所形成。

碎斑岩化相以发育大型和小型碎斑构造、S-L 构造透镜体、网状节理-裂隙-劈理化相为特征，按照构造应力作用和构造-热流体作用参与程度，可以划分为构造碎斑岩化相和构造-热流体碎斑岩化相两类端元构造岩相体，其间为二者的过渡类型。构造碎斑岩化相：主要以多期次和不同构造应力场下岩石发生机械构造破碎作用为主，填隙物和胶结物与原岩成分相似，缺少同构造期或构造期后热液胶结物充填。构造-热流体碎斑岩化相：主要在多期次和不同构造应力场下岩石发生机械构造破碎作用，伴随同构造期或构造期后的强烈热液充填-交代作用，填隙物和胶结物主要为热液胶结物，含有部分原岩成分。在构造岩相学变形筛分上，构造-热事件可为同构造期的构造-热事件，但也可能构造破碎事件先期形成，构造期后发生了热流体充填-交代作用。

根据角砾和胶结物类型与特征、构造-热流体耦合结构，角砾岩化相可划分为断裂角砾岩相、热液角砾岩相、构造-热液角砾岩化相三类。根据角砾变形特征、构造岩相学结构面、断层力学特征等，可以划分为压性角砾岩相、压剪性角砾岩相、张性角砾岩相、张剪性角砾岩相等，揭示构造动力学为确定构造应力场规律提供依据。

5. 初糜棱岩化相-热流体角砾岩化相系

在挤压型脆韧性剪切带和滑脱型脆韧性剪切带内，初糜棱岩化相和热流体角砾岩化相系较为发育，它们分布在沉积盆地强构造变形带内，一般为盆→山转换构造带蚀变标志。例如，在元古宙—中生代沉积盆地内较为发育，在塔西中-新生代陆内沉积盆地内，在古生代盆地上基底构造层（志留系—二叠系）和中元古代盆地下基底构造层（中元古代阿克苏岩群）内发育初糜棱岩化相-热流角砾岩化相系，如萨热克巴依中生代陆内拉分断陷盆地南侧，盆地下基底构造层阿克苏岩群逆冲于侏罗系之上，脆韧性剪切带为绢英质初糜棱岩、碳酸盐质初糜棱岩和绿泥石透闪石初糜棱岩，它们组成了初糜棱岩化相带，为萨热克南逆冲推覆构造系统的前锋带。盆地北侧石炭系为盆地上基底构造层，发育滑脱型脆韧性剪切带，绢英质初糜棱岩和压剪性热液角砾岩相为造山型金矿赋存相体。

在陕西凤县-太白地区双王-八卦庙含金脆韧性剪切带、陕西凤县八卦庙含金脆韧性剪切带内，近水平分层剪切变形构造样式［DS1（D-S_0//S_1）］（DS 为变形事件序列，D 为泥盆系，S_0为沉积层理面，S_1为第一期构造置换面理，下同）发育在泥盆系泥质岩层中，为初糜棱岩化相特征，构造成岩作用和构造样式包括：①拉伸线理与黑云母剪切面理置换具有构造协调性特征。绢云母、黑云母和黄铁矿等组成了拉伸线理（100°～130°→30°左右）；黑云母剪切面理置换构造在长石黑云母岩及黑云母钠长岩中发育，化学成分层理（S_0为长石、铁白云石和石英等）被黑云母剪切面理置换（S_1），S_1与 S_0夹角为 20°左右，它们显示了左旋近顺层剪切作用特点。②长石旋转碎斑及高角度破裂面显示了脆韧性剪切变形特征。钠长石中发育高角度的韧性破裂面与层理的交角在 70°左右，并发育与剪切面理相平行的一组脆性破裂面。更长石碎斑系有黑云母形成的面理效应，钠长石鱼尾化构造现象明显，显示了左旋剪切作用特点。钠长石鱼尾化及细碎化构造发育，它们总体显示了一致性的特点。③顺层剪切流变构造在长石成分层中发育，长石类矿物发育顺层剪切流变构造显示了塑性变形特点，这种肠状塑性流变构造显示了顺层左旋剪切作用。长石-石英成分层中有“S”形剪切流变构造，黑云母剪切面理转换强烈时，长石-石英成分层（S_0）被 S_1置换后形成了书斜构造，显示了左旋剪切作用。④近水平固态流变褶皱发育。在 ZK4201 孔绢云母钙屑等深积岩层中，发育近水平的固态流变褶皱，黄铁矿-磁黄铁矿绢云母薄层在等深积岩中单层厚一般在 1.0mm 以下，个别单层厚在 3.0mm，黄铁矿-磁黄铁矿呈微粒层纹状（15%），粒径在 0.05～0.2mm。形成流变褶皱后，磁黄铁矿及黄铁矿含量增高到 60%～70%，粒径增大达 1.0mm，单晶呈斑点状，总体呈肠状的流变褶曲状，流变褶皱近水平，与层理夹角在 45 °左右，黄铁矿-磁黄铁矿-绢云母成分层增厚到 5mm（鞍部）至 3mm（翼部），表明在近水平左旋剪切作用下，富含金的黄铁矿及磁黄铁矿含量增高 4 倍多，而且单层体积增加了 3 倍以上，可以看出这种物质在顺层剪切流变过程中富集了 12 倍以上。⑤无根顺层石英细脉在八卦庙金矿区内普遍发育，形成一些顺层产出的无根石英细脉［DS1（D-S_0//S_1）］。⑥黏滞剪切滑移构造在上泥盆统星红铺第三岩段泥灰岩-砂质灰岩中最为发育，表现顺层掩卧褶皱一翼正常，另一翼强烈拉伸变薄，它与两侧相对变形弱的岩层之间无明显的破裂面，但岩层被拉薄并强烈改变走向。⑦小型层间顺层掩卧褶皱群落发育，倒向一致的层间褶皱系多发育在钙质或粉砂质板岩内，由一系列轴面平行的褶曲组成，两翼紧闭拉长，转折端增厚；层间平卧褶皱在星红铺组条带状泥质灰岩中发育，两翼同向北倾，核部转折部位明显增厚，轴面及枢纽均小于 20°。

6. *糜棱岩相系和蚀变糜棱岩相系*

糜棱岩相和糜棱岩为沉积盆地内强构造变形域标志，指示了沉积盆地已经被卷入后期造山带之中或为造山带外缘带强变形区。糜棱岩相和糜棱岩具有糜棱结构，矿物定向构造发育，由基质和残斑晶或变斑晶组成，基质是细粒化的重结晶矿物，残斑晶是细粒化后残存的原晶体的残骸，变斑晶是在韧性剪切变形过程中重结晶或生长的较大的矿物。糜棱岩相系由 4 类岩石组成：①糜棱岩化相多发育在软硬相间的岩层内，可见具糜棱结构，变斑晶含量<10%，基本保持原岩成分和结构，构造面理置换较强；S-C 组构不发育，矿物定向排列构造发育。②初糜棱岩相和初糜棱岩内，糜棱结构发育，S-C 组构清楚，基质含量为 10%～50%，斑晶占主要地位，且粒度较大，具定向排列结构，动态重结晶较多，同构造期新生矿物和新生面理发育。③麻粒岩相和糜棱岩相具典型糜棱结构，宏观和微观 S-C

组构十分发育，S 面理和 C 面理构造分异清晰。基质含量>50%，以动态重结晶为主，细粒化发育，斑晶含量少。不对称构造和云母鱼构造，劈理化强烈，可见各种小型褶皱构造。糜棱岩中长石和黑云母等矿物数量减少，石英和绢云母等矿物大量出现。④超糜棱岩相和超糜棱岩具糜棱结构，基质含量>90%，斑晶很少，粒度很小，几乎由动态重结晶晶粒组成，呈斜列排列的条带。不对称构造不太发育，斑晶、透镜体长轴与 C 面理近乎平行或夹角很小，S-C 组构不太明显，C 型面理发育。流变褶皱十分发育。长石和黑云母含量很少，主要是石英和绢云母、大量新生矿物。将糜棱岩化相系作为构造岩相学填图单元，即由糜棱岩化岩、初糜棱岩、糜棱岩和超糜棱岩组成。糜棱岩化相系作为野外构造岩相学填图基本单元，通过地表填图和钻孔编录总结糜棱岩化相控制分布规律，圈定糜棱岩化相带和脆韧性剪切带，进行找矿预测。在脆韧性剪切带内构造-热流体发育，形成蚀变糜棱岩类，它们是蚀变构造-热流体耦合作用的构造岩相学标志。蚀变糜棱岩相系可划分为四个相类型，但蚀变矿物需参加命名，当糜棱岩相系发生强烈蚀变后，以蚀变岩为主进行命名，如黄铁绢英蚀变岩、铁白云石-菱铁矿化蚀变糜棱岩。

7. 构造成岩相系的相变规律与构造-热事件场

在盆山原耦合转换带和盆山耦合转换带内，从固结压实成岩相系→节理-裂隙-劈理化成岩相系→碎裂岩-碎裂岩化相系→碎斑岩化相-角砾岩化相系→初糜棱岩化相-热流角砾岩化相系→糜棱岩相系，为构造挤压应力不断增强和构造流体作用逐渐强烈的相序列结构，指示了构造-热事件极性方向。在塔西地区，这种区域构造岩相学侧向分带相序结构在中-新生代陆内沉积盆地到造山带和高原转换过渡部位发育较为完整，如前陆冲断褶皱带和逆冲推覆构造系统等。按照构造成岩作用强度和分布规律，有助于识别构造生排烃中心位置，寻找构造生排烃中心和成岩成矿成藏中心。构造侧向挤压收缩作用对构造-热事件形成具有 4 方面作用：①构造侧向挤压使煤系烃源岩和深部烃源岩发生构造生排烃事件和构造成岩事件，为金属矿产和能源矿产（石油-天然气）集聚提供富烃类流体和 CO_2-H_2S 型非烃类流体；②触发煤系烃源岩发生自燃，形成先存油气系统或天然气自燃等，构造应力场动热转换能量和能源矿产自燃形成区域构造-热事件，加热地层封存水并形成成盆期热水沉积相系，为金属矿产形成提供成矿能量供给源区；③构造应力场驱动成矿成藏流体大规模运移，有利于切层断裂带和断层相关褶皱带形成，为成矿成藏流体大规模运移提供构造通道和构造-岩相岩性圈闭；④有利于形成碎裂岩化相带和裂缝裂隙相带，对先存储集相体层形成具有成岩作用，形成优质储集相体层和隐蔽褶皱圈闭，为层间成矿流体提供流体运移通道和聚集储藏相体。

1.4.4 盆内岩浆叠加史与构造-岩浆-热事件序列结构

在盆内岩浆叠加史、岩浆侵入构造系统、盆内岩浆-构造-热事件和构造岩相学特征的系统研究基础上，将盆内岩浆叠加期的构造岩相学空间拓扑学结构模式划分为 8 种类型：①盆缘岩浆侵入-构造-热事件叠加型，以挤压走滑-走滑拉分断陷（伸展）-碱性超基性岩+幔源碱性岩等为主；②盆内底拱式岩浆侵入-构造-热事件叠加型，以中酸性壳源岩浆岩-花岗岩+花岗闪长岩等为主；③盆缘多期次岩浆叠加侵入构造系统，在板块俯冲-碰撞带较为发育，沉积盆地边缘多卷入造山带内；④盆内岩浆侵入-构造-热事件与断陷-断隆作用型，一般是在沉积盆地陆内演化过程中，因地幔柱上侵或大规模地幔流体交代作用沿陆内幔型断裂强烈活动，形成沉积盆地内沿幔型断裂带呈带状延伸碱性岩带和相伴产出的陆内小型拉分盆地，如云南楚雄中新生代沉积盆地内形成了NW向碱性斑岩带和小型拉分盆地；⑤陆缘裂谷盆地内岩浆叠加侵入构造型，多为残余地幔热物质在陆缘裂谷盆地萎缩封闭过程或沉积盆地发生构造变形过程中所形成的岩浆叠加侵入构造系统，如云南东川中元古代陆缘裂谷盆地内，因民期早期以碱性铁质超基性岩-碱性铁质基性岩为主，中元古代末期形成了格林威尔期碱性钛铁质超基性岩-碱性钛铁质闪长岩系列，伴有钠长斑岩、钾长斑岩和二长斑岩岩脉等；⑥弧后裂谷盆地内岩浆叠加侵入构造型，弧后盆地早期以碱性超基性岩-碱性基性岩为主，晚期叠加了中酸性侵入岩和碱性岩侵入岩等，如个旧三叠纪弧后裂谷盆地内发育碱性苦橄岩-碱性玄武岩层，燕山期叠加碱性花岗岩-碱性侵入岩系；⑦弧前盆地与岩浆侵入-构造-热事件叠加型，弧前盆地在早期形成火山岩系和火山沉积岩系，发育海相碳酸盐岩和生物碎屑灰岩等，在岛弧带发生构造反转后，形成了深成岩浆弧叠加侵位，同时弧前盆地发生了较大规模的构造变形，形成断裂-褶皱带和岩浆叠加侵入构造系统，如智利埃尔索达朵曼陀型铜银矿区；⑧弧内盆地内岩浆侵入-构造-热事件叠加型，在弧内盆地中火山岩系和火山沉积岩系发育，来自周缘岛弧带的火山岩再度剥蚀和搬运到弧内盆地中，形成火山碎屑岩系，岛弧带强烈局部伸展作用期间，形成海相碳酸盐岩和生物碎屑灰岩；岩浆侵入-构造-热事件叠加主要发生在岛弧带构造反转后，以深成岩浆弧侵入构造叠加为主。目前尚有新类型构造样式和构造组合有待研究。

在云南东川-易门地区，发育岩浆底辟作用-构造-热流体事件，形成岩浆-穿刺角砾岩筒，由构造岩块相带+构造角砾岩相+构造热流体角砾岩相+钠长岩脉群+辉绿岩脉相+英安质凝灰角砾岩相等组成。构造岩相体组合样式包括：①构造岩块相带+构造角砾岩相带+地层系统［似层状构造岩相体层-层间滑脱构造岩相带+切层构造岩相体层（穿层构造）］；②构造岩块相带+构造热流体角砾岩相带（液压致裂热液角砾岩+蚀变构造角砾岩）+热液角砾岩筒相（似层状构造岩相体，层间滑脱构造岩相带）+构造热流体角砾岩相（似层状+局部不规则穿层交错）+含铜蚀变岩相+热液角砾岩筒相（两组断裂交汇部位，含矿钠化硅化热液角砾岩-含矿硅化铁白云石化热液角砾岩-含矿钠化热液角砾岩）似层状铜矿石+脉状-网脉状铜矿石+热液角砾岩筒状矿石；③帽状构造岩块相带（顺层+切层）+构造热流体角砾岩相带（两组和多组断裂交汇部位）+热液角砾岩筒相（两组断裂交汇部位，含矿钠化硅化热液角砾岩-含矿硅化铁白云石化热液角砾岩-含矿钠化热液角砾岩）+含铜蚀变岩相+岩浆热液角砾岩筒相（岩浆隐爆角砾岩筒）+岩脉群相（根部相，热能量-热物质供给系统末端）；④岩浆侵入构造系统+刺穿热液角砾岩筒构造系统+地层中断裂褶皱系统+岩浆热液似层状铜矿石+脉状铜矿石+网脉状铜矿石（热启裂隙组）+热液角砾岩筒状矿石。

1. 盆内岩浆叠加成岩作用

（1）在大陆裂谷盆地和陆内裂陷盆地形成演化过程中，岩浆作用活动强烈，以火山喷发-岩浆侵入作用为主导，根据沉积盆地与火山-岩浆作用相互关系，可以将构造-岩浆-热事件划分为：①前成盆期构造-岩浆-热事件；②主成盆期构造-岩浆-热事件；③盆地热沉降期构造-岩浆-热事件；④盆地改造期构造-岩浆-热事件；⑤盆内岩浆叠加期构造-

岩浆–热事件。采用大比例尺（1∶10 000～1∶200）构造岩相学填图创新技术，可以有效地圈定岩浆（叠加）侵入构造系统，进行构造–岩浆–热事件解析和找矿预测。盆内岩浆叠加构造一般形成于深部岩浆作用参与的盆→山耦合转换带内，深部岩浆参与的盆山原转换过程中深部岩浆热流体在盆山原和盆山镶嵌构造区起到焊接作用，经过深部岩浆热流体焊接作用的盆山原和盆山镶嵌构造区具有较好的区域地壳稳定性。

（2）盆内岩浆侵入叠加热事件指沉积盆地发生构造反转后在盆地萎缩封闭过程中，或沉积盆地封闭后盆地改造过程中，与盆内岩浆叠加期直接有关的构造–岩浆–热事件叠加成岩作用事件。盆内岩浆叠加成岩作用表现为 4 个方面：①从侵入岩体内部热能向地层扩散，因接触热变质作用在侵入岩体周边岩石中形成角岩–角岩化相系；②在侵入岩体边部–正接触带–外接触带，因接触交代作用形成夕卡岩–夕卡岩化相系和变质夕卡岩相；③在岩浆侵入过程中形成了岩浆侵入构造系统，导致先存构造和地层发生叠加变形，形成同岩浆侵入期变形构造型相和构造组合；④盆内岩浆侵入叠加热事件对于金属成矿和烃类流体成藏具有重大作用，如在智利科皮亚波 GV-仙多明戈（Santo Domingo）IOCG 成矿带位于侏罗纪–早白垩世弧后盆地内，在晚白垩世弧后盆地发生构造反转作用，导致弧后盆地萎缩封闭和构造变形，向东迁移的深成岩浆弧形成了花岗闪长岩和闪长岩等组成的盆内岩浆叠加期。

构造–岩浆–热事件中心以闪长岩岩株、岩浆热液角砾岩相和断裂交汇部位为标志，形成的蚀变岩相系分带结构为：①在侏罗纪–早白垩世青磐岩化蚀变安山质火山角砾岩–熔岩层，青磐岩化蚀变相为早期区域性蚀变岩相，以似层状钠长石–阳起石–绿泥石–碳酸盐化–榍石化等为主。②晚白垩世高温相蚀变带（蚀变成岩中心部位）围绕晚白垩世闪长岩岩株分布，在与安山质火山角砾岩–熔岩接触部位，以钠长石–阳起石–透闪石化蚀变相为主，主要为黄铜矿–磁铁矿型矿石，它们常为岩浆热液角砾岩筒型 IOCG 成矿体系的根部相（高温热液蚀变相），为岩浆热液角砾岩筒成矿热物质和热能量供给源区，以钾钠硅酸盐蚀变相和磁铁矿–铁阳起石蚀变相为主要特征。在闪长岩岩株与似层状结晶灰岩–生物碎屑灰岩接触带，石榴子石夕卡岩、辉石石榴子石夕卡岩、钠长石绿帘石夕卡岩等钙质夕卡岩呈似层状和网脉状两类，整体上为似层状 IOCG 成矿体系分布区域（夕卡岩化相带），主要为黄铜矿–（赤铁矿化）磁铁矿型矿石，随着远离闪长岩岩株，赤铁矿化强度不断增加。③晚白垩世中高温相蚀变带内，以钠长石–阳起石–绿泥石–铁白云石化蚀变为主，形成黄铜矿磁赤铁矿型矿石，随着远离闪长岩株，磁赤铁矿含量显著增加。沿断裂带发育含矿岩浆热液角砾岩相，以石英–钾长石化–绿泥石化蚀变相为主。在发育赤铁矿–电气石–石英–钾长石化热液角砾岩相地段，发育典型地球化学高氧化态的强酸性相类型。④晚白垩世中温相蚀变带内，以钾长石–绿泥石–铁白云石蚀变为主，形成斑铜矿–黄铜矿镜铁矿型矿石。沿断裂带发育含辉铜矿–斑铜矿–镜铁矿硅化热液角砾岩筒和网脉状相，网脉状–脉状型铜金矿体分布在含矿热液角砾岩筒外缘和尖灭消失部位。水解硅酸盐化蚀变相以黑云母–绢云母–绿泥石化蚀变组合为主，局部为石英绢云母蚀变相和绿泥石石英绢云母蚀变岩，分布在岩床状闪长岩–花岗闪长岩尖灭于层状火山岩–火山沉积岩层部位，它们为 IOCG 成矿体系中似层状铜银矿体（Manto-type）根部相标志。⑤晚白垩世低温相带内，以绿泥石–铁碳酸盐化–石英蚀变为主，以脉状和脉带状铜银金富集成矿为主，发育辉铜矿镜铁矿型矿石。⑥IOCG 成矿体系的远端相为含铜铅锌金银硫化物铁锰碳酸盐化蚀变相和黏土化蚀变脉带相，它们主要沿断裂-节理-裂隙带分布，为铁锰碳酸盐-黏土化蚀变岩型金银多金属矿石。

（3）根据盆内岩浆叠加期的岩浆来源和成分不同等综合因素分析，可以划分出 4 类构造-岩浆-热事件：①构造-壳源岩浆-叠加热事件与岩浆叠加成岩相系，以中酸性侵入岩为主，形成沉积盆地的构造变形变质、叠加热物质和成岩成矿、驱动烃源岩大规模生排烃和运移等；②构造-幔源岩浆-叠加热事件与岩浆叠加成岩相系，以幔源岩浆为热物质和热能供给源，如碱玄岩和苦橄质岩类次火山岩或碱性辉长岩-碱性辉绿辉长岩等侵入岩相等，有利于形成大规模烃类流体和非烃类 CO_2 流体排泄事件；③构造-幔壳混源-热事件与岩浆叠加成岩相系，以含辉长岩类包体的花岗岩和花岗闪长岩类为特色，暗示具有较大规模的幔壳混源热流体作用；④构造-碱性岩浆-热事件与岩浆叠加成岩相系，以碱性斑岩带和同岩浆侵入期陆内拉分断陷盆地为特色，如云南楚雄沉积盆地内碱性斑岩带。

（4）构造岩相学专题填图与预测功能。①与盆内构造-岩浆-热事件形成了沉积-热变质成岩相系，包括构造-岩浆流体-热事件与岩浆叠加成岩相系、与盆内岩浆叠加期有关的前岩浆侵入期、同岩浆侵入期和后岩浆侵入期直接相关的构造-热事件和盆地改造期的构造热流体改造成岩相系。②与盆内岩浆叠加期有关的构造-流体-热事件形成递进增温型古地热场，具有增温-峰值-降温型热演化结构，在同构造-岩浆-热事件期内，形成了沉积岩构造变形（如碎裂岩化相、糜棱岩化相、热液角砾岩化相等）和构造-热能-流体-热事件多重耦合结构和水岩作用。以盆内岩浆侵入叠加成岩区为中心形成构造-流体-热事件中心，对于沉积盆地内构造生排烃中心和成矿流体中心具有显著控制作用，盆内岩浆叠加期相关相系和分带规律、沉积-热变质-岩浆流体叠加成岩强度和分布规律等研究和构造岩相学专题填图，有助于恢复和圈定构造-岩浆-热事件形成的隐伏生排烃和成矿流体中心，寻找构造-岩浆-热事件形成的深部生排烃中心和隐伏成岩成矿成藏中心。③盆内构造-岩浆-热事件叠加成岩作用和相类型划分和填图，按照沉积-热变质成岩作用强度和规律，有助于识别构造-岩浆-热事件形成的隐伏生排烃中心位置，寻找构造-岩浆-热事件生排烃中心和成岩成矿成藏中心，寻找深部（3000m）大型-超大型金属矿床。

（5）在盆内岩浆叠加期构造-岩浆-热事件与岩浆叠加成岩相系研究上，需要将构造岩相学填图新方法和地球化学岩相学识别技术相结合，以岩浆侵入构造系统和岩浆叠加侵入构造系统相关的构造岩相学填图新方法为主，尤其是热液角砾岩构造系统与构造岩相学填图方法，对于成岩成矿系统解剖研究和找矿预测具有较大的实用价值。有针对性地开展地球化学岩相学专题填图，采用同位素地球化学定年方法，进行地球化学同位素示踪研究，综合确定构造-岩浆-热事件形成时间-空间-物质多维拓扑学结构和相体演化结构，以揭示岩浆体系热演化结构和成岩温度相、岩浆体系成岩压力-成岩深度演化结构和成岩压力相、岩相地球化学特征、脉岩群构造岩相学和地球化学岩相学等，为恢复岩浆源区与地球动力学机制提供地球化学岩相学依据。

2. 构造-岩浆-热事件与古地热场结构类型

从盆地改造期构造-热事件成岩作用看，按照构造动热转换和热动力来源不同，以及热力驱动的构造-热事件改造成岩作用，划分为 3 种主要相系类型，分别为增温型古地热场（热力作用场）、岩浆-火山作用有关的增热型古地温场和垂向热物质驱动的构造-热事件场。

（1）构造动-热转换的增温型古地热场。这类增温型古地热场主要来源于构造动力转化为热力作用场：①盆内前陆冲断褶皱带内和逆冲断裂及断层相关褶皱带内，发育构造动-热转换的增温型古地热场；②对冲式厚皮型逆冲推覆构造系统具有较大规模的构造动-热转换的增温型古地热场，一般多为盆缘前锋带位置；③在沉积盆地基底内，盲冲型厚皮型逆冲推覆构造系统前锋带为增温型古地热场发育部位，也是沉积盆地内热水沉积岩相系发育的构造动力学条件；④在走滑拉分断陷盆地两侧的盆缘边界同生断裂带，不但是构造动-热转换的增温型古地热场发育的有利部位，而且在盆地正反转构造过程中，构造动-热转换的增温型古地热场具有递进式两阶段增温过程。

（2）岩浆-火山作用有关的增热型古地温场。以同构造期岩浆-火山热事件在裂谷盆地内较为发育。盆内岩浆侵入-火山喷发事件可形成区域性构造-岩浆-热事件：在区域角度不整合面附近，发育“孔隙-溶洞-裂隙”复合成矿成藏构造系统，有利于油气资源和金属矿产形成大规模储集，如塔里木叠合盆地内优质油气储集相体层和不整合型油气输导通道（高长海和查明，2008）。在云南东川地区，新太古界小溜口岩组顶面与中元古界因民组底界之间，发育区域角度不整合面（1800±50Ma）、古风化壳、底砾岩、古岩溶构造系统等，为东川地区角度不整合面型 IOCG 矿床和铜金银钴矿床新找矿预测层位，具有寻找隐伏 IOCG 矿、铜金银钴矿、铀-稀土矿等的巨大潜力：①小溜口岩组顶面角度不整合面之上，在宏观上以因民组底部沉积石英质底砾岩为角度不整合面传统标志，但以同期异相结构发育为显著构造岩相学组合标志，因民组底部沉积石英质底砾岩（河流相）与火山熔积角砾岩（火山熔积相）、硅化钠化蚀变火山角砾岩（火山渗滤热液角砾岩相）、铬伊利石黏土化蚀变泥质白云岩（古风化壳相）、网脉状黄铁矿蚀变泥质白云岩（岩溶裂隙相）、熔结坍塌构造岩块（火山地震陡岸坍塌相）、复合热液岩溶角砾岩（火山热液充填-洞穴堆积角砾岩相）等，均为同期异相层位。该同期异相结构层位由东川地区独立构造岩相填图单元［$Pt_{1-2}xy$，2.50～(1.80±0.5)Ga］重要构造岩相学物质组成，该独立构造岩相填图单元（$Pt_{1-2}xy$）为成矿流体运移构造通道和优质储矿构造岩相体层，发育古岩溶角砾岩、岩浆热液角砾岩、火山热水角砾岩、含黄铜矿巨晶状铁白云石岩（岩溶洞穴热水沉积相），这些构造岩相体记录了与岩浆侵入-火山作用有关的增热型古地温场。②在独立构造岩相填图单元（$Pt_{1-2}xy$）内的复合热液角砾岩相系以钠化蚀变碱玄岩为古火山热场中心相标志，沿走向相变结构为钠化蚀变碱玄岩（蚀变火山岩相）→钠质热液角砾岩相（火山热水同生蚀变岩相）→黄铜矿硅化铁白云石（火山热水同生蚀变岩相）→含黄铜矿巨晶状铁白云石岩（岩溶洞穴热水沉积相）→巨晶状铁白云石方解石岩（低温岩溶洞穴堆晶岩），它们侧向相序结构和相变规律揭示了增温型古地热场，以钠化蚀变碱玄岩为古热源场中心相。③小溜口岩组古风化壳（古土壤-古岩溶面-褪色化蚀变带）位于区域角度不整合面之下，构造岩相学侧向相变结构为铬伊利石蚀变黏土岩（古风化壳残积相）→含网脉状铬伊利石化蚀变白云岩+网脉状黄铁矿化蚀变白云岩（古岩溶裂隙相带）→古洞穴和溶洞内含黄铁矿绿泥石蚀变岩+黄铁矿化蚀变碱玄岩（古喀斯特洞穴相），这种构造岩相学侧向相序结构和相变规律，揭示了以黄铁矿化蚀变碱玄岩为成岩成矿中心的增热型古地热场结构。④古风化壳和底砾岩/碱玄质火山角砾岩为成矿流体的似层状孔隙型通道，也是火山热水渗滤循环对流体系底流体层，因古风化壳以古土壤和黏土质风化壳等组成了良好的底封闭层。以碱玄质火山角砾岩、碱玄岩、碱性辉长岩株（次火山岩侵入相）为古地热场内高热能中心相和热源供给中心，在它们周缘熔积火山角砾岩-熔结火山集块岩内，形成了环带状和带状钠化硅化蚀变火山角砾岩（火山热液渗滤交代角砾岩相）。⑤古喀斯特（洞穴-溶洞）-古岩溶裂隙带-古风化壳等古构造面和构造组合，为火山渗滤对流循环体系和成矿流体的裂隙-隙洞型构造通道，也是铜金银钴矿床的优质储集相体层。⑥小溜口岩组顶面半风化白云岩、风化-岩溶裂缝系统、溶蚀孔洞和洞穴系统，不但为火山热液渗滤对流循环体系的构造岩相学组成部分，也是成矿流体运移构造通道和卸载成矿物质的储矿构造，具有“孔-洞-缝”和“节理-溶洞-断裂-洞穴”储矿相体层结构，它们也是岩浆侵入-火山喷发作用有关的增热型古地温场内优质储集相体层。总之，在新太古界-古元古界小溜口岩组与中元古界因民组底部，区域性角度不整合面和古岩溶构造系统，在侵入于小溜口岩组的碱性复式辉绿辉长岩株（脉群）、碱玄质火山熔岩和碱玄质火山角砾岩等组成的岩浆-火山作用有关的增热型古地温场中，它们为优质储集相体层。在小溜口岩组内发育底辟穹窿式火山机构，黑云母热液角砾岩筒和赤铁矿硅化钾长石热液角砾岩筒等热液角砾岩构造系统，根植于火山喷发-岩浆侵入杂岩体内部，因此认为在深部有寻找隐伏 IOCG 矿、铜金银钴矿、铀-稀土矿等的巨大潜力。

（3）垂向热物质驱动的构造-热事件场。具有以下 3 种结构：①垂向热物质驱动可形成于裂谷盆地不同阶段，以较大规模碱性玄武岩岩浆底侵和局部火山喷发为特征，形成较为广泛的区域性构造-热事件；②在陆内走滑断裂带内，可形成碱性斑岩侵入-火山喷发事件有关的垂向热物质驱动的构造-热事件场；③在俯冲板块上方形成碱性碳酸岩-碱性热流体大规模侵位事件，侵位事件与沉积盆地构造反转过程相一致。

3. *盆内岩浆叠加期构造-壳源岩浆-热事件与岩浆叠加成岩相系*

在盆内岩浆叠加期内构造-壳源岩浆-热事件以中酸性侵入岩为特征，不但形成沉积盆地构造变形变质，而且大规模叠加了热物质作用和成岩成矿，如在云南个旧锡铜钨铯铷多金属矿集区内，中三叠世弧后裂谷盆地在燕山期形成了壳源中酸性岩浆侵入与叠加成岩成矿作用：①在花岗岩岩株顶部内接触带发育电气石云英岩化蚀变相和硅化电气石化蚀变相，以 Be-Nb-Ta 富集成矿为主。②在花岗岩与中三叠统个旧组白云岩和白云质灰岩正接触带，形成似层状和不规则状辉石石榴子石夕卡岩等为主组成的钙质夕卡岩相，以锡多金属成矿为主；与个旧组碱玄岩-碱性玄武岩和凝灰质白云岩正接触带，形成透闪石金云母夕卡岩、萤石金云母夕卡岩等，组成硅质夕卡岩相，以锡铜钨铯铷多金属成矿为主。③在远离花岗岩侵入岩体的个旧组内，在切层断裂带内发育脉状夕卡岩、电气石长英岩脉、石英电气石脉带等组成的切层蚀变相带；在个旧组碱玄岩-碱性玄武岩和凝灰质白云岩层内，形成阳起石金云母岩、金云母岩、透闪石阳起石岩等组成的似层状变夕卡岩相。④在切层锡石-硫化物-石英脉带和锡石-硫化物-电气石石英脉带，伴有切层和顺层分布的锡石-硫化物-锰铁碳酸盐脉带。⑤含锡石碎裂状白云岩沿碎裂状白云岩内微裂隙和节理中，发育锡石赤铁矿细脉和锡石锰方解石铁锰白云石细网脉。

据玻利维亚地质服务局和美国地质调查局资料（Flores et al.，1994）：①在玻利维亚阿尔蒂普兰诺（Altiplano）高原西北侧，渐新统-中新统阿尔罗阿群（Abaroa Fr.）以沉积砾岩与下伏的始新统贝伦格拉群（Berenguela Fr.）砂岩呈角度不整合接触。阿尔罗阿群以陆相碎屑岩、火山碎屑岩、安山-玄武质熔岩为主，在橄榄玄武岩和辉石安山岩中发育巨斑晶状斜长石，角闪-黑云英安岩也较为发育。②在拉巴斯市西班牙金银矿区一带，渐新统-中新统阿尔罗阿群（Abaroa Fr.）以沉积碎屑岩、英安质火山碎屑岩（火山碎屑流相）、英安斑岩岩脉和英安斑岩岩穹（次火山侵入岩相）为主。以英安斑岩为主的次火山岩侵入岩相较为发育。围绕富石英的英安斑岩侵入岩体，发育弥漫状黄铁矿-石英-绢云母化蚀变相，外围以青磐岩化蚀变相为主，发育在阿尔罗阿群安山岩-安山质火山沉积岩中。③在圣迪尼尔墨（San Geronimo）高硫化型金银矿区发育酸性地球化学相，石英-明矾石化蚀变相带呈 NE 向展布，受 NE 向断裂带控制较为明显；在石英-明矾石蚀变相带内发育多孔状硅化-玉髓蚀变相带，为渗滤交代作用形成的富 SiO_2 型酸性成岩成矿流体，指示了高硫化型浅成低温热液金银成矿系统曾经历了显著的构造抬升和侵蚀作用，暗示深部存在隐伏斑岩铜金成矿系统。④石英-明矾石蚀变相和多孔状硅化-玉髓蚀变相等两类酸性地球化学相，叠加在早期黄铁矿-石英-绢云母蚀变相之上，与高岭石-叶蜡石黏土化蚀变相和热液角砾岩化相相伴，为新近纪（10.3±0.3Ma，K-Ar 法）浅成低温热液型金银矿床，与智利 Maricunga 斑岩型-浅成低温热液金银铜成矿带具有相似的成矿地质特征。

4. 盆内岩浆叠加期构造-幔源岩浆-热事件与岩浆叠加成岩相系

许多金属矿床集中区和油气藏内发育各类脉岩群，如托云中-新生代沉积盆地、塔里木叠合盆地内与二叠纪地幔柱有关的盆内岩浆叠加，形成了强烈的构造-岩浆-热事件和盆内岩浆叠加期相关的岩浆叠加成岩事件，通过对它们进行构造岩相学和地球化学岩相学研究，有助于揭示幔源物质参与金属成矿、油气资源成矿成藏和天然气成藏系统等，探索金属-天青石-铀-煤-油气资源同盆富集和成矿成藏机理。岩浆结晶热演化史研究可以揭示岩浆体系结晶分异演化过程中，上升侵位机制和结晶分异过程中热结构和热演化史，有助于建立岩浆体系和构造-岩浆-热事件与沉积盆地在物质-时间-空间上耦合结构，揭示盆地岩浆侵入构造系统形成的动力学机制、岩浆源区、岩浆热液成岩成矿成藏系统。萨热克巴依晚白垩世—古近纪构造-岩浆-热事件，使萨热克铜多金属矿床形成了岩浆热液叠加成矿，主要为幔源热点和穿层侵入的变超基性岩-变基性岩岩脉群，其中：响岩质碱玄岩-响岩质碧玄岩系列为“同期多层位富集成矿”的构造岩相学分异机制，它们为晚白垩世—古近纪幔源热点和构造-岩浆侵入事件所形成。在砂砾岩型铜多金属-煤-铀成矿亚系统内部，表现为物质-时间-空间上与构造-岩浆侵入事件密切相关。

（1）萨热克南矿带超基性岩岩浆热演化结构恢复。对萨热克南矿带变超基性岩-变基性岩岩脉群进行构造岩相学和矿物地球化学岩相学研究揭示，碱性超基性岩浆经历了四期和六个阶段岩浆结晶分异-热演化过程：①对幔源区岩浆形成期，以锆石-金红石-钙质斜长石进行热结构和形成温度恢复，锆石 Ti 温度计恢复锆石结晶温度 651～2566℃，平均 950℃；据金红石 Zr 含量温度计公式进行温度估算，金红石形成温度分别为 1091℃和 400℃。高温系列长石形成温度 886～1907℃，平均 1211℃。推测岩浆源区形成温度在 1091～1211℃，为高温高压条件下锆石-金红石-钙质斜长石-辉石相。②地幔流体交代作用期，以角闪石矿物地球化学岩相学揭示岩浆形成的温度-压力相信息，因不同种属角闪石的矿物地球化学岩相学特征，记录了深部岩浆上升侵位过程温度-压力相信息，本区角闪石种属从铁浅闪石→浅闪石→镁钙闪石，形成温度在 545 ~ 796℃，形成压力在 7. 94 ~ 4. 70kbar（1bar = 10^5Pa），减压增温熔融过程的岩浆侵位机制为地球化学岩相学的相分异动力学机制。推测萨热克南断裂带切割深度达岩石圈地幔，这种幔型断裂切割了岩石圈地幔后，导致并触发了减压熔融机制形成。在地幔流体交代作用下和减压熔融机制下，热膨胀导致岩浆体系内部体积增加并提供了岩浆体系上升侵位动力源，岩浆体系从大陆深部 29. 4km 处，缓慢上升侵位到 17. 4km。③壳幔混源岩浆作用期，以黑云母和长石矿物地球化学岩相学研究为主，揭示岩浆体系的温度-压力相成岩结构特征，黑云母为镁质黑云母-铁质黑云母，以岩浆原生黑云母为主，为壳源区-壳幔混源区黑云母，形成温度 651 ~ 775℃，形成压力 2. 01 ~ 0. 58kbar；黑云母成岩深度为 7. 42 ~ 2. 15km。钾长石-斜长石共生矿物对形成温度 336 ~ 421℃（平均 370℃），为低温系列长石，暗示岩浆从 7. 4km→2. 15km。因而，岩浆经历了从 29. 4km→17. 4km 缓慢上升、17. 4km→7. 4km 快速上升和从 7. 4km→2. 15km 缓慢上升的三阶段“气球膨胀”模式上升侵位，地球化学动力学环境为降压增温（减压熔融），拉分走滑深大断裂带为主要上升通道。④岩浆热液自蚀变期。碳酸盐化相蚀变成岩温度为 235℃，绿泥石化蚀变相成岩温度在 143 ~ 80. 0℃。岩浆热液自蚀变期以降温过程为主，推测有大气降水和地下水参与了成岩过程，蚀变岩为降温蚀变序列，即白云石化蚀变相→绿泥石化蚀变相→伊利石蚀变相+蒙脱石化蚀变相。

（2）盆内岩浆叠加期与成晕成岩和成矿成藏作用特征。以萨热克砂砾岩型铜多金属矿床南矿带变超基性岩-变基性岩脉群的构造岩相学和地球化学岩相学为例：①在矿体工业组分特征等物质组成上，与萨热克砂砾岩型铜多金属矿床北矿带相比，萨热克南矿带 28-60 勘探线具有显著不同特征，钻孔勘探在深部的上侏罗统库孜贡苏组内和穿层侵入的变超基性岩-变基性岩岩脉群附近，圈定了独立铜矿体（萨热克铜矿床主开采对象）、独立铜锌矿体、独立铅锌矿床和独立铜铅锌矿体，它们在空间上呈异体多层共生结构。②在物质组成-空间分布规律上，在萨热克南北向南倾的逆冲推覆构造系统前锋带下盘，克孜勒苏群中发育断层相关褶皱和断层传播褶皱，克孜勒苏群第三岩性段蚀变硅质细砾岩中分布砂砾岩型铅锌矿层，与穿层侵入的变超基性岩-变基性岩岩脉群和褪色化蚀变相密切相关；克孜勒苏群第二岩性段褪色化蚀变岩屑砂岩内，形成了砂岩型铜矿层，受褪色化蚀变相带和断层传播褶皱复合控制，砂岩型铜矿层呈宽缓背斜形态。而在萨热克北矿带地表未见变超基性岩-变基性岩岩脉群和克孜勒苏群内发育的砂砾岩型铅锌矿体和砂岩型铜矿层。在矿体尺度上，从上侏罗统库孜贡苏组→下白垩统克孜勒苏，形成了显著垂向不同组分工业矿体的垂向分带序列。③在空间结构上，萨热克砂砾岩型铜多金属矿床南矿带的变超基性岩-变基性岩岩脉群经围绕隐伏鼻状构造周边的 30-60 勘探线工程揭露，揭示变超基性岩-变基性岩岩脉群在产出空间位置上存在差异。萨热克砂砾岩型铜多金属矿床在成矿物质组成上表现为矿体和矿石尺度上具有显著的工业组分差异。④在物质来源-空间分布规律上，这些岩脉群岩石系列为变碱性变超基性岩-变碱性基性系列，原岩类型为辉长岩、似长石辉长岩和二长辉长岩，具有从辉长岩向似长石辉长岩和二长辉长岩演化两个演化方向。原始岩浆系列恢复为碱性苦橄岩-碱性苦橄质岩-粗面苦橄质玄武岩系列和响岩质碱玄岩-响岩质碧玄岩系列，岩浆源区来源于交代富集型地幔和软流圈地幔。显然，就萨热克砂砾岩型铜多金属矿床而言，南矿带幔源物质形成了叠加成矿作用，与铅同位素示踪具有相似结论。

5. 盆内岩浆叠加期构造–幔壳混源–热事件与岩浆叠加成岩相系

在鄂尔多斯铀–煤–石油天然气同盆共存富集成矿成藏区，早白垩世构造–岩浆–热事件较为显著（万丛礼等，2005；邹和平等，2008；杨兴科等，2010）：①在北部杭锦旗黑石头沟下白垩统中发育碱性橄榄玄武岩（126.2±0.4Ma，Ar-Ar 法年龄），与幔源岩浆底侵–分异作用等构造–岩浆–热事件（万丛礼等，2005）有关。②东部紫金山地区粗面安山岩、粗面斑岩、响岩质碱玄岩、响岩等组成了碱性侵入岩体。粗面斑岩（132.0±2.1Ma，锆石 U-Pb 年龄，$N=10$，MSWD=1.6）和粗面安山岩（125.0±6.7Ma，锆石 U-Pb 年龄，$N=6$，MSWD=0.079）等紫金山碱性复式侵入岩体，具有富碱、较富铁、贫镁和钙、SiO_2 不饱和等地球化学特征，为早白垩世软流圈上涌侵位有关的构造–岩浆–热事件（杨兴科等，2010）。早白垩世构造–岩浆–热事件为鄂尔多斯油气、煤和铀矿床同盆共存富集成矿成藏期和重要岩浆热异常场有关的成岩事件（任战利等，1994，2007，2014；李荣西等，2011b；覃小丽等，2017），形成了热液酸性蚀变岩相和有机酸成岩相，对于古生代烃源岩系具有重要的生排烃作用，早白垩世为天然气大规模生成期，三叠系延长统主要生油期也为早白垩世，对于石炭系—二叠系、三叠系及侏罗系煤系烃源岩，在早白垩世达到了最高热演化程度，早白垩世也是金属铀矿重要成矿期。总之，在盆内岩浆叠加期，形成了碱性火山岩和复式碱性侵入岩体，发育热液酸性蚀变相和有机酸成岩相。

盆内岩浆叠加期在新疆萨热克巴依–托云等地区发育，以盆内变碱件超基性岩–变碱性基性岩脉群侵位和盆内构造–岩浆–热事件生排烃作用为特色：①在萨热克南矿带隐伏鼻状隆起周边呈放射状的变碱性基性岩–变碱性超基性岩脉群，穿切了侏罗系煤系烃源岩，最高侵入层位为下白垩统克孜勒苏群第三岩性段，晚白垩世—古近纪构造–岩浆–热事件形成的盆内岩浆叠加构造具有小规模的面带型结构；②在萨热克砂砾岩型铜多金属矿床内，盆内岩浆叠加期形成了脉带状辉铜矿沥青化蚀变相，沿断裂破碎带分布，岩浆热液叠加成矿年龄（58.6±2.0Ma，辉铜矿 Re-Os 等时线年龄）（方维萱等，2019a），与碱性玄武岩–碱性橄榄玄武岩–响岩［(58.8±1.1)～(54.1±1.9)Ma］（季建清等，2006）等碱性岩套侵入年龄一致。

1.4.5 盆地表生变化期与表生成岩序列结构

在时间序列上，盆内表生成岩相系主要类型有：古表生成岩相系、同构造抬升期表生成岩相系、盆地表生变化期表生成岩相系、山间尾闾湖盆表生成岩成矿相系。

（1）古表生成岩相系。古表生成岩相系以盆地内角度不整合面和古风化壳最为典型，以古土壤层、古黏土化风化层和古半风化层内古表生成岩相最为发育。古风化壳剖面结构是现今成土过程和地质历史时期的表生地球化学岩相学物质记录，记录了丰富的岩石圈表面、水圈、生物圈和大气圈等地球多圈层耦合和相互作用结果。①近代风化壳类型和地球化学岩相学结构研究，能够揭示生物圈–土壤层–成土母岩之间相互作用。在古风化壳类型研究上，地球化学岩相学类型和结构特征有利于揭示古气候环境，对于不同海拔古风化壳地球化学岩相学结构研究，可揭示造山带和高原隆升历史和构造隆升事件序列，对古风化壳研究具有重要的科学价值。②在云南东川新太古界小溜口岩组顶面发育古风化壳和古岩溶面（2.52～1.85Ga），为我国地质历史时期最早古风化壳和古岩溶面，以发育古土壤层为代表，现今为黏土化蚀变相层。③云贵高原中二叠世茅口期古风化壳具有多样性结构，包括高岭石型风化壳（含铜黏土矿物型）、铝土矿型风化壳（铝土矿-含铜铝土型）、富锰灰色风化壳（锰矿）、铁质风化壳（绿豆岩型风化壳）、红土型风化壳（红土型金矿）、富REE型风化壳、热水岩溶风化壳。对这些古风化壳多样性结构进行研究，可深化对峨眉山地幔柱与地球表生系统耦合关系研究。对红色风化壳与红土化事件物质组成和事件序列研究，有助于建立地球化学高氧化态的酸性相系统。在贵州晴隆锑-萤石-硫铁矿矿田内，古表生成岩相系现今为高岭石蚀变相和高岭石绿泥石蚀变相，富集Ti-REE-Sc等战略性关键矿产。④在东天山博格达南缘二叠系中发育4类古土壤：富有机质土壤发育于土壤剖面近顶部，属于潮湿古环境产物；泥质土壤主要发育于淋滤带和淋滤带底部泥质沉淀带，形成于长期淋滤和比较潮湿古环境；铁质土壤以富含铁质结核为特征，是长期淋滤和潮湿古环境标志；钙质土壤以富含钙质结核为特征，是干旱-半干旱古环境的标志，古风化壳和表生成岩相系也是良好的油气储层（冯乔等，2008；侯连华等，2011；刘殿蕊，2020）。

（2）同构造抬升期表生成岩相系。因沉积盆地发生显著的构造抬升作用后，有利于形成表生成岩相系，它们形成于沉积盆地变形改造过程和盆内岩浆叠加过程之中，如智利古近纪斑岩型铜成矿系统形成于侏罗纪—白垩纪弧后盆地构造反转期之后，在新近纪岛弧造山带隆升过程中，斑岩型铜矿床不断抬升和遭受剥蚀，在新近纪形成了铜次生富集带（毯状席状辉铜矿矿体）和“异地型”砂砾岩型铜矿床。表生富集成矿作用已形成具有工业意义的铜矿床。智利异地式硅酸盐铜矿化和氧化物铜矿化形成于干旱环境。智利丘迪卡马塔（Chuquicamata）斑岩铜矿床中原生铜矿成矿年龄在31～36Ma，以次生明矾石化紧密共生的“异地型”砂砾岩型铜矿床形成年龄在15～20Ma（明矾石K-Ar法，Sillitoe，1992；Sillitoe and McKee，1996）。铜富集在渐新世—晚中新世山麓冲积扇砾岩和凝灰质砾岩层中，与安第斯造山带不断抬升、极端干旱气候和先存斑岩铜矿床遭受剥蚀迁移后提供丰富成矿物源有关。

（3）盆地表生变化期表生成岩相系。在盆地表生变化期内，表生成岩相系在热带-亚热带、干旱荒漠气候等特殊景观区较为发育。塔西中-新生代砂砾岩型铜铅锌矿床内，地表发育表生成岩相系和表生富集成矿作用，表生裂隙密度在地表裂隙密度大，向深部裂隙密度减小。①在砂岩型铜矿床和砂砾岩型铜矿床地表露头，铜盐-氯铜矿-副氯铜矿-赤铜矿等为地表盐晕壳的标志矿物组合，久辉铜矿-蓝辉铜矿-孔雀石-蓝铜矿为地表浅部表生富集成矿带标志矿物组合，铜蓝-黑铜矿-辉铜矿-斑铜矿等矿物组合为表生富集成矿作用底界面，为地球化学氧化-还原界面底界限；形成于构造抬升期［(8.8±1)～(6.6±1)Ma，磷灰石裂变径迹法，方维萱等，2019］和西域期（<6.6±1Ma）。②乌拉根砂砾岩型铅锌-天青石矿内从上到下垂向地球化学岩相学结构为高氧化态强酸性相（含钠铁铅锌硫酸盐相带）→高氧化态弱酸性相（铅锌碳酸盐相带）→酸-碱耦合反应相（锌碳酸盐相+铅锌硫化物相带）；杨叶砂岩型铜矿内氯铜矿-副氯铜矿-天青石组合，指示了地球化学高氧化态酸性相；这两类矿床为同盆共存+异位成矿相体结构，与山前冲断褶皱带在中新世—上新

世多期次冲断抬升事件有关（11.39Ma、10.5Ma、8.54Ma、7.43Ma、3.89Ma、3.17Ma，磷灰石裂变径迹法）（方维萱等，2019a）。③在煤矿区内，含煤屑废弃物为盐碱化土壤治理的长效物质，对活性碱与潜性碱（CO_3^{2-}）、碱积障、碱性土、卤土与适生植物根际效应进行研究，可揭示极端干旱荒漠生态地球化学效应。

（4）山间尾闾湖盆表生成岩成矿相系。在陆内盆山原镶嵌构造区内干旱荒漠生态系统中，局部发育较多水体和湿地，有利于荒漠绿洲持续发展和脆弱生态系统恢复。山间尾闾湖盆内，盆地表生成岩成矿作用形成了卤水型含锂硼硝石矿床和盐岩型矿床，如玻利维亚乌尤尼新生代弧后高原盆地和智利新生代弧前山间盆地内含锂硝石矿床。在智利弧前山间盆地内（中央盆地）硼硝石矿床主要有冲积型、基岩型和盐壳型3类，在盆地边缘与山麓缓坡和低山丘陵处易形成较大规模的硼硝石矿床。冲积型硼硝石矿床形成于山麓冲洪积扇前缘盐沼带，从上到下有4个分带：①山麓沉积物+胶结坚硬的砾石层和生硝盐壳，干盐湖表层上分布厚约1.0m的含硝酸盐粉砂质盐壳；②厚1～5m生硝层，以钠硝石为主，共生有钠硝矾、钾硝石、水硝碱镁矾、石盐等；③中等坚硬的砂砾-岩屑层；④弱固结-粉状富石膏-硬石膏砂砾-岩屑层，含无水芒硝、白钠镁矾和水硝碱镁矾。

综上所述，采用构造岩相学与地球化学岩相学研究思路，以成岩事件序列为主线，沉积盆地内成岩相序列划分为：①在成盆期内，埋深压实物理-化学成岩作用和成岩相系为沉积盆地内早期成岩作用所形成；②在盆地改造期内，构造-热事件成岩作用形成了构造热事件改造成岩相系，主要分布在盆地内构造变形带内，在盆山原和盆山转换构造带内，构造成岩作用最为显著；③岩浆叠加成岩相系是盆内构造-岩浆-热事件成岩作用形成的产物；④在盆地表生变化期，表生成岩作用形成了表生成岩相系。

1.5 沉积盆地变形构造样式、构造组合与金属矿集区

不同区域构造样式和构造组合形成于不同的大地构造背景和区域构造演化条件下，它们对于不同类型矿床、不同矿床组合类型和成矿系列、金属矿集区类型等，均具有特殊控制作用，如在滇黔桂地区，云南个旧-文山地区，以燕山期岩浆侵入构造系统为主要构造样式和构造组合，但先存构造不同，所形成金属矿集区和区域成矿规律仍有一定差异。在广西大厂锡铜钨锑银多金属矿集区内，先存构造以晚古生代陆缘拉分断陷盆地为主，泥盆纪热水沉积成岩成矿作用显著，燕山期岩浆侵入构造系统叠加在晚古生代陆缘拉分断陷盆地中，形成了锡铜钨锑银多金属巨量富集成矿；与云南个旧锡铜钨铯铷多金属矿集区不同，以巨量银和锑富集成矿作用为特色。在云南个旧锡铜钨铯铷多金属矿集区内，先存构造为三叠纪弧后裂谷盆地，在中-晚三叠世碱性超基性岩-碱玄岩-碱性玄武岩系列中，富集Cu-Sn-Rb-Cs-Mn等成矿元素；在锡多金属富集成矿上与广西大厂锡铜钨锑银多金属矿集区具有类似的特点；但以钨铜铯铷和锰大规模富集成矿而不同于广西大厂金属矿集区。在我国塔西盆山原镶嵌构造区和玻利维亚-阿根廷盆山原镶嵌构造区，因大地构造背景和条件差异，沉积盆地变形事件序列和盆内岩浆-构造-热事件序列具有类似之处，尤其是沉积盆地变形构造样式和构造组合较为相似，但在非金属、金属、煤、铀和油气资源同盆富集规律上，仍具有较大差异。

沉积盆地因大地构造位置不同和后期构造变形事件、盆内岩浆-构造-热事件序列等不同，具有不同的盆地构造变形史和盆内岩浆-构造-热事件序列结构，对于金属矿集区类型和区域成矿学具有显著的控制作用。在沉积盆地构造变形序列和盆内岩浆-构造-热事件序列恢复中，需要对沉积盆地变形构造样式、构造组合和变形事件序列进行构造岩相学变形筛分研究，进而研究不同类型金属矿集区与盆地变形样式和构造组合之间关系，以及进行区域成矿学研究和区域成矿预测。现以秦岭造山带晚古生代陆缘拉分盆地内 SEDEX 型铜铅锌矿床、卡林型-类卡林型金矿床等为例进行论述。

1.5.1　晚古生代盆地变形构造样式与铜铅锌-金矿集区

秦岭造山带铜铅锌、卡林型-类卡林型金矿集区（图 1-1、图 1-2）研究已取得了显著成果（张国伟等，2001；腾道鹏，2001；冯建忠等，2002，2003；Mao et al.，2002；刘家军等，1997，1999；陈衍景等，2004；陈衍景，2010）。研究秦岭晚古生代拉分盆地的构造变形序列、构造样式和构造组合，以及与卡林型-类卡林型金矿床、SEDEX 型银铜铅锌-重晶石-菱铁矿矿床富集成矿之间关系，对提升秦岭金属矿集区构造与金属大规模富集成矿规律的认识具有重要意义。陕西柞山和凤太晚古生代拉分盆地是卡林型-类卡林型金矿集区和 SEDEX 型银铜铅锌矿集区，采用构造岩相学研究新方法，方维萱和黄转盈（2019）认为秦岭晚古生代陆缘拉分盆地的构造变形序列和构造组合为：

（1）在石炭纪—中三叠世陆-陆斜向俯冲消减体制下盆地反转期，构造-热事件和构造岩相学组合类型以石炭纪—二叠纪构造-热事件、顺层走滑伸展变形与深源碱性热流体叠加事件为主，形成了泥盆系中顺层剪切变形［DS1(D-$S_0//S_1$)］、Na-K-Cl-F 型热流体渗滤交代岩相［DS1a-h-$S_1//S_0$+S_1#S_0］、碱性热流体叠加构造岩相［DS1(FB-D_3j+D_3x)］和热液叠加角砾岩构造系统［DS1c(Ab-D_3)］，为中深构造层次（20.4～25.97km）韧性变形域下形成的变形构造型相。形成了柞山地区穆家庄铜矿床和桐木沟铅锌矿床，热液角砾岩构造系统以柞山万丈沟-二台子金铜矿床和凤太双王-青岩沟金矿床为代表。

（2）在印支期陆-陆全面碰撞挤压体制下，在晚古生代陆缘拉分盆地内部，盆内变形构造组合和构造-岩浆热事件为冲断褶皱带+W-M 型复式褶皱-压扭性断裂带+切层脆韧性剪切变形（DS2）+隐伏岩浆侵入构造系统，它们为中构造层次（11～17km）脆韧性变形域下形成变形构造型相。在柞山晚古生代陆缘拉分断陷盆地南北两侧边界同生断裂带，转变为南向厚皮型逆冲推覆构造系统，夏家店造山型金矿床受镇安-板岩镇次级断裂和厚皮型冲断褶皱带控制，金矿体定位于切层和顺层脆韧性剪切带中。凤太晚古生代陆缘拉分盆地南北两侧边界同生断裂带，转变为对冲式厚皮型逆冲推覆构造系统，八卦庙-柴玛沟-丝毛岭金矿带受印支期反冲构造和冲起构造与隐伏岩浆侵入构造系在时间-空间-物质上多重耦合控制，金矿体定位于切层脆韧性剪切带中。W-M 型复式褶皱-压扭性断裂带对 SEDEX 型铜铅锌矿床改造富集成矿控制显著，而受 W-M 型复式褶皱-压扭性断裂带和次级横跨叠加褶皱控制，SEDEX 型银铜铅锌-重晶石-菱铁矿床发生改造富集成矿。

（3）燕山期陆内造山期的构造组合为白垩纪陆内断陷成盆+岩浆侵入构造系统+接触热变质相带+脆性断裂-节理-裂隙变形（DS3），为浅构造层次（0.0～5.0km）变形域中

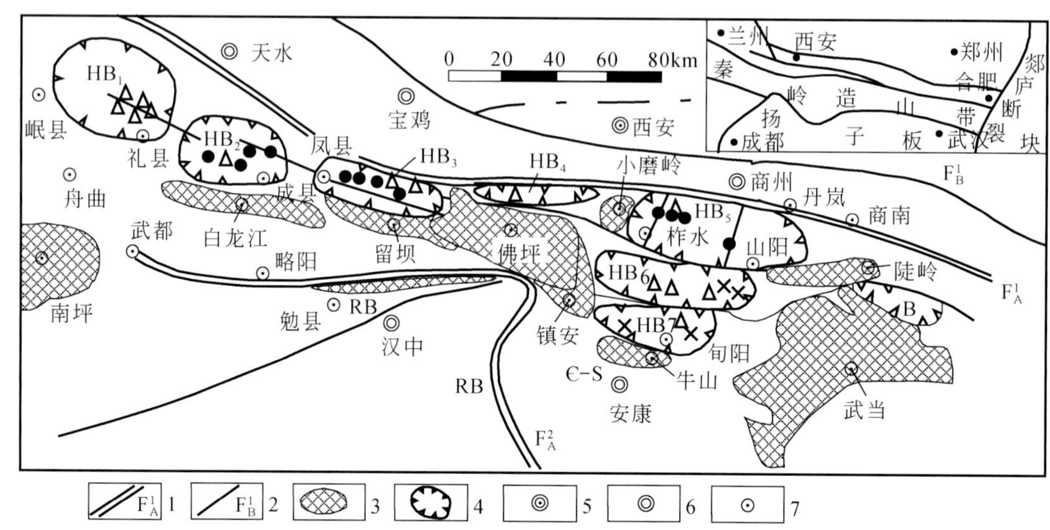

图 1-1　秦岭晚古生代盆地与金属矿床分布规律图

1. 板块缝合带（F_A^1商丹带，F_B^2勉略带）；2. 区域大断裂及编号；3. 岛屿构造区（大陆垂向热点形成的垂向基底隆起构造区，从东到西有武当、陡岭、小磨岭、牛山、佛坪、白龙江、南坪等岛屿构造区）；4. 盆地位置；5. 省会；6. 地级市；7. 地名；HB_1. 岷礼泥盆纪拉分断陷盆地（秦岭微板块北缘，板块碰撞带与残余洋盆地带）；HB_2. 西成泥盆纪一级拉分盆地（秦岭微板块内）；HB_3. 凤太泥盆纪一级拉分断陷盆地（秦岭微板块北部和北缘）；HB_4. 板沙泥盆纪一级拉分盆地（秦岭微板块北缘，板块碰撞带与残余洋盆地带）；HB_5. 柞山泥盆纪一级断陷盆地（秦岭微板块北缘，板块碰撞带与残余洋盆地带）；HB_6. 镇安泥盆纪半地堑式盆地（秦岭微板块内）；HB_7. 旬阳泥盆纪半地堑式盆地（秦岭微板块内）；B. 淅川泥盆纪半地堑式盆地；RB. 勉略-高川泥盆-石炭纪裂谷盆地（有限洋盆）；€-S. 早古生代隆起区；●. 多金属矿床；△. 金矿床；×. 汞锑砷矿床

形成的变形构造型相，在柞山地区具有寻找斑岩型铜金银钼矿和夕卡岩型铁铜金矿潜力。卡林型金矿矿集区发育印支期和燕山期冲断褶皱带、断裂+褶皱构造、节理-裂隙带和低温热液角砾岩化（碧玉质化角砾岩、铁白云石化热液角砾岩、菱铁矿化热液角砾岩等），为脆性构造变形域中形成的变形构造型相。

（4）喜马拉雅期以陆内走滑断裂和宽缓褶皱等脆性构造变形为主。在金-银铜铅锌矿集区构造和变形构造型相与金-银铜铅锌富集成矿关系上，受山阳-礼县岩石圈断裂带（山阳-凤镇断裂带、观音峡-修石崖断裂带）控制，泥盆纪盆内同生构造组合为同生断裂带+三级构造热水沉积盆地+热水沉积岩相系，它们为控制 SEDEX 型银铜铅锌-重晶石-菱铁矿矿床的主要同生构造型相。石炭纪—白垩纪深源碱性热流体隐爆作用以异时同位叠加成岩作用为主，形成铁白云石钠长角砾岩-钠长铁白云石角砾岩相系，它们组成热液角砾岩构造系统。该铜金银镍钴成矿系统深部结构以万丈沟岩浆热液脉带型铜金银镍钴矿和二台子热液角砾岩型铜金矿为代表，向上为双王热液角砾岩型金矿床和八卦庙式金矿床，其顶部和外围为类卡林型-卡林型金矿床。

东秦岭柞山晚古生代陆缘拉分断陷盆地和西秦岭凤太晚古生代陆缘拉分盆地，不但均位于秦岭微地块北缘，而且也是卡林型-类卡林型金矿矿集区和 SEDEX 型铜铅锌-重晶石-菱铁矿矿床矿集区。在 SEDEX 型金属成矿系统上，柞山晚古生代陆缘拉分断陷盆地形成了 SEDEX 型铜铅锌-重晶石-菱铁矿矿床矿集区，以银硐子银铜多金属矿床、大西沟重晶石-菱铁矿矿床和桐木沟铜锌矿床等为代表，也发现了类卡林型金矿，如盆地基底构造层中夏家店金矿床等（高菊生等，2006）。西秦岭凤太晚古生代陆缘拉分盆地为金-铜铅锌矿集区，包括铅硐山、手搬崖-峰崖、八方山等 SEDEX 型铜铅锌矿床，双王和八卦庙超大型金矿、丝毛岭中型金矿等。秦岭晚古生代陆缘拉分盆地的构造变形序列、构造样式、构造组合及它们与金-铜铅锌多金属矿集区构造之间关系等，具有较大科学意义。SEDEX 型铜铅锌多金属矿集区受晚古生代陆缘拉分盆地控制显著（唐永忠等，2007；王瑞廷等，2008；方维萱和黄转盈，2012a，2012b；方维萱和刘家军，2013），盆地后期变形构造样式和构造组合，以及对于金矿集区控制程度和富集成矿贡献等规律，对于盆地深部找矿预测和相似区域勘查选区，都具有指导价值。本书通过对盆地周边地质体和盆内不同构造样式、构造组合和构造变形型相研究，探讨它们与类卡林型-卡林型金矿和 SEDEX 型银铜铅锌-重晶石矿集区关系。

随着深入认识改造型盆地（刘池洋，2008；刘池洋等，2015），改造型盆地可划分为抬升剥蚀型、叠合深埋型、热力改造型、构造变形型、肢解残留型、反转改造型和复合改造型 7 种，对寻找油气田具有积极指导意义（刘池洋和孙海山，1999）。目前沉积盆地的构造变形序列、构造样式、构造组合、盆地变形构造动力学等与金属富集成矿关系，仍需进一步深入研究和解剖。根据构造岩相学和地球化学岩相学研究（方维萱，1990，1996，1998，2012a，2012b，2017，2018，2019），以沉积盆地构造变形序列、构造-岩浆-热事件和金属富集成矿关系为核心内容，可将沉积盆地划分为原型盆地、内源性热流体改造型盆地、外源性热流体改造叠加型盆地、多期内源性热改造流体型盆地、多期外源性热流体改造叠加型盆地 5 种（方维萱等，2018a，2018b；方维萱和黄转盈，2019）。深源热流体是重要黏合剂（沉积成岩作用）和焊接剂（岩浆-热流体侵入作用），也是沉积盆地反转期和盆山耦合转换期深部构造动力学机制，为成岩成矿成藏关键机制之一。因此，研究沉积盆地的构造变形序列、构造样式、构造组合和构造动力学具有重要的科学意义。在恢复沉积盆地构造变形序列基础上，探索构造-岩浆-热事件和金属矿集区富集成矿内在关系，有助于提升矿集区构造和矿田构造研究水平，促进找矿预测学发展。采用构造岩相学恢复秦岭柞山-凤太晚古生代拉分盆地的构造变形序列为：①石炭纪—二叠纪盆地构造反转期和深源碱性热流体上涌叠加事件（DS1）；②印支期陆-陆斜向碰撞挤压体制构造变形期（DS2）；③燕山期陆内构造断陷-岩浆侵入-热事件期（DS3）；④喜马拉雅期脆性构造变形期（DS4）。

1.5.2　盆地构造反转期：变形构造型相与构造岩相学

柞山晚古生代陆缘拉分断陷盆地位于秦岭微板块北缘并继承了早古生代残余洋盆（图 1-1、图 1-2），在石炭纪演化为残余拉分海盆，沉积范围继续缩小且沉积中心向北和南两侧迁移。在商丹带南侧，石炭纪下部浅水沉积体系快速演进为深水沉积体系，继而逐渐发展为向上变浅的沉积系列，以晚石炭世陆相含煤碎屑岩系为标志而封闭，具有前陆盆地层序特征。因石炭纪陆-陆面接触碰撞事件（张国伟等，2001），在柞山以东缺失上泥盆统和石炭系，为石炭纪造山带流体自东向西大规模侧向运移提供了构造动力学驱动力。石

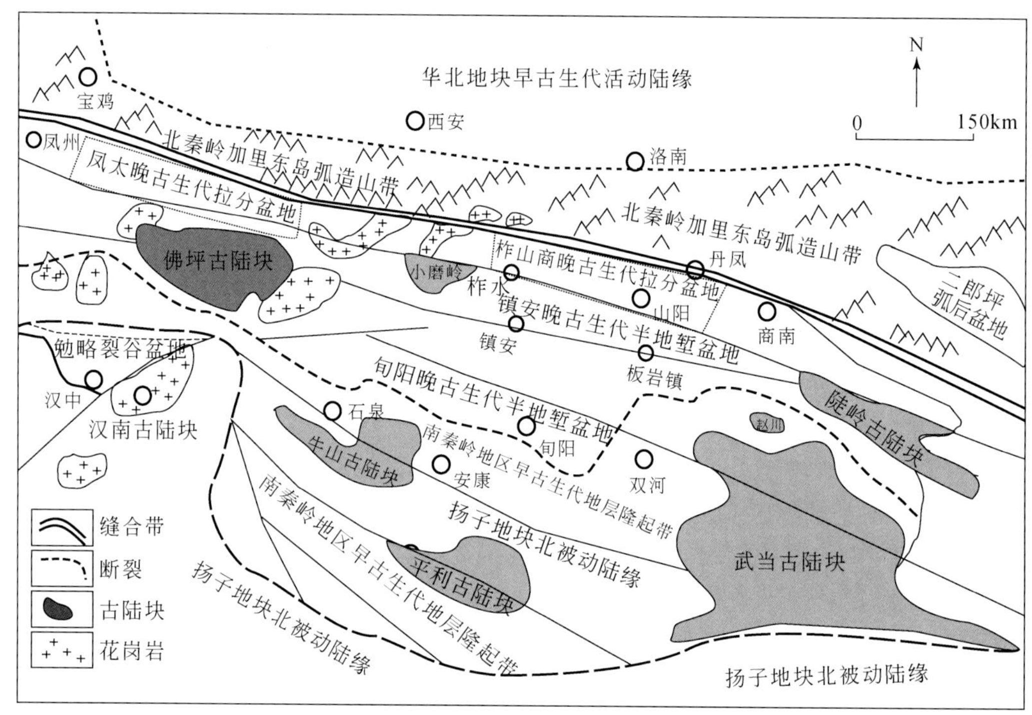

(a) 秦岭晚古生代(D-C)沉积盆地格局重建图

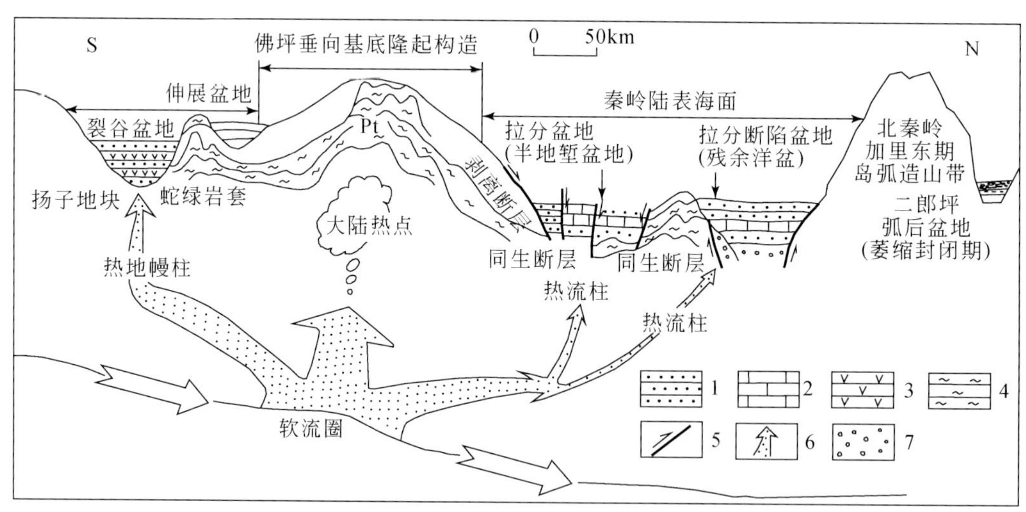

(b) 秦岭晚古生代(D-C)沉积盆地与大陆动力学背景示意图

图 1-2　秦岭晚古生代沉积盆地格局与大陆动力学背景示意图

1. 细碎屑岩系；2. 碳酸盐岩系；3. 火山岩系；4. 变质岩系；5. 断裂带和运动方向；6. 地幔热流柱和运移方向；7. 粗碎屑岩类

炭纪残余拉分盆地、同造山期构造-热事件、区域变质相带、深源热流体叠加岩相带、分层剪切变形岩相等，它们是柞山晚古生代拉分盆地的变形构造样式和构造组合。经构造岩相学研究和变形筛分对比，将柞山晚古生代拉分断陷盆地的构造变形序列恢复为四期

（图 1-3、图 1-4）：①石炭纪残余拉分盆地、石炭纪—早二叠世深源碱性热流体上涌叠加与盆地构造反转期（DS1）；②印支期陆-陆斜向碰撞挤压体制下，盆地挤压收缩变形、断裂-褶皱作用、岩浆侵位热叠加改造与脆韧性剪切变形期（DS2）；③燕山期陆内构造断陷、岩浆侵入构造系统、构造-岩浆热事件叠加改造与脆性变形期（DS3）；④喜马拉雅期脆性构造变形期（DS4）。

1. 盆地构造反转期：构造-热事件［DS1a］与动力学

在柞山和板沙晚古生代沉积盆地中（图 1-3、图 1-4），泥盆系发育黑云母角岩、方柱石黑云母角岩、长石黑云母角岩和黑云母钠长石岩，属区域性 Na-K-Cl-F 型热流体渗滤交代岩相（方维萱，2012a）［DS1a-h -$S_1//S_0+S_1\#S_0$］（DS1 为第一期构造变形序列和编号；a 为热流体渗滤交代岩相；h 为角岩相；$S_1//S_0$ 为第一期置换面理平行于沉积层理；$S_1\#S_0$ 为切层置换面理构造，下同）。从东部商县（低角闪岩相-高绿片岩相），经柞山和板沙（高绿片岩相），到凤太地区（低绿片岩相），具有东部商县和板沙变质程度较高，向西钠长石化-黑云母化蚀变相强度逐渐减弱，在区域上东强西弱的构造岩相学的相变趋势。在晚古生代陆缘拉分盆地的石炭纪—二叠纪构造反转期，形成了区域性 Na-K-Cl-F 型热流体渗滤交代岩相，揭示曾有区域性构造-热流体事件发生，与秦岭石炭纪—二叠纪陆-陆斜向点碰撞，发展为面碰撞，最终到中三叠世全面碰撞有关（张国伟等，2001）。

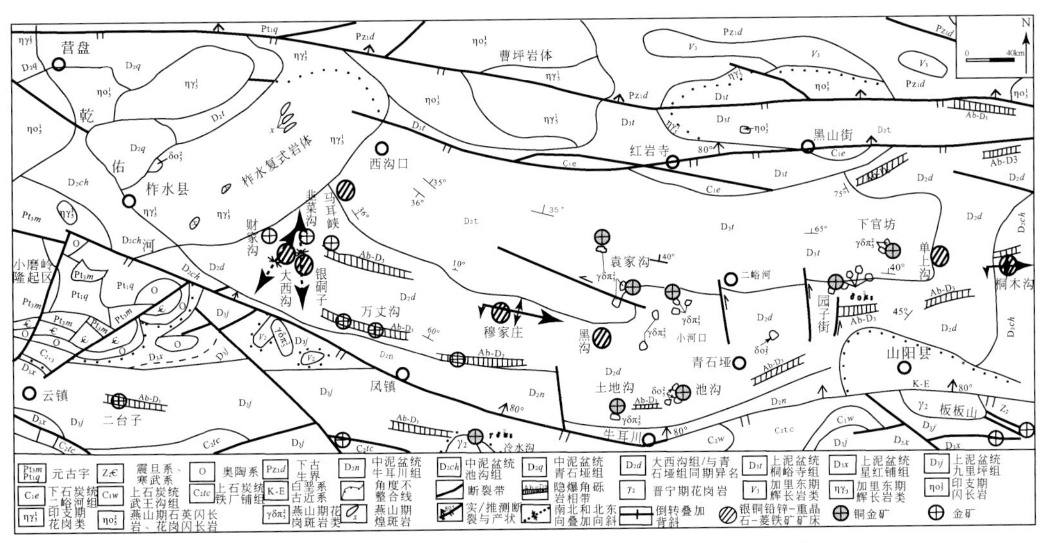

图 1-3　柞山晚古生代陆缘拉分断陷盆地的构造纲要与矿产图

（1）方柱石黑云母角岩相带明显受层位和层间构造控制（图 1-3），在时间序列上，①方柱石黑云母角岩相带紧靠凤镇-山阳断裂带北侧，在牛耳川组（D_2n）呈层状-似层状分布，其次穿层进入池沟组（D_2ch）中。②在银硐子-穆家庄-黑沟-桐木沟，方柱石黑云母角岩相带呈层状-似层状分布产于青石垭组（大西沟组，D_2d），其次穿层进入池沟组。③在柞山盆地南北两侧上泥盆统桐峪寺组和星红铺组（D_3x）内，具有较广泛分布。方柱石黑云母角岩相带总体限于层间顺层分布，产于青石垭组（大西沟组）、池沟组、上泥盆统三个层位（祁思敬和李英，1999；薛春纪等，1989）。黑云母拉伸线理和生长线理、构造置换面理发育，黑云母和方柱石为顺层构造面理置换（$S_1//S_0$），局部为切层构造面理置换（$S_1\#S_0$），说明黑云母和方柱石化蚀变相形成于层间顺层剪切构造变形过程中。

（2）方柱石黑云母角岩相带［$DS1a\text{-}h\text{-}S_1//S_0+S_1\#S_0$］由黑云母角岩、方柱石黑云母角岩、黑云母方柱石角岩、方柱石角岩等组成，它们分布在长英透闪石角岩相、钾长石石榴黑云母角岩相和钠长角砾岩相外围或侧向相变部位。①在豫陕八庙-青山金红石矿床中，中泥盆统发育含金红石钠长黑云片岩、钠长角闪黑云片岩、钠长黑云角闪片岩及斜长角闪片岩，它们与白云石大理岩和大理岩互层，变质温度为467.24～566.33℃，金红石矿床形成最佳压力分别为365MPa和399MPa，平均382MPa（徐少康等，1997），成矿深度在14.3～15.6km（按照围岩静压力=25.53MPa/km估算，下同）。中泥盆统信阳群龟山组（牛耳川组）为金红石矿床的赋存层位，角闪黑云母片岩中角闪石形成年龄为371.3±9.3Ma（徐少康，2012），揭示在晚泥盆世末期法门阶（374.5～359.2Ma）形成了重要的构造-热事件，推测东秦岭陆-陆俯冲碰撞作用将中泥盆统俯冲消减到深部（14.3～15.6km），经历了低角闪岩相变质作用，属中温-低压（0.2～0.5GPa）变质相。②在柞山东部商南地区，发育有黑云母石英片岩、石榴黑云母片岩和大理岩，显示经历了较强的构造变形和较高级变质作用（低角闪岩相-高绿片岩相）。③在柞山地区泥盆系青石垭组和池沟组中，发育区域性方柱石化-钠长石化岩相、黑云母化角岩相及黑云母角岩相，从东到西具有逐渐减弱趋势，最终在大西沟以西逐渐消失。它们属热流体渗滤交代岩相（Na-K-Cl-F型热流体渗滤交代岩相），这些Na-K-Cl-F型热流体渗滤交代岩相是柞山陆缘拉分断陷盆地构造反转期经历的热流体渗滤交代叠加事件的构造岩相学物质记录。④总体呈似层状且局部切层产出的方柱石黑云母角岩相带-方柱石钠长石岩相带形成于石炭纪，黑云母为314Ma（$^{39}Ar\text{-}^{40}Ar$法坪年龄）、类角岩为324.54±19Ma（Rb-Sr全岩等时线法）、钠长石为352.8±3.5Ma（$^{39}Ar\text{-}^{40}Ar$法坪年龄）和346.6±6.5Ma（Rb-Sr全岩等时线年龄，祁思敬和李英，1999）。柞山地区方柱石黑云母角岩与东部商县刘岭岩群中黑云母变质年龄（314±6Ma，$^{39}Ar\text{-}^{40}Ar$法，许志琴等，1988）形成时代一致，也与北秦岭商丹构造带角闪石近水平矿物拉伸线理形成时代（角闪石K-Ar年龄323.4Ma）基本一致（裴先治，1997），推测它们均属晚石炭世构造-热流体事件的构造岩相学物质记录，盆地反转构造期的构造-热事件，也是区域热流体形成和大规模侧向运移的构造动力学驱动源。⑤Na-K-Cl-F型热流体渗滤交代岩相［$DS1a\text{-}h\text{-}S_1//S_0+S_1\#S_0$］，为晚石炭世构造-热事件和造山带流体大规模侧向运移事件记录，与东秦岭晚泥盆世末陆-陆点碰撞、发展到石炭纪面碰撞构造事件（张国伟等，2001）密切相关。从东到西变质程度不断降低，低角闪岩相（豫陕八庙-青山金红石矿床）→高绿片岩相（商县）→低绿片岩相（柞山地区），这种变质温度和压力逐渐降低趋势揭示了温度-压力梯度，为区域性热流体侧向大规模运移的温压动力学驱动因素。

2. 深源碱性热流体叠加岩相（DS1b）与盆地构造反转

在空间分布规律上，自北向南柞山地区共有四个钠长石铁碳酸盐质角砾岩相带［$DS1c(Ab\text{-}D_3)\text{-}S_1//S_0+S_1\#S_0$］（$Ab\text{-}D_3$为钠长石铁碳酸盐质角砾岩相带，下同）（图1-3、图1-4）：①刘岭槽-黑山含砾碳酸盐脉带；②韭菜沟-九岔沟-桐木沟钠长岩-铁白云石钠长角砾岩带；③纸沟-万丈沟-大沟铁碳酸盐钠长石角砾岩带；④板岩镇-耀岭河断裂带南侧刘家峡-老林沟铁碳酸盐钠长石角砾岩带。在形成时代上：①铁碳酸盐钠长石角砾岩带总体上

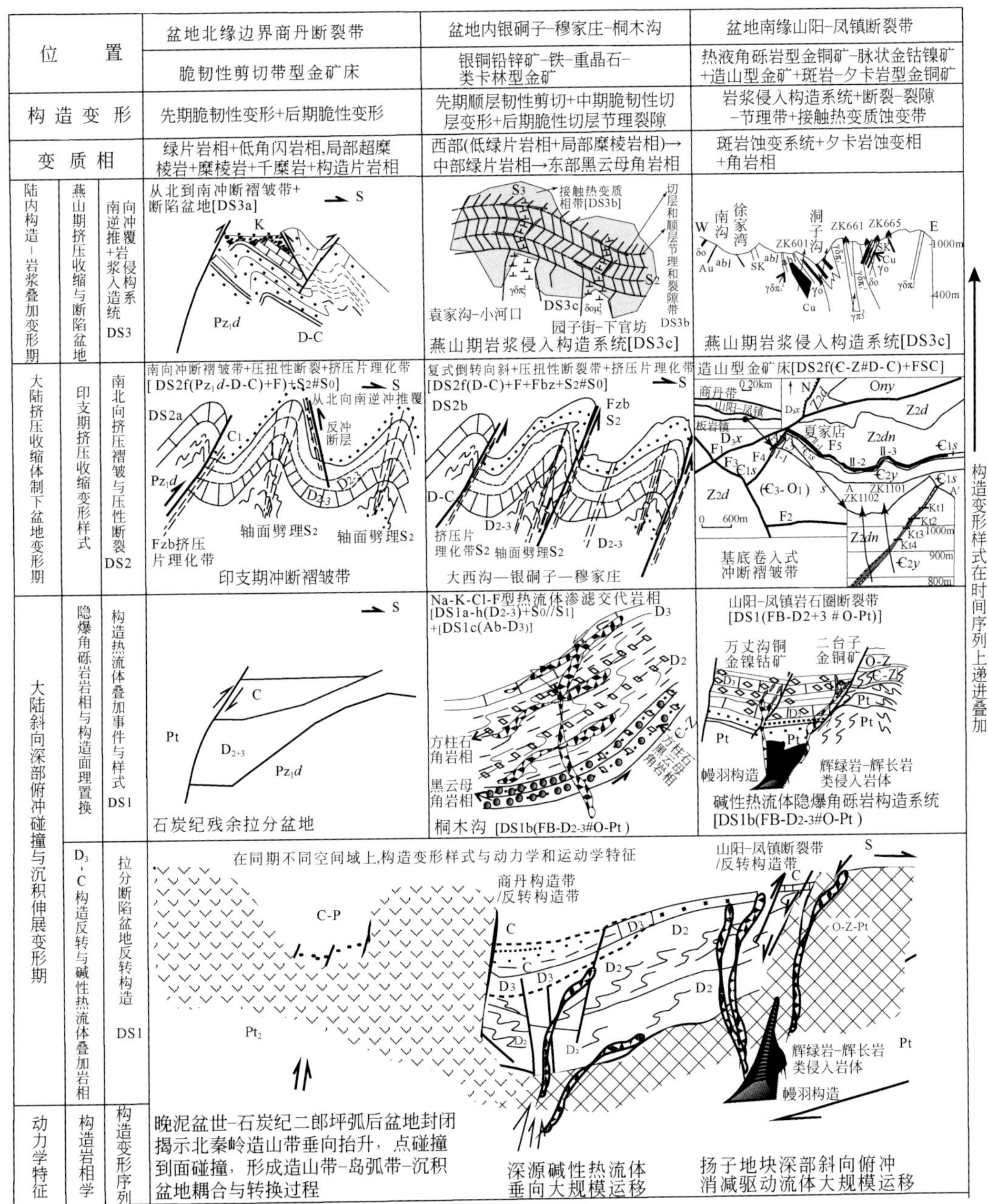

图 1-4　柞山晚古生代拉分盆地构造变形序列、构造样式与动力学特征图

展布方向与泥盆纪地层走向一致，局部发育穿层现象，为碱性热流体叠加角砾岩相特征，具有一定时控特征。②在总体上钠长石碳酸盐质角砾岩相与地层形成同步褶皱［DS1c（Ab-D_3）-S_1//S_0+S_1#S_0］，受印支期南北向挤压应力作用，而发生碎裂岩化和构造片理化；局部有显著的燕山期热液角砾岩化相叠加成岩作用，这种构造岩相学特征揭示它们形成于印支期主造山期之前。③商南县丹江钠长岩-钠长角砾岩（364.9±10.9Ma，全岩 Rb-Sr 等时线，李勇等，1999）和柞山热水沉积岩（389.42±13.95Ma、346.9±10.9Ma，祁思

敬和李英，1999）形成时代相近，到早石炭世杜宪阶时结束。而南秦岭旬阳泥盆纪半地堑盆地内，侵入下志留统梅子垭组的钠长岩体形成年龄为 364 ~ 376Ma（罗金海等，2017），揭示钠长岩形成于晚泥盆世。因此，铁白云石钠长角砾岩构造系统［DS1b(FB-D_{2+3}# O-Pt)］(FB 为铁白云石钠长角砾岩相带，O-Pt 为该构造卷入的地层单位，下同）形成于晚泥盆世—早石炭世初期。

（1）韭菜沟-桐木沟钠长岩-铁白云石钠长角砾岩相带［DS1c(Ab-D_3)-S_1//S_0+S_1#S_0］（图 1-3、图 1-4）呈近东西向—北东向展布：①东段九岔沟-桐木沟长 18km，宽 1.5 ~ 3km，分布于中泥盆统青石垭组中。铁白云石钠长角砾岩相带和铁白云石钠长岩脉具有局部穿层和总体顺层特征，与透辉石-黑云母角岩、角岩化板岩和方柱石大理岩共生，它们常构成侧向相变关系。桐木沟锌矿、九岔沟含铌磁铁矿和氟碳铈镧矿等重砂异常、菜园沟岩浆热液脉型镍钴金矿等，与铁白云石钠长角砾岩关系密切。②西段庙沟-韭菜沟-马耳峡位于大西沟组上段，层间褶曲、尖棱褶皱和层间破碎带发育，总长度 8km。钠长岩脉群呈不规则脉状沿切层断裂带充填，与热液角砾岩相带、煌斑岩脉等相伴产出。金矿体赋存在大西沟组上段菱铁矿绢云母千枚岩和层间钠长石铁白云石硅化体中。

（2）万丈沟-池沟铁碳酸盐钠长石角砾岩相带［DS1c(Ab-D_3)-S_1//S_0+S_1#S_0］与郑家沟基性-超基性杂岩体关系密切（图 1-3、图 1-4）。近东西向分布，长 3500m，宽 500 ~ 1000m。纸房沟-大沟次级背斜和轴部张扭性断裂带和次级 NWW 和 SN 向断裂，控制了铁白云石钠长角砾岩-钠长铁碳酸盐角砾岩带和钴镍金矿，已发现 6 条镍钴金矿脉，西端为郑家沟基性-超基性杂岩体，铁白云石钠长角砾岩相带和铁白云石钠长角砾岩，均侵入中泥盆统牛耳川组中，角岩化和钠长石-方柱石-铁白云石化等热流体交代岩相发育。

（3）郑家沟杂岩体位于凤镇-山阳断裂带北侧，在柞水郑家沟-皂河沟地表走向为 NWW 楔形体，侵入中泥盆统牛耳川组中。南部与牛耳川组接触带倾向北，倾角 75°，北部接触带倾向北，倾角 30°。从南到北岩相分带明显，易剥辉石玢岩-蚀变辉长岩-蚀变二辉橄榄岩→铁白云石钠长角砾岩→蚀变斜长花岗岩→蚀变钠长岩→蚀变细粒辉长岩-蚀变二辉橄榄岩→蚀变辉长岩→碎裂状黑云母二长花岗岩→黑云母花岗斑岩，这种岩相分带揭示侵入岩体相分异作用强烈，在边缘相发育糜棱岩化辉绿岩。万丈沟铁碳酸盐钠长角砾岩-钠质铁碳酸盐质角砾岩相带，呈脉带状、岩筒状、热流体隐爆角砾岩相带等形式，侵入牛耳川组中。在二者接触带上，铁白云石脉带、脉状钠长石化相、铁白云石-钠长石蚀变相和热变质形成的角岩相（方柱石-黑云母角岩相等）发育，显示郑家沟基性-超基性杂岩体与碱性热流体隐爆角砾岩同期形成。万丈沟岩浆热液脉型镍钴金矿，定位于碱性热流体隐爆角砾岩带顶部和牛耳川组中，受断裂和裂隙破碎带控制明显。

（4）这种碱性热流体角砾岩构造系统［DS1c(Ab-D_3)-S_1//S_0+S_1#S_0］及构造岩相学记录形成的构造动力学背景为：①东秦岭在晚泥盆世—石炭纪形成点碰撞到全面碰撞发展过程中，陆壳浅部转变为走滑剪切构造作用，由于点碰撞从东向西逐渐发展，驱动了造山带流体向西发生了侧向大规模运移。柞山晚古生代陆缘拉分断陷盆地在早石炭世晚期—早二叠世成为造山带大规模运移流体的储集空间和热化学反应库，形成了泥盆系中顺层和切层分布的方柱石化角岩相、钠长石化岩相、黑云母角岩化相-黑云母角岩相。在穆家庄铜矿床内与黄铜矿共生的黑云母形成年龄为 323±3.77Ma（^{39}Ar-^{40}Ar 法），桐木沟锌矿床锌矿石中透闪石化形成年龄为292±8.4Ma（K-Ar法），经历变质温度最高在547.35~566.33℃，变质压力最高在522~663MPa（朱华平，2004），形成深度在20.4~25.97km（按上述围岩静压力估算），揭示早石炭世晚期—早二叠世柞山盆地遭受了两期强烈的构造-热事件叠加改造。②在扬子板块和秦岭微板块深部岩石圈依次向华北板块深部俯冲作用下，发生了深源碱性热流体垂向上涌侵位事件，碱性热流体上涌侵位的构造-热流体化学作用形成了垂向驱动系统，大量热物质沿构造脆弱带上升侵位，形成了本区4个碱性热流体角砾岩带（图1-3），并导致柞山晚古生代陆缘拉分断陷盆地发生了构造反转作用。③由于本区泥盆系最大厚度可达万余米，深源碱性热流体使地层中封存水加热并产生了渗滤对流系统，区域热流体交代作用形成了Na-K-Cl-F型热流体渗滤交代岩相。而经过碱交代作用的热流体沿构造脆弱带上迁运移到陆壳浅部，这种具有较大内压力、富Na^{+}、Fe^{2+}、Mg^{2+}、CO_3^{2-}-HCO_3^{-}的热流体因构造减压作用，在运移构造通道（深度在20.4~25.97km）处发生了热流体隐爆作用，形成了碱性铁白云石钠长角砾岩带。④由于热流体液压致裂作用，部分固结成岩的泥盆纪地层发生角砾岩化，角砾具有可拼接性，如桐木沟锌矿（图1-4中DS1）。碱性热流体角砾岩单体呈分枝状、囊状、透镜状、岩墙状和岩筒状，整体呈岩带状。钠长石岩和钠长铁白云石化蚀变相呈脉状和分枝状，多为热流体充填相。囊状、透镜状、岩墙状和岩筒状一般产状较陡，多为热流体隐爆角砾岩相。胶结物以铁白云石和钠长石为主，其次有含铁钾长石、铁方解石、石英、重晶石、黄铁矿、铁绿泥石、绢云母等，这些热液胶结物和热流体与深部幔羽构造密切相关，如陕西二台子热液角砾岩型金铜矿床和万丈沟等地区，碱性热流体隐爆角砾岩位于辉绿辉长岩和辉长岩侵入岩体边部（图1-4中DS1），估算形成深度在5.48km。⑤这种深源碱性热流体上涌侵位导致的构造作用使柞山商拉分断陷盆地发生构造反转，形成了大致顺层剪切伸展变形、黑云母和方柱石组成的构造面理置换，并伴随局部切层构造面理置换。⑥在商南大苇园、十里坪、石柱河和三官庙等地，均产出与钠长石化和钠长石岩共生的蓝闪钠长石片岩、钠长蓝闪石片岩和蓝闪石石棉岩，钠长石-蓝闪石-纤铁蓝闪石-镁钠闪石-青铝闪石组合，揭示富Na_2O-MgO质热流体在区域上十分活跃。

总之，在成岩深度上，碱性热流体隐爆角砾岩相系和类角岩相形成深度在20.4~25.97km，揭示为地壳中深构造层次韧性变形域内变形构造型相。在空间域上，从北到南柞山地区四个钠长石铁碳酸质角砾岩相带［DS1c(Ab-D_3)-S_1//S_0+S_1#S_0］和深部碱性热流体角砾岩构造系统，与辉绿辉长岩-辉长岩岩株有关，如二台子热液角砾岩型铜金矿床和万丈沟岩浆热液脉带型铜金银镍钴矿。在时间域上，方柱石黑云母角岩相带［DS1a-h-S_1//S_0+S_1#S_0］有三个不同层位，与碱性铁白云石钠长角砾岩相系和黑云母透闪石角岩为空间域相变共生关系，为热流体角砾岩构造系统［DS1c(Ab-D_3)-S_1//S_0+S_1#S_0］物质组成。

凤太拉分盆地（图1-5、图1-6）主体为泥盆系，石炭纪沉积范围大面积萎缩，石炭系与下伏泥盆系和上覆二叠系间多为断层接触，石炭系与二叠系十里墩组之间可见平行不整合，说明曾发生了垂向抬升运动。二叠系和下三叠统滑塌构造岩块和滑塌角砾岩相发育，为区域挤压体制下同生断裂带形成的构造滑塌沉积相带。早三叠世沉积水体迅速向上变浅，沉积盆地封闭。经构造岩相学研究和变形筛分对比，将凤太晚古生代拉分盆地的构造变形序列恢复为四期（图 1-5、图 1-6）：①石炭纪—二叠纪盆地构造反转期与深源碱性热流体上涌叠加事件期（DS1），构造组合为泥盆系分层剪切流变构造［DS1（D-S_0//S_1）］、热流体叠加构造岩相［DS1（FB-D_3j+D_3x）］、热流体角砾岩构造系统［DS1（FB-D_3j+D_3x）-S_0//S_1］和南部温江寺-留凤关二叠纪—中三叠世拉分断陷盆地（图 1-5，图 1-6 中 DS1a 和 DS1b）。②在印支期陆-陆斜向碰撞挤压体制下，盆内挤压收缩变形构造组合为 NWW 向复式褶皱-压扭性断裂带+切层脆韧性剪切带+岩浆侵入构造系统，在南北两侧边界为对冲式厚皮型逆冲推覆构造系统（DS2）。③燕山期陆内构造断陷-断隆、构造-岩浆热事件叠加改造与脆性挤压变形期（DS3）。④喜马拉雅期脆性构造变形期（DS4）。

3. 泥盆系走滑伸展构造变形样式［DS1a］

在凤太东南端江口-柘梨园泥盆系泥质岩中，发育分层剪切流变构造，沿层理发生了构造面理置换（S_0//S_1）。构造样式有黏滞性剪切滑移构造、石香肠构造、顺层流劈理及拉伸线理、顺层掩卧褶皱群落（包括倒向一致的层间褶皱系、平卧褶皱、无根褶皱、鞘褶皱），推测在石炭纪走滑伸展体制下，因岩石能干性差而发生了分层剪切所形成。这些构造变形样式（图 1-6 中 DS1a）为第一期构造变形事件［DS1（D-S_0//S_1）］。

在八卦庙-八方山泥盆系泥质岩层中，近水平分层剪切变形的构造样式［DS1（D-S_0//S_1）］为拉伸线理、面理置换、顺层剪切流变构造、近水平固态流变褶皱、顺层石英细脉、黏滞剪切滑移构造和顺层掩卧褶皱。这些限定在泥盆系特定层位和岩性层之中的构造岩相学变形特征和样式多限于泥质岩层之中，其上下碳酸盐岩层和白云岩层中未见这种构造变形特征，揭示为泥盆系的准同生变形构造样式［DS1a］。

4. 碱性热流体叠加构造岩相（DS1b）与动力学

凤太地区 NWW 向碱性铁白云石钠长石角砾岩-钠长石铁碳酸盐质角砾岩相带［DS1（FB-D_3j+D_3x）-S_0//S_1］（图 1-5、图 1-6）揭示了热液角砾岩构造系统位置。①在青岩沟-八卦庙金矿区，星红铺组中产出有层状钠长石白云岩、黑云母钠长石岩、钠长石黑云母岩、钠长石碳质粉砂岩及钠长石碳质泥岩，并与地层发生同步褶皱，为晚泥盆世钠质热水浊积岩系。②青岩沟碱性铁碳酸盐质钠长角砾岩相系侵入上泥盆统九里坪组和星红铺组，北东向碱性热流体角砾岩体具有切割地层特征，层间裂隙带控制了铁碳酸盐-钠长石细脉带［DS1-S_0//S_1］，揭示它们于晚泥盆世后形成。③钠长石化板岩和钠长石化灰岩组成的蚀变带宽数十厘米，以钠长角砾岩为主，其次为铁白云石钠长角砾岩，少量复成分角砾和残留原岩角砾［DS1（FB-D_3j+D_3x）-S_0//S_1］；揭示碱性热流体角砾岩形成于晚泥盆世之后。钠长铁白云石角砾岩相分布在热液角砾岩构造系统边缘或叠加在早期钠长角砾岩相之中。④八卦庙 NWW 向脆韧性剪切带长约 50km，NWW 向无根状石英脉和顺层脆韧性剪切带［DS1-S_0//S_1］，形成于石炭纪［（344.1±4.5）~（301.8±4.6）Ma，锆石 SHRIMP U-Pb 年龄］（付于真，2015），暗示顺层脆韧性剪切带与深源碱性热流体侵位事件在时间域上有耦合关系。

在凤太东部王家楞，NNW 向碱性热流体隐爆角砾岩也具有多期叠加历史（石准立等，1989；樊硕诚和金勤海，1994；谢玉玲等，2000）：①双王北西向含金钠长石角砾岩带断续长 11.5km。钠长石角砾岩带长 550 ~ 3600m，宽 2 ~ 500m，已控制延深达 700m。单个角砾岩体呈带状、透镜体状、分枝状及不规则状等，总体向北东陡倾。陡倾的糜棱岩化板岩

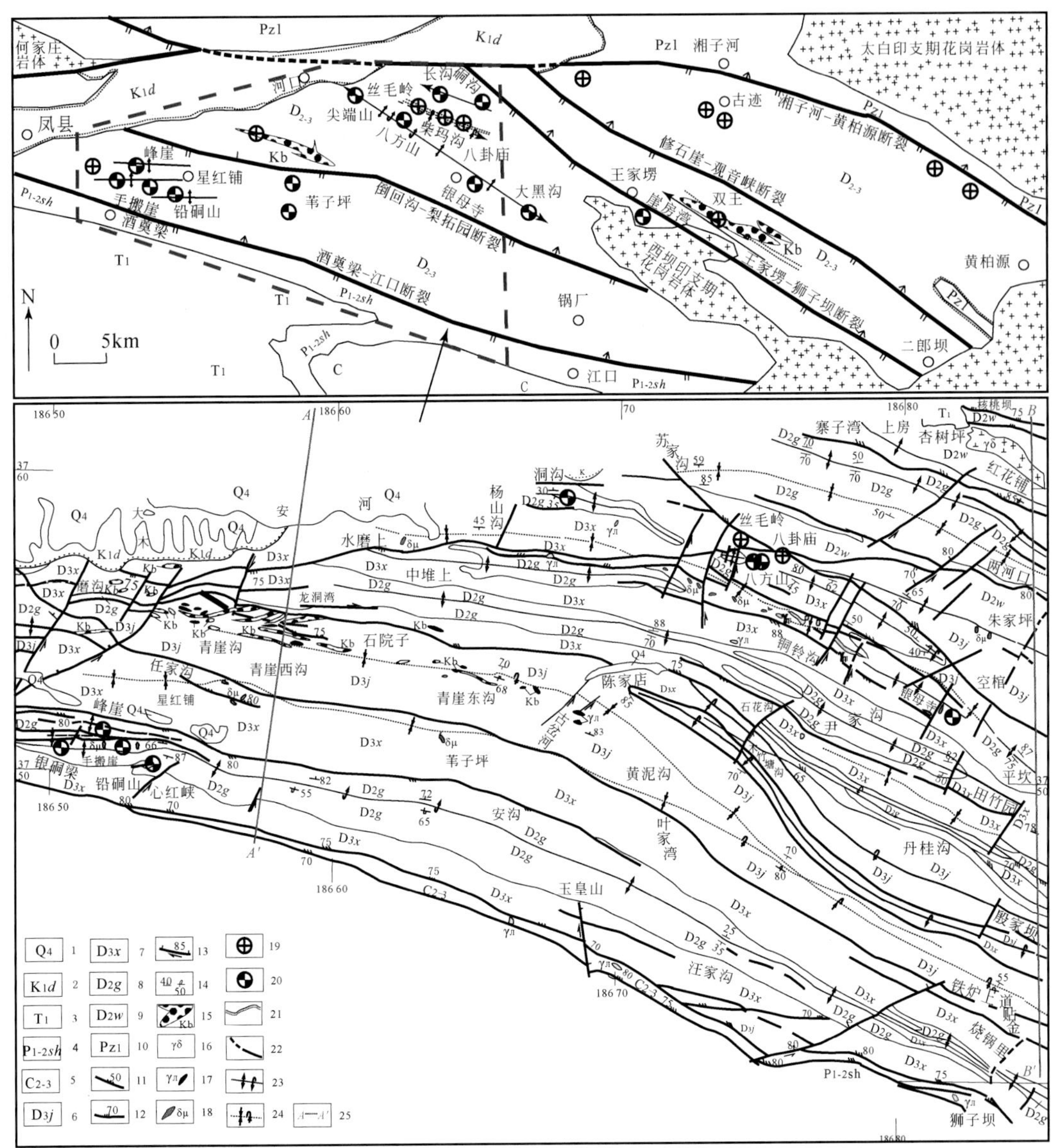

图1-5　陕西凤太拉分盆地晚古生代构造纲要与矿产图

1. 亚砂土、砾石、砂和黄土；2. 杂色复成分巨砾岩、含砾粗砂岩夹细中-中粗砂岩、页岩；3. 含粉砂绢云绿泥板岩、含碳粉砂质绿泥板岩，含碎屑结晶灰岩，碳质粉砂质板岩夹结晶灰岩；4. 绢云千枚岩，含碳粉砂质千枚岩，板岩，变细砂岩，夹同生角砾岩和透镜状结晶灰岩；5. 结晶灰岩，砂质结晶灰岩，含粉砂质板岩，钙质绢云千枚岩夹变钙质粉砂岩，薄层泥灰岩；6. 千枚岩，变质粉砂岩，砂质结晶灰岩，变钙质长石石英细砂岩夹粉砂质千枚岩，泥灰岩，结晶灰岩；7. 生物结晶灰岩，粉砂质千枚岩夹变质粉砂岩；8. 中厚层状结晶灰岩，生物结晶灰岩夹钙质千枚岩，局部见礁灰岩，变钙质粉砂岩、细砂岩，变长石石英砂岩夹砂质结晶灰岩及大理岩；9. 灰色变粉砂岩，细砂岩，砂质结晶灰岩，大理岩，绿泥绢云千枚岩、粉砂质千枚岩；10. 下古生界变质岩系；11. 压扭性断裂；12. 压性断裂；13. 扭性断裂；14. 正常及倒转地层产状；15. 钠长角砾岩；16. 中粒花岗闪长岩；17. 花岗岩脉/花岗斑岩脉；18. 闪长岩/石英闪长岩/闪长玢岩脉；19. 金矿床；20. 铅锌多金属矿床；21. 地质界线与不整合接触界线；22. 推测及实测断裂；23. 背斜（倒转）枢纽及倾伏方向；24. 复式向斜（倒转）枢纽及倾伏方向；25. 剖面线位置

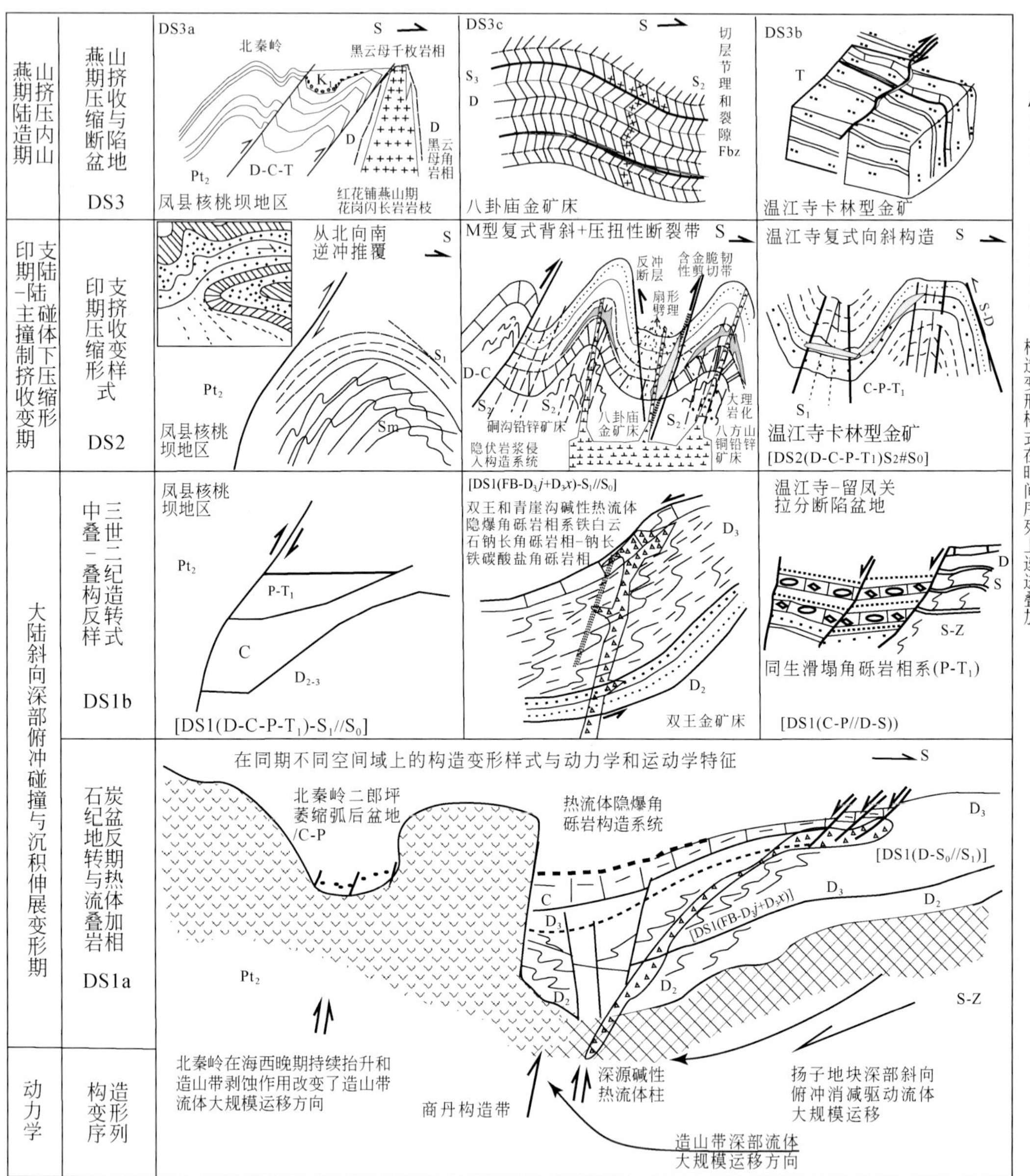

图 1-6　凤太拉分盆地晚古生代构造变形序列、构造样式与动力学特征

（糜棱岩化相）呈顺层产出，部分地段为低角度斜切地层。钠长石角砾岩与上、下盘围岩之间的接触关系比较清楚或呈渐变过渡。东矿段和西矿段已发现 14 个金矿体，金矿体赋存在碱性铁白云石钠长石角砾岩筒中。②碱性钠长石角砾岩-钠长石铁碳酸盐质角砾岩带初期形成于张性环境中（张性角砾岩相）。受印支期近南北向挤压应力作用而形成碎裂岩化，碎裂岩相一般多发育在碱性角砾岩带边部的挤压破碎带中。③在燕山期近东西向挤压和南北向张剪应力场中，形成了巨大角砾岩块中“之”字形扭动（张剪性角砾岩相）和平卧褶皱，揭示碱性角砾岩带在印支期主造山期前已经形成。EW、NE 和 NW 向断裂交汇

处的碱性角砾岩筒，可能在燕山期发生了深部流体叠加改造作用。④成岩成矿流体来源于岩浆热液和变质热液（石准立等，1989；樊硕诚和金勤海，1994；方维萱等，2000b；谢玉玲等，2000），晚期铁白云石热液角砾岩和钠长铁白云石热液角砾岩常分布在热液角砾岩构造系统边缘，或叠加在早期钠长角砾岩相之中，推测幔源富 CO_2 碱性热流体侵位为主要动力学机制，形成了热液角砾岩型金矿床，铁白云石钠长角砾岩形成于石炭纪—早二叠世［342±4.5Ma、(280.1±4.1)~(278±4.2)Ma］(付于真，2015)。具有在时间域上多期次异时叠加侵位特征，受区域脆韧性剪切带控制，而在空间域上同位叠加富集成岩成矿。双王碱性热流体隐爆角砾岩带具有多期多阶段叠加构造变形-热流体叠加特征，石炭纪—二叠纪为热液角砾岩构造系统初始形成期，以张性热液角砾岩相+糜棱岩化钠长石化板岩［DS1(FB-D_3j+D_3x)-S_0//S_1］为构造岩相学标志，指示为中构造层次脆韧性变形域中形成的构造组合。印支期叠加了碎裂岩化相和构造角砾岩化相，燕山期再度叠加了张剪性热液角砾岩化相，形成了第Ⅱ和Ⅳ阶段黄铁矿（183.09±20.64Ma、168.0±16.1Ma，樊硕诚和金勤海，1994）。双王金矿床赋存在多期次异时同位叠加的热液角砾岩构造系统中，可暂归入热液角砾岩型金矿床。总之，凤太地区碱性热流体隐爆角砾岩构造系统在时间域上，初始形成于石炭纪，经过二叠纪热流体递进叠加演化，印支期以叠加的碎裂岩化相和构造角砾岩相为特点，燕山期叠加有张性剪切角砾岩化相和热液角砾岩相，具有异时同位叠加成岩特征。与柞山地区碱性热流体隐爆角砾岩构造系统类似，均具有幔源特征，推测它们具有一定的内在联系。

5. 温江寺-留凤关拉分断陷盆地［DS1c］

凤县留凤关二叠系十里墩组由一套深灰至黑色砂、板岩及塌积同生角砾岩组成，形成于陆棚边缘斜坡环境和槽盆中心环境。早三叠世构造反转主要为凤太拉分盆地中部基底构造层相对快速抬升，导致沉积盆地中斜坡角度增加，而形成重力流沉积与同生滑移褶皱，断块式抬升在同生断裂带附近形成泥石流-滑塌沉积，浊积岩系中热水硅质岩相和层状英安质凝灰岩是卡林型金矿重要赋矿层位。酒奠梁-镇安-板岩镇同生断裂带（西段）在二叠纪—早三叠世发生走滑断陷作用，在瓦房坝-温江寺走滑拉分断陷作用强烈，这是瓦房坝-温江寺-留凤关二级拉分断陷盆地主成盆过程。它们属青海循化-甘南-陕西凤县酒奠梁同生滑塌沉积岩相带组成部分（何海清，1996；李旭兵等，2008），与扬子板块向北俯冲消减形成的区域性抬升密切有关，南向同生滑塌沉积作用形成该相带。

1.5.3　印支期主造山期：柞山构造变形样式与动力学

在印支期商丹构造带和凤镇-山阳断裂带两个基底构造带，夹持中部柞山晚古生代拉分断陷盆地，形成了构造运动学指向为从北向南的叠瓦式厚皮型逆冲推覆构造系统（图1-4）：①柞山晚古生代拉分断陷盆地经印支期构造变形后，成为刘岭逆冲推覆构造带主体组成部分，以近东西向红岩寺-黑山街复式倒转向斜、系列次级褶皱和压性逆冲断裂带为主，它们组成了盆内变形构造组合；②凤镇-山阳断裂带为南部基底冲断褶皱带，发育糜棱岩和糜棱岩化带，韧性构造变形如S-C组构、不对称褶皱、矿物拉伸线理和旋转碎斑等一致指向为自北向南逆冲，并伴有左行走滑特征，逆冲推覆构造运动学指向为自NNE

向 SSW 斜向逆冲推覆（张国伟等，2001）；③商丹构造带为北秦岭自北向南逆冲的叠瓦状厚皮型逆冲推覆构造系。

1. 商丹构造带与同构造期侵入岩

商丹构造带晚古生代线状花岗岩类是同构造期深熔花岗岩，在陆-陆斜向碰撞作用下，商丹构造带强烈走滑构造作用导致中下地壳发生高温变质作用，同构造期构造动热转换形成了铝硅质岩浆，也为铝硅质类岩浆上升侵位提供了构造通道（裴先治，1997）。商丹构造带左行走滑剪切带动力学，控制了铝硅质类岩浆上升侵位与定位机制，形成线状花岗岩类大型岩墙。宽坪花岗岩单元中早期和晚期单元侵入体总体分布型式与整个岩体的延长方向呈小角度斜交，揭示大型左行走滑地壳型剪切带控制了大型斜列式岩墙侵入的构造通道。花岗岩类内部、围岩和产于围岩中花岗岩脉构造变形运动学特征，表明花岗岩侵位与围岩构造变形是一个连续过程。花岗岩脉与围岩整合产出并发生糜棱岩相变形变质，岩体内部发育黑云母、长石和透镜状石英等组成的糜棱岩面理，属岩浆侵位及后期固态韧性变形机制下形成的矿物定向排列，结合围岩中相同构造变形样式与特征，在挤压转换剪切带中存在明显的地壳加厚作用。局部具有弱变形的花岗岩脉呈不整合产于围岩中，说明于石炭纪—早二叠世（359.2～270.6Ma）在商丹构造带，发生了规模宏大的构造变形变质事件（构造-热事件），这种陆-陆岩石圈深部斜向俯冲造山，在北秦岭南侧造山带形成大规模流体运移，与深成岩浆弧-走滑造山带在时间-空间上形成共集式和包含式耦合结构，持续到早二叠世（292±8.4Ma，裴先治，1997）。

从区域对比看，湖北秭归中生代盆地位于扬子板块北部被动陆缘之上，沉积充填体为海陆交互相至陆相沉积，因早三叠世末期印支运动影响，巴东组出现了较大差异，印支运动使得黄陵背斜西缘在下三叠统嘉陵江组晚期—巴东组早期开始隆起，上三叠统沙镇溪组直接覆盖于下三叠统嘉陵江组之上，揭示扬子板块北部被动陆缘在中三叠世经历了印支期主造山运动。在河南北秦岭上三叠统五里川组呈线状或带状分布于山间断陷盆地中，形成了巨厚的含煤磨拉石相（薛松鹤，1988），揭示发生了较强烈的造山作用，相邻山体为晚三叠世山间盆地蚀源岩区。在商丹断裂带和红岩寺-黑山街断裂带之间，印支期形成自北向南的逆冲推覆构造，形成了构造指向 N→S 的逆冲推覆断层和复式褶皱（图 1-3、图 1-4）：①在晚泥盆世—石炭纪，商丹断裂带为陆缘走滑断裂系统，发育低角闪岩相糜棱岩和千糜岩、绿片岩相构造片岩和片理化岩石；石炭纪—早二叠世广泛发育韧性走滑剪切作用，现今仍残存左行走滑韧性剪切带（张国伟等，2001；裴先治，1997）。②印支期商丹构造带为南向的逆冲推覆构造，发育糜棱岩相和糜棱岩化相。脆韧性叠加构造变形强烈，脆性断裂及伴生节理、裂隙和破碎带发育，主要为碎裂岩相和压剪性角砾岩相。在燕山期岩浆侵入构造系统周边发育角岩化相叠加。

2. 盆地东北部构造变形特征与刘岭岩群变形构造样式

具体内容如下：①刘岭岩群中发育走滑伸展构造体制下形成的分层韧性剪切变形构造，构造样式包括顺层掩卧褶皱、顺层韧性剪切带、顺层片理和同构造结晶变形脉体，强烈顺层韧性变形形成了区域面理置换（$S_1//S_0$）和顺层掩卧褶皱。②刘岭岩群中主体褶皱构造以 S_1 为变形面，区域线性褶皱带的轴向呈 NWW 向，东段（花瓶子-胡家湾）紧闭同斜倒转褶皱轴面倾向北东向，显示挤压收缩构造作用明显强烈。西段（蒋家沟-柴家沟等四个次级褶皱）斜歪褶皱群落是本期主体构造变形样式，褶皱枢纽向 NWW 缓倾伏，区域变质相为低角闪岩相-绿片岩相，构造变形变质事件形成于晚加里东—早海西期（裴先治，1997）。③在商丹构造带两侧的上古生界刘岭群（北部刘岭群）浅变质沉积岩系主要为绿片岩相-低角闪岩相，以紧闭-倒转-平卧褶皱和逆冲断裂带极为发育为构造岩相学特征，对柞水-山阳东北部上古生界刘岭群中碎屑沉积锆石的最新研究揭示其形成时代为早泥盆世，延续到中-晚泥盆世（崔建堂等，1999；杨恺等，2009；高峰等，2019），而在红岩寺-黑山街以南的泥盆系刘岭群（南部刘岭群）浅变质碎屑岩系-碳酸盐岩系总体为低绿片岩相，以冲断褶皱带构造和挤压片理化带发育为构造岩相学特征，海西晚期构造变形样式为左行走滑型脆-韧性剪切带-褶皱变形（DS1），伴有剪切面理（300°～320°）、东西向拉伸线理和 A 型褶皱（近水平东西向延展）、黑云母等顺层剪切面理等变形构造样式。推测它们属石炭纪—早二叠世斜向陆-陆碰撞体系下构造动力学-热事件中形成的构造组合，但具有北强南弱的构造变形分带，北部刘岭群为强挤压-逆冲推覆变形带，南部刘岭群为挤压-斜冲走滑剪切变形带。④印支期自北向南逆冲推覆构造和构造片理化带（DS2），东段（花瓶子-胡家湾）先期同斜褶皱的北翼和轴面发生倒转，倾向向北，西段（蒋家沟-柴家沟等四个次级褶皱）变形不强，仍保持原构造样式不变。在逆冲构造带中构造片理化带和小褶皱发育，小褶皱轴面倾向北，显示自北向南发生逆冲推覆作用。

3. *盆地西北侧：岩浆侵入热事件与含金脆韧性剪切带*

印支期碰撞型岩浆侵入-构造热事件以柞水和东江口复式岩体为代表，NEE 向长轴方向斜截于近东西向商丹构造带区域构造线。柞水复式岩体平面形态呈椭圆形，近 NEE 向展布，面积约 $264km^2$（图 1-5、图 1-6）。东江口复式岩体中似斑状角闪二长花岗岩形成时代为 332.58Ma，柞水复式岩体中似斑状黑云二长花岗岩形成时代为 313±29Ma（弓虎军等，2009），推测代表了该复式岩体石炭纪初始侵位时代。东江口似斑状二长花岗岩形成年龄为 219±2Ma、209±2Ma，柞水似斑状二长花岗岩体形成年龄为 209±2Ma 和 199±2Ma（LA-ICP-MS 锆石 U-Pb 年龄）（刘树文等，2011），属晚三叠世。柞水复式岩体呈 NEE 向侵入泥盆系中，在东南缘中-上泥盆统中角岩带宽 100～500m，变质程度达绿片岩相。北侧沙河湾环斑花岗岩体（212±0.9Ma）和曹坪花岗岩体（224.1±1.1Ma）形成于华北与扬子板块碰撞后（刘树文等，2011），是挤压向伸展构造体制转变背景下岩石圈拆沉的结果。在印支晚期，秦岭造山带岩石圈构造体制以挤压向伸展构造体制转变为主，可能发生在 224～210Ma，这些花岗岩可能是源于亏损地幔的岩浆，与源于中-新元古代或更老下地壳的岩浆发生混合作用的产物（1075Ma）。曹坪石英二长岩-二长花岗岩岩基和沙河湾角闪石英二长岩-二长闪长花岗岩体，与古生代地层之间形成同侵入期热蚀变-角岩化带和脆韧性剪切带。从勉略有限洋盆向北俯冲到浅表地壳碰撞角度看，秦岭中段印支期花岗质岩浆作用分为早期俯冲造山期（248～216Ma）、中期同碰撞到造山带垮塌过程（215～201Ma）和晚期碰撞后造山带拆沉作用（200～195Ma）3 个阶段（刘树文等，2011）。总之，岩浆侵位期的构造-热变形变质岩相分布在曹坪花岗岩体南侧和柞水复式岩体东南侧，并在中-上泥盆统中形成了数十米到千余米不等的堇青石-黑云母角岩化相带，该盆地西北—西边缘遭受了强烈的岩浆-热变形变质作用叠加改造，不但造成了盆地边缘发生变形变质事件，岩浆侵入期含金脆韧性剪切带也为盆地提供了热动力和热流体叠加作用。

含金脆韧性剪切带分布在柞水和曹坪印支期侵入岩西南部，在泥盆系中形成了 NE 向同岩浆侵入期脆韧性剪切带，控制了上泥盆统桐峪寺组中柞水王家沟类卡林型金矿床（曹东宏和朱赖民，2009）。柞水下梁子类卡林型金矿床产于中泥盆统池沟组中，受同岩浆侵位期脆韧性剪切带控制，控矿构造脆韧性剪切带产状为330°∠75°（赵新苗等，2004），属于柞水复式岩体侵入过程中岩浆-构造动热作用耦合作用下，形成的北东向切层脆韧性剪切带（290°~310° ∠75°）。在脆韧性剪切带内发育角岩化、夕卡岩化、片理化、S-C 组构和岩石重结晶作用，以条带状构造、S-L 构造透镜体化和热液角砾岩化相为特征，指示了脆韧性→脆性变形的递进演化序列。蚀变矿物沿剪切面理和构造片理化带，呈浸染状交代结构，与构造变形带共同组成矿化体及工业矿体。磁铁-阳起夕卡岩相、磁铁-斜长阳起夕卡岩化相带和石英斜长黑云母角岩相等为接触交代-热变质岩相，也是金矿石储矿构造岩相带。在王家沟金矿附近，NE 向脆韧性剪切带与近 EW 向曹坪-红岩寺断裂交汇，次级 NE 向、NW 向和 SN 向韧-脆性断裂和脆韧性剪切裂隙带等，均为主要储矿构造样式。

4. 盆地内部构造变形样式

在柞水-山阳晚古生代陆缘拉分断陷盆地内部，印支期从北到南形成的构造样式和构造组合特征为（图 1-3、图 1-4）：①北部平卧褶皱+倒转斜歪褶皱+逆冲断层+挤压片理化带；②中部紧闭倒转背斜褶皱+宽缓倒转向斜+逆冲断层+挤压片理化带；③南部直立等斜褶皱+基底卷入式冲断褶皱带+脆韧性剪切带。

主体构造组合为复式向斜+压性逆断层+挤压片理化带［(DS2f(D-C)+F+Fbz］，即红岩寺-黑山街复式向斜+北西西压扭性断裂带+挤压片理化带（图 1-3、图 1-4）。①红岩寺-黑山街复向斜及其两侧相伴次级褶皱等组成了三个大型褶皱，向斜核部为下石炭统二峪河组（C_1e），上泥盆统桐峪寺组（D_3t）和中泥盆统（D_2d、D_2c、D_2n）组成了复式向斜两翼。北翼受红岩寺-黑山街断裂叠加，南翼由总体向北倾的泥盆系组成，局部发育次级倒转-斜歪背斜，走向延长近千米，南北宽仅小于千米。复向斜南北两侧伴生次级背斜走向与复向斜协调一致。这种走向规模大而宽度小的褶皱形态学，揭示为近南北向区域性强烈挤压收缩机制（图 1-4 中 DS2）。复式向斜轴向与商丹断裂带和凤镇-山阳断裂带呈锐角相交（20°~30°），具有压扭性褶皱特点，同时伴有强烈水平扭动的构造应力场作用，两侧边界断裂在印支期属同一构造动力学机制，推测为两侧边界断裂在左行压扭作用形成盆内褶皱变形。在北部次级褶皱为平卧褶皱-倒转褶皱，中部在向斜南翼上发育次级倒转-斜歪背斜和次级向斜，在南部次级褶皱为直立向斜和斜歪背斜，在倒转翼叠加逆冲断裂且挤压片理化带发育，褶皱派生轴面劈理发育，揭示挤压收缩构造动力学自北向南逐渐减弱（图 1-4 中 DS2）。②在区域压扭性应力场作用下，形成的同劈理复式褶皱由一系列次级线性紧闭-倒转背斜和宽缓向斜组成，伴有压扭性断裂带、挤压片理化带和更次级褶曲（图 1-4中［DS2f(D-C)+F+Fzb］）。因地层在褶皱过程中，由于岩石能干性差异而形成层间剪切变形，广泛发育密集的剪切劈理和片理，为热水沉积-改造型铜铅锌银多金属富集成矿提供了微构造和显微构造空间，斜交层面劈理密度在 300~400 条/m，最大达 1200 条/m，沿切层劈理充填微细脉状黄铜矿-银黝铜矿-铁白云石（方维萱，1999f）。③NWW 向和近 EW 向压性断层组为大西沟-黑沟、张家坪-小河口和红岩寺-黑山街三条北西西断裂带，走向一般为270°～290°（图1-3），属顺层发育层间断层，与地层有小角度的交角，其次级断裂、节理和裂隙发育。主要构造组合和构造样式特征如下。

（1）在中部西段大西沟-银硐子构造组合为近东西向向斜+叠加褶皱+断裂带［DS2f（D-C）+F］，与银多金属-菱铁矿-重晶石改造富集成矿关系密切（图1-3、图1-4）。①柞水复式花岗岩体侵位过程中，在大西沟形成了近东西向挤压应力场，大西沟-穆家庄-太山庙NWW向断裂中发育糜棱岩和糜棱岩化带、构造角砾岩相及挤压透镜体、花岗岩脉、钠长岩脉和石英碳酸盐岩脉等，它们为异时同位叠加的构造岩相体。②在早期东西向褶皱之上，叠加了次级近南北向和北东向叠加褶皱（图1-3、图1-4）。从西向东四个次级叠加褶皱为背斜和向斜相间排列，这些次级叠加褶皱核部均为大西沟组第三岩段。③大西沟重晶石菱铁矿矿床定位于北东向文公庙次级褶皱南翼，磁铁重晶石矿体及菱铁矿矿体随地层同步褶曲，显示热水沉积-改造型矿床特征。在NE向文公庙叠加向斜核部发育北东向断裂带和近北东向石英钠长石脉，核部地层为大西沟组第三岩性层（$D_2d_3^{1-3}$），向外依次为大西沟组（$D_2d_3^{1-2}$、$D_2d_3^{1-1}$和$D_2d_3^{3-3}$）岩性层。④银硐子银多金属矿床定位于近南北向梅家坪次级褶皱南翼，形成了多处银多金属矿体，和上、下盘围岩共同构成了局部南北向褶曲，显示热水沉积-改造型矿床特征。梅家坪次级叠加向斜轴向为近南北向，核部地层为大西沟组（$D_2d_3^{1-3}$）岩性层，向外依次为大西沟组（$D_2d_3^{1-2}$、$D_2d_3^{1-1}$和$D_2d_3^{3-3}$）岩性层，总体为不规则宽缓的次级叠加向斜。东翼地层倾向西，倾角25°～30°，西翼地层倾向东，倾角35°～40°。次级叠加褶皱东部被NNW向断裂切割，最东部为近南北向煌斑岩脉穿切。⑤韭菜沟类卡林型金矿定位于北西向马耳峡-文公庙次级叠加背斜东翼，叠加褶皱核部为大西沟组（$D_2d_2^{3-3}$）岩性层，两翼为大西沟组（$D_2d_3^{1-1}$和$D_2d_3^{1-2}$）岩性层，在叠加背斜核部发育NW向断裂、煌斑岩-钠长石岩脉群和铁白云石钠长石角砾岩体。热水沉积-改造型银多金属矿化带和类卡林型金矿定位于该次级背斜东翼上。

（2）在中部穆家庄-黑沟一带，构造组合为倒转背斜+压扭性断裂+劈理化带+挤压片理化带（图1-3、图1-4DS2）。穆家庄铜矿位于红岩寺-黑山街复式倒转向斜南翼，轴面产状为25°∠25°～65°。在倒转南翼上发育张家坪-肖台次级背斜和向斜、断裂带和挤压片理化带。①金井河-胡家沟背斜延伸长约3000m，宽约1500m，向北西西倾伏，倾伏角20°～40°，该背斜东部紧闭（长宽比为2∶1），两翼地层为北倾的倒转背斜。背斜西部宽缓，呈南陡北缓的挠曲状背斜。该背斜轴部发育挤压剪切作用形成的背斜轴部断裂破碎带，由条纹状白云岩和粉砂质白云岩组成。其核部为青石垭组第三岩段下部，南翼地层倾角陡而北翼地层缓，背斜两翼为绢云母千枚岩，两翼地层倾角35°～65°。②姿家沟-枫沟背斜宽1600m，北西西轴向延伸达3500m，因层间滑动形成了含褐铁矿石英脉或石英菱铁矿脉的构造破碎带。两翼地层倾角10°～60°，呈南陡北缓的挠曲状背斜。③穆家庄铜矿矿体定位于近背斜轴部的挤压片理化破碎带中，矿体呈S-L透镜体；在片理化带和条带状片理化白云岩中，铁白云石石英硫化物脉沿陡劈理分布，糜棱岩化带宽约2m。北西西压扭性断裂带与劈理和片理产状一致，沿NWW向断裂带发育挤压片理化带、劈理化带、铁白云石-石英脉和铁白云石-石英-金属硫化物脉等；早期铁白云石-石英脉发育揉皱，呈团块带状分布。在较陡的倒转南翼以发育层间滑脱断裂带、层内密集裂隙带和层间细脉-网脉状硫化物为特征。

（3）东部桐木沟印支期构造组合为倒转向斜+断裂带+热流体隐爆角砾岩相+片理化带（图1-3、图1-4），具有叠加构造组合特征［DS1a-h］+［DS1b（FB-D_{2+3}-#Z-Pt）］+［DS2f（D-C）+F］。①桐木沟锌矿床位于葛条坪-马鹿坪东西向紧闭倒转向斜的北翼，构造线方向总体呈东西向，褶皱强烈紧闭，倒转向斜向西翘起，向东倾伏角为27°。向斜轴面和北翼地层均发生倒转，倾向北，倾角60°~80°。南翼地层产状正常但受到断裂破坏，缺失青石垭组。②在三组断裂中，近东西向断裂组为主干压扭性断裂，断面北倾，如矿区南部F_1断裂长大于2000m，断面北倾，倾角40°；矿区中部F_2断裂长大于6000m，断面北倾，倾角50°~60°；矿区中部F_3断裂为F_2断裂的分支断裂，长度大于1000m，断面北倾，倾角70°~80°；锌主矿体位于F_3断裂中，断裂西段与地层呈10°夹角，断层带最宽可达50m，向东渐变为层间断层，仅见片理化板岩，块状-角砾状富锌矿石也相变为纹层状锌矿石。这种近东西向倒转紧闭褶皱-断裂-片理化带属于典型冲断褶皱带构造样式。

（4）断裂带+热流体隐爆角砾岩相构造组合对矿体控制显著。①锌矿体在姜家院-小洼沟呈近东西向展布，断续长3700m，宽1.0~19m；东段小洼沟为层状贫锌矿体，锌平均品位3.08%；西段小洼沟为脉状富锌矿体，锌平均品位15.7%。锌矿体由东向西侧伏趋势明显，侧伏角30°~40°；与呈入字形F_2和F_3断裂带形成的构造扩容空间密切相关，钠长石角砾岩相、钠长石铁白云石角砾岩相和方柱黑云母角岩相等在桐木沟锌矿区十分发育。②F_2含矿断裂破碎带发育在黑云母角岩相中，上盘围岩以钠长石化为主，下盘围岩以方柱石化为主，F_2含矿断裂挤压破碎带发育在中间。F_2含矿断裂其下为钠长石交代岩相，其上为方解石胶结的张性角砾岩相，揭示F_2含矿断裂经历了先挤压后张裂的构造活动历史；可见张性破碎带位于钠长石交代岩相两侧。③沿F_1断裂带断续分布铁白云石钠长角砾岩、石英钠长岩脉和钠长铁碳酸盐角砾岩等碱性热流体隐爆角砾岩相，显示该断裂带是石炭纪碱性热流体隐爆作用形成的构造空间之一。④F_2和F_3断裂带交切部位可能是成矿流体构造圈闭部位。

5. 凤镇-山阳断裂带的构造变形样式与动力学

凤镇-山阳断裂带呈北西西—北东东向延伸，断裂带宽数百米至数千米，由糜棱岩、碎裂岩、构造透镜体和断层泥等组成，该断裂带主体北倾，倾角变化大，一般为23°~50°，局部达60°~80°，它是长期活动且切割深度达岩石圈尺度上的岩石圈断裂带。①该断裂带控制了迷魂阵-板板山-色河新元古代花岗岩侵位、震旦系—奥陶系分布。②海西期表现为同沉积断裂带，控制了北侧柞山商晚古生代拉分断陷盆地、南侧镇安中泥盆世—中三叠世半地堑盆地形成演化，尤其是对柞山地区泥盆—石炭系沉积中心具有明显控制作用。③碱性热流体角砾岩相带，沿该断裂带南北两侧在东西向上呈现分段富集，局部围绕铁质基性岩体边部呈似环带状分布。因此，该断裂带对于石炭纪碱性热流体角砾岩相带（DS1）具有显著控制作用。④印支期形成了自北向南逆冲推覆作用（DS2），泥盆系和下覆基底地层被长距离地逆掩推覆到南侧镇安逆冲推覆构造后部之上，形成诸多飞来峰。脆韧性剪切变形构造带中，糜棱岩相和糜棱岩化相构造岩发育，柞水迷魂阵-磨沟峡、凤镇和商南青山等地区现今出露较好。S-C构造、不对称褶皱、矿物拉伸线理和旋转碎斑系等构造指向为自北向南发生逆冲推覆运动，伴有左行走滑特征，运动学特征为自北东东向→南南西斜向逆冲推覆运动（张国伟等，2001）。逆冲推覆构造形成时代为236Ma（多硅白云母$^{40}Ar/^{39}Ar$ 法)、217Ma(钠长石$^{40}Ar/^{39}Ar$ 法)(许志琴等，1988)。

1.5.4　印支期主造山期：凤太构造变形样式与动力学

印支期主造山期构造组合有：①对冲式厚皮型逆冲推覆构造系统，为凤太晚古生代拉分盆地两侧边界同生断裂反转后所形成。商丹带西段（太白-凤州段）为多期活动、不同构造层次共存的近东西向韧性-脆韧性剪切带，前白垩纪地层自北向南、以中低角度逆冲推覆到下白垩统东河群之上。在留坝县自南向北，白水江逆冲推覆构造体以志留系为主体、紫柏山逆冲推覆构造以泥盆—石炭系为主体、留凤关逆冲推覆前锋构造变形带以二叠—三叠系为主体，形成于印支期碰撞造山过程中，运动学构造指向为从南至北形成了一系列逆冲推覆体（张国伟等，2001）。②在凤太晚古生代拉分盆地内部，受对冲旋转区域动力学控制，形成了一系列 NWW 向“W-M”型复式褶皱与压扭性断裂带相间排列（图 1-5 ~ 图 1-7）。这种盆地南北两侧边缘发育对冲推覆构造体（图 1-7），为盆地流体大规模运移的侧向构造驱动力，与印支期岩浆侵入形成了垂向热驱动力耦合，为在凤太盆地内部形成大规模成矿流体运移和聚集成矿等提供了有利的动力学条件。③印支期不但在凤太晚古生代拉分盆地周缘形成了同碰撞型花岗岩，尤其是在盆地中心西坝印支期花岗岩侵入体自南东向北西方向侵位，并隐伏于深部，在银母寺-铜铃沟-八卦庙-八方山一线的北西方向，形成了北西向闪长斑岩-花岗斑岩-铁白云石钠长岩等一系列岩脉群，揭示不但在盆地发育岩浆侵入构造系统，而且存在隐伏岩浆侵入构造系统。它们成为凤太地区构造-岩浆-热事件的垂向热驱动源，并与两侧对冲式厚皮型逆冲推覆构造系统，形成了三向构造热应力耦合场结构，在八卦庙-柴玛沟-丝毛岭脆韧性剪切带与印支期岩浆侵入构造系统相耦合，切层断裂和脉岩群为垂向热传导和成矿物质运移构造通道，褶皱群落为大规模运移的成矿流体圈闭构造。

1. 盆地两侧对冲式厚皮型逆冲推覆构造系统与动力学

太白-凤州段为多期活动的近东西向韧性-脆韧性剪切带。构造变形时代与动力学、几何学和运动学特征为：①太白-凤州段为厚皮型逆冲推覆构造系统，石炭纪以右行平移走滑（301 ~ 317Ma），发育弥漫性构造面理置换和韧性剪切带，现今残留次级断裂为湘子河-黄柏源断裂带（图 1-5、图 1-6）。②在印支期为左行斜冲走滑剪切变形，表现为自北向南逆冲推覆。在核桃坝地区泥盆-石炭系中发育斜冲走滑断褶带（图 1-7B-B'），泥盆—石炭系和下三叠统呈构造岩片形式产出，断裂带内碎裂岩-糜棱岩相带宽约 1000m。③燕山早期近南北向逆冲推覆作用，形成了自北向南逆冲推覆构造系统。燕山晚期造山期后伸展垮塌形成了早白垩世山间断陷盆地，呈现垂直升降改造样式。

在凤太拉分盆地东南部，志留系中发育褶叠层，构造样式有顺层掩卧褶皱、顺层韧性剪切面状构造、拉伸线理和顺层流劈理及构造岩，与龙王沟剥离断层带在泥盆纪期间发生伸展变形有关。从南至北逆冲推覆构造包括：白水江推覆构造带以志留系为主体，紫柏山逆冲推覆构造以泥盆-石炭系为主体，留凤关逆冲推覆前锋构造变形带以二叠—三叠系为主体，它们组成了印支期南部厚皮型逆冲推覆构造系统（张国伟等，2001）。

酒奠梁-江口压扭性断裂在凤太地区长 37km 以上（图 1-5、图 1-6），断裂破碎带宽

15～50m，构造片理化带、糜棱岩化带和碳化十分强烈，揉皱发育。平面上呈现舒缓波状，总体产状 20° ∠75°～80°。沿该断裂带充填有闪长玢岩和花岗斑岩脉、石英脉和方解石石英脉等，主体为多期活动的压扭性断裂。断裂带北盘向南逆冲推覆，造成了南部上泥盆统和下石炭统缺失；同时，其南侧为对冲式逆冲推覆构造系统的对接构造区。在凤太地区南侧瓦房坝-江口东西向断裂带自南到北，志留系、泥盆系、石炭系和二叠系从南至北发生逆冲推覆作用，先后叠置于三叠系之上。将温江寺二叠纪—早三叠世拉分断陷盆地挤压变形后，转变为温江寺-留凤关复式向斜构造，它不但是对冲式逆冲推覆构造体系核部的应力场中和区，也是盆地流体圈闭区。局部发育印支期花岗斑岩和英安斑岩脉，揭示叠加有深部垂向构造-岩浆-热事件，伴有硅化、高岭石化和黏土化蚀变相，对金矿形成较为有利。在对冲式厚皮型逆冲推覆构造作用下，在温江寺-留凤关形成了对冲旋转及反冲构造，复式向斜北翼发生倒转（图 1-7 中 A-A'），在凤县温江寺金矿区三叠系中，发育次级断裂、密集节理和裂隙等低序次小型构造，它们为含金脉带和含金蚀变脉带的储矿空间，多充填有含金高岭石脉、含金石英脉和含金硅化蚀变岩等，温江寺卡林型金矿具有较大的找矿潜力。

2. 盆地内部复式褶皱-压扭性断裂构造组合与动力学

印支期构造组合为 NWW 向系列复式褶皱+NWW 向压扭性断裂组 ［（DS2f(D-C-T_1)+F+FB］［DS2 为第二构造变形序列和编号；f(D-C-T_1) 为褶皱和褶皱卷入的泥盆系、石炭系和下三叠统地层单位代号；F 为断层；FB 为断裂带控制的热流体角砾岩相带，下同］（图 1-5～图 1-7）。从北到南为 NWW 向苏家沟-两河口-双王复式背斜+压扭性断裂带→NWW 向八方山-大黑沟复式向斜+压扭性断裂带→NWW 向磨沟-龙洞湾-田竹园复式背斜+压扭性断裂带→NWW 向青崖沟-古岔河-道贴金复式向斜+压扭性断裂带［DS1(FB-D_3j+D_3x)］→ NWW 向铅硐山-玉皇山复式背斜+压扭性断裂带→NWW 留凤关-温江寺-江口复式向斜+压扭性断裂带。印支期构造组合对于金-多金属矿体定位具有显著的控制作用。①“W”型复式向斜叠加脆性-脆韧性断裂带控制了金成矿带。NWW 向青崖沟-古岔河-道贴金复式向斜中，碱性铁白云石钠长石角砾岩-钠长石铁碳酸盐质角砾岩带［DS1(FB-D_3j+D_3x)］等组成了沿断裂带分布的热液角砾岩构造系统。倒转向斜+切层脆韧性剪切带+隐伏深部岩体等构造组合，共同控制了八卦庙式金矿床。留凤关-温江寺复式向斜+脆性断裂带控制了温江寺卡林型金矿，具典型低温相 Au-Sb-Hg-As 型元素组合。②“M”型复式背斜核部和两翼控制了铜铅锌矿。在八方山-平坎滩复式向斜+压扭性断裂带中，“M”型复式背斜构造控制了八方山-二里河铜铅锌矿带。在铅硐山-玉皇庙复式背斜中，“M”型复式背斜控制了铅硐山、东塘子和手搬崖铅锌矿床，银洞梁和峰崖复式背斜控制了银洞梁和峰崖中型铅锌矿床。

（1）八方山-平坎滩复式向斜+压扭性断裂带为“W-M”型构造组合，“W”型复式向斜核部为八方山-尖端山复式背斜，两侧为倒转向斜，控制了八方山-二里河-八卦庙金-多金属成矿带（图 1-5、图 1-6 和图 1-7B-B'）。八方山-二里河线性背斜长宽比大于 19∶1，核部为中泥盆统古道岭组结晶灰岩和重结晶生物碎屑灰岩。大理岩和大理岩化相发育，地表和坑道内发育铁白云石钠长岩脉和闪长斑岩脉等，揭示深部存在隐伏岩体。两翼为上泥盆统星红铺组，北翼产状 15°～30°∠70°～85°，南翼产状 195°～215°∠60°～70°，轴面产

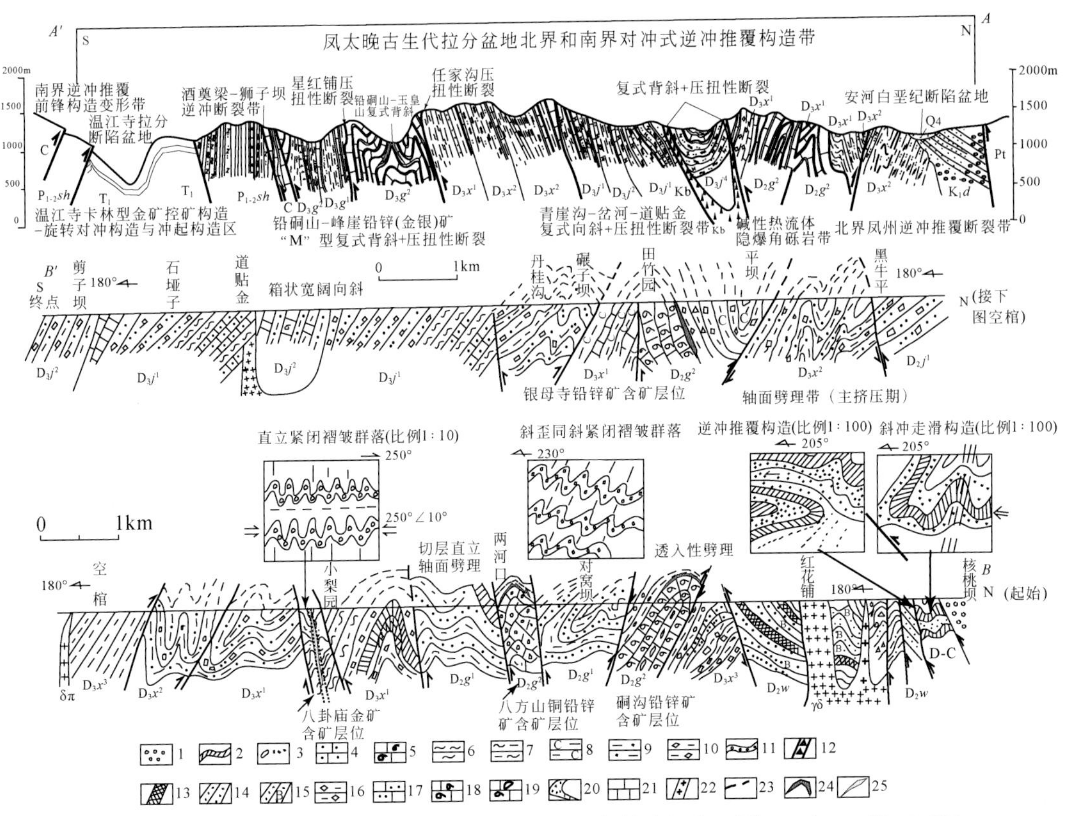

图 1-7　陕西凤太实测构造岩相学剖面、构造样式与构造组合（图 1-6 中 A-A'和 B-B'）

1. 下白垩统东河群（K_1d）山间磨拉石相；2. 泥盆—石炭系（D-C）深海槽盆粉砂质浊积岩相（含碳硅质岩相）；3～6. 上泥盆统九里坪组（3. 铁白云质砂板岩夹铁白云质粉砂岩，4. 薄层结晶灰岩及泥质灰岩，5. 生物灰岩，6. 绿泥石绢云母千枚岩）；7～16. 上泥盆统星红铺组（7. 绿泥石千枚岩，8. 含碳千枚岩及碳质泥质板岩，9. 绢云母粉砂质千枚岩，10. 铁白云质粉砂千枚岩，11. 具钙质流失孔同斜紧闭褶皱群、直立紧闭褶皱，12. 含砾板岩（同生角砾岩），13. 热水浊积岩，14. 泥砂质浊积岩，15. 黑云母、钠长黑云母岩，16. 含碳铁白云质岩/千枚岩）；17～21. 中泥盆统古道岭组（17. 砂屑灰岩，18. 生物灰岩、生物礁灰岩，19. 砾屑生物灰岩（含同生角砾岩层），20. 钙屑泥砂质板岩（发育平卧、斜卧褶皱层），21. 中厚层结晶灰岩）；22. 燕山—印支期黑云母花岗岩（γδ）、黑云母斜长岩；23. 实测及推测断层；24. 铜铅锌矿体；25. 金矿体；D_2w. 中泥盆统王家楞组，D_2g. 中泥盆统古道岭组，D_3x. 上泥盆统星红铺组，D_3j. 上泥盆统九里坪组

状为 359°∠88°，枢纽产状为 272°∠7°。在八方山铜铅锌矿区 1 线～46 线中部拱起，在地表出露形态呈不规则椭圆状，分别向东端二里河铅锌矿区和西端尖端山铅锌矿区的深部倾伏，倾伏角为 15°～30°，属于直立缓倾伏紧闭褶皱。发育两组倾向相反的区域性切层劈理和断裂组，花岗斑岩、闪长玢岩、钠长斑岩、钠长岩和铁白云石钠长岩等脉岩沿 NWW、SE 和 SN 向断裂侵入，形成了脉岩群和带状蚀变相，大理岩化相和脉岩群均指示深部存在岩浆侵入构造系统。八方山-二里河铜铅锌成矿带受“M”型复式背斜核部和两翼控制，铜铅锌矿体分布在背斜核部、鞍部和两翼。南翼局部倒转而控矿作用明显优于未倒转的北翼，复式背斜和铜铅锌矿体向 SEE 向侧伏，背斜鞍部自西向东由宽变窄，向东南 110°方向侧伏，侧伏角在 14°～25°。该背斜鞍部的矿体受次级褶皱控制明显，其构造包络线具有多个“M”型特征。八卦庙金矿床、丝毛岭金矿床和小梨园金矿床均产于倒转向斜+脆韧

性剪切带中，倒转向斜向 SEE 向侧伏，向 NWW 向扬起。

（2）“M-W”型构造组合（铅硐山-玉皇山复式背斜+压扭性断裂带）位于酒奠梁-江口和倒回沟-梨拓园两个逆冲断裂带之间，冲断褶皱带控制了铅硐山-手搬崖铅锌矿带（图 1-5、图 1-6 和图 1-7 中 *A-A′*）。①该复式背斜长度 37km，中部最宽达 5.2km，向西部最宽收缩为 2.4km，向东部最宽为 3km，线性背斜的长宽比大于 10∶1。核部为古道岭组（D_2g^2），两翼为星红铺组（D_3x）。北翼产状 15°∠55°~70°，南翼倒转，产状 10°~20°∠45°~70°。由三个次级背斜和两个次级向斜组成了总体“W”型构造样式，次级背斜向 NWW 倾伏，向斜向 SEE 翘起，属紧闭线性褶皱（图 1-7 中 *A-A′*）。②铅硐山-东塘子、银洞梁-手搬崖和峰崖 3 个次级背斜，控制了铅硐山、东塘子、银洞梁、手搬崖和峰崖 5 个铅锌（金银）矿床。铅硐山-东塘子背斜北翼正常，产状 8°~12°∠60°~70°；南翼东段倒转或直立，西段趋于正常，产状在 210°∠70°~84°；总体为一轴面近于直立，向西倾伏的“M”型复式背斜，动力学特征为自北向南压扭性应力场下形成的构造样式。铅硐山-东塘子复式背斜呈现“M”型样式，背斜鞍部和两翼属铅锌矿体储矿构造。在其背斜北翼赋存铅硐山Ⅰ号矿体，向西倾伏于并转变为银洞梁-手搬崖背斜南翼，局部形成了铅锌（金银）矿体。在其背斜南翼及鞍部赋存铅硐山Ⅱ号主矿体，向西倾伏于东塘子铅锌矿区深部。③任家沟 NWW 向压扭性逆冲走向断层分布于铅硐山-玉皇山“W-M”型复式背斜北翼（图 1-7 中 *A-A′*），长 3km，断层破碎带宽 1.0~2.0m，由断层角砾岩化灰岩、断层泥和方解石石英脉构成。在断层上盘沿古道岭组灰岩中发育古岩溶构造面，其下盘星红铺组千枚岩中构造片理化和泥化强烈。断层产状 30°∠80°~85°，局部充填铁白云石闪长玢岩脉。④星红铺-苇子坪压扭性断裂位于该“W-M”型复式背斜南翼，断裂长 22km，产状 190°~200°∠75°~80°，属顺时针扭动的压扭性正断层。北北东向断层长 2km，充填有闪长玢岩脉，破坏铅锌矿体、错断走向断层和复式褶皱，形成于印支期晚期—燕山期。

3. 反冲构造、冲起构造与金-多金属成矿分带

凤县核桃坝-洞沟压扭性断裂上盘发生逆冲推覆，核桃坝形成冲断褶皱带分布在泥盆—石炭系中，构造运动学指向为 NE70°→260°，动力学特征为斜冲走滑-高角度逆冲推覆形成的冲断褶皱带（图 1-5、图 1-6 和图 1-7 中 *B-B′*）。反冲构造表现形式为多组产状相反、断裂上盘共同在褶皱两翼相反上升，两组产状相反断裂之间形成了层间滑动-扩容带和切层断裂构造扩容空间，在构造动力和深部岩浆侵位双重驱动作用下，成矿流体向这些构造扩容空间运移和聚集，扇形劈理面圈闭。①八方山-水磨沟断裂倾向北，为压扭性反冲断裂，沿断裂带有闪长岩脉侵入，片理化、碳化及 S-L 构造透镜体发育。②唐沟口-庙岭沟断裂使三叠系（T）直接与泥盆系王家楞组接触，缺失二叠系和石炭系。断裂带宽 40~50m，构造角砾岩、糜棱岩化和碳化明显，产状 15°∠75°；杏树坪压性断裂破碎带宽 50m 左右，构造角砾岩、糜棱岩化、片理化发育，构造透镜体和碳化产状在 10°~25°∠65°~80°，沿断裂带有花岗闪长岩脉及闪长岩脉侵入。其南部有两组压扭性断裂。③苏家沟-空棺压扭性断裂在平面上呈舒缓波状，断裂破碎带宽 10~20m，破碎带、片理化带和揉皱发育，产状 31°~36°∠62°~65°。沿断裂带有花岗斑岩脉侵入。该断裂规模大，使 D_2g、D_3x 全部及部分 D_3j 地层缺失。④（酒奠梁-江口逆冲断裂带）碾道-狮子坝压扭性断裂总体产状 20°∠75°~80°，断裂破碎带宽 20~30m，糜棱岩化和碳化普遍，岩石破碎，

沿断裂带有中酸性岩脉侵入，具有多期活动的特点。

在凤太晚古生代拉分盆地内，银母寺–八卦庙–八方山断裂破碎带宽 2 ~ 15m，总体产状为 180°∠70° ~ 80°。在八卦庙–八方山一带，显示了自南向北的反冲构造作用（图 1-7 中 *B-B′*）。八卦庙–八方山反冲断裂带总体上显示了由北向南逆冲推覆，使地层缺失较大，沿断裂带均有中酸性岩脉侵入，显示了断裂切割深度可达大陆地壳的中深构造层。在八方山铜铅锌矿区坑道内，可见泥盆系古道岭组灰岩向北发生了高角度逆冲，南翼星红铺组高角度逆冲推覆。反冲构造与深部岩浆侵位耦合，加热了盆地流体，形成了垂向热流体驱动力，泥盆系古道岭组被垂向构造–热流体垂向运移作用顶起，形成穿刺背斜、黑云母化、电气石化、硅化和钠长石化等斑点状热流体交代蚀变岩相、大理岩化和重结晶灰岩等热变质相，实际上，这是冲起构造、倒转向斜、深部热侵入构造和盆地流体耦合作用形成的构造岩相学特征。伴随发育正扇形区域性切层劈理和构造面理置换（S_0#S_2），产状分别为 20°∠61°和 190°∠60°。该区域内脆韧性剪切带、蚀变糜棱岩相、蚀变千糜岩相和蚀变糜棱岩化相是构造扩容空间和八卦庙式金矿定位的构造空间。

反冲构造及冲起构造作用和深部构造动力学机制。①双王背斜和王家楞压扭性断裂带是 NWW 向苏家河–两河口–双王复式背斜+压扭性断裂带南东段，控制了星红铺组含金钠长石角砾岩带。清崖沟铁白云石钠长角砾岩带受复式背斜和断裂–次级褶皱控制，大规模碱性热流体垂向上涌事件形成了垂向热流体驱动的热流体隐爆构造系统。②在印支期—燕山期侧向挤压收缩体系下，仍有深部岩浆垂向侵位驱动的垂向热应力场耦合，形成了区域三向耦合的构造应力场格局，盆地内部扭张性构造应力场有利于盆地流体运移和排泄，如洞沟小型铅银矿和长沟多金属矿床赋存在向斜核部，盆地流体聚集在次级背斜核部古道岭组（D_2g^2）顶部结晶灰岩–铁白云岩系中。③八卦庙倒转向斜中发育反扇形轴面劈理（S_0#S_2），它们构成了含金成矿流体的构造扩容与流体系统封闭作用，这种局部向上收敛构造应力场为成矿流体圈闭构造，对超大型八卦庙式金矿床形成极为有利。因泥盆系细碎屑岩、多金属矿层及碳酸盐岩能干性差异，在递进变形中发育顺层逆冲推覆，构造应力较强时，逆冲推覆构造切层发育。当矿体位于逆冲推覆断层上盘时，产生了张扭性扩容空间，形成了褶皱推覆体的倒转翼发育透镜状富矿体；逆冲推覆构造也可造成层状矿体被错断、破坏。④印支期—燕山期脉岩群为冲起构造提供了垂向构造–热能驱动源，如红花铺燕山期花岗闪长岩侵入构造系统，形成了黑云母角岩和黑云母千枚岩等（图 1-5 和图 1-7 中 *B-B′*）。总之，在反冲构造和冲起构造区，叠加耦合岩浆侵位形成的垂向热驱动力，改变了盆地流体大规模侧向运移方向，冲起构造为盆地流体大规模垂向运移和聚集提供了构造圈闭条件，背斜核部成为含铅锌成矿流体圈闭构造，为多金属矿层改造富化提供了构造条件。在构造驱动下，盆地流体不断循环对流萃取地层中金成矿物质，沿向斜构造发育切层的脆韧性剪切带排泄聚集，脆韧性剪切带和糜棱岩相–糜棱岩化相为八卦庙–柴玛沟–丝毛岭金矿带构造动力学和储矿构造岩相条件。

4. 印支期岩浆侵入构造系统、构造–热事件与动力学

凤太西北部何家庄花岗闪长岩体形成于 246 ~ 248Ma（杨朋涛等，2013），属早三叠世奥伦尼克阶。西坝侵入岩第一期为石英二长闪长岩和花岗闪长岩，局部见二长闪长岩、石英二长岩、石英闪长岩和英云闪长岩等，形成年龄为（219±1）~（218±1）Ma（张帆等，

2009)，属晚三叠世卡尼阶。第二期侵入体以具似斑状结构的似斑状二长花岗岩为主，可见其侵入第一期的石英二长闪长岩中，形成年龄为214±1.1Ma（汪欢等等，2011），属晚三叠世诺利阶。空棺和金铜沟花岗闪长斑岩脉形成年龄为230.7±1.8Ma和230.4±1.8Ma（陈绍聪等，2018），属中三叠世拉丁阶。二里河-八方山闪长斑岩和花岗闪长斑岩形成年龄分别为214±2Ma、217.9±4.5Ma（王瑞廷等，2011），属晚三叠世拉丁阶—诺利阶。在凤太地区岩浆侵入构造系统和相关的构造-岩浆-热事件形成于中三叠世拉丁阶—晚三叠世诺利阶（237～203.6Ma）。八卦庙金矿早期顺层石英脉Ar-Ar等时线年龄为222.14±3.45Ma，坪年龄为232.58±1.59Ma，金矿石中黄铁矿U-Th-Pb一致年龄为210Ma（韦龙明，2004）；丝毛岭金矿早阶段热液绢云母Ar-Ar坪年龄为211.9±1.5Ma（王义天等，2014）；柴蚂金矿主成矿阶段白云石、方解石Sm-Nd等时线年龄为203.2±1.6Ma（刘协鲁等，2014）；揭示八卦庙式金矿床（八卦庙-柴玛沟-丝毛岭矿带）和含金脆韧性剪切带，与中三叠世拉丁阶—晚三叠世诺利阶（237～203.6Ma）在时间-空间上有密切的耦合关系，推测深部隐伏岩浆侵入构造系统为八卦庙-丝毛岭含金脆韧性剪切带的深部垂向热物质-热能量驱动源。

1.5.5　晚中生代—新生代陆内变形和岩浆侵入构造

白垩纪NEE—EW山间断陷盆地［DS3a］与动力学特征如下：山阳中-新生代红色磨拉石相山间盆地［DS3a］南北宽约5km，东西长约22km，上白垩统山阳组（厚度607.1m；70～65Ma）、古近系杜鹃组（厚度322.1m；65～61Ma）和新近系（厚度67.5m）累计厚度达上千米。在盆地北缘，上白垩统山阳组（K_2s）底部为褐红色厚层砾岩、砖红色薄层砂质泥岩与厚层砾岩互层，超覆在上泥盆统板岩和片岩之上，中部为紫红色-浅红色泥岩，含有大量钙质结核和恐龙骨骼化石。在该山间盆地南缘山阳组，与中石炭统铁厂铺组结晶灰岩、板岩夹火山集块岩和新元古代板板山花岗岩体呈断层接触，半地堑山间盆地揭示在晚白垩世发生了构造断陷作用。晚白垩世—古近纪秦岭具有东部抬升而西部沉降趋势（薛祥煦和张云翔，1993）。

北东东向和东西向陆内断陷作用在凤太地区形成了山间断陷盆地［DS3a］。①在NE向凤县-成县-龙门山，晚侏罗世—早白垩世以深紫红色-灰色砾岩和砂岩为主，黑色页岩和煤层揭示了还原、滞留、静水环境下的山间-山前盆地沉积体系。②凤太北东东向褶皱和断裂带等构造样式形成于燕山晚期，可能与扬子板块与华北板块陆内斜向汇聚有关。③下白垩统东河群下部为山前洪积相灰紫色复成分巨砾岩和中粗砾岩，向上相变为含砾粗砂岩和粗砂岩，黄绿色泥质粉砂岩、杂色泥岩和深灰色泥岩，局部夹薄层煤线，具山间湖盆沉积层序特征。东河群灰紫色杂砾岩主要来源于相邻山体剥蚀形成的蚀源岩区，砾石成分混杂，砾石多为棱角状和次棱角状，属于典型山间磨拉石相，指示相邻山体发生了造山抬升和侵蚀。④东河群以角度不整合超覆在泥盆系、石炭系、二叠系和下三叠统之上，以构造断隆作用和构造断陷作用为主，形成了北东东向和东西向山间断陷湖盆。

燕山期冲断褶皱带、走滑断裂、顺层和切层劈理-节理带［DS3b］：①在柞山地区黑沟-桐木沟北东东断裂带与南北向、北东向和北西向压扭性断层组等［DS3b］，为燕山期岩浆侵入构造系统的派生次级构造。近南北向平移断裂组具有逆时针旋转运动学特征，与商丹构造带和山阳-凤镇断裂带逆时针走滑作用有密切关系。②凤太构造叠加改造样式为NE向断隆构造与压扭性断裂、张剪性断裂［DS3b］，它们叠加在早期和中期NWW向褶皱-断裂带之上。NE向银母寺-雷家老庄断隆带叠加于磨沟-田竹园和苏家河-两河口复式背斜之上，横跨复合叠加褶皱同步隆起形成了雷家老庄和银母寺短轴背斜，控制着银母寺铅锌矿床和铜牌沟铜矿定位。燕山期NE向断隆构造与压扭性断裂，对NE向节理和裂隙带控制显著，为NE向脉岩侵入提供了构造通道。

燕山期岩浆侵入构造系统［DS3c］特征如下。

（1）在柞山地区燕山期岩浆侵入构造系统较为发育，燕山期钙碱性斑岩体群形成时代在148~140Ma，地表出露面积多小于0.2km^2，呈岩枝、岩株、岩瘤、岩筒等形式侵入晚古生代地层中，岩石类型为闪长岩、石英闪长岩、花岗闪长岩、二长花岗岩、黑云母二长花岗岩等，为高钾钙碱性斑岩体，具有壳-幔混合源区特点（谢桂青等，2012；陈雷等，2014；闫臻等，2014）。燕山期钙碱性斑岩体群侵入构造系统和接触交代-热变质相带晕圈（DS3c）分布在柞山盆地中部和南部。①中部袁家沟-下官坊燕山期钙碱性斑岩体群（株）和岩浆隐爆角砾岩相带，分布在柞山地区袁家沟、园子街、小河口和下官坊等地（图1-3、图1-4），与泥盆系和石炭系接触带中，普遍发育钙质夕卡岩化和角岩化，形成了小河口-园子街铁铜钼金成矿带。小河口铜矿床受层状钙质夕卡岩相控制。窑火沟钙碱性侵入岩体具有较好岩相学分带，中心相为花岗斑岩-斜长花岗斑岩，过渡相为花岗闪长斑岩，边缘相为石英闪长斑岩，沿近东西向压扭性断裂带呈岩株和岩脉侵位于下石炭统二峪河组中。窑火沟铜矿呈似层状和透镜状产于下石炭统二峪河组第三和第五岩段内层间裂隙带，属层控夕卡岩型铁铜矿床（刘琳等，2012）。含矿绿帘石石榴子石夕卡岩和透辉石石榴子石夕卡岩和铜矿体受层间裂隙带控制，伴有夕卡岩带和角岩化相带。夕卡岩化相带中含铜磁铁矿与含铜磁黄铁矿，引起了航磁异常呈串珠状分布在袁家沟、小河口、园子街和下官坊，揭示深部具有较大规模岩浆气成热液交代作用形成的夕卡岩化带，这是岩浆侵入-盆地流体叠加改造相的重要标志。②南部冷水沟-土地沟-色河铺燕山期钙碱性斑岩带分布在山阳-凤镇断裂带两侧，中带在陈家院子-晚阳沟，在晚阳沟-吉家沟形成了断续分带的隐爆角砾岩带，长11.5km，宽20~500m。在南带马阴沟-池沟，花岗岩-石英闪长岩侵位于中泥盆统青石垭组和池沟组中，池沟铜钼金矿成矿主岩为二长花岗斑岩，次为石英闪长玢岩，岩体出露面积仅0.07~0.12km^2。浅成-超浅成相中酸性岩浆岩岩株（枝）为高钾钙碱性系列I型花岗岩，围绕岩体出现钾硅酸盐化、绢英岩化、青磐岩化、角岩化等面型蚀变和夕卡岩化线型蚀变。池沟含石英闪长岩枝锆石U-Pb年龄为145±1Ma、146±1Ma，属于燕山晚期（晚侏罗世—早白垩世）（谢桂青等，2012；陈雷等，2014；闫臻等，2014）。燕山期中酸性侵入岩属高钾钙碱性I型中酸性斑岩，主岩中一般不出现铜矿化，铜矿体主要产于斑岩体与围岩接触带或旁侧围岩中。铜钼金矿化围绕斑岩体有分带性，池沟斑岩型铜（钼）矿属于隐伏矿，围绕斑岩体出现钾硅酸盐化、绢英岩化、青磐岩化、角岩化等面型蚀变和夕卡岩化线型蚀变。在Ⅰ号岩体北侧二长花岗斑岩体内及围岩黑云母角岩中，铜矿体呈大透镜状和似板状，黄铜矿和辉钼矿呈浸染状和细脉状分布。在远离主岩体地段，在白沙沟透辉石角岩中已发现5条金矿体，受构造蚀变带控制。冷水沟铜（金银）矿的成矿分带和蚀变分带明显受冷水沟杂岩体侵入构造带控制，在燕山晚期花岗闪长斑岩和花岗斑岩岩体内外接触带中，形成钾化、绢英岩化、夕卡岩化、角岩化及高岭石化等组成的蚀变带和蚀变分带，容矿岩石为斑岩体围岩（斜长角闪岩、斜长花岗岩和钠长岩等），已圈出铜矿体十余个，矿体群在综合剖面构成盛开的“花朵状”形态。在外围南沟地段，新元古代斜长角闪岩中发育构造蚀变岩型金矿体 12 条，金矿体受断裂破碎带、节理、裂隙控制。

（2）凤县红花铺燕山期花岗闪长岩枝→花岗斑岩和花岗岩脉，这种 NNE 向隆起、凹陷、压扭性断裂、节理和裂隙带构造样式［DS3b］，不仅与印支期 NWW—EW 褶皱-断裂带主体构造格局形成反接和斜接等交切拓扑学结构，将该沉积盆地切割为一系列菱形断块；而且，这种 NE 向构造样式具有一定切割深度，盆地流体在燕山期挤压收缩构造驱动力和岩浆底部侵位形成的垂向热驱动力联合作用下，在该沉积盆地内经褶皱和岩性圈闭后，发生了盆地成矿流体大规模聚集，这种 NE 向构造样式形成了反接和斜接等交切拓扑学结构，这种构造通道也是良好的叠加成矿储矿构造类型之一。

喜马拉雅期脆性变形构造（DS4）。①沿山阳-凤镇断裂带形成了陆内山间断陷盆地（K_2-E），受中生代末—新生代初期自北向南逆冲推覆作用，浅变质岩系被逆冲推覆在白垩系—古近系之上（DS4）。在喜马拉雅期断裂走滑作用形成了张剪性角砾岩相和直立圆柱褶皱。本区产生了近东西方向的挤压应力场，形成袁家沟-金鸡岭的 NNE 向斜褶皱变形及伴生断层，以脆性剪切和平移作用为主，如山阳-凤镇断裂带中发育张性角砾岩，北盘因平移剪切作用形成了直立褶皱，伴有北东、北西向节理及共轭膝折。②凤太地区下白垩统东河群发育轴向为 EW 向和 NW 向宽缓褶皱（DS4），属古近纪末盆地构造变形样式，以现今北西向构造线一致的宽缓褶皱和断裂构造变形为特征，指示了印度板块和亚洲板块碰撞的第一次远程构造响应。

1.5.6 盆地构造变形序列与金-银铜铅锌-钴镍富集成矿

以秦岭佛坪隆起和 NE 向岩浆岩带为中心，其北部为板沙金矿集区，西侧为礼岷金矿集区、西成铜铅锌-金矿集区和凤太金-铜铅锌矿集区；东侧为柞山金-银铜铅锌-菱铁矿重晶石矿集区、镇安金汞锑矿集区、旬阳-宁陕金汞锑砷矿集区（图 1-5）。秦岭晚古生代盆内同生构造-岩相带为泥盆纪 SEDEX 型铜铅锌成矿系统主控因素。SEDEX 型铜铅锌矿集区成矿构造为晚古生代盆内同生构造-岩相带，印支期—燕山期冲断褶皱是形成改造富集主要因素。秦岭造山带也是卡林型-类卡林型金矿集中区，因双王金矿床、八卦庙金矿床和二台子金铜矿床内，发育较大颗粒自然金，而金赋存状态与微细粒浸染型金赋存状态明显不同。在对双王金矿床等系统研究基础上，石准立等（1989）认为双王金矿床属高-中温黄铁矿钠长石碳酸盐型碱性碳酸岩岩浆热液金矿床（樊硕诚和金勤海，1994），谢玉玲等（2000）在双王金矿和八卦庙金矿床研究中，发现了高盐度矿物包裹体，揭示了双王式金矿床形成的特殊性。西秦岭造山型金矿床（Mao et al.，2002）和夏家店金矿床（原莲肖等，2007；任涛等，2014），以及柞山地区与碱性热流体角砾岩有关的脉带型富铜金镍钴矿等新发现，揭示了秦岭金成矿作用的多样性和复杂性。需采用构造岩相学研究新方法，从区域构造演化、沉积盆地形成演化规律、盆地构造变形样式及其动力学等综合角度，深入研究秦岭造山带中金矿集区构造组合。

1. 秦岭晚古生代沉积盆地与盆地动力学类型

从北到南，秦岭晚古生代耦合转换格局为二郎坪萎缩弧后盆地→北秦岭加里东期造山带→柞山-凤太陆缘拉分断陷盆地→小磨岭-陡岭海岛隆起→旬阳-镇安半地堑式盆地→佛坪岛屿构造→伸展盆地→海岛隆起→勉略裂谷盆地（图1-2）。在秦岭微板块深部地幔柱和陆内伸展作用机制下，柞山、凤太和西成晚古生代（D-C）拉分盆地和盆内同生构造为SEDEX型铜铅锌成矿系统和矿集区成矿构造（图1-1）。在拉分盆地内的盆内同生断裂带、三级构造热水沉积盆地、热水沉积岩相系组合和分异程度等为主控因素，热水沉积岩相发育齐全且分异良好，发育多组分、多因素及多过程流体成矿作用地球化学动力学作用和条件等为主要成岩成矿因素。晚古生代盆内同生断裂带、三级构造热水沉积盆地和热水沉积岩相系，为SEDEX型铜铅锌成矿系统和铜铅锌-重晶石-菱铁矿矿集区的主要盆地同生构造组合，印支期-燕山期冲断褶皱带使SEDEX型铜铅锌再度改造富化。

2. 构造反转期：构造-热事件［DS1a］与构造型相

柞山地区泥盆系内区域性Na-K-Cl-F型热流体渗滤交代岩相［DS1a-h］和碱性热流体角砾岩［DS1b（FB-D_2q-n+D_2c）］为石炭纪—二叠纪构造-热事件［DS1］记录。黑云母形成年龄（323±3.77Ma，^{39}Ar-^{40}Ar法）和透闪石化形成年龄为292±8.4Ma（K-Ar法）（朱华平，2004）揭示在早石炭世晚期—早二叠世经历了两期构造-热事件叠加改造，变质温度最高在547.35～566.33℃，变质压力最高在522～663MPa。李延河等（1997）报道方柱石黑云母岩的$\delta^{30}Si=-0.3‰$，$\delta^{18}O=17.2‰\sim19.3‰$，平均18.3‰；黑云方柱石岩的$\delta^{30}Si=-0.2‰\sim0.1‰$，平均0，其中方柱石的$\delta^{18}O=15.1‰\sim17.6‰$，平均16.5‰。方柱石含Cl为1.95%～3.29%、黑云母为0.75%～1.14%、角闪石为3.55%～4.37%，揭示富Na-Cl热流体交代作用形成了方柱石、钠长石和黑云母。

（1）穆家庄热水沉积-改造型铜矿床赋矿地层为青石垭组，铜矿体呈透镜体状沿压扭性断裂带和层间破碎带产出，具有分支复合特征。铜矿石具有网脉状、脉状、角砾状、网脉状和浸染状构造。围岩蚀变有铁白云石化、硅化、黑云母化和绿泥石化，次为白云石化、电气石化和方解石化。主矿体为硅化-铁白云石化-黑云母化带，主要为黄铜矿、黄铁矿、磁黄铁矿，少量斑铜矿、闪锌矿、菱铁矿和白铁矿。①强劈理化带走向一般为100°～120°，倾向北北东，倾角60°～85°。在劈理化带中形成脉状、细脉状和细脉浸染状铜矿化。②团块状角砾状富铜矿段由多期构造破碎和成矿流体叠加形成，含铜1%～3%，赋矿岩石为黑云母化条带状粉砂质白云岩，黑云母构造置换面理多与劈理发育部位一致。早期铁白云石石英硫化物脉和围岩经后期构造破碎形成了构造角砾岩，并与后期成矿流体耦合，在构造角砾岩的裂隙中充填铁白云石-石英-金属硫化物脉。在硅化强烈地段形成富铜矿石，石英脉厚达3m，经后期构造破碎，在碎裂状石英脉的裂隙中再次充填金属硫化物脉体。③穆家庄铜矿体膨大部位受压扭性断裂构造扩容空间控制明显，发育团块状铜矿石，黑云母化蚀变强烈。早期背斜轴部劈理裂隙带发育在白云岩中，被后期挤压剪切片理化破碎带叠加改造。④在主压扭性构造带中发育构造角砾岩，胶结物为热液成因的黄铜矿-铁白云石-石英，铁白云石石英脉常充填在张性裂隙中；在主压扭性断裂带中的围岩和黑云母角岩透镜体两侧发育片理化带，上盘以片理化带和泥化带为主；在1006m中段以上的铜矿体倾向为北倾，向下变为南倾；矿体倾向呈现S形变化规律，在构造扩容空间形成了厚大矿体，矿体具有向东侧伏趋势。

（2）桐木沟热水沉积-再造型铅锌矿床赋矿地层为中泥盆统青石垭组，岩石组合独具特色，以发育角岩化板岩、片理化大理岩、方柱石黑云母角岩、方柱石透辉石角岩为主。下部中泥盆统池沟组中发育角闪黝帘透辉石黑云母角岩、长英质角岩、方柱石角岩、方柱石大理岩，为典型区域热流体蚀变岩相系，并伴有强烈的热流体隐爆角砾岩相。铅锌矿体呈雁列状透镜体赋存在近东西向断裂带中，矿体定位受构造断裂带控制显著。热流体再造成矿作用形成了块状、条带状和角砾状铅锌矿石。热水同生沉积铅锌矿石主要为层纹状和层纹条带状，发育粒状结构和揉皱现象。以钠质热流体角砾岩化相发育为特点，发育钠长石化、方柱石化、透闪石化、绿帘石化、绿泥石化、硅化和碳酸盐化。

（3）凤太石炭纪—二叠纪构造-热事件形成的构造样式为泥盆系分层剪切流变构造、热流体叠加构造岩相［DS1(FB-D_3j+D_3x)］和热流体角砾岩构造系统［DS1(FB-D_3j+D_3x)-$S_0//S_1$］，它们为形成双王和清崖沟热液角砾岩型金矿床的物质基础。在双王金矿床中，铁白云石钠长角砾岩形成于［342±4.5Ma、（280.1±4.1）~（278±4.2）Ma］（范玉须等，2018），而在八卦庙金矿床中，NWW向无根状石英脉和顺层脆韧性剪切带［DS1-$S_0//S_1$］，形成于石炭纪［（344.1±4.5）~（301.8±4.6）Ma，锆石SHRIMP U-Pb年龄；付于真，2015］。揭示与金矿床形成密切，与层间脆韧性剪切带和热流体角砾岩构造系统为同构造期。

总之，在柞山-凤太地区，泥盆系刘岭岩群和泥盆系分层剪切流变构造［DS1(D-$S_0//S_1$)］、似层状Na-K-Cl-F型热流体渗滤交代岩相［DS1a-h］、热流体角砾岩构造系统［DS1(FB-D_3j+D_3x)-$S_0//S_1$］、碱性铁白云石钠长角砾岩相带（长达400km）［DS1(FB-D_3j+D_3x)］等（图1-3、图1-4），为晚古生代陆缘拉分盆地在构造反转期，形成的区域碱性热流体成岩成矿和构造-热事件的构造岩相学标志。在变形构造型相上，为脆韧性构造变形域下形成的构造组合。在原型盆地类型上，柞山晚古生代陆缘拉分断陷盆地和凤太陆缘拉分盆地，均受北部商丹边界同生断裂带控制，山阳-凤镇-修石崖-观音峡同生断裂带在东段山阳-凤镇为柞山陆缘拉分断陷盆地的南部边界同生断层；西段修石崖-观音峡断裂带在凤太地区为穿盆同生断裂带。因柞山-凤太地区，热流体角砾岩构造系统为深源碱性热流体上涌侵位事件所形成，而且在拉分盆地内部和边界区，均形成了独立构造岩相学类型和成岩成矿事件，也是盆地反转构造动力学机制之一，在改造型盆地类型上，它们均归属于外源性热流体改造叠加型盆地（方维萱等，2018a）。①早石炭世晚期—早二叠世构造-热事件较为强烈，刘岭岩群分层剪切流变构造［DS1(D-$S_0//S_1$)］、热流体角砾岩化构造带［DS1(FB-D_3j+D_3x)-$S_0//S_1$］、似层状Na-K-Cl-F型热流体渗滤交代岩相［DS1a-h］、碱性铁白云石钠长角砾岩相带［DS1(FB-D_3j+D_3x)］发育，形成了穆家庄铜矿床和桐木沟锌矿床。碱性铁白云石钠长角砾岩构造系统形成了岩浆热液脉带型铜金镍钴矿和二台子热液角砾岩型铜金矿床。②在凤太地区主要为泥盆系分层剪切流变构造［DS1(D-$S_0//S_1$)］、热流体角砾岩构造系统［DS1(FB-D_3j+D_3x)-$S_0//S_1$］、碱性铁白云石钠长角砾岩相带

[$DS1(FB\text{-}D_3j+D_3x)$]和顺层脆韧性剪切带等，碱性铁白云石钠长角砾岩为形成双王金矿床和青崖沟金矿点提供了构造岩相学条件和基础，变形构造型相为脆韧性构造变形域中形成的构造组合。③在凤太南部温江寺-留凤关，石炭纪—早三叠世拉分断陷盆地与东部镇安晚古生代拉分盆地、西部西成地区石炭纪—三叠纪断陷盆地等，具类似大陆动力学条件，为汞锑-卡林型金矿集区，发育印支期和燕山期冲断褶皱带、断裂+褶皱构造、节理-裂隙带和低温热液角砾岩化（碧玉质化角砾岩、铁白云石化热液角砾岩、菱铁矿化热液角砾岩、黏土化热液角砾岩化等），变形构造型相为脆性构造变形域中构造组合。与柞山-凤太地区差异较大，缺少大规模区域性碱性热流体侵位形成的构造-热事件记录。

3. 主造山期构造组合［DS2］与铜铅锌矿床改造富集作用

在柞山-凤太晚古生代陆缘拉分盆地内部的印支期区域压扭性构造应力场中，以压扭性构造样式和构造组合为主，盆内构造样式和构造组合却有差异。①商丹构造带和山阳-凤镇断裂带为南向厚皮型逆冲推覆构造系统，柞山晚古生代拉分盆地夹持在二者之间并为该逆冲推覆构造系统的组成部分。构造组合为复式褶皱+压扭性断裂，背斜南缘陡倾而局部倒转，北翼相对平缓；复式向斜北翼较陡而南缘相对平缓。②在凤太拉分盆地南北两侧，形成了对冲式厚皮型逆冲推覆构造系统，商丹构造带西段（太白-凤州段）向南发生逆冲推覆作用，而白水江和紫柏山逆冲推覆构造系统向北形成逆冲推覆作用，形成了八卦庙-银母寺和温江寺-酒奠梁两处反冲构造。冲起构造区与深部印支期侵入岩上涌侵位耦合，为形成脆韧性剪切带和成矿流体圈闭构造提供了良好条件。

（1）柞山地区大西沟-银硐子 SEDEX 型银铜铅锌-重晶石-菱铁矿矿床，印支期形成了黄铜矿-银黝铜矿-铁白云石成矿阶段。在同劈理褶皱和银多金属矿体中，形成了较多切层分布的铁白云石脉、磁铁矿脉，发育黄铁矿和磁铁矿压力影、钡白云母与钠长石“σ”碎斑系。在脆韧性变形构造带中，以低绿片岩相变质作用为主。燕山期岩浆动热改造富集作用形成了银黝铜矿-方解石成矿阶段，沿燕山期剪切裂隙中充填细脉状银黝铜矿-方解石。银铜金等在劈理压溶改造作用下富集成矿，沿燕山期密集劈理和裂隙形成黄铜矿细脉、银黝铜矿细脉、银黝铜矿-铁白云石脉，标型矿物组合为黄铜矿-银黝铜矿-铁白云石-钡白云母，元素组合为 Cu-Sb-Ag-Au-Ba。研究表明银铜主要富集于不同成分的沉积纹层过渡部位、斜交层面的密集劈理区、S 形和 X 形裂隙构造中（方维萱，1999f）。①斜交层面劈理区的劈理密度为 300～400 条/m，最大可达 1200 条/m。黄铜矿中含较高的 Au、As、Sb，而含 Ag 低。晚期银黝铜矿中 Ag、Sb、Cu、Fe 和 Au 升高，而 As 和 Zn 降低。劈理无明显的位错，明显具有剪张性特点，劈理面平直，垂直延伸大于平面长度，密集发育，具有压溶构造特点。这种劈理密集发育区 Ag 和 Cu 品位均变富，主要是由于这些显微压溶构造中充填着黄铜矿和银黝铜矿。②S 形裂隙构造与斜交层面的密集劈理具有压剪性特点，发育密度为 2～10 条/m，沿 S 形裂隙充填有银黝铜矿-铁白云石脉，与层面理的交汇部位有银黝铜矿沿层面交代而富集于 S 形裂隙的两侧，随着沿层面理远离 S 形裂隙，银黝铜矿的含量明显减少，这种构造一般多发育在富银矿段。③X 形张裂隙充填有厚度为 0.5～1.0cm 的银黝铜矿-方解石脉，为晚期显微构造，这种产状的银黝铜矿中含 Ag、Sb、Au 和 Fe 高，而低 As 和 Zn。

（2）在柞山晚古生代拉分盆地西北缘，印支期岩浆侵入活动强烈，形成了接触交代-热变质相带和含金脆韧性剪切带，也是类卡林型金矿床形成有利成矿地质条件。

（3）凤太地区发育印支期 NWW 向“W-M”型复式褶皱+压扭性断裂带。褶皱形成机制是岩层纵弯收缩作用过程，“M”型复式背斜鞍部、核部和两翼岩性层是盆地流体圈闭构造和岩性圈闭。在不同岩（矿）层和矿物中形成了不同动力学响应和构造变形样式，①赋存于泥盆系碳酸盐岩与细碎屑岩之间的铜铅锌矿层，由于三者能干性不同发生了物质分异，具有塑性流动特征的多金属矿层向背斜两翼及核部的虚脱空间运移，形成了富矿段，使矿体厚度增加。②褶皱发育过程中常伴有同期断裂，对多金属矿层富化是十分有利的构造空间。多金属矿层与上下盘围岩之间发育走向断裂，因三者岩石能干性不同，在断裂之间形成了因不同步运动产生的构造扩容空间，从而导致反 S 形的铜铅锌矿体透镜化现象，如八方山 129 线构造扩容空间部位，多金属矿体厚度最大，品位变富，T13T129N 穿脉中，Zn 品位为 11. 52%，矿体厚度为 22. 90m。③当受到挤压应力增加，发生递进变形，形成了反 S 形多金属矿体，矿体厚度增大和品位升高，如 121 线 T14 坑中。这种层间褶皱具有顺层剪切流变的动力学特征。④在铅锌矿层中，金属矿物对于挤压纵弯收缩动力学系统有不同响应，方铅矿具有高塑性，在受到压扭应力时形成了细粒化条带，而在构造扩容空间形成了团块状和粗晶条带状方铅矿，方铅矿中三角孔穴多发生旋转变形，显示了受到压扭性应力作用的特征。闪锌矿因刚性较强常发育折射劈理，在闪锌矿-石英-方铅矿组合中，显示闪锌矿发生了脆性变形，劈理密度为 50 条 /m，石英中劈理与闪锌矿中劈理产状差异明显。黄铁矿常被错碎，形成金属镜面构造。这是纵弯褶皱过程中因矿物能干性不同形成了同体脆-韧性剪切差异变形特征。

（4）凤太晚古生代拉分盆地内八卦庙-柴玛沟-丝毛岭金矿带和含金脆韧性剪切带，与构造-岩浆-热事件在时间-空间上有密切的耦合关系，推测深部隐伏岩浆侵入构造系统为八卦庙-丝毛岭含金脆韧性剪切带的深部垂向热物质-热能量驱动源。

4. 主造山期构造变形样式［DS2］与造山型金矿床

夏家店金矿床位于镇安-板岩镇断裂带（F_1）中，含矿岩系为下寒武统水沟口组第一、二岩性段，由薄互层重晶石-碳泥硅质板岩、泥质板岩、硅质岩组成，为扬子板块北缘被动陆缘伸展盆地中深海-半深海滞留还原环境，发育海底热水沉积岩相。夏家店金矿床产于晚古生代陡岭古隆起南侧，基底构造层由耀岭河群、震旦系和寒武系组成，发育倒转褶皱群落；泥盆系与下伏地层为平行不整合接触，泥盆系—石炭系组成了复式向斜构造。

夏家店金矿床受下寒武统富金黑色岩系和脆韧性剪切带双重控制，属早中生代镇安-陡岭陆内逆冲推覆构造带（张国伟等，2001）内的主要构造样式之一。脆韧性剪切带为控制金矿体主要定位构造（任涛等，2014）（图 1-6 中 DS2c）。① F_4 脆韧性剪切带由剪切片理化碳硅泥质板岩、硅化铁碳酸盐化白云岩质角砾岩、含石英脉-片理化碳硅泥质板岩质角砾岩、白云岩质碎裂岩、白云岩质碎斑岩及石英脉及含铁方解石脉组成，产于其中的Ⅰ金矿（化）体长 1350m，宽 5 ~ 30m。Ⅰ-1 号金矿体长 200m，平均厚度 9. 2m，平均金品位 3. 88g/t，产状 290° ~ 315°∠53° ~ 63°；Ⅰ-2 号金矿体长 450m，厚度 1. 69 ~ 5. 57m，金品位 1. 82 ~ 8. 64g/t，产状 320° ~ 330°∠50° ~ 55°。在金矿体上下盘和尖灭部位发育热液角砾岩相（图1-4中DS2c）。②F_5层间破碎带（层间滑脱型剪切带）控制了Ⅱ号金矿带，Ⅱ-1、Ⅱ-2号金矿化体和Ⅱ-3号金矿体赋存在下寒武统水沟口组第二岩性段碳硅质板岩和泥质板岩中，在硅质板岩和泥质板岩中发育强烈的揉皱挠曲。在层间滑脱型剪切带内，岩石破碎程度越强，金品位越高，以硅化、铁碳酸盐化及褐铁矿化蚀变为主。③金以裸露及半裸露金（82.46%）和硫化物包裹金（8.54%）为主，其次为铁氧化物包裹金（4.74%）、硅酸盐包裹金（2.84%）和碳酸盐包裹金（1.42%）（原莲肖等，2007）。金属矿物以褐铁矿为主，其次是磁铁矿、黄铁矿、黄铜矿、闪锌矿、方铅矿等；贵金属矿物为自然金。与卡林型金矿中金以微细粒浸染型为主要赋存状态差异甚大。成矿流体的包裹体主要为气液两相，以富CO_2（10%）、低盐度（3%～5% $NaCl_{eqv}$）为特征，偶见硅质岩中石英的包裹体富CO_2（5.661μg/g）、CO（84.201μg/g）、CH_4（13.068μg/g），低H_2O（0.218μg/g），高CO_2/H_2O值（1.537）特点，主成矿期均一温度集中于240～280℃，早期成矿深度在3.03～2.78km，中-晚期成矿不断抬升到浅部（2.96～1.37km），夏家店金矿属造山型金矿床（任涛等，2014）。

5. 燕山期陆内造山期：柞山地区构造变形样式与夕卡岩-斑岩成矿系统

柞山地区发育燕山期岩浆侵入构造系统［DS3c］、切层断裂、顺层和切层节理-裂隙带［DS3b］：①在袁家沟-小河口-园子街-下官坊形成了石英闪长岩-花岗闪长斑岩小岩株（脉岩）带、区域性角岩化相带和夕卡岩相带，以及夕卡岩型-斑岩型铁铜金富集成矿带；②在冷水沟-土地沟-池沟-色河铺，燕山期浅成-超浅成中酸性小斑岩体形成了斑岩-夕卡岩型铜金银成矿带，发育区域性角岩化相带、夕卡岩化相、岩浆热液蚀变系统，柞山地区深部具有寻找燕山期斑岩-夕卡岩型铁铜金矿床和铜钼金银矿床找矿潜力。

6. 碱性热流体异时同位侵入事件与热液角砾岩型金矿床和金铜钴镍成矿

山阳-凤镇断裂带向西经柞水延伸到凤太地区，与修石崖-观音峡断裂带相连接，向西延伸到甘肃李坝金矿床一带；向东到豫陕边界青山金红石矿床（图1-2、图1-3），具岩石圈断裂带特征。①在晚古生代该断裂带为同沉积断裂带，为柞山晚古生代陆缘拉分断陷盆地南边界同生断裂带，在凤太拉分盆地内表现为穿盆同生断裂带；②石炭纪—二叠纪为反转构造带，为区域性碱性热流体角砾岩相带导岩构造和深部热流体上涌侵位构造通道；③沿该断裂带及两侧印支期构造岩相分异作用强烈，在山阳-凤镇断裂带为南向基底卷入式逆冲推覆构造带，在凤太地区印支期NWW向冲断褶皱带与构造-岩浆-热事件和切层脆韧性剪切带叠加；④其主断裂带和分支断裂带，对柞山地区万丈沟铜金镍钴矿床、夏家店金矿床、镇安二台子金铜矿床和青山金矿床、凤太地区双王金矿床、八卦庙金矿床和青岩沟金矿等均有较大的控制作用，向东可延伸到商县湘河金矿（胡西顺等，2015）。

与碱性热流体隐爆角砾岩构造系统和碱性热流体隐爆角砾岩相系密切相关，万丈沟金铜镍钴矿床、二台子铜金矿床、双王金矿床、八卦庙金矿床等，在变形构造型相与构造岩相学上具有内在联系，暗示它们具有同一成岩成矿系统的趋势。①万丈沟式岩浆热液型铜金镍钴矿床分布在纸房沟-万丈沟铜金银镍钴矿带，该矿带长13km，宽1～3km，与郑家沟超基性杂岩体和糜棱岩化相密切相关，具有中深层次构造变形型相特征，目前已经发现的六处富Cu-Au-Ag-Ni-Co型矿脉带，均赋存在铁白云石钠长角砾岩构造系统中。储矿岩相为铁白云石钠长角砾岩相-钠长石铁白云石角砾岩相，与凤-16-1As异常吻合，区域上发育大规模 As 综合异常，与铁白云石钠长角砾岩构造系统密切相关，指示了具有寻找万丈沟式铜金镍钴矿床的较大潜力。②在二台子热液角砾岩型铜金矿区内，二台子-半仓沟一带，碱性热流体隐爆角砾岩围绕辉绿辉长岩岩株周缘呈半环带状分布，揭示它们为辉绿辉长岩岩株形成的岩浆隐爆角砾岩相带，半仓沟金矿床赋存在碱性热流体隐爆角砾岩中。二台子热液角砾岩型铜金矿床明显受断裂交汇部位和碱性热流体角砾岩构造系统控制，铜金矿体呈筒状，铜金矿体延深大于延长，与双王金矿体分布规律具有类似特征。③双王金矿具有四个成矿阶段，第Ⅰ阶段为钠长石-石英阶段；第Ⅱ阶段为含铁白云石-黄铁矿阶段；第 Ⅲ 阶段为黄铁矿-方解石-石英阶段；第 Ⅳ 阶段为萤石-迪开石-石膏阶段。据谢玉玲（2000）等研究，双王金矿床的铁白云石中 A 型包裹体含气相 CO_2(44. 1%）含量明显高于气相 H_2O(36. 5%)，CO_2/H_2O 值为 1. 21。B 型包裹体中（包裹体中成分含量均指摩尔分数，下同）液相 CO_2(59. 5%）含量明显高于液相 H_2O(24. 3%)，CO_2/H_2O 值为 2. 45。C 型包裹体中气相 CO_2(54. 4%～70. 7%）含量明显高于气相 H_2O(9. 9%～22. 3%)，CO_2/H_2O 值分别为 3. 17 和 5. 50。石英中 B 型包裹体中气相 CO_2(48. 3%）和液相 CO_2(65. 0%)，均高于气相 H_2O(16. 3%）和液相 H_2O(24. 6%)，CO_2/H_2O 值分别为 2. 96 和 2. 64。尚含有 CH_4、CO、N_2、H_2S 等还原性气体，以及含铁白云石、毒砂、黄铁矿、石盐等子晶矿物。显然，富 CO_2 型气相成矿流体具有高盐度（含子晶矿物）特点。结合氢氧碳同位素分析结果，石英和钠长石（$\delta^{18}O$ 为 16. 6‰～19. 9‰）、含铁白云石（15. 1‰～18. 7‰）、方解石（7. 5‰～14. 9‰）。δD 为-65‰～-132‰（石英）和-62‰～-76‰（含铁白云石），揭示成岩成矿流体来源于岩浆热液和变质热液的混合来源，双王金矿床成因类型被概括为高-中温黄铁矿钠长石碳酸盐型碱性碳酸岩岩浆热液金矿床，推测幔源富 CO_2 碱性热流体侵位为主要动力学机制，形成了热液角砾岩型金矿床。这些成矿流体具有在时间域上多期次异时侵位与同位叠加特征，受区域脆韧性剪切带（碱性热流体上涌侵位构造通道）控制而在空间域上同位叠加富集成岩成矿。双王碱性热流体隐爆角砾岩带异时同位叠加岩相特征，石炭—二叠纪为碱性热流体隐爆角砾岩相+糜棱岩化钠长石化板岩［DS1(FB-D_3j+D_3x)-S_0//S_1］，为中构造层次变形域中形成的构造型相；印支期叠加了构造角砾岩相和碎裂岩化相，为脆性构造变形域中形成的叠加构造型相；燕山期叠加了张剪性热液角砾岩化相，形成第Ⅱ 和Ⅳ 阶段黄铁矿（183. 09±20. 64Ma、168. 0±16. 1Ma）的叠加成矿；第二阶段的成矿压力在 140～170MPa（石准立等，1989；樊硕诚和金勤海，1994）。按围岩静压(25. 53MPa/km）估算成矿深度在 5. 48～6. 66km。刘必政等（2011）获得从成矿早期(300～463℃)、主成矿期（220～340℃)，到成矿后期（100～279℃）具有降温规律，成矿压力在 100～170MPa，成矿深度在 3. 8～6. 4km，最低成矿压力在 40MPa，最高成矿压力为 200MPa。按围岩静压（25. 53MPa/km）估算，最大成矿深度在 7. 83km，最小成矿深度在 1. 56km，与热流体隐爆角砾岩相形成于不等压热流体隐爆的成岩环境相吻合。④NWW 向碱性铁白云石钠长石角砾岩相带分布在八卦庙-八方山-青岩沟，黑云母钠长岩层为晚泥盆世同生断裂带附近的热水沉积岩相。印支期切层钠长岩-铁白云石钠长岩脉-闪长玢岩等岩脉群，指示隐伏岩浆侵入构造系统。该隐伏岩浆侵入构造系统与西坝花岗岩属同一构造-岩浆-热事件内，对于八卦庙超大型金矿、双王大型金矿、丝毛岭中型金矿和金矿点等具有明显的控制作用。总之，幔源碱性热流体隐爆角砾岩型成矿系统的从下到上垂向结构，可恢复为万丈沟式岩浆热液型铜金镍钴矿床→二台子式热液角砾岩型铜金矿床→双王式热液角砾岩型金矿→八卦庙式金矿床，以万丈沟式岩浆热液型铜金镍钴矿床和二台子式热液角砾岩型铜金矿为该成矿系统的深部结构，考虑到金铜镍钴矿床和金铜矿床赋存在碱性热流体隐爆角砾岩相系中，热液角砾岩构造系统与碱性辉绿辉长岩岩株紧密相伴，镍钴富集成矿与超基性岩关系密切。但该成矿系统尚待解剖研究，尤其是柞山地区分布规模巨大As综合异常，具有寻找幔源碱性热流体隐爆角砾岩型金铜矿床的巨大潜力。

7. 脆韧性剪切带递进变形序列与八卦庙超大型金矿床

对八卦庙含金脆韧性剪切带从构造岩相学角度解析如下：①石炭纪—中三叠世顺层脆韧性剪切变形构造样式。在银母寺-八卦庙-八方山三级热水沉积盆地于晚泥盆世形成了含金钠质热水沉积岩相和热水浊流沉积岩相，石炭纪近水平分层剪切变形作用在泥盆系泥质岩层中构造样式［DS1(D-$S_0//S_1$)］有拉伸线理、面理置换、长石旋转碎斑及高角度破裂面、顺层剪切流变构造、近水平固态流变褶皱、黏滞剪切滑移褶皱和顺层掩卧褶皱［DS1-f1(D)-(D-$S_0//S_1$)］，它们为中构造层次脆韧性变形域内构造变形型相。②印支期韧性剪切变形构造样式与金矿富集成矿。印支期切层递进脆-韧性挤压剪切变形样式为断褶带［DS2-FZ#(D-C-T_1)-f2(D-C-T_1)-$S_0//S_1\#S_2$)］、切层韧性剪切带［DS2-(D-C-T_1，$S_0//S_1\#S_2$-Sc)］、反冲构造和冲起构造、隐伏岩浆侵入构造系统（图1-4），为中构造层次脆韧性变形域内变形构造型相。构造变形变质-成矿流体耦合中心向两侧为糜棱岩相→斑点状糜棱岩化相→斑点状构造千枚岩相。在发育多级小型褶皱、“S”形及“Z”形剪切流变褶皱，绢云母糜棱岩中“Z”形褶皱显示了左行剪切作用特点。早期顺层发育的石英细脉形成“S”褶皱变形，并同构造期共生有层间直立紧闭褶皱及层间斜歪紧闭褶皱［DS2-f2(D)-$S_0//S_1\#S_2$-Sc)］。在流变褶皱［DS2-f2(D)-$S_0//S_1\#S_2$-Sc)］中黑云母和铁云母发生绿泥石化，斑点状黑云母千枚岩中黑云母形成温度在331~426℃（付于真，2015），按地温梯度每1000m增温25℃估算，形成深度在13.24~17.04km；糜棱岩相中黑云母形成温度为301℃，形成深度在12.04km，暗示脆韧性剪切带在挤压收缩体制下经历了构造抬升作用。绿泥石与含金黄铁矿-含金磁黄铁矿密切共生，绿泥石是八卦庙金矿床主成矿期热液蚀变的产物之一，形成温度为278.6~399.9℃。采用绿泥石矿物温度计推算流变褶皱形成深度在11~16km，揭示黑云母的绿泥石化可能发生在构造抬升过程中。③在印支期陆-陆全面碰撞的主造山期晚期是脆-韧性剪切带的发育时期，在韧性剪切带中挤压剪切面理置换［S_0-$S_1\#S_2$-Sc］十分强烈，在韧性剪切带内发育糜棱岩、初糜棱岩、糜棱岩化绢云母岩、绢英岩及绢云岩，偶见超糜棱岩、糜棱片岩及千糜岩。在脆韧性剪切带中，发育构造透镜体和无根石英脉等［S_0-$S_1\#S_2$-Sc+S_2-L］，构造透镜体化［S_0-$S_1\#S_2$-Sc+S_2-L］是脆韧性剪切变形的典型构造样式。当钠长石化和硅化（无根石英脉）强烈时，金矿化增强。在石炭纪［(344.1±4.5)~(301.8±4.6)Ma］（付于真，2015）和印支期早期（232.58±1.9)Ma（冯建忠等，2002，2003）脆韧性剪切过程中形成了NWW向顺层无根揉皱状含金石英脉［含金（1~4）g/t］。印支晚期闪长玢岩（214±2Ma）和花岗斑岩（217.9±4.5Ma）（王瑞廷等，2011）等岩体（脉岩群）侵入构造形成了垂向热流体驱动和叠加耦合并提供了稳定的热源场。④燕山期切层的脆性构造变形叠加样式与金叠加富集成矿。NE斜向断裂组属燕山期形成的剪切断裂组，它们切割了早期印支期纵向断层组，对金矿叠加富集成矿形成十分有利。燕山早期近南北向和北东向构造断陷作用、燕山晚期 NE 向挤压等断陷-挤压构造转换过程中，使八卦庙 EW—NWW 向脆-韧性剪切带叠加了 NE 向脆性节理和裂隙带，常表现为 NE 向张剪性节理及裂隙带（图 1-2）。当叠加密度在 3 ~ 5 条/m 时，常是金矿化体。脆性小型构造在 5 条/m 以上，叠加在 NWW 向早期韧性剪切变形和中期压扭性脆-韧性剪切变形构造上，常形成金富矿段。充填于 NE 向节理石英脉平均含金 11. 87g/t(n=20)，Bi 为 16. 06×10^{-6}（邵世才和汪东波，2001），由碲铋矿-自然铋所引起。Bi 和 B（指示电气石化强酸性流体相）综合异常暗示八卦庙金矿床与深部岩浆活动有内在联系。燕山早期，在中深层次下形成的脆韧性剪切带被构造垂向抬升进入地壳浅层次，叠加了 NE 向脆性剪性变形和 NE 向裂隙带，在热液作用下形成了 NE 向切层石英细脉和网脉（含金>4g/t），形成时代为 131. 91±0. 89Ma（Ar-Ar 坪年龄）（邵世才和汪东波，2001；冯建忠等，2003）。⑤八卦庙超大型金矿床中，含子矿物的多相 A 型包裹体由水溶液相、气泡、石盐和黄铁矿等子矿物组成；富 CO_2的 C 型包裹体为水溶液相、环状 CO_2液相和 CO_2气泡相等组成，升温后气相 CO_2和液相 CO_2均一为气相，气相中 CO_2含量比例在 61. 5%~75. 6%，CH_4为 4. 9%~9. 1%，H_2S 为 7. 3%~10. 7%，个别含 N_2为 22. 9%。金分布率较高为单体金（33. 8%）、含金磁黄铁矿（17. 5%）、黄铁矿（13. 80%）和石英(22. 69%)，少量分布在绢云母（5. 35%）和铁碳酸盐矿物（6. 86%）中(韦龙明，2004)，与卡林型金矿床差异较大（张复新等，2004）。成矿压力在 334. 4 ~ 50. 66MPa，成矿深度在 1. 31 ~ 1. 98km，成矿流体的矿化度从地表（40. 68g/L）和浅部坑道（61. 77g/L），到深部(135. 44g/L) 具有明显升高趋势，成矿温度在 180 ~ 364℃。成矿流体以变质水-岩浆水混合为主（韦龙明，2014）。八卦庙含金脆韧性剪切带形成深度和糜棱岩相成岩深度较大（11 ~ 17km），但成矿深度较浅（1. 31 ~ 1. 98km）；深部增强的黑云母-电气化蚀变相、钠长细晶岩和石英钠长岩脉指示了隐伏岩浆侵入构造。

柞山-凤太陆缘拉分盆地沉积盆地构造变形序列、变形构造组合和成矿规律如下。

（1）柞山-凤太晚古生代陆缘拉分盆地在石炭纪—中三叠世构造反转期，盆地变形构造组合为泥盆系发生分层剪切流变构造+热流体叠加构造岩相+热流体角砾岩构造系统+二叠纪—早三叠世拉分断陷盆地。穆家庄铜矿床和桐木沟锌矿床形成于晚石炭世—早二叠世构造-热事件过程中，与似层状 Na-K-Cl-F 型热流体渗滤交代岩相、碱性铁白云石钠长角砾岩相带和碱性热流体角砾岩构造系统有密切关系，它们为中深构造层次（深度在20. 4 ~ 25. 97km）韧性构造变形域内构造型相。深源碱性热流体角砾岩构造系统形成了岩浆热液脉带型铜金镍钴矿和二台子热液角砾岩型铜金矿床，成岩成矿深度在 5. 48km。

（2）在印支期陆-陆全面碰撞主造山期，柞山陆缘拉分断陷盆地南北两侧为南向逆冲推覆构造系统，盆内变形构造组合为冲断褶皱带+倒转向斜+压扭性断裂带+挤压片理化带。在镇安-板岩镇断裂带发育厚皮型基底圈入式冲断褶皱带，夏家店造山型金矿床定位于切层和层间脆韧性剪切带中。银硐子银铜铅锌矿床受次级叠加褶皱和轴面劈理作用，形成了切层细脉型银黝铜矿-黄铜矿改造富集成矿。凤太拉分盆地内变形构造组合为“M-W”型复式背斜和压扭性断裂带+“W-M”型复式向斜和压扭性断裂带+脆韧性剪切带+反冲构造和冲起构造+岩浆侵入构造系统。在南北两侧形成了对冲式厚皮型逆冲推覆构造系统。在反冲构造与冲起构造+隐伏岩浆侵入构造系统中，八卦庙式金矿床、八方山-二里河等铜铅锌矿床发生改造富集成矿。这些构造组合为中构造层次脆韧性变形域内构造变形型相，八卦庙糜棱岩相-糜棱岩化相的成岩深度在11～17km，而金成矿深度在1.31～1.98km。双王金矿床成岩成矿深度最大可达6～7km，最小深度在1.56～3.8km。夏家店造山型金矿床早期成矿深度在3.03～2.78km，中-晚期成矿抬升到浅部（2.96～1.37km）。在温江寺三叠系中卡林型金矿储矿构造组合为脆性断裂+裂隙和节理+高岭石黏土化蚀变带，为浅构造层次（0.01～5.0km）脆性变形域中变形构造型相。

（3）在柞山和凤太矿集区内，不同期次构造组合对金属富集成矿具有不同的控制规律。①SEDEX型银铜铅锌矿床受沉积盆地内部同生构造组合控制，大规模成矿作用以热水同生沉积成岩成矿为主，盆内同生构造组合为同生断裂带+三级构造热水沉积盆地+热水沉积岩相系。印支期构造组合为复式褶皱+压扭性断裂带，铜铅锌矿床在M型复式背斜两翼发育改造富集成矿，银铜铅锌-重晶石-菱铁矿矿床在横跨叠加褶皱+W型复式向斜+压扭性断裂部位，形成同劈理褶皱中层间切层劈理化带形成改造富集成矿。②穆家庄铜矿床和桐木沟铅锌矿床，形成于柞山晚古生代拉分断陷盆地的构造反转期，与早石炭世晚期—早二叠世构造-热事件、似层状Na-K-Cl-F型热流体渗滤交代岩相和碱性热流体隐爆角砾岩相系关系密切。③石炭纪—二叠纪碱性热流体隐爆角砾岩相系为异时同位叠加构造岩相，热液角砾岩构造系统分布在山阳-凤镇-观音峡-修石崖断裂带两侧和次级构造中，该成矿系统从下到上垂向结构可恢复为万丈沟式岩浆热液型铜金镍钴矿床→二台子式热液角砾岩型铜金矿床→双王式热液角砾岩型金矿→八卦庙式金矿床。八卦庙式金矿床产于石炭纪—白垩纪脆韧性剪切带中，异时同位叠加的递进变形构造岩相学序列为晚泥盆世钠质热水沉积岩相→石炭纪—中三叠世中层次的顺层脆韧性剪切变形相（糜棱岩化相）→印支期切层脆韧性剪切带（糜棱岩相-糜棱岩化相）→燕山期脆性节理-裂隙。④夏家店造山型金矿床形成于印支期基底圈入式冲断褶皱带中，金矿体定位于切层和层间脆韧性剪切带中，印支期花岗岩侵入岩体外接触热变质相带，有利于造山型金矿床的形成。

第2章　塔西和塔北砂岩型铜矿床与新生代陆内盆地演化

根据塔西盆山原镶嵌构造区砂砾岩型铜铅锌成矿系统及其物质–时间–空间演化结构，划分出三个成矿亚系统：①燕山期（J_{2+3}-K_1）铜多金属–煤（铀）成矿亚系统；②燕山晚期—喜马拉雅早期（K_2-E）铅锌–天青石–铀成矿亚系统；③喜马拉雅晚期（N_{1-2}）铜铀成矿亚系统（方维萱等，2019a）。其中：塔西–塔北地区中–新生代沉积盆地是我国砂岩型铜矿床矿集区，属喜马拉雅晚期（N_{1-2}）铜铀成矿亚系统，砂岩型铜矿床与盐泉和盐丘构造有密切关系（曹养同等，2009，2010），与塔里木盆地在中–新生代陆内演化过程密切相关（卢华复等，1999；李永安等，1995；陈杰等，2007；刘函等，2010；常健和邱楠生，2017；黎敦朋等，2017）。这些砂岩型铜矿床与塔里木叠合盆地油气资源（帅燕华等，2003；王清晨和李忠，2007；刘全有等，2009；何登发等，2009，2013；李世琴等，2013；刘伟等，2015）、煤炭和铀矿床（刘红旭等，2009；刘章月等，2016；刘武生等，2017）具有同盆共存富集的特征。砂岩型铜矿床储集相体层为节理–裂隙–孔隙型，与油气藏中构造裂缝型储层（杨海军等，2018）有类似的构造动力学背景，与造山带–沉积盆地耦合转换带和前陆冲断褶皱带有密切关系（漆家福等，2009；汤良杰等，2012，2015）。

2.1　新疆乌恰县杨叶砂岩型铜矿床与新近纪陆内咸化湖盆演化

2.1.1　杨叶砂岩型铜矿床赋矿岩相与成矿流体地球化学特征

杨叶式砂岩型铜矿床具有中型资源储量规模。乌恰县天振矿业有限责任公司委托山东省第八地质矿产勘查院核实资源量，表明杨叶式砂岩型铜矿床具有中型规模潜力，杨叶、杨树沟、花园矿区内铜矿的铜金属资源量33.48万t，总矿石资源量2949.15万t，平均品位Cu 1.15%。杨叶式砂岩型铜矿床（包括杨叶铜矿、花园铜矿和杨树沟铜矿等）含铜蚀变砂岩带为渐新统—中新统（E_3-N_1）灰白色细–中粒含钙质砂岩和安居安组褪色化蚀变砂岩，含铜砂岩层位较稳定，连续延伸几千米。含铜蚀变砂岩带受逆冲断裂和褶皱构造控制，铜矿层主要位于背斜两翼，并显著受前展式薄皮型冲断褶皱控制。

（1）古近系渐新统—新近系中新统克孜洛依组（E_3-N_1）和中新统安居安组（N_1a）为主要赋矿层位。①克孜洛依组（E_3-N_1）为砖红色黏土岩与灰黄色钙质砂岩、灰绿色钙质砂岩互层，灰绿色钙质砂岩和含铜蚀变砂岩，组成了含铜蚀变砂岩矿化带。其下部黄褐色细–中粒砂岩具有水成波痕。含铜灰绿色蚀变钙质砂岩厚0.5～5m，碎屑有长石、石英及岩屑，略有定向，以钙质胶结物为主。金属矿物主要有赤铜矿和辉铜矿，呈稀疏浸染状，交代植物残片或填隙物。铜矿体赋存岩相为含铜灰绿色蚀变钙质砂岩，孔雀石呈细脉状和浸染状分布，矿化作用较强，孔雀石局部呈结核体分布，结核体直径约为1cm，结核体外层是孔雀石，内部可以看出赤铜矿、辉铜矿和自然铜等铜矿物，其矿化作用相对较强。②安居安组底部以含铜灰绿色蚀变泥砾砂岩、含铜斑杂色蚀变泥砾砂岩为主，含铜砾石、氯铜矿、孔雀石和蓝铜矿等铜表生矿物沿砾石周边分布，植物碎片发育，可见赤铜矿-辉铜矿完全交代植物碎片而保留其杆状残体特征。

（2）杨树沟铜矿床位于前展式薄皮型冲断褶皱带上，受吾合沙鲁逆冲断裂带和断层相关褶皱控制，南侧花园铜矿床倾向北西，在花园-杨树沟间为宽缓向斜构造。北侧杨叶铜矿床整体倾向北西，为断层相关向斜构造。①在杨树沟砂岩型铜矿床内铜矿体整体呈层状，南东矿段铜矿体产状176°～182°∠33°～70°，北东矿段铜矿体产状在180°∠40°～87°，局部近直立或倒转倾向北（0°）。五个铜矿体长度在260～2000m，沿倾向控制延深在80～208m。②在杨叶砂岩型铜矿床内，铜矿体呈层状，倾向北西（310°～345°），倾角较缓（7°～33°），Ⅱ号铜矿体规模最大，长度为2350m，倾向延深900m，产状354°∠16°～28°。③花园砂岩型铜矿床内，铜矿体呈层状，产状307°～338°∠17°～30°。Ⅱ-2号铜矿体规模最大，长度500m，倾向延深80m。

（3）铜矿石矿物以孔雀石、赤铜矿、氯铜矿、硅孔雀石为主，次之为辉铜矿和自然铜，呈星点浸染状、薄膜皮壳和结核状等，分布于砂岩胶结物中。孔雀石、赤铜矿、硅孔雀石、氯铜矿、自然铜等均为表生富集成矿作用形成的次生矿物。部分辉铜矿和自然铜为原生矿物。①孔雀石为皮壳状、球粒状和鲕状出现，粒度一般为0.02～0.2mm，个别可达0.3mm，作孔穴充填构造产于砂岩之中或者呈微裂隙状产于切层裂隙中。硅孔雀石赋存状态及颗粒特征同孔雀石。②赤铜矿与孔雀石共生，常分布在辉铜矿或孔雀石边部，推测为辉铜矿经表生氧化作用所形成，常集中呈小条状，具孔穴充填构造，成不规则粒状，大小在0.03～0.3mm，为赤铜矿和孔雀石溶蚀孔隙型充填结构。③辉铜矿形状大小基本与赤铜矿类同，辉铜矿以胶结物充填砂粒和岩屑之间，即孔隙型结构。④自然铜呈细小粒状、分散状或树枝状存在于赤铜矿中，大小在0.02mm以下，沿表生裂隙充填。⑤脉石矿物以石英为主，次棱角形，一般0.1mm左右，占55%～60%。方解石以胶结物存在，约占25%，此外尚有少量绢云母（2%）、长石、燧石及定向的黑云母和石膏等。⑥铜矿物富集在原生砾石或呈浸染状分布在岩屑中。富集铜矿物的原生砾石和紫红色泥砾特征，揭示在蚀源岩区有两类不同的物源特征。呈辉铜矿细脉沿裂隙切层产出，为砂岩型铜矿床改造期产物，充填在构造裂隙内。

对新疆乌恰县杨叶铜矿三采场表2-2中YY_2样品进行人工重砂矿物定量分析，矿物特征如下：

（1）以孔雀石和辉铜矿为主，其次为磁铁矿、钛铁矿、自然铜、黄铁矿、蓝铜矿和氯铜矿等：①鲜绿色孔雀石（约2.76%）多为不规则粒状，部分可见放射状及纤维状集合体，丝绢光泽及玻璃光泽，粒径0.01～0.25mm，个别可达0.5mm左右；②黑色辉铜矿（约0.11%）呈不规则粒状，金属光泽，低硬度，大部分已不同程度氧化分解为赤铜矿，而呈现不均匀的淡褐红，可见金刚光泽；③铜红色及铜黄色自然铜（约0.001%）呈不规则粒状及树枝状，低硬度，具延展性，金属-半金属光泽，0.05～0.2mm；④褐黑色磁铁矿（约0.001%）多呈不规则粒状，部分可见八面体晶形，半金属光泽，高硬度，强磁性，粒径0.02～0.1mm；⑤黑色钛铁矿（约0.01%）呈板状及不规则粒状，金属–半金属光泽，高硬度，粒径0.02～0.1mm；⑥黄铁矿含量0.001%，不规则粒状，铜黄色，金属光泽，粒径0.1～0.4mm。偶见蓝铜矿和氯铜矿，铜表生富集成矿作用显著。

（2）重矿物以石榴子石、金红石、锆石、磷灰石、电气石、绿帘石和榍石为主：①石榴子石含量0.02%，不规则粒状，主要为淡粉色，少量橘黄色，油脂光泽，半透明，高硬度，粒径0.05～0.25mm；②金红石含量0.002%，褐红色、红色，圆角柱状及粒状，金刚光泽，半透明，粒径0.1～0.25mm；③锆石含量0.005%，无色及淡粉色，自形–半自形四方双锥柱状，透明，金刚光泽，高硬度，延长系数1.5～3mm，个别4mm左右，粒径0.02～0.1mm；④磷灰石含量0.003%，无色，半自形次圆柱状及柱粒状，玻璃光泽，透明–半透明，中等硬度，延长系数1.5～2.5mm，粒径0.05～0.25mm；⑤电气石含量0.0004%，自形–半自形柱状，黄褐色，玻璃光泽，透明–半透明，高硬度，粒径0.15～0.3mm；⑥绿帘石含量0.0005%，柱状及不规则粒状，黄绿色，玻璃光泽，高硬度，粒径0.1～0.2mm；⑦榍石含量0.001%，扁粒状及不规则粒状，米黄色，半透明，粒径0.2～0.3mm。

（3）铁镁矿物类包括角闪石和黑云母。黑绿色角闪石（约0.07%）呈柱状及不规则粒状，粒径0.1～0.3mm。片状黑褐色黑云母含量3.26%，低硬度，粒径0.1～0.3mm。

（4）轻矿物以方解石、白云母、石英、长石和岩屑为主：①方解石含量6.14%，白色，不规则粒状，中等硬度，半透明，粒径0.02～0.25mm；②白云母含量0.44%，无色，片状，低硬度，粒径0.05～0.25mm；③石英、长石及岩屑含量87.12%，主要为石英，其次为长石及岩屑。无色石英呈不规则粒状，粒径0.1～0.6mm，少量石英见褐红色铁染。

杨叶砂岩型铜矿床成矿流体特征与成矿作用研究如下。在杨叶砂岩铜矿床中，砂岩内石英中包裹体较为发育，主要呈带状和成群分布。其中，以呈透明无色的纯液包裹体与呈无色–灰色的富液体包裹体为主，部分视域内发育呈深灰色气体包裹体，局部视域可见少量呈无色–灰色的含子矿物富液体包裹体（表2-1）。①高盐度相形成于低温相环境中，包裹体盐度较高（31.87% $NaCl_{eqv}$），见两个包裹体中含有子晶，推测为石盐。它们的均一温度在126～157℃，属低温相。推测它们与咸化湖泊成岩成矿期有密切关系。②中盐度相的石英包裹体盐度在（16.89%～22.24% $NaCl_{eqv}$），均一温度在151～294℃，包裹体盐度中等。③低盐度包裹体盐度多小于8.0% $NaCl_{eqv}$，变化范围在（4.34%～7.17% $NaCl_{eqv}$），包裹体形成温度相主体为中温相，部分为低温相，显示低盐度相，形成温度范围较大，形成温度在246～307℃（中温相），少数为低温相（158～164℃）。含铜蚀变砂岩内包裹体呈带状和成群分布，为透明无色纯液包裹体与呈无色–灰色富液体包裹体，部分视域内发育呈深灰色气体包裹体。

表2-1 杨叶砂岩型铜矿床石英包裹体特征及形成温度和盐度

包裹体分布形态	测温包裹体类型	包裹体形状	大小/μm	气液比/%	均一相态	T_h/℃	盐度/% $NaCl_{eqv}$
呈带状分布	富液包裹体	规则	3×7	10	液相	267	7.02
呈带状分布	富液包裹体	规则	3×10	20	液相	307	7.02
呈带状分布	富液包裹体	规则	4×6	20	液相	298	7.17

续表

包裹体分布形态	测温包裹体类型	包裹体形状	大小/μm	气液比/%	均一相态	T_h/℃	盐度/% $NaCl_{eqv}$
呈带状分布	富液包裹体	规则	3×10	20	液相	209	14.25
呈带状分布	富液包裹体	规则	2×5	20	液相	215	14.25
呈带状分布	富液包裹体	规则	2×4	10	液相	143	14.36
呈带状分布	富液包裹体	规则	3×4	10	液相	165	14.36
呈带状分布	富液包裹体	规则	3×7	10	液相	246	4.65
呈带状分布	富液包裹体	规则	4×6	20	液相	265	4.65
呈带状分布	含子矿物富液体包裹体	规则	7×18	15	液相	157	31.87
呈带状分布	含子矿物富液体包裹体	规则	7×12	10	液相	149	含子晶高盐度
呈带状分布		规则	3×10	5	液相	126	
呈带状分布	富液包裹体	规则	7×15	20	液相	164	4.49
呈带状分布	富液包裹体	规则	5×8	10	液相	158	4.49
呈带状分布	富液包裹体	规则	3×6	10	液相	160	4.34
呈带状分布	富液包裹体	规则	5×7	15	液相	176	18.22
呈带状分布	富液包裹体	规则	4×4	10	液相	151	18.22
呈带状分布	富液包裹体	规则	4×6	15	液相	184	18.3
呈带状分布	富液包裹体	规则	5×5	20	液相	195	18.3
呈带状分布	富液包裹体	规则	6×12	10	液相	272	16.89
呈带状分布	富液包裹体	规则	3×4	20	液相	294	16.89
呈带状分布	富液包裹体	规则	3×3	15	液相	282	16.99
呈带状分布	富液包裹体	规则	5×7	20	液相	176	22.24
呈带状分布	富液包裹体	规则	4×4	20	液相	186	22.24
呈带状分布	富液包裹体	规则	3×6	15	液相	167	22.17
呈带状分布	富液包裹体	规则	3×5	10	液相	155	22.17
呈带状分布	富液包裹体	规则	3×4	10	液相	133	22.24
呈带状分布	富液包裹体	规则	4×12	20	液相	286	5.56
呈带状分布	富液包裹体	规则	4×4	20	液相	273	5.56
呈带状分布	富液包裹体	规则	3×6	20	液相	269	5.71
呈带状分布	富液包裹体	规则	2×5	20	液相	256	5.71
呈带状分布	富液包裹体	规则	3×3	10	液相	229	5.56
呈带状分布	富液包裹体	规则	4×7	20	液相	286	5.56
呈带状分布	富液包裹体	规则	4×5	15	液相	273	5.56
呈带状分布	富液包裹体	规则	3×4	15	液相	269	5.71
呈带状分布	富液包裹体	规则	3×5	15	液相	256	5.71
呈带状分布	富液包裹体	规则	3×3	10	液相	229	5.56

2.1.2　杨叶-花园砂岩型铜矿床表生富集成矿作用特征

在杨叶和花园铜矿床内，铜矿石主要为自由氧化相铜，自由氧化相铜占有率为98.59%，而原生硫化物相铜占有率只有1.41%，结合相铜主要为硅孔雀石。自由氧化相铜占有率在94.06%~98.61%，发育赤铜矿、铜盐、氯铜矿、黑铜矿和自然铜。

（1）铜盐为［$CuCl_2$］，呈蓝绿色浸染状和薄膜状。氯铜矿［$Cu_2(OH)_3Cl$］呈蓝绿色片状和薄膜状，单晶颜色为墨绿色，集合体颜色为深绿色。单晶为短柱状或板状晶体，球粒状结构、球状微晶集合成莓球结构和胶结结构。氯铜矿不溶于稀盐酸中，在浓盐酸中逐渐变成无色。在透射光下呈墨绿色，无多色性，显均质性。反射光下，呈褐灰色，无双反射，无多色性。反射光正交下呈深绿色。铜盐和氯铜矿充填于石英碎屑颗粒间，交代胶结物呈胶结结构。铜盐和氯铜矿沿赤铜矿周边进行溶蚀交代，呈交代结构。它们均充填在表生裂隙和孔隙中。

（2）赤铜矿［Cu_2O］单晶颜色近于黑色，集合体颜色为紫红色。赤铜矿多充填于石英砂岩碎屑中，与胶结物溶蚀交代呈胶结结构，或氯铜矿沿赤铜矿周边溶蚀交代呈交代残余结构。显微镜下呈深红色，不显多色性，无解理，显均质性。反射光下，呈浅灰白色，无双反射，不显多色性。反射光正交下为深红色。它们均充填在表生裂隙和孔隙中。

（3）氯铜矿矿物地球化学成分特征。氯铜矿中平均含Cu为55.71%，含Cl为19.12%，Cu/Cl值约为3，而标准氯铜矿中Cu/Cl值为3.6；含Cu平均原子百分比为28.85%，Cl平均原子百分比为17.78%，Cu与Cl原子比为1.62。

2.1.3　吾合沙鲁新生代周缘山间盆地构造岩相学序列与盆山原耦合

塔西地区在新近纪为陆内周缘山间盆地沉积体系与盆山原耦合期。新近系克孜洛依组［$(E_3\text{-}N_1)k$，28.91~20.73Ma］、安居安组（N_1a，20.73~14.12Ma）、帕卡布拉克组（N_1p，14.12~9.86Ma）和阿图什组（N_2a，9.86~7.56Ma）为陆相红色碎屑岩类，中部夹灰色-灰绿色砂岩和泥岩。西部为蒸发岩相石膏岩-膏泥岩与巴什布拉克组整合接触，以连续陆内坳陷沉积为主。中部及东部以底砾岩为标志层，假整合于古近系之上，克孜洛依组与巴什布拉克组呈平行不整合接触，说明中东部经历了一定的构造抬升作用，康苏-乌拉根一带半环形隆起围限作用明显，在乌拉根-吾合沙鲁和加斯-硝若布拉克分别形成了两处椭圆状环形分布的砂岩型铜矿化带，揭示构造抬升作用形成的水下隆起，对陆内咸化湖泊的水下分割和围限封闭作用显著，塔西地区处于挤压-伸展-走滑三重构造应力场转换期，对砂岩型铜矿床形成有利。

（1）渐新统—中新统克孜洛依组［$(E_3\text{-}N_1)k$，28.91~20.73Ma］在乌拉根-乌鲁克恰其广泛分布。下段为海湾-滨浅湖相褐灰色砂岩与泥岩互层，底部发育石膏岩和砾岩，南部则为褐灰色砂岩与泥岩互层，黑色油斑极为发育。上段为浅湖相褐红色泥岩夹砂岩，南部则粒度较粗，为褐灰色砂岩、灰绿色砂岩与泥岩互层，形成陆内湖泊环境内向上变细变深沉积序列。在乌拉根地区以褐红色砂泥岩互层为主。在黑孜苇地区，克孜洛依组

(28.91～20.73Ma) 与巴什布拉克组 (33.62～28.91Ma) 呈微角度不整合。该组下部膏泥岩及石膏岩为标志层，与下伏巴什布拉克组整合接触。在杨叶-加斯沉积中心内该组厚约1000m，乌拉根地区厚721.66m，乌鲁克恰其地区厚382.62m，库克拜地区厚874.09m，克孜洛依地区厚422m。克孜洛依组继承了喜马拉雅早期第三幕（约33.9Ma，巴什布拉克期，$E_{2-3}b$）区域挤压环境。帕米尔高原北缘乌恰县伊日库勒-吾东砂岩型铜矿带，赋存在克孜洛依组［$(E_3-N_1)k$，28.91～20.73Ma］中，赋矿层位为陆相辫状河三角洲相紫红色含砾砂岩-中粗粒砂岩，褪色化蚀变相发育，以灰绿色孔雀石化钙质细粒长石岩屑砂岩和钙质细粒岩屑长石砂岩为主，发育含铜砾石。伊日库勒-吾东铜矿带走向呈北西—近东西—北东向的向北凸弧形，东西长约40km，南北宽约4km。铜矿体出露长度在1900m，平均宽度约5.0m，产状155°～193°∠20°～88°。帕米尔高原北缘在克孜洛依期向北推进显著，陆内咸化湖盆范围明显收缩。

（2）中新统安居安组（N_1a，20.73～14.12Ma）广泛分布于库什维克向斜及塔什皮萨克，与下伏克孜洛依组呈整合接触关系，以褐灰红铁质钙屑砂岩、黄灰绿色砂岩和黑灰色泥岩不等厚互层为主。下部以钙屑砂岩为主，向上泥岩增多，上部为泥岩夹砂岩。具有东部粒度细而厚度大、西部粒度粗而厚度薄的特征。下段为滨浅湖相灰绿色和褐红色铁质钙屑砂岩夹钙屑泥岩，发育灰褐色铁质泥砾岩和紫红色铁质泥砾岩等标志层，指示了同生断裂活动强烈，具有陆内断陷成盆构造岩相学特征。上段为浅-半深湖夹滨湖相杂色泥岩夹砾岩、砂岩。在杨叶-加斯沉积中心内安居安组厚698.06m，乌鲁克恰其地区厚351.08m。在杨叶-花园式砂岩型铜矿带内铜砾石和泥砾发育，褪色化蚀变砂岩和油苗分布较广。

（3）帕卡布拉克组（N_1p）分布于乌拉根-乌鲁克恰其，沉积物粒度具有西粗东细的特征。在乌鲁克恰其地区该组厚819.48m，帕卡布拉克沟地区该组厚2168m，安居安地区该组厚811.14m，该组油苗分布较广。在萨哈尔铜矿区岩石组合为长石石英砂岩、砾岩和泥岩，厚417m，与下伏安居安组为整合接触，呈带状展布于背斜核部的安居安组外围。岩石组合为暗紫色及褐灰色含钙质泥岩、含粉砂质泥岩与浅棕灰色细-中粒砂岩不等厚互层夹浅灰、灰绿色粉砂岩。新疆乌恰县萨哈尔铜矿床赋存在帕卡布拉克组（N_1p）中，铜矿体产于恰特多克-萨喀勒恰提向斜北西翼，含矿层为灰白色长石石英岩屑细砂岩，局部地段碎屑粒度可达中-粗砂级。含矿层断续出露长1.7km，厚4～6m，其顶底板岩性均为浅红色泥岩。层状I号矿化体出露长约600m，单工程控制矿体厚2.23～8.03m，平均厚度4.40m，铜品位0.59%～4.92%，平均1.06%，矿体产状在108°～149°∠45°～80°。受吉根冲断褶皱带影响，含铜砂岩层构造变形强烈，部分地层和矿体发生倒转，铜矿体产状与顶底板围岩产状基本一致。金属矿物以赤铜矿为主，少量硅孔雀石、铜蓝、辉铜矿、黄铁矿。

（4）上新统阿图什组（N_2a）与帕卡布拉克组（N_1p）为连续沉积，下段为褐色、浅棕灰色砂岩夹砾岩；上段为灰色砾岩夹黄灰色砂岩。自下向上粒度变粗且砾岩增加，向上变粗变浅沉积序列揭示为周缘山间湖盆封闭期。沿乌鲁克恰其→克拉托背斜北→阿图什西粗东细，且厚度不断增加，上阿图什厚1106.16m，推测与吉根-萨瓦亚尔顿晚古生代冲断褶皱自NW向SE向逆冲推覆构造有密切关系。从北到南厚度增加，安居安组-阿图什组厚638.39m，南到克拉托背斜南翼厚达3403m，揭示沉积中心向南迁移。

（5）西域组与阿图什组和下伏地层为角度不整合，西域组为周缘山间盆地的典型盆山原耦合转换的沉积学记录，西域组构造变形特征记录了喜马拉雅晚期构造隆升事件。

总之，青藏高原新生代构造隆升事件发生在始-渐新统巴什布拉克组期末（$E_{2-3}b$，约28.91Ma）、中新世初（约23Ma）、中新世晚期（13～8Ma）和上新世（约5Ma以来）（张克信等，2008）。与西南天山隆升事件（25.8±5.6～18.3±3.1Ma，Sobel and Dumitru，1997；Sobel et al.，2006）时间吻合，二者相向推挤和隆升造山，在塔西地区形成了陆内强烈挤压收缩区域动力学场，陆内咸化湖盆范围收缩显著。①在渐新—中新世克孜洛依期［(E_3-N_1)k，28.91～20.73Ma］为陆相三角洲沉积环境。塔西地区中新统（23Ma）普遍以石膏层或膏泥岩平行不整合于古近系不同层位之上，局部可见到角度不整合接触关系。中新世阿启坦阶—布尔迪加尔阶（23.03～15.97Ma）为天然气充注成藏事件，也是乌拉根砂砾岩型铅锌矿床北矿带乌恰-康西逆冲断裂强烈活动期（17.08～22.27Ma，磷灰石裂变径迹年龄）。在渐新世夏特阶—中新世布尔迪加尔阶（28.91～15.97Ma）期间，乌恰-康西逆冲断裂强烈的南向逆冲作用导致前锋压陷区构造断陷作用强烈，即花园-杨叶-加斯周缘山间咸化湖盆的主成盆期（克孜洛依期—安居安期）。②克孜洛依期［(E_3-N_1)k，28.91～20.73Ma］和安居安组（N_1a，20.73～14.12Ma）为砂岩型铜矿床主要赋存层位，也是沉积成岩成矿期。安居安组砂岩型铜矿床成矿年龄（16±2Ma、14±2Ma，磷灰石裂变径迹年龄），与该期天然气充注事件和西南天山隆升事件有密切关系，主要与喜马拉雅中期区域挤压应力场下和干旱气候环境在时间-空间上耦合关系显著。③安居安组砂岩型铜矿带中，Cu-Ag-Mo-Sr-U区域化探异常带，分布在安居安组褪色化蚀变砂岩相带、气洗蚀变相和油斑-油迹-油侵蚀变带，两期薄皮式冲断褶皱带形成的构造-热事件年龄在(16±2)～(14±2)Ma、11.39～7.43Ma（磷灰石裂变径迹年龄），该构造-热事件为花园-杨叶-加斯周缘山间咸化湖盆的盆地改造期形成构造热事件，推测两组年龄为杨叶-花园砂岩型铜矿床盆地改造期的成矿年龄，揭示具有寻找砂岩型铜（铀-天青石）矿床的潜力。

2.1.4　吾合沙鲁新生代周缘山间盆地的构造变形样式与构造组合

陆内山间咸化尾闾湖盆演化形成于新生代塔西盆山原耦合转换过程（图2-1），沉积盆地与盆内同生断裂为盆地同生构造组合。新生代盆山原耦合转换期，帕米尔高原北缘继续向北逆冲推覆，西南天山造山带向南西方向逆冲推覆，而东阿赖山NE向冲断褶皱带在新近纪末期向SE方向逆冲推覆，它们封闭了古近纪海湾盆地，塔西地区（乌拉根-乌鲁克恰其）演化为周缘山间盆地。

帕米尔高原北前缘辫状河三角洲相紫红色含砾砂岩-中粗粒砂岩为砂岩铜矿赋矿层位，在伊日库勒-吾东铜矿带走向呈北西—近东西—北东向的凸弧形，东西长约40km，南北宽约4km，由渐新统—中新统克孜洛依组控制，推测继承了新生代沉积盆地特征。克孜洛依组灰绿色孔雀石化钙质细粒长石岩屑砂岩和钙质细粒岩屑长石砂岩为主要储集相体层，发育含铜砾石、含铜泥砾岩和含铜泥砾粗砂岩等，揭示存在同生断裂。

中新统安居安组主体为辫状河三角洲相紫红色含砾砂岩-中粗粒砂岩，其南侧相变为三角洲平原亚相→宽浅湖相→半深湖相细砂岩，呈对称沉积相分带。帕米尔高原北侧前缘为辫状河三角洲相紫红色含砾砂岩-中粗粒砂岩，发育天青石化，为砂岩铜矿赋矿层位。

广泛和稳定分布含铜泥砾砂岩、泥砾岩、含富铜砾的钙质砂岩等，指示了同生断裂活动强烈，揭示陆内咸化湖盆和同生断裂带为同生成矿构造组合。

从南到北，塔西新生代盆地区域变形构造组合和区域构造分带特征如图 2-1 所示。

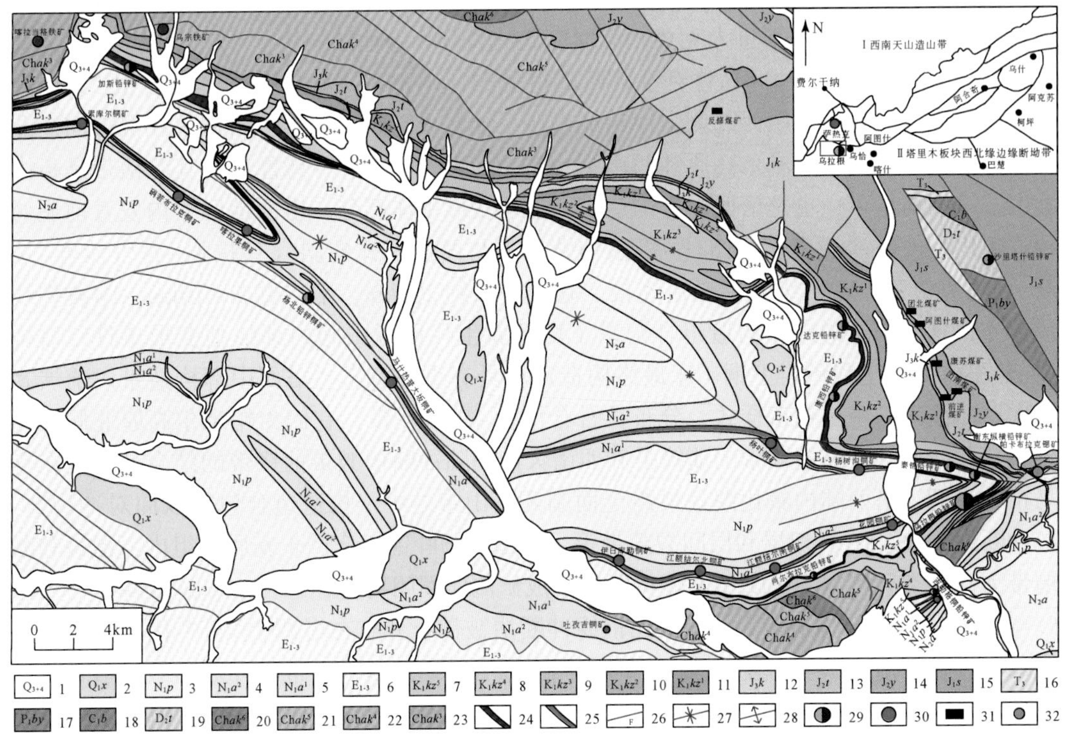

图 2-1　新疆杨叶-花园砂岩型铜矿床地质特征与找矿预测图

1. 上新统+更新统：冲积-冲洪积砾石-砂；风成砂；湖积淤泥；化学沉积盐类。2. 下更新统西域组：灰色砾岩夹砂岩透镜体。3. 中新统帕卡布拉克组：可分为四段。第一和第三段以褐灰-灰褐-灰红-褐红色砾岩-砂砾岩-含砾砂岩为主，夹砂岩-粉砂质泥岩-泥岩；第二和第四段以褐红-黄褐-紫红色岩屑砂岩-泥质细砂岩-粉砂质泥岩-泥岩为主夹砾岩和砂砾岩。4. 中新统安居安组二段：以褐红-灰褐-褐黄色岩屑砂岩-泥岩-粉砂质泥岩为主，夹砾岩。5. 中新统安居安组一段：含铜层位，以灰绿-褐黄-灰褐色石英岩屑砂岩为主，夹砾岩和泥岩。6. 古新统—渐新统。7. 下白垩统克孜勒苏群第五岩性段：灰白色-灰褐色-褐黄色砾岩-砂砾岩-含砾石英砂岩-石英砂岩-岩屑石英砂岩夹紫红色-褐红色泥岩，顶部为紫红色泥岩夹砂岩，为乌拉根式铅锌矿的赋矿层位。8. 克孜勒苏群第四岩性段：灰-灰白-灰黄色含砾砂岩-石英砂岩-长石岩屑砂岩-紫红色粉砂质泥岩-泥岩夹砾岩。9. 克孜勒苏群第三岩性段：北部萨热克一带为灰白色-灰绿色砾岩-含砾砂岩-岩屑砂岩夹粉砂岩；南部为灰白色-灰黄色-灰绿色岩屑石英砂岩-长石岩屑砂岩-砂砾岩及灰色砾岩夹紫红色粉砂质泥岩-泥岩。10. 克孜勒苏群第二岩性段：南部为黄褐色长石岩屑砂岩-紫红色岩屑砂岩-下部为褐色岩屑石英砂岩与紫灰色泥质粉砂岩-粉砂质泥岩-泥岩互层；北部萨热克一带为红色长石岩屑砂岩-泥质细砂岩与褐灰色粉砂质泥岩互层，上部为褐灰色-暗褐红色粉砂质泥岩夹褐灰色长石岩屑砂岩及灰白色岩屑石英砂岩。11. 克孜勒苏群第一岩性段：南部为褐红色粉砂质泥岩-灰-灰绿色砾岩-黄褐色含砾砂岩-灰绿色岩屑砂岩-褐黄色长石岩屑砂岩；北部萨热克一带为褐红色粉砂质泥岩-泥质岩屑砂岩。底部夹灰绿色砾岩。12. 上侏罗统库孜贡苏组：浅褐灰色块状砾岩，顶部为浅灰色中厚层状砂砾岩。13. 中侏罗统塔尔尕组：下部为紫灰色-灰绿色岩屑石英砂岩-泥质细砂岩-泥质粉砂岩-粉砂质泥岩及灰白色石英质砾岩-砂砾岩-石英砂岩夹深灰色泥灰岩；中上部以暗紫灰-灰绿色泥岩-泥质粉砂岩为主，夹灰色长石岩屑石英砂岩及灰绿色泥质岩屑砂岩。14. 中侏罗统杨叶组：灰绿色岩屑石英砂岩-岩屑砂岩-泥质细砂岩-泥质粉砂岩-紫灰色泥质粉砂岩-灰白色石英砂岩，下部为煤线。15. 下侏罗统莎里塔什组：紫灰色-浅绿灰色-浅褐黄色块状砾岩夹含砾砂岩-砂岩透镜体。16. 未分上三叠统：灰绿色砾岩-砂岩-粉砂岩-碳质泥岩。17. 下二叠统比尤列提群：灰色-深灰色-灰绿色泥岩-粉砂岩-砂岩夹灰岩和砾岩及基性火山岩。18. 下石炭统巴什索贡组：以灰-灰黑色灰岩为主，底部有灰色砂岩和砾岩。19. 中泥盆统托格买提组：可分为两段，包括上段上部为深灰-浅灰色中-厚层状灰岩，上段下部为黑-深灰色泥质绢云母片岩夹灰岩；下段为深灰色灰岩与黑色燧石岩互层，夹基性火山碎屑岩。灰岩中产珊瑚-腕足动物-层孔虫。20. 阿克苏群第六岩性段。21. 阿克苏群第五岩性段。22. 阿克苏群第四岩性段。23. 阿克苏群第三岩性段。24. 砂砾岩型铅锌矿带。25. 砂岩型铜矿带。26. 断层。27. 向斜。28. 背斜。29. 铅锌矿床-矿点。30. 铜矿床-矿点。31. 煤矿床-矿点。32. 锶矿床

（1）塔西南部构造带为帕米尔高原北缘冲断褶皱带的前锋带。帕米尔高原北缘逆冲推覆构造系统前锋带于中新世中期（10～12Ma）在乌鲁克恰其与南天山开始发生碰撞。帕米尔前缘褶皱-逆断裂带西段开始活动（7～8Ma），帕米尔构造结北缘开始发生径向逆冲，盆山原镶嵌构造区基本定型，中新统末为周缘山间盆地。帕米尔构造结北缘正向突刺变形带（前锋带）呈北凸弧形进入克孜勒苏河以北的吾合沙鲁地区。

（2）在塔西地区乌恰-乌鲁克恰其西域组呈 SE、NW 和 EW 向分布，受吉根 NE 向逆冲推覆构造系统和帕米尔西北侧斜冲走滑构造系统复合控制。由于塔西地区在深部向南北两侧分别俯冲消减于帕米尔高原和西南天山造山带之下，乌恰-乌鲁克恰其断褶带是板内盆山原镶嵌构造带，也是塔西中部构造带和盆地变形主体部分。塔西地区盆内发育前展对冲式薄皮型冲断褶皱带，阿图什-塔浪河背斜，与西侧复式向斜（乌拉根-吾合沙鲁-加斯-乌鲁克恰其）中次级断褶构造连接。它们总长约 200km，平均宽 5～10km，为典型线形褶皱，这种构造样式和构造组合记录了塔西新生代周缘山间内部强烈变形事件，该构造-热事件对新生代砂岩型铜矿床最终构造定型具有重要意义。塔西中部构造带以前展式薄皮型断褶带为主要构造样式，分布在吾合沙鲁-乌恰一带，它们为帕米尔高原北侧喜马拉雅期北向南倾冲断褶皱带的前锋带和西南天山前陆冲断褶皱带前锋带的结合部位。在喜马拉雅晚期，塔西陆内咸化湖盆最终全面圈入造山带之中。构造组合包括双向对冲构造、逆冲断裂-拖曳断裂-切层和层间裂隙带等。花园和杨叶铜矿床产于安居安组内，褶皱和断褶带为富烃类和富 H_2S-CO_2 型非烃类还原性成矿流体圈闭构造。

（3）塔西北部构造带为西南天山前缘冲断褶皱带，分布在塔西中-新生代陆内盆地系统北侧。在西南天山陆内复合造山带向南侧形成了系列冲断构造带和冲断褶皱构造带。它们揭示西南天山陆内造山带内核前寒武纪构造岩块（盆地下基底构造层）、造山带外缘带（泥盆系—二叠系，盆地上基底构造层），被逆冲推覆于新生代陆内湖盆北缘之上。

在侏罗系—白垩系和古近系—新近系之中，形成了断裂-褶皱带和断层相关褶皱带，它们是成矿流体大规模圈闭构造组合，具有如下构造岩相学特征（图 2-1）。

（1）成矿流体运移驱动系统。杨叶-加斯南向前展式薄皮型断褶带，由北部杨叶-加斯（喀拉塔勒段）和南部克尔卓勒薄皮式冲断褶皱带组成，属吾合沙鲁-乌恰喜马拉雅期前展式冲断褶皱带。在塔西周缘山间湖盆中，对冲式薄皮型冲断褶皱构造系统在喜马拉雅晚期定型，为盆地成矿流体大规模运移和聚集的主要驱动系统。

（2）成矿流体储集相体层。在喀拉塔勒南部克孜洛依组［$(E_3$-$N_1)k$］和北部安居安组（N_1a）中，发育层间黑色油迹-油斑等沥青化蚀变相、褪色化蚀变相和碳酸盐化蚀变相带等，揭示构造驱动形成了富烃类还原性成矿流体和非烃类富 CO_2 还原性成矿流体大规模运移。在中南部安居安组下段蚀变砂岩，为花园-滴水式砂岩型铜矿储矿相体层。

（3）成矿流体圈闭构造。克尔卓勒背斜群由 3 个背斜和 1 个向斜组成，为逆断层上盘牵引作用形成的断层相关褶皱，呈轴向总体北西向延伸，总长 11.43km，宽 800～1600m，为短轴褶皱。背斜核部地层为阿尔塔什组，两翼为古近系齐姆根组、卡拉塔尔组、乌拉根组和巴什布拉克组，新近系克孜洛依组［$(E_3$-$N_1)k$］。向斜核部地层为巴什布拉克组，两翼为乌拉根组、卡拉塔尔组和齐姆根组。背斜北翼倾角稍缓（30°～80°），局部因逆冲断裂作用而地层倒转。南翼地层倾角陡（50°～85°），在背斜间的向斜南翼地层发生倒转现象。该褶皱群地表出露为古新统阿尔塔什组（E_1a），推测深部存在克孜勒苏群第 5 岩性段，在克孜洛依组中见有大量黑色油迹、油斑，预测深部找矿前景大。该褶皱群属克尔卓勒逆冲推覆构造带的断层相关褶皱，形成于喜马拉雅晚期（西域期），为成矿流体圈闭构造。

（4）成矿流体排泄构造。加斯北-喀拉塔勒复式向斜轴向宏观走向 300°，总长度在 35km 以上，其断层相关褶皱带和次级褶皱带发育，如色勒柏勒布那克向背斜、硝若布拉克向背斜、坑阿拉勒向斜、琼卓勒背斜及硝若布拉克南背斜。总体构造线方向为北西向，它们与西南天山前陆冲断褶皱密切相关，为喜马拉雅晚期南向迁移式薄皮型冲断褶皱带。该向斜核部为帕卡布拉克组（N_1p）和阿图什组（N_2a）。北翼为侏罗系和白垩系、古近系、新近系克孜洛依组［$(E_3\text{-}N_1)k$］和安居安组（N_1a）。在区域挤压应力场下，向斜构造群落内盆地流体发生大规模排泄和运移，为盆地流体大规模排泄部位。

（5）成矿流体混合区域和卸载成矿部位。塔西北部构造带北缘为西南天山造山带山前构造带，克孜勒苏群和塔尔尕组与阿克苏岩群呈角度不整合接触，但因阿克苏岩群向南推覆而产状倒转。因逆冲断层作用在向斜南翼仅见安居安组和帕卡布拉克组，产状 355°～45°∠37°～80°。在加斯北-喀拉塔勒克孜勒苏群第 5 岩性段、阿尔塔什组和不整合面构造（K_1kz^5/E_1a）稳定延展，可寻找砂砾岩型铅锌矿床储矿相体。源自盆地内源性成矿流体、造山带大气降水和山前冲断褶皱带的构造流体等，它们在塔西北部构造带发生流体混合作用，导致矿质沉淀富集成矿，如巴什布拉克砂砾岩型铀矿床等。

2.1.5　杨叶-花园砂岩型铜矿床储矿构造特征

在杨叶和花园砂岩型铜矿床内，铜矿体整体呈层状、似层状和透镜状，受复式向斜构造和次级褶皱控制显著（图 2-1）：①在复式向斜构造中心部位，发育冲断褶皱带和断层相关褶皱，杨叶铜矿带分布于硝若布拉克短轴向背斜两翼，赋矿层随地层褶皱而褶曲，铜矿化带在区域上稳定延伸达 25km。②似层状同生泥质角砾状铜矿化发育，铜富集成矿强度，与碳化的植物碎片化石呈正相关关系，可见围绕紫红色泥砾周边发育团斑状和角砾状富集成矿（孔雀石和辉铜矿等），远离泥砾呈浸染状，整体呈似层状和透镜状。③团斑状铜矿化。④穿层裂隙状铜矿化，细脉状辉铜矿沿切层裂隙分布，为后期改造型脉体，以稀散单脉状为主，局部呈 X 形和 S 形细脉状辉铜矿沿剪切切层的裂隙分布，在铜矿体内局部裂隙密度 1～3 条/m，一般情况下裂隙密度多<1 条/m。⑤盐帽状铜盐-自然铜-氯铜矿-赤铜矿-孔雀石，在断裂破碎带和泉水出露点附近，发育以暗绿色-孔雀绿与赤红色相间的盐帽状铜盐-氯铜矿-孔雀石-赤铜矿-自然铜，赤铜矿-自然铜多与孔雀石相伴产出，为受断裂带控制上升泉形成的铜氧化带矿石。总之，杨叶-花园式砂岩型铜矿床储集相体层为节理-裂隙-孔隙型，表生裂隙和溶蚀孔隙对于形成铜表生富集成矿最为重要。

2.2　拜城县滴水砂岩型铜矿床与新近纪陆内咸化湖盆演化

2.2.1　拜城县滴水砂岩型铜矿床赋矿岩相地球化学

在拜城滴水铜矿田内，出露地层有古近系古-始新统库姆格列木群和始-渐新统苏依维组，以及新近系中新统吉迪克组、中-上新统康村组和始新统库车组。中-上新统康村组分布广泛，在拜城-库车地区出露较广，受地层倾角和抬升剥蚀影响，岩性及地层厚度变化大。从沉积盆地边部向中心有变细的趋势，常有急剧增厚或减薄的现象。在克拉苏构造带一般600m，在克孜勒努尔沟一带最厚达1534m，为一套棕红色、暗红色的砂岩、砂砾岩夹砂泥岩的河湖相沉积物，与下伏吉迪克组呈整合接触，由北向南有减薄趋势。

滴水式砂岩型铜矿床赋存在中-上新统康村组中，康村组可划分为四个岩性段。滴水铜矿床内的铜矿体赋存在康村组第三段（A 含矿层）与第四岩性段内（B 和 C 含矿层）。其中康村组第四段（B 含矿层和 C 含矿层）可分为 6 个岩性层，从上到下层序结构如下。

第六岩性层（$N_{1-2}k^{4-6}$）由 1 个下粗上细的沉积韵律组成，含砾粗砂岩→中粗粒砂岩→细砂岩→泥质粉砂岩，具有下粗上细的沉积层序结构。中粗粒砂岩具有下浅上深的颜色特点，平行层理或单斜层理发育。

第五岩性层（$N_{1-2}k^{4-5}$，C 层矿体）发育四个由粗粒到细粒的沉积韵律，单个厚度 3 ~ 5m，由下至上层序结构为含砾粗砂岩→中粗粒砂岩→细砂岩→粉砂岩，具有下粗上细的沉积层序结构，扇三角洲平原亚相分流河道微相、扇三角洲前缘亚相水下分流河道微相-河口砂坝微相-分流河湾微相。滴水砂岩型 C 含矿层位于底部，C 含矿层上部为浅紫红色粉砂岩，中部为浅灰色泥灰岩夹浅灰色中细粒砂岩，下部为杂色中粗粒砂岩。铜矿化主要产于杂色砂岩（分流河湾微相）与泥灰岩（滨浅湖相）接触部位附近，地表及浅部多见孔雀石、蓝铜矿、赤铜矿，偶见黑铜矿及辉铜矿。

第四岩性层（$N_{1-2}k^{4-4}$）有五个由粗粒到细粒的沉积韵律。单个韵律厚度 3 ~ 5m，由下至上层序结构为含砾粗砂岩→中粗粒砂岩→细砂岩→粉砂岩，具下粗上细的沉积层序结构。

第三岩性层（$N_{1-2}k^{4-3}$，B 层矿体）有四个由粗到细的沉积韵律，单个沉积韵律厚 6 ~ 9m，由下至上粒序结构为含砾粗砂岩→中粗粒砂岩→细砂岩→粉砂岩→钙屑泥岩夹泥灰岩。B 层矿体规模最大、最稳定，铜的品位 0.98% ~ 2.36%，平均 1.11%，厚度 0.71 ~ 2.10m，平均厚度 1.23m，金属储量约为 20×10^4t，是矿区主要开采对象。金属矿物多富集于深灰色泥灰岩或杂色细砂岩中。顶部 B 含矿层层序为下部红色-杂色中粗粒砂岩→中部浅灰色泥灰岩夹浅灰色中细粒砂岩→上部浅紫红色粉砂岩。铜矿化主要产于杂色砂岩和泥灰岩接触部位附近，含矿层主体为灰色与褐色杂色灰岩含矿层，但青灰色泥灰岩也是含矿层组成部分，地表及浅部多见孔雀石、蓝铜矿、赤铜矿，偶见黑铜矿及辉铜矿，滴水式钙屑泥砂岩-泥灰岩型 B 含矿层为区域主要含铜层位，在区域上分布稳定。整体为扇三角洲前缘亚相水下分流河道微相和分流间湾微相，但钙屑泥岩-泥灰岩型 B 含矿层为扇三角洲前缘亚相水下分流河湾微相与滨浅湖相钙屑泥岩微相的相变部位（表 2-2 中 D4862、

D4863 和 D4864)。

第二岩性层（$N_{1-2}k^{4-2}$，A 层矿体）为灰绿色细中粒砂岩与淡棕色泥质粉砂岩互层夹细砾岩透镜体，属于河流相沉积。A 含矿层为扇三角洲前缘亚相中水下分流河道微相。

第一岩性层（$N_{1-2}k^{4-1}$）下部为灰绿、砖红、黄褐色含砾中粗粒砂岩，底部夹有细砾岩透镜体与淡棕色泥质粉砂岩互层。中部为灰褐-灰绿色细中粒砂岩与淡棕色泥质粉砂岩互层。上部为姜黄-黄褐色含砾中粗粒砂岩夹细砂岩透镜体与淡棕色泥质粉砂岩互层。上下部常有楔状层理，中部水平层理发育。

表 2-2　滴水砂岩型铜矿床和杨叶砂岩型铜矿床岩矿石常量元素含量表（单位:%）

样号	YY1	YY5	YY4	YY2	D4862	D4863	D4864	D486	D4865	D4866
SiO_2	66.80	59.53	62.26	65.86	40.24	28.16	34.33	30.34	48.01	46.47
TiO_2	0.36	0.31	0.23	0.34	0.35	0.32	0.35	0.36	0.35	0.39
Al_2O_3	10.66	9.10	8.39	9.88	9.30	8.10	8.81	9.56	9.29	10.67
Fe_2O_3	2.81	2.29	1.93	2.45	2.77	1.47	1.20	1.76	1.49	2.67
FeO					2.58	2.01	2.38	2.44	2.41	2.51
MnO	0.08	0.06	0.04	0.07	0.14	0.25	0.20	0.23	0.06	0.06
MgO	1.37	1.11	0.95	1.19	2.86	2.57	2.72	2.93	3.17	3.52
CaO	7.15	5.61	5.55	6.80	17.72	27.36	22.69	23.75	11.80	11.61
K_2O	2.03	1.72	1.71	1.86	1.87	1.77	1.79	2.11	1.92	2.31
Na_2O	2.12	1.79	1.92	1.99	1.41	1.02	1.40	1.12	1.90	1.56
P_2O_5	0.10	0.16	0.11	0.12	0.14	0.13	0.15	0.16	0.17	0.16
烧失量	6.47	8.04	8.35	7.87	17.50	24.87	20.96	22.72	13.24	14.32
Cu	1.35	12.07	6.30	3.34	2.18	1.45	1.76	2.35	2.20	2.54
Cl	0.12	0.65	0.89	0.40	0.08	0.17	0.12	0.43	0.33	0.40
总量	101.40	102.44	98.64	102.18	99.13	99.65	98.85	100.25	96.32	99.18
有机碳	0.24	0.19	0.19	0.19	0.26	0.25	0.22	0.21	0.21	0.21
CO_2	1.26	0.85	0.61	1.19	14.96	22.12	18.53	18.74	10.15	9.52
H_2O^+	2.07	2.01	2.35	2.18	2.84	2.52	2.66	3.32	2.32	3.30
H_2O^-	0.23	0.27	1.37	0.13	0.40	0.23	0.25	0.27	0.33	0.35
SO_3	0.06	0.53	3.81	0.04	0.08	0.09	0.10	0.16	0.06	0.09
CHS 合计	3.87	3.85	8.33	3.73	18.53	25.22	21.77	22.69	13.08	13.47
Si-Al-Na-K	81.60	72.14	74.29	79.60	52.82	39.05	46.33	43.13	61.11	61.00
Ca-Mg-CO_2	9.78	7.57	7.11	9.18	35.54	52.05	43.94	45.41	25.12	24.65
SANK/CMC	8.34	9.53	10.45	8.67	1.49	0.75	1.05	0.95	2.43	2.47
氯水化量	2.42	2.93	4.61	2.71	3.32	2.92	3.03	4.02	2.98	4.05

注：CHS=有机碳+CO_2+H_2O^++H_2O^-+SO_3，该合计量有助于识别岩石（矿石）中易活动的成矿流体通量。Si-Al-Na-K=SiO_2+Al_2O_3+Na_2O+K_2O，用于识别沉积盆地中陆缘碎屑物质（砾-砂-泥合计量）；Ca-Mg-CO_2=CaO+MgO+CO_2，用于识别湖泊和海相的碳酸盐岩成分比例。SANK/CMC=(Si-Al-Na-K)/(Ca-Mg-CO_2)，用于定量识别沉积盆地中陆缘碎屑组分和湖相-海相的碳酸盐岩组分的比例。氯水化量=Cl+H_2O^++H_2O^-，该指数用于识别表生环境中氯化量和水化量的合计。

从表2-2看，铜混合矿石中$SiO_2+Al_2O_3+Na_2O+K_2O$合计量在52.82%~39.05%，$CaO+MgO+CO_2$合计量在52.05%~35.54%，SANK/CMC在1.49~0.75，总体上含白云质较高，接受富CO_2型成矿流体通量较高，与碳酸盐质碎屑物质和咸化湖盆的沉积环境密切相关。①青灰色条带状白云质泥质粉砂岩中含有较高钙屑（D4862），浅灰绿色白云质条纹发育，以泥晶状方解石和白云石为主，可见泥裂构造，揭示层间暴露于湖水面之上。在粉砂质层之间的白云质层面上，层间滑动面发育。因含MnO（0.14%）较高，风化面常见富锰被膜。SANK/CMC=1.49，以泥质和粉砂质为主体，局部发育浅褐灰色粉砂质条带，白云母和黑云母在粉砂质条带中较为发育。推测白云质主要来自湖相水体，而泥质和粉砂质为扇三角洲前缘亚相水下分流河湾微相。含Cl在0.08%，说明表生作用影响不强，氯水化量在3.32%，暗示水化作用仍然较强，推测与表生富集成矿过程形成的水化作用有关，主要与白云母和黑云母等的水化作用密切相关，形成了伊利石化（水云母化）。②青灰色条纹状白云质粉砂质泥岩中（表2-2中D4864），SANK/CMC=1.05，($CaO+MgO+CO_2$)（43.94%）较高，具有浅湖相特征。白云质含量较高，指示了咸化湖泊环境。极薄层状灰绿色白云质条纹中发育孔雀石和蓝铜矿，主要因为白云质条纹有利于形成孔雀石和蓝铜矿等表生富集。层间滑动面和切层裂隙发育（50条/m），在层间滑动面上分布有薄膜状孔雀石，切层裂隙发育赤铜矿-辉铜矿，边部为孔雀石，为裂隙-孔隙型储集相体层特征，表生富集成矿作用强烈。含Cl（0.12%）较高也指示了咸化湖泊相或者经历了表生卤水作用。③青灰色条带条纹状泥灰岩中（D4863），主体为灰绿色条纹状白云质夹黄褐色水化黑云母凝灰质，($CaO+MgO+CO_2$)为52.05%，含量最高，SANK/CMC=0.75，揭示以白云质为主，主要与碳酸盐质碎屑沉积物和咸化湖盆沉积环境有关，指示沉积水体具有卤水特征；含($SiO_2+Al_2O_3+Na_2O+K_2O$)为39.05%，揭示主要为凝灰质和泥质碎屑物含量较高；属咸化湖泊相沉积。层间滑动裂隙和切层裂隙发育（30条/m），沿层间滑动面形成了斑点状蓝铜矿，在白云质层中蓝铜矿呈浑圆状的稀疏浸染状分布；在切层裂隙面上分布浑圆状蓝铜矿，具有裂隙-孔隙型储集相体层特征。

目前滴水铜矿开采的工业矿体为“红化蚀变带”中氧化矿石带。“红化蚀变带”红层矿岩性为红色、杂色中粒-中细粒砂岩，主要矿石矿物为赤铜矿。上覆为灰色灰岩层，下伏为灰白色中粗粒砂岩或红褐色泥质粉砂岩、泥岩。二者之间为铜矿体，铜矿体中发育层间裂隙带、层间碎裂岩化带和层间液压致裂角砾岩相。这些层间裂隙相带和层间角砾岩化相带，具有层间裂隙渗透率和孔隙度较高的构造岩相学特征，为层间含铜卤水、富烃类成矿流体-非烃类富CO_2-H_2S型成矿流体储集相体层结构。铜矿体呈层状或者似层状赋存于中细粒砂岩和中粗粒砂岩中，局部在上覆泥灰岩底部矿化变红，见孔雀石和蓝铜矿。在斑杂状铜氧化矿石中，褐铁矿、赤铁矿、针铁矿和赤铜矿等呈现红色色调，多以浅红色条带和团斑状分布。硅孔雀石、孔雀石和蓝铜矿等呈现绿色和蓝色，含少量蓝辉铜矿、辉铜矿、斑铜矿及铜蓝等，整体上为具有斑杂色调的浅红色（赤铁矿-针铁矿引起的色调）。铜氧化矿体多顺层展布，形态呈现为“飘带状”波状起伏。在裂隙-孔隙型储集层结构内，表生富集成矿作用强烈，表生溶蚀裂隙和孔隙发育，团斑状和斑点状铜表生富集成矿为表生溶蚀孔隙的储集相体层。

2.2.2 拜城–库车新生代前陆盆地沉积体系

新疆拜城–库车新生代山前前陆盆地位于塔里木叠合盆地东北缘，主要蚀源岩区为南天山造山带。拜城–库车新生代山前后陆盆地的基底构造层形成演化特征如下：①从晚二叠世开始，拜库地区演化为塔里木板块北缘上与西南天山之间的前陆盆地，接受向上变粗的碎屑岩系沉积。三叠系覆盖在二叠系火山岩和火山碎屑岩之上，或以微角度不整合、平行不整合覆盖在寒武系—奥陶系之上，为拜城–库车北部晚海西期造山运动的构造岩相学标志。李勇等（2017）采用露头地区和地震剖面综合解译研究，对前三叠纪隐伏基底构造层（Pt_1-Z-P）反演，揭示拜城–库车中生代拗陷盆地发育在南天山–塔北缘两类不同的基底构造层之上，库车拗陷南部斜坡上三叠系—侏罗系可以直接覆盖在塔北缘的寒武系—奥陶系之上；克拉苏构造带及以北地区中生界覆盖在强烈变形的、在地震剖面上没有连续反射的古生界之上（南天山造山带增生楔）。②在三叠纪初，拜城–库车地区为同造山期山前拗陷盆地，三叠系垂向沉积相序层序总体自下而上为扇三角洲相→半深湖–深湖相→曲流河与泛平原相，上三叠统发育含煤碎屑岩系，纵向上构成一个完整的陆相湖盆演化沉积旋回。③侏罗纪进入鼎盛时期，侏罗系向北超覆范围比三叠纪更大，侏罗纪沉降–沉积中心向北迁移，原始地层甚至可能覆盖整个南天山晚古生代褶皱带，与天山深处现今残留的侏罗系连成一片（李勇等，2017），侏罗系中煤炭资源丰富，发育煤系烃源岩。晚侏罗世进入萎缩期，由湿润炎热气候转向干旱炎热气候，形成湖相赤铁矿岩。④从白垩纪初开始，古气候为干旱炎热气候，库拜地区演化为山前挤压–伸展转换盆地，早白垩世挤压走滑转换盆地更加宽缓，沉降–沉积中心向塔里木板块（叠合盆地）方向迁移。早白垩世南天山逐渐发生区域性抬升，于晚白垩世南天山造山带发生较大规模构造抬升，缺失上白垩统。

（1）库拜山前后陆盆地形成于前古近纪基底构造层之上。从古近纪初，塔里木板块北缘向南天山造山带深部俯冲消减，形成了陆内山前盆地。前古近系为新生代陆内山前盆地的上基底构造层。上基底构造层位为燕山期形成的褶皱基底构造层，也是盐下构造层。对拜城–库车新生代迁移山前盆地的基底构造层而言，前震旦纪地层（如阿克苏岩群等）为下基底构造层，震旦纪—二叠纪为中基底构造层，三叠纪—白垩纪为上基底构造层。考虑到青藏高原远程碰撞和陆内挤压收缩变形大陆动力学格局，库拜盆地位于塔里木板块与西南天山陆内复合造山带之间，与典型前陆盆地不同，在盆地动力学和构造古地理位置上具有差别，使用前陆盆地系统已不合适，从盆山原镶嵌构造区和构造岩相学角度看，库拜盆地从古近纪初开始，进入山前后陆盆地系统，一直延续到新近纪末。

（2）在库拜山前后陆盆地系统的上基底构造层，上三叠统和侏罗系煤系烃源岩发育，为库拜山前后陆盆地系统油气资源与砂岩型铜铀矿床和砂岩型铀矿床重要的成矿成藏物质来源基础，优质的煤系烃源岩为油气资源–铜–铀同盆共存富集成矿成藏提供了重要的物质基础，晚白垩世垂向构造抬升和西南天山隆升挤压事件，促进了构造生排烃作用。

（3）新生代陆内山间咸化湖盆形成演化。新生代陆内山间咸化湖盆沉积了古近系库姆格列木群和苏维依组，新近系吉迪克组、康村组、库车组、第四系沉积充填地层。库姆格列木群为巨厚的蒸发岩沉积，上部苏维依组为少量石盐岩、石膏岩、细砂岩、粉砂岩和泥岩沉积，古近纪蒸发岩相库拜地区西部发育。新近系下部为河湖相沉积，上部为山麓相洪积物，吉迪克期在库拜地区东部形成了巨厚的蒸发岩相，新生代的沉积相组合模式为咸化湖泊相→扇三角洲相→冲积扇相，为新生代盆山耦合转换期内陆沉积相域组合模式。

郑民和孟自芳（2006）确定出库姆格列木群底界（60.5Ma）、苏维依组/库姆格列木组（38Ma）、吉迪克组/苏维依组（27.7Ma）的磁性地层年代，库木格列木群与上白垩统巴什基奇克组 65.2～60.5Ma 地层严重缺失，二者为不整合接触。张志亮（2013）对库车地区克拉苏河剖面新生界岩石磁学与磁性地层学研究，认为各组地层的分界年龄为：库姆格列木群底界（41.5Ma）、苏维依组/库姆格列木群（33Ma）、吉迪克组/苏维依组（23.4Ma）、康村组/吉迪克组（9Ma）、库车组/康村组（6Ma）。

张涛（2014）通过对天山南麓库车坳陷依奇克里克剖面以及二八台剖面新生代磁性地层学研究，结合孢粉组合以及前人的古生物资料，确定了库车坳陷库姆格列木群（约 42.2～38Ma）、苏维依组（38～36Ma）、吉迪克组（36～13Ma）、康村组（13～6.5Ma）、库车组（6.5～2.6Ma）和西域组（未见顶）（<2.6Ma）。古地磁构造旋转研究结果表明在 42.2～2.6Ma，库车地区顺时针旋转了 8.2°，其中：库姆格列木期（约 42.2～38Ma）、苏维依期（38～36Ma）和吉迪克期（36～13Ma）顺时针旋转规模较小，但具有加速旋转的趋势，分别为 0.8°、1°和 2.2°；但康村期（13～6.5Ma）逆时针旋转了 4.9°，推测与塔拉斯-费尔干纳右旋走滑断裂有关；库车期（6.5～2.6Ma）顺时针旋转量明显增大为 9.1°，受印欧板块碰撞远程应力场驱动，库车地区恢复为顺时针。本次主体采用张涛（2014）磁性地层年代学格架，结合本次岩石地层和构造岩相学研究，引用张志亮（2013）对库姆格列木群底界限年龄（60.5Ma）和与上白垩统巴什基奇克组角度不整合的构造事件年代学（65.2～60.5Ma）。

（1）古-始新世库姆格列木群（$E_{1-2}km$，60.5～38Ma），可大致与塔西地区阿尔塔什期（E_1a，62.50～48.97Ma）—齐姆根期（48.97～44.26Ma）—盖吉塔格期（44.26～38.30Ma）—卡拉塔尔期（38.38～36.57Ma）对比。在喜马拉雅早期库拜地区处于区域挤压应力场下，在古新世丹妮阶（65.2～60.5Ma），库拜地区处于隆升和剥蚀状态。在古新世塞兰特阶（61.1～58.7Ma）以陆内坳陷成盆为主，开始接受膏岩层沉积，库姆格列木群纯盐层的最大厚度达 1447.5m（唐敏等，2012）。渐新统苏维依组（$E_{2-3}s$，38～36Ma）仍以含膏泥岩-膏岩沉积为主。

（2）古近纪渐新世吉迪克期（36～13Ma），可大致与塔西乌拉根期（36.57～33.62Ma）、巴什布拉克期（33.62～28.91Ma）、克孜洛依期（28.91～20.73Ma）和安居安期（20.73～14.12Ma）对比。在古近纪坳陷成盆期后，印度板块与欧亚板块的陆-陆碰撞作用应力已传递到塔里木盆地北缘，南天山造山带山体隆升并再度复活。吉迪克期库拜地区处于区域挤压体制下的构造压陷沉积环境，古近纪湖泊开始向南部萎缩，吉迪克期扇三角洲分布在南天山前缘库拜地区北部。吉迪克期宽浅型咸化湖泊相位于西盐水沟（滴水铜矿）-东盐水沟，气候干燥且蒸发强烈。吉迪克组中盐层最厚达 402m（唐敏等，2012）。

（3）在南天山南侧冲断褶皱带内，存在渐新统与中新统角度不整合接触（23Ma），与帕米尔高原北侧隆升事件（23Ma）和塔西地区克孜洛依期（28.91～20.73Ma）具有一致性，揭示南天山和帕米尔高原北侧为相向不对称力偶的对冲式应力场结构。库拜地区米斯布拉克背斜和中新世早期吉迪克组生长地层为25Ma；克拉苏背斜和中新世中晚期康村组生长地层为16.9Ma（卢华复等，1999）。在23Ma以后的喜马拉雅中期，印度板块进一步向欧亚板块楔入，库拜地区发生了油气运移和充注事件，三期油气充注事件的年龄分别为17～10Ma、10～3Ma、3～1Ma（赵靖舟和戴金星，2002）。其中：吉迪克期晚期—康村早中期（16.3～11Ma）三叠系烃源岩以生油为主，侏罗系烃源岩开始成熟，到康村期—库车期（11～3Ma）达到高峰，三叠系烃源岩进入生干气阶段，侏罗系烃源岩进入生油高峰。因构造挤压作用增强，古逆冲断层活动加剧，背斜和断块构造进一步发育，大量轻质油气顺油源断裂进入克拉2、大北1、大北2背斜、断背斜圈闭，与变质核杂岩构造-热隆起事件在物质-时间-空间上耦合，使得烃源岩提前进入了干气阶段，形成了克拉2等大型气田（马玉杰等，2013；何登发等，2013；赵孟军等，2015）。

（4）中新世康村期（13～6.5Ma），大致与塔西地区帕卡布拉克组（14.12～9.86Ma）、阿图什组（9.86～7.56Ma）可对比，但塔北库拜地区与塔西地区仍有较大差异。康村组继承了吉迪克期沉积格局，盆地蚀源岩以南天山为主，从山前到盆地中心，依次发育扇三角洲相和湖泊相。在康村早期（11Ma），区域挤压构造应力再度增强。南天山持续隆起，库拜地区扇三角洲向宽浅型咸化湖盆中心进积，逐渐形成半环形围限和分割。宽浅型咸化湖盆进一步向南和东部收缩到东盐水沟。区域挤压构造应力场，不但形成了山间尾闾咸化湖盆，也驱动了大规模构造生排烃作用。以拜城县滴水砂岩型铜矿床为主，康村早期末（11Ma）含铜卤水与富烃类还原性成矿流体混合，为砂岩型铜矿床的沉积成岩成矿作用，提供了良好的构造古地理条件和驱动力源。库拜地区闭流咸化湖盆聚集并圈闭了含铜卤水汇聚，为砂岩型铜矿床富集成矿和保存提供了优越的区域成矿地质背景。

（5）上新世库车期（6.5～2.6Ma）天山迅速隆升并向南猛烈逆冲于拜库尾闾湖盆，拜库地区进入强烈构造挤压应力环境，冲断褶皱带和盐底辟构造作用加强。在干旱气候下尾闾湖盆快速萎缩并被分割为一系列小型山间咸化尾闾湖盆，对形成砂岩型铜-铀-盐成矿系统较为有利。南天山快速隆起形成了大量发育的冲积扇相砾岩，从山前到咸化盆地中心依次发育冲积扇相→冲积平原相→咸化尾闾湖泊相。

（6）第四纪西域组（<2.6Ma）以来，天山和昆仑山相向的强烈逆冲挤压，使塔里木叠加盆地大规模缩短，库拜地区北东和西南部位抬升剥蚀较为强烈，不但改变了地下水流场，而且提供了盆内剥蚀再沉积物源，冲积扇分布在库拜地区西部，冲积平原分布在西盐水沟-东盐水沟南侧。对滴水铜矿等砂岩型铜矿床的次生富集成矿作用形成极为有利，形成了表生富铜红化蚀变相带。

2.2.3　拜城新生代前陆盆地的构造变形样式

在拜城-库车中-新生代沉积盆地内部的变形构造样式与构造组合上，以三大冲断褶皱带为典型构造组合，分别为北部古生代—中生代前陆冲断褶皱带、中部中生代—新生代克拉苏-依其克里克冲断褶皱带和南部秋里塔格构造冲断褶皱带。从北到南区域构造分带为：Ⅰ.边缘冲断（隐伏构造楔）；Ⅱ.斯的克背斜带；Ⅲ.北部线性背斜带；Ⅳ.拜城盆地；

Ⅴ. 南部喀拉玉尔滚-亚肯背斜带（东丘里塔格背斜、大宛其背斜和亚肯背斜）。拜城-库车新生代构造变形样式和构造分带与砂岩型铜-铀成矿带关系密切。

在南部秋里塔格构造带内，砂岩型铜矿与岩盐矿床共生。古近系库姆格列木群和新近系吉迪克组中发育巨厚岩盐层，秋里塔格构造带内形成了盐相关构造；秋里塔格构造带西段却勒地区，发育却勒盐推覆体和米斯坎塔克盐背斜（汪新等，2002，2009）。拜城-库车迁移前陆盆地具有显著的构造极性、递进构造变形、复杂的阶段性和递进式盆山耦合与转换进程。①在晚二叠世，拜城-库车地区演化进入俯冲碰撞期前陆盆地系统，发育向上变粗沉积层序，具有典型的前陆盆地沉积序列。南天山在晚二叠世末期—三叠纪初进入陆-陆碰撞造山期，下三叠统与中二叠统呈角度不整合接触，标志二叠纪前陆盆地消亡。同期，南天山以海西期强烈陆-陆碰撞造山作用为标志。②在三叠纪同造山期前陆盆地形成期间，天山陆内走滑造山作用仍然较为强烈，并伴有花岗岩侵入活动，在中天山-南天山形成了三叠纪花岗岩，在晚三叠世—早侏罗世（220～180Ma）南天山隆升作用显著。③南天山南侧温宿-拜城北-库拜北，在山前构造沉降和沉积学特征上，以温宿-拜城北-库车北三叠系和侏罗系连续沉积为特征，现今残存半环形残留的三叠系—侏罗系，上三叠统—下侏罗统为煤层主要赋存层位，也是区内煤系烃源岩层，古气候温暖潮湿，对于成煤较为有利，不利于砂砾岩型铜矿床形成，但为砂砾岩型铜矿床形成储集了煤系烃源岩（富烃类还原性成矿流体的烃源岩层）。④晚侏罗世—早白垩世初（169～145Ma）和早白垩世（145～100Ma）南天山隆升作用强烈并且向南推进，导致三叠系—侏罗系发生褶皱和冲断作用。晚侏罗世形成了向上变浅沉积序列，揭示同造山期前陆盆地萎缩封闭，南天山南侧在晚侏罗世—早白垩世初（169～145Ma）和早白垩世（145～100Ma）形成了北倾南向的大规模冲断褶皱带，为燕山期构造运动形成的陆内构造变形型相。

卢华复等（1999）认为在拜城-库车期，逆冲断层在斯的克背斜带侵位最早（25Ma），生长地层为中新世早期吉迪克组；北部线性背斜带（喀拉巴赫和克拉苏背斜）为16.9Ma，生长地层为中新世中晚期康村组；拜城盆地中大宛其背斜为3.6Ma，生长地层为上新世晚期地层库车组上部；南部背斜带（东丘里塔格背斜、大宛其背斜和亚肯背斜）为5.3Ma（北部）和1.8Ma（南部），构造变形作用自北向南逐渐推进且构造变形时间向南变新。①从白垩纪初，陆内山前盆地构造沉降中南向迁移到拜城盆地-依奇克里克一带，一直延续到新近纪持续接受沉积。②渐新世末—中新世初南天山强烈隆升（25～20Ma，Sobel and Dumitru，1997；Sobel et al.，2006）形成了库拜地区挤压构造应力场，持续到现今的喜马拉雅晚期（卢华复等，1999，汪新等，2002，2009）。构造沉降中心继续南向迁移至拜城滴水-库车盐水沟一带。③在康村期（11Ma）区域挤压构造应力再度增强，北部南天山持续隆起，区域挤压构造应力场不但形成了山间尾闾咸化湖盆，也驱动了大规模构造生排烃作用，为康村期（11Ma）含铜卤水与富烃类还原性成矿流体混合的沉积成岩成矿提供了良好的构造古地理条件和驱动力源。在16.3～11Ma，三叠系烃源岩以生油为主，侏罗系烃源岩开始成熟。康村期—库车期（11～3Ma）达到高峰，三叠系烃源岩进入生干气阶段，侏罗系烃源岩进入生油高峰，此时构造挤压作用增强，古逆冲断层活动加剧，背斜和断块构造进一步发育。④上新世库车期（5.3～2.6Ma），南天山迅速隆升并向南猛烈逆冲于拜库陆内湖盆中，拜城-库车地区进入强烈的前陆挤压应力场中，形成了薄皮型前陆冲断褶皱带、盐底辟构造和岩上构造，发育节理-裂隙-孔隙型储集相体层，对于形成砂岩型铜铀矿床较为有利。⑤第四纪西域期（2.6Ma、<1.8Ma）以来，南天山和昆仑山相向的强烈逆冲挤压，使塔里木盆地发生了构造缩短和断块抬升，库拜地区北东和西南部位构造抬升较为强烈，冲积平原分布在西盐水沟-东盐水沟南侧，形成含铜盐泉和盐结壳。对滴水铜矿砂岩型铜矿床表生富集成矿作用有利，形成了表生富铜“红化蚀变相带”。

2.2.4　滴水铜矿田的变形构造样式与构造组合

滴水铜矿田由滴水铜矿、库姆铜矿、究姆铜矿、阿尔特巴拉铜矿、柯克别列铜矿、阿克铜矿和拜西科拉克铜矿7个铜矿床组成，现称为滴水铜矿床和察哈尔铜矿床。滴水铜矿田构造样式为秋里塔格前陆冲断褶皱构造带的西部转折段，从北向南构造分带为(图2-2)(唐鹏程等，2010，2015；李世琴等，2013)：①北部却勒盐推覆体和却勒逆冲断裂带，滴水砂岩型铜矿床和铜矿带位于却勒逆冲断裂带上盘康村组中，却勒逆冲推覆断裂带以苏依维组石膏岩和含膏盐岩层位逆冲推覆断裂上界面；②中部米斯坎塔克背斜构造带，分别向北东向和北西向两端侧伏，经地震勘探和深部钻孔揭露，深部为盐推覆作用形成的隐蔽盐丘构造，基底构造层位为褶皱-断裂发育的前白垩纪地层（燕山期断裂-褶皱构造层）；③南部喀拉玉尔滚走滑构造带（北喀背斜、中喀背斜和南喀背斜）。

北部却勒盐推覆体和却勒断裂，近南北向区域地质剖面揭示却勒盐推覆体吸收的构造缩短量约16km，却勒盐推覆体为驱动滴水铜矿田成矿流体大规模运移和聚集成矿的成矿期构造样式。米斯坎塔克背斜和南喀背斜吸收的缩短量仅约2km，构造变形较弱，构造样式为滑脱褶皱，均以古近系盐层为滑脱层，其主要变形时间开始于晚上新世。

在秋里塔格前陆冲断褶皱带西部转折段，古-始新统库姆格列木群（$E_{1-2}km$，60.5～38Ma）纯盐层的最大厚度达1447.50m，延续到渐新统苏维依组（$E_{2-3}s$，27.7～38Ma）；吉迪克组中纯盐层最大厚度达402m（唐敏等，2012）。以膏岩-膏盐层为界，可以划分为三个构造岩相学结构层序（图2-2）：①盐下层由下白垩统及侏罗系—三叠系组成，发育叠瓦状逆冲推覆构造，推测形成于晚白垩世，为拜城-库车新生代陆相盆地的燕山期断裂-褶皱构造层（上基底构造层）。②膏岩-膏盐岩层为古-始新统库姆格列木组（局部延续到渐新统苏维依组）含膏盐岩层组成，主要岩性为盐岩、膏岩、泥岩、砂岩和砾岩，且盐岩发生强烈的塑性流动变形，厚110～5000m。③盐上覆层由渐新统苏维依组、中新统吉迪克组和康村组、上新统库车组和第四系组成，主要岩性为砂泥岩、砾岩，其沉积物粒度由下向上变粗；康村组为滴水式砂岩型铜矿床赋存层位，属于盐上构造层。

米斯坎塔克背斜构造为盐推覆构造中却勒断层的断层相关褶皱，也是成矿流体圈闭构造。该背斜构造斜长约40km，平面上呈向南凸出的弧形，其东段走向为NE-SW向，中段近E-W走向，而西段走向为NW-SE向，向西与东阿瓦特背斜拼接，由中段向东段和西端延伸后最终成为隐伏背斜。①背斜东段北翼陡南翼缓，南翼出露第四系西域组砾岩，地层倾角约11°。背斜中段南翼陡北翼缓，南翼库车组砂泥岩倾角约50°，西域组砾岩角度不整合于其上，滴水砂岩型铜矿床产于背斜中段北翼。背斜逐渐往北西倾伏，在西段出露西域组砾岩。②米斯坎塔克背斜中段两翼不对称，明显往南倾。F-F'剖面揭示背斜南翼由

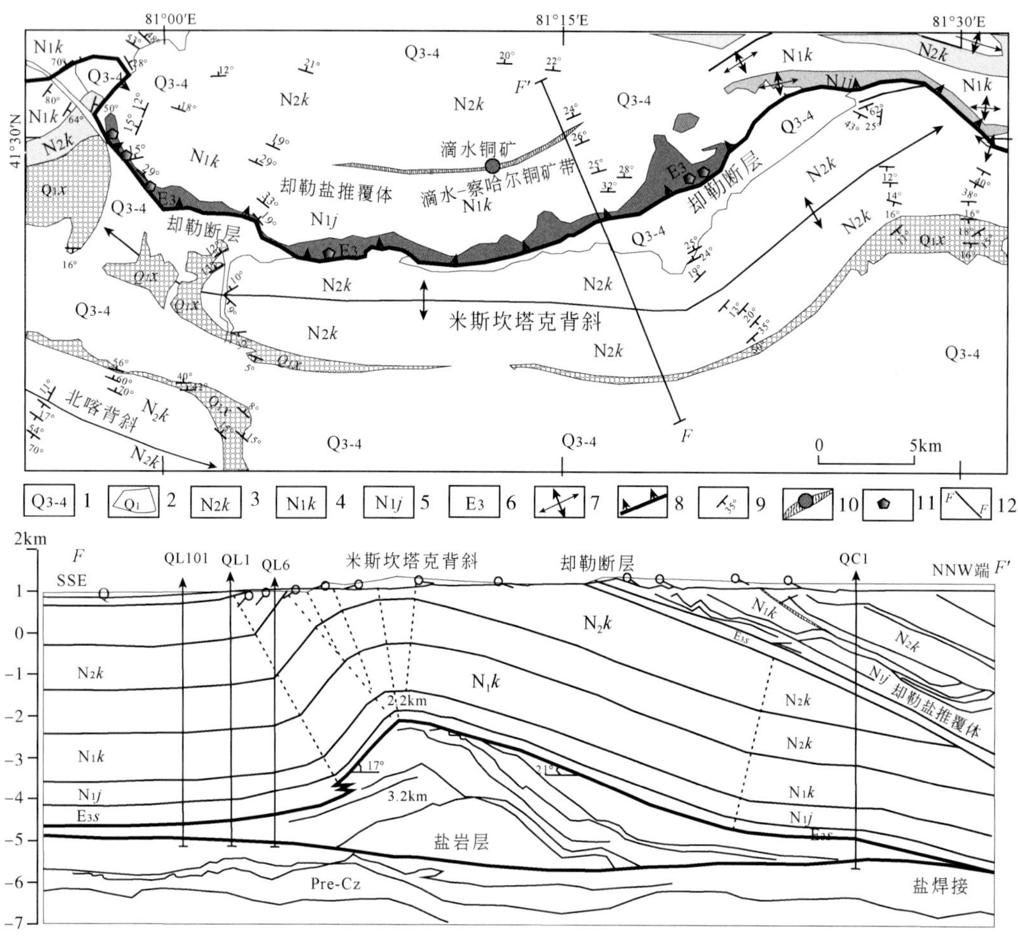

图 2-2　拜城县滴水砂岩型铜矿床控矿构造样式与控矿规律图（据唐鹏程等，2015 修改）

1. 第四系松散冲积砂砾层和砂层；2. 西域组杂色砾岩；3. 库车组；4. 康村组；5. 吉迪克组；6. 苏维依组；7. 背斜轴脊和倾伏方向；8. 逆冲推覆断层带；9. 地层产状；10. 铜矿带和铜矿床；11. 石膏矿床和含膏岩盐层；12. 地震勘探剖面位置

两个倾角区构成，最大倾角约 47°，北翼倾角为 21°。米斯坎塔克背斜北翼发育却勒盐枕构造，形成时间为晚中新世，而米斯坎塔克背斜为晚上新世，导致米斯坎塔克背斜北翼存在多个倾角区，靠近背斜核部的倾角区反映了米斯坎塔克背斜褶皱变形过程中北翼旋转角度。③米斯坎塔克背斜核部盐岩聚集加厚，最大厚度约 3. 2km，往两翼方向盐岩减薄，甚至形成盐焊接。④*G*-*G*′剖面构造特征（唐鹏程等，2015）与 *F*-*F*′剖面构造样式一致，几何学特征为背斜两翼倾角均减小，南翼最大倾角约 35°，北翼倾角为 15°；背斜幅度降低，核部盐岩最大厚度约 2. 7km（图 2-2）。

南部喀拉玉尔滚走滑构造带由北喀背斜、中喀背斜和南喀背斜等组成，为斜冲走滑断裂褶皱构造带，位于滴水铜矿田南部，为控制油气资源的走滑褶皱构造带。

滴水砂岩型铜矿床的储矿构造样式与构造组合特征如下：①在滴水铜矿床内，铜矿体整体呈层状、似层状和透镜状，受层间滑动构造带和背斜构造控制显著，铜矿体主要位于米斯坎塔克（铜矿山）背斜构造北翼。沿背斜轴部叠加有走向断层切割，北盘上升，南盘下降，走向正断层的走向在 90°~60°，断落一般在 10m 以内，在滴水铜矿区东部转入察哈尔铜矿区 60°，倾角 80°~90°。横向走滑转换断裂较为发育，倾向东且向北走滑作用显著，显示右行旋转特征，呈现东盘阶梯状断落，断落距在 1~40m，总落差累积约 200m。②在滴水铜矿田内，断裂-节理-裂隙构造相发育，多充填石膏、断层泥和粉砂泥质，风化裂隙的深度可达 200m。地下水属 Na-Cl 型和（Na，Mg）-Cl 型，矿化度在 5.35~21.6g/L，属高矿化度的咸水和卤水。纵向节理（裂隙）与地层走向相交，走向在 90°~60°。正交节理垂直地层走向，节理面近于直立，走向 325°~355°。剪切节理（斜交节理）斜切地层，变化较大。上述三组节理同时伴有相应方向的裂隙组，整体与断裂组一致，组成了断裂-节理-裂隙构造相。碎裂岩化相主要由节理-裂隙组成，一般分布在断裂带附近，远离断裂带后，碎裂岩化相消失。断裂-节理-裂隙构造相对于滴水砂岩型铜矿床次生富集成矿作用较为有利，表现为一是有利于含铜卤水渗流和循环，在节理-裂隙面上形成细脉状-薄膜状孔雀石和赤铜矿等，形成表生富集矿块；二是有利于原生铜矿石带淋滤风化，迁移到铜表生富集带内再度富集；三是有利于深部含铜卤水上升和因干旱蒸发作用形成，在节理-裂隙带中形成表生富集。断裂-节理多对原生铜矿体表现为错动和破坏作用。③在滴水砂岩型铜矿床表生富集带内，断裂-节理-裂隙相为有利成矿储矿构造组合，以红化蚀变带为铜氧化矿石带特征，典型矿物组合自然铜-赤铜矿-氯铜矿-孔雀石-硅孔雀石-褐铁矿。主要特征一是微晶土状赤铜矿分布在蚀变层状细砂岩和粉砂岩的胶结物中或沉淀在裂隙面上，与褐铁矿共生。二是黑铜矿-蓝铜矿呈黑色斑点（4~8mm）、梅花状-蓝色斑点（2~5mm）、梅花状沿层面分布。三是孔雀石-石膏在表生富铜矿石带上部，呈穿层孔雀石-石膏脉沿切层裂隙充填。④盐帽状含铜石膏-石膏岩盐帽。滴水砂岩型铜矿床整体赋存在背斜核部偏两翼部位，沿近东西向断裂带呈带状分布，在盐丘构造附近发育盐帽状含铜石膏-石膏岩盐帽，铜矿物为氯铜矿、副氯铜矿、铜蓝、自然铜等（任彩霞等，2012），呈浸染状、脉状、球状集合体分布于砂岩、泥岩和石膏盐帽中，可见砂岩缝隙中渗出盐泉，经表生环境下干旱强蒸发作用形成的含铜盐结壳，它们与含铜地下卤水上涌迁移和表生沉淀富集作用关系密切。总之，滴水砂岩型铜矿床具有节理-裂隙-孔隙型储集相体层。根据伽师式和杨叶-花园式砂岩型铜矿床、滴水式砂岩型铜矿床具有相似储集相体层规律，归集为滴水-杨叶式砂岩型铜矿床节理-裂隙-孔隙型储集相体层。

2.3　伽师新生代砂岩型铜矿与古近纪盆地演化

2.3.1　伽师砂岩型铜矿床赋矿岩相特征

伽师新生代前陆盆地发育在柯坪古生代隆起之南侧，基底构造层特征（柯坪古生代隆起）由寒武系—志留系、泥盆系—二叠系等组成，在晚二叠世末—三叠纪为南天山前陆冲断褶皱带。侏罗纪一直处于隆起状态，在白垩纪局部接受沉积但地层厚度不大，白垩系底部发育沉凝灰岩层。古近系为主要储矿地层。

在柯坪地区和伽师砂岩型铜矿带区域上，古近系以碎屑岩为主，包括火山凝灰岩、砾岩、砂岩、砖红色泥岩、灰岩和石膏岩等，颜色以红色和黄绿色为主，古近系由 11 种岩相组成，包括含凝灰砾砾岩相，砾岩相，黄绿色槽状-板状交错层理含砾粗砂岩相，黄绿色板状交错层理-平行层理中砂岩相，灰白色块状层理中砂岩相，黄绿色板状交错层理-平行层理细砂岩、细砂岩与泥岩互层相，黄绿色水平层理粉砂岩相，红色水平层理泥岩相，紫红色砾屑灰岩相，灰白色生物碎屑灰岩相和石膏相。

在伽师砂岩型铜矿区内，根据古-渐新统苏维依组（$E_{2-3}s$，38 ~ 36Ma）岩石类型、岩相类型、结构、构造特征和实测剖面，苏维依组从下到上可划分出五种类型的岩相组合，下部主要表现为扇三角洲-台地-潮坪环境，而上部为辫状河三角洲环境。

从岩相组合及变化可以看出，古近系经历了构造沉降海侵海退过程，整体为一套海退的沉积序列。其中，古近纪初期由于构造沉降、相对海平面发生海退海侵过程，使盆地边缘地区白垩纪地层遭受风化，成为古近系下部的主要物源区；古近系下部沉积体系以扇三角洲、潟湖-潮坪、台地-潮坪等环境为主。随后发生了大规模的海退，全区气候干旱，大量石膏沉积为伽师砂岩型铜矿床底部含膏砂岩标志层。区域上在古新世—始新世发生海侵，海水范围达到最大，包括柯坪前陆盆地均被海水浸漫，而在渐新世中晚期发生海退，伽师铜矿含矿层为一套海退沉积序列，形成于古新世末—渐新世（E_{2-3}），与塔西巴什布拉克期（$E_{2-3}b$）相对应，同时，该层位也与拜城-库车前陆盆地内古-渐新统苏维依组（$E_{2-3}s$，38 ~ 36Ma）相对应。

2.3.2 柯坪伽师新生代前陆盆地沉积体系

伽师新生代前陆盆地发育在南天山前陆冲断褶皱带上。侏罗纪一直处于隆起状态，在白垩纪局部接受沉积但地层厚度不大，白垩系底部发育底砾岩，常见有含灰岩碎屑及砾石的泥质岩。上部砂岩增多，并普遍具有石膏化现象。与下伏地层呈平行不整合接触或断层接触。白垩系破碎状紫红色蚀变凝灰岩呈薄-中厚层状，胶结物为凝灰质，已蚀变为黏土矿物及方解石等，局部夹有硅质岩条带，厚 20.55m。白垩系紫红色蚀变凝灰岩呈薄-中层状，胶结物已蚀变为黏土矿物及方解石等，局部底部含有砾石，岩层厚 15.58m。在志留系柯坪塔格群发育 3 ~ 5 层孔雀石化灰绿色砂岩和多处铜矿点；在白垩系与下伏地层断层接触带上，发育含硫化物褐铁矿化带。总之，该区域北侧白垩纪基性火山岩、白垩系凝灰岩和基底构造层中砂岩型铜矿带，具有能够提供铜初始成矿物质来源的条件。在柯坪古生代前陆隆起基础上，伽师新生代前陆盆地从古近纪初开始形成，主要受南天山与塔里木叠合盆地北缘双重控制，与新生代帕米尔高原隆升和碰撞的远程效应有一定关系。但伽师半封闭局限海湾潟湖环境，总体在乌恰古近纪局限海湾盆地北侧边部，受柯坪塔格鼻状向西侧伏的基底隆起带控制显著。

（1）古近纪半封闭局限宽浅型潟湖盆地沉积体系。古-渐新统苏维依组（$E_{2-3}s$，38 ~ 36Ma）底砾岩厚约 0.5m，为下伏始-古新统小库孜拜组（库姆格列木群）的分界线。在伽师地区底部发育底砾岩层，局部因断层影响与下伏白垩系恰克马克其组呈平行不整合接触，未见底砾岩层，揭示柯坪塔格鼻状向西侧伏的基底隆起带在古近纪末期（E_{2-3}）有显著构造沉降。西南天山苏维依期（$E_{2-3}s$）山前构造沉降事件，与帕米尔高原北侧巴什布拉克组期末（$E_{2-3}b$，33.62～28.91Ma）构造沉降事件一致。以紫色和棕红色砂质泥岩与中细粒砂岩互层，与上覆吉迪克组均为整合接触。岩性组合为褐红色砂岩、粉砂岩和泥岩互层夹石膏层的沉积序列，底部可见灰绿色钙屑泥岩和紫红色泥岩，含介形虫，为海湾潟湖-潮坪相。伽师式砂岩型铜矿床储矿岩相为浅灰色褪色化蚀变薄中层状细砂岩，孔雀石化呈星点状和大团斑状大致沿层分布，铜矿层下部石膏层稳定分布。伽师式砂岩型铜矿成矿带长18km以上，分布在柯坪古生代隆起带南侧和西端，古近纪局限海湾潟湖盆地受柯坪隆起向西侧伏控制。古近系苏维依组（E_3）为伽师式砂岩型铜矿床主要赋矿层位，与喀什市沙立它克能托铜矿（巴什布拉克组）具有镜像对称的构造岩相学关系。

（2）中新统吉迪克组（N_1j）主要分布于柯坪塔格北坡和奥兹格尔他乌北坡，岩性组合为一套棕红色-褐红色泥质砂岩和泥岩互层，其间夹层为红色-灰绿色粉砂岩、泥岩条带及石膏层等蒸发岩相，在沉积序列上具有红-绿相间的陆内潟湖相特征。该组与下伏苏维依组和上覆康村组均为整合接触，为砂岩型铜矿次要赋矿层位。

（3）中-上新统康村组（$N_{1-2}k$）岩性组合为灰褐色砂岩夹砾岩、浅褐色砂岩夹多层灰绿色粉砂岩和泥岩条带的沉积序列，以灰绿色条带状泥岩为底界，以浅褐色粉砂岩和砂质泥岩为顶界。孔雀石化呈星点状分布在浅灰色薄-中层状细砂岩，该组与下伏吉迪克组和上覆库车组均为整合接触。拜城县阿捷克铜矿、滴水铜矿、库车县库兰康铜矿等赋存在康村组内，康村组为塔周缘新近系砂岩型铜矿床主要赋矿层位。

（4）上新统库车组（N_2k）分布于柯坪塔格山北侧山间洼地，岩性组合为褐色-黄褐色-土黄色砂质泥岩和泥质粉砂岩，夹灰-浅灰绿色砂岩、砾状砂岩及砾岩，主体为河流三角洲相沉积。上部以棕色为主，下部以灰绿色为主，暗示下部盆地流体活动强烈。库车组为砂岩型铜矿次要赋矿层位，孔雀石化呈星点状和鸡窝状分布在浅灰绿色薄层状砂岩中。该组与下伏康村组和上覆西域组均为整合接触。

（5）下更新统西域组（Q_1x）分布于柯坪塔格山、奥兹格尔他乌北侧的山间洼地。岩石组合为灰色-黄灰色砾岩和砂砾岩，夹砂岩透镜体；下部夹砂质黏土层。与下伏古生代地层为角度不整合接触，与上新统库车组为平行不整合接触。上更新统新疆群（Q_3）由不同粒级的细砂、砾石、亚砂土等所组成。

2.3.3　伽师新生代前陆盆地的构造变形样式与储矿构造

柯坪塔格逆冲推覆构造系统为南天山中-新生代陆内造山带外缘的前陆冲断褶皱带，从南到北依次为柯坪塔格冲断褶皱带→奥兹格尔他乌褶皱-逆断裂带→托克散阿塔能拜勒褶皱-逆断裂带→科克布克三山褶皱-逆断裂带→奥依布拉克褶皱-逆断裂带，伽师砂岩型铜矿床和砂岩型铜成矿带受前陆冲断褶皱带的前锋带控制显著（图2-3）。①柯坪塔格冲断褶皱带在平面上连续分布，从弧顶向西延伸约90km，在大山口西侧与八盘水磨的反向褶皱-逆断裂带相交。由东向西古生代柯坪塔格隆起带的宽度逐渐变窄并侧伏于深部，新生代地层范围逐渐扩大，呈现残留局限海湾格局。②奥兹格尔他乌褶皱-逆断裂带第二排褶皱-逆断裂带平面上连续分布，从弧顶向西延伸约100km，在小苏满以东与八盘水磨反向褶皱-逆断裂带相交。③第三排褶皱-逆断裂带受绍尔克里湖盆影响，陆内湖盆以东连续长约 40km，陆内湖盆以西断续延伸约 30km。陆内湖盆以东褶皱-逆冲断裂带宽度明显大于湖盆以西构造带，湖盆以西出露最老地层为上新统—下更新统，显示向西逐渐封闭过程时代变新。④第四排褶皱-逆断裂带在皮羌断裂以西仅延伸长度约 12km，前新生界出露最宽达 9km。⑤第五排褶皱-逆断裂带在皮羌断裂西延伸长度约 22km，前新生界出露最宽达 10km。

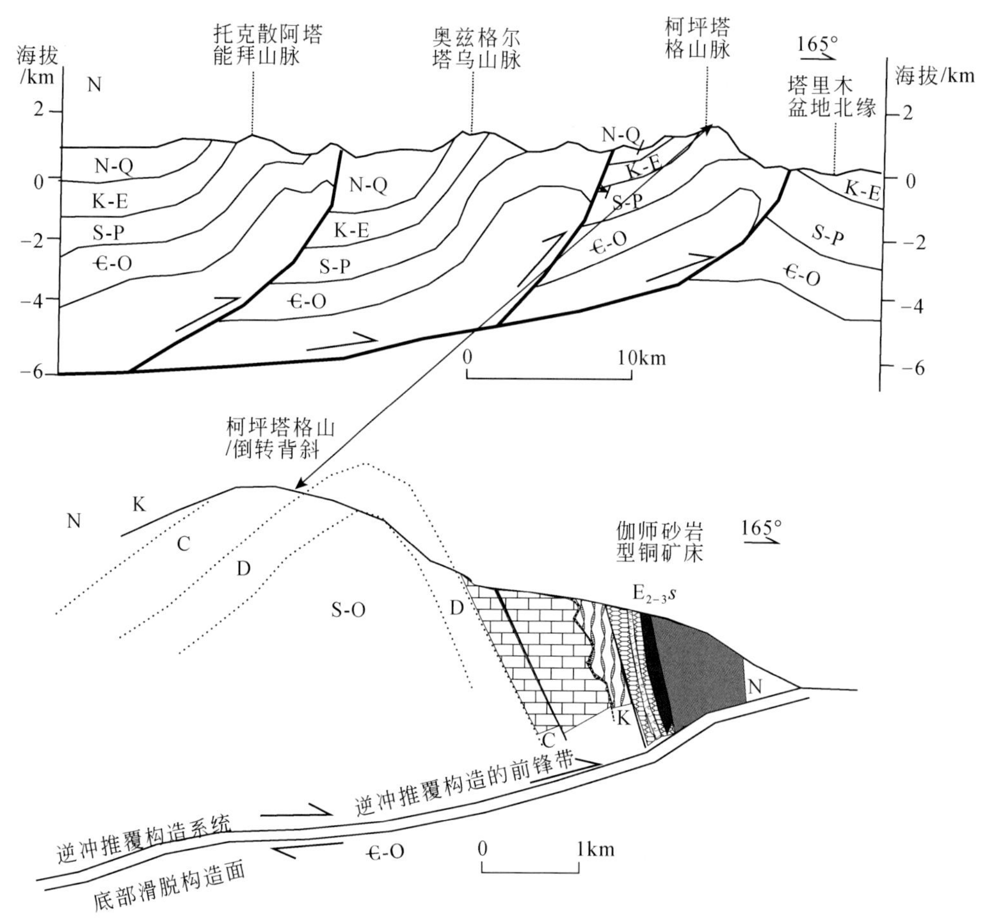

N-Q.新近系与第四系；K-E.白垩系—古近系；S-P.志留系—二叠系；Є-O.寒武系—奥陶系；S-O.志留系—奥陶系；Q.第四系；N.新近系；$E_{2-3}s$.古近系苏维依组；K.白垩系；P.二叠系；C.石炭系；D.泥盆系

图 2-3　托克-柯坪塔格前陆冲断褶皱带与前锋带（砂岩型铜矿床）特征

在柯坪塔格逆冲推覆构造系统中，总体构造组合和几何学特征为不对称倒转背斜褶皱+逆冲断裂带+新生代盆地变形构造。①背斜核部为基底构造层丘里塔格群（$Є_3$-O_1），两翼依次为志留系、泥盆系、石炭系、二叠系、古近系和新近系。古近系、新近系和第四系等组成的盖层褶皱，与基底构造层具有总体上的协调关系，为构造应力场局域化的构造配套关系，显示它们属统一逆冲推覆构造作用所形成。②区域性柯坪塔格冲断褶皱带内，不对称的倒转背斜轴近东西向展布，南翼产状陡，倾角在 70°～80°；北翼产状较为平缓，倾角 15°～30°。倒转背斜北翼为相对平缓的正常翼，南翼较陡或倒转并叠加逆冲断裂，地层缺失严重，揭示从北向南逆冲推覆作用强烈。③丘里塔格群（$Є_3$-O_1）与新近系和第四系呈断层接触，基底构造层逆冲在新近系之上。④西克尔–大山口–伽师局限海湾潟湖盆地受柯坪塔格古隆起围限。基底隆起带南侧变形的新生代地层为冲断褶皱带的前锋带。哈拉峻–赞比勒新生代山间盆地位于逆冲推覆构造系统的后缘拉伸区，哈拉峻盆地在平面上 EW 向长约 100km，SN 向最宽约 50km，赞比勒盆地平面上呈椭圆形，与哈拉峻盆地相连。⑤伽师式砂岩型铜矿床（西克尔–大山口–伽师）位于柯坪塔格背斜南翼和西侧伏端，为该区域性逆冲推覆构造系统的前锋带，主要受斜歪背斜南缘和倒转翼控制显著。

伽师砂岩型铜矿床和铜成矿带主要受鼻状基底隆起带控制，盆地改造期的变形构造样式和构造组合为逆冲推覆构造系统与断层相关褶皱带。

在伽师铜矿区内，层间滑动断层+横向走滑断裂为主要储矿构造组合，拜什塔木主矿段断裂主要有顺层走滑断裂、北东和北西向横向走滑断裂，为南北挤压应力派生的斜向右行走滑作用所控制（王泽利等，2015）。

（1）以层间走滑断裂为储矿构造，层间滑动断层发育在柯坪塔格背斜南翼古近系底部灰绿色碎屑岩，以底部厚层石膏层作为标志层。似层状铜矿层展布稳定，在铜矿层中发育黑色沥青质有机物沿碎屑和砂粒间充填，浅蓝绿色层间沥青化–褪色化蚀变发育。

（2）北东向走滑断裂规模较大，发育切层硫化物方解石脉，如拜什塔木主矿段钻井沟断裂位于西风井和主竖井之间，左行水平断距约 70m，切割二叠系灰岩和白垩系凝灰岩，地表断层破碎带中有铁帽氧化，井下断层产状 325°∠64°，在断层破碎带内发育硫化物方解石脉。大山口矿区北东向断层呈 2～3 组近平行展布，断层内有辉铜矿矿化现象；北西向断层规模较北东向小，但在井下仍能见到断层大规模流体交代及矿化现象，说明成矿期北东向和北西向断层为成矿流体运移通道，形成穿层分布硫化物方解石脉。

（3）伽师砂岩型铜矿床储集相体层结构为节理–裂隙–孔隙型。①伽师铜矿拜什塔木矿区的三个矿体断裂较发育，最大规模的断层为分割 1 号和 2 号矿体的边界断裂——钻井沟断裂。该断裂位于西风井和主竖井之间，水平错距达 70～80m，切割二叠系灰岩和白垩系凝灰岩，地表断层破碎带中有铁帽沿节理充填，在断层中节理–裂隙带内，充填含硫化物方解石脉，揭示成矿流体在断层破碎带运移过程中，节理–裂隙带为储集相体层内小型储矿构造，形成硫化物沉淀。该断裂在铜矿体内较为富集部位、矿体厚度大及品位高地段，以 NE 向走滑断裂及顺层滑动断裂为主，也出现 NW 向、SN 向及 EW 断裂，这些构造交汇部位节理–裂隙发育，成为良好的小型储矿构造，而较大规模断层为成矿流体运移的构造通道。②大山口矿区北东向断层呈 2～3 组距离不等的近平行展布，断层内有辉铜矿矿化现象。北西向断层规模较北东向小，但在井下仍能见到断层大规模流体交代及矿化现象，沿节理–裂隙带分布，揭示成矿期北西向断层为成矿流体运移的构造通道。沿层间节理–裂隙带发育顺层交代，灰绿色褪色化蚀变相与褐红色泥岩界线为锯齿状和不规则状，总体受层间节理–裂隙带控制而大致呈层间流体运移和顺层蚀变交代特点，局部穿层脉状揭示与层内穿层节理-裂隙带密切相关。因此，成矿流体在储集相体层内总体为顺层沿层间节理-裂隙带运移和储集，沿切层节理-裂隙带形成层间-切层运移，由于上盘紫红色铁质泥岩（无碎裂岩化相）良好的岩性封闭作用，储集相体层以节理-裂隙型碎裂岩化相为主要储矿相体结构。③在大山口铜矿段内，成矿流体沿层间滑动断裂形成交代的矿化现象非常普遍，最为典型的是大山口平硐揭露的泥岩和砂岩间的顺层滑动，可以看出矿化现象顺着层间滑动界面发生，仅在滑动界面上部砂岩节理发育部位向上扩散，形成局部矿化富集，说明层间滑动界面是交代流体运移的重要通道，在节理裂隙发育部位热液贯入并发生交代，矿化作用严格受到断裂和节理的控制。④在伽师砂岩型铜矿床外围剖面，泥盆系中细粒砂岩或泥质粉砂岩内发育顺层交代蚀变现象，与古近纪砂岩层内交代矿化现象相似。

2.4 塔西新生代陆内盆地动力学与构造岩相学预测模型

塔西地区杨叶-花园-加斯古近纪局限海湾潟湖盆地-陆内浅海盆地在侏罗纪—白垩纪陆内挤压-伸展转换盆地基础上继承性地发育起来，南北两侧盆缘部位的部分侏罗系—白垩系被卷入前陆冲断褶皱带中，如乌拉根地区燕山期前陆冲断褶皱带，造成了侏罗系—下白垩统克孜勒苏群发生了构造变形，在塔西杨叶-花园-加斯和塔北拜城-库车等地区，古近系和新近系发育较为完整，且在喜马拉雅期形成盆内冲断褶皱带和盆缘前陆冲断褶皱带，新生代盆内和盆缘变形构造-热事件较为强烈，为陆内构造生排烃事件解剖研究最佳区域。

2.4.1 古近纪沉积充填地层与构造岩相学相序

塔西地区杨叶-花园-加斯古近纪为陆内局限海湾潟湖盆地+局限海湾浅海盆地（图2-1）。古近系喀什群阿尔塔什组（E_1a）、齐姆根组（$E_{1-2}q$）、卡拉塔尔组（E_2k）、乌拉根组（E_2w）和巴什布拉克组（$E_{2-3}b$），在乌拉根南-花园-加斯广泛出露，沿西南天山南侧和帕米尔高原北侧呈近东西向带状展布。①张涛（2014）报道了方小敏教授团队对喀什地区库孜贡苏和黑孜苇剖面开展的高分辨率磁性地层年代学研究，建立新生代地层磁性地层年代格架为：吐依洛克组（K_2-E_1，66.67～62.50Ma）、阿尔塔什组（62.50～48.97Ma）、齐姆根组（48.97～44.26Ma）、盖吉塔格组（44.26～38.30Ma）、卡拉塔尔组（38.38～36.57Ma）、乌拉根组（36.57～33.62Ma）、巴什布拉克组（33.62～28.91Ma）、克孜洛依组（28.91～20.73Ma）、安居安组（20.73～14.12Ma）、帕卡布拉克组（14.12～9.86Ma）、阿图什组（9.86～<7.56Ma）及西域组（<7.56Ma）。经采用锆石和磷灰石裂变径迹年龄约束安居安组蚀源岩区年龄（沉积碎屑锆石最新年龄为38.8±1.4Ma、60.3±1.7Ma）、构造抬升-热事件年龄（磷灰石裂变径迹年龄为16±2Ma、14±2Ma）、西南天山造山带构造抬升事件年龄（8.8±1Ma、8.4±1Ma、7.4±1Ma和6.6±1Ma，方维萱等，2019），认为该磁性地层年代学划分方案适用于塔西地区。②Sun和Jiang（2013）在阿克陶地区近3650m厚的乌依塔格剖面开展了高分辨率的磁性地层学、沉积学、古生物学、碎

屑锆石 U-Pb 年龄、地球化学研究，建立了 65 ~ 24. 2Ma 年代序列，认为西昆仑与帕米尔在约 55Ma 发生过构造隆升。③东特提斯海自进入塔里木盆地西部地区以来，在齐姆根组时期（约 48. 7Ma）海侵范围达到最大，此后随之开始缓慢的海退过程；在约 35. 3Ma 东特提斯海开始显著快速退出塔里木盆地，发育陆相河湖相红层沉积；约 28. 9Ma 发生最后一次较明显的短暂快速海侵之后未再见明显的海相沉积层位，东副特提斯海最终完全退出塔里木盆地西部地区。④该区新生代经历了三个强烈构造隆升阶段（21. 3 ~ 21. 1Ma、14. 6 ~ 13. 7Ma、7. 7Ma 以来），同期发育山间拗陷和局部山前构造压陷沉积（方维萱等，2019）。⑤Sun 和 Liu（2006）分析了塔里木盆地南缘皮山地区桑株剖面 1626m 晚新生代地层的岩石显微结构和磁性地层学，建立了 6. 5 ~ 2Ma 年代序列，西域砾岩开始沉积的时代为 3 ~ 2Ma，认为塔里木盆地风成堆积开始于 5. 3Ma。⑥西域组顶界和底界限具有穿时地层特点，塔里木盆地北缘库车河剖面西域组顶界为 1. 50Ma、底界 2. 58Ma（陈杰等，2002，2007），塔西南缘前陆盆地的叶城剖面西域组可能起始于 3. 6Ma，结束于 1. 30Ma（Zheng et al., 2000）。塔什皮萨克复背斜阿亚克恰纳剖面，西域组起始于 15. 50Ma，构造变形事件起始于 13. 50Ma；科克塔木背斜阿湖水库剖面西域组起始于 8. 60Ma，构造变形事件起始于 4. 9Ma（Heermance et al., 2007；陈杰等，2007）。西域组构造变形具有南强北弱、西强东弱特点（滕志宏等，1996；张培震等，1996）。西域期塔西地区发生差异性构造抬升和构造-沉积岩相强烈分异作用，在陆内盆山转换区、山前构造压陷区和山间拗陷沉积区，西域组具有穿时地层特点，也是盆地表生变化期。

（1）古近纪乌拉根局限海湾潟湖盆地。古新统阿尔塔什组（E_1a，62. 50 ~ 48. 97Ma）底部发育底砾岩，底部石膏岩-溶塌角砾状膏质灰岩-石膏质角砾岩等具有同期异相结构，是燕山晚期第二幕运动的标志性相体。该组底部与下伏各层位呈角度不整合，在喜马拉雅期陆内构造-热事件形成过程中，以区域滑脱构造岩相带和构造-岩相-流体多重耦合结构为特征，为十分重要的构造岩相学结构界面和地球化学岩相学结构界面。该组下段以局限海湾潮坪-潟湖相灰白色块状石膏岩夹白云岩为主，上段富产双壳类及腹足类化石的浅海相生物灰岩为区域标志层（≤10m），顶部为浅海相生物碎屑灰岩。在乌拉根前陆隆起周缘，阿尔塔什组呈微角度不整合或角度不整合接触，超覆沉积在克孜勒苏群（K_1kz）之上，揭示沉积中心继续向南迁移。在乌拉根地区阿尔塔什组厚度仅为 32. 83m，在库孜贡苏河东岸和乌鲁克恰其地区，阿尔塔什组厚度分别为 219m 和 153. 49m，与上白垩统吐依洛克组为连续沉积，乌拉根-乌鲁克恰其为古近纪沉积中心。阿尔塔什组（E_1a）下段为乌拉根铅锌矿床、帕克布拉克天青石矿床和康苏石膏矿床赋存层位。

阿尔塔什组底部和克孜勒苏群顶部发育古风化壳、底砾岩和古土壤层等，为乌拉根局限海湾潟湖盆地发生正反转构造的高峰期，是燕山期末期构造运动正反转构造的构造岩相学标志。此后，形成了喜马拉雅期初期负反转构造，从阿尔塔什组（E_1a，62. 50 ~ 48. 97Ma）底部向上部，沉积层序和相序结构为天青石硅质细砾岩（先存前三角洲水下河道微相硅质细砾岩+热卤水沉积-渗滤交代岩相）→石膏岩-溶塌角砾状膏质灰岩-石膏质角砾岩（古热水岩溶角砾岩相）→石膏岩夹膏质白云岩（干旱局限潟湖-潮坪相）±厚层天青石岩（高温-高盐度热卤水沉积岩相）→石膏岩夹膏质泥质白云岩（干旱局限潟湖-潮坪相）→结晶灰岩-生物碎屑灰岩（浅海局限碳酸盐岩台地相），形成向上变深沉积序列，它们为喜马拉雅期初期盆地负反转构造-沉积层序和相序结构。帕克布拉克天青石矿床和康苏石膏矿床，与乌拉根局限海湾潟湖盆地的负反转构造密切相关。

在托帕砂砾岩型铅锌矿区缺失上白垩统、阿尔塔什组（E_1a，62.50～48.97Ma）和齐姆根组（48.97～44.26Ma），揭示晚白垩世—齐姆根期末一直处于抬升和剥蚀状态（燕山晚期-喜马拉雅期早期第一幕）。喜马拉雅期早期第一幕（55.8Ma）发生在阿尔塔什期（E_1a，62.50～48.97Ma），乌拉根铅锌矿床形成年龄为55.4±2.2Ma（王莹，2017），与喜马拉雅期早期第一幕隆升事件（阿尔塔什期）基本吻合，它们为阿尔塔什期古地热场事件提供了大陆动力学条件和构造-热场能量。在古新世阿尔塔什期中期，以帕克布拉克天青石矿床形成为代表，气成高温气相热卤水和气成临界相态（气-液-固-烃四相不混溶的临界流体）高温热卤水形成于阿尔塔什期中期重要的古地热事件。古地热事件导致乌拉根地区隐伏古生代烃源岩和侏罗系煤系烃源岩较大规模的阿尔塔什期古地热系统驱动的生排烃。在阿尔塔什期古地热场驱动的生排烃系统中：①以古地热场起源热能供给深度在3560～5380m，临界气相化深度在2750m，古地热场的温度达到了468～480℃以上。②气成高温气相热卤水+气成临界相态高温热卤水驱动古地热场和高温流体，穿越了乌拉根地区隐伏古生代烃源岩+侏罗系煤系烃源岩，形成了良好的原地烃源岩生排烃作用和热解作用。③克孜勒苏群第五岩性段天青石硅质细砾岩，为铜铅锌-天青石早期成岩成矿期形成的产物，天青石呈热液胶结物形式，紧密胶结灰黑色硅质岩和灰白色石英脉细砾石。其成岩成矿温度相和盐度相特征为富气高温热液相（480～468℃）和中-高盐度相（23.18% $NaCl_{eqv}$）成矿流体、低温相（178～138℃）和低盐度（8.68%～4.65% $NaCl_{eqv}$）成矿流体，揭示存在两类显著热水混合同生沉积成岩成矿作用和气侵成岩成矿作用。④从富气相、中-盐度的高温相成矿流体看，早期热卤水喷流沉积成岩成矿为高温热卤水喷流作用，以中-高盐度的高温相热卤水活动强烈为特征，揭示帕卡布拉克天青石矿床为帕卡布拉克-乌拉根-康西铅锌-天青石成矿带的热卤水喷流沉积成岩成矿中心相位置，也是隐伏烃源岩和侏罗系煤系烃源岩热解生排烃作用中心。向西到乌拉根铅锌矿床一带，富 Ca-Sr-Ba-SO_4^{2-}型氧化态酸性成矿流体与富烃类还原性成矿流体，曾发生氧化-还原地球化学岩相学作用，也是导致天青石与方铅矿-闪锌矿共生的内在机制。⑤在帕卡布拉克天青石矿床内，厚层块状天青石岩为富天青石矿石，与乌拉根铅锌矿层之上的天青石矿层一致，均赋存在阿尔塔什组底部，以含子晶矿物富液相的包裹体为特征，属高盐度相（53.26%～32.36% $NaCl_{eqv}$）的中温相（228～196℃）热卤水，同时低盐度相（6.01%～5.86% $NaCl_{eqv}$）的低温相（200～197℃）热水，揭示高盐度中温相热卤水与低温相热水混合同生沉积成岩成矿作用形成了富天青石矿石。⑥从下部天青石硅质细砾岩→上部厚层状天青石岩中天青石矿物包裹体参数演化趋势看，气相比例降低，成矿温度降低，但成矿流体盐度显著增高，暗示存在热卤水降温浓缩结晶分异作用，推测帕卡布拉克天青石矿床曾处于较高的构造古地理位置（构造挤压抬升区），在干旱古气候和高蒸发量条件下，才能形成热卤水降温浓缩结晶分异作用。在厚层块状天青石岩中发育晶腺晶洞构造，自形晶天青石晶体生长良好。因此，乌拉根铅锌矿床位于乌拉根热水沉积盆地中心位置和隐伏烃源岩热解生排烃事件中心位置，为铅锌-天青石的沉积成岩成矿中心；东侧帕卡布拉克古高地为天青石矿床的成岩成矿中心；两侧古高地对于乌拉根热水沉积盆地构成了分割围限，有利于富烃类还原性成矿流体聚集，形成了乌拉根超大型铅锌矿床。总之，帕卡布拉克天青石矿床形成于喜马拉雅期初期乌拉根盆地负反转构造期，阿尔塔什期形成了同期同生构造古地热场驱动的生排烃事件。

（2）古新—始新统齐姆根组下段（$E_{1-2}q^1$，48.97～44.26Ma）为局限海湾碳酸盐台地相灰绿色钙质泥岩夹介壳灰岩；上段（$E_{1-2}q^2$）为局限海湾浑水潮坪相暗褐红色泥岩夹砂岩及石膏，顶部为灰绿色钙质砂岩、白云岩和泥灰岩，为海退沉积序列。始新统卡拉塔尔组下段（E_2k^1）为浑水潮坪相杂色砂岩、泥岩、石膏夹灰岩。始新统盖吉塔格组(44.26～38.30Ma）为棕红色石膏质泥岩及泥质石膏岩夹黄色泥岩，为乌拉根局限海湾潟湖相膏泥岩沉积。与下伏齐姆根组及上覆卡拉塔尔组均呈整合接触。厚30～50m。卡拉塔尔组上段（E_2k^2，38.38～36.57Ma）浅海相牡蛎灰岩和介壳灰岩，为区域最大海泛面标志。在托帕铅锌矿区，卡拉塔尔组上段角砾灰岩及白云岩超覆在克孜勒苏群之上，为局限海湾的海侵层序。乌拉根组（E_2w，36.57～33.62Ma）为灰绿色泥页岩夹灰色介壳灰岩、含生物泥灰岩，富产牡蛎、双壳类及腹足类等。沉积体系和岩石组合揭示为陆表浅海盆。

（3）喜马拉雅期前陆冲断褶皱带和巴什布拉克期（$E_{2-3}b$，33.62～28.91Ma）砂岩型铜矿床。始-渐新统巴什布拉克组（$E_{2-3}b$，33.62～28.91Ma）沿昆仑北侧和西南天山造山带南侧山前呈带状展布，该组底部灰白色块状石膏稳定产出，稳定分布的石膏岩组成的蒸发岩相指示了局限海湾盆地特征。中部为紫红色泥岩夹灰绿色钙质泥岩及介壳灰岩，但在南部灰绿色钙质泥岩及介壳灰岩消失。介壳灰岩消失层位就是海相地层最高层位，也是塔西地区最后一次海退事件。上部为紫红色泥岩夹砂岩，为灰泥质浑水潮坪相。受始新世末印度板块与欧亚大陆碰撞影响，该组顶部陆相沉积体系发育，沙立它克能托铜矿赋存在巴什布拉克组（$E_{2-3}b$，33.62～28.91Ma），该铜矿赋存在向上水体变浅海退层序顶部的陆相沉积体系之中。塔西地区构造沉积演化主要受帕米尔高原北侧前陆冲断褶皱带向北推进控制。推测在古新世阿尔塔什期—古新世齐姆根早期、卡拉塔尔期—乌拉根期、巴什布拉克中期经历了三期海侵过程，为帕米尔高原向北推进的构造应力松弛期。帕米尔高原北侧向北推进和构造抬升形成的海退事件在齐姆根组（48.97～44.26Ma）顶部（始新世早期鲁帝特阶，约40.4Ma）、乌拉根组（36.57～33.62Ma）顶部（始新世晚期普利亚本阶，约33.9Ma）和巴什布拉克组（33.62～28.91Ma）第四段和第五段（渐新世鲁陪尔阶，约33.9Ma）。①在齐姆根组（48.97～44.26Ma）顶部海退事件，与西南天山曾有隆升事件发生（46.0±6.2Ma、46.5±5.6Ma，Sobel and Dumitru，1997；Sobel et al.，2006），以及乌拉根铅锌矿床经历构造热事件年龄吻合（49.5～35.2Ma，韩凤彬，2012），齐姆根期末海退事件（约44.26Ma）与西南天山构造抬升有一定关系，属喜马拉雅早期第二幕挤压事件年龄。盖吉塔格组（44.26～38.30Ma）以厚层棕红色泥岩、膏泥岩层夹石膏层及少量薄层灰岩为主，与齐姆根组上段岩性一致，具有明显的海退沉积序列特征。②始新世中期卡拉塔尔期—乌拉根期为塔西地区古近纪第二次海进过程，在始新世乌拉根期（约33.62Ma）末发生了海退。③巴什布拉克期初开始了海侵，以介壳灰岩为最大海泛面标志。巴什布拉克期末（$E_{2-3}b$，33.62～28.91Ma）发生了海退，塔西地区乌鲁克恰其剖面生物地层分类、沉积时间、沉积环境和电子自旋测年揭示，特提斯海北支在早渐新世（约34Ma）从塔里木盆地退出（Wang et al.，2014），与喜马拉雅早期第三幕（33.62～28.91Ma）和巴什布拉克期

($E_{2-3}b$) 挤压环境有密切关系。

沙立它克能托铜矿出露地层主要为始新统—渐新统巴什布拉克组 ($E_{2-3}b$, 33.62 ~ 28.91Ma)、渐新统—中新统克孜洛依组 (28.91 ~ 20.73Ma)、中新统安居安组 (20.73 ~ 14.12Ma)、帕卡布拉克组 (N_1p, 14.12 ~ 9.86Ma)。喜马拉雅早期第三幕构造运动，形成了始新—渐新世巴什布拉克期 ($E_{2-3}b$, ~28.91Ma) 区域挤压环境。含铜蚀变砂岩带呈北西和南东向顺层分布在巴什布拉克组 ($E_{2-3}b$) 中，铜矿体呈似层状、透镜状，走向近南西向，与帕米尔高原北侧山前构造压陷沉积背景密切相关。在巴什布拉克组紫红色砂岩和粉砂岩与灰绿色介壳砂岩、砂岩和细砂岩之间的夹层中，铜矿层赋存在浅色褪色化泥岩夹层中。巴什布拉克组上部中厚层石英砂岩底部含稳定延伸的层状铜矿体，矿石矿物主要为孔雀石、黄铜矿、黄铁矿等，As-Sb 含量较高。该层位与伽师式砂岩型铜矿床赋存在苏依维组 ($E_{2-3}s$) 相近，属于同期异名地层单位。巴什布拉克组 ($E_{2-3}b$) 分布在帕米尔高原北侧前陆冲断褶皱带，二者在构造岩相学特征上具有镜像对称关系。

2.4.2　新生代沉积体系与陆内咸化湖盆演化

新近系克孜洛依组 [$(E_3-N_1)k$, 28.91 ~ 20.73Ma] 和安居安组 (N_1a, 20.73 ~ 14.12Ma) 为塔西砂岩型铜矿床主要储矿层位。在塔西地区西段克孜洛依组蒸发岩相石膏岩-膏泥岩与巴什布拉克组整合接触，以陆内拗陷沉积为主。中部及东部以底砾岩为标志层，克孜洛依组与巴什布拉克组呈平行不整合接触，说明中东部经历了一定的构造抬升作用。康苏-乌拉根半环形隆起围限作用明显，对陆内咸化湖泊的水下分割和围限封闭作用显著。在乌拉根-吾合沙鲁和加斯-硝若布拉克形成了两处椭圆状环形砂岩型铜矿化带，塔西地区处于挤压-伸展-走滑三重构造应力场转换期，对砂岩型铜矿床形成有利。

(1) 克孜洛依组在乌拉根-乌鲁克恰其下段为海湾-滨浅湖相碎屑岩系，其中黑色油斑极为发育，指示了富烃类还原性成矿流体叠加作用强烈；上段为浅湖相褐灰色砂岩、灰绿色砂岩与泥岩互层，形成陆内湖泊环境内向上变细变深沉积序列。在乌拉根地区以褐红色砂泥岩互层为主。在黑孜威地区，克孜洛依组与巴什布拉克组呈微角度不整合。该组下部以膏泥岩-石膏岩与下伏巴什布拉克组整合接触。以加斯为沉积中心，该组厚约 1000m，乌拉根地区厚 721.66m。克孜洛依组继承了喜马拉雅早期第三幕 (约 33.9Ma，巴什布拉克期) 区域挤压环境。帕北缘伊日库勒-吾东砂岩型铜矿带赋存在克孜洛依组中，赋矿层位为紫红色含砾砂岩-中粗粒砂岩，为陆相辫状河三角洲相。褪色化蚀变相和含铜砾石发育为标志相特征。凸弧形展布的伊日库勒-吾东铜矿带东西长约 40km，南北宽约 4km。铜矿体出露长度在 1900m，平均宽度约 5.0m，产状 155° ~ 193°∠20° ~ 88°，帕米尔高原北缘在克孜洛依期向北显著推进，陆内咸化湖盆范围明显收缩。

(2) 中新统安居安组广泛分布于库什维克向斜及塔什皮萨克，以褐灰红铁质钙屑砂岩、黄灰绿色砂岩和黑灰色泥岩不等厚互层为主。下部以钙屑砂岩为主，向上泥岩增多，上部为泥岩夹砂岩。具有东部粒度细而厚度大、西部粒度粗而厚度薄的特征。下段为滨浅湖相灰绿色和褐红色铁质钙屑砂岩夹钙屑泥岩，发育灰褐色铁质泥砾岩和紫红色铁质泥砾岩等铁质泥砾质同生角砾岩相，以强烈的同生断裂活动并形成陆内断陷成盆为标志。上段为浅-半深湖夹滨湖相杂色泥岩夹砾岩、砂岩。在杨叶-加斯沉积中心内安居安组厚 698.06m，在杨叶-花园式砂岩型铜矿带内含铜砾石和泥砾发育，褪色化蚀变砂岩和油苗分布较广，揭示原同生角砾岩相为盆地改造期富烃类还原性成矿流体运移通道。

(3) 帕卡布拉克组 (N_1p) 沉积物粒度西粗东细，该组油苗分布较广，指示发育富烃类还原性成矿流体，为节理-裂隙-孔隙储集相体层，有利于形成砂岩型铜矿床。

(4) 上新统阿图什组 (N_2a) 与帕卡布拉克组 (N_1p) 为连续沉积。向上变粗变浅沉积序列中砾岩增加，进入周缘山间湖盆封闭期。吉根-萨瓦亚尔顿晚古生代冲断褶皱自 NW 向 SE 向逆冲推覆构造作用，导致沿乌鲁克恰其→克拉托背斜北→阿图什具有西粗东细，且厚度不断增加的特点；安居安组-阿图什组厚 638.39m，南到克拉托背斜南翼厚达 3403m，从北到南厚度增加揭示沉积中心向南迁移，上新世沉积中心显著收缩到克拉托地区。

(5) 西域组与阿图什组和下伏地层为角度不整合，揭示塔西地区周缘山体曾经历了两次显著的构造抬升隆起。西域组山间磨拉石盆地中粗碎屑岩系和杂砾岩为塔西地区典型盆山原耦合转换构造岩相学记录，而西域组构造变形特征和变形砾石记录了喜马拉雅晚期构造隆升事件。

总之，帕米尔高原新生代构造隆升事件发生在巴什布拉克组期末 ($E_{2-3}b$ 约 28.91Ma)、中新世初 (约 23Ma)、中新世晚期 (13～8Ma) 和上新世 (约 5Ma 以来)，与西南天山隆升事件 [(25.8±5.6)～(18.3±3.1)Ma，Sobel and Dumitru，1997；Sobel et al.，2006] 时间吻合，二者相向推挤和隆升造山，在塔西陆内咸化湖盆内收缩显著。①在渐新—中新世克孜洛依期 [(E_3-N_1)k，28.91～20.73Ma] 石膏层+膏泥岩平行不整合于古近系不同层位之上，与中新世阿启坦阶—布尔迪加尔阶 (23.03～15.97Ma) 天然气充注成藏事件吻合，与喜马拉雅中期区域挤压应力场和干旱的气候环境在时间-空间上耦合关系显著。②中新世克孜洛依期至帕卡布拉克期拗陷型宽浅湖泊发育阶段，以含紫红色泥砾岩的泥质钙屑砂岩等，指示了同生断裂带和以压陷沉降-沉积中心为主；巨厚的向上变粗的粗碎屑岩系为周缘山间盆地萎缩封闭期标志。③在克孜洛依组和安居安组 (砂岩型铜矿床赋存层位) 中以含泥砾岩和褪色化蚀变砂岩为构造岩相学特征，指示了同生断裂带和油气蚀变带；而克孜洛依组、安居安组和帕卡布拉克组中油砂-油气褪色化蚀变带发育，指示了富烃类还原性成矿流体强烈活动的层间构造流体岩相带。④Cu-Ag-Mo-Sr-U 区域化探异常带，分布在安居安组褪色化蚀变砂岩相带、气洗蚀变相和油斑-油迹-油侵蚀变带，前展式薄皮式冲断褶皱带形成时代为 16±2Ma 和 14±2Ma (磷灰石裂变径迹年龄，方维萱等，2019a)，盆内冲断褶皱带为盆内构造生排烃作用中心 (图 2-1)。

2.4.3 陆内咸化湖盆的构造变形样式与构造组合

因帕米尔高原抬升剥蚀和逆冲推覆作用增强，其北侧喀什-叶城转换构造带在渐新—中新世活动强烈，随着主帕米尔逆断裂向北推覆，周缘山间盆地受到挤压形成了北向南倾的前展式冲断褶皱带，在克孜洛依组中形成了砂岩型铜成矿带。帕米尔北缘北向南倾的逆冲推覆构造系统前锋带为克孜勒苏断裂带，东西长近 1000km，宽度 3000m，由平行次级断裂和断层相关褶皱共同组成，东起明遥路背斜西端，向西延与托果乔尔套断裂系相接，现今大致以克孜勒苏河为界，其南侧为帕米尔高原北侧冲断-褶皱带前锋带。深部呈北向南倾的冲断带和断层相关褶皱，断层面南倾或南西倾，倾角45°~60°，断距2~4km，在加斯南-乌拉根南深部均连续发育帕米尔北缘北向南倾的冲断-褶皱岩片。二者对接部位以右行走滑作用为主，扬北逆断裂的断面南倾，因断裂作用造成上盘形成牵引褶皱，在该褶皱区有着大量的油气显示，揭示这种对称式薄皮型冲断褶皱岩片带，为驱动盆地流体和富烃类还原性成矿流体大规模运移的构造动力学机制（图2-1）。

新近纪帕米尔高原和西南天山相向推进以及逆冲推覆作用逐渐增强，在塔西地区形成了对冲式逆冲推覆构造，乌拉根前陆隆起南侧克孜勒苏群为帕米尔北缘冲断岩片的前锋带位置，南倾北向，而北侧吾合沙鲁-乌恰冲断岩片为南向北倾，属西南天山前陆冲断带前锋带，因此，在乌拉根前陆隆起周围，寻找砂岩型铜矿床十分有利。而在杨叶-加斯发育南向北倾冲断构造带，盆内冲断褶皱带为砂岩型铜矿床最佳圈闭构造，发育滴水-杨叶式砂岩型铜矿床节理-裂隙-孔隙型储集相体层，具有形成砂岩型铜铀矿床的潜力（图2-1）。

2.4.4 拜城县滴水砂岩型铜矿床成矿流体与成矿作用

从表2-3看，滴水砂岩型铜矿床与铜矿物共生的石英包裹体形成盐度分为三种类型，①高盐度相形成于低温相环境中，包裹体盐度较高（30.48%~32.92% $NaCl_{eqv}$），见三个包裹体中含有子晶，推测为石盐。它们的均一温度在132~195℃，属低温相。推测它们与咸化湖泊环境中成岩成矿期B阶段有密切关系。②石英包裹体盐度在10.98%~11.1% $NaCl_{eqv}$，也形成于低温相（148~162℃）。揭示在成岩成矿早期B阶段，具有两类不同盐度流体存在，推测两类高盐度相成矿流体和低盐度相成矿流体的不同盐度流体混合作用，是导致矿质沉淀机制之一。③滴水砂岩型铜矿床经历了中温相（302~334℃）和低盐度相（<10% $NaCl_{eqv}$）成矿流体作用，但成矿流体盐度在6.16%~0.53% $NaCl_{eqv}$。④富液相包裹体盐度在0.53%~11.1% $NaCl_{eqv}$，成矿压力在157.86~266.74MPa，成矿深度在0.53~0.89km。含子晶高盐度相包裹体盐度在30.48%~32.92% $NaCl_{eqv}$，成矿压力在205.25~311.57MPa，成矿深度在0.68~1.04km。滴水砂岩型铜矿床的成矿深度在0.53~1.04km，具有深部成矿卤水与浅部低盐度成矿流体混合成矿作用特征。⑤据王伟等（2018）研究，滴水砂岩型铜矿床成岩期的成矿流体成分主要为CH_4-H_2S-H_2O型，代表还原性流体，具有中低温（82.4~181.6℃）、中高压（235.42~454.44MPa）的特点；成岩成矿期石英的δD=-107.6‰~-78.3‰、$\delta^{18}O_{H_2O}$=-4.50‰~4.06‰。改造期成矿流体成分主要为H_2O-CO_2-CH_4，代表弱氧化性流体，亦具有中低温（146.2~268.1℃）、中高压（267.83~457.64MPa）的特征；改造成矿期石英的δD=-109.5‰~-84.9‰、$\delta^{18}O_{H_2O}$=-4.26‰~-5.14‰，指示该矿床两个成矿期成矿流体主要为大气降水与盆地卤水的混合。辉铜矿$\delta^{34}S$=-31.6‰~-21.3‰，表明硫主要源自硫酸盐细菌与有机质还原。成矿流体在新近系康村组矿源层中经水岩作用，演化形成含矿热卤水。该矿床碳同位素特征$\delta^{13}C$值为-25.3‰~-22.4‰。

表 2-3　滴水砂岩型铜矿床石英包裹体特征及形成温度和盐度

包裹体分布形态	测温包裹体类型	包裹体形状	大小/μm	气液比/%	均一相态	T_h/℃	盐度/% $NaCl_{eqv}$
呈带状分布	富液包裹体	规则	3×4	20	液相	334	0. 53
呈带状分布	富液包裹体	规则	4×6	10	液相	328	0. 53
呈带状分布	富液包裹体	规则	2×6	15	液相	157	11. 1
呈带状分布	富液包裹体	规则	4×10	20	液相	162	11. 1
呈带状分布	富液包裹体	规则	2×5	10	液相	148	10. 98
呈带状分布	富液包裹体	规则	3×5	20	液相	302	6. 16
呈带状分布	含子矿物富液体包裹体	规则	4×6	10	液相	186	31. 87
呈带状分布	含子矿物富液体包裹体	规则	5×7	15	液相	195	32. 92
呈带状分布	含子矿物富液体包裹体	规则	3×6	5	液相	132	30. 48

2. 4. 5　塔西砂岩型铜矿床构造岩相学综合预测模型

从全球对比看，塔西地区砂岩型铜矿床与玻利维亚–阿根廷北部砂砾岩型铜多金属矿床具有类似的成矿时代和成矿地质环境：①铜富集在含膏砂岩系和含膏泥砾砂岩中，为山间尾闾湖盆中标志性相体，具有闭流水系、干旱气候和富含火山凝灰质等特征；②铜初始富集在高盐度卤水中，发育植物碎片等具有还原性质的有机质；③塔西砂岩型铜矿床中褪色化蚀变相发育，条带状和团斑状沥青化蚀变相发育，指示了盆地富烃类还原性成矿流体作用较强；④塔西砂岩型铜矿床定位于前陆冲断褶皱和盐底辟构造、盆内冲断褶皱带中，玻利维亚 Corocoro 砂砾岩型铜矿中发育盐底辟构造，它们的储矿相体层均为节理–裂隙–孔隙型储集相体层结构；⑤典型矿物组合为赤铜矿–自然铜+铜盐–氯铜矿–副氯铜矿等铜盐类和铜氧化物–自然铜等。

以滴水、伽师、杨叶–花园等四个砂岩型铜矿床为研究核心，将其归集为滴水–杨叶式砂岩型铜矿床，构造岩相学综合找矿预测模型和示矿信息提取标志如表 2-4 和图 2-1 所示。

表 2-4　滴水–杨叶式砂岩型铜矿床地质–物探–化探–遥感集成综合找矿预测模型

成矿相体与物化遥感异常	初始成矿地质体（相体）：①康苏组–杨叶组煤系烃源岩和矿源层具有 Cu 化探异常；②新近系和古近系退积型向上变粗和沉积水体变浅的沉积序列，红色钙屑泥岩–泥灰岩–红色含砾钙屑砂岩–红色钙屑含砾粗砂岩；③古近纪—新近纪咸化湖盆石膏岩–白云质泥岩–白云质泥灰岩–含天青石泥灰岩+同生断裂相带（红色含泥砾岩屑砂岩）；④化探标志 Cu-Ag-Sr-Ba 等综合异常；⑤遥感标志铁化蚀变相+褪色化蚀变相；⑥物探标志与隐伏相体：前陆冲断褶皱带+逆冲断裂和断层相关褶皱（以背斜为主） 叠加成矿相体：①成矿期相体，新近纪逆冲断裂+断层相关褶皱（背斜为主）；②层间节理–裂隙构造岩相带；③团斑状–斑点状沥青化蚀变相–褪色化蚀变相

续表

成矿构造及成矿相体结构面	①成矿期构造：古近纪前陆冲断褶皱带与盆地反转构造（逆冲断裂带前缘压陷沉降区）；②同生断裂相带（红色含泥砾岩屑砂岩+红色-斑杂色泥砾岩，砾石含矿）；③盆地改造期：喜马拉雅晚期前展式薄皮型冲断褶皱带+逆冲断裂-断层相关褶皱带 化探标志：半环状 Cu-Ag-Sr-Ba 综合异常。地震勘探圈定隐伏构造、隐伏盆地和隐蔽前陆冲断褶皱带 成矿相体结构：①初始矿源层和煤系烃源岩相体，晚三叠世、康苏期—杨叶期煤系烃源岩和矿源层；②节理-裂隙-孔隙型储集相体层；③同生断裂相带（斑杂色含铜泥砾岩）；④咸化湖泊沉积岩相（天青石化钙屑砂岩-白云质泥灰岩）；⑤富烃类还原性成矿流体氧化-还原成矿相体（斑点状沥青化蚀变相+铁锰碳酸盐化蚀变相）；⑥碎裂岩化相（节理-裂隙-裂缝）；⑦褪色化蚀变相（±线带状沥青化蚀变相）；⑧盆地改造期层间节理-裂隙带；⑨铜氧化物相（氯铜矿-赤铜矿-蓝铜矿-孔雀石等），以表生富集成矿相与遥感色彩异常识别为标志
相体组合的结构类型	节理-裂隙-孔隙型储集相体层：①岩性岩相封闭层（顶部低渗透率红色铁质泥岩粉砂岩类-高渗透率节理-裂隙-孔隙型储层类-膏质泥岩+白云质钙屑泥岩（碳酸盐化蚀变相）+②层间节理-裂隙带（储集相体）+③团斑状-斑点状沥青化蚀变相-褪色化蚀变相（水岩耦合反应相）-碳酸盐化蚀变相（溶蚀孔隙发育）+④逆冲断裂-断层相关褶皱+⑤盆地改造期构造-热事件（斑点状沥青化蚀变相-褪色化蚀变相）
成矿作用与相标志	①沉积成岩成矿期：红色铁质含砾钙屑砂岩中富集氧化相铜。沉积成岩成矿期弥漫状沥青化蚀变相-褪色化蚀变相；②盆地改造期发育层间碎裂岩化相（层间节理-裂隙带），高节理-裂隙渗透率和孔隙度。富烃类还原性成矿流体（斑点状沥青化蚀变相-面状褪色化蚀变相）与含铜铁质氧化相。地球化学岩相学类型：氧化-还原相界面作用，富 $SrSO_4$ 高盐度酸性氧化相、含子晶高盐度相。与铜表生富集成矿的地球化学岩相学类型：氯铜矿型（高盐度相）、赤铜矿-黑铜矿型氧化相、孔雀石-铜蓝型富 CO_2 型弱碱性相、黄钾铁矾型酸性氧化相 砂岩型铜矿矿体特征：①大规模似层状-大透镜状铜矿体，伴生银和铀富集成矿；②断层相关褶皱带-背斜构造-层间滑动构造带，断层交汇部位叠加层间节理-裂隙带为富矿体标志；③矿石矿物组合简单，以辉铜矿为主，含少量斑铜矿、铜蓝、黄铜矿，铜表生富集矿物发育，以氯铜矿、赤铜矿、孔雀石和蓝铜矿为主，含少量黑铜矿和自然铜，脉石矿物为石英-方解石-白云石；④围岩蚀变组合：以褪色化蚀变相和碳酸盐化蚀变相为主，局部发育天青石化蚀变相，具有硅化、绿泥石化、黏土化蚀变相、黄钾铁矾化等；⑤铜表生富集成矿作用强烈，形成以红化蚀变带为特征的铜氧化矿石带，具有工业开采价值，以氯铜矿、辉铜矿和赤铜矿富集为特征

第3章　砂砾岩型铜矿床与中-新生代后陆盆地

塔西砂砾岩型铜多金属矿床是我国陆内特色成矿系统（张鸿翔，2009）内主要沉积岩型铜矿床，与陆内沉积盆地和富烃类还原性成矿流体有十分密切的关系（方维萱等，2015，2016，2017a，2017b，2018a，2018b，2019a；贾润幸等，2017，2018）。在金属矿产-煤-铀-油气资源上，后陆盆地内具有构造-岩浆-热事件等盆内岩浆叠加期演化过程。与前陆盆地内构造-热事件生排烃事件相比，不但具有盆内构造-热事件生排烃作用，也存在较大规模的盆内构造-岩浆-热事件生排烃作用。因此，后陆盆地在构造-热事件和构造-岩浆-热事件生排烃作用过程中，更有利于金属矿产-煤-铀-油气资源的多矿种同盆共存富集作用形成（方维萱等，2015，2016，2017a，2017b，2018a，2018b，2019a）。盆内岩浆侵入为最终岩浆叠加成岩相系和盆内构造-流体-热事件，萨热克巴依盆地晚白垩世-古近纪构造-岩浆-热事件，在幔源热点和穿层侵入的变超基性岩-变基性岩岩脉群中，形成了岩浆热液叠加成矿，圈定了独立铜矿体、铜锌矿体、铅锌矿床和铜铅锌矿体，空间上呈异体多层共生结构，揭示“同期多层位富集成矿”的构造岩相学分异机制。

塔里木二叠纪碱性玄武岩（徐义刚等，2013a，2013b）、萨热克-托云中-新生代碱性玄武岩、碱性辉长岩和碱性岩（周清洁等，1990；Sobel，1995；李永安等，1995；韩宝福等，1998；王彦斌等，2000；Sobel and Arnaud，2000；徐学义等，2003；季建清等，2006；梁涛等，2007；方维萱等，2017a，2017b，2018a），对萨热克-托云中-新生代后陆盆地有十分特殊的深部动力学作用过程。塔里木大火成岩省是孕育地幔柱活动的产物，为多期多阶段喷发（约300Ma，约290Ma，280Ma）（Xu et al.，2014），且具有不同的母岩浆，其中第一和第二期岩浆主要是地幔柱-岩石圈相互作用的产物，而第三期岩浆是地幔柱熔融的产物，可能覆盖了天山及北疆地区（Zhang et al.，2010）。托云地区火山岩中地幔包体的发现（韩宝福等，1998）似乎也佐证了有地幔柱活动的参与。一般认为碱性岩形成于岩石圈拉张环境，其物质主要来源于上地幔（Ernst and Bell，2010；麻菁等，2015），这种深源浅成的碱性岩是深部地球动力学过程在浅部地壳的直接表现和历史记录，是探索地球深部信息的重要窗口。萨热克辉长辉绿岩类的成岩演化研究对了解这一地区多期多阶段岩浆演化具有重要启示意义。在塔里木盆地西北缘，地质温压计研究取得了进展（吕勇军等，2006；陈咪咪等，2008；张丽娟等，2018），特别是吕勇军等（2006）通过托云玄武岩中巨晶辉石、角闪石、长石等的温压估算，认为托云盆地玄武质岩浆离开岩浆房后没有停留，发生了快速上升。方维萱等（2015，2018a）认为在晚白垩世—始新世山体隆升过程中，伴随地幔热物质上涌发生了碱性辉绿岩脉群侵位，对砂砾岩型铜多金属矿床富集成矿更为有利。下面对塔西萨热克砂砾岩型铜多金属矿床和玻利维亚 Tupiza 砂砾岩型铜矿床进行论述，对喀炼铁厂地区进行铜铅锌矿找矿预测。

3.1　新疆萨热克燕山期（J-K_1）铜多金属-铀-煤成矿亚系统

燕山期（J_{2+3}-K_1）铜多金属-铀-煤成矿亚系统主要由塔西中-新生代砂砾岩型铜铅锌-天青石-煤-铀成矿系统物质组成。该成矿亚系统包括萨热克式砂砾岩型铜多金属矿床、江格吉尔砂砾岩型铜矿床、乌恰沙里拜煤矿、疏勒煤矿、铁热苏克煤矿等，产于萨热克巴依-托云中生代后陆盆地系统中（表3-1）。在过渡类型上，萨热克南矿带下白垩统第三岩性段中形成了砂砾岩型铅锌矿体；在辉长辉绿岩脉群周边克孜勒苏群第二岩性段的褪色化蚀变带中，形成了砂岩型铜矿体。含铜蚀变辉长辉绿岩中含有黄铜矿-闪锌矿-方铅矿-磁黄铁矿富集等，以白垩纪—古近纪碱性辉长辉绿岩脉群和多期次构造-岩浆-热事件为区别性构造岩相学标志，盆地正反转构造期具有深部热物质上涌侵位，形成了深部热物质垂向驱动的热反转构造作用。既不同于MVT型、SSC型、SEDEX型和VMS型铜铅锌矿床（Misra，1999；Cox et al.，2003），也不同于火山红层盆地铜矿床（Kirkham，1996）。与玻利维亚Corocoro砂砾岩铜矿床有一定相似性，该矿床赋存在玻利维亚高原西侧山间盆地中新统（25～17Ma）含膏砂岩-含膏砾岩中，工业矿物除辉铜矿和斑铜矿外，含有大量的自然铜和赤铜矿（Flint，1989）。萨热克式砂砾岩型铜多金属矿床成矿演化过程可以划分为4个期次。

（1）早期沉积成岩成矿期（J_{2-3}），166Ma（辉铜矿Re-Os等时线法年龄）。

（2）早白垩世还原性成矿流体改造期（盆地改造期成岩相系），形成年龄在（136.1±2.1）～(116.4±2.6)Ma（辉铜矿和含铜沥青Re-Os同位素模式年龄）。

（3）岩浆热液叠加改造成岩成矿期形成于晚白垩世—古近纪（中期2外源性热流体叠加改造成岩成矿期），为深部热物质上涌形成的垂向热反转构造作用结果，可划分为3个阶段。①在增温蚀变A阶段，围绕辉长辉绿岩脉群形成了大规模漂白化蚀变相带和褪色化蚀变相带，C型团斑状-细脉状绿泥石化蚀变相分布在辉绿岩-辉绿辉长岩脉群外接触带漂白-褪色化蚀变带中，形成温度在167～185℃，平均为175℃，其热流密度在68.95～458.25J/(m^2·s)，平均热流密度321.46J/(m^2·s)，可见团斑状、细脉状和自形晶叶片状绿泥石蚀变相，分布在上侏罗统库孜贡苏组和下白垩统克孜勒苏群中。辉绿辉长岩脉群侵入构造期的古地温场在236～238℃。②到达高温蚀变B阶段以高温绿泥石化为特征，其C型绿泥石化蚀变相在褪色化蚀变带中热流密度高达442.86～922.63J/(m^2·s)，揭示在热扩散场中存在显著热梯度，切层褪色化蚀变带为热能传输的岩浆热液运输构造通道。③降温蚀变C阶段以绿泥石化碳酸盐化蚀变辉绿岩脉和蚀变辉长辉绿岩为特征，D型浸染状绿泥石化蚀变相在辉绿岩-辉绿辉长岩脉群中，绿泥石交代黑云母、角闪石和辉石等暗色矿物，并伴有铜矿化。辉绿岩-辉长辉绿岩脉群遭受热液蚀变期的古地温场在121～185℃，其热流密度在58.14～383.91J/(m^2·s)，平均热流密度为239.59J/(m^2·s)，为岩浆-构造热事件的热衰减场特征。萨热克巴依次级盆地为多期次的内源性-外源性热流体叠加改造型盆地，萨热克铜多金属矿床的喜马拉雅期辉铜矿叠加成矿年龄为54±13Ma（辉铜矿Re-Os等时线年龄），斑铜矿Re-Os模式年龄为26.86±0.43Ma。

（4）中新世托尔通阶末期—梅辛阶（8.8±1～6.6±1Ma）与表生富集成矿期。推测晚期次生富集成岩成矿期形成于上–更新世，可划分为 3 个阶段。①构造抬升 A 阶段形成于前西域期（8.8±1 ~ 6.6±1Ma）。②铜次生富集 A 阶段起始于中新世托尔通阶末期（8.8±1Ma），结束于梅辛阶 6.6±1Ma，形成于西域期（<7.56Ma）。沿断裂带形成了小型断陷洼地，接受西域组山间巨杂砾岩沉积，被抬升的铜矿体遭受风化侵蚀。③铜次生富集 B 阶段形成于西域期末—乌苏期初（1.806Ma），萨热克巴依地区在乌苏期经历了显著的构造抬升作用，西域组在山顶之上，据现今侵蚀基准面 800 ~ 1000m，这种持续抬升和干旱气候环境，为铜次生富集成岩成矿提供了良好条件，残屑状基岩面发育盐磐和含铜锰结壳。④次生富集 C 阶段形成于乌苏期（1.806Ma），可见乌苏组沿北东向断裂带分布在现代河流两侧阶地之上。萨热克地区封存含铜卤水与煤矿自燃形成的 $CH_4+CO_2+H_2S$ 型气侵作用，指示现今仍在发生次生富集成矿作用。

表 3-1　塔西地区砂砾岩型铜多金属成矿亚系统的物质–时间–空间结构模型表

成矿亚系统		构造岩相学特征
物质域组成特征	典型金属矿床	萨热克式砂砾岩型铜矿床
	代表矿床	萨热克铜多金属矿床、江格吉尔砂砾岩型铜矿床
	主共伴组分	铜共生铅锌，伴生银、钼和铀
	成矿流体	紫红色铁质杂砾岩类（氧化相铜钼）+富烃类还原性成矿流体+非烃类富 CO_2-H_2S 还原性成矿流体（24% ~ 13% 和 <8% $NaCl_{eqv}$）。中低温相（238 ~ 99.5℃）、浅成相
	矿石矿物	氧化矿石带（氯铜矿–孔雀石–蓝铜矿–蓝辉铜矿–斜方蓝辉铜矿–铜蓝–久辉铜矿）→混合矿石带（斑铜矿–辉铜矿–蓝铜矿–斜方蓝辉铜矿–铜蓝）→原生矿石带（辉铜矿–斑铜矿–黄铜矿–闪锌矿–方铅矿–黄铁矿）
	围岩蚀变相	方解石化蚀变相→褪色化蚀变相+碳酸盐化蚀变相+沥青化蚀变相+绿泥石化蚀变相
	地层层位	上侏罗统库孜贡苏组第二岩性段/克孜勒苏群第三岩性段
时间域特征	垂向成矿序结构与成矿关系	煤/J_1→铜（±钼铀）+铅锌/J_3k→铜+铅锌/K_1^5。侏罗系煤层烃源岩为砂砾岩型铜多金属矿还原性成矿流体和富集成矿提供烃源和 CO_2 源，提供铜成矿物源
	主成矿期	燕山早期末 J_{2+3}/166Ma（辉铜矿 Re-Os 等时线法年龄），构造岩相学–热事件法
	改造富集成矿期	燕山晚期/K_1（121 ~ 115.8Ma，辉铜矿 Re-Os 模式年龄）；121±4.8Ma（辉铜矿 Re-Os 等时线年龄）
	岩浆热液叠加期	喜马拉雅期叠加成矿/E（54±1.3Ma，辉铜矿 Re-Os 等时线年龄）、斑铜矿 Re-Os 模式年龄为 26.86±0.43Ma
	次生富集成矿期/上新世—更新世	以铜盐、氯铜矿、孔雀石和蓝铜矿、久辉铜矿、蓝辉铜矿、斜方蓝辉铜矿和铜蓝为标志次生富集成矿作用强烈。表生富集成矿期（8.8±1 ~ 6.6±1Ma，磷灰石裂变径迹年龄）
空间域特征	同体共伴生	铜银–铜铅锌共生，铅锌矿体伴生铜，局部伴生铀和钼
	异体共伴生	克孜勒苏群第三岩性段中砂岩型铜矿体和砂砾岩型铅锌矿体
	围岩蚀变相差异	强沥青化蚀变相，咸水–半咸水环境，石膏蚀变相仅在地表发育，缺失高盐度热卤水沉积和蚀变标志
	区域矿床组合	砂砾岩型铜多金属矿床和铜铅锌矿床、煤矿床/相邻造山型铜金矿和铜金钨矿、铅锌矿床

续表

成矿亚系统			构造岩相学特征
矿石堆积场所	圈闭构造		盆内基底隆起和构造洼地→披覆式同生背斜→裙边式复式向斜构造系统+斜切盆地的碎裂岩化相带
	储矿构造		层间断裂-裂隙带、碎裂岩化相带、切层断裂与层间断裂交汇部位、显微裂隙（穿砾、砾缘和砾间裂缝）
	主储矿相体层		库孜贡苏组上段旱地扇扇中亚相
	储矿相体		上盘：紫红色泥质粉砂岩；下盘：绢云母化碳酸盐化蚀变杂砾岩类
	成矿流体驱动系统		对冲式厚皮型逆冲推覆构造系统+碱性辉绿辉长岩脉群侵入构造系统，驱动烃源岩大规模生排烃
矿化网络结构与综合异常特征	成矿地质构造异常	成矿中心标志	下侏罗统康苏组煤层和铜矿源层（烃源岩）-基底构造层（铜铅锌矿源层）/上侏罗统库孜贡苏组砂砾岩型铜多金属矿床/下白垩统克孜勒苏群第三岩性段中砂砾岩型铅锌和砂岩型铜矿体/辉绿辉长岩脉群和蚀变带中铜铅锌钼矿体
		油气显示	外源物源：铜矿层强烈富集异源的烷烃类，多期沥青化脉，岩浆热液叠加与褪色化蚀变带
		烃源岩系	下侏罗统康苏组煤层，少量三叠系和寒武系
		同盆富集	煤-铜铅锌-（银钼铀），盆地边部聚集煤炭
		原型盆地与基底	中生代后陆盆地系统中陆内拉分断陷盆地，穿盆隐伏基底隆起和次级构造洼地发育
	化探异常		Cu-Pb-Zn-Ag-Mo-Ba 综合化探异常位于侏罗系、上侏罗统库孜贡苏组和下白垩统克孜勒苏群中，烷烃类化探异常
	物探异常		煤层具有高充电率和低阻异常，AMT（CSAMT）异常可揭示盆地次级洼地和隐伏基底隆起，地面高精度磁法探测碱性辉长辉绿岩脉群
	遥感异常		遥感褪色化异常、铁化蚀变异常和羟基异常，解译地层和断层要素，圈定残存储矿盆地分布范围等

3.2　萨热克巴依盆内碱性超基性岩与岩浆动力学

萨热克-托云中-新生代后陆盆地位于西南天山复合造山带-塔里木地块西端-帕米尔高原北缘等盆山原镶嵌构造区（方维萱等，2018b）（图 3-1）。该盆地现今残留面积约 10 000km^2，其 NW-SE 向和 SW-NE 向为盆地 2 个长轴方向，明显受塔拉斯-费尔干纳 NW 向走滑断裂带和次级 NE 向断裂带控制，盆地动力学特征为斜切西南天山造山带的中生代陆内山间拉分断陷盆地。盆地内分布有侏罗系、白垩系、古近系、新近系等地层，与古生代地层呈清楚的不整合构造接触关系。萨热克巴依盆地呈 NE 向延伸，受乌鲁-萨热克 NE 向断裂带控制，延伸到萨热克为盆地两侧的 NE 向同生断裂带（图 3-1、图 3-2），萨热克砂砾岩型大型铜矿床就位于萨热克巴依次级盆地中。侏罗系—下白垩统是盆地主要充填地层体（图 3-2）。下侏罗统康苏组和中侏罗统杨叶组内发育煤系烃源岩。塔尔尕组为一套浅-半深湖相杂色泥岩、石英砂岩夹泥灰岩。上侏罗统库孜贡苏组为萨热克铜矿主赋矿层位。碱性辉绿辉长岩侵位于下白垩统克孜勒苏群，周边形成了砂岩型铜矿体和砂砾岩型铅锌矿体。

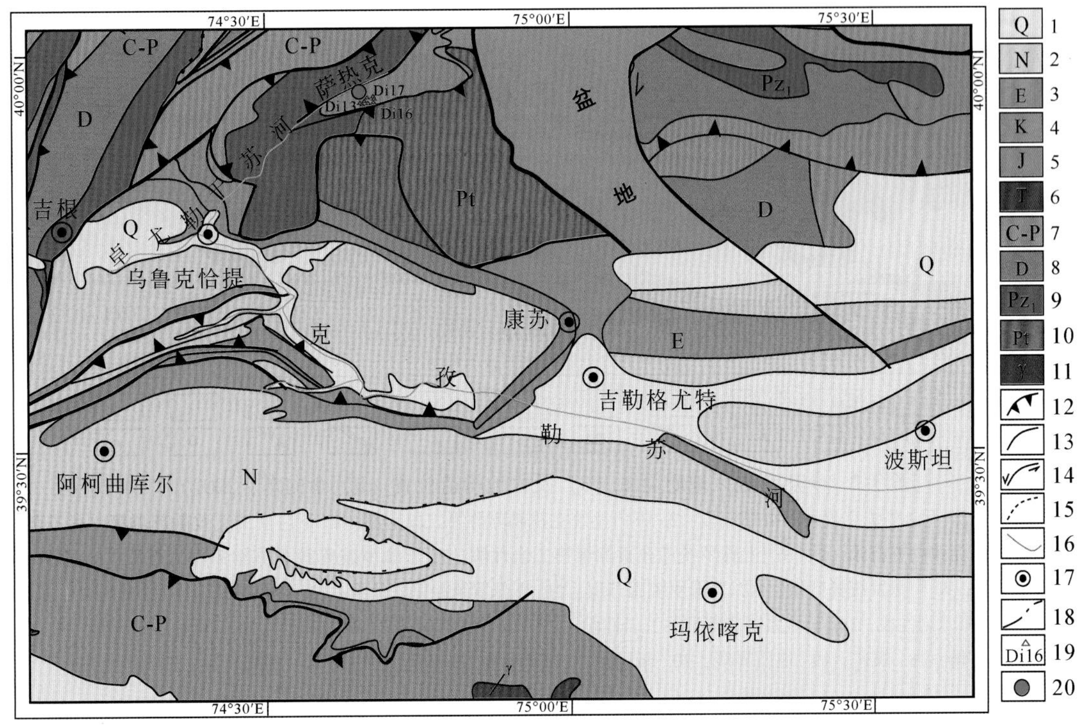

图3-1　塔里木盆地西缘-西南天山造山带地质简图

1. 第四系；2. 新近系；3. 古近系；4. 白垩系；5. 侏罗系；6. 三叠系；7. 石炭系—二叠系；8. 泥盆系；9. 下古生界；10. 元古宇；11. 侵入体；12. 逆冲断层；13. 推测断层；14. 走滑断裂；15. 角度不整合；16. 河流；17. 城镇；18. 地层界线；19. 采样点；20. 铜矿床点

碱性辉长辉绿岩类主要发育于盆地南东翼，呈岩脉群侵位于上白垩统克孜勒苏群紫红色砂岩中［图3-3（a）］，呈顺层和切层产出，多沿断裂及裂隙上侵，岩脉群脉宽一般1～2m，单脉长度100～1000m，岩脉及上下盘砂岩发育明显褪色化蚀变。在新疆托云地区碱性辉长岩和碱性岩，形成于35～70Ma、100～120Ma、150～170Ma三个年龄段（周清洁等，1990；李永安等，1995；韩宝福等，1998；王彦斌等，2000；刘楚雄等，2004；梁涛等，2007；季建清等，2006），主要为中-新生代。方维萱等（2017b）认为碱性辉长辉绿岩侵位事件可能形成于古近纪—新近纪，有深刻地幔动力学背景（杜玉龙等，2020）。

萨热克碱性辉长辉绿岩类岩脉群以小角度和大角度切层产出，两者之间具有细颈化［图3-3（a）］，细颈化部位厚度一般0.3～0.5m，无切错关系，揭示两种不同产状的脉体为同期侵入的产物。①岩石呈灰绿色，辉长辉绿结构，块状构造，主要矿物成分为斜长石（45%）、角闪石（20%）、辉石（2%）［图3-3（d）～(f)］，次为磷灰石（3%）、黑云母（1%）、钛铁矿（5%）等，少量赤铁矿、黄铁矿、磁黄铁矿、闪锌矿等。斜长石，多呈长板状，粒径0.2～6.0mm。角闪石呈自形粒状或长板状，粒径0.15～2.0mm，多发生黑

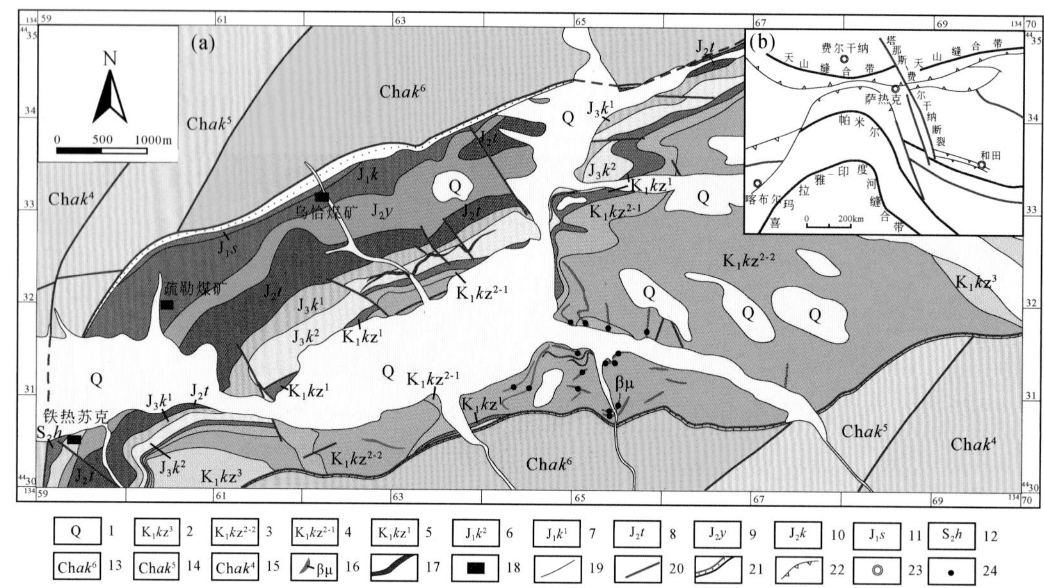

图 3-2　萨热克地区地质简图（a）及大地构造位置（b，李向东，2000）

1. 第四系；2. 下白垩统克孜勒苏群第三段；3. 下白垩统克孜勒苏群第二段上部；4. 下白垩统克孜勒苏群第二段下部；5. 下白垩统克孜勒苏群第一段；6. 上侏罗统库孜贡苏组第二岩性段；7. 上侏罗统库孜贡苏组第一岩性段；8. 中侏罗统塔尔尕组；9. 中侏罗统杨叶组；10. 下侏罗统康苏组；11. 下侏罗统沙里塔什组；12. 中志留统合同沙拉群；13. 长城系阿克苏群第六岩性段；14. 长城系阿克苏群第五岩性段；15. 长城系阿克苏群第四岩性段；16. 辉长辉绿岩脉群；17. 铜矿体；18. 煤矿；19. 地质界线；20. 断层；21. 破碎带；22. 构造缝合带；23. 地名；24. 采样点位

云母化、绿泥石化，部分颗粒隐约可见发育细密的解理。辉石呈自形粒状。角闪石与辉石均被碳酸盐、绿泥石、白钛矿完全交代呈假象。黏土类矿物以绿泥石为主，有少量含铁蒙脱石、蛇纹石。碳酸盐主要为白云石，呈他形不等粒状交代角闪石或为白云石脉。黑云母呈针状或片状。磷灰石呈细长针状，多与黏土类矿物一起分布于斜长石、角闪石之间。钛铁矿多与磁铁矿或赤铁矿呈出溶连晶，板状、格子状、鱼骨状，已经褐铁矿化、白钛矿化。②辉长辉绿岩脉群边部出现明显的蚀变带，主要为铁碳酸岩化、硅化脉蚀变带[图 3-3（c）]；③辉长辉绿岩脉边部发育角砾岩化和碎裂岩化带[图 3-3（c）]，两侧围岩发生明显的揉皱，显示在辉长辉绿岩脉群侵位过程中受到明显的构造变形；④辉长辉绿岩脉群围岩地层出现明显灰白色褪色化[图 3-3（b）]。

3.2.1　碱性辉长辉绿岩类与岩相地球化学特征

1. 主量元素与岩石类型

碱性辉长辉绿岩烧失量在 0.97%～7.44%；SiO_2 在 43.65%～48.56%，平均 45.8%；TiO_2 在 2.39%～3.11%，平均 2.70%，属高钛系列（>2%）；Al_2O_3 在 15.72%～18.5%，平均含量 17.33%；Fe_2O_3 含量为 1.97%～5.40%，平均值为 3.48%；FeO 含量为 3.28%～7.13%，平均值为 4.82%；MgO 在 5.57%～12.96%，平均 8.61%，Di6、Di7、Di13、

图 3-3　萨热克铜矿区碱性辉长辉绿岩脉群岩相学特征

(a) 顺层侵位的辉长辉绿岩脉群；(b) 辉长辉绿岩脉沿断裂带侵位，周围岩石发生褪色化；(c) 辉长辉绿岩脉群内部发育石英脉，边部有碎裂化和角砾岩带；(d)、(e) 正交偏光；(f) 单偏光；Pl. 斜长石；Afs. 碱性长石；Amp. 角闪石；Aug. 辉石；Chl. 绿泥石；Bt. 黑云母；Py. 黄铁矿；Rt. 金红石；Ap. 磷灰石

Di14、Di16、Di17 等样具有苦橄质（>8%）和苦橄岩（>12%）特征。Na_2O 含量为 2.30%~5.13%，平均值为 3.62%；K_2O 含量为 0.51%~2.56%，平均值为 1.80%；多数样品里特曼指数 $\sigma>9$，平均 14.07，且全碱（K_2O+Na_2O）含量在 4.39%~6.66%（>4%）。岩石具有高钛、镁，贫硅、富碱特征，属碱性变基性-碱性变超基性岩系列。在 TAS 图解中［图 3-4（a）］中，样品落到似长石辉长岩、二长辉长岩、辉长岩的区域。岩浆系列以钾玄岩系列为主［图 3-4（b）］，具有碱性辉长岩-碱性似长石辉长岩、碱性辉长岩-碱性二长辉长岩（苦橄质岩类）两个岩石系列演化方向，碱性似长石辉长岩与铜矿形成有着密切关系。

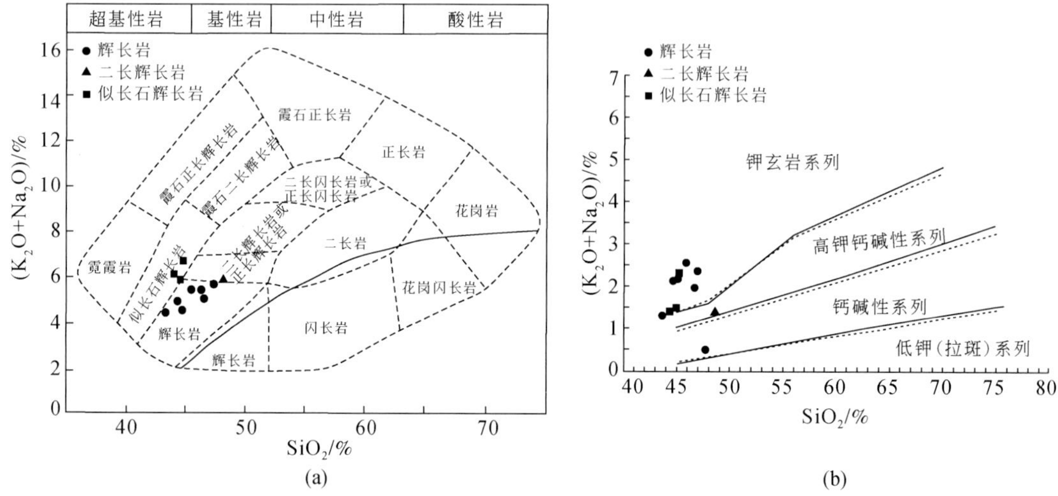

图 3-4　TAS 分类图解（a）（底图据 Wilson，2001）和 SiO_2-K_2O+Na_2O 图解（b）
（实线据 Peccerillo and Taylor，1976；虚线据 Middlemost，1985）

2. 稀土和微量元素

ΣREE 为（187～235）$\times10^{-6}$，平均 214$\times10^{-6}$；$(La/Yb)_N$=6.18～26.20，平均 17.91；$(Ce/Yb)_N$=0.95～1.25，平均 1.03，显示轻稀土富集特征［图 3-5（a）］。$(La/Sm)_N$=0.75～1.14，大部分>1.00，平均 1.01，说明岩浆来源于富集型地幔（或与地幔热柱有关）；Eu 负异常不明显（δEu=0.82～1.22，平均 0.95），Ce 异常不明显（δCe=0.97～1.02，平均 1.00）。本区岩浆岩 Cr 含量为（22～206）$\times10^{-6}$，平均 88$\times10^{-6}$；Co 含量(29～62)$\times10^{-6}$，平均 41$\times10^{-6}$；Ni 含量为（24～146）$\times10^{-6}$，平均 57$\times10^{-6}$，Cr、Ni 含量小于 Wilson（1989）给出的原始岩浆值［Ni=（400～500）$\times10^{-6}$，Cr>1000$\times10^{-6}$］，暗示本区岩浆经分离结晶作用演化而成，曾发生了橄榄石和单斜辉石分离结晶作用。大离子亲石元素 Ba、Sr（个别样品）出现相对明显的负异常。高场强元素 P 具有较明显的正异常，Zr 有弱的负异常［图 3-5（b）］，Nb/Ta=15～18，平均 17，相当于原始地幔的含量（Nb/

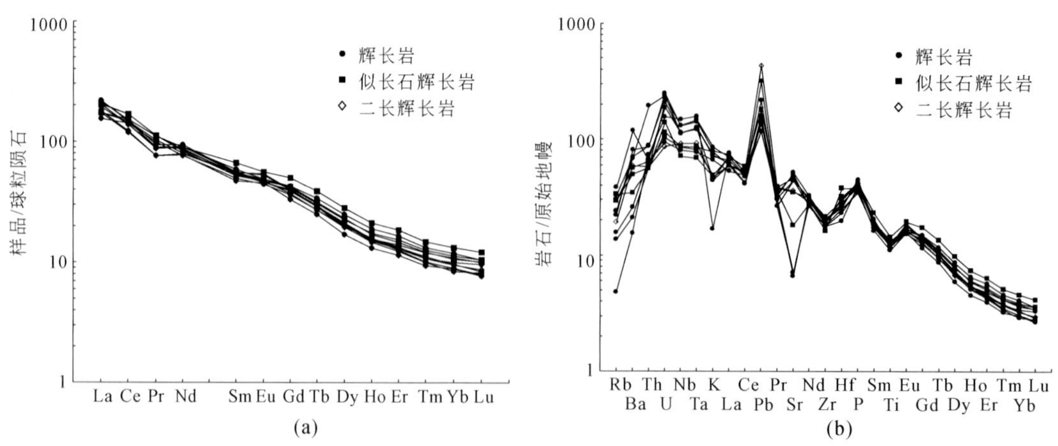

图 3-5　稀土元素配分曲线（a）和微量元素蛛网图（b）（底图据 Sun and McDonough，1989）

Ta=17.5±2.0）（Anders and Grevesse，1989）。Ti 出现弱的负异常，暗示岩浆演化过程中发生了 Ti 的分离结晶，形成钛铁矿、磁钛铁矿、金红石等；Ti 负异常可能是因为岩浆在演化中具有流体带来的大陆地壳物质的参与，流体中亏损 Ti。Pb 具有强正异常，这可能是地壳物质参与的结果。

总之，萨热克地区岩浆来源于交代富集型地幔，发生了橄榄石、辉石等低度部分熔融形成原始岩浆，演化过程中经历了分离结晶作用，同时具有由流体带来的大陆地壳物质参与，最终形成碱性变超基性-碱性变基性岩石系列，形成从碱性辉长岩向似长石辉长岩和二长辉长岩两个方向演化，似长石辉长岩可能与铜矿形成关系密切。

3.2.2　锆石 Ti 和金红石 Zr 含量与形成温度

锆石中 Ti 含量和金红石中 Zr 含量分别与其温度有较好的线性关系，据此提出了锆石 Ti 和金红石 Zr 含量这一单矿物微量元素温度计（Zack et al.，2004；Watson and Harrison，2005；Watson et al.，2006；Ferry and Watson，2007；Tomkins et al.，2007），并引起了广泛关注（张丽娟和张立飞，2016；张丽娟等，2018；孙紫坚等，2017）。该温度计虽然存在多个形式的计算公式（Watson and Harrison，2005；Watson et al.，2006；Ferry and Watson，2007），其应用的压力条件、地质背景等还没有统一的认识，但其地质应用优势明显。

萨热克碱性辉长辉绿岩类中锆石镜下呈黄粉色，次浑圆-浑圆状、粒状，个别半自形双锥柱状，透明，金刚光泽，个别晶内可见黑色固相包体，表面受熔蚀，大部分晶棱、晶面模糊不清，个别棱角钝化，伸长系数 1.0～2.5，粒径 0.03～0.22mm，暗示锆石可能经过了搬运。辉长辉绿岩类中金红石与锆石共生，呈橙黄色粒状、板状，主要存在两种产状：一类呈粒状，与钠长石、歪正长石和正长石等发生交代；另一类产于黑云母、钛铁矿、磁钛铁矿周缘［图 3-3（d）］，可能是这些矿物析出的 Ti 氧化形成金红石。

采用 Watson 等（2006）拟合的锆石 Ti 和金红石 Zr 含量温度计公式进行温度估算，获得锆石结晶温度 651～2566℃（平均 950℃）（表 3-2）；估算 2 件金红石样品形成温度分别为 1091℃和 400℃（表 3-3）。金红石中 Fe 含量高低被认为是区分金红石是否为变质成因的重要指标（Zack et al.，2004），即变质成因金红石中 Fe 含量大于 1000×10^{-6}。两件金红石 Fe 含量分别为 3171×10^{-6}、7750×10^{-6}，揭示金红石在岩浆源区结晶形成（温度 1091℃），在后期遭受了热液退变作用，后期热液蚀变温度为 400℃。

表 3-2　辉长辉绿岩类中锆石 Ti 含量温度计估算结果

测点编号	S1-01	S1-02	S1-03	S1-04	S1-05	S1-06	S1-07	S1-09	S1-10	S1-11	S1-12	S1-13
$Ti/10^{-6}$	31.30	39.00	32.75	181	24.17	9.81	22.47	18.14	65.10	9.79	3.24	22.95
t/℃	852	877	857	1081	825	739	817	796	938	739	651	820
测点编号	S1-14	S1-15	S1-16	S1-18	S1-19	S1-20	S1-21	S1-22	S1-23	S1-24	S1-25	S1-26
$Ti/10^{-6}$	25.24	26.67	13.84	18.18	19.89	28.89	6.64	18.06	16627	27.00	5.16	112
t/℃	829	835	770	796	805	844	706	796	2566	836	686	1010

表 3-3　辉长辉绿岩类中金红石 Zr 含量温度计估算结果

样号	Na_2O	MgO	Al_2O_3	F	K_2O	SiO_2	CaO	MnO	FeO	TiO_2
Di5-1-2	0.508	0.044	0.343	0.0	0.132	1.434	0.845	0.019	0.408	91.974
DI14-20	0.19	0.09	0.15	0.00	0.05	0.22	0.24	0.05	1.00	97.87
样号	P_2O_5	SO_3	ZrO_2	Cl	V_2O_3	Cr_2O_3	NiO	合计	$Zr/10^{-6}$	t/℃
Di5-1-2	0.011	0.0	1.639	0.014	1.18	0.187	0.038	98.78	12133	1091
DI14-20	0.00	0.00	0.001	0.007	0.015	0.109	0.000	99.99	5.182	400

3.2.3　角闪石相与成岩温度-压力-氧逸度恢复

角闪石在镜下以暗褐色为主，干涉色较为均一，多呈长柱状和自形粒状（0.2～3mm），含量20%～40%，形成嵌晶含长结构。角闪石充填于自形晶斜长石三角空隙中，常被白云石、绿泥石完全交代呈假象，其次发生黑云母化，周边常析出磁铁矿、黄铁矿等矿物。对角闪石的电子探针分析表明（表 3-4），MgO 含量 7.09%～10.20%、CaO 含量 10.68%～11.06%、FeO^T含量12.65%～18.14%、K_2O 含量0.87%～1.33%、Na_2O 含量2.89%～3.42%、TiO_2含量2.07%～3.61%、Al_2O_3含量 11.22%～12.99%，萨热克地区角闪石在矿物地球化学特征上，具有富钙、钠和贫钾、镁特点。不同种属的角闪石成分有差异，其成岩环境也不同，根据角闪石化学分子式计算参数（林文蔚和彭丽君，1994），角闪石阳离子特征为：Ca_B=1.49～1.65，$(Na+K)_A$=0.49～0.84，Ti=0.24～0.41。按国际矿物学协会角闪石专业委员会提出的命名原则和条件（王立本，2001），投影 Si-Mg/(Mg+Fe^{2+}) 图解（Leake et al., 1997），角闪石种属为铁浅闪石、浅闪石和钙镁闪石（图 3-6），并为幔源角闪石（图 3-7）。

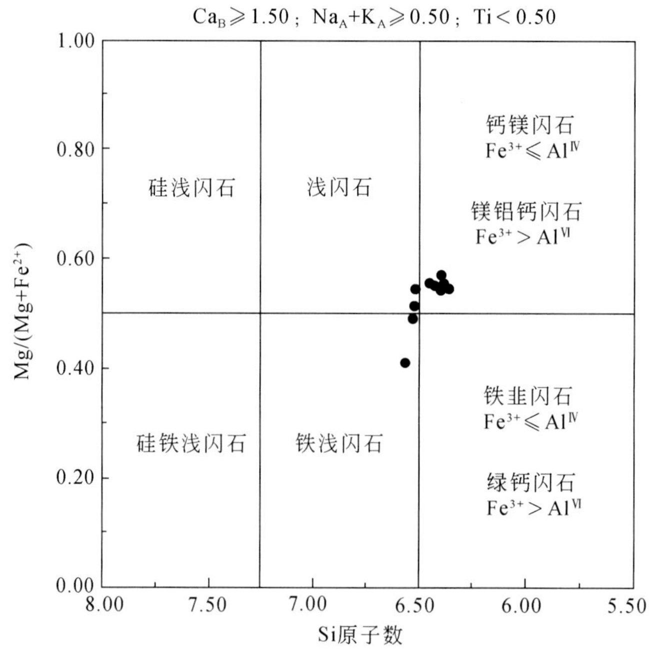

图 3-6　萨热克地区角闪石成分分类图解（底图据 Leake et al., 1997）

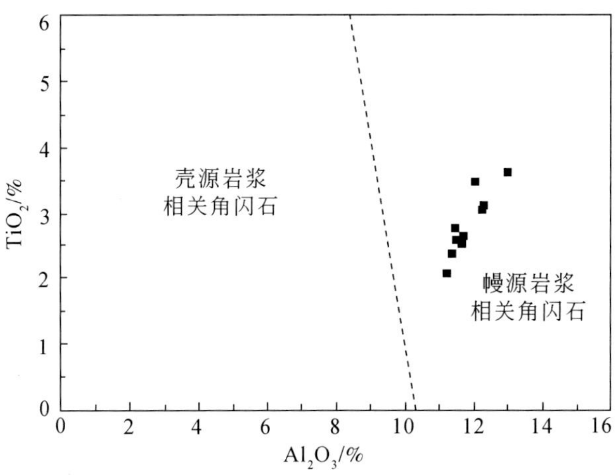

图 3-7　萨热克地区 Al_2O_3-TiO_2 成因判别图解（底图据姜常义和安三元，1984）

Blundy 和 Holland（1990）提出了由角闪石-斜长石矿物对组成的地质温压计，这两种矿物组成的温压计较其他矿物温压计具有数据易得、结果可靠等优点，并且该温压计在较大的温度（400 ~ 1150℃）、压力（0.1 ~ 2.3GPa）范围内都比较稳定。Hammarstrom 和 Zen（1986）首先提出角闪石全铝（Al^T）含量和角闪石结晶压力（P）之间的关系公式，随后 Hollister 等（1987）、Johnson 和 Rutherford（1989）、Schmidt（1992）、Holland 和 Blundy（1994）、Anderson 和 Smith（1995）对角闪石全铝压力计进行了多次的修正与完善。近年来，全铝压力计在国内外得到了广泛应用（龚松林，2004；牛利锋和张宏福，2005；Anderson et al.，2008；汪洋，2014；陈雷等，2014；孟子岳等，2016；鲁佳等，2017；杜玉龙和方维萱，2019）。因此，角闪石-斜长石温压计被广泛地应用于岩浆岩研究中，以恢复侵入岩结晶时的压力，进而得到侵入岩体的成岩深度或火山岩岩浆房的深度，探讨岩浆成岩作用过程和物理化学环境，对侵入岩剥蚀深度恢复和造山带的构造热演化史约束等方面具有重要意义（Anderson et al.，2008）。

表 3-4　萨热克地区碱性辉长辉绿岩类中角闪石电子探针分析数据及参数（单位：%）

样号	Di15110	Di15-1-11	Di15-1-13	Di15-1-14	Di15-3-1	Di15-3-3	Di15-3-5	Di15-3-6	Di15-3-7	Di15-3-8
种属	浅闪石	钙镁闪石	浅闪石	铁浅闪石	钙镁闪石	钙镁闪石	钙镁闪石	铁浅闪石	钙镁闪石	钙镁闪石
SiO_2	43.24	42.10	43.56	42.86	43.08	42.64	42.56	43.09	43.14	42.06
TiO_2	2.58	2.76	2.52	2.37	3.11	3.04	3.47	2.07	3.61	2.64
Al_2O_3	11.49	11.46	11.65	11.37	12.29	12.24	12.04	11.22	12.99	11.70
FeO^*	14.36	14.25	15.24	15.94	13.69	14.59	13.80	18.14	12.65	14.41
MgO	9.65	9.84	9.06	8.65	10.20	9.87	9.69	7.09	8.91	9.65
MnO	0.28	0.19	0.25	0.21	0.20	0.18	0.10	0.26	0.20	0.17
CaO	10.79	10.73	10.84	10.68	10.88	10.78	11.06	10.94	10.85	10.99
Na_2O	3.11	3.20	3.37	3.08	3.18	3.42	3.14	3.26	2.89	3.39
K_2O	0.98	1.05	1.00	0.98	1.03	1.10	1.00	1.33	0.87	1.01
F	0.13	0.15	0.00	0.03	0.23	0.11	0.12	0.19	0.07	0.00

续表

样号	Di15110	Di15-1-11	Di15-1-13	Di15-1-14	Di15-3-1	Di15-3-3	Di15-3-5	Di15-3-6	Di15-3-7	Di15-3-8
种属	浅闪石	钙镁闪石	浅闪石	铁浅闪石	钙镁闪石	钙镁闪石	钙镁闪石	铁浅闪石	钙镁闪石	钙镁闪石
Cl	0.00	0.01	0.01	0.01	0.01	0.01	0.00	0.00	0.01	0.01
合计	96.18	96.30	96.38	97.22	96.50	95.75	96.98	97.58	96.19	96.03
X_{Ab}	0.86	0.86	0.46	0.46	0.60	0.60	0.68	0.68	0.68	0.68
X_{An}	0.10	0.10	0.01	0.01	0.37	0.37	0.25	0.25	0.25	0.25
以23个氧原子为基准计算的阳离子数										
Si_T	6.522	6.429	6.527	6.535	6.401	6.364	6.389	6.571	6.456	6.404
Al_T^{IV}	1.478	1.571	1.473	1.465	1.599	1.636	1.611	1.429	1.544	1.596
Al_C^{VI}	0.564	0.491	0.584	0.579	0.554	0.516	0.519	0.589	0.748	0.505
Fe_C^{3+}	0.000	0.000	0.000	0.000	0.000	0.000	0.000	0.000	0.000	0.000
Ti_C	0.293	0.317	0.284	0.271	0.347	0.341	0.392	0.237	0.406	0.303
Mg_C	2.169	2.238	2.024	1.966	2.258	2.195	2.167	1.611	1.988	2.188
Fe_C^{2+}	1.811	1.820	1.910	2.033	1.701	1.820	1.733	2.314	1.583	1.835
Mn_C	0.035	0.024	0.032	0.028	0.025	0.023	0.012	0.034	0.025	0.022
Fe_B^{2+}	0.000	0.000	0.000	0.000	0.000	0.000	0.000	0.000	0.000	0.000
Ca_B	1.616	1.646	1.575	1.622	1.619	1.619	1.602	1.573	1.489	1.646
Na_B	0.384	0.354	0.425	0.378	0.381	0.381	0.398	0.427	0.511	0.354
Ca_A	0.000	0.000	0.000	0.000	0.000	0.000	0.000	0.000	0.000	0.000
Na_A	0.525	0.593	0.553	0.531	0.536	0.610	0.515	0.535	0.329	0.645
K_A	0.188	0.205	0.192	0.190	0.194	0.209	0.191	0.258	0.166	0.196
O	0.000	0.000	0.000	0.000	0.000	0.000	0.000	0.000	0.000	0.000
OH	1.940	1.928	1.998	1.984	1.890	1.946	1.943	1.907	1.964	1.998
F	0.060	0.071	0.000	0.014	0.108	0.051	0.057	0.093	0.033	0.000
Cl	0.000	0.002	0.002	0.002	0.003	0.003	0.001	0.000	0.003	0.002
$Fe^{3+}/(Fe^{2+}+Fe^{3+})$	0.000	0.000	0.000	0.000	0.000	0.000	0.000	0.000	0.000	0.000
$Fe^{tol}/(Fe^{tol}+Mg)$	0.455	0.448	0.485	0.508	0.430	0.453	0.444	0.590	0.443	0.456
$Mg/(Mg+Fe^{tol})$	0.545	0.552	0.515	0.492	0.570	0.547	0.556	0.410	0.557	0.544
$Mg/(Mg+Fe^{2+})$	0.545	0.552	0.515	0.492	0.570	0.547	0.556	0.410	0.557	0.544
$Si/(Si+Ti+Al)$	0.736	0.730	0.736	0.738	0.719	0.718	0.717	0.745	0.705	0.727
Al/Si	0.313	0.321	0.315	0.313	0.336	0.338	0.333	0.307	0.355	0.328
$Mg/(Fe^{tol}+Al^{V})$	0.563	0.576	0.510	0.482	0.586	0.553	0.561	0.372	0.513	0.556
t/℃	636	666	546	545	777	796	738	701	676	748
ΔNNO	-1.35	-1.32	-1.59	-1.65	-1.33	-1.46	-1.56	-2.14	-1.81	-1.41
P/MPa	713	692	743	733	523	470	608	626	794	571
成岩深度/km	26.3	25.6	27.5	27.1	19.4	17.4	22.5	23.2	29.4	21.1

注：角闪石-斜长石：$P=4.76Al^T-3.01-\frac{T-675}{85}\times[0.530Al^T+0.05294\times(T-675)]$；$P=\rho gD$，$D$ 是 $g=9.8m/s^2$，$\rho=2760kg/m^3$，据压力估算成岩深度（Anderson and Smith，1995）。角闪石配位按23氧原子计算，FeO^* 为全铁（Holland and Blundy，1994）。ΔNNO为氧逸度；X_{Ab}、X_{An}表示长石中Ab和An的百分比；表中下标中的A、B、C、T表示离子在角闪石A、B、C、T占位上的离子数。

采用 Holland 和 Blundy（1994）基于浅闪石-透闪石的反应平衡建立的温压计，Anderson 和 Smith（1995）修正的角闪石-斜长石全铝（Al^T）压力计和 Ridolfi 等（2008）提出的氧逸度公式，进行角闪石结晶温度、压力、氧逸度和成岩深度估算（表3-4），角闪石成岩结晶温度545～796℃，形成压力为794～470MPa，成岩的氧逸度为-2.14～-1.32，推测角闪石的成岩深度为29.4～17.4km。

根据角闪石温度-压力计算（表3-4）、地球化学图解（图3-6、图3-7），本区辉长辉绿岩类从低位（地幔-地壳过渡部位）向高位（地壳深部）（29.4km→17.4km）上升过程中，岩浆成岩系统具有压力降低（794MPa→470MPa）和温度升高（545℃→796℃）趋势，氧逸度在-2.14～-1.32，具有高氧化环境中形成的典型减压增温地球化学动力学特征。①角闪石在深部（29～23km）以铁浅闪石、浅闪石为主，浅部（23～17km）向钙镁闪石演化。②随着岩浆侵位高度增加和温度的上升，角闪石中 Fe 含量降低（18.14%→12.65%），Mg 含量略有增加（7.09%→10.20%），角闪石向贫铁方向演化。③萨热克地区角闪石以幔源成因为主（图3-7），推测幔源岩浆在上升到地幔顶部和地壳底部尺度过程中，形成了钙镁质角闪石，推测可能是由于随着压力降低和温度升高，角闪石中的铁质活化迁移进入到流体之中，这与镜下常看到角闪石周边析出磁铁矿等相一致。角闪石的 $Mg/(Mg+Fe^{2+})$ 变化范围为0.41～0.57（<0.68），表明辉长辉绿岩脉群中角闪石是岩浆演化结晶分异作用形成。④本区角闪石具有向贫铁富镁的方向演化的特征，推测为岩浆结晶分异作用形成，地球化学动力学机制为高氧化环境中降压增温作用过程。

3.2.4　黑云母相与成岩氧逸度-温度-压力恢复

萨热克地区碱性辉绿辉长岩中黑云母不同岩相学特征，揭示的不同矿物地球化学特征有助于恢复其成岩过程和形成环境：①早期黑云母与角闪石-斜长石共生，在镜下为褐色-褐绿色，地质产状以细小的针状居多，少部分为片状，分布于斜长石和角闪石之间；②中期黑云母多与长石发生交代，或与绿泥石等黏土类矿物相伴产出，在黑云母周边，常发育钛铁矿与磁铁矿或钛铁矿与赤铁矿的出溶连晶，呈棒状，已经被白钛矿完全交代，揭示黑云母形成于高氧化环境；③晚期黑云母与黏土矿物伴生，多已经发生水化作用，形成了水解黑云母（水云母化），为壳源黑云母。

1. 黑云母形成的氧逸度-温度-压力恢复

高温高压实验研究表明（Henry and Guidotti，2002；Henry et al.，2005），黑云母中 Ti 含量是其形成温度的关键控制因素，黑云母中 Ti 含量可以作为一个潜在的地质温度计，并得到计算公式：$t=\{[\ln(Ti)+2.3594+1.7283\times(X_{Mg})^3]/4.6482\}^{0.333}$，$X_{Mg}=n(Mg)/n(Mg+Fe^{2+}+Mn)$。Uchida 等（2007）对低压条件（$P<0.2$GPa）结晶岩体的角闪石全铝含量与黑云母全铝含量进行线性回归，得到黑云母全铝压力计公式：$P=0.303\times Al^T-0.65$［压力 P 的单位是 GPa，Al^T 为黑云母分子式（基于 O=22）中 Al 的摩尔分数，误差为±0.033GPa］，该黑云母全铝压力计不能用来估算岩浆岩的结晶压力，贸然使用该公式会导致错误的结论（汪洋，2014），但可以用来估算岩浆热液蚀变系统的黑云母形成的压力。国内已有学者使用该公式估算岩体的成岩深度（王建平等，2009；刘学龙等，2013；鲁佳

等，2017；孙紫坚等，2017）。萨热克地区黑云母多数与钛铁矿、钛磁铁等含钛矿物共生，表明其达到了钛饱和状态，符合黑云母全铝压力计估算条件。估算获得黑云母形成温度651～775℃（表3-5），与图3-8（c）（Henry et al.，2005）结果一致，形成压力2.01～0.58kbar，形成 $\lg f_{O_2}$ 为-1.64～0.40。由于黑云母基本上为原生黑云母，形成深度可以代表成岩深度，即黑云母的成岩深度为7.42～2.15km。

2. 黑云母相地球化学动力学机制与环境

$Fe^{2+}/(Fe^{2+}+Mg)$ 值均一性是氧化态岩浆的重要标志，$Fe^{2+}/(Fe^{2+}+Mg)$ 值较均一则表明其未遭受后期流体的改造（Stone，2000）。①本区辉长辉绿岩类中黑云母 $Fe^{2+}/(Fe^{2+}+Mg)$ 为0.35～0.61，均一性稍差，表明黑云母一定程度遭受后期流体改造。②在图3-8（b）中，1个样品落到再平衡原生黑云母区域、3个样品处于原生黑云母-再平衡原生黑云母过渡区，这有可能与黑云母后期遭受一定程度流体改造有关，推测与壳源流体参与岩浆成岩作用系统有关。③马昌前等（1994）通过统计前人不同产状的黑云母成分特征后提出，退变质和固相线下交代作用成因的黑云母具有低Ti的特征（Ti<0.20）；进变质成因

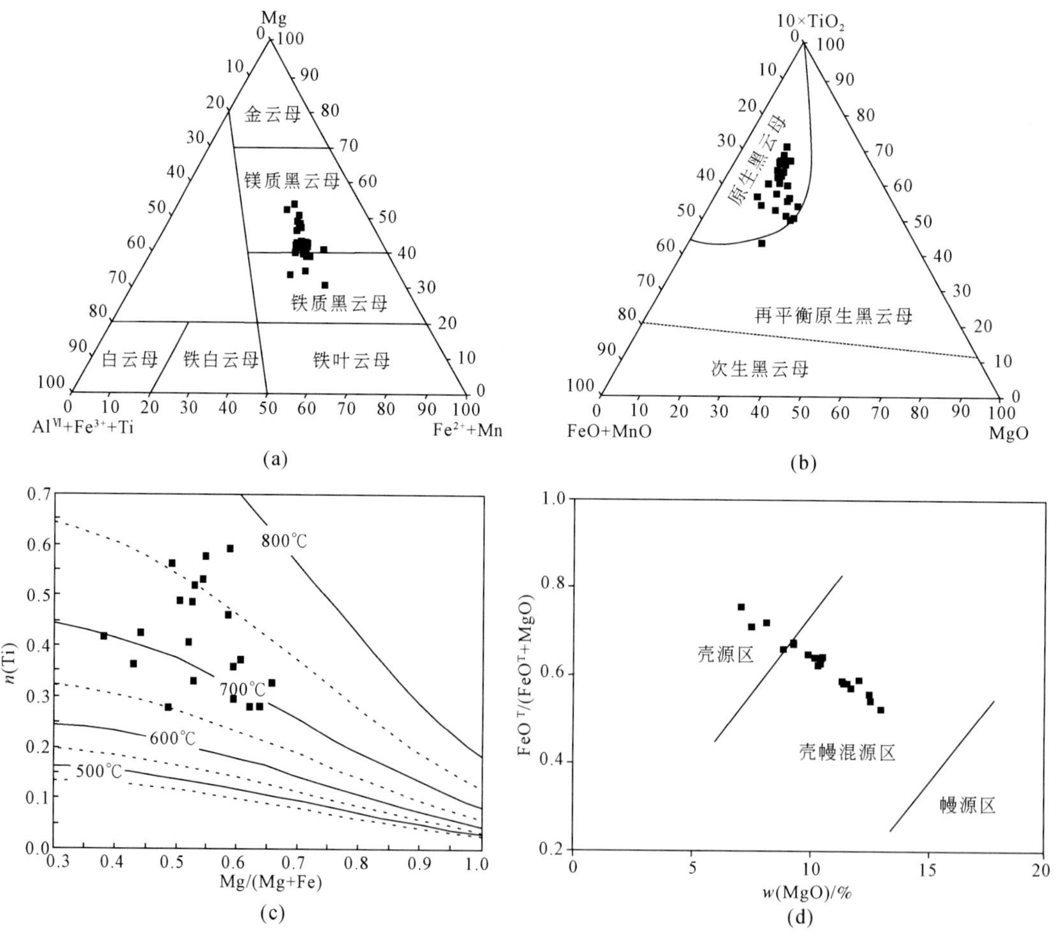

图3-8　萨热克铜矿区辉长辉绿岩中黑云母矿物地球化学特征图

（a）、（b）底图据Foster，1960；（c）底图据Henry et al.，2005；（d）底图据周作侠，1986

的黑云母 Ti 的变化范围较大，且 X_{Mg}的比值多大于 0.55；而岩浆成因的黑云母具有中等的 Ti 含量（0.20<Ti<0.55），且 X_{Mg}的比值为 0.30～0.55。赵沔等（2015）认为，黑云母的 X_{Mg}值是区别深源或浅源岩体可靠的判别标志，当 X_{Mg}>0.45 代表深源系列岩石。萨热克地区辉长辉绿岩类中黑云母 Ti 在 0.29～0.60，平均 0.44，X_{Mg}在 0.39～0.65（平均 0.54），表明大多数黑云母为岩浆成岩作用形成的产物。可见黑云母为壳幔混合源区[图 3-8（d），周作侠，1986]，进一步揭示本区岩浆具有明显的地幔柱物质参与。④总之，碱性辉长辉绿岩类中黑云母为深源岩浆成岩作用所形成，在高氧化环境的岩浆成岩作用系统中，具有降压增温作用过程的趋势，黑云母从铁质原生黑云母向镁质原生黑云母演化，晚期在浅部（5～2.15km）有壳源热流体参与了岩浆成岩作用系统。

表 3-5　萨热克地区碱性辉长辉绿岩类中黑云母电子探针分析数据及参数（单位：%）

样号	Di10-2-1	Di10-2-2	Di5-1-8	Di5-1-9	Di5-2-1	Di5-2-2	Di5-2-3	Di5-2-4	Di5-3-1	Di5-3-2
SiO_2	38.94	38.75	38.20	38.34	37.46	37.71	38.24	38.41	39.52	38.69
TiO_2	3.45	3.80	2.82	2.89	3.39	3.50	2.79	3.17	3.19	3.80
Al_2O_3	13.85	12.83	15.54	14.61	15.02	14.75	14.73	14.32	13.68	14.09
FeO	20.99	22.00	15.76	16.12	15.94	15.65	14.88	18.17	14.31	18.23
MnO	0.20	0.14	0.14	0.09	0.12	0.08	0.09	0.09	0.11	0.18
MgO	8.16	7.09	12.49	11.56	11.41	11.71	12.54	10.18	13.00	9.90
CaO	0.03	0.00	0.05	0.04	0.05	0.00	0.02	0.03	0.00	0.02
Na_2O	1.00	0.82	1.46	1.36	1.39	1.31	1.37	1.17	1.33	1.21
K_2O	7.86	8.03	7.86	7.64	7.67	7.54	7.75	7.81	7.58	7.88
Cr_2O_3	0.00	0.01	0.02	0.03	0.00	0.02	0.01	0.00	0.00	0.00
NiO	0.00	0.00	0.00	0.07	0.00	0.00	0.00	0.02	0.08	0.04
F	0.20	0.12	0.07	0.03	0.01	0.16	0.24	0.06	0.19	0.19
Cl	0.01	0.00	0.01	0.01	0.01	0.01	0.01	0.01	0.00	0.01
合计	94.69	93.57	94.40	92.79	92.48	92.43	92.68	93.42	92.98	94.23
* H_2O	1.67	1.67	1.59	1.93	1.42	1.48	1.86	1.86	1.94	1.89
* F，Cl=O	0.27	0.27	0.31	0.04	0.48	0.43	0.11	0.11	0.02	0.08
Si^{4+}	5.910	6.014	5.712	5.836	5.726	5.757	5.79	5.86	5.95	5.87
Al^{IV}	2.090	1.986	2.288	2.164	2.274	2.243	2.21	2.14	2.05	2.13
Al^{VI}	0.388	0.361	0.451	0.458	0.431	0.412	0.42	0.43	0.37	0.38
Ti^{4+}	0.394	0.443	0.318	0.331	0.390	0.402	0.32	0.36	0.36	0.43
Fe^{3+}	0.453	0.266	0.179	0.195	0.192	0.193	0.33	0.22	0.18	0.22
Fe^{2+}	2.211	2.590	1.792	1.857	1.846	1.806	1.56	2.10	1.62	2.09
Mn^{2+}	0.025	0.018	0.017	0.012	0.016	0.010	0.01	0.01	0.01	0.02

续表

样号	Di10-2-1	Di10-2-2	Di5-1-8	Di5-1-9	Di5-2-1	Di5-2-2	Di5-2-3	Di5-2-4	Di5-3-1	Di5-3-2
Mg^{2+}	1.846	1.640	2.785	2.623	2.600	2.666	2.83	2.31	2.92	2.24
Ca^{2+}	0.006	0.000	0.008	0.006	0.009	0.000	0.00	0.00	0.00	0.00
Na^{+}	0.295	0.245	0.423	0.402	0.411	0.387	0.40	0.35	0.39	0.35
K^{+}	1.522	1.589	1.499	1.483	1.496	1.468	1.50	1.52	1.46	1.52
Cr^{3+}	0.002	0.005	0.009	0.017	0.007	0.038	0.00	0.00	0.00	0.00
Ni^{2+}	0.000	0.000	0.000	0.000	0.000	0.000	0.00	0.00	0.00	0.00
F^{-}	0.204	0.212	0.272	0.032	0.445	0.393	0.12	0.03	0.09	0.09
Cl^{-}	0.102	0.145	0.100	0.014	0.111	0.103	0.00	0.00	0.00	0.00
* OH^{-}	1.694	1.643	1.628	1.953	1.444	1.504	1.88	1.97	1.91	1.91
X_{Mg}	0.45	0.39	0.61	0.59	0.58	0.60	0.65	0.52	0.64	0.52
X_{Fe}	54.50	61.24	39.15	41.46	41.53	40.38	35.48	47.58	35.71	48.31
X_{Mf}	0.90	0.77	1.21	1.17	1.17	1.19	1.29	1.05	1.28	1.03
lnTi	−0.932	−0.813	−1.147	−1.105	−0.942	−0.911	−1.15	−1.01	−1.02	−0.84
$(X_{Mg})^3$	0.094	0.058	0.225	0.201	0.200	0.212	0.27	0.14	0.27	0.14
t/℃	695	703	697	696	719	726	707.41	695.73	724.0	719.07
$\lg f_{O_2}$	−1.07	−1.41	0.25	0.01	−0.18	−0.09	0.35	−0.43	0.40	−0.70
P/MPa	98	58	177	141	167	152	143	127	82	110
H/km	3.61	2.15	6.54	5.23	6.16	5.60	5.30	4.70	3.03	4.07
来源	壳源区		壳幔混源区							

样号	Di5-3-3	Di14-1	Di14-2	Di14-4	Di14-8	Di16-1	Di16-2	Di16-3	Di17-2	Di17-6
SiO_2	37.36	38.09	38.69	31.83	38.92	38.70	38.70	37.57	38.13	37.74
TiO_2	4.27	4.49	4.36	2.19	4.83	3.96	4.88	5.05	5.25	5.54
Al_2O_3	13.25	14.20	14.97	13.78	15.04	14.80	14.31	14.33	14.62	15.50
FeO	17.26	18.94	17.38	19.31	18.57	18.53	17.59	19.00	17.12	16.18
MnO	0.13	0.08	0.14	0.15	0.13	0.18	0.10	0.19	0.09	0.15
MgO	8.87	10.52	12.06	9.28	10.46	7.53	10.43	9.30	10.33	11.34
CaO	0.05	0.04	0.06	1.87	0.07	1.72	0.04	0.00	0.03	0.01
Na_2O	1.13	0.81	0.89	0.22	0.98	1.14	1.02	1.07	0.83	0.99
K_2O	7.27	7.24	6.94	3.76	6.60	7.34	8.07	8.28	9.61	9.42
Cr_2O_3	0.00	0.02	0.02	0.05	0.02	0.03	0.02	0.03	0.03	0.00
NiO	0.00	0.00	0.00	0.03	0.00	0.02	0.00	0.00	0.05	0.08
F	0.22	0.20	0.29	0.26	0.16	0.11	0.13	0.05	0.24	0.19

续表

样号	Di5-3-3	Di14-1	Di14-2	Di14-4	Di14-8	Di16-1	Di16-2	Di16-3	Di17-2	Di17-6
Cl	0.01	0.01	0.01	0.00	0.00	0.01	0.01	0.01	0.00	0.01
合计	89.80	94.63	95.80	82.74	95.76	94.04	95.29	94.88	96.31	97.16
* H_2O	1.78	1.90	1.90	1.89	1.96	1.93	1.93	1.95	1.95	1.94
* F，Cl=O	0.10	0.09	0.09	0.12	0.07	0.05	0.05	0.05	0.07	0.08
Si^{4+}	5.92	5.72	5.71	5.52	5.75	5.85	5.78	5.70	5.69	5.56
Al^{IV}	2.08	2.28	2.29	2.48	2.25	2.15	2.22	2.30	2.31	2.44
Al^{VI}	0.39	0.23	0.31	0.34	0.37	0.49	0.30	0.26	0.26	0.25
Ti^{4+}	0.51	0.51	0.48	0.29	0.54	0.45	0.55	0.58	0.59	0.60
Fe^{3+}	0.23	0.43	0.21	0.27	0.23	0.43	0.22	0.22	0.20	0.19
Fe^{2+}	2.06	1.95	1.93	2.53	2.06	1.91	1.98	2.19	1.94	1.81
Mn^{2+}	0.02	0.01	0.02	0.02	0.02	0.02	0.01	0.02	0.01	0.02
Mg^{2+}	2.10	2.35	2.65	2.40	2.30	1.70	2.32	2.10	2.30	2.49
Ca^{2+}	0.01	0.01	0.01	0.35	0.01	0.28	0.01	0.00	0.00	0.00
Na^+	0.35	0.24	0.25	0.07	0.28	0.33	0.30	0.31	0.24	0.28
K^+	1.47	1.39	1.31	0.83	1.24	1.42	1.54	1.60	1.83	1.77
Cr^{3+}	0.00	0.00	0.00	0.01	0.00	0.00	0.00	0.00	0.00	0.00
Ni^{2+}	0.00	0.00	0.00	0.00	0.00	0.00	0.00	0.00	0.00	0.00
F^-	0.11	0.10	0.14	0.14	0.07	0.05	0.06	0.02	0.11	0.09
Cl^-	0.00	0.00	0.00	0.00	0.00	0.00	0.00	0.00	0.00	0.00
* OH^-	1.89	1.90	1.86	1.85	1.93	1.95	1.94	1.98	1.89	1.91
X_{Mg}	0.50	0.55	0.58	0.49	0.53	0.47	0.54	0.49	0.54	0.58
X_{Fe}	49.54	45.33	42.12	51.35	47.21	52.96	46.02	50.98	45.73	42.05
X_{Mf}	1.00	1.09	1.15	0.97	1.05	0.93	1.08	0.97	1.08	1.15
lnTi	−0.68	−0.68	−0.73	−1.25	−0.62	−0.80	−0.60	−0.55	−0.53	−0.49
$(X_{Mg})^3$	0.13	0.16	0.19	0.12	0.15	0.10	0.16	0.12	0.16	0.19
t/℃	738	745	746	651	749	716	754	751	763	775
$\lg f_{O_2}$	−1.09	−0.57	−0.18	0.00	−0.84	−1.64	−0.81	−1.17	−0.89	−0.71
P/MPa	97	109	136	201	140	146	110	123	126	162
H/km	3.58	4.01	5.02	7.42	5.19	5.41	4.08	4.56	4.67	5.99
来源	壳源区	壳幔混源区				壳源区	壳幔混源区			

注：基于 22 个氧原子计算黑云母阳离子数及相关参数。* H_2O 为水的质量分数，* F、* Cl、* OH^- 分别为黑云母中 OH 位置上 F、Cl、OH^- 的摩尔分数。

3.2.5　斜长石-碱性长石与成岩温度估算

萨热克地区碱性辉长辉绿岩类中发育较为完整的长石系列矿物，对长石系列矿物进行地球化学研究，揭示岩浆成岩作用系统和演化趋势。①长石呈长板状，少数为柱状，正低突起，可见钠长石双晶和卡钠复合双晶，含量30%~60%，粒径0.1~1.0mm，常形成三脚架，多与白云石、角闪石交代产出。由电子探针分析、牌号计算、投图可看出（图3-9、表3-6），辉长辉绿岩类中长石具有较完整的演化系列，发育钠长石、歪长石、Na-正长石、正长石和斜长石系列的更长石、中长石、拉长石。②正长石 SiO_2 含量约66%，Al_2O_3 含量17%，K_2O 含量约15%，为钾长石端元。钠长石 SiO_2 含量64%~69%，平均67%，Al_2O_3 含量19%~23%，平均20%，Na_2O 含量9.0%~12.0%，平均10.5%，为钠长石端元。以拉长石-中长石等，代表了钙质斜长石端元的演化趋势。③岩相学研究显示，本区长石演化方向为钙长石→钠长石→钾长石，钾钠长石交代钙长石。完整的长石演化序列说明本区长石成分变化较大，出现了几乎纯的钠长石和钾长石，根据相平衡原理，对于一个成分均一的岩浆体系，不可能同时晶出富钠和富钾的碱性长石，这两种碱性长石只有通过低于固相线的固溶体分解才能得到，本区长石系列矿物特征，有助于揭示岩浆成岩作用系统具有多期次演化过程，具有复杂的岩浆成岩作用。吕勇军等（2006）在研究托云盆地玄武岩中巨晶长石时也得到过类似的认识。

采用Barth（1957）拟定的二长石地质温度计公式［$\ln K=0.8-1400/t$，$K=X_{Na}^{Afs}/X_{Na}^{Pl}$，$X_{Na}=Na/(Na+K+Ca)$］进行温度估算。从结果中可以看出（表3-6），该区长石演化为高温系列长石和低温系列长石两个系列：①正长石-斜长石共生矿物对形成温度为336~421℃（平均370℃），为低温系列长石；②高温系列长石主要为斜长石-Na-正长石（或歪长石）矿物对，形成温度为886~1907℃（平均1211℃），与显微镜下观测到的角闪石-长石组成的含长嵌晶结构相吻合，这种高温长石与角闪石具有同期岩浆结晶作用所形成的特征。

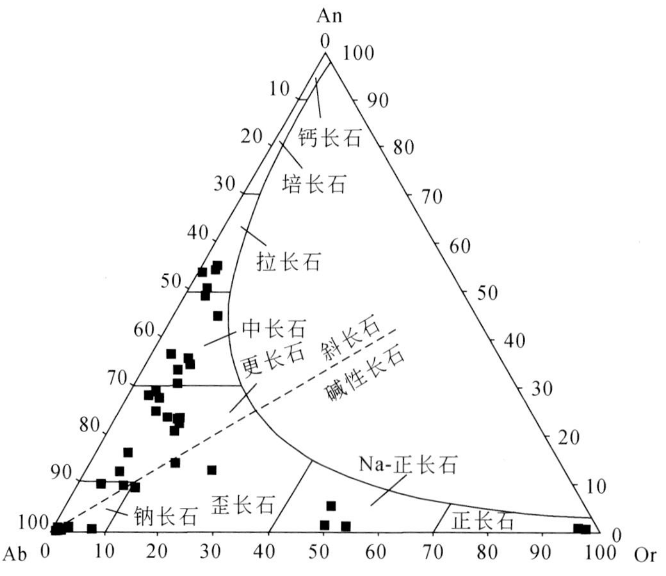

图3-9　萨热克铜矿区碱性辉长辉绿岩中长石类种属类型判别图（底图据陈雷等，2014）

表 3-6 萨热克地区碱性辉长辉绿岩类中长石电子探针分析数据及参数

样号	SiO_2/%	Al_2O_3/%	CaO/%	Na_2O/%	K_2O/%	Si/%	Al/%	Ca/%	Na/%	K/%	An/%	Ab/%	Or/%	种属	温度/℃	
															正长石-斜长石	Na-正长石-斜长石
Di5-1-1	65.60	17.42	0.04	0.36	15.18	3.0500	0.9545	0.0019	0.0320	0.9006	0.20	3.42	96.37	正长石		
Di15-1-15	64.15	18.97	0.30	5.59	9.89	2.9514	1.0288	0.0146	0.4983	0.5805	1.33	45.57	53.09	Na-正长石		
Di10-2-3	60.01	22.51	5.86	7.67	1.00	2.7564	1.2188	0.2882	0.6830	0.0585	27.99	66.33	5.68	更长石	372	1191
Di15-1-12	64.12	21.06	2.09	9.95	0.68	2.8853	1.1169	0.1006	0.8678	0.0391	9.98	86.14	3.88	钠长石	348	975
Di15-3-4	58.96	24.93	8.15	7.24	0.61	2.6479	1.3196	0.3921	0.6305	0.0351	37.07	59.61	3.32	中长石	383	1310
Di15-3-9	60.55	22.63	5.51	8.28	1.19	2.7555	1.2138	0.2688	0.7302	0.0691	25.16	68.37	6.47	更长石	369	1161
Di5-1-10	58.23	24.31	6.49	8.57	0.66	2.6602	1.3087	0.3178	0.7592	0.0383	28.50	68.07	3.44	更长石	369	1166
Di5-3-4	58.71	23.84	6.74	8.43	0.86	2.6760	1.2808	0.3292	0.7454	0.0497	29.28	66.30	4.42	中长石	372	1192
DI14-5	68.84	19.85	0.04	11.13	0.07	2.9988	1.0191	0.0021	0.9396	0.0038	0.22	99.38	0.40	钠长石	336	886
DI14-6	65.38	22.58	0.12	10.05	1.13	2.8853	1.1746	0.0056	0.8602	0.0636	0.61	92.56	6.84	钠长石	342	928
DI16-4	67.96	20.91	0.11	10.16	0.05	2.9729	1.0782	0.0050	0.8613	0.0026	0.57	99.13	0.30	钠长石	336	888
DI17-3	61.43	23.57	4.73	7.10	1.93	2.7656	1.2504	0.2281	0.6193	0.1111	23.80	64.61	11.59	中长石	375	1218
DI17-4	56.76	27.50	10.76	4.65	0.45	2.5443	1.4530	0.5170	0.4040	0.0258	54.61	42.67	2.72	拉长石	421	1907
DI17-8	64.85	20.97	2.64	9.48	1.07	2.8907	1.1016	0.1262	0.8189	0.0607	12.55	81.41	6.04	更长石	353	1014
DI17-18	67.92	21.04	0.06	10.45	0.11	2.9646	1.0821	0.0026	0.8842	0.0061	0.29	99.03	0.68	钠长石	336	888
DI6-10	60.99	23.55	4.35	7.67	2.08	2.7561	1.2541	0.2107	0.6716	0.1201	21.02	67.00	11.99	中长石	371	1181
DI6-11	56.01	27.13	9.16	5.29	1.36	2.5487	1.4553	0.4467	0.4670	0.0790	45.00	47.04	7.96	拉长石	409	1683
DI7-1	56.79	27.29	9.83	4.92	0.50	2.5605	1.4499	0.4746	0.4300	0.0289	50.84	46.06	3.10	拉长石	412	1727
DI7-10	60.64	24.21	6.09	6.68	1.24	2.7273	1.2834	0.2934	0.5827	0.0711	30.97	61.52	7.51	中长石	380	1273
DI13-6	65.86	20.25	2.02	9.48	1.45	2.9305	1.0618	0.0961	0.8180	0.0824	9.64	82.09	8.27	钠长石	352	1008
DI13-14	64.95	20.11	3.61	9.41	1.05	2.9011	1.0585	0.1730	0.8148	0.0597	16.51	77.79	5.70	中长石	357	1049
DI13-15	48.65	13.11	11.99	5.56	0.02	2.8057	0.8909	0.7408	0.6216	0.0015	54.31	45.57	0.11	拉长石	413	1750
DI13-18	64.92	20.44	2.03	9.73	1.97	2.9042	1.0775	0.0971	0.8442	0.1122	9.21	80.14	10.65	更长石	354	1026

3.2.6 绿泥石相矿物地球化学与成相环境恢复

绿泥石化蚀变相为萨热克地区岩浆成岩系统晚期的自蚀变相或辉长辉绿岩类遭受热液蚀变的产物（方维萱等，2017b），因此，绿泥石化蚀变相的矿物地球化学研究，有助于揭示岩浆成岩系统的晚期热液活动和成岩作用。①采用电子探针对绿泥石进行分析（表3-7），以28个氧原子作为标准计算绿泥石的结构式。为避免分析造成绿泥石成分误差，采用了 $w(Na_2O+K_2O+CaO)<0.5\%$ 作为判别标准，如果 $w(Na_2O+K_2O+CaO)>0.5\%$，则表明绿泥石的成分有混染（Foster，1960；Zang and Fyfe，1995）。按此判别标准对本次分析结果进行剔除，绿泥石矿物地球化学特征为：SiO_2 为 32.7%～40.0%，平均 35.5%；TiO_2 为0～4.12%，平均 0.33%；Al_2O_3 为 11.6%～17.3%，平均 13.7%；TFeO 为 6.49%～23.1%，平均 25.5%；MnO 为 0～0.100%，平均 0.040%；MgO 为 16.0%～27.5%，平均 20.9%；Na_2O 为 0.050%～0.300%，平均 0.210%；K_2O 为 0～0.140%，平均 0.060%。绿泥石具有高铁、高镁特点，这与方维萱等（2017b）计算结果一致。②采用 Deer 等（1962）的绿泥石 Si-Fe 原子数进行投图（图3-10），绿泥石种属以富铁的铁斜绿泥石（辉绿泥石）为主，次为滑石绿泥石。铁斜绿泥石形成还可能与流体沸腾作用有关（Inoue，1995），流体沸腾作用会改变成矿流体的温度、盐度、氧化还原状态及 pH 等，降低 Cu 在热液体系中的稳定性和溶解度，从而导致 Cu 的沉淀（Heinrich，1990；Muller et al.，2001）。因而，晚期绿泥石化蚀变与辉绿辉长岩类中铜矿化密切相关。

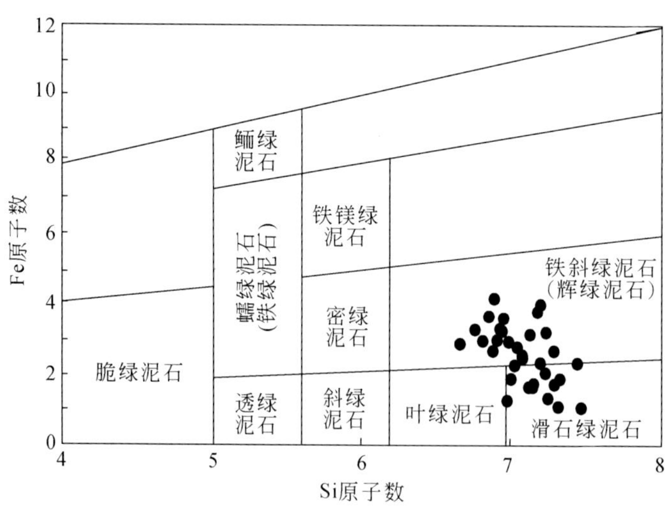

图3-10 碱性辉长辉绿岩类中绿泥石分类图解（底图据 Deer et al.，1962）

表3-7 萨热克地区碱性辉长辉绿岩类中绿泥石电子探针分析数据及参数（单位：%）

样号	DI14-3	DI14-11	DI14-14	DI16-9	DI17-10	DI17-25	DI17-28	DI17-29	DI6-7	DI6-9	DI6-13
SiO_2	38.39	35.66	37.13	36.54	35.07	33.08	34.10	35.77	38.94	33.21	34.96
TiO_2	0.00	0.02	0.30	4.12	0.00	0.03	0.04	0.04	0.13	0.12	0.13

续表

样号	DI14-3	DI14-11	DI14-14	DI16-9	DI17-10	DI17-25	DI17-28	DI17-29	DI6-7	DI6-9	DI6-13
Al_2O_3	15.33	12.51	11.87	14.00	14.82	15.08	17.28	16.00	14.67	12.76	11.62
FeO	12.75	14.68	16.08	7.64	17.41	16.85	19.59	18.67	11.70	15.24	23.06
MnO	0.02	0.00	0.05	0.05	0.05	0.09	0.08	0.10	0.00	0.03	0.03
MgO	22.23	23.25	21.86	23.82	19.18	20.72	16.60	15.91	22.87	21.63	16.73
CaO	0.30	0.05	0.12	0.14	0.25	0.29	0.27	0.30	0.26	0.24	0.11
Na_2O	0.05	0.03	0.07	0.14	0.06	0.06	0.06	0.05	0.07	0.10	0.10
K_2O	0.12	0.01	0.07	0.11	0.06	0.10	0.09	0.12	0.13	0.08	0.03
Cr_2O_3	0.10	0.03	0.02	0.02	0.04	0.05	0.00	0.00	0.55	0.14	0.05
NiO	0.01	0.09	0.03	0.04	0.00	0.03	0.05	0.08	0.13	0.08	0.14
F	0.15	0.02	0.00	0.10	0.05	0.04	0.00	0.00	0.08	0.00	0.00
Cl	0.00	0.00	0.01	0.01	0.00	0.00	0.00	0.00	0.00	0.01	0.00
合计	89.56	86.42	87.67	86.92	87.00	86.46	88.28	87.08	89.55	83.71	87.07
Si^{4+}	3.61	3.54	3.64	3.49	3.49	3.33	3.38	3.56	3.66	3.44	3.60
Ti^{4+}	0.00	0.00	0.02	0.30	0.00	0.00	0.00	0.00	0.01	0.01	0.01
Al^{3+}	1.70	1.46	1.37	1.57	1.74	1.79	2.02	1.88	1.63	1.56	1.41
Fe^{3+}	0.11	0.12	0.14	0.07	0.15	0.14	0.16	0.16	0.10	0.13	0.18
Fe^{2+}	0.89	1.09	1.18	0.54	1.30	1.28	1.46	1.39	0.82	1.19	1.80
Mn^{2+}	0.00	0.00	0.00	0.00	0.00	0.01	0.01	0.01	0.00	0.00	0.00
Mg^{2+}	3.12	3.44	3.20	3.39	2.85	3.11	2.45	2.36	3.21	3.34	2.57
Ca^{2+}	0.03	0.00	0.01	0.01	0.03	0.03	0.03	0.03	0.03	0.03	0.01
Na^{+}	0.01	0.01	0.01	0.03	0.01	0.01	0.01	0.01	0.01	0.02	0.02
K^{+}	0.01	0.00	0.01	0.01	0.01	0.01	0.01	0.01	0.01	0.01	0.00
Al^{IV}	0.39	0.46	0.36	0.51	0.51	0.67	0.62	0.44	0.34	0.56	0.40
Al^{VI}	1.31	1.00	1.01	1.06	1.23	1.12	1.40	1.44	1.29	1.00	1.01
Fe/(Fe+Mg)	0.22	0.24	0.27	0.14	0.31	0.29	0.37	0.37	0.20	0.26	0.41
Mg/(Fe+Mg)	0.78	0.76	0.73	0.86	0.69	0.71	0.63	0.63	0.80	0.74	0.59
Al/(Al+Fe+Mg)	0.30	0.24	0.24	0.29	0.30	0.29	0.34	0.33	0.29	0.26	0.24
d_{001}	14.28	14.26	14.27	14.27	14.25	14.24	14.24	14.26	14.28	14.25	14.26
a_3	62.04	152.41	182.92	5.10	486.81	516.92	1164.59	701.54	34.58	274.60	1652.63
a_6	94.66	212.41	257.87	8.30	675.12	673.32	1589.38	1001.34	53.54	364.16	2049.84
$\lg a_3$	1.79	2.18	2.26	0.71	2.69	2.71	3.07	2.85	1.54	2.44	3.22
$\lg a_6$	1.98	2.33	2.41	0.92	2.83	2.83	3.20	3.00	1.73	2.56	3.31
$\log K_1$	16.00	15.40	15.88	15.65	14.97	14.17	14.26	15.26	16.35	14.80	15.07

续表

样号	DI14-3	DI14-11	DI14-14	DI16-9	DI17-10	DI17-25	DI17-28	DI17-29	DI6-7	DI6-9	DI6-13
$\log K_2$	-89. 62	-93. 45	-90. 33	-91. 79	-96. 73	-103. 98	-103. 07	-94. 49	-87. 78	-98. 14	-95. 93
M	0. 78	0. 76	0. 73	0. 86	0. 69	0. 71	0. 63	0. 63	0. 80	0. 74	0. 59
$Fe^{2+}+Al^{VI}$	2. 21	2. 09	2. 20	1. 60	2. 53	2. 40	2. 86	2. 83	2. 11	2. 19	2. 81
t/℃	102. 6	115. 37	105. 10	110. 1	124. 90	143. 06	140. 97	118. 50	95. 46	128. 7	122. 66
$\lg f_{O_2}$	-63. 28	-61. 03	-62. 94	-61. 74	-59. 30	-56. 23	-56. 51	-60. 41	-64. 64	-58. 69	-59. 90
$\lg f_{S_2}$	-23. 61	-21. 83	-23. 38	-22. 27	-20. 45	-17. 67	-18. 00	-21. 43	-24. 61	-19. 87	-20. 98

样号	DI7-12	DI7-13	DI7-14	DI7-15	DI7-17	DI7-21	DI13-2	DI13-3	DI13-4	DI13-7	DI13-11
SiO_2	34. 05	37. 76	35. 70	35. 18	37. 87	39. 98	34. 83	35. 54	32. 68	35. 14	32. 75
TiO_2	0. 04	0. 02	0. 09	0. 07	0. 00	0. 00	0. 33	0. 40	0. 46	0. 21	0. 09
Al_2O_3	11. 83	12. 37	12. 40	12. 34	13. 66	13. 05	14. 86	14. 85	13. 80	13. 10	13. 61
FeO	13. 00	10. 41	11. 23	13. 35	10. 19	6. 49	19. 30	20. 09	20. 73	18. 43	20. 14
MnO	0. 04	0. 02	0. 00	0. 00	0. 01	0. 00	0. 02	0. 03	0. 09	0. 01	0. 04
MgO	21. 24	25. 62	26. 35	24. 22	26. 30	27. 46	18. 01	18. 60	16. 46	17. 20	16. 25
CaO	0. 26	0. 23	0. 15	0. 11	0. 27	0. 20	0. 17	0. 23	0. 18	0. 29	0. 20
Na_2O	0. 00	0. 00	0. 03	0. 03	0. 06	0. 03	0. 04	0. 07	0. 07	0. 05	0. 08
K_2O	0. 04	0. 02	0. 00	0. 02	0. 06	0. 03	0. 14	0. 10	0. 13	0. 14	0. 15
Cr_2O_3	0. 00	0. 00	0. 00	0. 00	0. 01	0. 00	0. 05	0. 04	0. 08	0. 10	0. 07
NiO	0. 03	0. 02	0. 10	0. 02	0. 07	0. 12	0. 08	0. 07	0. 06	0. 10	0. 10
F	0. 04	0. 08	0. 10	0. 09	0. 14	0. 14	0. 05	0. 00	0. 00	0. 00	0. 00
Cl	0. 00	0. 00	0. 00	0. 01	0. 00	0. 01	0. 01	0. 00	0. 00	0. 00	0. 00
合计	80. 58	86. 52	86. 17	85. 46	88. 57	87. 50	87. 86	90. 14	84. 89	84. 80	83. 50
Si^{4+}	3. 60	3. 64	3. 50	3. 51	3. 57	3. 73	3. 47	3. 46	3. 43	3. 62	3. 47
Ti^{4+}	0. 00	0. 00	0. 01	0. 00	0. 00	0. 00	0. 02	0. 03	0. 04	0. 02	0. 01
Al^{3+}	1. 47	1. 41	1. 43	1. 45	1. 52	1. 44	1. 74	1. 71	1. 71	1. 59	1. 70
Fe^{3+}	0. 12	0. 09	0. 10	0. 11	0. 09	0. 06	0. 16	0. 16	0. 17	0. 16	0. 17
Fe^{2+}	1. 03	0. 75	0. 82	1. 00	0. 71	0. 45	1. 45	1. 48	1. 65	1. 42	1. 62
Mn^{2+}	0. 00	0. 00	0. 00	0. 00	0. 00	0. 00	0. 00	0. 00	0. 01	0. 00	0. 00
Mg^{2+}	3. 34	3. 69	3. 85	3. 60	3. 70	3. 82	2. 67	2. 70	2. 57	2. 64	2. 57
Ca^{2+}	0. 03	0. 02	0. 02	0. 01	0. 03	0. 02	0. 02	0. 02	0. 02	0. 03	0. 02
Na^{+}	0. 00	0. 00	0. 01	0. 01	0. 01	0. 01	0. 01	0. 01	0. 01	0. 01	0. 02
K^{+}	0. 01	0. 00	0. 00	0. 00	0. 01	0. 00	0. 02	0. 01	0. 02	0. 02	0. 02
Al^{IV}	0. 40	0. 36	0. 50	0. 49	0. 43	0. 27	0. 53	0. 54	0. 57	0. 38	0. 53

续表

样号	DI7-12	DI7-13	DI7-14	DI7-15	DI7-17	DI7-21	DI13-2	DI13-3	DI13-4	DI13-7	DI13-11
Al^{VI}	1.07	1.05	0.93	0.96	1.09	1.17	1.21	1.17	1.13	1.20	1.18
Fe/(Fe+Mg)	0.23	0.17	0.18	0.22	0.16	0.10	0.35	0.35	0.39	0.35	0.39
Mg/(Fe+Mg)	0.77	0.83	0.82	0.78	0.84	0.90	0.65	0.65	0.61	0.65	0.61
Al/(Al+Fe+Mg)	0.25	0.24	0.23	0.24	0.26	0.25	0.30	0.29	0.29	0.28	0.29
d_{001}	14.27	14.28	14.26	14.26	14.28	14.30	14.25	14.25	14.24	14.27	14.25
a_3	105.64	18.87	36.89	98.27	18.50	1.24	847.88	907.86	1602.55	585.13	1413.11
a_6	152.96	28.89	53.39	137.81	28.32	2.02	1147.30	1210.99	2040.69	812.26	1823.29
$\lg a_3$	2.02	1.28	1.57	1.99	1.27	0.09	2.93	2.96	3.20	2.77	3.15
$\lg a_6$	2.18	1.46	1.73	2.14	1.45	0.31	3.06	3.08	3.31	2.91	3.26
$\log K_1$	15.78	16.31	15.45	15.35	15.94	17.13	14.72	14.66	14.33	15.51	14.60
$\log K_2$	-90.93	-87.95	-93.13	-93.84	-90.00	-84.45	-98.77	-99.32	-102.41	-92.68	-99.89
M	0.76	0.83	0.82	0.78	0.84	0.90	0.65	0.65	0.61	0.65	0.61
$Fe^{2+}+Al^{VI}$	2.10	1.80	1.76	1.96	1.80	1.61	2.66	2.64	2.78	2.63	2.79
t/℃	107.2	96.2	114.4	116.6	103.9	79.9	130.4	131.8	139.4	113.0	133.2
$\lg f_{O_2}$	-62.49	-64.52	-61.15	-60.80	-63.02	-67.67	-58.37	-58.14	-56.90	-61.48	-57.95
$\lg f_{S_2}$	-23.01	-24.48	-21.86	-21.62	-23.33	-26.61	-19.66	-19.46	-18.34	-22.29	-19.29

注：基于 14 个氧原子计算其阳离子数及相关参数；$d_{001}=14.339-0.1155Al^{IV}-0.0201Fe^{2+}$；$T=(14.339-d_{001})\times1000$。

1. 绿泥石相的成岩温度

利用绿泥石矿物成分计算其形成温度，可探讨绿泥石形成机制与成矿的关系，并已在金(铜)、锡、铜铁等矿床中取得了良好的应用效果（Cathelineau and Nieva，1985；Walshe，1986；Kranidiotis and MacLean，1987；Leake et al.，1997；鲁佳等，2017；方维萱等，2017b；杜玉龙和方维萱，2019）。采用 Rausell（1991）的公式估算绿泥石形成温度为 80.0 ~ 143℃（表 3-7），平均 117℃，属于低温热液蚀变范围，它们揭示了辉长辉绿岩类形成绿泥石化蚀变相的形成温度。萨热克地区铁斜绿泥石形成温度为 103 ~ 143℃，平均 123℃；滑石绿泥石形成温度 80.0 ~ 115℃，平均 103℃。滑石绿泥石平均温度明显低于铁斜绿泥石温度，揭示绿泥石从铁斜绿泥石向滑石绿泥石演化。滑石绿泥石是晚期发生了黏土化蚀变相的绿泥石，表明热流体最低温度平均为 103℃，代表黏土化低温蚀变相温度下限。

2. 绿泥石相形成的氧逸度和硫逸度恢复

采用 Walshe（1986）的公式计算辉绿辉长岩中绿泥石的氧逸度、硫逸度（表 3-7）。绿泥石 $\lg f_{O_2}$在-56.2 ~ -67.7，$\lg f_{S_2}$在-17.7 ~ -26.6，属于低氧逸度、高硫逸度形成环境，为地球化学强还原相，是铜沉淀富集成矿的有利地球化学相。铁斜绿泥石和滑石绿泥石的氧逸度、硫逸度有所不同：①铁斜绿泥石 $\lg f_{O_2}$在-56.0 ~ -63.3，$\lg f_{S_2}$在-17.7 ~ -23.6。②滑石绿泥石 $\lg f_{O_2}$在-61.1 ~ -67.7，$\lg f_{S_2}$在-21.9 ~ -26.6。铁斜绿泥石向滑石绿泥石演化过程中，温度、氧逸度、硫逸度不断降低，揭示流体还原性不断减弱。③结合前述角闪石相和黑云母相氧逸度的特征，在绿泥石化蚀变相形成过程中，岩浆热液成岩作用系统转变为低氧逸度和高硫逸度的地球化学环境，这种变化趋势揭示从岩浆成岩作用系统到岩浆热液成岩作用系统，成岩成矿环境发生了转变，对形成铜铅锌等硫化物富集成矿较为有利。

3. 绿泥石相形成机制与成矿的关系

萨热克绿泥石化蚀变相主要为岩浆热液-热流体蚀变作用下的产物。在萨热克南矿带，辉长辉绿岩脉群和周边的下白垩统克孜勒苏群中广泛发育褪色化-漂白化蚀变带（方维萱等，2017b），揭示经历了盆地构造-岩浆-热事件，成岩成矿作用强烈。

萨热克绿泥石化蚀变相中：①绿泥石镜下呈淡绿色-绿色，鳞片状，主要为辉石、角闪石、黑云母等暗色矿物蚀变而成，可见绿泥石呈黑云母假象，分布于辉石、角闪石、钠长石边部。②绿泥石与方解石-白云石等碳酸盐矿物密切共生，在白云石边部也形成绿泥石环带，绿泥石与方解石紧密共生。③绿泥石中 Mg/(Mg+Fe) 在0.59～0.90，平均0.73，相对较高，指示绿泥石形成与基性岩有关（Zang and Fyfe，1995），这与本区碱性变超基性-碱性变基性岩石系列相符合。前人在研究绿泥石过程中发现，若绿泥石是在一次蚀变作用中形成的，其主要阳离子与 Mg^{2+} 应该呈现良好的线性关系（Xie et al.，1997），而本区绿泥石的 Mg^{2+}-Fe^{2+} 具有一定的线性关系（R^2=0.75），但是 Mg^{2+}-Si^{4+}、Mg^{2+}-Al^{VI} 线性关系差，这说明本区辉绿辉长岩中绿泥石可能为多期热液蚀变的产物，这与方维萱等（2017b）认为绿泥石是碱性辉长辉绿岩侵位热事件和后期（新近纪）遭受热流体蚀变而形成绿泥石相一致。$Al/(Al+Mg^{2+}+Fe^{2+})$ 在0.23～0.34(<0.35)，表明绿泥石主要由镁铁质岩石转化而来，这与镜下观察绿泥石主要是角闪石、黑云母等暗色矿物蚀变产物相符。④绿泥石主要由辉长辉绿岩类中暗色矿物蚀变而来，可能遭受了多期次热液蚀变，绿泥石化形成于地球化学强还原环境，对铜铅锌硫化物富集成矿有利，绿泥石化蚀变相早-中期（铁斜绿泥石化）是铜等成矿物质沉淀的岩浆热液叠加主成矿期。⑤采用矿物包裹体估算萨热克成矿深度一般0.75～1.68km（方维萱等，2017a），最大深度则可达1.72～1.84km，这与黑云母形成的最小深度为2.15km，二者相距仅有约310m。推测壳幔混源岩浆作用（黑云母形成阶段）为萨热克地区烃源岩生排烃事件提供了热驱动力，使得煤系烃源岩形成了较大规模的生排烃作用和富烃类成矿流体垂向运移，在绿泥石化低温强还原条件下铜沉淀富集成矿。

3.2.7　方解石-白云石与碳酸盐化蚀变相的成相环境

方解石主要呈脉状和网脉状分布于辉长辉绿岩类中，CaO 含量53%～54%。白云石有两种产状：一种主要与角闪石、长石交代产出，表现为白云石化；另一种白云石呈脉状产出，脉宽0.5～2mm。白云石 CaO 含量29%～32%，MgO 含量18%～20%，含1%～4%的 FeO 和少量锰。辉长辉绿岩类中方解石与白云石共生，满足方解石-白云石矿物对温度计估算条件。Goldsmith（1969）正式提出了方解石-白云石地质温度计，该实验是在400℃以上进行，而利用400℃以下的低温温度计 Jennings（1969）和 Sheppard（1970）相继得到了同样的测温公式（薛君治等，1986）：

$$\log(X_{Mg}^{Cc}\times10^2)=(1.727\times10^{-3}t)-0.223$$

式中，$X_{Mg}^{Cc}=Mg/(Mg+Fe+Ca+Mn)$ 为与白云石共生的方解石中 Mg 的摩尔数。

经计算得到碱性辉长辉绿岩脉群中与白云石共生的方解石形成温度为 235℃（表 3-8），围岩地层（长石石英砂岩）中方解石脉形成温度为 54℃，代表了围岩地层正常沉积温度，而前者记录了碱性辉长辉绿岩类侵位事件末期，仍有显著的构造-岩浆-热事件效应，在中温绿泥石化蚀变相形成过程中，与围岩之间仍有 181℃温度差，对于萨热克巴依盆地在构造-岩浆-热事件末期，仍然能够供给较强的古地热场效应。

表 3-8　萨热克地区碱性辉长辉绿岩类中方解石-白云石电子探针分析数据及参数

点号	矿物	SiO_2/%	TiO_2/%	Al_2O_3/%	FeO/%	Na_2O/%	CaO/%	F/%
BP30A-9-2	方解石	0.015	0.000	0.000	0.755	0.017	53.9	0.000
BP30A-9-3	方解石	0.046	0.065	0.003	0.667	0.000	54.0	0.077
BP30A-9-1	白云石	0.047	0.010	0.005	3.799	0.032	32.7	0.124
点号	Cl/%	MgO/%	K_2O/%	MnO/%	V_2O_3/%	合计/%	X_{Mg}^{Cc}	温度/℃
BP30A-9-2	0.000	0.608	0.000	0.626	0.000	56.02	0.01525	235
BP30A-9-3	0.013	0.293	0.000	0.547	0.118	56.03	0.00741	54
BP30A-9-1	0.070	20.25	0.005	0.534	0.008	57.39	—	—

3.2.8　萨热克巴依地区岩浆体系与热演化史

以下围绕碱性辉长辉绿岩类的岩浆成岩作用系统和氧逸度-成岩温度-成岩深度、演化趋势与成岩作用、盆内岩浆叠加期构造-岩浆-热事件等进行讨论。

1. 地幔岩浆源区的温压条件

吕勇军等（2006）估算托云玄武岩中歪长石巨晶结晶压力在 8.0 ~ 10.0kbar，温度为 900℃左右；辉石巨晶温度为 1185 ~ 1199℃、压力为 15.3 ~ 16.4kbar，认为辉石巨晶 *P-T* 轨迹起自于玄武质岩浆的液相线附近，歪长石与辉石巨晶可能为同源不同条件下的产物。本书通过锆石 Ti 含量温度计获得岩浆温度 651 ~ 2566℃（平均 950℃），金红石 Zr 含量温度计获得岩浆温度 1091℃，高温系列长石形成温度 886 ~ 1907℃（平均 1211℃），总体上岩浆平均温度与吕勇军等（2006）估算的辉石巨晶、歪长石巨晶形成温度较为接近。而锆石的温度波动比较大，通过锆石形态学研究发现，锆石呈次浑圆-浑圆柱状，表面受熔蚀，大部分晶棱、晶面已模糊不清，个别棱角钝化，暗示锆石经过了搬运，推测这一时期前岩浆可能发生了移动，或者这些锆石来自同源的不同小岩浆房，这与吕勇军等（2006）认为的辉石巨晶、角闪石巨晶和黑云母巨晶可能来自同一岩浆源区，而形成于不同条件下（有多个岩浆房?）有类似之处，因此造成其温度范围大。但金红石和高温长石形成温度揭示地幔岩浆源区的温度大致应在 950 ~ 1211℃。

2. 地幔流体交代作用形成温度、成岩深度和氧逸度

韩宝福等（1998）在托云盆地火山岩中发现了地幔和下地壳角闪石、长石、黑云母等

巨晶形成的捕虏体，角闪石、黑云母等含水地幔捕虏体的存在表明地幔发生过强烈的地幔流体交代作用（李永安等，1995）。郑建平等（2001）发现托云玄武岩中许多矿物化学特征都处于太古宙难熔克拉通地幔和显生宙饱满地幔之间，认为岩浆发生过地幔交代作用，而塔拉斯-费尔干纳岩石圈深大断裂在地幔物质上涌中起到了主通道作用。这些充分说明，托云地区岩浆确实发生了地幔交代作用，其温度、压力条件值得探索。

角闪石为主要的含水硅酸盐矿物之一，在萨热克碱性辉长辉绿岩类中广泛发育，研究发现角闪石形成于深部地幔（图 3-7）。磷灰石与角闪石、白云石交代产出，磷灰石含氟 2.079%~2.345%（表 3-9），含氯 0.016%~0.073%，而含水（0.56%）的氟磷灰石通常被认为是地幔流体的指示矿物，在我国玢岩型铁矿中更是将磷灰石作为发生热流体交代的标志，因此，磷灰石揭示在角闪石结晶分异阶段发生了地幔流体交代作用。Wang 等（2014）认为高含水量可抑制斜长石结晶，岩浆源区大量高温系列长石存在否定了大量水存在的可能性，推测少量水体可能来自地幔流体，也是发生了地幔流体交代佐证。角闪石-斜长石温压估算，获得角闪石结晶温度为 545 ~ 796℃（平均 683℃），压力为 7.94 ~ 4.70kbar，氧逸度为-2.14 ~ -1.32，推测成岩深度为 29.4 ~ 17.4km。低于托云盆地玄武岩中巨晶角闪石结晶温度（1000℃，吕勇军等，2006），形成压力和温度相近（初始压力 8.5kbar、开始晶出深度 30km，吕勇军等，2006）。

表 3-9　萨热克地区碱性辉长辉绿岩类中磷灰石电子探针分析数据　（单位：%）

点号	SiO_2	Al_2O_3	TiO_2	FeO	MgO	K_2O	Na_2O	CaO	MnO	P_2O_5	SO_3	Cl	F
Di5-36	0.95	0.03	0.00	0.52	0.14	0.20	0.01	50.98	0.06	34.86	0.01	0.055	2.204
Di5-37	0.82	0.10	0.00	0.44	0.29	0.07	0.25	54.81	0.02	40.00	0.03	0.073	2.345
Di7-5	0.33	0.02	0.02	0.39	0.20	0.03	0.00	52.65	0.08	44.74	0.02	0.042	2.129
Di7-6	0.85	0.28	0.05	0.55	0.90	0.03	0.00	52.15	0.04	43.32	0.00	0.016	2.079

角闪石相及其不同种属角闪石的矿物地球化学岩相学特征，记录了深部岩浆上升侵位过程的地球化学信息。萨热克地区角闪石种属从铁浅闪石→浅闪石→镁钙闪石（图 3-6），这样的演化方向使其相对密度减小，在温度逐渐升高、压力降低的高氧逸度、高温环境和地幔流体交代作用过程中水的参与，使得岩浆体积膨大而发生了缓慢上升侵位，地球化学动力学机制为减压增温熔融过程，推测为断裂切割深度较大导致减压熔融机制形成，第一期岩浆上升侵位深度从 29.4km→17.4km。

3. *壳幔混源岩浆作用*

黑云母相为水解钾硅酸盐化蚀变相，流体增加导致硅酸盐类矿物发生水解作用和钾硅酸盐化蚀变作用为主要过程。本区黑云母为深源岩浆成因的铁镁质原生黑云母［图 3-8（a）、（b）］，形成于壳幔混源区-壳源区［图 3-8（b）］，暗示发生了壳幔混源岩浆作用。黑云母形成温度为 651 ~ 775℃、压力为 0.58 ~ 2.01kbar、成岩深度为 7.42 ~ 2.15km、氧逸度为-1.64 ~ 0.40，指示壳幔混源岩浆作用过程为降压增温的高氧化环境。推测大量壳源流体参与使得岩体体积膨大，与地幔流体交代作用阶段（角闪石结晶分异）相比，岩浆平均温度略高，而压力却大大降低，黑云母演化过程中也有明显的降压增温趋势，故体积膨大的岩浆再次发生缓慢上升侵位，侵位深度为7.42km→2.15km（第三期缓慢上升侵位）。黑云母形成的最小深度（2.15km）与萨热克铜矿最大成矿深度（1.72～1.84km，方维萱等，2017a）相距仅有310m，推测壳幔混源岩浆作用为煤系烃源岩生排烃事件和富烃类成矿流体的运移提供了持续热驱动力。

碱性辉绿辉长岩侵位深度在2.15km，形成温度在703℃，碱性辉绿辉长岩侵位深度3.03～3.61km，形成温度在695～724.0℃，这种构造-岩浆-热事件可以在萨热克巴依盆地深部2.15～3.61km范围内，形成显著的古地热场。考虑到碱性辉绿辉长岩侵位最高层位为下白垩统克孜勒苏群，它们穿越了侏罗系煤系烃源岩和古生代烃源岩，因此，后早白垩世碱性辉绿辉长岩侵位事件，具有显著的构造-岩浆-热事件形成的烃源岩生排烃作用，推测萨热克砂砾岩型铜多金属矿床改造富集成矿事件［（136.1±2.1）～（116.4±2.6）Ma，辉铜矿和含铜沥青Re-Os同位素模式年龄］和叠加成矿事件（54±1.3Ma，辉铜矿Re-Os等时线年龄），为碱性辉绿辉长岩侵位的构造-岩浆-热事件所形成。

在地幔流体交代作用过程中，角闪石记录的岩浆成岩深度为29.4km→17.4km；壳幔混源岩浆作用中，黑云母记录的成岩深度为7.42km→2.15km。然而，在17.4km→7.42km这段深度，也即在地幔流体交代作用至壳幔混源岩浆作用期间，尚未发现角闪石和黑云母记录的成岩信息，推测这一时期为岩浆快速上升过程（第二期快速上升侵位）。由于黑云母成岩压力（0.58～2.01kbar）相比角闪石成岩压力（7.94～4.70kbar）成倍减少，形成平均温度（683℃→723℃）却有所增加，加上地幔流体交代作用中水的参与可能引起了岩浆体积的迅速膨胀，萨热克南断裂带切割深度较大，成为壳源流体参与岩浆成岩系统的热流体通道。下渗壳源流体与幔源岩浆混合后，导致岩浆系统在降压增温动力学机制下，以“气球膨胀”模式快速上升侵位，使得萨热克区域山体迅速抬升。

4. 锆石钛温度计与构造-岩浆-热事件同位素年龄约束

萨热克巴依地区在早二叠世亚丁斯克期（283.5～290.1Ma）经历了构造-岩浆-热事件，以岩浆体系升温作用为主，从289.8Ma（650.7℃）到287.8Ma（876.6℃）升高了约226℃，与塔里木地区大规模地幔柱活动初期时间相吻合。推测因壳源水进入岩浆体系，形成黑云母相（水解钾硅酸盐化相），因岩浆体系体积膨胀而上升侵位，黑云母记录的成岩深度为7.42km→2.15km，推测该构造-岩浆-热事件的年龄为289±5Ma（图3-11），暗示萨热克巴依-托云后陆盆地形成具有深刻的深部地质作用参与。

5. 钾钠硅酸盐化相

方维萱（2012a）将374.15℃作为地球化学岩相学高温相和中温相临界点，也是富水热流体自身体积膨胀的临界相变温度。①萨热克地区岩浆在壳幔混源岩浆作用期后，发生了钾钠硅酸盐化中-高温热液蚀变。根据长石演化方向，先发生钠长石化，而后，一部分钠长石演化为钾长石。这类钾钠长石在标本上观察多呈细针尖状、粗晶状，通过二长石温度计估算其形成温度为301～421℃，这代表了本区钾钠硅酸盐化岩浆热液蚀变的温度。②镜下研究发现，本区岩浆中金红石被钠长石、歪长石和正长石等碱性长石交代，表明金红石后期遭受了蚀变，金红石Zr含量温度计估算其蚀变温度约400℃，与二长石温度计估算的钾钠硅酸盐化蚀变温度相当。③总体上看，钾钠硅酸盐化相和共生的金红石的形成温度，仍属于岩浆成岩作用系统，推测它们为岩浆上升侵位到地壳浅部（7～4km）发生岩浆高温热液自蚀变作用产物，揭示了萨热克地区辉长辉绿岩脉群侵位事件（方维萱等，2017b，2018a）热能量供给源区的热能量结构特征。

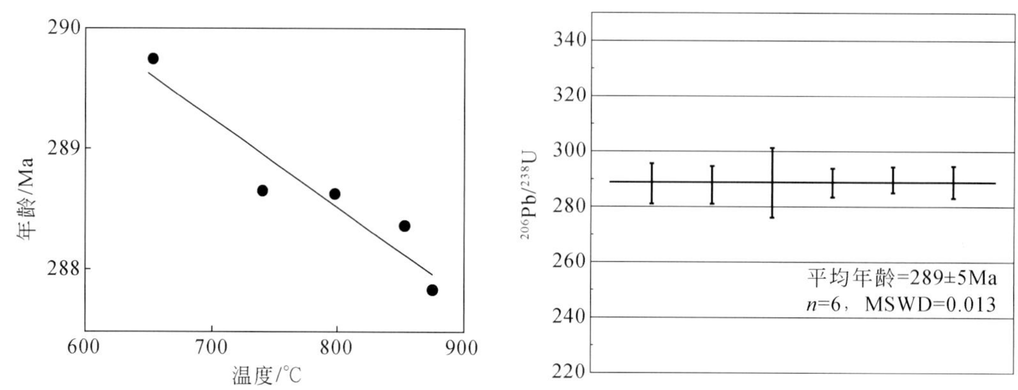

图 3-11　萨热克巴依早二叠世构造-岩浆-热事件

6. 碳酸盐化蚀变相与黏土化蚀变相

萨热克巴依地区碱性辉长辉绿岩类中，方解石-白云石化呈网脉状和浸染状分布在蚀变辉长辉绿岩类中；黏土化蚀变相呈均匀浸染状分布在蚀变辉长辉绿岩中；绿泥石化蚀变相呈网脉状与碳酸盐化蚀变相共生，或呈均匀浸染状与黏土化蚀变相共生。它们均为辉绿辉长岩类岩浆热液蚀变作用形成的产物。①碳酸盐化蚀变相，以方解石化和白云石化为主，白云石常与长石、角闪石等矿物发生交代，估算方解石形成温度为 235℃，明显高于围岩地层正常沉积温度（54℃，表 3-8），代表辉长辉绿岩脉群侵位热事件温度，以在地表围绕辉长辉绿岩脉群形成褪色化、漂白化蚀变带为标志。②黏土化蚀变相，以绿泥石为主，其次有少量蒙脱石化、伊利石化、蛇纹石化。绿泥石形成温度 80.0～143℃（平均 117℃），形成于高氧逸度、低硫逸度地球化学还原环境，有利于铜等金属元素沉淀，本区地表辉长辉绿岩脉群及周边砂岩中铜铅锌矿化的形成可能与绿泥石化密切相关。③碳酸盐化蚀变相与黏土化蚀变相均在蚀变辉长辉绿岩类中较为发育，镜下发现磁黄铁矿、黄铁矿、黄铜矿、浅红色-浅棕红色闪锌矿，微量方铅矿等硫化物，紧密与碳酸盐化蚀变相与黏土化蚀变相共生，揭示它们有利于铜铅锌硫化物富集成矿。④在辉长辉绿岩脉群边部褪色化蚀变相带中，碳酸盐化蚀变相、黏土化蚀变相与黄铜矿、斑铜矿和辉铜矿紧密共生，黄铜矿、斑铜矿和辉铜矿富集在硅化-碳酸盐化脉体中和两壁，在下白垩统克孜勒苏群中形成砂岩型铜矿体，在库孜贡苏组内形成砂砾岩型铜铅锌矿体。

7. 岩浆多期次侵位机制与岩浆动力学演化

萨热克地区岩浆地幔源区温度大致在 950～1211℃，岩浆离开岩浆房后并非快速上升没有停留，而是先后发生了地幔流体交代作用（温度 545～796℃，压力 794～470MPa，成岩深度 29.4～17.4km）、壳幔混源岩浆作用（温度 651～775℃、压力 58～201MPa、成岩深度 7.42～2.15km）和钾钠硅酸盐化蚀变（301～421℃）、碳酸盐化蚀变（235℃）、黏土化蚀变（143～80.0℃），总体温度、压力演化趋势为降压、降温过程。但地幔流体交代和壳幔混源岩浆作用过程，却是降压、增温过程，这种减压增温熔融作用使得岩浆分别从 29.4km 缓慢上升到 17.4km 和从 7.4km 缓慢上升到 2.15km，在这两个岩浆演化作用期间推测岩浆从 17.4km 快速上升至 7.4km，可见本区岩浆与托云玄武质岩浆快速上升不同（吕勇军等，2006），也不同于传统的被动、主动侵位模式，而是发生了多期多阶段演化和上升侵位，其上升侵位的地球化学动力学环境为降压增温（图 3-12），次级走滑深大断裂带（塔拉斯-费尔干纳断裂）成为其上升主通道，最终以"气球膨胀"模式发生上升侵位（图 3-12）。

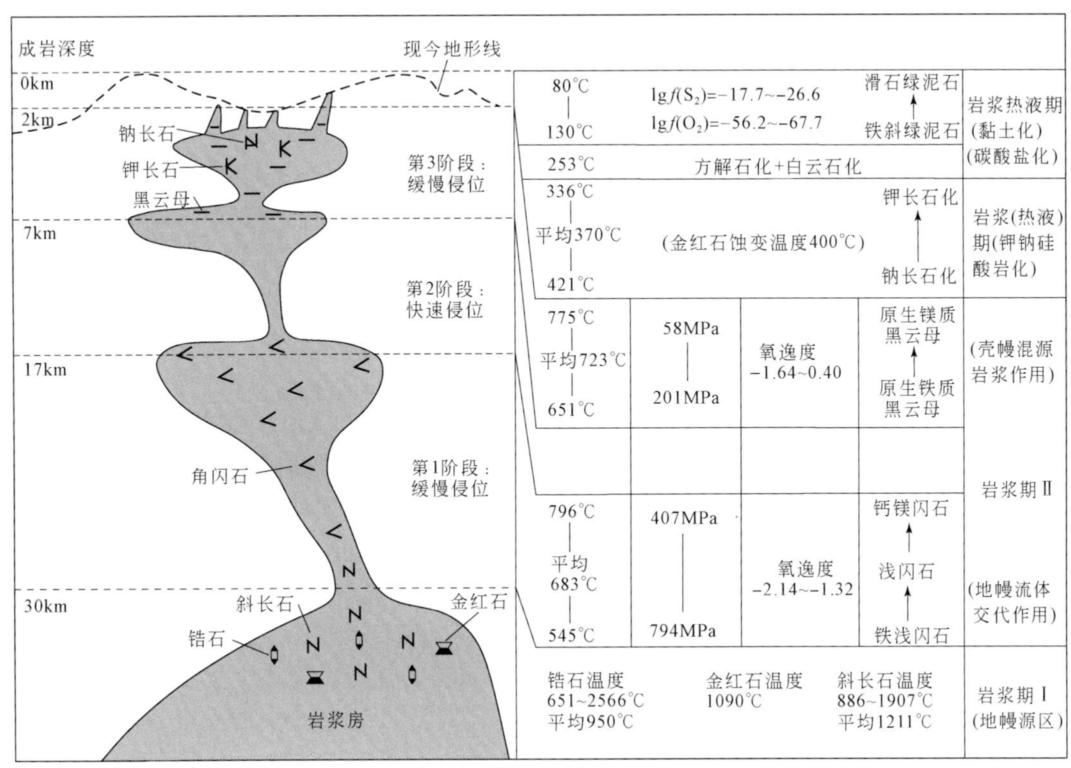

图 3-12　萨热克地区碱性辉长辉绿岩脉群热演化模式

（1）萨热克巴依地区岩浆来源于交代富集型地幔（或与地幔热柱有关），形成了盆内岩浆叠加期岩浆-构造-热事件成岩相系。推测橄榄石和辉石发生了低度部分熔融形成原始岩浆，形成碱性变基性-碱性变超基性岩石系列。该系列具有从碱性辉长岩向碱性似长石辉长岩和碱性二长辉长岩的两个演化方向，岩石具有高钛和镁、贫硅和富碱特征，形成了碱性辉绿岩周边褪色化蚀变带等为主要特征的盆内岩浆叠加成岩相系，似长石辉长岩与萨热克地区铜叠加成岩成矿关系密切。

（2）萨热克巴依地区岩浆离开岩浆房后经历了 3 期六阶段热演化，即岩浆期、岩浆-热液过渡期和岩浆热液期，与地幔流体交代作用、壳幔混源岩浆作用和钾钠硅酸盐化、碳酸盐化、黏土化蚀变等六个阶段，温度和压力从岩浆源区的 950 ~ 1211℃→545 ~ 796℃、794 ~ 470MPa（地幔流体交代作用）→651 ~ 775℃、58 ~ 201MPa（壳幔混源岩浆作用）→301 ~ 421℃（钾钠硅酸盐化）→235℃（碳酸盐化）→143 ~ 80.0℃（绿泥石化），总体为降压降温，但在地幔流体交代作用和壳幔混源岩浆作用过程中为降压增温地球化学动力学环境。

（3）萨热克巴依地区岩浆上升侵位不同于传统的主动、被动侵位模式，而是经历了缓慢上升（29.4km→17.4km）、快速上升（17.4km→7.4km）和缓慢上升（7.4km→2.15km）的三阶段“气球膨胀”模式上升侵位，地球化学动力学环境为降压增温，区域走滑深大断裂带（塔拉斯-费尔干纳断裂）为主要上升通道。

3.3 塔西喀炼铁厂砂砾岩铜铅锌矿找矿预测

塔西喀炼铁厂地区位于西南天山造山带与帕米尔高原对接部位，为塔西中-新生代陆内沉积盆地区域。从图3-1和图3-13看，该区第四系、新近系、古近系、白垩系和侏罗系等组成了中-新生代沉积盆地内充填地层体，构造岩相学演化历史具有以下特征。

（1）库孜贡苏组二段为旱地扇扇中亚相，以紫红色铁质杂砾岩为初始成矿相体，具有寻找大中型砂砾岩型铜多金属矿床潜力。①侏罗系与下伏地层（石炭系或泥盆系）呈角度不整合接触，仅出露有上侏罗统库孜贡苏组地层，揭示西南天山南侧在晚侏罗世发生了构造断陷作用。该层下段（J_3k^1）为灰-灰绿色杂砾岩、岩屑石英砂岩、长石岩屑砂岩，顶部为紫红色泥质粉砂岩，底部为块状砾岩。库孜贡苏组一段为旱地扇相，发育扇顶亚相、扇中亚相和扇缘亚相。②上段（J_3k^2）为灰绿、紫红、褐灰色巨块状砾岩夹泥质细砂岩，主体为扇中亚相，为江格吉尔砂砾岩型铜银矿床的储矿层位。该储矿层位与萨热克砂砾岩型铜多金属矿床一致，发育褪色化蚀变相和层间滑动破碎带，碎裂岩化相发育，具有寻找大中型砂砾岩型铜多金属矿床潜力。

（2）古近系分为古新统阿尔塔什组（E_1a）、古新—始新统齐姆根组（$E_{1-2}q$）、始新统卡拉塔尔组（E_2k）、始新统乌拉根组（E_2w）、始新—渐新统巴什布拉克组（$E_{2-3}b$）和渐新—中新统克孜洛依组，为一套碎屑岩夹碳酸盐岩和膏岩建造，局部含有丰富牡蛎化石。

（3）新近系分为渐新—中新统克孜洛依组（E_3-N_1k）、中新统安居安组（N_1a）和帕卡布拉克组（N_1p）、上更新统阿图什组（N_2a），为一套碎屑岩建造。中新统安居安组下段（N_1a^1）为灰绿、褐黄、灰褐色石英岩屑砂岩夹砾岩和泥岩，局部可见褐铁矿和铜矿化。该区构造主要为北东向断裂，北西向断裂次之。

在喀炼铁厂地区，发育盆地上基底构造层和下基底构造层，它们与盆地沉积充填地层体（侏罗系、白垩系、古近系和新近系等），具有显著不同的构造岩相学特征。

（1）中-新生代盆地上基底构造层由石炭系和泥盆系等组成，主要分布在西侧和北侧（图3-1、图3-11），经历了印支期—海西期造山运动，构造变形强烈，变质程度主体为低绿片岩相，但在脆韧性剪切带发育部位，形成了绢云母-黑云母相变质，达到了高绿片岩相。石炭系—泥盆系形成构造-古地理环境为晚古生代活动大陆边缘，缺失上二叠统，推测在晚二叠世为碰撞造山环境。①泥盆系分为下泥盆统萨瓦亚尔顿组（D_1s）、中泥盆统托格买提组（D_2t）和上泥盆统克孜尔塔格组（D_3kz），为一套浅变质碎屑岩夹少量碳酸盐岩建造。②石炭系分为下石炭统野云沟组（C_1y）和上石炭统艾克提克组（C_2ak）与上石炭统康克林组（C_2kk），呈断层接触。下石炭统野云沟组（C_1y）为深灰-灰黑色绿泥石石英

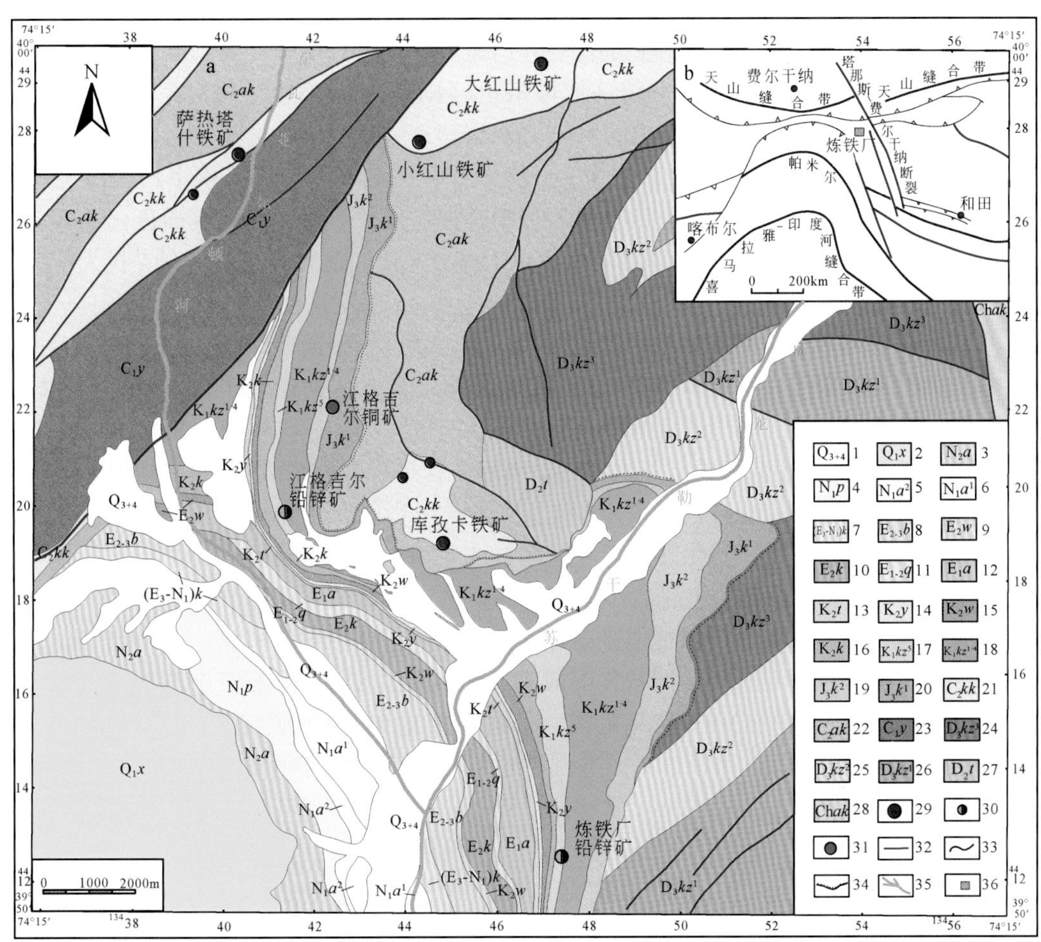

图 3-13　塔西炼铁厂地区地质图（a）和大地构造位置图（b）（据李向东等，2000）

1. 上更新统+全新统；2. 下更新统西域组（Q_1x）；3. 上新统阿图什组（N_2a）；4. 中新统帕卡布拉克组（N_1p）；5. 中新统安居安组上段（N_1a^2）；6. 中新统安居安组下段（N_1a^1）；7. 克孜洛依组（E_3-N_1）k；8. 始新—渐新统巴什布拉克组（$E_{2-3}b$）；9. 始新统乌拉根组（E_2w）；10. 始新统卡拉塔尔组（E_2k）；11. 古新—始新统齐姆根组（$E_{1-2}q$）；12. 古新统阿尔塔什组（E_1a）；13. 上白垩统吐依洛克组（K_2t）；14. 上白垩统依格孜牙组（K_2y）；15. 上白垩统乌依塔格组（K_2w）；16. 上白垩统库克拜组（K_2k）；17. 下白垩统克孜勒苏群第 5 段（K_1kz^5）；18. 下白垩统克孜勒苏群第 1 到 4 段（K_1kz^{1-4}）；19. 上侏罗统库孜贡苏组上段（J_3k^2）；20. 上侏罗统库孜贡苏组下段（J_3k^1）；21. 上石炭统康克林组（C_2kk）；22. 上石炭统艾克提克组（C_2ak）；23. 下石炭统野云沟组（C_1y）；24. 上泥盆统克孜尔塔格组 3 段（D_3kz^3）；25. 上泥盆统克孜尔塔格组 2 段（D_3kz^2）；26. 上泥盆统克孜尔塔格组 1 段（D_3kz^1）；27. 中泥盆统托格买提组（D_2t）；28. 中元古代长城系阿克苏群（Chak）；29. 铁矿点；30. 铅锌矿点；31. 铜矿点；32. 断层；33. 地质界线；34. 角度不整合接触界线；35. 水系；36. 研究区

千枚岩与藻球粒粉晶灰岩、砾质微晶灰岩互层，以灰岩为主，底部有灰色砂岩和砾岩。上石炭统艾克提克组（C_2ak）为灰色薄-中层细粒长石石英砂岩、灰黑色千枚岩、泥硅质板岩夹砾质结晶灰岩、砾屑微晶灰岩。上石炭统(—下二叠统）康克林组（C_2kk）上部为深灰、灰色泥质片岩、石英砂岩和灰岩不均匀互层，灰岩中产䗴；下部以灰-深灰-黑色灰岩、含沥青灰岩、结晶灰岩为主，夹少量石英砂岩及泥质片岩。该层中的碳酸盐岩建造为红山铁矿和萨热塔什铁矿的主要含矿层位。③白垩系分为下白垩统克孜勒苏群（K_1kz）和上白垩统库克拜组（K_2k）、上白垩统乌依塔格组（K_2w）、依格孜牙组（K_2y）和吐依洛克组（K_2t），为一套碎屑岩夹少量膏岩和介壳灰岩建造。克孜勒苏群第三岩性段和第五段以灰-灰白色砾岩、砂砾岩、含砾砂岩为主，夹紫红色泥岩和砂岩，其中下白垩统克孜勒苏群（K_1kz）第三和第五岩性段，为砂砾岩型铅锌赋矿层位。发育大规模褪色化蚀变、砂砾岩型铜矿化和铅锌矿化，发育Cu-Pb-Zn-Ba-Sr综合异常和遥感异常，具有寻找大中型砂砾岩型铜铅锌矿床的潜力。

（2）江格吉尔砂砾岩型铜矿找矿靶区预测。①该砂砾岩型铜矿赋存在上侏罗统库孜贡苏组中，初始成矿相体为旱地扇扇中亚相紫红色铁质杂砾岩。初始成矿相体与萨热克砂砾岩型铜多金属矿床一致，但库孜贡苏期具有山前断陷沉积特征，与下白垩统克孜勒苏群的构造-沉积相序对比而言，库孜贡苏组为初始断陷成盆过程的构造-沉积相序结构。是否存在山间尾闾湖盆和相关构造-沉积相序结构，尚待进一步研究。②碎裂岩化相发育，褪色化蚀变相发育，局部可见沥青化蚀变相。绿泥石蚀变相和铁锰碳酸盐化蚀变相发育，可见绢云母化蚀变，具有与萨热克砂砾岩型铜多金属矿区类似特征。③经对江格吉尔砂砾岩型铜矿床包裹体的研究，方解石包裹体中盐度分为两类，分别为13.62%～14.04% $NaCl_{eqv}$、1.94% $NaCl_{eqv}$，揭示具有两类不同盐度的成矿流体存在。方解石和石英中包裹体的形成温度在103～134℃，为中低温成矿作用范围。④铜矿物组合以辉铜矿-蓝辉铜矿-孔雀石-斑铜矿为主，可见微量黄铜矿和黄铁矿。⑤遥感色彩异常发育，与化探异常具有很好的吻合关系，综合异常位于有利的构造岩相学部位。以上表明：江格吉尔砂砾岩型铜矿为寻找大中型铜矿床的勘查靶区。

（3）江格吉尔-喀炼铁厂下白垩统克孜勒苏群中砂砾岩型铜铅锌矿找矿靶区预测。①江格吉尔-喀炼铁厂砂砾岩型铜铅锌矿床主要赋存在克孜勒苏群第五岩性段内，克孜勒苏群第三岩性段为次要储矿层位。初始储矿相体为三角洲前缘亚相，岩石组合为硅质细砾岩-长英质细砾岩-岩屑粗砂岩，硅质细砾岩-长英质细砾岩组合为水下分流河道微相，岩屑粗砂岩为水下河流沙坝微相。②碎裂岩化相发育，褪色化蚀变相发育，局部可见沥青化蚀变相。绿泥石蚀变相和铁锰碳酸盐化蚀变相发育，具有与乌拉根砂砾岩型铅锌矿床和托帕砂砾岩型铜铅锌矿床类似的特征。③硅质细砾岩中孔隙度和渗透率高，对成矿流体的流通十分有利。④经过对江格吉尔砂砾岩型铜矿床包裹体的研究，揭示该含铅锌矿粗砂质细砾岩部分石英碎屑内较为发育微裂隙，沿碎屑石英微裂隙内较为发育并成线状和带状分布，呈透明无色的纯液体包裹体及呈无色-灰色的富液包裹体；碎屑石英中包裹体形成温度在86～181℃，主要属中低温成矿作用范围。其中：在沉积成岩期，埋深压实成岩相系初期碎屑石英中包裹体形成温度在86～144℃，盐度在3.39% $NaCl_{eqv}$（样品数=2）。在埋深压实成岩相系晚期碎屑石英中包裹体形成温度明显增高，成矿流体盐度升高，成矿温度在178～181℃，盐度在23.18% $NaCl_{eqv}$（样品数=2）。⑤在喀炼铁厂砂砾岩型铜铅锌矿床内，ZK1502、ZK1503和ZK1509三个钻孔中，均揭露了克孜勒苏群第五岩性段中铅锌矿层和含铜铅锌蚀变矿化体。在ZK1502和ZK1503中，含砾粗砂岩部分粒间孔隙为方解石所胶结，方解石胶结物内不发育流体包裹体，表明埋深压实成岩相系中成矿流体不发育。

含砾粗砂岩部分石英碎屑内较为发育微裂隙，沿石英碎屑微裂隙内较为发育呈线/带状分布、呈透明无色的纯液体包裹体及呈无色–灰色的富液包裹体，它们为盆地改造期的构造成岩相系，揭示经历了碎裂岩化相后，碎屑石英中微裂隙发育为成矿流体捕获空间。碎屑石英中包裹体形成温度在 68 ~ 181℃，主要属中低温成矿作用范围。其中：埋深压实成岩相系碎屑石英中包裹体形成温度在 68 ~ 137℃，盐度在 4.65%~6.01% $NaCl_{eqv}$（样品数=8）。构造成岩相系碎屑石英中包裹体形成温度明显增高，成矿流体盐度升高，成矿温度在 112 ~ 174℃，盐度在 14.64%~15.57% $NaCl_{eqv}$（样品数=4）。但在 ZK1509 钻孔中，浅灰白色粗砂质细砾岩部分粒间孔隙为方解石所胶结，方解石胶结物内不发育流体包裹体，揭示沉积成岩期流体活动较弱。在构造成岩相系的粗砂质细砾岩部分石英碎屑内较为发育微裂隙，沿石英碎屑微裂隙内较为发育呈线/带状分布、呈透明无色的纯液体包裹体及呈无色–灰色的富液包裹体；石英微裂隙中包裹体形成温度在 89 ~ 96℃，盐度在 22.98%~23.18% $NaCl_{eqv}$（样品数=5），具有低温中盐度成矿流体特征。⑥钻孔揭露浅部发育砂砾岩型铜矿体，深部为砂砾岩型铅锌矿体，在垂向成矿分布特征上具有“上部为铜矿体，下部为铅锌矿体”。整体上受三角洲前缘亚相控制显著，在喀炼铁厂–江格吉尔一带呈半环形分布，向 NW 方向侧伏。⑦江格吉尔–喀炼铁厂下白垩统克孜勒苏群中砂砾岩型铜铅锌矿，受喀炼铁厂鼻状隐伏基底构造控制，砂砾岩型矿化带长度大于 3000m，推测长度可达 5000m，初步钻孔控制深度延深大于 200m，控制厚度在 2 ~ 5m，按照延深在 1000m 预测推算，具有寻找大型砂砾岩型铜铅锌矿床的资源潜力。

3.4　玻利维亚砂砾岩型铜成矿带与中–新生代盆山原耦合转换

玻利维亚处于安第斯成矿带中段，是中–新生代火山–岩浆活动最活跃的区域（Ewart，1982；Sillitoe，1992；Soruco，2000；Jorge，2008；Friedrich et al.，2007；杜玉龙和方维萱，2019），也是构成现今地球上第二高原和仍在构造活动的中安第斯构造高原主体部分（许志琴等，2016）。在玻利维亚西科迪勒拉、Altiplano 高原及东科迪勒拉发育火山–岩浆岩带［图 3-14（a）］，是 IOCG 型铜金矿、沉积岩型铜矿和 Bolivia 型多金属成矿带（Bolivia-Type，Osvaldo and Arce，2009），产有 Cerro Río de Potosí 等世界著名的超大型–大型多金属矿床和 Uyuni 等盐湖型钾盐–锂矿［图 3-14（b）］。东科迪勒拉西部边缘和 Altiplano 高原之间 Huarina 构造带，对区域地质演化起到关键作用（Sempere et al.，2002；Friedrich et al.，2007；Jiménez and López-Velásquez，2008），控制了玻利维亚著名的锡银多金属成矿带（Ahlfeld，1967）。沿 Huarina 构造带展布的东科迪勒裂谷系统，控制了不同时期岩浆作用和重要金属矿床产出。大多研究主要集中在与深成岩有关的斑岩铜矿、IOCG 型铜金矿等（Sillitoe，1992；Jacobshagen et al.，2002；Friedrich et al.，2007；McBride，2008），对于沉积盆地内沉积岩型铜矿（火山–沉积岩型或称作 Manto 型铜矿）的研究尚不深入。

沉积岩型铜矿床包括砂砾岩型和砂岩型铜矿，是玻利维亚的重要铜矿床类型。从北部 Corocoro 铜矿→Chacarilla 铜矿→Cuprita 铜矿（Oruro 省 Turco 地区）→南部 Lipéz-Tupiza，为玻利维亚 Altiplano 沉积岩型铜矿带（图 3-14）（Osvaldo and Arce，2009；Arce，2009）。

沉积岩型铜矿赋矿层位为白垩系、古近系—新近系，向南延伸到阿根廷北部和中部，与我国塔西地区沉积岩型铜矿床在赋存层位和盆山原耦合转换特征等方面，具有可对比性。

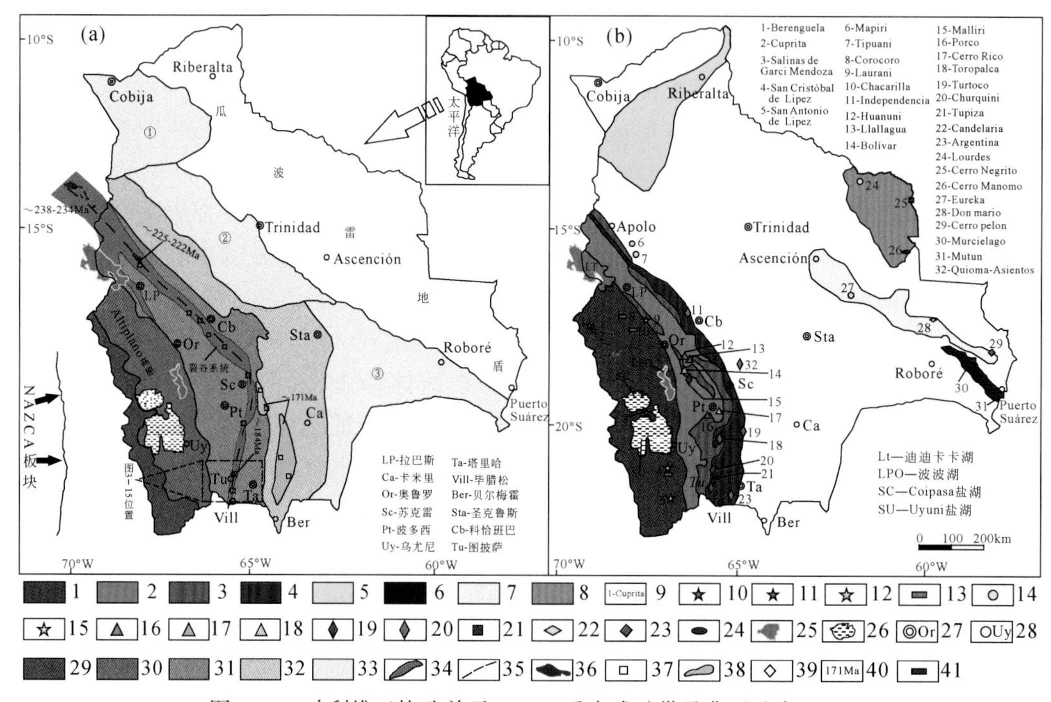

图 3-14　玻利维亚构造单元（a）、重点成矿带及典型矿床（b）

1. 西科迪勒拉-玻利维亚高原多金属和钾盐-锂带；2. Sn 多金属带；3. 东科迪勒拉 Au-Sb 多金属带；4. 东科迪勒拉 Pb-Zn（AgAuCu）多金属带；5. 亚马孙盆地 Au 带；6. 穆通-图卡巴卡 Fe-Mn 带；7. Sunsas 多金属带；8. 巴拉瓜克拉通 Au-Mn 带；9. 矿床（点）名称及编号；10. 热液脉状 Ag-Au-Pb-Zn 矿床；11. 热液脉状 Cu-Ag（AuPbZn）矿；12. 热液脉状 Ag（PbZn）矿；13. 红层型 Cu 矿床；14. Au 矿床；15. 热液脉状 Au-Cu-Ag（AsSb）矿床；16. 与斑岩有关的“玻利维亚型”Sn（WSnBiCuAg）矿床；17. 与沉积岩有关的“玻利维亚型”Sn-Ag-Zn-Pb 多金属脉状矿；18. 与火山穹窿和次火山岩有关的“玻利维亚型”Sn-Ag-Pb-Zn 多金属脉状矿；19. 板岩中造山型 Au±Sb（CuPbZn）矿床；20. 古生界页岩中 Zn-Pb（Ag）矿床；21. BIF 型 Fe-Mn 矿床；22. Au-Cu（Ag）（IOCG 型）矿床；23. Ni 矿床；24. U-TR/REE-(NbAu) 矿床；25. 湖泊；26. 盐湖（富集钾盐-锂）；27. 省会城市；28. 二级城市；29. 西科迪勒拉；30. Altiplano 高原；31. 东科迪勒拉；32. 次安第斯；33. 平原：①马德雷得蒂奥斯平原；②贝尼平原；③查克平原；34. 晚二叠世—中侏罗世东科迪勒拉陆内裂谷系统，也是中生代或更早时代的玄武岩墙、岩床、岩脉侵位的主要区域；35. 陆内裂谷系统的轴；36. 与裂谷有关的深成岩（主要为花岗岩岩墙、岩床）；37. 裂谷系统内与沉积岩有关的矿床；38. 陆内拉斑玄武岩岩床；39. 引用的年龄样品位置；40. 岩浆岩年龄；41. 研究区

玻利维亚 Corocoro 铜矿产于中新统砾岩、砂岩、含石膏泥岩中，工业铜矿物以自然铜、辉铜矿、赤铜矿为主，是中安第斯规模最大的沉积岩型铜矿床，储矿相体为山间尾闾湖盆相含膏砂岩-含膏砂砾岩，已累计产铜金属量约 29.7 万 t，目前仍在生产中。

Manto 型矿床赋存于侏罗纪—白垩纪和古近纪—新近纪火山沉积岩系中，岩性主要为杏仁状安山岩、玄武岩熔岩、粗粒火山碎屑岩、火山凝灰岩、粉砂岩、砂岩和砾岩等（Sato, 1984; Wilson et al., 2003a, 2003b）。Manto 型矿床是南美地区重要的铜矿床类型（Sato, 1984; Benavides et al., 2007; Wilson et al., 2003a, 2003b），如智利 El Soldado

（铜资源储量>200Mt，平均品位1.34%，伴生银）和Mantos Blancos（资源储量估计500Mt，平均品位1.0%，伴生Ag）。玻利维亚Manto型铜矿主要产于Altiplano高原沉积岩型铜矿带中（Osvaldo and Arce，2009），通常铜品位较低、规模不大，矿体以浸染状、脉状充填于裂隙或沿层理产出。有些学者视其为IOCG矿床（Williams，1999；Pollard，2000），或是IOCG矿床浅部类型（Orrego et al.，2000）。Sillitoe认为Manto型矿床与IOCG矿床有相似的矿床特征，其关系目前还不明确（Richard and Sillitoe，2003），其还认为在斑岩成矿系统中也发育有Manto型富矿体，属于其远端成矿系统（Sillitoe，1992）。虽然玻利维亚Tupiza铜矿床具有Manto型铜矿一些特征，如矿体赋存于上白垩统蚀变火山岩-沉积岩地层等；但与Corocoro砂岩铜矿和新疆萨热克砂砾岩型铜矿也有更多的相似之处，属沉积岩型铜矿床大类，形成于盆山原镶嵌构造区（沉积盆地-造山带-高原）（方维萱等，2016，2017a）。

最新研究揭示碱性辉绿岩和碱性辉长岩对于该矿床具有重要控制作用（杜玉龙和方维萱，2019；杜玉龙等，2020）。玻利维亚Tupiza铜矿床成矿过程与三个阶段构造-火山作用密切相关：①在早侏罗世（184±4.9 Ma，Tawackoli et al.，1996，1999，K-Ar法），沿东科迪勒拉裂谷系统［图3-14（a）］的断裂带，发生大规模碱性玄武质岩浆（岩墙）侵位事件。②在晚白垩世［78～(76±5) Ma，Saltify et al.，1999；Viramonte et al.，1999，K-Ar法］再度发生大规模玄武岩喷发，形成碱性基性熔岩席和岩脉群。③在区域早奥陶世基底构造层中，中新世［(19.2±0.8)～(21.2±0.8) Ma，Friedrich et al.，2007，黑云母$^{87}Sr/^{86}Sr$同位素年龄］形成了层状火山熔岩流，岩石组合为亚碱性玄武岩、粗面安山岩。大规模构造-火山作用为铜铅锌成矿作用提供了成矿热源，驱动了盆地流体大规模运移。

3.4.1 砂砾岩型铜成矿带与中-新生代后陆盆地

玻利维亚处于中-新生代安第斯成矿带中段，位于安第斯中-新生代深成岩浆弧有关的弧后环境（Jacobshagen et al.，2002），与智利中北部、阿根廷北部、秘鲁南部构成资源最为丰富的中安第斯Ⅱ级成矿省（卢民杰等，2016）中重要的Ⅲ级成矿带。

（1）玻利维亚区域构造演化与成矿带关系。自晚三叠世开始，潘基亚（Pangea）超大陆发生裂解，导致南美大陆独立发展（Keppie and Ramos，1999；Ramos and Aleman，2000；Ramos，2000）。随着南美大陆向西漂移，Nazca板块向南美板块俯冲，使安第斯带转化成活动大陆边缘。晚侏罗世—晚白垩世，发生强烈挤压作用，形成褶皱和逆冲断层，岩浆活动以侵入作用为主（Bahlburg and Herve，1997；Franzese and Spalletti，2001）。新生代，Nazca板块继续俯冲，构造-岩浆作用开始向东有规律迁移，形成玻利维亚自西向东构造单元［图3-14（a）］和成矿分带［图3-14（b）］：①西科迪勒拉→Altiplano高原→东科迪勒拉→次安第斯→Madre de díos（马德雷得蒂奥斯）平原+Chaco（查克）平原+Beni（贝尼）平原（Jacobshagen et al.，2002）→Guaporé（瓜波雷）克拉通等构造单元（Bertrand et al.，2000；2002）。②西科迪勒拉-玻利维亚高原多金属成矿带→Altiplano高原Sn多金属成矿带→东科迪勒拉Au-Sb多金属成矿带→东科迪勒拉Zn-Pb（AgAuCu）多金属成矿带→亚马孙盆地Au成矿带→Mutún（穆通）-Tucavaca（图卡巴卡）Fe-Mn成矿带→Sunsas（桑萨斯）多金属成矿带→Paraguá（巴拉瓜）克拉通 Au-Mn 成矿带（Marcelo et al., 2000; Osvaldo and Arce, 2009）。这一时期，安第斯带中部玻利维亚构造高原也在急剧上升，伴随断裂和强烈火山活动，其间一系列弧后前陆盆地快速接受沉积充填。始新世—早渐新世，构造活动达到顶峰（Ramos et al., 2000）。晚中新世—晚上新世以后，盆地消失，开始具有盆山原镶嵌构造结构的现代地貌，构造抬升作用形成了以玻利维亚为主体的中安第斯碰撞型构造高原基底，伴随板块俯冲，产生强烈而广泛的构造-岩浆活动。这种大规模造山带垂向抬升为形成造山带流体大规模迁移提供了造山带动力学机制，也为山前盆地、山间盆地和弧后前陆盆地中 Manto 型铜银矿形成，提供了良好构造动力学条件。

（2）玻利维亚东科迪勒拉裂谷事件。在晚二叠-三叠纪东科迪勒拉秘鲁发生裂谷事件（Laubacher, 1978; Noble et al., 1978; Dalmayrac et al., 1980; Kontak et al., 1985; Rosas and Fontboté, 1995; Rosas et al., 1997），裂谷的主轴恰好沿东科迪勒拉向南延伸，在晚三叠世—中侏罗世，进入东科迪勒拉玻利维亚（McBride et al., 1983; Sempere, 1995; Sempere et al., 1998, 1999），且继续向南延伸。该裂谷事件恰与玻利维亚南部 Tupiza 地区晚侏罗世早期 Araucana 构造运动基本吻合，区域拉张作用使得 S-N 向沉积盆地发生变形，并接受沉积。裂谷事件导致大规模的火山-岩浆活动，形成碱性玄武岩岩墙，在 Tupiza 地区 Cornaca 山碱性玄武岩岩墙样品中获得的 K-Ar 年龄为184±4.9Ma（Tawackoli et al., 1996, 1999）。

（3）玻利维亚 Tupiza 地区中-新生代区域构造演化。Tupiza 铜矿床位于东科迪勒拉 Zn-Pb（AgAuCu）多金属成矿带南部，东为海拔 2500～3500m 的次安第斯山带，西为 Altiplano 高原区［图 3-15（a）］。东科迪勒拉发育一系列相互平行的 S-N 向沉积盆地，Tupiza 铜矿就位于 Nazareno 沉积盆地的次级盆地中（图 3-15）。Nazareno 盆地最大宽度可达 80km，向南延伸到阿根廷北部。区域构造演化期次为：①古生代基底构造层定型于晚奥陶世 Ocloyica 构造运动期，强烈挤压构造形成了强烈的褶皱和浅变质作用（Jacobshagen et al., 2002），发育一系列紧闭背斜和宽缓向斜相间排列的构造组合。②晚侏罗世早期（Araucana 构造运动）拉张作用，使得 S-N 向沉积盆地发生断陷沉降，形成 S-N 走向 Mochara-Tupiza（穆洽拉-图披萨）断陷沉降盆地（Nazareno 盆地西北方向的次级盆地）和 S-N 向的狭长盆地沉积带。③晚白垩世中期（Peruana）陆内伸展构造作用，Tupiza-Mochara 半地堑式盆地进一步发展，Nazareno 盆地继续接受沉积［图 3-15（a）］。沿盆地西边界断裂带［图 3-15（b）中 *TT*］，发生碱性基性岩浆侵位事件，形成了宽度 100～2000m 玄武岩熔岩席和辉长-辉绿岩岩脉群，揭示 Nazareno 半地堑式盆地形成具有深部地幔动力学机制参与。在蚀变粗面玄武质火山角砾岩和硅化黏土化蚀变粗面玄武岩等组成的蚀变火山岩相中，形成了明显的铜（银）矿化；在火山岩底部与砂砾岩过渡界面上形成层状铜（钴）矿化体。④在古近纪—新近纪，构造运动以挤压作用为主，发育逆冲断层和斜冲断裂带。在渐新世印加（Incaica）造山运动期，形成了盆地内和盆地边界的平移断层和冲断断层组。中新世 Quechuana 构造运动主要形成了盆地内断块构造。平移断层活动强烈，使中-新生代地层发生褶皱与断裂。逆冲推覆构造作用也使 Tupiza 西南奥陶系页岩逆冲推覆到古近系和新近系之上。其后的构造运动表现为平缓的褶皱和局部错断。

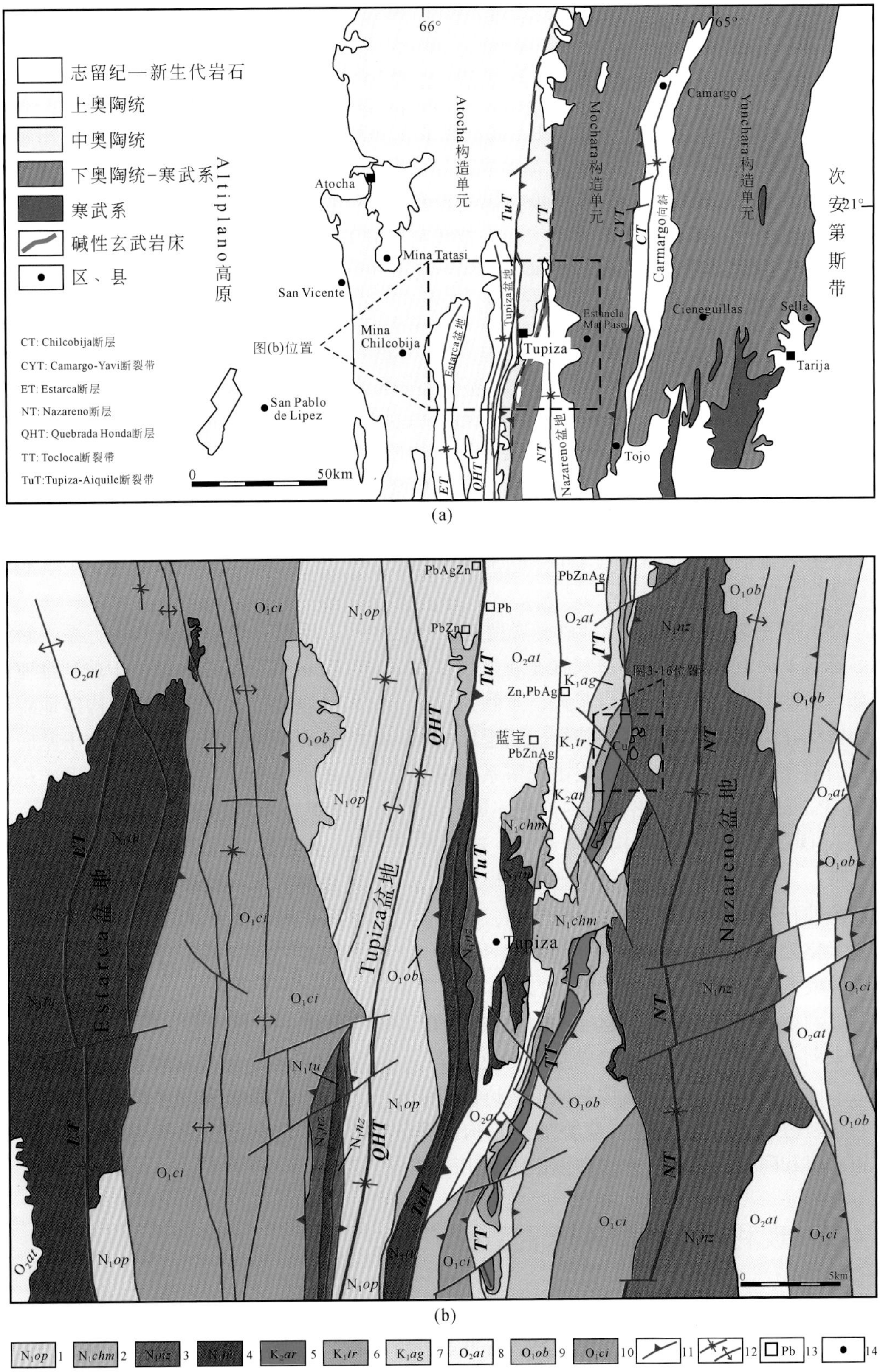

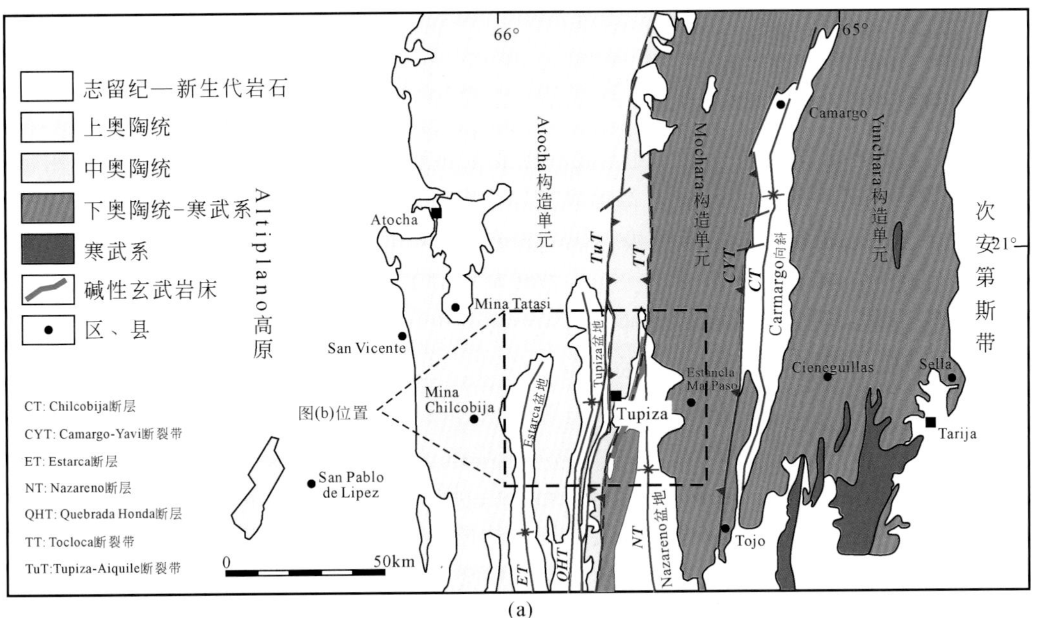

(a)

(b)

N₁op 1　N₁chm 2　N₁nz 3　N₁tu 4　K₂ar 5　K₁tr 6　K₁ag 7　O₂at 8　O₁ob 9　O₁ci 10　11　12　Pb 13　14

图3-15　玻利维亚南部 Altiplano 高原-东科迪勒拉及 Tupiza 区域地质简图（据 Jacobshagen et al., 2002 修改）

1. 欧布罗尕组砾岩夹碎屑砂岩、页岩和来自附近区域的火山岩；2. 邱罗玛组流纹质英安熔岩，灰黄色的凝灰岩；3. 纳萨瑞奴组棕红色黏土质砂岩、黏土岩，穿插有凝灰岩。河-湖相沉积；4. 图比萨组红色复成分砾岩、碎屑岩，夹有安山岩层。河流冲积扇相；5. 阿诺依菲雅组分为三个岩性段：底部为浅红色泥质粉砂岩、泥岩；中部为中-细粒砂岩与细-中砾砾岩互层，河湖相沉积；上部为碱性火山岩和辉绿-辉长岩脉群；6. 塔拉帕雅组砂岩、粉砂岩互层，海-陆环境；7. 昂勾斯度拉组紫红色石英砂岩、细砾岩、砾岩。海-陆环境；8. 阿瓜依都揉组底部为片理化粉砂岩、页岩夹砂岩，向上变为泥岩夹砂岩层，陆架环境；9. 欧比斯堡组片理化页岩。海侵环境；10. 森内圭亚组灰黑色粉砂岩、夹有砂岩层的页岩，顶部发育含黄铁矿的页岩，大陆架中-末端环境；11. 逆冲（抬升）断层；12. 向斜及核部断层，背斜及核部断层；13. 矿床点；14. 区、县

（4）从古近纪初至新近纪，随着玻利维亚东科迪勒拉造山带和西科迪勒拉造山带逐渐抬升隆起，与玻利维亚 Altiplano 高原和高原内沉积盆地形成了盆山原耦合转换的构造格局，考虑到 Nazca 板块持续的俯冲极性仍向智利-玻利维亚方向，不但形成了西科迪勒拉造山带和新近纪—第四纪主岛弧带，而且在智利形成了前陆盆地系统。同时，玻利维亚东科迪勒拉造山带也分割了东侧前陆冲断褶皱与玻利维亚 Altiplano 高原之间的构造界限，玻利维亚 Altiplano 高原内开始形成了后陆盆地系统，也被称为腹地盆地（hintherland basin，Horton，2012，2018；Caballero et al.，2013；DeCelles et al.，2015）。玻利维亚 Altiplano-阿根廷 Puna 高原上的后陆盆地系统形成于高海拔地区（>3000m），发育内陆闭流水系网络，尾闾湖盆沉积物形成于干旱-半干旱气候条件下；同期来自新近纪火山岛弧带物质剥蚀沉积、两侧先存火山岛弧带和深成岩浆弧带剥蚀物质再循环沉积。这种富铜的火山岩-岩浆岩蚀源岩区剥蚀再循环后，在干旱气候条件下被搬运到尾闾湖盆内沉积，铜富集在含膏砂砾岩系中。玻利维亚-阿根廷北部砂砾岩型铜成矿带是全球铜资源最有潜力地区之一，著名的砂砾岩型铜多金属矿床有 Corocoro 铜矿床、Cuprita 铜矿床、Turco 铜矿床、Chacarilla 铜矿床、Tupiza 铜银矿等。

（5）玻利维亚-阿根廷北部砂砾岩型铜多金属矿床主要赋存在白垩系和古近系—新近系砂砾岩及火山岩夹层中。玻利维亚新生代 Corocoro-Cuprita 高原后陆盆地位于玻利维亚西北部，西侧为西科迪勒拉主岩浆弧，东侧为玻利维亚东科迪勒拉造山带，这种构造地貌组合为典型盆山原镶嵌构造区的特征。新生代 Corocoro-Cuprita 高原后陆盆地的盆地下基底构造层为前寒武系，上基底构造层由志留系和侏罗系—白垩系等组成；在 Corocoro 铜矿东部 Oruro-Patacamaya 一带，出露陆内红色碎屑岩系和火山沉积岩为盆地充填地层体，Corocoro 和 Cuprita 铜矿床位于盆内构造隆起带。玻利维亚 Corocoro 铜矿床位于盆地中心地带盆内隆起带，是玻利维亚高原后陆盆地内规模最大的砂砾岩型铜矿床，铜矿化发育在渐新统—中新统冲积扇相含膏砂岩和含膏砾岩中，以自然铜、辉铜矿和赤铜矿为主，次为铜硫化物与铜氧化物。Cuprita 铜矿床位于该盆地西部边缘与西科迪勒拉主岛弧带过渡部位，向南与智利浅成低温热液型+斑岩型成矿带连接。

玻利维亚南部 Tupiza 地区-阿根廷北部经历了晚三叠世—中侏罗世陆内裂谷期，晚侏罗世末期—早白垩世拉分断陷成盆期，晚白垩世—古近纪再度断陷成盆和火山喷发+岩浆侵入事件，渐新世—早中新世盆地走滑拉分与褶皱、节理和劈理变形，晚中新世逆冲推覆与右行断裂系统+碱性基性岩浆叠加侵入构造系统，控制了玻利维亚南部 Tupiza 铜银-铅锌银矿田和阿根廷北部沉积岩型铜铅锌矿田（Flint，1989）。

3.4.2 玻利维亚典型砂砾岩型铜矿床

玻利维亚 Corocoro 砂砾岩型铜矿床位于 Corocoro-Cuprita 高原后陆盆地中心地带，矿区出露地层为白垩系、古近系—新近系。古近系—新近系 Corocoro 群（25～17Ma）Totora 组冲积扇相 Vetas 段砾岩、砂岩和下部 Ramos 段含膏泥岩、含膏砂岩为含矿层，铜矿体呈层状-似层状和拉伸变长的透镜状，工业铜矿物以自然铜、辉铜矿和赤铜矿为主，次为铜硫化物与铜氧化物。Corocoro 矿区已采出含铜品位在 7.1% 的矿石量达 7.8Mt（Cox et al.,

2003)，折合铜金属量为55.38万t。按照铜品位3.75%估算，铜金属储量为84万t。

玻利维亚D（Turco）铜矿床位于Corocoro-Cuprita高原后陆盆地的西南部，矿区出露地层为古近系—新近系，厚度在2000m以上，以后陆盆地内陆相碎屑岩系为主，发育火山凝灰质和沉火山碎屑物，沉积序列以冲积平原相和河流相砂岩和砾岩为主，沉火山碎屑物发育。从下向上依次为渐新统Turco组、中新统Azurita组、中新统Huayllapucara组和中新统Totora组，整体为一套河-湖相红色碎屑岩沉积，岩性有紫红色-绿色砂岩、页岩，穿插有火山碎屑岩，古近纪—新近纪花岗闪长斑岩岩株分布广泛，为高原后陆盆地主要的紧邻蚀源岩区。渐新统Turco组第二岩性段（E_3t^2）以紫红色、紫褐色砂砾岩为主含矿层位，下伏渐新统Turco组第一岩性段（E_3t^1）含紫红色中-厚层细粒砂岩夹粉砂岩和少量泥岩，共同构成成矿流体的构造岩相圈闭。上覆渐新统Turco组第三岩性段（E_3t^3）、第四岩性段（E_3t^4）和第五岩性段（E_3t^5），含有大量火山碎屑物，以灰绿色含砾凝灰质砂岩、凝灰质砂岩、粉砂岩为主，砾石成分主要为安山质和英安质。矿化体上下盘则发生明显的褪色化，原岩由紫红色-紫褐色褪色为灰白色。

在玻利维亚D（Turco）铜矿床内，探获铜矿石量770.08万t，铜平均品位为1.77%，铜金属量136304t（胡加昆等，2020）。铜矿体主要赋存于渐新统多尔各组二段（E_3t^2）中，主要岩性为紫色含砾砂岩及砂砾岩，矿体主要产于紫褐色和灰白色含砾砂岩内，灰白色含砾砂岩呈团斑状产出于紫褐色含砾砂岩内。矿体严格受岩层控制，地表出露形态主要为大脉状、脉状、透镜状及瘤状、似层状产出，共发现铜矿体118个，其中规模较大的有3个矿体。铜矿化主要有三种类型（胡加昆等，2020）：①粉砂岩型铜矿化在铜矿体附近硅化增加，随着远离矿体硅化减弱，石膏脉逐渐减弱，在铜矿化内发育石膏脉；向围岩一侧隐晶质方解石化和泥化增强。②在砂砾岩型铜矿化附近硅化较强，脉状石膏化发育；远离铜矿化地段硅化减弱，脉状石膏化逐渐消失；方解石化和泥化增强。③小型硅化脉型铜矿化带内发育铜矿化和硅化，以含铜硅化脉发育为特征，向外为含铜硅化脉及石英脉，伴有泥质脉。自然类型为砂岩型和砂砾岩型铜矿石。矿石结构类型为含砾粗粒砂状结构、含砂质角砾状结构、残余结构、片状结构、他形粒状结构、鳞片结构、针状结构、纤维状结构、隐晶质结构、重结晶结构。矿石构造为星散状构造、稀疏浸染状构造、脉状和稀疏浸染状构造、斑块状构造、砾状构造、细脉状构造、碎粉状构造、放射球粒状构造。铜矿物主要有赤铜矿、自然铜、黑铜矿、硅孔雀石等，其他金属矿物为黄铁矿、磁铁矿、钛铁矿、赤铁矿、褐铁矿、锐钛矿。脉石矿物为水云母、方解石、玉髓、铁泥质、硅化石英等。

3.4.3　玻利维亚Tupiza砂砾岩型铜矿床

玻利维亚Tupiza铜矿区出露地层主要有奥陶系、白垩系、古近系、新近系及第四系。构造发育NNE、NW和NE组，早期NNE向断裂主要发育在宽缓向斜与窄背斜核部，晚期NW向和NE向断裂以平移走滑和逆冲为主。发育早侏罗世、晚白垩世和中新世等多期岩浆侵位。在Tupiza铜矿权区内（图3-16），发育多个矿化层位和多种矿化类型组合，从下至上依次为：中-下奥陶统钙质泥岩中造山型Pb-Zn(AgAuCu）矿化，下白垩统砂岩型Cu矿化、上白垩统砂砾岩型Cu(Co）矿化、上白垩统碱性火山岩中Cu(Ag)+Cu(PbZn）矿化，将白垩系中铜钴-铅锌矿归入砂砾岩型铜多金属矿床。在历史上有过断断续续的民采铜矿石活动，勘查和研究程度极低，但含矿地质体稳定、构造-蚀变带规模大，深部找矿潜力亟待研究验证。以碱性基性火山岩为中心形成 Cu(Ag)→Cu(Co)→Cu(PbZn) 矿化分带。

奥陶系为陆内裂谷盆地的基底构造层，以变形与浅变质的泥岩建造为主，呈 S-N 向狭长带状展布，主要出露下奥陶统森内圭亚组（O_1ci）和欧比斯堡组（O_1ob）、中奥陶统阿瓜依都揉组（O_2at）等，岩性有粉砂质泥岩、泥岩、泥板岩等，为基底构造层（图 3-15、图 3-16）。中-下奥陶统是区域上造山型 Pb-Zn(AuAgCu) 的重要赋矿层位，Pb-Zn-Ag-Au-Cu 矿化受控于层间断裂带，走向 350°~10°，倾向 SSW 或 SSE，倾角 40°~75°，发育强烈的黄铁矿化、菱铁矿化和硅化，地表一般具有铁帽。在 Tupiza 铜矿区周边具有众多该类型矿床和多个生产矿山，其中以紧邻 Tupiza 铜矿西部蓝宝矿山规模最大［图 3-15（b）］，主要开采阿瓜依都揉组（O_2at）钙质泥岩和粉砂质泥岩中铅锌银矿。

白垩系呈角度不整合覆盖在奥陶系之上，从下至上分为三个组（图 3-16），下白垩统昂勾斯度拉（K_1ag）组以紫红色石英砂岩和杂色砾岩为主，形成于海-陆沉积环境，局部夹有层状玄武岩。下白垩统塔拉帕雅组（K_1tr）为红褐色碎裂化砂岩与粉砂岩互层，形成于海陆交互相。上白垩统阿诺依菲雅（K_2ar）组分为三个岩性段，第一岩性段（K_2ar^1）为紫红色粉砂质泥岩，为干旱条件下河流相河漫滩亚相。第二岩性段（K_2ar^2）为浅紫红色中-细粒砂岩与斑杂色中-细砾砾岩互层，沉积相类型为干旱条件下冲积扇相扇中亚相。第三岩性段（K_2ar^3）以碱性基性火山岩和蚀变火山岩为主，局部发育紫红色沉凝灰岩。渐新统图皮萨组（E_3tu）不整合覆上白垩统上，以河流冲积扇相砾岩为主，夹安山岩层，是该区 S-N 向盆地充填地体（图 3-16）。新近系纳萨瑞奴组（N_1nz）、邱罗玛组（N_1chm）和欧布罗尕组（N_1op），是盆地主要充填地体。第四系（Qtv）组以冲积物、坡积物和崩积物为主。

白垩系是 Tupiza 铜矿的主要含矿地层：①在塔拉帕雅组（K_1tr）顶部黄绿色凝灰质粉砂岩、凝灰质泥岩中发育 Cu 矿化，受层间构造和岩性双重控制，倾向 275°~285°，倾角 65°~80°，揭露矿化带断续延长 2000m，出露厚度 1~6m，含矿地质体稳定延长在 6km 以上，矿化体呈层状、似层状。铜品位 0.3%~0.5%，铜矿物主要为蓝铜矿、少量星点状黄铜矿，石英脉发育，在石英脉边部常见有脉状镜铁矿。②在 K_2ar^2 顶部与 K_2ar^3 过渡部位的砂砾岩中，发育层状、似层状 Cu(Co) 矿化体，整体倾向 100°左右，倾角 70°~75°。据目前有限的工程揭露，Cu(Co) 矿化体最大厚度 30 余米，铜品位一般 0.2%~0.5%，伴生 Co 品位 0.01%~0.02%，以黄铜矿为主，发育强烈黄铁矿化，黄铁矿与铜硫化物呈胶结物产出，角砾局部具有碎斑状结构，揭示深部热液活动强烈。③在 K_2ar^3 蚀变火山中发育 Manto 型 Cu(Ag) 矿体，受 NNE 向、NW 向断裂控制，构造蚀变带延长 4~6km。矿体呈似层状和脉状，在断裂带交汇部位具有大透镜状富矿体产出。铜矿物具有分带性，浅表以孔雀石、氯铜矿、蓝铜矿为主，少量黄铜矿、斑铜矿；深部以斑铜矿、黄铜矿、辉铜矿为主。铜矿石具有交代结构、斑状结构、嵌晶结构、固溶体分离结构等；构造以稠密浸染状-细网脉状、角砾状矿石为主，次为块状、细脉状、脉状和杏仁状铜矿石。

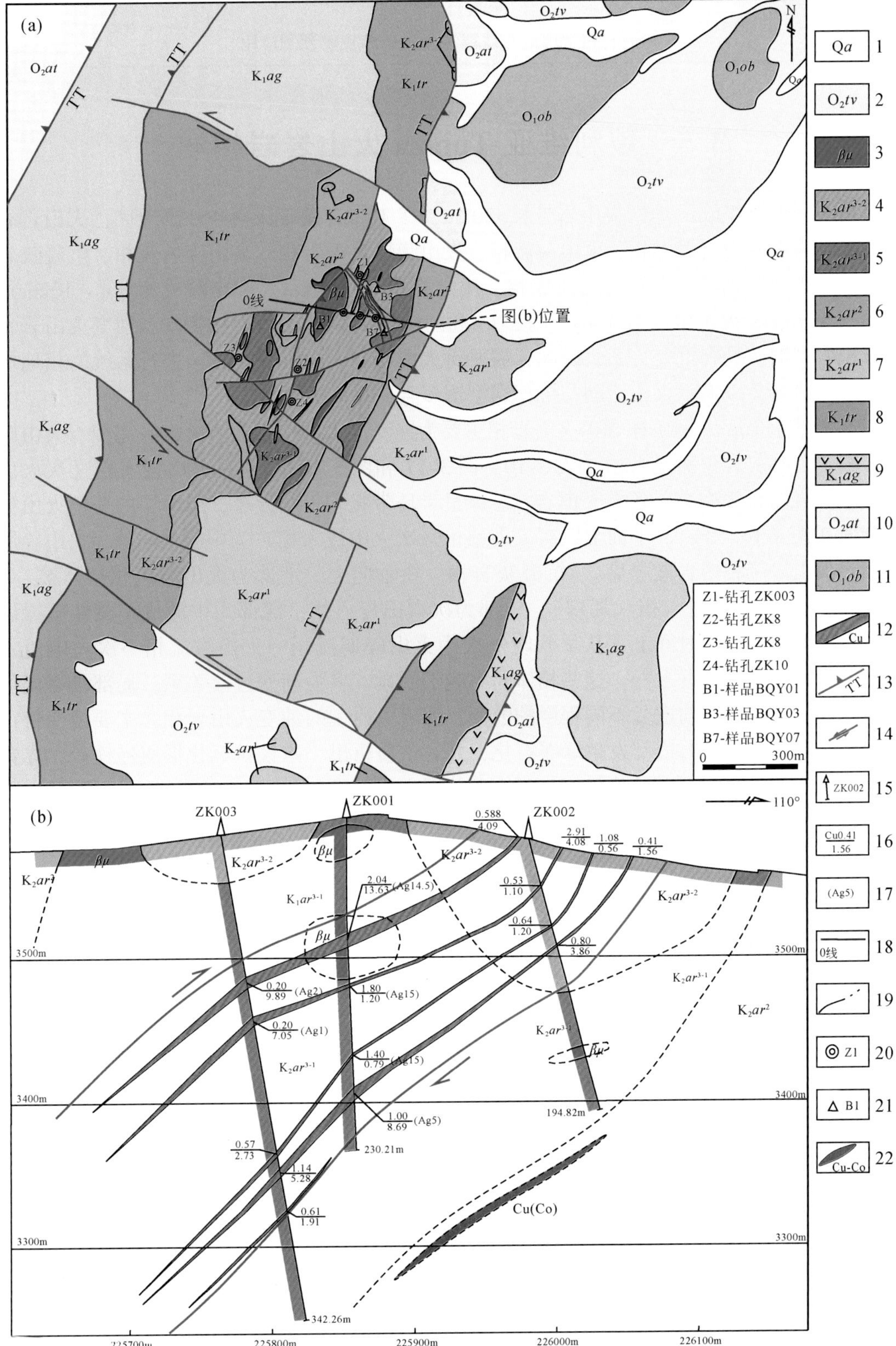

图 3-16 玻利维亚 Tupiza 铜矿北段地质（采样）平面及 0 号勘探线剖面简图

1. 未固结的鹅卵石、砾石、砂、泥、黏土；2. 半固结的砾石、砂、黏土及凝灰质夹层；3. 辉绿岩、辉长岩，次火山侵入相，中心相为辉长岩、辉长玢岩、过渡相为辉绿玢岩、边缘相为辉绿岩；4. 阿诺依菲雅组第三岩性段第二岩性层，火山溢流相；5. 阿诺依菲雅组第三岩性段第一岩性层，火山碎屑岩相；6. 阿诺依菲雅组第二岩性段；7. 阿诺依菲雅组第一岩性段；8. 塔拉帕雅组；9. 昂勾斯度拉组；10. 阿瓜依都柔组；11. 欧比斯堡组；12. 铜（银）矿（化）体；13. 逆冲断层（TT. Tocloca 断裂带）；14. 断裂带及斜冲走滑方向；15. 剖面钻孔位置及编号；16. 铜矿体品位 0.41%/矿体厚度 1.56m；17. 铜矿体伴生银品位 5g/t；18. 勘探线位置及编号；19. 推测、实测地层界线；20. 平面钻孔位置及编号；21. 采样点位；22. 预测深部铜（钴）矿体 8

3.5　玻利维亚 Tupiza 火山岩岩相学

在玻利维亚 Tupiza 地区火山岩带长>30km，在 Tupiza 铜矿床内和外围地区，火山岩岩相学类型为次火山岩侵入相、火山溢流相、火山隐爆角砾岩相、火山碎屑流相、沉凝灰岩相、蚀变火山岩相等，尚发育超浅成相、浅中成相（1～4km）和中深成相（4～10km）。玻利维亚 Tupiza 铜矿床（表 3-10、图 3-17 和图 3-18）因火山岩岩相类型和蚀变火山岩相与沉积岩型铜矿具有重要关系，因此，需要对火山岩和火山沉积岩相，进行系统岩相地球化学专题研究，以揭示火山活动与沉积岩型铜多金属矿床关系。

玻利维亚 Tupiza 铜矿床含矿火山岩相主要为蚀变次火山侵入相、火山溢流相、火山碎屑岩相、沉凝灰岩相和侵入相（表 3-10、图 3-17 和图 3-18）。以次火山侵入相（次火山颈相，小岩株）为中心，各类火山岩相总体呈半环带状和带状分布，揭示了白垩纪火山机构特征［图 3-16（a）］。平面上以次火山颈相（次火山侵入相）为中心，向外为火山碎屑流相、火山溢流相熔岩被（席）、沉凝灰岩相。在垂向上，上部为火山溢流相熔岩被+火山碎屑流相+次火山侵入相（局部），中部为次火山侵入相，深部为中深成相碱性辉绿岩和碱性辉长岩类。在时间上，从早到晚依次为火山碎屑流相→火山溢流相→次火山侵入相→中深成相次火山侵入相。这些相体间界线不明显，多为渐变过渡关系，局部具有同位叠加特征。火山岩相均遭受不同程度的蚀变，形成了典型的蚀变火山岩相，主要蚀变特征为：①沿辉石和角闪石边部发生绿泥石化，并有铁质析出，磁铁矿氧化形成赤铁矿，赤铁矿呈磁铁矿假象，绿泥石呈片状，与磁铁矿共同交代辉石和角闪石；②斜长石（斑晶）普遍发生了绢云母化、泥化（高岭石化）、碳酸盐化（方解石化）、钾、钠长石化；③在粗面玄武岩中发育气孔-杏仁状构造，气孔中常充填方解石［图 3-17（c）］、绿泥石、硅质-碧玉、铜硫化物等；④铜硫化物包括原生铜硫化物（黄铜矿-黝铜矿-斑铜矿）、次生铜硫化物和铜盐（辉铜矿-蓝辉铜矿-蓝铜矿-孔雀石），它们充填在杏仁体和蚀变火山岩中，揭示铜富集成矿与碱性火山岩有密切关系。

1. 中深成侵入岩相

次火山侵入相（火山颈相）是该区火山机构中心和主要物质组成。在垂向上，中深成相碱性辉绿岩和辉长岩侵入上部为次火山侵入相+火山碎屑流相+火山溢流相，浅中部为次火山侵入相，为盆内岩浆叠加期形成的成岩相系空间拓扑学结构。水平方向上，从内到外为次火山侵入中心相辉长岩-辉长玢岩→次火山侵入过渡相辉绿玢岩→次火山侵入外缘相辉绿岩。Tupiza 铜矿床内，以 BQY01 样品采集部位为火山机构中心［图 3-16（a）］，深部发育侵入相辉长岩，浅中成相辉绿岩与中深成相辉长岩具有同位叠加特征，结合区域多期火山喷发-岩浆侵位事件分析认为，本区岩体可能有复式岩体。该岩体平面上呈椭圆状，长约 300m，宽 50～100m，为一小型岩株，围绕其呈半环状和总体带状分布辉绿岩、辉绿玢岩、辉长岩岩脉［图 3-16（a）］。辉长岩岩石为辉长结构，块状构造，斜长石含量 55%，自形-半自形板状，聚片双晶、卡钠复合双晶发育，板长0.7～4mm，杂乱分布。有弱的绢云母化。辉石含量 40%，均被白云石交代，部分晶粒析出铁质，大部分晶体轮廓不明显，少量保留辉石的柱状晶体假象，柱长 0.3～3.5mm，分布在斜长石格架间。钛铁矿含

表 3-10　玻利维亚 Tupiza 铜矿火山岩–侵入岩岩相学类型与主要特征

岩相	岩性/岩石类型	产状	结构/构造	矿物组成	蚀变	矿化
中深成相	辉长岩	岩株，与次火山侵入相相伴，产于深部	辉长结构，块状构造	斜长石含量55%，自形–半自形板状，板长0.7～4mm；辉石含量40%，柱长0.3～3.5mm，均被白云石交代。钛铁矿含量4%，多已白钛石化；少量赤铁矿	弱绢云母化	含钛铁矿
次火山侵入相（火山颈相）	辉长岩–辉长玢岩（中心相）	小型岩株、岩脉，多产于断裂带，为火山机构中心标志	残余斑状结构，块状构造	基性斜长石斑晶15%；基质含量约80%，斜长石为主，次为辉石，少量角闪石、硅化石英（充填于裂隙）	普遍较强的绢云母化，次为绿泥石化	Cu(Zn) 矿化
	辉绿玢岩（过渡相）	小岩株、岩脉，分布于辉长岩外围	辉绿结构，块状构造	斜长石斑晶约65%，少量辉石斑晶。方解石、磁铁矿、赤铁矿	强褐铁矿化、方解石化，次为绿泥石化、绢云母化	Cu 矿化
	强蚀变辉绿岩（边缘相）	岩脉	变余辉绿结构，块状构造	斜长石含量62%、普通辉石含量35%、钛铁矿含量2%、少量赤铁矿	绢云母化、钠长石化、绿泥石化	Cu（PbZn）矿化，方铅矿、闪锌矿与斑铜矿伴生
	弱蚀变辉绿岩（边缘相）	岩脉群，多沿断裂或断裂交汇处分布	嵌晶含长结构、暗化边结构，块状构造	斜长石含量45%、普通辉石含量42%、赤铁矿含量4%	弱绢云母化、弱泥化	Cu 矿化
火山溢流相	碱性玄武岩	熔岩被	斑状结构，块状构造	辉石和角闪石斑晶含量8%～9%；基质含量85%，主要为斜长石、少量暗色矿物	强绿泥石化、方解石化	少量白钛石化、微量黄铁矿
	钾质粗面玄武岩	熔岩被	斑状结构，气孔–杏仁构造	斑晶约15%，斜长石为主，次为辉石；基质含量约80%，主要为斜长石，次为隐晶状矿物、少量毒砂	强绢云母化，次为伊丁石化、次闪石化、硅化	Cu 矿化
	橄榄玄武粗安岩	熔岩被	变余斑状结构，碎裂构造、杏仁状构造	斑晶为斜长石14%和少量的辉石7%；基质约75%，以斜长石为主。磁铁矿、赤铁矿化	泥化、绢云母化、钠长石化、方解石化；磁铁矿氧化成赤铁矿	Cu、Zn 矿化和 Pb 异常
	安粗岩	熔岩被	变余斑状结构、交代假象结构，变余杏仁构造	斜长石斑晶约15%、辉石斑晶约6%；基质以斜长石为主，含量约76%；磁铁矿含量约3%	泥化、绢云母化、钠长石化、方解石化、褐铁矿化	Cu 矿化
火山碎屑流相	火山角砾岩	透镜状、层状、不规则状	角砾结构，块状构造	安山岩角砾或玄武岩角砾，含量55%；凝灰质，含量约30%；方解石，含量10%；赤铁矿，含量1%	绢云母化、方解石化、赤铁矿化	黄铜矿、斑铜矿、辉铜矿等铜矿化
沉火山岩相	沉凝灰岩/沉火山角砾岩	层状，产于火山岩与沉积岩过渡界面				发育孔雀石、辉铜矿细脉

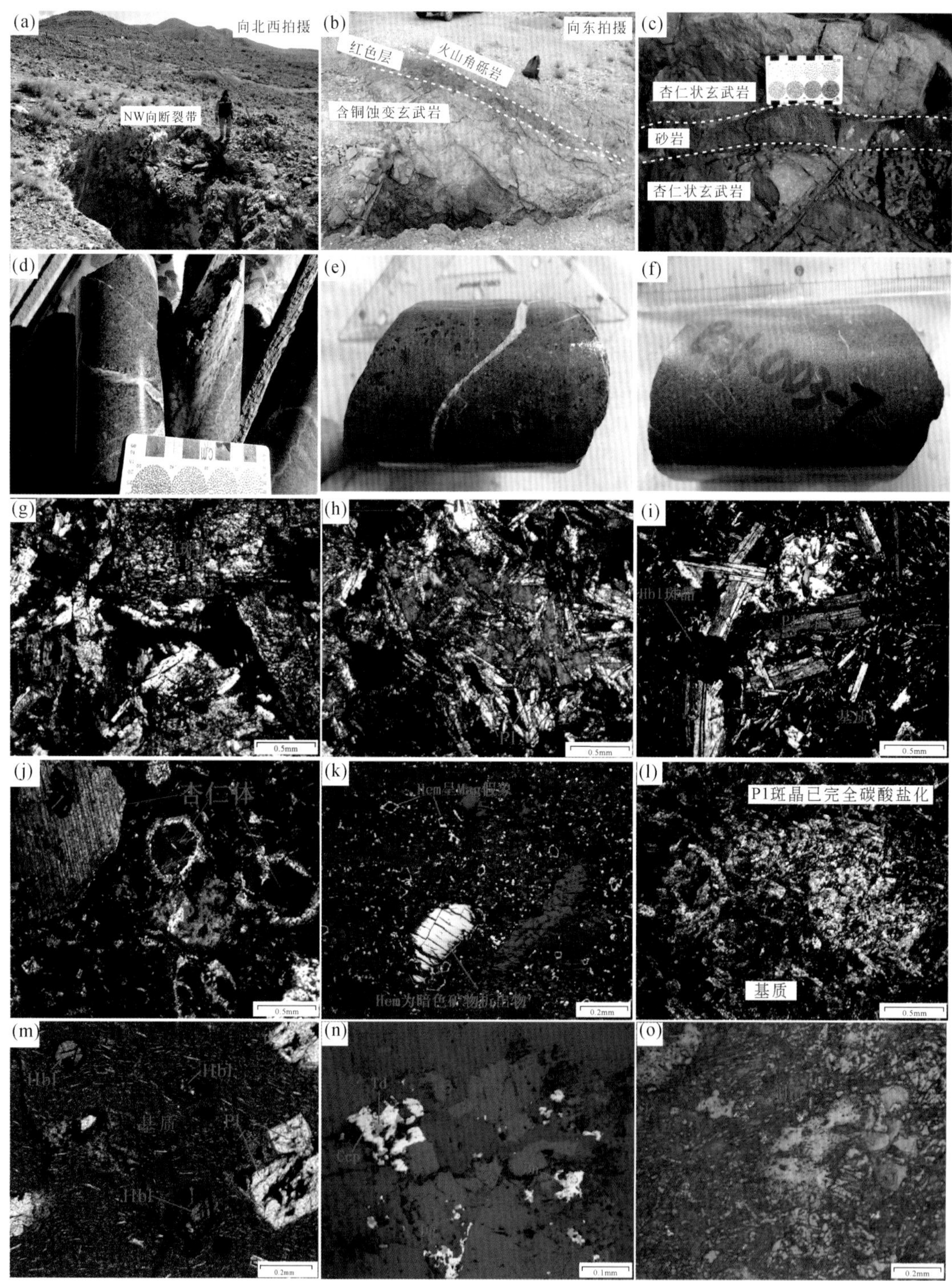

图 3-17　玻利维亚 Tupiza 铜矿蚀变火山岩岩相学特征

(a) 浅井揭露的断裂带交汇部位富集 Cu (Ag) 矿体，褪色化、黏土化蚀变粗面玄武岩为含矿岩相体；(b) 浅井揭露的 Cu(Ag) 矿体，含矿岩相为蚀变橄榄玄武粗面安山岩；(c) 气孔杏仁状粗面玄武岩，夹紫红色砂岩；(d) 蚀变含铜辉绿玢岩；(e) 灰绿色、灰黑色碱性玄武岩；(f) 紫灰色橄榄玄武粗安岩；(g) 绢云母化蚀变辉长玢岩，正交光；(h) 辉绿岩的辉绿结构，正交光；(i) 蚀变粗面玄武岩中斜长石和角闪石斑晶，正交光；(j) 蚀变粗面玄武岩中方解石充填的杏仁体，正交光；(k) 蚀变橄榄玄武岩中暗色矿物析出的赤铁矿呈磁铁矿假象，反射光；(l) 蚀变橄榄玄武粗安岩中斜长石发生碳酸盐化，正交光；(m) 蚀变粗面玄武岩中角闪石、斜长石斑晶；(n) 和 (o) 含铜杏仁状蚀变粗面玄武岩，反射光。Pl. 斜长石；Hbl. 角闪石；Cal. 方解石；Hem. 赤铁矿；Ccp. 黄铜矿；Bn. 斑铜矿；Dg. 蓝辉铜矿；Td. 黝铜矿；Ilm. 钛铁矿；Az. 蓝铜矿

图3-18 玻利维亚 Tupiza 铜矿铜矿石岩相学特征

(a) 老采坑揭露的蚀变粗面玄武岩裂隙中孔雀石化；(b) 构造带内硅化铜矿石；(c) 气孔状含孔雀石蚀变粗面玄武岩，孔雀石充填于气孔；(d) 角砾状铜矿石，原岩为粗面玄武岩质火山角砾岩，孔雀石主要呈胶结物产出；(e) 碎裂状铜矿石，孔雀石呈网脉状、脉状；(f) 褪色化、硅化、黏土化含铜蚀变粗面玄武岩，铜矿物为孔雀石、氯铜矿、蓝铜矿，地表次生富集；(g) 细网脉状辉铜矿石，次生富集作用，原岩为强蚀变粗面玄武岩；(h) 钻孔深部揭露的热液角砾岩化铜矿石，黄铜矿、斑铜矿、辉铜矿呈稠密浸染状、网脉状以胶结物形式产出，原岩为粗面玄武岩质火山角砾岩；(i) 深部钻孔揭露的黄铁矿化含Cu(Co) 砂砾岩，金属硫化物为胶结物

量4%，多为辉石蚀变而成，集合体保留辉石的柱状晶体假象，少量呈长板状，板长0.2～0.7mm，零星分布，多已白钛石化。赤铁矿少量，针状、长板状，板长0.1～0.7mm，星点状分布。以该侵入体（火山机构）中心为标志，围绕周缘是找矿有利部位，0号勘探线已控制NW向CuAg矿体（图3-16）。

2. 次火山岩侵入相

次火山岩侵入相岩石组合为辉绿岩-辉绿玢岩与辉长岩-辉长玢岩，为Tupiza地区次火山颈相（次火山岩侵入相）主要物质组成，它们是识别和圈定Tupiza地区火山机构中心（次火山颈相）的主要标志，而Cu、Pb、Zn富集成矿与蚀变辉长玢岩-蚀变辉绿岩（次火山颈相）等有关（表3-11、表3-12）。

(1)（绢云母化蚀变）辉长岩-辉长玢岩（侵入体中心相）[图3-17（d）、(g)]：在Tupiza铜矿床内，次火山侵入相（次火山颈相）深部主要以绢云母化蚀变辉长-辉长玢岩为主，具有残余斑状结构，块状构造。基性斜长石斑晶含量约15%，自形-半自形晶，呈长柱状，柱长1.5～4.7mm，晶粒裂纹发育，普遍受到较强的绢云母化。基质含量约80%，粒径0.05～0.8mm，主要为斜长石，次为辉石，含少量角闪石和石英。基质中斜长石呈半自形-自形状，发生绢云母化。辉石呈短柱状、不规则粒状。角闪石呈半自形粒状，边部已蚀变分解为绿泥石。石英呈他形粒状，分布于斜长石晶粒间隙。不规则状构造裂隙发育，充填有微晶-隐晶状的硅化石英和粒状方解石，揭示后岩浆侵入期构造变形明显，为次火山热液作用提供了裂隙构造通道。赤铁矿（约5%）具稀散浸染状构造，粒径0.03～0.5mm，为磁铁矿氧化的产物。在Tupiza矿区外围，蚀变较弱或未蚀变的辉长玢岩多呈岩脉产于断裂带中或呈小型岩株产于断裂交汇处，辉长玢岩-绢云母化蚀变辉长玢岩均为次火山颈相主要岩石组合，铜富集成矿与绢云母化蚀变辉长玢岩关系密切，Zn含量达到312×10^{-6}（表3-13），揭示Cu（Zn）与次火山对流循环成矿热液体系关系密切。

（2）碳酸盐化蚀变辉绿玢岩（侵入体过渡相）：辉绿玢岩与辉绿岩、辉长岩-辉长玢岩常产于断裂带内，伴随有铜矿化，Cu含量114×10^{-6}（表3-13）。变余辉绿结构，块状构造，斜长石斑晶约65%，辉石斑晶少量。长条板状斜长石（An=55），粒径0.18mm×0.04mm～2.2mm×0.4mm，多已发生方解石化、泥化、绢云母化、赤铁矿化等。褐色柱状辉石（约15%）多已发生绿泥石化、褐铁矿化、黏土化、方解石化等，呈交代假象和残余结构。碳酸盐含量约14%，呈粒状，粒径0.03～0.65mm，主要为方解石。隐晶质赤铁矿（约6%）粒径<0.03～0.1mm。

（3）（含铅锌绿泥石化钠长石化绢云母化蚀变）辉绿岩（侵入体边缘相）［图3-17（h）］：辉绿岩-辉绿玢岩与辉长岩-辉长玢岩等产于断裂或断裂交汇处，它们为次火山岩侵入相和Tupiza铜矿床次火山颈相的主要物质组成，也是识别和圈定本区火山喷发中心的关键构造岩相学标志。在Tupiza铜矿床内，绿泥石化钠长石化绢云母化蚀变辉绿岩发育，具变余辉绿结构和块状构造。矿物成分主要为斜长石、普通辉石以及少量赤铁矿，斑晶为辉石，多已蚀变发生赤铁矿化、葡萄石化，形成交代假象结构。斜长石（约62%）呈长条板状，粒径0.1mm×0.04mm～0.5mm×0.2mm，已蚀变为钠长石和绢云母。普通辉石（约35%）呈无色-浅褐色的柱状，粒径0.1～1.4mm，大多已蚀变为绿泥石。赤铁矿（约1%）呈长条状，粒径0.03～0.15mm，为磁铁矿氧化产物。钛铁矿呈板状，粒径0.03～0.2mm，含量约2%。蚀变辉绿岩为含矿岩相，发育方铅矿和闪锌矿，与斑铜矿伴生。含Pb为560×10^{-6}（表3-13），星点状方铅矿呈他形粒状（d=0.02～0.15mm）。含Zn为952×10^{-6}（表3-13）。

（4）灰绿色中-细粒弱蚀变辉绿岩：主要以岩脉群分布于浅表，一般宽度0.5～5.0m，宽者可达数十米，多沿断裂分布，与铜矿化关系密切。岩石具嵌晶含长结构，见辉石的暗化边结构，块状构造。斜长石（约54%）呈长条板状，聚片双晶发育，粒径0.1mm×0.03mm～0.7mm×0.12mm，部分斜长石发生了泥化和绢云母化。浅褐色普通辉石（约42%）呈柱状，粒径0.1mm×0.08mm～1.8mm×0.6mm，见暗化边结构，部分绿泥石化、磁铁矿化等。赤铁矿（约4%）呈粒状，粒径0.01～0.5mm。弱蚀变辉绿岩具有Fe^{2+}远小于Fe^{3+}，这种高氧化岩浆上侵过程中有利于Cu活化进入成矿流体，对成矿极为有利。总之，次火山颈相中火山热液蚀变作用强烈，伴有Cu、Pb和Zn矿化，揭示为成岩成矿系统根部相和成矿物质供给中心。

3. 火山溢流相

火山溢流相为碱性玄武岩、钾质粗面玄武岩、橄榄玄武粗安岩、安粗岩等组成，呈熔岩被产出。在断裂交汇部位常发生强烈的褪色化、硅化和黏土化［图3-18（a）、（b）］，它们是与Cu-Ag(PbZn) 矿化有关蚀变岩相体，在浅部氧化型铜矿石与蚀变火山岩中，孔雀石、氯铜矿、蓝铜矿等充填于气孔中，Cu品位2%~5%，常伴随有Pb和Zn矿化，Pb-Zn异常和蚀变火山岩类指示了深部具有寻找Pb-Zn隐伏矿体潜力。

（1）碱性玄武岩［图3-17（e）］：碱性玄武岩和蚀变碱性玄武岩与辉绿玢岩和辉绿岩相伴产出。岩石为斑状结构，基质具交织结构。斑晶含量8%~9%，以辉石和角闪石等暗色矿物为主，含少量斜长石。暗色矿物呈残余自形-半自形柱状，粒径0.19~0.68mm，晶粒已完全蚀变为绿泥石、方解石，仅保留其晶形轮廓。斜长石呈残余自形-半自形板状，粒径0.25mm×0.5mm~0.7mm×3mm，已完全蚀变为方解石及绿泥石，为热液蚀变的产物。基质含量约85%，主要为斜长石，含少量暗色矿物，可见微晶斜长石具交织结构呈定向分布，蚀变暗色矿物稀散分布于斜长石板条间。斜长石具强绢云母化和碳酸盐化。暗色矿物具强绿泥石化和碳酸盐化［图3-17（l）］。方解石（2%~3%）呈不规则粒状，粒径0.03~1.2mm，粒状结合体呈团块状、脉状沿岩石裂隙分布。磁铁矿（3%~4%）呈不规则粒状，粒径0.01~0.2mm，为暗色矿物蚀变分解的产物，部分晶粒具赤铁矿化，少量晶粒被赤铁矿交代完全，稀散分布。钛铁矿含量<1%，不规则粒状、板状，粒径0.01~0.15mm，已完全白钛石化。微量黄铁矿呈不规则粒状，粒径0.001~0.02mm。

（2）钾质粗面玄武岩［图3-17（c）］：浅紫红色，斑状结构，气孔-杏仁构造。斑晶（约15%）为斜长石和辉石。斜长石斑晶呈自形-半自形柱状，柱长0.45~1.65mm，多已强烈绢云母化，局部形成聚斑。辉石斑晶呈半自形柱状，柱长0.65~1.22mm，具伊丁石化、次闪石化、硅化，受应力影响，晶粒可见裂纹，零星分布。基质含量约80%，主要为斜长石，次为隐晶状矿物。斜长石呈自形细板条状，板长0.05~0.3mm，具绢云母化和方解石化，常呈半定向状分布；隐晶状矿物晶粒极其细小。杏仁体含量3%~4%，呈圆状、不规则状，粒径1.0~6.2mm，充填方解石和石英。赤铁矿含量5%，粒径0.02~5.8mm，部分晶粒具菱形十二面体、八面体晶形，呈磁铁矿假象；也见板状轮廓的晶粒，为辉石等暗色矿物的析出物，呈较均匀的浸染状分布［图3-17（k）］。少量毒砂呈似菱面状，粒径0.4mm，零星见于岩石蚀变裂隙中。岩石构造裂隙发育，充填有脉状方解石和次生石英。

（3）橄榄玄武粗安岩［图3-17（f）］：该类岩石为辉长玢岩的喷出相，也是Pb-Zn（Cu）矿化的直接含矿岩相体，呈灰黑色，斑状结构，基质具微晶-隐晶结构。斑晶（约30%）主要为斜长石，含少量暗色矿物。斜长石呈自形柱状，柱长0.3~4.7mm，稀散分布。暗色矿物为伊丁石化橄榄石或辉石，自形-半自形柱状，柱长0.25~0.72mm，晶粒可见裂纹，伴随有铁质析出。圆形和不规则状的杏仁体（约4%）粒径0.3~3.2mm，被方解石和隐晶状石英充填。基质（约50%）主要为斜长石，次为角闪石，粒径0.04~0.2mm，斜长石呈细板条状，具绢云母化和泥化，角闪石呈半自形-他形粒状，具次闪石化。蚀变矿物（约15%）主要为方解石，次为石英。方解石呈粒状，粒径0.2~1.5mm，石英为隐晶状，粒径大多小于0.02mm，二者常伴生，沿岩石构造裂隙灌入或呈抱团状产出。赤铁矿，含量2%~3%，粒径0.02~0.33mm，他形不规则粒状，为磁铁矿的氧化物，星点状分布。

（4）铜（铅锌）矿化强蚀变橄榄玄武粗安岩：岩石具变余斑状结构，交代假象结构，碎裂构造和杏仁状构造。斑晶为斜长石和少量的辉石，斜长石含量约14%，呈长板状，粒径0.25mm×0.14mm~2.6mm×0.6mm，聚片双晶发育，见变余环带状结构，表面部分已蚀变，发生泥化、绢云母化、钠长石化、方解石化。辉石（约7%）呈短柱状，粒径0.1~1.0mm，被绿泥石和磁铁矿（赤铁矿）、方解石交代；仅残留短柱状残骸呈交代假象结构，均已蚀变发生绿泥石化、硅化、方解石化等，见变余暗化边结构。基质含量约75%，以斜长石为主，呈长板状，粒径0.01~0.3mm，主要发生泥化、绢云母化、方解石化等。赤铁矿含量约4%，呈粒状，粒径0.01~0.2mm，系磁铁矿氧化产物，呈星点状均匀分布。在Tupiza矿区该类岩石具有明显的铜、锌矿化，含铜2930×10^{-6}、锌1118×10^{-6}，并形成明显的Pb异常，异常浓度286×10^{-6}（表3-13）。在平面上形成以铜为中心，向外形成Pb、Zn矿化体或者异常，其深部辉长玢岩-辉长岩是寻找Pb-Zn(Cu)隐伏矿体的良好岩相学标志。

（5）铜矿化安粗岩［图3-17（f）］：具有明显铜矿化，含铜1615×10^{-6}。岩石具变余斑状结构，交代假象结构，碎裂组构，变余杏仁状构造。斑晶为斜长石和少量辉石，斜长石斑晶（约15%）呈长板状，粒径0.25mm×0.14mm~2.6mm×0.6mm，大多已蚀变，发生泥化、绢云母化、钠长石化、方解石化等。辉石（6%）斑晶呈短柱状，粒径0.1~1.0mm，被绿泥石、磁铁矿（赤铁矿）、方解石交代，仅残留短柱状残骸，形成交代假象结构。基质以斜长石为主，含量76%，具变余交织结构，微晶斜长石半定向排列，已钠长石化、绢云母化、褐铁矿化等。均匀分布星点状磁铁矿（约3%），粒径0.01~0.2mm。部分气孔中见硅质充填。裂隙发育，宽0.03~0.6mm，被石英、方解石等充填。

4. 火山碎屑流相

火山碎屑流相以粗面玄武质火山角砾岩、粗面安山质火山角砾岩和蚀变火山碎屑岩为主。它们分布在辉绿玢岩-辉绿岩等次火山岩侵入相外围，呈透镜状、层状或者不规则状，呈现连续相变或突然相变关系［图3-17（b）、（c）］。它们是深部硫化型铜矿的含矿岩相体，黄铜、斑铜矿、辉铜矿等铜硫化物呈胶结物产于其中，形成高品位富铜矿体，Cu品位一般在2%及以上。岩石呈紫红色，火山角砾结构，块状构造。火山角砾（约55%）为粗面安山角砾或粗面玄武岩角砾，可见斜长石斑晶，以及交织状分布的较自形的基质斜长石，角砾多为不规则状，少部分为次棱角状，砾径2~5mm，常含铁质，部分角砾中含大量方解石构成的杏仁体。火山凝灰物质含量约30%，主要为岩屑，含少量晶屑，对火山角砾起胶结作用。岩屑呈不规则状，粒径0.5~2mm，部分略具塑性变形，成分与火山角砾成分类似，二者仅为粒径大小差异。晶屑呈棱角状，粒径0.35~0.7mm，成分为斜长石，可见绢云母化、方解石化。方解石含量约15%，呈不规则状，粒径0.05~0.8mm，为火山碎屑的胶结物，分布于火山碎屑的间隙。赤铁矿含量约1%，粒径0.01~0.3mm，较大的晶粒可见呈磁铁矿、黄铁矿的八面体或立方体晶形假象，零星分布，较小的晶粒呈微粒状分布于角砾、岩屑中。

5. 沉火山岩相

主要有沉粗面安山岩质火山角砾、沉粗面玄武岩质火山角砾，紫红色沉凝灰岩和含砾凝灰岩等岩石类型，呈稳定层状相体，主要发育在该区火山岩与沉积岩过渡界面，发育碎裂岩化相和孔雀石辉铜矿细脉等，为主要成矿相体类型之一。

3.5.1　岩相地球化学特征及其意义

Tupiza铜矿区火山岩烧失量（LOI）为3.24%～15.27%，主量元素的含量均为扣除挥发组分（CO_2和H_2O）后归一化值（表3-11）。高烧失量主要由次火山热液蚀变作用造成，发生水解钾硅酸盐化，主要为强烈的绢云母化、绿泥石化和碳酸盐化蚀变，造成CO_2和H_2O含量偏高。高的烧失量可能会对活动性元素产生一定影响，这也是成岩成矿作用研究中值得注意的。一般以离子电位来度量元素活动性，K、Rb等是活动元素，而Ti、Zr、Hf、Nb、Ta、Th为不活动元素。根据本区强蚀变、中蚀变、弱蚀变岩石全岩分析结果和元素对相关系数判断法，大致估判认为Cu、Pb、Zn也属于本区活动性元素。以绢云母为代表的水解钾硅酸盐化可能会造成活动性K元素变化，可能是造成投图（图3-20）中K分异跨度大的原因。Cu元素在本区是成矿主元素之一，与强烈的绿泥石化相关，形成强还原流体萃取铜而富集成矿，与黄铜矿、斑铜矿伴生的Pb、Zn也形成矿化或者地球化学异常。火山岩中角闪石、辉石、绢云母等大都发生了绿泥石化，因而绿泥石化蚀变是对本区成矿有利的蚀变类型，蚀变火山岩是主要成矿相体。

1. 常量元素特征与岩石系列

在TAS图解中（图3-19），火山岩为玄武岩区、粗面玄武岩区、玄武质粗面安山岩区和粗面安山岩区，属玄武岩-粗面安山岩系列。岩石类型为碱性玄武岩、钾质粗面玄武岩、橄榄玄武粗安岩和安粗岩。在SiO_2-K_2O图解中（图3-20），4件样品落在了钾玄岩系列范围，

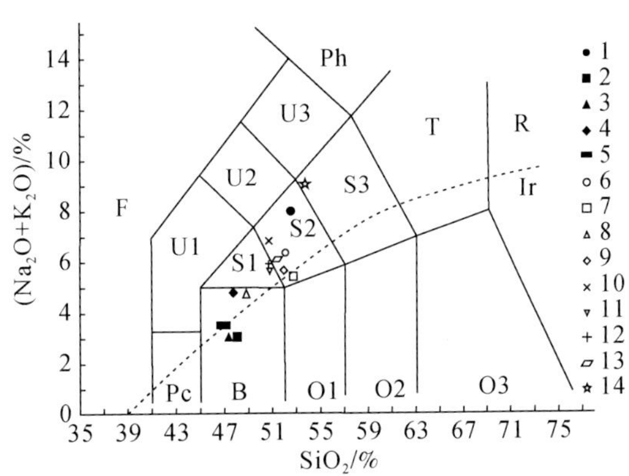

图3-19　玻利维亚Tupiza火山岩TAS分类图

（底图据Le Maitre et al.，1989）

1. YZK003-19样品（详见表3-11）；2. Y3ZK8-9；3. YZK10-13；4. BQY01；5. Y1ZK8-20；6. YZK003-7；7. YZK003-14；8. YZK003-16；9. YZK003-17；10. Y1ZK8-3；11. Y1ZK8-6；12. YZK003-5；13. YZK003-3；14. BQY07。实心符号为次火山侵入相，空心符号为火山溢流相。F. 似长岩；U1. 碱玄岩、碧玄岩；U2. 响岩质碱玄岩；U3. 碱玄质响岩；Ph. 响岩；S1. 粗面玄武岩；S2. 玄武质粗面安山岩；S3. 粗面安山岩；T. 粗面岩、粗面英安岩；Pc. 苦橄玄武岩；B. 玄武岩；O1. 玄武质安山岩；O2. 安山岩；O3. 英安岩；R. 流纹岩；Ir. Irvine分界线（Irvine and Baragar，1971），上方为碱性，下方为亚碱性

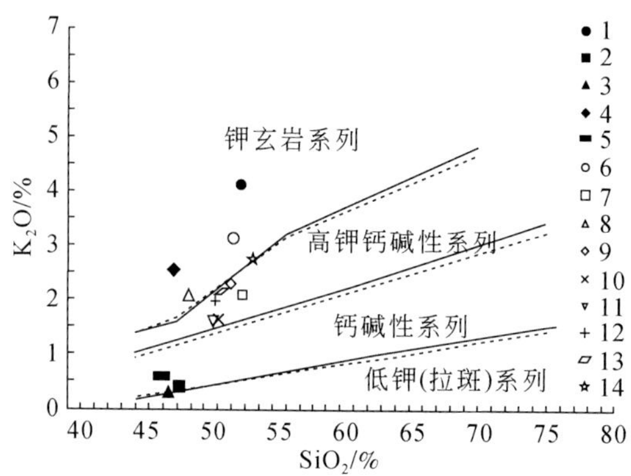

图 3-20　玻利维亚 Tupiza 火山岩 SiO_2-K_2O 图解

（实线据 Peccerillo and Taylor，1976；虚线据 Middlemost，1985）

1. YZK003-19 样品（详见表 3-11）；2. Y3ZK8-9；3. YZK10-13；4. BQY01；5. Y1ZK8-20；6. YZK003-7；7. YZK003-14；8. YZK003-16；9. YZK003-17；10. Y1ZK8-3；11. Y1ZK8-6；12. YZK003-5；13. YZK003-3；14. BQY07。实心符号为次火山侵入相，空心符号为火山溢流相

7 件样品落在了高钾钙碱性系列范围，3 件样品落在钙碱性系列范围。K 分异不明显可能是由于水解钾硅酸盐化（绢云母化）热液蚀变作用，电子探针分析显示具有钾、钠、钙硅酸盐化，从而影响 K 等活泼元素的代入和代出，但基本可以确定岩浆以高钾钙碱性系列为主。次火山侵入岩相主要为钙碱性和钾玄岩系列，而火山岩溢流相以高钾钙碱性系列为主，即形成了高钾钙碱性火山溢流相，向钙碱性+钾玄岩系列的次火山侵入相演化趋势，这与安第斯造山带岩浆弧自西向东从陆缘向陆内演化方向相吻合。从 Fe_2O_3 和 FeO 比例，以及大量磁铁矿氧化成赤铁矿来看，该区岩浆经历了高氧化演化作用，这对于 Cu、Au 等金属元素进入岩浆熔体极为有利，对成矿起到了积极作用。

从表 3-11 看，SiO_2 在 46.6%~52.45%（<53%），平均 50.29%；BQY07 样品 SiO_2 含量 53.6%（>53%）。绝大多数样品 Al_2O_3 >16%，平均为 17.28%。含 Fe_2O_3 在 3.31%~11.39%，平均值为 7.46%；FeO 含量为 0.24%~7.63%，平均值为 2.79%。大部分样品 MgO<8%，3 件次火山侵入相辉绿岩类样品 MgO>8%，$Mg^{\#}$ 在 55.21%~68.14%，平均 53.2%。含 Na_2O 为 2.27%~6.32%，平均值为 3.63%，含 K_2O 为 0.31%~4.15%，平均值为 2%；多数样品里特曼指数 $3.3<\sigma<9$，且（K_2O+Na_2O）>4%，属碱性火山岩系列。TiO_2 在 0.81%~2.29%，大部分在 1%~2%，平均 1.51%，属低钛系列（<2%）。岩石具高 Al、低 Ti、贫 P 等特点，次火山侵入相辉长岩类略具高镁特征，与 Friedrich 等（2007）给出的 Tupiza 地区碱性火山岩类似（Al_2O_3 含量平均为 17.4%、TiO_2 为 1.8% 和 P_2O_5 为 0.4%）。

2. 稀土元素特征与岩浆结晶分异作用

ΣREE 为（101~222）$\times10^{-6}$（表 3-12），平均 165×10^{-6}。LREE/HREE = 1.77~4.87，$(La/Yb)_N$ = 4.57~16.92，说明 REE 分异程度好，指示岩浆演化过程中部分熔融残留体或岩浆早期结晶矿物特征，LREE 富集特征与云南个旧碱性火山岩类似（张海等，2014），与

表 3-11　玻利维亚 Tupiza 铜矿火山岩主量元素组成及其特征参数　（单位：%）

样号	Y1ZK8-20	YZK003-19	YZK10-13	Y3ZK8-9	BQY01	YZK003-16	YZK003-5	Y1ZK8-6	YZK003-7	YZK003-14	BQY03	YZK003-17	Y1ZK8-3	BQY07
岩相	中深成相	次火山侵入相						火山溢流相						
岩性	辉长岩	辉长玢岩	辉绿玢岩	辉绿岩	铁质辉绿岩	碱性玄武岩	钾质粗面玄武岩		橄榄玄武粗安岩					安粗岩
SiO_2	46.85	52.45	47.17	47.93	47.57	48.70	50.71	50.62	52.00	52.64	51.31	51.84	50.63	53.60
Al_2O_3	15.96	18.33	15.68	16.23	17.10	17.73	17.63	18.21	16.89	15.74	17.90	17.27	17.20	20.01
Fe_2O_3	3.87	8.72	8.18	3.31	11.39	7.30	7.40	7.52	7.15	7.90	9.95	7.42	6.07	8.27
FeO	7.16	1.32	2.48	7.63	0.24	3.26	2.29	3.57	1.18	2.62	0.72	2.54	2.69	1.41
CaO	9.74	3.46	9.84	9.71	8.59	10.39	8.66	8.12	10.40	8.80	7.07	6.82	11.92	1.25
MgO	11.07	6.34	11.81	11.16	8.13	5.57	5.86	4.58	4.36	5.24	5.17	6.83	2.73	3.66
K_2O	0.57	4.15	0.31	0.44	2.60	2.12	2.01	1.58	3.17	2.14	2.18	2.33	1.59	2.79
Na_2O	2.94	3.90	2.78	2.68	2.27	2.66	3.92	4.10	3.22	3.36	3.95	3.41	5.29	6.32
TiO_2	1.57	1.46	0.81	1.15	1.82	2.05	1.52	1.31	1.03	1.31	1.88	1.58	1.34	2.29
P_2O_5	0.31	0.37	0.10	0.17	0.22	0.50	0.36	0.31	0.26	0.31	0.45	0.34	0.30	0.41
MnO	0.20	0.14	0.20	0.17	0.18	0.16	0.15	0.13	0.18	0.15	0.15	0.16	0.18	0.06
总量	100.25	100.64	99.36	100.56	100.11	100.45	100.51	100.06	99.85	100.21	100.74	100.54	99.93	100.07
LOI	9.35	5.86	8.02	7.08	3.63	15.81	10.79	9.62	11.04	12.83	7.98	5.88	11.28	3.24
σ	3.20	6.85	2.30	1.97	5.17	4.01	4.56	4.23	4.54	3.14	4.52	3.72	6.20	7.84
K_2O/Na_2O	0.19	1.06	0.11	0.16	1.15	0.80	0.51	0.39	0.98	0.64	0.55	0.68	0.30	0.44
K_2O+Na_2O	3.51	8.05	3.10	3.11	4.86	4.78	5.93	5.68	6.40	5.50	6.13	5.73	6.88	9.12
$Mg^{\#}$	64.96	55.21	68.14	65.22	58.01	50.25	53.86	44.13	50.51	48.98	48.79	56.91	37.38	42.43
SI	43.23	25.95	46.21	44.25	33.01	26.64	27.28	21.45	22.85	24.65	23.53	30.32	14.86	16.30

注：$\sigma=(Na_2O+K_2O)^2/(SiO_2-43)$；$Mg^{\#}=100\times(MgO/40.31)/[(Fe_2O_3/79.85)+(FeO/71.85)+(MgO/40.31)]$；$SI=MgO\times100/(MgO+FeO+Fe_2O_3+Na_2O+K_2O)$（%）。样品编号 YZK003-19 表示钻孔 ZK003 中 19 号样品，BQY01 表示地表 01 号样品。

表 3-12　玻利维亚 Tupiza 火山岩稀土元素及其特征参数表

（单位：10^{-6}）

样号	Y1ZK8-20	YZK003-19	YZK10-13	Y3ZK8-9	BQY01	YZK003-16	YZK003-5	Y1ZK8-6	YZK003-7	YZK003-14	BQY03	YZK003-17	Y1ZK8-3	BQY07
岩相	中深成相	次火山侵入相						火山溢流相						
岩性	辉长岩	辉长玢岩	辉绿玢岩	辉绿岩	铁质辉绿岩	碱性玄武岩	钾质粗面玄武岩		橄榄玄武粗安岩					安粗岩
La	20.70	40.30	18.60	29.90	13.70	40.80	38.50	28.40	39.20	37.60	29.40	37.50	34.70	17.20
Ce	40.60	87.70	36.10	59.00	25.50	79.30	76.70	52.60	72.70	70.80	53.20	80.50	66.70	32.10
Pr	4.90	10.30	4.20	7.00	3.40	9.00	8.70	6.10	7.80	7.90	6.50	9.50	8.00	4.30
Nd	17.50	36.50	16.00	25.50	16.80	32.30	31.90	22.80	27.10	28.10	27.00	33.70	28.60	17.20
Sm	3.90	7.40	3.80	5.30	3.80	6.70	6.60	5.10	5.20	5.90	4.90	6.80	6.20	3.50
Eu	1.50	2.50	1.50	1.90	1.40	2.30	2.20	1.90	1.60	1.90	1.40	2.20	2.00	0.80
Gd	4.50	7.20	4.30	5.50	4.50	6.50	6.40	5.20	5.80	5.90	5.10	7.10	6.20	4.00
Tb	0.70	1.00	0.70	0.70	0.80	1.00	0.90	0.80	0.80	0.80	1.00	1.00	0.90	0.80
Dy	4.20	5.10	4.00	4.00	4.00	4.80	4.80	4.10	4.60	4.50	4.70	5.20	5.10	4.40
Ho	0.80	0.90	0.80	0.70	0.90	0.90	0.80	0.70	0.90	0.80	1.10	0.90	0.90	1.00
Er	2.10	2.30	2.30	1.60	2.20	2.30	2.10	2.10	2.60	2.00	3.10	2.50	2.40	2.80
Tm	0.30	0.30	0.30	0.20	0.40	0.30	0.30	0.30	0.30	0.30	0.50	0.30	0.30	0.50
Yb	1.90	1.80	2.00	1.40	2.20	1.80	1.60	2.00	2.10	1.70	3.20	2.00	2.10	2.70
Lu	0.30	0.20	0.30	0.20	0.30	0.20	0.20	0.30	0.30	0.20	0.40	0.30	0.30	0.40
Y	16.00	18.40	16.90	14.50	21.30	17.70	16.90	16.40	18.30	15.40	27.60	19.70	19.70	24.10
ΣREE	119.90	221.90	111.80	157.40	101.20	205.90	198.60	148.80	189.30	183.80	169.10	209.20	184.10	115.80
LREE	89.10	184.70	80.20	128.60	64.60	170.40	164.60	116.90	153.60	152.20	122.40	170.20	146.20	75.10
HREE	30.80	37.20	31.60	28.80	36.60	35.50	34.00	31.90	35.70	31.60	46.70	39.00	37.90	40.70
$(La/Yb)_N$	7.76	15.85	6.79	15.81	4.57	16.21	16.92	10.39	13.39	15.78	6.61	13.19	11.68	4.64
$(La/Sm)_N$	3.40	3.53	3.20	3.65	2.35	3.92	3.74	3.62	4.87	4.09	3.86	3.53	3.60	3.21
$(Ce/Yb)_N$	5.91	13.37	5.10	12.07	3.29	12.19	13.05	7.45	9.60	11.50	4.63	10.96	8.68	3.35
δEu	1.10	1.03	1.16	1.09	1.03	1.08	1.03	1.11	0.90	1.01	0.83	0.97	0.99	0.66
δCe	0.99	1.06	1.00	1.00	0.91	1.02	1.03	0.98	1.02	1.01	0.95	1.05	0.98	0.92

Tupiza 东北地区层状火山岩稀土元素特征（Friedrich et al., 2007）一致。$(La/Sm)_N = 2.35 \sim 4.87$，$(Ce/Yb)_N = 3.29 \sim 13.37$，球粒陨石标准化配分曲线（图 3-21）显示为 LREE 富集、HREE 相对亏损的特征，Eu 负异常不明显（$\delta Eu = 0.66 \sim 1.16$，平均 1.00），橄榄玄武粗安岩（BQY03）和安粗岩（BQY07）表现为弱的 Eu 负异常；Ce 异常不明显（$\delta Ce = 0.91 \sim 1.06$，平均 0.99）。

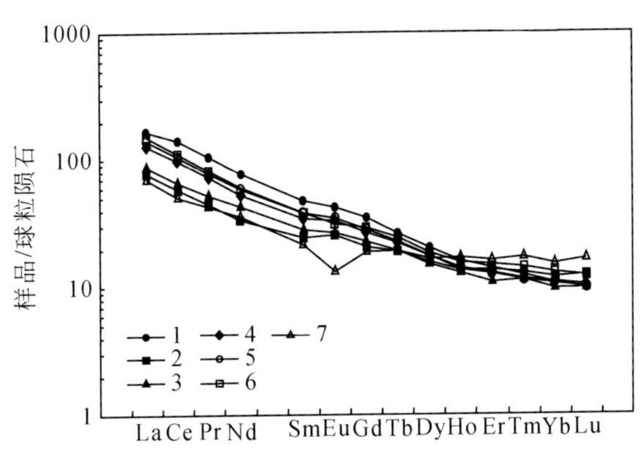

图 3-21　稀土元素球粒陨石标准化分布型式图（标准化值据 Sun and McDonough, 1989）

1. 辉长玢岩；2. 辉绿玢岩；3. 辉绿岩；4. 碱性玄武岩；5. 钾质粗面玄武岩；6. 橄榄玄武粗安岩；7. 安粗岩

3. 微量元素特征与成岩成矿关系

本区次火山侵入相辉绿玢岩-辉绿岩（表 3-13、图 3-22），火山溢流相橄榄玄武粗安岩和安粗岩等岩石中微量元素 Cu、Pb、Zn 含量明显偏高。在 BQY03 橄榄玄武粗安岩和 BQY07 安粗岩中 Cu 达到矿化，含量分别为 2930×10^{-6}、1615×10^{-6}，Zn 含量 1118×10^{-6}。在 Y3ZK8-9 辉绿岩中 Zn、Pb 出现明显高异常，Zn 含量 952×10^{-6}、Pb 含量 560×10^{-6}。这为 Cu、Pb、Zn 富集成矿提供了初始条件，辉绿岩-辉绿玢岩、辉长岩-辉长玢岩等次火山侵入岩体是深部寻找 Pb、Zn 矿体的岩相学标志。

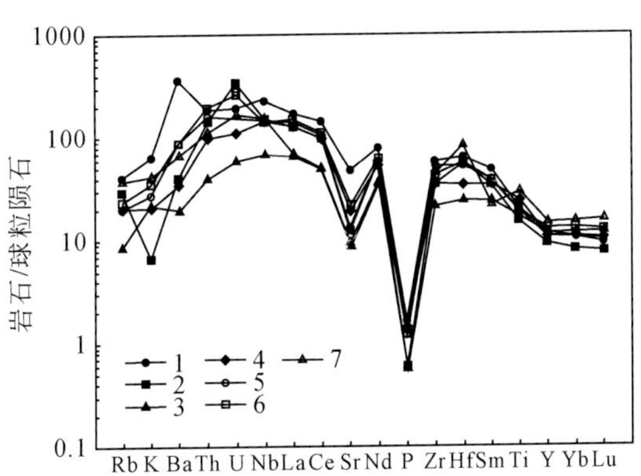

图 3-22　微量元素球粒陨石标准化蛛网图（标准化值据 Sun and McDonough, 1989）

1. 辉长玢岩；2. 辉绿玢岩；3. 辉绿岩；4. 碱性玄武岩；5. 钾质粗面玄武岩；6. 橄榄玄武粗安岩；7. 安粗岩

表 3-13 玻利维亚 Tupiza 铜矿火山岩微量元素组成 （单位：10^{-6}）

样号	Y1ZK8-20	YZK003-19	YZK10-13	Y3ZK8-9	BQY01	YZK003-16	YZK003-5	Y1ZK8-6	YZK003-7	YZK003-14	BQY03	YZK003-17	Y1ZK8-3	BQY07
岩相	中深成相	次火山侵入相						火山溢流相						
岩性	辉长岩	辉长玢岩	辉绿玢岩	辉绿岩	铁质辉绿岩	碱性玄武岩	钾质粗面玄武岩		橄榄玄武粗安岩					安粗岩
Li	60	112	150	81	176	168	83	36	74	123	126	73	89	75
Rb	40.8	93.8	15.4	68.1	25.6	56.2	51.8	41.1	80.8	55.5	39.7	59.6	35.0	89.2
K	4729	34411	2608	3626	21566	17617	16684	13123	26334	17785	18089	19301	13169	23191
Ba	73.3	877.0	40.0	94.5	58.5	93.8	290.6	127.0	190.3	100.4	47.0	566.7	158.5	166.4
Th	1.9	5.2	1.6	4.1	0.8	4.0	5.7	3.5	9.8	6.5	0.8	5.8	5.0	3.3
U	0.6	1.6	0.6	2.7	0.4	1.2	1.8	2.7	3.4	2.6	0.7	2.0	1.6	1.4
Nb	23.6	54.7	22.5	36.5	12.5	47.6	44.8	27.0	39.2	43.6	10.4	42.9	37.0	39.0
Ta	1.7	4.3	1.8	3.2	0.9	4.3	4.0	2.3	4.0	3.8	0.7	3.9	2.9	2.9
Sr	93	341	50	89	81	189	132	60	120	120	47	401	120	71
P	1372	1624	440	721	961	2174	1563	1356	1137	1369	1968	1485	1289	1797
Zr	107	223	105	133	68	167	226	182	176	192	72	195	176	176
Hf	2.6	6.7	3.1	5.8	2.3	4.7	7.2	4.0	4.9	5.9	8.6	6.2	4.8	9.1
Ti	9411	8752	4840	6864	10899	12310	9105	7869	6153	7825	11288	9451	8013	13705
Cr	280	115	419	183	326	142	101	186	137	202	319	130	252	216
Co	44.7	30.9	73.6	40.2	45.6	36.3	36.2	54.8	29.7	31.1	42.4	30.9	44.2	43.6
Ni	131.0	37.7	184.0	83.7	141.0	56.4	51.2	63.3	50.0	75.2	78.2	38.4	98.6	91.4
Cu	12.8	15.2	114.0	62.7	11.1	37.7	21.2	107.0	22.0	14.7	2930.0	39.4	29.9	1615.0
Zn	63.5	312.0	92.3	952.0	105.0	267.0	179.0	56.0	108.0	256.0	1118.0	400.0	188.0	79.9
Pb	10.4	30.8	8.4	560.0	38.4	76.6	12.2	9.6	8.2	54.9	286.0	29.6	23.7	10.5

注：$K = K_2O \times 10000 \times 0.83013$；$Ti = TiO_2 \times 10000 \times 0.5995$；$P = P_2O_5 \times 10000 \times 0.43646$。

3.5.2　矿物地球化学特征与成相环境恢复

1. 角闪石矿物地球化学

角闪石呈浅绿、黄绿、暗绿和淡褐色［图 3-17（i）、（m）］，呈半自形-他形柱状、粒状，柱长 0.3 ~ 0.9mm，粒径 0.1 ~ 0.3mm，单偏光下可见微弱的多色性，多已蚀变，多发生次闪石化，边部发生绿泥石化，常伴随有磁铁矿、钛铁矿等金属矿物析出。在角闪石（表 3-14）中，SiO_2 含量 48.19%~51.88%、MgO 在 10.39%~13.78%、CaO 在 16.51%~20.54%、FeO^* 在 8.76%~12.94%、K_2O = 0 ~ 0.08%、Na_2O = 0.23%~0.73%、TiO_2 含量 0.16%~2.1%、Al_2O_3 含量 4.28%~7.08%。具有富钙、镁、铁和贫钾、钠特点。根据角闪石化学分子式计算（林文蔚和彭丽君，1994），角闪石阳离子特征为：Ca_B = 1.93 ~ 2.00，$(Na+K)_A$ = 0.007 ~ 0.205，Na_B = 0.001 ~ 0.07。按国际矿物学协会角闪石专业委员会提出的命名原则（王立本，2001），当 $(Ca+Na)_B \geq 1.00$，$Na_B < 0.50$ 时，属于钙角闪石组的成员，投影在 Si-Mg/(Mg+Fe^{2+}）图解（Leake et al.，1997）中，角闪石种属为镁普通角闪石（图 3-23）。

2. 角闪石地质温度-压力计

Blundy 和 Holland（1990）等提出了由角闪石-斜长石矿物对组成的地质温度计，该温压计在较大的温度（400 ~ 1150℃）、压力（0.1 ~ 2.3GPa）范围内都比较稳定（Blundy and Holland，1990）。Anderson 和 Smith（1995）对角闪石全铝压力计进行了多次的修正与完善。因此，角闪石-斜长石温压计被广泛地应用于岩浆岩研究中，对于探讨岩浆作用过程的物理机制，以及了解剥蚀深度、约束造山带的构造热演化史等方面有着重要意义（Anderson，1996；Anderson et al.，2008）。采用 Holland 和 Blundy（1994）基于浅闪石-透闪石的反应平衡建立的温度计（℃），Anderson 和 Smith（1995）修正的角闪石-斜长石全铝（Al^T）压力计，进行 Tupiza 地区火山岩中镁普通角闪石结晶温度、压力和成岩深度估算（表 3-14），镁普通角闪石结晶温度为 630.97 ~ 748.43℃，压力为 0.55 ~ 2.51kbar，推测成岩深度为 2.04 ~ 9.27km。

3. 绿泥石形成温度、氧逸度和硫逸度

绿泥石广泛分布于 Tupiza 地区蚀变火山岩中，以辉绿岩-辉绿玢岩、辉长岩-辉长玢岩中最为普遍，多分布于辉石、角闪石边部或充填于裂隙中，呈浅绿色-绿色的弱多色性，呈片状、网脉状和不规则状。多由无色、浅褐色的柱状辉石和半自形粒状角闪石蚀变而来，绿泥石与磁铁矿均交代辉石、角闪石。采用电子探针对绿泥石进行分析（表 3-15），以 28 个氧原子作为标准计算了绿泥石的结构式。为避免分析造成绿泥石成分误差，采用了 $w(Na_2O+K_2O+CaO)<0.5\%$ 作为判别标准，如果 $w(Na_2O+K_2O+CaO)>0.5\%$，则表明绿泥石的成分有混染（Foster，1960；Zang and Fyfe，1995）。绿泥石分析结果进行 Si-Fe 原子数投图（图 3-24，Deer et al.，1962），Tupiza 地区绿泥石为密绿泥石、铁斜绿泥石和叶绿泥石。利用绿泥石成分计算其形成时的氧逸度、硫逸度、温度和压力等参数，在金（铜）、锡矿床中取了良好的应用效果（Cathelineau and Nieva，1985；Walshe，1986；Jowett，

表 3-14　玻利维亚 Tupiza 铜矿火山岩中角闪石电子探针分析数据　　（单位:%）

样号		3ZK8-9-1	3ZK8-9-2	3ZK8-9-3	3ZK8-9-4	3ZK8-9-5	3ZK8-9-6	BQY01-1	BQY01-2	BQY01-3	BQY01-4	ZK10-13-1	ZK003-17-1	1ZK8-20-1
		次火山侵入相										火山溢流相	中深成相	
岩性		辉绿岩					铁质辉绿岩					辉绿玢岩	橄榄玄武粗安岩	辉长岩
SiO_2		51.88	50.61	50.25	50.51	50.56	50.74	50.23	48.19	49.53	49.49	49.86	50.65	48.23
TiO_2		0.16	0.85	0.61	0.95	2.10	1.41	1.94	1.86	1.25	1.05	1.09	0.71	1.93
Al_2O_3		4.95	4.50	4.28	4.85	4.75	4.89	4.91	6.77	5.79	6.83	6.04	4.85	7.08
FeO^*		10.43	11.46	12.94	10.83	11.50	10.84	10.30	10.11	9.59	9.52	8.76	10.82	11.25
MgO		12.52	12.48	10.39	12.51	13.49	13.26	13.50	13.02	12.90	13.38	13.78	12.79	11.88
MnO		0.09	0.13	0.16	0.21	0.26	0.22	0.36	0.26	0.13	0.13	0.13	0.00	0.05
CaO		20.54	18.43	20.73	19.18	16.51	17.94	17.73	17.85	18.59	16.52	18.52	18.88	18.29
Na_2O		0.23	0.43	0.42	0.28	0.48	0.59	0.73	0.69	0.32	0.32	0.32	0.59	0.24
K_2O		0.01	0.04	0.00	0.00	0.00	0.00	0.01	0.02	0.00	0.00	0.00	0.08	0.04
F		0.01	0.07	0.00	0.25	0.00	0.00	0.01	0.00	0.07	0.07	0.07	0.05	0.03
Cl		0.05	0.06	0.07	0.08	0.00	0.00	0.00	0.00	0.00	0.00	0.00	0.02	0.00
合计		100.88	99.07	99.85	0.08	99.65	99.89	99.72	98.75	98.17	97.30	98.56	99.43	99.02
X_{Ab}		0.76	0.80	0.82	0.72	0.78	0.78	0.78	0.71	0.61	0.62	0.60	0.70	0.62
X_{An}		0.24	0.20	0.18	0.28	0.21	0.22	0.21	0.06	0.04	0.09	0.04	0.30	0.01
T-sites	Si	7.27	7.28	7.28	7.19	7.21	7.22	7.18	6.87	7.11	7.14	7.05	7.25	6.87
	Al^{iv}	0.73	0.72	0.72	0.81	0.79	0.78	0.82	1.13	0.89	0.86	0.95	0.75	1.13
	Al^T	0.82	0.76	0.73	0.81	0.80	0.82	0.83	1.14	0.98	1.16	1.01	0.82	1.19
M1,2,3 sites	Al^{vi}	0.09	0.04	0.01	0.00	0.01	0.04	0.01	0.01	0.09	0.30	0.06	0.07	0.06
	Ti	0.02	0.09	0.07	0.10	0.22	0.15	0.21	0.20	0.14	0.11	0.12	0.08	0.21
	Fe^{3+}	0.45	0.30	0.23	0.54	0.16	0.19	0.02	0.67	0.40	0.21	0.68	0.21	0.71
	Mg	2.62	2.67	2.24	2.65	2.87	2.81	2.88	2.76	2.76	2.88	2.91	2.73	2.52
	Mn	0.01	0.02	0.02	0.03	0.03	0.03	0.04	0.03	0.02	0.02	0.02	0.00	0.01
	Fe^{2+}	0.77	1.08	1.34	0.75	1.21	1.10	1.21	0.53	0.76	0.94	0.36	1.08	0.63
	Ca	1.04	0.80	1.10	0.93	0.50	0.69	0.63	0.79	0.84	0.54	0.86	0.83	0.86

续表

样号		3ZK8-9-1	3ZK8-9-2	3ZK8-9-3	3ZK8-9-4	3ZK8-9-5	3ZK8-9-6	BQY01-1	BQY01-2	BQY01-3	BQY01-4	ZK10-13-1	ZK003-17-1	1ZK8-20-1
		次火山侵入相										火山溢流相	中深成相	
岩性		辉绿岩					铁质辉绿岩					辉绿玢岩	橄榄玄武粗安岩	辉长岩
M4 site	Fe	0.00	0.00	0.00	0.00	0.00	0.00	0.00	0.00	0.00	0.00	0.00	0.00	0.00
	Ca	2.00	2.00	2.00	1.99	2.00	2.00	2.00	1.93	2.00	2.00	1.94	2.00	1.93
	Na	0.00	0.00	0.00	0.01	0.00	0.00	0.00	0.07	0.00	0.00	0.06	0.00	0.07
A site	Ca	0.00	0.00	0.00	0.00	0.00	0.00	0.00	0.00	0.00	0.00	0.00	0.00	0.00
	Na	0.06	0.12	0.12	0.07	0.13	0.16	0.20	0.12	0.09	0.09	0.03	0.16	0.00
	K	0.00	0.01	0.00	0.00	0.00	0.00	0.00	0.00	0.00	0.00	0.00	0.01	0.01
	合计 A	0.06	0.13	0.12	0.07	0.13	0.16	0.20	0.12	0.09	0.09	0.03	0.18	0.01
OH site	O	0.00	0.00	0.00	0.00	0.00	0.00	0.00	0.00	0.00	0.00	0.00	0.00	0.00
	OH	1.98	1.95	1.98	1.87	2.00	2.00	2.00	2.00	1.97	1.97	1.97	1.97	1.99
	F	0.01	0.03	0.00	0.12	0.00	0.00	0.00	0.00	0.03	0.03	0.03	0.02	0.01
	Cl	0.01	0.01	0.02	0.02	0.00	0.00	0.00	0.00	0.00	0.00	0.00	0.00	0.00
$Fe^{3+}/(Fe^{2+}+Fe^{3+})$		0.37	0.22	0.15	0.42	0.12	0.15	0.02	0.56	0.34	0.18	0.65	0.16	0.53
$Fe^{tol}/(Fe^{tol}+Mg)$		0.32	0.34	0.41	0.33	0.32	0.31	0.30	0.30	0.29	0.29	0.26	0.32	0.35
$Mg/(Mg+Fe^{tol})$		0.68	0.66	0.59	0.67	0.68	0.69	0.70	0.70	0.71	0.71	0.74	0.68	0.65
$Mg/(Mg+Fe^{2+})$		0.77	0.71	0.63	0.78	0.70	0.72	0.70	0.84	0.78	0.75	0.89	0.72	0.80
$Si/(Si+Ti+Al)$		0.90	0.89	0.90	0.89	0.88	0.88	0.87	0.84	0.86	0.85	0.86	0.89	0.83
Al/Si		0.11	0.10	0.10	0.11	0.11	0.11	0.12	0.17	0.14	0.16	0.14	0.11	0.17
$Mg/(Fe^{tol}+Al^{VI})$		1.99	1.89	1.42	2.06	2.08	2.12	2.32	2.28	2.22	1.98	2.65	2.00	1.80
t/℃		636.39	631.36	630.97	664.20	648.54	646.58	654.61	724.50	701.03	677.04	717.95	653.33	748.43
P/MPa		99	71	55	91	88	99	100	190	146	251	140	97	177
成岩深度/km		3.65	2.63	2.04	3.35	3.25	3.65	3.71	7.03	5.39	9.27	5.18	3.59	6.55

注：Anderson 和 Smith(1995)基于角闪石-斜长石压力计；$P=\rho gD$，D 是 $g=9.8\text{m/s}^2$，$\rho=2760\text{kg/m}^3$，根据压力估算的侵位(或成岩)深度。Holland 和 Blundy(1994)计算的角闪石配位参数(按23氧原子计算)，FeO* 为全铁。

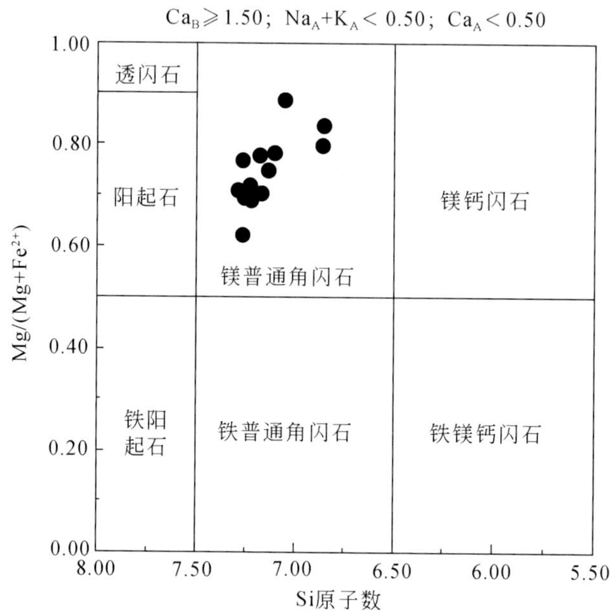

图 3-23　玻利维亚 Tupiza 铜矿火山岩中角闪石成分分类图解（底图据 Leake et al.，1997）

1991；Kranidiotis and MacLean，1987；Leake et al.，1997）。采用 Rausell（1991）的公式估算绿泥石的形成温度，采用 Walshe（1986）的公式计算绿泥石的氧逸度、硫逸度（表 3-15）。蚀变火山岩中绿泥石形成温度为 111.20～305.12℃，平均 201.39℃，属中-低温热液蚀变范围。绿泥石氧逸度 $\lg f_{O_2}$ 在 -56.69 ～ -45.03，平均 -49.16；硫逸度 $\lg f_{S_2}$ 在 -4.47～-18.07，平均-9.70，属低氧逸度、高硫逸度形成环境（强还原环境）。绿泥石的 Al/(Al+Fe+Mg) 值为 0.26～0.34，平均值 0.30（<0.35），与绿泥石主要由镁铁质矿物镁普通角闪石、辉石蚀变形成相一致。因此，绿泥石形成的地球化学岩相为中-低温地球化学还原相，对铜富集成矿极为有利。

表 3-15　玻利维亚 Tupiza 铜矿火山岩中绿泥石电子探针分析数据

岩性	辉长玢岩	辉绿玢岩		辉绿岩	铁质辉绿岩
测点编号	BZK003-19-3	BZK10-13-1-3	BZK10-13-2-1	3ZK8-9-2-2	BQY01-3
SiO_2/%	32.89	27.10	31.30	33.93	33.05
TiO_2/%	0.00	0.13	0.01	0.00	0.00
Al_2O_3/%	16.92	14.73	17.37	14.13	16.91
FeO/%	4.21	19.61	7.15	14.82	4.52
MnO/%	0.24	0.35	0.60	0.14	0.20
MgO/%	29.76	23.47	26.55	21.04	27.43
CaO/%	0.12	0.11	0.10	0.14	0.24
Na_2O/%	0.05	0.01	0.00	0.03	0.01
K_2O/%	0.03	0.01	0.01	0.02	0.00
Si^{4+}	3.09	3.01	2.83	3.42	2.88

续表

岩性	辉长玢岩	辉绿玢岩		辉绿岩	铁质辉绿岩
测点编号	BZK003-19-3	BZK10-13-1-3	BZK10-13-2-1	3ZK8-9-2-2	BQY01-3
Ti^{4+}	0.00	0.01	0.00	0.00	0.00
Al^{3+}	1.96	1.77	2.34	1.57	2.21
Fe^{3+}	0.16	0.19	0.14	0.16	0.13
Fe^{2+}	2.16	1.98	2.49	1.72	2.38
Mn^{2+}	0.01	0.01	0.01	0.00	0.02
Mg^{2+}	2.45	2.82	2.09	2.78	2.31
Ca^{2+}	0.03	0.06	0.02	0.03	0.01
Na^+	0.00	0.03	0.02	0.01	0.00
K^+	0.00	0.28	0.01	0.07	0.00
Al^{IV}	0.91	0.99	1.17	0.58	1.12
Al^{VI}/%	1.05	0.78	1.17	0.98	1.09
Fe/(Fe+Mg)	0.47	0.41	0.54	0.38	0.51
Mg/(Fe+Mg)	0.53	0.59	0.46	0.62	0.49
Al/(Al+Fe+Mg)	0.30	0.27	0.34	0.26	0.32
d_{001}	14.19	14.18	14.15	14.24	14.16
Td_{001}	188.83	194.27	225.17	141.89	216.60
$\lg f_{O_2}$	-49.62	-48.32	-45.03	-56.69	-46.13
$\lg f_{S_2}$	-10.61	-9.34	-4.47	-18.07	-5.99
M	0.53	0.59	0.45	0.62	0.49
$Fe+Al^{VI}$	3.20	2.75	3.66	2.70	3.47
t/℃	198.53	305.12	218.72	111.20	173.37

注：Fe^{2+}和Fe^{3+}值采用林文蔚和彭丽君（1994）等的计算方法获得，基于14个氧原子按标准氧法计算其阳离子数及相关参数；绿泥石面网间距及温度计算公式（Rausell，1991）：$d_{001}=14.339-0.1155Al^{IV}-0.0201Fe^{2+}$；$t=(14.339-d_{001})\times1000$。

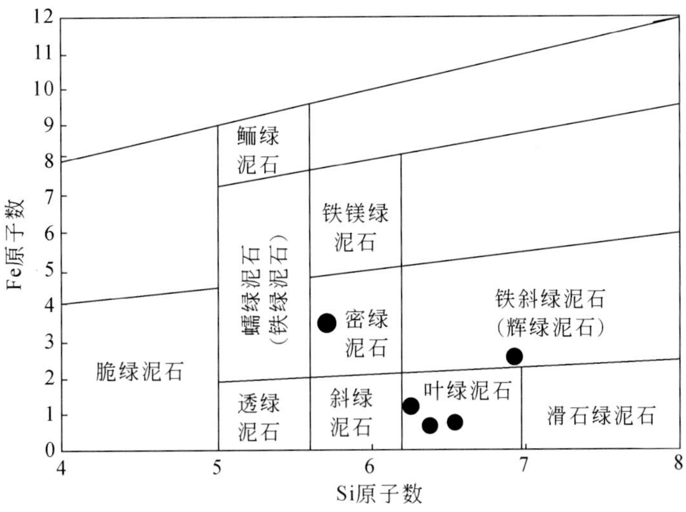

图3-24　绿泥石分类图解（底图据 Deer et al.，1962）

3.5.3 成岩成矿演化过程

（1）成岩成矿氧化-还原环境。碱性火山岩中磁铁矿发生赤铁矿化，赤铁矿呈磁铁矿交代假象［图3-17（k）］，揭示碱性玄武质岩浆经历高氧化演化作用。角闪石地质温度-压力计估算的成岩温度为630.97～748.43℃，属于高温环境。而这种高温高氧化阶段有利于Cu等金属元素活化进入岩浆熔体，推测它们为成矿元素稳定供给系统。绿泥石化蚀变相形成于中-低温相（111.20～305.12℃），绿泥石化与铜硫化物紧密共生，揭示了铜富集成矿温度的下限。低氧逸度、高硫逸度的绿泥石化蚀变相为铜原生富集成矿期主要蚀变作用类型。铜矿体富集定位在断裂-裂隙构造与蚀变火山岩相体叠加部位，断裂-裂隙带成为热流体运移通道和存储空间，蚀变火山岩相体提供了物质基础，形成褪色化-硅化-黏土化（绿泥石化、泥化、高岭石化）含铜银构造蚀变带［图3-18（a）、（b）、（f）、（g）］。因此，碱性火山岩是该区Cu元素富集的持续稳定物质供给系统，绿泥石化蚀变相形成于强还原环境，为铜硫化物主成矿期，地表形成的褪色化-硅化-黏土化构造蚀变带，与新疆萨热克铜矿大规模褪色化蚀变类似（方维萱等，2017b），它们是铜（银）矿体构造岩相学找矿标志。

（2）成岩成矿温度-压力变化趋势。角闪石地质温度-压力计研究结果表明，本区火山岩成岩作用期经历了高温（630～748℃）、高氧化（赤铁矿化）和多阶段减压熔融的成岩演化过程（图3-25、表3-14）：①角闪石结晶温度在677.04～748.43℃、压力251～177MPa时，推测成岩深度6.55～9.27km。②角闪石形成温度在784.43～636.39℃、压力1.77～0.99kbar时，推测成岩深度3.65～6.55km。③角闪石形成温度在636.39～664.20℃、压力99～91MPa时，推测成岩深度3.35～3.65km。④角闪石形成温度在664.20～630.97℃、压力91～55MPa时，推测成岩深度2.04～3.35km。总体上看，从深部到浅部经历降压增温（减压熔融）→降压降温→降压增温→降压降温演化熔融机制，岩浆从深部沿断裂带侵位突然失压，造成增温相适应，形成辉长岩-辉绿岩沿断裂带或断裂交汇部位产出，是火山机构中心和成矿系统中心的物质组成。揭示从中深成相辉长岩→中浅成相辉绿玢岩→次火山侵入相辉绿岩→火山溢流相具有减压熔融过程，表现为具有异相同位叠加特点。在BQY01样品中，四个测点估算的成岩深度为3.71～9.27km，记录了从深部至浅部的较全面信息，揭示此处为火山机构，以火山机构为中心向北（ZK003）、向南（1ZK8、3ZK8）岩浆侵位深度有增高趋势。在减压熔融作用下，不断驱动含铜热流体产生对流循环运移。在绿泥石化阶段中低温（111.20～305.12℃）、低氧逸度（$\lg f_{O_2}$=-56.69～-45.03）、高硫逸度（$\lg f_{S_2}$=-18.07～-4.47）环境下，流体中S^{2-}将岩体中Cu物质还原富集成矿，成为铜主成矿期。

热流体蚀变作用与铜（银钴）成矿密切相关，成岩成矿作用划分为4期。①早期深成蚀变作用为角闪石化和钾-钠硅酸盐化蚀变相。②中期为黏土化蚀变，以绿泥石化蚀变相为代表，黏土化蚀变相为绿泥石化、绢云母化、泥化和高岭石化，它们是该区铜银主富集成矿期的蚀变类型。蚀变火山岩中绿泥石形成温度为111.20～305.12℃，平均201.39℃，属中-低温热液蚀变范围。该阶段强还原热流体有利于碱性基性火山岩中铜元素释放，富

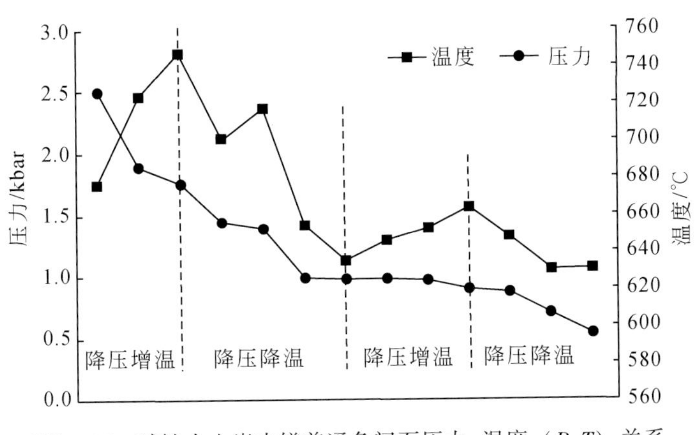

图3-25　碱性火山岩中镁普通角闪石压力-温度（P-T）关系

集形成中-深部硫化型铜矿石［图3-18（g）、（h）］，代表铜主成矿期温度。烧失量中H_2O明显增高与此有关，在浅部表现为明显的褪色化-硅化-黏土化蚀变相带，是铜矿体赋存构造蚀变岩相带，也是铜银矿体找矿的构造岩相学蚀变岩相标志［图3-18（a）、（f）、（g）］。③晚期以方解石化为主的低温碳酸盐化蚀变，烧失量中CO_2含量明显增高，以方解石脉体充填于裂隙或形成杏仁体。④表生成矿期发生了铜次生富集，在地表以孔雀石和氯铜矿为主，孔雀石等主要充填于气孔中［图3-18（b）~（e）］。在浅部（0~60m）辉铜矿-斑铜矿沿裂隙带呈细脉状和网脉状等形成次生富集成矿［图3-18（g）、（h）］。

（3）铜（铅锌）富集成矿相体结构和分带关系。Tupiza铜矿床就位于中-新生代Nazareno沉积盆地，赋矿层位为上白垩统Aroifilla组第三岩性段，火山岩岩相类型发育齐全，次火山侵入相（次火山颈相）包括辉绿-辉长岩类等，火山溢流相包括碱性玄武岩-钾质粗面玄武岩-橄榄玄武粗面安山岩-安粗岩等，火山碎屑流相包括凝灰岩、粗面玄武质火山角砾岩、粗面安山质火山角砾岩，沉火山岩相以紫红色沉凝灰岩为主，以次火山颈相（辉绿岩-辉长岩类次火山侵入相）为中心部位，其余火山岩相呈半环带状和带状分布，这些火山岩相组合和分布规律揭示该区为白垩纪火山喷发机构。而铜富集成矿与蚀变火山岩相类有密切关系，揭示铜（铅锌）富集成矿物质供给中心为次火山颈相及相关的次火山热液蚀变作用，以含矿蚀变辉绿岩和蚀变辉长岩为成矿系统中心相标志。在中-深部形成原生铜硫化矿，在浅部（0~60m）形成铜混合矿和铜次生富集带，在地表富集形成铜氧化矿。总体上，①在铜（铅锌）成矿系统的中心相主要受次火山颈相和次火山热液蚀变作用复合控制，以蚀变辉绿岩-蚀变辉绿玢岩、蚀变辉长岩-蚀变辉长玢岩等蚀变次火山侵入相（次火山颈相）为构造岩相学标志。一般沿断裂或断裂带交汇部位分布，火山碎屑流相分布于次火山颈相周边，火山溢流相则以熔岩被形式分布于外围。②断裂-裂隙-蚀变带控制了铜矿体定位，在断裂-裂隙-蚀变带内，发育蚀变火山碎屑流相、蚀变火山溢流相和蚀变次火山侵入相。早期NNE向TT断裂带走向5°~20°，倾向SE，倾角60°~85°。渐新世-中新世的NW向、NE向断裂将其平移错动，并形成褶皱，NW向构造走向320°，倾向南西，倾角50°~67°［图3-16（a）］。在NNE向和NW向断裂交汇部位Cu（Ag）矿体明显富集，会形成厚大的脉状矿体，如在0ZK01钻孔中形成铜品位2.04%，厚度13.63m

的矿体［图 3-16（b）］。NNE 向构造与 NE、EW 向构造交汇处形成规模较小的矿化细脉。含铜铅锌的断裂-裂隙-蚀变带为本区铜铅锌成矿系统的过渡相带。③Aroifilla 组砂砾岩中 Pb-Zn 异常带，揭示具有寻找隐伏砂砾岩型铅锌矿体的潜力。钻孔揭露在 Aroifilla 组第二岩性段砂砾岩中，存在砂砾岩型 Cu(Co) 矿体和矿化体，揭示深部具有寻找砂砾岩型铜钴矿体潜力［(图 3-16（b）］，Aroifilla 组第一岩性段泥质粉砂岩和泥岩则构成了成矿流体圈闭层，对于铜铅锌大规模富集成矿较为有利。这些深部砂砾岩型铅锌矿体和铜钴矿体，为沉积岩型铜铅锌矿，它们是本区铜铅锌成矿系统外缘带的物质组成。④在 Tupiza 铜矿床内，次火山热液成矿系统中心相分布在蚀变次火山颈相中，脉状-网脉状含铜铅锌的断裂-裂隙-蚀变带为铜铅锌成矿系统的过渡相带，而赋存在 Aroifilla 组第二岩性段中的砂砾岩型铜铅锌矿体和 Cu-Pb-Zn 异常，为铜铅锌成矿系统的外缘相带。

（4）原生铜硫化物富集成矿期与热液角砾岩含矿相体的构造岩相学特征。岩浆热液角砾岩体［图 3-18（h）］是原生铜硫化物富集的储矿构造岩相体，呈筒状围绕次火山侵入体周缘分布，从次火山侵入体中心向外→热液角砾岩相→碎裂岩化相［图 3-18（e）］→断裂-裂隙，构成铜矿化富集系统。原生铜硫化物富集成矿期形成黄铜矿-黝铜矿-斑铜矿等，热液角砾岩原岩为蚀变辉绿岩、蚀变辉长岩和蚀变粗面玄武质火山角砾岩。目前工程揭露的最大见矿深度约 280m，铜矿体呈大透镜状或似层状，铜品位 0.2%~2.04%，厚度0.5~13.63m。铜硫化物呈脉状-网脉状、稠密浸染状，以胶结物的形式产出［图 3-18（h）］。

（5）铜次生富集成矿期。氯铜矿-孔雀石-蓝铜矿-辉铜矿-蓝辉铜矿-铜蓝等矿物组合为表生成矿作用产物。一般产出于地表至-60m 范围内，主要集中在地表以下-30m 范围。较浅表以孔雀石为主，次为氯铜矿和蓝铜矿，主要充填于粗面玄武岩、粗面安山岩气孔中或分布于微裂隙、胶结物中［图 3-18（c）~（f）］。再向深部辉铜矿、蓝辉铜矿等次生富集作用明显，辉铜矿交代黄铜矿和斑铜矿，蓝辉铜矿则常与黝铜矿伴生产出，形成铜硫化物脉体或网脉［图 3-18（g）、（h）］。

（6）深部钻孔揭露具有砂砾岩型铜矿化和铜（钴）矿化体，是今后寻找深部隐伏铜（钴）矿体的主要成矿相体。含铜钴黄铁矿化砂砾岩体发育于 Aroifilla 组第二岩性段砂砾岩顶部，呈层状体稳定分布于碱性火山岩之下，钻孔揭露最大厚度 26m，主要以发育大量黄铁矿化为特征，具有弱的褪色化，黄铁矿呈细粒状以胶结物形式产出［图 3-18（i）］，砾石成分主要是紫红色砂岩质砾，岩石具有碎斑状构造，揭示热流体蚀变作用强烈。在该岩相体中发育 Cu（Co）矿化，铜品位一般 0.2%~0.4%，钴品位 0.01%~0.02%，铜钴含量呈正相关关系。稳定厚大的黄铁矿化砂砾岩是深部寻找隐伏铜钴矿体的主要岩相体。

综上所述，Tupiza 铜矿区火山岩岩相学与成岩成矿演化关系主要如下。

（1）Tupiza 地区发育有侵入相、次火山侵入相（次火山颈相）、火山隐爆角砾岩相、火山溢流相、火山碎屑流相、沉火山岩相、蚀变火山岩相等。岩浆侵位减压熔融机制形成构造岩相水平和垂直方向分异，水平方向从内到外为次火山侵入相（中心相辉长岩-过渡相辉绿玢岩-外缘相辉绿岩）→热液角砾岩相→碎裂岩化相→断裂+裂隙。

（2）镁普通角闪石结晶温度为 630.97~748.43℃，压力 55~251MPa，推测成岩深度为 2.04~9.27km，为高温高氧化环境，极有利于 Cu 等金属离子活化进入岩浆熔体。玄武质岩浆经历了降压增温（减压熔融）→降压降温→降压增温→降压降温的多阶段成岩演化作用，减压熔融机制驱动热流体不断对流循环。在中期绿泥石化蚀变阶段，中低温（111.20 ~ 305.12℃）、低氧逸度（-56.69 ~ -45.03）、高硫逸度（-4.47 ~ -18.07）强还原环境，代表铜主成矿期。晚期方解石化，辉铜矿-斑铜矿沿裂隙带呈细脉状和网脉状。

（3）在Tupiza铜矿床内，以火山机构中次火山颈相为中心，控制形成次火山热液成矿系统中心相，蚀变辉绿岩-辉绿玢岩、蚀变辉长岩-辉长玢岩为物质组成。热液角砾岩相+碎裂岩化相储矿构造岩相，形成铜银富矿体，褪色化-硅化-黏土化蚀变相带是铜银矿储矿构造蚀变岩相，也是铜银矿体找矿构造岩相学相标志。向外围形成脉状-网脉状含铜铅锌的断裂-裂隙-蚀变带，为铜铅锌成矿系统过渡相。最外围为Aroifilla组第二岩性段中砂砾岩型铜铅锌矿体和Cu-Pb-Zn异常，为铜铅锌成矿系统外缘相。预测在围绕次火山岩相体深边部是寻找铜铅锌和铜钴矿体有利地段。

3.6　砂砾岩型铜矿床与后陆盆地系统关系

在蒙古高原和中亚造山带、青藏高原和周缘造山带、玻利维亚Altiplano—阿根廷Puna高原等盆山原镶嵌区内，发育系列中生代和中-新生代陆内沉积盆地，因这些陆内沉积盆地具有十分特殊的形成演化历史，被称为板内多阶段盆地、叠合盆地和腹地盆地等（Horton，2012，2018；Caballero et al.，2013；DeCelles et al.，2015），如黑海盆地、里海盆地、塔里木盆地、吐哈盆地、河西盆地、柴达木盆地、鄂尔多斯盆地、四川盆地、蒙古东戈壁盆地、玻利维亚Corocoro-Cuprita和乌尤尼盆地等陆内沉积盆地。从盆山原耦合转换过程、盆山原现今镶嵌构造格局、构造地貌、构造岩相学和地球化学岩相学等综合角度，将这些陆内沉积盆地划分为6类：①高原后陆盆地系统，如玻利维亚乌尤尼盐湖；②弧前山间盆地系统，如智利阿塔卡玛盐湖盆地；③挤压-伸展走滑转换型山间后陆盆地，如中国新疆萨热克-托运盆地；④山前挤压-伸展转换型山前盆地系统，如中国新疆库车-拜城盆地；⑤原前后陆盆地系统，如中国云南楚雄盆地和鄂尔多斯盆地；⑥原内后陆盆地系统，如蒙古国东戈壁盆地。

1. 智利-玻利维亚弧-盆-山-原镶嵌构造区与金属成矿带

大洋板块单向俯冲形成了活动大陆边缘与沉积盆地和构造高原系统，以南美板块最为典型，在纳兹卡大洋板块俯冲作用下，形成了海沟带-俯冲带-岛弧带-沉积盆地-造山带-构造高原耦合与转换构造域，为古近纪—新近纪沟-弧-盆-山-原镶嵌构造区（方维萱等，2019a）。安第斯造山带从晚白垩世开始发生了重大构造体制转变，纳兹卡洋壳板块俯冲角度逐渐变陡，从晚白垩世—古近纪开始，安第斯造山带中段秘鲁-玻利维亚-阿根廷逐渐开始隆升，南美新生代主岛弧带形成，安第斯中段地壳大幅度缩短并形成活动陆缘岛弧造山带。秘鲁在晚白垩世发生构造抬升和褶皱作用，在白垩系形成冲断褶皱带并遭受剥蚀。玻利维亚Ei Monlion组和阿根廷Balbuena组形成于古近纪初，而玻利维亚Santa Lucia组沉积之后（约56Ma），形成了区域性构造抬升；但在阿根廷Santa Barbara组沉积之后（约49Ma）才发生了区域性构造抬升，在始新世晚期，玻利维亚和阿根廷北部进入盆山原耦合转换过程，Altiplano-Puna高原和高原后陆盆地系统开始发育。①在智利中生代弧后盆地基础上，晚白垩世末—古近纪初（70 ~ 55Ma）深成中酸性岩浆弧侵位并向东迁移，形成了弧后盆地褶皱变形和岛弧造山带基底构造层，叠加了始新世深成岩浆弧（25～1Ma）。成熟陆缘新生代深成岩浆弧形成了斑岩铜金（钼）成矿系统、浅成低温热液金银成矿系统和斑岩铜矿的次生富集作用（Sillitoe and McKee，1996）。②在智利新近纪—第四纪弧前山间盆地（中央盆地）中，形成了以阿塔卡玛盐湖盆地（Salar de Atacama）为代表的含锂钾盐-硝盐成矿系统。从渐新世（30Ma）以来，盆地中心陆相沉积岩层厚在1000～1800m，南北向长度约500km，东西向宽度在50～75km。新近纪—第四纪主体为陆相沉积，局部为陆相含盐碎屑岩相，沉积物来自安第斯山脉和智利海岸科迪勒拉造山带。向东尖灭于阿尔蒂普拉诺高原和火山弧西缘，火山喷发活动提供了大量物源，早期深成岩浆弧也为蚀源岩区（弧前山间盆地）。③在安第斯造山带东侧为波状起伏的普纳高原、地势宽广台桌状巴西高原和圭亚那高原区。玻利维亚-秘鲁高原西部为西科迪勒拉山系，东部为东科迪勒拉山系，乌尤尼盐湖盆地位于阿尔蒂普拉诺高原内部，平均海拔在3656m以上。在玻利维亚乌尤尼闭流盐湖盆（Salar de Uynui）和阿根廷翁布雷穆埃尔托（Salar de Hombre Muerto）闭流盐湖盆内，形成了锂钾盐-硝盐硫酸盐型卤水成矿系统。

在玻利维亚高原后陆盆地系统和智利弧前山间盆地系统内，形成了高原和山间闭流盐湖盆内含锂钾盐-硝盐硫酸盐型卤水成矿系统，它们与砂砾岩型铜多金属成矿系统具有同盆共存富集成矿特征。这些含锂钾盐-硝盐硫酸盐型卤水成矿系统主要特征有：①地形地貌与干旱气候耦合以高原干旱气候+高蒸发量+闭流咸化湖盆为特征，高原内部闭流咸化湖盆东西两侧为山链、先存岛弧带和同期主岛弧带等阻隔和封闭，且南北两端为侵蚀台地封闭，为咸化湖盆卤水成矿系统形成提供了良好条件；②前期山间尾闾湖盆中较厚蒸发沉积岩系，活动断裂提供了地下热水上升通道和湖盆卤水聚集空间，相邻山体水溶性侵蚀搬运为咸化湖盆卤水成矿系统供给了丰富成矿物源；③在相邻现代火山岛弧带内，含锂长英质火山喷发-富锂火山热泉-热水活动强烈，不断提供锂硼等成矿物质和富锂硼酸性火山凝灰质，输送到高原闭流咸化湖盆内聚集成矿；④在高原闭流咸化湖盆内，含锂硫酸盐型资源丰富。高原闭流咸化湖盆西侧，西科迪勒拉山系不断抬升（新近纪斑岩铜金成矿带），陆内火山岛弧带中酸性火山活动强烈，它们为含盐类热水-热泉持续供给大量成矿物质，成矿流体聚集在弧前山间盆地（智利中央湖盆）和玻利维亚乌尤尼闭流咸化湖盆中；⑤更新世—全新世持续干旱蒸发作用，导致锂、硼和钾等盐类物质强烈聚集，形成锂-硼-钾盐类矿物大规模富集成矿。玻利维亚乌尤尼盐湖盆地（Salar de Uynui）垂向构造岩相学相序结构序列揭示其盆地沉积演化史为残余海相盆地→高原内部湖盆→高原山间尾闾湖盆→高原内部蒸发盐沼盆地。

在玻利维亚高原后陆盆地系统和智利弧前山间盆地系统内，形成了砂砾岩型铜多金属成矿系统，它们与含锂钾盐-硝盐硫酸盐型卤水成矿系统具有同盆共存富集成矿特征；也与同期主火山岛弧带和先存斑岩铜金多金属成矿系统有密切关系。①在玻利维亚Tupiza砂砾岩型铜多金属矿床内，下白垩统砂岩型铜矿和上白垩统砂砾岩型铜铅锌矿钴矿，与上白垩统中碱性火山岩有关的铜铅锌矿，主要与白垩纪陆内裂谷陆盆地系统形成演化和碱性超基性岩-碱性基性岩有密切关系，与塔西萨热克砂砾岩型铜多金属矿床有诸多相似特征，Tupiza陆内裂谷盆地系统在白垩纪具有挤压-伸展转换盆地动力学特征。在古近纪—新近纪经历了陆内裂谷盆地沉积中心跃迁，Tupiza陆内裂谷盆地系统演化为山间后陆盆地系统。对冲式厚皮型逆冲推覆构造系统对 Tupiza 后陆盆地系统形成了强烈叠加改造，古近纪—新近纪岩浆叠加侵入构造较为发育，形成了盆内岩浆叠加期成岩相系，构造抬升作用形成了表生成岩相系和表生富集成矿作用。②玻利维亚 Corocoro 砂砾岩型铜矿床与高原后陆盆地。在玻利维亚 Corocoro 砂砾岩型铜银床赋存在古近系渐新统—新近系中新统河-湖相含膏质粗碎屑岩系、矿区层状碎屑岩系内，铜矿化赋存在冲积扇和河岸相含膏盐砂岩或含膏盐砾岩相内，铜矿层之下保存多边形泥裂构造和层状动物居穴构造，铜矿物交代植物碎片现象发育。岩石组合为砾岩、砂岩和砂质页岩。在 Corocoro 铜矿床的储集相体层特征上，发育蒸发岩相、富含有机质潟湖相泥质砂岩，盆地充填物富含火成岩碎屑，成矿流体为含铜盆地卤水，来源于火山岩、火山碎屑岩和长石质沉积物。铜富集成矿部位受高角度逆冲断层两侧与构造密切相关的氧化-还原前锋相控制。③弧前山间盆地，如智利阿塔卡玛盐湖盆地。④墨西哥萨卡特卡斯含锂盐湖盆（如 La Ventana 锂矿床等）位于墨西哥高原和德雷山系，半地堑咸化湖盆内河流相-湖泊相系地层中，含锂黏土化蚀变凝灰岩层为主要赋矿层位。

2. 塔西及邻区盆山原镶嵌构造区与金属成矿带

虽然帕米尔高原北侧塔吉克（Tadjik）-阿莱（Alai）-塔西地区被认为与洋壳板块俯冲模式有关（Sobel et al.，2013），但浅部和地表地质构造以典型的盆山原镶嵌构造区构造样式和构造组合为主要特征。帕米尔高原北侧-塔里木盆地西端-西南天山造山带组成的陆内盆山原镶嵌构造区，从北到南构造分带和区域成矿学分带独具特色：①北部为萨热克巴依 NE 向砂砾岩型铜多金属-煤成矿集中区，库孜贡苏 NW 向煤矿集中区；②西南天山造山带为造山型金铜矿床和铅锌矿床分布区；③在帕米尔斜向突刺结 NE 边缘，阿克莫木天然气田位于喀什东，西为乌拉根超大型砂砾岩型铅锌矿床、康西铅锌矿床和石膏矿床、康苏-前进煤矿带、花园-杨叶砂岩型铜成矿带、帕克布拉克天青石矿床；④巴什布拉克砂砾岩型铀矿床和加斯铅锌矿和铜矿等，位于帕米尔正向突刺结北顶端部位；⑤在帕米尔 NW 向突刺结 NW 边缘，萨哈尔-乌鲁克恰其弧形斜冲断褶带，新发现了江格吉尔砂砾岩型铜矿床、江格吉尔砂砾岩型铜铅锌矿床、喀炼铁厂砂砾岩型铜铅锌矿床、萨哈尔砂岩型铜矿床和石膏矿床等。

在侏罗纪期间，萨热克巴依-托云后陆盆地系统为统一整体，白垩纪期间在托云后陆盆地系统内形成了碱性超基性-碱性基性火山喷发和岩浆侵入作用，揭示后陆盆地系统形成演化有深刻的深部地幔热物质参与和地幔动力学背景。经过晚白垩世西南天山隆升，萨热克巴依地区处于陆内挤压-伸展走滑转换，转换为相对独立的挤压-伸展走滑转换型山间后陆盆地系统，因周缘山体抬升围限，发育闭流水系并转变为山间尾闾湖盆。

在新特提斯北枝陆内海域、帕米尔高原北侧和西南天山南缘三重耦合作用以及帕米尔高原北侧与西南天山之间对冲式挤压作用下，塔里木盆地西北端早三叠世—新生代具有多期次区域挤压-伸展转换走滑演化历史，以乌拉根中-新生代陆内挤压-伸展走滑转换盆地为代表。在新特提斯北枝古近纪陆内海盆封闭之后，演化为原后-山间盆地系统，帕米尔高原北向构造节突刺推进，可能是乌鲁克恰其-乌拉根原后-山前盆地系统萎缩封闭和变形的主要动力学来源。

（1）塔西盆山原镶嵌构造区多矿种同盆富集和协同成矿成藏作用物质基础为侏罗系煤

系烃源岩、煤系烃源岩中硫和铜铅锌等的成矿物质，它们在空间域-物质域具有耦合结构。①康苏-前进-岳普湖半环形煤矿带围绕莎里塔什盆内隆起构造带分布。在康苏组和杨叶组中形成了工业煤层和优质煤系烃源岩，局部富集 Pb（$118\times10^{-6}\sim451\times10^{-6}$）、Zn（$115\times10^{-6}$）和 U（$6.05\times10^{-6}\sim12.9\times10^{-6}$）。在乌拉根中-新生代挤压-伸展走滑转换盆地内，深部发育康苏组和杨叶组煤系烃源岩，为多矿种同盆富集和协同成矿成藏作用的物质基础。②前陆冲断褶皱作用和对冲式薄皮型冲断褶皱带形成了构造生排烃事件，为天然气和金属矿产形成供给富烃类和富 CO_2-H_2S 型非烃类还原性成矿流体。康苏组-杨叶组煤系烃源岩为该区域成矿成藏作用物质供给源区，前陆冲断褶皱作用为能量供给源区，康苏组碎裂岩化相煤岩含 TOC 为 65.02%，裂解烃含量高（$S_2=152.02$mg/g）；经初糜棱岩相变形的煤岩含 TOC 降低为 55.26%，裂解烃含量显著降低（$S_2=10.98$mg/g），侏罗系煤系烃源岩内断裂-碎裂岩化相-初糜棱岩化相等构造岩相带为本区域生排烃作用中心和烃类流体供给源区。同时，这些构造带的前锋带为盆地内源性成矿流体圈闭构造。③古近纪初期阿尔塔什期高温气成热卤水事件（480～360℃）和乌拉根地区古地热事件，穿越了侏罗系煤系烃源岩层并形成了生排烃事件，也是多矿种同盆富集和协同成矿成藏耦合作用的关键因素和重要的空间域-物质域-时间域耦合结构。

（2）塔西地区砂砾岩型铅锌-铀-天然气成藏成矿年龄与区域重大地质事件和成藏成矿事件具有时间域-物质域耦合关系。①印度板块和欧亚板块碰撞起始时间约为 65Ma（丁林等，2017），约 45Ma 为主体碰撞高峰期，这种陆-陆碰撞事件使塔西地区进入以近南北向为主挤压应力场的大陆动力学背景下。②在乌拉根盆地内杨叶砂岩型铜矿床，安居安组蚀变砂岩型内较年轻沉积锆石 U-Pb 年龄（38.8±1.4Ma 和 60.3±1.7Ma，方维萱等，2019a），揭示帕米尔高原存在喜马拉雅期构造-岩浆-热事件，经剥蚀再循环沉积。③乌拉根铅锌矿成矿年龄为 55.4±2.2Ma（硫化物和碳酸盐矿物 Sm-Nd 和 Rb-Sr 等时线年龄，王莹，2017），碎屑磷灰石裂变径迹年龄为 49.5～35.2Ma（韩凤彬，2012）。④在托帕前陆冲断带中阿克莫木背斜控制了阿克莫木天然气藏。据张君峰等（2005）研究，该气藏含气层系为下白垩统克孜勒苏群，含气面积 16.9km^2，天然气控制储量 123.70×10^8m^3，阿克 1 井高产工业气流的日产 119 032m^3；天然气组分为烃类（76%～81%）干气，以甲烷为主要成分，乙烷和丙烷含量低（<0.3%），含丁烷很低；非烃 N_2 气（8%～11.4%）和 CO_2（11.07%～11.44%）含量较高；甲烷碳同位素值为-23‰～-25.6‰，乙烷碳同位素为-20.2‰～-21.9‰，阿克 1 井储集层段中自生伊利石形成年龄为 38.55Ma、38.1Ma 和 34.6Ma，属渐新世晚期（40.4～33.9Ma）。在中新世阿启坦阶—布尔迪加尔阶（23.03～15.97Ma）曾发生了天然气充注事件，分别在 17.8Ma 和 18.3Ma（王招明等，2005）、22.60～18.79Ma（张有瑜等，2004）。

（3）塔西地区在古近纪阿尔塔什晚期至齐姆根早期（古新世早期至古新世晚期）、卡拉塔尔期—乌拉根期（始新世中期）、巴什布拉克中期（始新世晚期至早渐新世）经历了三期海侵过程，海退事件记录发育在齐姆根组顶部（古新世晚期）、乌拉根组顶部（始新世中晚期，约 41Ma）和巴什布拉克组第四段和第五段（早渐新世，约 37Ma）。如果成藏成矿事件年龄与海侵过程有关，成藏成矿事件可能与新特提斯北支陆内伸展作用有耦合关系；反之，与塔西地区盆山原耦合转换过程的挤压构造环境有耦合关系。①盖吉塔格组以厚层棕红色泥岩、膏泥岩层夹石膏层及少量薄层灰岩为主，因发现了始新世有孔虫，结合岩性特征确定该组为始新世早期（55.8Ma）（郝诒纯和万晓樵，1985），与齐姆根组上段岩性一致，具有明显的海退沉积序列特征。喜马拉雅期早期第一幕（55.8Ma）可能在古新—始新世齐姆根中晚期（$E_{1-2}q^2$），乌拉根铅锌矿床形成年龄在55.4±2.2Ma（王莹，2017）与喜马拉雅期早期第一幕海退事件基本吻合，而在托帕砂砾岩型铅锌矿区缺失上白垩统、阿尔塔什组和齐姆根组，揭示晚白垩世—齐姆根期末一直处于抬升和剥蚀状态（燕山晚期—喜马拉雅期早期第一幕）。②始新世中期卡拉塔尔期—乌拉根期为塔西地区古近纪第二次海进过程，于始新世乌拉根期末（约41Ma）发生了海退。同期，西南天山曾有隆升事件发生（46.0±6.2Ma、46.5±5.6Ma，Sobel et al.，2006；Sobel and Dumitru，1997），与乌拉根铅锌矿床经历构造热事件年龄吻合（49.5～35.2Ma，韩凤彬等，2012），乌拉根期末海退事件（41～33.9Ma）与西南天山构造抬升有一定关系，属喜马拉雅期早期第二幕挤压事件年龄。③巴什布拉克期初开始了海侵，以介壳灰岩为最大湖泛面标志。巴什布拉克期末（$E_{2-3}b$，约33.9Ma）发生了海退，特提斯海北支在早渐新世（约34Ma）从塔里木盆地退出（Wang et al.，2014），与喜马拉雅期早期第三幕（约33.9Ma，巴什布拉克期，$E_{2-3}b$）区域挤压环境有密切关系。始新世伊普里斯阶—普利亚本阶（55.8～33.9Ma）为铅锌-铀-天然气成藏成矿高峰期（55.4～34.6Ma），与喜马拉雅期早期三幕挤压构造环境和相关海退过程有显著的时间-空间耦合关系，渐新世晚期（40.4～33.9Ma）区域富烃类还原性成矿流体排泄-注入事件，为乌拉根砂砾岩型铅锌矿床形成供给了成矿物质和成矿流体。阿尔塔什组厚层石膏岩和含膏白云质泥岩等，为区域天然气和金属成矿成藏的优质盖层，这种岩性岩相封闭层对成矿成藏流体圈闭和聚集十分有利，也是非金属矿与金属和天然气成矿成藏之间的协同作用。

（4）青藏高原在新生代的构造隆升事件发生在中新世初（约23Ma）、中新世晚期（13～8Ma）和上新世（约5Ma以来），与西南天山隆升事件［（25.8±5.6）～（18.3±3.1）Ma，Sobel et al.，2006］时间吻合，二者相向推挤和隆升造山，在塔西地区形成了陆内强烈挤压收缩区域动力学场。塔西地区中新统（23Ma）普遍以石膏层或膏泥岩平行不整合于古近系不同层位之上，局部可见到角度不整合接触关系。中新世阿启坦阶—布尔迪加尔阶（23.03～15.97Ma）为天然气充注成藏事件，安居安组砂岩型铜矿床与该期天然气充注和西南天山隆升事件有密切关系，与喜马拉雅期中期区域挤压应力场和干旱气候环境在时间-空间上耦合关系显著。安居安组褪色化蚀变砂岩相、气洗蚀变相和油斑-油迹-油侵蚀变相等，主要分布在盆内薄皮式冲断褶皱带内，油气注入事件和构造-流体-热事件形成年龄为（16±2）～（14±2）Ma（磷灰石裂变径迹年龄，方维萱等，2019a），也是砂岩铜矿床改造富集成矿年龄。安居安组砂岩型铜矿带中Cu-Ag-Mo-Sr-U区域化探异常规模宏大，预测具有深部寻找大型砂岩型铜-铀-天青石矿的潜力。

（5）在塔西地区上新统阿图什组（N_2a）和西域组（Q_1x），向上变粗变浅沉积序列揭示进入原后-山前湖盆萎缩封闭期。阿图什组平行或角度不整合在中新统乌恰群之上，为喜马拉雅期晚期第一幕挤压造山环境标志。西域组与下伏地层为角度不整合，为喜马拉雅期晚期第二幕区域挤压造山环境标志，在萨热克铜矿床沥青化蚀变相带经历构造抬升-热事件年龄为（8.8±1）～（6.6±1）Ma（磷灰石裂变径迹年龄，方维萱等，2019a），指示了缺乏构造变形的沥青化蚀变脉形成时代。整体未发生构造变形的乌苏群（Q_2ws）呈高角度不整合于西域组之上。在西域组发育的宽缓褶皱、断裂带中拖曳褶皱和碎裂岩化相带，记录了喜马拉雅期晚期第三幕陆内造山隆升事件。上新世—更新世不但发生了阿克莫木气田内天然气充注事件（刘伟等，2015），西域期（<5.33Ma）和乌苏期也是杨叶和滴水砂岩型铜矿床中铜盐-赤铜矿-氯铜矿-副氯铜矿等表生富集成矿期、乌拉根铅锌矿床中非硫化物型矿石带（铅锌氧化矿石带）等形成期。

3. 吾合沙鲁-乌恰喜马拉雅期前展式薄皮型断褶带与砂岩型铜-铀-天青石矿床

塔西地区吾合沙鲁-乌恰南向北倾的近东西断裂带，地表逆冲断裂带和断层相关褶皱带长度在50km以上，为喜马拉雅期陆内盆山原镶嵌构造带，也是现今地震易发的活动构造带。断面北倾，倾角65°~85°，向南逆冲推覆作用导致克孜勒苏群掩压于阿尔塔什组之上。从北到南在古近系—新近系中，总体为前展式南向北倾的冲断褶皱带。①康苏镇以南约3km处短轴背斜的轴线走向为NEE向。背斜长约3.5km，宽0.5~1km，长宽比<3。两翼为杨叶组、库孜贡苏组及克孜勒苏群。该断裂向南高角度逆冲作用，形成了北陡南缓的不对称褶皱。②康苏镇西南7~15km处，背斜轴线西段近东西向，东段近NEE向，呈S形长约10km，宽500~1000m。核部为卡拉塔尔组，两翼依次为乌拉根组、巴什布拉克组和克孜洛依组。受该断裂带向南逆冲推覆作用影响，巴什布拉克组发生了揉皱并局部倒转。古近系逆冲推覆到新近系帕卡布拉克组之上，形成于喜马拉雅期中期。③在吾东断裂上盘牵引褶皱发育，断面北倾，倾角45°~85°。在吉勒格地区造成卡拉卡尔组和克孜洛依组缺失，在康苏河见克孜勒苏群推覆到克孜洛依组之上。④在乌拉根前陆隆起南部，阿克苏岩群推覆到克孜洛依组［$(E_3\text{-}N_1)k$］之上，属于西南天山前展式冲断褶皱带前锋带位置。向南到克孜勒苏河一带与帕米尔高原北侧前展式冲断褶皱带对接部位，为喜马拉雅期陆内盆山原镶嵌构造带。

杨叶-加斯南向前展式薄皮型断褶带属吾合沙鲁-乌恰喜马拉雅期前展式前陆冲断褶皱带。帕米尔高原北侧冲断褶皱带前锋带与西南天山复合造山带相向仰冲过程中，在乌拉根-乌鲁克恰其周缘山间湖盆南北两缘→盆地内部中心，形成了喜马拉雅期对冲式薄皮构造系统和成矿流体圈闭构造。从西南天山南缘南向到盆地中心，具有区域构造和成矿分带性。①盆地北缘克孜勒苏群和塔尔尕组，与阿克苏岩群呈角度不整合接触。因燕山晚期阿克苏岩群向南推覆，克孜勒苏群和塔尔尕组产状倒转。向斜南翼因逆冲断层作用仅见安居安组和帕卡布拉克组，产状355°~45°∠37~80°。在加斯北-喀拉塔勒，克孜勒苏群第5岩性段、阿尔塔什组和不整合面构造（K_1kz^5/E_1a），为砂砾岩型铜铅锌-铀矿床的储矿相体。中南部安居安组下段沥青化-褪色化蚀变砂岩为花园-滴水式砂岩型铜矿的储矿相体层。②北部在加斯北-喀拉塔勒一带，复式向斜轴向宏观走向300°，总长度在35km以上。断层相关褶皱带和次级褶皱带发育，如色勒柏勒布那克向背斜、硝若布拉克向背斜、坑阿拉勒向斜、琼卓勒背斜及硝若布拉克南背斜，总体构造线方向为北西向。它们为喜马拉雅期晚期南向前展式薄皮型冲断褶皱带。该向斜核部为帕卡布拉克组（N_1p）和阿图什组（N_2a）。北翼由侏罗系和白垩系、古近系、新近系克孜洛依组［$(E_3\text{-}N_1)k$］和安居安组（N_1a）。在喀拉塔勒段克孜洛依组［$(E_3\text{-}N_1)k$］和安居安组中，发育层间黑色油迹-油斑等沥青化蚀变相、褪色化蚀变相和碳酸盐化蚀变相带等，揭示冲断褶皱带驱动了富烃类和

富 H_2S-CO_2 型非烃类还原性成矿流体大规模运移和聚集，在安居安组内具有形成大型砂岩型铜（天青石）-铀矿床的潜力。③南部克尔卓勒背斜群由 3 个背斜和 1 个向斜组成，为逆断层上盘牵引作用形成的断层相关褶皱，克尔卓勒冲断褶皱带形成于喜马拉雅期晚期（西域期）。轴向总体北西向延伸，总长 11.43km，宽 800～1600m，为短轴褶皱。背斜核部为阿尔塔什组，两翼地层为古近系齐姆根组、卡拉塔尔组、乌拉根组和巴什布拉克组，新近系克孜洛依组 [(E_3-N_1)k]。向斜核部为巴什布拉克组，两翼为乌拉根组、卡拉塔尔组、齐姆根组。背斜北翼倾角稍缓（30°～80°），局部因逆冲断裂作用而地层倒转。南翼地层倾角陡（50°～85°），在背斜间的向斜南翼有地层倒转现象。该褶皱群地表出露为古新统阿尔塔什组（E_1a），推测深部存在克孜勒苏群第 5 岩性段，并且在克孜洛依组 [(E_3-N_1)k] 中见有大量黑色油迹和油斑，预测砂岩型铜矿床在深部找矿前景大。

第4章　智利IOCG型铜金矿床与主岛弧带和弧后盆地

智利从西到东可划分为三级成矿带（图4-1）：①智利科迪勒拉海岸山带IOCG型铁铜-金银成矿带；②智利中央盆地盐湖卤水型钾盐-锂-硝石成矿带；③智利主科迪勒拉造山带斑岩型铜金钼矿-浅成低温热液型金银多金属成矿带。根据前述构造单元和区域构造岩相学特征将三级成矿带进一步划分为四级成矿带，初步划分了11个四级成矿带。

1. 智利科迪勒拉海岸山带IOCG型铁铜-金银成矿带（Ⅲ-1）

在智利科迪勒拉海岸山铁铜金银成矿带内，中生代岩浆弧+火山弧+弧前（内）盆地+弧后盆地与铁氧化物铜金矿床有关，并有少量的富金斑岩型铜矿、浅成低温热液矿床。四级成矿带分别为：前侏罗纪弧前增生楔与造山型金铜成矿带（Ⅲ-1-Ⅳ-1）；侏罗—白垩纪主火山岛弧IOCG和热液型金铜成矿带（Ⅲ-1-Ⅳ-2）；弧盆反转构造带中IOCG-浅成低温热液型金银多金属-斑岩铜金成矿带（Ⅲ-1-Ⅳ-3）。成矿带主要特征如下：

（1）前侏罗纪弧前增生楔与造山型金铜成矿带（Ⅲ-1-Ⅳ-1）：该四级成矿带分布于科迪勒拉海岸山带西侧，前侏罗纪弧前增生楔主要为泥盆—石炭纪和二叠纪构造岩石地层单元，发生较强的变质变形，金属矿床与中生代阿塔卡玛断裂系统早期韧性阶段有关。

（2）侏罗—白垩纪主火山岛弧IOCG和热液型金铜成矿带（Ⅲ-1-Ⅳ-2）：分布在侏罗—白垩纪主火山岛弧带、弧间盆地和弧后盆地三个四级构造单元中。智利中生代IOCG成矿带从西到东分为中-晚侏罗世和早白垩世成矿带，沿南北向阿塔卡玛（Atacama）断裂长约1000km，位于主火山岛弧带和弧后盆地中。从北到南分为三个矿集区分别在12°~14°S、16°~22°S和23°~33°S，大型矿床有Candelaria、Mantos Blancos、El Soldado、Mantoverde、Santo Domingo等。主要储矿构造带长5~10km，矿带长1~5km，宽400~1000m，沿倾斜方向可采至500~700m，Cu品位1%~3%。由于早白垩世洋壳板片聚敛速率增大及俯冲倾角变陡，转换扩张机制形成了左旋走滑脆韧性阿塔卡玛断裂系统，大量深成杂岩体侵位，控制了矿床形成，晚白垩世岩浆弧东移形成斑岩成矿带。

（3）弧盆反转构造带中IOCG-浅成低温热液型金银多金属-斑岩铜金成矿带（Ⅲ-1-Ⅳ-3）：位于岛弧带、弧间盆地和弧后盆地反转构造带。浅成低温热液型金银矿床和斑岩铜金矿床常与IOCG矿床形成区域成矿带分带或叠加成矿，可以进一步划分五级成矿带。

2. 智利中央盆地盐湖卤水型钾盐-锂-硝石成矿带（Ⅲ-2）

智利中央盆地西侧IOCG-浅成低温热液型金银多金属-斑岩铜金成矿带（Ⅲ-2-Ⅳ-1），位于智利中央盆地西侧与科迪勒拉海岸山带过渡地带。智利中央（弧间）盆地内钾盐-锂-硝石成矿带（Ⅲ-2-Ⅳ-2），分布于海岸山带与新生代岩浆弧中部的智利中央盆地，主要为非金属矿产钾、锂和硝石等。智利中央盆地东侧浅成低温热液型金银多金属-斑岩铜金成矿带（Ⅲ-2-Ⅳ-3），位于智利中央盆地东侧与科迪勒拉海岸山带过渡地带。

3. 智利主科迪勒拉造山带斑岩型铜金钼矿-浅成低温热液型金银多金属成矿带（Ⅲ-3）

据主安第斯褶皱带、新生代岩浆弧和火山弧与斑岩成矿带特征，划分为五个成矿带。

北部火山-深成岩浆弧斑岩型铜金钼-浅成低温热液型金银多金属成矿带（Ⅲ-3-Ⅳ-1），位于科皮亚波以北地区。南部火山-深成岩浆弧斑岩型铜金钼-浅成低温热液型金银多金属成矿带（Ⅲ-3-Ⅳ-2），位于定鼎-圣地亚哥以南地区，主要矿床类型有斑岩铜矿、斑岩铜金矿、斑岩钼矿，浅成低温热液型金矿分布于斑岩型矿床的外围。智利前科迪勒拉造山带斑岩型铜金钼-浅成低温热液型金银成矿带（Ⅲ-3-Ⅳ-3）。智利 Maricunga 斑岩金成矿带（Ⅲ-3-Ⅳ-4）。造山型金银多金属成矿带（Ⅲ-3-Ⅳ-5）位于主安第斯带东部，与玻利维亚和阿根廷接壤部位，在安第斯造山带冲断褶皱带和压陷盆地中，局部有独立斑岩成矿系统。

斑岩型铜金矿带主要分布在安第斯带西科迪勒拉，尤以中南段最为丰富，形成一条近南北走向的铜、金、多金属富集带，总长约2000km。成矿类型主要为斑岩型，据统计，在安第斯带，95%的铜矿床产在新近纪花岗斑岩、英安斑岩等酸性斑岩及其围岩中，与铜伴生有钼、金、银等。智利共有大、中型铜矿床400多个，包括20多个大型-超大型铜矿床，如丘基卡马塔矿床（铜金属储量6637万t）、埃尔特尼恩特（9435万t）、萨尔瓦多（1129万t）、安迪纳、埃斯康迪达（3249万t）、里奥布兰卡、洛斯布隆塞斯、迪斯普塔达、楚基北（铜储量为1655万t）、曼萨米纳（铜储量为845万t）、坎德拉里亚（铜矿石储量超过3.9亿t，铜位1.14%）、曼托斯-布兰科斯铜矿等。

4.1　智利区域成矿规律与IOCG成矿带

根据智利IOCG矿床特征与成矿作用类型，将智利IOCG矿床分为3个亚类（图4-1、表4-1）：①火山喷溢型铁磷矿床，如Cerro Negro Norte铁矿和El Romeral铁矿等；②火山喷溢-岩浆期后热液叠加型铁铜金（铅锌）矿床，如Candelaria铁铜矿床等；③火山沉积-改造型铜银矿床，如El Soldado铜银矿床等。

（1）火山喷溢型铁磷矿床通常伴生铜金，是IOCG矿床的端元类型（Sillitoe，2003）。火山沉积-改造型矿床（曼陀型）铜银矿床由于含铁氧化物和金少，作为IOCG矿床的端元类型尚有异议。智利火山喷溢型铁磷矿床、火山喷溢-岩浆期后热液叠加型铁铜金（银锌）矿床和火山沉积-改造型（曼陀型）铜银矿床，在构造环境、时空关系、矿化及矿石和地球化学特征等方面均呈现有规律变化，构成了智利铁氧化铜金矿床组合（图4-2）。火山喷溢型铁磷矿床主要分布于海岸山带，如科皮亚波（Copiapó）到拉塞来那（La Serana）地区（26°~31°S），智利铁磷矿带CIB宽30km，长600km。有40多个矿床的铁矿石储量规模大于100Mt，大部分伴生有少量铜和金。成矿时代集中在130~100Ma，如El Romeral矿床形成于110±3Ma（Munizaga et al.，1985）、El Algarrobo矿床形成于100~128Ma（Montecinos，1985）、Cerro Imán矿床形成于102±3Ma（Zentilli，1974）、Los Colorados矿床形成于110Ma（Oyarzún and Frutos，1984）、Cerro Negro Norte矿床形成于112±3Ma等。

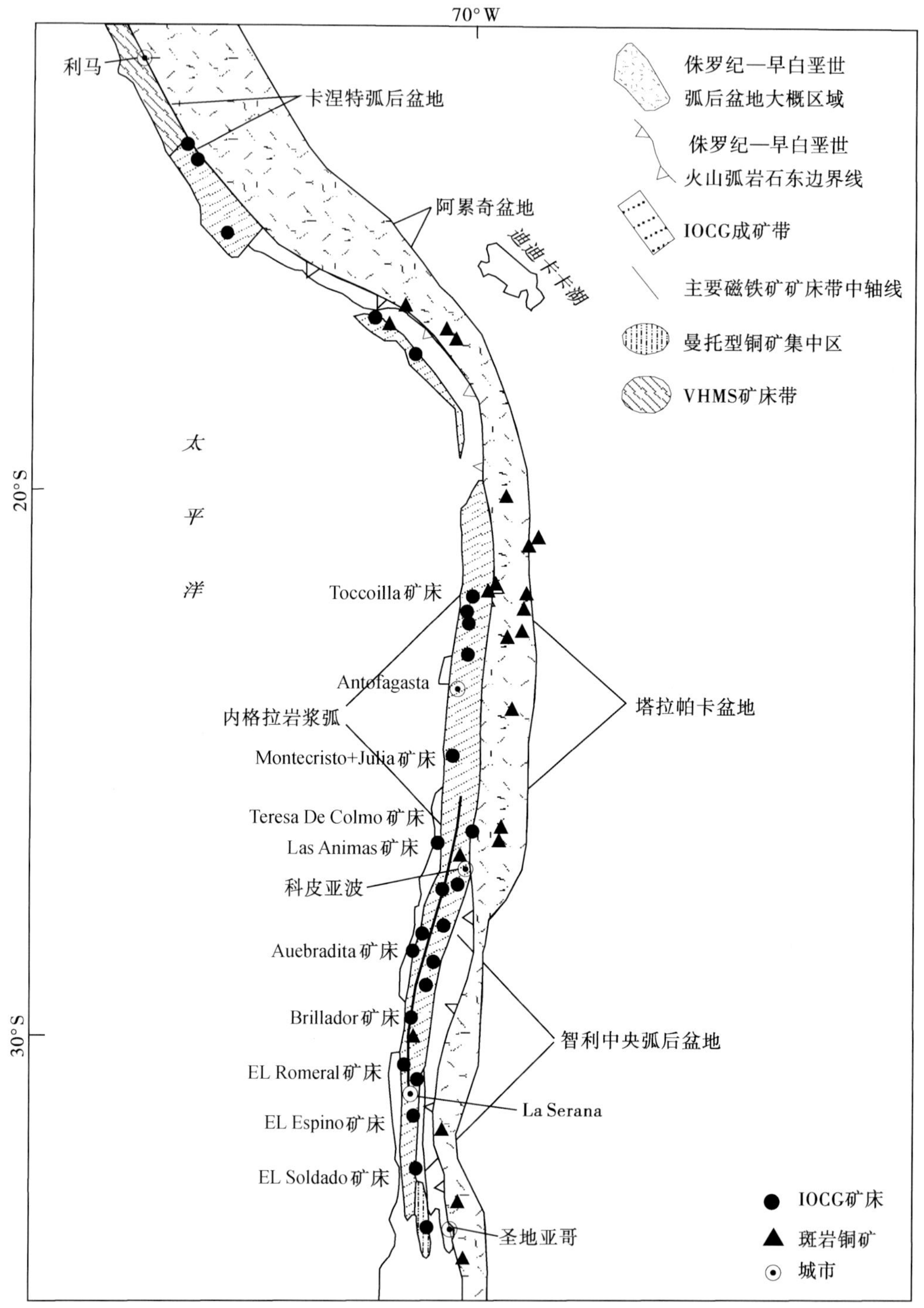

图 4-1　智利北部-秘鲁南部中生代铁氧化物铜金型（IOCG）矿床成矿带

（2）火山喷溢-岩浆期后热液叠加型铁铜金（铅锌）矿床分布于智利海岸山带 21°～31°S，成矿时代为中-晚侏罗世（170～150Ma）和早白垩世（130～110Ma），如 Tocopilla（165±3Ma），中部科皮亚波地区集中于晚侏罗世—白垩纪，如坎德拉里亚（Candelaria）矿床 116～114Ma（Mathur et al.，2002；Marschik and Söllner，2006），曼陀贝尔德（Mantoverde）矿床（123±3）～(117±3）Ma（Vila et al.，1996；Orrego et al.，2000）。

（3）火山沉积-改造型（曼陀型）铜银矿床分布于海岸山带 34°S 以北，Antofagasta 和圣地亚哥一带形成了重要成矿区，主要有 Mantos Blancos 矿床、El Soldado 矿床等。

三个 IOCG 亚类的矿床特征既有很多相似性，但又存在一定的差异。在智利海岸山带铁氧化物铜金型（IOCG）成矿带选取代表性典型矿床进行对比分析。

（1）在智利火山喷溢型铁磷矿床，具有高品位和富集磷灰石，可相比于 Kiruna-Type 型矿床，但磷灰石的含量有较大变化，如智利 Laco 铁矿磁铁矿石中含 P_2O_5可达1%，一般作为副矿物大量存在于蚀变岩中，如 Cerro Norte 和 El Romeral 矿床，因智利这种高品位铁磷矿床与铁氧化物矿床在空间上共存，所以将其划分为火山喷溢型铁磷矿床。

（2）智利月亮山 IOCG 型铁铜矿床产于岩浆弧侵入岩与火山岩接触带，矿体整体呈层状似层状顺层产出，含有较高的铁，伴生少量铜金钼，强烈钠化蚀变，磁铁矿石呈厚层状或块状，与 Cerro Negro Norte 及 El Romeral 矿床有相似特征。因后期叠加的铜金富集成矿较为显著，归入火山喷溢-岩浆期后热液叠加型铁铜金（铅锌）矿床。

表 4-1　智利海岸山带铁氧化物铜金（IOCG）矿床特征对比

矿床类型	火山喷溢型铁磷矿床	火山喷溢-岩浆期后热液叠加型铁铜金（铅锌）矿床	火山沉积-改造型铜银矿床
	El Romeral 矿床 月亮山	Candelaria 矿床 科皮亚波 GV	El Soldado 矿床 劳斯奎洛斯
地质背景	岩浆（火山）弧	弧后盆地	弧前（内）盆地
深成矿化	磁铁矿、黄铁矿、少量黄铜矿	磁铁矿、黄铜矿、黄铁矿	黄铜矿、黄铁矿
矿产	铁、磷（铜）	铁、铜、金、银、锌、铅、REE	铜、银（金）
蚀变类型	钠长石、钠柱石、阳起石、绿帘石、磷灰石，碳酸盐	钠长石、钠柱石、钾长石、黑云母、方解石、钙闪石、绿帘石、透辉石	钠长石、钠黝帘石、钾化、绿泥石、碳酸盐
侵入岩	闪石玢岩、闪长岩	闪长岩、花岗闪长岩	闪长岩、二长岩脉
构造控制	韧性剪切带	北西向脆性断裂，北东向韧性剪切带，地层控制	近南北向、北西、北东向脆韧性断裂，地层控制
成矿年代	约 110Ma(El Romeral)	约 115Ma(Candelaria)	约 103Ma(El Soldado)
成矿作用	富铁质岩浆火山喷溢	火山喷溢、岩浆热液、盆地流体	盆地流体
资料来源	Oyarzún and Frutos，1984	Marschik et al.，2000	Boric et al.，2002

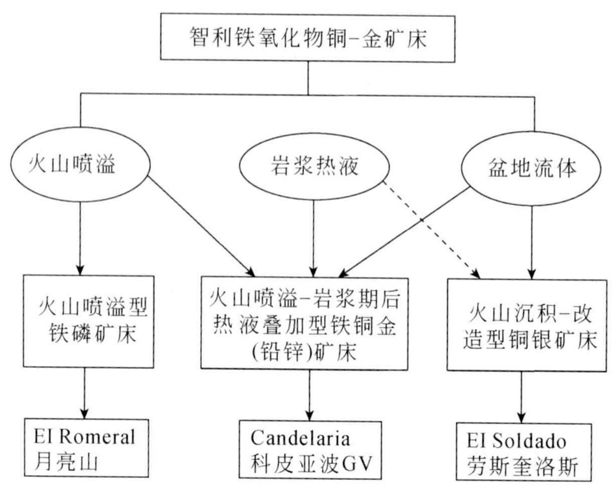

图 4-2　智利海岸山带铁氧化物铜金（IOCG）矿床组合类型

（3）智利科皮亚波 GV 叠加型铁铜金矿床产出于弧后盆地，磁铁矿体沿夕卡岩带产出，热液角砾岩化铜矿体呈脉状叠加于磁铁矿体之上，伴生有金银铅锌钼等，受控于脆韧性剪切带，与坎德拉里亚矿床有相似的环境和成矿特征。

（4）智利 El Soldado 铜矿床产于弧前盆地火山沉积岩中，劳斯奎洛斯铜银矿床产于弧内盆地内，二者均发育海相含生物碎屑碳酸盐岩层，矿体呈群脉状沿脆韧性断裂带产出或呈缓倾斜层状沿层间破碎带产出。将智利 El Soldado 铜矿床和劳斯奎洛斯铜银矿床等归入火山沉积-改造型铜银矿床，它们与弧前盆地和弧内盆地关系密切。

（5）这些 IOCG 矿床均产出于中生代主火山岛弧带、弧前盆地、弧内盆地和弧后盆地中，中生代主岛弧带和弧相关盆地系统均经历了岛弧反转和盆地反转期、经历了相似的构造变形史，局部叠加了深成岩浆弧，具有类似的岩浆、构造演化历史及矿化蚀变特征，①成矿时代集中于侏罗—白垩纪，均受中生代岩浆弧及阿塔卡玛断裂控制，与同时期区域岩浆作用相关，部分空间关系紧密，矿体常由断层控制。②岩石建造或赋矿层位均为钙碱性岩浆-火山-沉积灰岩建造。③富含铁氧化物及铜硫化物，普遍均发育碱质蚀变。所以，将智利火山喷溢型铁磷矿床（如 Cerro Negro Norte 铁矿和 El Romeral 铁矿）、火山喷溢-岩浆期后热液叠加型铁铜金（铅锌）矿床（如 Candelaria 铁铜矿床和月亮山铁铜矿床）、火山沉积-改造型铜银矿床（如 El Soldado 铜矿床和劳斯奎洛斯铜银矿床）归入智利中生代 IOCG 成矿系统，它们分别代表了同期成矿系统在不同成矿条件和成矿环境中，形成了相类似但仍具有一定差异的典型矿床端元。

（6）智利海岸山带 IOCG 成矿系统中，还有少量斑岩铜矿和浅成低温热液金银多金属矿床，预测存在浅部斑岩型铜银矿床，深部发育 IOCG 成矿系统，二者之间存在垂向分带或者后期斑岩铜矿金成矿系统叠加和嵌入。①中生代海岸山带 IOCG 成矿带与新生代斑岩铜矿带不仅具有连续演化的时空关系，而且 IOCG 矿床与富金斑岩铜矿和铁铜夕卡岩矿床有相似的矿化蚀变和矿物组成，均含有大量热液磁铁矿并发育钾长石化-黑云母化组成的碱性蚀变相，IOCG 矿床规模可达几百万吨，低于斑岩铜矿，但铜品位较高。②IOCG 型铜金矿床和斑岩型铜矿床等两类矿床，具有相似的流体及同位素特征和岩浆来源，但因为岩浆流体形成的深度不同和流体形成机制差异导致两种矿化差别（Hunt et al., 2007；Pollard, 2000；Williams et al., 2005）。斑岩铜矿形成于浅部地壳，而IOCG矿床形成于较深部并缺少网脉状矿化，部分矿床浅表的绢云母化蚀变可相比于斑岩铜矿系统。③在海岸山带斑岩铜矿保存较少，可能由于强烈剥蚀作用所致，它们之间是否存在过渡类型还不能确定，但在部分铁氧化物铜金矿床中，如Tocopica矿床显示了一定的过渡关系（Tornos et al., 2010）。安达科约（Andacollo）金矿属于典型叠加成矿作用形成，为斑岩型成矿系统、层状复合型金矿和IOCG型矿床的多重特征。④根据作者对智利航磁异常和深部构造岩相学探测与解译研究，认为在总体近南北向区域航磁异常带中，叠加近东西向区域航磁异常带，为在智利海岸山带寻找IOCG成矿系统与斑岩型铜金系统嵌入叠加成矿集中区的勘查标志，如智利月亮山-GV地区，经验证探明了智利月亮山大型铁铜矿床，后期深入构造岩相学解析研究和预测建模过程中，厘定了智利月亮山铁铜矿床内发育中生代—新生代岩浆叠加侵入构造系统，其中：钠长石绿帘石蚀变安山岩（岩浆叠加成岩成矿相）受到灰白色二长岩侵入事件影响较大，岩浆热液锆石形成年龄在21.05±0.85Ma（$n=15$，MSWD=0.69），属中新世构造-岩浆-热事件叠加成岩成矿作用所形成。

智利IOCG矿床一般形成深度在2～15km，与岩浆热液成因的IOCG成矿系统形成深度相对较大，主要与辉长岩-闪长岩系列密切有关，以富TFe和P质基性岩-超基性岩（火山岩层、磷灰石辉石岩脉群等）为特征。白垩纪低硫化型浅成低温热液型金银矿床和斑岩铜钼金矿床形成与早-晚白垩世钙碱性侵入岩密切有关，一般形成深度在3km以内，形成深度相对较浅，早-晚白垩世浅成低温热液型金银矿床和斑岩铜钼金矿床位于侏罗—白垩纪IOCG成矿带东侧10～15km。两类成矿系统相互关系包括但不限于嵌入式垂向叠置分带和水平侧向分带、找矿预测，仍是需要深入研究的科学问题。

（7）沉积岩型（SSC型）铜矿床。侏罗—白垩纪弧后盆地、三叠纪前陆盆地、新近—古近纪弧前山间盆地中，形成了含铜砂岩和砂砾岩容矿的沉积岩型铜矿。其中，在超大型斑岩铜矿附近，新近—古近纪弧前山间盆地沉积岩型铜矿具有独立的成矿系统，成矿作用以表生富集成矿为主，具有较大的工业价值。

4.2　智利IOCG矿床与主岛弧带和弧盆系统的构造样式

从西到东在智利海岸山带中，中生代拉内格拉主火山岛弧带和弧盆系统的构造-岩石地层格架由四个构造岩石地层单元构成。在中生代拉内格拉火山岛弧带地层单元内，可进一步划分出弧前盆地、主岛弧带和弧内盆地、弧后盆地。

（1）泥盆—二叠纪构造岩石地层单元。该单元具有韧性剪切带和脆韧性剪切变形变质，属前侏罗纪前弧增生地体，它们构成了中生代主岛弧构造带的基底地层，局部呈构造岩片或变形变质地体形式出露。在前侏罗纪弧前增生地体（泥盆—二叠纪构造岩石地层单元）之上，上覆侏罗—白垩纪火山喷发相-火山沉积相系，主要由陆相-湖相环境中形成的火山岩、火山碎屑岩和火山沉积岩等组成，局部发育钙质火山沉积岩。

（2）中生代拉内格拉火山岛弧带地层单元。中生代拉内格拉火山岛弧带位于前侏罗纪前弧增生地体之东侧，二者之间常以脆韧性剪切带为明显界限。在智利侏罗—白垩纪拉内格拉（La Negra）主岛弧带中，下侏罗—下白垩统钙碱性火山岩、火山碎屑岩及海相碳酸盐岩厚 5000～10000m，局部夹蒸发盐岩层或厚层石膏岩，IOCG 矿床主要赋存于侏罗-白垩系火山岩-火山碎屑岩-沉积岩系中，受 AFZ、钙碱性中酸性侵入岩、岩浆热液角砾岩和不同地球化学相类型等控制显著。侏罗系火山岩系和火山沉积岩岩系十分发育，晚侏罗世闪长岩-花岗闪长岩-花岗岩等侵入岩体较为发育。从晚侏罗世到白垩纪，侵入岩浆向东迁移并侵入到晚古生代变沉积岩和二叠纪侵入岩组成的基底构造层中。从晚白垩世开始了岛弧反转构造并伴有同岩浆侵入期脆韧性剪切带发育，晚白垩世深成岩浆弧以侵入岩相为主，局部延续到新生代，形成了岩浆叠加侵入构造系统。智利海岸山带 La Negra 主火山岛弧带为智利铁矿（铁氧化物型）、铁氧化物铜金型和曼陀型铁铜金矿床产出单元，如智利著名的 Manto Verde 和 Mantos Blancos 铜金矿床等产于该构造单元中。智利月亮山铁铜矿赋存层位属于该构造岩石地层单元。在岛弧带基底构造岩石地层（D-C-P）中，发育含金铜脆韧性剪切带。

（3）中部弧后盆地岩石地层单元。该构造单元的基底构造层为泥盆—二叠纪构造岩石地层单元。①上侏罗—下白垩统 Punta del Cobre 组发育碎屑沉积岩系夹火山岩系，岩石组合为钙质沉积岩、结晶凝灰岩、火山角砾凝灰岩、火山角砾岩、斑状安山岩、安山岩；发育浅海相灰岩和浅海相钙质岩，浅海相厚层状细粒灰岩层，厚度从数米到超过 100m。向上为下白垩统 Chanarcillo 组（144～115Ma）灰岩层，下白垩统 Bandurrias 组（Valanginian-Barremian，138～119Ma）以火山岩、含碎屑钙质凝灰岩和灰岩为主，后期侵入岩发育。上白垩统发育岛弧带反转过程中形成的杂砾岩、含膏砂砾岩和石膏层等，局部古近系杂砾岩较为发育，它们为弧后盆地发生构造反转和变形物质记录，晚白垩世岩浆侵入构造系统较为发育，晚白垩世和古近纪两个斑岩型铜金成矿带形成于该构造单元内，具有寻找斑岩型铜金矿床-IOCG 型铜金矿床等组成的叠加成矿系统潜力。② 阿塔卡玛（Atacama）断裂构造系统在中部弧后盆地两侧边缘发育，形成了穿盆反转构造系统和脆韧性剪切带，为主要导矿-成矿-储矿构造系统，如在智利坎德拉利亚-铜三角铜铁金矿床集中区，西部二长闪长岩-石英二长岩岩基形成时代为（123±4）～(109.9±1.7）Ma，同岩浆侵入期韧性剪切带的形成时代为 119～111Ma，同成矿期脆-韧性剪切带的转换时代为 111.0±1.4Ma 和 110.7±1.6Ma（Marschik and Söllner，2006）。③ IOCG 矿床、浅成低温热液金银矿床和白垩纪斑岩铜矿床赋存在该构造单元内。在晚白垩世（99～66Ma），阿塔卡玛走滑断裂系统继续发育脆韧性扭张性次级断裂组，这些断裂组提供了构造扩容空间，与闪长岩质岩浆侵入构造系统共同为 IOCG 矿床提供了良好的储矿构造系统，形成了晚白垩世 IOCG 成矿带。IOCG 矿体由赤铁矿矿层和磁铁矿矿层（±铜氧化物或硫化物）组成，赋存在凝灰岩和安山岩层序中，阳起石-钾长石蚀变相的蚀变强度分带明显，安山岩中发育青磐岩化相和含铜青磐岩化相。

（4）东部安第斯山新生代岩石地层单元。为中部中生代弧后盆地东侧边缘，以新生代浅成低温热液金银矿和斑岩铜矿成矿带为特色。

4.2.1 主岛弧带与IOCG型铜金矿床

在智利中生代火山岛弧带轴部以中-上侏罗统拉内格拉组为主，同期形成了钙碱性侵入岩系列。早期研究认为智利曼托贝尔德（Mantoverde）区域属边缘弧后盆地（Benavides et al.，2007），从侏罗纪复式侵入岩体（160～140Ma）和早白垩世复式侵入岩体（135～120Ma）岩浆弧较为发育和区域对比看，曼托贝尔德（Mantoverde）地区属中生代火山岛弧带轴部位置（主岛弧带），曼托贝尔德（Mantoverde）铜金矿床受AFZ断裂系统和晚白垩世闪长岩-二长闪长岩侵入岩体控制显著，位于Neocomian边缘弧后盆地边缘与主岛弧带过渡部位，成矿时代可能在131.3～117Ma（Benavides et al.，2007），暂时将区域成矿单元归入主岛弧带。智利Mantos Blancos IOCG型铜金矿床第一期成矿作用富集在流纹岩岩穹的穹顶相，以流纹质岩浆热液角砾岩相为成矿系统中心相，属中生代主岛弧带轴部。第二期热液叠加成矿作用产于深成岩浆弧闪长岩和花岗闪长岩岩株顶部，集中在闪长质-花岗闪长质岩浆热液角砾岩相（主成矿期）。流纹质岩浆热液角砾岩相、围岩蚀变体系和早期铜金成矿年龄为155Ma，闪长质-花岗闪长质岩、围岩蚀变体系和晚期铜金成矿年龄为142～141Ma（Ramírez et al.，2006），晚期主成矿期形成于晚侏罗世—早白垩世火山岛弧带反转为晚白垩世深成岩浆弧的构造反转过程中。

1. 智利（Mantoverde）曼托贝尔德铜金矿床

智利曼托贝尔德IOCG型铜金型矿床，位于智利科皮亚波市（Copiapo）NNW方向约110km（图4-3），可采储量600万t，Cu平均品位0.5%，伴生金品位0.10g/t（Vila et al.，1996）。矿区地层侏罗系La Negra组和下白垩统Bandurrias组，主要由一系列暗绿色细粒斑状安山熔岩和砂岩等组成，安山质熔岩和安山质火山角砾岩类，蒸发岩和Na-Cl交代相发育。矿区西部为花岗闪长岩-二长岩，东部为闪长岩-二长闪长岩-花岗闪长岩-英云闪长岩，发育白垩纪花岗岩墙。

阿塔卡玛走滑断裂形成同期产生岩浆侵入活动，在曼托贝尔德矿床北部数千米的断裂带中存在同期或后期形成的糜棱岩带。同岩浆侵入期角岩化带+区域变质+AFZ构造系统。AFZ断裂系统中脆-韧性断裂带为储矿构造系统。铜富集成矿主要沿着曼托贝尔德断裂（MVF）（图4-3），MVF长12km，走向NNW，倾向东，倾角40°～50°。构造岩相学单元对曼托贝尔德矿床起控制作用，这些构造岩相学单元长1.5km，走向近平行于曼托贝尔德断裂系统，这些构造岩相学从西向东如图4-3所示。

（1）曼托贝尔德热液角砾岩（矿体下盘，热液角砾岩相带）宽5～25m，为断裂引起的成矿期后热液角砾岩，角砾成分为安山岩，胶结物为褐铁矿和含铜黏土等表生矿物、镜铁矿细脉和方解石细脉等热液胶结物。西侧蚀变安山岩中发育宽5～30m的NNW向花岗岩脉和闪长斑岩体侵入。

（2）曼托贝尔德断裂东侧和西侧糜棱岩化带（糜棱岩化相带）宽分别为1～8m和1～2m。曼托贝尔德断裂中发育曼陀阿塔卡玛热液角砾岩，宽10～100m，角砾成分为粒径1～30cm的安山岩碎屑，胶结物主要为镜铁矿（体积含量大于60%），次为方解石，角砾岩带内小范围可见孤立的糜棱岩化相带。曼陀阿塔卡玛热液角砾岩东为宽约100m的过渡带，

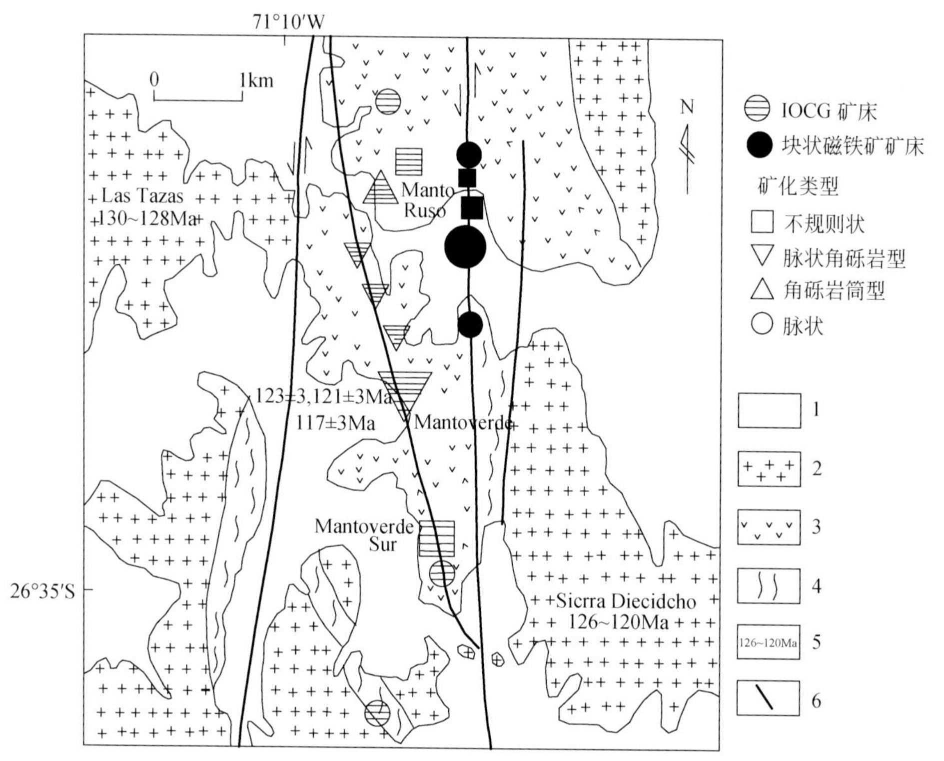

图 4-3 智利曼托贝尔德矿床地质简图（据 Sillitoe，2003 修编）

1. 河流；2. 早白垩世深成杂岩体；3. 侏罗纪火山岩；4. 韧性剪切带；5. 年龄；6. 断层

为网格状液压致裂热液角砾岩化安山岩（液压致裂热液角砾岩相），热液液压致裂角砾岩裂隙中，以网格状镜铁矿细脉等热液充填物为主。在紧邻曼托贝尔德矿体南侧，贝尔德热液角砾岩在曼托贝尔德断裂的两侧出露，角砾的砾径在 0.5 ~ 5.0cm，角砾成分为次棱角状花岗岩和黑绿色安山岩，发育石英–绿泥石–绢云母蚀变相，局部发育镜铁矿化蚀变相。曼托贝尔德热液角砾岩、曼陀阿塔卡玛热液角砾岩和斑状安山岩中，普遍发育钾长石化蚀变相，热液黑云母蚀变相（以交代角闪石为主），钾化蚀变通常呈细脉状和斑点状，磁铁矿通常被细粒的赤铁矿交代。晚期发育绿泥石化蚀变相，

（3）曼托贝尔德矿床中构造岩相学时间域演化序列为：①闪长岩侵位于先存安山岩中；②安山岩遭受构造破碎，后继花岗岩沿着曼托贝尔德断裂侵入，同岩浆侵入期形成韧性左旋断裂［图 4-4（a）］；③铁铜金富集成矿与断裂带同期形成［图 4-4（b）、（c）］；④网格状液压致裂热液角砾岩化安山岩（液压致裂热液角砾岩相）形成了叠加成矿；⑤再随后东侧深部产生矿化，沿着曼托贝尔德断裂产生脆性倾向滑动。

（4）储矿构造样式和构造组合为似层状热液角砾岩体、近直立热液角砾岩体、赤铁矿胶结的热液角砾岩筒及 AFZ 断裂系统的次级平行分枝断裂组。曼托贝尔德矿床深部铜–铁矿化受曼托贝尔德走滑断裂控制，断裂主要为矿化期后上盘（东盘）向下位移的正断层运动，曼托贝尔德角砾岩（下盘）形成于较曼陀阿塔卡玛角砾岩更大的深度。曼托贝尔德断裂的西部花岗岩脉可能为深部规模更大的花岗岩体的浅部显示，花岗岩侵入体是岩浆热液

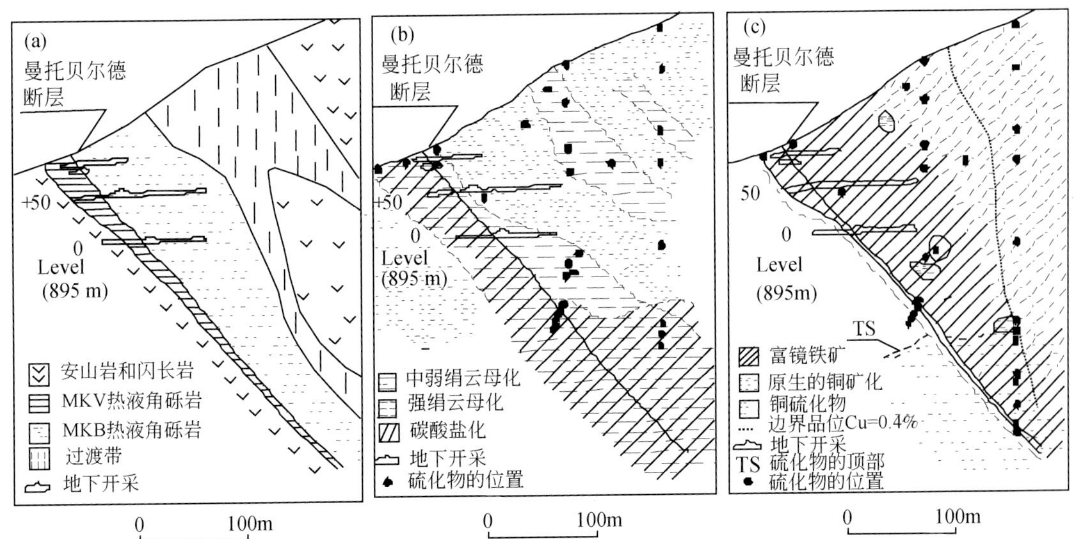

图 4-4　智利曼托贝尔德 IOCG 矿床与 NW 向曼托贝尔德断裂空间关系图（据 Vila et al., 1996）
（a）地质单元；（b）热液蚀变分带；（c）曼托贝尔德矿床中心部位的 Fe-Cu-Au 矿化

流体的主要来源，在曼托贝尔德矿床引起蚀变和 Cu-Fe 矿化。

（5）储矿构造岩相学类型包括 MVB 热液角砾岩相带+ 糜棱岩相带+ 钾硅酸盐化蚀变相+ 钾化-绿泥石化蚀变带+ 弥漫状碱性流体交代充填相（碳酸盐蚀变相）+ 多期热流体叠加岩相（不等时不等位地球化学岩相）。①钾化蚀变相和绿泥石化蚀变相，遭受绢云母蚀变相叠加和交代。绢云母蚀变相在花岗岩脉和糜棱岩带中更发育，为典型水解钾硅酸盐化蚀变相。②云英岩中发育石英-电气石化相（高氧化态的强酸性蚀变相）。弱-中等硅化蚀变相中发育石英细脉、钾长石和镜铁矿化。③在曼陀阿塔卡玛角砾岩中镜铁矿为主要矿物，局部产生磁铁矿、电气石和石英。大量的豆荚状和不规则细脉状方解石在曼托贝尔德角砾岩中更为常见。④在曼托贝尔德铜矿体发育两种铜矿化类型，一是在曼陀阿塔卡玛热液角砾岩相及液压致裂热液角砾岩相过渡带，普遍含细粒褐铁矿、水胆矾，以及蓝铜矿、孔雀石和氯铜矿，后三种铜矿物在近地表富集明显。次生富集带厚 3 ~ 5m，带内可见少量的自然铜、斑铜矿和辉铜矿。二是在曼托贝尔德热液角砾岩中，富含褐铁矿，含孔雀石，少量的蓝铜矿、水胆矾、氯铜矿和硅锰石。第一种铜矿化类形成于浅部铜氧化带，延深可达 250m。深部硫化物矿化较弱，黄铜矿主要呈星点状、微细脉状或团块状，在镜铁矿之内有少量的黄铁矿和斑铜矿。

2. 智利曼托斯布兰科斯（Mantos Blancos）铜银矿

曼托斯布兰科斯铜银矿位于智利第二大区（Ramírez et al., 2006），距智利安市东北 45km，海拔 1000m（图 4-5）。1995 年开采前，探明矿石资源量在 1.7 亿 t，其中氧化矿 9100 万 t，含铜 1.4%，铜金属储量约 127 万 t，硫化矿 8900 万 t，含铜 1.6%，Ag 17g/t，铜金属储量约 142 万 t，银 1513t。最近勘探结果表明，累计探明矿石资源量 5.0 亿 t，含铜 1.0%，铜金属储量 500 万 t。曼托斯布兰科斯铜银矿开采区面积在 3000m×1500m，深度 450m，2006 年产铜约 9.2 万 t。早期（155Ma）绢英岩化蚀变相与酸性岩浆热液角砾岩有关，晚期（141～142Ma）钾化和钠化交代蚀变作用与同期闪长岩和花岗闪长岩岩株和岩床密切有关（Ramírez et al.，2006）。主成矿期形成于第二次热液叠加改造，主要由热液角砾岩组成，发育浸染状、网脉状矿化，伴有钠化。深成硫化物组合显示出明显地以岩浆热液角砾岩为中心，形成了矿化-蚀变的纵向与水平向分带。次生高品位辉铜矿位于角砾岩体中心部位。黄铁矿-黄铜矿矿化带上部与边部，为黄铜矿-辉铜矿和黄铜矿-斑铜矿矿化带。黄铁矿-黄铜矿矿化带下伏为无铜矿化黄铁矿蚀变体。

（1）该矿区地层为中-晚侏罗世拉内格拉组火山岩，为双峰式安山岩-流纹岩组合。发育粗面岩、安山岩、英安岩、流纹岩等火山岩系，凝灰岩、砂岩和灰岩等沉积岩系，火山岩系→沉积岩系的相变部位属铜银矿体有利赋存相位。

（2）成矿构造系统为 AFZ 断裂系统中 NE 向和 NW 向陡立断层+ SN 向正断层，它们控制了岩浆热液角砾岩构造系统（储矿构造）。该矿床受三组断层控制明显：① NE 向和 NW 向陡立断层，具有明显的左旋和右旋运动特征；② SN 向正断层，倾向西，倾角为 50°～80°；③ SN 向正断层，倾向东，倾角为 50°～80°；这种构造体系与平行主造山带断裂带应力场相同。岩浆岩和火山岩的岩石单元为闪长岩-花岗闪长岩岩株，侵入到流纹岩岩穹的穹顶，形成了岩浆热液角砾岩相带。晚期闪长岩和花岗闪长岩岩株上升侵入到岩浆热液角砾岩中，这些岩石单元都有不同程度的矿化。晚期基本上都是贫矿化铁镁质基性岩脉，横切了早期岩石单元。

（3）侵入岩系列为闪长岩和花岗闪长岩岩株、缓倾斜岩床、基性岩脉群。储矿构造样式为流纹斑岩穹顶相与流纹质岩浆热液角砾岩相带（体）+ 闪长岩-花岗闪长质岩浆热液角砾岩相带。主要构造岩相学有五个相带单元，包括流纹斑岩穹顶相、流纹质岩浆热液角砾岩相带、闪长岩与花岗闪长岩岩株与岩床相带、闪长-花岗闪长质岩浆热液角砾岩相带、基性岩脉群相带。①流纹斑岩穹顶相代表了酸性次火山岩侵出相，分布于该矿床中部，形成了流纹岩穹顶相，穹顶结构经地质体建模为墙体状（Chavez，1985）。近水平和垂直方向流体具典型层状结构，其厚度 1～4cm，主要由酸性凝灰岩（火山喷发相）和安山岩熔岩流（火山溢流熔岩相）组成，流纹斑岩构成了流纹岩穹顶，其发育碎裂溶蚀状石英与强蚀变长石斑晶。闪长岩和花岗闪长岩床为侵入相体。②流纹质岩浆热液角砾岩相带，由垂直单循环基质模式的流纹质岩浆和热液角砾岩筒构造组成，该相带侵入到长英质岩穹的穹顶。该相带由不规则岩体组成，垂直范围 100～250m，横截面形态为半椭圆形-圆形状，其直径为 50～100m。由受到强烈动力变质作用的流纹岩碎屑和浸染状硫化物所组成。受变质作用影响的岩石碎块，形状不规则，分选差，角砾大小不等，角砾砾径大小在 1cm 至几米。在成矿中心位置，流纹质岩浆与热液角砾岩相体，被晚期的闪长质-花岗闪长质岩浆热液角砾岩侵入。③闪长岩与花岗闪长岩岩株与岩床相带为次火山侵入相带。斑状闪长岩与花岗闪长岩以岩株与岩床形式侵入到流纹岩穹顶。缓倾岩床至少存在五种岩石类型，其厚度在 10～50m。岩株与岩床以运移通道相联系（图 4-5）。花岗闪长斑岩中斑晶含量在 10%～30%，斑晶为角闪石、斜长石、石英和黑云母；基质成分为石英、长石、黑云母和赤铁矿微晶。斑状闪长岩的斑晶占 5%～10%，斑晶为辉石和角闪石，基质为细粒辉石、斜长石和磁铁矿。次火山侵入相带边缘相，发育隐晶质斑状结构。闪长斑岩中发育毫米级杏仁孔状构造，其中填充有石英和石英-硫化物。花岗闪长岩和闪长岩普遍相互交切，花

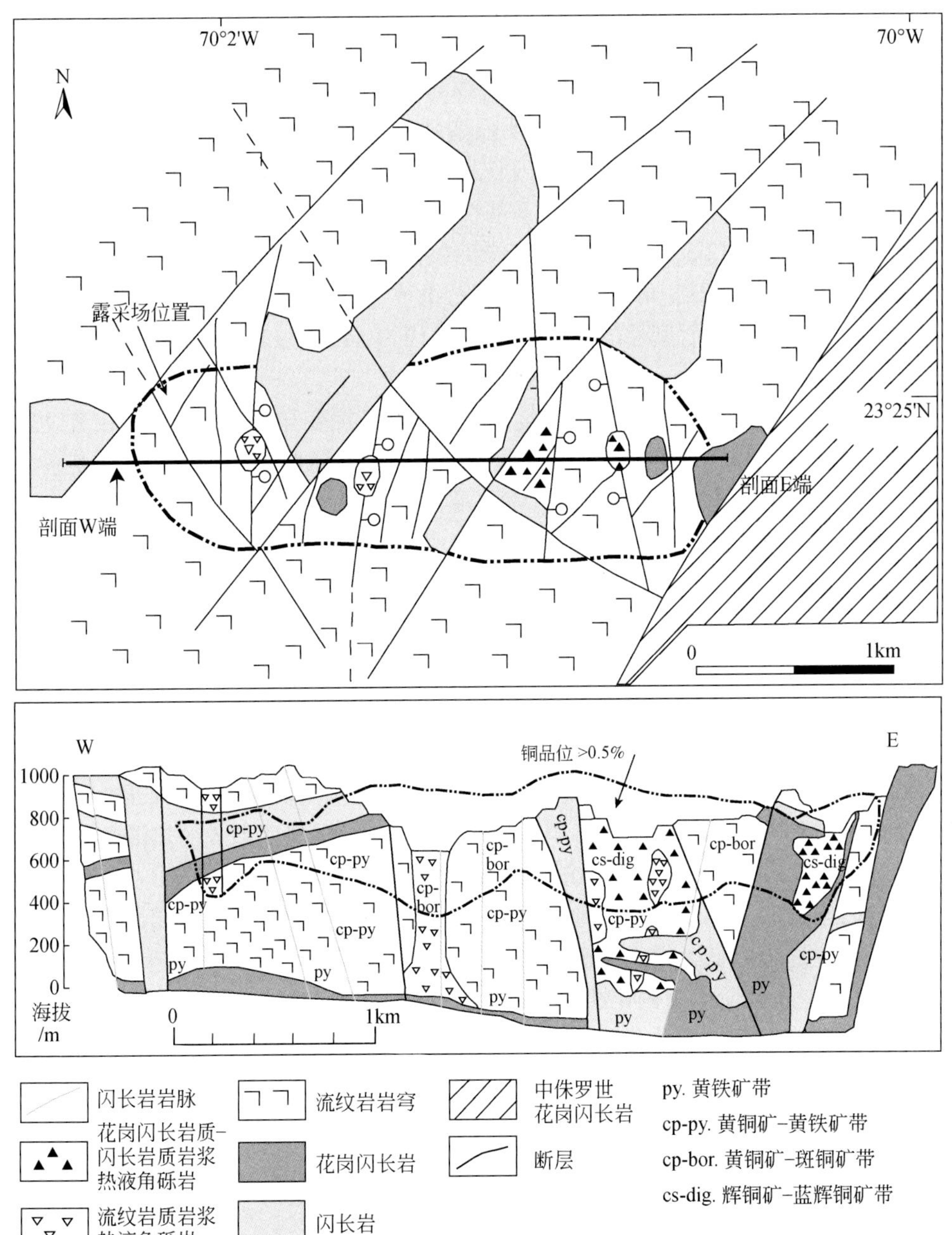

图4-5 智利曼托斯布兰科斯铜银矿含矿岩浆-热液角砾岩体及岩相学分带（据 Ramírez et al., 2006）

岗闪长岩中闪长岩包体之间界线为火焰状，闪长岩中发育花岗闪长岩包体则具有尖锐边缘或边缘角砾岩化，具有两类岩浆熔体混合形成的火成角砾岩特征（混合岩浆角砾岩相）。晚期花岗闪长岩年龄为 142.18±1.01Ma、闪长岩年龄为 141.36±0.52Ma（角闪石$^{40}Ar/^{39}Ar$，Oliveros，2005）。④闪长-花岗闪长质岩浆热液角砾岩相带位于闪长岩与花岗闪长岩岩株顶部，与SN向断层有关的两个复成分岩浆热液角砾岩岩筒赋存于流纹质穹顶中（图4-5），具有岩浆热液系统受构造释压形成了顶部坍塌和角砾岩化特征。两个闪长岩岩床与花岗闪长岩岩床，穿切了区内规模最大的中央角砾岩体。近垂直的热液角砾岩筒构造垂深可达700m，平面上直径为100～500m。热液角砾岩相基质由热液成因的矿石矿物和脉石矿物组成，角砾为棱角状和次圆形的流纹岩、花岗闪长岩及斑状闪长岩，砾径1～15m。热液角砾岩筒深部受岩浆热液控制明显增强，表现为矿化闪长岩基质中存在蚀变花岗闪长岩角砾、闪长岩基质中发育花岗闪长岩角砾，具有热液蚀变晕圈和烘烤反应边构造，属多期复成分岩浆热液角砾岩相。⑤基性岩脉群相带近似直立，走向为NNE，次为SN和NNW向，宽1～12m。体积占整个矿床约15%。基性岩脉具有斑状结构，斑晶占10%～25%，由蚀变斜长石、角闪石及微晶辉石组成。基质由细粒长石、角闪石、微晶黑云母和磁铁矿组成。成矿后基性岩脉群相形成时代为142.69±2.08Ma（角闪石$^{40}Ar/^{39}Ar$，Oliveros，2005）。

（4）该铜银矿具有两期热液蚀变矿化。第一期热液蚀变与矿化系统形成在流纹岩岩穹的穹顶相中，由流纹质岩浆热液角砾岩化作用形成。第二期热液叠加成矿与蚀变系统为主要成矿期，集中在闪长质-花岗闪长质岩浆热液角砾岩岩体、闪长岩岩床及流纹岩穹顶相中，与闪长岩和花岗闪长岩岩株侵入密切相关。第一期热液蚀变与矿化系统比第二期叠加矿化蚀变范围大，矿物组合为黄铜矿-斑铜矿-黄铁矿-石英-绢云母。①以浸染状产于不规则和近似垂直的流纹质岩浆热液角砾岩岩体中。②面状分布的细脉矿化与蚀变。③以浸染状产于流纹质穹顶与热液角砾岩中。④以单晶体形式产于流纹岩岩穹的石英斑晶中，或环绕产出于其边部。在流纹质岩浆热液角砾岩中，硫化物以黄铜矿和斑铜矿为主。沿裂隙充填的细脉硫化物常伴有弱绢云母化-硅化，成矿时代为155.11±0.786Ma（绢云母$^{40}Ar/^{39}Ar$，Oliveros，2008）。⑤第二期热液叠加成矿与蚀变系统主要集中在闪长质-花岗闪长质岩浆热液角砾岩相带，为与花岗闪长岩-闪长岩岩株和岩床同期形成的热液角砾岩相，该系统规模为EW向长3000m，宽1000m，深600m，成矿系统中心位于720～450m。铜富集成矿集中在岩浆热液角砾岩筒内和周缘，高品位铜矿体位于热液角砾岩筒内，向热液角砾岩筒边部铜品位逐步降低，揭示岩浆热液角砾岩筒为矿液运移构造通道。在早阶段为钾化-青磐岩化蚀变，晚阶段为钠化蚀变。钾化-青磐岩化蚀变发育在闪长质-花岗闪长质岩浆热液角砾岩中，晚阶段为钠化蚀变发育在闪长岩岩床中，钠长石呈浸染状和杏仁气孔状。钾化蚀变为钾长石和黑云母，伴有石英、电气石和绿泥石，形成了磁铁矿、黄铜矿和辉铜矿，少量黄铁矿。

4.2.2 弧后盆地与IOCG型铜金矿床和银矿床

智利侏罗纪—白垩纪弧后盆地对IOCG铜金矿床形成十分有利，以智利坎德拉利亚（Candelaria）IOCG型铜金矿床（Arévalo，1995；Marschik and Fontboté，2001a，2001b；Mathur et al.，2002；Marschika et al.，2003a，2003b；Arévalo et al.，2006；Marschik and Söllner，2006）和仙多明格（Santo Domingo）IOCG矿床较为著名。在智利中生代弧后盆地中，上侏罗统—下白垩统布达戴高布莱组（Punta del Cobre）为主要赋矿层位，下部火山岩层厚>500m，上部火山碎屑岩厚度>800m。下白垩统查纳尔组主要由海相灰岩和海相沉积岩组成，下白垩统坂杜日阿斯组主要由安山岩和火山角砾岩组成，形成在弧后盆地内不同海相环境中，岩石地层单元从下至上为下部变质安山岩→变质凝灰岩→上部变质安山岩→变质沉积岩，它们均受到强烈的变形变质和接触交代蚀变作用。

1. 智利坎德拉利亚IOCG型铜金-铅锌银矿床

智利坎德拉利亚IOCG型铜金-铅锌银矿床位于科皮亚波南20km，为智利菲尔普斯道奇（Phelps Dodge）公司所拥有。可采矿石储量460万t，Cu平均品位0.95%，伴生金品位0.20g/t，伴生银品位4.5g/t，铜边界品位为0.4%。该矿床属典型铁氧化物铜金型矿床。区域和坎德拉利亚矿床有关的岩石主要分为四种地层单元，广泛分布的为尼奥科姆统（Neocomian）的布达戴高布莱组（Punta del Cobre）地层。这些地层单元从上至下依次为：变质沉积岩、上部变质安山岩、变质凝灰岩和下部变质安山岩。

受岩浆侵入构造事件叠加改造作用，上述地层单元发生了强烈热变质作用、交代变质作用和晚期热液蚀变作用（图4-6）。坎德拉利亚矿床就位于斑状到隐晶质的黑云母化蚀变岩中，原岩为火山岩和次火山岩，矿床中央部分地层单元为互层的钙碱性火山岩和火山沉积岩，顶部为磁铁矿-角闪石夕卡岩，具黄铜矿化、黄铁矿化、磁黄铁矿化，为工业矿化体的顶部。工业矿体的底部依次为磁铁矿±角闪石和钾长石化，并具黄铜矿化和黄铁矿化的近水平状的角砾岩，它们之上为石英角岩和钠柱石-方柱石-石榴石夕卡岩，它们构成了坎德拉利亚矿床大型褶皱西翼，为迪艾拉·阿玛利亚（Tierra Amarilla）复背斜组成部分，位于其西部闪长岩岩基引起的热液蚀变晕内，接触带位于矿床西部不足1km处。

西部基岩在早期沿着坎德拉利亚次级断裂侵入，形成了早期热液蚀变，形成较宽的角岩蚀变晕（2.5km）以及黑云母化蚀变安山岩。这个过程之后为热液交代过程，在下部安山岩和凝灰岩上叠加热液黑云母和磁铁矿-角闪石夕卡岩，该事件伴随夕卡岩化从凝灰岩底部向上演化。同期在石灰岩和火山沉积岩中生成石榴石夕卡岩和石英角岩。在构造方面，下部安山岩的上方近水平剪切带的演化可能反映一个早期的深部韧性变形事件。坎德拉利亚断层控制岩基侵入的最早阶段在白垩纪岩浆弧的演化期间，一些矿体和其断裂分支有关，可能显示早期矿化阶段和这个时间基本是同时期的，稍后或者期间产生扭性断裂，NNW向走滑断裂（NW向张性断裂）稍早于这个时期形成。

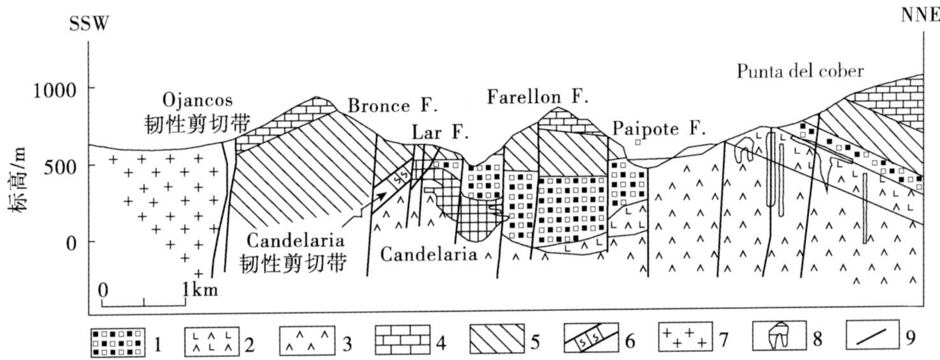

图4-6　智利坎德拉利亚矿床构造模式（据Marschik and Fontboté et al.，2001b修编）

1. Algarrobos单元；2. Geraldo. Negro单元英安岩；3. 下部安山岩；4. Nantoco单元灰岩（弧后盆地沉积相标志层）；5. Abundancia单元；6. 韧性剪切带；7. Copiapó岩基；8. 矿体，9. 断裂

闪长岩侵入体岩浆侵位，使越靠近其同蚀变安山岩的接触部位钾化蚀变越强，为主工业矿化阶段开始后的主要动力。矿床被高角度转换扭性断层控制，下部蚀变安山岩同上覆蚀变凝灰岩的接触带为矿体形成的重要部位。早期铁铜成矿受后继低角度逆断层叠加，与坎德拉利亚断层白垩纪中期反转密切有关，形成于区域挤压应力体系，该挤压应力体系形成了褶皱作用并导致弧后盆地封闭。主工业矿体主要位于蚀变凝灰岩底部和其下部蚀变安山岩的顶部，晚期阶段的矿化表现出与黄铜矿-黄铁矿-方解石-赤铁矿有关，和局部断层活动有关。

2. 智利仙多明格（Santo Domingo）IOCG 矿床

仙多明格铜金矿位于阿塔卡玛断裂带（AFZ）东部大约 10km，为 Far West Mining 公司于 2007 年探明的 IOCG 矿床（图 4-7），在 Santo Domingo 三个矿区共探明矿石资源量 2.34 亿 t，铜品位 0.55%，含金 50 万盎司（1 盎司=28.350g），铜边界品位 0.3%。其中 Santo Domingo Sur 探明矿石资源量 1.715 亿 t，铜品位 0.57%，伴生金品位 0.08g/t；Estrellita deposit 位于 Santo Domingo Sur 曼陀型铜矿北西 4km，探明矿石资源量 3170 万 t，铜品位 0.53%，伴生金品位 0.05g/t，矿体规模 800m×300m，矿体 NE、W 和 SW 边界尚未封闭；Iris 矿区探明矿石资源量 3120 万 t，铜品位 0.46%，伴生金品位 0.06g/t。AMEC Americas（Chile）进行采矿规划与设计工作，采用露天开采，初步设计生产规模日处理矿石量 4 万～5 万 t。①Santo Domingo Sur 矿床叠加型 IOCG 矿体赋存在白垩系安山岩和凝灰质安山岩中，后期成矿岩墙侵入火山岩和沉积岩层序；磁铁矿、黄铜矿、含铜镜铁矿、黄铁矿-砷黄铁矿呈浸染状、条带状和块状。主要铜矿物为黄铜矿、斑铜矿和辉铜矿；在

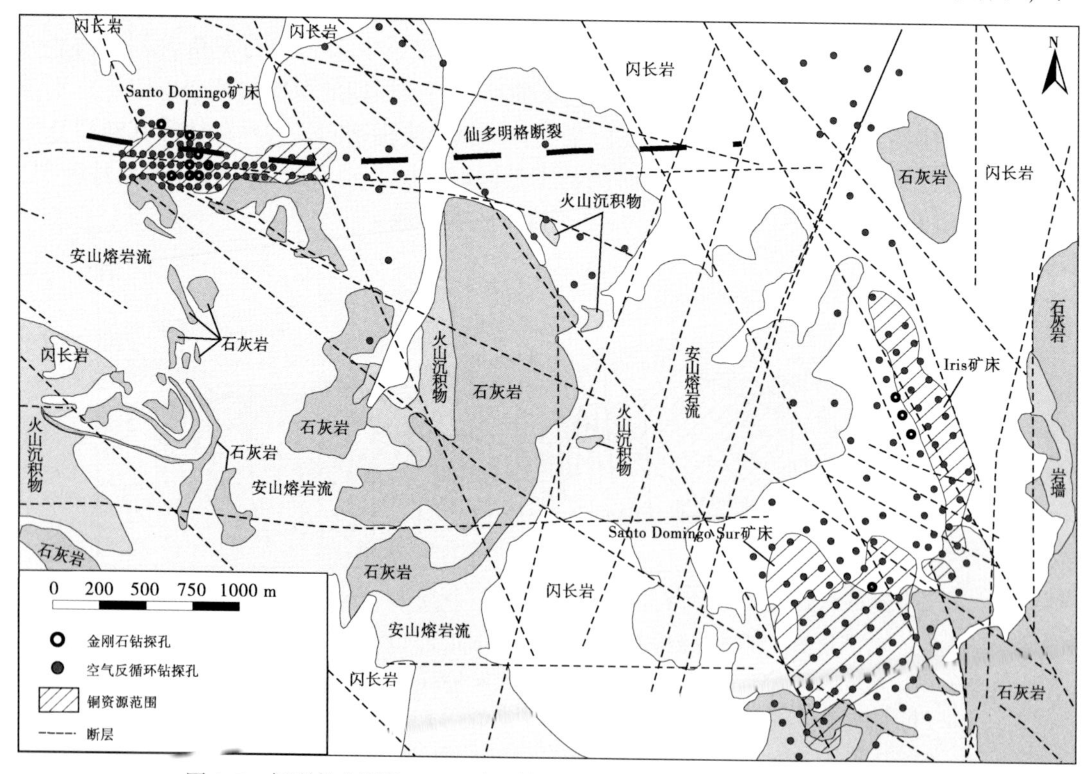

图 4-7　智利仙多明格 IOCG 矿田构造样式（据 FWM 公司 2007 年资料）

Santo Domingo Sur矿区地表，含铜氧化物的镜铁矿矿石发育铜蓝、水胆矾和孔雀石。②在Santo Domingo矿区，主要为IOCG矿体，以含铜镜铁矿为主，铜氧化矿物为蓝铜矿、水胆矾和孔雀石，黄铜矿主要分布在地表下70～90m。似层状-层状IOCG矿体产于凝灰岩和沉积岩层中，受Santo Domingo断裂带控制明显。IOCG矿体倾向向北，厚达12m。岩浆热液角砾岩中富含细粒镜铁矿，弥漫状铜氧化物，细脉状黄铜矿。IOCG矿体局部由似块状-块状镜铁矿和磁铁矿组成，含细脉状黄铜矿，IOCG矿体上盘常含多种铜氧化物和辉铜矿。似层状IOCG矿体接近近东西向Santo Domingo断裂带处，品位明显增高。安山岩系夹含矿凝灰质沉积岩层序厚度在150～500m，面积大约1300m×800m。③ Iris矿床宽100～150m，走向长度超过1000m。IOCG矿体和岩浆热液角砾岩体受NW向断裂带控制；在Iris矿区地表主要为赤铁矿-水胆矾-蓝铜矿等，发育黄铜矿化和赤铁矿化。④在Estrellita矿区，为IOCG型和曼陀型矿体，构造控制的脉型矿体为东西延伸的水平网状体，范围在长900m×宽450m×厚100m。铜氧化物为水胆矾、蓝铜矿、沥青含铜褐铁矿、赤铜矿和辉铜矿；深部变为混合矿石带，铜硫化物带随着深度增加而出现。

3. 智利科皮亚波查尼亚西洛银矿

查尼亚西洛银矿床为智利中生代中部弧后盆地中浅成低温热液型银矿床，位于智利北部阿塔卡马沙漠，北距科皮亚波市约50km，该区海拔在750～1000m。由于表生富集作用，该矿区矿石品位极高，在1832～1860年开采期间，主要矿脉银品位在60～150oz/t，块状自然银矿石可达91kg，附近波拉多斯银矿山有记录最大一块自然银重2721.6kg，含自然银和氯溴银矿的富银矿石达20 450kg，含Ag 75%。在侏罗纪—白垩纪弧后盆地内，晚白垩世斑岩铜矿床与IOCG铜金矿床和浅成低温热液金银矿床相伴产出，它们均为该弧后盆地内主要勘查目标物。

（1）矿床构造岩相学特征。查尼亚西洛银矿位于侏罗纪弧后盆地中，三叠纪具有弧后（前陆）断陷盆地特征，弧后盆地内沉积充填最老地层为三叠系碎屑岩，上覆侏罗纪海相沉积岩和火山岩。弧后盆地西边界为古生代和前寒武纪基底岩石（弧前增生地体单元）。弧后盆地中岩石地层单元中有中性侵入岩穿插。查尼亚西洛群和白垩纪斑杜里亚斯组，在弧后盆地中和该银矿区内广泛出露。查尼亚西洛银矿床产在查尼亚西洛群和白垩纪斑杜里亚斯组之间的相变带中；其次银矿产于晚白垩世火山岩和沉积岩中。控制银矿带最重要构造样式为褶皱-断层-火山穹丘组合，查尼亚西洛银矿区位于一个开阔火山穹丘南翼。火山穹丘下部为花岗闪长岩侵入岩单元，在火山穹丘上发育一系列放射状含矿裂隙和北西向断层系。主要矿脉宽0.03～1.0m，矿脉延深约1000m，银矿石主要产于灰岩中。主要银矿脉常沿弯丘轴成直线排列，在矿脉交汇处形成不规则矿囊，氧化带和表生硫化物富集带发育，早期生产矿石属表生硫化物富集带，一般限于灰岩中矿石。

（2）银金富集成矿规律与成矿分带特征。含银氧化带发育在表生硫化物富集带之上第二层灰岩，氧化带和次生富集带被其间厚度较大的火山岩层所分隔。这层灰岩中矿脉氧化程度很高，总厚度10m。在氧化带中发育银卤化物为典型特征，包括角银矿、碘溴银矿、溴银矿、氯溴银矿、碘银矿、汞溴银矿和碘银汞矿等，这些银卤化物具有分带性。由于地下水位波动，在表生硫化物富集带中局部发育氧化带，表生硫化物被银卤化物所交代。银卤化物形成后，在还原作用下形成自然银和少量辉银矿。

含银表生硫化物富集带深度在 50 ~ 150m。表生富集的银沉淀在表生硫化物带上部，发生选择性富集，直至达到潜水面以下原生矿石带。从灰岩层顶部到底板，矿石品位逐渐降低。晚期正断层位移约 50m，将本矿区分成南北两部分，有利于后期侵蚀和风化作用使银矿物再次富集到近地表的银矿脉和岩墙附近。50 种矿物可以划分为自然元素类、硫化物类、硫盐类和卤化物类等四种主要类型，其中：深成矿物有黄铁矿、闪锌矿、黄铜矿、方铅矿、毒砂、钴砷化物、砷硫锑铜银矿、黝铜矿、淡红银矿、硫锑铜银矿和深红银矿。脉石矿物为方解石、重晶石、石英和菱铁矿。①自然元素类以自然银和自然铜为主，丝状体自然银在方解石中交代银硫化物，自然银最大为长约 8cm，直径 1.5cm。自然铜在氧化带广泛产出，部分为自然银所交代。最罕见的银汞矿呈银白色立方体产出。②硫化物类。大多数硫化物属原生硫化物。锑银矿呈树枝状产出，交代深红银矿和淡红银矿，与自然银密切伴生。罕见的螺状硫银矿是表生硫化物带内特征标志矿物，由单晶和晶体群组成，生长在方解石之上的辉银矿单晶直径通常超过 1.0cm，以八面体形态为特征。③硫盐类矿物。深红银矿发育良好的偏三角面体形态，单晶长度超过 1.0cm，淡红银矿晶体为偏三角面体形态，长 10cm，其他硫盐类矿物有硫锑铜银矿、硫砷锑铜银矿、脆银矿、银黝铜矿、黄银矿、辉锑银矿。④卤化物类矿物。在氧化带中广泛发育银卤化物，呈结晶集合体产出。一般为交代锑银矿和自然银，如角银矿、溴银矿、碘银矿、碘溴银矿、汞溴银矿、氯溴银矿和碘银汞矿，呈蜡状、无色到浅黄色的块体或结晶集合体。

4.2.3 弧前盆地与曼陀型铜银矿床

智利曼陀型铜矿床（火山沉积-改造型铜银矿床）赋存于层状火山岩系中（图 4-8），在智利北部安市-圣地亚哥南、从北到南分为五个成矿区分别为：Arica - Iquique、Tocopilla-Taltal、Copiapó、La Serena 和 Santiago。智利北部曼陀型铜矿床形成于侏罗纪，向南形成时代逐渐变化为晚侏罗世—白垩纪，Santiago 两侧附近和 Santiago 南部带形成于早白垩世到新近纪弧后盆地中。智利曼陀型铜矿床富集成矿规律：一是与弧前盆地和弧内盆地成盆期火山沉积岩系和安山质火山岩系携带丰富的初始铜物质来源有密切关系，在火山喷发-次火山岩侵入相发育较强烈火山热水成矿作用，因此，弧相关盆地（弧前盆地、弧内盆地和弧后盆地等）内火山沉积洼地和火山机构等，对曼陀型铜银矿床具有决定性作用。二是伸展弧相关盆地在盆地反转期或后期构造变形中，发育较大规模盆地反转构造带并伴随强烈构造-成矿流体叠加改造成矿作用，一般多为弧相关盆地边缘强构造变形带。

Santos（1984）将曼陀型铜矿体分为三类：①层控板状型，铜银矿体多位于安山角砾岩和沉积岩之间过渡层位，受断层控制，一般规模较小，如 Talcuna 矿床，矿体赋存于火山角砾凝灰岩、凝灰质砂岩层位，厚 2 ~ 12m。②群板状型，铜银矿体赋存于熔岩顶部杏仁状熔岩体中和钙质沉积页岩或粉砂岩蚀变部位，如 Buena Esperanza 铜矿床，28 条矿体平行分布于侏罗纪 La Negra 地层中，铜银富集在安山质熔岩顶部杏仁状熔岩体中；下白垩统 Lo Prado 组灰岩层中，LosMaquis 矿床由多条 0.5 ~ 3m 厚板状矿体组成。③准同生矿床，铜银矿体斜切地层或呈层间网脉状，如 El Soldado 铜银矿床，铜银矿体沿地层及断裂呈浸

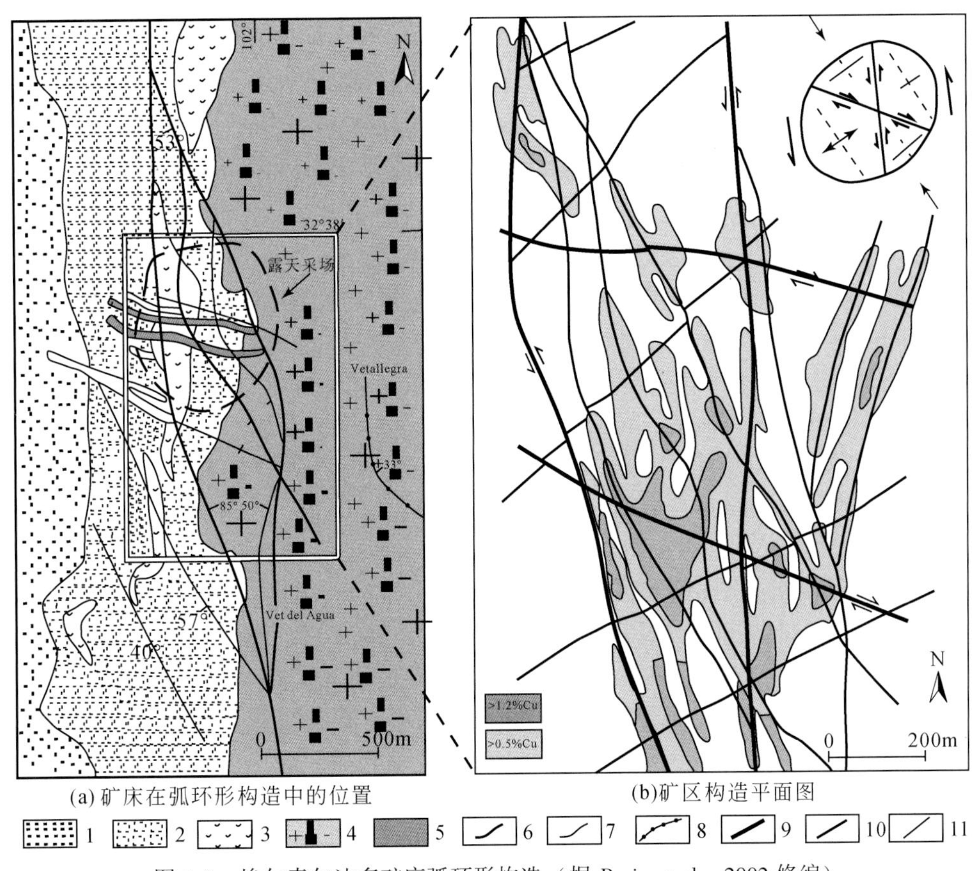

图 4-8　埃尔索尔达多矿床弧环形构造（据 Boric et al.，2002 修编）

1. Lo Prado 下部沉积地层（浅海相灰岩为弧前盆地标志层）；2. Lo Prado 上部沉积地层；3. 流纹英安岩熔岩和穹窿；4. Veta Negra 单元；5. 流纹英安岩；6. 安山岩岩脉；7. 主要区域扭性断裂（普遍的）；8. 小断裂和细脉；9. 主要剪性断裂；10. 次级断裂；11. 破裂带

染状或面型矿化，可露天开采。在 Mantos Blancos 矿体呈不规则似毯状，单矿体厚 100～200m。曼陀型铜银矿床以含高品位铜银、大量辉铜矿和斑铜矿为特征，赋存于高渗透性热液角砾岩带、气孔杏仁状熔岩等构造带；矿石呈浸染状、杏仁充填、网脉状和细脉状构造。矿物分带明显，从内带辉铜矿、斑铜矿到最外带黄铜矿-黄铁矿。矿化蚀变与岩石结构的渗透性有关，常形成热液蚀变晕圈，表现为弥漫型钠质（钠长石化）和含钙的绿帘石、方解石、绿泥石、绢云母、钙-闪石（阳起石）和石英蚀变。

4.2.4　弧内盆地与 IOCG 矿床

智利埃尔西皮诺（El Espino）IOCG 矿床探明矿石量 145Mt，平均铜品位 0.55%，伴生金品位 0.22g/t，矿体呈脉状、网脉状、热液角砾岩筒状和似层状，IOCG 矿床主要赋存在上白垩统火山岩、火山碎屑岩和沉积岩系中。成岩成矿时代为晚白垩世。部分矿体赋存在晚白垩世蚀变闪长岩（88.5±1.7Ma）和石英闪长岩（88.1±1.1Ma），与磁铁矿共生的钾长石形成年龄为 86.21±0.46Ma（$^{40}Ar/^{39}Ar$），与黄铜矿-磁铁矿共生的阳起石形成年龄为 88.4±1.2Ma（$^{40}Ar/^{39}Ar$），在热液角砾岩中与赤铁矿共生的绢云母形成年龄为 87.9±0.6Ma（$^{40}Ar/^{39}Ar$）（Lopez，2014）。

在白垩纪期间，Nazca 洋壳板块斜向俯冲于南美智利（30°~33°S）板块之下，主岛弧带在海岸山带发育，主科迪勒拉山带为白垩纪弧后盆地。埃尔西皮诺（El Espino）矿区处于两个岛弧之间，为弧内盆地，以发育多层碳酸盐岩层和来自岛弧带剥蚀再循环沉积的火山岩质沉积砾岩为标志。在埃尔西皮诺矿区，下白垩统 Arqueros 群以熔岩、火山角砾岩、凝灰岩、砾岩夹透镜状砾岩-砂岩和薄层生物碎屑灰岩，厚度在 2500~4000m。下白垩统 Quebrada Marqursa 群可分为上下两段，下段 Espino 段为灰岩、粉砂岩、砂岩和砾岩，局部夹石膏透镜体，垂向和水平相变剧烈。下白垩统下段具有较强烈的弧内伸展作用，与弧内伸展断陷作用密切相关，形成了局部海相沉积岩。下白垩统上段 Quelen 段为紫红色火山碎屑岩和沉积岩、安山质熔岩、安山质火山角砾岩、凝灰质砂岩和凝灰质砾岩，厚度 1200m。上白垩统 Salamanca 群岩石组合以安山质火山岩为主，其次为安山质凝灰岩和凝灰质砾岩，属火山喷发相和火山沉积岩相组合，表明岛弧带物质组成和构造岩相学特征。上白垩统 Salamanca 群与下白垩统 Quebrada Marqursa 群为断层接触，部分地段可见高角度沉积不整合接触，Salamanca 群以紫红色沉积角砾岩、凝灰岩、潟湖相灰岩、砾岩和火山熔岩为主，为岛弧带晚白垩世初发生构造反转的构造岩相学标志。

晚白垩世侵入岩为斑状角闪闪长岩、石英闪长岩、石英二长岩、二长闪长岩等，为 IOCG 型矿床主要成矿相体。在该弧内盆地发生构造反转后，晚白垩世侵入岩系与同岩浆侵入期脆韧性剪切带、断裂-褶皱带等组成了 IOCG 铜金型矿床的成矿构造系统。

在围岩蚀变体系上，早期以钠硅酸盐化蚀变相和钠钙硅酸盐化蚀变相为主。中期以钾硅酸盐化蚀变相和钙硅酸盐化蚀变相（阳起石化蚀变相）为主。晚期主要为水解钾硅酸盐蚀变相（绢云母蚀变相+黏土化蚀变相），发育电气石绢云母热液角砾岩、赤铁矿石英电气石热液角砾岩、黄铁矿绢云母热液角砾岩等。

4.3 智利 IOCG 型矿床勘查选区标志

对智利海岸山带铁氧化物铜金（IOCG）矿床提出了多种成矿模式（Sillitoe，2003；Kojima et al.，2008）：① 同生火山热液成因（Ruiz et al.，1971，1997）；②外生成因但与深成岩体有关（Vivallo and Henríquez，1998）；③变质成因（Sato，1984；Tosdal and Munizaga，2003），盆地盐水被认为是最重要的流体来源（Wilson et al.，2003a；Kojima et al.，2008）。IOCG 矿床的形成是多期多种地质作用相互耦合的结果，不同的流体或成矿作用方式造成矿化差别，是同一岩浆构造体系中不同演化过程的产物。通常认为火山喷溢型铁磷矿床形成于矿浆喷溢（Espinoza，1990；Naslund et al.，2002），智利铁氧化物铜金矿床形成于岩浆热液作用，后期有非岩浆流体（大气降水、盆地或变质流体）的混合作用，但非岩浆流体均不能单独形成大量的金属聚集（Sillitoe，2003）。

区域构造成矿演化模式的研究对智利成矿带找矿勘查有重要的指导意义，通过系列研究认为大地构造演化及区域构造岩相学演化规律为（方维萱和李建旭，2014）：① 智利IOCG矿床三个区域成矿带的大地构造岩相学类型、区域构造岩相学组合和水平相序结构，揭示智利海岸山带为拼接岛弧型地壳，在纳兹卡洋壳板块俯冲消减期间，与中侏罗—早白垩世超级地幔柱上涌侵位耦合作用显著。② 从中-晚侏罗世火山岛弧反转为深成岩浆弧，伴随岩浆弧向东迁移过程中，形成了主岛弧带反转，同时弧前盆地、弧内盆地和弧后盆地等伸展弧相关的盆地系统发生了构造反转。主岛弧带、弧前盆地、弧内盆地、弧后盆地等及其反转构造、阿塔卡玛断裂构造系统、同岩浆侵入期脆韧性剪切带、岩浆侵入构造系统等是形成IOCG型成矿带的主控因素组合。③ 在岛弧带与沉积盆地构造反转过程中岩浆-构造控制作用不同，智利IOCG矿床主要由富铁质岩浆的火山喷溢作用、岩浆叠加成矿作用和盆地流体成矿等三种主要成矿作用叠加而形成，形成了智利IOCG型铜金成矿系统。在智利IOCG型铜金成矿系统中，分布有磷灰石透辉角闪石岩、铁纤闪透辉石岩和铁质辉长岩等一系列富铁基性-超基性岩（岩脉群、岩床和岩株等），它们是弧前盆地-主岛弧带-弧后盆地中IOCG型铜金成矿系统根部相，与超级地幔柱上涌事件（Oyarzún et al., 2003；方维萱等和李建旭，2014）有深刻的内在地球动力学联系的构造岩相学记录。智利中生代IOCG矿床形成的区域构造-岩浆-成矿演化可分为三个时期。

（1）智利海岸山带为拼接岛弧型地壳，在中侏罗—早白垩世超级地幔柱作用下（Oyarzún et al., 2003；方维萱等，2009），拉内格拉主火山岛弧带开始形成，幔源富铁岩浆因岩浆不混溶作用形成了富铁矿浆，早期火山喷溢型铁磷矿层（床）形成于主火山岛弧带上，层状和似层状铁磷矿体与地层呈整合接触，形成于中侏罗—早白垩世IOCG成矿带（175.6～141Ma）。在智利月亮山IOCG矿床发现了磷灰石透辉角闪石岩、铁纤闪透辉石岩和铁质辉长岩，它们是深部地幔柱热物质形成的区域构造岩相学记录。在构造-岩浆系统中，形成了层状和似层状磁铁矿层，主要受韧性糜棱岩相和钠钙质蚀变岩相带控制。侏罗纪初在超级地幔柱上涌事件作用下（Oyarzún et al., 2003；方维萱等，2009），拼接岛弧型地壳发生伸展扩张体制，接受一套粗碎屑岩系沉积和巨厚的安山质火山岩系。在中-晚侏罗世（175.6～141Ma），从Tocopilla至曼托斯布兰科斯形成了IOCG成矿带并逐渐向南部发展，富铁磷质超基性-基性岩浆因岩浆不混溶作用，形成了火山喷溢型铁氧化物型矿床和智利中央铁矿带。

（2）早白垩世（140～100Ma）超级地幔柱上涌事件增强，导致拼接岛弧型地壳发生强烈变薄和构造断陷作用，自西向东形成的构造单元为弧前增生楔、弧前盆地、拉内格拉主岛弧带、弧内盆地和弧后盆地。主岛弧带、弧内盆地和弧后盆地之间过渡地段为构造-岩浆-成矿带，为IOCG矿床形成最有利的构造单元。IOCG矿床的成矿高峰期在130～101Ma，形成了晚白垩世IOCG成矿带。智利海岸山带大约在早白垩世末开始发生构造反转，形成了平行于主火山岛弧带的近南北向阿塔卡玛走滑断裂系统（约130Ma）。①在大型二长闪长岩-二长岩的岩基边部发育同岩浆侵入期韧性剪切带和大面积有蚀变分带的区域接触交代-热变质相带，不但为成岩成矿提供了丰富的物质来源，同时形成的侵入构造和热变质带驱动了热液流体大规模运移，形成叠加成岩成矿作用，沿AFZ形成多期岩浆叠加形成的岩浆角砾岩相带和岩浆热液角砾岩相带，这些角砾岩筒属储矿构造，同岩浆侵入期韧性剪切带发育。②弧前盆地、弧内盆地和弧后盆地发生构造反转，伴随同岩浆侵入期韧性断裂系统形成，岩浆-构造动力加热并驱动盆地流体，萃取沉积盆地中成矿物质演化为成矿流体，韧性断裂系统向脆-韧性和脆性构造变形转换过程中形成了构造扩容空间，构造扩容带、岩性和岩相等为成矿流体的构造岩相学圈闭，形成了火山沉积-改造型铜银矿床、浅部脆韧性构造岩相带和绿泥石化-硅化-碳酸盐化蚀变岩相，铜银矿体受脆韧性构造变形带主体形态控制。

（3）在晚白垩世（99～66Ma），阿塔卡玛走滑断裂系统继续发育脆韧性扭张性次级断裂组，它们发育在主岛弧带与伸展弧相关盆地系统边缘和盆内强烈变形带。这些断裂组提供了构造扩容空间，与闪长岩质岩浆侵入构造系统共同为IOCG矿床提供了良好的储矿构造系统，形成了晚白垩世IOCG成矿带。弧内盆地和弧后盆地东边缘伴随前科迪勒拉冲断褶皱带形成的过程中，钙碱性花岗岩-闪长岩形成了IOCG型矿床、浅成低温热液型金银多金属矿床和斑岩型铜矿床。

4.3.1 智利IOCG矿床勘查选区标志

在对先期勘查选区标志研究基础上，进行了构造岩相学筛分对比和地球化学岩相学解剖研究，深入揭示了勘查选区标志组合及内在指示意义，为境外矿产勘查战略性选区提供依据。在对智利典型IOCG铜金型矿床研究、IOCG型铜金成矿系统时间-空间-物质结构研究基础上，通过对区域构造单元和区域构造演化与IOCG型铜金成矿系统建模预测，验证工程取得显著成果，经修改和完善后的智利IOCG矿床勘查选区标志如下。

（1）岩浆岩标志：以磷灰石角闪透辉石岩等为IOCG型铜金成矿系统根部相和地幔柱上涌侵位的标志相，它们和相关航磁异常区为IOCG型铜金矿床战略选区重要标志。中基性钙碱性、I型岩浆岩是寻找IOCG矿床重要目标体，其中：岩体接触带常形成大规模钠钙蚀变带是矿化的有利标志。闪石玢岩等超基性-基性岩与铁矿化有关，辉长岩、闪长岩与铜金矿化有关，闪长岩-花岗闪长岩形成铜银矿化。

（2）地层和岩性标志：在伸展弧相关盆地系统内强构造变形带中，高孔隙度和渗透率的脆性火山岩是矿化有利层位，碳酸盐岩、凝灰岩等弱渗透性盖层是必要条件，地层及岩性接触带有利于含矿热液循环和沉淀聚集。

（3）构造岩相学标志：在主岛弧带与伸展弧相关盆地系统边缘、盆内脆韧性剪切带和盆缘反转构造带等区域构造单元，为IOCG型铜金矿集区有利成矿区域。大型韧性走滑剪切带与次级脆韧性断裂交叉部位是成矿有利构造，大型IOCG矿床更倾向形成于次级断裂中。断层破碎带、岩性接触带、断层交汇部位、走滑断层带或构造透镜体、热液角砾岩筒等均是高渗透构造带，有利于热液沉淀富集成矿。

（4）化探异常和地球化学岩相学标志：化探异常规模大，异常中心及元素组合分带明显，Cu元素丰度高分异好，可以作为有效的找矿标志。从中心到外部形成Cu-Au-Mo、Au-Ag-Pb-Zn、Hg-As地球化学异常分带，Cu含量大于200×10^{-6}～400×10^{-6}直接指示了矿化的形成。在化探异常检查评价和验证工程中，以钠质硅酸盐化蚀变相、钾长石-电气石化蚀变相和赤铁矿-石英-电气石化热液角砾岩相（强氧化态的酸性相）水解钾硅酸盐化蚀变相（黑云母相、绢云母相和绿泥石相等）、铁锰碳酸盐岩蚀变相等为地球化学岩相学勘探评价标志。

（5）地球物理和深部构造岩相学标志：磁异常能较好地反映深部地质体或构造特征，异常强度规模形态展布等特征与构造或矿化蚀变有关，是较好的找矿标志。在宏观近南向航磁异常中，叠加近东西向航磁异常带，二者之间叠置和镶嵌状的航磁异常带，为深部富铁质超基性岩-基性岩勘查标志，也是隐伏成矿相体叠置和共生标志。

（6）蚀变相和地球化学岩相学标志：①钠化和钾化蚀变带是形成大型矿床的必要条件，区域性钠质硅酸盐化蚀变相发育是重要的前提基础。②碳酸盐岩盖层易形成夕卡岩化，可能是深部矿化的地表指示。铁锰碳酸盐化热液角砾岩相是寻找岩浆热液角砾岩构造系统的直接勘查标志。③碳酸盐化、绿泥石化及钠化（钾化）蚀变组合与矿化直接有关。地表碳酸盐化呈粗晶方解石脉（带）状，代表了热液的晚期活动，预示着深部可能存在矿化。④弥漫型红色赤铁矿化是区域蚀变特征，揭示了高氧化态地球化学相作用范围；强烈的热液活动在近矿围岩附近，形成色调明亮的赤铁矿化蚀变晕圈和镜铁矿蚀变晕圈，指示了含辉铜矿的镜铁矿化蚀变体和低硫高铜成矿环境。⑤部分矿床中存在重晶石化，反映了强酸性氧化环境，预示存在着氧化还原界面，是重要的隐伏矿床找矿标志。⑥大量镜铁矿（赤铁矿）说明矿化形成深度相对较浅，有利于形成辉铜矿-镜铁矿型富铜矿石，暗示深部可能有较好的找矿前景。磁铁矿化常发生在深部，指示了富铜金斑铜矿-黄铜矿-磁铁矿型矿石，揭示为成矿系统尾部和成矿供给中心。铁阳起石-富铁闪石-铁绿泥石相为IOCG型铜金成矿系统根部相，为成矿物质和热能中心，但多不具有成矿潜力。

（7）矿点及采矿遗迹标志：由于风化剥蚀有些矿化体已出露地表，民采遗址使深部矿化情况更加清晰，辉铜矿则暗示了深部可能有富矿存在。

4.3.2　智利IOCG矿床勘查与方法及技术组合

以航磁异常带综合解译和构造岩相学解剖研究，完成了智利IOCG型铜金矿床战略选区并申请矿业权登记，以在智利取得矿业权区为核心，开展了矿业权区内快速勘查评价技术方法试验研究，进行快速勘查评价，创新矿业权区快速勘查评价技术组合。

（1）沟系岩屑地球化学测量。智利北中部气候干旱区内土壤B、C残坡积层碎屑发育，土壤中元素存在形式以机械分散晕为主，为地球化学测量提供了较好的方法基础。粒度实验证明沟系岩屑地球化学测量是快速有效的方法。通过科皮亚波GV矿区及劳斯奎洛斯矿区沟系岩屑地球化学测量，具有Cu-Au-Ag-Pb-Zn-As-Sb异常元素组合，沿构造带有明显的从高温到低温元素异常分带，清晰反映矿化及构造特征，取得了良好效果。

（2）高精度磁法测量。IOCG矿床含有大量铁氧化物及铜硫化物，基性火山岩和磁铁矿体可形成磁异常，这是高精度磁法测量的主要依据。智利中北部位于南半球低纬度地区，利用国际地磁参考场（IGRF2005模型）计算该区磁倾角-25.9°，磁偏角-0.56°，地磁总场约23560nT。磁倾角以近水平为主向上斜磁化，在不考虑剩磁影响仅考虑感磁，感应磁场与地磁场方向一致的前提下，磁源体的磁异常特征表征为以负磁异常为主，伴随正磁异常的南负北正的异常特征，ΔT负异常代表高磁性体。对本区高精度磁测结果进行处理，结果表明黑云母花岗（闪长）岩、磁铁矿或含铜磁铁矿、蚀变花岗闪长岩和构造带常产生强负 ΔT 磁异常；受蚀变岩体控制的铜矿（化）体引起正 ΔT 磁异常。在科皮亚波 GV 及月亮山矿区低负磁异常清晰反映了磁铁矿体及构造特征。高精度磁法测量在 IOCG 矿床勘查中具有快速和高效优势。

（3）构造蚀变岩相学填图。构造蚀变岩相填图主要采用大比例尺 1∶25 000～1∶500，通过对火山岩地区构造相-火山岩相-蚀变岩相的研究，确定火山岩地区层序-岩相-构造相与矿化层位的关系。因为火山岩具有多源、多期脉动（快速堆积，不同期的同源岩浆杂岩体）性，常伴随强烈的构造作用及蚀变，成矿作用与一定的岩相、层位、构造控制有关，矿化产出于一定的构造蚀变岩相中。工作流程为经过全面踏勘→建立标准剖面→填图单元确定→面积性填图→编制图件+复查→综合研究和找矿预测，重点是建立构造岩相、火山岩相和蚀变岩相，结合地质规律和年代学探讨矿体赋存的微相，进行找矿预测。

（4）构造岩相学专题预测方法。构造岩相学专题找矿预测方法包括遥感、磁化率填图和 XRF（X 射线荧光光谱分析）现场测量等，对构造-矿化蚀变体识别和圈定效果好（王磊等，2009）。磁性参数可以用来区分高强度背景岩体和低强度蚀变带的矿体，圈定高磁化率异常目标体。在科皮亚波 GV 矿区，通过遥感色彩异常识别及野外调查，建立了遥感色彩异常与地质蚀变体单元的对应关系，确定了四种遥感色彩异常空间结构：①带状+环状色彩异常；②环状+羽状+带状色彩异常；③环形蓝色+网状黄褐色-黄色色彩异常；④面状浅黄褐色色彩异常。通过遥感色彩异常识别模式，快速确定了 GK52、GK27、GK6 等找矿靶区。在战略性勘查选区和资源潜力评价中，将详细论述资源潜力评价方法技术组合和实际应用。

（5）地球化学岩相学专题研究。在对重要勘查靶区内构造含矿性和蚀变岩含矿性评价中，采用地球化学岩相学专题解剖研究，确定地球化学岩相学类型和成矿地质环境，对铁矿石质量进行地球化学岩相学评价。对重要热液角砾岩构造系统，进行专题地球化学岩相学勘探，圈定和预测地球化学氧化-还原相界面和分布范围，为工程验证提供依据。

总之，通过战略性勘查选区和资源潜力评价方法试验及应用研究证明，今后在智利开展该项工作，需要按照矿床类型和主攻矿种、成矿系统、成矿演化模式研究、四级构造单元的构造-岩相学和专项方法技术组合等不同层次和不同目标物，即战略性勘查靶区、成矿远景区、勘查靶区和找矿靶位四个不同层次和预测目标物开展工作，这些不同预测目标物服务于相应的需求对象，将科学技术成果转化为现实的生产力。

4.3.3 重要找矿远景区圈定与战略性勘查靶区圈定

找矿远景区圈定原则是：①以三级构造单元和四级构造单元为基础，以三级和四级构造单元的成矿控制作用为依据，进行三级和四级构造单元与区域成矿分带为格架，划分四级成矿带；②以成矿规律研究（IOCG 型矿床、斑岩型铜金矿床和浅成低温热液型金银多金属矿床）为准则，以成矿模式与勘查模式研究为核心，完成了 IOCG 矿床和浅成低温热液型金矿选区方法试验和应用；③以成矿带与战略性勘查靶区圈定为目标，对两类重点区域的战略性勘查选区进行了资源潜力评价。根据以上原则，在本次划分的四级成矿带中圈定战略性勘查靶区，共初步圈定了 21 个战略性勘查靶区，见表 4-2。

表 4-2　智利战略勘查成矿区带特征一览表

靶区与编号	主攻类型与矿种	勘探目标
E1 费尔南多-兰卡瓜-塔拉甘特	浅成低温热液型金银铜矿	大型铜矿床和金矿床
EP1 科利纳-定鼎	浅成低温热液型金银铜矿+斑岩型金铜矿	大型-超大型铜银矿床和金矿床
P1 迪斯普塔达-布兰卡	斑岩型金铜矿	超大型铜金矿床
IE-2 洛斯比洛斯-科金博	IOCG+热液型	大型铜矿床和金矿床
EP2 圣费利佩	斑岩型+浅成低温热液型金铜矿	超大型铜金矿床
E2 劳斯奎劳斯-贝多卡	浅成低温热液型金银铜矿	大型铜银矿床和金矿床
IE-1 拉利瓜	IOCG+热液型	大型金矿床
EP3 伊拉帕尔-安达科约-拉塞雷纳	浅成低温热液型金银铜矿+斑岩型金铜矿	超大型铜金矿床
EP4 拉科皮亚-萨尔瓦多	浅成低温热液型金银铜矿+斑岩型金铜矿	超大型铜金矿床
IE-3 巴耶纳尔-科皮亚波	IOCG+热液型	超大型 IOCG 矿床
E3 海岸山带	热液型+韧性剪切带型金矿	大型金矿床
IE4 前科迪勒拉	热液型+韧性剪切带型金矿	大型金矿床
IE-4 月亮山-塔尔塔尔	IOCG+热液型	超大型 IOCG 矿床
EPI-1 嘎林-阿尔塔米拉-古纳科	热液型+斑岩型+IOCG	超大型矿床
EP5 拉科皮亚-萨尔瓦多	高硫化型浅成低温热液型+斑岩型金+斑岩型铜矿	超大型铜矿床和金矿床、大型金银矿
IE-5 塔尔塔尔-帕蒂路斯港	IOCG+热液型	大型 IOCG 矿床
P2 特索罗雷诺-丘基卡马塔	斑岩型金铜矿+高硫化型浅成低温热液型金银铜矿	超大型铜矿床和金矿床、大型金银矿
P3 埃斯贡地达-加北	斑岩型金铜矿+高硫化型浅成低温热液型金银铜矿	超大型铜矿床和金矿床、大型金银矿
P4 洛马斯-圣卡塔利纳	斑岩型金铜矿	超大型铜矿床
P5 智利中央盆地东侧	斑岩型金铜矿	超大型铜矿床
P6 科拉瓦西-乔皮林克	斑岩型金铜矿	超大型铜矿床

（1）智利科迪勒拉海岸山带铁-铜-金-银战略性勘查靶区（Ⅳ级成矿带）。智利科迪勒拉海岸山为前侏罗纪弧前增生楔地体，在晚古生代属被动大陆边缘，在石炭—二叠纪期间，演化为前弧盆地，这些前侏罗纪地层、火山岩和岩浆岩等组成的构造单元，在侏罗—白垩纪演化为弧前增生楔地体，这种成矿地质背景对于金属成矿十分有利，属于铁-铜-金-银战略性勘查靶区。在智利北部、中部和中南部发育，在智利中部，由于弧前增生地体作用强烈，弧前盆地已经拼接在弧前增生地体之上，与弧前基底地层（寒武系—二叠系）构成了统一的弧前增生楔体。在韧性剪切带形成过程中，伴随同构造期岩浆侵入或者中生代岩浆叠加侵位，以往对于弧前增生楔和造山带型金铜矿研究不够，该类型具有较大的找矿潜力和开发条件。侵入岩相及对于含金剪切带型金矿（造山型金矿）和含金铜剪切

带型金铜矿（造山型金铜矿），建立靶区优选标志，进行勘查靶区和成矿区带优选。在四级构造单元中，前弧盆地经历了构造变形，在脆韧性剪切带+侵入岩体叠加的构造-岩浆岩带上，成为选区重要成矿地质条件，有系列带状分布的金矿、铜矿和铁矿点。

在中生代弧前增生楔地体构造带中（表4-2）矿床类型为含金剪切带型金矿和含金铜剪切带型金铜矿，局部具有IOCG矿床找矿潜力，圈定了（表4-2）IE-1拉利瓜、IE-2洛斯比洛斯-科金博、IE-3巴耶纳尔-科皮亚波等5个战略靶区。

（2）科迪勒拉海岸山带（CC）IOCG型成矿带（Ⅳ级成矿带）。在智利中部和北部发育齐全。四级构造单元划分为中生代火山主弧带、深成岩浆弧带、弧内盆地、脆韧性剪切带和岛弧反转构造带，主要构造-岩浆标志为阿塔卡玛断裂带和次级NW、NE和SN向断裂、同构造期侵入岩、同岩浆侵入期脆韧性剪切带、区域性钠质蚀变岩；铁质超基性岩-铁质基性岩-铁质中性岩（侵入岩和火山岩等岩相学类型）。主要为IOCG矿床和浅成低温热液型金银多金属矿床，产于侏罗—白垩纪主岛弧带、弧间盆地和弧后盆地，以及岛弧带、弧间盆地和弧后盆地的反转构造带中，IOCG矿床成矿序列包括岩浆喷溢型铁磷矿床、曼陀型铜银矿床和铁氧化物铜金型矿床，局部有低硫化型浅成低温热液型金银多金属矿床。圈定了（表4-2）IE-3巴耶纳尔-科皮亚波、IE-4月亮山-塔尔塔尔和IE-5塔尔塔尔-帕蒂路斯港等3个战略靶区，对智利科皮亚波月亮山铁铜矿及其周边进行了资源潜力评价。智利科皮亚波月亮山附近可合作矿业权区，超大型铁铜矿床普查靶区面积100km^2，勘探靶位面积25km^2，可合作与收购采矿权面积合计25km^2，总计面积50km^2，预测的资源量（333+334）：铁矿石量15亿～18亿t，铜金属资源量570万t，金100t。

（3）智利中央盆地西侧IOCG型-斑岩型-浅成低温热液型金属成矿带（Ⅳ级成矿带）。该成矿带位于智利中央山间盆地西侧或中央山间盆地消失构造部位，分布在智利北部和圣地亚哥以南-Valdivia。中央山间盆地西侧与科迪勒拉海岸山带（CC）IOCG成矿带（Ⅳ级成矿带）过渡区域，具有寻找石炭纪—二叠纪斑岩型铜矿床和低硫化型浅成低温热液型金银矿床的潜力。同时，具有IOCG型矿床和热液型金铜矿床、沉积岩型铜矿床和次火山热液型铜矿床叠加与区域成矿分带的成矿地质条件。向东过渡为第四纪含盐-锂沉积盆地，大面积第四纪沉积物覆盖区具有寻找隐伏矿床潜力。再向东过渡为前安第斯冲断褶皱带，具有形成低硫化型和高硫化型浅成低温热液型金银矿床的较大潜力。

（4）智利中央盆地东侧IOCG型-斑岩型-浅成低温热液型金银成矿带（Ⅳ级成矿带）。该成矿带位于智利中央山间盆地东侧或中央山间盆地消失构造部位。主要分布在智利北部和圣地亚哥以南——Valdivia发育，东与智利斑岩铜矿床、斑岩金矿床、低硫化型和高硫化型浅成低温热液型金银矿床成矿带接壤和过渡，中央山间盆地消失构造部位之间渐变为IOCG型-斑岩型-浅成低温热液型金属成矿带（Ⅳ级成矿带），在中央盆地广大第四纪覆盖区具有寻找隐伏矿床潜力。四级构造单元划分为：①山间盆地；②岩浆弧之间的弧前山间盆地。在智利中央山间盆地沿走向消失地段，属于侏罗—白垩纪弧后盆地发育位置，在中生代末期—新生代发生构造反转和向东迁移的深成岩浆弧叠加。圈定了EPI-1嘎林-阿尔塔米拉-古纳科金银铜成矿带，主要矿床类型为IOCG型、斑岩型和低硫化型浅成低温热液型金银多金属矿床，具有寻找大型-超大型金银铁铜矿床的巨大找矿潜力。

（5）主科迪勒拉造山带（PC）斑岩铜矿–浅成低温热液型金银多金属成矿带（Ⅲ成矿带）。主科迪勒拉造山带四级构造单元与成矿带关系为：①古近—新近纪深成岩浆弧带以斑岩型铜金成矿系统为主；②岩浆弧之间的弧前山间盆地内，发育浅成低温热液矿床金银多金属成矿系统；③在安第斯型冲断褶皱带和脆韧性剪切带内，有利于形成造山型金矿床，部分地段有利于形成浅成低温热液矿床金银多金属矿床。

（6）前科迪勒拉构造带斑岩型铜矿–浅成低温热液型金银多金属矿成矿带（Ⅲ成矿带）。前科迪勒拉构造带（FC. 冲断褶皱带，FP. 前弧带，P. 阿根廷前科迪勒拉带），主要为造山型金矿和浅成低温热液型金银多金属矿。圈定了（表4-2）E1费尔南多–兰卡瓜–塔拉甘特、E2劳斯奎劳斯–贝多卡、EP1科利纳–定鼎、P1迪斯普塔达–布兰卡、EP2圣费利佩、EP3伊拉帕尔–安达科约–拉塞雷纳、EP4、EP5拉科皮亚–萨尔瓦多、P2特索罗雷诺–丘基卡马塔、P3埃斯贡地达–加北和P5智利中央盆地东侧等15个战略靶区。今后将进一步划分四级成矿带。其中：①劳斯奎劳斯–贝多卡成矿带，推断的和预测的（333+334）铜金属资源量105万t，勘探目标为浅成低温热液型金银铜矿床。②智利定鼎（Lohpan Alto）金银铜矿成矿带，推断的和预测的（333+334）铜金属资源量150万t，勘探目标为浅成低温热液型金银铜矿床。③纳塔瓜（Naltagua）金银铜矿成矿盆地，预测的资源量规模，金矿100t，银2000t，铜200万t。在优选的战略性勘查靶区中，对于智利北部安托法卡斯塔–科皮亚波–拉萨琳娜铁氧化物铜金型+浅成低温热液型金银铜成矿带，面积10万km^2。智利中部贝多卡–定鼎–纳儿塔瓜浅成低温热液型金银铜成矿带，面积6万km^2，进行了模式研究、找矿靶区圈定和资源潜力评价。

4.3.4　智利IOCG战略性勘查选区与资源潜力评价

经过对智利铁氧化物铜金型（IOCG）矿床成矿演化模式研究，按照四级成矿构造单元和三个叠加成矿亚序列进行选区，成矿远景区（预查和普查）选区标志，圈定的成矿远景区如表4-3和图4-9所示。

在智利铁氧化物铜金型矿床成矿演化模式研究基础上，进一步研究并建立了IOCG型矿床亚类型的勘查模式，为战略性勘查靶区圈定和资源潜力评价提供了理论基础。最终建立了智利IOCG型矿床战略性勘查选区与资源潜力的评价方法技术系统，即IOCG型成矿区带圈定→选区评价方法技术组合→验证勘查与方法技术组合→区域资源潜力评价方法技术系统。关于IOCG型矿床选区与资源潜力评价方法技术组合如下。

1. 航磁异常解释推断与深部构造岩相学探测

航磁数据来源于智利矿业厅，原始数据飞行线距约1000m，比例尺1∶100000，飞行高度地面上50m，飞行时间1981年。实测磁力异常是由浅部至深部各类地质体物性，在观测点的综合叠加效应。为了提取和强化有用的地质信息，压制干扰噪声，提高磁异常综合地质解释能力，需要对航磁数据进行数据处理。本次对航磁数据主要进行了网格化处理、向上延拓、水平及垂向一次导数、垂向二次导数、归一化总梯度模等。

表 4-3 智利海岸山带铁氧化物铜金（IOCG）矿床勘查模型特征对比

矿床类型	火山喷溢型铁（磷）矿床	火山喷溢-岩浆期后热液叠加型铁铜金矿床	铁氧化物铜金型矿床
典型矿床	El Romeral 矿床	Candelaria 矿床；科皮亚波 GV	月亮山铁铜钴矿床
构造单元	火山弧反转为深成岩浆弧	弧后盆地与盆地反转构造	火山弧反转为深成岩浆弧
深成矿化矿物标志	磁铁矿、黄铁矿、少量黄铜矿	磁铁矿、赤铁矿、黄铜矿、黄铁矿	磁铁矿、赤铁矿、黄铜矿、黄铁矿
矿种组合	铁、磷（铜）	铁、铜、金、银、锌、铅、REE	铁、铜、金、银、钼
蚀变类型	钠长石、钠柱石、阳起石、绿帘石、磷灰石、碳酸盐	钠长石、钠柱石、钾长石、黑云母、方解石、钙闪石、绿帘石、透辉石	钠长石、钾长石、绢云母、电石气、黏土化、青磐岩化、阳起石化、热液角砾岩化
侵入岩系统	铁质辉长岩、辉石角闪石玢岩-闪长岩	闪长岩-花岗闪长岩	铁质辉长岩、闪长岩-花岗闪长斑岩-二长斑岩
构造标志	（顺层+切层）韧性剪切带+热液角砾岩筒叠加+火山机构	北西向脆性断裂，北东向韧性剪切带，层状夕卡岩+热液角砾岩筒	北西向脆性断裂，北东向切层韧性剪切带，热液角砾岩筒
成矿年代	130～110Ma（El Romeral）	130～115Ma（Candelaria）	120Ma、65Ma
成矿作用	富铁质岩浆火山喷溢	火山喷溢、岩浆热液、盆地流体	火山喷溢型铁氧化物、含矿热液角砾岩、含金脆韧性剪切带
航磁异常	正负异常伴生/负磁力异常	正负异常伴生/负磁力异常	正负异常伴生/负磁力异常+近南北向区域异常-近东西向局部异常
地磁异常	磁异常与地层走向一致，局部磁异常	面带中磁异常体	近南北向和北西向的正负磁异常，与近东西向磁异常叠加部位
遥感色彩	铁质蚀变+构造解译	铁质蚀变+构造解译	铁质蚀变+构造解译
三级构造	中生代主岛弧带	中生代弧后盆地	深成岩浆弧

（1）网格化处理：对 1∶10 万航磁数据进行数字化处理，数字化数据密度 500m×500m，采用克里格网格化方法对数字化数据进行网格化处理，网格单元 250m×250m，利用网格化数据制成航磁等值线基础图，以直观表现磁场特征。

（2）地磁场参数：项目区处于南半球低纬度地区，对航磁数据处理采用勘查项目区（矿业权区）中基本正常地磁场参数，根据 2005 年国际地磁参考场求得，正常地磁场参数总磁场强度：$T_0=23609\text{nT}$；磁偏角：$D=-0.27$；磁倾角：$I=-25.8$。

由于低纬度地区常规的化极处理，引起化极后的磁异常产生南北向的严重拉长，影响了数据解释的效果，从而影响磁异常的正确解释，本次处理解释未进行化极处理。航磁解释原则主要为航磁异常特征和解析信号处理后的磁异常，结合 1∶10 万区域地质资料、已知典型矿床分布、地面踏勘检查和路线地质剖面等资料进行综合解释。从已知到未知，研究 IOCG 成矿区带异常特征和已知典型矿床的航磁异常特征，进一步预测区内找矿有利异常。

（3）向上延拓：磁场向上延拓就是由原测量平面上，磁场值向上换算得到另一高度平面上的磁场值。选择不同上延高度，可以有效压制地表、近地表高频磁异常干扰，揭示对

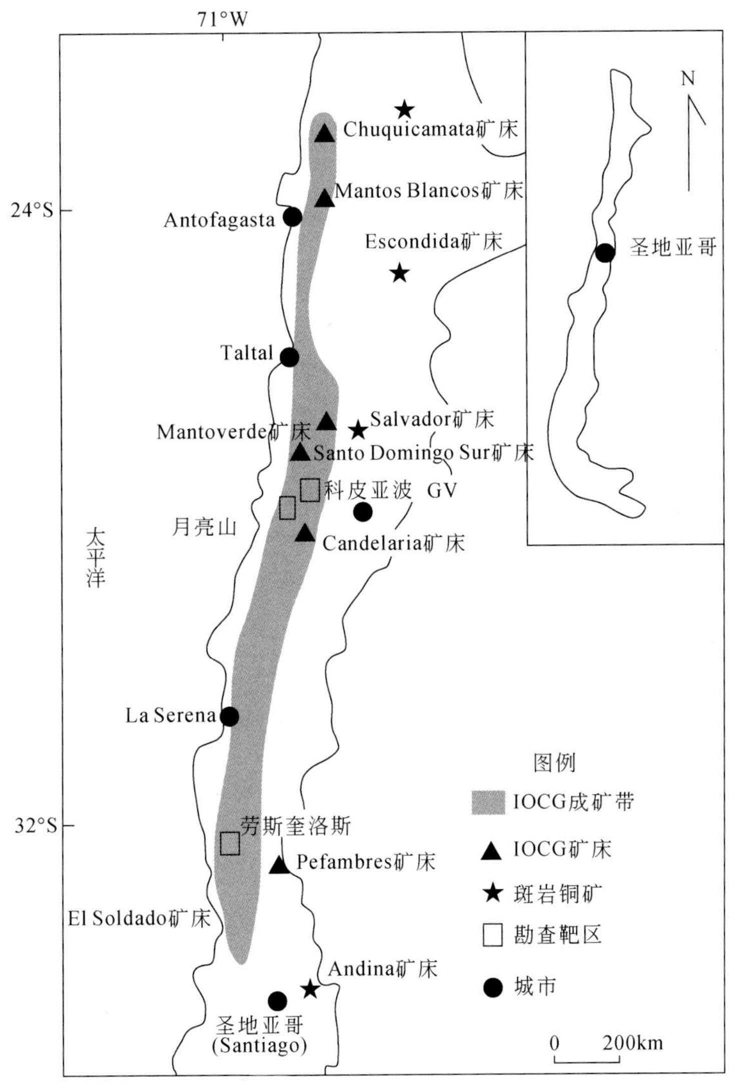

图 4-9 智利铁氧化物铜金型（IOCG）战略性勘查靶区图

深部隐伏构造岩相体的探测信息。使得磁场形貌逐渐单调，达到了突出低频区域异常的目的，了解深源磁性体的特征及航磁异常随高度衰减变化规律，判断磁性地质体的埋深及延伸情况，研究区域构造、推断隐伏岩体及沉积层分布，以及了解深源磁性体的特征和基底构造特征，具有一定的地质意义。对于研究第四纪覆盖区隐伏 IOCG 矿床预测和勘查具有直接的指导意义。预测区内的航磁异常及向上延拓处理结果见图 4-10，上延高度分别为 200m、500m、1000m、2000m 和 5000m。其中，2000m 以浅航磁解释直接作为勘查选区和资源潜力评价依据。

（4）磁异常导数计算：磁异常导数计算可以压制区域场，圈定局部场，分离叠加异常，在智利科迪勒拉海岸山带中，利用局部异常和叠加异常特征，根据区域地质资料和地面检查结果，有助于圈定战略性勘查靶区。通过计算磁异常的导数，以减轻磁性围岩的干扰，突出伴随区域构造活动的岩浆活动产生的异常，由于本区构造特征以南北向及东西向构造特征为主，导数计算主要采用了 X 方向水平导数和 Y 方向水平导数的计算，以突出近南北向和近东西向磁异常特征，对区域构造特征进行解释。另外对航磁异常也进行了垂向一次导数和垂向二次导数的计算，以压制正常场背景，圈定沿区域构造分布的岩体范围和位置，通过对向上延拓 5000m 磁异常，求垂向二次导数对进行靶区优选和深部找矿预测。

（5）磁场梯度模：是对航磁数据进行三个正交方向的最大梯度带检测分析的航磁处理方法，它利用磁异常梯度模极值圈定磁性体边界，实现异常梯度带的连续搜索和追踪。经过这种处理可以很好地解译出项目区具有磁性的不同类型基岩体边界和影响基岩空间结构的断裂信息。项目区航磁导数计算及梯度模处理结果见图 4-11。

（6）航磁异常综合解释与评价的地质方法：对于航磁异常进行综合解释与正确评价，采用地质方法有：矿点踏勘、矿点检查、路线地质剖面、构造-岩相学研究等综合方法，重点在于检查和评价区域异常和局部异常关系，航磁异常区成矿地质条件等。

（7）构造岩相学专项研究方法：专项研究方法有磁化率测量和填图试验、磁化率-密度模型、磁化率-密度-铁含量模型、磁化率-密度-岩相学模型、磁化率-密度-地球化学岩相学模型等，重点进行局部航磁异常和叠加航磁异常推断解释与综合研究，寻找矿致航磁异常，进行磁异常解释推断与深部隐伏构造岩相体相关的预测建模研究。

（8）专项物探方法综合评价和预测：虽然利用航磁异常和检查评价，可以迅速发现地表磁铁矿矿床等磁性体；也可以利用航磁异常上延处理揭示深部地质体（5000m 以浅），对于战略性勘查选区和资源潜力评价提供了非常重要的基础。但是，为了提高成矿预测和找矿预测准确性，减低勘查风险度，采用地面磁法进行了航磁异常检查评价，在初步钻探验证基础上，采用地面电法测量，对深部（1000m 以浅）地质体和含矿地质体进一步进行具体靶位预测和圈定。

2. *航磁异常特征及地质解释*

从区域航磁异常特征分析，正磁异常主要分布在区域的中部并在图幅范围内贯穿南北，主要呈近南北向、北东向、北西向、东西向带状分布（图 4-10）。负磁异常在区内主要表现为北东向和北西向两大条带状负磁异常［图 4-10（a）］。西中部及南东部主要表现为低缓的正磁异常特征。

（1）正磁异常。A1 航磁正异常带为科皮亚波月亮山-塔尔塔尔 IOCG 成矿带中部，具有向西突起的弧形展部特征［图 4-10（c）］，为最主要的正磁异常带。在系列向上延拓后，磁异常中上延高度 5000m，A1 正磁异常表现为该异常带的深部磁异常，表明该异常带为延深大的深源地质体引起。A1 航磁异常带可以解释为：沿阿塔卡玛断裂带（平行于岛弧带和造山带深切地幔）上涌侵入的中基性岩浆岩形成，揭示这些侵入岩具有深部较大延深。

A2 正航磁异常带在区内呈北东向，宽度和异常幅度较 A1 异常带均为弱，根据构造分区特征，与区域上印加德奥勒断裂带相对应，该 NE 向断裂带属于近南北向阿塔卡玛断裂带和多明戈断裂带之间的造山带应力协调断裂带。A2 航磁异常与印加德奥勒断裂带附近侵入的中基性岩浆岩侵入体密切相关。A3 ~ A5 异常带走向均为东西向，推测为纳兹卡大洋板块向南美板块由西向东俯冲，形成了纵张断裂带，它们属于区域应力在东西向水平应力转换断层，伴随中基性岩浆岩侵入。

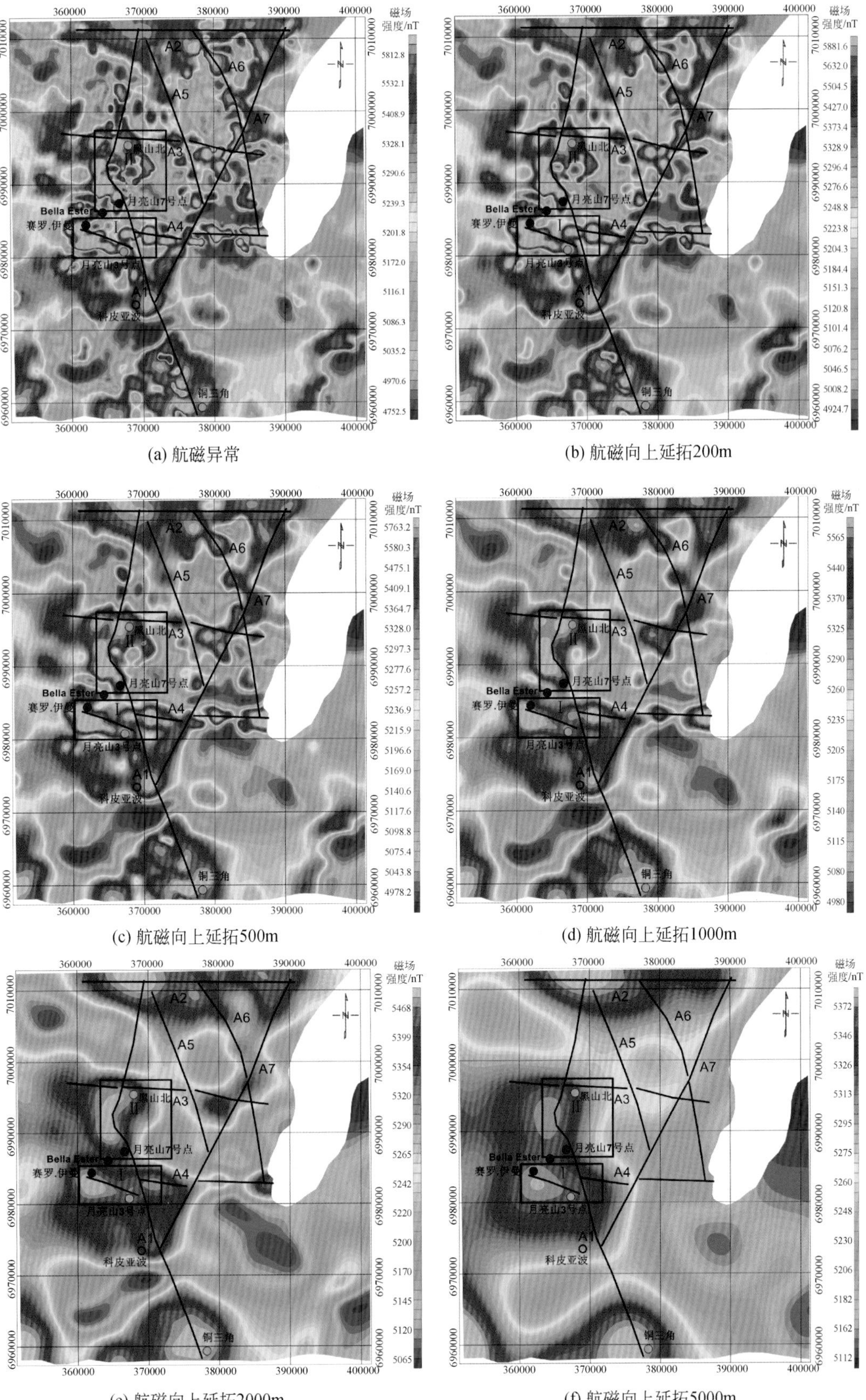

(a) 航磁异常

(b) 航磁向上延拓200m

(c) 航磁向上延拓500m

(d) 航磁向上延拓1000m

(e) 航磁向上延拓2000m

(f) 航磁向上延拓5000m

图 4-10　智利月亮山铁铜矿区航磁异常及系列上延处理结果图

（2）负磁异常。N1 北东向负磁异常［图 4-11（a）］，根据区域地质图该异常带对应于低磁性的坂杜丽娜（Bandurrias）组，其主要岩性为砂岩、红色泥岩、火山沉积岩、红色砾岩和碎屑岩构成的沉积岩序列。根据野外路线地质观测，N1 北东向负磁异常可以解释为侏罗—白垩纪弧间盆地和弧后盆地中，沉积中心具有 NE 向延伸趋势。

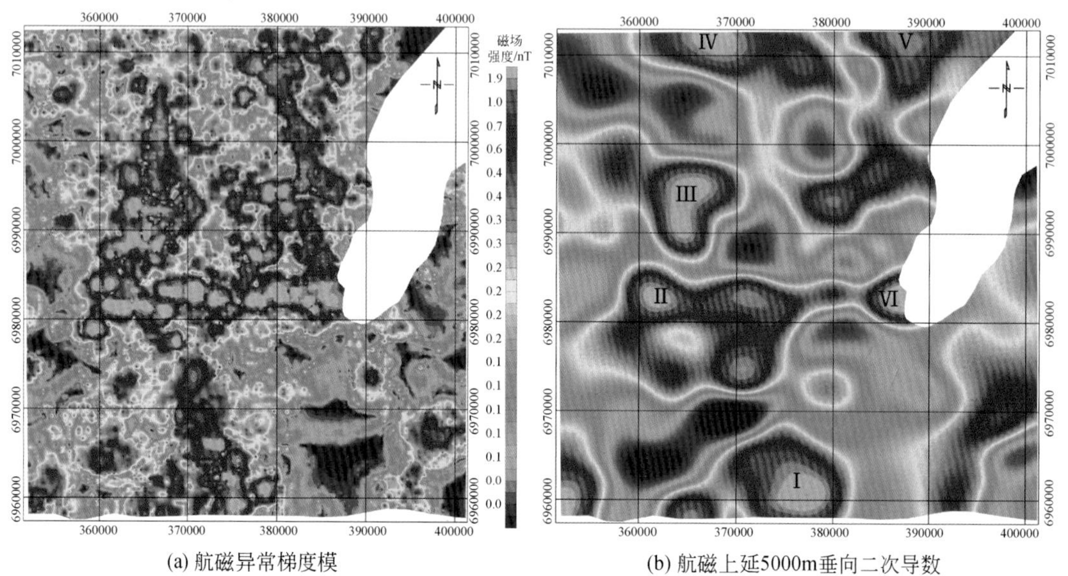

图 4-11　区域航磁异常特征与 IOCG 勘查选区原则解译

N2 北西向负磁异常以切穿区内其他异常带为特征，推测为后期构造引起沿构造带岩性产生退磁而形成的负磁异常。它与前侏罗纪弧前增生楔中泥盆—二叠纪地层有一定关系，现今出露在地表主要为变沉积岩序列和构造岩序列，多具有低磁化率特征，推测在深部存在 NW 向基底构造层。

（3）低缓正磁异常。区内西中部的低缓正磁异常，对应于区域上早白垩世受变质二长闪长岩和花岗闪长岩，因其蚀变和变质程度不同，具弱-中等磁性引起低缓的正磁异常。东南部低缓正磁异常，对应于厚约 4000m 的火山碎屑沉积岩序列，具有弱磁性，属于火山沉积盆地范围内，沉积中心和沉降中心位置，并叠加了区域性热液蚀变。

总之，区域性正磁异常解释为基性-中基性火山岩层和侵入岩相，总体近南北向、北东向和东西向正磁异常揭示了本区域基性-中基性火山岩层和侵入岩相在深部位置和形态学特征。区域性低负磁异常解释为由具有低磁化率的沉积岩、变沉积岩和构造岩等引起，NE 向低负磁异常场揭示了弧间盆地和弧后盆地中沉积中心分布区域，NW 向低负磁异常场揭示了前侏罗纪基底构造带分布方向和范围。区域性正磁异常场、NE 向低负磁异常场和 NW 向低负磁异常场之间过渡部位，发育低缓正磁异常场，推测为白垩纪二长闪长岩、花岗闪长岩、二长岩和二长斑岩侵入形成的构造-岩浆岩相带。上述成矿地质背景对于形成 IOCG 型、浅成低温热液型和斑岩型金属矿床具有十分有利的条件。

4.3.5　航磁解译及深部构造综合分析

根据区域铁氧化物铜金型成矿区受基底断裂带控制、铁铜矿床受基底断裂分支断裂构造所控制等成矿控制规律，为了有效地圈定有利的找矿靶区，从区域航磁解译角度，对于本区基底断裂构造进行解译和分析研究。从航磁异常及航磁系列向上延拓的异常结果图（图 4-9、图 4-10）上看，明显表现出典型的基底断块构造特征，这种断块构造受基底断裂带控制，同时也控制了本区成岩成矿作用。

（1）一级成矿远景区和勘查靶区圈定。采用了航磁异常数据向上延拓高度分别为 200m、500m、1000m、2000m 和 5000m 等五个不同高度进行系列数据处理，以探索基底断裂带向下切割地壳的深度。

在上延 2000m 和 5000m 的磁异常图［图 4-10（e）、（f）、图 4-11（b）］上，推测弧形正磁异常由基底断裂带有较大规模的中基性侵入岩体和火山岩层引起，属于本区具有强烈岩浆侵入-火山喷发及相关热液系统活跃的区域，能够提供丰富的成岩成矿物质，可作为智利月亮山铁铜矿和外围一级成矿远景区和勘查靶区［图 4-10（e）、（f）］。

（2）找矿靶区圈定。在一级成矿远景区中，在断裂构造交汇部位（构造节点）为铁氧化物铜金型、曼陀型和浅成低温热液型金银矿床定位构造。在航磁异常图上进行构造区划以圈定构造节点，通过对航磁异常进行向上延拓 5000m 后，求垂向二次导数以突出局部构造节点异常［图 4-10（b）］，通过对航磁异常求梯度模，赋以异常峰值分析进行综合分析，从上延 5000m 垂向二次导数磁异常，可以圈定 6 处找矿靶区，其中 5 处（除Ⅳ外）对应于梯度模异常的峰值交汇部位。结合基底断裂带控岩控矿和控制热液成矿系统等控矿规律，进一步优选出Ⅰ、Ⅱ、Ⅲ和Ⅳ为本区勘查靶区，其中，月亮山铁铜矿区 3 号和 6 号矿段分别位于Ⅱ号和Ⅲ号靶区，Ⅰ和Ⅳ异常均对应于已知的中大型 IOCG 矿床。

（3）勘查主攻目标与矿床工业类型预测。通过航磁异常上延，0m 和 200m、500m 和 1000m 上延系列异常形态对比，表明月亮山铁铜矿区和外围存在两个环形磁异常带，推测为两个环形火山机构，并呈共边关系，这种环形火山机构为铁氧化物铜金矿田定位构造，即多期复合古火山机构控制了一系列 IOCG 矿床。经过地表观察、坑道和钻孔深部揭露（398.15m）证明磁源体主要有含铜磁铁矿、含铜赤铁磁铁矿、辉绿岩墙，以及闪长岩、角闪石辉石玢岩，辉绿岩墙、闪长岩和角闪石辉石玢岩都是对本期 IOCG 成矿非常有利的岩石建造，航磁异常为含铜磁铁矿和成矿岩石建造共同作用所引起。经钻孔磁化率-XRF-岩相学填图，证实含铜磁铁矿矿石和含铜磁赤铁矿矿石具有较强磁性，磁化率$>200\times10^{-3}$ SI，磁化率最高$>800\times10^{-3}$ SI。

（4）合适勘查深度预测。经解译和综合研究认为在本月亮山铁铜矿区，最佳勘探深度在 1000m 以浅深度范围内，根据航磁异常特征和相似已知矿床的航磁异常特征进行类比，本区具有寻找大型铁氧化物铜金矿床的潜力。经地面磁法测量对航磁异常的检查，均发现了良好的矿致异常。

4.3.6　地面高精度磁法测量与钻探验证效果

在开展智利铁氧化物铜金型矿床选区时，研究了智利航磁异常特征，选择了剖面性地面高精度磁力测量进行航磁异常检查评价，经过地面高精度磁力测量后，申请了采矿权登记。为了进一步评价采用航磁异常进行铁氧化物铜金型矿床勘查区带选区，现从航磁异常区、地面高精度磁力测量结果，评价这种勘查选区思路的有效性。

（1）地面磁测工作参数及磁性参数：地面高精度磁测采用 G856 高精度磁力仪，在月亮山铁铜矿区控制面积共计 16km^2，其中 3 号点实际控制面积 5.8km^2，6 号点、7 号点实际控制面积 10.2km^2，网度 100m×20m，3 号点实测物理点 2831 个，6 号点和 7 号点实测物理点 5234 个，实测物理点总计 8065 个。对矿区钻孔岩心和标本进行了大量的磁化率物性参数测定和统计，磁化率测定采用 SM-30 磁化率仪测定岩矿石标本共计 692 块，为本区磁异常的推断解释提供了岩矿石物性参数依据。

从表 4-4 看，磁铁矿磁性最强（215.11×10^{-3}SI），含铜磁铁矿次之（115.85×10^{-3}SI）；磁铁矿化硅化安山角砾岩、磁铁矿化安山岩、磁赤铁矿磁性较强，磁化率分别为 63.23×10^{-3}SI、55.29×10^{-3}SI 和 51.20×10^{-3}SI，以上岩矿石在本区为强磁性，是引起本区强磁异常（负异常）的主要岩矿石，此类异常特征是圈定矿致异常的主要标志。闪长岩具有较高的磁性，磁化率值 39.09×10^{-3}SI，在本区引起幅值较低的负磁异常，是判定闪长岩岩体展布特征的标志。安山岩、含铁铜安山质角砾岩、黄铁矿化硅化安山角砾岩为中等磁性特征，磁化率值分别为 14.82×10^{-3}SI、12.42×10^{-3}SI 和 12.20×10^{-3}SI，引起的磁异常代表本区背景异常，含铁铜安山质角砾岩和黄铁矿化硅化安山岩由于在空间上和磁铁矿和含铜磁铁矿关系密切，通常和强磁异常相叠加；赤铁矿化硅化安山角砾岩、赤铁矿、安山质角砾岩为中低磁性，赤铁矿引起的磁异常在本区不易划分。磁化率参数特征反映了磁铁矿和含铜磁铁矿与其他岩矿石之间磁性具有显著差异，而铁、铜矿化体和磁铁矿体、含铜磁铁矿体具有密切的空间关系，为本区地面磁测的应用提供了良好的地球物理前提。月亮山地区位于南半球低纬度地区（正常地磁场参数：$T_0=23\,604$nT，$D=-0.30°$，$I=-25.7°$），磁铁矿和含铜磁铁矿等强磁性体以产生高幅值负磁异常为主，并在其北侧伴随一定的正磁异常，为直接找矿磁异常标志。闪长岩含较多磁铁矿，这种磁性侵入体引起一定幅值的负磁异常。断裂构造中的构造角砾岩、硅化构造角砾岩、蚀变安山岩和含铜安山质角砾岩等弱磁性体以条带状正磁异常为特征。

表 4-4　智利科皮亚波月亮山铁铜矿区磁化率参数统计表

岩性	标本数	磁化率 SI/10^{-3}		磁化率/μcgs	
		极值	平均值	极值	平均值
风成沙	4	0.154 ~ 0.963	0.241	12 ~ 27	19
安山岩	34	9.47 ~ 25.5	14.81	754 ~ 2029	1179
安山质角砾岩	37	1.06 ~ 16.8	6.88	84 ~ 1337	547
构造角砾岩	33	0.13 ~ 8.27	3.7	10 ~ 658	294

续表

岩性	标本数	磁化率 SI/10^{-3}		磁化率/μcgs	
		极值	平均值	极值	平均值
硅化构造角砾岩	51	0.002～9.71	3.15	0～773	251
蚀变安山岩	31	0.221～6.84	2.62	18～544	241
闪长岩	162	14.7～68.5	39.1	1170～5451	3111
赤铁矿	65	0.141～21.7	6.95	11～1727	553
赤铁矿化硅化安山角砾岩	114	0.66～27	8.6	53～2149	688
磁铁矿化安山岩	28	24.8～124	55.3	1974～9868	4400
磁铁矿化硅化安山角砾岩	18	28.6～117	63.2	2276～9311	5032
磁赤铁矿	22	37.8～88	51.2	3008～7003	4074
磁铁矿	30	77.1～718	215.1	6135～57137	17118
含铁铜安山质角砾岩	15	0.93～27.2	12.42	74～2165	988
含铜安山质角砾岩	25	0.144～8.27	1.646	11～658	131
含铜磁铁矿	9	24.6～283	115.86	1958～22520	9219
黄铁矿化硅化安山角砾岩	14	1.34～28.1	12.21	107～2236	971

注：μcgs 为高斯单位制。

（2）月亮山铁铜矿区地面高精度磁力测量异常评价与钻探验证成果：高精度磁法在本区采用磁法扫面→磁异常地表地质检查→磁异常地面磁化率检测→钻探深部验证取得了很好的地质找矿效果。月亮山3号铁铜矿段地面为铁铜矿体，深部进行了系统钻探控制，探明了铁矿石资源量。月亮山6号和7号铁铜矿段（图4-12），6号铁铜矿段中央部位为高幅值的负磁异常区，该负磁异常区的南部为主负磁异常区，异常范围大，强度高，异常走向北西向，走向长度约1050m，根据已知矿体浅部揭露情况，多条磁铁矿体呈北西向平行分布，相应的磁异常由于受相邻矿体和其间的磁铁矿矿化安山岩影响，引起的磁异常为相邻含铜铁矿体和磁铁矿化安山岩综合效应引起的叠加异常，该低负磁异常区南部，范围大且强度高，负磁异常区对应两条已知的磁铁矿体，在其北侧，负磁异常范围变小，并伴随明显的正磁异常，根据异常特征认为仍有2～3条北西向磁铁矿体存在。此外，磁异常叠加有明显的近南北向特征，在北西向磁异常和北东向磁异常复合部位应为矿体富大部位。

6号铁铜矿段磁铁矿体引起的负磁异常，其北东侧和南西侧均为正磁异常区，北东侧正磁异常区强度稍弱，呈北西向展布，对应岩性为绿泥石化、绿帘石化花岗闪长岩。其南西侧正磁异常呈等轴状，对应岩性为石英闪长岩，具绿泥石化、绿帘石化，呈小岩株状。6号铁铜矿段中部呈北西向展布的弱负磁异常，为安山岩分布区。

7号铁铜矿段位于测区西部，其南东部为负磁异常，北西部为正磁异常，负磁异常表现为北东向带状分布，走向长度约2500m，宽度约350m，这与本区控矿构造走向一致，该异常南西部为第四系覆盖区，北东部地表查证为赤铁矿出露区，中部局部出露受北北东向断裂构造控制的含铜磁铁矿体呈平行分布，并有近东西向的细磁铁矿脉穿插。地质和物探技术人员先后两次对7号铁铜矿段磁异常进行了联合检查，共检查磁异常7处，其中4

处磁异常在地表发现了良好的含铜磁铁矿化体，1 处地表显示有局部铁铜矿化体，2 处为砂砾层覆盖（冲洪积物、风积物）。根据磁异常范围和强度特征结合地表检查情况圈定了 5 处有利异常地段（图 4-12），异常特征描述如下：

（1）Ⅰ号磁异常：位于 7 号矿点中央部位，异常中心坐标 X：6987712，Y：363813。以 $\Delta T=-2000\text{nT}$ 圈定异常形态近椭圆形，长轴近东西向，东西长约 320m，南北宽约 100m。地表检查发现对应该磁异常有 3 条近南北向含铜磁铁矿化体，围岩为安山岩，磁化率为 25.3×10^{-3} SI，含铜磁铁矿化体磁化率 243×10^{-3} SI，认为属矿致异常，推测该异常由多条相平行北北东向含铜磁铁矿化体引起。

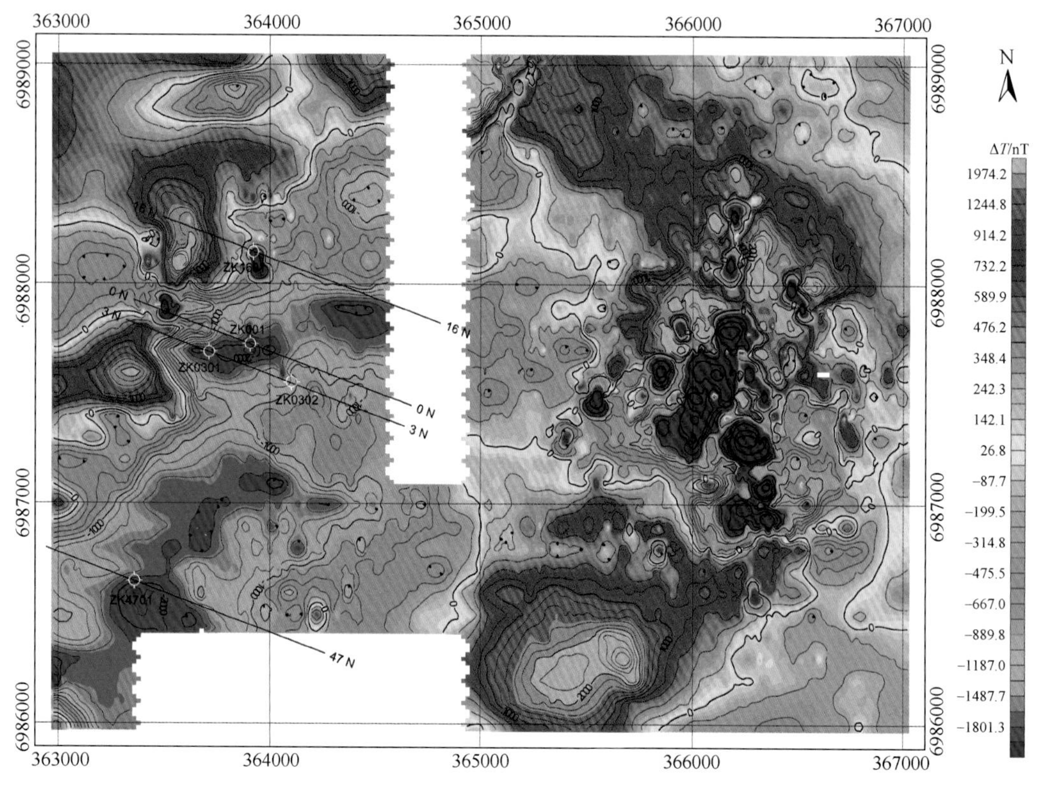

图 4-12　月亮山 6 号点、7 号点地面高精度磁测 ΔT 异常平面图

（2）Ⅱ号磁异常：位于Ⅰ号磁异常的北面约 410m，异常中心坐标 X：6988100，Y：363943。以 $\Delta T=-2000\text{nT}$ 圈定磁异常形态为椭圆形，长轴近南北向，南北向长约 220m，东西向宽约 100m。地表检查对应该磁异常发现两条近南北向平行含铜磁铁矿化体，围岩为安山岩，磁化率为 12.6×10^{-3}SI，含铜磁铁矿化体磁化率 468×10^{-3}SI，安山岩中见花岗闪长岩脉穿插，磁化率 18.3×10^{-3}SI，该异常幅值高，异常峰值幅值超出 4000nT，认为属矿致异常。

（3）Ⅲ号磁异常：位于测区西南角，异常中心坐标 X：6986609，Y：363367。以 $\Delta T=-2000\text{nT}$ 圈定该异常形态为近圆形，直径约 200m，对应该异常地表为砂砾石覆盖（冲洪积物），砾石成分主要为花岗闪长岩、安山岩，呈棱角状，粒径大小 $1\sim n\times10\text{cm}$，地表覆盖层磁化率 25. 8×10^{-3}SI，推断该磁异常由隐伏磁性体引起，为一找矿有利异常。

（4）Ⅳ号磁异常：位于 7 号点东中部，为一弱异常，以 $\Delta T=-1000$nT 圈定异常形态近椭圆形，长轴方向北东向，长轴约 200m，短轴约 90m，对应该磁异常地表出露为安山岩，偶见含铜磁铁矿细脉，脉宽约 20cm。对应该磁异常东侧为一低幅值正磁异常，走向北西，经检查对应该磁异常地表见 Cu 矿化体，地表安山岩见较强蚀变现象，该磁异常为铜矿化及原岩蚀变产生退磁而引起的磁异常，Cu 矿化体磁化率为（2. 81 ~ 7. 60）×10^{-3}SI，蚀变安山岩磁化率为 2. 78×10^{-3}SI，该异常为一找铜有利异常。

（5）Ⅴ号磁异常：位于 7 号点东中部，Ⅳ号磁异常以北约 420m，以 $\Delta T=-2000$nT，圈定该磁异常走向近东西向，东西向长约 190m，南北向宽约 50m，对应该磁异常地表为砂砾覆盖（坡积物、风积物），覆盖层磁化率 18. 0×10^{-3}SI，推测该磁异常为隐伏磁性体引起。异常检查后对上述 5 个磁异常中，选择Ⅰ、Ⅱ、Ⅲ和Ⅳ四个磁异常实施了 5 个钻孔进行了深部验证，其中Ⅰ号磁异常部署了 2 个钻孔。5 个钻孔均取得了不同程度的见矿效果，其中 ZK3-1 和 ZK47-1 钻孔见矿效果良好，ZK47-1 在异常的南西部覆盖区揭露了深部富磁铁矿体（穿矿厚度 8m，平均品位 TFe 70. 3%），发现了 21. 1m 厚的磁铁矿体，平均品位 42. 55%，并且发育平行排列的贫矿体。该北东向异常带在控制区长约 2500m，宽约 350m，从南西向北东磁异常幅值整体呈减弱趋势，北东部对应地表出露磁化率较低的赤铁矿体（$k=0.005$SI），根据磁异常特征，结合深部工程验证结果，推断该异常的南西部为隐伏的磁铁矿体，磁铁矿体的下部具铜矿化潜力，异常带中部为含铜磁铁矿体，北东部低幅值的负磁异常由赤铁矿引起，深部应为磁赤铁矿体。7 号点异常特征和本区控矿地质规律吻合度高，异常规模大，钻探验证已发现深部富磁铁矿体，磁异常和钻探验证充分显示出月亮山铁铜矿区，具有巨大的资源潜力和找矿前景。

采用 1：1 万比例尺遥感数据处理对月亮山矿区及周边进行构造-蚀变填图和生态环境评估，同时，为采矿工程规划提供景观学依据。通过遥感构造-蚀变填图，对本区地表地质特征、地貌、构造、采坑、地表出露的矿脉等取得了清晰的信息，对矿区及外围进行整体认识评价，为地质填图及选区登记提供基础地质资料。

（1）数据的获取。QuickBird（快鸟）卫星于 2001 年 10 月由美国 DigitalGlobe 公司发射，是目前世界上唯一能提供亚米级分辨率的商业卫星，具有最高的地理定位精度，海量星上存储，单景影像比其他的商业高分辨率卫星高出 2 ~ 10 倍。月亮山地区一共购置了四景数据：时相为 2009 年 3 月 31 日，覆盖面积为 140km^2，坐标范围：X 363154 ~ 372472，Y 6980552 ~ 6995587。

（2）数据的特点。快鸟数据由全色波段和多光谱数据构成，全色波段波长 450 ~ 900nm，星下点分辨率为 0. 61m，多光谱由四个波段组成：蓝色 450 ~ 520nm；绿色 520 ~ 660nm；红色 630 ~ 690nm；近红外 760 ~ 900nm，星下点分辨率 2. 44m（表 4-5）。

（3）数据处理。快鸟数据在地质找矿中多数利用其近似真彩色的影像揭示地表地质特征，利用红、绿、蓝三波段进行合成，通过 IHS 变换与全色波段进行合成，最终形成近似真彩色的影像图。

（4）地质解译。月亮山地区总体上呈丘陵戈壁地貌，北部因沙漠化呈现沙漠覆盖（淡粉红色），中部及南部主体为基性岩引起（蓝黑色），局部呈淡粉红色。①矿床（点）

分布特征。快鸟数据的分辨率为 0. 61m，也就是说地表大于 0. 61m×0. 61m 的物体基本都可以识别，区内古采坑、开采点在快鸟遥感图上都可以识别出来。月亮山地区一共识别出 158 个矿点（床），根据开采规模，识别出规模较大的矿床 3 处，中型规模的 10 处，矿点（矿化点）145 处（图 4-13）。将快鸟识别矿（床）点，与区内收集到的十万地质图进行套合，可以发现规模较大的矿床产于岩体和安山岩的接触带上，规模中等的矿床多产于安山岩中，矿点、矿化点多产于安山岩或岩体内部，一般沿断裂分布。②矿（化）体走向。从快鸟影像图上（图 4-13），把影像揭示的矿点、矿（化）体进行连接，可以看出该区矿（化）体走向有北北西、北北东、近南北、北东东，主体以北北西、北北东、近南北为主，说明该区总体上受 ATACAMA 区域性近南北断裂控制。

表 4-5　遥感数据影像成像参数

<table>
<tr><td>成像方式</td><td colspan="2">推扫式扫描成像方式</td></tr>
<tr><td>传感器</td><td>全色波段</td><td>多光谱</td></tr>
<tr><td>分辨率</td><td>0. 61m（星下点）</td><td>2. 44m（星下点）</td></tr>
<tr><td rowspan="4">波长</td><td rowspan="4">450 ~ 900nm</td><td>蓝：450 ~ 520nm</td></tr>
<tr><td>绿：520 ~ 660nm</td></tr>
<tr><td>红：630 ~ 690nm</td></tr>
<tr><td>近红外：760 ~ 900nm</td></tr>
<tr><td>量化值</td><td colspan="2">16bit 或 8bit</td></tr>
<tr><td>星下点成像</td><td colspan="2">沿轨/横轨迹方向（+/-25°）</td></tr>
<tr><td>立体成像</td><td colspan="2">沿轨/横轨迹方向</td></tr>
<tr><td>辐照宽度</td><td colspan="2">以星下点轨迹为中心，左右各 272km</td></tr>
<tr><td>成像模式</td><td colspan="2">单景 16. 5km ×16. 5km</td></tr>
<tr><td>条带</td><td colspan="2">16. 5km ×165km</td></tr>
<tr><td>轨道高度</td><td colspan="2">450km</td></tr>
<tr><td>倾角</td><td colspan="2">98°（太阳同步）</td></tr>
<tr><td>重访周期</td><td colspan="2">1 ~ 6 天（0. 7m 分辨率，取决于纬度高低）</td></tr>
</table>

综合分析，月亮山铁铜矿区和外围，规模较大的铁铜和铜金矿床位于侵入岩体-安山岩接触带上，受侵入构造带和热液角砾岩体控制比较明显。在矿点及区域上应注意矿脉交汇部位，在矿脉的延长线上是进一步找矿的有利部位。采用 1：20 万遥感解译-地质-航磁异常综合研究，对本区区域成矿潜力进行了评估。

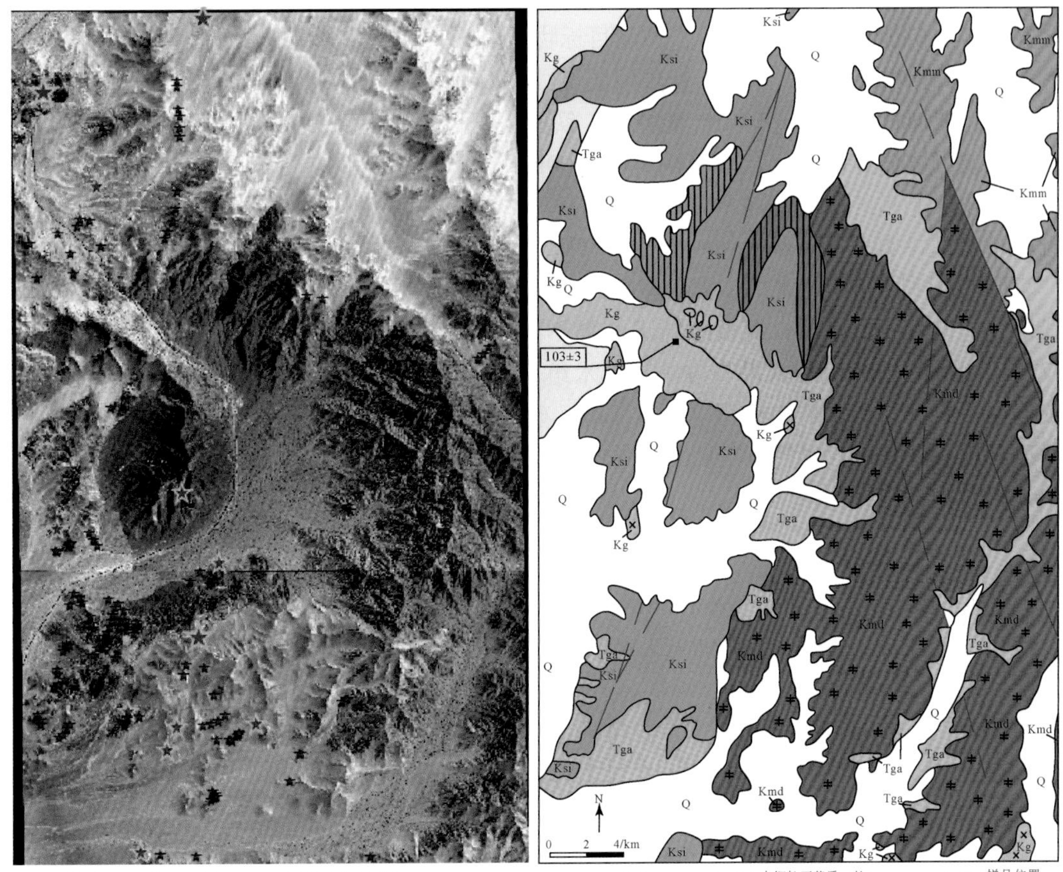

图 4-13　智利月亮山铁铜矿区遥感影像及矿床地质简图

4.4　智利月亮山 IOCG 矿床与深部找矿评价

现以智利月亮山 IOCG 型铜金矿床战略选区、矿业权区内快速勘查评价、物探异常检查评价和深部验证、构造岩相学与地球化学岩相学解剖研究与找矿预测为例，说明对智利铁氧化物铜金型矿床资源潜力评价的工作思路和方法技术组合。

（1）IOCG 成矿大陆动力学模型与成矿演化模式。研究了智利 IOCG 与安第斯型活动大陆边缘构造演化过程，建立了智利 IOCG 成矿大陆动力学模型与成矿演化模式，这是 IOCG 成矿区带选区的参比模式。通过智利 IOCG 叠加成矿序列中成矿系列评估，建立矿床组合和成矿系列模式（图 4-14），选区勘查的范围在 5000 ~ 10000km^2，具有寻找超大型矿床潜力，可实现潜在的合作或并购矿山，产能在年处理矿石量 300 万 t 以上。

（2）智利 IOCG 成矿叠加序列、主共伴矿种与构造定位模式。智利海岸山带三级构造单元识别和圈定指标，解剖研究了智利海岸山带基底构造、主火山岛弧带、弧前盆地、弧后盆地、弧内盆地、主岛弧带与相互盆地构造反转过程中韧性剪切带和侵入岩叠加序列和构造–岩相学标志、遥感–航磁异常组合标志等。这种勘查选区标志主要适用于铁氧化物铜金型矿床成矿远景区（矿集区），预测目标物为 IOCG 型矿田。基准要求：①具有大型–超大型 IOCG 型矿床的勘查基地，初步探明了（332+333+334）资源量具有寻找超大型矿床的潜力；或通过合作完成矿山产能并购、铁铜精矿长期销售供货合同。②具有 5 处以上矿业权，或可以合作矿业权，面积在 100～500km^2，具有逐步形成勘查工作基地的条件。今后在矿业权上有进一步并购意向。③生态环境许可，现今和未来交通运输，矿山建设条件可行。通过并购小型采矿权和矿山，可以循环实现产能并购增长。

（3）智利 IOCG 矿床构造岩相学模式与勘查技术模式。通过典型 IOCG 矿山和勘查实践研究，方法技术研发，探索总结了三类不同 IOCG 矿床的勘查技术方法，按选区–矿业权登记–预测–普查流程式勘查方法与技术组合，建立先验模式，也是资源潜力评价基础。依据构造岩相学相体结构模型（图 4-14），确定勘查技术组合。以智利月亮山–塞勒尼格鲁成矿远景区为例，对智利 IOCG 构造岩相学模型和资源潜力评价方法技术组合进行再度验证和完善。

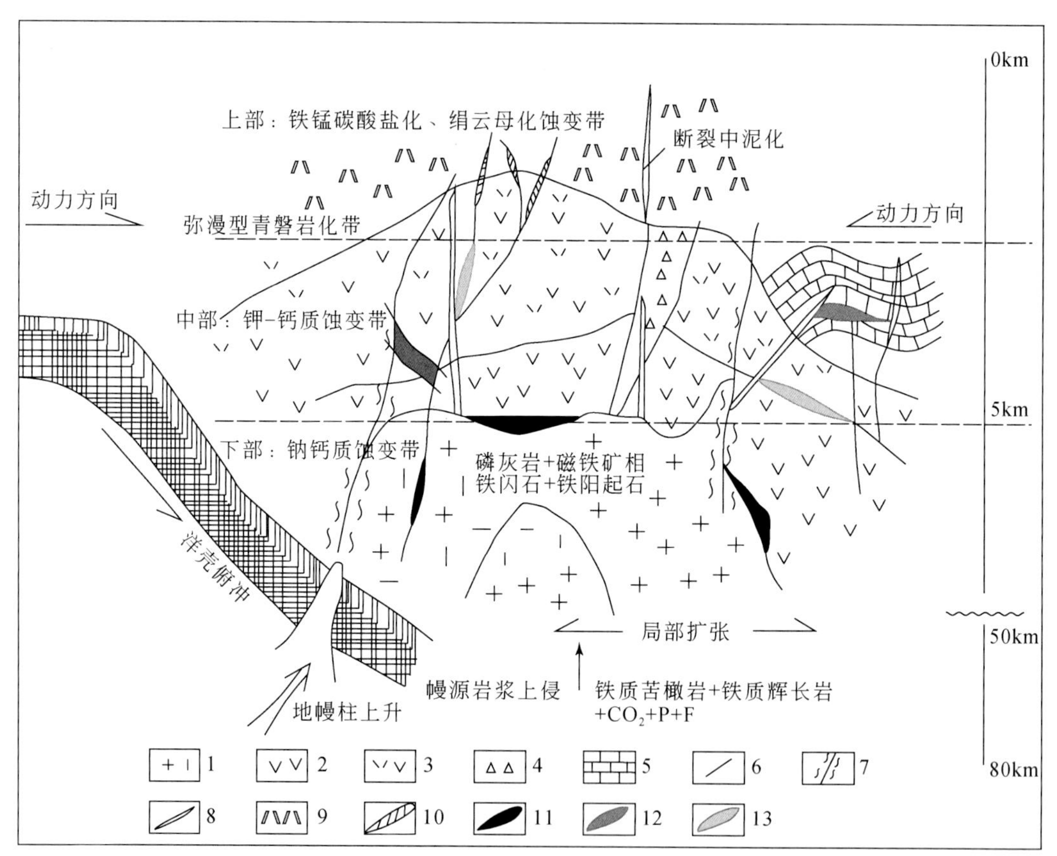

图 4-14 智利 IOCG 矿床的矿床构造岩相学结构模式

1. 闪长岩；2. 安山岩；3. 火山碎屑岩；4. 角砾岩；5. 碳酸盐岩；6. 断裂；7. 韧性剪切带；8. 侵入岩脉；9. 铁锰碳酸盐绢云母化蚀变；10. 铁锰碳酸盐脉（带）；11. 火山喷溢型铁（磷）矿床；12. 火山喷溢–岩浆期后热液叠加型铁铜金矿床；13. 火山沉积–改造型（曼陀型）铜银矿床

4.4.1　智利月亮山铁铜成矿带与区域构造岩相学

智利科皮亚波铁氧化物铜金型成矿带中，规模大于 100Mt 的铁矿床有 40 多个（Fe>60%），主要矿床如铜三角（Punter de Cobre）、塞勒伊曼（Cerro Iman）铁矿（富铁矿石量 310500t，Fe 65%）、Adrianitas 铁矿、Cerro Negro Norte（100Mt）铁矿等，月亮山北部约 100km 为最新发现大型仙多梅科（Santo Domingo）IOCG 矿床（240Mt 矿石量，Cu 0.55%），科皮亚波坎德拉利亚（Candelaria）-铜三角（Punta del Cobre）铜铁金矿床集中区。从西到东可以划分为三个成矿带。

（1）西部塞勒伊曼（Cerro Yeman）-月亮山-曼托贝尔德-曼托斯布兰科斯铜铁金（IOCG）成矿带，侏罗—白垩纪火山岛弧反转为深成岩浆弧和阿塔卡玛脆韧性剪切带复合控制了铁氧化物铜金型（IOCG）矿床，脆韧性剪切带控制了金银铜矿床，月亮山铁铜矿床位于该成矿带南部。

（2）中部坎德拉利亚-铜三角铜铁金成矿带受侏罗—白垩纪弧后盆地、部分弧后盆地反转为深成岩浆弧和阿塔卡玛脆韧性剪切带复合控制。该带中产出有坎德拉利亚-铜三角超大型铜铁金银矿床和一批曼陀型铜银矿床。

（3）东部嘎林-科皮亚比纳（Copiapina）铁铜金银成矿带受侏罗—白垩纪弧后盆地、弧后盆地部分反转为深成岩浆弧和阿塔卡玛脆韧性剪切带复合控制。属于铁氧化物铜金型矿床和浅成低温热液型金银多金属成矿带。

本单元是智利铁矿（铁氧化物型）、铁氧化物铜金型和曼陀型铁铜金矿床产出单元，智利月亮山铁铜矿赋存层位属于该构造岩石地层单元中（图 4-15）。

下白垩统印第安纳组（Ksi，Sierra Indiana）岩性主要为绿色-灰白色安山质熔岩、角砾岩、集块岩，印第安纳组（Indiana）在本区近南北向长 27km，东西宽度 1～5km，呈孤岛状分布，具有残余火山喷发中心的残留特点。火山熔岩与火山角砾岩（下白垩统）呈绿色和灰白色，火山喷发中心附近总体为火山熔岩丘高地相，向外依次为缓倾斜的火山熔岩相和火山角砾岩相。在印第安纳山脉较高区、帕雅思布朗卡山脉（Pajas Blancas）和晒拉（Sirra）以南可见铁铜矿层出露，主要为辉石安山质熔岩相，局部有 3～10m 厚的层状角闪石玢岩。层状角闪石玢岩中，斑晶主要为角闪石，少量基性斜长石，岩石密度较大（比重大），含铁质高，属于铁质安山岩，铁质安山岩是火山喷溢型铁氧化物型层状铁矿的主要含矿层位和含矿岩相。斑状变晶阳起石化安山质火山角砾岩和火山集块岩。该组中在 Pajas Blancas 山脉和 La Brea 峡谷有花岗岩类侵入。该组西与 Cucharas 深成花岗岩带之间为 El Encierro 糜棱岩化带限定。向东与 Blanca 二长岩呈侵入接触关系，二者之间蚀变带宽度在 0.5～1.5km。在二长岩岩体边部发育赤铁矿-钠长石化带，在印第安纳组（Ksi）中蚀变类型为带状硅化-绢云母化-高岭土化、带状硅化-电气石化带和阳起石化带，在铁矿层附近阳起石发育。

印第安纳组（Ksi）不含化石，侵入该组的早白垩世侵入岩时代为 112Ma，与中部弧后盆地中下白垩统坂杜丽娜组（Bandurrias，Kp）可做对比，二者属同期异相地层，坂杜丽娜组火山碎屑岩相具有的层状结构在火山岩岩相学上具有相体过渡关系，它们属于位于

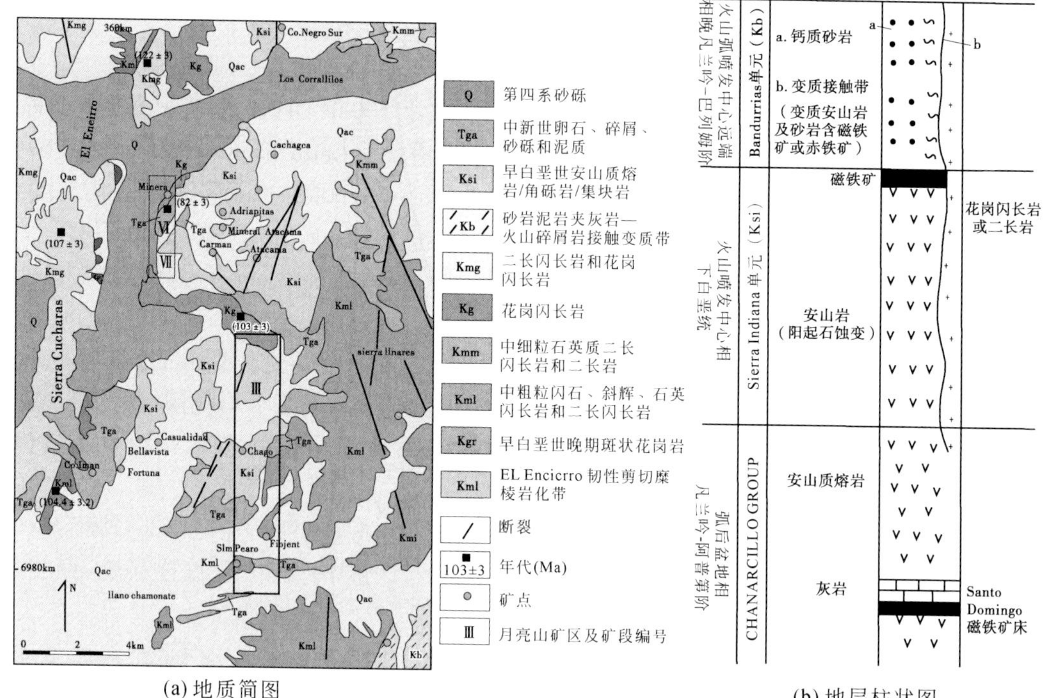

(a) 地质简图　　(b) 地层柱状图

图4-15　智利月亮山铁铜矿区地质图和地层柱状图（据 Arévalo, 1995 修编）

侏罗纪火山喷发中心较近但距离不同的同期异相层位。印第安纳组（Indiana）安山质熔岩相和安山质火山角砾岩属于近火山喷发中心的岩相体，邦德利亚斯组（Kp）层状结构属于距离火山喷发中心较远的火山碎屑沉积相（远端相）。

印第安纳组（Ksi）赋存有脉状和透镜状铁矿层（体），主要矿山有 Cerro Negro Norte、Cerro Negro Sur、Las Adrianitas、Cachagua、Cerro Iman。其中，Cerro Iman 和月亮山铁铜矿是赋存于该组地层中的主要矿床。铁矿层主要由块状磁铁矿和块状赤铁矿组成，共伴生铜、金。赋矿地层中角闪石辉石玢岩层发育，一般为铁铜矿层的上下盘围岩，伴有强烈阳起石化和阳起石化蚀变安山岩。

次火山相-斑状安山岩和角闪石辉石玢岩均为岩相学分类，以便于构造-岩相学填图单元建立和填图。斑状安山岩是具有中粗粒斑晶的安山岩，斜长石斑晶一般长轴 2～5mm，最大可达 10～20mm，斑状安山岩呈岩脉、岩墙侵入，岩石具斑状结构、流动构造。斜长石斑晶含量 45%～50%，粒径 0.2mm×3mm～0.8mm×5mm，大致定向分布，具钠长双晶和卡钠复合双晶，环带结构，不均匀绢云母化、泥化或被方解石交代。斜方辉石和少量普通辉石呈自形-半自形粒状或短柱状，粒径 0.5～2mm，裂隙及边缘有较多磁铁矿微粒和氧化铁染。角闪石辉石玢岩分布于月亮山矿区，岩石具斑状结构。斑晶主要为普通辉石和普通角闪石，二者含量相近。斑晶含量 20% 左右，粒径 0.3～3mm，呈自形短柱状，部分有熔蚀现象，普通辉石具简单双晶。普通角闪石颜色很浅，多色性为淡蓝绿色、淡黄绿色，不均匀绿泥石化、黑云母化，部分斑晶被碳酸盐交代并含有较多微粒磁铁矿。岩石具强钠黝帘石化，局部可见钠长双晶及环带结构，可见少量绿泥石、次生黑云母及细脉状纤闪石。

辉石角闪石玢岩形成时代为82.56±2.75Ma（李建旭，2011），从年代学和野外地质产状来看，辉石角闪石玢岩具有顺层侵入特征，形成时代晚于印第安纳组（Ksi）。

从表4-6看，角闪石辉石玢岩具有高铁（Fe_2O_3+FeO=13.66%）、高镁（9.20%）和高钙（8.95%）特征，这种铁质安山岩具有偏富铁苦橄质岩石系列特征，铁质苦橄岩对于铁氧化物铜金型矿床形成比较有利（方维萱等，2012）。铁质安山岩中富集V、Cr、Cu、Zn、Mo等元素，稀土元素总量较低且有明显负铕异常。

表4-6 智利月亮山铁铜矿角闪石辉石玢岩岩石化学主量（%）与微量元素（10^{-6}）特征

SiO_2	TiO_2	Al_2O_3	Fe_2O_3	FeO	MgO	CaO	MnO	Na_2O	K_2O	P_2O_5	烧失量	总量	K_2O+Na_2O	Fe_2O_3/FeO
51.45	0.6	10.95	8.01	5.65	9.2	8.95	0.15	2.63	0.62	0.088	1.62	99.9	3.25	1.42
Sc	V	Cr	Co	Ni	Cu	Zn	Ga	Sb	Rb	Sr	Zr	Nb	Mo	Y
49.1	200	379	22.6	68.2	50	641	16.5	12.7	31	252	37.1	2.1	79.4	12.3
Cd	In	Cs	Ba	Hf	Ta	W	Tl	Pb	Bi	Th	U	La	Ce	Pr
3.24	0.4	1.71	64.5	1.07	5.2	1.32	0.14	425	2.83	1.54	0.71	7.26	15.2	2.03
Nd	Sm	Eu	Gd	Tb	Dy	Ho	Er	Tm	Yb	Lu	REE	LR/HR	La_N/Yb_N	δEu
8.86	2	0.433	2.1	0.35	2.1	0.42	1.29	0.2	1.34	0.211	43.8	4.47	3.89	0.64

古新世塞兰特阶次火山岩侵入相（Tga），Pluton Cachiyuyo细粒闪长岩和二长闪长岩（Tga）侵入体为深成岩浆弧形成的产物。含电气石细粒闪长岩向外变为灰黑色中粒-细粒二长岩和石英二长闪长岩，角闪石和斜方辉石发生纤闪石化和绿泥石化，椭圆形的闪长岩侵入体地表面积约10km²。闪长岩侵入成层斑状安山岩中，边缘相为细粒闪长岩，向外相变为二长岩-二长斑岩、石英二长闪长岩-石英二长闪长斑岩。细粒闪长岩属于含矿岩体，发育铜金银矿脉，铜金银矿山有La Verde、Veinte de Julio、Claudia。矿石矿物有黄铜矿、辉铜矿、孔雀石、硅孔雀石、自然金、方铅矿。黑云母K-Ar年龄为62.3±2.0Ma（Zentilli，1974），全岩K-Ar年龄为59.6±2.8Ma。

中新世Tga地层：分布于河道中（厚5～100m）。主要为分选差的卵石、碎屑、沙砾和泥质，沉积凝灰岩黑云母K/Ar年代为（15.3±1.5）～(12.7±0.5）Ma。

1. 四级构造单元特征与中部弧后盆地岩石地层单元

弧后盆地岩石地层单元有白垩纪火山岩、火山碎屑岩和碳酸盐岩，厚度达5000m以上。拉坎德拉里亚（La Candelaria）和科皮亚波铜三角（Punta del Cobre）铁氧化物型Cu-Au(Zn-Ag）成矿带产于该单元中，也是曼陀型铜（银）矿床主要产出部位。

坎德拉利亚（Candelaria）-铜三角（Punta del Cobre）铜铁金矿床赋矿相体为Punta del Cobre地层中的火山岩和火山碎屑岩。部分矿体也产于早白垩世Chanarcillo组地层的下部火山碎屑岩夹层中。该成矿带中的绝大部分大型矿体都产于块状火山岩、火山碎屑岩与北西向脆性断裂带的交汇部位。这些北西向的断裂和一个重要的北东向韧性剪切带构成控制 Candelaria 矿床产出的部分因素。矿石构造有纹层状、角砾状和薄层状。矿体和围岩的界限明显。

在智利阿塔卡玛地区，下白垩统查纳尔组（Chañarcillo Group）海相灰岩揭示早白垩世凡兰吟阶-阿普特阶（Valanginian-Aptian）是弧后裂谷盆地主要成盆期，上覆塞日雷欧斯组（Cerrillos Formation）下部为粗碎屑岩系。

科皮亚波地区塞日雷欧斯组（Cerrillos Formation）下部粗碎屑岩系厚度约在 2000m，最大厚度可达 4000m。红色杂砾岩和砂岩层倾向东，凝灰岩、安山熔岩、火山角砾岩和火山泥石流相等呈夹层产出，局部可见灰岩和粉砂岩，砾岩中砾石分选性差、浑圆-次浑圆状，最大砾径达 100cm。砾石主要为斑状安山质熔岩。红色砂岩中火山碎屑物发育，细粒碎屑岩夹层中波状层理发育。塞日雷欧斯组（Cerrillos Formation）下部粗碎屑岩系中冲积扇相体代表了弧后盆地发生构造反转后，海相碳酸盐岩沉积体系之上接受的陆相冲积相扇体含有火山岩夹层。粗碎屑岩系和火山岩夹层持续时间从早白垩世阿普特阶初开始，到阿尔必阶末结束，冲积相扇体火山岩夹层中锆石 U-Pb 年龄揭示下部粗碎屑岩系形成时代在（110.7±1.7）~（99.7±1.6）Ma（Maksaev et al.，2009）。塞日雷欧斯组（Cerrillos Formation）下部粗碎屑岩系夹火山岩层形成的构造-古地理为安第斯同造山期活动大陆边缘上，代表了弧后盆地构造反转初期的构造-岩相学记录。塞日雷欧斯组（Cerrillos Formation）上部火山岩系发生构造变形时代，经锆石 U-Pb 定年为（69.5±1.0）~（65.2±1.0）Ma。

哈日同斯组（Hornitos Formation）呈角度不整合上覆在塞日雷欧斯组之上，在科皮亚波河谷中砾岩和红色砂岩层之间的红色熔结凝灰岩夹层中，锆石 U-Pb 年龄为 66.9±1.0Ma（Maksaev et al.，2009），属晚白垩世马斯特里赫特阶（65.5±0.3）~（70.6±0.6）Ma。总之，塞日雷欧斯组形成于区域构造抬升过程中，伴随早白垩世岩浆弧侵位；此后，哈日同斯组呈不整合超覆其上，从此开启了智利超大型斑岩铜金成矿系统，与坎德拉利亚矿床有关的岩石主要分为四种地层单元，广泛分布的为尼奥科姆统（Neocomian）的布达戴尔-高布莱组（Punta del Cobre）地层。这些地层单元从下到上依次为下部变质安山岩和变质凝灰岩→上部变质安山岩→变质沉积岩。

上述地层单元遭受到强烈的变质作用、交代变质作用和晚期热液蚀变，并受到其东部岩基和叠加的建造事件影响。复杂的地质历史事件使原岩的识别异常困难，区内地层的相互关系变得复杂。坎德拉利亚矿床就位于原岩为火山岩或次火山岩中，以钙碱性火山及火山-沉积岩互层为主，其顶部为磁铁矿-角闪石夕卡岩，具黄铜矿化、黄铁矿磁黄铁矿化。该层位向深部依次为磁铁矿±角闪石和钾长石，近水平角砾岩中发育黄铜矿化和黄铁矿化。该层位之上为石英角岩和钠柱石-方柱石-石榴石夕卡岩，它们构成坎德拉利亚矿床大型褶皱西翼。西部基岩早期沿着坎德拉利亚次级断裂侵入并形成较宽的角岩蚀变晕（2.5km）和黑云母化蚀变安山岩。在下部安山岩和凝灰岩上，叠加热液黑云母和磁铁矿-角闪石夕卡岩；同期在石灰岩和火山沉积岩中生成石榴石夕卡岩和石英角岩。

下部安山岩上方发育的近水平剪切带可能反映早期深部韧性变形事件。坎德拉利亚断裂带控制了白垩纪岩浆弧期间岩基侵入最早阶段，一些矿体与该断裂带的分支断裂有关，为同构造期所形成；随后形成了NNW向走滑断裂（NW向张性断裂）。在闪长岩侵入体的同岩浆侵入期，越靠近蚀变安山岩接触部位，钾化蚀变越强烈，为主工业矿化阶段主要动力源。高角度转换扭性断层控制了该矿床，在蚀变安山岩与上覆蚀变凝灰岩接触带，为IOCG矿体定位重要构造岩相学空间。早期IOCG成矿受后继低角度逆断层叠加，推测与坎德拉利亚断层转换过程密切有关。在晚白垩世中期挤压应力场下，形成了局部褶皱和弧后盆地封闭。主工业矿体主要位于蚀变凝灰岩底部和蚀变安山岩顶部的接触部位，晚期阶段矿化（黄铜矿-黄铁矿-方解石-赤铁矿）与局部断层活动有关。

在多梅科断裂和拉特尼拉断裂之间分布有上白垩统—始新统沉积岩、火山熔岩和熔结凝灰岩，它们形成于伸展构造背景下，是寻找浅成低温热液型金银多金属矿的有利地层单元。

2. 区域构造岩相学特征

大地构造位置属环东太平洋活动大陆边缘，位于海岸山带和前安第斯山带间的拉内格拉主火山岛弧带，以及叠加阿塔卡玛走滑大断裂带。拉内格拉主火山岛弧带在18°~28°S，主要为钙碱性岩浆系列，含钾高，主要矿物为斜长石、辉石和橄榄石，具有无水低压环境中岩浆结晶分异作用特征。

智利月亮山铁铜矿区主要构造样式为脆韧性糜棱岩化构造带、北西向脆韧性断裂带、侵入构造蚀变带和热液角砾岩带等四种。

（1）EL Encierro脆韧性糜棱岩相构造带和NEE向断裂带。本矿区构造断裂主要为近南北向韧性剪切带及次级北东和北西向断裂。西部EL Encierro韧性剪切带中糜棱岩化发育，为独立的构造岩石填图单元（Kmi，F_1^1），NEE向长55km、宽400~1500m，走向NNE（20°~30°），倾向南东（110°~120°），倾角55°~80°，属于阿塔卡玛断裂主要分支。断裂带内发育强烈糜棱岩化，见S形不对称褶皱、S-L构造透镜体和水平-近水平拉长线理，形成于（114±4）~（104±3.2）Ma（Grocott et al.，1994），可能与东倾的低角度断层扩展系统移动有关。该糜棱岩化带北段南端和南段两端均被第四系覆盖，推测为在深部连续的隐伏脆韧性剪切带。该糜棱岩化带（Kmi）向西侧与Sierra Cucharas二长闪长岩和细粒闪长岩（Kmg）接触，东侧与印第安纳组（Ksi）火山岩和Sierra La Brea二长闪长岩和闪长岩（Kmd）接触。该糜棱岩化带（Kmi）内构造面理置换强烈，构造面理由毫米级石英-长石条带、片状黑云母、定向化排列的角闪石和不透明矿物等组成，水平和近水平拉伸线理发育，揭示具有显著平移走滑作用。S形不对称褶皱、S-C组构、σ和δ旋转碎斑系等微构造揭示经历了强烈的剪切构造作用。

月亮山-卡日幔（Carman）-尼格鲁（Negro）脆韧性剪切带（F_1^2和F_1^3）从月亮山铁铜矿区中部穿过，NEE向长度20km，宽度100~800m，由两条断层带相伴共同组成了大型S-L透镜体（带），呈穿层产出，切割了下白垩统印第安纳组（Ksi，Sierra Indiana）。在地表可见大型构造透镜体，F_1^2和F_1^3断裂带不但是导矿构造，连通了深部隐伏二长岩和闪长岩岩体，而且属于储矿构造带，S-L构造透镜体常由含矿热液角砾岩体组成。F_1^3在月亮山3号矿段转向为近南北向，形成了压剪性透镜体（带），推测这种断裂带局部产状变化与东部二长闪长岩和闪长岩侵入构造有密切关系。

F_1^4断裂带位于月亮山铁铜矿区中部，沿该断裂带充填有一系列铁铜矿脉带，并有蚀变带分布于其中，该断裂带也是导矿构造和储矿构造带。F_1^4断裂带沿 Sierra Pajas Blancas 花岗闪长岩侵入体西侧分布，该花岗闪长岩岩体（103±5Ma，黑云母 K-Ar 法）具有较强的金铜成矿作用，推测 F_1^4断裂带为含矿热液运移的构造通道和储矿构造，地表和深部均与该花岗闪长岩侵入有密切关系，属深部隐伏铜铁金矿体赋存有利构造带。

（2）北西向脆韧性断裂组（F_2）。区域上北西向断裂组（F_2）形成晚于 NEE 向脆韧性剪切带和断裂带。北西向断裂组（F_2）发生左旋平移，错断了北北东向断裂及糜棱岩化带，局部拉应力产生的北东向次级张性断层和小规模拉分断陷盆地并沉积了 Tga 地层。在晚白垩世—古新世，最东部北东向 Elisa de bordos 右旋断裂系统向北延伸到科皮亚波，标志着火山及构造活动重新开始（63～53Ma），晚白垩世北西向断裂组（F_2）为与同期侵入岩密切相关的断裂组，属于成矿流体运移构造通道和储矿构造，该组断裂与铜金银热液成矿作用密切相关。

在月亮山铁铜矿区内，北西向断裂组（F_2^1、F_2^2、F_2^3、F_2^4等共 6 条）主要属于 NEE 向脆韧性剪切带派生的次级断裂带，F_2^1和 F_2^2走向 310°，倾向南西，倾角 65°～70°，断裂带宽 2～30m。含铜磁铁矿矿体呈透镜状直接赋存在断裂带之中。

（3）侵入构造蚀变带与热液角砾岩带构造。

①侵入岩体、侵入构造与蚀变带。在月亮山铁铜矿区中部，侵入构造带与热液角砾岩相带分布在石英闪长岩和二长闪长岩（Kmd）西侧边部，宽 500～1500m，在二长闪长岩边部发育赤铁矿-绢云母-钠长石和赤铁矿-钠长石化蚀变带，南北向长度为 3000m，东西向宽 1800m，出露面积 5.4km^2。岩石破碎强烈，脆韧性变形构造发育，表明石英闪长岩和二长闪长岩（Kmd）侵入体在后期发生了强烈脆韧性构造变形和蚀变作用。

在月亮山铁铜矿区南部 3 号铁铜矿段中，ZK12-3、ZK0-2、ZK3-1、ZK19-1 和 ZK11-2 在深部均揭露了石英闪长岩和二长闪长岩（Kmd），南北向长度为 1000m，揭露深度在 200～300m，说明石英闪长岩和二长闪长岩（Kmd）向西向深部侧伏，局部形成了舌状侵入体和岩枝，这种侵入构造对于铁氧化物铜金型矿体形成十分有利，如在 ZK0-2 钻孔。在石英闪长岩和二长闪长岩中发育赤铁矿-绢云母-钠长石蚀变带，钻孔工程证明地表蚀变带同样向西向深部侧伏。在月亮山铁铜矿区北部，侵入构造蚀变带为北西向，长度 2000m，走向 310°，南西—北东向宽 800m 以上，出露面积 1.6km^2。

总体上看，侵入构造带和蚀变带近南北向长度达 6000m 以上，宽度在 800～1800m，出露面积和深部工程揭露面积合计在 7.5km^2以上。

②热液角砾岩带构造。在月亮山铁铜矿区北部和中部，地表可见热液角砾岩带构造出露，月亮山铁铜矿区北部出露宽度 50～200m，长度 2000m。中部蚀变含矿热液角砾岩带宽 500m，长度 2500m。在月亮山 3 号铁铜矿段，0～12 勘探线之间，钻孔中系统揭露和控制，南北向长 1500m，宽度 800m。

在 6～12 勘探线地表、坑道和小规模露天采场中，揭露出含矿蚀变网脉状角砾岩体，面积为 300m×800m。主要蚀变为赤铁矿化、磁铁矿化、褐铁矿化、镜铁矿化、透闪石化、阳起石、绿泥石、绢云母化、硅化、孔雀石化、氯铜矿化、角砾岩化等。含铜磁铁矿呈网脉状、脉状和角砾状等不同形态产出。硅化较强时，铜硫化物明显富集。

3. 岩浆岩类型与IOCG成矿关系研究

在智利月亮山铁铜矿区，岩浆岩主要有石英闪长岩和中性-中基性浅成、超浅成侵入杂岩、火山熔岩、熔结角砾岩和中酸性岩脉或岩枝。岩浆活动集中于早白垩世（135～100Ma），明显有两次高峰期，135～130Ma（早期）和112～103Ma（晚期），主要有西部Kmg和Kg单元和东部科皮亚波杂岩体（图4-15），这些侵入岩体与铁氧化物铜金型矿床和铜金矿有密切关系。在铁矿体下盘有角闪石辉石玢岩层（脉）和辉绿岩岩层（床）。

从本区西部到东部、向月亮山铁铜矿区外围以东地区，揭示本区侵入体具有向东时代变新、深成岩浆弧向东迁移的特征；进入中部弧后盆地反转构造带中，闪长岩和花岗闪长岩体形成于（65±10）～(62.5±2）Ma，属于晚白垩世侵入岩体，但早白垩世（135～100Ma）与铁氧化物铜金型矿床和铜金矿成矿关系密切。

（1）早白垩世石英闪长岩（Kdc）、二长闪长岩和花岗闪长岩（Kmg）。Sierra Ramadillas石英闪长岩（Kdc）为暗灰色、灰黑色，不等粒结构，中长石和奥长石呈板状晶体，暗色矿物为黑云母、角闪石和辉石，可见较多磁铁矿晶体，属于磁铁矿系列花岗岩，形成时代为134±3Ma（黑云母K-Ar法，Arévalo，1995），形成铜富集成矿，以San Jose铜矿为代表，铜矿石矿物有蓝铜矿、黄铜矿和辉铜矿，其次为孔雀石、硅孔雀石和氯铜矿。Sierra Cucharas二长闪长岩和花岗闪长岩（Kmg）分布在EL Encierro韧性剪切糜棱岩化带以西地区，呈南北向展布，该岩体东南部（Pampa Los Morados以西）见大量铁镁质捕虏体。近平行带状非矿化细晶岩和闪长岩脉长500m、宽1～3m，辉石、黑云母和闪石发生绿泥石、绿帘石化蚀变作用，表明岩浆发生淬火冷凝作用，岩体形成时代为（133±3）～(131±3）Ma，该岩体的脆韧性构造变形变质的年龄为（122±3）～(107±3）Ma（黑云母K-Ar法，Arévalo，1995），该期闪长岩类主要为铁氧化物型铁矿成矿岩体，以Esperanza铁矿床为代表。

（2）早白垩世末花岗闪长岩（Kg）。Sierra Pajas Blancas花岗闪长岩（Kg）分布于月亮山铁铜矿区中部、东北部及东部，脆韧性剪切糜棱岩化带（F_1^2和F_1^3）东侧，闪长岩、黑云母花岗闪长岩呈不规则状岩株或小岩枝出露（1～8km^2），发生黏土化和青磐岩化，该期花岗闪长岩形成时代为103±5Ma（黑云母K-Ar法，Arévalo，1995），与铜金矿化密切相关，如Almin Hallada铜金矿床。月亮山铁铜矿区中部花岗闪长岩（Kg）局部出露，推测主体为隐伏岩体，具有很好的铜金成矿潜力，该岩体周边是寻找隐伏铜矿体的有利成矿部位。

（3）科皮亚波白垩纪复式岩体（Kmd、Kmm、Kg、Kgr）。科皮亚波白垩纪复式岩体分布于月亮山铁铜矿区东部，由Sierra La Brea二长闪长岩和闪长岩（Kmd）、Sierra Blanca二长岩和二长闪长岩（Kmm）、花岗闪长岩（Kg）和Sierra Pajas Blancas花岗闪长岩（Kgr）等四个单元组成，复式岩体总体呈南北向展布。①Sierra La Brea二长闪长岩和闪长岩（Kmd）单元为中粗粒石英闪长岩和二长闪长岩，含闪石和辉石，该单元岩体侵入到下白垩统（Chanarcillo）灰岩层中，形成了钙铁榴石-钙铝榴石和透辉石-钙铁辉石系列夕卡岩化带，与铁氧化物铜金矿床密切相关，如Manchada、Delaida、Verde、Negra、Esmeralda、Mosquito铁铜矿床，形成时代为92.5±2.8Ma、116±3Ma、119±2Ma（黑云母K-Ar法，Arévalo，1995）。形成了绢云母-高岭石带和绿泥石-绿帘石化蚀变带，与铜金富集成矿密切相关，主要矿石矿物有黄铜矿、自然金和赤铁矿，铜次生矿物为孔雀石、硅孔雀石和氯铜矿。②Sierra Blanca 中细粒石英二长闪长岩和二长岩（Kmm）东部与下白垩统坂杜丽娜组（Bandurrias，Kp）之间形成了接触交代蚀变带，发育蚀变安山岩、角岩化变余砂岩和辉石磁铁矿角岩，钾长石化强烈，伴有阳起石-纤闪石化、裂隙状石英-钠长石化，蚀变带具有明显的构造破碎。二长花岗岩中钾长石增多，辉石发生纤闪石化和黑云母化，钠长石化围绕斜长石形成增生环带。形成时代为（108±3）~（112±3）Ma（黑云母 K-Ar 法，Arévalo，1995），代表矿床有 Galleguillos、San Antonio 和 Carmen 铜金矿，矿石矿物有黄铜矿、辉铜矿和自然金，铜次生矿物有氯铜矿、孔雀石和硅孔雀石等。③Sierra Pajas Blancas 花岗闪长岩（Kgr）单元为不规则斑状花岗岩-细晶岩脉，出露面积 0.5 ~ 3km^2，含少量黑云母和榍石，斜长石发生高岭石化和蒙脱石化。属于深成岩浆（幔源）高位浅成侵入体，侵位于地壳浅部 2 ~ 3km（Marschik and Fontboté，2003）。

（4）角闪石辉石玢岩墙（脉）。在月亮山铁铜矿区地表和钻孔深部，铁铜矿上下盘围岩中常见角闪石辉石玢岩墙，局部可见与辉石闪长岩形成连续过渡相，具有明显的磁铁矿化，或磁铁矿矿层产于角闪石辉石玢岩-辉石闪长岩之间，这两类岩性成为铁铜矿体的上下盘围岩。角闪石辉石玢岩中发生强烈的阳起石化、黑云母-阳起石化、石膏化和绿泥石-钠黝帘石化。

（5）将本区典型铁氧化物铜金型矿床做对比，月亮山铁铜矿具有火山喷溢型铁氧化物、含铁铜热液角砾岩和含金脆韧性剪切带三种类型矿化多期叠加特征，与曼托贝尔德和曼托斯布兰科斯铜铁金（IOCG）矿床具有类似特征，控矿规律为火山喷溢型铁氧化物形成层状-似层状铁矿，二长斑岩侵入形成了舌状侵入体和侵入构造，控制了含铁铜热液角砾岩体构造和含矿蚀变构造带。金铜成矿主要与脆韧性剪切带密切相关，该区具有寻找超大型铁铜矿床的成矿地质条件。

4.4.2 月亮山 IOCG 成矿构造岩相学与富集规律

智利同类型矿床形成时代主要是侏罗纪和白垩纪两个时期，此类矿床的共同显著特点是受特定火山岩层位控制，并与次火山相超浅成侵入体产出存在密切的时、空相关关系，尽管这些侵入体矿化情况不同。矿床通常产于辉长质，闪长质或安山质次火山侵入体，如岩脉、岩床、岩株或火山颈附近。因此笔者较倾向于 Boric（2002）提出的“矿床形成包括数个叠加阶段的火山喷流沉积加后期热液叠加改造”，即早期火山活动可能形成部分陆相 VHMS 型矿化，后期多期次火山作用叠加改造，但这种叠加改造作用可能形成已有矿（化）体成矿元素的富集或贫化。安第斯演化初期，侏罗纪至早白垩世的板块俯冲事件，使沿南美活动大陆边缘发育了一条岩浆弧，大量镁铁质至中酸性岩浆侵入是此类矿床形成的重要也可能是最主要的因素。矿化与中生代火山沉积地层侵位岩基是同时发生的。

综合资料显示该区找矿标志较明显，地表多出露有磁、赤铁矿（少量含铜的次生氧化矿物）。矿区覆盖层不厚，航磁和地面高磁异常是很好的找矿标志。

智利月亮山铁铜矿床工业类型为铁氧化物铜金型矿床，成因类型为火山喷溢-岩浆热液叠加成矿。控矿因素主要有：①月亮山铁铜矿位于智利中生代拉内格主火山岛弧带上，印第安纳组（Ksi）火山机构的各类火山岩相为控矿岩相，主要为辉石安山质熔岩相，局部有 3～10m 厚的层状角闪石辉石玢岩，层状角闪石辉石玢岩属于苦橄质铁质基性火山岩。铁质安山岩-苦橄质铁质基性火山岩是火山喷溢型铁氧化物型层状铁矿的主要含矿层位和含矿岩相，铁氧化物层状矿体主要受岩性、岩相和层位控制明显。②区内二长斑岩-二长闪长玢岩、二长岩-二长闪长岩、辉长岩-辉绿岩岩墙对于岩浆热液叠加成矿作用控制明显。在它们形成的复式侵入岩体边部和顶部（隐伏岩体）形成侵入构造带和热液角砾岩体，侵入构造带和热液角砾岩体是月亮山铁铜矿床的控矿构造主要样式，铁铜矿体主要产于侵入构造带和热液角砾岩体中次级张剪性断裂（裂隙）带，形成含矿角砾岩体、板状和脉带型矿体群。在侵入构造带中，赤铁矿黏土化蚀变带+含铜镜铁矿脉带是寻找浅地表和隐伏矿体主要勘查标志。③在区内和区域上，与二长斑岩-二长闪长玢岩和二长岩-二长闪长岩相伴，形成同岩浆侵入期脆韧性剪切带，这些脆韧性剪切带和次级构造是控制铁铜矿体和铜金矿体定位的构造。

月亮山铁铜矿床内，现在工程控制的铁铜矿体产出规律主要受两类规模较大的热液角砾岩体构造控制，形成了热液叠加成矿似层状角砾状矿体和近直立热液角砾岩筒控制的板状-脉带型铁铜矿体（群）。

1. *热液叠加成矿似层状角砾状矿体*

月亮山铁铜矿体产于上侏罗—下白垩统印第安纳组（Ksi）基性火山熔岩及火山角砾岩中，铁铜矿体规模和厚度较大，铁品位高，成矿元素有 Fe-Cu-Au-Ag-Mo。铁铜富集成矿明显受火山喷溢成矿作用和岩浆热液叠加成矿作用复合控制，铁铜矿体定位受同岩浆侵入期脆韧性剪切带次级同生断裂控制。这类铁铜矿体呈似层状受层状火山角砾岩相体控制明显，铁铜矿体产于火山喷溢期（苦橄质基性火山熔岩）和火山喷发沉积期（基性凝灰岩），受近南北向和北西向层间断裂带控制。矿石结构为交代残余结构，致密块状、浸染状、网脉状构造。磁铁矿化、磁赤铁矿化和赤铁矿化发育，在 45 号矿段上下盘围岩中发育纤闪石-阳起石化、石榴子石夕卡岩化、阳起石夕卡岩化。在月亮山铁铜矿区中部（尚未开展深部钻探验证），地表主要发育赤铁矿-钠长石化和绿泥-绿帘石化，在二长斑岩-二长岩-二长闪长岩侵入岩体侵入期间，叠加了黏土化-绢云母化、碳酸盐-石膏化、含铜赤铁矿化、脉带型辉铜矿硅化蚀变。主要矿石矿物为磁铁矿、磁赤铁矿、赤铁矿、黄铜矿、辉铜矿、氯铜矿、孔雀石等，脉石矿物为石英、长石、绢云母、石膏等。月亮山铁铜矿区中部矿段（尚未钻探验证区）和 3 号矿段Ⅲ号矿体属于此类型，在深部钻孔中，蚀变闪长岩中石膏和碳酸盐化呈网脉状沿裂隙产出。热液蚀变强度与热液角砾岩规模有一定关系，在热液角砾岩化不发育部位，岩石蚀变相对较弱，以青磐岩化为主。在热液角砾岩规模较大时，热液角砾岩化和各类蚀变发育，在热液活动中心，形成典型的赤铁矿电气石蚀变岩。月亮山铁铜矿床具有较明显的蚀变分带，经钻孔揭露和综合研究，从上到下蚀变分带为：①上部为黏土化-绢云母化-赤铁矿蚀变带，主要蚀变组合有黏土化（高岭石化）、绢云母、铁碳酸盐化、绿泥石化，热液角砾岩化受断裂和裂隙带控制。铁铜矿体受断裂和裂隙带控制，矿石类型为含铜镜铁矿型、含铜赤铁矿型、含铜镜铁矿-石英型，伴有金银矿化，主要分布在月亮山铁铜矿中部矿段，属于隐伏矿体找矿标志。②中部电气石铁质-钾质蚀变带+热液角砾岩化相带。蚀变组合为电气石化、钾长石化、黑云母、绢云母、铁质蚀变由磁赤铁矿-磁铁矿、铁阳起石-铁绿泥石-铁闪石组成，如月亮山铁铜矿 3 号浅部和45号矿段浅部，主要分布在蚀变二长斑岩、二长斑岩和二长闪长岩侵入部位。③深部铁质-钠质蚀变带+热液角砾岩化相带，蚀变组合为电气石化、钠长石化、钠黝帘石、铁质蚀变由磁铁矿、铁阳起石-铁绿泥石-铁闪石，与二长斑岩、二长闪长岩侵入岩和同岩浆侵入期脆韧性剪切带有密切关系。

2. 近直立热液角砾岩筒控制的板状-脉带型铁铜矿体（群）

热液角砾岩体受二长斑岩-二长闪长岩复式侵入控制，这类铁铜矿体（群）是在热液角砾岩体中受张剪性断裂带和张裂隙控制。在块状似层状铁铜矿体下盘发育此类型矿体。此类矿石与二长闪长岩、花岗闪长岩及辉绿岩关系密切。在空间上的分布规律也比较明显，走向上北部为脉状、网脉状产出，厚度较大，南部变为细网脉状，厚度逐渐变小；垂向上上部为脉状产出，往深部脉体少，矿脉加宽。矿石矿物为中细粒磁铁矿、磁赤铁矿、赤铁矿等，与硅化脉紧密伴生。围岩蚀变主要为硅化、绢云母化、绿泥石化、绿帘石化、石膏化、碳酸盐化等，在空间上垂向蚀变分布规律也比较明显，由上到下为钾质蚀变-铁质-热液角砾岩化带（蚀变组合为钾长石-绢云母-磁铁矿-阳起石-绿泥石）、钠质-铁质-热液角砾岩化带（蚀变组合为钠长石-钠黝帘石-磁铁矿-阳起石）。月亮山铁铜矿区3号矿段中Ⅰ号和Ⅱ号矿体、Ⅰ-Ⅱ号矿体之间脉带型含矿热液角砾岩均属于此类型。

3. 具有幔源特征的铁质超基性岩墙（铁质苦橄岩类）是寻找IOCG型矿床指标

（1）在智利IOCG成矿带上，发育辉绿岩、辉长岩和基性岩脉群，前人将这些基性岩脉群作为IOCG矿床间接找矿标志，或认为与IOCG矿床直接关系不明晰。月亮山铁铜矿区发育辉绿辉长岩脉群，辉绿辉长岩脉经历了韧性剪切变形后形成了黑云母斜长片麻岩，与本区阿塔卡玛断裂带中构造岩具有一致特征。但月亮山铁铜矿体上下盘发育的辉绿辉长岩，经过镜下鉴定为磷灰石角闪透辉石岩，属于超基性侵入岩墙，在本区属于IOCG矿体下盘或上盘围岩，或呈独立岩墙群产出，常伴有较弱铜和铁矿化现象。

在岩石化学特征上（表4-7），磷灰石角闪透辉石岩 SiO_2 含量在49.12%~50.38%，具有明确富集 Fe_2O_3、FeO、CaO、MgO 和 P_2O_5 的特征，含（Fe_2O_3+FeO）为13.61%~18.62%，MgO为12.13%~13.69%，CaO为13.05%~19.06%，P_2O_5 为0.63%~0.80%，按照国际地科联标准MgO≥12.00%为苦橄岩类。本区磷灰石角闪透辉石岩（Fe_2O_3+FeO）>12.00%，属于铁质超基性岩（铁质苦橄岩类）。K_2O、Na_2O 和 TiO_2 含量低，（K_2O+Na_2O）为0.37%~0.79%，TiO_2<0.14%，属于低钛系列的铁质超基性岩。与全球已知低钛系列的IOCG矿床岩石组合具有类似特征，本次确认了低钛系列的铁质超基性岩与低钛系列的IOCG矿床有密切关系。磷灰石角闪透辉石岩属于IOCG矿床直接找矿标志之一。

在微量元素特征上（表4-8），ΣREE总量较低，为（19.9~98.7）$\times10^{-6}$，具有明显负Eu异常，δEu=0.40~0.71。含钒较高，为（372~668）$\times10^{-6}$，但Cr含量明显低。

（2）在智利IOCG成矿带上，二长斑岩属主要成矿岩体之一。二长斑岩主要位于智利月亮山铁铜矿床东侧，本区深部钻孔和地表中均有发现，二长斑岩发生磁铁矿化和黏土化，局部具有含钴黄铁矿化，形成了含钴铁矿（化）体和含钴黄铁矿矿（化）体。

表 4-7　智利月亮山铁铜矿床不同类型岩石和矿石岩石化学分析结果表

（单位：%）

岩体	样号	SiO_2	TiO_2	Al_2O_3	Fe_2O_3	FeO	MnO	MgO	CaO	Na_2O	K_2O	P_2O_5	LOI	总量	Na_2O+K_2O	K_2O/Na_2O	Fe_2O_3+FeO	Fe_2O_3/FeO
磷灰角闪透辉石岩/铁质超基性岩	B150	49.12	0.13	1.97	6.81	6.80	0.14	12.13	19.06	0.60	0.20	0.80	1.71	99.46	0.79	0.33	13.61	1.00
	B151	50.38	0.11	1.47	9.12	9.50	0.17	13.69	13.05	0.24	0.13	0.63	1.00	99.48	0.37	0.55	18.62	0.96
细晶闪长岩	B155	56.07	0.74	17.65	4.45	3.78	0.04	3.09	6.82	4.68	1.69	0.29	0.67	99.97	6.37	0.36	8.23	1.18
细晶石英闪长岩	B79	62.14	0.68	15.99	4.08	3.33	0.05	2.21	4.93	3.87	2.40	0.14	0.19	100.01	6.27	0.62	7.41	1.23
磁铁矿二长斑岩	B83	34.79	0.58	8.11	25.27	17.55	0.06	4.03	6.34	0.87	4.82	0.19	0.10	102.61	5.69	5.51	42.82	1.44
闪长斑岩	B84	55.09	0.16	14.07	3.75	5.63	0.14	7.09	7.73	3.85	1.76	0.03	0.30	99.60	5.61	0.46	9.38	0.67
含钴蚀变正长斑岩	B97	42.16	0.64	12.64	14.56	8.65	0.09	2.98	1.46	1.10	5.47	0.14	6.65	96.53	6.57	4.97	23.21	1.68
钠化闪长岩	B103	52.65	0.68	16.81	3.34	4.83	0.15	5.73	6.22	5.09	1.22	0.04	3.18	99.95	6.31	0.24	8.17	0.69
泥化安山岩	B69	58.04	0.78	16.24	3.69	3.85	0.13	4.03	6.34	3.37	1.82	0.19	1.47	99.96	5.19	0.54	7.54	0.96
绢云母化岩	B147	48.83	0.58	17.14	10.83	6.70	0.43	3.01	3.99	1.52	2.84	0.02	4.09	99.98	4.36	1.87	17.53	1.62
赤铁电气石岩	BY101	43.61	0.52	10.65	20.79	4.53	0.20	3.34	6.52	0.70	0.11	0.26	4.51	95.74	0.81	0.16	25.32	4.59
赤铁磁铁矿矿石	BY135	9.45	1.08	1.67	74.35	11.25	0.07	0.67	0.42	0.06	0.05	0.03	0.51	99.62	0.12	0.83	85.6	6.61
电气石磁铁矿矿石	BY94	25.76	0.45	12.82	42.31	11.13	0.04	4.05	1.38	0.76	0.06	0.12	0.66	99.54	0.81	0.07	53.44	3.80
赤铁磁铁矿矿石	BY136	31.55	0.35	11.70	43.33	5.78	0.05	3.60	1.46	0.70	0.07	0.03	0.83	99.45	0.77	0.10	49.11	7.50
含钴黄铁磁铁矿石	B105	6.81	0.07	1.54	39.81	18.25	0.11	1.04	20.55	0.07	0.12	0.06	9.84	98.26	0.19	1.66	58.06	2.18
电气石磁铁矿石	B75	6.52	0.19	3.88	63.33	14.45	0.05	1.67	1.05	0.16	0.11	0.21	0.79	92.48	0.27	0.67	77.78	4.38
电气石赤铁矿石	BY89	34.79	0.48	14.75	37.17	3.20	0.05	4.42	1.10	1.04	0.08	0.06	2.34	99.48	1.12	0.07	40.37	11.62
电气石赤铁矿石	BY91	26.48	0.34	11.78	49.04	3.65	0.07	3.51	1.42	0.74	0.06	0.09	2.24	99.42	0.80	0.09	52.69	13.44
磁铁赤铁矿石	BY142	23.32	0.33	13.26	48.01	3.20	0.09	4.09	3.35	0.84	0.14	0.03	3.06	99.73	0.98	0.16	51.21	15.00
磁铁赤铁矿石	BY139	27.44	0.26	10.90	50.66	2.63	0.04	3.44	1.01	0.67	0.13	0.17	2.45	99.81	0.81	0.20	53.29	19.26
黄铁磁铁矿石	B77	2.84	0.12	0.26	94.68	0.25	0.05	0.51	0.64	0.01	0.07	0.01	0.10	99.43	0.08	6.60	94.93	378.70

注：B97 含钴蚀变闪长斑岩中含钴 1173×10^{-6}；B105 含钴黄铁磁铁矿石含钴 194×10^{-6}。

在岩石化学特征上（表4-7），SiO_2含量在34.79%～42.16%，具有明确富集Fe_2O_3和FeO特征，含（Fe_2O_3+FeO）为23.21%～42.82%，这与二长斑岩中发育含钴磁铁矿（化）体和含钴黄铁矿矿（化）体密切相关。（K_2O+Na_2O）在5.69%～6.57%，但明显富集K_2O为4.82%～5.47%，K_2O/Na_2O值在4.97～5.51。本区二长斑岩属于岛弧带发生构造反转后，演进为陆缘弧（成熟岛弧带）形成的产物，因此，月亮山铁铜矿区二长斑岩是IOCG矿床主要成矿岩体，属直接找矿标志。

在微量元素特征上（表4-8），ΣREE总量较低，在$(19.9\sim98.8)\times10^{-6}$，具有明显的负Eu异常，$\delta Eu=0.29\sim0.88$。含钴、铜、钼和钡较高，Co含量为$87.9\times10^{-6}$、$1173\times10^{-6}$，含铜为$903\times10^{-6}$、$317\times10^{-6}$，含钼为$28.5\times10^{-6}$、$25.7\times10^{-6}$，含钡为$1514\times10^{-6}$、$1649\times10^{-6}$。可以看出，二长斑岩对于IOCG矿床中Cu、Co和Mo富集成矿能够提供足够的物质来源。

（3）绢云母化蚀变岩分布在二长斑岩周边，与二长斑岩密切相关，并伴有面型黏土化蚀变相。绢云母化蚀变岩中（Fe_2O_3+FeO）为17.53%，具有较明显的铁矿化，因此，月亮山铁铜矿床中，绢云母化和黏土化是寻找IOCG矿床的直接找矿指标，由于磁铁矿和褐铁矿化具有黑色色彩、赤铁矿具有红色色斑、绢云母化和黏土化具有褪色化显示明亮的白色色斑，这些色斑对于遥感地质解译和圈定含矿蚀变带较为有利，成为遥感地质色彩异常解译和选区的主要依据。绢云母化蚀变岩中富集Cu、Zn、Pb、Mo和W，说明绢云母化蚀变岩与IOCG矿床形成有密切关系。

（4）在智利IOCG成矿带上，闪长岩属主要成矿岩体之一，尤其是闪长岩向二长闪长岩和二长斑岩方向演化，对于IOCG矿床形成十分有利。月亮山铁铜矿床主要矿体多赋存在蚀变闪长岩之中，或者位于闪长岩-二长闪长岩与火山岩之间形成的隐爆角砾岩相带，闪长岩和安山岩具有区域性钠质蚀变作用。

表4-8　智利月亮山铁铜矿床不同类型岩石稀土元素和微量元素特征（单位：10^{-6}）

样品号	B150	B151	B155	B79	B83	B84	B97	B103	B69	B147
La	20.0	4.39	13.40	5.75	6.13	2.08	24.7	10.6	19.1	6.34
Ce	37.0	7.12	30.7	14.4	14.6	4.6	37.2	21.3	37.0	11.4
Pr	4.53	0.82	4.60	2.53	2.35	0.69	4.02	2.68	4.88	1.43
Nd	18.6	3.44	21.0	13.9	12.4	3.5	15.2	11.4	20.1	5.79
Sm	3.75	0.72	4.87	4.45	4.09	1.07	2.93	2.58	4.01	1.10
Eu	0.47	0.17	1.09	1.07	0.38	0.14	0.70	0.55	1.01	0.34
Gd	3.28	0.70	3.94	4.21	3.96	1.17	2.36	2.41	3.14	1.24
Tb	0.64	0.13	0.81	0.93	0.89	0.27	0.46	0.53	0.64	0.23
Dy	3.69	0.80	4.67	5.87	5.94	1.85	2.57	3.41	3.62	1.22
Ho	0.72	0.17	0.89	1.12	1.12	0.37	0.48	0.67	0.68	0.30
Er	2.26	0.51	2.63	3.30	3.27	1.10	1.41	2.03	1.97	0.87
Tm	0.40	0.09	0.46	0.57	0.58	0.20	0.24	0.36	0.33	0.18
Yb	2.85	0.70	3.00	3.68	3.69	1.39	1.60	2.44	2.01	1.10
Lu	0.53	0.17	0.46	0.56	0.53	0.25	0.25	0.39	0.28	0.23

续表

样品号	B150	B151	B155	B79	B83	B84	B97	B103	B69	B147
ΣREE	98.7	19.9	92.5	62.3	59.9	18.6	94.1	61.4	98.8	31.8
LREE	84.3	16.7	75.7	42.1	40.0	12.0	84.8	49.1	86.1	26.4
HREE	14.37	3.27	16.86	20.24	19.97	6.59	9.36	12.24	12.67	5.36
LR/HR	5.87	5.10	4.49	2.08	2.00	1.82	9.05	4.01	6.79	4.93
$(La/Yb)_N$	4.74	4.26	3.02	1.06	1.12	1.01	10.43	2.94	6.42	3.89
δEu	0.40	0.71	0.74	0.74	0.29	0.37	0.79	0.67	0.84	0.88
δCe	0.88	0.83	0.92	0.88	0.90	0.89	0.80	0.92	0.88	0.86
Li	10.20	3.69	4.16	10.20	3.96	9.24	7.77	13.40	20.30	27.60
V	372	668	177	112	216	172	167	168	168	209
Cr	12.6	2.60	3.50	7.74	57.9	144	5.19	12.7	62.9	73.1
Co	60.1	25.2	29.0	17.7	87.2	6.47	1173	25.5	18.2	16.0
Ni	25.3	31.3	5.74	9.67	89.0	18.9	30.6	21.6	28.2	14.9
Cu	10.3	15.6	43.7	23.2	903	18.2	317	49.2	14.5	150
Zn	35.1	29.7	36.6	38.9	49.80	51.00	49.70	62.70	99.60	484
Rb	4.37	1.52	29.8	50.1	56.3	36.7	89.7	42.5	51.2	113
Sr	42.10	17.20	518	332	154	272	118	192	489	160
Y	22.6	5.19	25.9	34.0	32.4	11.4	12.8	20.4	19.6	8.05
Nb	0.31	0.37	4.94	9.94	2.14	0.81	2.58	3.07	5.91	2.66
Mo	4.01	4.85	6.57	7.44	28.5	1.08	25.7	35.4	7.60	8.47
Cs	0.22	0.09	0.51	1.35	0.39	0.99	1.02	1.20	1.70	4.28
Ba	57.8	30.1	651	510	1514	407	1649	110	362	82.5
Ta	0.06	0.04	0.32	0.65	0.20	0.08	0.16	0.22	0.42	0.14
W	2.59	0.40	0.94	0.56	1.09	3.07	1.42	1.14	1.18	36.3
Pb	3.70	5.19	5.60	4.01	3.55	6.81	4.22	6.02	23.00	139
Th	2.35	1.86	2.22	3.32	1.52	1.78	2.60	1.10	3.86	1.78
U	0.97	1.05	0.58	1.08	0.49	0.44	1.93	2.14	1.24	0.85
Zr	9.66	9.47	26.60	22.10	10.50	14.80	30.60	41.90	96.60	31.10

在岩石化学特征上（表4-7），本区闪长岩中（Fe_2O_3+FeO）为7.41%~9.38%，具有富铁闪长岩特征。（K_2O+Na_2O）在5.61%~6.37%，K_2O/Na_2O值在0.62~0.36，具有明显富集Na_2O。闪长岩中主要为钠长石（90%），这种钠长石属于深成钠质交代作用，与区域性钠化安山岩具有一致性特征，在闪长岩侵位过程中，伴随早期区域性钠质交代作用，在未蚀变闪长岩中，$Na_2O<4.0\%$，而在钠化闪长岩中$Na_2O>4.0\%$。与二长斑岩中发育钾化形成了显著对比，推测区域性钠化对于铁质活化迁移具有十分重要的作用。铜矿含矿岩相，细粒钠化闪长岩属最早期蚀变闪长岩，中期为赤铁矿化泥化中细粒闪长岩，晚期碎裂岩化硅化电气石化细粒闪长岩，显示了递进蚀变和构造变形特征。细粒钠化闪长岩具细粒半自形粒状结构，块状构造。矿物成分主要为斜长石，少量角闪石和石英，副矿物为金红

石。①斜长石呈长条板状，具聚片双晶和环带结构，粒径0.1～1.6mm，含量约占95%，部分发生泥化、绢云母化、绿帘石化、钠长石化、方解石化。②角闪石呈绿色柱状，具多色性，角闪石式解理，干涉色二级蓝绿，斜消光，粒径0.1～0.5mm，含量约占3%，部分绿泥石化。③石英呈他形粒状，粒径0.03～0.1mm，含量约占2%。④不透明矿物为磁赤铁矿，粒径0.01～0.1mm，含量<1%。

赤铁矿化泥化中细粒闪长岩具中细粒半自形粒状结构，块状构造。矿物成分主要为斜长石和少量的角闪石和石英，斜长石和角闪石大多已蚀变，斜长石发生泥化、绢云母化、钠黝帘石化、赤铁矿化、硅化等，角闪石均已蚀变为绿泥石。①斜长石呈长条板状，具聚片双晶，粒径0.1～3.0mm，含量约占85%，现多已蚀变，发生泥化、绢云母化、钠黝帘石化、赤铁矿化、硅化、钠长石化；②石英呈他形粒状，粒径0.1～0.2mm，含量约占5%；③角闪石，绿色柱状，粒径0.1～0.2mm，含量约占1%，均已蚀变为绿泥石；④不透明矿物为赤铁矿、磁铁矿，粒状，粒径0.01～0.25mm，含量约占9%，赤铁矿系磁铁矿的氧化产物，具交代假象结构或残余结构，呈稀疏浸染状分布或交代斜长石。

（5）在蚀变闪长岩相上，含矿蚀变岩相有电气石蚀变闪长岩、角砾岩化蚀变闪长岩、夕卡岩化和黏土化蚀变闪长岩等，构成了低品位铁铜矿体。碎裂岩化硅化电气石化细粒闪长岩具细粒半自形粒状结构，碎裂组构。矿物成分主要为斜长石和少量石英，局部见电气石富集。岩石裂隙发育，纵横交错，裂隙中充填有电气石和赤铁矿，细脉宽0.03～0.2mm。矿物充填顺序为电气石早于赤铁矿。①斜长石呈长条板状，粒径0.1～1.2mm，含量约占78%，现多已蚀变，发生绢云母化和硅化，并伴随电气石化；②石英呈他形粒状，粒径0.1～0.2mm，含量约占3%；③电气石呈绿色长柱状，集合体呈放射状，粒径0.01～0.5mm，具多强色性，反吸收，平行消光，二级绿橙干涉色，含量约占12%，局部富集或充填裂隙中；④赤铁矿（约7%）呈他形粒状，粒径0.01～1.0mm，系磁铁矿的氧化产物，具交代假象结构，呈稀疏浸染状分布或充填裂隙。蚀变岩相属石英-赤铁矿-电气石化蚀变相，地球化学岩相学类型属高氧化强酸性相。碎裂岩化相特征揭示在闪长岩形成之后，曾发生了强烈碎裂岩化，为高氧化强酸性成矿流体提供了成矿成岩空间；这种碎裂岩化相属于与IOCG矿床有关脆韧性剪切带递进演化的脆性变形期形成的构造岩特征，说明闪长岩与辉绿辉长岩构造变形特征有明显差异，辉绿辉长岩经历了韧性剪切变形，在韧性剪切带中形成了黑云母斜长片麻岩，但在闪长岩中形成了碎裂岩化相。

4. 主要矿石类型和含矿岩相特征与找矿预测标志

根据我国矿山生产经验，对磁铁矿石、赤铁矿石和混合矿石划分标准：①磁铁矿矿石中，mFe/TFe≥85；②赤铁矿矿石中，mFe/TFe≤15；③混合矿石中，mFe/TFe 85～15。

按照进行铁矿石质量评价的分析样品数量（53件）统计，本区磁铁矿矿石占总量11.32%（6件），混合矿石占62.26%（33件），磁铁矿矿石和混合矿石占73.58%（39件），赤铁矿矿石占26.41%（14件），因此认为，月亮山铁铜矿床中，磁铁矿矿石和混合矿石为主体，属于适用磁选铁矿石。

对于月亮山铁铜矿床的需选铁矿石工业类型，进一步划分为磁铁矿型、混合型和赤铁矿型三类，铁主体以酸溶相铁为主，硫化物相铁和硅酸盐相铁含量甚微，铁矿石中有害杂质元素低、共伴生铜、钴和金，铁矿石质量好。

从表4-9看，月亮山铁铜矿床中，矿石中残存的硅酸铁相铁很少，主体为可溶铁（SFe），可溶铁包括铁矿石中磁铁矿、赤铁矿、镜铁矿、褐铁矿、针铁矿、菱铁矿等铁矿物中所含铁合计总量，它们易溶于稀盐酸中，在选矿和冶炼中易提取和回收利用。月亮山铁铜矿床中，SFe/TFe值为0.53～1.0，仅有两件样品SFe/TFe值在0.53～0.81，其余样品SFe/TFe值>0.87，说明月亮山铁铜矿床中，铁矿石中主体为可利用铁（酸溶铁）（图4-16），具有较大开发利用价值。

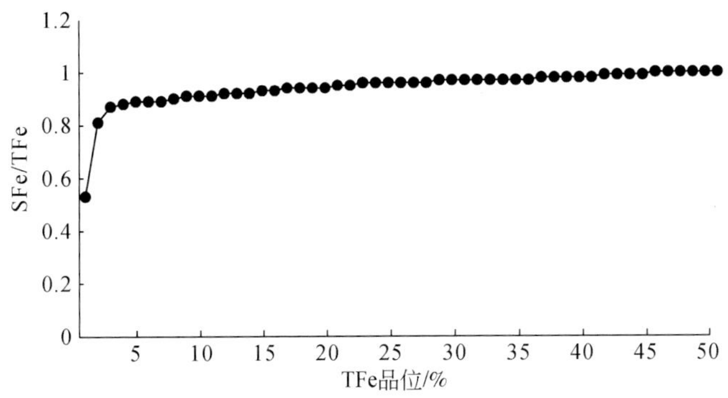

图4-16　月亮山铁铜矿床铁矿石中SFe/TFe值图

从表4-10看：①在磁铁矿型矿石中（BY135），MFe/TFe值为0.92，以磁铁矿相铁为主（MFe=56.87%），占全铁相总量的92%，氧化相铁（赤铁矿、褐铁矿和镜铁矿）（OFe=4.41%），占全铁相总量的7%，酸溶相铁（SFe=60.44%）占全铁相总量的98%。硫化物相铁和硅酸盐相铁含量甚微。②在混合矿石中（BY136、BY94），MFe/TFe值为0.83～0.78，主体为磁铁矿相铁为主（MFe=28.62%～28.81%），占全铁相总量78%～83%，适用单一磁选回收利用铁矿石。其次，氧化相铁（赤铁矿、褐铁矿和镜铁矿）占全铁相总量为OFe=1.03%～2.44%。

此外，通过月亮山铁铜矿床矿石微量元素分析发现（表4-11），本区Mo和V有可能构成伴生组分，尚需进一步研究，月亮山铁铜矿床中REE没有发生富集成矿，REE含量一般均较低（$<100\times10^{-6}$）。在含铜铁矿石中，富集Zn、Pb和W等元素。因此，Fe、Cu、Au、Pb、Zn、W、Mo、Co、V等化探异常，这些元素综合异常是圈定地表含矿蚀变体和寻找隐伏IOCG矿床的化探标志。月亮山铁铜矿床的矿石自然类型及矿相学特征是在智利进行IOCG勘查和选区的标志之一。

（1）块状磁铁矿矿石和赤铁矿磁铁矿富矿石。块状磁铁矿矿石和赤铁矿磁铁矿富矿石一般为铁矿成矿中心，形成铁矿富矿块，具有独立的开采工业价值。磁铁矿矿石中，磁化率$>1000\times10^{-3}$ SI，磁铁矿含量在70%以上，如ZK6E-1钻孔中21～22m处磁铁矿矿石（图4-17、图4-18）；赤铁矿磁铁矿矿石中，磁化率（200～500）$\times10^{-3}$ SI，磁铁矿含量在50%～70%，含有较多的磁赤铁矿。两类铁矿石呈灰黑色，块状、气孔状、角砾状、碎裂状构造，矿石易破碎。主要矿石矿物特征为：磁铁矿呈致密集合体、他形粒状、不规则状，磁铁矿粒径0.05～5mm，单矿物可解离性好，具有强磁性，镜下呈灰白色，具有高反射率。赤铁矿粒状集合体，呈团块状分布，弱非均质性，赤铁矿中见磁铁矿包体，说明赤铁矿形成晚于磁铁矿；常见赤铁矿交代磁铁矿，赤铁矿含量为10%～20%。

表 4-9　月亮山铁铜矿床铁矿石质量、有益组分和有害组分含量特征表

工程号	样号	Au*/10^{-6}	As*/10^{-6}	Co/%	Cu/%	TFe/%	MFe/%	SFe/%	S/%	SiO_2/%	P/%	MFe/TFe	MFe/SFe	SFe/TFe
3#ZK0-1	H45	0.05	3.58	0.002	0.08	25.81	13.53	23.50	0.02	38.89	0.03	0.52	0.58	0.91
	H46	0.05	5.48	0.002	0.06	55.00	38.58	53.11	0.01	9.88	0.05	0.70	0.73	0.97
	H65	0.06	3.59	0.008	0.21	34.47	24.35	30.06	0.03	26.89	0.01	0.71	0.81	0.87
	H66	0.17	3.34	0.009	0.24	38.78	30.86	36.32	0.05	28.00	0.01	0.80	0.85	0.94
	H80	0.06	14.53	0.007	0.07	25.85	8.82	24.75	0.01	39.80	0.01	0.34	0.36	0.96
	H83	0.05	5.60	0.006	0.07	26.65	15.83	25.85	0.01	36.73	0.04	0.59	0.61	0.97
	H99	0.19	44.78	0.006	0.50	32.97	27.97	30.71	2.00	18.59	0.02	0.85	0.91	0.93
	H100	0.33	18.18	0.041	1.11	45.39	39.93	42.64	3.71	18.76	0.06	0.88	0.94	0.94
	H177	0.05	7.14	0.016	0.04	62.78	4.97	62.63	0.04	8.17	0.04	0.08	0.08	1.00
	H182	0.23	14.24	0.063	0.64	63.38	18.07	63.08	0.06	6.43	0.09	0.29	0.29	1.00
	H185	0.08	7.55	0.028	0.35	33.97	23.46	32.92				0.69	0.71	0.97
	H222	0.86	26.01	0.056	0.15	49.70	3.19	48.00	0.07	15.16	0.04	0.06	0.07	0.97
	H226	0.07	9.77	0.077	0.09	23.30	1.22	22.09				0.05	0.06	0.95
3#ZK6E-2	H423	0.08	7.73	0.043	0.32	30.76	2.91	29.41	0.66	33.50	0.06	0.09	0.10	0.96
	H439	0.06	4.60	0.014	0.23	35.29	0.38	34.17	0.05	32.72	0.05	0.01	0.01	0.97
	H451	0.11	9.86	0.041	0.13	25.81	1.60	22.75	2.21	37.46	0.04	0.06	0.07	0.88
	H494	0.22	33.82	0.029	0.06	42.04	12.39	40.78	0.03	26.05	0.07	0.29	0.30	0.97
	H536	0.22	12.77	0.015	0.32	26.09	3.28	25.45	0.25	39.92	0.11	0.13	0.13	0.98
3#ZK3-1	H612	0.11	5.67	0.007	0.51	52.42	44.20	42.38	0.02	18.65	0.05	0.84	1.04	0.81
	H617	0.06	3.38	0.003	0.06	25.43	19.52	24.25	0.01	32.51	0.02	0.77	0.81	0.95
	H635	0.06	9.27	0.004	0.06	34.82	26.00	33.87	0.01	24.18	0.05	0.75	0.77	0.97
	H648	0.15	4.61	0.004	0.25	32.10	24.40	30.66				0.76	0.80	0.96
	H659	0.08	7.18	0.008	0.57	27.22	15.49	26.25				0.57	0.59	0.96
	H672	0.08	10.53	0.020	0.23	53.31	42.42	53.71	0.01	6.89	0.02	0.80	0.79	1.0
3#ZK11-1	H013	0.09	32.15	0.036	0.33	29.47	3.57	28.86				0.12	0.12	0.98
3#ZK11-2	H77	0.07	11.83	0.012	0.02	33.04	2.81	30.86	0.32	33.43	0.07	0.09	0.09	0.93

续表

工程号	样号	Au * /10^{-6}	As * /10^{-6}	Co/%	Cu/%	TFe/%	MFe/%	SFe/%	S/%	SiO_2/%	P/%	MFe/TFe	MFe/SFe	SFe/TFe
3#ZK11-2	H116	0.12	8.62	0.034	0.27	30.41	19.05	29.66	0.03	31.25	0.03	0.63	0.64	0.98
3#ZK12-1	H-236	0.07	5.49	0.008	0.05	62.22	32.46	32.77	0.01	5.83	0.26	0.52	0.99	0.53
	H-239	0.39	7.38	0.004	0.37	25.15	17.43	24.05	0.01	40.16	0.20	0.69	0.72	0.96
	H-241	0.05	2.24	0.004	0.10	28.06	17.23	28.36	0.01	36.02	0.01	0.61	0.61	1.0
	H-253	0.06	12.56	0.005	0.16	23.74	12.12	23.75	0.02	34.80	0.05	0.51	0.51	1.00
	H-260	0.09	20.77	0.044	0.30	38.88	6.31	37.88	0.02	24.22	0.03	0.16	0.17	0.97
	H-286	0.05	13.01	0.007	0.10	22.90	14.18	22.65	0.02	52.27	0.18	0.62	0.63	0.99
	H-291	0.31	71.68	0.010	0.39	27.50	9.32	27.66	0.14	35.95	0.02	0.34	0.34	1.0
3#ZK12-2	H343	0.37	11.00	0.005	0.03	38.48	0.35	36.07	0.25	31.76	0.03	0.01	0.01	0.94
	H345	0.05	7.34	0.007	0.03	30.78	0.70	27.25	0.32	34.73	0.02	0.02	0.03	0.89
	H343	0.37	11.00	0.005	0.03	38.48	0.35	36.07	0.25	31.76	0.03	0.01	0.01	0.94
	H345	0.05	7.34	0.007	0.03	30.78	0.70	27.25	0.32	34.73	0.02	0.02	0.03	0.89
3#ZK27-1	H10	0.13	30.02	0.008	0.27	28.58	11.52	25.95	0.02	36.89	0.07	0.40	0.44	0.91
3#ZK35-1	H3	0.10	55.78	0.010	1.08	38.53	27.61	37.58	0.02	28.95	0.09	0.72	0.73	0.98
7#ZK0-1	H12	0.06	13.14	0.032	0.04	31.36	26.25	27.91	2.54	32.44	0.05	0.84	0.94	0.89
7#ZK3-1	H2	0.05	8.79	0.006	0.00	29.36	14.63	26.60	0.00	35.88	0.07	0.50	0.55	0.91
	H13	0.05	4.14	0.010	0.03	28.66	19.24	26.35				0.67	0.73	0.92
	H15	0.05	3.99	0.015	0.02	26.00	18.24	23.30	1.17	40.60	0.06	0.70	0.78	0.90
	H37	0.05	7.97	0.020	0.01	29.31	23.60	28.11	1.34	33.99	0.05	0.81	0.84	0.96
	H73	0.05	13.61	0.005	0.01	34.27	30.96	31.56	0.43	30.32	0.21	0.90	0.98	0.92
7#ZK3-2	H31	0.22	12.44	0.018	0.70	37.58	32.67	34.72	2.50	26.33	0.34	0.87	0.94	0.92
3#TC3S-1	H1051	0.16	52.27	0.022	0.53	54.51	48.35	54.21	0.03	19.27	0.04	0.89	0.89	0.99
	H1052	0.10	41.01	0.019	0.32	46.44	39.58	46.04	0.06	28.84	0.09	0.85	0.86	0.99
	H1054	0.05	111.57	0.023	0.13	40.78	25.95	40.08	0.77	24.75	0.10	0.64	0.65	0.98
	H1055	0.08	19.72	0.005	0.81	50.65	0.70	50.30	0.06	14.02	0.01	0.01	0.01	0.99

表 4-10　月亮山铁铜矿床铁矿石中铁物相分析结果表　（单位：%）

样号	TFe	MFe	SiFe	CFe	OFe	sfFe	SFe	MFe/TFe	OFe/TFe	SFe/TFe	SiFe/TFe
BY101	17.36	0.38	2.91	0.28	9.20	4.25	10.09	0.02	0.53	0.58	0.17
BY91	36.70	2.77	4.41	0.09	29.00	0.11	31.82	0.08	0.79	0.87	0.12
BY94	36.60	28.62	4.6	0.09	2.44	0.05	31.72	0.78	0.07	0.87	0.13
BY89	27.12	0.38	4.88	0.09	21.68	0.09	21.96	0.01	0.80	0.81	0.18
BY147	12.48	5.26	1.03	0.61	4.74	0.40	11.5	0.42	0.38	0.92	0.08
BY136	34.54	28.81	4.46	0.09	1.03	0.075	28.91	0.83	0.03	0.84	0.13
BY135	61.57	56.87	0.09	0.09	4.41	0.05	60.44	0.92	0.07	0.98	0.00
BY139	37.35	4.32	3.85	0.09	28.72	0.26	33.04	0.12	0.77	0.88	0.10
BY142	35.119	5.26	4.69	0.14	24.87	0.077	29.94	0.15	0.71	0.85	0.13

注：TFe 为全铁相；MFe 为磁铁矿相铁；CFe 为碳酸盐相铁；OFe 为氧化相铁（赤铁矿、褐铁矿和镜铁矿）；sfFe 为硫化物相铁；SFe 为可溶相铁（非硅酸盐相铁）；SiFe 为硅酸盐相铁。

脉石矿物特征：脉石矿物含量较少（5%~20%），主要有次闪石、阳起石、电气石、石英。石英呈他形粒状，粒径 0.05 ~0.5mm，含量 5%~10%。颗粒间有褐铁矿染，多呈宽窄不等的脉状分布于矿石及矿物裂隙间，脉宽 0.1 ~3mm。绿泥石，呈鳞片状及放射状，粒径<0.1mm，含量<1%，多分布于矿石及矿物裂隙间。次闪石，呈纤维状集合体，粒径 0.05 ~0.3mm，含量<2%，多与石英、绿泥石相伴分布于矿石及矿物裂隙间。石膏呈板状，透明，粒径 0.2 ~0.5mm，硬度低，含量约 3%，局部可见黏土矿物。

月亮山铜铁矿床 7 号矿段，矿石类型为磁铁矿石，基本不含铜。矿石呈灰黑色，致密坚硬，细晶自形–半自形结构，块状、条带状构造，矿石磁性强，由于地表被覆盖，矿石基本没有被氧化。矿物呈粒状、显微鳞片状分布。矿石有破碎现象，碎裂岩化相发育，推测为多期构造叠加成矿造成。

（2）网脉状–角砾状磁铁矿矿石和赤铁矿磁铁矿矿石。矿石呈角砾状、网脉状、脉状，或三种不同类型构造均发育（图 4-17）。主要围绕上述铁矿富矿块周围分布，属于含铁热液角砾岩体构造的主要物质组成（图 4-17）。铁矿石品位 TFe 为 25%~45%，属需选矿利用的矿石。矿石呈黑色、灰色–斑杂色，具有脉状、网脉状、大脉状、角砾状、团块状和细脉浸染状构造，局部见稀散和星点状构造。矿石矿物特征：磁铁矿含量为 5%~50%，磁铁矿呈脉状和网状充填于裂隙间或呈角砾间胶结物、团块状和角砾状分布，磁铁矿主要呈单晶形式，粒径 0.10 ~0.6mm，矿物可解离性好。少量呈小颗粒析离体分布于铁绿泥石和铁阳起石矿物之间。部分磁铁矿发生赤铁矿化，形成磁赤铁矿。

表 4-11　智利月亮山铁铜矿床不同类型矿石稀土元素和微量元素特征　（单位：10^{-6}）

样品号	BY101	BY135	BY91	BY94	BY89	BY136	BY139	BY142	B105	B75	B77
La	5.67	1.66	2.25	6.41	2.97	4.17	16.60	2.15	8.03	1.60	0.73
Ce	8.86	4.11	3.72	10.1	8.47	5.93	15.6	2.66	13.2	2.58	1.36
Pr	1.03	0.71	0.36	1.03	0.44	0.64	1.33	0.30	1.45	0.34	0.21
Nd	4.61	3.03	1.55	3.71	1.81	2.30	4.17	1.18	5.66	1.59	0.93

续表

样品号	BY101	BY135	BY91	BY94	BY89	BY136	BY139	BY142	B105	B75	B77
Sm	1. 23	0. 94	0. 33	1. 01	0. 52	0. 53	0. 87	0. 36	1. 09	0. 48	0. 25
Eu	0. 24	0. 24	0. 06	0. 22	0. 13	0. 12	0. 20	0. 07	0. 29	0. 13	0. 03
Gd	1. 56	1. 17	0. 28	1. 01	0. 42	0. 64	0. 63	0. 32	0. 93	0. 52	0. 27
Tb	0. 40	0. 24	0. 06	0. 23	0. 09	0. 09	0. 07	0. 05	0. 16	0. 11	0. 06
Dy	2. 37	1. 59	0. 39	1. 25	0. 67	0. 60	0. 43	0. 33	0. 80	0. 76	0. 46
Ho	0. 48	0. 31	0. 07	0. 22	0. 14	0. 15	0. 08	0. 09	0. 14	0. 15	0. 09
Er	1. 63	1. 07	0. 27	0. 66	0. 46	0. 47	0. 31	0. 29	0. 39	0. 43	0. 29
Tm	0. 30	0. 19	0. 05	0. 10	0. 12	0. 12	0. 06	0. 07	0. 06	0. 08	0. 05
Yb	1. 91	1. 35	0. 34	0. 79	0. 82	0. 98	0. 40	0. 59	0. 39	0. 49	0. 37
Lu	0. 27	0. 19	0. 09	0. 15	0. 17	0. 23	0. 09	0. 10	0. 07	0. 08	0. 06
∑REE	30. 6	16. 8	9. 8	26. 9	17. 2	17. 0	40. 8	8. 55	32. 7	9. 32	5. 17
LREE	21. 7	10. 7	8. 27	22. 5	14. 3	13. 7	38. 8	6. 71	29. 7	6. 72	3. 51
HREE	8. 92	6. 11	1. 55	4. 41	2. 90	3. 28	2. 07	1. 84	2. 94	2. 60	1. 67
LR/HR	2. 43	1. 75	5. 35	5. 10	4. 95	4. 18	18. 76	3. 64	10. 12	2. 58	2. 10
La/Yb	2. 01	0. 83	4. 49	5. 52	2. 44	2. 87	28. 33	2. 48	13. 99	2. 22	1. 32
δEu	0. 52	0. 70	0. 60	0. 67	0. 85	0. 63	0. 80	0. 58	0. 85	0. 78	0. 37
δCe	0. 80	0. 88	0. 89	0. 84	1. 56	0. 77	0. 59	0. 69	0. 85	0. 79	0. 81
Li	7. 23	1. 37	2. 78	4. 14	4. 33	2. 49	1. 93	2. 85	2. 65	2. 47	1. 67
V	356	1885	259	311	336	427	537	672	1058	529	1522
Cr	68. 9	25. 1	58. 0	94. 9	58. 0	35. 2	14. 9	33. 4	5. 41	5. 93	6. 45
Co	943	151	79. 7	100	58. 7	91. 1	213	191	194	236	28. 2
Ni	64. 2	57. 1	38. 6	33. 5	29. 1	26. 3	42. 7	52. 0	48. 9	170	99. 9
Cu	239	1082	614	825	840	228	1017	1026	902	189	12. 1
Zn	742	189	382	329	239	174	149	256	17. 0	76. 3	24. 3
Rb	4. 65	1. 49	1. 74	1. 55	2. 25	2. 28	1. 02	4. 77	1. 14	3. 55	1. 84
Sr	321	32. 8	236	239	274	242	222	260	11. 9	68. 5	7. 91
Y	18. 60	8. 84	1. 89	7. 39	3. 05	3. 85	2. 28	2. 73	4. 45	4. 36	2. 96
Nb	2. 29	1. 50	0. 51	0. 63	0. 43	0. 56	0. 18	0. 32	0. 07	0. 42	0. 59
Mo	288	5. 39	275	65. 8	64. 5	7. 47	43. 1	35. 6	41. 3	195	10. 0
Cs	0. 22	0. 10	0. 08	0. 14	0. 12	0. 13	0. 08	0. 21	0. 09	0. 27	0. 26
Ba	23. 20	8. 24	8. 80	8. 06	14. 20	9. 73	29. 90	12. 90	18. 40	24. 00	16. 80
Ta	0. 17	0. 07	0. 06	0. 06	0. 05	0. 07	0. 03	0. 03	0. 00	0. 04	0. 01
W	50. 4	32. 3	30. 1	28. 4	36. 0	53. 9	24. 0	17. 1	0. 60	0. 32	0. 21
Pb	489	89. 4	115	85. 3	69. 8	95. 8	67. 1	119	2. 31	6. 24	2. 25
Th	0. 59	0. 86	0. 43	0. 50	0. 62	0. 30	0. 45	0. 36	0. 26	0. 94	4. 72
U	3. 18	2. 48	0. 93	1. 10	1. 04	0. 48	8. 74	2. 07	1. 51	0. 61	0. 73
Zr	17. 60	8. 69	10. 80	16. 10	37. 10	9. 46	4. 65	4. 32	0. 93	3. 75	1. 24

(a) 月亮山3号矿段铁铜矿体沿脉剥离

(b) 月亮山3号矿段铁铜矿体和上盘辉绿辉长岩墙

(c) 月亮山3号矿段6E线角砾状磁铁矿矿石

(d) 月亮山3号矿段地表含铜铁热液角砾岩

(e) ZK12-1钻孔22.89m磁铁矿热液角砾岩相

(f) ZK12-1钻孔70.4m黄铁矿赤铁矿热液角砾岩相

(g) ZK12-1钻孔15m网脉状磁铁矿角砾岩相

(h) ZK12-1钻孔70.4m黄铁矿赤铁矿热液角砾岩相

图 4-17　智利月亮山矿石类型特征

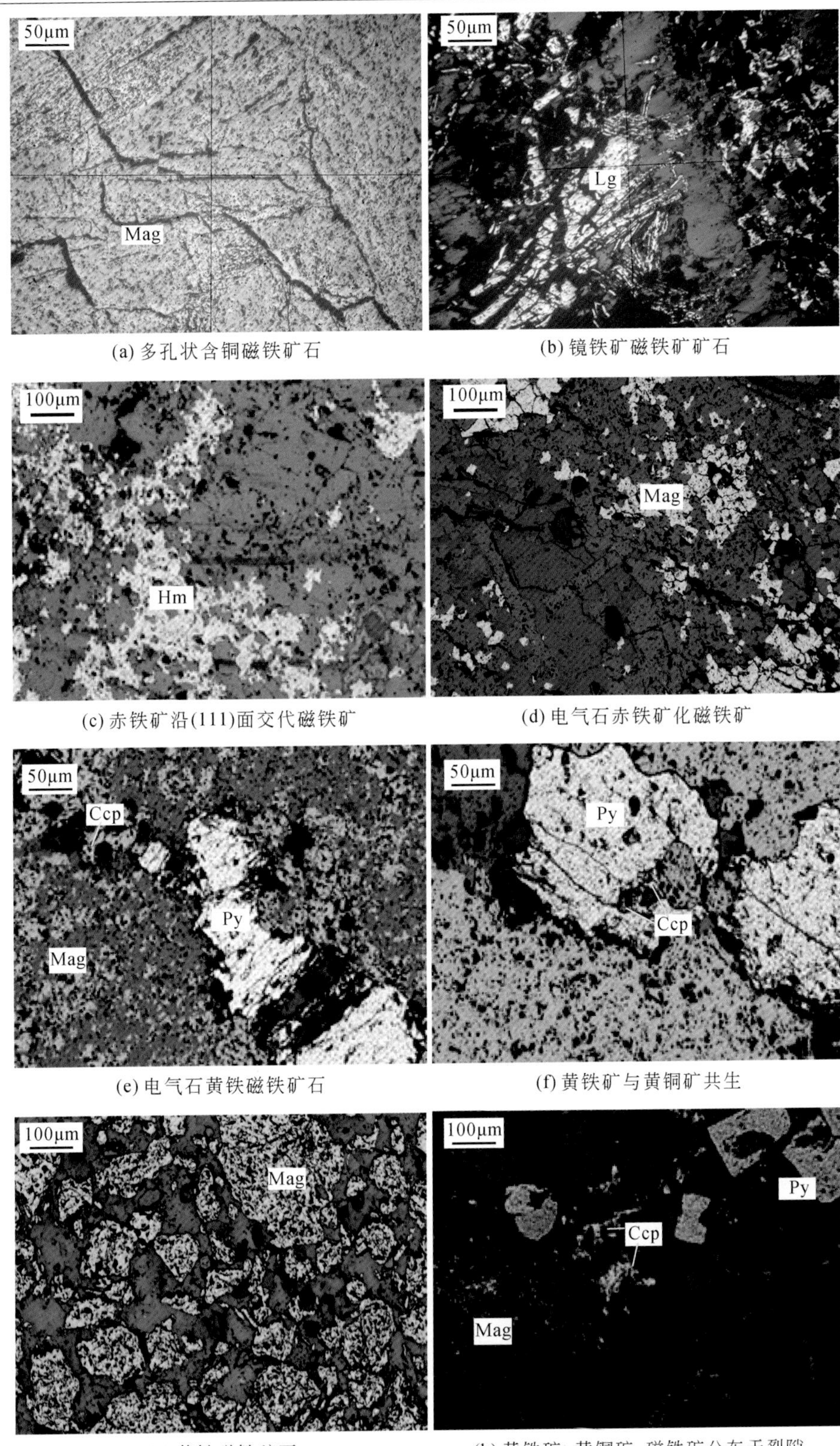

(a) 多孔状含铜磁铁矿石　(b) 镜铁矿磁铁矿矿石

(c) 赤铁矿沿(111)面交代磁铁矿　(d) 电气石赤铁矿化磁铁矿

(e) 电气石黄铁磁铁矿矿石　(f) 黄铁矿与黄铜矿共生

(g) 黄铁磁铁矿矿石　(h) 黄铁矿-黄铜矿-磁铁矿分布于裂隙

图4-18　智利月亮山铁铜矿床矿石类型及特征

Mag. 磁铁矿；Py. 黄铁矿；Ccp. 黄铜矿；Hm. 赤铁矿

该类铁矿石中具有较多脉石矿物，主要为斜长石、角闪石、绿泥石、阳起石、透闪石、绿帘石，少量钾长石、石英和碳酸盐矿物。斜长石呈半自形板状，0.2mm×0.5mm 左右，表面多见黏土化，蚀变强烈者呈绢云母化，双晶少见，部分见聚片双晶，一级灰干涉色，含量30%~80%。钾长石呈粒状，0.2 ~0.3mm，多分布于斜长石粒间，表面干净，一般未见双晶，含量5%。角闪石呈不规则柱状，0.1mm×0.3mm ~0.2mm×0.5mm，主要分布于斜长石间，部分也见呈脉状或分布于金属矿脉的边缘，见浅绿色–深绿多色性，正中突起，一级黄白–二级蓝干涉色，含量 10%。黏土矿物呈微晶鳞片状集合体，0.05 ~0.1mm，多分布于原斜长石粒中，保留其外形，一级红–二级蓝干涉色，含量 20%。绿泥石呈绿色–浅绿多色性，微晶集合体状，正低突起，其中多见有浸染状磁铁矿小颗粒析离体，主要分布于钠长石粒间，可能由角闪石蚀变而成，一级灰干涉色，含量 5%。碳酸盐矿物（方解石）：他形粒状，0.1 ~0.3mm，高级白干涉色，含量少。榍石：他形粒状，0.1 ~0.3mm，正极高突起，高级白干涉色，含量 2%。这是脉石矿物为蚀变闪长岩和角砾岩化蚀变闪长岩，脉石矿物中可以综合回收利用的矿物较少，作为采矿回填物料利用最佳。这种类型矿石在月亮山铜铁矿区 3 号矿段和 7 号矿段均有分布。

（3）磁赤铁矿矿石和赤铁矿矿石。矿石灰黑色，细晶结构，块状构造，矿石磁性较弱，矿物成分主要为赤铁矿（60%~98%），少量褐铁矿。赤铁矿呈粒间镶嵌、致密，正交光下见矿物多呈他形粒状或板状集合体，由于受力作用见较多微裂隙，并见褐铁矿化。矿石中可能有部分赤铁矿转化为磁赤铁矿，因而矿石现弱磁性。赤铁矿：粒状集合体，0.2mm，中反射率，可见弱双反射，经 X 射线衍射分析为赤铁矿，含 98%。

（4）含铜磁铁矿矿石。月亮山铜铁矿区东部，Ⅱ号矿体主要为含铜磁铁矿石，在 7 号矿段 ZK47-1 钻孔 238m 和 258.30m 均为含钴铜磁铁矿矿石（图 4-18）。矿石灰黑色，细晶结构，块状构造，气孔状构造，矿石主要成分为磁铁矿，呈致密集合体，具强磁性。局部见有少量氯铜矿沿磁铁矿裂隙分布。镜下细晶结构，矿石主要矿物为磁铁矿，灰白色，高反射率，强磁性，含量 90%，粒间镶嵌、致密，局部为他形粒状，粒间充填脉石矿物，见少量裂隙分布氯铜矿并与石膏共生。氯铜矿呈绿色细晶状沿裂隙分布，含量 2%，石膏呈透明板状，0.2 ~0.5mm，含量 3%。脉石矿物为黏土矿物，含量 5%。

（5）含铜磁赤铁矿石。月亮山铜铁矿区东部中部，Ⅰ号矿体主要为含铜磁赤铁矿石（图 4-18）。矿石呈灰黑色，细晶结构，浸染状构造，金属矿物呈不规则浸染状分布，矿石显弱磁性，金属矿物成分主要为磁赤铁矿，脉石矿物为蚀变长石、石英等矿物。镜下观察呈现他形粒状嵌晶结构，似斑状结构，斑晶为粒度较粗的斜长石，基质矿物有斜长石、绿泥石和少量碳酸盐矿物。斑晶多呈半自形板状，粒度可达 2mm×5mm，表面干净，蚀变弱，见被基质交代，基质斜长石蚀变较强，多呈他形粒状，粒间镶嵌状，表面多见黏土化，暗色矿物均已绿泥石化，仅见部分保留有板柱状外形，绿泥石呈束状、纤状、微晶状集合体，并见较强的硅化，岩石中沿裂隙见少量石膏，多呈板状与黄铁矿共生。金属矿物主要为磁赤铁矿、镜铁矿、少量黄铁矿，呈团块状集合体不均匀分布。

（6）含铜赤铁矿石。月亮山铜铁矿区东部最西部，Ⅲ号矿体主要为含铜赤铁矿石。含铜赤铁矿石呈灰黑色，致密坚硬，锤击点樱红色，细晶结构，块状构造，矿石磁性较弱，其矿物成分主要为赤铁矿，近地表含少量褐铁矿。赤铁矿粒间镶嵌、致密，粒状集合体，粒径约0.2mm，中反射率，可见弱双反射，经X射线衍射分析，赤铁矿含量为98%，正交光下见矿物多呈他形粒状或板状集合体，由于受力作用见较多微裂隙，并见褐铁矿化。矿石中有部分赤铁矿转化为磁赤铁矿，因而矿石现弱磁性。

总之，①铁矿石矿物为磁铁矿、磁赤铁矿和赤铁矿，少量镜铁矿和褐铁矿，磁铁矿中铅、锌和砷等杂质元素含量低，但有益组分铜和钴含量高（表4-9），具有优质磁铁矿矿石特征；②铜矿原生和混合矿石中，铜硫化物主要为黄铜矿和辉铜矿，少量斑铜矿、磁黄铁矿和黄铁矿，属于铜矿易选矿石矿物，黄铜矿中有害杂质元素（砷、铅、锌等）低但含有有益金属金和银。铜氧化矿物主要为孔雀石、胆矾、氯铜矿。

综上所述：①月亮山铁铜矿区蚀变分带上部为黏土化-绢云母化-赤铁矿蚀变带，中部为电气石铁质-钾质蚀变带+热液角砾岩化相带，下部为钠质-铁质-热液角砾岩化带。该蚀变分带与经典的铁氧化物铜金型矿床地质特征类似，本矿区特殊之处，主要表现为电气石十分强烈，并围绕二长斑岩-二长闪长岩形成电气石蚀变岩的亚相分带，与本区气成热液蚀变中心有密切关系，主工业组分为铁铜，伴生金和钼、钴等，因此，将月亮山铁铜矿床归类为铁氧化物铜金型矿床。②磷灰石角闪透辉石岩（铁质超基性岩/铁质苦橄岩）、二长斑岩和蚀变闪长岩是寻找IOCG矿床岩石组合和勘查标志。③含矿蚀变岩相主要有钠化蚀变闪长岩、钾化蚀变二长斑岩、夕卡岩化、黏土化、绢云母蚀变岩和电气石蚀变岩等。④主要矿石自然类型为含铜磁铁矿和含铜赤铁矿等。

5. 智利IOCG成矿带勘查选区和资源潜力评价标志

（1）含磁铁矿和赤铁矿角砾岩带是直接找矿勘查标志。浅部存在磁铁矿-赤铁矿化热液角砾岩，磁铁矿被交代而形成的镜铁矿，可作为月亮山矿床的找矿标志。在区域上，镜铁矿-赤铁矿化蚀变相、赤铁矿-磁铁矿蚀变相和磁铁矿蚀变相是直接找矿标志。

（2）在二长闪长岩体和二长斑岩接触带，强烈发育接触交代岩（钠质或钾质蚀变）带，是大型复合型IOCG型矿床很好的指示标志。

（3）二长斑岩-铁质闪长岩-铁质安山岩-铁质基性岩（铁质辉长辉绿岩）-铁质超基性岩（磷灰石角闪透辉石岩）是寻找IOCG矿床区域成矿地质条件中岩石组合类型，蚀变闪长岩、蚀变二长斑岩、磁铁矿化闪长岩和蚀变二长闪长岩、糜棱岩化带、碎裂岩化带、热液角砾岩相带等是寻找IOCG矿床的构造-岩相学标志。钾硅酸盐化蚀变相、钠硅酸盐化蚀变相、黏土化蚀变相、石英-电气石化蚀变相、赤铁矿-电气石化蚀变相是寻找IOCG矿床的蚀变岩岩相学标志。铁阳起石-铁透闪石-铁绿泥石-铁电气石等铁硅酸盐化蚀变相是IOCG遭受剥蚀后残余体标志。

（4）高精度磁测可以直接圈定寻找含铜磁铁矿矿体空间位置和深部隐伏矿体，由于磁铁矿矿体和磁铁矿电气石蚀变岩下部发育黄铁矿电气石蚀变岩-电气石黄铁矿蚀变岩，因此，对于形成地面电法异常具有良好的物性条件，地面高精度磁力异常与激电异常叠加部位是寻找深部隐伏铁铜矿体的勘查标志。

（5）遥感-蚀变矿物填图与构造解译识别标志。以上部铁矿带（伴有褐铁矿化）-磁赤铁矿带-镜铁矿带-黄铁矿带-黄铁黄铜矿带，表明上部含铜铁矿带为浅成铁氧化物带，地表氧化还原环境下，铁磁性矿物由浅源到深源变化，浅部主要以氧化矿为主，铁品位51%~61%，铜品位0.36%~0.81%；伴生金品位在0.1~0.28g/t。深部以原生矿为主，镜铁矿作为深部铁矿化的指示标志，并存在深部多金属矿化，铁品位 38.66%～51.72%，铜品位 0.79%～1.54%，伴生金品位在 0.22～0.46g/t。铁在高温热液及蒸气相中呈 Fe^{2+}形式迁移，在深部温度较低多成磁铁矿沉淀。在深部可能存在原生铁铜矿及多金属带。1∶10 000遥感色彩异常可识别铁质和碳酸盐化蚀变，利用高精度遥感图像解译和蚀变矿物填图，有助于圈定地表蚀变矿化带，高清晰遥感数据图像可用于圈定地表构造带。

4.4.3　深部构造岩相学与找矿预测评价

对于区域航磁数据处理解释结果表明，月亮山铁铜矿区在空间位置上处于极其有利的成矿部位，其很多地质异常特征可与周围较近的大型-超大型铁铜矿床相类比，成矿潜力大，在航磁数据处理解译初选靶区的基础上，对月亮山 3 号、6 号和 7 号矿段开展了 1∶10 000 地面高精度磁测工作，同时对矿区岩矿石磁化率进行了较为系统的测定。进一步圈定高磁性体异常，结合成矿地质规律和控矿地质特征推断矿致异常，为深部工程验证提供依据以扩大资源前景。为进一步了解矿区深部矿化体形态变化特征，在部分地段部署了激电测深剖面，通过电阻率和极化率 2D 正反演，了解矿体深部电性变化特征，为进一步的深部勘查工程部署提供依据。

1. 激电测深工作参数及电性参数

通过在 27 号勘探线布属激电测深剖面，了解地下电阻率和极化率电性分布特征，从而了解铁铜矿化体向南部的延深情况及深部矿化潜力，为本区的找矿潜力评价及进一步的工程布设提供依据。激电测深剖面仪器使用重庆奔腾数控技术研究所生产的 WDZ-10 直流大功率激电系统，方法采用时间域激发极化法，供电周期 8s，延时 100ms，宽度 20ms，叠加次数 3 次。激电测深剖面编号 L27，布置同 27 号勘探线基本重合，剖面端点坐标：SW 端点：$Y=364906$，$X=6979982$；NE 端点：$Y=367417$，$X=6979541$。激电测深剖面采用单极-偶极装置，$AB=3000$m，$MN=50$m，点距 50m，隔离系数 $n=1\sim14$。剖面总长度 2550m，总测深点数 45 个。测线方位 100°，该剖面 $n=1\sim10$ 采用正向三极，$n=11\sim14$ 采用反向三极。岩矿石电阻率和极化率参数测定使用仪器为 WDJS-2 激电接收机，岩样信号源供电，方法采用泥团法。从表 4-12 看，磁铁矿矿石电阻率平均值为 85.12Ω · m，极化率平均值为 5.78%，为低阻高极化特征。含铜磁铁矿矿石电阻率平均值为 330.58Ω · m，极化率平均值为 6.29%，为中等电阻率高极化特征。黄铁矿化安山岩电阻率平均值为 511.76Ω · m，极化率平均值为 3.71%，表现为中等电阻率和中等极化率特征。蚀变安山岩和辉绿岩为中等电阻率低极化率特征，赤铁矿、闪长岩、构造角砾岩为相对高阻低极化特征。根据电性特征磁铁矿和含铜磁铁矿应产生相对低阻高极化异常，为激发极化法的应用提供了有利的物性前提。

2. 异常解释

激电测深数据处理进行了 2D 正反演处理，L27 号剖面激电测深电阻率断面图见图 4-19，极化率断面图见图 4-20。

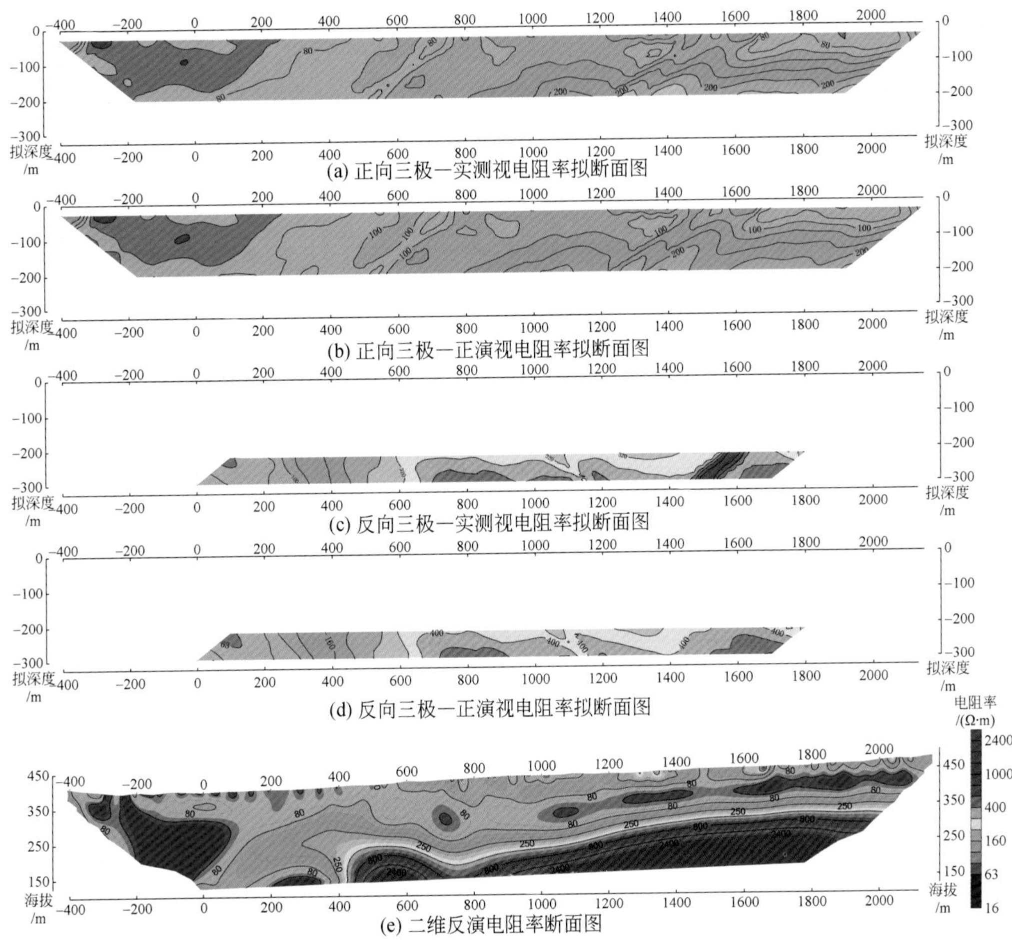

(a) 正向三极—实测视电阻率拟断面图

(b) 正向三极—正演视电阻率拟断面图

(c) 反向三极—实测视电阻率拟断面图

(d) 反向三极—正演视电阻率拟断面图

(e) 二维反演电阻率断面图

图4-19　智利月亮山3号点L27激电测深剖面电阻率断面图

反演电阻率断面（图4-21）自400m向东至断面的东端，深部为显著的高电阻率异常区，向东未封闭，自西向东顶部埋深逐渐变浅，结合地质资料，该高阻异常应由二长闪长岩引起，在侵入体的西端洼陷后突起并向西部呈舌状伸展，可能在该部位对矿体向南部的延深产生一定的破坏作用。

反演极化率断面（图4-21）分别在-300m、-250m、270m、375m、700m处显示5处高极化率异常，自西向东分别编号为1号、2号、3号、4号、5号极化率异常，其中1号和2号极化率异常和地表已知矿体对应，表现为明显的低阻高极化异常，由于激电测深剖面和矿体走向非垂直正交，图中所示产状不代表矿体的实际产状，1号和2号极化率异常在深部合并，异常强度在深部明显增强，且向下未封闭，其延深>300m。3号和4号极化率异常为1号和2号矿体向南部的延伸引起，但在90～220m深度范围内可能受测区西部侵入体的影响受到一定破坏，但深部为明显的低阻高极化异常，极化率异常强度显著增强，且向下未封闭，预示深部具有良好的找矿潜力。5号极化率异常强度较弱，对应于电阻率断面的相对低阻异常，产状东倾，近直立。结合磁异常，认为异常源位于剖面的北侧，通过在剖面北侧一定范围内开展地质勘查可探获资源量。

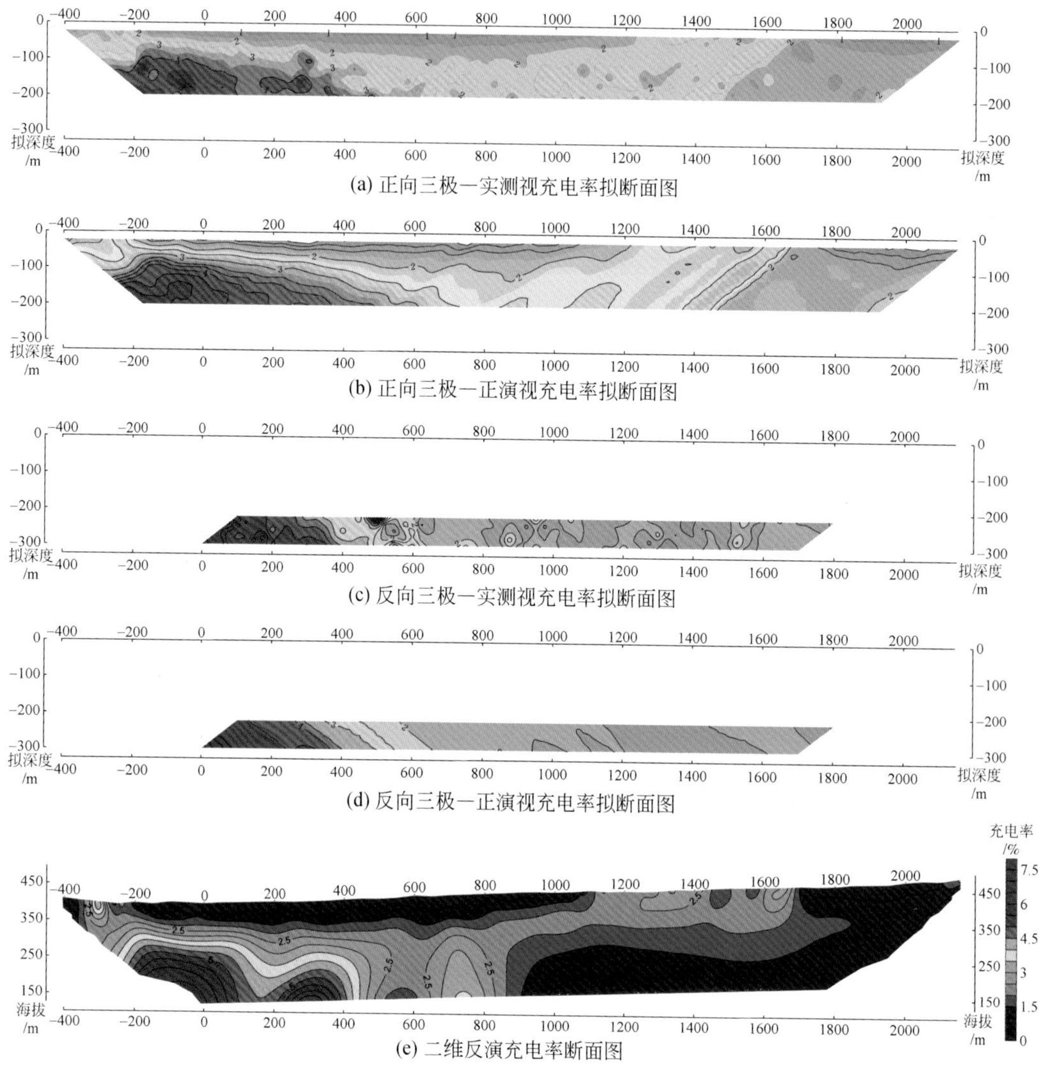

(a) 正向三极—实测视充电率拟断面图

(b) 正向三极—正演视充电率拟断面图

(c) 反向三极—实测视充电率拟断面图

(d) 反向三极—正演视充电率拟断面图

(e) 二维反演充电率断面图

图 4-20　智利月亮山 3 号点 L27 激电测深剖面极化率断面图

以上物探电法参数表明（表 4-12），含铜磁铁矿矿石和磁铁矿矿石中，平均极化率在 6.29%、5.78%；电阻率分别为 330.58Ω · m、85.12Ω · m，具有高极化率和低电阻率特征，因此认为物探电法异常由含铜磁铁矿和磁铁矿矿体引起，本矿区共伴生组分铜主要以黄铜矿形式赋存，其次为辉铜矿，在地表发育氯铜矿和孔雀石。工业利用矿物主要为黄铜矿和辉铜矿，浅部见少量斑铜矿。它们属于易选铜矿石。铜硫化物中有害杂质元素 As 含量很低，不构成有害组分。

表 4-12　智利月亮山铁铜矿区岩矿石电性参数表

序号	岩性	标本数	极化率/%			电阻率/(Ω · m)		
			最小	最大	平均值	最小	最大	平均值
1	赤铁矿	10	1.04	2.71	1.645	895.14	1835.3	1117.2

续表

序号	岩性	标本数	极化率/%			电阻率/(Ω·m)		
			最小	最大	平均值	最小	最大	平均值
2	蚀变安山岩	6	0.69	1.89	1.2	147.09	813.03	529.8
3	安山岩	13	0.67	1.65	1.13	800	1350.96	1023.2
4	闪长岩	10	0.69	1.67	1.11	811.59	1822.71	1117.75
5	含铜磁铁矿	6	3.45	14.75	6.29	45.85	1430.97	330.58
6	磁铁矿	11	3.94	14.34	5.78	15.93	170.45	85.12
7	辉绿岩	2	0.76	1	0.88	160.84	485.56	323.2
8	构造角砾岩	13	0.45	2.11	1.19	853.03	1440	1116.29
9	黄铁矿化角砾岩	6	2.96	5.03	3.71	254.52	938.89	511.76

钴赋存在钴黄铁矿中，含钴在1.38%（样品数=42），其次为含钴黄铁矿，平均含钴在0.38%（样品数=62）。通过浮选工艺可以综合回收利用钴和硫，形成含金钴硫精矿。铜硫化物和钴黄铁矿主要为月亮山铁铜矿中矿石矿物，黄铁矿是钴主要载体矿物和富集矿物，它们是主要工业利用对象（表4-13、表4-14）。可以看出，月亮山铁铜矿物探电法异常主要与地表和深部含铜磁铁矿和含钴黄铁矿矿体密切相关，电法异常是寻找深部隐伏IOCG矿体的主要方法技术之一。

表4-13　智利月亮山铁铜矿金属矿物电子探针分析　（单位:%）

矿物	Se	As	Au	S	Pb	Fe	Cu	Zn
黄铜矿	0.00	0.00	0.005	35.22	0.0	29.85	34.45	0.012
黄铁矿	0.006	0.00	0.016	54.06	0.336	46.81	0.058	0.00
磁铁矿	0.039	0.05	0.103	0.0	0.338	67.18	0.00	0.00
矿物	Co	Ni	Ag	Te	Sb	Bi	合计	
黄铜矿	0.05	0.002	0.03	0.0	0.0	0.013	99.63	
黄铁矿	0.066	0.0	0.0	0.0	0.0	0.0	101.35	
磁铁矿	0.104	0.0	0.0	0.0	0.0	0.0	67.81	

表4-14　月亮山铁铜矿共伴生组分赋存状态与矿物电子探针分析　（单位:%）

矿物	样数	Fe	Cu	S	As	Pb	Zn	Ag	Co	Au	总量
黄铜矿	27	30.23	34.28	34.75	0.01	0.08	0.03	0.01	0.06	0.01	99.49
钴黄铁矿	42	45.50	0.00	53.39	0.01	0.18	0.01	0.01	1.34	0.01	100.47
辉铜矿	1	0.08	77.53	22.86	0.0	0.0	0.06	0.0	0.0	0.0	100.53
赤铁矿	1	62.91	0.0	0.00	0.05	0.21	0.0	0.02	0.146	0.033	63.385
含钴黄铁矿	69	46.14	0.03	53.29	0.03	0.18	0.01	0.00	0.38	0.01	100.17

上述研究说明，通过航磁异常进行选区勘查，具有高效快速的效果。经过对已经完成采矿权登记的勘查区地面高精度磁力测量、大比例尺遥感构造解译和蚀变矿化解译，进一步缩小勘查靶区，经过地面电法勘查，进行深部探测和圈定找矿靶位。说明这套勘查选区思路和技术合理正确。这是本次勘查智利铁氧化物铜金型矿床勘查选区的矿床勘查方法技术模型。

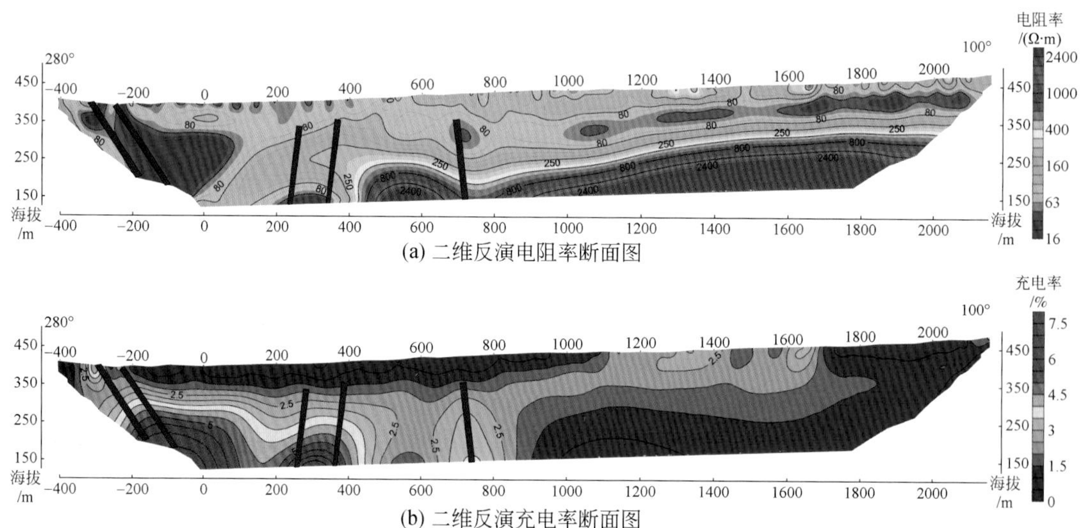

(a) 二维反演电阻率断面图

(b) 二维反演充电率断面图

图 4-21　智利月亮山 3 号点 L27 激电测深剖面反演电阻率、极化率综合断面图

4.4.4　智利月亮山 IOCG 铁铜金找矿靶区与资源潜力评价

智利月亮山-塞勒尼格鲁 IOCG 成矿远景区位于 IE-4 月亮山-塔尔塔尔和 IE-5 塔尔塔尔-帕蒂路斯港两个四级成矿带南部，属于智利科迪勒拉海岸山带中部科皮亚波一带，约占该三级成矿带 10% 的面积。

1. 月亮山超大型铁铜矿勘探靶区资源潜力评价

月亮山铁铜矿区，主要勘查技术为航磁-遥感-地质综合选区，申请登记采矿权，地面高精度磁力勘探，系统钻探（累计完成 18 个钻孔，5000m 总钻探进尺）。这是本次进行铁铜矿资源潜力评价的先验模型，据此进行成矿远景区资源潜力评价，属于同比模型外推预测，在主要找矿靶区已经完成了预查工作，普查工作尚待进一步实施。

在矿权范围内初步探明和预测的（332+333+334）铁矿石量 2.51 亿 t，共伴生铜金属量 41.46 万 t，伴生金金属量 12 636kg。对月亮山铁铜矿区北部 4、5 和 6 号矿段进行了资源潜力评估，资源潜力评估依据：①工程依据，目前 4 号矿体由 PD6-7、TC6-10 和 PD6-1 控制；5 号矿体由 PD6-6、TC6-11、PD6-2 和 PD6-8 控制，已经形成了三个中段，段高在 40～60m，目前控制垂深在 100m 以内，地表在 50～80m 多为采空区，但可以作为露天开采剥岩工程的前期准备工程，重要采矿工程进行了编录和系统采样，作为本次预测的工程依据合理外推。②预测矿体的参数确定，对于不同中段分别进行了刻槽样采集，采用现有采矿工程控制的矿体厚度和长度，作为预测矿体厚度和长度，计算全部刻槽样平均值作为矿体平均品位，矿体产状和形态依据现状并结合控矿规律进行推定，矿石小体重采用保守估计值。③成矿地质条件分析是在实测和填图基础上进行的，采用遥感解译完成了蚀变矿物填图和构造解译，并开展了实测地质剖面。④蚀变和矿石类型镜下进行了鉴定，属于铁氧化物铜金型矿石，将铁氧化物铜金型矿床作为类比预测和主攻工业类型。⑤45 号矿段地表完成了 1∶1 万比例尺地面高精度磁力详查，高精度磁异常由含铜磁铁矿矿体引起，深部隐伏矿体分布范围可以采用地面高精度磁力异常进行找矿预测，大致圈定预测深部含铜磁铁矿矿体分布范围。

（1）月亮山地区 4 号铁铜矿段资源潜力评价。4 号铁铜矿体主攻类型为 IOCG 型矿体。矿体地表出露长度约 650m，产状 225°∠65°，受压扭性构造控制的铁铜矿体，地表矿化较好，磁异常扫面结果显示该矿体向两端都有延伸。矿化类型主要是黄铜矿化、斑铜矿化、磁铁矿化、黄铁矿化等。矿石中金属矿物主要为黄铜矿、斑铜矿、磁铁矿、黄铁矿等。围岩为黑云母闪长岩。

对 4 号矿体目前有地表槽探和坑道控制，其中 TC6-10 控制矿体水平厚度 12.90m，Cu0.34%、Fe51.05%，伴生金 0.01～0.26g/t；通过槽探及坑道控制情况来看，该矿体在走向及倾向上比较稳定，水平厚度在构造交汇部位变大，品位变富，同时伴生有 Au 矿化，值得进一步开展工程控制。4 号铁铜矿体预测的资源量：4 号矿体面积约 0.72km^2，水平厚度为 12.90m，体重为 3.26t/m^3，铜品位 0.34%，预测的铁矿石量（333+334）3028 万 t，铜金属量 10.29 万 t。

（2）5 号铁铜矿体主攻类型为 IOCG 型矿体。5 号铁铜矿体地表出露长度约 800m，产状 220°∠70°，近平行于 4 号矿体，受压扭性构造控制显著，地面高精度磁异常特征揭示该矿体向两端均有较大规模延伸。矿化类型主要是黄铜矿化、斑铜矿化、磁铁矿化、黄铁矿化等。矿石中金属矿物主要为黄铜矿、斑铜矿、磁铁矿、黄铁矿等（图 4-22）。西侧围岩为黑云母闪长岩，东侧为石英闪长岩。

图 4-22　月亮山铁铜矿床 5 号矿体坑道口及坑道内铁铜矿石

5 号矿体目前由地表槽探和坑道控制，其中 TC6-11 控制矿体水平厚度 7.90m，Cu 0.46%、Fe 36.87%；PD6-2 为沿脉坑道，Cu 0.80%、Fe 45%；伴生金 0.05～1.03g/t。

通过槽探及坑道控制情况来看，该矿体在走向及倾向上比较稳定，水平厚度在构造交汇部位变大，品位变富，值得进一步开展工程控制。

5 号铁铜矿体预测资源量规模大。预测矿体面积约 0.84km^2，预测水平厚度为 7.90m，体重采用 3.26t/m^3，铜 0.63%，预测铁矿石量 2163 万 t，铜金属量 13.62 万 t。

月亮山铁铜矿 45 号矿段预测的资源量（333+334）具有大型铁铜矿床规模，预测的铁矿矿石量 5191 万 t，铁平均品位 44.3%；预测的铜金属资源量 23.91 万 t，铜品位在 0.34%～0.63%。根据地面高精度磁力异常范围预测，45 号矿段有与 4 号和 5 号平行矿体 2 条，北东向斜交矿体三条，深部有寻找受热液角砾岩体构造控制的含铜磁铁矿矿体，预测的资源量有可能扩大一倍，具有寻找大型铁铜矿床资源的潜力。

2. 月亮山铁铜矿区中部矿段资源潜力评估

（1）在月亮山铁铜矿区中部，岩浆热液角砾岩相带位于石英闪长岩和二长闪长岩（Kmd）西侧边部，宽 500～1500m，在二长闪长岩边部发育赤铁矿-绢云母-钠长石和赤铁矿-钠长石化蚀变带，南北向长度为 3000m，东西向宽 1800m，出露面积 5.4km^2。岩石破碎强烈，脆韧性变形构造发育，表明石英闪长岩和二长闪长岩（Kmd）侵入体后期发生了强烈脆韧性构造变形和蚀变作用。总体上看，侵入构造蚀变带近南北向长度达 6000m 以上，宽度在 800～1800m，出露面积和深部工程揭露面积合计在 7.5km^2。

（2）在月亮山铁铜矿区南部，3 号铁铜矿段中，ZK12-3、ZK0-2、ZK3-1、ZK19-1 和 ZK11-2 在深部均揭露了石英闪长岩和二长闪长岩（Kmd）。南北向长度为 1000m，揭露深度在 200～300m，说明石英闪长岩和二长闪长岩（Kmd）向西向深部侧伏，局部形成了舌状侵入体和岩枝，这种侵入构造对于铁氧化物铜金型矿体形成十分有利，如在 ZK0-2 孔形成了赤铁矿-绢云母-钠长石蚀变带，钻孔工程证明地表蚀变带向西深部侧伏。

（3）根据在月亮山铁铜矿区南部深部钻孔揭露的含矿蚀变带与中部矿段对比，中部矿段地表蚀变带规模及分带特征，含铜镜铁矿矿体、脆韧性蚀变构造带规模等综合分析认为：月亮山中部矿段地表为含铜镜铁矿矿体，含矿蚀变带规模大，深部主攻类型为铁氧化物铜金型矿体，预测的铁矿石量达 1.5 亿 t，铁平均品位 30%，铜平均品位 0.5%，伴生金银等有益组分，预测的铜资源量达大型规模铜矿（50 万 t）。

综上所述，月亮山铁铜矿区中色地科（智利）公司采矿权范围内和相邻可合作采矿权资源潜力合计铁矿石量 4.53 亿 t，铜金属资源量 115 万 t，具有大型规模铁铜矿资源基地。①月亮山铁铜矿区，在矿权范围内初步探明和预测的（332+333+334）铁矿石量 2.51 亿 t，为大型规模铁铜矿床，共伴生铜金属量 41.46 万 t，伴生金和钴资源。②月亮山铁铜矿床北部 45 号矿段预测的资源量铁矿石量 5191 万 t，铁平均品位 44.3%；具有寻找大型铁铜矿床的潜力，伴生铜金属资源量 23.91 万 t，铜品位在 0.34%～0.63%。③月亮山铁铜矿中部矿段预测的铁矿石量达 1.5 亿 t，铁平均品位 30%，铜平均品位 0.5%，预测的铜资源量达大型规模铜矿（50 万 t）。

3. 小型开采铁铜矿山深部和外围找矿预测

外围共有 5 处小型矿山：①塞勒伊曼（Cerro Iman）铁矿中已经生产富铁矿石量

310 500t，Fe平均品位为65%，在深部和外围预测的铁矿石资源量1.0亿t，与月亮山铁铜矿床属于同一矿床的不同矿段；②在科皮亚波市南北两侧，有12处小规模开采的IOCG采矿权，对于其中10处进行了踏勘检查，预测的铁矿石资源量为5.0亿t；③狐狸山铁铜成矿带预测的铁矿石资源量5.0亿t，矿业权面积70km^2，专家组进行了现场考察；④维耶拉–拉萨琳娜铁铜成矿带规模性开采和小规模开采铁矿石有15处，属于智利铁矿主要生产区之一，外围找矿潜力10亿t；⑤Adrianitas铁矿和Cerro Negro Norte铁铜矿深部和外围尚有找矿潜力，预测的铁矿石量5.0亿t。

4. 资源潜力评价方法与结论

智利科皮亚波IOCG成矿带位于查纳尔–科皮亚波–维耶拉–拉萨琳娜，长度在500km，宽度在100km，面积约50 000km^2。本次进行资源潜力评价方法和技术组合为：

(1) 已知先验模型区与找矿预测验证区。以月亮山铁铜矿床为主要勘查对象，前期完成了预查工作，18个钻孔累计钻探进尺约5000m，初步探明和预测的（332+333+334）铁矿石量2.51亿t，共伴生铜金属量41.46万t，伴生金金属量12 636kg。

(2) 先验模型同比找矿预测区。在月亮山铁铜矿床范围内，经过地面预查评价，采用月亮山铁铜矿体作为先验预测对比模型，依据预查成果和地质条件进行资源量预测。

(3) 开采矿山深部和外围找矿预测。基于可以合作和并购产能的铁矿山，进行深部和外围找矿预测，开展资源潜力评价。

(4) 矿业权区预测。有合作意向的矿业权人，提供了初级资料和已经完成的勘查工作，结合本次对区域成矿规律研究和认识，完成资源潜力评估。

总之，智利科皮亚波月亮山和附近可合作矿业权区，预测的资源量铁矿石量15亿~18亿t，铜金属资源量570万t，金100t。2015年最新验证情况：在月亮山矿区为IOCG型矿床找矿预测区，通过构造岩相学编录和填图发现了岩浆热液角砾岩构造系统，经工程验证，探获332+333铁矿石量1.02亿t，铁平均品位31.76%；伴生铜金属量12.53万t，平均品位0.35%；伴生金金属量3.94t，平均品位0.11g/t。预测月亮山矿区332+333+334铁矿石量有望到达2亿t以上，为大型铁（铜金）矿床。

4.5　智利月亮山岩浆叠加侵入构造系统与围岩蚀变相体结构模型

4.5.1　科皮亚波主岛弧带与岩浆叠加侵入构造系统

智利月亮山东侧科皮亚波复式侵入岩体主体现今呈近南北向延伸，南北向长>100km，东西向宽20~40km。科皮亚波复式侵入岩体组成了侏罗纪—白垩纪深成岩浆岛弧带，为智利侏罗纪—白垩纪主岛弧带中轴部位。科皮亚波复式侵入岩体为二长闪长岩–闪长岩复式侵入岩基，由二长闪长岩–闪长岩（Kmd）、二长岩–二长闪长岩（Kmm）、花岗闪长岩（Kg）、闪长岩–辉长岩（Kdg）等组成。早白垩世花岗闪长岩–二长岩–闪长岩岩基呈NNE向延伸，可达53km。它们具有较明显构造岩相体区域分带结构，在EL Encierro南段东部边界为 SN—NNE 向糜棱岩化相带，发育在花岗闪长岩中，与 EL Encierro 糜棱岩相带（Kmi）呈渐变关系，构造岩相学分带结构为糜棱岩化花岗闪长岩（Kg）→糜棱岩相带（Kmi）。①在早白垩世早期凡兰吟阶—欧特里夫阶（140.2～130.0Ma），智利科皮亚波地区形成了石英闪长岩（Kdc）（134 ±3Ma，黑云母 K-Ar 法，Arévalo，1995，下同）、闪长岩-辉长岩（Kdg，134～131Ma）和石英二长闪长岩-花岗闪长岩（Kmg，131±3Ma、133±3Ma，黑云母 K-Ar 法）。②下白垩统印第安纳组（Ksi）粗安质和安山质火山熔岩和火山角砾岩类，主要分布 EL Encierro 糜棱岩相带东侧月亮山-塞鲁伊曼（Co. Iman）地区，具有火山断陷沉降区特征，组成了主岛弧带内的火山弧带，以主体近南北向分布的火山喷溢相-火山喷发相区为主要特征。③下白垩统印第安纳组（Ksi）火山喷溢相-火山喷发相区东侧，早白垩世晚期巴雷姆—阿尔布阶（130～99.6Ma）深成岩浆弧为智利海岸科迪勒拉山带岛弧带向东迁移所形成。科皮亚波二长闪长岩-闪长岩（Kmd，119～92Ma）和二长岩-二长闪长岩（Kmm，112±3Ma、108±3Ma，黑云母 K-Ar 法年龄）复式岩基西缘（深成岩浆弧带），在二者接触部分发育面带型钠长石蚀变相和高岭石-绢云母化蚀变相，分布有含铜金赤铁矿型 IOCG 矿脉带。④在二长闪长岩-闪长岩（Kmd）和二长岩-二长闪长岩（Kmm）复式岩基内，发育一系列 NNW 向相间排列的脆性断裂带，与呈 NNE 向延伸的 EL Encierro 糜棱岩相带呈现相交的拓扑学结构，在它们交汇部位呈现“入”字形结构。⑤中新世阿塔卡玛砾石层总体呈 NE 向和 NW 向分布在科皮亚波及以北地区，砾石层底部发育古侵蚀面和古风化壳，显示在中新世主岛弧带曾经历了显著构造抬升和构造断陷作用，而阿塔卡玛砾石层主体分布在 NE 向和 NW 向山间断陷区域内。

早白垩世早期（140.2～130.0Ma）侵入岩类各岩相学填图单位主要位于 EL Encierro 糜棱岩相带西侧，东部局部出露。主要构造岩相学和岩相学特征如下。

（1）石英闪长岩（Kdc）（134±3Ma，黑云母 K-Ar 法）分布在月亮山 6 号和 7 号矿段西北侧，位于 EL Encierro 糜棱岩相带西侧。辉石边部发育黑云母化，辉石发育闪石化环带结构，含磁铁矿较高。San Jose 铜矿山产于该石英闪长岩内。

（2）闪长岩-辉长岩（Kdg，134～131Ma）型岩株。出露在月亮山 IOCG 及 Cerro Iman 矿区南部公路北边，在 Cerro Negro IOCG 矿床东侧二长岩-二长闪长岩岩基中，可见 4 处小型岩株，出露面积 0.5～2km^2。闪长岩具有不等粒结构及斑状结构，主要矿物为辉石和长石，副矿物有榍石及磁铁矿。绿泥石、方解石及阳起石等蚀变矿物发育。辉长岩具有间粒结构，主要矿物为斜长石及辉石，纤闪石及填隙状角闪石发育。闪长岩-辉长岩（Kdg）具有地幔柱构造成分特征，为铁质辉长岩。与石英闪长岩（Kdc）具有同期侵位特征，但岩浆起源深度可能不尽相同，在月亮山 3 号矿段深部钻孔中揭露辉长岩类为含磷灰石透闪石透辉石岩，为典型铁质辉长岩类，为 IOCG 成矿系统根部相构造岩相学标志。辉长岩类具有韧性剪切变形特征，与 EL Encierro 糜棱岩相带相连接。推测与石英闪长岩（Kdc）同期异相结构相体，铁质辉长岩类分异产物为石英闪长岩（Kdc）。

（3）石英二长闪长岩-花岗闪长岩（Kmg，131±3Ma、133±3Ma，黑云母 K-Ar 法）东部边缘相带形成年龄变新（122±3Ma）。该岩基位于 EL Encierro 糜棱岩相带西侧，石英二长闪长岩-花岗闪长岩东侧边缘紧邻 Encierro 糜棱岩相带，局部已经卷入 Encierro 糜棱岩相带，形成糜棱岩化相花岗闪长岩，构造变形-热事件年龄（成矿年龄）为（114±4）～

(104.4±3.2) Ma。对月亮山地区IOCG型矿床形成极为有利，蚀变石英二长闪长岩-蚀变花岗闪长岩为IOCG型铜金矿床的成矿相体，黑云母-磁铁矿化和绿泥石蚀变相发育。该岩基含有细晶岩脉及细晶闪长岩脉，宽1～3.0m，发育绿泥石、绿帘石、角闪石、阳起石、黑云母及纤闪石（原岩为辉石）等蚀变矿物。在东部边界附近发育角闪石岩包体（地幔岩），走向与Encierro糜棱岩相带（Kmi）一致。角闪石岩包体中含有细晶岩脉及细晶闪长岩脉，宽1～3m，延伸稳定，长达500m，沿Pampa Los Morados和Cerro Cucnara南侧边界稳定分布。热液黑云母（K-Ar法）蚀变年龄为122±3Ma、110±3Ma和107±3Ma。月亮山Esperanza矿区二长闪长岩和细粒闪长岩内发育脉带型IOCG矿床。

早白垩世晚期巴雷姆—阿尔布阶（130～99.6Ma）在智利科皮亚波EL Encierro糜棱岩相带东侧发育深成岩浆弧，深成岩浆弧围绕在下白垩统印第安纳组（Ksi）火山喷溢相-火山喷发相区周缘，说明在早白垩世晚期火山弧已经消失，以深成岩浆弧为主。

(1) 二长闪长岩-闪长岩（Kmd，119～92Ma）分布在月亮山3号矿段东部区域，主体呈近南北向展布，西与下白垩统印第安纳组（Ksi）火山喷溢相-火山喷发相区相接。

(2) 二长岩-二长闪长岩（Kmm，112±3Ma、108±3Ma，黑云母K-Ar法年龄）复式岩基（深成岩浆弧带）分布在科皮亚波北90km处的Co. Nergo铁铜矿区东侧，西缘与Co. Nergo铁铜矿区下白垩统印第安纳组（Ksi）火山喷溢相-火山喷发相区相接。

(3) 石英闪长岩-花岗闪长岩-二长岩（Kg，103Ma）与IOCG型铜金矿床成矿关系十分密切，与金铜富集成矿有关的黏土化蚀变相和青磐岩化相发育，形成了岩浆叠加侵入构造系统和岩浆热液角砾岩相系。

区域构造-古地理格局和成岩成矿系统恢复：①在智利月亮山地区和邻区下白垩统印第安纳组（Ksi）（112Ma）分布区为火山弧区，周缘被深成岩浆弧（侵入岩系）所包围，为智利侏罗纪—白垩纪主岛弧带轴部区。粗安质熔岩和安山质熔岩相+火山角砾岩相为近火山口相标志，以阳起石蚀变相和电气石化蚀变相为火山热液蚀变中心相标志。厚层块状磁铁矿相和条带状磁铁矿熔岩相为成矿中心相标志。从IOCG型成矿中心向外成岩成矿系统的构造岩相学分带为厚层块状磁铁矿相+阳起石蚀变相+磁铁矿-阳起石蚀变相（中心相）→含磁铁矿青磐岩化蚀变相（过渡相）→钠长石蚀变相（外缘相）。②东侧分布下白垩统坂杜丽娜组（Bandurrias）为兰凡吟阶—巴莱母阶（133.9～125Ma）火山沉积岩序列，底部发育安山质熔岩和安山质火山角砾岩，向上形成重结晶灰岩和含生物碎屑灰岩，属于弧后盆地区。③在智利Co. Iman西侧为侏罗纪深成岩浆弧和前侏罗纪弧前增生地体。④在月亮山地区，晚白垩世侵入岩系侵入在早白垩世侵入岩和火山岩系内，形成岩浆叠加侵入构造系统。最新获得含铜青磐岩化蚀变相形成于中新世（21.05±0.85Ma），它们叠加于钠长石化蚀变相之上，与灰白色二长斑岩密切相关，推测在月亮山3号矿段发育中新世岩浆叠加侵入构造系统，揭示具有寻找新类型铜矿床的潜力。

4.5.2　岩浆叠加侵入构造系统与岩浆热液角砾岩相系

月亮山地区下白垩统印第安纳组（Ksi）与东侧弧后盆地内下白垩统坂杜丽娜组（Bandurrias）火山沉积岩序列，推测它们为凡兰吟阶—巴莱母阶（133.9～125Ma）同期异相层位。月亮山地区早白垩世晚期阿普特阶—阿尔布阶（125～99.6Ma）侵入岩系发育，它们侵入于下白垩统印第安纳组（Ksi）之中。

1. 月亮山地区早白垩世晚期岩浆叠加侵入构造系统

在月亮山3号矿段新获得了东部二长闪长岩-闪长岩［Kmd，（124±1.0）～（121±16）Ma］成岩成矿年龄为121±16Ma，浅紫红色石英电气石钾长石岩浆热液角砾岩成岩成矿年龄为124±1.0Ma，在月亮山3号矿段南部灰白色二长岩周边的含铜绿泥石钠长石蚀变岩内，新获得古新世叠加蚀变成岩成矿年龄为21.05±0.85Ma（n=15，MSWD=0.69），揭示存在早白垩世晚期和中新世铜金叠加成矿作用。月亮山IOCG矿区辉长岩（118.0±3.1Ma，MSWD=8.5）、安山岩（116.0±1.6Ma，MSWD=2.6）和闪长岩（105.3±1.1Ma，MSWD=2.6）（刘绍锋，2016）等，它们为IOCG型矿体围岩，与IOCG有密切关系。

（1）二长闪长岩-闪长岩（Kmd，（124±1.0）～（121±16）Ma）。二长闪长岩-闪长岩（Kmd）主要分布在坎德拉里亚IOCG矿床以西和月亮山IOCG以东地区，近南北向长50km，东西向宽10～20km，面积75km^2，为科皮亚波大岩基主要组成部分。灰绿色二长闪长岩-闪长岩（Kmd）具有中粒-粗粒结构，岩石组合为石英二长岩、石英闪长岩、闪长岩和黑云母闪长岩等。①在月亮山3号矿段北部IOCG矿区东侧，分布有面带型黏土化-绢云母化蚀变带、赤铁矿钾长石蚀变带及赤铁矿-钠长石蚀变带，为月亮山IOCG矿床主要成矿相体。脆性断裂带内岩浆热液角砾岩相带和IOCG网脉带长6000m，宽100～400m，其中：脉带型IOCG矿脉两侧为岩浆热液角砾岩相带，长6000m，宽2.0～30m，主要开采金铜矿体。在科皮亚波地区Boton de ore、Palama、Piojento等地区，分布有众多铜银矿点及古采场。②二长闪长岩-闪长岩（Kmd）岩基东侧，白垩系中广泛发育接触交代蚀变带，尤其是侵入白垩系Chanarcillo组中（灰岩段），形成钙铁榴石-钙铝榴石夕卡岩、透辉石-钙铁辉石夕卡岩。钾长石化蚀变围绕斜长石呈环带状，绢云母-高岭石化、电气石化、硅化、绿泥石化及绿帘石化等发育。以赤铁矿电气石钾长石岩浆热液角砾岩-赤铁矿石英电气石热液角砾岩为主，热液角砾为钾长石化蚀变岩，电气石和石英为热液胶结物，显示钾长石化蚀变相早于石英-电气石蚀变相，它们为岩浆热液角砾岩构造系统物质组成。黑云母化蚀变相形成年龄在119±2Ma、116±3Ma、92.5±2.8Ma，说明岩浆热液蚀变作用活动时间相对较长。③在月亮山3号矿段内，由中粗粒黑云母闪长岩、石英闪长岩和二长闪长岩等组成，为IOCG矿床成矿母岩。在月亮山3号矿段东侧，在二长闪长岩-闪长岩边缘形成了电气石钾长石岩浆热液角砾岩筒和岩浆热液角砾岩相带，为主要成矿相体。在侵入岩体内形成IOCG型矿化和脉体。局部赤铁矿-钠长石化相、绢云母-黏土化蚀变相发育，在月亮山3号矿段、6和7号矿段东侧大面积出露。

（2）早白垩世晚期辉绿辉长岩和辉绿岩（Kmd-β）（118.0±3.1Ma，刘绍风，2016），它们为IOCG型矿体上下盘围岩，与铁铜矿体关系密切，常在矿体的上下盘见有厚度1～3m的岩脉或岩墙。辉绿辉长岩和辉绿岩在月亮山3号矿段呈岩脉和岩墙产出，在岩脉和岩墙边部发育铁铜矿化，在外围蚀变安山岩中形成铁铜矿体。早白垩世安山岩在月亮山地区主体呈岩席状分布，局部为岩脉和岩墙状。

（3）石英闪长岩-花岗闪长岩-二长岩（Kg，103±5Ma，黑云母K-Ar法）呈不规则岩株系列，近南北向带状岩株长60km，单岩株长19km，宽2km。岩石类型有花岗岩、石英二长闪长岩、石英二长岩和二长岩，沿 Indiana 山脉侵入下白垩统印第安纳组（Ksi）和早白垩世二长闪长岩-闪长岩（Kmd）。在 EL Encierro 糜棱岩相带西侧，石英闪长岩-花岗闪长岩-二长岩（Kg）侵入早白垩世石英二长闪长岩-花岗闪长岩（Kmg）中。这些岩株出露面积在 1 ~ 8km^2。浅灰色花岗闪长岩和灰白色-白色二长岩（Kg）具有细粒-粗粒结构。在 Cerro Negro-月亮山地区，石英闪长岩-花岗闪长岩-二长岩（Kg）侵入印第安纳组（Ksi）。在科皮亚波复式岩基中部，呈 SN 向长轴延伸。

（4）早期泥化及青磐岩化蚀变相发育，对 IOCG 型铜金矿床内形成铜金叠加成矿较为有利，为含铜金赤铁矿型 IOCG 矿床的成矿相体，如 AL Fin HALL 金矿床。在月亮山 6 和 7 号矿段北部，在石英闪长岩-二长岩（Kg）单元内，蚀变灰白色二长岩为成矿相体。月亮山地区 Y18 和 Y19 灰白色二长岩内含有较高 Na_2O，黏土化蚀变发育，为含铜金赤铁矿型 IOCG 矿脉。蚀变石英二长闪长岩（Y19）具半自形粒状结构，块状构造。①斜长石（Pl）约 74%，半自形-他形板状，粒径 0.35 ~ 2.5mm，晶粒已全部泥化、绢云母化，部分晶粒见绿帘石化。正长石（Or）约 10%，他形板状，粒径 0.4 ~ 1.25mm，与石英构成显微文象结构，晶粒已全部泥化，见于斜长石粒间。②角闪石（Hbl）约 5%，半自形柱状，部分断面呈近菱形，粒径 0.4 ~ 1.6mm，晶粒多被绿泥石、绿帘石交代。③石英（Q）约 5%，不规则粒状，粒径 0.04 ~ 0.45。④少量榍石呈柱状和粒状，粒径 0.12 ~ 0.4mm，零星可见。绿帘石约 5%，不规则粒状、半自形柱状，粒径 0.12 ~ 1.25mm，部分交代角闪石形成，部分稀散见于岩石粒间。不透明矿物约 1%，呈不规则粒状（d = 0.02 ~ 0.2mm）和星点状分布。可见碳酸盐化微脉。

（5）在月亮山 6 和 7 号矿段北部，含铜金蚀变石英闪长岩（Y18）具半自形粒状结构，块状构造。①斜长石（Pl，约 84%）呈半自形-他形板状，粒径 0.35 ~ 2.5mm，晶粒已全部泥化、绢云母化，聚片双晶隐约可见，部分见简单双晶。②角闪石（Hbl）约 10%，半自形柱状，柱长 0.4 ~ 1.25mm，晶粒多见绿泥石化、绿帘石化。③石英（Q）约 5%，不规则粒状，粒径 0.08 ~ 0.6mm，部分晶粒见波状消光，稀散见于岩石粒间。④少量绿帘石呈不规则粒状，粒径 0.2 ~ 0.65mm，部分交代角闪石形成，部分沿裂隙分布。少量绿泥石呈片状集合体，稀散可见。少量黑云母呈显微片状集合体，沿裂隙呈脉状充填，因此，黑云母 K-Ar 法年龄为热液蚀变成岩成矿年龄。⑤不透明矿物（约 1%）呈不规则粒状和半自形板状，粒径 0.02 ~ 0.8mm，呈星点状分布。钛铁矿（Ilm，约 1%）呈不规则粒状和半自形板状，粒径 0.05 ~ 0.45mm，晶粒多已白钛石化，少数晶粒中心见少量残留，呈星点状分布。微量黄铁矿（Py）呈微粒状，粒径 0.02mm，镜下仅见一粒。褐铁矿呈胶状集合体，集合体粒径 0.08 ~ 0.8mm，见深红色内反射色，稀散可见。

2. 早白垩世晚期石英电气石钾长石岩浆热液角砾岩

（1）紫红色含硫化物石英电气石钾长石岩浆热液角砾岩。月亮山 3 号矿段石英电气石钾长石岩浆热液角砾岩位于 GPS778（Y1，27°17′48.80″S，70°21′42.76″W；H = 401m）。野外宏观构造岩相学特征为（图 4-23）：①热液角砾为钾长石蚀变岩，发育硅化及钾长石化，角砾大小在 3cm×1.5cm，角砾含量 80%，主要为钾长石化硅化蚀变岩（硅化钾长石化蚀变岩），内部可见点状黄铁矿，角砾呈棱角状及浑圆状；②胶结物为热液电气石细脉（3 ~ 5cm），由电气石、黄铁矿细脉等组成。在黄铁矿化和电气石化蚀变强烈部位

（30%），硅化钾长石化蚀变岩角砾呈浑圆状，具有显著的热液溶蚀特点。

构造岩相学结构面特征与古应力场恢复：①电气石呈细网脉状的热液胶结物，电气石网脉呈平行排列、不规则细脉状和透镜状相间排列，石英钾长石蚀变岩具有小型 S-L 透镜体、可拼接棱角状角砾等形态，揭示电气石化蚀变相形成晚于石英钾长石蚀变岩。这种电气石石英钾长石热液角砾岩具有压剪性结构面特征，揭示电气石蚀变相形成于压剪性应力场下。②与发育同岩浆侵入期糜棱岩化相带的区域构造应力场相协调。③热液角砾状构造为岩浆热液成岩期发生的热液角砾岩化作用所形成，而碎裂岩化构造为受后期构造破碎作用所形成。

从电气石蚀变相角度看：①从灰黑色电气石赤铁矿钾长石热液角砾岩向 SE 方位，逐渐变为电气石硅化钾长石热液角砾岩，富含浸染状黄铁矿及黄铜矿。②浅褐红色电气石（磁铁矿）岩浆热液角砾岩为中部特征，以硅化钾长石化蚀变岩角砾发育为特征。③向东南部变为含脉带型 IOCG 的蚀变闪长岩（Y4），为金铜矿化富集相带，以绿泥石绢云母蚀变相为主，发育细粒浸染状黄铁矿及黄铜矿。

浅紫红色石英电气石钾长石岩浆热液角砾岩具有柱粒状变晶结构，块状构造、热液角砾状构造和碎裂岩化构造发育。①正长石（Or）约 49%，半自形－他形板状，粒径 0.2～1.2mm，晶粒已全部高岭土化、泥化，仅保留其晶形轮廓。②电气石（Tur）约 30%，柱状，部分断面呈球面三角形，粒径 0.24～0.8mm，常以集合体形式沿裂隙呈脉状、条带状分布。③石英（Q）约 20% 呈不规则粒状沿裂隙充填，粒径 0.08～0.6mm，与电气石共生，指示了高氧化态强酸性成岩环境。④少量绿帘石呈淡黄色，不规则粒状，粒径 0.12～0.2mm，沿裂隙呈脉状充填。⑤不透明矿物约 1%，半自形－他形粒状，粒径 0.03～0.9mm，成分为黄铁矿，呈星点状分布。黄铁矿（Py）约 1%，浅黄白色，半自形－他形粒状，粒径 0.03～0.9mm，晶面磨光性差，呈星点状分布。少量铜蓝（Cv）呈深蓝色－白色微蓝多色性，不规则粒状，粒径 0.04～0.25mm，强非均质性。少量褐铁矿（Lm）呈胶状和不规则粒状，粒径 0.04～0.5mm，深红色内反射色，交代黄铁矿后呈黄铁矿假象，呈星点状和沿裂隙充填。少量钛铁矿（Ilm）呈半自形板状和不规则粒状（$d=0.03\sim0.3$mm），均已全部白钛石化。

（2）石英电气石钾长石岩浆热液角砾岩形成时代。在石英电气石钾长石岩浆热液角砾岩中，分选锆石具有清晰环带结构，属于典型岩浆热液锆石，能够代表岩浆热液角砾岩的形成时代。经过锆石 U-Pb 定年分析（图 4-23），获得年龄为 124±1.0Ma（$n=12$，MSWD=0.0038）。

（3）月亮山 3 号矿段东部早白垩世晚期闪长玢岩蚀变相和成岩成矿年龄。在月亮山 3 号矿段内（GPS795，27°17′46.83″S，70°21′38.06″W，$H=433$m），具有网脉状铁铜矿化蚀变闪长岩为 IOCG 型铜金矿床的成岩成矿相体，IOCG 成矿年龄为 121±16Ma（MSWD=0.051，锆石 U-Pb 谐和年龄，图 4-24）。

蚀变闪长玢岩具似斑状结构，基质具半自形粒状结构，块状构造。斑晶约 5%，成分为斜长石（Pl），次为角闪石（Hbl）。①斜长石半自形－他形板状，粒径 1.25～3.0mm，聚片双晶可见，部分见简单双晶及环带构造，晶粒多已绢云母化、泥化、黝帘石化、绿帘石化，中心蚀变较强，表面脏，见净边结构。②角闪石呈半自形柱状，柱长 1.25～

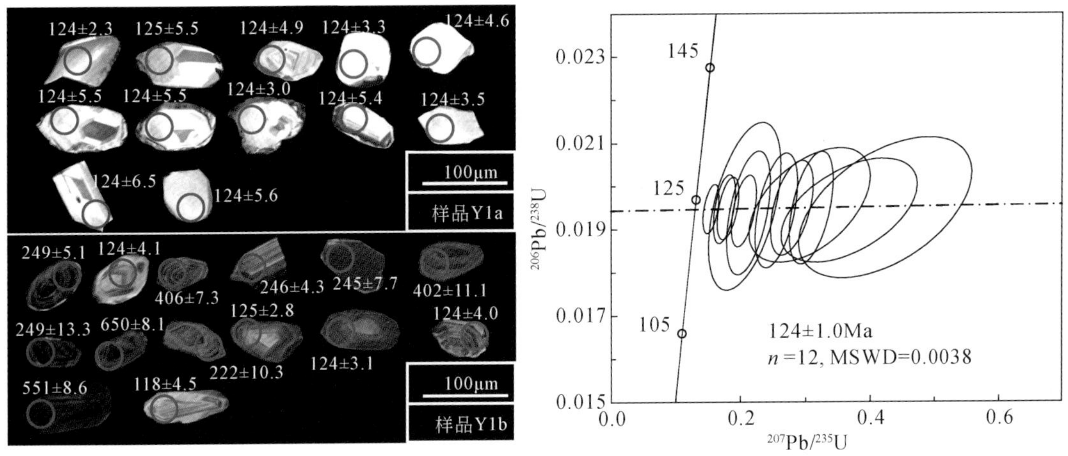

图 4-23　月亮山 3 号矿段石英电气石钾长石岩浆热液角砾岩锆石 U-Pb 谐和年龄图

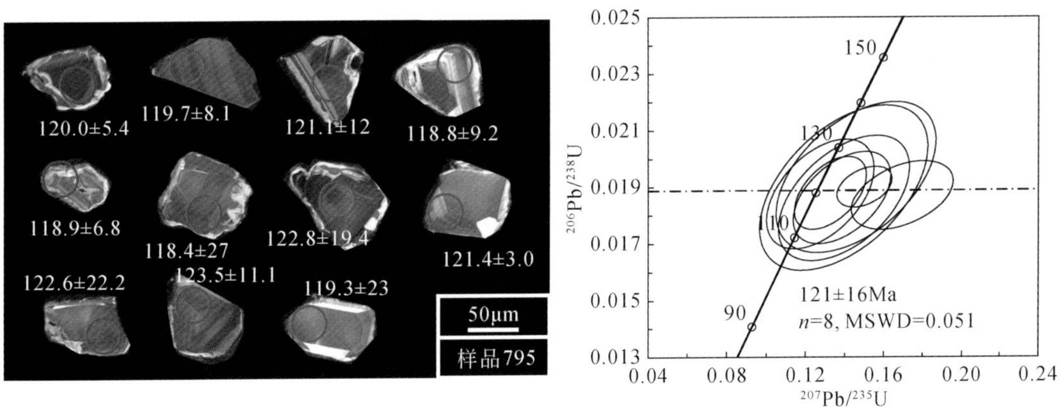

图 4-24　月亮山 3 号矿段含 IOCG 矿脉蚀变闪长玢岩锆石 U-Pb 谐和年龄图

1.6mm，晶粒多已次闪石化、绿帘石化、绿泥石化。③基质约 92%，主要由斜长石、角闪石组成，具半自形粒状结构。斜长石多已绢云母化、绿帘石化；角闪石常见绿泥石化、绿帘石化，分布于斜长石粒间。④不透明矿物约 3%，半自形–他形粒状，粒径 0.02～0.4mm，以磁铁矿为主，含少量钛铁矿，磁铁矿沿裂隙呈脉状充填。镜下见一条宽约 0.05mm 的脉体，其内见碳酸盐矿物及绿帘石充填。⑤金属矿物具星点状构造。磁铁矿（Mag）：约 2%，半自形–他形粒状，粒径 0.02～0.4mm，晶粒多已赤铁矿化（Hem），局部晶粒中心见少量残留，呈星点状分布于岩石中，少数沿裂隙呈脉状充填。钛铁矿（约 1%）呈半自形板状和不规则粒状，粒径 0.04～0.3mm，晶粒已全部白钛石化。

蚀变闪长玢岩为 IOCG 型铜金矿床成岩成矿相体，构造岩相学特征为：①在磁铁矿化蚀变闪长岩中，磁铁矿呈浸染状分布，具有原生成岩成矿特征。②在蚀变闪长玢岩中，黄铜矿磁铁矿网脉状低品位铁铜矿体中，矿脉产状 10°∠65°。③在磁铁矿化蚀变闪长岩中发育含铜磁铁矿脉，产状 NE50°∠65°。④蚀变闪长玢岩内发育劈理化相带，劈理产状为 200°∠70°和 260°∠60°，具有压剪性劈理化相特征，含铜磁铁矿脉（脉型 IOCG）产状为

40°∠65°。揭示脉带型 IOCG 矿化与蚀变闪长玢岩（121±16Ma）关系密切。⑤细晶花岗岩及细晶岩（Kgr）分布在 Cerro Negro 铁铜区东侧，呈不规则状岩株产出，出露面积 0.5～$3km^2$，岩石呈细晶结构，以长石和黑云母为主，多发生高岭石化、蒙脱石化，含有榍石等副矿物。

3. 晚白垩世角闪石玢岩和 NW 向斜列式断裂带

晚白垩世坎潘安山岩-浅成相闪长岩-角闪石玢岩侵入体（Kai，77±3Ma，全岩 K-Ar 法）。岩石组合为深灰色斑状安山岩（次火山岩侵出相）、绿色角闪闪长岩和角闪石玢岩（次火山岩浅成相-浅成侵入相），形成不规则状浅成侵入岩体。总体上呈 SN 向延伸展布，长度>67km，宽 1.5～0.5km。在斑状安山岩中侵入浅成相闪长岩侵入体，出露范围为 0.5～1.5km。斑状安山岩中，主要矿物为中长石板条状晶体（长 2～10mm）及他形辉石，中长石及他形辉石被方解石及不透明矿物交代，发育石英-方解石-绢云母化蚀变。在斑状安山岩中形成 Cu-Ag 层状矿体，主要有 Mantos Gloria、Mantos Esperanza、Maria Luisa 及 La Culebra 铜银矿床，主要矿石矿物为黄铜矿和斑铜矿，表生矿物为孔雀石、硅孔雀石和氯铜矿等。

安山斑岩（77±3Ma）呈岩脉和岩墙侵入，岩石具斑状结构、流动构造。斜长石斑晶（45%～50%）粒径 0.2mm×0.5mm～0.8mm×2.5mm，大致定向分布，具钠长双晶和卡钠复合双晶，不均匀绢云母化、泥化或被方解石交代。斜方辉石和少量普通辉石呈自形-半自形粒状或短柱状，粒径 0.5～2mm，裂隙及边缘有较多磁铁矿微粒和氧化铁染。

角闪石玢岩分布于月亮山 5 号矿段内，岩石具斑状结构。斑晶主要为普通辉石和普通角闪石，二者含量相近。斑晶（约 20%）粒径 0.3～3mm，呈自形短柱状，部分有熔蚀现象，普通辉石具简单双晶。浅色普通角闪石多色性为 Ng-淡蓝绿色，Np-淡黄绿色，不均匀绿泥石化、黑云母化，部分斑晶被碳酸盐交代并含有较多微粒磁铁矿。强钠黝帘石化，局部可见钠长双晶及环带结构、少量绿泥石、次生黑云母及细脉状纤闪石。基质结构不清晰。月亮山 5 号矿段角闪石玢岩脉形成年龄为 82.56±2.75Ma（全岩 K-Ar 法），在月亮山 5 号矿段下白垩统印第安纳组（Ksi）中发育较大规模的青磐岩化蚀变带，与晚白垩世岩浆叠加侵入构造系统有密切关系，预测深部有较大找矿潜力。

4. 月亮山地区中新世叠加成矿与构造-热事件

中新世阿塔卡玛砾石层（Tga）分布于古河道中，厚 5～100m。主要为分选差的卵石、碎屑、沙砾和泥质。沉积凝灰质中黑云母形成年龄为（15.3±1.5）～（12.7±0.5）Ma（黑云母 K-Ar 法）。在中新世阿塔卡玛砾石层（Tga）底部发育古侵蚀面构造。阿塔卡玛砾石层（Tga）总体沿沟谷边部和残留山脊坡脚之间地带呈 NW 向和 NE 向展布，显示曾经历了张剪性构造抬升和构造断陷作用，而阿塔卡玛砾石层（Tga）主体为构造断陷区域。

（1）在月亮山 3 号矿段南侧残留山脊坡脚处（27°17′47.43″S，70°21′56.71″W；H=407m），下白垩统印第安纳组（Ksi）为钠长石绿帘石蚀变安山岩，伴有磁铁矿形成，属绿帘石-钠长石蚀变相（外缘相）+磁铁矿蚀变相。

（2）在钠长石绿帘石蚀变安山岩附近发育灰白色二长岩和灰白色二长斑岩，形成了含铜赤铁矿-磁铁矿矿脉，发育氯铜矿玉髓化蚀变和多孔状晶腺晶洞构造。在灰白色二长岩

（Y17和Y18，27°17′51.22″S，70°22′4.21″W；H=401m）边部分布有IOCG矿脉，目估Cu为2%，Fe为60%，含玉髓-氯铜矿的铁矿石，以磁铁矿为主，与二长岩有密切关系。

（3）灰白色二长岩（Y17和Y18）具有较强碱性特征，含SiO_2在64.93%~66.27%。含K_2O+Na_2O在7.37%~7.43%，富Na_2O为6.63%~6.34%，K_2O含量较低为0.74%~1.09%，Na_2O/K_2O值在8.94~5.83。

（4）钠长石绿帘石蚀变安山岩受灰白色二长岩侵入事件影响较大，岩浆热液锆石的形成年龄在21.05±0.85Ma（n=15，MSWD=0.69）（图4-25），揭示为中新世构造-岩浆-热事件叠加成岩成矿作用所形成。

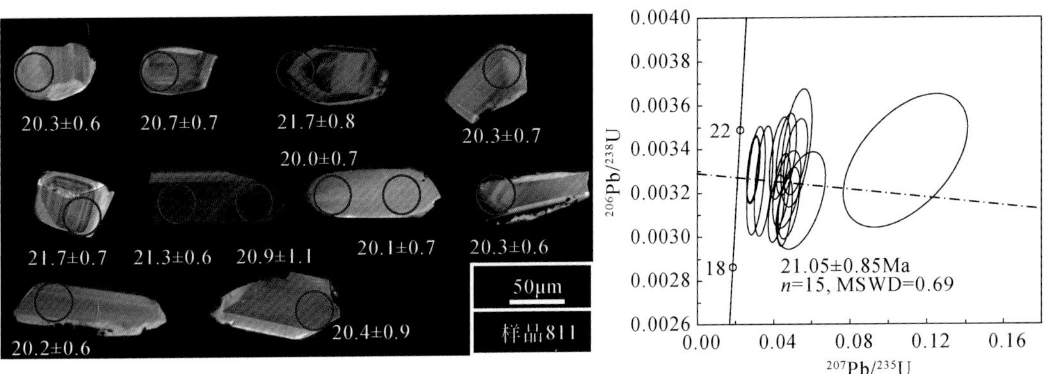

图4-25　月亮山3号矿段南部与灰白色二长斑岩有关蚀变岩的锆石U-Pb谐和年龄图

（5）在月亮山3号矿段南侧，地面高精度磁法异常由近南北向延伸，转变为近东西向延伸，揭示深部构造岩相体发生了重大变化，存在与月亮山3号矿段已知构造岩相体完全不同的特征。结合该区域电法异常较好，深部钻孔揭露以铜矿体和含铜蚀变矿化体为主，认为在月亮山3号矿段南侧深部具有较大的铜矿找矿潜力，推测与灰白色二长岩和灰白色二长斑岩有密切关系。

综上所述，在区域构造岩相学分带特征上，月亮山-塞鲁伊曼地区为智利侏罗纪—白垩纪主岛弧带轴部，西侧为前侏罗纪弧前增生地体，东侧为侏罗纪—白垩纪弧后盆地。月亮山-塞鲁伊曼主岛弧带经历构造-岩浆演化过程和构造岩相学模式如下。

（1）早侏罗世—早白垩世深成岩浆弧+早白垩世火山岛弧，位于EL Encierro糜棱岩相带东侧，推测EL Encierro糜棱岩相带在早侏罗世—早白垩世早期发生弧内伸展作用，形成了半地堑式弧内伸展裂陷和下白垩统印第安纳组（Ksi）火山喷溢相-火山喷发相区。①以电气石阳起石蚀变相-电气石化青磐岩化蚀变相为铁铜成岩成矿系统火山气液活动中心部位的构造岩相学标志，伴有粗安质熔岩和安山质火山角砾岩。铁质基性岩-含磷灰石铁质超基性岩为IOCG成岩成矿系统根部相标志。它们是含铜磁铁矿型IOCG矿床勘查标志。②厚层块状磁铁矿相-条带状磁铁矿阳起石岩相为IOCG成矿系统中心相标志。伴有电气石化蚀变粗安岩。③构造岩相体和IOCG矿床均位于强磁异常中心部位或正负磁异常相伴部位。④铁质基性岩-含磷灰石铁质超基性岩中富集Cu、Cr、V、Ni、P等元素，含MgO（11.16%~11.78%）较高，具有苦橄质岩特征。

（2）在智利月亮山-塞鲁伊曼地区，侏罗纪—白垩纪主岛弧带在早白垩世晚期发生岛弧构造反转，形成了 EL Encierro 糜棱岩相带递进变形，同时，形成同岩浆侵入期脆韧性剪切带和早白垩世晚期岩浆叠加侵入构造系统。形成含铜磁铁矿型 IOCG 和含铜赤铁矿型 IOCG 富集成矿。①早白垩世晚期巴雷姆—阿尔布阶（130～99.6Ma）深成岩浆弧发育在 EL Encierro 糜棱岩相带东侧，在印第安纳组（Ksi）火山喷溢相-火山喷发相周缘发育，早白垩世晚期以深成岩浆弧为主。②在月亮山 6 和 3 号矿段东侧，晚白垩世晚期二长闪长岩-闪长岩［Kmd，(124+1.0)～(121+16) Ma］与下白垩统印第安纳组（Ksi）之间，黏土化-绢云母化蚀变带、赤铁矿钾长石蚀变带及赤铁矿-钠长石蚀变带等面带型蚀变相体，为月亮山 IOCG 矿床成矿相体。③脆性断裂带内发育岩浆热液角砾岩相带和含铜赤铁矿型 IOCG 网脉带，长 6000m，宽 100～400m。④蚀变闪长玢岩（121±16Ma）为网脉状含赤铁矿型 IOCG 矿床的成岩成矿相体，蚀变闪长玢岩在岩浆侵位早期形成同岩浆侵入期脆韧性剪切带，浅紫红色石英电气石钾长石岩浆热液角砾岩（124±1.0Ma）为该蚀变闪长玢岩早期形成的岩浆热液成岩成矿中心相标志，显著富 K_2O(6.74%)，为钾长石角砾发育所形成。蚀变闪长玢岩内发育劈理化相带，形成了脉带状含铜赤铁矿型 IOCG 矿脉。

（3）晚白垩世 NW 向含铜赤铁矿磁铁矿脉、NW 向斜列式脆性断裂带和角闪石玢岩脉（床）为晚白垩世岛弧反转后的构造岩相学样式和组合。在晚白垩世脉状和岩床状角闪石玢岩（82.56±2.75Ma，全岩 K-Ar 法）为岛弧反转后，残余火山机构中心相标志。月亮山 5 号矿段角闪石玢岩脉较为发育，伴有较大规模的青磐岩化蚀变相，以 NW 向含铜赤铁矿磁铁矿脉富集为特征，与晚白垩世区域 NW 向斜列式脆性断裂相伴产出。

（4）最新研究证明在月亮山 3 号矿段南侧深部具有较大铜矿找矿潜力，推测与灰白色二长岩和灰白色二长斑岩有密切关系，为中新世构造-岩浆-热事件的叠加成矿作用。

4.5.3 智利主岛弧带月亮山地区的变形构造型相

在智利科皮亚波地区 EL Enciero 南侧，东部边界为 SN—NNE 向糜棱岩化带，发育在花岗闪长岩中，组成了糜棱岩化花岗闪长岩（Kg）→糜棱岩相带（Kmi）构造岩相学分带。EL Encierro 糜棱岩相带呈 NNE—SN 向延伸，中粗粒长英质糜棱岩出露长度>55km，宽度 1.5～3.0km。该糜棱岩相带西侧为二长闪长岩-花岗闪长岩（Kmg），糜棱岩相带和侵入岩体之间呈渐变关系。糜棱岩相带的原岩为二长闪长岩-花岗闪长岩（Kmg）。该糜棱岩相带向东侧边界为脆韧性破裂带（脆韧性剪切带，糜棱岩化相带）、下白垩统印第安纳火山熔岩及火山角砾岩（Ksi）和二长闪长岩-闪长岩（Kmd）。在韧性剪切带中发育毫米级长英质及黑云母面理置换，产状为：NNE20°～30°，倾向 E，倾角 60°～80°，显示水平-近水平拉伸的剪切变形特征。

（1）糜棱岩相形成时代为早白垩世，揭示主岛弧带在早白垩世进入挤压收缩变形体制，糜棱岩形成年龄为 114±4Ma（全岩 K-Ar 法），同构造期热液黑云母 K-Ar 法为 122±3Ma，晚期白云母 K-Ar 法为 104.4±3.2Ma（Arévalo，1995）。可以看出，EL Encierro 糜棱岩相带构造变形-热事件与晚白垩世晚期的岩浆叠加侵入构造系统为同期产物，也说明智利侏罗纪—白垩纪主岛弧带轴部在晚白垩世晚期为主要构造反转期。

（2）在运动学特征上，具有顺时针旋转剪切的递进变形特征。①早期糜棱面理为 80°

∠85°，晚期糜棱面理为 120°∠80°，揭示具有顺时针旋转剪切的递进变形特征；②后期脆性压剪性劈理组为 NE70°∠65°和 NW340 °∠58°，叠加在 140°∠80°脆韧性糜棱面理之上，总体上为顺时针旋转的递进压剪性变形序列。

（3）在构造变形域和构造变形层次上，早期和中期为深层次的韧性→脆韧性剪切带。晚期为浅层次的脆性变形构造。置换面理产状为 80°∠85°，晚期韧性置换面理产状为 120°∠80°，后期脆韧性置换面理产状为 140°∠80°，后期脆性破裂面产状为 NE70°∠65°、NW340°∠58°。前三期均呈现韧性→韧性剪切变形特征，后期脆性为叠加构造变形。

（4）从西到东构造岩相学分带为：二长闪长岩–花岗闪长岩（Kmg）→糜棱岩化二长闪长岩–花岗闪长岩（Kdg）→糜棱岩化相带（Kmi）→脆韧性二长闪长岩–闪长岩（Kmd）→脆性变形的下白垩统印第安纳组（Ksi）→脆韧性二长闪长岩–闪长岩（Kmd）（图 4-15）。在 Co. Nergo 西侧可见印第安纳组（Ksi）火山熔岩–火山角砾岩，穿切糜棱岩化相带（Kmi）。糜棱岩化相带（Kmi）为阿塔卡玛（AFZ）断裂构造系统物质组成，揭示 AFZ 断裂构造系统为印第安纳组（Ksi）提供了构造伸展空间，印第安纳组（Ksi）主要位于糜棱岩化相带（Kmi）东侧。印第安纳组（Ksi）内火山热液角砾岩和含铜磁铁矿电气石热液角砾岩，它们与早期糜棱岩化相带（Kmi）活动为同期形成。印第安纳组（Ksi）分布于糜棱岩化相带（Kmi）阿塔卡玛（AFZ）断裂构造系统内，为 AFZ 构造系统内局部构造扩容带（火山–岩浆上侵构造通道）（李天成等，2015）。

在对智利月亮山主岛弧带的构造变形型相解剖研究上，以塞鲁伊曼（Co. Iman）糜棱岩相带为构造岩相学解剖研究对象，进行韧性剪切带与 IOCG 矿床关系解剖研究。

1. 测点号：GPS783（Y13），27°16′28.91″S，70°25′27.43″W，$H=357$m

（1）灰色糜棱岩化相带。糜棱岩化角闪二长花岗岩的糜棱面理产状 300°∠82°。

（2）条带状黑云母花岗岩，糜棱岩化相，黑云母及角闪石组成条带状新生面理置换。绿帘石化发育，呈团块状、细脉状及网脉状，为绿片岩相退变质作用所形成。

（3）在劈理化相糜棱岩中，发育两组劈理化带，250°∠65°，60°∠58°。原糜棱岩内糜棱面理产状为 220°∠80°。

（4）构造岩相学解释：灰白色糜棱岩化黑云母花岗岩（Y13）糜棱面理产状 320∠80°。具糜棱岩化结构，变余花岗结构，定向构造。①石英约 25%，不规则粒状，粒径 0.25 ~0.75mm，受应力作用，晶粒波状消光明显，晶粒多被压碎呈碎粒状集合体，揭示曾经历了韧性剪切变形作用，定向分布于岩石中。②斜长石（Pl）35%~40%，半自形–他形板状，粒径 0.4 ~2.0mm，聚片双晶发育，部分晶粒见环带构造及简单双晶，不均匀尘状蚀变，受应力作用，部分晶粒双晶纹弯曲变形，有的不连续分布，有的见波状消光，长轴近定向分布。③正长石（Or）30%~35%，半自形–他形板状，粒径 0.5 ~1.5mm，部分见简单双晶，程度不等地泥化，受应力作用，晶粒见波状消光，揭示曾经历了韧性剪切变形作用，近定向分布于岩石中。④角闪石约 5%，半自形柱状，部分断面呈近菱形的六边形，粒径 0.5 ~0.75mm，部分晶粒见两组角闪石式解理，定向分布于岩石中。⑤少量不透明矿物呈不规则粒状，粒径 0.01 ~0.25mm，稀散可见。

2. 测点号：GPS784（Y14），27°15′57.62″S，70°25′40.67″W，$H=443$m

（1）月亮山地区 Cerro Iman 矿区的 IOCG 脉带型矿体产于糜棱岩化相内，主要为含铜

IOCG 型矿石，糜棱面理产状为 300°∠80°，发育两期糜棱岩化，早期产状 260°∠85°，晚期 300°∠80°，具有顺时针旋转剪切递进变形动力学特征。两期糜棱岩化面理指示了顺层剪切运动方向。

（2）铜矿化明显较强，局部为团块状，细脉浸染状，含黄铜矿黑云母赤铁矿热液角砾岩，为同构造期产物。

（3）在糜棱岩相内发育石榴子石夕卡岩相，以钙铁石榴子石夕卡岩（Y14）为主。钙铁石榴子石夕卡岩具粒状变晶结构，块状构造。①钙铁榴石（Adr）约 95%，多数呈完好的多边形，部分不规则粒状，常以集合体形式产出，光性异常的一级灰白干涉色，双晶及同心环带构造发育。②阳起石 2%~3%，半自形柱状，粒径 0.2~0.8mm，稀散见于岩石粒间。③绿帘石（Ep）2%~3%，不规则粒状，粒径 0.04~0.4mm，以集合体形式沿钙铁榴石间隙及岩石裂隙充填。少量石英呈不规则粒状，粒径 0.2~0.4mm，稀散可见。④局部碳酸盐矿物（Cbn）发育，不规则粒状，粒径 0.02~0.3mm，沿岩石裂隙充填，稀散可见。⑤少量不透明矿物呈不规则粒状，粒径 0.04~0.8mm，成分为黄铜矿，稀散可见。金属矿物具星点状构造，少量黄铜矿（Ccp）呈铜黄色，不规则粒状，粒径 0.04~0.8mm，呈星点状分布，微量磁铁矿粒径 0.02~0.04mm。

3. *测点号*：GPS785（Y15），27°15′57.58″S，70°25′41.66″W，$H=427$m

长英质糜棱岩（糜棱岩相），条带状构造，糜棱面理产状为 300°∠75°。长英质及黑云母-阳起石呈 C 型面理置换，片理化相长英质糜棱岩（Y15）。

构造岩相学解释：长英质糜棱岩（Y15）为角闪二长花岗质糜棱岩，具糜棱岩化结构，粒状变晶结构，定向构造。①碎斑约 15%，成分为斜长石（Pl）、正长石（Or）及角闪石，含少量菱铁矿。不规则粒状、眼球状，粒径 0.4~1.25mm，斜长石聚片双晶发育，多已泥化，受应力作用部分晶粒见波状消光；正长石多数不见双晶，泥化；角闪石呈半自形柱状，部分晶粒见两组角闪石式解理；菱铁矿呈粒状、菱面状，部分见聚片双晶，高级白干涉色。②碎基约 85%，成分以细粒石英、长石为主，含少量角闪石。石英见波状消光，长石多已泥化，定向分布于岩石中。基质中角闪石部分见绿帘石化、次闪石化，以集合体形式定向分布。③少量不透明矿物呈不规则微粒状，粒径 0.01~0.05mm。

4. *测点号*：GPS786，27°16′9.14″S，70°25′22.79″W，$H=390$m

糜棱岩化磁铁矿斜长角闪岩（Y16）。中细粒变晶结构，后期叠加片理化构造，片理化产状 140°∠68°。①角闪石（Hbl）：约 60%，半自形柱状，柱长 0.2~0.8mm，晶粒多已次闪石化。②斜长石（Pl）约 15%，半自形-他形板状，粒径 0.2~0.8mm，聚片双晶可见，见简单双晶，晶粒多已泥化。③不透明矿物：约 25%，半自形-他形粒状，粒径 0.085~1.2mm，成分以磁铁矿为主，呈浸染状分布于岩石中。金属矿物具浸染状构造。磁铁矿（Mag）呈半自形-他形粒状，粒径 0.08~1.2mm，多呈粒状集合体，沿晶粒边部及结晶方向见赤铁矿化，呈浸染状分布。微量黄铁矿（Py）呈不规则粒状，粒径 0.2mm。

综上所述，在塞鲁伊曼长英质糜棱岩相带出露宽度在 1300m：①西侧以二长闪长岩-花岗闪长岩（Kmg）为界，两侧为糜棱岩化相，中心为长英质糜棱岩相，具有对称型构造岩相学分带。②在糜棱岩相-糜棱岩化相内，变质相为角闪岩相，以形成糜棱岩化磁铁矿斜长角闪岩为代表。退变质相为绿片岩相，以在糜棱岩化相-糜棱岩相内发育绿泥石-绿帘石蚀变为特征。③钙铁石榴子石夕卡岩以脆性变形为主，揭示它们可能形成于糜棱岩相之后，属于后期叠加的夕卡岩相。④早期和中期为顺时针旋转剪切递进变形，糜棱面理发育，构造面理置换强烈，S形流变褶皱、S-C组构、δ和σ型旋转碎斑发育，这些构造样式和构造组合揭示它们形成于中深层次构造变形域内；晚期为脆韧性剪切变形，发育S-L构造透镜体化和脉岩细颈化。叠加后期压剪性和张性构造变形，以劈理化相和片理化相、碎裂岩化相等为构造岩相学标志。⑤在糜棱岩相-糜棱岩化相，NW向斜列式断裂带发育，主要为脆性断裂组。

4.5.4 围岩蚀变体系与构造岩相学相体结构模型

对于月亮山IOCG矿床而言，下白垩统印第安纳组（Ksi）为主要储矿地层。印第安纳组（Ksi，Sierra Indiana）南北长27km，宽5km（图4-15），西侧与El Encierro断层相接，东部为科皮亚波深成杂岩体及下白垩统海相沉积岩。印第安纳组岩性主要为绿色-灰白色安山质熔岩、火山角砾岩、火山集块岩，岩石富含辉石、闪石、斜长石斑晶并发生阳起石、绿帘石、电气石、高岭石蚀变。印第安纳组呈孤岛状分布且不含化石，据地理位置及相近侵入岩的最低年龄（约112Ma）推测认为可能与白垩纪Bandurrias地层单元层状碎屑岩相关，岩性对比说明这两个地层单元应属于下白垩统火山中心不同距离岩相，下白垩统Bandurrias地层可能属于弧后盆地内远端喷发岩相系，而印第安纳组可能为主岛弧带近火山喷发相系。在印第安纳组地层中、闪长岩-二长岩侵入岩体边部、印第安纳组与侵入岩之间，分别形成了三套不同围岩蚀变体系，而在月亮山IOCG矿床内，为三类围岩蚀变体系的异时同位叠加蚀变岩相体结构（图4-26），为了建立准确合理的IOCG矿床围岩蚀变体系的构造岩相学相体结构模型，结合塞鲁伊曼（Co. Iman）和Co. Nergo等铁铜矿床围岩蚀变体系对比，以下进行构造岩相学筛分研究和标志相建相。在印第安纳组火山岩系围岩蚀变系统内，以钠钙硅酸盐化蚀变相系、电气石阳起石化磁铁矿相系和青磐岩化相系等为主。

（1）电气石阳起石化磁铁矿相系（中心相）。电气石阳起石化磁铁矿相系由铁矿体物质组成，在铁矿石内伴有少量脉石矿物为电气石、阳起石、绿泥石等。磁铁矿电气石岩和电气石磁铁矿岩为火山喷溢喷气中心相标志，厚层块状磁铁矿岩为火山喷溢相，它们是与火山作用有关的IOCG成岩成矿中心相。

（2）钠钙硅酸盐化蚀变相系（中心相-过渡相）。①在下白垩统印第安纳组内，钠钙硅酸盐化蚀变相系相体空间拓扑学结构为：a-钠钙硅酸盐化蚀变相系有钠长石化蚀变相-钠长岩相（钠长石岩、钠长石化闪长岩、钠长石安山岩、钠长石粗安岩），阳起石化蚀变相（磁铁矿阳起石蚀变岩、暗绿色富铁阳起石岩、灰白色透闪石-富钙阳起石、灰色富钙透闪石岩），方柱石化蚀变相（方柱石化蚀变岩、方柱石化灰岩和方柱石化安山岩）等。b-阳起石化蚀变相为铁铜矿体和铁矿体储矿岩相和近矿蚀变岩相，方柱石化蚀变相为近矿蚀变岩相，钠长石化蚀变相-钠长岩相多为早期区域性蚀变岩相，分布较广。从铁铜矿体和铁矿体向外围，蚀变岩相学分带结构为阳起石化蚀变相→方柱石化蚀变相→钠长石化蚀

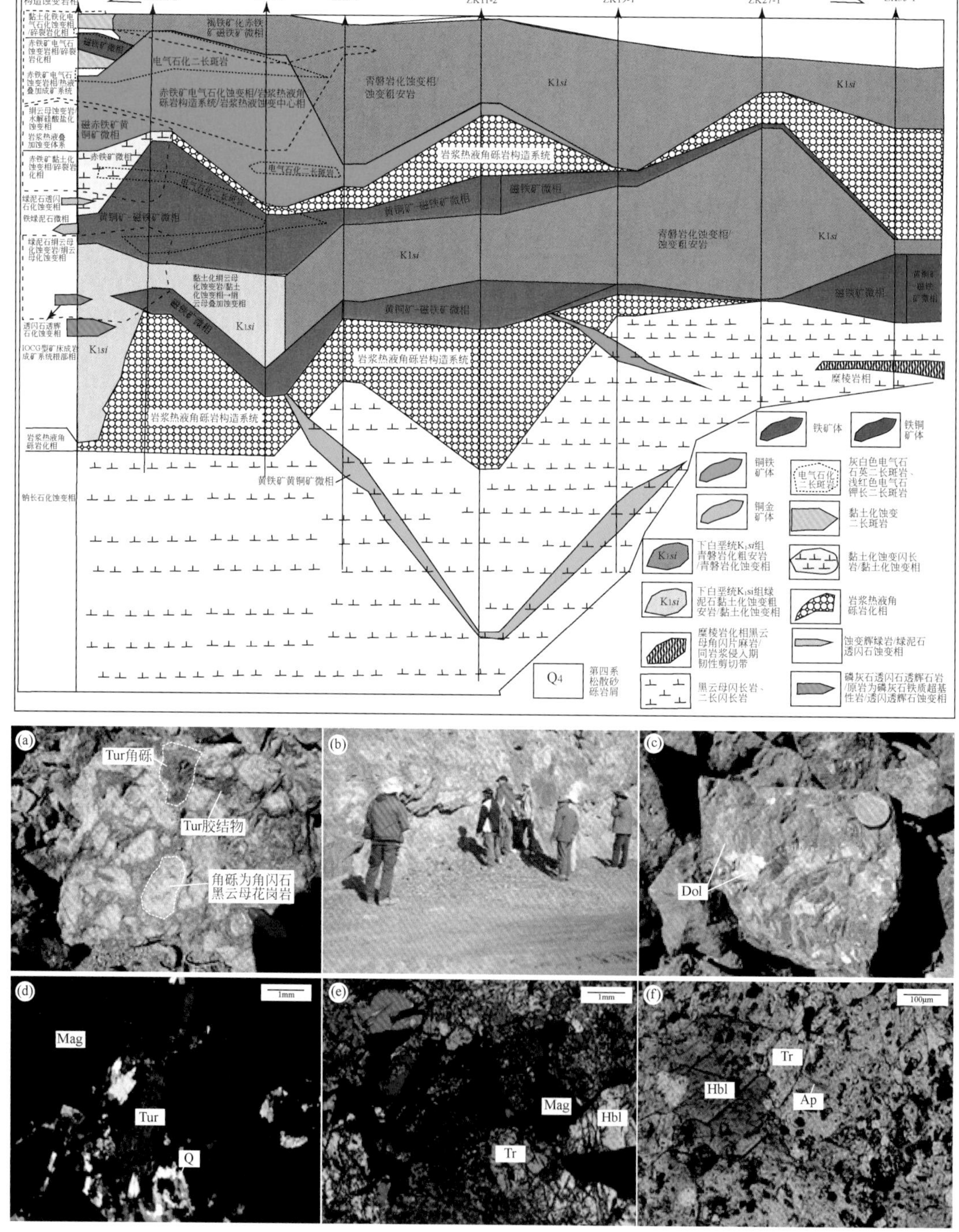

图 4-26　智利月亮山 IOCG 矿床纵向二维构造岩相学填图剖面与隐蔽岩浆热液角砾岩构造系统

(a) 电气石热液角砾岩，角砾为蚀变角闪石黑云母花岗岩和电气石蚀变岩，胶结物为岩浆热液电气石；(b) 电气石热液角砾岩，角砾为蚀变粗安岩，细脉状和网脉状电气石和赤铁矿为热液胶结物；(c) 镜铁矿铁白云石脉，褐黄色粗晶状铁白云石；(d) 电气石赤铁矿磁铁矿矿石，电气石呈自形晶柱状晶体与石英共生，交代磁铁矿，磁铁矿发生赤铁矿化；(e) 含磁铁矿透闪石岩，磁铁矿（褐色）具有海绵陨铁结构；(f) 磷灰石角闪石透闪石岩，磷灰石呈自形晶包裹在角闪石和透闪石中

变相-钠长岩相。阳起石蚀变相为 IOCG 成岩成矿中心相标志，而钠长石化蚀变相为区域热流体事件标志。②地球化学岩相学与成岩环境分析：方柱石为 $Na_4[AlSi_3O_8]_3(Cl, OH)$-$Ca_4[Al_2SiO_8]_3(CO_3, SO_4)$ 完全类质同象系列矿物，在安山岩和闪长岩中方柱石化蚀变相为富 Na-Ca-CO_3-SO_4-F-Cl 型成矿流体蚀变交代作用所形成，为典型的酸性-碱性耦合反映形成的酸-碱作用地球化学相类型，也是典型的钠钙硅酸盐化蚀变相类型。在方柱石化蚀变相内，发育榍石、绿帘石、磁铁矿、锆石和方解石。在方柱石化蚀变相，方柱石交代斜长石而呈块状和网脉状等，略晚于磁铁矿-阳起石。③相体时间-空间叠加拓扑学结构模式和相成因解释模型。阳起石蚀变岩为磁铁矿矿体和铁铜矿体储矿岩相，常形成网脉状磁铁矿阳起石蚀变岩和浸染状磁铁矿蚀变岩，可见磁铁矿脉穿切阳起石蚀变岩，也见阳起石脉穿切磁铁矿矿石，铁阳起石与磁铁矿为同期形成，为铁矿体主成矿期的蚀变围岩相。阳起石化具有多期性和普遍性，在磁铁矿矿体和铁铜矿体（成岩成矿中心相）为阳起石蚀变岩（强阳起石化蚀变相），随着远离矿体，逐渐减弱为阳起石化（弱阳起石蚀变相）。阳起石蚀变相由阳起石、富铁镁阳起石、富钙阳起石、辉石、角闪石、磁铁矿等组成，局部绿泥石、绿帘石和钠方柱石较为发育。

（3）青磐岩化相系（远端相）。在下白垩统印第安纳组内，青磐岩化相系空间拓扑学结构模式：①含磁铁矿青磐岩化蚀变相，距离 IOCG 成矿中心部位较近，一般为黄绿色绿帘石化蚀变较强，含有浸染状和团斑状磁铁矿；②青磐岩化蚀变相由绿帘石化、绿泥石化、方解石化和钠长石化组成，安山岩褪色化作用强度，能够反映青磐岩化蚀变强度。多为区域性蚀变相，具有面状和面带状相体结构。

在月亮山-塞鲁伊曼地区，与侵入岩体有关的围岩蚀变体系较为发育，主要包括钾硅酸盐化蚀变相系、水解钾硅酸盐化蚀变相系、电气石化蚀变相系、黏土化蚀变相系、磷灰石-透闪石透辉石蚀变相等。

（1）钾硅酸盐化蚀变相系。相体空间拓扑学结构模式。该相系由三个不同地质产状的相带组成，它们在空间上从外向内的相体拓扑学结构为：①外缘相带：热液充填-交代蚀变岩相，为脉带状-脉状石英钾长石岩和团斑状钾长石化蚀变岩。外缘相带为受热启断裂和热启裂隙组所控制的构造岩相带，为寻找隐伏 IOCG 型铜金矿床的指示相带。②过渡相带：钾质交代蚀变岩相（钾长石化蚀变相、电气石钾长石化蚀变岩、石英钾长石蚀变岩、赤铁矿钾长石蚀变岩）。过渡相带一般位于侵入岩体边部和顶部，它们是寻找隐伏成矿岩体的直接找矿标志。③中心相带由钾长石化岩浆热液角砾岩相组成，岩石组合为钾长石岩浆热液角砾岩、石英钾长石岩浆热液角砾岩、石英电气石钾长石化岩浆热液角砾岩、电气石钾长石化岩浆热液角砾岩和赤铁矿钾长石岩浆热液角砾岩等。中心相带为岩浆热液成因的钾硅酸盐蚀变相中心部位，也是岩浆热液活动和供给中心，以多期次岩浆侵入形成了岩浆热液隐爆角砾岩为典型标志。④地球化学岩相学与成岩环境分析：赤铁矿钾长石岩浆热液角砾岩指示了氧化地球化学相环境。石英电气石钾长石化岩浆热液角砾岩和电气石钾长石化岩浆热液角砾岩指示了强酸性的氧化地球化学相环境。

相体时间-空间叠加拓扑学结构模式和相成因解释模型：①在智利月亮山和 GV 铁铜矿区、钾硅酸盐化蚀变相一般多叠加在早期钠长石化蚀变相和钠钙硅酸盐化蚀变相之中；②在智利月亮山和 GV 铁铜矿区，钾长石蚀变相主要与二长斑岩-石英二长斑岩-二长岩等侵入岩密切相关，它们侵入于早期钠长石化安山岩和钠长石化安粗岩之中，形成钾硅酸盐化蚀变相系；③在云南东川地区，钾硅酸盐化蚀变相发育在火山穹丘构造和底拱式火山穹窿构造的次火山热液-火山热液活动中心部位，以钾长石火山热液角砾岩、脉状-脉带状钾长石化蚀变相为主，指示了火山热液活动中心相部位；④在钾硅酸盐化蚀变相之后，常形成以黑云母化蚀变相和绿泥石化蚀变相为主的水解钾硅酸盐化蚀变相，揭示了来自地层体系之中的地下水渗入，形成渗流循环对流热液体系；⑤在脉状-脉带状钾硅酸盐化蚀变相边缘，常发育绿泥石蚀变相晕，向外缘带相变为方解石-绿帘石蚀变相。

（2）石英电气石钾长石岩浆热液角砾岩相（钾硅酸盐化蚀变相-电气石蚀变相过渡相系）。在钾硅酸盐化蚀变相系与电气石蚀变相系之间，形成石英电气石钾长石蚀变相。总体上看，钾长石蚀变岩形成较早而呈热液角砾状，电气石化蚀变相形成较晚而呈热液胶结物，为异时同位叠加相体结构。以紫红色含硫化物石英电气石钾长石岩浆热液角砾岩（GPS778，Y1，27°17′48. 80″S，70°21′42. 76″W，H=401m）为特征。它们为岩浆热液角砾岩构造系统的主要物质组成和中心相特征，也是岩浆热液成岩成矿中心相标志。

（3）电气石化蚀变相系。电气石蚀变相系一般分布在蚀变闪长岩边部或岩凹和岩凸部位，电气石蚀变相系由磁铁矿电气石岩、电气石磁铁矿岩、电气石绢云母蚀变岩等组成，多呈不规则相体结构。在智利月亮山 3 号矿段（GPS794，27°17′46. 56″S，70°21′37. 65″W，H=358m）蚀变闪长岩边部，分布磁铁矿电气石蚀变相。磁铁矿电气石蚀变岩具半自形粒状结构，块状构造。①电气石（Tur）约 80%，绿色，柱状，部分断面呈球面三角形，部分见环带，粒径 0. 05 ~ 1. 25mm，以集合体形式分布；②石英（Q）3%~4%，不规则粒状，粒径 0. 05 ~0. 75mm，稀散见于电气石晶粒间隙中；③不透明矿物 16%~17%，不规则粒状，粒径 0. 01 ~ 1. 75mm，成分以磁铁矿（Mag）为主，含褐铁矿（Lm）等，稀散状分布。磁铁矿约 15%，灰色带棕褐色，不规则粒状，粒径 0. 01 ~ 1. 75mm，沿晶粒边部及结晶方向见赤铁矿化（Hem），部分见褐铁矿化，呈稀散状分布，少量黄铜矿呈微粒状，粒径 0. 01mm。灰色胶状褐铁矿（Lm，1%~2%）发育红色内反射色。

电气石蚀变相系与碎裂岩化正长斑岩和二长斑岩密切相关，电气石化蚀变相分布在蚀变正长斑岩和蚀变二长斑岩株（脉）内部和边部。在月亮山地区（GPS804，27°17′48. 62″S，70°21′46. 17″W）可见正长斑岩侵入安山岩中。岩石具碎裂结构，变余斑状结构，略显定向构造。①原岩为正长斑岩，在脆性变形作用下岩石发生破裂，形成显微裂隙分割岩石，但并不破坏岩石和矿物的完整性，形成碎裂岩化正长斑岩，正长斑岩侵入于安山岩内。②斑晶约 10%，成分为正长石（Or），他形板状、不规则粒状，粒径 0. 6 ~ 2. 0mm，晶粒多已泥化呈土褐色。③基质约 75%，主要由正长石组成，受应力作用，晶粒挤压破碎，呈碎粒状集合体近定向分布，长石多已泥化，沿晶粒破碎带多见电气石、绿帘石及少量绿泥石分布。④电气石（Tur）约 5%，绿色，柱状，不规则粒状，粒径 0. 04 ~ 0. 4mm，常以集合体形式沿岩石碎裂带分布。⑤绿帘石 3%~4%，不规则粒状，半自形柱状，粒径0. 04 ~ 0. 8mm，多以集合体形式分布，沿岩石碎裂带分布。少量绿泥石呈绿色片状集合体，稀散可见。⑥不透明矿物 6%~7%，半自形-他形粒状，粒径 0. 01 ~ 0. 4mm，成分以磁铁矿为主，部分已赤铁矿化，沿裂隙边缘呈星点稀散状分布。磁铁矿（Mag）约 5%，灰色带棕褐色，半自形-他形粒状，粒径 0. 02 ~ 0. 4mm，沿晶粒边缘及结晶方向见赤铁矿化

(Hem)，呈星点稀散状分布。钛铁矿（Ilm）1%～2%呈不规则粒状，少数呈半自形板状，粒径 0.2mm，晶粒已全部白钛石化，与磁铁矿伴生。可见黄铜矿（Ccp）呈微粒状包嵌于磁铁矿晶粒中，粒径 0.02mm。微量褐铁矿呈胶状，可能因磁铁矿氧化形成。

（4）磷灰石–透闪石透辉石蚀变相。磷灰石–透闪石透辉石蚀变相为月亮山 IOCG 成岩成矿系统根部相，钻孔在深部揭露，主要为苦橄质铁质超基性岩内发育的蚀变相。

在侵入岩体边部与下白垩统印第安纳组（Ksi）之间，发育水解钾硅酸盐相系和夕卡岩相系，在月亮山地区水解钾硅酸盐相系十分发育，而夕卡岩相系和铁方解石–铁锰白云石化蚀变相在弧后盆地内 IOCG 矿床十分发育。

（5）水解钾硅酸盐化蚀变相系。主要由黑云母化蚀变岩相、绢云母化蚀变相、电气石–石英–绢云母蚀变相、碳酸盐化–绿泥石–石英–绢云母蚀变相、黏土化蚀变岩相等组成。绢云母化蚀变相和黏土化蚀变岩相，主要与含铜赤铁矿型 IOCG 矿脉带密切相关。在月亮山 3 号矿段深部（图 4-26）和北部，含铜赤铁矿型 IOCG 矿脉两侧均发育绢云母蚀变岩。绢云母蚀变岩具显微鳞片变晶结构，块状构造。①绢云母（Srt），约 80%，显微鳞片状集合体，交代长石形成，局部见少量长石残留。②绿帘石（Ep），约 5%，不规则粒状，粒径 0.08～1.6mm，沿裂隙充填。绿泥石，少量，显微片状集合体，稀散可见。③石英（约 5%）呈不规则粒状（d=0.02～0.2mm）沿裂隙充填。④半自形–他形粒状的不透明矿物（约 10%）以磁铁矿为主，粒径 0.04～1.25mm，主要沿裂隙呈脉状分布，部分呈星点状分布。金属矿物具脉状构造，磁铁矿（Mag）约 10%，半自形粒状，粒径 0.04～1.25mm，粒状集合体，沿晶粒边缘及结晶方向见赤铁矿化（Hem），主要沿裂隙呈脉状充填，部分呈星点状分布。少量钛铁矿呈半自形板状和不规则粒状，粒径 0.02～0.15mm，晶粒已全部白钛石化。在绢云母化蚀变过程中，磁铁矿也形成了赤铁矿化，推测原岩为石英二长岩或二长斑岩，长石类均发生了绢云母化蚀变。

（6）碳酸盐化蚀变相。碳酸盐化蚀变相在 IOCG 成岩成矿系统内部分布较广，铜硫化物铁锰白云石脉主要为铜银富集成矿阶段产物，叠加穿切在早期磁铁矿脉和夕卡岩之上，或沿显微裂隙充填在早期夕卡岩类矿物之中，属热液晚期充填交代产物。碳酸盐化蚀变相在 IOCG 成岩成矿系统中心相、过渡相、外缘相和远端相内均有分布。①在中心相内，碳酸盐化蚀变相与磁铁矿–电气石相密切共生。为磁铁矿型矿石带内晚期铁锰碳酸盐化蚀变相。②在过渡相内，碳酸盐化蚀变相叠加在含磁铁矿夕卡岩相之上，与铜金银富集部位有关。可见早期磁铁矿型发生赤铁矿化，磁铁矿被方解石–赤铁矿等矿物交代。为磁铁矿型矿石相带和赤铁矿型矿石相带之间过渡系列，即磁赤铁矿型 IOCG 矿石相带。③在外缘相内，铁锰碳酸盐化蚀变相与绢云母蚀变相和黏土化蚀变相紧密共生，发育在含铜赤铁矿型 IOCG 成矿系统内。④在远端相内，以含铜银铁白云石脉和含铜方解石脉为主。在铜表生富集成矿带内，方解石化较为发育，与含铜晶腺晶洞状玉髓化紧密共生。

碳酸盐化蚀变相在 IOCG 成矿系统内具有穿透式蚀变相体特征，碳酸盐化蚀变相具有多期次叠加和阶段性特征，从 IOCG 成岩成矿系统中心相、过渡相、外缘相和远端相分布规律如下。

（1）磁铁矿型 IOCG 成矿系统（中心相）。早期石英铁锰白云石脉分布在磁铁矿矿石内，为成矿晚期残余热液作用所形成，以赤铁矿–绿帘石石英铁白云石脉为主，赤铁矿交代早期磁铁矿。铁锰碳酸盐化蚀变带常围绕电气石化蚀变相分布。赤铁矿化磁铁矿矿石（Y2）分布在浅紫红色石英黑电气石钾长石岩浆热液角砾岩相内。赤铁矿化磁铁矿矿石（Y2）中（Fe_2O_3+FeO）品位为 55.03%，这种铁矿石内富集 MnO_2（2.78%）和 CaO（10.62%），烧失量为 8.85%，胶结物主要为含铁白云石和铁锰白云石，以及少量方解石。Mo(63.7×10^{-6}) 和 Cu(315×10^{-6}) 发生富集。①金属矿物具团块状构造。磁铁矿（Mag）约 45%，灰色微带棕色，半自形–他形粒状，粒径 0.04 ~1.0mm，粒状集合体，内部裂纹常见，沿晶粒边部及结晶方向见赤铁矿化，呈团块状分布。少量褐铁矿（Lm）呈不规则粒状，粒径 0.2 ~0.9mm，可能交代磁铁矿形成，零星可见。②脉石矿物约 55%，成分为石英和碳酸盐矿物。石英（Q）呈不规则粒状，板柱状，半自形粒状，粒径 0.05 ~0.75mm，常以集合体形式分布。碳酸盐矿物（Cbn），微粒状集合体，充填在石英晶粒间隙中。③绿帘石呈不规则粒状，粒径 0.04 ~0.32mm，稀散见于石英晶粒间隙中。

（2）阳起石钙铁石榴子石夕卡岩–阳起石绿帘石夕卡岩等为磁铁矿型 IOCG 成矿系统过渡相物质组成。在塞鲁伊曼 IOCG 矿区韧性剪切带内，碳酸盐化晚期叠加在阳起石钙铁石榴子石夕卡岩–阳起石绿帘石夕卡岩之上，具粒状变晶结构，块状构造。①钙铁榴石（Adr，约 65%）呈浅褐色的完好多边形，粒径 0.6 ~3.75mm，具光性异常的一级灰白干涉色，双晶和环带状构造常见，晶面裂纹发育，钙铁榴石裂隙被碳酸盐矿物充填，部分晶粒被碳酸盐矿物、硅化石英及绿帘石交代。碳酸盐矿物为热液晚期充填交代作用产物。②阳起石（Act）约 20%，半自形柱状，纤维状，粒径 0.8 ~2.5mm，多被绿帘石、硅化石英及碳酸盐矿物交代。③局部绿帘石（Ep）可达约 50%，黄色，半自形柱状，不规则粒状，粒径 0.25 ~2.5mm，干涉色分布不均匀，常见环带状分布，以集合体形式分布。④钾长石（约 5%）呈半自形板状，粒径 0.2 ~0.8mm，多已泥化。

夕卡岩经历了碎裂岩化相变形，裂隙发育，沿裂隙发育黄铜矿石英铁白云石细脉。①碳酸盐矿物（Cbn）约 10%，粒状集合体，交代钙铁榴石及阳起石，部分沿裂隙呈脉状充填。②石英约 5%，不规则粒状，粒径 0.04 ~0.2mm，硅化作用形成，交代阳起石、钙铁榴石，稀散可见。③少量不透明矿物呈不规则粒状，粒径 0.06 ~0.25mm。金属矿物在富绿帘石和阳起石夕卡岩内富集，黄铜矿（Ccp，5%，局部达 20%）呈铜黄色的不规则粒状，粒径 0.06 ~0.25mm，呈星点状分布。星点状毒砂与黄铜矿呈共生关系。少量钛铁矿（Ilm）呈灰色半自形板状和不规则粒状，粒径 0.04 ~0.2mm，星点状分布于岩石中。

（3）磁赤铁矿型矿石相带（IOCG 成岩成矿系统的叠加型过渡相）。如在月亮山 3 号矿段 ZK0-2 钻孔内 259.80m 铁铜矿体内（图 4-26）。含铜磁赤铁矿矿石相带（By105）磁化率为 285×10^{-3} SI。矿石矿物为磁铁矿和少量黄铁矿、黄铜矿。①磁铁矿呈自形–半自形粒状结构，被方解石、绿泥石、石英、长石、电气石等脉石矿物胶结起来。磁铁矿呈自形–半自形粒状，粒径 0.01 ~1.0mm，含量约占 44%，呈团块状不均匀分布，少部分磁铁矿氧化成赤铁矿。②黄铁矿呈自形–半自形粒状，粒径 0.1 ~0.8mm，含量约占 2%，与磁铁矿共生。黄铜矿呈他形粒状，粒径 0.01 ~0.05，含量<1%，与黄铁矿共生。③在脉石矿物中，方解石（约 45%）呈无色粒状，粒径 0.03 ~0.1mm。绿泥石（约 3%）呈绿色片状，集合体呈放射状，粒径 0.1 ~0.3mm。石英呈无色粒状，粒径 0.1 ~0.8mm，含量约占 2%。长石呈无色长条板状，粒径 0.1 ~1.0mm，含量 3%。富 Mg 电气石呈绿色长柱状，

具强多色性，平行消光，二级干涉色，粒径0.1～0.5mm，含量约占1%。

（4）磁铁矿化型外缘带为磁铁矿型IOCG矿石带的外缘相（磁铁矿化带）。原岩恢复为含磁铁矿闪长玢岩。岩石具显微-隐晶质片状变晶结构，交代假象结构，变余似斑状结构，块状构造。①斑晶和基质均以斜长石和角闪石为主。斑晶粒径2～3.5mm，基质的粒径为0.1～2mm。②斑晶和基质中斜长石均已泥化和高岭石化，个别见钠长石化、绿帘石化和方解石化。③斑晶和基质中角闪石和阳起石部分蚀变，发生纤闪石化、绿泥石化和方解石化等。④放射状黑云母（已绿泥石化）、榍石等矿物。不透明矿物为磁铁矿，他形粒状，粒径0.01～0.12mm，含量约占3%，呈星点状不均匀分布。推测其原岩可能为闪长玢岩。⑤裂隙发育，若干条宽0.03～0.1mm，被绿泥石、绿帘石等矿物充填。⑥标准叠加蚀变相，前期为纤闪石-钠长石蚀变相，中期为绢云母-黑云母化蚀变相，后期为黏土化蚀变相+碳酸盐化蚀变相。方解石主要交代蚀变斜长石和角闪石等矿物。

（5）含铜铁白云石脉和方解石脉沿断裂带分布，主要为远端相标志蚀变，呈脉状网脉状含铜碳酸盐脉分布在断裂带内。

综上所述（图4-26），①印第安纳组（Ksi）火山岩系内，阳起石蚀变相-磁铁矿阳起石蚀变相为含铜磁铁矿型IOCG矿体标志相（中心相），而青磐岩化蚀变相和钠长石化蚀变相为IOCG成岩成矿系统的远端相（区域蚀变相）。②在与侵入岩体有关的围岩蚀变体系中，石英电气石钾长石岩浆热液角砾岩相由岩浆热液角砾岩构造系统主要物质组成，电气石磁铁矿相-磁铁矿电气石相为IOCG成岩成矿系统中心相标志。磷灰石-透闪石透辉石蚀变相为月亮山IOCG成岩成矿系统根部相典型标志，发育在苦橄质铁质超基性岩脉中。③在侵入岩体与印第安纳组（Ksi）火山岩系之间，水解钾硅酸盐相系内绢云母蚀变相和黏土化蚀变相为含铜赤铁矿型IOCG矿脉形成的标志相。

第5章　秦岭银硐子铜银多金属矿床与泥盆纪拉分盆地

在秦岭造山带中，不同时代沉积盆地的构造岩相学记录、盆地动力学特征、盆地后期构造变形序列与构造岩相学等，都记录了造山带与沉积盆地的形成演化与耦合转换过程，也是大陆动力学研究的热点问题之一。北秦岭加里东期岛弧造山带与中秦岭泥盆—石炭纪沉积盆地-岛屿构造耦合与转换过程，与流体大规模运移规律及成岩成矿作用有密切耦合关系。陕西柞山商（柞水-山阳-商洲）泥盆纪一级陆缘拉分断陷盆地，位于商丹断裂带和山阳-凤镇断裂之间。刘宝珺等（1990）认为柞水-镇安沉积盆地位于扬子板块北缘与华北板块接合部位，属具向东走滑的大陆边缘裂谷-断陷盆地，盆地关闭是由于强烈陆内俯冲，同时盆地被挤压进入东西向展布的秦岭造山带。综合考虑秦岭早-晚古生代的构造-沉积相带、造山带与沉积盆地耦合与转换、华北板块与扬子板块之间的深部大陆动力学背景等一系列因素，陕西柞水-山阳泥盆纪沉积盆地，在早古生代是扬子板块北缘被动陆缘组成部分，由于南秦岭深部地幔柱上涌，形成了勉略泥盆—石炭纪有限洋盆逐渐打开，造成了秦岭微板块从扬子板块北缘分离并开始独立演化（张国伟等，2001）。柞山商泥盆纪沉积盆地成为秦岭微板块北缘残余洋盆，到石炭纪演化为残余海盆。因柞山商地区与凤太、旬阳和西成泥盆纪一级沉积盆地，在盆地内部物质组成、形成演化历史与大陆动力学有一定差异，在成矿序列和矿种组合上也有明显差异，该沉积盆地具有银金-多金属-重晶石-菱铁矿和金-镍-钴-砷等多矿种共伴生成矿特征（方维萱，1999a，1999f，1999g；方维萱和黄转盈，2019）。在构造岩相学上，该沉积盆地与秦岭其他沉积盆地具有明显不同，尤其是在柞山商泥盆纪一级盆地内，近年来发现了一批类卡林型金矿和钒矿，类卡林型金矿仍有很大的找矿潜力。与秦岭其他泥盆纪沉积盆地形成演化类似，但柞山商沉积盆地内矿床组合、矿床主工业组分、共生组分与伴生组分差异甚大。

从北秦岭加里东期岛弧造山带、中秦岭与南秦岭沉积盆地-岛屿构造耦合与转换格局恢复重建，采用构造岩相学研究新方法，探讨柞山-商丹泥盆纪拉分断陷盆地，对于揭示金银多金属-菱铁矿-重晶石矿与类卡林型金矿之间的区域成矿分带规律及控制因素具有重要意义。

5.1　前泥盆纪基底特征与构造古地理位置恢复

5.1.1　盆地基底下部和上部构造层特征

陕西柞山商泥盆纪陆缘拉分断陷盆地东侧、南侧和西侧为小磨岭-陡岭元古代基底隆起断块分隔，北侧与商丹构造带为界，分隔了它与北秦岭加里东岛弧造山带，西侧为佛坪古陆块，这些前泥盆纪基底断块隆起和造山带，在四周构成了对柞山-商丹泥盆纪拉分断陷盆地的围限和分隔（图 5-1、图 5-2）；它们的物质组成也是该沉积盆地基底构造层的物质组成。在泥盆纪陆表海域中，分布了一系列垂向基底隆起组成的岛屿构造（图 5-2），它们是秦岭型第三类伸展构造的典型特征之一。小磨岭-陡岭元古宙基底隆起在研究区南侧呈近东西向展布，是佛坪-小磨岭-陡岭-淮阳泥盆纪陆表海域内古陆岛屿链的主要组成，也是该盆地基底构造层下部构造层主要物质组成。

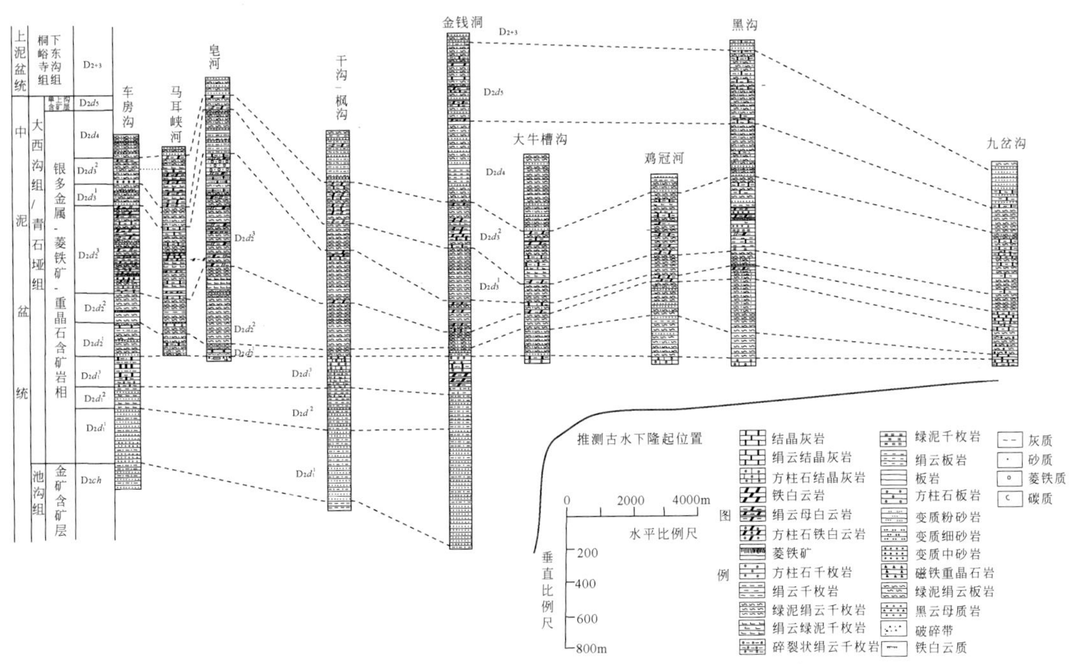

图 5-1　柞水-山阳中泥盆统地层柱状对比图

柞山商地区西侧、东侧和南侧小磨岭-陡岭元古宙基底隆起断块，属于不同构造体制下形成的构造断块或拼接地体。在这些构造断块之间，发育的基底断裂是柞水-山阳泥盆纪沉积盆地基底下部构造层，具有构造不稳定性的内在原因。这些基底断裂构造，为造山带流体萃取盆地基底构造层中成矿物质，发生大规模流体运移和成岩成矿提供了深部构造通道。柞山商泥盆纪沉积盆地基底下部构造层经历了中元古代裂谷作用、中元古代末—新元古代（晋宁期）俯冲碰撞和挤压收缩，新元古代以后经历了陆缘拉张伸展构造演化体制。这些盆地基底下部构造层（前古生代地层）具有多期韧性变形变质，构造-岩相学样式与早古生代地层有明显不同，它们对于柞山商泥盆纪陆缘拉分断陷盆地形成演化具有十分重要的构造动力学控制作用，这种构造不稳定的基底下构造层中，顺层导通和切层构造发育，为造山带和沉积盆地中流体大规模垂向运移提供了网络状构造通道。

早古生代地层为该盆地基底上部构造层。柞水北部丹凤岩群变质基性火山岩夹持于商丹构造带中，呈构造岩片和带状分布在老林乡-北河街（崔建堂等，1999），揭示该盆地北部在加里东期及早期火山岛弧带进一步发展为深成岩浆弧带。其北秦岭岩浆侵入演化的第三阶段（415 ~ 400Ma），北秦岭中段 I 型花岗岩形成于碰撞晚期阶段（王涛等，2009），

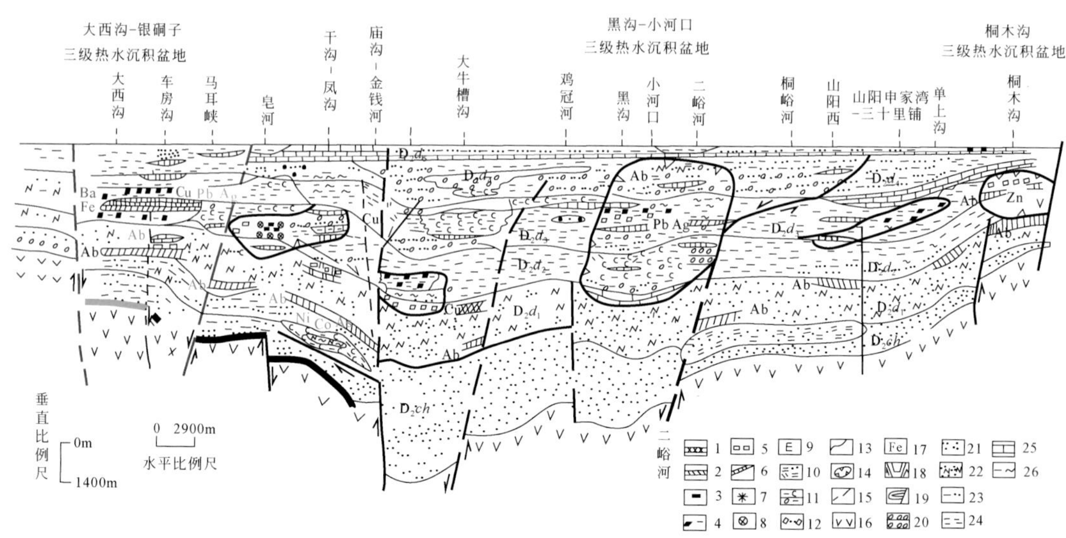

图 5-2　柞水-山阳沉积盆地纵向构造-岩相学剖面图与沉积盆地分级特征

古热水流体场：1. 菱铁多金属矿层；2. 银多金属矿层；3. 重晶石矿层；4. 菱铁矿绢云母千枚岩；5. 方柱石化岩（方柱石化相）；6. 钠长石碳酸质角砾岩，Ab. 晚泥盆世—石炭纪热流体隐爆角砾岩相；7. 黝帘石透辉石角岩；8. 斑点板岩化带；9. 绿帘石化相；10. 黑云母角岩。盆地相及盆内同生构造：11. 碳质板岩/千枚岩；12. 含菱铁质绢云母粉砂质千枚岩；13. 岩相界限；14. 三级热水沉积盆地；15. 推测同生断裂；16. 沉积盆地基底（变火山岩）；17. 矿化类型，Ba. 重晶石，Fe. 菱铁矿，Cu. 铜矿，Cu-Pb-Ag. 铜铅银矿，Pb-Ag. 铅银矿，Zn. 锌多金属矿；Ni、Co、As、Cu. 脉状富镍钴金铜矿；18. 双断型三级热水沉积盆地；19. 单断型三级热水沉积盆地；20. 粗碎屑岩（河流相）；21. 碎屑岩；22. 含长石碎屑岩；23. 泥质粉砂岩；24. 泥质岩；25. 碳酸盐岩；26. 绿泥绢云母千枚岩；D_2d. 中泥盆统大西沟组（青石垭组）；D_2ch. 中泥盆统池沟组

说明北秦岭加里东期演化为深成岩浆弧造山作用有完整演化系列，北秦岭碰撞造山晚期一直持续到早泥盆世［(416.0±2.8)～(397.5±2.7)Ma］初期结束。

早古生代（500～400Ma）分别在北秦岭和南秦岭发育两条构造-岩浆杂岩带，揭示了两类不同性质的大陆边缘存在，构成时空有序的构造-岩浆杂岩带（周鼎武等，1995），说明柞山商泥盆纪盆地基底上部构造层物质组成及构造演化特征，明显不同于前古生代，该盆地构造-古地理位置可能属于洋壳俯冲消减对接部位。在秦岭古洋壳俯冲消减作用下，北秦岭与华北板块南缘形成了弧-陆碰撞造山带，造成了华北板块内部发生大面积区域隆升形成造山区，而在该沉积盆地南侧为小磨岭-陡岭元古代基底隆起带（前陆隆起带），在中奥陶世—早泥盆世未接受沉积，大规模垂向抬升可能最晚形成于早志留世，到泥盆纪中期一直为两侧相邻沉积盆地的蚀源岩区，在泥盆纪则表现为一个消失的古陆（孟庆任等，1995）。加里东期岛弧-大陆碰撞和深成岩浆弧，为造山带中流体大规模垂向运移提供了构造-岩浆耦合体制下的双重垂向驱动力。在大陆侧向挤压收缩-深成岩浆弧上涌耦合体制下，驱动流体大规模聚集在上部地壳中。研究区位于造山带-沉积盆地-岛弧带和地幔热物质垂向上涌的多重大陆动力学因素耦合与转换过程，这种大陆动力学格局与岛弧-大陆俯冲碰撞后转化为陆-陆碰撞过程和深部地质作用多重耦合与转换有密切关系。在志留纪—早泥盆世期间，商丹-桐柏带已发展为古秦岭洋壳的俯冲消减带，导致弧后盆地沿白家店-

纸房-高耀-子母沟一线闭合，形成以基底岛弧杂岩、蛇绿混杂岩和深成侵入岩为组合的造山带根部带，北秦岭造山带增生于华北地块南缘之上。北秦岭在加里东岛弧造山作用下，因隆升造山而缺失志留纪沉积。研究区缺失志留纪—早泥盆世沉积，可能发生了陆块垂向构造隆升作用，推测与北秦岭发生的岛弧造山作用有密切关系。南秦岭在早古生代属扬子地块被动陆缘沉积体系，早-中志留世秦岭海域北缘没有超过镇安以北，而被山阳-凤镇断裂限定。

总体上，研究区早古生代地层在局部具有带状强烈韧性剪切变形，与加里东期北秦岭造山有密切关系。而在韧性剪切带之外，主体为面状脆性-脆韧性变形特征，而且构造变形较强地段与印支期和燕山期叠加构造变形有密切关系。在泥盆纪初期，扬子地块已经与华北地块发生了点碰撞，使洋盆萎缩变为残余深渊古地理，构造-岩相学特征表明在志留纪—早泥盆世具有构造垂向抬升作用。总之，在泥盆纪初期，研究区处于岛弧-大陆俯冲碰撞向大陆-大陆碰撞转换和耦合过程，早古生代地层中面状和带状构造变形带可以为造山带流体大规模运移提供构造通道。

5.1.2 岛弧带-沉积盆地-岛屿构造古地理格局恢复

志留纪—早泥盆世，北秦岭加里东期岛弧造山作用导致东秦岭二郎坪弧后盆地萎缩封闭（李亚林等，1998），北秦岭南缘商丹构造带内黑河等地区发育弧前盆地及弧前沉积体系（孟庆任等，1994），萎缩的二郎坪弧后盆地、黑河和黑山弧前盆地发育，揭示在北秦岭深部依然发生近南北向的缓慢俯冲消减的大陆侧向挤压收缩体制。

由于佛坪-小磨岭-陡岭元古代基底隆起断块逼近华北地块南缘活动大陆边缘，二者之间刚性的凸出部位点式碰撞反向应力消减了碰撞进度，岩石圈在深部俯冲消减速度变慢。扬子地块具有顺时针旋转，华北地块具有逆时针旋转，二者之间产生了巨大的斜冲走滑作用。同期，因深部地幔物质上涌导致勉略有限洋盆打开，从而将扬子地块北缘岩石圈深部俯冲形成的巨大挤压应力转换为地幔热物质垂向上涌，造成了秦岭微板块从扬子地块北缘分离开始独立演化，形成了“北压南扩”的构造动力学格局（张国伟等，2001）。南秦岭和中秦岭在地幔柱垂向上涌作用下，形成了秦岭式第三类伸展构造，佛坪-小磨岭陡岭近东西向垂向基底隆起，构成了泥盆纪陆表海域内一系列岛屿构造。泥盆纪构造-古地理格局为岛弧造山带-沉积盆地-岛屿构造（垂向基底隆起带）转换与耦合，从南向北（图5-1、图5-2）依次为扬子地块北缘被动陆缘（剥蚀区）→勉略裂谷盆地→旬阳-留坝晚古生代隆起带→旬阳-镇安半地堑式盆地→佛坪-小磨岭-陡岭垂向基底隆起岛屿带→柞山商拉分盆地→商丹带中黑河-黑山弧前盆地→北秦岭岛弧造山带→二郎坪泥盆纪残余弧后盆地→华北地块南缘活动陆缘。

5.2 盆地发育期与主成盆期沉积体系

在区域上，南秦岭下泥盆统西岔河组由砾岩、砂砾岩、含砾砂岩及含砾泥灰岩等组成，为河流-滨岸砂砾岩相，主要在武当垂向基底隆起西侧分布。而柞水-山阳地区缺失上奥陶统—下泥盆统，暗示本区处于隆起状态，可能与北秦岭加里东期岛弧造山带形成高耸山地的构造抬升有密切关系。

北秦岭为高耸山地，中秦岭研究区抬升在海域水面之上，南秦岭开始接受下泥盆统西岔河组含砾粗碎屑岩，含砾粗碎屑岩超覆在中志留统-寒武系之上。勉略地区高川一带接受下泥盆统踏坡组，底部为一套含砾粗碎屑岩，主要砾石成分有花岗岩、变基性-超基性火山岩、酸性火山岩、玄武岩、灰岩、砂岩和硅质岩等复成分角砾，向上砾石磨圆度变好且砾径变小，具有同生断裂引起构造断陷作用下，形成的近源快速堆积特征。在南秦岭强烈的构造断陷作用下，开始了造山带（区）→沉积盆地的强烈转换。现今在不同地区地表出露的含砾粗碎屑岩相主要分布在沉积盆地边缘与垂向基底隆起之间部位，分布区域明显受同生断裂带控制。这些相体延伸方向与同生断裂带（垂向基底隆起边部）延伸方向一致，单个含砾粗碎屑岩相体呈扇形体，舌状指向盆地中心，源区指向垂向基底隆起（蚀源区）。这种构造-岩相学特征揭示了受同生断裂带控制的半地堑式断陷沉积。

泥盆纪造山带-沉积盆地耦合格局（图 5-1、图 5-2），从北到南为华北地块南活动陆缘（北秦岭加里东岛弧造山带）→中秦岭区经抬升的残余洋盆（晚志留世—早泥盆世间处于构造断块隆升和构造断陷沉降带/盆地发育期）→南秦岭早古生代地层隆起带→勉略裂谷盆地发育期→汉南-牛山-平利古陆块群的耦合与转换过程（扬子地块北被动大陆边缘）。

5.2.1　牛耳川期含砾粗碎屑岩相与浊流沉积体系

在柞山沉积盆地内，中泥盆统牛耳川组和池河组分布明显受南侧凤镇-山阳同生断层控制。在南北方向上，从南侧小磨岭-陡岭古陆隆起到本区，构造-沉积岩岩相学具有“南浅北深、南高北陷”的古地理特征，①在山阳-凤镇断裂带曾存在一个已经消失的古陆（孟庆任等，1995），目前仍未发现早泥盆世沉积，说明当时它仍处于高耸隆起的水上古陆状态。山阳-凤镇断裂带南侧黑沟基性-超基性岩（辉长岩-苦橄岩）和碱性二长花岗岩复式岩体，可见中泥盆统不整合超覆，这些岩体顶部可见约 10cm 古风化壳，这种残积相说明水上古陆经剥蚀后形成了古风化和明显的残余沉积作用。中泥盆统杂砾岩厚度 5 ~ 10m，砾石成分复杂，主要为花岗岩、基性-超基性岩和碳酸盐岩。底部以岩浆岩砾石为主，向上碳酸盐岩砾石成分增加，砾石呈棱角-次棱角状，砾径 2 ~ 15cm。底砾岩成熟度极低，向上过渡为复成分砂砾岩。这种垂向岩相学结构说明底部砾石多为原地（小磨岭-陡岭垂向基底隆起带）抗风化分解能力较强的岩浆岩类，碳酸盐岩角砾和复成分砂砾岩出现揭示了构造垂向抬升或构造断陷速度加快，这种特征揭示了构造断块隆升-断陷成盆过程存在。②在该盆地内车房沟一带，牛耳川组由紫色铁白云石中粒长石砂岩和长石石英砂岩演进为黑色薄层状变质粉砂岩和粉砂质绢云板岩，具有陆棚相特征，与盆地发育期含砾碎屑岩相可以对比，差别是具有铁白云石，未见残余沉积相，沉积水体明显比南侧较深且迅速演进为深水-半深水沉积环境。

从盆地外西部到盆地内东部，纵向上构造-岩相学对比看，①在该盆地之外西部宁陕县南冷水沟-四沿沟，牛耳川组超覆在寒武—奥陶系白云岩之上，底部砾岩-砂砾岩层厚度在 20m，向上变为砂质灰岩、紫灰色粉砂岩和细砂岩，显示了向上沉积水体增深过程，进一步接受灰岩-中厚层灰质白云岩沉积。底部砾岩中砾石为中等磨圆的白云岩，显示近源但经历了一定搬运距离的沉积作用。②在该盆地西侧边缘地带石翁子（小磨岭垂向基底隆起带）-柞水下梁子，中泥盆统底部发育近源快速粗碎屑沉积，向东到大西沟以西，迅速相变为长石石英砂岩，并发育为半深水-深水沉积环境中形成的浊积岩系，显示了快速垂向加积过程，这种构造-岩相学的相体结构特征揭示在柞水大西沟一带有北东向同生断裂存在。同生断裂带西侧石瓮子（小磨岭垂向基底隆起）是在经过抬升剥蚀的盆地基底上部构造层基础上，浅水粗碎屑岩相发育；向东侧大西沟从粗碎屑岩相迅速演化为深水-半深水沉积环境，形成了浊积岩相，揭示该地段古地理具有显著的构造断陷作用并形成了构造断陷洼地。③在中部柞水车房沟-山阳桐木沟，牛耳川组顶部与池沟组底部，块状粉砂岩中同生滑塌沉积相发育，说明在沉积物尚未固结时，推测由于同生断裂活动引起了滑塌作用而形成了扰动再沉积。④在该盆地东部商南县太吉河，牛耳川组与下伏寒武—奥陶系深灰色碎裂状细粒白云岩呈假整合接触，下段为细粒石英砂岩、粉砂岩、粉砂质板岩和少量白云岩，上段以含砾白云岩、含砂灰岩、泥灰岩夹少量长石石英砂岩和粉砂质板岩，显示沉积水体逐渐增深过程，但沉积水体总体较浅。

从盆地外西部到盆地内东部，纵向上牛耳川组具有典型的被动陆缘沉积体系特征，但地层厚度变化显著，含矿岩相和准同生热变质相具有明显差异。①在研究区西侧宁陕东沟-周至板房子，牛耳川组厚度2570m，牛耳川组下部为含碳绢云母绿泥石千枚岩夹绿泥石板岩，上部为钠长石绢云母绿泥石板岩，二者之间是似层状黄铁矿（磁铁矿）矿床的产出层位，形成于浅海斜坡相局部洼地中。近矿围岩中发育钠长石-绢云母-硅化-绿泥石化相。顶部为薄层状砂质结晶灰岩夹钙屑绢云母绿泥石板岩。②在该盆地西部车房沟，牛耳川组厚度为1337.42m（杜定汉，1987），主要为长石杂砂岩类，其成分及结构成熟度均较差，长英质碎屑物磨圆度差，黏土质杂基支撑，杂基（20%~25%）未见有任何交错层理，在成分和结构上显示正粒序层理，属于高密度的浊流沉积。③在该盆地中部山阳牛耳川，牛耳川组底部为灰色蚀变泥质灰岩，向上变为灰色白云质灰岩、钙质绢云母板岩、砂质板岩、长石砂岩夹粉砂质板岩、灰色厚层状砂岩与绢云母板岩和砂质板岩互层。受断层破坏地层出露不全。发育6.9m厚的黑云母堇青石角岩。④在该盆地中部山阳中村大北沟，产出有菱铁矿（褐铁矿）层，主要为钙质岩层。⑤在该盆地东部商南县太吉河，牛耳川组厚度为1757m，下段为灰色细砂岩、粉砂岩、板岩夹少量白云质灰岩，向上白云岩增加，与细粒石英砂岩互层；上段灰白色含砾白云岩、含砂灰岩、泥灰岩夹少量长石石英砂岩、粉砂质板岩，具有典型的被动陆缘浅水沉积体系特征。

上述表明，在中泥盆世牛耳川期，从盆地南侧到盆地内部，从该盆地之外西侧到盆地内部，从西到东，构造-岩相学具有较大差异，盆地南侧古陆开始接受含砾粗碎屑岩相沉积，盆地西侧外围属于河流相-滨岸相，商南一带具有滨-浅海相。在该盆地内车房沟-牛耳川一带近东西向，从浅水沉积迅速演化为深水-半深水浊流沉积体系，这种高密度的重力流沉积一般形成于深水陆棚斜坡环境，但在横向和纵向上，同期异相的残积相、含砾粗碎屑岩相和浊流相体共生分异特征揭示在近东西向和北东向上，牛耳川组是受同生断裂带控制的断陷沉积相体组合，在现今地表牛耳川组主体分布于山阳-凤镇岩石圈断裂带北侧附近呈近东西向延展，从底部、下段到上段（从南到北），沉积水体从浅水沉积迅速演进为深水–半深水沉积，牛耳川组在空间上的构造–沉积相相变和相演进规律，说明其南侧山阳–凤镇岩石圈断裂带在中泥盆世为控制该盆地形成的边界同生断裂带。

5.2.2　池沟期浊流沉积体系与热水准同生蚀变体系

在该沉积盆地内从西到东：①车房沟以西沙沟街，池沟组厚度 1350m，底部为中薄层夹厚层石英砂岩，向上变为细砂岩、粉砂岩夹绢云母绿泥石板岩，以碎屑岩和黏土岩为主，缺少碳酸盐岩。②车房沟池沟组厚度 1673.73m，出露不全；以变细粒砂岩为主，砂岩与泥岩互层，具变余平行层理和变余水平层理，向上砂质减少，泥质增多。下部为长石石英杂砂岩、长石石英细砂岩、铁白云石钙屑细砂岩和方柱石绢云母板岩等，属以砂为主、砂泥互层的复理石沉积，具有低密度浊流沉积特征。发育热水同生交代蚀变相铁白云石–方柱石亚相。上部为浅灰色含粉砂铁白云石结晶灰岩、灰色铁白云石粉砂质绢云母板岩和深灰色方柱石绿泥石绢云母板岩，结晶灰岩中含有海百合茎。灰质含量增加，砂质含量逐渐消失，铁白云石含量增加，并逐渐出现方柱石。与车房沟以西沙沟街相比，主要区别是形成了碳酸盐岩和铁白云石结晶灰岩，热水同生交代蚀变相发育，主要为黑云母–方柱石–铁白云石化亚相。③在山阳牛家沟–牛耳川大水晶沟，池沟组厚度在 2064.70m（杜定汉，1987），下段为泥砂质复理石沉积，底部为石英砂岩、粉砂岩和绢云母板岩，向上砂质粒径变细，形成薄层状石英粉砂岩和绢云母板岩互层。上段下部以薄层状石英粉砂岩和绢云母板岩互层为主，向上出现中薄层泥灰岩和砂质灰岩薄层，灰质含量逐渐增加，砂质成分减少，泥质含量增加。中部薄层状泥灰岩厚度不断增加，并出现灰色方柱石化结晶灰岩厚达 30.7m，灰色方柱石角岩层厚度达 23.3m，上覆和下伏岩性层未见方柱石化–方柱石角岩，说明方柱石化角岩相具有热水准同生交代–热变质特征或为后期盆地层间流体叠加层。上段上部以钙泥质板岩和砂质灰岩为主，方柱石砂质灰岩层增多到 3～5 层，单层厚 2.8～20m，主体为泥质、灰质和砂质互层的复理石沉积，上段下部发育热水准同生交代–变质角岩相（方柱石化角岩相），上部发育热水准同生交代岩相方柱石化亚相。④在牛耳川以东山阳县桐木沟锌矿及外围，池沟组以砂岩开始，向上逐渐过渡为薄层状砂质灰岩、灰质岩石和大理岩，厚度在 1875～2447.7m（杜定汉，1987）。池沟组变余泥岩和泥灰岩互层中，残余纹层状和薄层状简单韵律发育，同生滑塌褶曲变形发育，指示了形成于深水–半深水环境，属陆棚相深水洼地。⑤山阳县东南一带，池沟组下段主要为碎屑岩夹黏土岩，厚 3120.5m（方维萱等，2013），中下部为灰色中厚–中薄层变长石石英砂岩、变细砂岩、黑云石英岩夹粉砂质板岩；上部为二云斜长石英变粒岩、片理化变砂岩夹少量石英片岩，在斜长石变粒岩中大中型的斜层理发育，上段为灰绿色条带状黑云斜长变粒岩、绿帘斜长变粒岩及绿帘斜长石英变粒岩夹变长石石英砂岩、粉砂质板岩，岩性稳定，沉积韵律清楚，厚 2726.5m。池沟组下段属浅海陆棚斜坡相环境，上段具等深积岩的特征（腾道鹏，2001），在本地段池沟组厚度最大，合计 5847m（杜定汉，1987），属构造断陷作用最强烈部位之一，是构造断陷沉降中心和沉积中心。⑥在该盆地东部丹凤县竹林关和商南县青山镇，池沟组厚度分别为 862.1m 和 2538.2m（杜定汉，1987），砂质增高，灰质减少，主要特征是形成了变质凝灰岩和变酸性凝灰岩层，火山岩夹层可能为该盆地在洋盆关闭演化形成残余洋盆后，逐渐衰减的残余火山活动依然在局部活动，形成了火山灰流沉积。火山灰流进入陆表海盆中形成了层间大理岩层和角岩层，东部各类角岩发育齐全，沿同期层位形成了明显的同期异相结构相体，也较为合理解释了该盆地西部和中部发育的层间热水同生交代蚀变相和热水同生交代蚀变-热变质角岩相。

从东向西，池沟期的构造岩相学具有明显的同期异相结构，沿走向和侧向相体变化规律为，东部商南县青山镇（厚度最大为2538.2m）中酸性火山凝灰岩相+角岩相+硅质大理岩相+细砂-粉砂岩→丹凤县竹林关（厚度862.1m）酸性火山凝灰岩相+角岩相+硅质大理岩相→山阳县东南一带（厚度达5847m）碎屑岩+变火山岩相→山阳县桐木沟（厚度1875～2447.7m，未见火山岩夹层）砂岩+砂质灰岩+方柱石角岩+方柱石钠长石岩相+大理岩→山阳县牛家沟-牛耳川大水晶沟（厚度2064.70m）砂泥灰质复理石相+热水准同生交代-变质角岩相+方柱石化角岩相→柞水县车房沟（厚度1673.73m）砂-砂泥质复理石相+砂泥质铁白云石灰岩相+热水同生交代蚀变相铁白云石-方柱石亚相→柞水县沙沟街（厚度1350m）碎屑岩相+黏土岩相（缺少碳酸盐岩相）。以山阳县东南一带为界，东西两侧发生明显的构造-岩相学相体结构分异，揭示池沟期，在沉积盆地内部北东向同生断裂开始活跃，这些北东向同生断裂活动造成了柞水-山阳沉积盆地内部发生构造-岩相学分异，同生构造断陷形成了沉降中心和沉积中心，并提供了热水喷流通道，为一级盆地内二级盆地和三级构造盆地形成提供了同生构造背景。池沟组这种同期异相结构和变化规律，说明在商南县-丹凤县-山阳县东南为萎缩火山喷发中心，以砂质沉积为主体，沉积水体较浅，但构造断陷形成的沉降速度和深度较大，也是快速沉积补偿中心之一。在山阳县桐木沟-柞水县车房沟火山岩夹层少见，以热水同生交代蚀变岩相和热变质角岩相为主。柞水县沙沟街池沟组沉积厚度最小，暗示属于古水下隆起位置，不利于热水沉积-交代岩相形成，也未见碳酸盐岩出现。二级盆地开始发育同期，不但有强烈的次级北东向同生断裂活动，而且该沉积盆地东部，由于强烈的构造断陷切割导通了残余洋盆深部而引起了火山喷发作用。池沟组是下梁子类卡林型金矿赋矿层位。

可以看出在盆地发育期，①从南到北，牛耳川期残积相（古风化壳）、含砾粗碎屑岩相、不整合面和盆地基底构造层岩石等指示了该盆地南侧在早泥盆世—中泥盆世初期曾发育遭受剥蚀的古陆，盆地内由浅水碎屑岩相迅速相变为深水-半深水浊积岩相，揭示了本盆地内曾经是古洼地和古陆相邻。②从西到东，该盆地西侧为小磨岭古陆，可能构成了对于该沉积盆地分隔和封闭，柞水-宁陕属于浅水沉积环境，接受含砾粗碎屑岩相到浅水碎屑岩相沉积，缺少碳酸盐岩相；向东侧车房沟从浅水碎屑岩相迅速演化为深水-半深水浊积岩相，揭示这两个地段之间有同生断裂带引起的构造断陷作用存在。无论是古陆抬升还是构造断陷的古地理格局，都可以说明本区具有拉分断陷特征。③丹凤县竹林关（厚度862.1m）可能是古水下隆起位置，其两侧发育同生断裂带和残余火山喷发作用，在该盆地东部具有衰减的残余火山凝灰质喷发，这些火山凝灰质进入陆表海域盆地沉积之后，不但形成了凝灰岩夹层，而且由于加入了海水而形成了层间热水准同生交代岩相和热变质角岩相，这种沉积盆地内部热水作用属于盆地流体作用，除盆地外陆源、盆地底源（热水喷溢等）和盆地内源（碳酸盐岩沉积）之外，也是第四类盆地内成岩成矿的物源类型，即强烈盆地流体相互发生水岩反应后，形成盆地流体作用的岩石类型，并改造了初始沉积的岩石，形成了一种构造岩相学类型（同构造期盆地流体交代相）。④牛耳川组和池沟组发育同生滑塌相和同生断裂、构造岩相学同期异相结构相体和浊积岩相、浅水沉积迅速演进为深水-半深水浊积岩相、变火山岩相和热水同生交代岩相等，指示了沉积盆地发育期属于构造断陷作用并有残余火山喷发作用，火山凝灰质加热了海水并形成了层间热卤水，发生热水顺层同生交代并形成热变质角岩相；等深积岩出现说明断陷深度较大。

5.2.3 主成盆期构造断陷沉积体系与热水沉积体系

柞水-山阳沉积盆地主成盆期始于中泥盆世青石垭期初（大西沟组和青石垭组为同组异名），从西到东（图5-1、图5-2）：①宁陕县沙沟街，青石垭组砂质增加，泥质较少，未见灰岩和菱铁矿-磁铁矿层，厚度仅为800～1500m。大西沟以西厚度约1000m，砂质含量较高且灰质含量较少。②在大西沟一带大西沟组厚度为2105m，下段为黏土岩夹少量碳酸盐岩和细砂岩，上段为黏土岩夹多层碳酸盐岩和菱铁矿岩层、重晶石岩层和硫化物岩层，这是大西沟银多金属-重晶石-菱铁矿矿床的主要含矿岩相。大西沟同生断裂部位沿相邻层位方向上，急剧相变为菱铁矿铁白云岩，向西砂质含量逐渐增高，向东进入三级构造热水沉积成矿盆地之中，相变为含矿热水沉积岩相（图5-1、图5-2）。菱铁矿层主体产于泥质岩一侧，银多金属矿主体产于泥质岩相碳酸盐岩增多和过渡部位。在大西沟重晶石菱铁矿矿区与银硐子银多金属矿区之间，车房沟发育同生断裂和同生滑塌沉积。软同生变形层为薄层状菱铁矿层，非变形层为条带条纹状重晶石岩，薄层状菱铁矿常呈“V”、“S”和“Z”字形态的层间同生流变褶皱群落，这些同生褶皱群落的褶皱轴面与后期主构造变形期形成的褶皱轴面不协调，显示具不同期次和构造动力学特征。③在该盆地中部山阳县黑沟-小河口（图5-1、图5-2），青石垭组厚度在2466.3m，下段底部以变粉砂岩夹粉砂质板岩为主，偶夹结晶灰岩，形成以粉砂岩为主的浊积岩相，黑灰色-黑色角岩-角岩化相（方柱石化角岩）层达5～6层，向上灰质减少，方柱石化减弱。中部以粉砂质板岩与泥质板岩互层，夹变粉砂岩，形成以黏土岩为主，与粉砂质板岩组成的复理石韵律。上部为泥质板岩夹粉砂质板岩和变粉砂岩，形成以黏土岩为主与粉砂质岩石构成的复理石韵律。上段以泥质板岩、粉砂质板岩为主，夹层为泥灰岩和泥质灰岩和菱铁矿岩，为黑沟菱铁矿-多金属矿含矿岩相，菱铁矿岩层有4～5层，厚度在1.2～45m，透镜状菱铁矿岩发育。热水沉积岩相主要为厚层块状菱铁矿岩相、硫化物岩相、条带状菱铁矿岩和铁绿泥石岩相，厚层块状菱铁矿岩相为菱铁矿矿层主体组成，条带状菱铁矿岩-铁绿泥石岩相常为菱铁矿岩相的垂向相序和侧向相变体，组成了菱铁矿矿层的上下盘围岩（绿灰色含菱铁矿板岩与铁绿泥石板岩互层），菱铁矿岩相侧向尖灭处相变为铁白云岩相→铁白云石泥质灰岩。④向东到山阳县二峪河口（图5-1、图5-2），青石垭组厚度减小为1990m，推测在二峪河口存在北东向同生断裂（图5-2）。园子街瓦子沟一带青石垭组厚度为1726.6m，下段为粉砂岩，上段为砂质板岩夹砂岩条带，缺少碳酸盐岩。⑤在单上沟一带青石垭组厚度仅有420～548m，以粉砂质板岩为主，夹砂岩和少量薄层灰岩，方柱石板岩和黑云母角岩呈夹层，局部上段以灰岩为主夹粉砂质板岩，该地段青石垭组厚度较薄，东西两侧可能发育同生断裂，并构成对于三级热水沉积盆地之间的古水下隆起分隔。⑥山阳县桐木沟一带

（图5-2），青石垭组厚度1746m，主体为含钙绢云母板岩、斑点状板岩、角砾状云母板岩、绢云母绿泥石千枚岩夹大理岩，碳酸盐岩层明显增多。底部为黑云母方柱石角岩、角岩化粉砂岩、钙质黑云母角岩，青石垭组下部为桐木沟锌多金属矿含矿层位。与大西沟菱铁矿-银多金属-重晶石矿相比（大西沟组或青石垭组上段），含矿层位明显偏下（青石垭组下段）。⑦商南县青石垭组厚度1427.8m，为二云母石英片岩、石榴二云石英片岩夹角闪变粒岩和石墨大理岩。

在山阳地区青石垭组中风暴沉积体系发育，由下到上为A侵蚀突变底面、B贝壳滞积层和粒序层段、C平行纹理层段、D砂纹交错纹理段和E板岩段。青石垭组风暴沉积体系下部为近源风暴沉积作用，形成于浅水陆棚环境，上部以远源风暴沉积作用为主，形成于深水陆棚环境。上泥盆统峒峪寺组中发育重力流沉积体系，重力流自南西向北东流动，指示了该盆地南侧古陆为盆地蚀源岩区，中-上泥盆世本区经历了从浅水陆棚相→深水陆棚相→陆坡相→陆隆相→盆地平原相，海进式沉积序列揭示了盆地发育期沉积水体增深过程，这种深水陆棚环境为大规模热水沉积成岩成矿作用提供了良好沉积环境。

在镇安石瓮子中泥盆统古道岭组超覆在寒武-奥陶系石瓮子组白云岩之上，下段底部为含砾粗碎屑岩相由白云质砾岩和白云质砂砾岩夹钙质粉砂岩组成，向上变为砂屑灰岩夹钙质砂砾岩、白云质砂岩及钙质粉砂岩。白云质砾岩中砾石成分复杂，砾石成分有变粒岩、花岗岩、凝灰岩、闪长岩和片麻岩、寒武—奥陶系石灰岩和白云岩等，主要为来自小磨岭古陆。砾径最大为25cm，最小1cm，平均5~6cm，向上砾径逐渐变细，砂质含量增加。杂基为泥质、粉砂质和岩屑。砂砾岩层厚20~45m。上段灰绿色-杂色砂砾岩夹少量紫色粉砂质板岩，砾径明显减小，最大为5cm，最小1cm，平均2~3cm；其上被上泥盆统星红铺组杂砾岩超覆。这种构造-岩相学说明在中-晚泥盆世，小磨岭古陆块（垂向基底隆起）周缘曾发生了断陷沉积或沉积水体面迅速升高。山阳色河花岗岩与泥盆系呈断层接触，上泥盆统主要由砾岩、含砾砂岩、砂岩和泥岩组成，其中砾石包括花岗岩、凝灰岩、辉长岩和碳酸盐岩，砾石呈棱角状和次棱角状，分选较差。虽然泥盆纪由碳酸盐台地到硅质碎屑浊积岩系的层序发展应受到各种因素的控制，但无疑构造作用为主导因素。在被动大陆边缘上由翘倾块断作用，上泥盆统层序显示一种向上变深的趋势，揭示晚泥盆世仍发生了同生断裂的强烈活动。

5.3　盆地萎缩期与构造-流体叠加岩相

5.3.1　晚泥盆世盆地萎缩期构造沉积体系

在柞水以西，区域上缺少上泥盆统东沟组和峒峪寺组，推测因构造抬升作用而未接受沉积。从图5-1和图5-2看，①在柞水地区车房沟一带，下东沟组厚度为1656.3m，主体为绿泥石绢云母千枚岩和绢云母绿泥石千枚岩，夹少量结晶灰岩和绢云母铁白云岩、板岩和灰岩，上部变细砂岩增加。②在金钱河一带，下东沟组厚度在665~1570m，主体以粉砂岩和含铁细砂岩为主，夹少量板岩和透镜状灰岩。③在山阳小河口一带，下东沟组厚度

1382m，下段为板岩与粉砂岩互层，上段以板岩、钙质板岩和粉砂岩为主，夹灰岩和砂岩。④山阳二峪河一带，下东沟组厚度大于718.4m（方维萱等，2013），下段为粉砂质板岩夹钙泥质粉砂岩和少量泥砂质灰岩，上段为泥质灰岩与钙质板岩，从下到上，细碎屑岩减少，泥质碳酸盐质增加，形成了一个沉积水体增深的海进沉积相序列。与金钱河一带相比，下东沟组厚度明显变薄，碎屑岩减少而泥质碳酸盐质增加。⑤在山阳桐木沟一带，下东沟组厚度仅为438m，下段为绿泥石绢云母千枚岩、绢云母石英片岩夹大理岩，上段为板岩、粉砂岩夹大理岩，形成石英钠长岩相，说明下东沟期有热水沉积岩相发育。⑥商南-丹凤一带缺少晚泥盆世沉积，沿东西走向上，沉积范围缩小到山阳-柞水一带。盆地沉降和沉积中心迁移到柞水-山阳沉积盆地北部，推测可能因盆地南侧底部深源碱性热流体上涌，形成了盆地南侧区域性抬升和构造掀斜作用，或者是晚泥盆世陆-陆斜向俯冲碰撞作用下，在该盆地北部深部俯冲消减造成了陆壳浅部拖曳下沉作用和小磨岭-陡岭前陆隆起发生构造翘升作用，造成了晚泥盆世沉降中心和沉积中心迁移到该盆地北部，这个趋势从下东沟期到峒峪寺期持续增强。

晚泥盆世下东沟期以泥质岩为主，夹少量细碎屑岩和碳酸盐岩的沉积，可见水平纹理及砂纹交错层理，水体进一步变深。该组厚度虽然不大，但从下而上岩性逐步变细，具明显沉积韵律，是完整的海进序列。与下伏青石垭组上部碳酸盐岩和铁白云石灰岩相比，构造岩相学在垂向序列上发生了巨大变化，下东沟组下段复理石沉积形成的高频泥质岩和细碎屑岩层，为下伏的青石垭组中热水沉积岩相保持提供了良好的盖层条件；同时，也保存了下伏的青石垭组中热水沉积成因的银多金属-菱铁矿-重晶石矿层。到峒峪寺期，晚泥盆世断陷作用趋于减弱，盆地开始萎缩，这导致了上泥盆统层序特征具有由浅水沉积向上水体增深为深水沉积，再由深水沉积逐渐变为浅水沉积，即“向上变深、再由深变浅”的层序特征，伴随上泥盆统沉积范围迅速减小，与前陆盆地沉积层序具有类似特征。

在山阳桐峪河峒峪寺组厚度达3089.8m，下段以石英砂岩和含钙石英砂岩为主，夹泥质粉砂岩、粉砂质绢云母板岩，中-下部夹少量灰岩。上段含钙长石石英砂岩和石英砂岩为主，夹少量粉砂质绢云母板岩和泥质粉砂岩，顶部为钙质石英砂岩和砂质灰岩。

在研究区外北部，北秦岭南缘周至黑河厚珍子-王涧河峒峪寺组厚度在2586.16m，下部砾岩平行不整合超覆在下古生界大理岩之上，下段底部以含砾凝灰质细砂岩和凝灰质砾岩开始，向上变为长石砂岩、石英砂岩、石英杂砂岩。上段石英细砂岩、石英粉砂岩夹绢云母板岩和绢云母绿泥石粉砂质板岩，夹少量安山质晶屑凝灰岩、凝灰质板岩等（方维萱等，2013），显示了峒峪寺组接受了来自活动大陆边缘残余岛弧上，经剥蚀再循环物质形成的含火山物质的粗碎屑岩相，它们属于北秦岭泥盆纪前弧盆地中沉积体系。火山-沉积相序列为火山碎屑岩相（厚层和块状熔结集块岩和粗粒凝灰岩）→浅水碳酸盐岩→陆相熔结凝灰岩→浅水碳酸盐岩→火山泥流/碎屑流沉积和近源浊积岩，沉积相序演化结构为深水浊积岩相→扇三角洲含砾粗碎屑岩相。

总体上看，晚泥盆世期间，柞水-山阳沉积盆地内具有在东西向上沉积范围迅速收缩到中北部，在南北向构造-岩相学分异作用明显。桐峪寺组发育颗粒流和浊流沉积，颗粒流沉积由厚层状砾岩、含砾砂岩及砂岩组成，具明显正粒序、反粒序及反-正粒序，砾石成分以白色石英岩为主，其次为灰绿色-紫红色燧石及少量板岩，砾径为1.0～5cm，分选和磨圆均较好，厚层砾岩为颗粒支撑。浊流沉积由砂岩及粉砂岩组成，它是在颗粒流动速度递减的过程中逐渐演变而形成，发育完整的浊积岩序列与鲍马序列，由下而上分为五段，A段粒序层段为含砾砂岩和砂岩，厚度2.4cm，B段平行层理段为石英砂岩，厚度1.6cm，C段波纹交错层理段为粉砂岩，厚度3cm，D段平行纹层段为泥质粉砂岩或粉砂岩，厚度2cm，E段板岩段厚2～30cm，具有明显的被动大陆边缘沉积体系特征。而在研究区以北，峒峪寺组中上部有火山岩夹层。在晚泥盆世柞水-山阳沉积盆地物质来源明显变为多元化，相邻古陆和造山带可能也在发生明显的构造抬升过程，这种构造-岩相学特征也是研究区具有沉积盆地-造山带-岛弧带耦合与转换的物质记录，构造古地理位置成为“南侧被动、北侧活动”两类大陆边缘之间，这种晚泥盆世-石炭纪残余海盆的形成，标志着陆-陆面碰撞开始。

在山阳伍竹园单上沟、胡家台子和葛条沟等地，峒峪寺组为粉砂岩、粉砂质板岩及泥砂质灰岩，属于浅水沉积体系，在浅水热水沉积岩相铁白云石粉砂岩-铁白云石灰岩中，形成了菱铁矿岩-铁白云石岩等组成的热水沉积岩相，菱铁矿矿体呈似层状和透镜状，叠加有后期菱铁矿脉。

5.3.2　深源碱性热流体叠加的构造-岩相学记录

陕西商南县丹江钠长岩-钠长角砾状岩包括块状细晶钠长岩、角砾状钠长岩和钠长角砾岩等，形成时代为364.9±10.9Ma（全岩Rb-Sr等时线）（李勇等，1999），属上泥盆统法门阶（晚泥盆世桐峪期）。

丹江钠长岩带成岩作用为钠质热流体侵入-隐爆-充填交代作用形成的三类不同构造-岩相学类型，这些构造-岩相学相体是受山阳-凤镇岩石圈断裂带控制的区域性钠质热流体叠加作用形成，也是整个秦岭造山带钠质热流体-热事件重要组成部分之一。交代钠长岩既可与侵入钠长岩相伴产出，形成块状细晶钠长岩→角砾状钠长岩→钠长角砾岩→钠化围岩的完整分带；交代钠长岩也可单独产出，形成角砾状钠长岩→钠长角砾岩→钠化围岩或是角砾状钠长岩→钠化蚀变岩。角砾状钠长岩与块状细晶钠长岩和钠化围岩间分界清楚，而角砾状钠长岩与钠长角砾岩间或钠长角砾岩与钠化围岩之间为渐变过渡接触。

山阳桐木沟锌矿床主要矿体呈层状、似层状和透镜状，与围岩整合产出，矿体含大量下伏地层岩石的角砾，钠长角砾岩带常为矿体底盘的构造-岩相带。在桐木沟矿区，层状、似层状和透镜状钠长角砾岩、方柱大理岩和方柱黑云角岩组成角砾岩带，钠长角砾岩带总体厚60m，在近东西向断层带两侧、青石垭组底部与池沟组顶部之间部位产出。钠长角砾岩中角砾混杂且棱角明显，部分磨圆差的角砾来自下伏地层，胶结物为热液作用形成的铁白云石、铁方解石和钠长石，其次有黑云母和方柱石，少量电气石和黄铁矿。具有热流体隐爆-交代-充填作用特征，丹江钠长岩带特征与形成时间一致，属于晚泥盆世形成的热流体叠加岩相，与热水沉积形成的纹层状石英钠长岩有显著差别。

山阳-凤镇岩石圈断裂北侧，研究区内近东西向纸房沟-万丈沟-大沟钠长石碳酸盐角砾岩-铁白云石钠长石角砾岩带（图5-2），与围岩接触界线清楚，表现为侵入接触关系。接触带附近围岩往往有震碎现象，形成震碎裂岩相和震碎角砾岩相。钠长石碳酸盐角砾岩与本区金、铜、镍、钴、铅、锌和铁等多种矿产有密切关系，在该碱性热流体角砾岩带中含有氟碳铈镧矿、重晶石和金红石等矿物的异常富集。在大西沟-银硐子金银多金属-菱铁矿-重晶石矿田东缘，马耳峡一带分布有近南北向钠长岩脉和钠长岩脉带，说明在晚泥盆世也处于热流叠加改造范围内，这些地段是类卡林型金矿化带分布的位置。铁白云石钠长角砾岩-钠长石铁碳酸盐质角砾岩带（图 5-2）赋存于青石垭组底部。在区域上，东起丹凤县、向西经山阳桐木沟-纸房沟-万丈沟-大沟和马耳峡等、继续向西至镇安二台子金矿和凤太晚古生代拉分盆地中太白县双王和凤县青崖沟等地，是秦岭造山带中规模较大独立的构造-岩相学填图单元和相带。

在研究区内，凤镇郑家沟基性-超基性杂岩体外围和顶部，形成了似环状的钠长碳酸角砾岩带，说明这些碱性热流体角砾岩岩带与地幔源区有深刻的内在联系，同时，这些角砾岩带侵位与形成，与晚泥盆世陆-陆斜向碰撞的大陆动力学过程一致，证明本研究区在沉积盆地萎缩封闭进程中，叠加了深源热流体垂向运移和叠加成岩成矿作用。

5.3.3 石炭纪构造反转与沉积体系和沉积中心

在柞水-山阳泥盆—石炭纪拉分断陷盆地东部，缺失上泥盆统和石炭系，推测由于在东部首先发生陆-陆面接触碰撞，导致盆地东部被关闭。北秦岭南缘前弧盆地和二郎坪弧后盆地于石炭纪关闭作用十分明显，均演化为残余盆地，它们关闭过程也是陆-陆面碰撞过程中，盆-山耦合与转换的物质记录。晚泥盆世深源碱性热流体在山阳-凤镇沿断裂垂向规模性运移，侵入泥盆系中，造成了盆地南部和中部被抬升，柞水-山阳泥盆纪沉积盆地形成“南升北降”格局。同时，在凤镇-山阳岩石圈断裂带南侧同生构造断陷作用控制下，镇安盆地北部却发生强烈的断陷成盆，盆地基底呈现“北仰南降”，镇安盆地具单侧断陷型盆地的箕状形态，从而形成了一个相对独立的构造-沉积体系。

在石炭纪演化为残余拉分盆地，沉积范围继续缩小，且沉积中心向北和南侧迁移，在沉积盆地南侧桐木沟和北部接受了有限的石炭纪沉积，同时接受来自北秦岭和南部古陆的沉积物，指示石炭纪应为残余海相盆地特征。石炭纪下部浅水沉积体系快速演进为深水沉积体系，继而逐渐发展为向上变浅的沉积系列，具有前陆盆地层序特征，说明在晚泥盆世末期—石炭纪，柞水-山阳地区构造反转作用十分显著。在柞山石炭纪期间，海水并未退出，转化为陆壳基础上的残余拉分盆地，沉积缓慢填满，形成了沼泽煤系地层。

5.4 柞山-商丹泥盆纪拉分盆地与成矿分带

从南到北具有十分明显的区域成矿分带，沿山阳-凤镇岩石圈断裂带南侧，小磨岭-陡岭盆地基底垂向隆起分布有二台子-凤镇-中村钒金（类卡林型）成矿带，寒武系水沟口组黑色碳泥硅质岩系中，分布有夏家店金钒矿、甘沟金钒矿点、中村大型钒矿和十家坪钒银等。作为该盆地蚀源岩区之一，小磨岭-陡岭垂向基底隆起不但有利于类卡林型金矿形成，而且可以为盆地提供金成矿的物质来源。在该盆地南缘与山阳-凤镇岩石圈断裂带之间，万丈沟-纸房沟脉状镍钴金铜成矿带与钠长石铁碳酸盐质角砾岩带密切相关。

该泥盆纪一级拉分断陷盆地中，主要含矿层位为中泥盆统大西沟组（青石垭组）。大西沟-银硐子主要为金银多金属-菱铁矿-重晶石矿床共伴生矿田，银硐子为超大型银多金属矿，银为超大型规模，共生铜矿达大型规模，铅和锌达到中型规模，菱铁矿和重晶石为共伴生矿种。大西沟中型菱铁矿矿床中，共生重晶石矿，伴生铜和银。大西沟-银硐子多矿种共伴生矿田外围为类卡林型金矿分布区，已经发现了柞水县韭菜沟、下梁子和王家沟三处类卡林型金矿床，而且类卡林型金矿仍然具有巨大找矿前景。该成矿带东部为穆家庄铜矿、黑沟菱铁矿-多金属矿和桐木沟锌多金属矿。柞水大西沟-银硐子-穆家庄-山阳黑沟-桐木沟金银多金属-菱铁矿-重晶石成矿带受近东西向同生断裂带控制（图5-2），单个矿区内，矿体和矿化带长度方向多呈北东向延伸，显示受次级北东向同生断裂控制。北部袁家沟-下官坊铜金银成矿带主要与燕山期花岗斑岩体（群）有密切关系。

（1）柞水-山阳-商南一级拉分盆地。泥盆纪，秦岭微板块在总体伸展构造作用不断增强下，地堑断陷沉降和地垒式构造抬升隆起作用等同生断裂构造作用强烈，其中，礼县-凤县-凤镇-山阳同生断裂规模全长达800km，酒奠梁-江口-镇安-板岩镇同生断层全长在400km。同生断裂的构造作用对于一级盆地的形成起着主导控制作用，并且构成了对一级伸展盆地边界分割和限定。柞水-山阳-丹凤-商南一级拉分盆地南界边界同生断裂为凤镇-山阳同生断裂带，受同生断裂带北侧次级同生断层单侧阶梯状构造断陷作用控制，该一级拉分盆地首先在南侧开始发育，一方面作为同生断裂上盘（北盘）断陷使该盆地基底地层快速下降，造成了牛耳川组下部为浅水碎屑岩相很快演变为深水浊积岩相；同时断裂下盘也促使了盆地基底翘升，成为相邻盆地有效的物源区。

（2）二级盆地格局与特征。在泥盆纪期间，商丹带与凤镇-山阳岩石圈断裂带之间，研究区内发育一系列次级北东向水下隆起和同生断裂带，导致了系列二级和三级构造盆地形成和发育，构成了该沉积盆地内部的次级地堑-地垒式伸展构造格局（图5-2）。丹凤县竹林关古水下隆起将该一级拉分盆地分隔为丹凤-商南二级盆地和柞水-山阳二级盆地。其差别是丹凤-商南二级盆地在中泥盆世有残余火山喷发活动，接受火山凝灰质沉积，中泥盆统厚度等厚线以5400～7000m，形成了沉降中心和沉积中心，该沉降中心位于北侧商丹构造带和南侧凤镇-山阳岩石圈断裂之间部位，受次级近东西向同生断裂带控制，次级同生断裂带具有快速构造断陷，构造断陷中心具有快速补充沉积特征，估算该沉降中心沉积充填速率在443～574m/Ma，中泥盆统岩石具有较强角岩化、片理化和变质程度，于晚泥盆世发生构造关闭和构造变形。

柞水-山阳中泥盆世沉降中心和沉积中心位于凤镇-山阳岩石圈断裂北侧紧邻的同生断裂带，中泥盆统以等厚线在3000～5000m，形成了该二级盆地沉降中心和沉积中心。近东西向次级同生断裂带单侧快速构造断陷和快速沉积补偿，估算该沉降中心的沉积充填速率在246～410m/Ma。在山阳-丹凤形成了晚泥盆世北东向同生构造断陷中心，估算该晚泥盆世沉降中心的沉积充填速率在77～150m/Ma。推测丹凤竹林关北东向水下隆起不断抬升于水面之上，并向西（山阳）方向发展。

（3）柞水-山阳二级盆地内三级构造热水沉积盆地。北东向水下古隆起（拉分断台）和两侧同生断裂带控制了二级拉分盆地与三级构造热水沉积盆地（双断式拉分断陷）。柞水-山阳二级沉积盆地中发育一系列北东向同生断裂，将盆地分割为一系列北东向水下隆起和凹陷的似地堑、地垒式组合特征（图 5-2），其中万丈沟–干沟北北东向同生断裂规模较大，受次级同生断裂作用的控制，将该二级拉分盆地又分割为六个三级构造热水沉积成矿盆地，即大西沟–银硐子、干沟–穆家庄、金钱河–大牛槽、黑沟–小河口和单上沟–桐木沟六个断陷型三级构造热水沉积成矿盆地。单上沟–桐木沟和干沟–穆家庄为单断型（半地堑式）三级构造热水沉积成矿盆地，其余四个均为双断型（断陷地堑型）三级构造热水沉积成矿盆地。万丈沟–干沟北东向同生断裂上盘，发育万丈沟–穆家庄单断型三级构造热水沉积成矿盆地，以铜–金–镍–钴成矿为主。大西沟–银硐子断陷型三级构造热水沉积成矿盆地现今为矩形，北西西向长 6km，北东向宽约 2km，现今面积为约 12km^2，它是受大西沟西及马耳峡两个次级北北东向断裂控制的断陷型三级构造热水沉积成矿盆地。

断陷型三级构造热水沉积成矿盆地（大西沟–银硐子和黑沟–小河口）是金银多金属–菱铁矿–重晶石矿集区定位构造。单断型三级构造热水沉积成矿盆地（单上沟–桐木沟和干沟–穆家庄）及晚泥盆世碱性热流体角砾岩带，为铜锌多金属矿和铜镍钴金矿集区定位构造，受晚泥盆世碱性热流体角砾岩侵位构造和热流体叠加改造控制更为明显，具有显著的后生叠加成岩成矿特征。而赋存于本区沉积盆地泥盆系和盆地基底构造层寒武系中类卡林型金矿受脆韧性剪切带和印支期岩浆侵位形成的热构造叠加特征更为明显。

陕西柞山商晚古生代沉积盆地动力学特征为：①在早古生代扬子板块北被动陆缘残余洋盆基础上，经历了志留纪—早泥盆世北秦岭岛弧造山带–残余洋盆转换过程。在中泥盆世演化为秦岭微板块北陆缘上拉分断陷盆地，晚泥盆世深源碱性热流体叠加作用明显，形成了穿层分布的铁白云石钠质角砾岩相带，发生了构造反转。石炭纪拉分盆地进一步发展演化为残余海盆，不断萎缩封闭。沉积盆地记录了由洋盆–岛弧碰撞造山后，转换为陆–陆碰撞造山过程。②该盆地北侧商丹断裂带、南侧–东侧和西侧均被小磨岭–陡岭和佛坪垂向基底隆起构造带围限和分隔等多因素耦合，使造山带流体发生大规模排泄进入柞–山–商沉积盆地后，发生规模性热水成岩成矿作用，形成了不同类型的层状–似层状构造–（热水）沉积岩相。该盆地充填的沉积物厚度达万余米，证明具有较大的沉积容纳空间。

从构造–（热水）沉积岩相学看：①本区从浅水沉积环境迅速演进为深水沉积环境，同生断裂活动形成了滑塌沉积、同生滑移褶皱群落、热水角砾岩相、各类热水沉积岩相、热水同生交代蚀变相和热变质相等；②各类层状–似层状热水沉积岩相记录了沉积盆地为造山带流体大规模排泄后，聚集到三级盆地中形成的物质记录和沉积容纳空间；③构造岩相学特征揭示不但记录了本区处于北秦岭岛弧造山带与沉积盆地耦合与转换过程，也记录了面状斜向陆–陆碰撞过程中，造山带流体被大规模排泄到沉积盆地内的热水（热变质）事件，这种区域性热水（热）事件是大陆构造应力作用下形成的构造动热转换与流体大规模运移的构造岩相学记录；④晚泥盆世–石炭纪近南北向的岩石圈地幔收缩，导致了碱性热流体被挤压垂向排泄到陆表残余海盆之中，晚泥盆世—石炭纪陆–陆碰撞成为垂向热传输主要驱动力源，穿层带状分布的铁白云石钠质角砾岩相带可能是深部岩石圈俯冲作用增强，驱动陆壳浅部流体发生垂向大规模运移所形成，在陆壳浅部发生碱性热流体隐爆作用形成，并伴有顺层或切层的准同生交代作用。

柞–山–商晚古生代沉积盆地区域成矿分带形成机制为：①造山带中排泄流体向低压构造区大规模排泄，拉分盆地中三级盆地为热水排泄和聚集的中心部位。由于该拉分断陷盆地具有较大沉积容纳空间，也就成为流体大规模排泄的构造空间。三级盆地具有良好的热水沉积容纳空间，形成了热水沉积成因的层状银多金属-菱铁矿-重晶石矿床和各类热水沉积岩相。柞水大西沟-银硐子-穆家庄-山阳黑沟-桐木沟金银多金属-菱铁矿-重晶石成矿带受柞水-山阳二级盆地中近东西向同生断裂带控制（图 5-1），矿床主要定位构造为受东西向和近北东向两组同生断裂控制的三级盆地中（图 5-2），三级盆地和热水沉积岩相揭示了该拉分断陷盆地中热水沉积成岩成矿中心位置。②在该盆地中形成了近东西向深部碱性热流体叠加侵位，穿层带状分布的铁白云石钠质角砾岩相带是晚泥盆世—石炭纪碱性热流体事件的物质记录，同时形成了金-镍-钴-铜-砷脉状富矿和叠加成矿作用。万丈沟-纸房沟脉状镍钴金铜成矿带与钠长石铁碳酸盐质角砾岩带等，揭示了该拉分断陷盆地遭受碱性深源热流体叠加成岩成矿的构造空间，它们是金-镍-钴-铜-砷脉状富矿今后主要找矿方向。③该盆地在印支期改造变形过程中，形成了脆韧性构造变形带中类卡林型金矿，含金蚀变构造变形带受山阳-凤镇岩石圈断裂带在印支期—燕山期构造变形带控制，二台子-凤镇-中村钒金（类卡林型）成矿带属于盆地基底构造在印支期—燕山期叠加构造变形带。在该拉分断陷盆地西北部和山阳等地，印支期—燕山期中酸性侵入岩形成了侵入-热叠加改造蚀变带，控制了大西沟-银硐子银多金属矿田外围的类卡林型金矿。

第6章　云南东川铜铁金矿集区与中元古代陆缘裂谷盆地

从构造岩相学角度看，东川地区有构造事件-岩层、构造事件-地层和岩石地层三大类（表6-1）。构造事件-岩层指成层无序的变质岩系，一般发育在造山带的内带或外带的内侧。原岩为一套沉积岩、火山沉积岩和火山岩系，但经历了强烈的构造变形变质作用改造，岩石中发育多期构造变形与变质作用的叠加，或多期构造面理置换与叠加，多期新生透入性面理与线理发育并叠加互存，原生层理因多期构造面理置换多已不复存在。这些新生透入性面理显示层状构造但不属原生层理，这些具有构造面理的岩层序列并不等于原生层序。具有“总体无序、局部有序”的构造岩片特征，由于不同时期和不同沉积环境的有序沉积序列，在后期构造变形变位强烈，以至于无法查清正常层序和厚度。①中浅层次岩石变质相为绿片岩相，但构造变形强烈，具有多期构造变形事件形成的透入性新生面理置换和叠加，原始层理消失，强烈构造面理置换和构造分异作用形成了新生的层状结构和构造，新生构造面理大致平行、斜交或垂直于原始层理，从而导致了原始层面和地层层序发生破坏，发育低绿片岩相和绿片岩相韧性剪切带，指示了构造变形层序，并具有相应的构造变形型相，如古元古界汤丹岩群等。②中深层次岩石变质相为角闪岩相，新生面理为片麻理和片理。原生结构和构造基本缺失，岩石显示多期次变形作用和变质作用叠加，较新的构造变形事件具有较浅变质相叠加特征。该类构造岩层一般分布在造山带内部或核部，属造山带内最古老地层体，如新太古界—古元古界小溜口岩组。总体上，这些构造岩层在时间序列上是不连续的，因受多期次岩浆侵入活动和构造变形变位改造强烈，呈现构造岩片（块）发育在造山带核部，具有多期次韧性剪切带叠加和改造，层序关系混乱，常具有缺少、重复或倒置等。③深层次岩石变质相达高角闪岩相-麻粒岩相，以韧性流变褶皱为主，高角闪岩相-麻粒岩相主要分布在造山带的内核，这些高级变质地体呈构造岩块（片）或呈变质核杂岩体形式产出，常发育绿片岩相退变质作用和退变质相系列。原岩为古老深成侵入岩体、变沉积岩系、变火山沉积岩-火山岩系等。

将东川地区新太古界—古元古界小溜口岩组和象鼻梁子构造岩片，划归为构造事件-岩层。从构造岩相学角度和构造事件-地层角度看，它们具有特殊的大地构造岩相学和构造变形相，主要表现为：①小溜口岩组顶部发育角度不整合面为上界面，上覆因民组底砾岩，为东川运动（1800Ma左右）形成的角度不整合面；小溜口岩组顶部发育古岩溶角砾岩相系，揭示了曾经出露地表发育强烈的古岩溶作用。但目前尚未确定其下界面。②小溜口岩组中发育流变褶皱群落、韧性剪切带、韧性热液角砾岩相带、似层状碳酸岩和方解石钠长石岩、切层铁白云石钠长石角砾岩体等独有的构造-岩浆-变形样式、含REE碱性碳酸岩-钠长石岩等组成的岩浆侵入事件。③象鼻梁子构造岩片变质相达高角闪岩相，与周围地质体差异显著。④在包子铺铁矿区大营盘组底砾岩（格林威尔期，1000Ma）之下，发育新太古代—古元古代碱性铁质超基性岩（碱性铁质辉绿岩类/1800Ma左右），大营盘组

表6-1　东川地区元古宙构造事件-地层与岩石地层的层序格架表

界	系/群	组	代号	主要岩性组合与地质事件年龄
	第四系		Q	冰碛层，砂砾岩，含褐煤，残坡积
中-古生界				寒武系、泥盆系、石炭系和二叠系，为陆缘拉分盆地沉积体系。三叠系下统和中统为浅海相和陆相沉积体系
新元古界	震旦系	灯影组	$Z_b dy$	白云岩、白云质灰岩
		陡山沱组	$Z_b d$	陡山沱组白云岩、藻白云岩、碳质页岩、砂岩和砾岩等粗碎屑岩系。厚度975m。陡山沱组下部滥泥坪型铜矿赋矿层位。澄江运动（700Ma左右）
		澄江组	$Z_a c$	下统岩屑砂岩和杂砾岩等组成的磨拉石相。厚度900m。底部发育火山岩层（855±52Ma，全岩Rb-Sr等时线年龄，中国科学院地质研究所，1982年数据），属于新元古代陆内断陷盆地地层充填体。晋宁运动（850Ma左右）
	大营盘群	大营盘组	$Pt_3 d$	灰绿色碳质板岩，上部夹砂岩，下部含铁层及基性火山岩、钾质流纹岩（966Ma，Rb-Sr全岩等时线，李复汉等，1988）。底部为底砾岩和泥石流相砾岩，与青龙山组呈角度不整合关系，厚度3031m。格林威尔期造山运动/小黑箐运动（1000Ma左右）
中元古界	东川群	青龙山组	$Pt_2 Dq$	青灰色白云岩和含藻白云岩，东川式火山热水沉积-改造型铜矿含矿层。厚度1080m。青龙山期末形成碱性钛铁质辉长岩侵位事件（1097±28～1047±15Ma，LA-ICP-MS锆石U-Pb法，本书）。下与黑山组整合接触，上与大营盘组呈角度不整合接触/与绿汁江组同期异名
		黑山组	$Pt_2 Dh$	黑色碳质板岩夹中基性火山岩系。桃园型铜矿含矿层。厚度1786m。与鹅头厂组同期异名
		落雪组	$Pt_2 Dl$	白云岩，含藻白云岩，下部硅质白云岩和凝灰质白云岩是东川式火山热水沉积-改造型铜矿含矿层。厚度200～536m。与上下层位呈整合接触
		因民组	$Pt_2 Dy$	上部紫色凝灰质板岩和泥砂质白云岩，角砾凝灰岩和凝灰岩属IOCG铜金型矿含矿层位；中部铁质板岩赋存稀矿山式铜铁矿层；下部复成分火山角砾岩和火山岩，底部发育底砾岩，与下覆小溜口岩组和汤丹岩群呈角度不整合接触。厚度93.93～1725m。因民组一段底界碎屑锆石形成年龄为1792±30Ma、碱性铁质辉长岩形成年龄1800Ma（LA-ICP-MS锆石U-Pb法）。东川运动（1800±50Ma）
古元古界	汤丹岩群	平顶山岩组	$Pt_1 Tp$	黑色碳质板岩夹白云岩、凝灰岩条带，局部含基性火山岩。厚度625m，1838±10Ma（碎屑锆石U-Pb年龄，朱华平等，2011）
		菜园湾岩组	$Pt_1 Tc$	含藻白云岩、硅质白云岩夹碳质钙质板岩，底部白云岩夹含铁板岩。厚440～718m。碱玄岩2200±20Ma（Sm-Nd等时线法，段嘉瑞等，1994）
		望厂岩组	$Pt_1 Tw$	石英岩，下部夹黑色板岩，上部夹铁质板岩，铁矿层及灰岩透镜体。厚度945m。熔结凝灰岩中2299±14Ma（锆石U-Pb法，周邦国等，2012）
		洒海沟岩组	$Pt_1 Ts$	千枚岩、砂质白云岩，上部夹石英岩。厚度大于643m。层状熔结凝灰岩为（2285+12/-11）Ma（SHRIMP锆石U-Pb法，朱华平等，2011）
古元古界至新太古界		小溜口岩组	$Ar_3-Pt_1 xl$	下岩段以暗绿色基性钠质火山熔岩为主，中岩段为浅色钠长石凝灰岩类，上岩段为黑色碳质沉积岩夹钠长石岩层，构成完整钠质基性火山-沉积旋回。本次厘定顶部为复合热液角砾岩构造系统，层间韧性剪切带为铜金银钴矿新含矿层位。上界面与因民组底部为角度不整合接触（汤丹岩群接触关系?）。形成年龄为2520±14Ma（SHRIMP锆石U-Pb，方维萱，2014）。碱性铁质超基性岩形成年龄2529±77Ma（方维萱等，2019）
		构造岩片	Ar_3-Pt_1	片岩、片麻岩、角闪岩类；金云母方柱石石墨大理岩。与相邻地层为构造接触，显示具有构造岩片特征

呈角度不整合超覆在古元古界之上。⑤新太古界—古元古界小溜口岩组和象鼻梁子构造岩片为中元古代陆缘裂谷盆地基底构造层、前古元古代基底构造层。

从构造岩相学角度和构造事件-地层学角度出发，云南东川地区古元古界汤丹岩群也是构造事件-岩层单位。在大地构造岩相学和构造变形型相上，主要表现为：①汤丹岩群中构造面理置换强烈，倒转褶皱、韧性剪切带、叠加褶皱、韧性角砾岩化相带发育，具有韧性剪切构造变形域中形成的构造变形型相特征。②汤丹岩群现今以构造岩块带形式残存在地表，多为围限中元古代陆缘裂谷盆地的边界构造岩块带。③汤丹岩群顶部发育角度不整合面，上覆因民组底砾岩和火山角砾岩，为东川运动（1800Ma 左右）形成的角度不整合面。古元古界汤丹岩群为陆缘裂谷盆地基底构造层，也是古-中元古代基底构造层。目前尚未确定古元古界汤丹岩群和新太古界—古元古界小溜口岩组之间的关系，其下界面尚需进一步研究。

在构造事件-地层为一套总体成层有序的变质岩系，一般发育在造山带的外带。其原岩是一套表壳岩系（沉积岩、火山沉积岩或火山岩系），经历了区域变形变质作用，变形相一般为低绿片岩相；构造变形强度有差异，一般仅发育一组新生的透入性面理，总体不发育多期透入性面理置换和叠加。变质岩系中残留较多沉积岩和火山岩的原生结构和构造；原岩中标志层可以追索与恢复对比；部分地质界面被韧性或脆韧性剪切带替代，地层层序经历了构造变形变位而发生变化，但通过构造解析基本可以恢复其地层层序。构造-地层总体上是一套在时间-空间上基本遵循地层叠置原理，表现为有序组合的地层，其地层等级划分仍沿用岩石地层单位的“群、组、段”名称。

从构造岩相学角度和构造事件-地层学角度出发，以云南东川地区中元古界东川群、新元古界大营盘组（群）、震旦系澄江组等为三个构造事件-地层单位，分别代表了中元古代陆缘裂谷盆地、新元古代前陆盆地和震旦纪陆内断陷盆地等三大地质事件地层系统。大地构造岩相学特征和构造变形型相见表 6-1。

中元古界东川群从下到上分别为因民组、落雪组、黑山组和青龙山组，代表了中元古代陆缘裂谷盆地形成演化期的构造事件-地层（陆缘裂谷盆地期）。①东川群下界面的大地构造岩相学界面为东川运动形成的角度不整合面，因民组超覆在小溜口岩组和汤丹岩群不同时代的地层之上；顶界面的大地构造岩相学界面为青龙山组顶部与大营盘组底部的角度不整合界面，形成于格林威尔期（1000Ma，小黑箐运动）。②格林威尔期近南北向侧向挤压收缩事件，与碱性钛铁质辉长岩类侵位事件相伴，形成了韧性剪切带和复式倒转褶皱，在复式背斜核部发育岩浆叠加侵入构造系统，并伴有同岩浆侵入期脆韧性剪切带。③东川群中发育叠加褶皱、斜歪-倒转褶皱、脆韧性剪切带、斜冲走滑断裂带和岩浆侵入构造系统等，它们为脆韧性构造变形域中形成的构造变形型相。

新元古界大营盘组和震旦系澄江组为晋宁期同造山期前陆盆地和陆内断陷盆地形成构造事件地层。①下界面为晋宁期形成的角度不整合面，上界面为澄江运动形成的陆内磨拉石相；②在大营盘组中，晋宁期岩浆底辟-底拱侧压背斜核部形成了穿刺构造角砾岩化带和基底构造窗事件叠加；③大营盘组中多为直立宽缓褶皱，澄江组为宽阔褶皱，断裂发育，在大营盘组底部与东川群和汤丹岩群之间，发育大型伸展滑脱断层和滑脱角砾岩相带，为脆性构造变形域中的构造变形型相。

东川地区寒武系、石炭系、二叠系和三叠系等均为岩石地层单位。古生代地层为陆缘伸展盆地中充填地层体。二叠系中发育峨眉山玄武岩组。三叠系为印支期同造山期形成的陆内断陷沉积体系。

6.1 云南东川和邻区地区构造–岩石–地层格架

新太古代—古元古界基底构造层及构造岩相学特征如下。

（1）东川象鼻梁子太古界片麻岩构造岩片。东川中元古代陆缘裂谷盆地基底构造层由象鼻梁子太古宇片麻岩构造岩片、新太古界—古元古界小溜口岩组、古元古界汤丹岩群组成。它们现在以构造残块围限东川中元古代陆缘裂谷盆地（拉分断陷盆地）或残存在盆地内部的基底隆起带中。根据1∶20万东川幅、段嘉瑞等（1994）和本项目团队多次综合调查研究，对于东川北部象鼻梁子、松林坪、小岩脚和四川甘盐坝等金沙江两岸片麻岩分布区域，面积约26km^2，暂时划归为太古宇片麻岩构造岩片（Ar_3-Pt_1），该套构造岩石序列为一套深变质岩系，变质相为高角闪岩相，构造变形型相为深层次的角闪岩相韧性剪切带和伸展构造域。岩石组合及特征如下：①片岩类，包括石英绿泥石片岩、白云母片岩、石英白云母片岩、石榴黑云母绿泥石片岩、硬绿泥石白云母石英片岩、二云母片岩和二云母石英片岩等；②片麻岩类，包括花岗片麻岩、角闪斜长片麻岩等；③角闪岩类，包括斜长黑云角闪岩等；④钠长石岩类，包括钠长石岩、电气石石英钠长石岩、黑云母钠长石岩和黑云母石英钠长石岩等；⑤大理岩类，包括条带状大理岩、石墨大理岩、金云母大理岩、角砾状大理岩、石英白云石大理岩、变斑状方柱石二云母石英白云石大理岩等。

将上述岩石组合划归为太古宇片麻岩构造岩片（ArXB），依据主要有：①与上覆古元古界汤丹岩群洒海沟组（$Pt_1 Ts$）之间接触关系为韧性剪切带和构造角砾岩带，呈构造不整合关系接触。洒海沟组（$Pt_1 Ts$）层状熔结凝灰岩锆石年龄为（2285+12/−11）Ma（SHRIMP锆石U-Pb测年，朱华平等，2011）。②该韧性剪切带之上为构造岩层单位系列，即古元古界汤丹岩群（$Pt_1 T$），其下为构造事件–岩石地层，变质相为低角闪岩相+高角闪岩相，构造变形型相为韧性构造变形域。以韧性糜棱岩相带+构造角砾岩相带为二者构造岩相学界限，在上下构造事件–岩石地层和构造事件–岩层单位中，二者构造变形型相具有较大差异。③现今位置在东川北部麻塘大断裂带北盘，具有变质核杂岩特征，为东川地区变质程度最高的构造岩片，本次研究认为属东川运动（1800Ma）形成的造山带核部地层。④斜长角闪岩Sm-Nd等时线年龄为1346±62Ma，侵入于条带状大理岩、石榴子石云母片岩和变钠质火山岩中碱性正长岩和变钠质辉绿岩的Nd模式年龄分别为2447Ma和2080Ma（孔华等，1999），由于未见该构造岩石的底部岩石，因此，将其暂时作为构造岩片处理，其深部是否存在变质核杂岩尚需进一步研究。

（2）新太古界—古元古界小溜口岩组（Ar_3-$Pt_1 xl$）与实测构造岩相学剖面。新太古界—古元古界小溜口岩组（Ar_3-$Pt_1 xl$）是本次提出新建立的构造事件–岩层单位。其历史沿革为：①原西南有色地质局314队在落雪一带最早划分出小溜口组，划归在古元古界。②段嘉瑞等（1995）认为小溜口组与汤丹岩群平顶山组属同期异相地层，将小溜口组与平顶山组合并后，统一归入平顶山组。③龚琳等（1996）将小溜口组归入古元古界中。总体来看，小溜口岩组为一套碳钠硅泥质板岩、碳硅质凝灰质板岩夹青灰色和灰白色钠质白云岩，主要分布在因民铁铜矿区地表和深部，常见块状、斑杂状白色铁白云石石英钠长岩和层状钠长石岩，为碱性碳酸岩-方解石钠长石岩等组成的碱性岩。与上覆因民组底部复成分火山角砾岩和底砾岩呈角度不整合接触，后期脆韧性剪切带中糜棱岩化相和碎裂岩化相叠加改造，因构造流体作用在与因民组接触带有 0.2 ~ 0.5m 的褪色化带。小溜口岩组地层产状变化很大，总体倾向西，倾角变化在 30° ~ 80°。小溜口岩组中发育同斜褶皱、流变褶皱、层间韧性剪切带、碱性铁白云石钠长石角砾岩和碱性钠长石碳酸质角砾岩等构造。小溜口岩组内似层状方解石钠长石岩层，形成年龄为 2520±14Ma（方维萱，2014）。

小溜口岩组主要岩石类型与形成年龄。小溜口岩组整体以变沉积岩系+变火山沉积-火山岩系等组成的层状岩层为主体，局部发育韧性剪切带、隐爆角砾岩带和辉绿辉长岩侵入岩体等构造-岩浆岩-火山岩等多期侵入与叠加的切层+大致顺层的构造岩相学相体，在小溜口岩组顶部发育古喀斯特和洞穴沉积岩等，因此，小溜口岩组的岩性组合相当复杂，经过构造岩相学研究和构造岩相学的变形筛分，主体以变沉积岩系+变火山沉积-火山岩系等为主组成的层状岩层具有一定规律，主要岩石类型包括如下几类：①变沉积岩类包括黑色薄层和条带状含碳钙屑白云岩和黑色碳质板岩；②火山热水沉积岩类包括方解石钠长石岩、钠长石岩、白云石钠长石岩、石英钠长石岩等，它们形成于不同亚相环境中；③变火山沉积岩类中厚层状含碳凝灰质白云岩夹板岩、浅灰色条纹状凝灰岩、凝灰岩-沉凝灰岩类等；④变火山岩类以暗色中基性火山岩为主，包括浅色中酸性钠质火山岩和钠质火山碎屑岩、中基性凝灰岩和沉凝灰岩、中酸性凝灰岩和沉凝灰岩，石英钠长石岩和沉凝灰岩；⑤次火山侵入岩类有钠长斑岩和钠质角砾岩、辉长辉绿岩、辉绿玢岩等；⑥火山角砾岩类可分为复成分火山角砾岩、简单成分火山角砾岩、白云岩质火山口相塌陷火山角砾岩、白云岩质液压致裂角砾岩，它们形成于不同亚相环境中；⑦构造岩类包括碳酸盐质糜棱岩、糜棱岩化硅化蚀变岩、糜棱岩化方解石硅化蚀变岩等；⑧小溜口岩组顶部发育古喀斯特，古喀斯特中洞穴角砾岩和热液角砾岩可归属因民组底部的复合热液角砾岩构造系统，为小溜口岩组顶部残积角砾岩相、岩溶角砾岩相、构造角砾岩相等，经历了格林威尔期岩浆热液角砾岩化叠加所形成的复合热液角砾岩构造系统。

（1）经过构造岩相学变形筛分、岩相地球化学和岩相学等综合研究认为，东川地区小溜口岩组中，变沉积岩类、变火山沉积岩类、变火山热水沉积岩类、成层分布的变火山岩类具有上下层序分段特征。但变次火山岩类、火山角砾岩类、构造岩类和热液角砾岩类具有穿时分布或大致顺层分布特征，需要有针对性地开展构造岩相学填图方能具体识别其分布规律。①在变沉积岩类中，黑色薄层和条带状含碳钙屑白云岩和黑色碳质板岩为小溜口岩组上岩段主要岩石类型，二者独立出现或者呈互层产出。在薄层和条带状含碳钙屑白云岩中，由浅色钙屑方解石、黑色碳质和含碳白云石质等成分组成，单层厚 0.3 ~ 2mm，条带层厚 1 ~ 5cm，主要成分为白云石（45% ~ 60%）、碳泥质（10% ~ 15%）、方解石（30% ~ 35%）和少量钠长石（5%）。黑色碳质板岩主要为碳质绢云母板岩或碳质凝灰质板岩，鳞片变晶结构、粒状变晶结构，层纹状和薄层状构造。②火山热水沉积岩相由方解石钠长石岩、钠长石岩、白云石钠长石岩、石英钠长石岩等组成。③（变）火山沉积岩相由中厚层状含碳凝灰质白云岩、浅灰色条纹状凝灰岩、凝灰岩-沉凝灰岩等组成。④火山角砾岩相由复成分火山角砾岩、简单成分火山角砾岩、白云岩质火山口相塌陷火山角砾岩、白云岩质液压致裂角砾岩等组成。在这套火山沉积岩组合中，由于多期次火山喷发作用和后期断裂和岩浆活动叠加，各种岩性相互混杂，具有重建火山喷发机构的构造岩相学价值。地表常见和广泛分布火山角砾岩+火山集块岩，在落因破碎带中心部位分布广泛，其白云岩质火山集块岩+火山角砾岩主要分布在辉绿辉长岩株顶部和两侧，根据坑道对比研究，这种地表大面积为白云岩质火山集块岩+火山角砾岩出露，向深部常迅速变窄收缩，相变为与辉绿辉长岩株密切相关侵入角砾岩相+次火山岩相辉绿辉长岩株。坑道观察其主要分布在含碳凝灰质白云岩以下地段，部分分布在含碳凝灰质白云岩以上地段或与因民组直接呈断层接触；其次为白云岩，呈角砾状或碎裂状产出，其出露宽度数米至数十米不等，与火山角砾岩等混杂分布。小溜口岩组为金铜矿化的主要赋矿地层之一。

（2）在小溜口岩组中，次火山侵入岩类有次火山岩相钠长斑岩和铁白云石钠长石热液角砾岩、辉长辉绿岩、辉绿玢岩等，它们主要为穿层相体。次火山岩相钠长斑岩和铁白云石钠长石热液角砾岩，在地表3000m和坑道2922m、2714m、2670m、2597m、2472m等中段及燕子崖民采坑道均有出露，主要沿NW和NE向构造破碎带侵入小溜口岩组中钠质凝灰岩段附近。钠长斑岩呈浅灰或灰白色，细晶结构，局部呈斑状结构，块状构造。主要成分为钠长石（60%~80%），偶见少量钾长石，暗色矿物一般含量很少（2%~10%），局部密集（达20%），主要为黑云母或角闪石，副矿物有钛磁铁矿、电气石、金红石及磷灰石等。镜下观察钠长石呈板柱状不规则排列，构成镶嵌状结构，铁碳酸盐化强烈（白云石含量可达10%~30%），伴有黄铜矿-黄铁矿化，角砾岩型金铜钴矿体主要与钠长斑岩-铁白云石钠长石热液角砾岩密切相关。

（3）辉长辉绿岩岩株和岩墙为小溜口岩组中最常见的次火山侵入岩相物质组成：①以老新山格林威尔期（1000Ma）碱性钛铁质辉长辉绿岩体为典型代表，受到近东西向断裂构造控制。岩石呈灰绿-暗绿色，细-中晶（岩体中心呈粗晶）辉长辉绿结构，主要矿物为斜长石（50%~70%），暗色矿物（30%~40%）有角闪石、辉石、黑云母及磁铁矿等，后期镜铁矿脉较发育。②辉绿玢岩脉为晚期脉岩，多沿NE或NW向次级构造裂隙充填，可见其沿辉长辉绿岩体裂隙充填，厚度一般小于1~3m，最薄0.05m，延伸稳定，脉壁清楚，倾角往往较陡或近于直立。岩石呈灰绿色，颜色较为新鲜，细晶辉绿结构或含斑结构，主要矿物为斜长石（50%~70%），往往见有少量钾长石斑晶（3%~5%），暗色矿物（20%~30%）有角闪石及磁铁矿等。

（4）大地构造岩相学类型与构造事件地层学意义。①小溜口岩组顶部岩溶角砾岩相之下，稳定分布有似层状方解石钠长石岩和铁白云石钠长石岩，这是较为典型的碱性碳酸质钠质火山热水沉积岩，其成岩年龄大致能够代表小溜口岩组顶部形成的时代。②火山热水沉积岩相（层状钠质岩-钠质铁白云岩-钠质凝灰岩）是最初铜金银钴矿体的层状含矿岩相，受后期顺层剪切带叠加改造，但总体上铜金银钴矿体受层位和热水沉积岩相带控制明显，属于火山热水沉积-改造型铜矿。③在小溜口岩组顶部发育层状-似层状含矿碱性方解石钠长石岩相层，这种似层状方解石钠长石岩（火山热水沉积岩相）中SHRIMP锆石U-Pb年龄（N=11）为2520±14Ma，MSWD=0.46（图6-1）；不整合面中含矿钠长石化角砾岩SHRIMP锆石U-Pb年龄在35.96亿~26.12亿年，揭示本区有更老太古宙基底构造层存在。④小溜口组经成都地质矿产所用 Sm-Nd 法测得同位素年龄为 2324Ma，应属古元古代（李天福，1993）。与采用 SHRIMP 锆石 U-Pb 年龄获得的年龄大致接近，但 2520±14Ma 年龄值属于新太古代范围，考虑到该方法确定的绝对年龄精度，明显优于 Sm-Nd 法年龄的精度，小溜口岩组构造变形型相明显不同于汤丹岩群和东川群，因此，本项目将小溜口岩组暂定为新太古界—古元古界。⑤小溜口岩组顶部岩溶角砾岩相系在后期多期次岩浆侵入过程中，形成了复合热液角砾岩构造系统，为 REE 矿床和 IOCG 矿床形成的有利矿床构造岩相学样式。

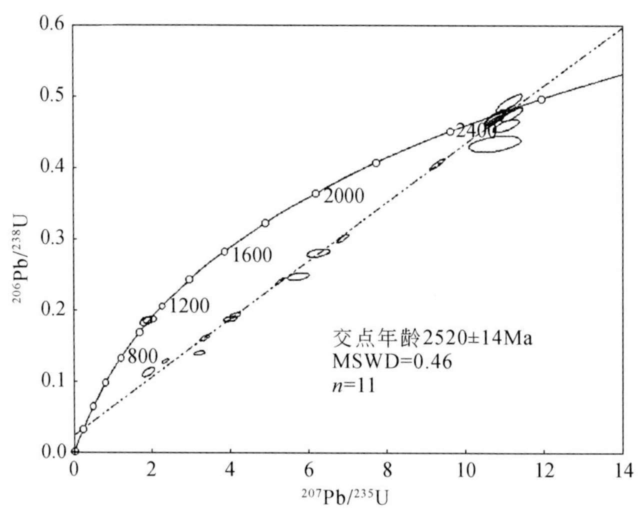

图 6-1　东川小溜口岩组方解石钠长石岩 SHRIMP 锆石 U-Pb 年龄图

（5）小溜口岩组空间分布规律与含矿性。小溜口岩组空间分布规律。在面山、因民、月亮硐、大荞地和燕子崖、小溜口和落雪矿段地表和深部均有分布。①在地表，小溜口岩组出露面积不大，但向深部规模增加，主要为落因复式倒转背斜轴部的物质组成。落因复式倒转背斜核部和落因破碎带均有出露，南北长大于 4000m，东西宽大于 1000～1500m；在深部坑道近南北向长度大于 6000m，近东西向宽度在 2500m 以上。在地层关系上，小溜口岩组主要分布在中元古界因民组东侧和因民组之下，小溜口岩组以黑色至浅灰色碳硅质板岩、方解钠长石岩、白云岩和凝灰岩为主，局部南北长 300～400m，东西宽 100m。②在深部，落雪矿段 3000m 通风道、2922m、2800m 及 2714m 等四个不同中段坑道中均有揭露，对小溜口岩组揭露较为完整，东西宽大于 300m，南北长近 2000m。③在小溜口–月亮硐矿段深部，10m、60m、100m、150m、180m 和 220m 勘探线在深部均揭露了小溜口岩组，并发现和圈定了铜金银钴综合矿体。在小溜口岩组顶部，可见层状基性岩床、层状凝灰岩和沉凝灰岩等碱性基性火山熔岩。④磨子山矿段一带，在碱性铁质辉长岩–辉长辉绿岩侵入体外接触带，与小溜口岩组之间发育隐爆角砾岩相带和侵入角砾岩相带。⑤在播卡新山–蒋家湾近南北向构造上，小溜口岩组长约 10km，已经发现了富厚金矿化体产于小溜口岩组中，含矿岩相为黑色碳泥质钠质凝灰岩及黑色碳质页岩。含矿层走向近南北，倾向东，倾角 20°～40°。北段播卡新山一带较缓，南段在蒋家湾附近较陡。

小溜口岩组含矿性特征与控矿规律。①以往发现的小溜口岩组中具工业意义的金矿体主要分布于播卡、落雪、因民、小溜口及燕子岩等五个矿段，落雪矿段曾计算过12t的伴生金储量，其品位变化范围为：Cu 为 0.2%～3.72%，Co 为 0.032%～0.195%，Au 为 0.01～0.77g/t。与钠质火山岩有密切关系，金铜钴矿化向深部有品位变富趋势，受脆韧性剪切带控制显著。②北段新山地段，金矿化体赋存于小溜口岩组碳硅质板岩夹砂质白云岩之间的层间破碎带中。多以矿脉形式产出，多数矿脉规模不大，组成脉带型金铜矿体。部分单脉体延长可达30～50m，厚0.4～0.50m。在近东西向及近南北向构造交汇部位，金矿化富集石英脉中。矿化体总体倾向东，倾角55°。沿走向长度大于350～400m，厚度5～13m。Au品位在1.4～31.6g/t。矿石矿物由自然金、黄铁矿、褐铁矿及少量黄铜矿组成。脉石矿物以石英、方解石、绢云母常见。③南段蒋家湾金矿化体产于碱性辉绿-辉长岩与碳硅质板岩间的侵入构造带中，含矿构造为裂隙-断裂带，现有工程揭露圈定了金矿体8个，矿体总体呈南北走向，倾向东，倾角45°～75°。矿体长40～80m，厚1.75～3.18m，Au平均品位5.01～13.52g/t。矿石矿物以自然金、黄铁矿和褐铁矿为主，其次为黄铜矿、辉银矿、闪锌矿和菱铁矿等。脉石矿物有石英、绢云母、方解石、白云母等。

在东川包子铺地区，可见小溜口岩组呈近东西向残留断块分布，小溜口岩组内侵入有碱性铁质辉绿岩。新太古代碱性铁质超基性岩类的大地构造岩相学特征与意义如下。

（1）暗绿色含铁辉绿岩脉［图6-2（a），样品编号HM08］，尖灭于包子铺赤铁矿层（TFe品位为15%～22%）之下。铁质辉绿岩可能为残留的成矿母岩体，为形成新元古代角砾状赤铁矿矿石提供了风化残积物质来源。铁质辉绿岩脉呈穿层分布在铁矿层之下，而赤铁矿矿层总体呈层状-似层状分布，二者呈现角度不整合接触。岩石中含（Fe_2O_3+FeO）在23.49%～22.11%，具有铁超常富集特征。含钾较高（1.31%～1.61%），含钠低（0.03%），具有高钾低钠特征。富磷（P_2O_5为0.9%～1.00%），钛含量（1.45%～1.50%）不高。低硅（SiO_2为41.11%～42.71%）。具有硅不饱和特征，为偏碱性超基性岩（铁质苦橄岩）。富集Li[(148～139)$\times10^{-6}$]、Cr[(134～141)$\times10^{-6}$]、V[(119～122)$\times10^{-6}$]、Cu[(159～214)$\times10^{-6}$]、Zn[(343～354)$\times10^{-6}$]、Ni[(1184～1124)$\times10^{-6}$]、REE[(330～860)$\times10^{-6}$]等微量元素。这种富集REE和Fe特征，与新太古代超基性岩成矿特征类似，属于碱性铁质苦橄岩类，可为风化残积型稀土矿床和铁矿床提供成矿物质。

（2）LA-ICP-MS锆石U-Pb定年。对碱性铁质超基性岩（HM08）富集分选出的锆石颜色以玫瑰色为主，黄粉色较少，微铁染，次浑圆-浑圆柱状-次棱角状为主，半自形柱状较少，伸长系数为1.2～2.0，粒径为0.02～0.08mm。在阴极发光图上［图6-2（b）］，大多数锆石较为破碎，无分带、弱分带及斑杂状分带的特征，局部残留岩浆环带。锆石经历了变质重结晶作用，年龄的最大值可能代表其形成年龄。本次实验主要是对锆石的核部年龄进行测试，揭示成岩年龄。对锆石边部进行年龄测定，揭示构造热事件年龄。

（3）从实验结果上来看，锆石的$^{232}Th/^{238}U$值变化范围为0.21～1.85，也显示了锆石经历了变质重结晶作用的特征。锆石U-Pb年龄数据主要集中于两个年龄［图6-2（c）］。

第二组锆石共有20颗，LA-ICP-MS锆石U-Pb法的加权平均年龄为2529±77Ma，MSWD=5.9，n=10。不谐和线上交点年龄为2496±51Ma，MSWD=1.14，n=6。

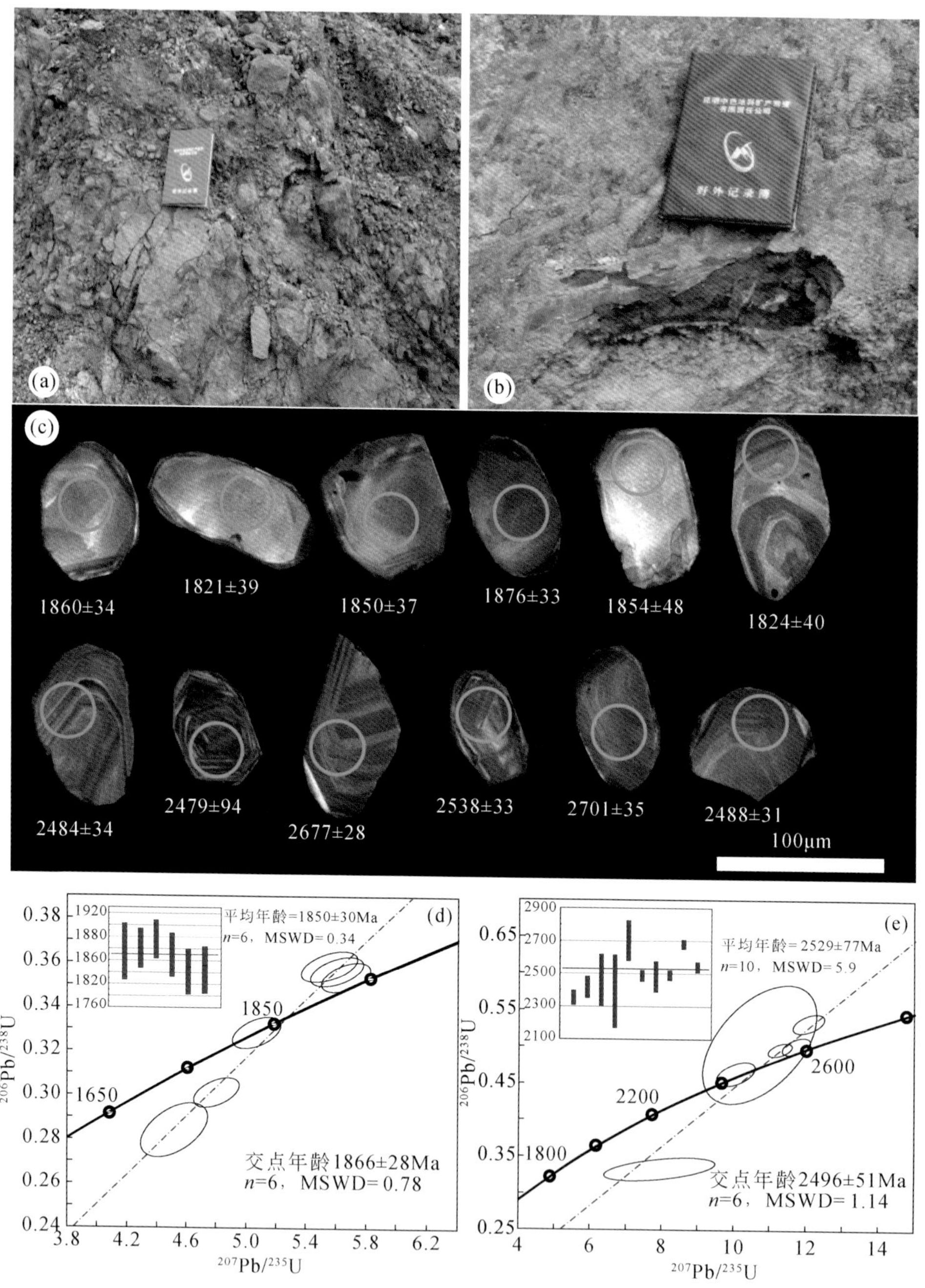

图 6-2　东川包子铺铁质辉绿岩类中锆石特征与锆石 U-Pb 年龄

第一组锆石共有 6 颗，年龄数据显示为不谐和线上交点年龄为 1866±28Ma，$n=6$，MSWD=0.78；加权平均年龄为 1850±30Ma，$n=6$，MSWD=0.34，probability=0.89。该组年龄数据为锆石边部年龄，且较为集中，可靠性较强。指示了东川运动（1800±50Ma）期间，该碱性铁质超基性岩经历的构造热事件年龄。

根据上述的实验结果显示，2529±77Ma 最有可能为该样品（偏碱性铁质苦橄岩类）的形成年龄，即新太古代。而 1850±30Ma 为样品经历了东川运动期构造热事件形成的变质重结晶作用年龄。揭示了碱性铁质超基性岩为新太古代末期地幔柱热物质上涌形成的构造岩相学记录，具有十分重要的大地构造岩相学类型和事件地层学地质意义。

大地构造岩相学类型及其构造事件-地层学的地质意义分析：①样品 HM08（偏碱性铁质苦橄岩类）的锆石 U-Pb 定年数据显示，2529±77Ma 有可能为最早的古火山活动时代，为新太古代末期；该年龄值与小溜口岩组中方解石钠长石岩形成年龄接近（2520±14Ma，MSWD=0.46，锆石 SHRIMP U-Pb 年龄，$N=11$）；它们为新太古代同期两类不同成分的岩浆活动事件。在老来红中元古代火山机构内存在先存构造（小溜口岩组），偏碱性铁质苦橄岩类侵入于小溜口岩组内。②与 2855±14Ma（朱华平等，2011，望厂组沉积砾岩，LA-ICP-MS 锆石 U-Pb 定年）和 2324Ma（数据来源于杨应选等对小溜口岩组的黄铁矿、黄铜矿、条带状钠长岩等样品进行铅法年龄；龚琳等，1996）有明显差异。表明老来红中元古代火山机构中发育先存构造，在小溜口岩组（Ar_3-Pt_1xl）形成时期，同时新太古代构造-岩浆事件，以老新山深部碱性方解石钠长石岩（碱性碳酸岩和碱性碳酸质钠长石岩，2520±14Ma，方维萱，2014）和老来红偏碱性铁质苦橄岩类，揭示了东川地区新太古代地幔柱物质组成特征。③1867±39Ma 年龄数据代表了该样品发生变质重结晶作用的时间，与东川运动（1800±50Ma，方维萱，2014）构造热事件形成时代一致。与望厂组最大的沉积时限 1838±10Ma 相近（碎屑锆石 SHRIMP U-Pb 年龄，朱华平等，2011）。

总之，碱性铁质超基性岩的大地构造岩相学意义为：①在新太古界小溜口岩组时期（Ar_3-Pt_1xl）期间，具有深部地幔柱物质上涌的构造岩相学记录。②在东川运动（1800±50Ma）形成的挤压造山期构造热事件中，碱性铁质超基性岩经历了东川运动期的构造热事件影响，形成了锆石的变质重结晶作用。③此后，东川地区在中元古代长期接受沉积，中元古代末期格林威尔造山期遭受显著剥蚀，直到新元古界大营盘初期（Pt_3d）又开始沉积，碱性铁质超基性岩为包子铺铁矿床形成提供了丰富的成岩成矿物质。大营盘组超覆在东川群、古元古界和新太古界不同地层层位之上，揭示格林威尔期造山运动在东川地区具较大影响和明显的构造岩相学记录。

对古元古界汤丹岩群（Pt_1T）在汤丹-滥泥坪铁铜矿带、因民-落雪矿带和拖布卡-红门楼矿带等地表地质填图和井巷工程实测地质剖面和综合编录基础上，重点开展了典型地区构造岩相学研究和构造变形型相研究，在收集最新同位素年代学数据基础上，建立了古元古界汤丹岩群（Pt_1T）构造事件-岩层单位，由洒海沟岩组（Pt_1Ts）、望厂岩组（Pt_1Tw）、菜园湾岩组（麻地组）（Pt_1Tc）和平顶山岩组（Pt_1Tp）等四个岩组组成。

1. 洒海沟岩组（Pt_1Ts）

该组由原西南有色 314 队于 1985 年建立，段嘉瑞等（1994）引用，建组的标准剖面为东川地区东南部宝台厂，洒海沟组在马鞍桥剖面出露完整，厚度大于 807m，考虑到洒海沟组层状熔结凝灰岩中锆石 SHRIMP U-Pb 测年为（2285+12/-11）Ma（朱华平等，2011）、西南有色地质研究所和原有色 314 队对洒海沟组藻类化石研究认为属东川昆阳群最老地层等综合因素，沿用洒海沟组，在对洒海沟组的构造变形型相和构造岩相学特征研究基础上，认为使用构造事件–岩层单位较为合理，即古元古界洒海沟岩组（Pt_1Ts）。现在出露在东川东南部洒海沟–宝台厂、西部大丫口–舍块、金沙江两岸等地区，为东川中元古代陆缘裂谷盆地的周缘残存古老岩块（基底构造层）。

在时间序列上：按照岩性组合和构造变形型相，洒海沟岩组（Pt_1Ts）可划分为上和下两个岩段。下岩段（Pt_1Ts^1，马鞍桥岩段）以绢云母绿泥石千枚岩夹条带状和灰白色扁豆状砂质白云岩、杂色绢云母绿泥石千枚岩夹肉红色绢云母藻礁白云岩和瘤状灰岩、泥灰岩夹钙质千枚岩等为主。原沉积岩相恢复为浅海相泥质碳酸盐岩，瘤状灰岩–泥灰岩–泥岩（绢云母绿泥石千枚岩）等岩石组合揭示具有深水相浊流沉积特征。上岩段（Pt_1Ts^2，茅草房岩段）为深灰色–灰绿色石英绿泥绢云母千枚岩，夹灰绿色石英岩、透镜状砂质灰岩。下部以泥砂质为主，向上砂质含量升高，石英岩和砂质灰岩增加；顶部为砂质千枚岩与石英岩互层。沉积相恢复为三角洲相硅质粗碎屑岩，为古沉积水体变浅的沉积序列。洒海沟岩组是东川含化石地层，叠层石等藻类主要分布在白云岩夹层中。洒海沟岩组仅在象鼻梁子一带，与下伏太古界片麻岩构造岩片（ArXB）呈构造接触（糜棱岩化相–构造角砾岩相带），二者构造变形型相差异甚大，其下为韧性变形域中角闪岩相系。

在空间序列上：①东川北部，现今金沙江两岸和面山–四棵树一带公路边，洒海沟岩组为灰黑色碳质千枚岩夹白云岩，韧性剪切变形构造和次级褶皱发育，具有韧性构造变形域形成的断裂和褶皱群落特征。②在东川地区西部普渡河东岸舍块–大丫口一带，洒海沟岩组为钙质千枚岩（原岩为泥灰岩等）和砂质千枚岩，劈理和线理十分发育，具有韧性构造变形域形成的断裂和褶皱群落特征。在东川地区东北部拖布卡–播卡以西地区，洒海沟岩组主要为灰黑色碳质千枚岩和泥灰岩，韧性剪切带发育。③在东川地区东南部洒海沟–宝台厂具有韧性构造变形域形成的断裂和褶皱群落特征，发育韧性角砾岩相带。

在时间–空间域上，朱华平等（2011）研究认为东川地区洒海沟组熔结凝灰岩锆石年龄有两组，一组为$^{207}Pb/^{206}Pb$加权平均年龄2285+12/−11Ma，指示该套火山岩为古元古代；另一组为2742±48Ma，表明在东川地区存在着约27亿年的古老岩石。

2. 望厂岩组（Pt_1Tw）

望厂组原为黎功举（1965）建立的望厂隆组，张伟蔡（1972）称为望厂组，但覆盖范围几乎包括下昆阳群。陈天佑等（1985）将其石英岩为主的岩层称为望厂组。段嘉瑞等（1994）引用该组。以汤丹铜矿段望厂组剖面最为完整，总厚度在1060～1158m。考虑到望厂组中熔结凝灰岩中锆石2299±14Ma，上交点的$^{207}Pb/^{206}Pb$年龄为2317±13Ma（周邦国等，2012），本次沿用望厂组。在对望厂组构造变形型相和构造岩相学特征研究基础上，认为使用构造岩层单位较为合理，即古元古界望厂岩组（Pt_1Tw），现今出露在东川地区东南部望厂–新塘、西部老尖山东侧、西北部徐家坪等地。

在时间序列上，按照岩性组合和构造变形型相，望厂岩组（Pt_1Tw）可以划分为上和下两个岩段。下岩段的下部为灰黑色绢云绿泥砂质千枚岩夹石英岩；上部以石英岩为主。上岩段为紫红色铁质砂质板岩夹赤铁矿层。主体为硅质碎屑岩相夹赤铁矿层。①在望厂–汤丹剖面，望厂组以石英岩与砂质千枚岩为主，原岩为石英砂岩和砂页岩为主，下岩段下部为砂页岩为主，中部砂质含量增高，上部变为厚层砂岩；上岩段铁质含量较高，主要为铁质砂岩和铁质千枚岩，并为赤铁矿含矿层；在上下岩段过渡部位发育砂质白云岩透镜体，厚度数十米，长度在百余米以上，在走向上呈串珠状分布，具有白云岩在构造变形过程中透镜体化明显特征。在望厂岩组中，局部见斜层理、粒序韵律结构、波痕、水下冲刷面和印模等残余沉积组构，原沉积相恢复为滨浅海相砂质白云岩-泥质砂岩。②在东川地区西部老尖山，原岩为石英砂岩、砂质页岩、铁质岩、夹砂质白云岩透镜体，以灰岩和砂质白云岩透镜体可划分为两个岩段。老尖山一带望厂岩组中片理发育，构造变形较强烈。③下伏洒海沟岩组（Pt_1Ts）石英绿泥石千枚岩，二者没有明显分界线，洒海沟岩组顶部砂岩夹层较多，当砂岩连续出现时，划归为望厂岩组。上覆菜园湾岩组白云岩，底部为铁质角砾岩。

在空间序列和时间-空间域上：朱华平等（2011）研究认为望厂组沉积砾岩中碎屑锆石的 LA-ICP-MS 锆石 U-Pb 法年龄最年轻一组（1838±10Ma）为望厂组最大沉积时限；第一组为 3309～3778Ma，这是迄今为止在扬子地台西缘地区获得的最老的单颗粒锆石年龄，表明在东川地区存在有古老的地壳，只是目前在地表尚未发现；第二组为 2771～2947Ma，各测试点（共 8 个点）均匀分布在谐和线附近，计算$^{207}Pb/^{206}Pb$ 的加权平均年龄为 2855±14Ma。第三组有 3 个测试点$^{207}Pb/^{206}Pb$ 年龄分别为 2209Ma、2250Ma 和 2309Ma，这组数据表明样品的碎屑锆石中也有古元古代时期形成的。

3. 菜园湾岩组（麻地组）（Pt_1Tc）

该组主要分布在东川东南部汤丹菜园湾-矿王山-新塘一带和东川西北部麻地-金沙江一带，原岩为海相碳酸盐岩系和泥质岩系，主要岩性为白云质灰岩、白云岩、泥灰岩、钙质板岩和千枚岩等。菜园湾岩组划分为三个岩段，上岩段（矿王山段）厚 320m，以灰黑色-灰色碳泥质白云岩夹板岩为主，白云岩中含有叠层石，在马柱硐等地形成了黄铁矿矿体；中岩段（燕麦地段）厚 220m，以钙质板岩夹扁豆状灰岩（空洞板岩标志层）。下岩段（望厂隆岩段）厚 162m，上部为板岩，中部灰岩层中发育残余水平层理，下部白云岩中具有内砾屑、竹叶状、波痕和泥裂等残余原生构造，底部发育含铁质角砾。

该组中发育韧性角砾岩化相带，显示中下地壳尺度的韧性构造变形域形成的同构造期碳酸盐质糜棱岩和碳酸盐质糜棱岩化相带。在老尖山一带，菜园湾岩组下部发育异体铁质基性火山岩系；构造变形变质强烈，构造面理置换强烈，构造千糜岩、构造片岩和大理岩等发育。老尖山地区菜园湾岩组铁质基性岩（枕状细碧岩，麻地组，陈天佑等，1985）的 Sm-Nd 法同位素年龄为 2200±20Ma（段嘉瑞等，1994），段嘉瑞等（1994）将麻地组划归菜园湾组中，认为菜园湾组底部铁质角砾为古风化壳物质，这种铁质角砾来自下伏望厂组上段含铁岩系，二者之间为假整合接触。

4. 平顶山岩组（Pt_1Tp）

平顶山岩组主要分布于东川播卡、拖布卡、包子铺地区和会东新田地区，分布范围南北长约 60km，东西宽 5～13km；在因民以北和汤丹地区，有小范围出露。主要以粉砂质千枚岩、碳泥质板岩为主的火山-沉积岩系，夹砂岩层和结晶灰岩透镜体，局部夹凝灰质千枚岩、凝灰质板岩、凝灰岩和玄武岩。平顶山组最大沉积时限为1838±10Ma，表明平顶山组形成于古元古代晚期。

在播卡金矿区，平顶山岩组为含金层位。其上岩段为灰黑色碳质板岩夹硅质板岩、“空洞板岩”。空洞板岩是因板岩内含扁豆状灰岩（10～30cm），因钙质风化流失呈空洞而得名，厚度大于26.46m；中岩段上部为灰白色细晶白云岩，局部硅化，夹白云质细砂岩，下部为主要金矿化层位，灰黑色碳质板岩与闪长岩接触带金矿化增强，厚度270m。下岩段上部为深灰夹紫色铁质千枚状板岩与石英岩互层，下部为浅色钙质板岩含“空洞板岩”，厚度大于390m（未见底）。厚度在600m以上。在平顶山岩组中，劈理和构造面理置换强烈，原生层理多被构造面理置换（劈理），局部发育脆韧性剪切带。闪长岩侵位形成了岩浆侵入构造系统和脆韧性剪切带，为金矿床形成有利构造样式。

区域对比与讨论：①在扬子地块中寻找太古宙古陆核、哥伦比亚（Columbia）大陆和罗迪尼亚（Rodinia）大陆残片等科学问题是备受关注和不断探索的热点（王生伟等，2013）。高山和张本仁（1990）发现了扬子地台北部太古宙TTG片麻岩，湖北宜昌崆岭群TTG片麻岩为由英云闪长片麻岩等组成的高级变质岩区，形成时代为2850±15Ma。②扬子地块北缘古元古代环斑花岗岩形成时代为1851±18Ma（LA-ICP-MS锆石U-Pb法，张丽娟等，2011），表明在1850Ma时扬子地块应处于大陆裂解或造山后伸展的构造环境中，与古元古代Columbia超大陆裂解有关。③东川运动（1800±50Ma，方维萱，2014）是东川地区前中元古代第一次强烈区域褶皱构造运动，也是中元古代陆缘裂谷盆地的基底构造层褶皱群落形成的主要时期，该期构造运动奠定了基底构造层的主体构造样式与构造组合。④东川运动是南北向挤压，因此东川运动期褶皱的轴迹是近东西向和北西向，如汤丹洒海沟同斜背斜、汤丹山猫狸沟-平山向斜、拖布卡东西向背斜等。东川运动使汤丹岩群岩层发生褶皱，但该岩层还经历后两期褶皱运动的叠加改造，使其褶皱几何形迹与形态都变得十分复杂，如拖布卡一带，主体为南北向复式倒转背斜形迹，但局部发育东西向背斜，晋宁运动期褶皱叠加、改造和破坏了东川运动期褶皱。

东川运动期褶皱特点：①主要为基底构造层中发育的褶皱群落，褶皱形态复杂多变，但总体具有同劈理的同斜褶皱特征；②汤丹岩群岩层的变质程度较深，流劈理发育，而且有多组劈理，这些特征显示东川运动期褶皱经历了多期褶皱叠加改造；③从露头及剖面分析，东川运动期褶皱的形态为同斜紧闭褶皱，如宝台厂、麻地及拖布卡等地汤丹岩群的褶皱都显示这种特征；④褶皱发育轴面劈理，并发生强烈的构造置换作用，由于层理被置换，使其褶皱形态不易识别，但东川运动期形成的褶皱属同劈理褶皱，可以借助构造岩相学变形筛分进行叠加褶皱的恢复和研究。在东川地区，东川运动期形成了汤丹-洒海沟同斜背斜和汤丹山猫狸沟-平山向斜等。东川运动使新太古代—古元古代小溜口岩组和古元古代汤丹岩群岩层发生褶皱，后期仍经历了两期褶皱运动（小黑箐运动和晋宁运动）叠加改造，褶皱几何形迹复杂，需要进行详细构造岩相学解剖和筛分研究，总体上东川运动形成了云南东川地区基底褶皱群落，基底褶皱群落具有多期次叠加变形复杂特征，受中元古代岩浆侵入构造系统叠加改造强烈，发育同岩浆侵入期构造变形样式和构造组合，围绕中元古代侵入岩体形成同岩浆侵入期脆韧性剪切带，发育剪切流变褶皱，具有中深层次构造变形域特征。

6.1.1 东川群因民组（Pt_2Dy）与构造岩相学特征

因民组是一套以灰紫色和紫红色为主体颜色的火山-沉积岩、火山岩和碳酸盐岩层，整体走向350°~355°，倾向南西，倾角60°~85°。在落因地区其底部为火山角砾岩、火山-沉积角砾岩、次火山角砾岩和次火山岩等组成的复杂成分火山角砾岩相带，该角砾岩建造之间常出现一套蚀变钠质熔岩（钠长石岩类）、粗面质火山岩系及火山热水喷流沉积岩，并赋存有稀矿山式铁铜矿床。从下往上可以划为三段，与下伏小溜口岩组和汤丹群呈角度不整合接触或断层接触，与上覆落雪组整合接触，因民组二段（稀矿山段）是稀矿山式（火山喷流沉积-改造型）铁铜矿体和铁矿的赋存层位。从上往下特征为：

上覆东川群落雪组，呈整合接触。

1. 因民组三段（原大劈槽段）（Pt_2Dy^3）：厚79~255m。紫红色中-厚层泥砂质白云岩夹薄层紫色钙砂质板岩，常见粒序及色调韵律层，并见斜交层理、波痕等沉积构造。在因民矿区150线，因民组三段含有较厚的角砾凝灰岩、钠质火山角砾岩、碱玄岩质火山熔岩等，赋存IOCG型铁铜矿体和火山热水沉积-改造型铜矿体。

2. 因民组二段（原稀矿山段）（Pt_2Dy^2）：厚4~93m。主要为紫灰色薄至中厚层凝灰质、铁质凝灰质板岩、铁质凝灰岩、角砾状-块状含铜磁铁矿赤铁矿层和磁铁矿赤铁矿层，沿走向和垂向相变为豆状、鲕状和碎屑状含铜赤铁矿层和赤铁矿层，为稀矿山式火山喷流沉积-改造型铁铜矿的赋存层位。二段是由火山岩（熔岩、凝灰岩）→火山喷流沉积岩→沉积岩组成的一套火山-沉积岩系。

3. 因民组一段（原汤家箐段）（Pt_2Dy^1）：一般厚2~98m。上部为灰绿色、灰紫色层状砾岩、角砾岩，具大型斜层理及粒序韵律构造。角砾成分复杂，有黑色板岩、砂泥质白云岩、石英砂岩及基性火山岩等，胶结物主要有凝灰质、碳酸盐质和砂泥质。中部为灰绿色基性火山熔岩夹凝灰岩，火山岩一般2~3层，落雪大荞地可见5~6层。底部为沉积砾岩、沉积角砾岩层组成的底砾岩，沉积角砾成分有板岩、白云岩、凝灰岩及少量石英岩。胶结物为方解石、黑云母、绢云母、赤铁矿等。

与下伏小溜口岩组和汤丹岩群呈角度不整合接触。

1. 因民组一段底界限和上界限年龄

中元古界因民组作为东川中元古代陆缘裂谷盆地初始发育期，其底界面年龄代表了最初陆缘裂谷盆地开始形成的年龄。①因民组超覆在新太古界—古元古界小溜口岩组（如因民铁铜矿区深部和地表、滥泥坪冶金公司1900大巷等）、古元古界汤丹岩群平顶山岩组（如播卡金矿区）之上、东川东北部因民组底砾岩超覆在汤丹岩群之上，这些系列角度不整合面和底砾岩，因民组超覆在古元古界不同层位之上，证实东川运动（1800±50Ma）之后，陆缘裂谷盆地在因民期初期开始发育。②因民组一段和二段中次火山侵入岩相（碱玄岩质侵入岩相）形成年龄，可以揭示火山隆起和火山机构形成鼎盛时期，弯刀山碱性铁质辉长岩-碱性铁质辉长闪长岩-（伟晶状、晶腺伟晶状）碱性铁质辉长闪长岩形成年龄为1800±37Ma（不谐和上交点年龄，MSWD=3.0，n=16），1775±30Ma（加权平均年龄，MSWD=7.4，n=16）[图6-3（a）]。③某中段CM 260穿脉，弯刀山次火山岩侵入杂岩体后期侵入叠加相形成中心相粗粒辉长岩，其形成年龄为1663±23Ma（加权平均年龄，MSWD=0.71，n=12）、1720+31/-32Ma（不谐和年龄上交点，MSWD=0.27，

n=12）［图 6-3（b）］，揭示弯刀山次火山岩侵入岩体为多期形成的杂岩体。④穿切于弯刀山早阶段碱性铁质辉长闪长岩内的粗粒辉长岩（1663±23Ma），限定了因民期初侵入岩体形成时代。这种粗粒辉长岩不但穿切因民组一段，它们边部蚀变辉长岩内发育含铜铁阳起石透闪石蚀变相，也揭示了因民组二段铁铜矿石成岩成矿时代。总之，以碱性铁质辉长闪长岩形成年龄（1800±37Ma）作为因民组一段底界限年龄，因民组一段顶界线（因民组二段底界限）可能为粗粒辉长岩（1663±23Ma），因民组二段底界限为稀矿山式铁铜矿层形成年龄（1663±23Ma）。

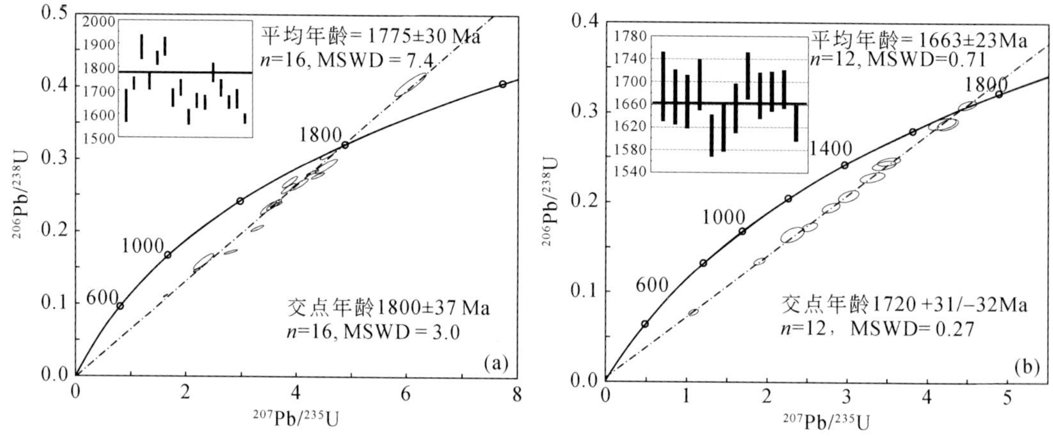

图 6-3　因民组内碱性铁质辉长闪长岩锆石 U-Pb 年龄图（a）和粗粒辉长岩锆石 U-Pb 年龄图（b）

2. 因民组一段底界限年龄限定的构造岩相学解剖研究

①在因民组一段底部碱性铁质熔岩以角度不整合接触（1800±37Ma），直接覆盖在小溜口岩组之上，边部形成熔积角砾岩和熔结火山集块岩，它们为火山熔岩相-熔结火山集块岩相-熔积角砾岩相等组成的相体地层结构。②因民组作为火山沉积相-火山喷发沉积相-火山熔岩相等组成相体地层，需要采用火山沉积相体内碎屑锆石年龄进行构造岩相学约束，才能最终厘定因民组一段底界限年龄。③因民期初期火山地堑断陷沉积作用较强烈时期，以因民组一段复成分火山角砾岩相带和条纹条带状粉砂质板岩等形成为标志，指示了火山地堑式构造断陷形成的构造-沉降-火山沉积作用。在某中段主巷，经过系统构造岩相学编录，确定了因民组一段条纹条带状粉砂质板岩为代表因民组底部正常沉积特征，条纹条带状粉砂质板岩呈灰黑-浅灰绿色，细粒结构，条带状构造。具变余粉砂质结构，变余层理构造，板状构造。碎屑矿物成分主要为石英和长石，少量电气石、绿帘石、钛磁铁矿和锆石等，粒径 0.03 ~0.1mm，分选好，磨圆呈次圆状，胶结物为白云石，分布不均。粒状（d=0.03 ~0.1mm）石英含量约占 75%。长石呈粒状，粒径 0.03 ~0.1mm，见聚片双晶发育，含量约占 17%。电气石呈柱状，粒径 0.01 ~0.1mm，含量约占 1%，绿帘石呈粒状，粒径 0.03 ~0.2mm，含量约占 2%，局部富集。钛磁铁矿呈自形-半自形粒状，粒径 0.03 ~0.3mm，含量约占 5%，见顺层分布。经过构造岩相学解剖研究，确定因民组一段条纹条带状粉砂质板岩作为碎屑锆石定年约束的对象。

3. 因民组一段底界限年龄限定和确定

①因民组一段条纹条带状粉砂质板岩进行碎屑锆石采样分选，人工重砂鉴定研究结果显示，该样品的锆石磨圆度较低-中等，分选性较好，搬运痕迹不太明显，推测该锆石距母岩区较近。因此，该样品的锆石定年实验可以很好地约束中元古界东川群因民组下限年龄，也就是东川群下限年龄。②根据9个分析点结果拟合的锆石形成年龄为1792±30Ma。用8个分析点结果计算得到的$^{207}Pb/^{206}Pb$的加权平均年龄为1776±26Ma。二者之间相差仅16Ma，小于该方法定年的精度误差。③因民组一段条纹条带状粉砂质板岩的碎屑锆石年龄为1792±30Ma，与弯刀山碱性铁质辉长闪长岩形成年龄（1800±37Ma）十分吻合。构造岩相学相体成因为在火山穹窿机构（1800±37Ma）形成后遭受剥蚀，同期伴随火山地堑断陷成盆作用（1792±30Ma），火山穹窿机构为火山断陷沉积区域提供了近源物质。因此，确定因民组底界年龄为1800±37Ma（次火山侵入岩体相），1792±30Ma为火山断陷沉积相。

总体上看，东川运动上界面为1800Ma（方维萱，2014）较为合适，因民组超覆在新太古界—古元古界不同层位之上形成角度不整合面，小溜口岩组顶部古岩溶角砾岩系和平顶山岩组顶部滑脱韧性剪切带、因民组底界年龄为1800±37Ma、次火山侵入岩体中碱性铁质辉长闪长岩的形成年龄为1800±37Ma等为东川运动的典型大地构造岩相学类型和特征，作为东川运动（中条运动，1800Ma）结束、次火山杂岩体组成的火山穹窿形成和中元古代因民期初期（1792±30Ma）火山断陷沉积区，为陆缘裂谷盆地开始形成的标志。上述观点和认识与康滇区域上最新获得的花岗斑岩和辉绿岩形成年龄具有一致性，如王子正等（2013）报道武定海孜（102°5′46″E，25°24′32″N）非造山型斜长花岗斑岩形成年龄为1730±15Ma（$^{207}Pb/^{206}Pb$加权平均年龄，MSWD=4.0，n=15）。

在因民组三段衰竭火山口相体结构地层与REE富集成矿独具特色。在因民月亮硐矿段坑道内新发现了稀土矿体与铁铜矿体呈异体共生结构，进行构造岩相学解剖研究，以完善相体地层结构建立，对180线和150线坑内钻孔和不同中段坑道进行了1：200构造岩相学编录，现以ZK150-1孔实测构造岩相学（编录）剖面进行论述。

（1）因民组一段下部相序结构为火山爆发相复成分火山角砾岩亚相→火山爆发相角砾凝灰岩亚相→热流体隐爆角砾岩相铁质钠长石白云质角砾岩亚相（同生断裂带）。火山爆发作用不断减弱，热流体隐爆作用不断增强，微相相序为铌铁矿→（钛铁矿+磁铁矿）→（菱铁矿+钛铁矿）→菱铁矿+铁白云石。底部稀土元素富集成矿趋势，REE向上不断降低，$2766\times10^{-6}\rightarrow343.172\times10^{-6}\rightarrow244\times10^{-6}\rightarrow41\times10^{-6}\rightarrow30\times10^{-6}$，伴有Ba异常（Ba 6044×10^{-6}）。以底部富集REE变化规律十分明显，暗示REE具有残余富集特点。

（2）中部相序结构为火山爆发相酸性火山角砾岩亚相→热水沉积岩相硅质白云岩亚相→火山喷发沉积相酸性凝灰岩亚相→热水沉积岩相硅质白云岩亚相→混合潮坪相硅质白云岩亚相+酸性凝灰岩亚相。为铁铜矿体储矿相体，铁铜矿体受同生断裂和火山热水蚀变相控制显著，但仅在局部分布，两侧走向相变强烈且铁铜矿体消失。

（3）上部相序结构为热流体隐爆角砾岩相白云质硅钠质角砾岩→铁白云质硅钠质角砾岩→混合潮坪相粉砂质泥晶白云岩亚相→热流体隐爆角砾岩相→混合潮坪相粉砂质泥晶白

云岩亚相。海底热水以3个强烈的幕式热流体隐爆喷流作用，同生断裂带为热流体隐爆喷流的通道，局部含较多花岗岩、霏细岩角砾和酸性凝灰岩层。在白云质硅钠质角砾岩（YQ22）中，Na_2O含量可以高达7.5%，估算钠长石含量在62.5%，一般含Na_2O在4%~6%。向上钠质热流体隐爆-喷流作用逐渐减弱，含铁碳酸盐质热流体隐爆-喷流作用逐渐增强，角砾发生圆化作用，可能属于热流体溶蚀作用形成。上部相序结构与因民组二段（稀矿山式铁铜矿层）在走向呈现相变结构，为同期异相层位。

（4）在ZK150-1钻孔中，火山浊流沉积岩相和层序发育，本钻孔中因民组三段具有强烈的热流体隐爆喷流特征，恢复为三级沉积盆地内部的同生断裂带。

相体结构对比：①在150线因民组三段发育齐全，与相邻220、180和60勘探线中，因民组三段与该孔相变差异较大；②在150勘探线上，因民期晚期衰竭古火山机构发育，主要以酸性凝灰岩喷发和酸性火成岩角砾为代表，衰竭古火山活动以酸性火山喷发为主，从富钠热流体隐爆角砾岩相及其特征看，火山物质具有较强的碱性，这与因民组三段下部REE强烈富集有深刻联系；③在相邻勘探线上，一是缺少酸性凝灰岩和酸性火成岩角砾，二是热流体隐爆角砾岩相不发育，三是因民组三段厚度比本孔明显较小；④与东川南部滥泥坪矿区白锡腊矿段深部因民组三段相比，二者具有类似特征，因民组三段是本区今后需要加强的新找矿层位，均具有衰竭古火山机构的特征。主要区别是在滥泥坪-白锡腊深部发育浅成碱性闪长岩-辉长岩及相关的隐爆角砾岩体。

6.1.2　中元古界东川群落雪组（Pt_2Dl）

落雪组源于孟宪民（1944）命名的落雪白云岩，王可南和何毅特（1962）建立了落雪组，段嘉瑞等（1994）沿用落雪组。落雪组在东川地区出露较为广泛，分布在宝台厂、汤丹-白锡腊-滥泥坪、新塘、因民-落雪-石将军、一四棵树、拖布卡-播卡等地。落雪组是东川式火山热水沉积-改造型铜矿床的主要含矿层位。历来为地层研究的重点，其研究程度很高，划分与对比很细，岩性、化石、岩相等鉴定分析很深入（龚林等，1996）。上下均整合接触，可划分为两段。走向340°~350°，倾向南西，倾角60°~75°。与因民组地层近平行展布。落雪组在东川地区厚度变化较大，汤丹地区落雪组最厚达300~500m，滥泥坪为250~420m，稀矿山和小溜口为355~385m，在四棵树和下四棵树变薄为100~25m。播卡和拖布卡地区厚度在100~150m。

落雪组下界面与因民组呈整合接触关系，含有较多火山物质，也称为“过渡层”。落雪组含有丰富的叠层石，具有生物地层特征。落雪组局部有暗绿色辉绿岩岩床分布，其中，铁白云石钠质火山热水角砾岩相发育，岩石组合为似碧玉钠质硅质岩、角砾状碧玉状硅质岩、层纹状钠长石岩、角砾状钠长石岩等。范效仁等（1999）采用古地磁学确定的落雪组年龄为1680Ma和1650Ma。落雪组白云岩Pb-Pb等时线年龄为1716±56Ma（常向阳等，1997）。

上覆东川群黑山组，二者呈整合接触。

1. 落雪组二段（原猴跳崖段）（Pt_2Dl^2）：厚100~530m。上部为青灰色、肉红色厚层白云岩，夹硅质条带、团块，柱状叠层石常构成藻礁；中部为灰色、灰白色厚层白云岩，含柱状叠层石礁体及同生砾岩，夹2~3层凝灰质、泥质白云岩，内含结核状、网脉状铜矿；下部为黄白色中至厚层状白云岩，含层状、核球状及柱状叠层石。柱状叠层石构成礁体，层状、核球状叠层石构成大面积藻席，藻席之下常见竹叶状同生砾岩，是东川式火山热水沉积-改造型“马尾丝”铜矿的主要赋存层位。落雪组二段中下部属潮坪碳酸盐相，很少陆源物质，藻席及藻礁普遍可见，其中夹有热水沉积硅质白云岩及水云母岩。

落雪组二段上部的青灰色白云岩在汤丹矿区非常发育，厚度可达200~300m，具有黄铜矿化，局部有利地段形成规模较小的工业铜矿体。

2. 落雪组一段（原面山段）（Pt_2Dl^1）：厚10~30m。灰、灰白、黄白色薄至中厚层含凝灰质、泥砂质白云岩底部常有1m至数米厚肉红色白云岩。为东川式火山热水沉积-改造型层状铜矿的主要赋存层位之一。细粒铜矿物常呈条带状条纹状分布，粒序韵律、冲刷槽模、波痕、交错层理、水平层理、竹叶状砾岩等沉积构造可见，局部地段夹薄层状、核球状叠层石并发育长柱状石膏假晶。落雪组一段又称“过渡层”，为混合潮坪砂泥质碳酸盐相，其中夹藻层纹白云岩及热水沉积的硅质白云岩，局部见夹有灰绿色火山凝灰岩（如因民矿区150线穿脉）。

3. 落雪组中存在三个赋矿层位，自上而下为：①落雪组二段中下部泥质白云岩含矿层，距离过渡层上界30~50m，其厚度较薄仅为1~4m，但往往地层本身就是矿体；②落雪组二段底部藻白云岩含矿层，也就是通常称的马尾丝铜矿；③落雪组一段底部硅质白云岩与砂泥质白云岩过渡层赋矿层。因民铁铜矿段-小溜口矿段落雪组是本次重点研究赋矿层位，从10勘探线至280勘探线，落雪组一段砂泥质白云岩含矿层长度大于2000m，在2000~2350m标高范围内稳定分布，含矿层厚度5~30m。铜矿石矿物组合主要为黄铜矿、斑铜矿及少量辉铜矿。

下伏因民组三段，呈整合接触。

落雪组储矿相体和岩石类型为：①含铜砂泥质粉晶白云岩，过渡层中常见铜矿化，主要矿物为白云石与石英，泥晶白云石70%~80%；白云石粒径在0.048~0.096mm。泥质成分（2%~3%）为细鳞片状绢云母与尘点状黏土。砂质成分为石英、长石、电气石、锆石以及金红石等。黄铜矿和斑铜矿等铜矿物一是呈微粒状与石英砂屑、白云石粉屑等组成纹层理（发育顺层层间劈理化相），三种矿物之间无交代现象，粒度也无较大的差异。二是铜矿物作为胶结物与细晶白云石互成镶嵌结构，存在碎屑矿物之间，具有形成于成岩阶段特征。②含铜硅质白云岩，呈黄白色，具有致密块状或条带状构造、瓷器状断口。主矿物为泥晶白云石，粒度0.03~0.046mm，含量为60%~80%，其次为自生石英及玉髓占10%~40%。可见石英与钠长石共生，泥质很少，Al_2O_3的含量一般小于1.5%。为火山热水沉积岩相。③含铜藻白云岩是由泥晶白云石与硅质纹层两个基本层组成。铜矿物呈微粒状存于硅质纹层中，岩石化学成分主要为Ca、Mg、Si的氧化物，泥质很少，且未见砂屑，说明沉积时没有陆源物质加入，基本属内源蓝藻碳酸盐沉积。④含铜泥质白云岩：该类一般厚度较小，呈夹层出现在厚层状红色白云岩中。该类岩石与过渡层中的泥质白云岩不同，未见陆源物质，泥质为热水沉积的水云母，常混杂有硅质。铜矿物为结核状，只存在于泥质白云岩中。

6.1.3 中元古界东川群黑山组（Pt_2Dh）

黑山组源于孟宪民（1945）命名的大风口页岩、黑山灰岩和桃园板岩，王可南（1962）命名为黑山组，段嘉瑞等（1994）沿用黑山组。黑山组是在东川地区分布广且厚度大的东川群地层之一，主要出露于汤丹-黄水箐区、滥泥坪-白锡腊区、落因断裂破碎带两侧。黑山组厚度一般在862～1660m，其最大厚度可达2000m以上。

黑山组凝灰岩SHRIMP锆石U-Pb年龄为在1503±17Ma（孙志明等，2009）、LA-ICP-MS锆石U-Pb定年，不一致线上交点年龄为1499.1±6.9Ma（MSWD=0.81）和1499.9±3.8Ma（MSWD=0.81）（李怀坤等，2013）。黑山组可分为三段。

1. 黑山组三段（原小龙潭段）（Pt_2Dh^3）：主要岩性为黑色碳质板岩夹灰绿色、蓝灰色黏板岩，沿层含浸染状黄铁矿及黄铁矿薄层，其灰绿色与蓝灰色黏板岩是该段标志层，可明显与昆阳群其他板岩相区别。

2. 黑山组二段（原黑山村段）（Pt_2Dh^2）：是一套火山-沉积岩系，其火山岩十分发育，岩石类型多，主要有蚀变钠质熔岩和酸性火山岩、晶屑凝灰岩、角砾凝灰岩、沉凝灰岩、变辉长岩、辉绿岩、安山玄武岩等，火山岩的结构构造都十分清楚，主要有杏仁状与气孔构造、晶屑与岩屑构造、角砾构造及斑晶等，角砾中含有杏仁状碱性基性岩和晶屑凝灰岩角砾，并发育典型的火山韵律。与火山岩相伴的沉积岩有碳质板岩、条带状板岩、泥质灰岩和泥质白云岩等。整个中段的韵律构造十分发育。

3. 黑山组一段（原油榨房段）（Pt_2Dh^1）：其岩性比较单一，主要岩性为黑色碳质板岩夹深灰色碳泥质硅质灰质白云岩，含黄铁矿，底部有一层沉火山角砾-沉凝灰岩，或凝灰岩、沉凝灰岩层，沉火山岩层不稳定，许多地段缺失。

黑山组沉积岩类以碳质板岩和凝灰质碳质板岩为主，含大量黄铁矿，可见黄铁矿呈层状沿一定层位分布，岩石中发育水平层理和条带状构造，以及各种沉积韵律，藻类生物化石不发育，这些表明黑山组是在较闭塞的滞流深水沉积环境下形成的。黑山组与下伏落雪组为整合接触，接触界线清楚，与落雪组接触带含工业铜矿体（桃园型铜矿），在汤丹主要分布在矿区中部地段北部，尤其以1900m中段最为明显，如汤丹矿区4号矿体，桃园型铜矿是东川地区找矿目标之一。

6.1.4 中元古界东川群青龙山组（Pt_2Dq）

青龙山组主要分布在因民水头上-三风口-石将军等地近南北向分布在东川地区中部，在拖布卡地区零星出露，主要为中元古代陆缘裂谷盆地萎缩封闭期形成的一套热沉降白云岩地层。青龙山组顶部与大营盘组呈角度不整合接触，与下覆黑山组呈整合接触。青龙山组含丰富叠层石，具有生物地层特征。

青龙山组为一套浅灰、青灰至深灰夹肉红色薄层、中厚层至厚层白云岩、白云质灰岩，含硅质纹、条带及团块。从底到顶几乎都有叠层石，属潟湖-潮坪沉积环境。罗武地区下部为含石英砂砾或竹叶状白云岩，少量红色、紫红色角砾状白云岩，反映浅水高能沉积环境，中部白云岩中夹大量板岩，上部为含砾白云岩、条带状白云质灰岩。该组地层与下伏黑山组整合接触。厚度1162～2031m。

在人占石和红门楼地区分别形成了东川式火山热水沉积-改造型铜矿床，与侵入在青龙山组中碱性钛铁质辉长岩类-钠长石角砾岩体有密切关系，铜矿体产于青龙山组内。

6.1.5　新元古界

（1）新元古界大营盘组。大营盘组源于王可南和何毅特（1962）命名的茂炉组，谢振西（1965）改称为大营盘组。李复汉等（1988）命名为大营盘群，划分出营坪组和花椒寨组。东川新元古界大营盘组分布范围最广，约占30%以上面积。主要分布在人占石-因民-落雪-石将军近南北向的东西两侧地段，一是东部区域为小江西-黄水箐北-包子铺东-象鼻梁子南；二是西部区域为大风垭口东-三风口西等。

包子铺铁矿露头采场构造岩相学观察发现：①浅灰白色-灰黑色条带状粉砂质板岩（深水滞流相）→灰白色砂质黏土质板岩（深水滞流相）→浅灰色薄层状凝灰质硅质岩，局部见薄层状黏土岩和薄层状凝灰质硅质岩夹黏土质硅质岩（深水凝灰质硅质岩相）→含角砾粉砂岩→含海绿石粉砂岩→赤铁矿矿石。反映沉积水体由深变浅，由还原环境逐渐转变为氧化环境，为赤铁矿的沉积提供了有利的沉积环境。②早期新太古代碱性铁质超基性岩成层状和似层状分布，位于大营盘组赤铁矿层下盘围岩中。在碱性铁质超基性岩（苦橄岩类）脉附近，铁矿体呈穿层分布，而赤铁矿层总体呈层状-似层状，表明碱性铁质超基性岩（苦橄岩类）为包子铺铁矿成矿提供了成岩成矿物质。③围绕碱性铁质超基性岩（苦橄岩类）形成明显的构造岩相学分带：碱性铁质超基性岩（苦橄岩类）（顶部和两侧为残积相）→铁质基性熔岩（火山溢流相），为铁矿成矿提供物质来源→辉绿岩（边缘相）→铁质火山角砾岩（边缘相）→暗紫红色赤铁矿矿石。在晋宁期碱性铁质辉绿辉长岩侵入至大营盘组的同时，导致大营盘组凝灰质硅质岩层和黏土质板岩层中发育层间褶皱，形成一系列的北西向和北东向的褶皱群落。

在大营盘组底部发育底砾岩和残留沉积相，超覆在小溜口岩组和东川群等不同层位之上。①在青龙山组顶部发育古风化壳，在古风化壳和古洼地中形成了沉积型铁矿，大营盘组与青龙山组呈角度不整合接触。②在弯刀山顶，大营盘组呈角度不整合超覆在落雪组古岩溶面之上，发育泥石流相杂砾岩。③在包子铺铁矿区，大营盘组底部含铁角砾岩和底砾岩，呈角度不整合超覆在晚太古代铁质辉绿岩脉群（2529±77Ma，MSWD＝5.98，$n=10$，LA-ICP-MS锆石U-Pb法）之上，误认为大营盘组辉绿岩。但二者之间呈明显角度不整合接触关系。④在姑庄-月亮田-新塘一带，东川群黑山组与新元古界大营盘组之间，发育区域性滑脱断裂带。⑤在东川北部新山-牛角山一带，大营盘组两侧与古元古界汤丹岩群呈断层接触关系，具有陆内断陷沉积盆地特征。⑥老杉木箐地区，大营盘组中侵入有碱性铁质辉长岩-辉绿岩株，岩浆底辟和底拱形成的东川群基底构造窗和穿刺构造体。⑦大营盘组顶部被陡山沱组泥质灰岩呈角度不整合覆盖，这些大地构造岩相学类型和特征揭示，大营盘期初之前，发生了显著的区域造山运动（格林威尔期，1000Ma，方维萱，2014）形成的角度不整合面，大营盘组下部凝灰质硅质岩全岩Rb-Sr等时线年龄为966Ma（李复汉等，1988）。

大营盘组分为下段、中段和上段三部分，厚度达 1958～3158m。①下段为含铁岩系和沉积型赤铁矿层，主要为铁质板岩、海绿石泥质板岩和铁矿层等。为东川地区主要铁矿层位之一。大营盘组底部为紫红色铁质砾岩和含铁砾岩，为底砾岩。下段为火山沉积岩相系，在小黑箐火山岩厚度最大，主要为火山碎屑岩-晶屑凝灰岩-沉凝灰岩-凝灰质岩屑砂岩等，它们组成了火山喷发沉积相。在包子铺发育火山角砾岩-铁质钠质基性熔岩-杏仁气孔状基性熔岩-晶屑凝灰岩等，它们组成了火山溢流-爆发沉积相。在包子铺铁矿区及附近，大营盘组底部铁质板岩和赤铁矿层中，发育斜层理、波状层理和透镜状层理，水下滑塌构造和粒序层理发育，以凝灰岩等为主，这些特征揭示属火山沉积相的末端相。因此，大营盘组具有显著同期异相结构的相体系分布，说明经历了显著的小黑箐/满银沟运动（格林威尔运动）之后，构造岩相学分异作用和分带明显。具有向上沉积水体逐渐增深的明显趋势。②中段为泥质碎屑岩系主要岩性为绢云母板岩、碳质板岩、含红绿条带条纹状泥质板岩，夹粉砂质板岩和黄铁矿细层，该层厚度较大，岩性单调，水平纹层理和水平层理发育，具有前陆盆地深水相特征。向上发育泥灰岩透镜体，显示沉积水体向上变浅。并发育辉绿岩岩床。③上段为一套石英岩为主的碎屑岩系，岩性主要有石英岩夹碳质绢云母板岩、粉砂质板岩，揭示沉积水体进一步变浅，前陆盆地开始萎缩封闭。

（2）震旦系澄江组。澄江组主要为一套陆相磨拉石相杂砾岩-粗碎屑岩系，澄江磨拉石盆地西界为易门断裂，东界为小江断裂东支和寻甸-昭通断裂，为典型的山间地堑式断陷盆地，其东西宽 100km，南北长 500km。澄江组紫红色岩屑砂岩、凝灰质砂岩和复成分砾岩等组成了典型的陆内磨拉石相粗碎屑岩类，厚约 2000m，最大厚度 3200m。在罗茨一带发育碱玄岩系，浅成相钠闪微岗岩侵入于碱性玄武岩和碱玄岩之中。这种大地构造岩相学类型和特征，揭示了陆内伸展断陷的大陆动力学机制。

（3）震旦系陡山沱组和灯影组。滥泥坪铜矿区上震旦系陡山沱组和灯影组分布较广，与下伏下昆阳群呈角度不整合接触。

上震旦统陡山沱组（Z_bd）自上而下可划分为四个主要岩性层。

1. Z_bd^4：灰-灰白色薄至中厚层状砂泥质白云岩，厚 6～10m。
2. Z_bd^3：黑色薄至中厚层状碳泥质白云岩，夹薄层碳质板岩，富含黄铁矿，局部有铜矿体（铜矿主要分布在底部）厚 5～8m。
3. Z_bd^2：上部为黄、黄灰色薄层泥质白云岩，白云岩夹碳质条带，底层为竹叶状白云岩，为滥泥坪型铜矿的次要含矿层。下部为灰色、青灰色白云岩，夹燧石条带及团块，底部局部含叠层石，有时有铜矿化，局部构成工业矿体，一般厚 7～12m。
4. Z_bd^1：底砾岩，灰色、灰黑色角砾岩及岩屑石英砂岩，成分白云岩、白云石、石英、玉髓、板岩及少量电气石，呈棱角状、次圆状，少数滚圆状，局部含碳泥质条带，厚 0～1m（如滥泥坪 59 线 Zk59-2 联道），为“滥泥坪型”铜矿的主要含矿层。

上震旦统灯影组（Z_bdn）为灰白色、青灰色白云岩，局部含叠层石。厚 763m。

总之，在扬子地块西缘上，古元古界大红山岩群和河口岩群、中元古界东川群因民组是 IOCG 主要成矿层位，其次为东川群黑山组、青龙山组和新元古界大营盘组/淌塘组。大部分 IOCG 矿床具有多期多阶段叠加成岩成矿特征。以含矿钠质基性火山岩、钾质粗面岩、铁质辉绿辉长岩、碱性铁质闪长岩、水下火成碳酸岩和IOCG矿床为主要构造-岩浆-成岩成矿事件，从时间序列分析，第一期IOCG矿床和成岩成矿高峰期在1650±50Ma，第二期在1500±50Ma，第三期在1000±100Ma，第四期在850±50Ma（含叠加成岩成矿期）。碱性铁白云石钠长角砾岩筒、碱性铁质辉绿岩-辉长岩与地层呈侵入接触关系，在铁白云石钠长石热液角砾岩相带中赋存有燕子崖型铜钴矿。铁白云石钠长角砾岩筒、钠质碳酸岩筒和碱性辉绿岩属构造-岩浆作用形成的同期异相产物，形成时代为927±28Ma和941±32Ma（段嘉瑞等，1994）。但对小溜口岩组顶部似层状铜矿（2520±14Ma）和不整合面型铜钴金银矿床归属尚需进一步研究。

6.2　复式倒转断褶构造带构造样式与构造组合

从南到北在人站石→因民→落雪→石将军存在近南北向复式倒转背斜构造带。该构造带在面山矿段，转向为北西向到近东西向冲断褶皱带。在石将军向东到滥泥坪和汤丹，转变为NEE向冲断褶皱构造带。经过构造岩相学研究，进行了重要构造样式和构造组合的构造岩相筛分，认为本研究区的重大构造事件序列为东川运动（1800±50Ma）、格林威尔运动（小黑箐运动）（1000Ma）、晋宁运动（900～800Ma）和澄江运动（700Ma），伴有岩浆侵入构造系统和岩浆热液角砾岩构造系统。

6.2.1　东川运动（1800±50Ma）基底构造样式

东川运动（1800±50Ma）基底构造样式与大地构造岩相学特征。东川运动（1800±50Ma）是东川古元古代第一次强烈褶皱运动，不仅形成褶皱构造，而且康滇裂谷从坳拉谷发展阶段变为拉分盆地发展阶段。东川运动形成的褶皱构造分布在小溜口岩组和汤丹岩群中，为中元古代陆缘裂谷盆地的基底构造，构造样式为同斜褶皱、断裂带和岩浆侵入构造。

（1）洒海沟同斜背斜位于东川地区东南部洒海-望厂一带，轴迹在洒海-马鞍桥一线，轴迹走向NE62°，同斜背斜核部为洒海沟组（Pt_1Ts）下段；西北翼依次正常叠置望厂组（Pt_1Tw）、菜园湾组（Pt_1Tc）和平顶山组（Pt_1Tp），东南翼被断层破坏而保存不全，仅见望厂组和菜园湾组，代表了东南翼，从而证明褶皱的存在。西北翼向北西倾，倾角40°～65°，为正常翼，东南翼也向北西倾，倾角55°，为倒转翼，轴面倾角约75°。背斜转折端岩层产状较平缓，两翼同向倾斜，倾角相近，推测背斜几何形态学特征为具圆弧形转折端的同斜倒转背斜，其倾伏方向为南西向。该同斜倒转背斜的西北翼在菜园湾一带，岩层发生了膝状弯曲，推测为近东西向基底断层发生右行剪切形成了膝折构造。

望厂-洒海沟同斜倒转背斜为汤丹岩群中基底褶皱和断裂带，两侧分布有东川群因民组和落雪组，在南东翼因地层倒转和受小江断裂带影响，东川群出露不全；西北翼分布有东川群因民组、落雪组和黑山组。但汤丹岩群和东川群组成的背斜样式不协调，显示汤丹岩群为基底同斜倒转背斜；而东川群为两翼不对称的倒转背斜构造。推测望厂-洒海沟基底褶皱断隆带为中元古代海底古隆起构造区，东川群形成了披覆式褶皱并在后期发生倒转后，最终定位形成了多期叠加基底褶皱。

（2）黑龙潭-上平山同斜倒转向斜位于黑龙潭-汤丹-大平地-上平山一线，轴迹走向NE70°，核部地层为平顶山组（Pt_1Tp），东南翼为菜园湾组（Pt_1Tc）、望厂组（Pt_1Tw）和洒海沟组（Pt_1Ts），南东翼地层倾向北西，即洒海沟同斜倒转背斜西北翼。在黑龙潭平顶山组（Pt_1Tp）岩层产状为向南倾。该复式向斜在中元古代发育成为汤丹三级海湾断陷盆地，现今残存该三级海湾盆地为三面环山的半封闭古地理格局。

（3）麻地向斜轴迹过麻地-大乔地一线，走向近东西向，核部地层为菜园湾组，翼部为望厂组和洒海沟组，该褶皱往西过普渡河被隐伏于盖层之下，普渡河以东保存完整，但由于晚期南北向褶皱的叠加，使其形态呈宽缓圈闭形，既显东西轴向，又有南北轴向，是一种叠加干涉构造样式。总体为宽缓褶皱构造，因经历了多期褶皱变形叠加，在褶皱构造内部的小型构造极为复杂，表现为多期劈理和线理，发育窗棂构造、杆状构造、片理膝折等小型褶皱，杆状构造和小褶曲等仍保持近东西走向，反映了先期褶皱的形迹。

（4）拖布卡背斜核部出露于拖布卡南面山头，核部为望厂组，南侧茶花箐出露南翼平顶山组，北侧白泥井-大荒地断续出露北翼平顶山组，构成东西向背斜。

（5）大陷塘南北向背斜。在大陷塘呈南北向分布，北起至播卡公路，南至普家尖子，长约4km，核部由断续出露的望厂组构成，西翼为平顶山组，东翼只有少量平顶山组出露，其余均被盖层掩盖。根据核部望厂组呈穹状作南北向断续排列，分析是叠加在早期东西向褶皱之上的南北向褶皱。

（6）落因近南北向倒转背斜深部发育小溜口岩组组成的前中元古代褶皱基底构造层，中元古界东川群因民组底部呈角度不整合超覆在小溜口岩组之上。在小溜口岩组内发育EW向、NW向和NE向褶皱群落，它们为东川运动（1800±50Ma）形成基底褶皱群落。

小溜口岩组发育次级EW向褶皱，为中元古代陆缘裂谷盆地的基底褶皱群落和样式。它们对上覆东川群因民组具有控制作用，形成了东川群内次级EW向披覆背斜。在因民铁铜矿区深部2472m和2350m等中段，小溜口岩组中发育流变褶皱群落，主要包括直立流变褶皱（黄铁矿黄铜矿硅化铁碳酸盐化热液角砾岩为流变褶皱的物质组成）、斜歪褶皱、平卧褶皱、倒转平卧褶皱等流变褶皱群落，揭示了固体流变机制形成的流变褶皱群落，为中下地壳尺度中韧性剪切流变构造域中形成的构造变形样式和构造组合，构造变形样式包括流变褶皱群落+同褶皱劈理化带+韧性剪切带-强构造面理置换+碱性热流体隐爆角砾岩体（筒、带）；构造组合包括同褶皱劈理化带的流变褶皱群落+强构造面理置换的韧性剪切带+具流变褶皱形态的同构造期热液角砾岩相系+隐爆铁白云石钠长石角砾岩体和相伴的岩浆热液角砾岩构造系统+碱性铁质超基性岩（苦橄岩）。最为显著的构造组合为隐爆铁白云石钠长石角砾岩+岩浆热液角砾岩构造，它们主要分布在人占石-因民-落雪-石将军近南北向构造带核部，与小溜口岩组具有类似的构造变形层次。

（7）在稀矿山-包子铺-老杉木箐，厘定了存在近东西向基底隆起构造带，主要物质组成为小溜口岩组和新太古代碱性铁质超基性岩。其核心部位与老来红中元古代火山喷发中心密切相关。在老来红-老雪山分布有近南北向正磁异常场，其西侧落雪-穿天坡矿段为近南北向低负磁异常场。小溜口岩组位于二者正负梯度带过渡部位，在包子铺铁矿区，厘定了新太古代碱性铁质超基性岩体年龄为 2529±77Ma。

（8）小溜口岩组中基底褶皱组成了局部基底隆起（古隆起），对于上覆东川群因民组中同生褶皱（或披覆褶皱）具有明显控制作用（图 6-4）。小溜口岩组基底隆起地段形成了同生披覆背斜（150 和 10 勘探线）。在小溜口岩组古洼陷部位形成了同生向斜构造（图 6-4 中 100 和 180 勘探线），它们也是中元古代因民期四级火山热水沉积盆地，呈现近 EW 向延伸。因民期四级火山热水沉积洼地呈现“东端窄小、西端宽阔”，东端古地形较高，向西端低洼开放的构造–古地理特征。

小溜口岩组组成基底隆起和构造–古地理微单元，对中元古代地层和后期构造变形具有显著控制作用。从落因背斜西翼向核部（图 6-4）、从下伏小溜口岩组到落雪组，褶皱逐渐合并，波长变长，波幅变小，呈现出爬升背斜特点，直接控制着上覆因民组、落雪组褶皱形态，形成了矿床定位的四级盆地构造单元。由于其还经历后两期褶皱运动（小黑箐运动和晋宁运动）叠加改造和叠加干涉作用，使其褶皱几何学形态都变得十分复杂，构造形迹在地表出露较少。

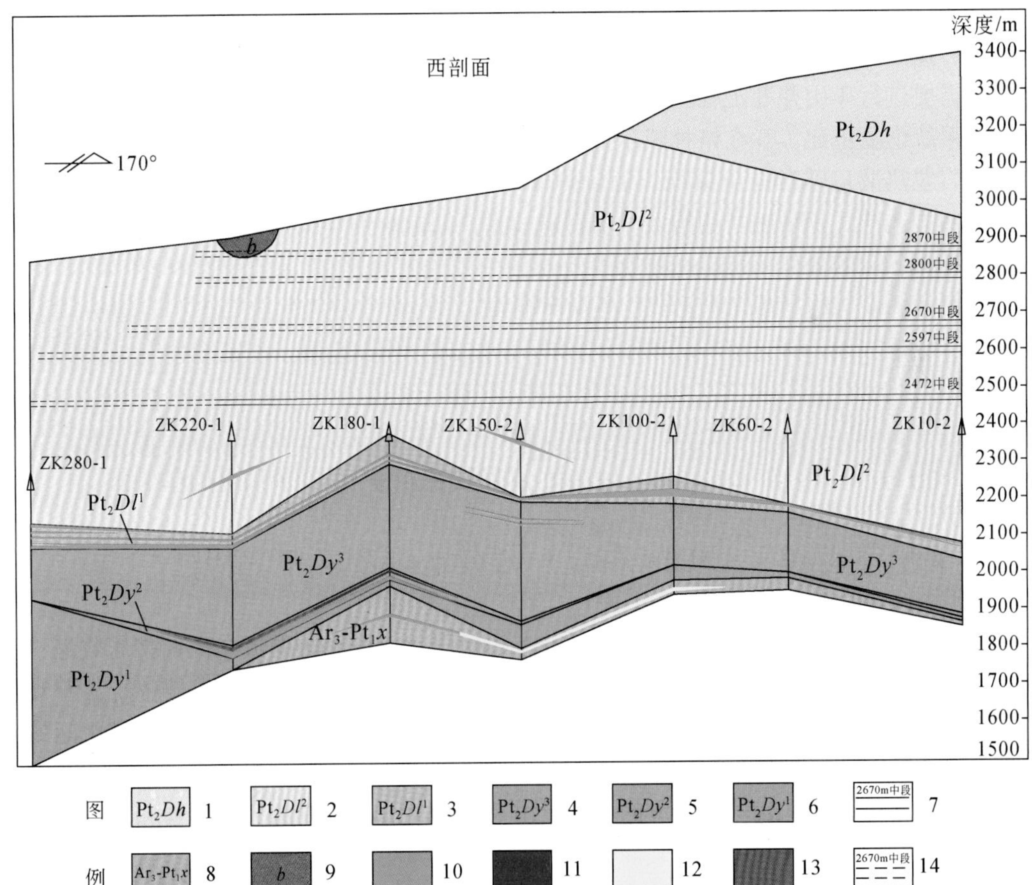

图 6-4　因民铁铜矿区深部隐伏基底褶皱（近东西向背斜和向斜）几何学特征剖面

1. 中元古界东川群黑山组；2. 中元古界东川群落雪组二段；3. 中元古界东川群落雪组一段；4. 中元古界东川群因民组三段；5. 中元古界东川群因民组二段；6. 中元古界东川群因民组一段；7. 井巷工程；8. 新太古界–古元古界小溜口岩组；9. 角砾岩；10. 铜矿体；11. 铁矿体；12. 低品位铜矿体；13. 铁铜矿体；14. 井巷工程（投影）

6.2.2　格林威尔运动（小黑箐运动，1000Ma）

在东川地区经历格林威尔造山期（小黑箐运动、满银沟运动），构造动力学体制主体为近南北向挤压收缩体制、近东西向斜冲走滑脆韧性剪切带和碱性钛铁质辉长岩类侵入岩体形成为主要特征（方维萱，2014）。总体特征为：①小黑箐运动是近南北向挤压，形成近东西向、北东向和北西向褶皱构造和相应的断裂带，主要使中元古界东川群发生褶皱变形和脆韧性断裂破碎带。小黑箐运动褶皱形态为较紧闭的褶皱，两翼倾角大于50°，轴面劈理较发育，但构造置换不强烈。小黑箐运动形成的褶皱构造和脆韧性剪切带，被晋宁运动形成的南北向褶皱叠加改造，形成了叠加干涉而出现复杂的叠加褶皱形态，所以在因民地区表现为以小溜口岩组同生褶皱控制下的上覆沉积地层形成东西向褶皱，叠加南北向落因背斜，共同控制和定位矿体。②在褶皱构造形成同期，形成了近东西向、北东向和北西向脆韧性剪切带，并沿这些断褶带中心部位，形成了碱性钛铁质辉长岩类侵入岩体上侵，对于褶皱–断裂构造均形成了叠加和强化作用，具有强烈的构造–岩浆–热液–围岩多重耦合的成岩成矿结构，对于这些复杂构造样式和叠加构造岩相学，建立独立构造岩相学填图单元，需要进行矿山井巷工程立体构造岩相学填图，采用岩相构造学填图新技术，进行成岩成矿系统恢复重建。③在格林威尔期，碱性钛铁质辉长岩侵入岩体形成了岩浆侵入构造系统、岩浆热液角砾岩构造系统、复合热液角砾岩构造系统和盆地流体角砾岩构造系统等，这些构造样式是采用岩相构造学填图新技术，圈定叠加复合成岩成矿系统物质组成和岩相学结构分带的最佳示范应用场所。

在东川地区，格林威尔期形成的叠加褶皱–断裂带+岩浆侵入构造系统主要有三个构造–岩浆带，也是本项目研究核心对象和找矿预测的空间范围，包括：①石将军–滥泥坪–白锡腊–汤丹–新塘近东西向和北东向叠加褶皱–断裂带+岩浆侵入构造系统；②下四棵树–一四棵树–面山–因民–老杉木箐近东西向+北西向叠加褶皱–断裂带+岩浆侵入构造系统；③人占石–因民–落雪–石将军近南北向压剪性叠加断块+次级褶皱+岩浆侵入构造系统。

6.2.3　晋宁运动（850Ma左右）与大地构造岩相学特征

在晋宁运动期，东川地区表现为自西向东的挤压应力场形成的近东西向挤压收缩，形成近南北向褶皱、NE向和NW向断裂组的斜冲走滑作用。晋宁期形成了侵位于大营盘组中碱性钛铁质辉长岩类侵入岩体。因此，晋宁运动褶皱与东川、小黑箐运动褶皱之间的轴夹角近于90°，二者为正交叠加关系，这样，由于晋宁运动褶皱的叠加作用，使前两期构造运动中，下昆阳亚群岩层中形成的褶皱发生叠加和改造，褶皱的几何要素和形态都可能发生变化。特别是小黑箐运动褶皱的叠加褶皱表现尤为明显。

6.2.4　人站石–石将军复式背斜构造带与控矿规律

人站石–因民–落雪–石将军复式背斜构造是重要的控矿构造样式，龚琳等（1996）通过对科研深钻资料研究（图 6-5），认为落因背斜轴部破碎带的核部为小溜口岩组。小溜口岩组紧密褶皱，轴部陡立西倾 70°。背斜西翼地层完整，正常叠置。东翼地层被后期断层破坏，断续出露，深部倒转。在石将军-面山长 13km 地段该背斜的轴向南北，过此两处后背斜轴向皆逐渐转为东西向。南部在九龙以西为宝九断裂所切；北部面山以西，轴部发育下四棵树-面山纵向逆断层，使南翼因民组推覆于北部黑山组、青龙山组和大营盘组之上。由于多次构造运动叠加使落因背斜整体形态呈弧顶向东弧形褶曲。

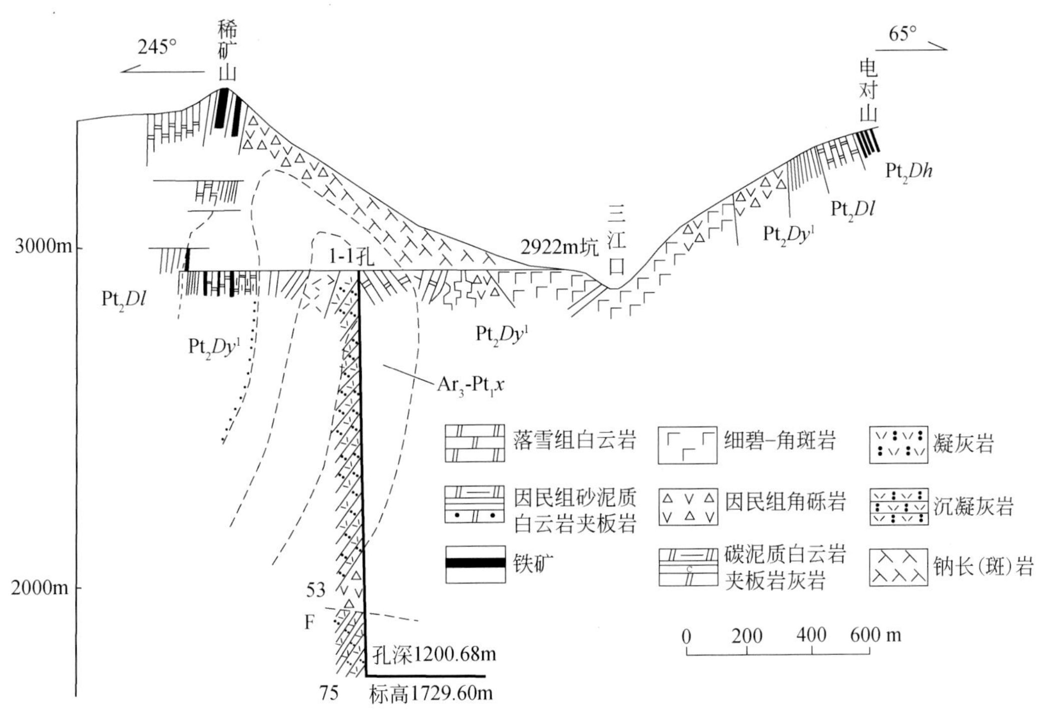

图 6-5　东川矿区落因区稀矿山-大羊圈地质剖面图（钻孔资料据龚琳等，1996）

1. 人站石-石将军（落因）复式倒转背斜构造带分段特征

通过系统深部构造岩相学填图、地面高精度磁力测量和井巷立体磁力高精细探测与构造岩相学筛分等综合研究，认为因民-落雪-石将军复式倒转背斜构造带轴部具有岩浆叠加侵入构造系统。①因民-落雪-石将军（落因）复式倒转背斜构造带较为复杂，属于多期形成和叠加改造的成岩成矿作用和构造变形叠加的结果。其复式倒转背斜构造带轴部岩浆侵入构造系统叠加改造作用最为强烈，并形成了岩浆底拱作用形成的断裂组和岩浆隐爆角砾岩带叠加再造。对老新山辉绿辉长岩进行了系统研究，新厘定为格林威尔期碱性钛铁质辉长岩侵入岩体，从矿山井巷工程立体构造岩相学填图、中段平面和勘探线剖面构造岩相学填图、1∶1 万地表构造岩相学填图、基于 1∶1 万高精度磁力异常场和深部井巷工程高精细磁力探测，新厘定了老新山辉绿辉长岩侵入岩体总体呈 EW 向延伸，为格林威尔期碱性钛铁质辉长岩侵入岩体，形成了 REE 成矿和 IOCG 矿体。②在因民-落雪地区呈南北向延伸，南延萝卜地至石将军一带，受岩浆角砾岩杂岩带叠加再造强烈，受新元古代大营盘期前陆盆地和震旦纪陆内断陷盆地改造强烈，呈现复式倒转破背斜构造带特征。③北延至面山一带，由于下四棵树-一四棵树-面山逆冲断裂带改造作用强烈，在地表出露残缺不全，并与南北向牛厂坪断裂带中岩浆角砾岩杂岩带再造作用强烈，除部分地段见底砾岩、沉积角砾岩外，其余大多为火山角砾岩。在 W→E 向挤压收缩应力场作用下，在复式倒转背斜核部形成近东西向错断和位移，为近南北向展布的断褶带。④因民-落雪-石将军复式倒转背斜构造带（落因破碎带）在落雪老来红至因民大荞地，现今出露最宽，达 1.5 ~ 2km。除火山角砾岩外见大量的熔岩与次火山岩，显示了古火山口的特征。其两侧因民组、落雪组和黑山组的厚度相差很大，揭示其为东川拉分断陷盆地形成期的同沉积断裂带，也是大规模火山喷发的构造通道。同时，也是小溜口岩组基底隆起构造带和洼陷带，对因民期和落雪期同生披覆褶皱形成具有较大的控制作用。

2. 不同构造变形期次褶皱群落几何学与构造动力学

在对于系统构造岩相学填图资料综合对比分析基础上，选择典型褶皱群落进行构造测量和构造动力学研究，进行构造岩相学筛分，恢复重建褶皱群落几何学特征和不同期次的构造动力学研究，认为因民-落雪一带复式倒转背斜构造带为多期次叠加构造作用形成的复式断褶带。不同期次褶皱群落几何学特征、构造动力学和控矿规律如下。

（1）小溜口岩组中主要为流变褶皱群落+韧性剪切带+岩浆侵入构造系统。揭示形成于中下地壳尺度的固态流变构造域中，主要控制了小溜口岩组中大致顺层分布的脆韧性剪切带中铜金银钴矿体，经过井巷工程圈定的脆韧性剪切带和铜金银钴矿体，在延伸方向上长度达 1500m 以上，受因民期和格林威尔期形成的碱性铁质基性岩和碱性钛铁质辉长岩侵入岩体组成的岩体超覆构造，其下形成岩体超覆构造控制的大型岩兜构造圈闭。这种大型岩兜构造圈闭了同岩浆侵入期脆韧性剪切带和大规模成岩成矿流体，形成了小溜口岩组中部的含矿脆韧性剪切带和顶部复合热液角砾岩构造系统，形成了铜金银钴矿体和 IOCG 矿体（共伴生金红石、Th-U-REE 等）。

（2）小溜口岩组组成的基底隆起和洼陷构造带，控制了因民期和落雪期同生披覆褶皱。东西向褶皱与南北向落因背斜叠加共同控制铜铁矿体分布，并有后期盆地流体叠加改造成矿特征。①在平面上，从南部宝九断裂至王家松棵断层，复式倒转背斜构造带轴迹近南北向，过王家松棵断层后背斜轴迹向 NW，且在油榨坊-面山-大水沟一带表现为两个复式背斜和一个复式向斜；②由近南北向构造岩相学纵向解析剖面（图 6-6）看出，上部东川群因民组、落雪组和黑山组分布，严格受到小溜口岩组基底隆起和洼陷构造带控制，这是典型隐伏褶皱群落的构造样式；③因民期同生披覆褶皱形成受小溜口岩组基底隆起和洼陷构造带控制，这些基底构造层中褶皱为东川运动（1800Ma）SN 向挤压应力作用下形成的，小溜口岩组基底褶皱群落（除流变褶皱外）轴向为 EW、NE 和 NW 向。从图 6-6 看，在因民-落雪复式倒转背斜构造带轴部向西，小溜口岩组总体不断下降并呈现向西侧伏趋势。小溜口岩组中为 NW 向轴迹的基底褶皱，SW 翼产状较陡，NE 翼较为平缓，呈现斜歪褶皱特征。

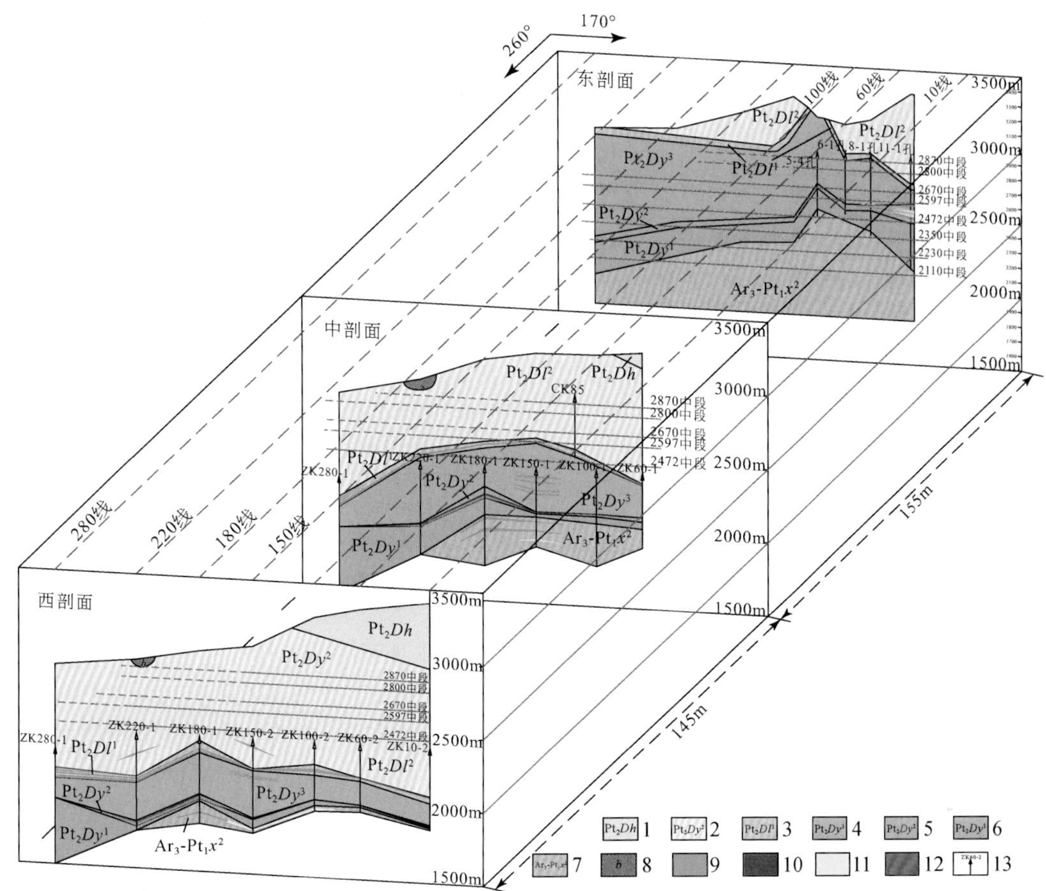

图 6-6　因民–落雪复式倒转背斜构造带近南北向纵向构造岩相学解剖联立图

1. 中元古界东川群黑山组；2. 中元古界东川群落雪组二段；3. 中元古界东川群落雪组一段；4. 中元古界东川群因民组三段；5. 中元古界东川群因民组二段；6. 中元古界东川群因民组一段；7. 新太古界–古元古界小溜口岩组；8. 角砾岩；9. 铜矿体；10. 铁矿体；11. 低品位铜矿体；12. 铁铜矿体；13. 钻孔及编号

在近南北向纵向构造岩相学解剖联立图中（图 6-6）：①在西剖面上，东川群中发育两个次级东西向的向斜构造和背斜构造，均为同生披覆褶皱，对稀矿山式铁铜矿层和东川式火山热水沉积–改造型铜矿层控制明显。②在中剖面上，发育 1 个次级东西向的向斜构造和背斜构造，均为同生披覆褶皱，对稀矿山式铁铜矿层和东川式火山热水沉积–改造型铜矿层控制明显。③至东剖面上变为 1 个背斜（图 6-6），次级褶皱趋于收敛并在轴部为尖棱状几何学特征，其核部和南翼对于铁铜矿层和铜矿层控制明显。④近东西向次级披覆褶皱自西向东具有波长变长、波幅增高，褶皱趋于合并的趋势，现今地层整体抬升，呈现为沿落因背斜爬升特征。东西向褶皱翼间角自西向东逐渐减小，由平缓背斜→开阔背斜→闭合背斜，说明自西向东，南北向挤压应力逐渐增大（表 6-2）。褶皱整体向西倾伏，东川群整体向西北侧伏已经深部验证，但推测依然继续向西深部侧伏。

表 6-2　纵向构造岩相学解析剖面的西剖面褶皱几何学特征表

地层	褶皱	半波长/m	波幅/m	翼间角/(°)	褶皱性质	控矿特征
小溜口岩组	北部背斜	655	135	126	平缓背斜	背斜核部铜矿体平均品位为 0.7%，厚度 3.86m
	中部向斜	585	100	130	平缓向斜	
	南部背斜	1310	185	142	平缓背斜	背斜核部铜矿体平均品位为 0.45%，厚度 8.91m
因民组一段	北部向斜	800	95	137	平缓向斜	背斜核部铜矿体平均品位为 0.45%，厚度 8.91m
	中部背斜	555	105	133	平缓背斜	
	中部向斜	575	95	136	平缓向斜	
	南部背斜	1260	160	144	平缓背斜	
因民组二段	北部向斜	750	100	140	平缓向斜	向斜核部矿体增厚，铜矿体平均品位为 0.65%，厚度 13.59m；铁矿体平均品位 26.49%，厚度 3.1m
	中部背斜	605	130	130	平缓背斜	背斜核部与北翼矿体增厚，核部铜矿体平均品位为 0.72%，厚度 6.31m；铁矿体平均品位 45.48%，厚度 5.53m。北翼铜矿体平均品位为 0.67%，厚度 9.99m；铁矿体平均品位 38.66%，厚度 8.63m
	中部向斜	575	100	136	平缓向斜	
因民组三段	北部向斜	685	65	151	平缓向斜	
	中部背斜	670	135	121	平缓背斜	
	中部向斜	545	55	145	平缓向斜	
	南部背斜	1225	60	159	平缓背斜	
落雪组一段	北部向斜	830	80	144	平缓向斜	向斜核部与北翼矿体增厚，核部铜矿体平均品位为 0.9%，厚度 19.45m。北翼铜矿体平均品位为 0.99%，厚度 19.67m
	中部背斜	530	190	121	平缓背斜	背斜北翼矿体增厚，北翼铜矿体平均品位为 0.89%，厚度 12.53m。核部铜矿体平均品位为 0.71%，厚度 5.6m。南翼铜矿体平均品位为 0.83%，厚度 4.81m
	中部向斜	595	110	145	平缓向斜	向斜南翼矿体增厚，南翼铜矿体平均品位为 1.45%，厚度 10.49m。核部铜矿体平均品位为 0.99%，厚度 4.01m
	南部背斜	1150	65	159	平缓背斜	背斜核部矿体增厚，核部铜矿体平均品位为 1.56%，厚度 10.74m

（3）结合井巷工程构造岩相学测量，计算的次级褶皱构造的几何形态学参数如表 6-2，经过定量计算可以看出，这些披覆褶皱多为平缓褶皱几何学特征。

(4) 在格林威尔期（1000Ma，小黑箐运动）构造应力场为近南北向挤压收缩，形成的共轴叠加褶皱的构造形迹表现不明显，但主要表现有：①这些次级披覆褶皱两翼和核部，叠加了明显的NE向和NW向断裂-裂隙破碎带，并充填了辉绿辉长岩岩脉群。②在坑道中，稀矿山式铁铜矿体和东川式火山热水沉积-改造型铜矿体中，发育较大S形辉铜矿镜铁矿脉和黄铜矿铁白云石硅化网脉带。它们主要分布在格林威尔期碱性钛铁质辉长岩侵入岩体附近的断裂-裂隙破碎带中。③尤其是在东川式火山热水沉积-改造型铜矿体中，密集的辉铜矿细脉和网脉带沿切层和顺层劈理化带充填，这些劈理化带形成于格林威尔造山期，明显受脆韧性构造带控制。

(5) 经晋宁运动EW向挤压，使得南北向构造形迹显现更为明显，即南北向落因复式倒转背斜构造带和人占石背斜等现今构造形迹。在落因复式倒转背斜构造带因次火山岩浆侵入作用，形成了落因背斜轴部的落因破碎带，以及东西向挤压应力作用下，中小型断层运动，形成东西向错动南北向展布的落因断褶带。

3. 因民-落雪复式倒转背斜构造带与构造控矿规律

从图6-6看，小溜口岩组铜钴金银综合矿体、因民组二段铜铁矿体（稀矿山式IOCG矿体）、因民组三段铜（铁）矿体、落雪组一段铜矿体（东川式铜矿）和落雪组二段铜矿体均同时受到层位和东西向褶皱的控制。其中，小溜口岩组铜矿体、因民组二段铜铁矿体和落雪组一段铜矿体呈层状、似层状，以向斜和背斜核部最为富集，厚度增大，一般褶皱北翼厚度较大、品位较高。而落雪组二段铜矿体和因民三段铜（铁）矿体呈透镜状，主要定位于向斜核部，显示了后期叠加改造成矿的典型特征。

1) 小溜口岩组铜钴金银综合矿体

目前在西部剖面和中部剖面的100线、150线、180线揭露，从南部100线至北部180线品位厚度变化为：①100线目前揭露一层矿体，平均品位0.45%，平均厚度为8.91m→150线揭露三层矿体，平均品位0.53%，平均厚度为4.6m→180线揭露三层矿体，平均品位0.66%，平均厚度为5.1m，说明从南部向北部品位变富，厚度增大。②由于220线目前没有揭露到小溜口岩组，地层向北侧伏，矿体有可能随之向北侧伏，推测在220线深部小溜口岩组具有找矿潜力。③自西向东变化规律，在西部剖面上三条勘探线目前都揭露到一层矿（化）体→中部剖面上主要集中在150线和180线，均揭露到三层矿体，且品位厚度均增大→东部剖面目前没有工程控制，但自西向东同生褶皱爬升合并（爬升背斜，同生披覆背斜的生长特征）。其变化规律为自西向东小溜口岩组顶界面持续抬升，矿体受东西向褶皱形态和落因同生背斜共同控制，推测呈次级扇形褶皱向西发散，向东收缩，且向北侧伏，向西倾伏。④预测向东在150～180线，向西在220线深部为有利的找矿靶区。在100线向南到0线，小溜口岩组内和顶面铜钴金银综合矿体找矿潜力大。小溜口岩组内铜钴金银综合矿体是东川地区新找矿方向和新层位，深部找矿潜力巨大。

2) 稀矿山式IOCG矿体

因民组二段铁铜矿体在60～220线均有工程控制，变化规律为从南向北为：①60线发育铜矿层7层，最厚两层的平均品位为0.86%，平均厚度为10.05m，无铁矿体→100线铁矿体平均品位29.85%，平均厚度2.06m，铜1～3层，平均品位0.73%，平均厚度

4.94m→150 线铁矿体平均品位 35.44%，平均厚度 4.18m，铜平均品位 2.98%，平均厚度 4.0m→180 线铁矿体平均品位 50.01%，平均厚度 6.65m，铜平均品位 0.95%，平均厚度 9.8m→220 线铁矿体平均品位 34.1%，平均厚度 3.6m。②自西向东在西剖面上有 220+180 线控制铁铜矿体→中剖面上有 220 线～100 线共 4 条线控制铁铜矿体→东剖面上由 150 线+100 线+60 线等 3 条线控制铜矿体。总体规律是矿带整体走向 NNW—SSE 方向，自西向东受控于同生背斜和层位控制，定位于东西向向斜和背斜核部，在东西向褶皱的北翼矿体厚度大，品位富，向北西侧伏向南东抬升，自南东向北西由 Cu→Cu+Fe。③铁矿体以 180 线为中心，向 NW 方向品位和厚度均有减小趋势，向 SE 方向至 100 线变差趋于尖灭。铜矿体以 150 线为中心，向 SE 方向由单层变为多层，厚度有增大趋势，向 NW 方向厚度有减小趋势，可在 2600m 中段以上的上部工程铁沿中重点寻找铜矿体。向 NW 方向 2000m 标高以下工程，根据侧伏规律，前期综合研究预测在猴跳崖矿段寻找稀矿山式铁铜矿，已经得到验证。④这种铁铜矿体和铜矿体富集规律表明，这些同生披覆褶皱在格林威尔期（1000Ma）曾受到近南北向挤压应力场的叠加改造，驱动盆地流体向背斜核部运移聚集，在次级背斜核部两侧，分别形成了较为对称分布的小型矿体群，在坑道和钻孔中进行构造岩相学编录证实，它们受火山喷流中心（150 勘探线）因民组三段火山角砾岩-钠化硅化热液角砾岩相和落雪组硅化钠长石角砾岩相控制，最为明显特征是发育切层辉铜矿-劈理带-辉铜矿硅化脉-斑铜矿铁白云石硅化脉，揭示为后期盆地流体构造岩相和盆地流体角砾岩相等。

3）东川式铜矿

东川式铜矿体较为稳定，受到东西向褶皱和层位严格控制，一般在背斜核部厚度较大，品位较富。例如，在西剖面的 100 线（背斜核部）铜矿体平均品位 1.59%，厚度 16.96m，向东落因同生背斜爬升，东西向褶皱波长变大，波幅增高，褶皱具有合并趋势，背斜核部转移到 150～220 线，150 线铜矿体平均品位 0.75%，厚度 5.96m，220 线铜平均品位 0.93%，厚度 8.8m。

4）因民组三段铜矿体与落雪组二段铜矿体具有明显的热流体叠加成矿特点位于向斜核部，以 150 线和 180 线为代表，为后期盆地流体叠加改造成矿。

6.2.5 复式倒转背斜内部次级断裂-裂隙构造带与叠加改造成矿

通过井巷工程构造岩相学测量和研究，认为在因民-落雪复式倒转背斜构造带内部，发育中小型构造为断裂-裂隙破碎带-密集劈理化带，它们是盆地成矿热流体圈闭构造，对铁铜和铜矿体具有后期叠加富化特征（X 型构造富矿特征），对 2230m 中段、2350m 中段及 2472m 中段三个中段的稀矿山、小溜口、月亮硐、老新山、汤家箐等矿段中，对中小型断裂进行构造岩相学测量和断裂-裂隙破碎带构造地质学测量统计，以节理玫瑰花图进行构造岩相学筛分研究和分期配套，取得认识如下（表 6-3～表 6-6）。

（1）在近南北向因民-落雪断褶带中，共发育三期六组断裂构造，对铁铜和铜矿体形成了明显的后期叠加改造富集成矿。第一期有两组，以 NEE 组为主，同时有 NWW 组共轭断裂发育，为叠加改造富集成矿断裂-裂隙组，具有格林威尔期形成的构造动力学特征。

第二期有两组，以 NE 组为主，同时发育有 NW 组共轭断裂，推测为晋宁期形成的断裂-裂隙组。第三期为两组扭性断裂，主挤压应力为 NW 向，在矿区内规模不大，破坏岩脉和含铜矿脉，为成矿期后断裂组。

（2）含矿断裂以第一期 NEE 组和第二期 NE 组最为发育，倾向多为 SSE 和 SE 向为主，对本矿区成矿贡献率较大，经三个中段统计，断裂总成矿贡献率为 51.3%（表 6-6），而与其共轭的 NWW 组、NW 组断裂次发育，成矿贡献率较低。在 NEE 组、NE 组断裂中，以 NEE 组最为发育（图 6-7）。

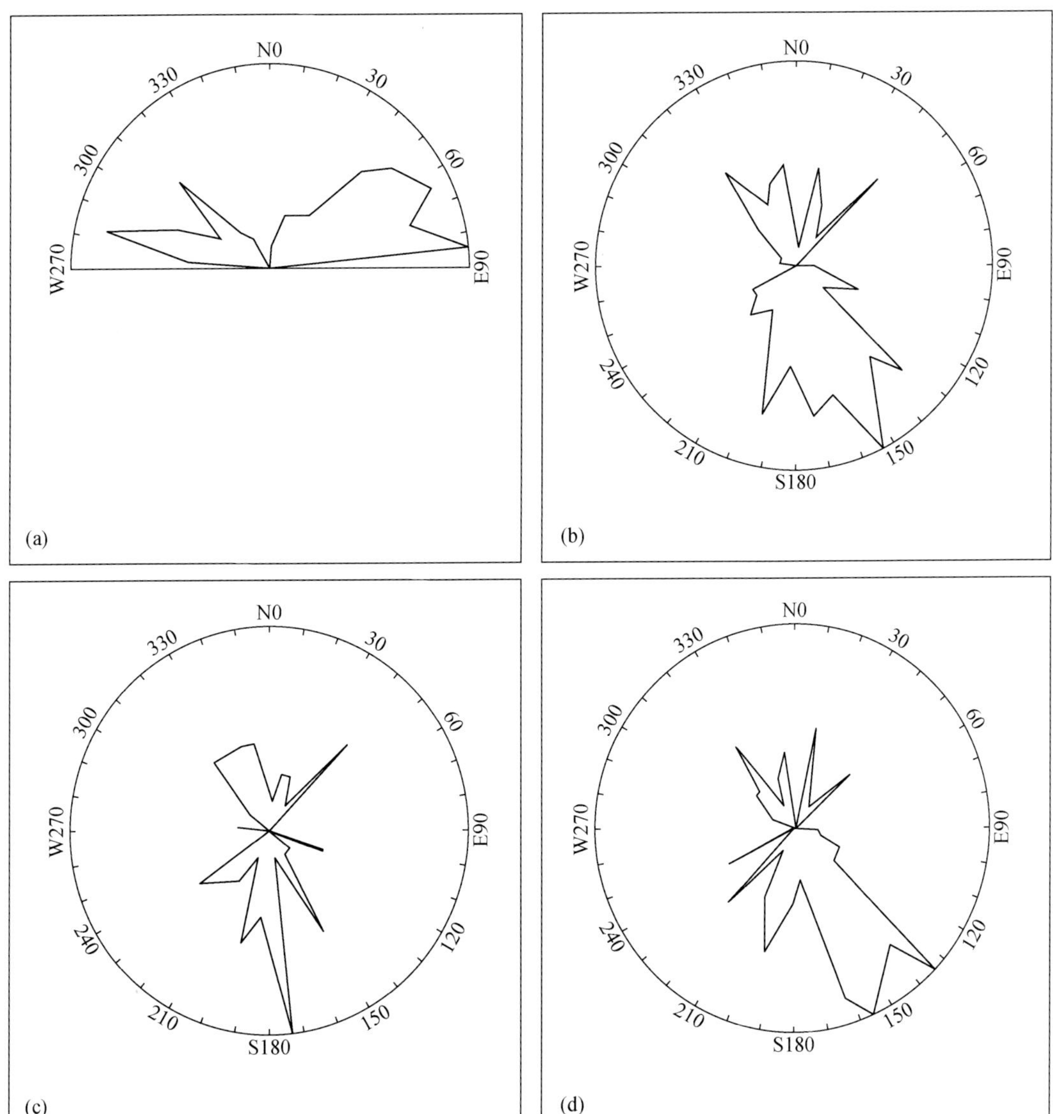

图 6-7　因民铁铜矿区 2472m 中段断裂玫瑰花图

（a）断裂走向玫瑰花；（b）断裂倾向玫瑰花图；（c）含矿断裂倾向玫瑰花图；（d）不含矿断裂倾向玫瑰花图

（3）第三期两组扭性断裂一般不含矿，表现为破坏矿体（层、脉）的断裂组。而含矿断裂最发育的是第一期走向 NEE 向，倾向 SSE 向，倾角 60°～80°组断裂。

（4）对断裂含矿性进行统计分析（表 6-3），三个中段断裂总成矿贡献率为 51.3%（表 6-4）。2230m 中段月铜、稀铁、小铁等矿段断裂含矿率在 21.4%～68.4%，断裂总成矿贡献率为 45.4%；2350m 中段稀铜、稀铁、汤家箐等矿段断裂含矿率 46.2%～76.5%，断裂总成矿贡献率 62.3%；2472m 中段对月铜、稀铜、稀铁等矿段断裂统计，其含矿率 35.3%～59.3%，总成矿贡献率 50%。

表 6-3　因民矿区 3 个中段断裂含矿率统计表

矿段	断裂数	含矿断裂数	含矿率/%	成矿贡献率/%
2230m 中段月铜矿段	19	13	68.4	13.4
2230m 中段稀铁矿段	27	18	66.7	18.6
2230m 中段小铁矿段	23	7	30.4	7.2
2230m 中段小铜-稀铜矿段	28	6	21.4	6.2
合计	97	44		45.4
2350m 中段稀铜矿段	17	12	70.6	19.7
2350m 中段稀铁矿段	17	13	76.5	21.3
2350m 中段汤家箐矿段	14	7	50.0	11.5
2350m 中段老新山矿段	13	6	46.2	9.8
合计	61	38		62.3
2472m 中段月铜矿段	54	32	59.3	23.0
2472m 中段稀铁矿段	17	6	35.3	4.3
2472m 中段金箔箐探矿工程	38	17	44.7	12.2
合计	109	55		50.0

表 6-4　因民矿区 3 个中段断裂成矿贡献率结果表

中段名称	断裂个数	含矿断裂个数	不含矿断裂个数	断裂成矿贡献率/%
2230m 中段	97	44	53	45.4
2350m 中段	61	38	23	62.3
2472m 中段	109	55	54	50.0
合计	267	137	130	51.3

综上所述，本区三期六组断裂对成矿和矿体的富化具有一定贡献率，这是由于格林威尔期（1000Ma）和晋宁期（850Ma）褶皱造山过程中，本区沉积盆地发生了改造变形并形成了盆地流体成矿，而这些断裂则成为盆地流体运移主要储矿构造样式，也是成矿流体

的运移通道，尤其是在多条断裂交汇处或断裂破碎带处，矿体具有明显叠加改造与富化特征，或形成裂隙型富铜矿脉。

稀矿山式铁铜矿和东川式铜矿，它们都具有后期盆地流体叠加改造富化成矿特征。在黑山组底部桃园型铜矿具有独立的成因和工业开采价值，属于盆地流体改造成矿的典型实例。对于盆地流体叠加改造富集研究表明，东川一级沉积盆地在后期构造叠加改造过程中，铜发生了明显叠加富化成矿作用，在近南北向因民-落雪断褶带中，主要共有三期断裂（裂隙）构造带发育，其中第一期和第二期伴有岩浆侵入构造系统叠加强烈改造，形成了岩浆热液角砾岩构造系统和IOCG矿体，并形成了盆地流体叠加改造富集成矿。这种盆地流体叠加改造富集成矿模式可概括如下。

（1）第一期格林威尔期（1000Ma）两组裂隙分别为NEE组和NWW组共轭平移断层(剪切裂隙）组，主压应力方向为近南北向，对于东川铜矿改造叠加富化成矿作用有明显较大贡献。倾向多SSE和SE，少量NW，倾角范围为45°~85°，集中在65°~85°。构造动力学性质为右旋平移断层，充填富铜矿脉或辉长岩脉。在老新山碱性钛铁质辉长岩［(1097±28)~(1054±29)Ma］侵入岩体周边，这些断裂-裂隙组与该侵入岩体形成的岩浆侵入构造系统具有相同的统一构造应力场特征。第一期断裂-裂隙组厘定为格林威尔期（1000Ma），构造应力场总体为近南北向挤压收缩体制。NEE组和NWW组共轭平移断层为近南北向挤压应力场，伴随岩浆上侵形成的张剪性应力场相互耦合作用形成的构造岩相学结构，它们为格林威尔期岩浆侵入构造系统（碱性钛铁质辉长岩侵入岩体）和岩浆热液角砾岩构造系统的派生次级断裂-裂隙组，发育IOCG成岩成矿系统末端相（辉绿辉长岩脉-辉绿岩脉和含辉铜矿镜铁矿脉)。

在稀矿山和穿天坡矿段较为典型，断层编号为F41~F44。①F44吊楼梯断层具有典型意义，产状330°∠72°。在因民期属于同生断裂，控制了同生断裂角砾岩相带和稀矿山矿段，为因民期—落雪期三级沉积盆地边界。②在格林威尔期近南北向主压应力作用下，发生左旋平移断层作用，水平断距在250m。③沿断裂带充填有辉长岩脉和铜矿脉（IOCG成岩成矿系统末端相)，如落雪4号矿体长度在210m，厚度3~4.5m，铜平均品位2.43%。以斑铜矿和黄铜矿为主，矿石具有块状、角砾状、脉状和网脉状构造。其他地段也可见该组断层中充填有富铜矿脉。④在老背冲矿段NEE组断裂中，3条矿脉厚度在0.3~1.0m，铜品位在4.2%~27.9%。NWW向平移断层发育强度比NEE向弱，但也充填有辉绿岩脉和铜矿脉（IOCG成岩成矿系统末端相)。老背冲矿段NWW组断裂中4条矿脉厚度在0.1~0.8m，铜品位在3.0%~9.46%。⑤与NEE向和NWW向共轭平移断层相配套，发育与褶皱轴面走向一致但倾向W或E的两组逆冲断层，属于主褶皱期派生配套断裂系统。它们主要为碱性钛铁质辉长岩侵入岩体上侵过程中，底拱侵位机制形成两组产状背向的逆冲断裂组。这种岩浆侵入构造系统叠加在因民-落雪复式倒转背斜构造带的核部地段。⑥在两组逆冲断层中充填有富铜矿脉。一组与层面小角度斜交，表现为层间滑动断层，对于东川式火山热水沉积-改造型层状铜矿具有改造富集作用，如落雪矿三中段东9~10穿脉控矿断层产状为253°∠85°，与层面夹角在10°，断层上下盘矿层发生明显富化。在老背冲矿段25号硐15穿脉层间裂隙中充填有黄铜矿脉，脉宽0.7m，铜品位增高到25.94%。另一组与层面大角度斜交或相反，局部叠加铜硫化物脉充填富化。

层间褶皱-层间断裂-裂隙破碎带是黑山组桃园型铜矿成矿构造。层间褶皱-层间断裂-裂隙破碎带，沿黑山组与落雪组过渡部位发育，与东川早期格林威尔期褶皱作用一致，层间滑动构造面与动力成矿作用密切相关。铜矿体受层间纵向断层和规模较大的横向断层交汇部位控制，以含铜石英脉和含铜石英白云石脉，铜硫化物沿岩石层面和裂隙分布。

（2）在近南北向因民-落雪断褶带中，第二期晋宁期共轭扭性断层为 NW 向和 NE 向两组，断距规模大。①NW 向断裂组倾向 SW 或 NE 向，倾角在 65°～80°，充填有岩脉和铜矿脉，以王家松棵和金箔箐断层为代表。②王家松棵断层位于落因褶皱转折端，产状 210°∠67°，将猴跳崖矿段含矿层右行错移达 800m。沿该断层有辉长岩脉充填和零星铜矿化，断层北侧鹦哥架地段发育的裂隙带中脉带型铜矿，受派生次级裂隙带控制。③金箔箐断层为右旋平移断层，产状 30°∠77°～80°，水平断距在 250m。断层带内充填有含铜石英脉，矿体长度 70m，宽度 4m，平均品位铜 1.39%。④在 2350m 中段和 2472m 中段经过填图发现，金箔箐断层边部控制了裂隙型富铜矿脉，如Ⅲ-5 号矿脉，铜品位 1.65%～0.59%，厚度 4～6m，伴生 Au。NW 组错断了第一期 NEE 向断裂。⑤NE 向组断层以落雪 F34 断层为代表，产状 140°∠65°～73°，它是龙山矿段和老山矿段之间的分界线，将含矿层左行错移达 460m，在落雪矿区 5 号硐西 1 穿脉可见辉长岩脉充填。

总之，在落因断褶带中第一期和第二期断裂（裂隙）带中均伴随充填有辉长岩脉和含铜矿脉，叠加了岩浆侵入构造系统和岩浆热液角砾岩构造系统，说明这些断裂（裂隙）带与褶皱同期形成。①在滥泥坪-汤丹近东西向断褶带主体挤压应力方向为近 SN 向，均伴随充填有辉长岩脉和含铜矿脉，两期构造反转作用伴随有较强的构造-岩浆侵入事件，老新山碱性钛铁质辉长岩侵入岩体也是格林威尔期形成的构造-岩浆侵位事件记录，在东川一级沉积盆地改造过程中，不但可以形成盆地流体，而且由于格林威尔期岩浆-盆地热液系统相互叠加，形成构造驱动和岩浆侵位驱动的盆地对流循环热液体系，这种双源驱动的含矿热液体系具有热液叠加富化成矿特征。②第二期断裂组在近 SN 向挤压主应力场作用下扭性动力学特征明显，考虑到面山矿段东西向逆断层、人占石背斜等受近南北向主挤压应力场作用形成的反“S”形扭曲与 NEE 向反向断层配套，第二期构造-岩浆侵入事件属于晋宁期产物。

（3）在因民-落雪断褶带中，发育第三期两组扭性断层，在矿区内规模不大，破坏岩脉和含铜矿脉，主挤压应力为 NW 向，与东川地区四周中生代红层沉积盆地所处应力状态相同。推测属于燕山期—喜马拉雅期，左旋扭动组产状 260°∠70°，错断了前两期 NEE 组岩脉。右旋扭动组产状 160°∠89°，错断了辉长岩脉，主要为破坏矿体断裂组。

6.2.6　落因断褶带内火山角砾岩与火山热液蚀变体系

在 ZK150-1、ZK150-2、ZK180-1、ZK180-2 四个钻孔采集了岩石地球化学样品进行岩相地球化学对比研究（图 6-8）。其中，H1、H12 为蚀变矿化火山角砾岩样品，H2、H6、H9、H10、H11 为角砾岩样品，H3、H4、H5、H8 和 H13 为沉积岩样品，H7 为辉绿岩岩脉样品；H7、H6、H5、H4为岩体-热液角砾岩-钙屑角砾凝灰岩-次钙屑角砾凝灰岩，属于火山热液蚀变系列（表6-5）。

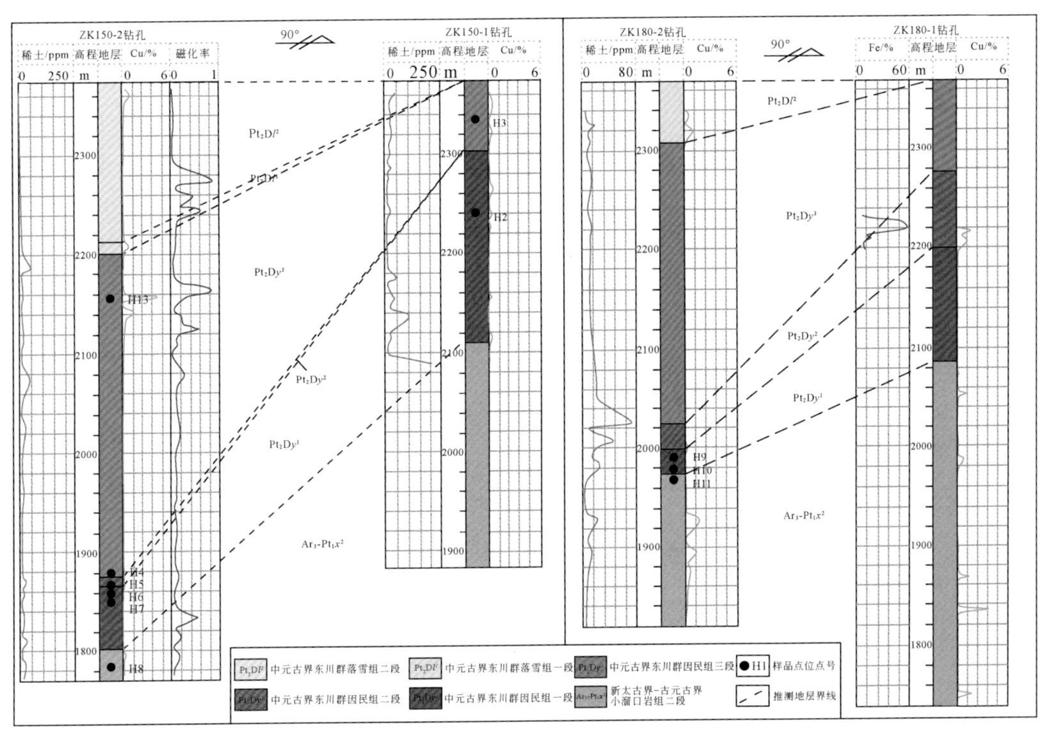

图6-8 因民铁铜矿区150线、180线采样位置图

表6-5 因民铁铜矿区辉长岩和岩浆热液蚀变岩的岩石化学成分对比 （单位:%）

样号	岩石名称	SiO_2	TiO_2	Al_2O_3	Fe_2O_3	FeO	MnO	MgO
H6	钙屑钠质角砾岩	44.01	0.75	12.53	2.36	4.00	0.30	5.32
H5	钙屑角砾凝灰岩	47.28	0.58	11.47	7.15	1.80	0.29	1.98
H4	含砾砂质凝灰岩	46.91	0.62	14.40	6.92	1.00	0.40	2.43
H1	辉长岩	46.61	1.85	12.59	8.04	6.65	0.22	8.92

样号	岩石名称	CaO	Na_2O	K_2O	P_2O_5	烧失量	总量	
H6	钙屑钠质角砾岩	10.28	4.48	1.70	0.230	13.74	99.70	
H5	钙屑角砾凝灰岩	12.98	1.63	3.23	0.170	11.04	99.60	
H4	含砾砂质凝灰岩	10.33	1.31	4.87	0.160	10.18	99.53	
H1	辉长岩	7.19	2.91	1.26	0.14	3.26	99.64	

（1）岩石化学特征。钙屑钠质角砾岩-钙屑角砾凝灰岩-含砾砂质凝灰岩，该组样品热液蚀变与碱玄质熔岩密切相关。自下而上（表6-5）随火山热液影响逐渐减弱，呈现出FeO含量递减，Fe_2O_3含量递增，FeO为5.25%~1.00%，Fe_2O_3为2.36%~7.15%，推测为在碱玄岩床至地层温度逐渐降低的过程中，含氧量的增加导致还原环境逐渐变成氧化环

境，使得 Fe^{2+} 变为 Fe^{3+}。该组合随火山热液蚀变影响逐渐减弱，Na_2O 呈递减趋势，Na_2O = 4.75%～1.31%，K_2O 呈递增趋势，K_2O 为 0.47%～4.87%，而 Na_2O+K_2O 在 4.86%～6.18%，Si_2O = 44.01%～47.28%，通过与侵入岩的全碱-硅（TAS）图解（图6-9）对比，与碱性辉长岩系列对应。

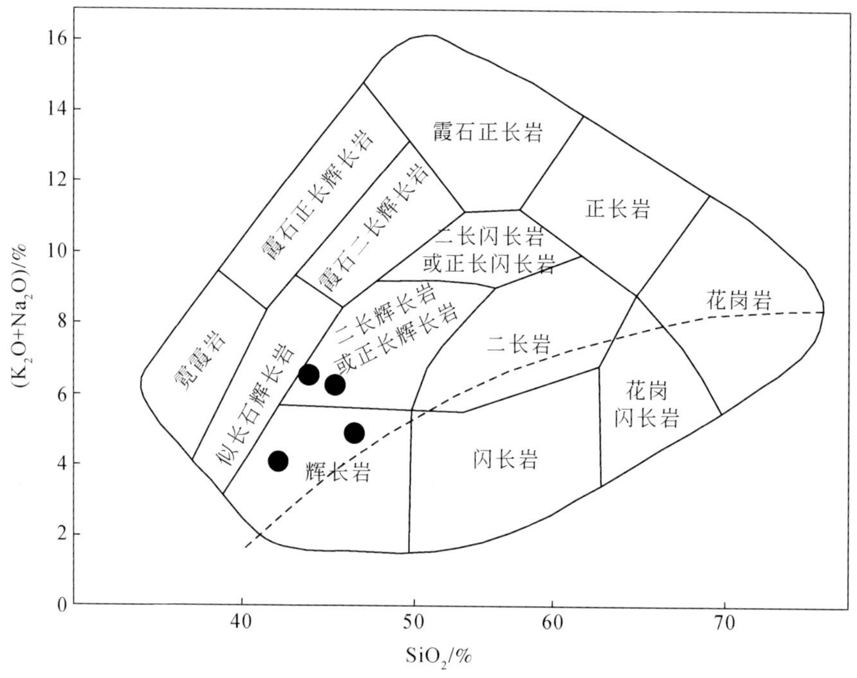

图6-9　因民矿区（K_2O+Na_2O）-SiO_2 图解（引自 Wilson，1989，虚线将碱性与亚碱性区分开来）

（2）微量元素特征（表6-6）。在钙屑钠质角砾岩-钙屑角砾凝灰岩-含砾砂质凝灰岩中，自下而上受岩浆热液影响逐渐减弱，Cu、Zn、Co、Ni 大致呈递减现象，而 Pb、Cr、Ba、Rb、Sr 大致呈递增现象，V 元素相对稳定，范围为 $V=(102\sim135)\times10^{-6}$；这是由元素迁移性和岩体到地层温度逐渐降低的过程综合作用的结果。

表6-6　因民铁铜矿区辉长岩和岩浆热液蚀变岩的微量元素化学成分对比　（单位：10^{-6}）

样号	野外定名	Cu	Pb	Zn	Co	Ni	V	Cr	Ba	Rb	Sr
H6	钙屑钠质角砾岩	285	1.55	18.5	26.5	37.1	135	73.5	160	64	21.3
H5	钙屑角砾凝灰岩	30.9	2.51	13.1	9.58	34.2	102	85.2	501	112	33
H4	含砾砂质凝灰岩	11.9	3.93	14.9	19.6	46.3	132	103	641	189	41.5
H1	辉长岩	368	10.1	112	56.7	134	334	150	310	39.9	173

（3）稀土元素特征（表6-7）。分析结果采用 Boynton（1984）球粒陨石推荐值标准化，稀土元素总量相差不大，且均呈现负铕异常与负铈异常（表6-7）。①铜铁矿石稀土元素特征。铜矿石与铁矿石稀土总量差别大，铜矿石稀土总量 $\sum REE=101\times10^{-6}$，而铁矿

石稀土总量 $\sum REE=372\times10^{-6}$，为所选样品中稀土总量最高的样品，且铁矿石的轻稀土最为富集 $(La/Yb)_N=44.38$，轻和重稀土分馏程度也为最高，$(La/Sm)_N=6.74$，$(Gd/Yb)_N=4.37$。两种矿石均体现正铕异常与负铈异常，且铁矿石的铕异常为所有样品最高值 $\delta Eu=1.91$，铈异常为所有样品最低值 $\delta Ce=0.80$ [图 6-10 (a)]。②在火山沉积角砾岩中，钙屑角砾凝灰岩稀土元素总量明显高于沉积岩，$\sum REE=277\times10^{-6}$，其轻稀土元素富集程度也明显比沉积岩更为强烈，$(La/Yb)_N=16.64$，推测可能与钙屑角砾凝灰岩中的角砾成分有关。该类样品轻稀土元素分馏程度均高于重稀土元素 $(La/Sm)_N=3.15\sim5.89$，$(Gd/Yb)_N=1.07\sim2.56$。钙屑角砾凝灰岩的负铕异常相对沉积岩更为明显，$\delta Eu=0.67\sim0.86$；铈异常均为较弱的负异常，$\delta Ce=0.89\sim0.95$ [图 6-10 (b)]。③在因民组一段复成分角砾岩类中，五类角砾岩类稀土元素总量为 $\sum REE=(134\sim222)\times10^{-6}$，低于铁矿石而高于铜矿石与围岩。角砾岩类的轻稀土较为富集，$(La/Yb)_N=9.06\sim19.88$，其中，钙屑钾质角砾岩轻稀土富集程度最强，$(La/Yb)_N=19.88$，钙屑钠质角砾岩轻稀土富集程度最低，$(La/Yb)_N=9.06$，出现此现象推测原因为钙屑钾质角砾岩与热液发生交代作用形成钙屑钠质角砾岩的过程中，轻稀土元素分馏作用的减弱程度高于重稀土元素分馏作用的减弱程度，导致轻稀土富集程度降低。该组样品轻稀土元素分馏程度均高于重稀土元素分馏程度 $(La/Sm)_N=3.95\sim5.86$，$(Gd/Yb)_N=1.47\sim2.06$。钙屑钾质角砾岩负铕异常相对较强 $\delta Eu=0.33$，其余角砾岩样品负铕异常为 $\delta Eu=0.75\sim0.85$。铈异常均为较弱的负异常，$\delta Ce=0.93\sim0.95$ [图 6-10 (c)]。④在火山热液蚀变过程中，该组合为辉长岩-钙屑钠质角砾岩-钙屑角砾凝灰岩-含砾砂质凝灰岩，随空间位置自下而上受岩浆热液影响逐渐减弱。其中，钙屑角砾凝灰岩的轻稀土富集程度高于其他三类岩石样品，$(La/Yb)_N=6.59\sim24.93$。轻稀土元素分馏程度均高于重稀土元素 $(La/Sm)_N=3.95\sim5.89$，$(Gd/Yb)_N=1.36\sim2.56$。该组合岩体为较弱的正铕异常，其余样品均为负铕异常，且钙屑角砾凝灰岩负铕异常相对较强，$\delta Eu=0.67$；铈异常均为较弱的负异常，且随岩浆热液影响减弱，负铈异常逐渐增强，$\delta Ce=0.90\sim0.99$ [图 6-10 (d)]。

表 6-7　因民矿区不同岩（矿）石稀土元素组成　（单位：10^{-6}）

样品分类	铜铁矿石		因民组一段角砾岩类					矿体围岩（角砾岩类）				
样号	H12	H13	H9	H10	H2	H11	H6	H5	H4	H8	H3	H1
野外定名	铁矿石	铜矿石	钠质火山角砾岩	钾质熔结火山角砾岩	铁白云石钠质角砾岩	钙屑钾质角砾岩	钙屑钠质角砾岩	钙屑角砾凝灰岩	含砾砂质凝灰岩	钠质凝灰质板岩	钾质铁质白云岩	辉长岩
La	104	22.80	49.20	36.70	29.70	46.30	33.60	68.40	17.50	16.60	9.01	10.10
Ce	155	42.50	93.50	67.10	55.30	89.20	65.30	121	32.00	31.20	17.60	23.80
Pr	17.30	4.65	10.80	7.53	6.19	10.20	7.86	13.70	3.85	3.67	2.05	3.25
Nd	59.60	16.40	40.30	28.60	23.20	35.50	29.90	49.00	14.20	14.80	8.09	15.50
Sm	9.71	3.03	7.47	4.76	4.29	4.97	5.35	7.30	2.71	3.31	1.76	3.79

续表

样品分类	铜铁矿石		因民组一段角砾岩类					矿体围岩（角砾岩类）				
样号	H12	H13	H9	H10	H2	H11	H6	H5	H4	H8	H3	H1
Eu	5.80	1.27	1.80	0.90	1.18	0.50	1.24	1.47	0.80	0.97	0.56	1.43
Gd	8.55	3.05	6.02	3.33	4.13	4.00	4.55	5.87	3.01	3.53	2.35	3.97
Tb	1.21	0.50	0.93	0.47	0.75	0.61	0.76	0.80	0.54	0.65	0.56	0.79
Dy	5.72	2.66	5.01	2.41	3.89	3.06	3.89	3.95	3.25	4.05	3.33	4.39
Ho	0.91	0.52	0.89	0.41	0.70	0.55	0.82	0.69	0.63	0.78	0.66	0.83
Er	2.48	1.49	2.69	1.26	2.06	1.73	2.58	1.92	1.96	2.38	1.93	2.32
Tm	0.29	0.22	0.41	0.21	0.35	0.23	0.40	0.30	0.30	0.40	0.31	0.33
Yb	1.58	1.33	2.55	1.42	2.13	1.57	2.50	1.85	1.79	2.26	1.78	1.82
Lu	0.20	0.25	0.37	0.23	0.35	0.25	0.43	0.31	0.28	0.34	0.22	0.25
∑REE	372	101	222	155	134	199	159	277	82.8	84.9	50.2	72.57
LREE	351	90.7	203	146	120	187	143	261	71.1	70.6	39.1	57.87
HREE	21.0	10.0	18.9	9.73	14.4	12.0	15.9	15.7	11.8	14.4	11.1	14.7
LREE/HREE	16.78	9.06	10.76	14.96	8.35	15.57	8.99	16.64	6.04	4.90	3.51	3.94
$(La/Yb)_N$	44.38	11.56	13.01	17.42	9.40	19.88	9.06	24.93	6.59	4.95	3.41	3.74
$(La/Sm)_N$	6.74	4.73	4.14	4.85	4.35	5.86	3.95	5.89	4.06	3.15	3.22	1.68
$(Gd/Yb)_N$	4.37	1.85	1.91	1.89	1.56	2.06	1.47	2.56	1.36	1.26	1.07	1.76
δEu	1.91	1.27	0.80	0.66	0.85	0.33	0.75	0.67	0.85	0.86	0.84	1.12
δCe	0.80	0.94	0.94	0.92	0.93	0.95	0.94	0.90	0.90	0.92	0.95	0.99

注：采用 Boynton（1984）球粒陨石推荐值标准化。

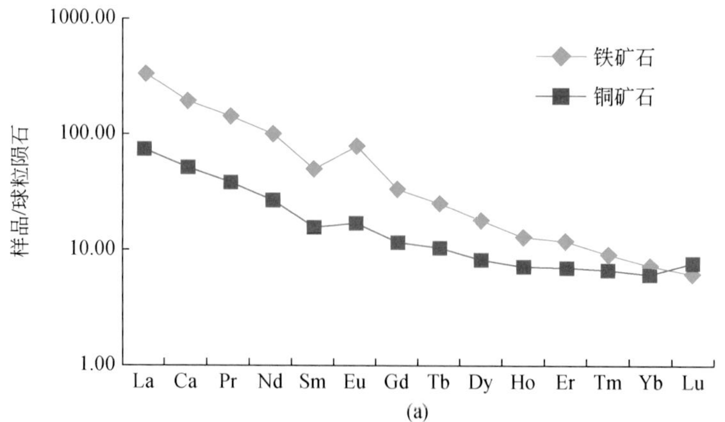

(a)

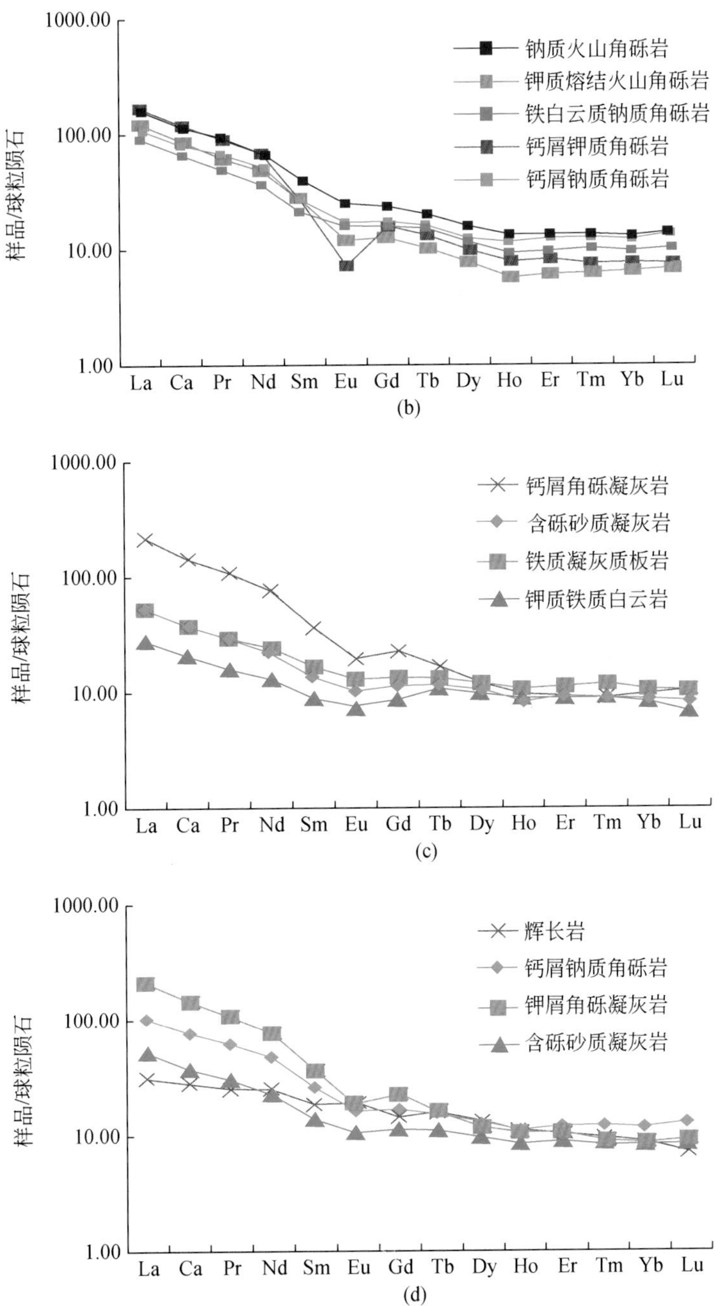

图6-10 因民矿区稀土元素球粒陨石标准化分布型式（标准化值据 Sun and McDonough，1989）

通过以上岩相地球化学对比认为：①钙屑钠质角砾岩-钙屑角砾凝灰岩-含砾砂质凝灰岩这组热液蚀变组合属辉长岩热液蚀变，并且随空间位置自下而上受热液影响逐渐减弱。该组合的微量元素呈现较明显的元素迁移性，随空间位置自下而上热液蚀变影响逐渐减弱，温度逐渐降低，Cu、Zn、Co、Ni 呈递减现象，而 Pb、Cr、Ba、Rb、Sr 呈递增现象，

V 元素相对稳定。②铁矿石、铜矿石、辉长岩呈正铕异常，且正异常强度依次减弱。这说明两种矿液沉淀成矿时继承了成矿热液的富 Eu 特性，并且含铁矿液沉淀时带出的亲 Eu 矿物量高于含铜矿液沉淀时所带出的。③所采集角砾岩样品的负铕异常强度普遍大于凝灰岩、白云岩的负铕异常，显示了角砾岩形成时的较强还原环境。④赋存于因民组二段的火山喷流沉积形成的稀矿山式铁铜矿与其下部的角砾岩层连续沉积，并严格受东西向褶皱控制，富集于四级沉积洼地与背斜中。⑤沿褶皱走向由西向东，整体地层抬升，因民组一段（角砾岩）地层增厚，因民组二段沉积洼地处矿体厚度变薄，品位变高；背斜处矿体厚度增厚，品位变高。稀矿山式铁铜矿体整体自西向东随下部因民组一段（角砾岩）地层增厚而变富。可为因民组二段稀矿山式铁铜矿上部找矿提供依据。

6.3 东川中元古代碱性铁质基性岩与岩浆侵入构造系统

6.3.1 弯刀山次火山岩侵入相及大地构造岩相学

在云南东川因民–落雪地区，中元古代早期的基性岩浆岩具有贫硅、富钠、高镁、低钛等特征，且其地球化学表现为明显的板内玄武岩、E-MORB 和 OIB 的特征，可能与地幔柱活动密切相关的陆内裂谷拉张环境有关。为进一步确定东川地区中元古代基性岩浆岩侵位的大地构造岩相学特征，深入研究其形成的大地构造背景，对东川群因民组中次火山侵入岩，进行详细的地球化学研究，通过主量、微量、稀土元素的分析和相应的地球化学特征，采用 LA-ICP-MS 锆石 U-Pb 定年确定其形成年龄，来阐明其岩石成因、源区和大地构造环境，最终，总结其大地构造岩相学类型和构造动力学意义，为建立构造事件–岩石地层格架提供构造岩相学依据。

1. *因民期弯刀山次火山侵入岩体的岩石学和岩相学特征*

本次研究以因民铁铜矿区弯刀山–王家松棵断裂基性侵入岩为研究对象，该岩株地表出露南北向宽度在 100 ~ 150m，其东西转南北向长 900m。在深部该岩枝宽度增大，规模增大，在坑道揭露控制范围内，东西向宽度增大到 700m，呈现上小下大的锥形岩株（图 6-11）。碱性铁质基性岩主要呈岩株状侵入于因民组三段浅紫红色条纹条带状泥质粉砂岩中（图 6-12），岩性主要为铁质基性熔岩、辉长岩和辉绿（玢）岩，外观上主要为灰绿色–暗灰绿色，具有中至细粒变余辉绿结构，致密块状构造，偶见变余杏仁状构造。在显微镜下观察可见（图 6-13），大多数岩石具中细粒变余辉长辉绿结构，部分具变余斑状结构，变余嵌晶含长结构，块状构造，偶见变余杏仁状构造，其中变余嵌晶含长结构，中粒板柱状的绿色角闪石上镶嵌着较自形的钠长石晶体，显示其具有典型基性浅成相的结构构造特征，恢复其原岩应为辉长辉绿（玢）岩。具体如下：

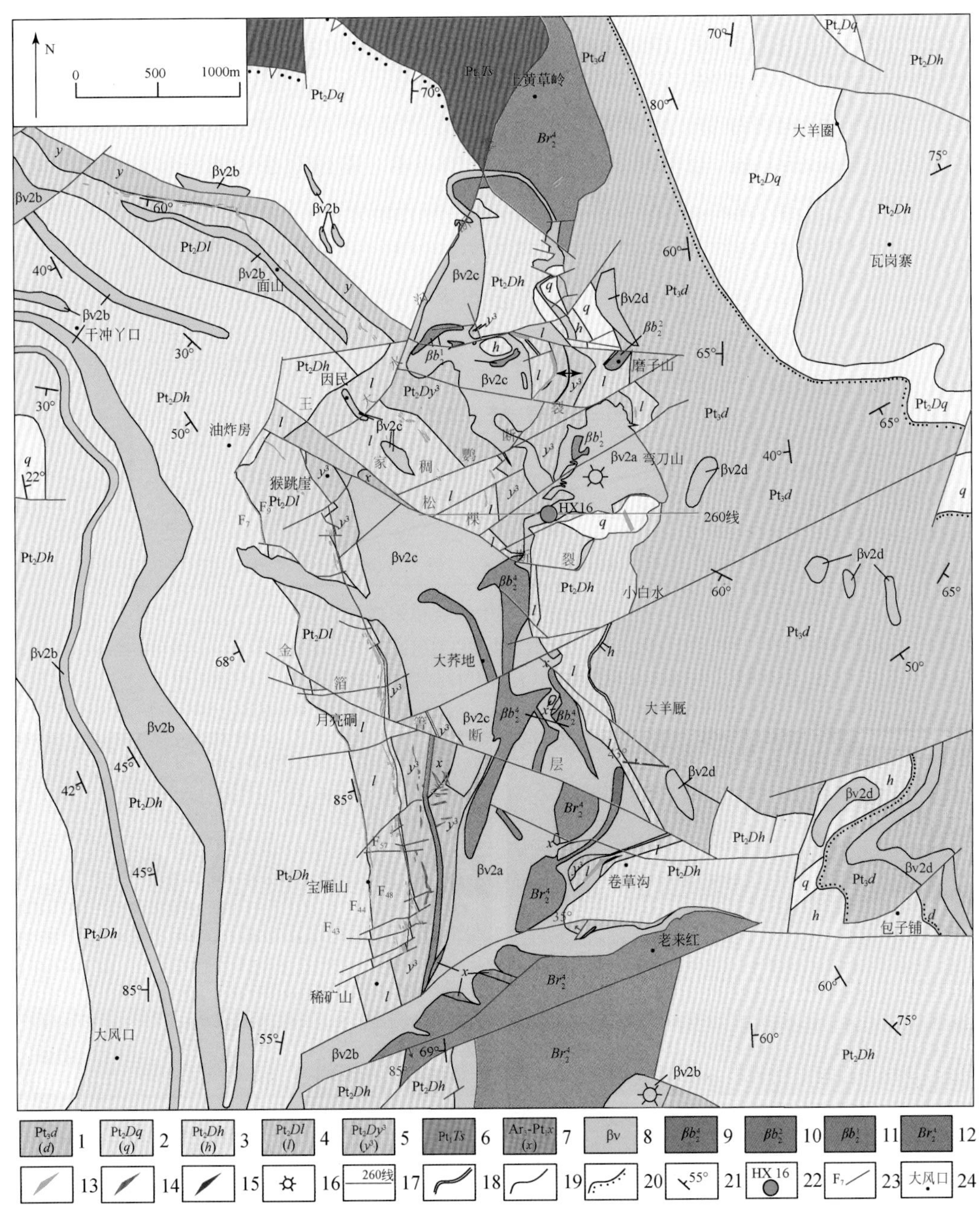

图6-11　因民矿区基性火山岩分布平面图

1. 新元古界大营盘组；2. 中元古界东川群青龙山组；3. 中元古界东川群黑山组；4. 中元古界东川群落雪组；5. 中元古界东川群因民组；6. 古元古界汤丹群洒海沟组；7. 新太古界-古元古界小溜口岩组；8. 辉绿辉长岩体（βv2a. 因民-落雪期，βv2b. 黑山期，βv2c. 格林威尔期，βv2d. 大营盘期）；9. 中元古界青龙山期角砾岩；10. 中元古界落雪期角砾岩；11. 中元古界因民期角砾岩；12. 因民期坍塌角砾-构造岩块带（构造岩块来自小溜口岩组）；13. 铜矿体；14. 铁铜矿体；15. 铁矿体；16. 古火山口；17 勘探线；18. 公路；19. 地质界线；20. 不整合接触；21 地层产状；22. 年龄样品；23 断层及编号；24. 地名

（1）辉长辉绿岩（样品 CM260-9、CM260-10、CM260-11）。岩石呈中–粗粒变余辉长辉绿结构、变余嵌晶含长结构，块状构造。矿物成分主要为角闪石、钠长石和绿帘石，少量的绿泥石、榍石等。浅绿色角闪石呈柱状结构，粒径 0.1mm×0.4mm ~ 0.8mm×3.2mm，含量为 65%，角闪石发生轻微蚀变，见绿泥石化、榍石化、少量纤闪石化等；钠长石呈长条板状结构，粒径 0.1mm×0.4mm ~ 0.8mm×4.0mm，含量为 28%；黄绿色绿帘石呈柱状结构，粒径 0.03 ~ 0.5mm，含量为 4%；榍石含量为 2%；绿泥石含量小于 1%；磁铁矿含量小于 1%。

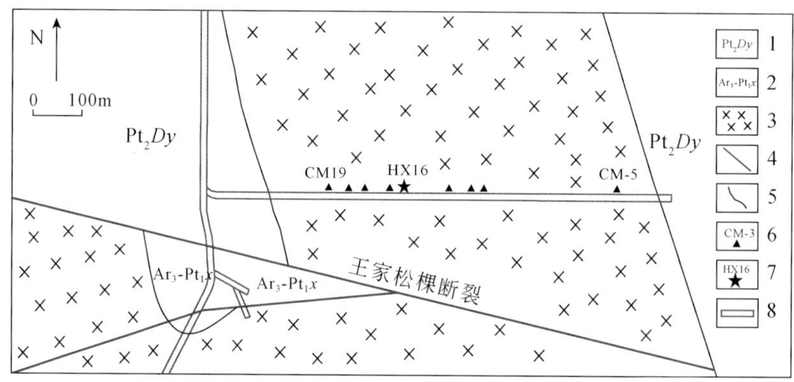

图 6-12　因民铁铜矿区某中段坑道采样位置平面图

1. 中元古界东川群因民组；2. 新太古界–古元古界小溜口岩组；3. 基性侵入岩体；4. 实测和推测断层；5. 地层界线；6. 标本采样及编号；7. 年代样品采样位置及编号；8. 巷道工程

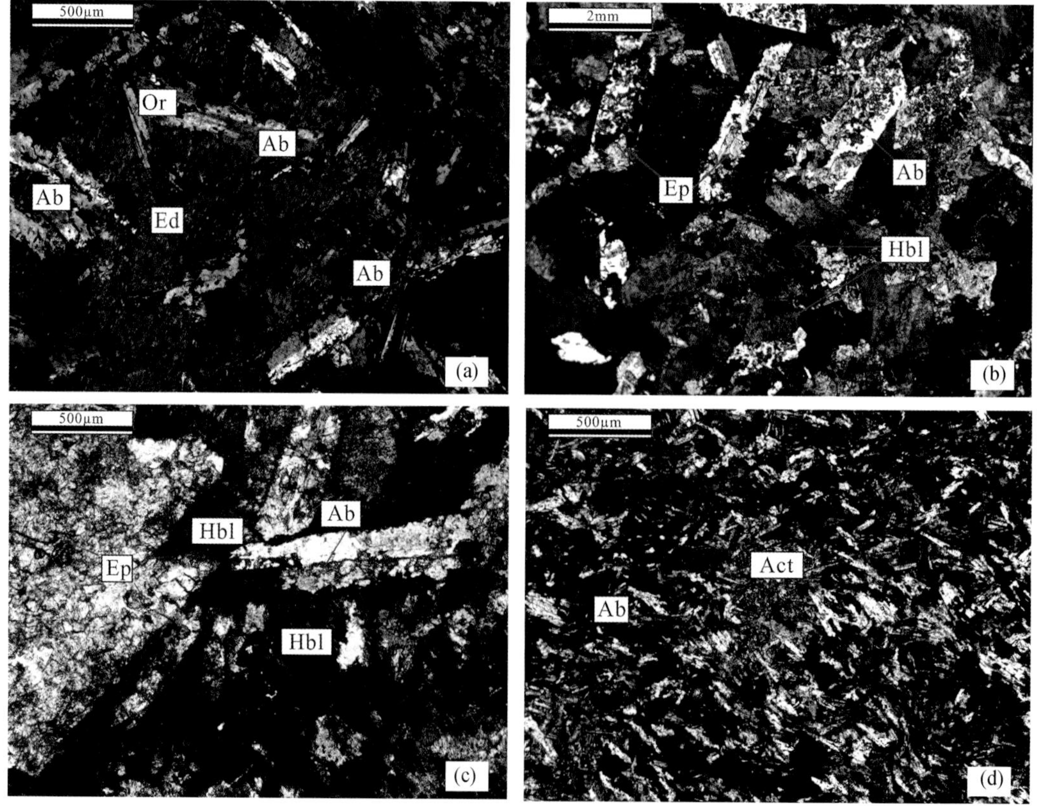

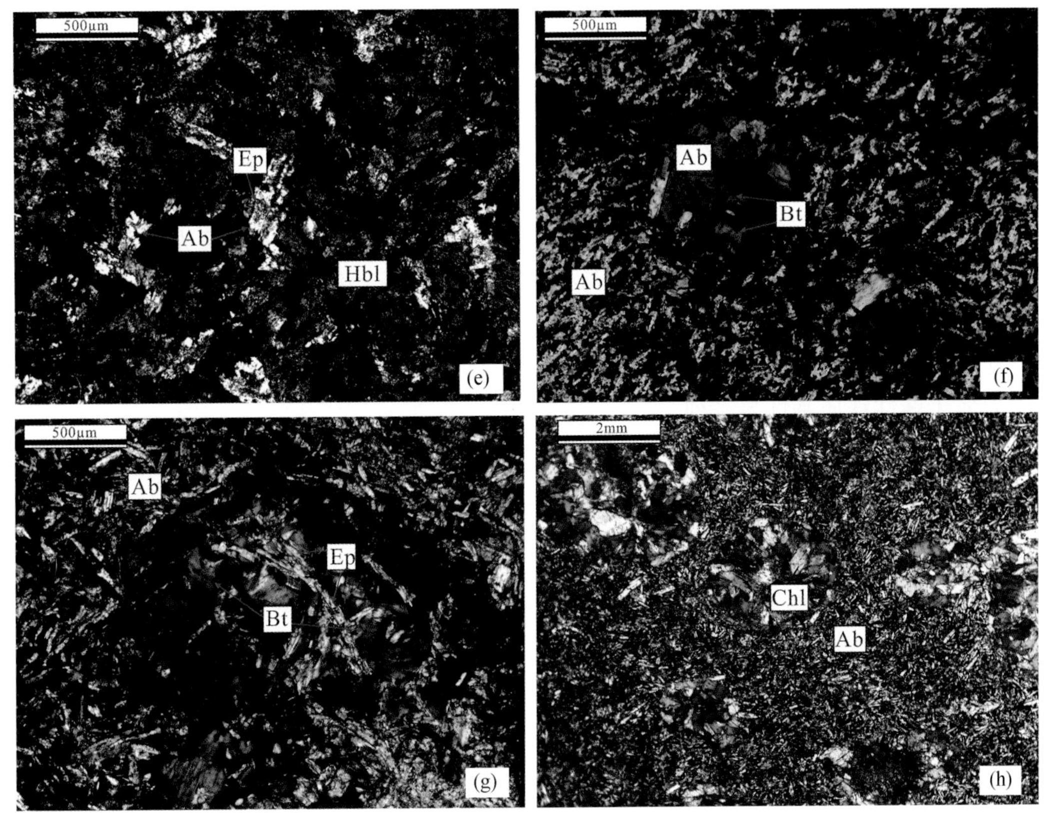

图6-13　某中段坑道辉长岩类的岩矿鉴定镜下特征

(a)、(b)、(c) 角闪石变质辉长辉绿岩；(d)、(e)、(f) 铁质基性熔岩；(g)、(h) 青磐岩化辉绿玢岩；Ab. 钠长石；Bt. 黑云母；Chl. 绿泥石；Ep. 绿帘石

(2) 铁质基性熔岩（样品 CM260-5、CM260-12、CM260-15）：岩石呈细粒变余辉绿结构，致密块状构造，斜长石的自形程度相对较好，呈长条板状，绿色普通角闪石呈他形充填在斜长石构造的三角形格架中，或呈较大的晶体包裹斜长石形成嵌晶含长结构。斜长石大多已蚀变，发生钠长石、绿帘石化、方解石化等（含量占 26%～65%），辉石均已蚀变为绿色的角闪石（含量为 40%～60%）。

(3) 青磐岩化辉绿玢岩（样品 CM260-13、CM260-14、CM260-19）。具变余斑状结构，变余杏仁状构造。钠长石斑晶（约2%）呈长条板状，粒径 0.4mm×0.24mm～4.8mm×0.6mm。基质（约75%）具变余辉绿结构和变余嵌晶含长结构。微晶钠长石三角形格架中见磁铁矿或角闪石充填或被镶嵌在角闪石上，见绿帘石化和绿泥石化。气孔呈圆形或椭圆形、不规则状，粒径 0.6～5mm，含量约占 20%，被绿泥石、绿帘石、方解石等充填。裂隙被绿帘石等充填。磁铁矿（3%）呈自形-半自形粒状，粒径 0.03～0.1mm，均匀分布于基质中。

2. 弯刀山碱性超基性岩-碱性基性岩地球化学特征与岩石系列

(1) 主量元素与岩石系列。弯刀山次火山侵入岩地球化学特征为（表6-8）：①具有明显的贫硅富铁特征，SiO_2含量在45.96%～50.71%，平均值为47.95%。富铁可分为铁质和富铁质两个系列，在铁质系列中，TFe含量在14.69%～17.73%，平均为15.99%；富铁系列的Fe含量在9.25%～12.83%，平均为10.82%。②碱含量偏高，Na_2O+K_2O含量在3.55%～6.00%，平均值为4.67%，明显高于中国正常辉长岩中钾钠平均值。Na_2O/K_2O值为1.79～8.98，平均为4.36，其中样品CM260-15杏仁状辉绿岩的Na_2O/K_2O值为8.98，具有明显高钠富碱特征。③CaO含量为3.99%～11.60%，平均值为7.87%。随着SiO_2的含量增高具有增高的趋势，可能与样品中钙长石的含量偏高具有关系。④里特曼组合指数（σ）均值为3.83，属于碱性岩系列。通过火山岩TAS分类图（图6-14）可以看出，样品主要落于碱性辉长岩类、亚碱性辉长岩类、二长辉长岩类。可以看出，弯刀山次火山岩属于碱性铁质基性岩系列。

表6-8 东川因民铁铜矿区次火山岩的主量元素分析结果 （单位：%）

样品编号	CM260-5	CM260-9	CM260-10	CM260-11	CM260-12	CM260-13	CM260-14	CM260-15	CM260-19
岩性	碱性铁质基性熔岩	角闪石辉长辉绿岩	粗粒角闪辉长岩	细粒角闪辉长岩	碱性铁质基性熔岩	青磐岩化辉绿玢岩	杏仁状黑云母化方解石化辉绿玢岩	气孔杏仁状辉绿岩	青盘岩化角闪石化辉绿玢岩
SiO_2	48.9	47.4	50.7	47.8	48.6	47.6	47.5	46.0	47.1
Al_2O_3	12.6	13.7	12.6	14.2	11.7	13.9	13.2	14.6	14.4
Fe_2O_3	11.3	4.76	0.312	5.00	6.51	6.69	3.00	9.48	6.59
FeO	5.58	10.2	10.1	10.2	10.0	8.00	6.24	8.25	6.24
CaO	5.07	8.47	11.6	9.75	8.79	5.88	8.72	3.99	8.59
MgO	5.29	6.96	7.05	5.48	5.46	7.22	5.63	6.37	7.22
K_2O	0.831	1.34	0.662	1.20	0.671	0.853	1.94	0.572	0.901
Na_2O	5.10	2.40	2.89	2.49	3.32	4.07	4.06	5.12	3.64
MnO	0.113	0.212	0.151	0.262	0.233	0.351	0.281	0.202	0.191
TiO_2	2.23	1.55	1.38	1.72	2.31	2.19	2.06	2.13	1.38
P_2O_5	0.322	0.141	0.112	0.141	0.162	0.231	0.252	0.193	0.132
LOI	2.14	2.37	1.92	2.41	1.79	2.58	7.19	3.03	3.06
总量	99.52	99.47	99.47	100.59	99.54	99.55	100.07	99.90	99.47
分异指数（DI）	49.63	29.10	29.06	28.71	32.87	40.79	45.16	47.04	36.51
液相线温度	1204	1234	1177	1238	1218	1228	1192	1257	1232
σ	5.00	2.54	1.47	2.49	2.48	4.18	5.13	7.54	3.72
A/CNK	0.681	0.656	0.474	0.612	0.529	0.757	0.534	0.896	0.637
A/NK	1.36	2.53	2.31	2.63	1.90	1.82	1.50	1.62	2.07

注：分析单位：中国冶金地质总局一局测试中心实验室，分析方法：X射线荧光光谱仪，$\sigma=(Na_2O+K_2O)^2/(SiO_2-25)$（质量分数），$\tau=(Al_2O_3-Na_2O)/TiO_2$，$AR=[w(Al_2O_3)+w(CaO)+w(Na_2O)+w(K_2O)]/\{w(Al_2O_3)+w(CaO)-[w(Na_2O)+w(K_2O)]$（质量分数）$\}$，$A/CNK=Al_2O_3/(CaO+Na_2O+K_2O)$（摩尔比），$A/NK=Al_2O_3/(Na_2O+K_2O)$（摩尔比），液相线温度单位为℃。

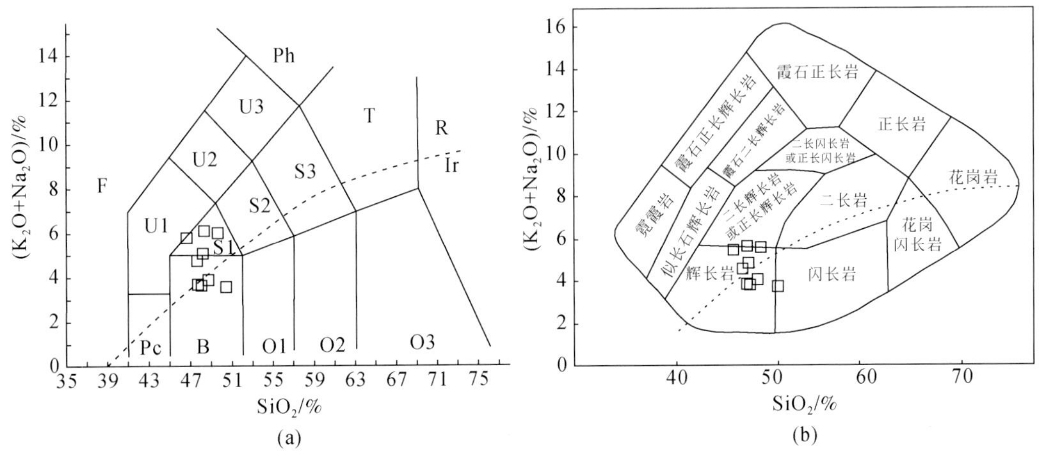

图6-14　因民铁铜矿区弯刀山次火山岩的TAS分类图解（(a) 底图据Le Maitre，1989；(b) 底图据Wilson，1989）
Pc. 苦橄玄武岩；B. 玄武岩；O1. 玄武安山岩；O2. 安山岩；O3. 英安岩；R. 流纹岩；S1. 粗面玄武岩；S2. 玄武质粗面安山岩；S3. 粗面安山岩；T. 粗面岩、粗面英安岩；F. 副长石岩；U1. 碱玄岩、碧玄岩；U2. 响岩质碱玄岩；U3. 碱玄质响岩；Ph. 响岩；Ir. Irvine分界线，上方为碱性，下方为亚碱性

对弯刀山辉长岩进行CIPW计算表明，主要标准矿物为钠长石、钙长石、正长石、橄榄石、紫苏辉石、透辉石、霞石等，以及少量的钛铁矿和磁铁矿等。液相线温度为1177～1257℃。分异指数为28.71～49.63，分异指数越高，说明岩浆分离结晶作用越强烈，显示原始岩浆演化过程中曾发生不同程度结晶分异。总之，弯刀山次火山岩属于碱性富钠质铁质基性岩系列，地球化学特征具有硅不饱和（低SiO_2）、富铁质和高碱性、富钠而低钾等地球化学特征，与板内洋岛玄武岩（OIB）类似，属于碱性钠质-铁质基性岩系列。

（2）稀土元素特征与岩浆结晶分异作用。在东川因民铁铜矿区，弯刀山基性侵入岩（铁质辉长岩类）的稀土元素（表6-9、图6-15）为：①稀土总量ΣREE变化较大且稀土元素分异强烈，REE为$(88.7\sim156)\times10^{-6}$，平均为$112\times10^{-6}$。轻稀土（ΣLREE）含量为$(73.6\sim128)\times10^{-6}$（平均值为$91.0\times10^{-6}$）。重稀土（ΣHREE）相对亏损，为$(15.1\sim28.19)\times10^{-6}$（平均值为$20.88\times10^{-6}$）。LREE/HREE值为3.88～4.87，平均值为4.36，轻重稀土比远大于1，显示轻重稀土分异，且轻稀土强烈富集，可能与弯刀山辉长岩类含有磷灰石有关。②这些稀土元素特征，与董耀松等（2004）提出的地幔部分熔融产物形成岩石的稀土元素特征相吻合，说明因民铁铜矿区弯刀山次火山岩可能为地幔部分熔融的产物。$(La/Sm)_N$值变化范围为1.39～1.93，平均值为1.63，说明轻稀土元素内部有较弱的分异作用。$(Gd/Yb)_N$值范围为1.75～2.36，平均值为2.03，重稀土分馏程度较低，衰减速度比轻稀土稍快。③在稀土配分模式图（图6-15）中，大多数样品具有弱Eu负异常，δEu值在0.84～1.05，平均值为0.96，其中：CM260-9样品具有正Eu异常，说明样品与辉长岩中斜长石的堆晶作用有关，斜长石富集Ca，Eu^{2+}可以取代其中的Ca^{2+}形成类质同象，说明次火山岩在形成期间斜长石分离结晶作用不明显；所有样品均没有明显的Ce负异常，推测低温蚀变作用对辉长岩的影响较小。与华北地台同时代基性岩相比，弯刀山辉长岩类中$(La/Yb)_N$值，比中条山-嵩山、晋冀地区和熊耳群基性岩中$(La/Yb)_N$值低

(胡国辉等, 2010; 彭澎等, 2004; 舒武林等, 2011; Zhao et al., 2002)。

表 6-9　东川因民铁铜矿区次火山岩的微量元素和稀土元素分析结果(单位: 10^{-6})

样品编号	CM260-5	CM260-9	CM260-10	CM260-11	CM260-12	CM260-13	CM260-14	CM260-15	CM260-19
Hf	2.66	1.21	2.14	2.01	2.5	2.57	2.86	2.47	1.95
Co	51.3	66.3	65.3	49.2	48.9	57.6	49.7	56.5	40.9
Li	12.8	52.2	28.4	46.1	37.3	27.1	39.4	28.1	22.8
Be	1.14	1.39	1.03	0.610	0.922	0.924	0.476	0.621	0.701
V	276	289	307	310	331	284	244	287	239
Cr	41.9	87.4	130	88.8	85.2	77.0	68.1	77.7	160
Ti	15120	9808	12480	11450	14780	13830	13430	13670	8906
Ni	45.0	67.4	55.5	47.8	34.5	91.9	88.6	121	97.1
Cu	59.5	96.8	949	114	92.1	41.0	130	40.8	15.7
Zn	138	186	114	130	125	183	119	113	60.1
Ga	18.9	18.4	20.2	20.0	19.9	18.8	15.1	16.4	16.0
Rb	26.1	35.2	16.6	36.7	16.6	24.6	61.5	9.22	20.9
Sr	49.8	220	285	321	212	129	53.3	39.5	273
Nb	28.5	10.3	14.1	13.0	18.5	19.6	18.6	15.9	11.9
Mo	3.09	0.782	0.624	0.403	0.705	0.892	0.861	0.504	0.409
Cd	0.461	0.552	0.141	0.194	0.208	0.213	0.321	0.243	0.051
In	0.062	0.161	0.113	0.072	0.102	0.091	0.043	0.052	0.061
Sb	1.26	3.18	2.31	4.87	1.58	0.812	0.491	0.683	0.449
Cs	1.47	0.981	0.462	1.21	0.953	1.75	2.3	0.862	1.33
Ba	8.55	271	74.9	317	79.6	41.9	18.9	25.6	21.4
Ta	1.99	0.872	0.961	0.891	1.35	1.23	1.28	1.08	0.812
W	1.01	2.07	0.763	1.04	0.704	0.607	0.582	0.593	0.505
Tl	0.142	0.213	0.143	0.221	0.123	0.124	0.223	0.091	0.132
Pb	159	61.2	17.7	23.5	32.1	22.1	23.6	28.6	10.9
Bi	1.13	0.933	1.41	0.712	0.672	1.65	0.521	0.323	0.262
Th	2.32	1.67	1.29	1.36	2.04	2.12	1.73	0.941	1.62
U	0.932	0.331	0.283	0.242	0.231	0.432	0.323	0.362	0.553
Zr	182	99.3	105	104	137	150	141	119	90.8
La	74.3	53.4	65.8	51.1	80.7	91.9	53.1	51.6	56.7
Ce	71.5	52.5	63.3	53.8	79.2	89.3	54.7	52.8	52.7
Pr	58.7	44.9	56.3	48.1	68.8	76.7	52.7	47.2	42.5

续表

样品编号	CM260-5	CM260-9	CM260-10	CM260-11	CM260-12	CM260-13	CM260-14	CM260-15	CM260-19
Nd	50.9	42.3	50.3	43.5	62.8	70.5	48.4	45.4	37.7
Sm	38.4	32.7	40.8	35.9	50.6	53.2	38.2	35.6	29.6
Eu	29.1	30.8	34.8	33.2	42.0	42.3	30.2	32.9	25.1
Gd	30.8	26.4	30.7	28.1	36.2	41.8	29.1	27.2	21.8
Tb	29.2	23.3	27.9	24.6	33.3	39.3	27.3	27.1	20.4
Dy	26.6	20.3	22.8	21.6	28.3	31.7	24.4	23.2	17.5
Ho	22.7	16.8	19.7	17.3	22.6	26.0	19.7	19.8	14.8
Er	22.9	15.6	18.7	16.1	21.5	25.0	18.7	16.6	13.7
Tm	18.4	13.9	15.8	13.8	18.6	20.8	16.8	16.3	11.9
Yb	17.3	12.1	13.8	11.9	17.6	20.7	16.7	14.5	10.6
Lu	14.1	11.6	11.1	11.5	14.3	17.6	13.3	11.0	9.02
Y	6.44	6.26	7.24	5.68	5.13	5.04	4.53	5.32	4.81
ΣREE	122	93.6	112	96	139	156	103	97.3	88.7
LREE	98.7	75.9	91.8	77.7	114	128	81.6	77.8	73.6
HREE	23.0	17.7	20.4	18.5	24.5	28.2	21.0	19.5	15.1
LREE/HREE	4.29	4.29	4.51	4.2	4.65	4.53	3.88	3.99	4.87
$(La/Yb)_N$	4.35	4.46	4.82	4.34	4.64	4.5	3.22	3.61	5.41
δEu	0.84	1.04	0.97	1.04	0.97	0.89	0.92	1.05	0.98
δCe	1.04	1.03	1.01	1.05	1.02	1.02	1.00	1.03	1.03

（3）微量元素特征与岩浆地幔源区。弯刀山基性侵入岩（铁质辉长岩类）中微量元素含量（表6-9）采用原始地幔值（Sun and McDonough，1989）标准化后（图6-16），微量元素的原始地幔标准化配分图呈向右缓倾曲线，与OIB配分曲线相似。总体上表现为Cr、Ni、Co、V等相容元素含量较低，不相容元素和大离子亲石元素（LILE）富集。大离子半径元素，如Rb、K，多数样品显示正异常，大多数样品的Ba却呈现出负异常；高场强元素中，具有明显的Ce异常，多数样品没有明显的Ti异常，反映原始岩浆没有发生明显的钛镁矿物结晶分异作用，Nb、Ta负异常不明显，Zr显示微弱的正异常，Hf显示微弱负异常，区别于岛弧环境基性岩，因岛弧基性岩中Nb、Ta、Zr、Hf具有明显的负异常（Woodhead，1988；McCulloch and Gamble，1991）。样品中Nb和Ta分异不明显，采用原始地幔标准化$(Nb/Ta)_{PM}$值为0.82～1.10，平均0.98。Sr明显负异常，P也有一定程度负异常，指示了岩浆演化过程中磷灰石先期发生过分异结晶作用。Rb正异常，可能与岩石属于碱性和K含量较高有关。原始地幔Th/Ta值约为2.3（Wooden et al.，1993），上地壳中Th/Ta值约为10（Condie，1993），因Th和Ta均为强不相容元素，Th/Ta值可以很好地反映原始岩浆的地球化学特征和判别是否存在同化混染作用。弯刀山次火山岩中Th/

Ta 值在 0.39 ~ 0.9，平均值为 0.67，暗示受大陆地壳和地层混染很弱。

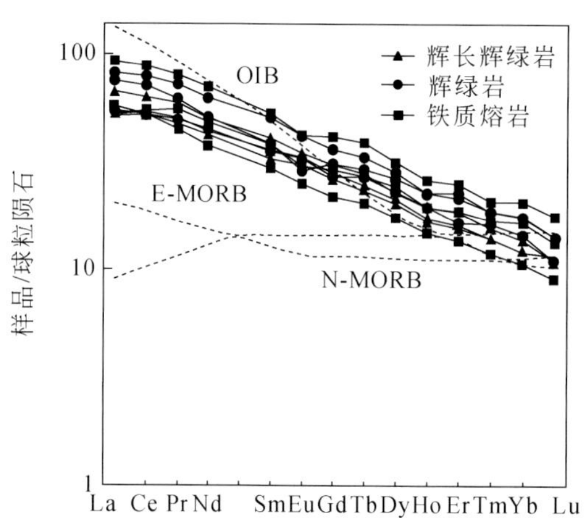

图 6-15　弯刀山辉长岩类稀土元素球粒陨石标准化配分模式图
（标准化值据 Sun and McDonough，1989）

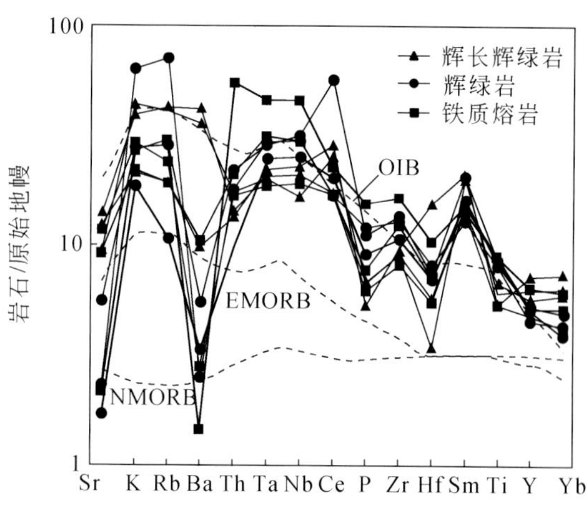

图 6-16　弯刀山辉长岩类微量元素原始地幔标准化蛛网图
（标准化值据 Sun and McDonough，1989）

弯刀山基性侵入岩（铁质辉长岩类）与主要地质端元的地球化学参数对比，①Zr/Nb 值、La/Nb 值位于 EM1 型 OIB 区间内，Ba/Nb 值变化较大，可能由 Ba 元素的负异常特征引起，大部分样品比值位于 EM1 型 OIB 区间。②Th/Nb 值位于 OIB 区间内，Th/La 值除了 CM260-10 和 CM260-15 号样品外（均为 0.08），其余均与 EM1 型 OIB 参数一致。因此，弯刀山次火山岩中，微量元素地球化学参数总体上显示出 EM1 型洋岛玄武岩的地球化学特征，如 Ba/La、Ba/Nb 等参数变化异常可能与一些相对较活泼的元素如 Ba、La 的蚀变迁移有关，而活动较差的高场强元素比值，如 Zr/Nb 较稳定。

6.3.2　弯刀山辉长岩类年代学

从粗粒辉长岩（HX16）分选出的锆石颗粒大部分呈长柱状、断柱状，晶型为半自形-自形，晶面裂纹较多。在阴极发光图上［图 6-17（a）］，未见有明显核部的颗粒，大多数锆石都具有较清晰的结晶环带，表明它们是岩浆结晶形成的锆石。锆石的 $^{232}Th/^{238}U$ 值变化范围为 0.38 ~ 13.8。^{232}Th 和 ^{238}U 含量均较高，其中 ^{232}Th 的平均含量为 6173.78×10^{-6}，^{238}U 的平均含量为 1221.32×10^{-6}。共测试有 24 个点，$^{207}Pb/^{206}Pb$ 年龄数据显示锆石的年龄变化范围为 1710 ~ 999Ma，表现出弯刀山地区岩浆活动，从东川运动末期（1800Ma）到小黑箐运动（1000Ma）呈现出持续性的活动特征。2 号测点的 U-Pb 年龄为 2445±61Ma，可能为岩浆上侵过程中从围岩或者源区捕获的继承性锆石。其中 12 颗锆石定年数据点显示年龄测定值较为稳定，加权平均年龄为 1663±23Ma，不谐和年龄上交点为 1720+31/−32Ma［图 6-17（b）］。因此，粗粒辉长岩样品（HX16）形成年龄为 1720+31/−32Ma。

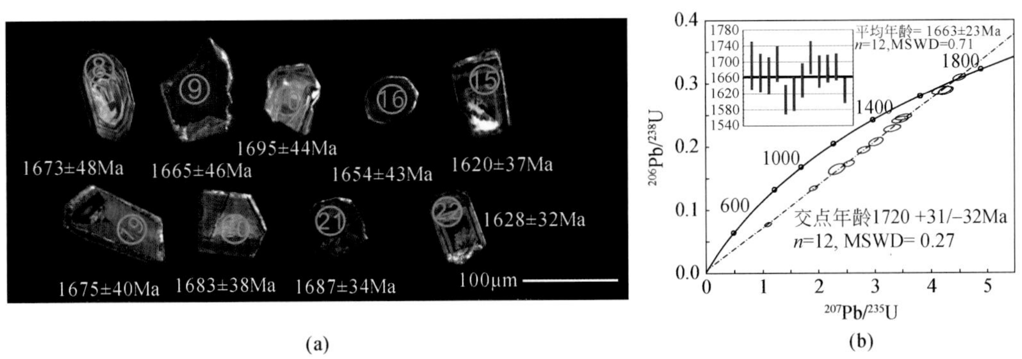

图 6-17　弯刀山次火山岩侵入相中粗粒辉绿岩（HX16）锆石阴极发光（CL）和锆石 U-Pb 年龄图

确定因民矿区弯刀山某中段 CM260 穿脉中为蚀变粗晶辉长岩-辉长辉绿岩-辉绿岩等组成的次火山岩侵入岩体为 IOCG 矿床成岩成矿系统根部相，主要依据有：①CM260 穿脉中次火山岩（辉长岩）侵入岩体形成年龄为 1720+31/−32Ma，属于中元古代初期（因民期初期）。②其侵入因民组一段碱性铁质基性火山熔岩相中，形成了青磐岩化相带，以发育网脉状绿泥石化和含辉铜矿黄铜矿方解石细脉带等为特征。具有明显的构造岩相学分带，其内部以强烈的弥漫状绿泥石-绿帘石蚀变相为主，与因民组一段碱性铁质基性火山熔岩相呈明显的侵入接触关系，形成了岩浆侵入构造系统和蚀变岩相分带，指示了 IOCG 矿床成岩成矿系统根部相特征。③弯刀山次火山岩侵入杂岩体在地表出露很好，构造岩相学分带明显。发育伟晶状辉长闪长岩和结晶核构造，形成年龄为 1775Ma，重新计算后为 1800Ma，明显早于 CM260 穿脉中次火山岩侵入岩体。④在某巷道主巷中，因民组一段条纹条带状粉砂质板岩近源碎屑锆石形成年龄为 1792±30Ma。因此，CM260 穿脉中蚀变粗晶辉长岩-辉长辉绿岩-辉绿岩等岩石组合为次火山岩侵入岩体（图 6-18）。⑤结合构造岩相学研究，弯刀山次火山岩侵入岩体形成于因民期，但具有次火山侵入岩杂岩体特征。

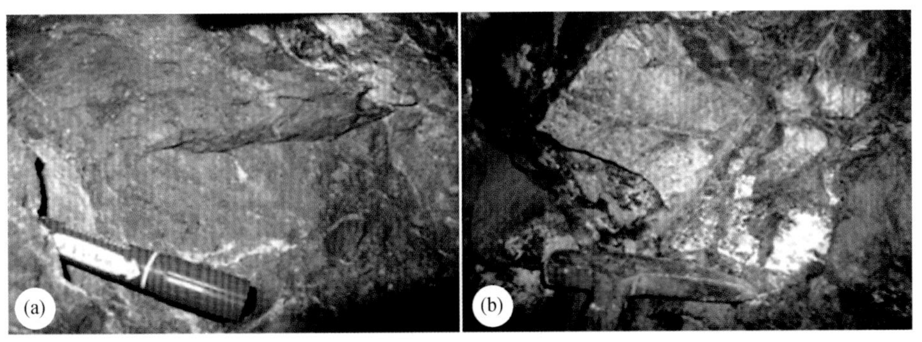

图 6-18　弯刀山次火山岩侵入岩相（粗粒辉长岩）含矿次火山热液角砾岩

（a）含磁铁矿矿浆的岩浆热液角砾岩；（b）斑铜矿磁铁矿岩浆热液角砾岩

6.3.3　因民矿段弯刀山次火山岩侵入相与侵位机制

（1）岩浆源区与成因机制。东川次火山侵入岩体（铁质辉长岩）的 MgO 含量为

4.98%~8.13%，均值为6.54%，所有样品的 $Mg^{\#}<61$，说明存在分离结晶作用。由于Yb与石榴石相容而与单斜辉石不相容，所以应用Sm/Yb值能指示源区的矿物组成。在Sm-Sm/Yb图解（Aldanmaz et al.，2000）（图6-19）中，样品落入尖晶石-石榴石二辉橄榄岩和石榴石二辉橄榄岩的地幔源区，其部分熔融的程度为5%~10%。研究表明（Bromiley and Redfern，2008；Humphreys and Niu，2009；Irving and Frey，1978；Kogiso et al.，2003；Kogiso and Hirschmann，2006；Niu et al.，1999；Salters and Hart，1989），当源岩发生低度部分熔融（1%~20%），并以石榴石作为主要残留矿物相时，会造成熔体中Y和HREE亏损而强不相容元素富集。弯刀山所有样品HREE相对LREE明显亏损说明在源区有石榴石的残留或部分熔融程度很低。

弯刀山辉长岩类具有相对低的 $(Nb/La)_{PM}$ 值（0.31~0.5）和 $(Th/Nb)_{PM}$ 值（0.06~0.18），不具Nb、Ta、Zr、Ti的负异常，说明其受地壳混染的影响很小。Th和Nb作为强不相容元素，当发生部分熔融和分离结晶时，其比值基本保持不变。因此，其比值可以反映源区的微量元素丰度特征（郑海飞等，1994）。在原始地幔标准化的 $(Th/Nb)_{PM}$-$(Sm/Yb)_{PM}$ 图解（图6-19）中，样品表现出部分熔融和分离结晶的趋势，没有表现出地壳混染的特征。相对高的 $(Sm/Yb)_{PM}$ 值（>2），说明存在石榴石残留源区，指示了源区发生低程度的部分熔融。

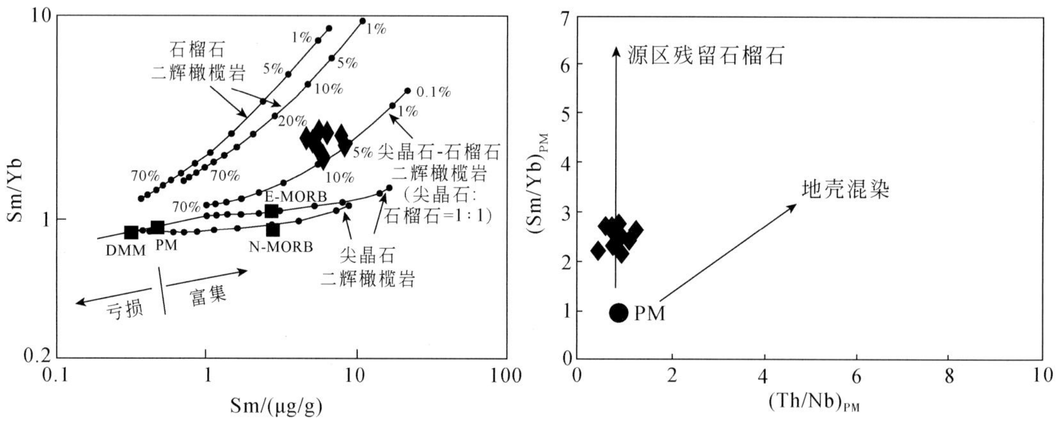

图6-19 弯刀山铁质辉长岩类的Sm-Sm/Yb图解（据Aldanmaz et al.，2000）和 $(Th/Nb)_{PM}$-$(Sm/Yb)_{PM}$ 图解（原图据Wang et al.，2007）

弯刀山辉长岩类显示低 SiO_2（平均值为47.95%）、较低MgO含量（平均值为6.30%）和 $Mg^{\#}$ 值（平均为49.84），表明其初始岩浆为相对较原始的基性岩浆。推测为地幔较高部分熔融产物，因后期蚀变明显，导致大离子亲石元素发生明显变化。Barbarin（1999）将钙碱性岩分为KCG和ACG两类，前者贫CaO而富 K_2O，主要来源于地壳，后者贫 K_2O 而富CaO，主要来源于地幔（Barbarin，1999；Depaolo and Farmer，1984）。

（2）弯刀山基性侵入岩（铁质辉长岩类）形成的大地构造构造岩相学。通过上述岩石类型、成因、源区性质等的讨论可知，弯刀山铁质辉长岩类为较原始的基性岩浆快速冷却形成，没有或极少受到岩石圈物质的混染，因此可以利用比较常见的构造环境判别图解对其形成的构造背景进行讨论。在 Y×3-Ti/100-Zr 图解中［图6-20（a）］，弯刀山铁质辉长岩类均落入板内玄武岩范围内。在 Hf/3-Th-Ta 图解里，全部样品也落入板内碱性玄武岩中［图6-20（b）］，表明弯刀山中元古代早期因民期铁质基性侵入岩为板内伸展环境。

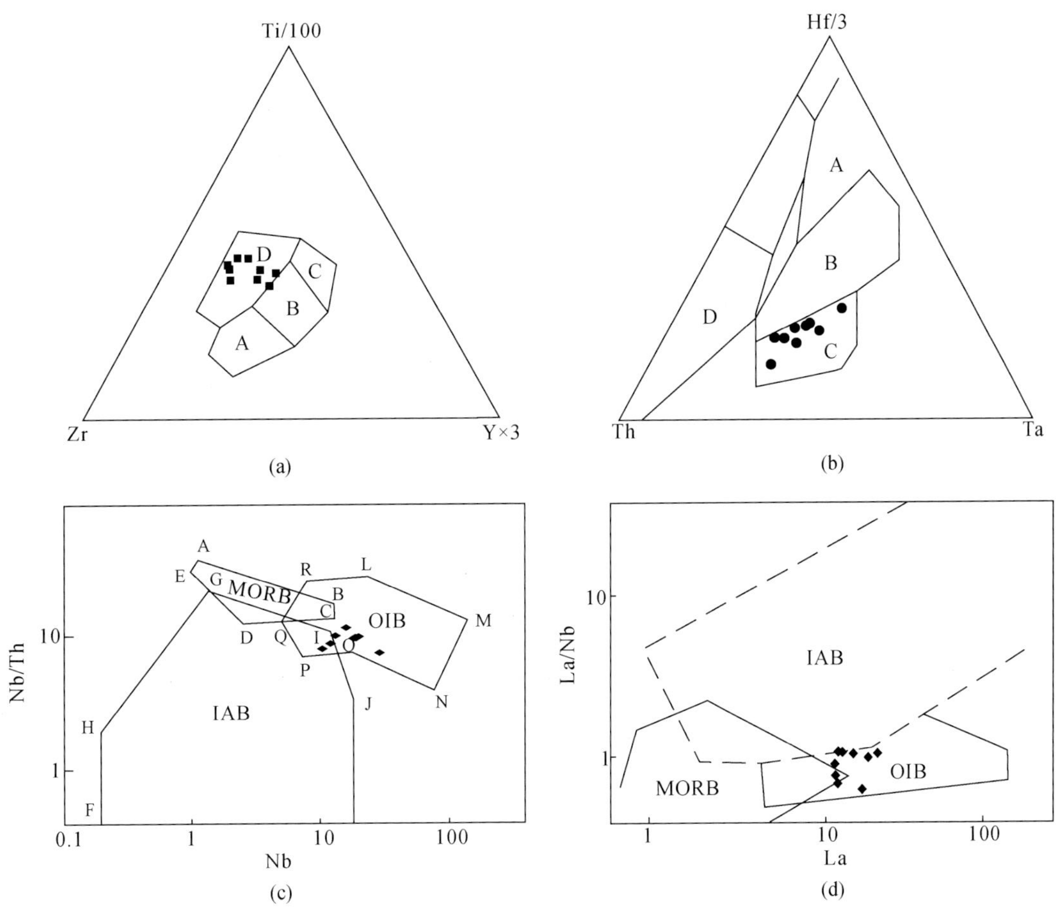

图6-20　因民铁铜地区弯刀山铁质辉长岩类形成的大地构造环境判别图

（a）Ti-Zr-Y 图解（据 Pearce and Cann，1973），A. 岛弧拉斑玄武岩，B. 岛弧拉斑玄武岩，C. 钙碱性玄武岩，D. 板内玄武岩；（b）Ta-Th-Hf 图解（Wood，1980），A. 正常型洋中脊玄武岩，B. 富集型洋中脊玄武岩，C. 板内碱性玄武岩，D. 岛弧拉斑玄武岩；（c）Nb-Nb/Th 图解；（d）La-La/Nb（据李曙光，1993）；MORB. 洋中脊玄武岩；IAB. 岛弧玄武岩；OIB. 大洋岛玄武岩

从稀土配分模式图来看，弯刀山铁质辉长岩类具有典型 OIB 特征，如夏威夷碱性玄武岩那样向右陡倾的稀土元素配分曲线，TiO_2含量为1.38%~2.31%，平均值为1.88%，与晚二叠纪峨眉山玄武岩中的低 Ti 系列相似（Xu et al.，2001；Xiao et al.，2004；Zhou et al.，2008）。由于 Ni 含量较低，为（34.5~121）$\times10^{-6}$，均值为72×10^{-6}，远低于原始玄武质岩浆（400~500）$\times10^{-6}$（Wilson，1989）。含 Cr（41.9~159.5）$\times10^{-6}$，含量变化较大，但较原始岩浆含量（$>1000\times10^{-6}$）和 MORB［（251~411）$\times10^{-6}$］低，暗示弯刀山铁质辉

长岩类的原始岩浆演化过程中，有少量橄榄石、斜方辉石和铬铁矿分异结晶。

由于不相容性相似的元素比值能指示同位素特征不同的地幔端元（Weaver，1991；Condie，2003），因而应用 Nb-Nb/Th 图解（Pearce，2007）能有效区分玄武岩的源区。在 Nb-Nb/Th 图解［图 6-20（c）］和 La-La/Nb 图解［图 6-20（d）］中，所有样品都集中分布在 OIB 范围，具有 OIB 源区特征。

Hofmann（1988）对大洋玄武岩研究发现，MORB 和 OIB 的 Nb/U 比值高而均一（47±10），而大陆地壳的 Nb/U 值通常很低（约 9.7）（Campbell，2002）。弯刀山基性火山岩样品夹于连续沉积的海相地层之中，且其 Nb/U 值平均为 46.36，与 MORB 和 OIB 的 Nb/U 值非常接近。在原始地幔标准化蛛网图（图 6-15）和微量元素的原始地幔标准化配分图（图 6-16）中，所有样品都没有表现出与 N-MORB 地幔源区一致的 Nb-Ta-Ti 正异常（Hofmann，1997），而是表现出与 OIB 一致的稀土分配模式和微量元素特征，说明它们可能形成于与 OIB 相似的洋岛环境（Sun and McDonough，1989）。这一结论与之前所述这些基性火山岩源于类似于 OIB 的地幔源区部分熔融相一致。

弯刀山铁质辉长岩类 LA-ICP-MS 锆石 U-Pb 年龄为 1720+31/−32Ma，属于中元古代初期因民期。在东川地区中元古代初期碱性铁质基性侵入岩，与扬子地台西南缘大红山、河口和武定地区基性岩浆岩、石英斑岩及岩浆角砾岩（周家云等，2011；Zhao and Zhou，2011；王冬兵等，2012；王子正等，2013）形成时代一致，也与全球 Columbia 超级大陆裂解事件（Rogers and Santosh，2002；陆松年等，2010），形成大规模同期非造山型岩浆岩的构造-岩浆侵位事件年龄一致，如华北地台东西两大陆块裂解期时代集中在 1750 ~ 1650Ma（翟明国等，2014；赵太平等，2004；彭澎等，2004；胡国辉等，2010；Zhao et al.，2002，2009；Lu et al.，2002；Zhang et al.，2012）。研究揭示弯刀山基性侵入岩（铁质辉长岩类）具有典型陆内裂谷碱性玄武岩和 OIB 的地球化学特征，它们是中元古代初期陆缘裂谷盆地形成期的构造-岩浆侵位事件。推测这种大地构造岩相学特征记录了全球性 Columbia 超级大陆裂解在东川地区物质表现，与地幔柱活动密切相关。

6.3.4 因民期岩浆叠加侵入构造系统

（1）在因民期中深成侵入相碱性铁质辉长岩类，以弯刀山碱性铁质辉长闪长岩形成时代最早，形成年龄为 1800±37Ma，揭示了因民铁铜矿区火山穹窿机构形成年龄为 1800±37Ma。主要以小溜口岩组为先存构造层，因弯刀山中深成侵入相碱性铁质辉长闪长岩上涌侵位，在小溜口岩组形成构造-热穹窿，小溜口岩组发生断隆上拱和断陷成盆。

（2）在因民铁铜矿区某中段坑道中，在粗粒辉长岩等组成的次火山岩侵入岩相体中，锆石 U-Pb 年龄的加权平均年龄为 1663±23Ma，不谐和年龄上交点为 1720+31/−32Ma。将粗粒辉长岩形成年龄为 1720+31/−32Ma 作为侵入因民组一段内次火山岩侵入相的形成年龄，主要构造岩相学依据有：①粗粒辉长岩与碱性铁质基性岩呈侵入接触关系，在与先期形成的碱性铁质基性火山熔岩相之间，形成了明显的青磐岩化相，发育镜铁矿-黄铜矿硅化碳酸盐化网脉和黝铜矿-黄铜矿硅化碳酸盐化网脉，为成岩成矿系统根部相和成矿流体运移通道相的构造岩相学标志。②从次火山岩侵入相体中心向外，形成了粗晶辉长岩→中粗粒辉绿辉长岩→细粒辉长岩/辉绿岩等岩相学分带，具有岩浆结晶分异作用，显示与碱性铁质基性火山熔岩相（火山喷溢作用）的成岩方式具有较大差异。③次火山岩侵入相体边部，发育黑云母岩浆热液角砾岩相，成岩成矿系统根部相和成矿流体运移通道相的构造岩相学标志。

（3）在弯刀山次火山岩杂岩体中，后期侵入形成的粗粒辉长岩具有多期形成明显的铁铜矿化，形成了含磁铁矿矿浆的岩浆热液角砾岩和斑铜矿磁铁矿岩浆热液角砾岩（图 6-18），它们是形成 IOCG 成岩成矿系统的根部相。

6.4　老新山格林威尔期碱性钛铁质辉长岩与大地构造岩相学

在因民铁铜矿区，老新山辉绿辉长岩侵入岩体为较大规模岩株，既有顺层又有切层侵位，以顺层为主（如 2230m、2110m 中段平面图）。经构造岩相学研究认为：①老新山辉绿辉长岩侵入岩体切层和顺层侵位特征。同期形成的岩浆侵入构造样式包括岩浆隐爆角砾岩相带、岩浆热液角砾岩构造系统、侵入岩体超覆构造和岩兜构造等。经过系统构造岩相学填图，证明它们共同组成了格林威尔期岩浆叠加侵入构造系统。②在岩浆叠加侵入构造系统中，侵入岩体顶面形态极其复杂，如岩凸、岩凹、岩舌、岩枝和岩脉等不同形态均为岩浆叠加侵入构造系统内构造样式，它们对于铁铜和铜矿体控制作用不同。其侵入岩体周缘外界面和下界面几何学形态也复杂多变并控制了铁铜矿体，如侵入岩体超覆侵位形成的岩兜构造，在下伏 150 线小溜口岩组形成铜金银钴综合矿体。③经 2110m 中段和 2230m 中段坑道编录研究认为，老新山辉绿辉长岩侵入岩体（220 线北）内部存在 Cu-Fe-Au 矿化组合，铜铁矿化强度较弱，金平均品位 0.12g/t，为次火山岩侵入相。今后在围绕老新山辉绿辉长岩侵入岩体边部，岩凹-岩兜构造等是寻找裂隙型富铜矿脉的有利地段。尤其是岩浆隐爆角砾岩相带中，形成了岩浆热液角砾岩构造系统，对于形成 IOCG 矿体和 REE 矿体十分有利。因此，需要采用矿山井巷工程立体构造岩相学填图，对老新山辉绿辉长岩侵入岩和岩浆侵入构造系统进行系统解剖研究。

6.4.1　老新山辉绿辉长岩侵入岩体的地质产状及形态学特征

在因民-月亮硐-小溜口矿段和滥泥坪-白锡腊-汤丹矿段内，碱性铁质辉长岩有三类地质产状（方维萱等，2013），形成了格林威尔期岩浆叠加侵入构造系统（杜玉龙等，2014；王同荣等，2014）：①中元古界东川群因民组一段和因民组二段，由层状碱性铁质苦橄岩、碱性铁质凝灰岩、碱性铁质角砾凝灰岩、碱性铁质火山熔岩和顺层侵入的辉长岩-辉绿岩类等组成（即铁质辉长岩类），在稀矿山式含铜赤铁矿层和赤铁矿层下盘和下盘围岩中发现了 REE 矿化信息。②切层产出的辉长岩类侵入体（岩枝或岩墙等），周边分布有碱性铁质基性岩类组成的隐爆角砾岩相带，呈小于 35°或大角度（>60°）侵位到东川群全部层位内。在因民、滥泥坪、白锡腊、桃园、新塘、面山等铁铜矿区分布较广泛，以滥泥坪-白锡腊矿段深部最为典型，属次火山岩侵入相，共生相体有隐爆角砾岩相和热液角砾岩相，指示了古火山喷发机构和中心位置，它们是岩浆侵入构造系统的物质组成和构造岩相学特征。③东川群黑山组中发育顺层侵位的辉长岩和辉绿岩岩床，以汤丹矿区和因民-月亮硐-小溜口矿段西部黑山组最为典型，形成了桃园型铜矿床。

在因民铁铜矿区，碱性铁质辉长岩类有辉长岩和辉绿辉长岩岩株、岩床、岩墙，其次为辉绿岩岩脉群。在三江口有六个辉长岩-辉绿岩等次火山岩侵入相（株）呈环形展布，其环形次火山岩相带周缘为火山熔岩、火山集块岩和火山角砾岩，再往外为火山角砾岩相带，其青磐岩化相发育，局部形成了绿泥石绿帘石蚀变岩（原岩为火山集块岩和火山角砾岩），揭示具有大规模次火山热液蚀变体系存在，推测为东川地区古火山（机构）喷发中心之一，往北至大乔地等、向南到月亮山-小溜口矿段为三级火山沉积盆地，形成一个从火山喷发中心（水下隆起）到三级火山沉积盆地的构造样式变化。沿近南北向褶皱-断裂带侵位，与铜矿层形影相随，出露于黑山组-因民组地层，对本矿区稀矿山式铁铜矿和东川式火山热水沉积-改造型铜矿后期叠加改造富集具有明显控制作用。

在地表的黑山组、落雪组、因民组地层均有辉长岩类侵入体出露，大水沟一带见有蚀变火山集块岩。面山南部岩体地表出露面积约 0. 2km^2，呈岩墙状出露；磨子山岩体地表出露面积 0. 3km^2；滥山岩体出露面积约 0. 1km^2；其次辉长辉绿岩枝地表出露面积 0. 1km^2 以下。钻孔和坑道在深部揭露大量辉长辉绿岩岩枝（脉），从 220 钻孔中的 1000m 标高至地表 3000m，目前控制延深在 1000m 以上，从稀矿山矿段的 10 线至猴跳崖的 280 线近 3000m 范围内均有岩体侵入。呈顺层或切层侵位，切层以小角度（小于 35°）或大角度（大于 60°）切层侵位。在平面上形态学特征主要为呈 NW 和 NE 向弧形、近弧形岩脉状以及椭圆状、半环形、锥状岩株。弧形、近弧形以 NW 向为主，次为 NE 向，宽度一般 20 ~ 300m，长度一般 150 ~2500m。以三江口古火山喷发口为中心呈环形分布的锥状、椭圆状，一般长轴 150 ~300m，短轴一般 50 ~250m。在地表多为沿 NW、NE 向断裂侵位，呈岩墙、岩脉、岩株等产出，表现为破坏和掩盖断层，在坑道中也多沿断裂破碎带侵位，但多以 NE 向为主，常破坏矿体，表现为将矿体右行错动，一般错距 5 ~30m，最大可以达到 50 余米。因民矿区火山爆发-岩浆活动的多期次叠加特征，火山岩相揭示深部为古火山喷发中心，受南北向和北东东向同生断裂带控制，这些同生断裂带切割深度可能达到了软流圈地幔，地幔柱热点上涌与铁氧化物铜金型（IOCG）矿床形成密切相关，因民二段稀矿山式铁铜矿下盘围岩中有 Fe-Cu-Au-Ag-REE 矿化，形成于格林威尔期。

6. 4. 2　老新山辉绿辉长岩侵入岩体构造岩相学编录

对因民铁铜矿区 2110m 中段和 2350m 中段，老新山辉绿辉长岩岩床（顺层侵位）穿脉编录和研究认为［图 6-21（a）、图 6-21（b）］：老新山辉绿辉长岩侵入岩体内部有铜铁金矿化，2110 中段取样 12 件（表 6-10），金平均品位 0. 12g/t，铜铁矿化较弱，零星见有黄铁矿、黄铜矿呈星点状、细脉状沿碳酸盐脉产出。辉绿辉长岩侵入体具有明显的构造岩相学分带，以中粗晶辉长岩为侵入岩中心相，以斑状黑云母蚀变岩+蚀变辉绿岩为过渡相。围绕侵入岩体外部地层，形成了具有工业意义的脉带型富铜矿体。

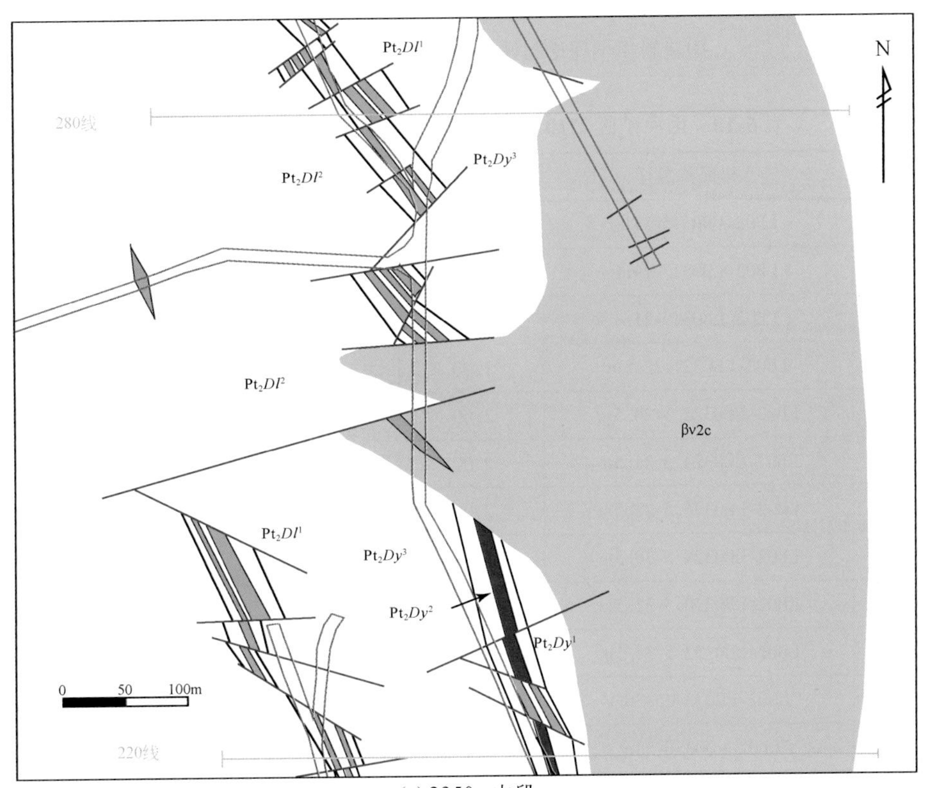

(a) 2350m中段

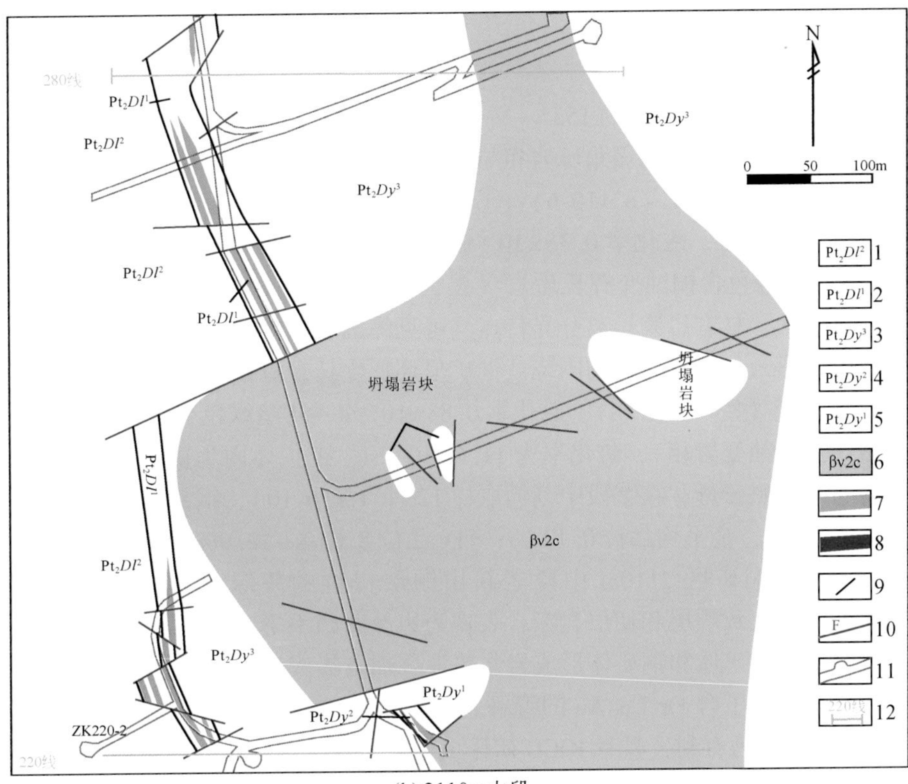

(b) 2110m中段

图 6-21 因民铁铜矿区老新山顺层侵位的辉绿辉长岩几何形态学特征

1. 中元古界东川群落雪组二段；2. 中元古界东川群落雪组一段；3. 中元古界东川群因民组三段；4. 中元古界东川群因民组二段；5. 中元古界东川群因民组一段；6. 辉长辉绿岩（格林威尔期）；7. 铜矿体；8. 铁矿体；9. 地质界线；10. 断层；11. 井巷工程；12. 勘探线剖面及编号

表 6-10　因民矿区 2110 中段老新山辉绿辉长岩样品分析结果表

样号	样品位置	样长	Cu/%	Fe/%	Au/(g/t)
H2110-1	LB02-LB0315-17m	2.00	0.139	12.940	0.090
H2110-2	LB02-LB0317-19m	2.00	0.060	10.120	0.080
H2110-3	LB02-LB0319-21m	2.00	0.071	8.090	0.076
H2110-4	LB02-LB0321-22.5m	1.50	0.136	8.780	0.146
H2110-5	LB02-LB0322.5-24.5m	2.00	0.102	10.590	0.102
H2110-6	LB02-LB0324.5-26.5m	2.00	0.126	10.000	0.208
H2110-7	LB02-LB0326.5-28.5m	2.00	0.093	9.400	0.098
H2110-8	LB02-LB0328.5-30.5m	2.00	0.098	8.730	0.111
H2110-9	LB02-LB0330.5-32.5m	2.00	0.114	8.650	0.193
H2110-10	LB02-LB0332.5-34.5m	2.00	0.044	9.370	0.124
H2110-11	LB02-LB0334.5-36m	1.50	0.060	9.550	0.105
H2110-12	LB02-LB0336-38m	2.00	0.133	10.350	0.106

1. 因民 2110m 中段穿脉

穿脉长 302m，工程方位角约 153°。辉长岩侵入岩体切穿因民组三段紫红色-紫灰色条纹条带状泥质粉砂岩。可见坍塌角砾岩相与辉长岩侵入岩体交互出现。从 NW→SE 构造岩相学相序为（标本 B2110-1 ~ B2110-6）：①棕红色和暗绿色绿帘石-绿泥石-钠长石化蚀变岩（原岩为基性火山岩，磁化率 0.35×10^{-3}SI）→②绿黑色黄铁矿化蚀变辉绿岩（磁化率 0.39×10^{-3}SI）→暗绿色含铜蚀变辉长玢岩（黑云母热液蚀变岩相），磁化率 56.6×10^{-3}SI，见黄铜矿呈浑圆状，具有岩浆熔离分异特点，可见浑圆状黄铜矿集合体内包裹黑云母等暗色矿物，也可见黑云母等暗色矿物围绕黄铜矿呈环形生长，黄铜矿呈细粒星点状→③黄绿色蚀变粗晶辉长岩（侵入中心相），磁化率 0.83×10^{-3}SI→④暗绿色杏仁状辉绿岩（次火山岩相，黑云母热液蚀变岩相），磁化率为 11.6×10^{-3}SI，杏仁体内为白色石英-方解石，外环带为片状自形晶黑云母。在②段中刻槽取样 12 件（表 6-10），铜品位小于 0.2%；金品位 0.076 ~ 0.208g/t，金平均品位 0.12g/t；TFe 品位 8.65%~12.9%，平均 9.7%。

总之，因民铁铜矿区 2110m 中段老新山顺层侵位的辉绿辉长岩几何形态学特征［图 6-21（a）］为大致顺层和切层岩床，表现为边部凹凸不平。在坑道平面上的岩凸构造两侧，有利于对铁铜矿体和铜矿体形成岩浆热液叠加富集成矿。辉绿辉长岩侵入岩体内部构造变形较强，形成了含 Fe-Cu-Au 的青磐岩化相和黑云母岩浆热液角砾岩化相，揭示对于形成 IOCG 矿床较为有利，具有 IOCG 矿床成岩成矿系统根部相的物质供给系统特征。

2. 因民 2350m 中段穿脉

构造岩相学编录长度 352.2m，工程方位角约 70°。蚀变辉绿辉长岩体切穿因民组紫红色-紫灰色条纹条带状泥质粉砂岩、粉砂质白云岩，坑道中多见辉绿辉长岩岩体将因民组三段泥质粉砂岩切割包围的岩块。从 SW→NE 岩相学相序为（标本 B2350-10 ~ B2350-18）：①绿灰色黑云母辉长玢岩（黑云母热液蚀变岩相），可见斑状黑云母及辉石，线状黑云母岩，磁化率 114×10^{-3}SI，磁性较强，为地表近东西向正负相伴磁力异常场的深源磁性地质体→②灰黑色-绿黑色细粒辉绿辉长岩（过渡相，黑云母化蚀变岩相），块状构造，沿裂隙发育黑云母化，磁化率 57.4×10^{-3}SI→③棕褐色-黑色斑状黑云母岩（黑云母蚀变岩相，过渡相），黑云母含量80%，斑晶含量25%~30%，黑云母斑晶定向排列，磁化率 1.08×10^{-3}SI，发生黑云母化热液蚀变退磁作用。原岩恢复为长石金云母玢岩，为次火山岩相→④浅黄绿色-绿黑色中粗粒黑云母辉长岩（中心相），长石发生绿帘石化（呈浅黄色），呈长石斑晶假象，含量30%，角闪石及辉石含量在60%以上，可见黄铜矿-硅化脉不均匀分布，磁化率 98.2×10^{-3}SI，磁性较强，为地表近东西向正负相伴磁力异常场的深源磁性地质体→⑤绿黑色细粒辉绿辉长岩（次火山岩过渡相）→⑥暗绿色硅化-钠化-绿帘石化蚀变岩，磁化率 8.8×10^{-3}SI→⑦棕褐色-灰黑色斑状-杏仁状黑云母岩，磁化率 0.31×10^{-3}SI→⑧棕褐色-灰黑色黑云母钠长岩，磁化率 1.8×10^{-3}SI，发生黑云母化热液蚀变退磁作用。因民组三段紫红色-紫灰色条纹条带状泥质粉砂岩，分别在 HT04-HT06 测点的 0 ~ 9.6m、36 ~53.7m，HT08 测点向北东 22.7m 至掌子面。

该段整体上矿化微弱，碳酸盐细脉（中低温热液蚀变，活化成矿作用微弱）较为发育，脉宽 0.5 ~1cm，沿脉见细脉状黄铜矿、黄铁矿以及孔雀石，显示了具有多期构造叠加和明显的热液活动，属于 IOCG 矿床成岩成矿系统的成矿物质运移的构造通道相。在辉绿辉长岩岩体与含矿层位接触时，铜铁矿石品位增高，矿体变富（如220线钻孔），说明辉绿辉长岩岩床对本区富矿体形成有重要作用，在辉绿辉长岩平面岩凸构造外围，形成了热液脉带型铜矿体；在辉绿辉长岩岩床内部有因民组捕虏体，但以碎裂岩化相和青磐岩化相为主，没有明显富集成矿特征。因此，今后在围绕老新山辉绿辉长岩侵入构造带，有可能寻找裂隙型富铜矿脉，推测稀矿山式黄铜矿脉与该岩体活动有关。

综上所述：①老新山辉绿辉长岩铜、铁矿化较弱，金平均品位 0.12g/t；②大致顺层的辉绿辉长岩岩床边部凹凸不平，其中岩凸构造对于铁铜矿体和铜矿体具有岩浆热液叠加富集成矿作用；③老新山辉绿辉长岩岩床具有明显的构造岩相学分带，其内部青磐岩化相带具有 IOCG 矿床成岩成矿系统根部相特征，过渡相和边缘相发育黑云母热液蚀变岩相。通过对老新山辉绿辉长岩侵位构造典型地段的井巷工程构造岩相学编录，进行基本分析样品采集和分析、坑道平面和勘探线剖面的构造岩相学编录及综合对比研究，认为老新山辉绿辉长岩侵入岩体具有如下控矿规律和找矿方向。

（1）老新山辉绿辉长岩岩体内部含矿与外部控矿特征表明，围绕该岩体寻找 IOCG 矿和小溜口岩组铜多金属矿是重要的找矿方向。目前，认为围绕岩体有前景的找矿方向：一是铁质辉长岩类铁氧化物铜金型（IOCG）矿体，以因民稀矿山式为代表，矿体随岩体向深部延伸，为有利找矿预测靶区；二是小溜口岩组与岩体有关的铜（金银钴）矿体。①因民矿区钻孔与坑道编录发现150线、180线、220线剖面稀矿山式铁铜矿体底部存在岩床，形成 Cu-Fe-Au-Ag 矿化，共生 REE 富集成矿（表6-11）；②在因民150线已揭露控制到与岩体有关的小溜口岩组矿体，主要受到岩兜构造和顺层+切层侵位形成的隐爆角砾岩相带控制，呈脉带状矿体，如本次圈定的V-4、V-5号矿体，揭露垂直深度达500余米，有Cu-Co-Au-Ag矿化，随着岩体的延深矿体可能随之延深。

表 6-11　因民矿区老新山铁质辉长岩类 REE 含量表

样品位置	样品编号	岩性	$\sum REE/10^{-6}$
285. 51 ~ 280. 6m	H15011	灰白色含铜铁白云石钠长岩	2361. 20
234. 35 ~ 236. 35m	H150119	黄绿色铁白云石化钠化角砾岩	1193. 79
$150BD_4$	H150BD4	暗绿色蚀变辉绿岩	1474. 52
$150BD_{13}$	H150BD13	含铜电气石硅化钠长角砾岩	1037. 33
$150BD_{32}$	H150BD32	暗红色铁质板岩（贫铁矿石）	1096. 96
2472m 中段汤家箐	H150BD60	强铁碳酸岩化蚀变辉绿岩	1495. 83

（2）因民铁铜矿区近东西向正负磁力异常场相伴出现，揭示深部可能存在大型隐伏辉绿辉长岩岩体，为与铁质辉长岩类有关的IOCG矿的有利找矿预测靶区。经因民地表磁化率填图和进行地面1∶1万高精度磁力异常检查，发现了大量强烈蚀变的火山集块岩，强烈蚀变具有退磁作用，形成面状负磁异常，而侵入的岩株形成点状正磁异常，当正磁异常与负磁异常相伴出现时深部可能存在隐伏的大型辉绿辉长岩岩体，构造岩相学填图认为其为后期次火山侵入岩相，具有形成超大型矿床的地质条件。以老新山辉绿辉长岩深部为铁氧化物铜金型（IOCG）矿体的有利找矿靶区。

局部磁铁矿化和钛铁矿化强烈形成了强磁化率异常，正负相伴的地面高精度磁力异常场成为外围找矿靶区的主要对象。深部坑道和钻孔中岩相学研究与磁化率填图说明了地面高精度磁力异常场具有深刻的成矿作用地质背景。赤铁矿化蚀变形成了退磁作用。

（3）通过构造岩相学编录和研究认为，辉绿辉长岩侵入体具有明显的构造岩相学分带，控制不同类型的矿化组合，可作为直接找矿预测标志。①侵入岩中心相为粗粒磁铁矿钛铁矿闪长岩、橄榄苏长辉长岩和次透辉-钛辉辉长岩三类岩石组成。在粗粒磁铁矿钛铁矿闪长岩中形成铁铜矿体或钛矿化体。②过渡相包括细粒辉长岩、细粒角闪闪长岩和钛铁矿闪长岩。③边缘相为次火山岩相闪长斑岩和正长斑岩。总之，构造岩相学分带为中心相（侵入岩相苏长岩-橄榄辉长岩）→过渡相（次火山岩相碱性辉绿辉长岩）→边缘相（钠化正长斑岩）→隐爆角砾岩相带（铁白云石钠长石热液角砾岩）→碎裂岩化-液压致裂角砾岩相带。IOCG矿体赋存在钠化正长斑岩和铁白云石钠长石热液角砾岩相带，脉带型铜银矿体位于碎裂岩化-液压致裂角砾岩相带中，受该构造岩相体内断裂带控制。

（4）辉绿辉长岩侵入构造岩相学分带和岩浆隐爆角砾岩相带是热液脉带型铜银矿体（习称裂隙矿）定位的有利构造岩相带，它们为岩浆热液角砾岩构造系统。从碱性杂岩枝中心向外，侵入构造表现为岩浆热液角砾岩化相（角砾岩化蚀变闪长岩）-辉长岩带→隐爆角砾岩化带→震碎角砾岩化带→坍塌角砾岩化带→裂隙断裂破碎带（图6-22），它们是主要储矿构造，也是岩浆侵入构造系统的主要物质组成。但在有些碱性杂岩枝外围这些侵入构造岩分带不明显，仅表现为构造破碎和轻微蚀变，其含矿性差。

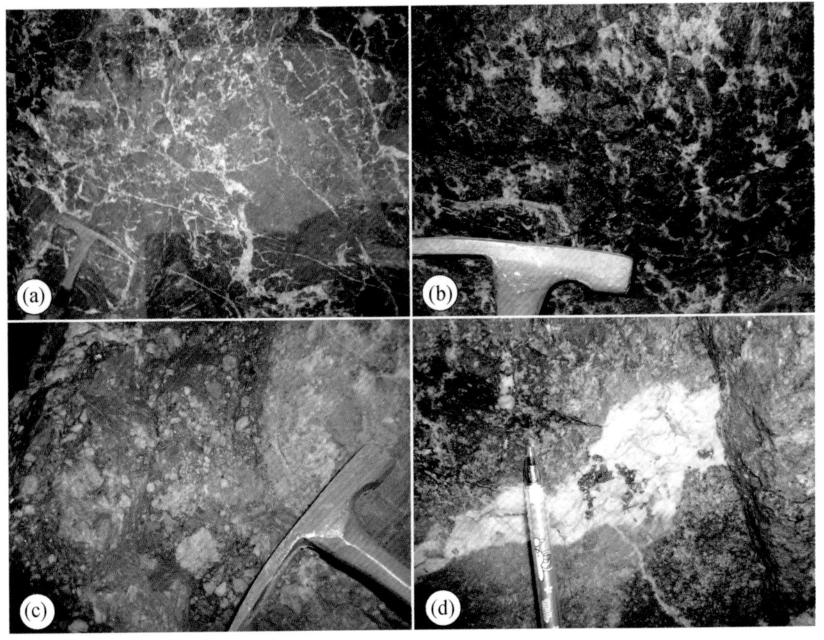

图 6-22　汤家箐 2597m 中段小溜口岩组构造-岩相学特征（坍塌角砾岩相、隐爆角砾岩相）

岩浆侵入构造岩带发育，岩浆热液角砾岩化强烈和蚀变发育时，裂隙断裂破碎带从内部向外形成了脉带型铜矿体（图 6-23），属岩浆热液角砾岩构造系统，如汤家箐 2350m 中段、2472m 中段和 2597m 中段穿脉，碱性杂岩体侵入构造分带明显，在岩浆侵入构造系统中，局部岩浆热液角砾岩构造系统已控制到矿（化）体。因此，围绕辉绿辉长岩岩体形成这种岩浆侵入构造岩带中，岩浆热液角砾岩构造系统是今后主要找矿靶位。

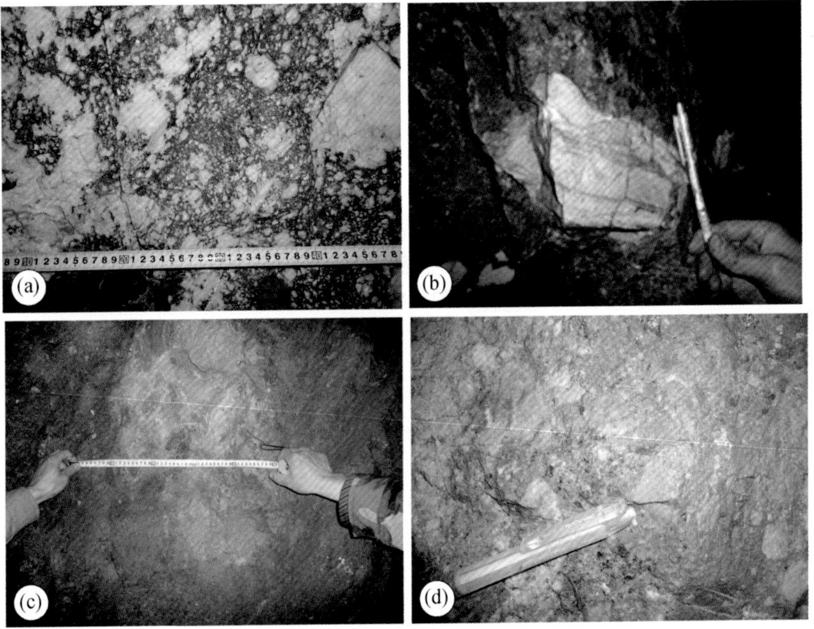

图 6-23　汤家箐 2472m 中段小溜口岩组构造-岩相学特征（坍塌角砾岩相、隐爆角砾岩相）

6.4.3 老新山辉绿辉长岩地球化学特征

（1）岩石地球化学成分与岩石系列。在2350m中段、2472m中段及150线钻孔及180线钻孔中采集辉绿辉长岩类样品（表6-12），进行系统的岩石地球化学特征研究。从表6-13看：①因民矿区辉绿辉长岩类SiO_2含量平均43.24%，均小于中国和世界辉长岩的平均值，SiO_2明显偏低，通过标准矿物计算可看出基本上属于SiO_2不饱和系列，只有LXS2、H1802-18、H1802-21号样品SiO_2过饱和。平均含TiO_2（1.356%），低于中国辉长岩，而高于世界辉长岩。②具有富碱特征。K_2O+Na_2O平均值为4.75%，Na_2O为2.63%，K_2O为2.11%，且$Na_2O>K_2O$，里特曼指数σ平均92.3。辉绿辉长岩钠长石化、绿泥石化、绿帘石化、闪石化、黑云母化、白云石化等蚀变发育，标准矿物表明岩体存在大量的碱性矿物钠长石、霞石（表6-14）。岩石地球化学表明岩石系列属于钠质碱性铁质基性-超基性岩类。③老新山铁质辉长岩类中SiO_2均值为43.24%，与世界碧玄岩一致，火山岩相对贫CaO、Al_2O_3和SiO_2、TiO_2，富MgO、Na_2O和K_2O。全碱-硅（TAS）分类图解显示［图6-24（a）］，岩石类型为碱玄武岩、碧玄岩、粗面玄武岩、玄武岩、副长石岩，岩石为碱性，而K_2O-Na_2O关系图显示［图6-24（b）］，东川因民矿区铁质辉长岩类为钾玄岩系列。分异指数DI为18.2～57.3，平均35.86，与全碱-硅（TAS）分类图解和K_2O-SiO_2火山岩图解投影于岩石类型为碱玄武岩、碧玄岩、粗面玄武岩等区域一致。

表6-12　因民铁铜矿区辉绿辉长岩类样品采样登记表

序号	样品编号	工程号及采样位置	岩性
1	H15013	ZK150-1孔	角砾岩屑沉凝灰岩
2	LXS2	2350m中段猴跳岩	绿黑色磁铁矿化黑云母角岩
3	LXS5	2350m中段老新山	绿黑色蚀变辉长岩
4	LXS10	2350m中段老新山	绿黑色强蚀变角闪辉长岩
5	LXS13	2350m中段汤家箐穿脉	强蚀变闪长岩
6	H1502-56	ZK150-2孔	灰绿色复成分角砾岩（A段）
7	H1502-57	ZK150-2孔	暗灰绿色蚀变铁质辉绿岩
8	H1502-58	ZK150-2孔	暗灰绿色蚀变辉长岩
9	H1802-18	ZK180-2孔	暗绿色基性铁质凝灰岩
10	H1802-21	ZK180-2孔	黑绿色基性铁质凝灰熔岩
11	H150BD6	2472m中段汤家箐	灰黑色绿泥石化辉长岩
12	H150BD7	2472m中段汤家箐	复杂成分凝灰质角砾岩
13	H150BD13	2472m中段汤家箐	含铜电气石硅化钠长石角砾岩

表6-13　因民矿区火成岩化学成分分析结果表　（单位:%）

序号	SiO_2	TiO_2	Al_2O_3	Fe_2O_3	FeO	MnO	MgO	CaO	Na_2O	K_2O	P_2O_5	LOI	总量
1	32.15	0.36	7.08	2.13	4.6	0.35	8.94	17.2	3.77	0.27	0.3	22.82	99.97
2	50.0	1.72	9.64	9.32	9.3	0.2	10.78	1.58	0.99	3.78	0.25	2.04	99.60

续表

序号	SiO_2	TiO_2	Al_2O_3	Fe_2O_3	FeO	MnO	MgO	CaO	Na_2O	K_2O	P_2O_5	LOI	总量
3	46.61	1.85	12.59	8.04	6.65	0.22	8.92	7.19	2.91	1.26	0.14	3.26	99.64
4	44.25	2.15	11.96	9.99	7.6	0.3	9.35	7.67	2.33	1.47	0.28	2.65	100.0
5	36.4	1.64	9.48	5.16	8.05	0.22	8.46	13.34	1.67	1.73	0.13	13.19	99.47
6	44.01	0.75	12.53	2.36	4.00	0.30	5.32	10.28	4.48	1.70	0.230	13.74	99.70
7	45.30	0.96	10.75	4.19	5.25	0.26	6.22	9.14	4.75	0.47	0.140	12.04	99.47
8	45.00	1.47	13.66	6.89	6.45	0.16	7.44	5.07	3.54	1.58	0.300	8.09	99.65
9	49.63	0.59	12.53	14.43	4.70	0.21	3.17	3.40	0.12	3.96	0.250	6.68	99.67
10	52.35	0.77	17.21	12.10	3.95	0.05	2.50	0.96	0.12	5.69	0.160	3.69	99.55
11	38.02	3.28	12.36	6.93	9.15	0.13	7.01	8.37	2.34	2.99	0.340	8.67	99.59
12	43.16	1.49	12.09	4.21	4.35	0.16	4.77	11.10	4.03	1.84	0.150	12.21	99.56
13	35.29	0.60	8.59	2.98	4.50	0.45	6.92	15.62	3.16	0.73	0.100	20.46	99.40
A	43.19	1.29	12.86	5.32	6.38	0.18	10.01	6.03	2.06	2.39	0.16	9.59	99.51
B	40.5	10.5	10.4		18.5	0.28	11.6	7.0	0.096	0.41			99.28
C	48.36	1.32	16.84	2.55	7.92	0.18	11.06	8.06	0.56	2.26	0.24		99.35
D	47.62	1.67	14.52	4.09	9.37	0.22	8.75	6.47	1.18	2.97	0.46		97.32
A/B	1.1	0.1	1.2		0.3	0.6	0.9	0.9	21.5	5.8			
A/C	0.9	1	0.8	2.1	0.8	1	0.9	0.7	3.7	1.1	0.7		
A/D	0.9	0.8	0.9	1.3	0.7	0.8	1.1	0.9	1.7	0.8	0.3		

注：A 因民辉长岩；B 月球辉长岩；C 世界辉长岩；D 中国辉长岩。序号对应的样品为采样登记表上样品。

表 6-14　老新山碱性铁质辉长岩类 CIPW 标准矿物计算表

参数/样品序号	1	2	3	4	5	6	7	8	9	10	11	12	13
石英（Q）		5.5							16.89	20.95			
钙长石（An）	2.07	6.38	18.28	18.4	15.39	10.54	7.58	18.3	16.52	3.9	15.85	10.85	9
钠长石（Ab）		8.61	25.63	20.34		17.18	32.5	32.79	1.1	1.07	0.95	13.21	
正长石（Or）		22.95	7.75	8.96		11.69	3.18	10.22	25.38	35.28	19.46	12.46	
霞石（Ne）	22.4				8.89	14.59	7.32				11.3	14.02	18.37
白榴石（Lc）	1.62				9.31								4.29
刚玉（C）		1.69							2.67	9.96			
透辉石（Di）	30.49		14.44	15.41	37.09	37.75	34.91	5.74			22.26	39.73	46.63
紫苏辉石（Hy）		40.38	10.37	5.57				5.75	24.97	17.07			
硅灰石（Wo）												0.75	
橄榄石（Ol）	16.9		11.77	17.73	14.25	2.01	6.23	15.64			13.61		6.37
斜硅钙石（Cs）	21.03				4.56								9.47
钛铁矿（Il）	0.89	3.36	3.66	4.21	3.62	1.66	2.09	3.06	1.22	1.53	6.86	3.24	1.44
磁铁矿（Mt）	3.71	10.55	7.77	8.72	6.55	3.98	5.83	7.75	10.63	9.84	8.83	5.35	4.14

续表

参数/样品序号	1	2	3	4	5	6	7	8	9	10	11	12	13
磷灰石（Ap）	0.9	0.6	0.34	0.67	0.35	0.62	0.37	0.76	0.63	0.39	0.87	0.4	0.29
合计	100.01	100.01	100.01	100.01	100.01	100.01	100.01	100	100.01	99.99	99.99	100	100
分异指数（DI）	24.02	37.06	33.38	29.3	18.2	43.46	43	43.01	43.37	57.3	31.71	39.69	22.66
密度/($10^6g/m^3$)	3.13	3.14	3.07	3.13	3.18	2.94	3.01	3	3.06	3.02	3.12	2.99	3.11
液相密度	2.75	2.71	2.71	2.76	2.79	2.62	2.65	2.68	2.68	2.6	2.75	2.65	2.73
干黏度	0.45	1.99	1.72	1.25	0.72	2.27	2.24	1.92	3.19	3.78	0.79	2	1.03
湿黏度	0.42	1.89	1.66	1.21	0.7	2.17	2.13	1.85	3	3.54	0.76	1.93	1.01
液相线温度	1366	1188	1241	1293	1356	1192	1180	1227	1144	1123	1362	1223	1310
H_2O 含量	0.11	0.48	0.29	0.18	0.11	0.47	0.52	0.34	0.7	0.82	0.11	0.35	0.15
A/CNK	0.187	1.122	0.655	0.617	0.328	0.449	0.431	0.815	1.175	2.124	0.554	0.42	0.25
SI	45.39	31.76	32.45	30.83	33.92	29.79	29.89	28.95	12.38	10.51	24.79	24.97	37.99
AR	1.4	2.48	1.53	1.48	1.35	1.74	1.71	1.75	1.69	1.94	1.69	1.68	1.38
σ_{43}	-20.79	2.87	3.42	5.8	-20.77	6.3	4.03	5.02	1.81	3.12	-30.82	7	13.93
σ_{25}	1.64	0.91	0.8	0.74	0.9	1.97	1.33	1.29	0.68	1.24	2.04	1.85	1.23
R_1	712	1602	1398	1300	1198	877	1082	1074	1984	1764	542	859	1068
R_2	3141	918	1518	1567	2360	1873	1714	1291	832	592	1637	1904	2768
F_1	0.1	0.6	0.47	0.46	0.3	0.38	0.4	0.51	0.67	0.74	0.4	0.36	0.2
F_2	-1.79	-1.21	-1.51	-1.48	-1.48	-1.5	-1.64	-1.47	-1.02	-0.85	-1.32	-1.47	-1.65
F_3	-2.49	-2.17	-2.36	-2.28	-2.3	-2.57	-2.48	-2.41	-2.07	-2.22	-2.35	-2.51	-2.45
A/MF	0.22	0.18	0.3	0.25	0.24	0.57	0.38	0.37	0.38	0.63	0.31	0.51	0.31
C/MF	0.98	0.05	0.31	0.3	0.62	0.84	0.58	0.25	0.19	0.06	0.38	0.85	1.03

注：CIPW 标准矿物由 Kurt Hollocher 设计的 Excel 表格计算，略有修改。用 Le Maitre（1976）方法按火山岩调整氧化铁；氧化物在去 H_2O^- 等以后重换算为 100%；标准矿物为重量百分含量；分异指数（DI）= Qz+Or+Ab+Ne+Lc+Kp；固结指数（SI）= $MgO\times100/(MgO+FeO+F_2O_3+Na_2O+K_2O)$（质量分数）；碱度率（AR）= $[Al_2O_3+CaO+(Na_2O+K_2O)]/[Al_2O_3+CaO-(Na_2O+K_2O)]$（质量分数），当 $SiO_2>50$，K_2O/Na_2O 大于 1 而小于 2.5 时，$Na_2O+K_2O=2Na_2O$。

组合指数（σ）：$\sigma_{43}=(Na_2O+K_2O)^2/(SiO_2-43)$；$\sigma_{25}=(Na_2O+K_2O)^2/(SiO_2-25)$（质量分数）。

$R_1=4Si-11(Na+K)-2(Fe+Ti)$；$R_2=6Ca+2Mg+Al$。

$F_1=0.0088SiO_2-0.00774TiO_2+0.0102Al_2O_3+0.0066(0.9Fe_2O_3+FeO)-0.0017MgO-0.0143CaO-0.0155Na_2O-0.0007K_2O$（质量分数）。

$F_2=-0.013SiO_2-0.0185TiO_2-0.0129Al_2O_3-0.0134(0.9Fe_2O_3-FeO)-0.03MgO-0.0204CaO-0.048Na_2O+0.0715K_2O$（质量分数）。

$F_3=-0.0221SiO_2-0.0532TiO_2-0.0361Al_2O_3-0.0016(0.9Fe_2O_3-FeO)-0.031MgO-0.0237CaO-0.0614Na_2O-0.0289K_2O$（质量分数）。

A/MF = $Al_2O_3/(TFeO+MgO)$（摩尔比）；C/MF = $CaO/(TFeO+MgO)$（摩尔比）。

（2）稀土元素特征。从表 6-15 可以看出：因民侵入岩稀土元素分布模式具有三元结构的特征，区别于滥泥坪铜矿区碱性杂岩枝。一是右倾式，轻稀土明显富集，具有正铕异常（岩性为基性凝灰岩、基性凝灰熔岩）；二是缓倾斜略向右倾式（近水平），铕异常不明显；三是右倾斜式，具有负铕异常，轻重稀土分异较明显，说明其物质来源不同。

$\sum$REE=(66.6～994)×10^{-6}，稀土元素总量较高，LREE/HREE=3.36～26.4，$(La/Yb)_N$=3.13～106，轻稀土富集，并明显具有三元结构，$(La/Nd)_N$=0.65～1.91，$(Gd/Yb)_N$=1.65～12.64，轻重稀土分馏程度有两种，一是轻重稀土分馏不明显，二是轻稀土分馏程度明显大于重稀土分馏程度；δEu=0.32～1.87，δCe=0.85～1.01，具有明显的负铕异常和正铕异常，铈异常不明显。REE富集主要与黑云母蚀变辉长岩有密切关系。

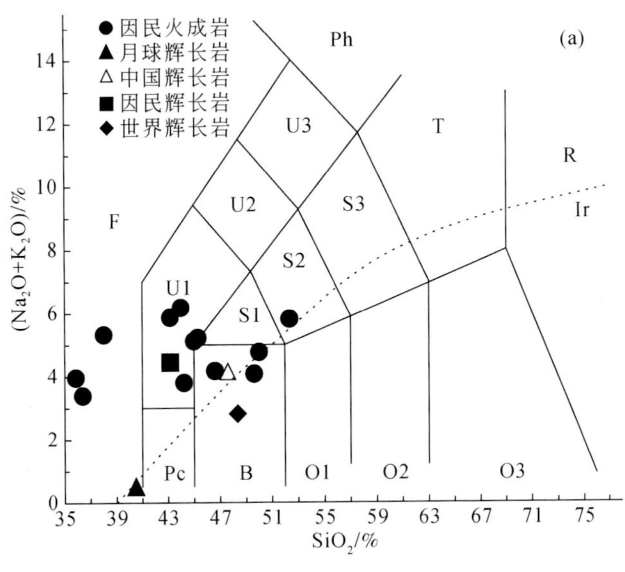

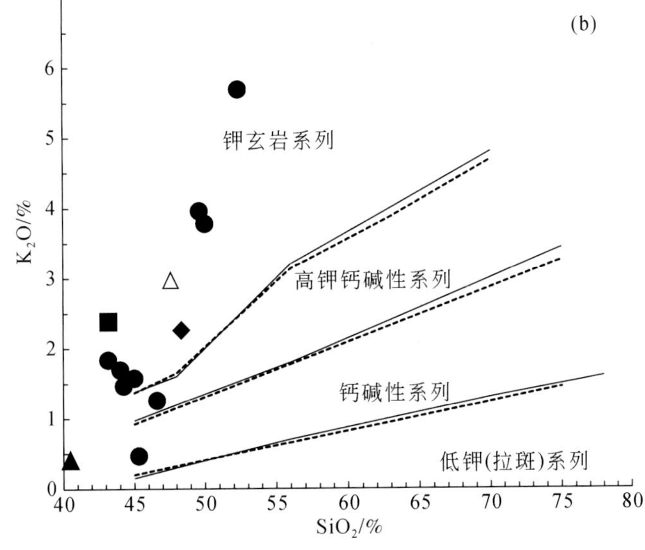

图6-24　因民矿区杂岩体全碱-硅（TAS）分类图（a）；因民铁铜矿区辉绿辉长岩类K_2O-SiO_2图解（b）

图（a）底图据Le Maitre，2002；Pc. 苦橄玄武岩；B. 玄武岩；O1. 玄武安山岩；O2. 安山岩；O3. 英安岩；R. 流纹岩；S1. 粗面玄武岩；S2. 玄武质粗面安山岩；S3. 粗面安山岩；T. 粗面岩、粗面英安岩；F. 副长石岩；U1. 碱玄武岩、碧玄岩；U2. 响岩质碱玄岩；U3. 碱玄质响岩；Ph. 响岩；Ir. Irvine分界线，上方为碱性，下方为亚碱性。图（b）实线据Peccerillo and Taylor，1976；虚线据Middlemost，1985

表 6-15　老新山碱性铁质辉长岩类稀土元素分析结果　　（单位：10^{-6}）

样号	1	2	3	4	5	6	7	8	9	10	11	12	13
La	8. 05	20. 90	10. 10	13. 10	9. 74	68. 40	33. 60	35. 90	140. 00	57. 50	166. 00	137. 00	241. 00
Ce	17. 30	42. 80	23. 80	30. 70	22. 00	121. 00	65. 30	70. 10	204. 00	87. 10	292. 00	240. 00	425. 00
Pr	2. 17	5. 24	3. 25	4. 34	2. 98	13. 70	7. 86	8. 35	21. 90	8. 64	38. 20	29. 80	55. 50
Nd	9. 33	21. 90	15. 50	20. 10	14. 00	49. 00	29. 90	32. 10	73. 20	28. 30	148. 00	112. 00	203. 00
Sm	2. 49	4. 43	3. 79	4. 96	3. 53	7. 30	5. 35	5. 24	10. 60	4. 38	26. 60	18. 90	30. 90
Eu	0. 41	1. 33	1. 43	1. 80	1. 30	1. 47	1. 24	1. 04	5. 74	2. 75	5. 07	3. 85	2. 78
Gd	3. 22	4. 57	3. 97	4. 94	3. 49	5. 87	4. 55	4. 32	7. 54	4. 35	17. 00	13. 90	20. 60
Tb	0. 63	0. 79	0. 79	0. 98	0. 67	0. 80	0. 76	0. 64	0. 83	0. 73	2. 28	1. 90	2. 20
Dy	3. 54	4. 31	4. 39	5. 71	3. 85	3. 95	3. 89	3. 03	3. 55	3. 97	9. 34	8. 77	7. 91
Ho	0. 63	0. 76	0. 83	1. 12	0. 74	0. 69	0. 82	0. 56	0. 48	0. 68	1. 44	1. 38	0. 93
Er	1. 72	2. 11	2. 32	3. 17	2. 07	1. 92	2. 58	1. 71	1. 37	2. 08	3. 77	3. 96	2. 48
Tm	0. 25	0. 29	0. 33	0. 48	0. 30	0. 30	0. 40	0. 29	0. 23	0. 38	0. 57	0. 59	0. 27
Yb	1. 63	1. 66	1. 82	3. 00	1. 68	1. 85	2. 50	1. 70	1. 21	1. 82	3. 07	3. 32	1. 63
Lu	0. 23	0. 27	0. 25	0. 41	0. 24	0. 31	0. 43	0. 27	0. 19	0. 27	0. 48	0. 56	0. 24
Y	17. 70	20. 60	21. 10	30. 10	19. 60	18. 60	21. 30	14. 60	13. 30	18. 50	33. 90	34. 40	23. 50
ΣREE	51. 59	111. 36	72. 57	94. 80	66. 58	276. 55	159. 18	165. 25	470. 83	202. 94	713. 81	575. 93	994. 43
LREE	39. 75	96. 60	57. 87	75. 00	53. 55	260. 87	143. 25	152. 73	455. 44	188. 67	675. 87	541. 55	958. 18
HREE	11. 84	14. 76	14. 70	19. 80	13. 03	15. 68	15. 93	12. 52	15. 39	14. 27	37. 94	34. 38	36. 25
LREE/HREE	3. 36	6. 54	3. 94	3. 79	4. 11	16. 64	8. 99	12. 20	29. 59	13. 22	17. 81	15. 75	26. 43
$(La/Yb)_N$	3. 54	9. 03	3. 98	3. 13	4. 16	26. 52	9. 64	15. 15	82. 99	22. 66	38. 79	29. 60	106. 05
$(La/Nd)_N$	0. 86	0. 95	0. 65	0. 65	0. 70	1. 40	1. 12	1. 12	1. 91	2. 03	1. 12	1. 22	1. 19
$(Gd/Yb)_N$	1. 98	2. 75	2. 18	1. 65	2. 08	3. 17	1. 82	2. 54	6. 23	2. 39	5. 54	4. 19	12. 64
δEu	0. 44	0. 90	1. 12	1. 10	1. 12	0. 66	0. 75	0. 65	1. 87	1. 90	0. 68	0. 69	0. 32
δCe	1. 00	0. 98	1. 01	0. 99	0. 99	0. 91	0. 95	0. 96	0. 81	0. 85	0. 87	0. 88	0. 87

6. 4. 4　老新山碱性铁质辉长岩类年代学

因民铁铜矿区广泛分布碱性铁质基性侵入岩体，主要岩性为辉长岩、辉绿岩、辉绿玢岩和辉长玢岩等。发育强烈的黑云母化蚀变岩相，呈暗灰绿色，具中细粒结构；镜下可见岩石具辉绿结构，主要矿物为角闪石和斜长石，多已蚀变为黑云母。副矿物有金红石、钛铁矿、石英、方解石、钠长石等，蚀变矿物有钠长石、黑云母、绢云母、榍石等。闪长玢岩岩墙蚀变较轻，灰黑色，微带绿色，中粒斑状结构，斑晶主要由斜长石、角闪石组成。副矿物有金红石（主要）、钛铁矿、磁铁矿、黄铁矿、少量的独居石和榍石。

1. 样品采集与加工

在2472m中段构造岩相学编录、刻槽取样分析和矿体圈定基础上，对2472m中段富稀土-钛矿的碱性铁质基性侵入岩进行重砂实验分析，挑选了单矿物锆石和斜锆石。将锆石和斜锆石的靶镀碳后，进行阴极发光图像（CL）和背散射（BSE）图像采集。锆石和斜锆石LA-ICP-MS分析样品靶的制备与SHRIMP方法相似（宋彪等，2002）。

2. 岩石学特征

黑云母化辉长辉绿岩（BH24-14）位于因民矿区2472m中段。岩石呈灰绿色，具变余辉长辉绿结构，交代假象或残余结构，块状构造。矿物成分主要为斜长石、角闪石，均已蚀变为黑云母和钛铁矿等（黑云母热液蚀变岩相）。其中，斜长石：自形-半自形晶，粒径0.24mm×0.22mm～1.8mm×0.44mm，含量约占54%，现多已发生钠长石化、黑云母化、绢云母化；黑云母，呈绿色片状结构，粒径0.1～1.0mm，含量约占40%，发生绿泥石化、榍石化、金红石化，形成交代假象或残余结构；榍石呈自形粒状结构，粒径0.03～0.1mm，含量<1%；金红石：红褐色，粒径0.03～0.1mm，含量约占3%；钛铁矿：板状，粒径0.05～0.5mm，含量约占2%，钛铁矿氧化形成金红石；黄铁矿：自形-半自形粒状，粒径0.03～0.4mm，含量约占1%。

3. 锆石特征

锆石特征：①从所测定锆石的阴极发光图像可以看出（ZS24-14，图6-25），锆石晶形不完整，主要呈半自形柱状、短柱状，半透明-微透明，已蚀变。按形态可分为两种：一种为次浑圆状或多边形状，阴极发光相对均匀，具有均匀的细微震荡生长环带，有较窄的生长边；另一种呈发育锥面和柱面的板状，大部分具有核边结构，主体为核，具有均匀的细微震荡生长环带，测年结果显示两者为同一岩浆事件的产物。②斜锆石特征（ZS24-14x，图6-26），从测定斜锆石阴极发光图像看，斜锆石晶形也不完整，呈自形半自形板柱状、碎块状，透明度高，大部分具有核边结构，主体为核，具有较窄的生长边，因实验条件限制（LA-ICP-MS锆石U-Pb定年的光斑>25μm），主要对斜锆石的核部年龄进行了分析，测年结果显示锆石与斜锆石属于同一岩浆事件不同时代的产物。③锆石和斜锆石从测年结果上分析均代表了同期岩浆结晶的特征。锆石样品共测试22个点，斜锆石样品共测试21个点，其所测定的微量元素值反映了该期岩浆活动的特征。该样品的岩相学显示其矿物共生关系（锆石、斜锆石、金红石、钛铁矿、钛磁铁矿、石英共生于样品中）适于应用锆石中钛温度计（Watson et al.，2006）计算岩浆结晶温度。

4. LA-ICP-MS锆石U-Pb定年

锆石实验分析结果有两组：①一组为锆石的边部，^{232}Th/^{238}U值变化范围为0.43～3.57，^{232}Th和^{238}U含量均偏高，其中^{232}Th的含量为（106.3～3485.0）×10^{-6}，平均含量为1274.8×10^{-6}；^{238}U的含量为（187.6～975.2）×10^{-6}，平均含量为554.5×10^{-6}。年龄分布范围为1057～1151Ma，年龄较为集中，谐和图上交点年龄为1092+34/-32Ma（$n=10$，

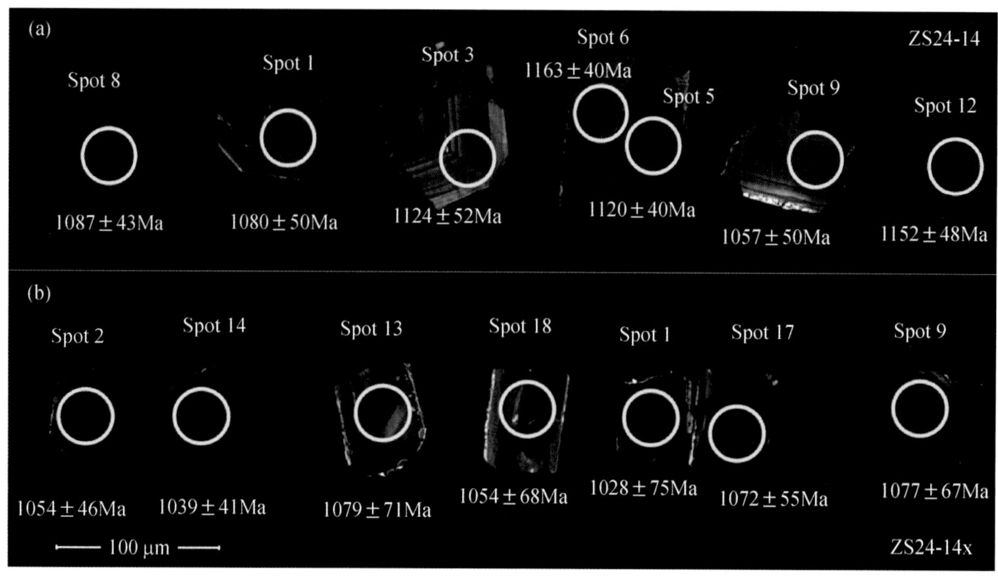

图 6-25　因民铁铜矿区老新山（2472m 中段）辉长岩类锆石（a）和斜锆石（b）的 CL 照片和年龄

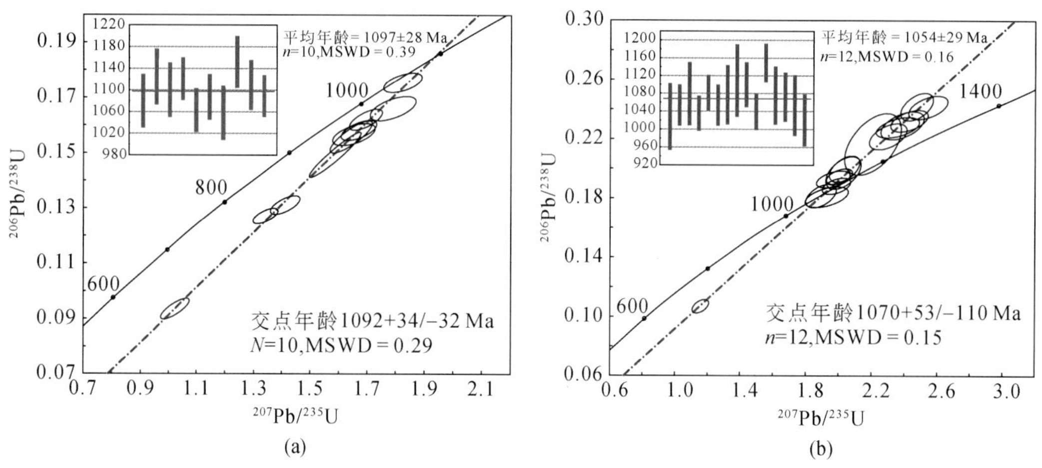

图 6-26　老新山辉长辉绿岩中锆石（a）和斜锆石（b）年龄图

MSWD=0.29）；加权平均年龄为 1097±28Ma（$n=10$，MSWD=0.39，probability=0.94）（图 6-26）。②另一组为锆石的核部年龄，^{232}Th/^{238}U 值变化范围为 1.80 ~ 6.66，^{232}Th 和 ^{238}U 含量均较高，明显大于锆石边部的含量，其中 ^{232}Th 的含量为（1330.4 ~ 13422.0）$\times10^{-6}$，平均含量为 5729.2$\times10^{-6}$；^{238}U 含量为（344.7 ~ 2499.1）$\times10^{-6}$，平均含量为 1467.2$\times10^{-6}$。年龄分布范围为 1226 ~ 1906Ma，年龄较为分散。但需注意的是有三组数据较为集中，1235±50Ma（11c）、1277±44.4Ma（13c）、1226±77.8Ma（21c）。

5. LA-ICP-MS 斜锆石 U-Pb 定年

斜锆石中 ^{232}Th/^{238}U 值变化范围为 0.02 ~ 0.42，^{232}Th 和 ^{238}U 含量均偏高，其中 ^{232}Th 的

含量为（106.1～1.3）$\times10^{-6}$，平均含量为19.4$\times10^{-6}$；^{238}U的342.2～44.8$\times10^{-6}$，平均含量为185.0$\times10^{-6}$。年龄分布范围为1020～1081Ma，年龄较为集中，谐和图上交点年龄为1070+53/−110Ma（n=12，MSWD=0.15），加权平均年龄为1054±29Ma（n=12，MSWD=0.16，probability=0.999）。

总之，所获锆石和斜锆石U-Pb年龄证明老新山辉绿辉长岩侵入岩体为格林威尔期造山运动形成的碱性铁质辉长岩，LA-ICP-MS锆石U-Pb定年加权平均年龄为1097±28Ma；LA-ICP-MS斜锆石U-Pb定年加权平均年龄为1054±29Ma。

6.5　岩浆叠加侵入构造系统与储矿构造

老新山辉绿辉长岩侵入岩体以大于60°或小角度（<35°）切层侵位于小溜口岩组和东川群全部层位，在因民铁铜矿区辉绿辉长岩侵入岩体在地表主要出露于大水沟–张口洞和月亮硐–滥山一带，呈NW和NE向带状展布，以碱性铁质辉长岩岩墙为主，其附近分布有火山集块岩、绿帘石化–绿泥石化辉长辉绿岩和角砾岩化蚀变辉长辉绿岩等。大水沟–张口洞一带辉长岩岩墙沿王家松棵断裂和大水沟断裂切层侵位，岩墙呈北西方向延伸展布。在滥山–月亮硐矿区，辉长岩和辉长辉绿岩岩墙发育，呈北西向延伸，宽度几十米至上百米，长度几百米至上千米不等。推测这种辉长岩岩墙主要是沿先存北西向断裂侵位，断裂构造为辉长岩岩墙侵位提供了构造空间，并控制了岩墙几何学特征，辉长岩岩墙在空间分布上与铁氧化物铜金型（IOCG）矿体关系较密切。但通过本项目完成了系统的矿山井巷工程立体构造岩相学填图后，对于老新山辉绿辉长岩侵入岩体有了全新的认识，圈定了岩浆侵入构造系统，在岩浆侵入构造系统中，采用岩相构造学填图新技术，圈定了岩浆热液角砾岩构造系统和复合热液角砾岩构造系统，它们为控制本区IOCG矿床和REE矿床的矿床构造岩相学类型和特征，在厘定碱性碳酸岩和碱性碳酸质钠长石岩等碱性岩基础上，通过系统刻槽取样，发现和圈定了稀土元素矿床。

6.5.1　碱性铁质辉绿辉长岩侵入岩体与储矿构造

碱性铁质辉绿辉长岩侵入岩体几何形态学类型有岩株、岩床、岩枝和岩脉等（图6-27～图6-29），这种岩浆叠加侵入构造系统在因民–落雪复式倒转背斜构造带的轴部中心，形成了强烈的岩浆底拱侵位叠加褶皱–断裂作用，与一般断褶带显著不同（图6-29）。

1. 碱性铁质辉绿辉长岩岩株

从因民铁铜矿区南部到北部，地表均有辉长岩岩株出露。①在平面上，辉长岩岩株几何学为椭圆状和半圆状，一般长轴150～300m，短轴50～200m。②在剖面上几何学特征为上大下小的“葫芦状”，从南部10线至北部280线，2700余米范围内均有辉长岩岩株侵位，以150勘探线最为发育。③推测这种辉长岩岩株侵位机制为气球膨胀模式，以高角度（>60°）切层侵位到小溜口岩组和东川群全部层位，从深部到浅部呈“螺旋式”上升，有上大下小的特点（图6-29）。④在深部小溜口岩组中辉长岩岩株，它们边部隐爆角砾岩

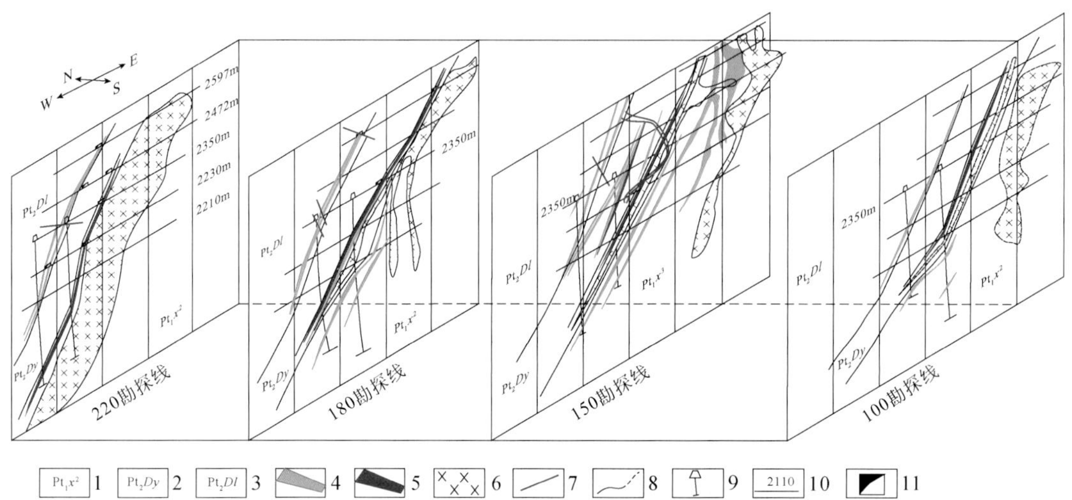

图 6-27　因民矿区深部不同勘探线剖面钻孔-中段穿脉联合图与辉长岩侵入体几何学特征

1. 古元古界小溜口岩组；2. 东川群因民组；3. 东川群落雪组；4. 铜矿体及铜（金银钴）矿体；5. 稀矿山式铁铜矿体；6. 辉长岩类侵入体；7. 断层；8. 实测与推测地层界线；9. 坑内立钻；10. 中段标高线及穿脉坑道；11. 穿脉口位置

相带和复合热液角砾岩构造系统为铜金银钴矿体储矿构造。辉长岩岩株与铜矿体和含铜蚀变体均呈“麻花状”螺旋式上升，这种辉长岩岩株组成的岩凹构造属储矿构造，对铜富集成矿十分有利。⑤在三江口地表出露辉长岩-辉绿岩岩株呈似环形展布，围绕该岩株碱性铁质基性熔岩、火山集块岩和热液角砾岩呈环形分布，最外部为火山角砾岩相带。推测为该区火山穹丘构造，也是稀矿山式铁铜矿床和东川式铜矿的定位构造和储矿构造。

2. 辉长岩-辉绿辉长岩岩床

在东川地区黑山组和因民组中，辉长岩-辉绿辉长岩呈岩床小角度（<30°）顺层侵入，形成了似层状辉长岩-辉绿辉长岩岩层。①黑山组中辉长岩-辉绿辉长岩岩床（1028Ma、1059Ma，龚琳等，1996）分布于黑山组中下部，在地表主要出露于干冲沟-花椒树-红山-贪花山，总体为近南北向并呈现弧形弯曲，北部以干冲沟断裂为界，南以吊楼梯断裂为界，出露总长度近 5000m，宽度 100～500m。溜沙坡-谢家梁子-小包山，辉长岩-辉绿辉长岩岩床总体呈北西向延伸展布，沿黑山组与落雪组之间界面侵位，出露长度近 3000m，宽度 100～300m。目前在因民矿区，黑山组中辉长岩-辉绿辉长岩岩床内部和附近尚未发现铜矿化。②在因民组内部的辉长岩-辉绿辉长岩岩床（1667±13Ma，朱华平等，2011）主要分布在因民组二段，稀矿山式含铜赤铁矿层的上盘和下盘围岩中，控制长度 1300 余米，从 100 线至 220 线（图 6-27、图 6-28），厚度一般几米至上百米不等。在地表偶有出露，从南向北厚度有变厚现象。在含铜赤铁矿层上盘和下盘围岩中，层状铁质凝灰岩相主要包括碱性铁质苦橄岩、碱性铁质凝灰岩、碱性铁质角砾凝灰岩、碱性铁质火山熔岩等。③在构造岩相学相体结构上，这些层状碱性铁质凝灰岩相呈层状和似层状相体，碱性钛铁质辉长岩侵入相（辉长岩-辉绿辉长岩岩床）呈穿切这些碱性铁质凝灰岩组成的层状和似层状相体，揭示具有异时异相同位叠加相体特征（方维萱等，2013）。在似层状铁

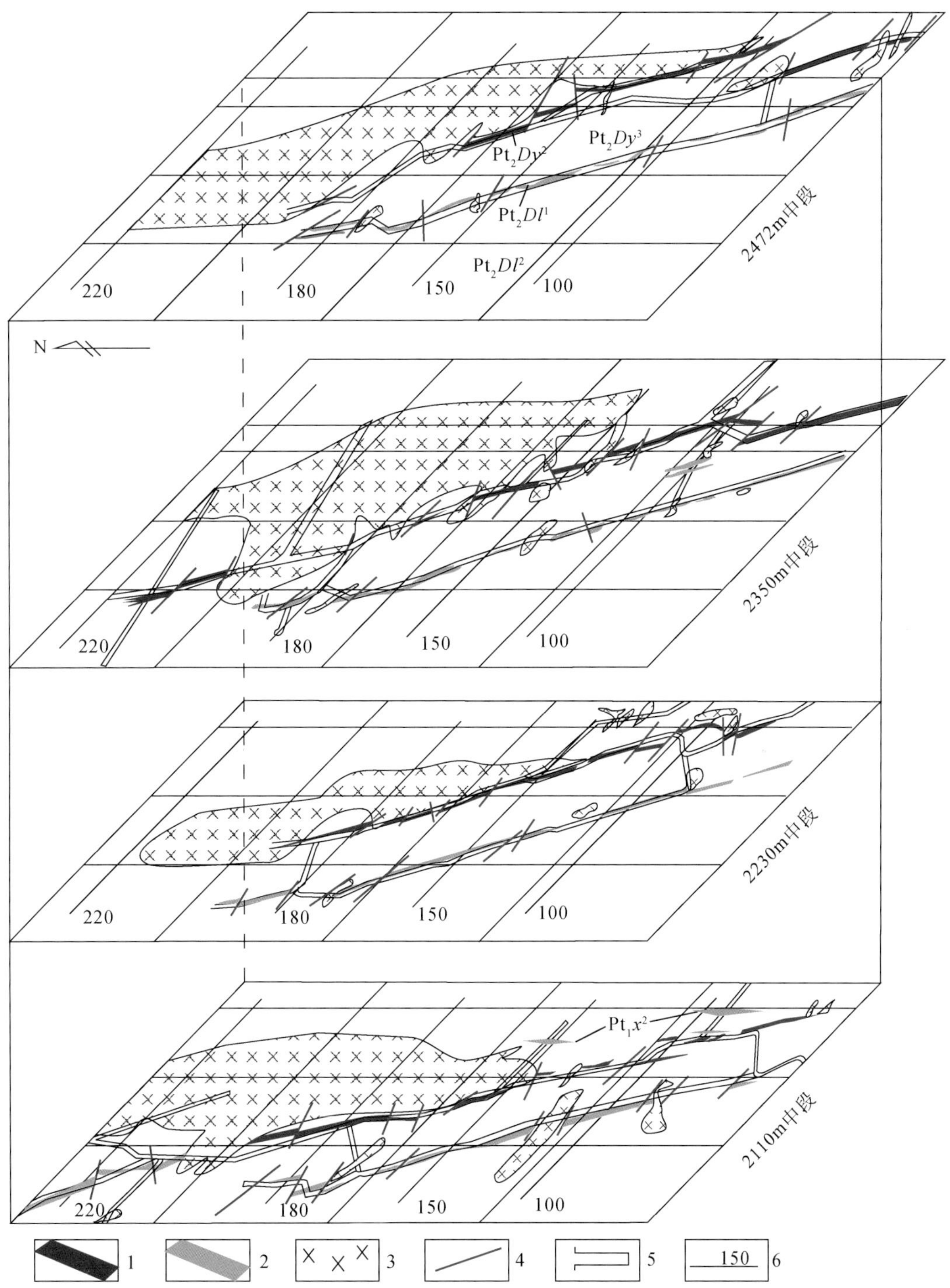

图6-28　因民矿区深部立体构造岩相学与辉绿辉长岩侵入岩体的几何形态学特征

1. 稀矿山式铁铜矿体；2. 铜矿体及铜（金银钴）矿体；3. 碱性铁质辉长岩侵入体；4. 断层和裂隙，对矿体形成错移，常沿断层裂隙有辉长岩岩枝侵位；5. 沿脉、穿脉坑道；6. 勘探线及编号

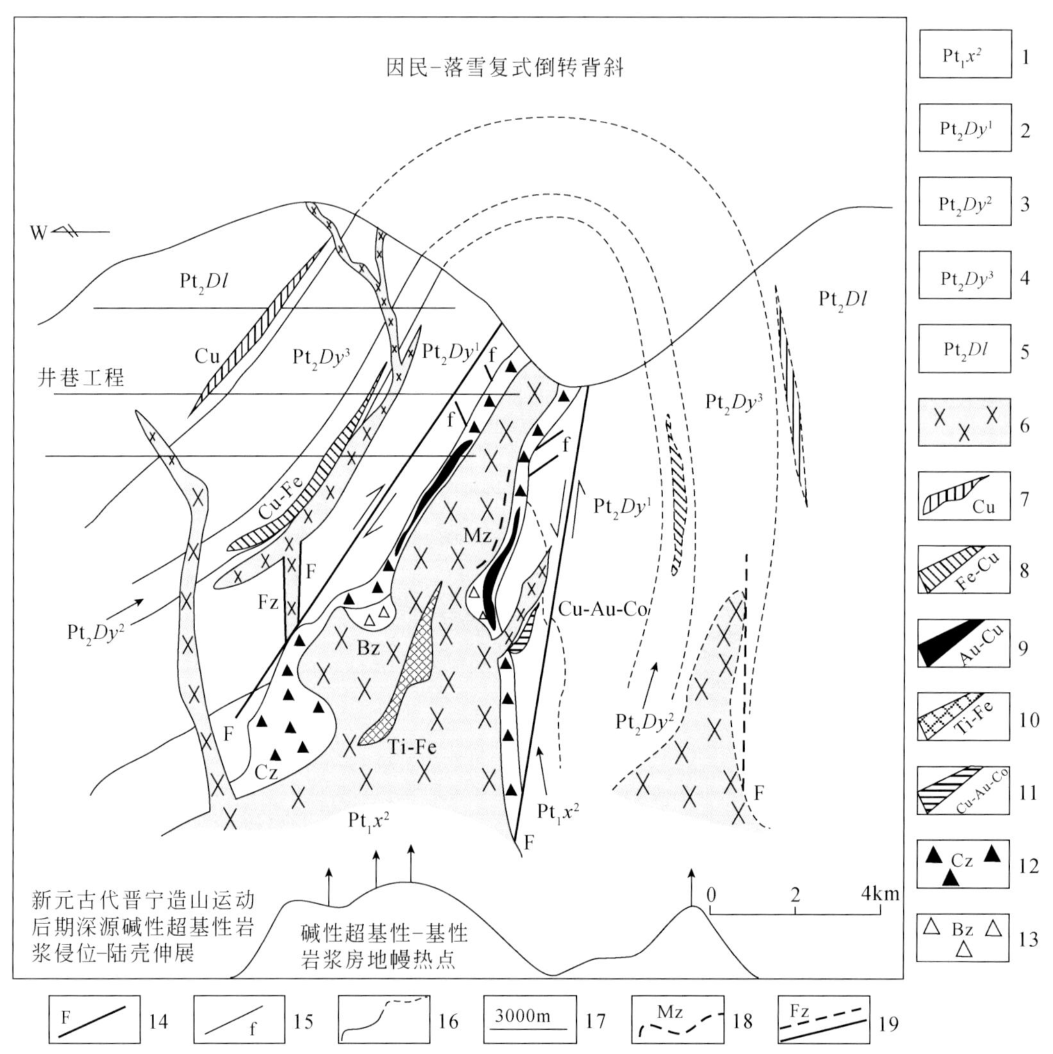

图 6-29　因民-落雪复式倒转背斜与老新山岩浆叠加侵入构造系统与控矿规律模式图

1. 古元古界小溜口岩组；2. 中元古界东川群因民组一段；3. 东川群因民组二段；4. 东川群因民组三段；5. 中元古界东川群落雪组；6. 辉长岩类侵入体；7. 东川式铜矿体；8. 稀矿山式铁氧化物铜金型（IOCG）矿体；9. 铁铜矿体及铁铜（金银）矿体；10. 钛铁矿-钛磁铁矿（化）体，常伴有黄铜矿、黄铁矿；11. 小溜口岩组中铁白云石钠长石角砾岩型铜金银钴矿体；12. 碎裂岩化相带；13. 隐爆角砾岩带；14. 断层；15. 辉长岩侵入体外围放射状次级裂隙，常伴有热液型脉带状铜矿体；16. 实测、推测地质界线；17. 坑道及标高；18. 糜棱岩化相带；19. 断裂裂隙带

铜矿体和铁矿体上盘和下盘形成了稀土矿化体，揭示后期顺层侵位形成了异时异相同位叠加相体，稀矿山式铁铜矿体与 REE 矿化体共生，具有铁氧化物铜金型（IOCG）矿床中多矿种共伴生富集成矿特征。

3. 辉长岩-辉绿辉长岩岩枝和岩脉

辉长岩-辉绿辉长岩岩枝和岩脉呈放射状和环状，分布于辉长岩岩墙和岩株周围，围绕岩墙和岩株边部断裂侵位，高角度（>60°）切层侵入到东川群和小溜口岩组，控制形成热液型脉带状铜银矿。从图 6-29 看，辉长岩-辉绿辉长岩岩枝和岩脉主要沿 NE 和 NW 向断裂侵位，岩枝密度为 2 ~ 3 条/100m，宽度几十厘米至几米不等，常错动稀矿山式铁铜矿体，错距几十厘米至数米，普遍发育硅化，伴有黄铜矿化脉和黄铁矿化脉，围岩褪色化明显，蚀变越强烈地段，铜矿化明显增强。

以构造岩相学填图技术（方维萱，2012b）为研究方法，进行辉长岩类侵入构造研究。在因民矿区复杂的构造-岩浆侵入环境下，从辉长岩侵入体（内部）→侵入接触带→地层（外部），形成了不同的构造岩相学分带（图 6-29），总体构造岩相学结构模式为：①以格林威尔期碱性钛铁质辉绿辉长岩株为核心，它们为 IOCG 成岩成矿系统根部相和成岩成矿物质供给中心相。②因民期碱玄岩-碱玄质辉绿岩-辉长辉绿岩岩床呈火山喷发不整合方式，覆盖在小溜口岩组顶面，形成熔积角砾岩和火山热液角砾岩相系，在小溜口岩组顶面古喀斯特洞穴中，形成了含矿复合热液角砾岩相系。③在格林威尔期小型岩株外侧和因民组中，形成碱性钛铁质辉绿辉长岩脉和辉绿岩脉群，它们为 IOCG 型铜金矿床的岩浆叠加侵入构造系统，也是铜铁金-稀土元素叠加成矿相体。这种因民期碱玄岩-碱玄岩质火山岩、次火山侵入相（碱性辉绿岩-辉长辉绿岩类）、格林威尔期碱性钛铁质辉绿辉长岩类等，它们组成了岩浆叠加侵入构造系统，也是最佳超大型 IOCG 型铜金矿床的成岩成矿系统中心部位，属“九层立交地铁”成矿系统。这种构造岩相学分带代表了蚀变矿化类型、地质条件、构造环境、构造-流体耦合规律和叠加构造样式，它们对于深部隐伏矿体勘探具有找矿预测功能，属于直接或间接的找矿预测标志组合。

6.5.2　岩浆叠加侵入构造系统、构造岩相学分带与找矿预测标志

在辉绿辉长岩岩株侵位过程中，形成了碱性钛铁质辉绿辉长岩株（岩脉群）和 IOCG 型矿床、围岩蚀变体系和相邻地层中构造变形事件，它们共同组成了岩浆叠加侵入构造系统（图 6-29）：①碱性钛铁质辉绿辉长岩株（岩脉群）具有构造岩相学分带，有助于揭示岩浆侵位机制和 IOCG 型铜金成岩成矿系统，对它们的构造岩相学分带进行研究，可指导深部找矿预测。②围岩蚀变系统和构造岩相学分带，是岩浆热液成岩成矿作用形成的直接产物，也是岩浆-热液-地层相互耦合反应作用最为强烈的主体部位，对成岩成矿系统相关信息记录最为详细。因此，对围岩蚀变体系进行构造岩相学和地球化学岩相学解剖研究，建立构造岩相学和地球化学岩相学找矿预测标志。③在岩浆侵位过程中，地层中变形变质事件和相关构造岩相学记录，为岩浆叠加侵入构造系统的外缘相带和远端相，对于地层中构造岩体系进行研究，有助于建立隐伏岩浆叠加侵入构造系统。

1. 碱性辉长岩类侵入岩体（岩株、岩墙和岩脉）的构造岩相学分带

从辉长岩类侵入体中心向外，构造岩相学分带为：①侵入岩中心相以细粒橄榄苏长辉长岩为代表，包括碱性苏长岩亚相、角闪辉长岩亚相和橄榄辉长岩亚相等。②过渡相以蚀变细粒辉长岩为代表，包括碱性辉长岩相、辉绿辉长岩相、蚀变细粒辉长岩相和蚀变辉绿岩相等 4 个亚相。蚀变细粒辉长岩+蚀变辉长辉绿岩+蚀变辉绿岩亚相是 IOCG 矿床含矿岩相，可作为直接的找矿预测标志。③边缘相以浅成次火山岩相闪长玢岩-钠长斑岩-钠化正

长斑岩为代表，属于侵入岩系列中顶端（末端）的浅成次火山岩相（方维萱等，2009）。浅成次火山岩侵入相（碱性中性岩相）包括碱性闪长斑岩、钛铁矿蚀变闪长岩、闪长岩和花岗闪长斑岩等 4 个亚相，主要与铁铜成矿关系密切，属于铁（钛）氧化物铜金型（IOCG）矿床主要含矿岩相，是隐伏铁（钛）氧化物铜金型（IOCG）矿直接找矿预测标志。浅成次火山岩侵入相（碱性岩相）包括碱性钠长斑岩、碱性钾长斑岩、碱性二长斑岩等亚相，与铁铜金银（钴镍）成矿关系密切，属于隐伏斑岩型铜金矿的含矿岩相，本相带在局部发育，需要进一步研究和工程揭露。④含矿岩浆隐爆角砾岩相带［(1047±15)～(1067±20)Ma，方维萱等，2013］主要在铁质辉长岩岩墙、岩株和岩枝的周缘和顶部分布，具有多期叠加的成岩成矿特点，早期先存岩性原岩主要为贯入角砾凝灰岩，局部含有较多围岩角砾，与岩墙和岩枝初期浅成岩浆侵入突然释压后，导致和引发的岩浆-热流体隐爆作用密切相关，穿切东川群不同层位，呈不规则状切层产出，角砾成分主要有东川群火山-沉积岩类、侵入岩类和热液角砾岩类，胶结物主要为石英、钠长石、铁碳酸盐矿物、镜铁矿、磁铁矿和铜硫化物等。在古元古界小溜口岩组中，形成了热液型脉带状铜钴矿体和含矿蚀变矿化体，铁白云石钠长角砾岩是在小溜口岩组中寻找铜钴矿主要标志之一。

总之，铁氧化物铜金型矿床（IOCG）与碱性钛铁质超基性岩-碱性钛铁质基性岩关系密切，碱性辉长岩类侵入体构造岩相学分带为中心相（侵入岩相碱性苏长岩-橄榄辉长岩）→过渡相（浅成次火山岩相碱性辉绿辉长岩）→边缘相（碱性钛铁质闪长玢岩-钠长斑岩-钠化正长斑岩）→碱性岩浆隐爆角砾岩相带（碱性铁白云石钠长角砾岩）→碎裂岩化-液压致裂角砾岩相带。铁氧化物铜金型 IOCG 矿体主要赋存在碱性闪长玢岩、钠化正长斑岩和铁白云石钠长角砾岩相带中，热液型脉带状铜银矿体一般位于碎裂岩化-液压致裂角砾岩相带中，含铜硅化脉、含铜铁白云石硅化脉和含铜方解石铁白云石脉发育，受断裂-裂隙带控制。它们为侵入岩体含矿性评价和构造岩相学含矿-储矿构造的示矿信息提取原理核心所在。

2. 围岩蚀变系统与构造岩相学分带

围绕碱性辉长岩类侵入体，形成了层状、似层状和复杂形态的蚀变岩，与岩墙、岩株和岩枝产状相近。不同于一般围岩蚀变类型与组合，具有多期次叠加特征，形成了与不同类型成矿作用有关的构造蚀变岩相学分带。侵入构造中心向外主要蚀变岩亚相类型有：①透闪石（阳起石）-黑云母-钠长石化蚀变相（原岩为碱性基性岩）/钠黝帘石-钠长石-黑云母蚀变相（原岩为碱性中性岩），属于围绕侵入构造过渡相分布的近矿围岩蚀变组合，是 IOCG 矿体直接找矿预测标志；②绿泥石-绿帘石（钠黝帘石）-黑云母蚀变相，属于近矿围岩蚀变组合（原岩为基性凝灰岩），一般位于侵入构造体贯入角砾凝灰岩亚相与东川群接触带部位，是铁氧化物铜金型（IOCG）矿体含矿岩相；③电气石-磁铁矿-钠长石-碳酸盐-透闪石蚀变相，由多期热液蚀变叠加形成，是寻找多期多阶段叠加成矿与富矿体直接找矿标志，位于侵入构造外接触带；④绿泥石-绿帘石-阳起石蚀变相与磁铁矿-绿泥石-绿帘石化蚀变相，属于侵入构造有关的浅成热液作用在外接触带形成的蚀变带，是寻找隐伏侵入构造的围岩蚀变组合标志；⑤角砾状-脉带状硅化-方解石-黑云母蚀变相，主要分布于东川群中。包括角砾状-脉带状硅化-铁锰方解石-黑云母蚀变亚相和角砾状-脉带状硅化-铁锰方解石，一般为脉带型铜（银金）矿体的含矿蚀变岩相；角砾状-脉带状铁（绿泥石-绿帘石）锰方解石亚相，属于隐伏成矿热液蚀变系统找矿标志，东川群白云岩中发育透闪石化、滑石化和方柱石化等蚀变组合而区别于热水同生蚀变岩相；⑥伊利石-黑云母蚀变岩相，原岩属于基性凝灰岩，在热水同生蚀变过程中形成，伊利石属于后期泥化叠加蚀变作用形成，在稀矿山式（IOCG）铁铜矿体上下盘岩床中尤为明显；⑦岩浆热液角砾岩相系较为特殊，一般扎根于岩浆侵入构造系统之内，构造岩相学分带为钾钠硅酸盐化岩浆热液角砾岩相（根部相）→黑云母化岩浆热液角砾岩相（中心相）→钠化硅化岩浆热液角砾岩相（中心相）→铁白云石钠化热液角砾岩相（过渡相）→钠化铁白云石热液角砾岩相（外缘相）→铁锰碳酸盐化热液角砾岩相（远端相），它们为铁铜金成矿系统主要围岩蚀变体系。

综上所述，透闪石（阳起石）-黑云母-钠长石化蚀变相为IOCG直接找矿标志。绿泥石-绿帘石-黑云母蚀变相为IOCG含矿蚀变岩岩相。岩浆热液角砾岩相为IOCG型铜金矿体主要储矿构造岩相体（岩浆热液角砾岩构造系统）。它们是主要找矿预测目标物。

3. 与侵入构造有关的构造岩和地层围岩中构造岩相学特征和分带性

从岩浆侵入构造内部向外到地层围岩之中，形成明显的构造岩体系和构造岩相学分带。①同岩浆侵入期糜棱岩相-糜棱岩化相带。糜棱岩化相主要分布在岩浆侵入构造边部和接触带附近，由糜棱岩化闪长岩亚相、糜棱岩化辉长岩亚相、蚀变碎裂糜棱岩亚相等构成。发育在铁铜矿体附近，同位共存的侵入岩相一般为浅成次火山岩相，属于近矿构造岩岩相标志，构造-流体耦合作用强烈，围岩蚀变多期叠加明显，常伴有电气石化微相。②同岩浆侵入期先存地层围岩中韧性剪切带与糜棱岩相带。在因民组内火山穹丘构造附近和火山穹窿构造内，相邻小溜口岩组内发育两期递进韧性剪切变形相。小溜口岩组内因民期第一阶段韧性变形型相为大致顺层剪切流变褶皱相，以 S_1^1 置换 S_0 为（$S_1^1//S_0$）特征；小溜口岩组内因民期第二阶段韧性变形型相为切层韧性剪切变形相为主（$S_1^2\#S_1^1//S_0$）。在因民组内火山穹丘构造附近，以小溜口岩组残留岩块、韧性剪切带和糜棱岩相为主，它们在垂向上向下多见因民期碱玄岩和碱性辉绿岩次火山岩侵入相。在走向上迅速相变为因民组一段（蚀变）火山集块岩和（蚀变）火山角砾岩相。在小溜口岩组内因民期火山穹窿构造内，韧性剪切带和糜棱岩相呈面状和带状发育，围绕因民期火山穹窿构造呈环状-半环状分布，规模较大。在横向上相变为因民组一段熔积角砾岩、蚀变熔结火山集块岩、蚀变熔结火山角砾岩。区别性构造岩相学指标为因民组一段底部与小溜口岩组接触界线附近，发育大规模渗滤循环火山热液角砾岩相带，胶结物为火山热液胶结物，角砾中蚀变火山岩发育。③碎裂岩化相一般位于隐爆角砾岩相带边部的东川群（因民组和落雪组、青龙山组等）内。碎裂岩化发育，沿岩石裂隙可见凝灰质充填物和蚀变网脉状凝灰质填隙物。随着远离侵入岩体，凝灰质与地层之间的构造-流体耦合作用逐渐减弱。当构造-流体耦合作用较强时，形成明显铜矿化，局部有后期构造流体叠加时，可形成铜矿脉。④液压致裂角砾岩化相属同岩浆侵入期形成的盆地流体作用产物，一般主要分布在碳酸盐岩中，形成明显的层状液压致裂角砾岩。主要识别标志为浅桃红色锰方解石和菱铁矿为网状热液胶结物，角砾具有可拼接性。局部发育菱锰矿岩和菱铁矿岩，或沿裂隙破碎带形成网脉状菱锰矿蚀变岩和菱铁矿蚀变岩。这种液压致裂角砾岩化相与上述脉带型铜（银金）矿体的含矿蚀变岩相在空间上共存叠加时属于隐伏侵入构造和寻找铁氧化物铜金型（IOCG）矿体的找矿预测指标，为IOCG型成矿系统的远端相。⑤断层-裂隙带常围绕碱性辉长岩类侵入体的围岩中分布。在其外围围岩（东川群）中形成放射状、环状和半环状的断层裂隙带，伴有细脉状、稀疏浸染状黄铜矿、黄铁矿化，它们是热液型脉带状铜矿体的定位构造。

总之，从岩浆侵入构造中心向外到地层围岩中，形成的构造岩相学分带为糜棱岩化相带→碎裂岩化相带→液压致裂角砾岩相带→断层裂隙带。IOCG矿体与糜棱岩化相关系密切，属于含矿构造岩相。含铜锰方解石-菱铁矿等组成的铁锰碳酸盐化蚀变相为IOCG成岩成矿系统的远端相。这种构造岩相学分带属辉长岩类同岩浆侵入期，构造-岩浆-盆地流体多重耦合作用形成的构造岩相学分带。

6.5.3　落因复式褶皱-断裂带与岩浆叠加侵入构造系统

碱性铁质辉长岩床、碱性铁质闪长斑岩和钠长岩等组成侵入岩体多沿断裂带侵位，这些侵入岩体的产状和空间分布常受断裂带控制。老新山碱性铁质辉长岩类形成年龄为(1097±28)～(1054±29)Ma（LA-ICP-MS锆石和斜锆石U-Pb定年），与白锡腊矿段深部碱性钛铁质辉长岩形成年龄一致［(1047±15)～(1067±20)Ma，方维萱等，2013］。因民铁铜矿区辉长岩（岩株、岩床、岩墙、岩枝和岩脉群）沿近南北向落因褶皱断裂带侵位，广泛分布于四棵树-面山和人站石-因民-落雪-石将军，为典型岩浆叠加侵入构造系统。

在近南北向落因褶皱断裂带内，形成了辉长岩类侵入岩体组成的岩浆叠加侵入构造系统主要特征（图6-29）为：①碱性辉长岩类侵入岩体沿落因复式背斜轴部断裂带侵位，主要位于复式倒转背斜轴部和轴部两侧附近。②碱性辉长岩类侵入岩体，沿复式背斜轴部近SN向、NE向和NW向断裂带定位，形成岩浆叠加侵入构造系统。③碱性辉长岩类侵入岩体在岩浆侵位过程中，形成了岩浆隐爆角砾岩相带，对该复式背斜具有强烈破坏和再造作用。岩浆侵入过程中连通了基底构造层和东川群，为成矿流体循环对流提供了热能驱动、热流体、构造-热流体耦合和水岩反应的构造空间。④落因复式背斜两翼地层为成矿流体聚集，提供了构造-岩性双重圈闭条件。落因复式背斜核部小溜口岩组组成的基底古隆起构造部位，为寻找小溜口岩组内铜钴金银综合矿体有利部位。⑤落因复式褶皱-断裂带与碱性辉长岩侵入体的叠加构造，是该成矿带主要控矿构造组合。碱性辉长岩类侵入体的过渡相（细粒辉长岩）属钛铁矿和含铜银金磁铁矿含矿岩相带。闪长玢岩-钠长斑岩-钠化正长斑岩（浅成次火山岩相）为铁铜金银钴综合矿体含矿岩相带。⑥在小溜口岩组中，岩浆隐爆角砾岩相带为热液型脉带状铜金银钴矿体含矿构造岩相带。在因民组二段底部和因民组一段中，碱性辉长岩岩床对于稀矿山式铁铜矿体叠加改造富集十分有利，在碱性辉长岩侵入体外围断裂裂隙带中形成黄铜矿化、黄铁矿化和镜铁矿细脉，这些脉体以穿层叠加富集形式产于稀矿山式铁铜矿体中。根据碱性辉长岩侵入体构造岩相学分带规律和地表高磁异常带特征，预测在落因复式背斜-断裂带轴部和东翼具有进一步寻找IOCG矿体前景，碱性辉长岩侵入体形成的构造岩相学分带是重要找矿靶位。

6.5.4　辉绿辉长岩类侵入岩体边缘相与储矿构造岩相

辉绿辉长岩侵入岩体边缘相与铁铜成矿关系密切，也是隐伏矿直接找矿预测标志。①因民矿区深部以辉长岩类侵入体过渡相（辉长辉绿岩）和浅成次火山岩相（蚀变闪长斑岩等）为主，对于稀矿山式铁氧化物铜金型（IOCG）矿体有成矿控制作用，铁铜矿体主要赋存在辉长岩侵入体边部含矿蚀变构造岩相学带内。②在 220 线以北，稀矿山式铁铜矿在 2110m 中段以下尖灭，深部找矿曾一度陷入僵局，根据辉长岩侵入体和构造岩相学分带与铁铜矿床成矿控制关系，推测铁铜矿体向北侧伏。③ZK280-1 验证钻孔中揭露辉长辉绿岩和蚀变闪长斑岩，并发现了铁铜矿化体和东川式火山热水沉积-改造型铜矿体。④在北部 300 线进行钻孔验证，钻进至 1870m 标高附近，验证揭露到稀矿山式铁铜矿体，品位 Cu 为 0.5%~0.8%，TFe 为 25%~38%。基于辉长岩类侵入体边缘属含矿构造岩相学的认识和验证结果，认为猴跳崖铁铜矿段深部和滥山铁矿段深部，值得进一步验证勘探。

6.5.5　岩浆隐爆角砾岩筒与复合热液角砾岩构造系统

岩浆隐爆角砾岩筒和复合热液角砾岩构造系统是因民-落雪地区碱性铁质辉绿辉长岩侵入岩体有关的重要岩浆侵入构造系统的组成样式和储矿构造样式，主要发育于因民铁铜矿区深部小溜口岩组中，围绕碱性铁质辉长岩岩墙、岩株和岩枝的周缘和顶部分布（图 6-30、图 6-31），隐爆角砾岩相呈不规则状切层产出，几何学特征为整体呈筒状或带状构造，隐爆角砾岩相带属与浅成次火山岩侵入体的共生相体，主要由辉长岩类侵入体在侵入过程中，大量气液因构造释压而在近地表形成了热流体隐爆作用和热液蚀变作用。隐爆角砾岩相带由热液黑云母化蚀变角砾岩和热液绿泥石-黑云母化蚀变角砾岩等组成，其原岩为苦橄质基性角砾凝灰岩和凝灰角砾岩等，热液胶结物主要为石英、钠长石、铁碳酸盐矿物、镜铁矿、赤铁矿、磁铁矿和铜硫化物等。因此，隐爆角砾岩相带是本区铁氧化物铜金型（IOCG）矿体的主要含矿蚀变构造岩相带，也是直接找矿预测标志。隐爆角砾岩筒则是本区小溜口岩组主要的成矿控制构造类型之一。

通过因民矿山深部 1：2000 比例尺的井巷工程和钻孔的构造岩相学填图，目前已在 150 勘探线圈定了岩浆隐爆角砾岩筒（图 6-30、图 6-31）。①岩浆隐爆角砾岩相带在空间分布上，垂向控制标高为 2230 ~ 2670m，控制垂向高度约 500m。上部（2670m 和 2597m 中段）岩浆隐爆角砾岩相带宽度在 60 ~ 100m；向下部（2472m、2350m 和 2230m 三个中段）宽度逐渐减小到 2m；岩浆隐爆角砾岩相带几何学形态总体上为水滴状的岩浆隐爆角砾岩筒（图 6-30、图 6-31）。②在构造岩相学组合样式上，围绕辉长岩侵入体周边，岩浆隐爆角砾岩相带分布在小溜口岩组中，小溜口岩组、碱性辉长岩侵入体和岩浆隐爆角砾岩相带三位一体位于落因复式褶皱构造带核部位置（图 6-30、图 6-31）。③岩浆隐爆角砾岩相带是重要的含矿蚀变构造岩相带，现已圈定了铜金钴矿体，铜平均品位 0.52% 以上，钴最高品位 0.048%，金品位 0.3 ~ 1.8g/t，并通过重砂研究发现自然金，粒径 0.01 ~ 0.05mm，呈不规则状、枝状（杜玉龙等，2014），铜硫化物主要为热液胶结物形式分布在

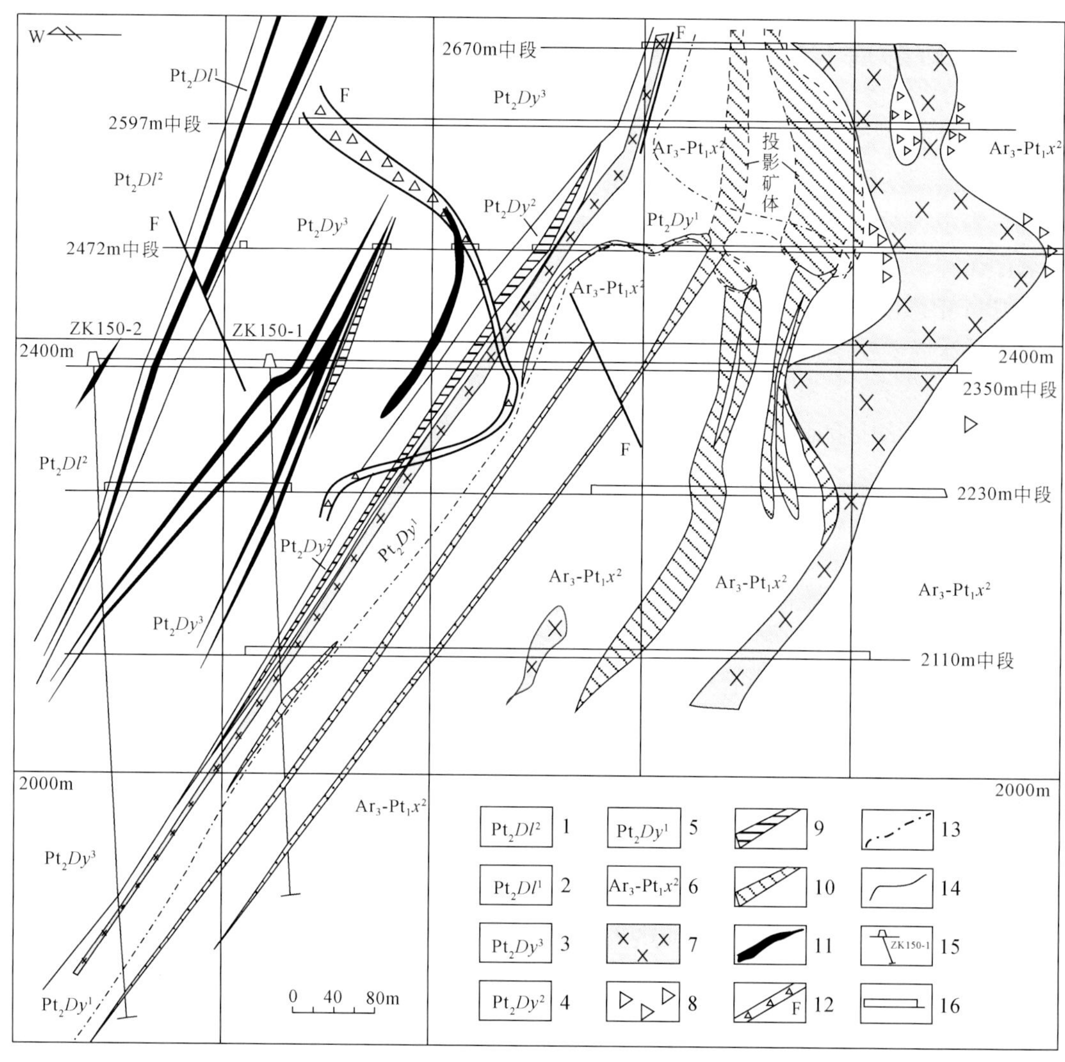

图 6-30　因民铁铜矿区 150 勘探线剖面图

1. 东川群落雪组二段；2. 东川群落雪组一段；3. 东川群因民组三段；4. 东川群因民组二段；5. 东川群因民组一段；6. 新太古界-古元古界小溜口岩组；7. 辉长岩类侵入体；8. 隐爆角砾岩相带；9. 稀矿山式铁氧化物铜金型（IOCG）矿体；10. 小溜口岩组铜金银钴矿体；11. 东川式火山热水沉积-改造型铜矿体；12. 断层或断裂破碎带；13. 小溜口岩组与因民组之间不整合面；14. 地层界线；15. 钻孔及编号；16. 坑道工程

隐爆角砾岩之中。④围绕辉长岩侵入体具有明显的构造岩相学分带，从岩浆隐爆角砾岩相带向外，发育震碎角砾岩→坍塌角砾岩化带→岩浆热液流化角砾岩→岩浆热液角砾岩→断裂-裂隙破碎带（图 6-32），利用这种构造岩相学分带规律，进行井巷工程大比例尺（1∶2000）构造岩相学填图，有助于圈定岩浆热液角砾岩构造系统（以岩浆热液流化角砾岩+岩浆热液角砾岩为中心相带），进行深部隐伏矿体预测和勘探。⑤岩浆隐爆角砾岩相带和岩筒、小溜口岩组中断裂破碎带，发育的复合热液角砾岩构造系统（以岩溶角砾岩相系+岩浆热液角砾岩相为中心相）等是两类重要的含矿构造岩相带［图 6-32（f）］。隐爆角砾

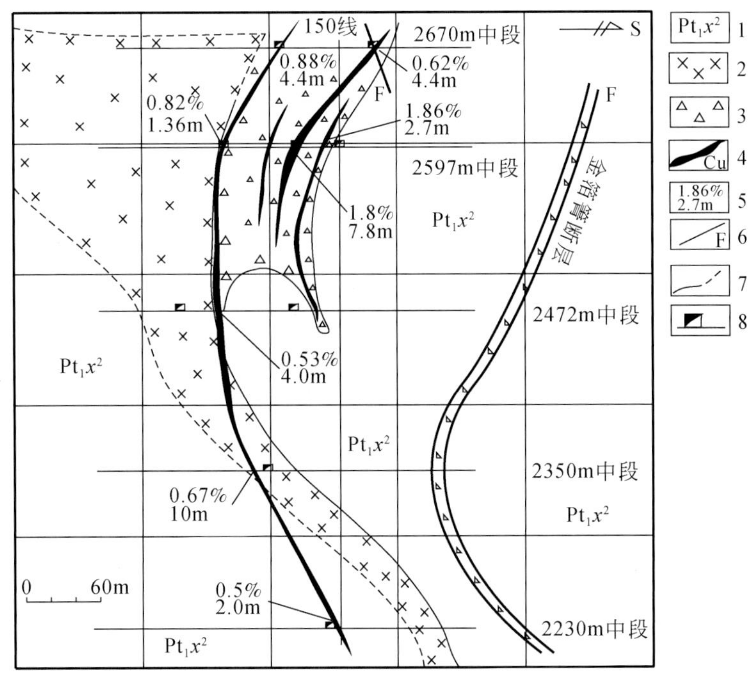

图6-31　因民矿区150勘探线纵向剖面图

1. 小溜口岩组；2. 辉长岩类侵入体；3. 隐爆角砾岩；4. 铜金银钴矿体；5. 单工程平均品位/矿体水平厚度；6. 断层或断裂破碎带；7. 岩性界线；8. 穿脉位置

岩筒是新发现的成矿构造类型，在落因复式褶皱-断裂带核部附近，随着辉长岩类侵入体向深部的延深，在深部隐伏矿找矿预测中就是具体找矿靶位，围绕小溜口岩组中辉长岩侵入体和隐爆角砾岩筒（带）寻找铜（金银钴）矿体具有广阔的空间。

6.5.6　小溜口岩组内复合热液角砾岩构造系统

（1）小溜口岩组顶部角度不整合面构造与岩溶角砾岩相系。在小溜口岩组顶部发育角度不整合面构造，沿角度不整合面构造发育含铜矿铁白云石钠长石等组成的热液角砾岩相，形成似层状和不规则状铜金银钴矿体。①古喀斯特（古岩溶洞穴等）储矿构造：不规则状铜金银钴矿体位于小溜口岩组顶部古喀斯特中，含矿岩相为古岩溶洞穴中充填型含矿钠长石铁白云石角砾岩。②在2472m中段150线发现了小溜口岩组与因民组之间，不整合面-古岩溶洞穴-侵入接触构造带等组成的复合型储矿构造，控制了铜金银钴矿（图6-28）。矿体厚度明显增大，推测可能由于成矿热流体沿断裂破碎带下渗或经隐爆角砾岩、因民组复成分角砾岩等高渗透性地层下渗，在沿不整合面附近古岩溶洞穴（漏斗状）流动过程中，发生了构造-热流体耦合与叠加成岩成矿作用，成矿热流体充填于喀斯特溶洞中，并对因民组一段复杂成分角砾岩形成蚀变和交代作用等水岩反应，形成黄铜矿-黄铁矿化方解石石英脉，黄铜矿和黄铁矿均为热液胶结物，角砾成分主要为粗晶状方解石和铁白云石、石英、铁白云石钠长石岩等。③该矿化类型为本区新发现的矿化类型之一，铜矿体分布于辉长岩侵入体外围小溜口岩组与因民组之间的不整合面构造中，在2470m中段150线揭露，由4个工程控制，铜品位0.51%~1.44%，厚度2.9~6.0m，伴生金品位0.117~0.203g/t，最高1.82g/t，伴生银3.03~5.28g/t，伴生钴平均0.024%，铜矿体和含铜蚀变体的形态随不整合面构造的形态而变化，为似层状、不规则状、透镜状和囊状。由于工程揭露与控制程度较低，进一步寻找具有工业价值矿体的价值巨大。

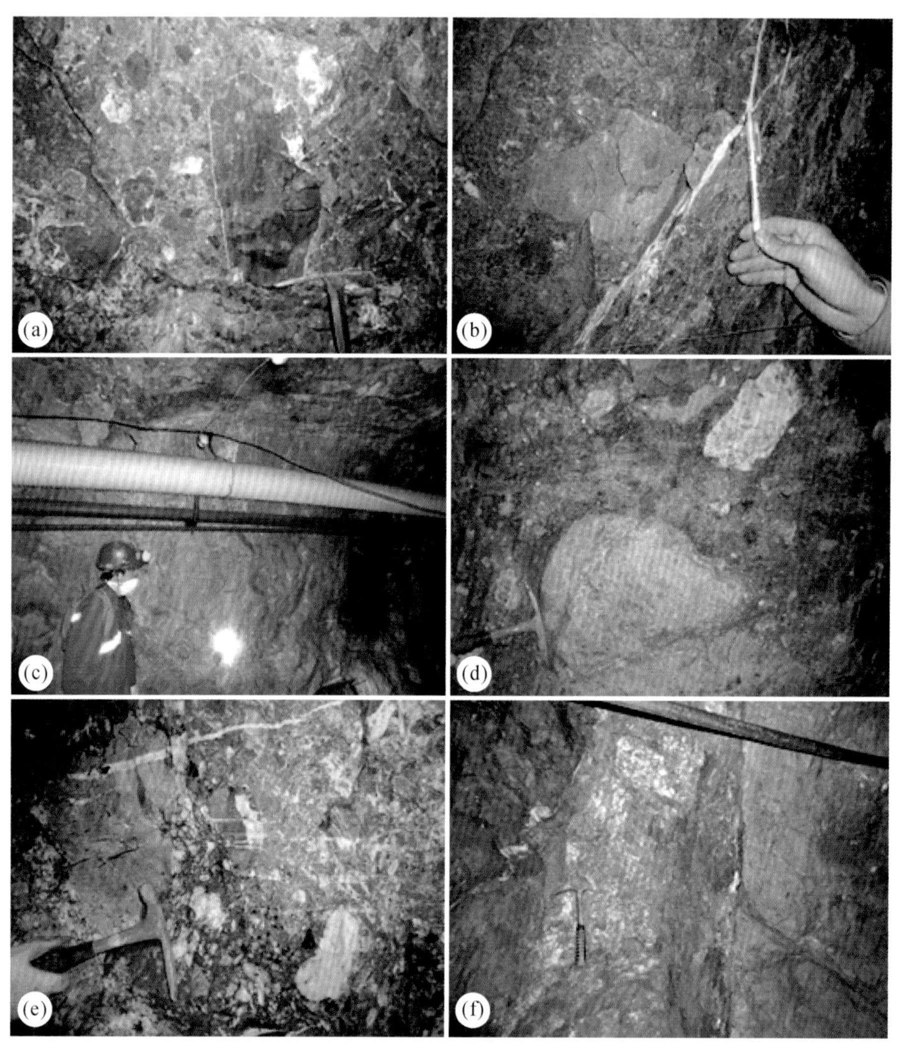

图6-32　因民矿区不同成因类型的角砾岩及含矿性特征

（a）隐爆角砾岩；（b）震碎角砾岩；（c）坍塌角砾岩；（d）流化角砾岩；（e）含矿热液角砾岩；（f）含矿热液角砾岩与断裂破碎带

（2）铁白云石钠长石角砾岩体相带与复合热液角砾岩构造系统。钠长石角砾岩相是本区构造-岩相独立填图单元之一，发育两类钠长石角砾岩体（相带），控制形成热液角砾岩型铜金银钴矿体，钠长石角砾岩相在小溜口岩组较为发育。①钠长石角砾岩相在小溜口岩组中大致顺层分布，主要受大致顺层的韧性剪切带控制，发生了明显的塑性变形，发育构造透镜体和流变褶皱。②钠长石角砾岩相由似层状硅化钠化热液角砾岩和钠长角砾岩等组成，钠长石含量占到80%以上，角砾主要为钠长岩和硅化岩，热液胶结物主要为铜硫化物和黄铁矿。③铜金银钴矿体产于该韧性剪切带中硅化钠化热液角砾岩相带中，主要受硅化钠化热液角砾岩相带控制，形成似层状、脉带状铜钴金银矿体。该类型热液角砾岩在2350m中段60线穿脉与2230m中段150线穿脉揭露多处。④在碱性铁质辉长岩枝侵入体附近小溜口岩组中，发育铁白云石钠长石热液角砾岩相带，在这些热流体角砾岩相带中叠加后期断裂-裂隙带，它们是热液型脉带状铜金银钴矿体的储矿构造岩相带。受明显的后期构造破坏，角砾多破碎和圆化，黄铜矿和金红石充填于后期裂隙中，该热液角砾岩型铜钴金银矿体分布在150线的2472m中段、2350m中段等地段。

第7章　因民-稀矿山铁铜矿段构造岩相学填图与找矿预测

在前期构造岩相学类型划分和岩相学填图基础上，以构造岩相学立体填图示范应用和推广示范为重点，进行因民-小溜口-月亮硐-稀矿山矿段矿山立体构造岩相学填图，提升构造岩相学填图理论和找矿预测在新类型、新矿种和新层位预测功能。前人（龚琳等，1996）确定和勘查的主要矿床类型有：①东川式铜矿床（SSC型铜矿），主要赋存于中元古界落雪组一段和二段中。东川式火山热水沉积-改造型铜矿床（方维萱等，2009）在东川地区广泛分布，是东川地区主要铜矿床类型，分布于落雪矿段、汤丹矿段、滥泥坪矿段、因民矿段和一四棵树矿段等，是主要开采对象。②稀矿山式火山喷流沉积-改造型铁铜矿床（IOCG型，方维萱等，2009）主要赋存于中元古界因民组二段，在因民铁铜矿区小溜口矿段-月亮硐矿段为主要开采区段。③桃园式铜矿床赋存于中元古界黑山组底部，桃园式铜矿床以汤丹铜矿区为典型代表，在因民和滥泥坪矿区局部地段分布有矿化。④滥泥坪式沉积岩型铜矿床赋存于新元古界陡山沱组中，在滥泥坪铜矿区为历史上开采对象。

7.1　构造岩相学实测剖面与综合研究

在因民-稀矿山矿段内，构造岩相学实测剖面与综合研究包括150线不同中段实测构造岩相学剖面，150线、180线、220线、100线、60线等钻孔构造岩相学填图剖面，以及联立剖面和综合研究对比构造岩相学剖面。

7.1.1　因民月亮硐矿段150线 *B-B′* 实测构造岩相学剖面

1. 构造岩相学相序结构

因民铁铜矿区2472中段150（勘探线）实测构造岩相学剖面，从西向东揭露构造岩相学相序结构依次为（图7-1）：热水沉积相硅质白云岩亚相（落雪组一段灰白色含铜硅质白云岩）→泥砂质潮坪相（因民组三段紫红色-紫灰色含铜白云质粉砂岩）→含铜蚀变辉绿岩相→含铜破碎带（碎裂岩化相+构造片岩相）→碳质白云质凝灰岩相（滞流还原混合潮坪相+碎裂岩化相）→钠长石阳起石岩相→层状细粒辉长岩相（因民组二段）→铁质粗面凝灰岩相→粗面质赤铁矿岩相→粗面（斑）岩相→含矿热液角砾岩相、硅化钠化铁白云岩相，含铜硅化-钠化角砾岩亚相，浸染状黄铜矿（铁矿）微相（小溜口岩组和因民组一段底部主要含矿相）→大理岩化相、大理岩化白云岩相→蚀变辉绿岩相和闪长岩相（次火山岩相）黑云母蚀变钾化脉及强铁碳酸盐化辉绿岩亚相→火山爆发相，复杂成分火山角砾岩亚相+火山凝灰角砾岩亚相→火山爆发相，火山集块岩亚相→坍塌角砾岩相，为近古火山喷口。向东施工穿过老新山碱性铁质辉长岩岩墙可探索研究落因背斜东翼。

构造岩相学特征为NW和NE向张剪性断层裂隙，平面形态学特征呈向北发散向南收敛的正扇形构造特征，沿因民组一段及小溜口岩组不整合面，发现硅化钠化角砾岩型铜金银钴矿体和小溜口不整合面储矿构造（图7-1）。

2. 构造岩相学结构特征

该工程显示了已经接近小溜口岩组核部近转折端，贯穿老新山碱性铁质辉长岩岩墙侵入体，对落因背斜东翼找矿和落因背斜特征研究具有重要意义。研究剖面表明矿化类型的多样性，成矿系统的复杂性，但多与火山岩和构造有关。

7.1.2　因民月亮硐矿段150线 C-C'构造岩相学填图剖面

因民铁铜矿区2350m中段（150勘探线）实测构造岩相学剖面，从西向东揭露层位和岩性依次为：落雪组一段东川式火山热水沉积–改造型铜矿层→因民三段紫红色–紫灰色粉砂质泥岩、碱性铁质火山角砾岩和火山熔岩层夹铁铜矿层（新找矿层位）→因民组二段（稀矿山式铁铜矿体）含铜赤铁磁铁矿矿层→因民组一段复杂成分火山角砾岩、角砾凝灰岩、基性凝灰熔岩→小溜口岩组铁白云石钠长岩与灰黑色含碳质凝灰质白云岩（铜金银钴矿层），小溜口岩组中铜金银钴矿层受脆韧性剪切带和热液角砾岩构造系统控制。在因民铁铜矿区2472中段和2350中段实测构造岩相学剖面基础上，结合在因民铁铜矿区地表路线构造岩相学剖面和ZK1501和ZK1502钻孔实测构造岩相学剖面，采用构造岩相学综合对比和构造岩相学筛分等方法，建立因民期和落雪期垂向岩相学相序结构和构造岩相学相序结构模式。因民铁铜矿区岩相学垂向相序结构模式、构造岩相学垂向相序结构模式、铁铜和铜成矿岩相学垂向相序结构如下（从上到下）：

（1）落雪期晚期（落雪组二段上部）潮坪相紫红色泥质白云岩+泥质白云岩。

（2）落雪期中期（落雪组二段下部）潮坪相凝灰质白云岩+青灰色细晶白云岩。落雪组二段东川式火山热水沉积–改造型铜矿床成矿岩相为浅灰绿色凝灰质白云岩+硅质白云岩相，为典型火山热水沉积岩相+细脉状–网脉状铜硫化物（辉铜矿–斑铜矿）盆地流体改造富集岩相。

（3）落雪期早期含铜硅质白云岩相（硅质铁白云质热水沉积岩相）→砂泥质潮坪相（细脉状黄铜矿–锰铁白云石–硅化盆地流体改造相）→因民期晚期（因民组三段）火山浊流沉积岩相紫红色含铜白云质粉砂岩亚相，底部浅紫色含铜赤铁矿及铜矿层→火山爆发相，角砾凝灰岩亚相→因民期中期（因民组二段）稀矿山式铁铜矿→因民组早期（因民组一段）火山喷发通道相，复杂成分火山角砾岩亚相，基性凝灰熔岩亚相→火山喷发通道相，白云石钠长石岩脉群亚相。

该剖面的构造岩相学填图重新厘定了因民组二段与因民组一段、因民组一段与小溜口岩组地质界线，在因民组三段底部圈定了与钻孔对应连接的孔雀石化–黄铜矿化铜矿体。进一步确定了因民组三段底部存在铜、铁矿体，因此，原稀矿山式铁铜矿（危机矿山圈定）为因民组三段底部铜铁矿体。圈定150线为古火山喷发口（喷气孔），推断稀矿山式铁铜矿在金箔箐断层下盘（南侧）存在，且已得到工程验证。

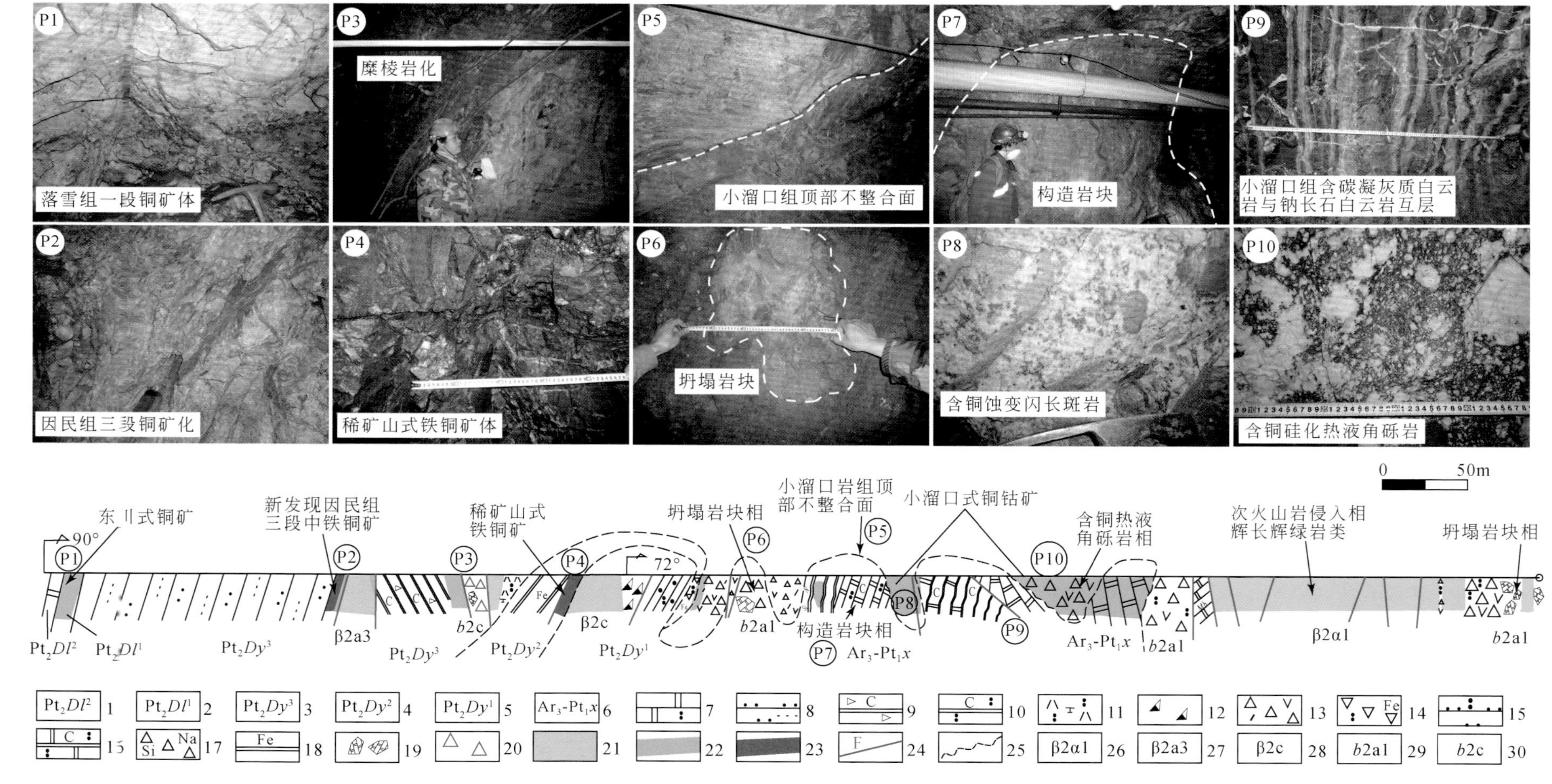

图 7-1　因民矿段因民组一段底部与小溜口岩组顶部角度不整合面构造与储矿特征

1.中元古界东川群落雪组二段；2.中元古界东川群落雪组一段；3.中元古界东川群因民组三段；4.中元古界东川群因民组二段；5.中元古界东川群因民组一段；6.新太古界–古元古界小溜口岩组；7.凝灰质白云岩；8.泥质粉砂岩；9.碎裂岩化碳质板岩(碎裂岩化相)；10.碳质凝灰质白云岩；11.粗面质凝灰岩；12.隐爆角砾岩；13.复杂成分火山角砾岩；14.铁质凝灰质角砾岩，胶结物为菱铁矿和凝灰质；15.凝灰质砂岩；16.碳质凝灰质白云岩；17.硅化钠化角砾岩(热液角砾岩相)；18.铁质板岩；19.坍塌角砾岩(坍塌岩块相)；20.断层角砾岩；21.辉绿岩类(次火山岩侵入相)；22.铜矿体；23.铁(铜)矿体；24.断层；25.小溜口组顶部不整合面；26.中元古代因民期–落雪期碱性铁质基性岩旋回，碱性铁质侵入岩体；27.中元古代因民期–落雪期碱性铁质基性岩旋回，晚阶段碱性辉绿岩和火山活动；28.中元古代末期(格林威尔期)碱性基性岩；29.坍塌岩块相；30.构造岩块相

发现的小溜口岩组内韧性剪切带中黄铜矿型铜矿体，主要表现为韧性剪切环境下的大致顺层的断层-裂隙充填状、微褶皱和 S-L 透镜体等。含铜白云质钠长石岩及含铜硅化钠化角砾岩为同构造期热液角砾岩相。黄铜矿矿脉走向主要为 NW，倾向有 SW、NE。该与韧性剪切密切相关的矿脉是否为热液通道，与 2472m 中段小溜口岩组矿化具有可对比性。构造主要有 NW、NE 向，具有向北发散向南微收敛的正扇形特点，构造变形特点与上部 2472m 中段基本一致，可能接近小溜口岩组核部转折端处。背斜核部找矿前景甚好。

7.1.3　实测构造岩相学剖面与垂向构造岩相学相序结构模式

因民铁铜矿区构造岩相学、铁铜和铜成矿岩相学垂向相序结构（从上到下）：

（1）落雪期晚期（落雪组二段上部）泥质潮坪相紫红色泥质白云岩+泥质白云岩。

（2）落雪期中期（落雪组二段下部）总体为凝灰质潮坪相凝灰质白云岩+青灰色细晶白云岩。在衰竭古火山机构（火山沉积盆地中心）同生断裂带附近，如因民铁铜矿区 150 勘探线，在落雪组二段下部岩性垂向层序（岩相学/构造岩相学/构造岩相学动力学垂向相序结构）为灰白色硅质细晶白云岩夹碎裂状铁染硅质（凝灰质潮坪相火山热水岩相硅质白云岩）-凝灰质白云岩/格林威尔期盆地流体液压致裂角砾岩（铜矿层，含铜压剪性碎裂岩化相）→浅灰黄色层纹状凝灰质白云岩→含铜凝灰质白云岩（凝灰质潮坪相火山热水岩相含铜凝灰质白云岩类）/落雪期中期火山热水沉积型铜矿化+格林威尔期盆地流体液压致裂角砾岩（含铜压剪性碎裂岩化相，即火山热水沉积-改造型铜矿体）→含铜灰绿色凝灰质钠质硅质角砾岩（落雪期中期火山热水角砾岩相凝灰质钠质硅质角砾岩）-碧玉状钠质硅质角砾岩/同生断裂构造岩相带/落雪期中期火山热水隐爆喷流型铜矿化格林威尔期盆地流体液压致裂角砾岩（含铜压剪性碎裂岩化相，即火山热水沉积-改造型铜矿体）→含铜青灰色碧玉状硅质钠长石岩（硅钠质火山热水混合沉积岩相）→灰白色细晶白云岩夹碧玉酸性凝灰质硅质钠长石岩（硅钠质+铁白云质火山热水混合沉积岩相）/落雪期中期火山热水隐爆喷流型铜矿化格林威尔期盆地流体液压致裂角砾岩（含铜压剪性碎裂岩化相，即火山热水沉积-改造型铜矿体）。落雪组二段东川式火山热水沉积-改造型铜矿床成矿岩相学结构为：①上部，碎裂岩化浅灰绿色凝灰质白云岩+碎裂岩化硅质白云岩+含铜盆地流体液压致裂角砾岩相/碎裂岩化相；②中部，碎裂岩化凝灰质潮坪相火山热水岩相含铜凝灰质白云岩类/落雪期中期火山热水沉积型铜矿化+格林威尔期盆地流体液压致裂角砾岩（含铜压剪性碎裂岩化相，即火山热水沉积-改造型铜矿体。控制落雪期中期（落雪组二段下部）火山热水沉积型铜矿化的相组合为火山热水沉积岩相+硅钠质火山热水角砾岩相+火山热水混合沉积岩相，其构造岩相学相组合为同生断裂构造相带+次级火山沉积洼地相（发育在衰竭古火山机构中心），控制东川式火山热水沉积-改造型铜矿床的改造富集的构造岩相学相组合为盆地流体液压致裂角砾岩化相+碎裂岩化相+密集压剪性劈理化带。根据构造岩相学筛分研究，碎裂岩化相和富锰铁碳酸盐质盆地流体叠加岩相形成于格林威尔期（小黑箐运动，1000Ma），微细脉状黄铜矿石英脉和大致沿层产出的不规则脉状赤铁矿-斑铜矿黄铜矿属于东川式火山热水沉积-改造型铜矿床主要改造成矿期特征。典型落雪期中期（落雪组二段下部）火山热水沉积岩相凝灰质白云岩+格林威尔期盆地流体改造富集岩相含细脉状-网脉状铜硫化物（黄铜矿-辉铜矿-斑铜矿）碎裂岩化相为东川式火山热水沉积-改造型铜矿床的成矿岩相学结构之一。这种在落雪组二段下部形成的东川式火山热水沉积-改造型铜矿一般位于衰竭古火山机构中心部位，向两侧相变为硅质白云岩和泥质白云岩，仅在衰竭古火山机构中心部位的落雪组二段才是最佳的成矿岩相学结构和构造岩相学结构，火山热水沉积岩和硅钠质火山热水角砾岩呈现多层状对于形成落雪组二段下部的东川式火山热水沉积-改造型铜矿床最为有利，缺失该相体地层则为不利的成矿构造岩相学环境。

（3）落雪期早期含铜硅质白云岩相（硅质铁白云质热水沉积岩相）→砂泥质潮坪相（细脉状黄铜矿-锰铁白云石-硅化盆地流体改造相）。

（4）因民期晚期（因民组三段）为典型同时异相的构造岩相学相体结构地层。在因民期晚期火山喷发中心（衰竭古火山机构中心）附近发育火山岩相系和火山浊流沉积岩相系，以150勘探线、2472m和2350m中段及其上下坑道为典型代表，因民组三段上部为火山浊流沉积岩相+紫红色凝灰质砂岩，发育网脉状铜硫化物锰方解石脉和铜硫化物石英脉，为典型盆地流体改造富集成矿岩相。紫红色含铜白云质粉砂岩亚相，底部浅紫色含铜赤铁矿及铜矿层→火山爆发相，角砾凝灰岩亚相。

因民期中期（因民组二段）为稀矿山式铁铜矿。

因民组早期（因民组一段）火山喷发通道相，复杂成分火山角砾岩亚相，基性凝灰熔岩亚相→火山喷发通道相，白云石钠长石岩脉群亚相。

通过构造岩相学剖面填图，①进一步确定了因民组三段底部存在铜铁矿体，为圈定150线为古火山喷发机构中心相构造岩相学标志，推断稀矿山式铁铜矿在金箔箐断层下盘（南侧）存在，设计工程验证取得了新发现；②发现了小溜口岩组内韧性剪切带中黄铜矿型铜矿体，储矿相体层由韧性剪切带、大致顺层断层-裂隙、微褶皱和S-L透镜体、糜棱岩和初糜棱岩等组成；③在韧性剪切带内发育含铜白云质钠长石岩及含铜硅化钠化角砾岩，黄铜矿矿脉走向主要为NW，倾向有SW、NE。与2472m中段小溜口岩组铜钴金银矿体具有可对比性。储矿构造主要为NW和NE向裂隙带，构造样式具有“向北发散、向南微收敛”正扇形特征，构造变形样式与上部2472m中段一致，属同一构造变形域中形成的产物，推测可能接近小溜口岩组核部转折端处，揭示背斜核部和转折端找矿前景好。

7.2 稀矿山式矿体侧伏规律及验证

围绕新类型和新发现矿体进行研究，以构造岩相学填图预测稀矿山式铁铜矿体侧伏规律，在铁铜矿体上下盘围岩中发现了稀土矿体，证实为IOCG型。稀矿山式铁铜主矿体，近平行产于东川式铜矿（SSC型），中部铜铁矿体归到下部铜矿，编号为Ⅰ-1号矿体；上部铁矿体编号为Ⅰ-2号。Ⅰ号矿体主工业组分为铜，同体共生铁，伴生金银和REE。垂向成矿分带为下部铜矿，中部铜铁矿，上部铁矿，铜与铁同体共生或异体连生。

铜铁矿体赋存在因民组二段中上部，容矿岩石为伊利石蚀变岩、钠长石岩、铁质凝灰质板岩及铁质板岩。上盘围岩为紫红色铁板岩（凝灰岩类）、深灰色铁质凝灰质板岩和砂泥质白云岩等。下盘围岩为火山角砾岩、钠长石岩、火山凝灰质白云岩、蚀变辉绿岩等。

铁矿石类型为层块状赤铁矿矿石、层块状磁铁矿赤铁矿矿石、准同生角砾状-碎屑角砾状赤铁矿矿石。铜矿石类型为豆状-碎屑状含铜赤铁矿石、含铜蚀变火山岩、含铜粗面凝灰质白云岩、浸染状、条带状含铜硅质铁白云岩型富铜矿石。初期预测稀矿山→因民北稀矿山式铁铜矿体可能为断块式向北侧伏，为四级火山热水沉积盆地，经系统坑内钻探控制，在 280 线以南到稀矿山矿段，系统控制了铁铜矿体，280 线为水下火山穹丘构造，为该四级火山热水沉积盆地北端分割围限构造。

7.2.1　稀矿山式矿体（IOCG 型）侧伏规律与验证效果

稀矿山式铜铁矿分布于稀矿山矿段-滥山矿段，控制南北长度约 3270m，以 280 勘探线古水下熔岩高地将其划分为两段，即稀矿山式铜铁矿和滥山铁矿。稀矿山式铜铁矿最高采矿标高 3348m（地表），最低控制标高 1808m（坑内钻），各矿段控制垂高 800 ~ 1000m，矿带现控制垂深 3177m，控制延长（稀矿山至猴跳崖）3106m。稀矿山式铁铜矿体受层位、落因叠加同生褶皱、火山喷溢中心及水下古地形（岩熔丘）等因素控制，受到同生断裂（火山喷溢中心，如 F44、F3、金箔箐断裂）等影响呈断陷式向北侧伏，前期综合研究推断在猴跳崖矿段 2110m 以下存在稀矿山式铜铁矿，设计了坑内立钻验证。

通过系统坑内钻探和验证工程，证实稀矿山式铁铜矿体呈断阶式向北侧伏（图 7-2），矿体整体侧伏角 44.3°。断阶作用由金箔箐断层、老新山断层、F3 等同生断裂和后期断裂活动所造成。从稀矿山矿段至猴跳崖矿段，各矿段侧伏角依次为 49°→42°→40°→25°，具

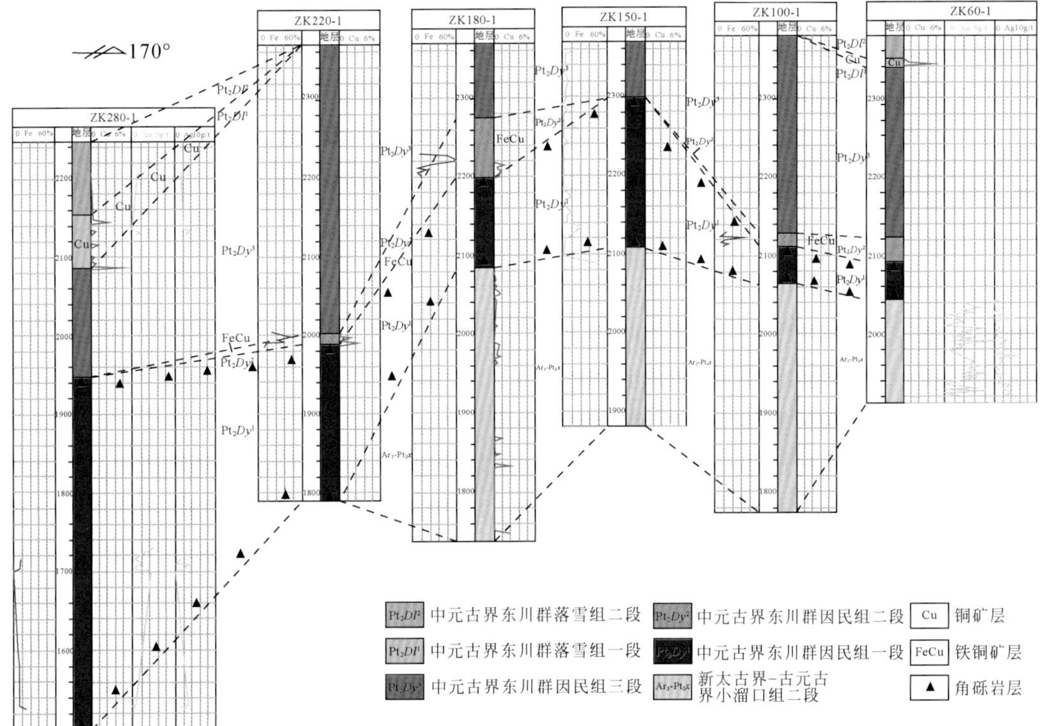

图 7-2　因民-稀矿山钻孔纵向联系剖面（稀矿山式铁铜矿体断陷式侧伏）

有变缓趋势，说明由于同生断裂作用造成了断陷式侧伏（表 7-1）。由于侧伏作用，稀矿山式铁铜矿体从南部稀矿山矿段至北部猴跳崖矿段揭露标高依次减小，稀矿山矿段矿体揭露标高 3348m（地表）→小溜口矿段揭露标高 3151m→月亮硐矿段揭露标高 2670m→猴跳崖矿段揭露标高 2150m。经 1870m 中段井巷工程所验证，深部稀矿山式铁铜矿体具有较大延深和规模。工程验证矿体在 2150m 标高以下已向北侧伏，越过 220 勘探线后向猴跳崖矿段深部延深，在 1870m 中段通过小钻揭露到。猴跳崖矿段已揭露稀矿山式铁铜矿体垂深约 280m（1870 ~ 2150m），延长约 800m（220 线至 300 线），厚度 1. 5m，全铁平均品位 30%，铜平均品位 0. 8%，小体重 3. 4t/m^3，预测（333+334）铜金属资源量为 280m×800m×1. 5m×3. 4t/m^3×0. 8% =9139. 2t，铁矿石量 1142400t，预测矿体向深部有较好延深趋势，深部为有利的找矿靶区。

表 7-1　因民–稀矿山稀矿山式铁铜矿体控制与变化趋势表

矿段	揭露最大标高/m	控制最小标高/m	控制垂深/m	控制延长/m	侧伏角/(°)	变化趋势	
						垂向	走向
稀矿山	3348（地表）	2350（坑道）	998	876	49	变差并趋于尖灭	向南变差并趋于尖灭
小溜口	3151（地表）	2111（ZK150-1）	1037	730	42	变差并趋于尖灭	向南变差并趋于尖灭
月亮硐	2670（坑道）	1808（ZK220-2）	862	700	40	继续延深较好	继续延伸较好
猴跳崖	2150（排水钻孔）	1870（坑内钻）	280	800	25	推测继续向北侧伏，向深部较好延深	
滥山						推测的有利找矿靶区	

（1）猴跳崖矿段 2150m 中段揭露稀矿山式铁铜矿体。在 2230m 中段 220 线北 175m 处（坐标为 X=2906973，Y=96195），由排水钻孔（方位角 270°，倾角 56°，孔深 135m）在孔深 97 ~98m 揭露了厚度约 1. 1m 的角砾状、厚层块状含铜赤铁矿–磁铁矿体，目估全铁品位在 35%~45%，含铜较低。该钻孔见矿位置标高约 2150m，距离 220 线 175m（图 7-3），验证了稀矿山式铁铜矿体开始向猴跳崖矿段延深。

（2）猴跳崖矿段 2110m 中段揭露稀矿山式铁铜矿体。综合研究预测的稀矿山式铁铜矿体向猴跳崖矿段侧伏，本次在猴跳崖矿段 2110m 中段工程得到验证揭露（图 7-4），在 220 线北揭露稀矿山式铁铜矿，由 7 个工程控制，矿体长度约 210m，全铁平均品位 30. 86%，厚度 3. 8m，铜平均品位 0. 86%，厚度 3. 8m，厚度变化系数 39%，铜矿体品位变化系数 64%，铁矿体品位变化系数 55%（表 7-2）。

（3）猴跳崖矿段 1870m 中段揭露因民组二段稀矿山式铁铜矿。猴跳崖矿段 1870m 中段施工水平钻孔（约 300 勘探线，X=2907600，Y=95800 附近），该孔已揭露到因民组二段铁铜矿体，揭露的稀矿山段铁铜矿体为块状、角砾状含铜赤铁矿–磁铁矿矿石，赋矿围岩为角砾状铁质凝灰岩，现场测量磁化率为（300 ~ 600）×10^{-3}SI，XRF 快速分析铜品位 0.5%左右，含铁 25%~38%。

（4）进一步确定了稀矿山式铁铜矿体向北侧伏，在各中段最北端出露位置。①2597m 中段铁铜矿体开始侧伏位置为 180 线南 100m 处。向北坑道编录其为因民组三段层位，且下行钻 ZKD 下 8-2#孔与 ZKD 下 8-1#孔揭露地层同样为因民组三段，推测稀矿山式铁铜矿体在此位置开始向北侧伏。②2472m 中段铁铜矿体在 220 线南 160m 处开始侧伏，依据是向北坑道编录层位全部为因民组三段紫色层和碱性辉长岩侵入岩体。③2350m 中段铁铜矿体在 220 线南 20m 处开始向北侧伏，依据是向北坑道编录岩性为老新山碱性辉长岩侵入岩体和因民组三段坍塌角砾岩相。④2230m 中段过 220 线铁铜矿体开始侧伏，北部坑道编录全部为因民组三段紫色凝灰质砂板岩层，且在下行排水钻孔 97 ~98m 揭露到铁铜矿体。⑤2110m 中段工程控制矿体已经过 220 线，向北延长了 210m，由 7 个工程控制。

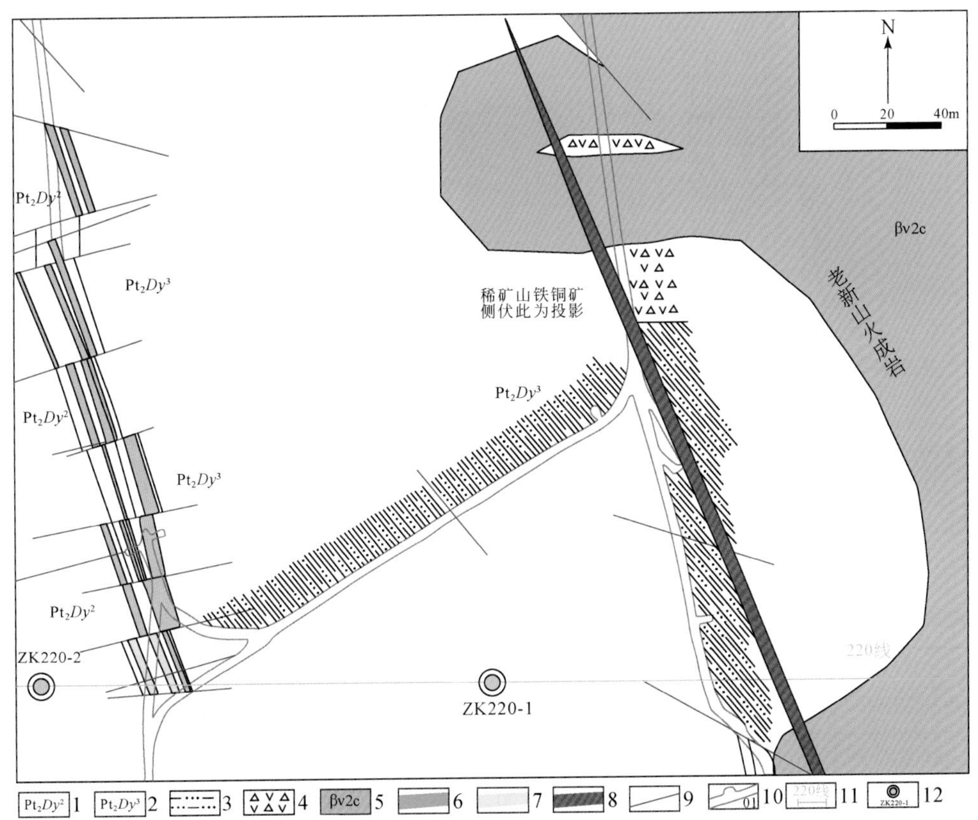

图 7-3　因民 2230m 中段 220 线北部稀矿山式铁铜矿体投影（2150m 见矿）

1. 中元古界东川群因民组二段；2. 中元古界东川群因民组三段；3. 泥质粉砂岩；4. 复成分角砾岩；5. 辉长辉绿岩（格林威尔期）；6. 铜矿体；7. 低品位铜矿体；8. 铁铜矿体；9. 断层；10. 井巷工程；11. 勘探线剖面及编号；12. 钻孔（见矿）及编号

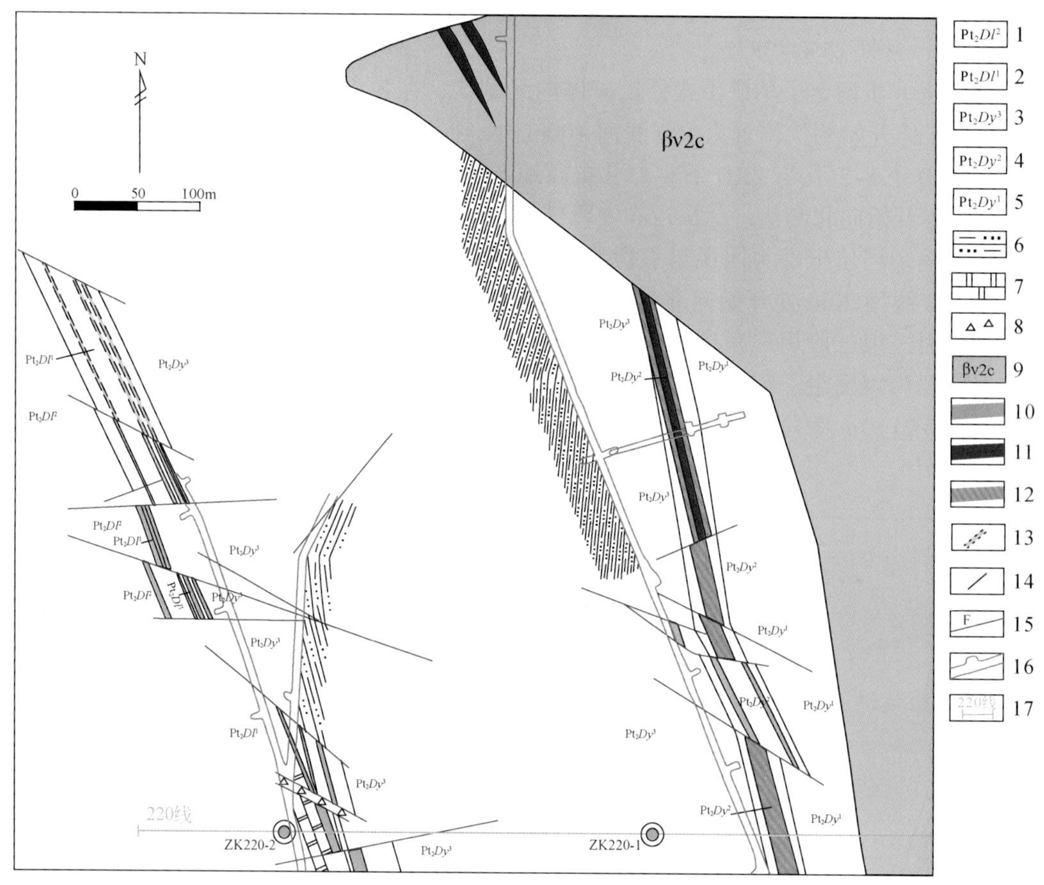

图 7-4　因民矿区 2110m 中段 220 线北揭露的铁铜矿体

1. 中元古界东川群落雪组二段；2. 中元古界东川群落雪组一段；3. 中元古界东川群因民组三段；4. 中元古界东川群因民组二段；5. 中元古界东川群因民组一段；6. 泥质粉砂岩；7. 白云岩；8. 断层角砾岩；9. 辉长辉绿岩（格林威尔期）；10. 铜矿体；11. 铁矿体；12. 低品位铁矿体；13. 推测铜矿体；14. 地质界线；15. 断层；16. 井巷工程；17. 勘探线剖面及编号

表 7-2　因民矿区 2110m 中段 220 线北稀矿山式铁铜矿体见矿情况一览表

工程编号	Cu		TFe		备注
	单工程加权平均品位/%	水平厚度/m	单工程加权平均品位/%	水平厚度/m	
ZK1-2	0.86	2.20	36.28	2.20	
ZK1-3	1.50	2.20	23.13	2.20	
ZK2-2	0.14	2.20	48.60	2.20	
ZK2-1	1.00	4.30	10.90	4.30	
ZK3-2	1.35	2.16	46.20	2.16	
ZK3-1	0.84	5.60	12.30	5.60	两层矿
ZK4-1	0.30	8.00	38.64	8.00	
平均品位	0.86		30.86		

续表

工程编号	Cu		TFe		备注
	单工程加权平均品位/%	水平厚度/m	单工程加权平均品位/%	水平厚度/m	
平均厚度		3.8		3.8	
品位变化系数	64		55		
厚度变化系数		39		39	

7.2.2 矿体空间产状、形态和变化

（1）矿体产出形态与规模。Ⅰ-1矿体呈层状和似层状，具膨大缩小现象。总体走向350°~355°，倾向南西，倾角58°~80°，已验证呈断陷式向北侧伏。在北部猴跳崖矿段深部（1870m中段）经工程揭露到稀矿山式（IOCG）矿体，为块状角砾状凝灰岩类含铜赤铁矿-磁铁矿体。控制矿体长度大于2300m，最大开采标高位于稀矿山段3348m，最深控制标高位于月亮硐220线（1808m），从稀矿山矿段到月亮硐矿段倾伏垂深1715m，矿体斜深>2000m。矿体走向延长较连续，局部因断裂破坏及岩脉侵入造成矿体缺失。

（2）工程控制程度。Ⅰ-1号铜矿体（铜铁同体共生）空间控制长度2300m，控制垂深855m，厚度0.6~18.5m，平均厚度4.14m，厚度变化系数61.7%。铜品位0.13%~7.80%，平均品位1.04%，品位变化系数100.7%；共伴生铁矿，全铁品位为9.22%~45.50%，平均品位19.63%。2597m中段有37个工程控制矿体长度886m；2472m中段42个工程控制矿体长度1653m；2350m中段41个工程控制矿体长度1626m；2230m中段29个工程控制矿体长度1348m；2110m中段31个工程控制矿体长度1375m。Ⅰ-1矿体与落雪组中东川式火山热水沉积-改造型铜矿近平行展布，平距115~250m。总体工程控制程度高，走向最大工程间距100m，最小10m，一般40~80m。

Ⅰ-2号铁矿体分布于Ⅰ-1号铜矿体西部，控制长度约2000m，控制最大斜深800余米，厚度1.28~16.87m，平均厚度6.48m，厚度变化系数67.7%。全铁品位20.12%~65.49%，平均品位45.77%，品位变化系数27.1%。铁矿体中铜品位<0.10%；部分地段为铜铁共生，铜具有工业利用的价值。见矿标高为2597~1767m，2597m中段揭露长度82m，控制程度同Ⅰ-1号矿体，2472m揭露长度1636m，有47个工程控制；2350m中段揭露长度1257m，沿脉、钻穿、水平小钻等45个工程，2230m中段38个工程揭露矿体长度947m。Ⅰ-2号铁矿体深部由ZK280-1、ZK220-1、ZK220-2、ZK180-1、ZK180-2、ZK150-1、ZK100-1七个钻孔控制。矿体呈层状、似层状分布，矿体总体较连续。矿体多被NE向及NW向小断层错断，断距一般不大，最大断距80m。矿体上盘为铁板岩、黑云母白云石片岩夹蚀变凝灰岩，砂泥质板岩等，下盘为铜矿层或铜铁矿层、沉火山角砾岩等。

（3）矿体延长、延深、厚度及品位变化情况。矿体呈层状、似层状分布，从上部（2597m）到下部（2110m）具有明显的矿化连续性变好的总体变化趋势。①2597m中段揭露于稀矿山、小溜口矿段、月亮硐矿段（工程控制到180线南100m），小溜口矿段矿化连续，稀矿山矿段和月亮硐矿段矿化不连续，线含矿率70.96%。②2472m中段矿体见于稀

矿山、小溜口、月亮硐（工程控制到220线南160m），线含矿率54.25%~84.21%，但稀矿山矿段60线以南矿化不连续。③2350m中段见于稀矿山矿段、小溜口矿段和月亮硐矿段三个矿段，矿化较连续，线含矿率80.95%~96.64%，月亮硐矿段铜铁矿体工程控制到220线南20m处，具尖灭再现现象，小溜口矿段矿体连续，稀矿山矿段60线以南矿体总体连续性变差。④2230m中段揭露于稀矿山、小溜口和月亮硐矿段，月亮硐与小溜口矿段矿化连续，含矿率98%。北部过220线矿体开始侧伏，南部稀矿山矿段80线以南矿体连续性变差。⑤2110m中段220线北已经控制长度210m。

（4）矿体受构造破坏程度不大。一般矿体受后期构造破坏程度不高，矿体多被NE向及NW向小断层错断，断距一般不大，错距为1.0~15.0m。原先认为2350m中段金箔箐断裂对铜矿体、铁矿体错动水平断距达110m左右，本次经构造岩相学填图后重新厘定了因民二段、因民一段及小溜口之间的地质界线，原先认为是稀矿山式铁铜矿体归属为因民组三段铜铁矿体，推测并验证了在金箔箐断层南部稀矿山式铁铜矿体存在。

（5）矿石工业类型划分为铁矿石、铁铜矿石和铜矿石。按照矿物组合、结构构造、共伴生组分等特征，可进一步划分为：①铁矿石可以划分为层块状赤铁矿矿石、层块状磁铁矿赤铁矿矿石、准同生角砾状-碎屑角砾状赤铁矿矿石、贫铁铁质岩和铁质钠质基性熔岩。②铁铜矿石的自然类型可划分为：铜磁铁矿赤铁矿岩-含铜磁（赤）铁矿型铁铜矿石、豆状、碎屑状含铜赤铁矿石。③铜矿石的自然类型可划分为含（铁）铜蚀变火山岩型、含铜钠质岩型、含铜硅化-碳酸盐化脉型。

7.3　因民-稀矿山矿段稀土矿体的发现与找矿潜力

以井巷工程构造岩相学填图和地球化学岩相学填图为主，在因民铁铜矿体上下盘围岩、小溜口岩组顶部不整合面等部位发现了稀土矿体。①稀土矿化异常发现和检查。先期研发技术在因民铁铜矿区以150线为中心，垂向上从2110m、2230m、2350m、2472m和2597m中段，开展井巷工程地球化学勘探，发现了稀土元素异常，稀土含量最高达到2100×10^{-6}，圈定了多处稀土元素矿化体。②经岩相学详细鉴定，采用电子探针分析进行稀土赋存状态查定，两次EPMA分析也未能找到含稀土元素的独立矿物。③重新调整了实验思路，再次进行岩相学鉴定，筛选典型含稀土矿石样品，进行显微构造岩相学研究，采用地球化学岩相学和光薄片微区地球化学岩相学填图，圈定电子探针靶区，再进行背散射扫描电镜能谱分析（SEM/EDS），当发现高亮度斑点时（一般稀土矿物会在BSE下呈现高亮度），再放大至100~1500倍，进行电子探针选点和光谱分析，发现了独居石、氟碳钙铈矿、氟碳铈矿、磷钇矿等含稀土元素独立矿物，从而确定了稀土主要矿物类型和赋存状态。④在了解稀土元素赋存状态和独立工业矿物后，采用构造岩相学填图与系统刻槽取样，进行稀土矿体圈定，初步圈定了多条稀土元素矿体。⑤对2472m中段金箔箐断层探矿工程、2472m中段燕子岩、2350m中段150线、2230m中段汤家箐穿脉，第一批刻槽样采样共计98件，估算稀土矿体资源量，进行工业价值研究（表7-3、表7-4），圈定了稀土矿体的REE平均品位为0.11%，最高品位为0.37%。⑥稀土矿体控制规律研究，富集段位于因民2472m中段金箔箐断层，受碱性铁质辉长岩类岩滴和岩凹构造控制。单工程REE

平均品位为 0. 14%，最高品位为 0. 37%。在 2472m 中段共圈定 6 条稀土矿体分别为：长度为 94m，加权平均品位为 0. 181%；长度为 2m，加权平均品位为 0. 107%；长度为 2m，加权平均品位为 0. 121%；长度为 2m，加权平均品位为 0. 109%；长度为 4m，加权平均品位为 0. 096%；长度为 2m，加权平均品位为 0. 097%。

表 7-3　因民铁铜矿区含稀土矿化岩石类型及稀土元素总量特征表

序号	样品编号	标本编号	岩矿石名称	稀土总量/%
1	H15011	B15019	灰白色铜铁白云石钠长岩	0. 23612
2	H150119	B150117	浅黄绿色-黄绿色铁白云石化钠化角砾岩	0. 11938
3	H150BD13	B150BD13	灰白色含铜电气石硅化、钠化角砾岩（蚀变闪长斑岩）	0. 10373
4	H1502-31	B1502-17	粉砂岩	0. 05604
5	H150BD3	B150BD3	强铁碳酸盐化蚀变辉绿（长）岩	0. 09254
6	H150BD6	B150BD6	灰黑色绿泥石化辉长岩	0. 07827
7	H150BD60	B150BD60	强铁碳酸岩化蚀变辉绿岩	0. 14958
8	H150117	B1501-17	紫红色-绿黑色粗面质火山角砾岩	0. 09479
9	H1802-17	B1802-17	暗绿色基性铁钾质凝灰岩	0. 07652
10	H1802-23	B1802-23	灰绿色蚀变粗面质熔结火山集块岩	0. 05124
11	H150BD33	B150BD33	铁钾质粗面岩	0. 04742

表 7-4　稀土元素含量分析结果表　（单位：10^{-6}）

样品号	1	2	3	4	5	6	7	8	9	10	11
Y	42. 3	31	28. 8	36. 3	33. 9	35. 7	30. 7	13. 5	17. 3	60. 2	23. 5
La	508	252	126	202	166	348	227	224	137	86. 4	241
Ce	1001	510	224	351	292	557	361	314	209	160	425
Pr	119	61. 5	25. 6	46. 1	38. 2	80. 3	45. 3	35. 7	19. 9	18. 8	55. 5
Nd	471	232	105	175	148	321	181	119	61. 3	69. 2	203
Sm	81. 7	35. 5	14. 9	28. 7	26. 6	48. 2	30	16. 8	5. 82	13. 4	30. 9
Eu	5. 43	4. 49	3. 86	5. 46	5. 07	6. 69	8. 65	9. 76	3. 24	1. 92	2. 78
Gd	53. 1	26. 4	10. 5	19. 8	17	30. 7	23. 3	11. 3	5. 35	11. 3	20. 6
Tb	6	2. 98	1. 37	2. 52	2. 28	3. 28	2. 7	1. 15	0. 709	2. 02	2. 2
Dy	19	10. 3	6. 34	10. 7	9. 34	12. 5	9. 32	4. 16	3. 34	11. 4	7. 91
Ho	1. 95	1. 14	0. 945	1. 56	1. 44	1. 54	1. 18	0. 467	0. 566	2. 37	0. 925
Er	4. 58	3. 14	3. 11	4. 32	3. 77	4. 62	3. 33	1. 5	1. 99	6. 93	2. 48
Tm	0. 368	0. 338	0. 402	0. 626	0. 566	0. 534	0. 417	0. 202	0. 344	1. 16	0. 266
Yb	2. 06	2. 15	2. 52	3. 67	3. 07	3. 48	2. 76	1. 32	2. 03	7. 23	1. 63
Lu	0. 308	0. 35	0. 335	0. 554	0. 478	0. 487	0. 402	0. 207	0. 316	1. 15	0. 242
ΣREE	2316	1173	554	888	748	1454	927	753	468	453	1018

稀土元素赋存状态以独居石、氟碳钙铈矿、氟碳铈矿、磷钇矿、锆石和斜锆石、氟磷灰石、钍石等独立矿物形式存在，其次有重晶石、未知 REE 硅酸盐矿物。因民铁铜矿区稀土矿体的 3 个赋存层位分别为：①小溜口岩组碱性岩类中（铁白云石钠长岩+铁白云石钠长角砾岩等）富集 Cu-Co-Au-REE，与岩浆热液角砾岩密切相关铜钴矿体中富集稀土；②碱性铁质辉长岩-碳酸岩等碱性岩中富集金红石-Fe-REE；③因民组铁铜矿体上盘围岩和下盘围岩中碱性粗面斑岩中，富集 Cu、Fe、Au 和 REE，属 IOCG 型稀土矿。

（1）小溜口岩组顶部岩浆热液角砾岩型 Cu-Co-Au-REE 矿。①含 Cu-REE 矿化的铁白云石钠长岩（碱性岩浆热液角砾岩相，B15019，图 7-5）。岩石具自形-半自形晶粒结构，块状构造，主要由钠长石和铁白云石、少量绢云母组成，副矿物为金红石和电气石。钠长石（65%~75%）呈自形-半自形板状，晶粒粒径 1.6mm×0.4~1mm×0.5mm，聚片双晶发育，常呈格架状杂乱分布。受应力影响，部分晶粒双晶纹弯曲，裂隙发育。白云石（含量 25%~30%）呈不规则状，部分自形菱面状，粒径 0.05~1.5mm，主要分布于钠长石晶粒间，受应力影响，部分晶粒双晶纹弯曲，消光强烈。少量绢云母呈鳞片状零星分布于岩石中，少量见于钠长石晶粒中。金红石（约 1%）呈针状、柱状及不规则粒状，粒径 0.05~0.3mm，主要分布于岩石裂隙中，常与金属硫化物共生。少量电气石呈黄绿色柱状，粒径 0.1~0.3mm，零星见于岩石裂隙中。金属矿物主要为黄铜矿，呈稀散浸染状、断续细脉浸染状分布于岩石裂隙及孔隙中，常与金红石共生。铜品位为 0.23%，含 REE 0.236%，TiO_2含量为 1.6%，属于 Cu-REE-TiO_2等共生型矿体。经电子探针分析细脉状独居石分布于微裂隙中，与碳酸盐矿物和钠长石共生。与一般独居石［（Ce，La，Nd）PO_4］不同，本区独居石为［（Ce，La，Pr，Nd）PO_4］型，含少量 F，揭示为独居石型富集成矿（含 F 磷酸盐质地球化学相）。②碳酸质热液蚀变岩（与碳酸质岩浆有关的热液角砾岩相，B150117）。岩石具显微鳞片粒状变晶结构，块状构造。方解石（约 65%）呈不规则粒状，晶粒粒径 0.05~1.5mm，常以集合体形式分布。因铁锈混染作用，晶粒表面多呈锈褐色。粉屑（约 20%）成分为显微晶质石英，粒径多<0.02mm，部分晶粒重结晶作用明显。微晶石英粒径在 0.05~1.0mm，波状消光明显，常以集合体形式，呈团粒状、断续脉状分布，团粒状粉屑表面普遍发育铁质氧化圈，呈锈褐色。绢云母（约 10%）呈显微鳞片状，由原岩中的泥质经重结晶作用形成，以集合体形式，呈团粒状、断续脉状分布。少量电气石呈黄绿色柱状和粒状，晶粒粒径 0.05~0.2mm，是气成热液作用下的产物。金属矿物具星点状构造。少量金红石呈他形粒状，粒径 0.03~0.35mm，零星见于岩石中。钛铁矿，少量，他形粒状，晶粒粒径 0.01~0.05mm，晶粒已全部白钛石化。据电子探针分析，独居石和钍石为 REE 赋存矿物，沿裂隙发育。钍石含 La_2O_3为 0.018%~1.248%，含 Ce_2O_3为 0.2335%~2.502%，含 Pr_2O_3为 0.004%~0.103%，含 Nd_2O_3为 0.125%~0.885%，钍石中含少量 La 和 Ce。钍石中含 ThO 为 72.68%~81.89%。③钠长石化白云岩（碳酸质岩浆有关的热液角砾岩相，B150BD13）。岩石具有柱粒状，块状构造。主要矿物由白云石和钠长石组成。显微裂隙发育，宽为 0.83~1mm。被石英、白云石和黄铁矿充填。白云石（约 72%）呈粒状，粒径为 0.04~0.06mm。钠长石（约 25%）呈柱状和短柱状，粒径为 0.04~1.2mm，普遍发育聚片双晶。硅化石英（约 2%）为他形粒状，粒径为 0.05~0.38mm，呈团块状结合体。电气石（<1%）呈长条状，粒径 0.05~0.1mm，具有褐色-褐绿色的多

色性。金属矿物为黄铁矿（约1%）沿裂隙发育。经电子探针分析，氟磷灰石含微量Ce和Nd，沿裂隙发育，与钍石共生。

图7-5　因民矿区ZK1501钻孔中铁白云石化钠长岩内独居石-金红石-钠长石共生

（a）铁白云石化钠长岩；（b）镜下特征；（c）独居石（Mnz）沿裂隙分布于钠长石（Ab）颗粒间；（d）独居石（Mnz）与金红石（Rt）沿岩石裂隙分布；Dol. 白云石；Ms. 白云母

（2）碱性辉长岩-碳酸岩中金红石-REE共生型矿体。在次火山岩相蚀变碱性辉长岩、蚀变碱性辉绿岩和蚀变碱性辉绿玢岩均富集REE。①蚀变碱性二长岩（蚀变碱性二长岩相，次火山岩侵入相，B150BD3）。岩石具有残留辉长结构，块状构造。主要矿物为钠长石和方解石，少量钾长石、白云石和金红石，可见微量磷灰石。钠长石（约89%）呈长柱状，粒径为0.04～3.8mm，普遍发育聚片双晶，可见发育碳酸盐化。钾长石呈长柱状，分布于斜长石组成的三角形格架中或沿裂隙分布。方解石（约3%）呈他形粒状，粒径为0.08～0.8mm，分布于钠长石颗粒间或沿岩石裂隙分布。棕黄色金红石（5%）呈短柱状和粒状，粒径为0.02～0.12mm，大小不等，呈集合体的形式不均匀分布于细脉中。金属矿物为黄铁矿（约3%），自形-半自形粒状，粒径为0.05～0.64mm。显微构造岩相学特征为裂隙发育，宽为2～3mm，被细小的钠长石、方解石、绢云母、金红石和绿泥石等充填，微裂隙充填物含量5%。显微破碎带宽为1.6～2.4mm，斜长石被破碎成碎斑结构，粒径为0.05～0.2mm，可见方解石沿斜长石粒间呈细脉状分布。裂隙充填物含量5%。独居石和氟碳钙铈矿（图7-6）共生，独居石呈脉状沿裂隙分布，与氟磷灰石共生。②蚀变碱性辉绿岩（蚀变碱性辉绿岩相，次火山岩边缘相，B150BD60）。岩石具有变余辉绿结构，块状构造。主要组成矿物为钠长石和黑云母，少量绿泥石、金红石、白云石、钾长石和磷灰石等。钠长石（约62%）呈长柱状，粒径为0.32～2.4mm，发育聚片双晶，可见发育绢云母化和泥化。黑云母（约25%）呈片状，不规则粒状，粒径为0.04～1.8mm，由角闪石或辉石等暗色矿物蚀变，形成交代假象结构，发育绿泥石化。绿泥石（约5%）由暗色矿物蚀变形成，呈粒状和不规则状，粒径为0.4～1mm。棕黄色金红石（约3%）呈短柱状，粒径为0.02～0.08mm，以单晶或集合体的形式产出，属金红石矿体标志；金红石（约2%）与黑云母共生，以单晶或集合体的形式分布于黑云母颗粒上，与黑云母共生。或与磁铁矿和钛铁矿共生，由钛铁矿氧化后析出的钛氧化形成金红石。粒状白云石（约1%）粒径为0.1mm。金属矿物为黄铁矿（约3%），粒径为0.48～1.8mm，粒状磁铁矿含量2%。属金红石-REE共生型矿体。稀土矿物（图7-7）为独居石、磷钇矿和氟碳钙铈矿，多分布于黑云母颗粒或绿泥石颗粒上。发现未知含REE硅酸盐矿物。③蚀变碱性辉绿玢岩（蚀变碱性辉绿玢岩相，次火山岩相，B150BD6）。岩石具有残余斑状结构，块状构造。钠长石斑晶（约5%）呈长柱状，粒径为3～5mm，发育绿帘石化和绿泥石化。基质具有辉长辉绿结构，主要由钠长石、黑云母、绿泥石和绿帘石等组成，少量金红石和碳酸盐矿物。长柱状钠长石（约54%）的粒径为0.04～0.12mm，发育聚片双晶，发生绿泥石化和绿帘石化。片状黑云母（约20%）的粒径为0.1～0.8mm，或成团斑状集合体充填于三角形格架中，其颗粒上分布有钛铁矿和金红石，发育绿泥石化。绿泥石（约10%）

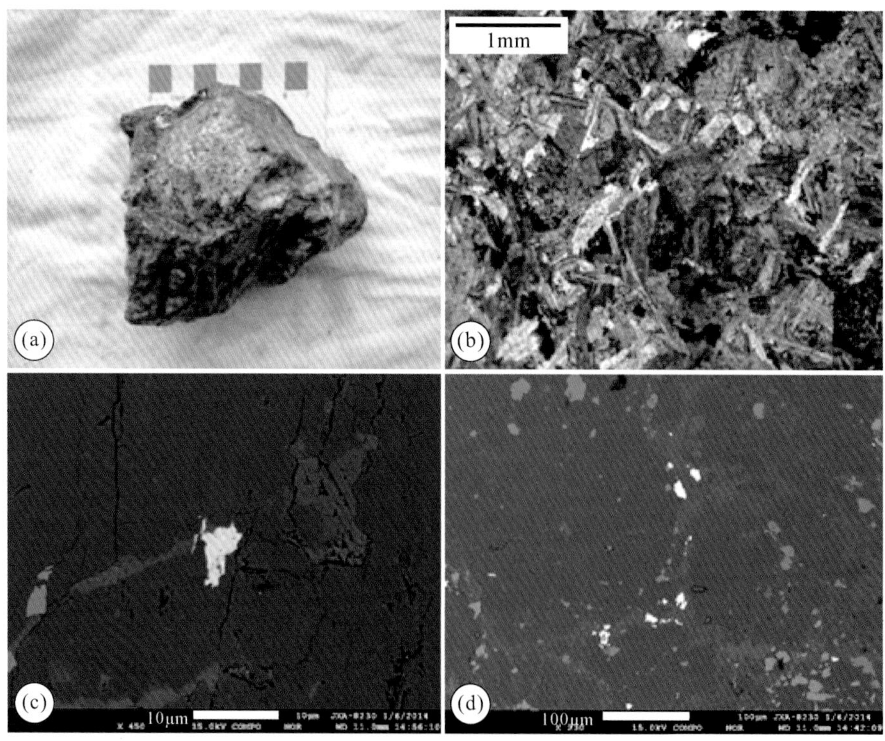

图7-6　因民矿区蚀变碱性二长岩相B150BD3中氟碳钙铈矿和独居石地质产状

(a) 蚀变碱性辉长岩；(b) 镜下特征；(c) 氟碳钙铈矿；(d) 独居石与金红石沿裂隙分布

呈片状和不规则状，与黑云母共生充填于三角形格架中；或呈团斑状，具有靛蓝色的异常干涉色。绿（黝）帘石：粒状、柱状，粒径0.1～0.4mm，由斜长石蚀变形成，分布于斜长石颗粒上，或者与黑云母、绿泥石共生，含量3%。棕黄色金红石（约2%）呈不规则粒状，粒径为0.1～0.6mm，分布于钛铁矿边缘或中心，且两者同时分布于黑云母颗粒上，属金红石矿体特征。少量碳酸盐矿物呈粒状，分布于三角形格架中。金属矿物为钛铁矿和黄铁矿。钛铁矿呈不规则粒状分布于黑云母颗粒上，边缘或中心含有金红石，含量4%。黄铁矿呈粒状，粒径为0.02～1mm，分布于黑云母颗粒上，含量2%。属钛铁矿-金红石-REE共生型矿体。REE矿物以磷钇矿为主，属磷酸盐型地球化学相。钍石中含有稀土元素矿物和磷灰石。钍石Dy和Y含量较高，其他稀土元素含量较少，氟磷灰石中稀土元素含量低。

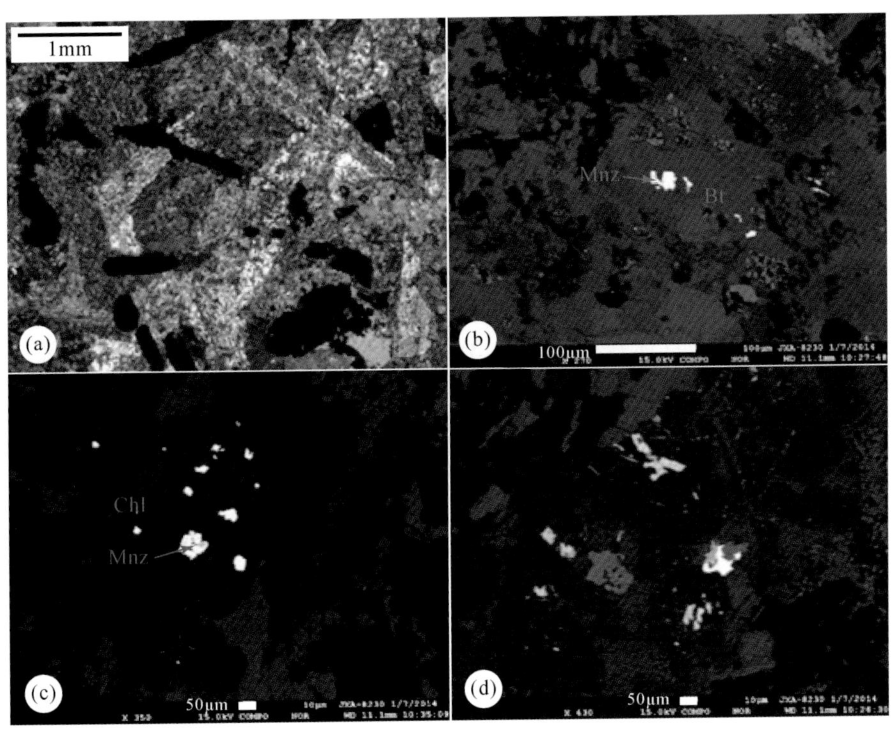

图7-7　因民矿区氟碳钙铈矿和独居石地质产状

（a）蚀变辉绿岩；（b）独居石（Mnz）分布在黑云母（Bt）上；（c）独居石（Mnz）与绿泥石（Chl）；（d）氟碳钙铈矿

（3）在稀矿山式铁铜矿体上下盘围岩粗面斑岩中富集REE，属于IOCG铜金型REE矿体。在浅紫红色铁质粗面凝灰岩中形成REE富集成矿，为因民组粗面斑岩富REE层位。①在粗面斑岩（B150BD33）中，REE主要赋存在氟碳钙铈矿和独居石中，氟碳钙铈矿有双晶，柱状，边部常发育钛铁矿或磁铁矿。在绢云母蚀变岩（水解钾硅酸盐化蚀变相，B1802-23）中，原岩恢复为粗面斑岩。属于铜-金红石-REE共生型矿体。REE元素主要赋存在独居石中，氟磷灰石中稀土元素含量较低。钍石中Y_2O_3含量为0.835，Dy_2O_3含量为0.412，其他稀土元素含量较低。在Cu-REE共生型矿体中，重晶石中富集REE，其中Ce_2O_3的含量为2.469～2.839，REE富集在硫酸盐型高氧化地球化学相内。②碳酸盐化粗面质凝灰岩（B1501-17）岩石具粒状变晶结构，块状构造。白云石含量40%~45%，不规则粒状、菱面状晶形，晶粒粒径0.2~2.5mm，部分晶粒可见两组解理及聚片双晶纹，常以粒状集合体形式呈团块状、脉状分布。方解石含量10%~15%，原岩中泥晶-微晶方解石，受到白云石强烈交代，多呈交代残余结构。绢云母含量30%~35%，细小鳞片集合体，为原岩泥质重结晶作用形成，分布不均一，呈团粒状、脉状分布。硅化石英含量10%~15%，不规则粒状，晶粒粒径0.05~2.0mm，部分晶粒受应力作用波状消光明显，以粒状集合体、断续脉状分布于岩石中。电气石含量1%，黄绿色，柱状、粒状，晶粒粒径0.05~0.15mm，为气成热液作用下的产物，呈星点稀散状分布，与绢云母共生。蚀变组合为白云石化-绢云母化-硅化-电气石化。稀土矿物为独居石、氟碳钙铈矿（钙铈矿）（图7-7）。氟碳钙铈矿或钙铈矿呈柱状，围岩为白云石；柱状独居石呈浸染状产出；其次发现了磷灰石、金红石与独居石关系密切，磷灰石、金红石分布于独居石周边或有时包裹独居石。③粉砂质白云岩（B1802-17）中，稀土元素主要富集在独居石中，氟磷灰石中稀土元素含量较低。REE富集于磷酸盐型地球化学相之中。

综上所述，因民铁铜矿区稀土元素含矿构造岩相学类型具有多样性，由岩浆热液角砾岩相系、次火山岩侵入相系、铁质粗面岩相（火山沉积岩相）和火山热水沉积岩相等组成，在空间上找矿范围广阔。①从10线到300线的南北长大于3000m，垂向从3348m（地表）至1715m（坑道），垂向2000m均揭露，预测类型为与铁铜矿体共生型REE矿体；②在2472m中段以下小溜口岩组大规模揭露，围绕小溜口岩组中与岩浆热液角砾岩筒和碱性铁质辉长岩侵入岩体为具体找矿靶位；③主攻类型为IOCG型铜金-稀土元素矿床，具有寻找与铁铜矿体共生的超大型REE矿床潜力。

7.4　东川群因民组三段铜铁矿体与新找矿层位

在确定了东川群因民组三段为铜铁矿化层位后，圈定Ⅲ-1、Ⅲ-2、Ⅲ-3、Ⅲ-4（铜铁矿体）、Ⅲ-5（裂隙型矿体）共五条矿体。由原来的ZK150-1单孔单工程控制的4条透镜状矿体，在本次工作矿体规模扩大为由ZK150-1孔、ZK150-2孔、2230m中段150线联道、2350m中段150线联道、2472m中段等五个工程控制的层状、似层状矿体，控制斜深250~300m，推测走向延长200~250m，矿体在2350m中段最厚，向上部中段具有复合现象，向下部有分支现象，矿体走向和倾向还有延伸趋势（表7-5）。

表7-5　因民矿区因民组三段Ⅲ-1、Ⅲ-2、Ⅲ-3、Ⅲ-4、Ⅲ-5号矿体工程控制情况一览表

矿体编号	工程编号	Cu（Fe）		矿体规模		平均品位/%	平均厚度/m
		加权平均品位/%	厚度/m	控制斜深/m	推测延长/m		
Ⅲ-1	ZK150-2	0.92	1.7	286	200	1.18	6.26
	2230联道	2.38	2.5				
	ZK150-1	0.87	8.84				
	2350联道	0.54	12.0				

续表

矿体编号	工程编号	Cu（Fe）		矿体规模		平均品位/%	平均厚度/m
		加权平均品位/%	厚度/m	控制斜深/m	推测延长/m		
Ⅲ-2	ZK150-2	0.84	3.04	310	200	0.95	3.03
	2230 联道	1.94	3.0				
	ZK150-1	0.47	5.09				
	2350 联道	0.56	1.0				
Ⅲ-3	ZK150-1	0.56	6.72	245	200	0.69	6.43
	2230 联道	0.93	5.5				
	2350 联道	0.70	11.5				
	2472 岩脉	0.58	2.0				
Ⅲ-4（Cu）	ZK150-1	0.55	7.48	270	200	0.68	4.3
	2230 联道	0.93	5.5				
	2350 联道	0.66	2.28				
	2472 岩脉	0.58	2.0				
Ⅲ-4（Fe）	2350 联道	30.63	2.08	120	200	40.47	2.04
	2472 岩脉	50.30	2.0				
Ⅲ-5（裂隙型）	2350 联道	1.65	4.4	120	250	1.12	5.02
	2472 联道	0.59	6.0				

注：2230 联道指 2230m 中段 150 勘探线联道工程，其他同。

其中，Ⅲ-4 号矿体为铜铁矿体：构造岩相学填图重新厘定了因民组一段与小溜口地层界线以及因民组二段与因民组三段地层界线，确认了因民组三段具有铜铁矿化，铜矿和铁铜矿体具有独立矿体和工业开采价值，这是本区在走向上值得验证和圈定矿体范围的具体靶位，进一步扩大工业利用的可开采范围，为采掘计划编制提供依据。在 2350m 中段 150 线设计了验证工程对因民组三段铁铜矿体进行走向验证，穿脉工程施工编录后确认了其为因民组三段紫色层中产出的厚层块状含铜赤铁矿，赋矿围岩为因民组三段紫红色泥质粉砂岩，可见孔雀石化矿化层，铜矿物主要为斑铜矿、黄铜矿，呈星点状及稀疏浸染状分布，矿化层下覆地层岩性为因民组三段复成分角砾岩。

在东川群因民组三段内，铜铁矿体工程揭露与控制主要有 2350m 中段 150 线坑道、ZK150-1 钻孔、ZK150-2 钻孔及 2472m 中段 150 线铁沿等工程。从 150 勘探线剖面上看，其成左行边幕式分布（图 7-8），平面上看（图 7-9），其大致平行于稀矿山式铁铜矿及东川式铜矿产出，即大致平行地层产出，矿体呈层状、似层状，倾向 240°～245°，倾角 70°～75°。在 2350m 中段厚度最大，向上具有复合和向下具有分支现象。在 ZK150-1 钻孔揭露见矿最高标高 2357.33m（Ⅲ-1），最低见矿标高 2235.25m（Ⅲ-4），4 条矿体倾向已控制延深 240～310m，预测倾向延深在 400～500m，推测走向延长 200～250m。在走向和倾向上值得进一步进行工程验证，圈定独立的工业矿体与扩大规模。共圈定了 5 条矿体，由上到下编号分别为Ⅲ-1、Ⅲ-2、Ⅲ-3、Ⅲ-4、Ⅲ-5（图 7-8）。

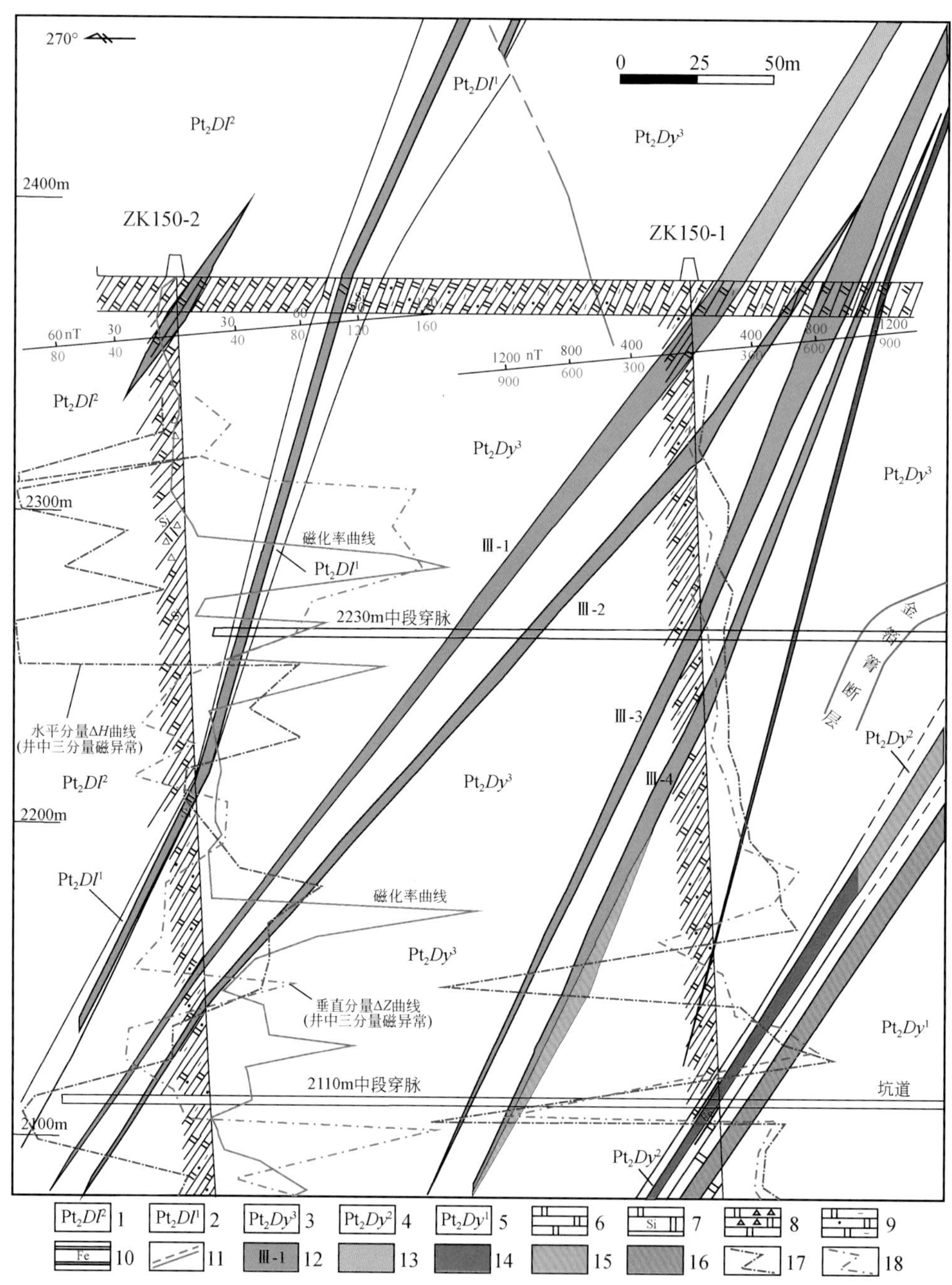

图 7-8　因民矿区 150 勘探线剖面

1. 中元古界东川群落雪组二段；2. 中元古界东川群落雪组一段；3. 中元古界东川群因民组三段；4. 中元古界东川群因民组二段；5. 中元古界东川群因民组一段；6. 白云岩、含藻类白云岩；7. 硅质白云岩；8. 碎裂岩化白云岩；9. 砂泥质白云岩；10. 凝灰质铁质板岩；11. 推测和实测断层；12. 铜矿体及矿体编号；13. 推测铜矿体；14. 铁（铜）矿体；15. 推测铁（铜）矿体；16. 辉长辉绿岩类；17. 井中三分量磁测水平分量 ΔH 异常曲线；18. 井中三分量磁测垂直分量 ΔZ 异常曲线

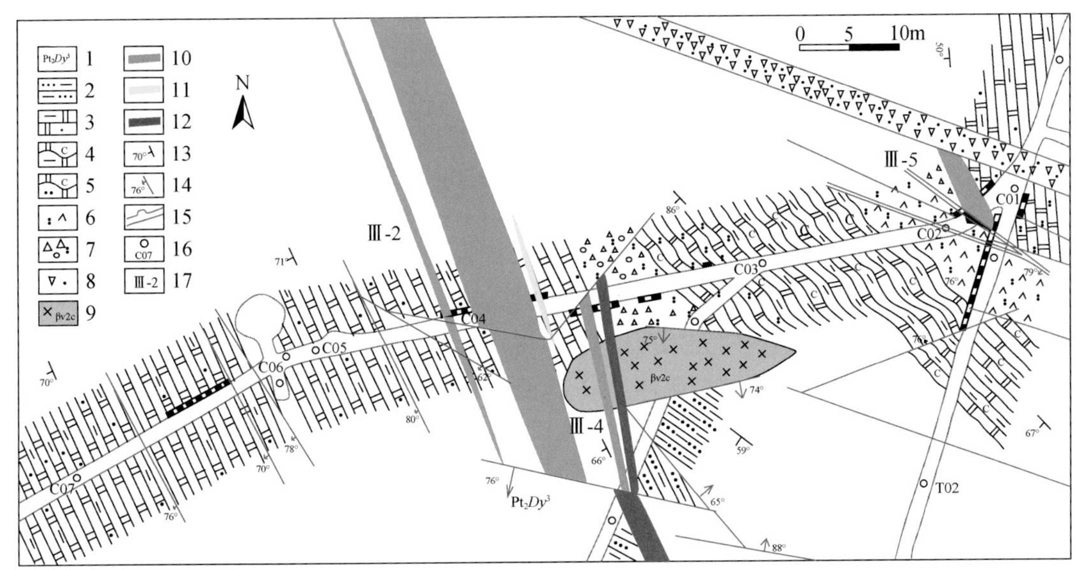

图 7-9　因民矿区 2350m 中段（150 线联道）揭露因民组三段铜铁矿体

1. 中元古界东川群因民组三段；2. 泥质粉砂岩；3. 砂泥质白云岩；4. 含泥质碳质白云岩；5. 含凝灰质碳质白云岩；6. 含铜白云质凝灰岩；7. 同生角砾岩；8. 断层角砾岩；9. 辉长辉绿岩（格林威尔期）；10. 铜矿体；11. 低品位铜矿体；12. 铁矿体；13. 地层产状；14. 断层及产状；15. 巷道工程；16. 测点及编号；17. 矿体编号

（1）Ⅲ-1 号铜矿体由 ZK150-2 钻孔、ZK150-1 钻孔、2230m 中段联道及 2350m 中段联道揭露与控制，控制标高 2357～2154.5m，推测矿体走向延长 200m，控制倾向延深 286m，穿层厚度 1.7～12.0m，平均穿层厚度 6.6m，厚度变化系数 80%，铜单样品位 0.32%～2.02%，矿体平均品位 1.18%，品位变化系数 70%。矿体呈层状、似层状，倾向南西，倾角 52°。赋矿层位为因民组三段，赋矿岩石紫红色–浅紫红色铁质白云质泥砂岩（粉砂质泥岩），发育硅质–碳酸盐脉，岩石碎裂状结构典型。

（2）Ⅲ-2 号铜矿体由 ZK150-2 钻孔、ZK150-1 钻孔、2230m 中段联道及 2350m 中段月铁月铜联道控制，控制标高 2373～2154.5m，推测矿体走向延长 200m，控制倾向延深 310m，穿层厚度 1.0～5.09m，平均厚度 3.03，厚度变化系数 55%，铜单样品位 0.084%～1.16%，矿体平均品位 0.95%，品位变化系数 71%。矿体呈层状、似层状，倾向南西，倾角 52°。2350m 中段向上具有和Ⅲ-3 号矿体复合趋势。因民组三段（图 7-9）为赋矿层位，赋矿岩石为紫红色–浅紫红色铁质白云质泥砂岩，发育硅质–碳酸盐脉，碎裂岩化相发育。

（3）Ⅲ-3 号铜矿体由 ZK150-1 钻孔、2230m 中段联道、2350m 中段 150 线月铁月铜联道及 2472m 中段 150 线小铁沿脉四个工程控制，控制标高 2264.44～2482m，矿体走向长 200m，控制倾向延深 245m，穿层厚度 2.0～11.5m，厚度变化系数 61%，铜单样品位 0.084%～1.16%，平均品位 0.69%，品位变化系数 25%。矿体呈层状、似层状，倾向南西，倾角 65°。赋矿层位为因民组三段，矿石类型为硅质钠长石角砾白云岩型铜矿石，岩相学类型为石英铁白云石钠长石岩相（热水混合沉积岩相）。

（4）Ⅲ-4 号铜（铁）矿体。该矿体为铜铁矿体，上铜下铁。铜矿体由 ZK150-1 钻孔、

2230m 中段联道、2350m 中段月铁月铜联道及 2472m 中段 150 线铁沿等四个工程控制，控制标高 2235.5 ~ 2482m，推测矿体走向长 200m，控制倾向延深 270m，穿层厚度 2.0 ~ 7.48m，厚度变化系数 61%，铜单样品位 0.098% ~ 1.28%，矿体平均品位 0.68%，品位变化系数 25%。矿体呈层状、似层状，倾向南西，倾角 65°。

下部为铁矿体，由 2472m 中段 150 线铁沿、2350m 中段 150 线联道两个工程控制，单工程平均品位与水平厚度分别为 50.3%/2.0m，30.63%/2.28m，控制倾向延深 120m，推测走向延长 200m，平均厚度 2.04，全铁平均品位 40.46%。向深部在 ZK150-1 孔未见到铁矿体，但 ZK150-1 孔及 ZK150-2 孔井中三分量磁异常可能是指示在 ZK150-1、ZK150-2 两孔之间存在透镜状因民组三段铁矿体（图 7-8）。

（5）Ⅲ-5 号铜矿体为裂隙型矿体。由 2350m 中段及 2472m 中段 150 线联道控制，控制斜深 120m，控制延长 250m，平均品位 1.12%，平均水平厚度 5.2m。可能与古火山机构有关，在 2472m 中段绕金箔箐断层呈半环状分布。

（6）因民组三段内铜矿体。将铜矿石按自然类型划分为：紫红色-浅紫红色铁质白云质泥砂岩（粉砂质泥岩）型铜矿石、灰白色-深灰色硅质钠长角砾白云岩型铜矿石、深灰色碎裂状-纹层状钠长石白云岩型铜矿石和底部的铁铜矿石。

7.5 小溜口岩组中铜钴多金属矿体与找矿预测

通过构造岩相学填图技术持续深度研发和井巷工程立体构造岩相学填图技术示范，确定了小溜口岩组中铜钴矿体，在岩浆热液角砾岩筒中圈定了具有工业价值的铜金银钴矿体（Ⅴ-1、Ⅴ-2、Ⅴ-3、Ⅴ-4、Ⅴ-5 等 5 条矿体），先后在 100 线、150 线和 180 线揭露到多层小溜口岩组中铜钴矿体，为验证构造岩相学理论与填图新技术提供了深度研发条件。

7.5.1 铜钴矿体产出及空间定位

铜钴多金属综合矿体赋存在新太古界—古元古界小溜口岩组中，是新发现的新类型和新矿种和新找矿层位。小溜口岩组与上覆中元古界因民组底部呈角度不整合接触，因后期发生层间滑动，局部呈现断层接触，与因民组底部接触部位有 0.2 ~ 1.5m 的褪色蚀变带（古风化壳）；整体倾向西，倾角在 30° ~ 80°。铜钴金富集成矿与多组节理裂隙密集交切部位及蚀变有关，蚀变类型有硅化、黄铁矿化、绢云母化、伊利石化、碳酸盐化。矿石矿物由黄铜矿、自然金、黄铁矿组成。小溜口岩组中铜钴多金属矿体在 100 线、150 线和 180 线的控制矿体长度 760m，控制标高 1792 ~ 2051m，穿层厚度 3.87 ~ 5.87m，铜平均品位 0.58%。伴生钴品位>0.02%、金品位在 0.25 ~ 0.3g/t，最高 0.77g/t。银品位在 0.42 ~ 4.54g/t，平均 2.95 ~ 3.14g/t。180 线 ZK180-1 钻孔穿矿厚度 19.28m，铜品位 0.59%，金最高品位 0.99g/t，最低 0.019g/t，平均 0.232g/t。

经过井巷工程构造岩相学编录：①在 2350m 中段南部 60 线东穿脉，发现小溜口岩组内两层黄铜矿化钠长石角砾岩。②2230m 中段 180 勘探线小溜口岩组不整合面附近，发现黄铜矿化钠长石角砾岩。③在 2350m 中段、2472m 中段和 2597m 中段 150 勘探线汤家箐穿脉，小溜口岩组中均发现黄铜矿化钠长石角砾层。上部2670m中段150勘探线小溜口地层也发现铜矿化体。④在井巷工程系统中，小溜口岩组铜钴矿体控制垂高1700m，由原1792～2051m，上延至2900m标高、下延深到1200m标高；在平面上从南部0线至北部280线的南北向控制长3200m。找矿靶位空间范围为3200m（长）×2000m（高）×1500m（宽）；预测从北部面山矿段到南部石将军矿段长17km、宽3km、垂高3000m范围内，为铜钴多金属勘探新靶区。

通过系统井巷工程构造岩相学编录、基本分析样品采集和分析测试工作，确定为铜金银钴多金属矿体，圈定5条矿体并发现自然金，划分为四种类型。①热水沉积-改造型Cu-Au-Ag-Co矿体。主要产于大致顺层的层间构造破碎带中，由100线、150线、180线钻孔深部系统控制，呈层状、似层状；受脆韧性剪切带中构造-流体角砾岩相带控制明显，脆韧性剪切带大致顺层产出。②与格林威尔期（小黑箐运动，1000±50Ma，方维萱，2014）碱性铁质辉长岩侵位密切相关的不规则脉带型Cu-Au-Ag-Co矿体，主要分布于碱性铁质辉长岩-辉绿岩（铁质辉长岩类）侵入体周边和顶部周围，受岩浆热液角砾岩构造系统控制明显。在2350m中段、2472m中段、2597m中段的150线汤家箐穿脉和2670m中段上部工程均有揭露。③受韧性剪切带控制和岩浆侵入构造系统控制的岩浆热液角砾岩筒构造系统（脉状和脉带状铜矿体）。在2350m中段、2230m中段的150勘探线汤家箐穿脉及2350m中段南部60勘探线穿脉均有揭露。主要表现为韧性剪切环境下的微褶皱、S-L透镜体、钠长石岩脉群，铜矿体赋存在黄铜矿-黄铁矿-方解石-硅化-钠化蚀变热液角砾岩中，胶结物主要为黄铁矿和黄铜矿，为铜钴金银-金红石-稀土元素综合矿体。④小溜口岩组不整合面型硅化-钠化角砾岩型Cu-Au-Ag-Co矿体和金红石-稀土元素矿体，主要见于2472m中段汤家箐穿脉，推测找矿潜力巨大。

7.5.2　矿体形态规模及变化规律

Ⅴ-2号与Ⅴ-3号层状矿体为热水沉积-改造型Cu-Au-Ag-Co矿体。由100～180线钻孔控制（表7-6），铜钴矿体呈层状和似层状，剖面上呈雁行式分布（180～100线剖面）。其中，在ZK180-1钻孔小溜口岩组从上到下共揭露11层铜钴矿体，其中深度380.01～393.41m（见矿中心标高1980m），穿层厚度13.40m，Cu平均品位0.86%。在2350m中段及2472m中段验证控制，2000m标高矿体连续性较好，向深部延伸。

（1）Ⅴ-2号铜矿体，由ZK100-1孔、ZK100-2孔、ZK150-1孔、ZK150-2孔、ZK180-1孔和ZK180-2孔等六个工程控制，控制标高2065～1792m，控制长度760m，斜深155～247m，呈似层状、透镜状产出。厚1.56～5.78m，平均厚度3.87m，厚度变化系数56.9%，铜品位0.047%～1.38%，平均品位0.59%，品位变化系数25.3%；伴生金0.02～0.77g/t，平均0.25g/t，伴生银0.42～6.06g/t；含矿岩石为角砾状硅质、凝灰质白云岩和碳质板岩，围岩为硅泥质碳板岩、青灰色白云岩。

（2）Ⅴ-3号铜矿体，由ZK150-1孔、ZK180-1孔、2350m中段和2472m中段的150线联道等4个工程控制，控制标高1928～1792m，控制斜长350m，厚度2.1～9.64m，平均厚度5.87m，厚度变化系数90.8%；铜品位0.096%～1.37%，平均品位0.58%，品位变化系数 51.8%；伴生金 0.019 ~ 0.72g/t，平均 0.3g/t，伴生银 1.34 ~ 4.54g/t，平均 3.14g/t。其余特征同Ⅴ-2 号矿体。

表 7-6　因民矿区Ⅴ-2 号与Ⅴ-3 号矿体工程见矿情况一览表

矿体编号	工程编号	Cu		规模		平均品位/%	平均厚度/m
		加权平均品位/%	厚度/m	控制斜深/m	控制延长/m		
Ⅴ-2	ZK100-1	0.36	2.6	155	760	0.51	4.5
	ZK100-2	0.45	8.91				
	ZK150-1	0.68	7.38	247			
	ZK150-2	0.34	2.2				
	ZK180-1	0.51	2.58	207			
	ZK180-2	0.70	3.86				
Ⅴ-3	ZK150-1	0.50	7.07	700	360	1.1	6.3
	2350 联道	2.26	4.00				
	2472 联道	1.00	3.45				
	ZK180-1	0.59	10.70				

勘探线	工程号	金				
		样号	金平均品位/(g/t)	厚度/m	视厚度/m	平均品位/(g/t)
100 线	ZK100-1		0.000			
	ZK100-2	60-68	0.142	10.40		
150 线	ZK150-1	93-121	0.380	35.77	35.77	0.380
	ZK150-2	21-50	0.126	35.68	35.68	0.126
180 线	ZK180-1	69	0.071	1.30	13.22	0.39
		71-77	0.330	8.45		
		89-91	0.640	3.47		
	ZK180-2		0.00			

勘探线	工程号	银				
		样号	金平均品位/(g/t)	厚度/m	视厚度/m	平均品位/(g/t)
100 线	ZK100-1		0.000			
	ZK100-2	60-68	3.114	10.40		
150 线	ZK150-1	96-97	0.36	2.53		
		100-120	3.120	26.14		
	ZK150-2	21-50	2.050	35.68	35.68	2.050
180 线	ZK180-1	86	10.700	1.10	4.59	3.4
		89	0.810	0.90		
		91	1.200	2.59		
	ZK180-2		0.00			

Ⅴ-4 号与Ⅴ-5 号脉带型矿体受岩浆热液角砾岩构造系统控制。产于碱性辉绿辉长岩体边部及周围，可能与碱性铁质辉长岩侵位隐爆作用有关，呈不规则脉带型富铜矿脉。岩浆隐爆角砾岩筒和热启裂隙带为储矿构造，具有较高的经济价值。本次解析研究岩浆隐爆角砾岩筒以 150 线为中心，从 2110m 中段至 2670m 中段均有工程揭露，裂隙型铜钴矿体呈不规则状脉状和似环带状分布。矿体平面上呈不规则脉状，围绕岩浆隐爆角砾岩筒呈半圆形、椭圆形分布，矿脉整体走向北西向，倾向南西与北东向，剖面上矿体绕岩浆隐爆角砾岩筒呈“螺旋式上升”特点，由多条矿脉组成的筒状矿体具有分支复合现象。

在 2670m 中段，Ⅴ-5 号矿体由两个工程控制，单工程加权平均品位/厚度分别为 Cu 0.6%/4.4m，Cu 1.3%/1.0m，控制长度约 40m，走向北西；Ⅴ-4 号矿体由一个小钻控制，走向北西，走向长度约 50m，品位 Cu 0.66%，厚度 4.4m。在 2597m 中段，Ⅴ-5 号矿体由 ZK1-4 钻孔和三条坑道共 4 个工程控制（图 7-10），单工程加权平均品位/水平厚度分别为 Cu 0.74%/4.5m、Cu 0.42%/4.6m、Cu 1.80%/20.0m、Cu 1.07%/4.2m。矿体走向北西，控制长度 65m。矿体向西具有分支现象，形成 3 条平行矿脉，从左到右分别为Ⅴ-6-1 矿脉、Ⅴ-6-2 矿脉、Ⅴ-6-3 矿脉。Ⅴ-6-1 矿脉：由一条穿脉坑道控制，单工程加权平均品位/水平厚度分别为 Cu 1.8%/7.8m；Ⅴ-6-2 矿脉：由 ZK1-2 钻孔、坑道穿脉两个

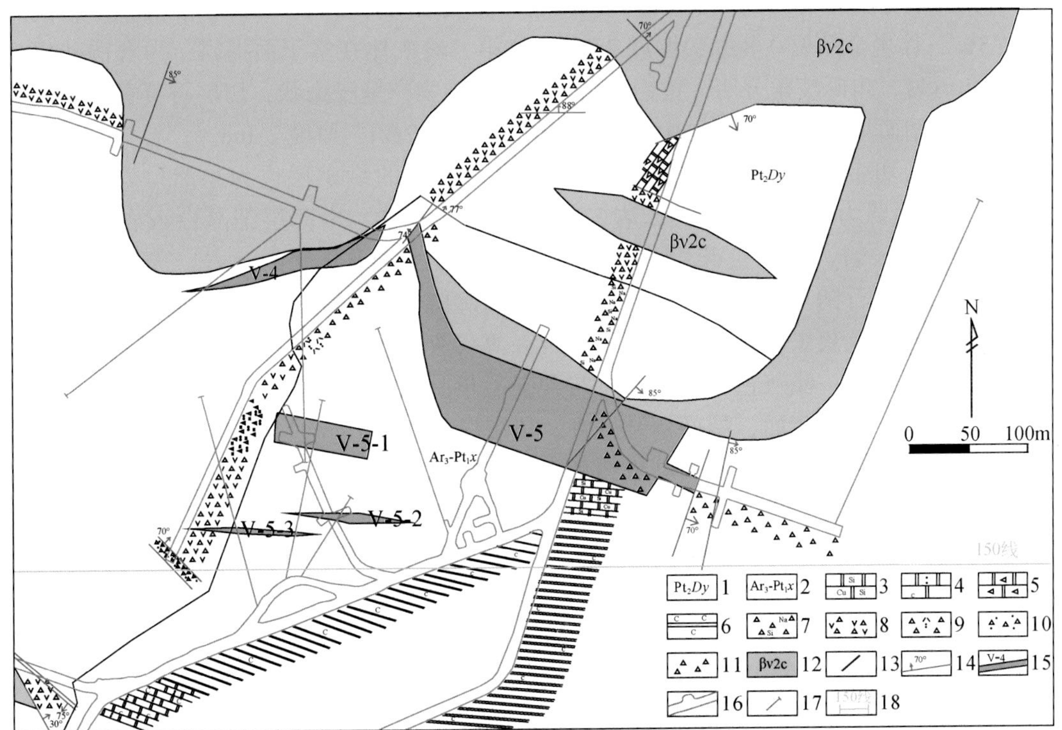

图 7-10　因民 2597 中段 150 线小溜口岩组内北岩体边部受隐爆角砾岩控制的铜矿体

1. 中元古界东川群因民组；2. 新太古界—古元古界小溜口岩组；3. 硅质白云岩；4. 砂泥质白云岩；5. 碳质凝灰质白云岩；6. 泥质粉砂岩；7. 硅化钠化角砾岩（热液角砾岩相）；8. 复杂成分角砾岩；9. 凝灰质角砾岩；10. 断层角砾；11. 简单成分角砾岩；12. 辉绿岩类（次火山岩侵入相）；13. 地层界线；14. 断层及其产状；15. 铜矿体及编号；16. 井巷工程；17. 钻孔工程；18. 勘探线及编号

工程控制，单工程加权平均品位/水平厚度为 Cu 11.22%/0.24m、Cu 1.86%/2.7m；Ⅴ-6-3 矿脉：由 ZK1-2 钻孔及 ZK1-5 两个工程控制，单工程加权平均品位/水平厚度分别为 Cu 2.54%/0.24m、Cu 1.41%/2.30m。

在 2472m 中段，Ⅴ-4 号矿体由两个工程控制，单工程加权平均品位/厚度分别为：第一个工程品位 Cu 1.44%/2.9m（伴生 Au 平均品位 0.12g/t、伴生 Ag 平均品位 2.9g/t、伴生 Co 平均品位 0.026%），第二个工程平均品位 Cu 0.53%/4m（伴生 Au 平均品位 0.12g/t、伴生 Ag 平均品位 6.1g/t），矿体走向北西，控制长度 20m。Ⅴ-5 号矿体由 ZK2 钻孔、ZK1-2 钻孔及坑道共三个工程控制，单工程加权平均品位/厚度分别为 Cu 0.72%/9.4m、Cu 1.30%/12.9m、Cu 1.91%/2.0m，Au 品位最高 0.71g/t，Ag 品位最高 11.05g/，伴生 Co 品位最高 0.034%。识别和圈定岩浆隐爆角砾岩筒位置，对寻找该类型铜钴矿最为重要。

韧性剪切带型脉状矿体和岩浆热液角砾岩型铜矿，在因民铜矿区 150 勘探线的 2350m 中段汤家箐穿脉、2230m 中段汤家箐穿脉揭露，深部找矿潜力巨大，为今后主攻工业类型。在 2350m 中段南部 60 勘探线穿脉揭露两段黄铜矿化、黄铁矿化硅化钠长石热液角砾岩。①第一段在 FT32 测点向东约 20m 处揭露，铜矿化带宽约 9m，赋矿岩石为石英钠长角砾岩，角砾成分为石英、钠长石、硅化碳质板岩，胶结物为石英、黄铁矿、黄铜矿，铜品位 0.38%，伴生金品位 0.8g/t，厚度 2.0m。②第二段矿体在掌子面揭露，为含铜硅化钠化热液角砾岩，角砾棱角分明，黄铜矿黄铁矿为胶结物，呈浸染状，切层石英黄铁矿脉受韧性变形作用而呈肠状，铜品位 0.2%，伴生金品位 0.2g/t，厚度 2.0m。

受韧性剪切带控制的“岩浆热液角砾岩型铜矿”的赋矿层位为小溜口岩组（Ar_3-Pt_1x）。岩性主要为浅灰色中层白云岩，灰色–深灰色厚层–中薄层细晶白云岩，灰黑色含碳凝灰质白云岩，灰黑色碳质钠质白云岩，灰黑色碳质硅化白云岩，青灰色、深灰色、灰黑色白云石钠长岩，青灰色含黄铁矿黄铜矿白云岩。浅灰色中层白云岩与含碳凝灰质白云岩互层及灰黑色含碳凝灰质白云岩夹薄层灰白色钠长白云岩发育，可见地层韧性变形，强烈褶皱。浅灰色中层白云岩与含碳凝灰质白云岩层间可见条带状黄铁矿及黄铜矿，沿层发育石墨镜面，层间褶皱发育，单层厚度 7～10cm。与岩浆热液角砾岩筒构造系统密切相伴，周边为热液角砾岩相带内热液脉带型铜钴多金属矿体，受小溜口岩组内韧性剪切带控制。韧性变形范围较大，后期脆性构造叠加后形成铜矿的富集层，矿化主要分布于同构造期的大致顺层的脆性断裂裂隙构造蚀变带中。主要含矿层自下而上有：

（1）青灰色含金红石白云石钠长岩（金红石-Cu-Co-REE 共生型）。赋矿岩石为钠长硅化角砾岩，沿褶皱面产出，轴面 140°∠69°，上盘翼 138°∠37°，下盘 315°∠48°。硫化物占 20%～30%。三期成矿异时同位叠加，第一期为含硫化物白云质硅质钠长岩，硫化物呈层纹条带分布；第二期为固态流变褶皱，含细粒浸染状黄铁矿黄铜矿条带；第三期为热液角砾岩化带，硫化物作为胶结物，含量 20%～50%，角砾成分为硅化蚀变岩及钠长石英岩；形成金红石型矿体共生钴或独立铜金银钴综合矿体。

（2）青灰色含黄铁矿黄铜矿白云岩，为小溜口韧性剪切带重要含矿层之一，铜矿赋存在黄铜黄铁方解石钠化硅化蚀变热液角砾岩中。热液胶结物主要为黄铁矿、黄铜矿，呈明显热液角砾岩化特征。含矿角砾岩大致可分为三期：第一期为热液角砾岩，角砾成分为钠长岩，胶结物为硅化-钠长石，黄铜矿、黄铁矿呈星点状、团块状分布；第二期为热液硫化物成矿期，角砾成分主要为钠长岩及钠长角砾岩，硫化物作为胶结物存在，局部含量达20%~50%，以黄铜矿、黄铁矿为主；第三期为钠长石硅化角砾岩下盘的热液角砾岩，角砾为钠长岩，明显圆化，胶结物为地层物质。

（3）灰黑色碳质钠质白云岩可见硫化物角砾岩化脉沿顺层破碎带产出。为重要含矿层之一，含矿岩石为角砾岩化硅质钠长岩，硫化物含量10%~20%，局部可达40%。

Ⅴ-1号矿体为不整合面型铜钴金银或金红石-REE矿体，可简称为不整合面型。以硅化-钠化角砾岩型Cu-Au-Ag-Co矿体和金红石-稀土元素矿体为主，属于第四种矿化类型。在2472m中段汤家箐穿脉（金箔箐断层探矿工程）发现该新类型矿化体，主要为分布于小溜口岩组与因民组不整合面上的Cu-Au-Ag-Co矿化。由于目前工程揭露与控制程度低，与加拿大不整合面型铀矿床具有类似特征，深部找矿前景巨大。

该矿体主要分布于小溜口岩组不整合面上，可能为因民期火山岩浆热液下渗交代形成，也有可能为下部岩浆热液上侵形成，矿体形态随着不整合面形态变化，推测可能为层状、似层状矿体，局部为透镜状和囊状（分布于不整合面上的古喀斯特岩溶洞中）。

2472m中段150线汤家箐穿脉揭露不整合面呈波状，不整合面局部发育的古岩溶洞和不整合面形成的漏斗为主要的储矿构造之一，其中古岩溶洞充填黄铜矿化黄铁矿化方解石脉。赋矿岩石主要为浅灰白色硅化-钠长石角砾岩，原岩为复杂成分角砾岩，角砾为棱角状，形成裂隙破碎带，充填有细脉状黄铜矿，可见黄铜矿为不规则状，呈胶结物形式分布。在2472m中段汤家箐穿脉、2350m中段汤家箐穿脉、2230m中段汤家箐穿脉和ZK150-1钻孔等4个工程控制有所揭露。

（1）2472m中段。在2472m中段汤家箐穿脉揭露四处不整合面矿体，从西向东单工程加权平均品位和矿体水平厚度分别为：①第一段品位Cu 0.51%，水平厚度3.0m；②第二段品位Cu 0.85%，水平厚度6.0m；③第三段品位Cu 0.51%，水平厚度3.0m，其中H150B-24样品伴生Au品位最高为1.82g/t，伴生Ag品位3.62g/t，伴生Co品位0.0223%；④第四段品位Cu 1.44%，水平厚度2.9m。连续3个样品伴生金、银、钴，伴生Au品位0.117~0.203g/t，伴生Ag品位3.032~5.28g/t，伴生Co平均品位0.024%，水平厚度3.0m（表7-7）。

（2）2230m中段和2350m中段。北部180勘探线穿脉，揭露角砾岩型铜矿化，铜品位0.21%，伴生金品位0.108g/t，水平厚度2m。在2350m中段因民组与小溜口岩组界面为后期构造活动，明显为角度不整合面，小溜口岩组构造变形特征明显，小溜口岩组顶部黄铁矿化石英脉发育，但仍见有星点状黄铜矿化发育，说明不整合面铜矿化存在。2230m中段不整合面界线不清晰，但存在黄铜矿化。

（3）ZK150-1钻孔。在318~326m（标高2055~2047m）处，揭露不整合面型铜矿，穿层厚度2.53m，铜平均品位0.37%，Au品位0.259~0.58g/t，金铜联合品位0.6%。

表 7-7 小溜口岩组内铜钴金银综合矿体工业组分（Cu-Au-Ag-Co）含量表

序号	样品编号	工程编号	样品位置	样长/m	分析结果			
					Cu/%	Au/(g/t)	Ag/(g/t)	Co/%
1	H150B-1	2472m中段	L6-L5 测点 S 壁 15.6 ~ 16.6m	1.00	3.230	0.920	16.270	0.048
2	H150B-2		L6-L5 测点 S 壁 16.6 ~ 17.6m	1.00	0.500	0.122	5.820	0.020
3	H150B-16		09-08 测点 SE 壁 7.3 ~ 8.2m	1.00	0.850	0.203	5.280	0.020
4	H150B-17		09-08 测点 SE 壁 8.2 ~ 9.2m	1.00	2.800	0.141	2.790	0.032
5	H150B-18		09-08 测点 SE 壁 9.2 ~ 10.2m	1.00	0.610	0.117	3.030	0.020
6	H150B-24		08-06 测点 NW 壁 41.5 ~ 43m	1.50	1.140	1.820	3.620	0.022
7	HT-25	2350m中段	03-02NE 壁 23.7 ~ 25.2m	1.50	0.880	0.205	8.270	0.025
8	HT-26		03-02NE 壁 25.2 ~ 26.7m	1.50	0.920	1.050	8.800	0.024
9	HT-34		01-T07NW 壁 2.0 ~ 3.5m	1.50	0.560	0.266	4.130	0.027
10	H2230-38	2230m中段	2282 ~ 2283m 测点 20.6 ~ 22.0m	1.50	0.560	0.054	0.001	0.022
11	H2230-39		2282 ~ 2283m 测点 22.0 ~ 23.5m	1.50	0.800	0.114	0.074	0.021

矿石具粒状变晶结构、隐晶质结构、变余隐晶-微晶结构及压碎结构，角砾状构造、块状构造和纹层理构造。岩矿石自然类型主要有以下三种。

（1）硅化白云石钠长岩型铜矿石（金红石矿石）。矿石呈粒状变晶结构、隐晶质结构、角砾状构造、块状构造。非金属矿物主要有钠长石、白云石、石英、电气石及隐晶质成分等。钠长石，含量 25%~30%，自形-半自形板状晶形，晶粒粒径 0.05 ~ 0.6mm，晶粒表面洁净，聚片双晶发育，广泛分布于岩石中；石英，含量 4%~5%，粒状，粒径 0.05 ~ 1mm，与钠长石、白云石形成蚀变组合；白云石，含量 20%~25%，不规则状，部分为菱面状，晶粒粒径为 0.1 ~ 3mm，晶粒中常包嵌有钠长石和石英；电气石，少量，黄绿色柱状，柱长 0.05 ~ 0.1mm，零星见于岩石中。金属矿物主要为黄铜矿、金红石、黄铁矿等。黄铜矿，含量 2%~3%，不规则状、粒状，粒径 0.02 ~ 0.8mm，呈稀散浸染状分布于岩石显微裂隙中；金红石，含量<1%，棕褐色，柱状及不规则粒状，柱状晶粒柱长 0.1 ~ 0.8mm，主要与金属硫化物共生，部分分布于岩石显微裂隙中；局部金红石含量在 4%~6%，为金红石型矿石。黄铁矿，少量，不规则粒状，粒径 0.03 ~ 0.28mm，呈星点稀散状分布。

（2）硅化钠长石白云石角砾岩型铜矿石（金红石矿石）。矿石具变余隐晶-微晶结构及压碎结构，角砾状构造。原岩岩性为硅质岩，因受到应力挤压、破碎，岩石被压碎成角砾状，破碎裂隙中充填物主要为金属硫化物，次为白云石和泥质，含少量钠长石、石英。构造角砾，含量 50%~55%，棱角状、不规则状、条状，镜下砾径 2 ~ 4mm，角砾内部主要成分为隐晶-微晶石英，含少量泥质和粉末状碳质；因重结晶作用，原岩硅质已变为隐晶-微晶石英，但原岩中的显微纹层理保留完好，因构造破碎及错断，角砾与角砾之间其内部显微纹层理常斜交甚至垂直，表明了角砾间的位移特征。白云石，含量 15%~20%，半自形粒状，粒径0.1～3mm，粒状集合体成团粒状、脉状充填于岩石裂隙及孔隙中。泥质，含量4%～5%，为构造破碎形成的断层泥，呈隐晶-泥晶状，有挤压流动状特征，受蚀变作用影响，部分已形成绢云母。钠长石，含量2%～3%，半自形板状及粒状，粒径0.1～0.5mm，双晶纹弯曲，呈脉状、断续脉状分布于构造裂隙中。石英（约3%）呈不规则粒状，粒径0.1～1.6mm，分布于构造裂隙中。矿石矿物为黄铜矿和黄铁矿。黄铜矿（约15%）呈不规则状和粒状，粒径0.1～3mm，呈条带状、断续脉状和稀疏浸染状。黄铁矿（5%～10%）呈不规则状和粒状，晶粒粒径0.5～2mm，多被压碎，呈粒状、条带状包嵌于黄铜矿晶粒中，分布于岩石破碎带中。

（3）钠长石铁白云岩型铜矿石。矿石具粒状变晶结构，纹层理构造，岩石纹层理特征清晰，镜下可见白云石纹层、钠长白云质纹层、白云质钠长石纹层及钠长石-黄铜矿条带。白云石纹层，含量30%～35%，主要成分为白云石，含少量钠长石和石英，白云石粒度细小，一般在0.03～0.1mm，晶粒为不规则粒状，受应力作用影响，晶粒具拉长、定向、重结晶等特征，局部形成透镜状条带。钠长白云质纹层，含量20%～25%，主要成分为白云石，次要成分为钠长石，白云石粒度明显变粗，一般在0.1～0.5mm，晶粒间隙分布着板条状、粒状钠长石，钠长石晶粒自形程度好，洁净程度高。白云质钠长石纹层，含量25%～30%，主要成分为钠长石，次要成分为白云石，白云石粒度比钠长石细一些，一般分布于钠长石晶粒间隙，钠长石晶粒表面洁净度稍差，其表面常分布有绢云母鳞片及白云石显微晶粒。钠长石-黄铜矿条带，含量10%～15%，主要成分为板条状、粒状钠长石，次要成分为金属硫化物黄铜矿、黄铁矿等，含少量晶粒较粗的白云石和次生石英；钠长石晶粒自形程度好，洁净程度高；金属硫化物主要分布于构造裂隙中，同时可见电气石、金红石零星分布。金属矿物主要有黄铜矿、黄铁矿等。黄铜矿，含量4%～5%，不规则状、粒状，粒径0.03～2.5mm，主要呈条带状分布于钠长石-硫化物条带中，少量稀散状分布于其他纹层中。黄铁矿，少量，不规则状、粒状，部分为立方体晶形，晶粒粒径0.1～0.7mm，呈条带状分布于钠长石-硫化物条带中。矿石特征如下：①矿物成分。脉石矿物主要有钠长石、白云石、石英、电气石及泥质、隐晶质成分等，矿石矿物主要为黄铁矿、黄铜矿、自然金，局部角砾岩中可见少量金红石。②共伴生组分。主工业组分以铜为主，同体伴生金、银和钴（表7-7）。2472m中段、2350m中段汤家箐穿脉及2230m中段小溜口岩组采样分析，铜品位0.5%～2.23%，平均1.15%；伴生金品位0.114～1.8g/t，平均0.48g/t；伴生银2.79～16.27g/t，平均5.8g/t；伴生钴0.020%～0.048%，平均0.024%。且从表7-7中可以看出，金、银、钴品位与铜品位大致呈正相关关系。在H2230-38号样品和H2230-39号样品中金、银含量很低，但是铜达到工业品位，同时钴品位大于0.02%，达到矿化，说明钴矿化直接与铜关系密切。在小溜口岩组黄铜矿硅化白云石钠长石角砾岩中，经人工重砂查定发现自然金，在淘选出的412.74g重矿物中发现40粒自然金，另有金红石、锆石、磷灰石、闪锌矿、磁铁矿等矿物（表7-8）。

自然金为金黄色，呈不规则树枝状，不透明，强金属光泽，低硬度，粒径0.01～0.05mm，为首次在小溜口岩组矿化体中发现的自然金。

表 7-8　人工重砂分析结果

样号	所属部分重量/mg	矿物名称	重量百分含量/%	有用矿物及副矿物特征描述（粒径：mm）
ZS01	重部分 412737	锆石	<0.01	浅玫瑰色，次滚圆–滚圆粒状、柱粒状为主，半自形柱状少，透明，弱金刚–毛玻璃光泽，表面从较光滑→较粗糙呈过渡状，伸长系数 1.0～2.0（主要），2.0～3.0（少量），粒径 0.01～0.06（主要），0.06～0.12（少量），断口有溶磨痕迹，该类锆石磨圆度较高，分选性好，搬运痕迹明显→略显，推测该类锆石为经中长距离搬运而来
		自然金	40 粒左右	金黄色，不规则的树枝状，不透明，强金属光泽，低硬度，粒径 0.01～0.05，具延展性
		磷灰石	0.03	无色，次滚圆柱状，透明，毛玻璃光泽，中硬度，粒径 0.01～0.10
		金红石	2.27	黑色为主、棕红色少，自形–半自形柱状、棱角–次棱角块状，微–不透明，油脂光泽，高硬度，粒径 0.03～0.35
		黄铁矿	34.12	浅铜黄色，棱角–次棱角块状、自形粒状，不透明，金属光泽，高硬度，粒径 0.03～0.50
		闪锌矿	21～50 粒	棕红色，棱角块状，透明，油脂光泽，中低硬度，粒径 0.05～0.40
		黄铜矿	59.30	铜黄色，棱角块状，不透明，金属光泽，低硬度，粒径 0.05～0.60
		其余	4.26	石英、长石、碳酸盐等
	该样品中金红石 9.379g，占样品总量的 0.029%；黄铁矿 140.834g，占样品总量的 0.404%；黄铜矿 244.746g，占样品总量的 0.749%；锆石、金、磷灰石、闪锌矿含量太少，无法估算品位			

热液蚀变主要有硅化、钠化、黄铁矿化、绢云母化、碳酸盐化等。小溜口岩组成矿与热液活动关系密切，热液成矿期可分为三期：①第一期为含硫化物白云质硅质钠长岩，含硫化物沿层纹条带分布，角砾岩化主要为热液角砾岩，角砾成分为钠长岩，胶结物为热液硅化–钠长石，黄铜矿、黄铁矿主要呈星点状及团块状；②第二期为固态流变褶皱，含细粒浸染状黄铁矿、黄铜矿及条带，主要为热液硫化物成矿期，硫化物主要为胶结物，钠长岩及硅化钠长岩再次发生角砾岩化，硫化物局部含量 20%～50%，以黄铜矿、黄铁矿为主；③第三期为热液角砾岩化相，硫化物为胶结物，含量 10%～50%，角砾成分为硅化岩及钠长硅化岩，胶结物为黄铜矿、黄铁矿，局部含量在 10%～50%。方解石钠化、硅化角砾岩下盘的热液角砾岩（构造角砾岩）的角砾成分主要为钠长岩，似为第三期角砾岩化，地层物质主要为胶结物，角砾明显圆化。

7.5.3　矿体控制因素与构造岩相学找矿标志

（1）层位控矿。赋存于小溜口岩组上段灰黑色凝灰质白云岩、碳质板岩与条带状白云石钠长岩中，与钠质白云岩类–铁白云石钠长岩密切相关。

（2）构造控矿。①褶皱控矿：为南北向复式落因背斜和其内部东西向叠加同生褶皱，落因背斜核部为小溜口岩组，故对落因背斜核部形态学研究至关重要，确定了深部小溜口岩组的形态和空间展布。其次，矿体定位于东西向同生褶皱两翼。②背斜内部中小型断裂构造富矿：背斜西翼尤其以 NW 向层间断裂破碎带最为明显，为盆地流体通道，控制形成脉带型铜钴矿脉。③侵入构造：通过 2472m 中段、2350m 中段汤家箐穿脉构造岩相学实测剖面分析，在小溜口岩组以铁质辉长岩类侵位，形成与岩体侵位有关的侵入构造，具有明显的侵入构造侵入岩相分带、构造-蚀变岩岩相分带、构造岩岩相分带，不同的岩相分带控制形成不同的矿化组合和矿床类型。④韧性剪切带控矿：坑道编录显示小溜口地层变形强烈，发育韧性剪切带，表现为微褶皱、S-L 透镜体等控矿和容矿构造。⑤初步发现了不整合面漏斗与古岩溶洞储矿，亟待进行落因背斜研究，进一步解剖不整合面形态学特征，确定该类型矿体规模和工业意义。

(3) 碱性钛铁质辉长岩侵入体及侵入构造：圈定的Ⅴ-4、Ⅴ-5 号矿体与钛铁质辉长岩侵入体密切相关，研究认为岩凹构造具有控矿作用，如 150 线剖面，岩体边部矿体工程控制延深约 600m。受碱性闪长岩-辉长岩叠加改造富集控制明显，在侵入构造附近发生了铜和铜铁矿体富化和叠加改造成矿，形成了脉带型铜矿体和矿脉（群）。

构造岩相学找矿预测共有 6 种直接的标志，具体如下。

(1) 混合潮坪相凝灰质白云岩亚相，属含矿岩相。岩石组合为深灰色纹层状含泥质微晶白云岩、灰色纹层状含泥质泥-微晶白云岩和浅灰色微-粉晶白云岩，含有浅灰色玻基安山岩薄层和角砾，含脉状铜矿，Cu 在 2.87%~5.02%。灰色纹层状含泥质泥-微晶白云岩呈灰色，泥-微晶结构，纹层状构造。岩石主要由粒径 0.004 ~ 0.04mm 大小的泥-微晶白云石（85%）、石英（5%）、铁泥质（凝灰质）（5%~10%）、少量金属矿物和云母等组成。白云石选择性重结晶明显，局部白云石重结晶后晶粒增大变粗，石英呈不均匀星散分布，并不均匀地交代了白云石，铁泥质（凝灰质）呈不规则纹层状富集，金属矿物呈微细粒状零星分布。岩石局部不规则裂纹较发育，沿裂纹中充填白云石、石英等。属于含矿岩石之一，铜富集成矿主要与铁泥质（凝灰质）密切相关。在孔深 500.6 ~ 535.02m，钻孔穿矿化层厚度在 34.96m，铜矿体真厚度在 2.79m，铜品位在 1.03%~5.24%。

(2) 混合潮坪相滞流凝灰质泥炭沼泽亚相为储矿岩相。岩石组合为灰黑色含硅质白云质碳质泥岩、纹层状白云岩夹碳板岩、灰黑色含石英碳泥质微-粉晶白云岩、灰黑色含石英碳泥质微-粉晶白云岩夹灰黑色含硅质白云质碳质泥岩。岩石主要由碳泥质（50%）和部分泥-微晶白云石（30%）、微粒状石英（15%~20%）等组成。

(3) 复成分角砾凝灰质白云岩发育糜棱岩化相。角砾（约 10%）在 3 ~ 20mm，角砾成分为白云质角砾和火山角砾。含微晶白云石（55%）、石英（5% ~ 10%）、绿泥石（10%）、绿帘石（3%）、黑云母（5%~7%）、金属矿物（5%）。

(4) 碎裂岩化相（糜棱岩化相）属储矿岩相。白云石破碎后重结晶，沿解理弯曲变形，定向排列，石英和重结晶白云石呈眼球状或碎斑，由后期热液作用形成的绿泥石、黑云母等常围绕眼球体定向排列。糜棱岩化相为后期构造变形相，含较多块状、浸染状和细脉状黄铜矿，含铜 0.51%，铜矿体真厚度为 2.25m。主要发育在小溜口岩组上部与因民组之间部位，糜棱岩化相常伴有碎裂岩化。在碎裂岩化带中充填有脉状黄铜矿和黄铁矿，在糜棱岩化带发育细脉状、网脉状和浸染状黄铜矿和黄铁矿。

（5）电气石钠长石岩相-钠质凝灰岩相（热水喷流沉积相）。灰色条带状，霏细结构，含钠长石 82%~93%，电气石 5%~10%，少量榍石及金红石。向下渐变为沉凝灰岩，凝灰质白云岩和黑色中厚层状碳硅质玻屑凝灰岩等。

（6）钠长斑岩侵入相。呈脉状及小岩体侵入小溜口凝灰岩中，全晶质-中粗粒结构，少数为钠长斑岩。含钠长石 80%，钾长石 5%，白云石 10% 及金红石、磷灰石等。

7.6 因民火山-岩浆侵入构造与找矿预测

小溜口岩组铜钴多金属找矿以 150 线为中心，60 线至 220 线，2670m 标高以下均为小溜口岩组有利找矿预测靶区，主攻矿化类型为热水沉积型层状、似层状矿体（第一种矿化类型）和铁质辉长岩有关的脉状、脉带状矿体（第二种矿化类型）。

（1）以 150 线为中心，由 100 线、150 线、180 线 6 个钻孔工程控制Ⅴ-2、Ⅴ-3 号矿体，长度 760m，斜深 250m 左右，本次工作在 2350m 中段南 60 线揭露小溜口岩组矿体，预测在 60 线至 220 线，长度 1600m，斜深从 1790m（ZK150-2 孔）至 2670m 中段约 900m 范围内均为有利找矿预测靶区。预测矿体走向延长 1600m，斜深 1200m，累计厚度 10m，金折合成铜综合经济品位 0. 6%，体重 2. 86t/m^3，预测（333+334）资源量 329472. 0t。本次对Ⅴ-2、Ⅴ-3 号矿体已估算 333 铜资源量 21565. 9t。

（2）对与岩体有关的Ⅴ-4、Ⅴ-5 号矿体，目前已揭露垂直深度约 600m（2110 ~ 2670m 中段），已形成工程控制长度 100 ~ 120m，是否具有尖灭再现规律尚需进一步研究，推测矿体随岩体向深部延伸，保守估计还可向下延深 400m，但缺少工程控制，存在较大风险，但此类型矿化根据研究依然存在，矿体受与岩体侵入构造有关的复杂构造控制，需要加密工程控制到段高 40m，矿体连续性与延深尚需进一步验证。按预测延深 800m，延长 120m，累计厚度 20m，小体重 2. 86t/m^3，折合成铜综合品位 0. 6%，预测（333+334）资源量 32947. 0t，考虑到该类型矿体连续性，建议工程间距 40m（走向）×60m（倾向）。

IOCG 型矿体以老新山蚀变辉长岩侵入岩体内部含矿外部控矿，与稀矿山式、滥泥坪-白锡腊型 IOCG 铁铜矿及小溜口岩组铜钴多金属矿体关系密切。构造岩相学研究表明其为后期次火山侵入相，地面高精度磁测和井中三分量磁力测量资料显示深部可能存在大型隐伏辉长岩类侵入体，具有形成超大型矿床的有利地质条件。①小溜口岩组与岩体有关的铜（金银钴）矿体找矿：小溜口岩组隐爆角砾岩相带控制铜、金、银、钴多金属矿（化）体，本次已在因民矿区 150 线小溜口岩组控制到铜金银钴矿体，矿体垂直深度约 600m（2110 ~2670m 中段），具有岩凹成矿特征，推测矿体随岩体向深部继续延深。构造岩相学研究表明其为后期次火山侵入相，深部可能存在大型隐伏岩体，具有形成超大型矿床的地质条件，深部为有利的找矿预测靶区。②因民新区深部稀矿山式 IOCG 矿体找矿：稀矿山式 IOCG 矿体与层状铁质辉长岩密切相关，岩体一般侵入矿体的下盘或下盘围岩中（如 150 剖面、180 剖面），为 Cu、Fe、Au、Ag 矿化，本次工作新发现了 REE 矿化信息。本次工作稀矿山式铁铜矿体断陷式侧伏规律得到验证，整体侧伏角 44°，矿体已向北侧伏到猴跳崖矿段，现在猴跳岩矿段工程揭露铁铜矿体垂直深度约 280m，长度约 800m，预测铜（333+334）资源量为 280m×800m×1. 5m×3. 4t/m^3×0. 8% =9139. 2t，铁矿石量 1142400t。

另外，猴跳崖矿段2110中段有7个工程控制到铁铜矿体，矿体长度约210m，全铁平均品位30.86%，铜平均品位0.86%，厚度3.8m。因此，在因民新区深的猴跳崖矿段为有利找矿预测靶位。③因民滥山矿段铁氧化物铜金型（IOCG）矿体找矿：一是根据稀矿山式铁铜矿体侧伏规律与成矿规律，滥山矿段与月亮硐-小溜口-稀矿山矿段为同一个铁铜矿带，由于280线水下古隆起（岩熔丘）将其分成了两个次级凹地，根据侧伏规律与成矿规律在滥山矿段深部具有寻找铁铜矿体的潜力；二是根据磁异常，地表高精度磁力勘探显示，滥山矿段磁异常明显（M2），地表磁异常检查发现大量的岩株、岩脉和火山集块岩，深部可能存在大型隐伏岩体，是寻找铁质辉长岩类IOCG矿体预测区。

（3）共伴生组分综合找矿与综合评价。铁铜矿体中伴生有金、银、钴等有益组分。以小溜口岩组Ⅴ-2、Ⅴ-3号矿体为例进行了伴生金、银资源量估算。由于自然金在样品化验中存在“粒金效应”，本次资源量估算中金品位可能偏低，伴生金资源量还有增加空间。对金银经济评价显示，在矿山现有的开拓平台、采矿平台基础上回收利用金、银等共伴生组分，可以带来显著的经济效益。应用矿山工程地球化学勘探等新技术手段，可实现对伴生组分的回收，提高资源利用率、保护矿山生态环境。

第8章 汤丹铜矿床与陆缘裂谷盆地构造变形与构造组合

8.1 汤丹铜矿床地质特征

东川汤丹铜矿区位于汤丹-滥泥坪-新塘二级断陷盆地东部（图8-1、图8-2），受滥泥坪-汤丹同生断裂控制，落雪组白云岩厚度大于400m，沉降幅度最大。东川式火山热水沉积-改造型铜矿床上部金属硫化物分带处于斑铜矿、黄铜矿带，下部处于斑铜矿、辉铜矿带。从地表至深部，金属硫化物具有逆向分带特征（图8-3），地表及浅部以黄铜矿为主，少量斑铜矿，为黄铜矿、斑铜矿带。随着深度增加，斑铜矿增多，黄铜矿相对减少，在2215m标高以下为斑铜矿和黄铜矿带；到1650m中段经工程揭露为斑铜矿和辉铜矿带，延深到1750m。在1550m标高及其以下标高，是以辉铜矿为主的辉铜矿和斑铜矿带。

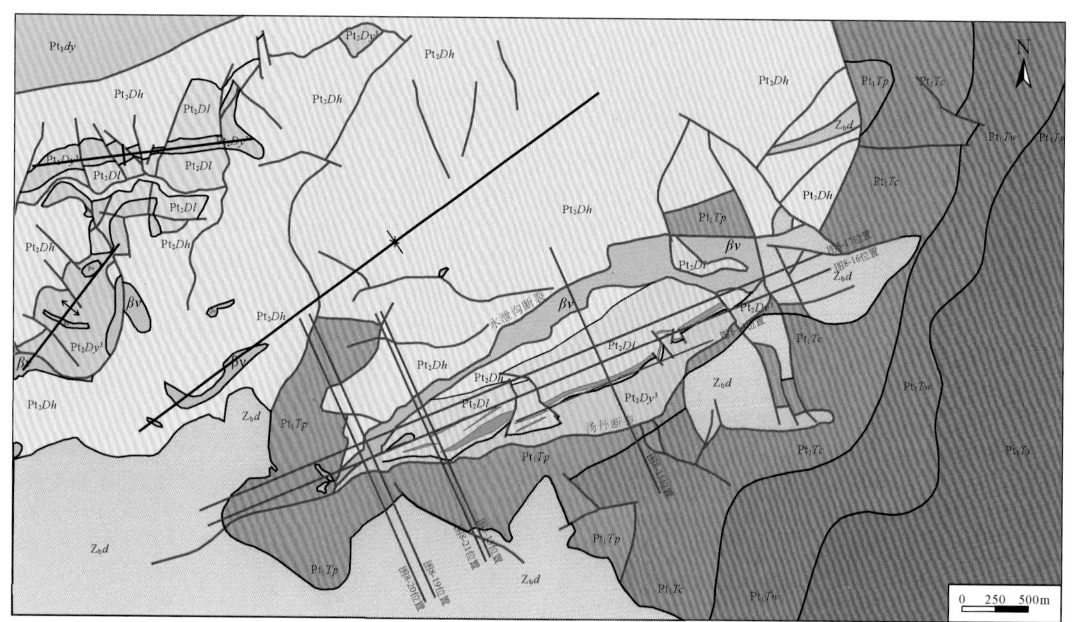

图8-1 东川汤丹铜矿区地质简图

1. 震旦系陡山沱组；2. 新元古界大营盘组；3. 中元古界东川群黑山组；4. 中元古界东川群落雪组；5. 中元古界东川群因民组三段；6. 古元古界汤丹岩群平顶山组；7. 古元古界汤丹岩群菜园湾组；8. 古元古界汤丹岩群望厂组；9. 古元古界汤丹岩群洒海沟组；10. 辉绿辉长岩；11. 铜矿体；12. 地质界线；13. 断层；14. 背斜；15. 向斜；16. 勘探线剖面

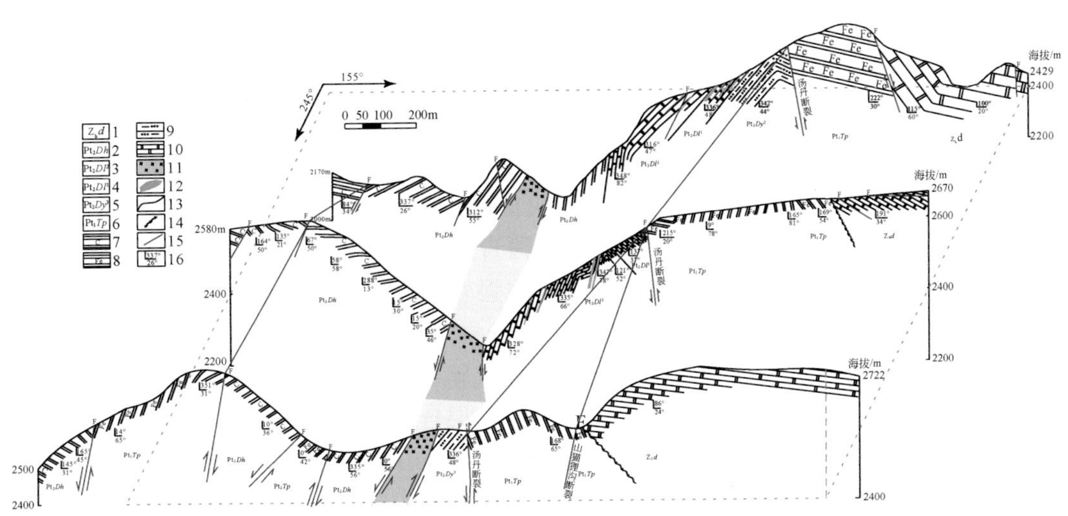

图 8-2　汤丹铜矿床 30-40-50 勘探线实测构造岩相学剖面联立图

1. 震旦系陡山沱组；2. 中元古界东川群黑山组；3. 中元古界东川群落雪组二段；4. 中元古界东川群落雪组一段；5. 中元古界东川群因民组三段；6. 古元古界汤丹岩群平顶山组；7. 碳质板岩；8. 铁质板岩；9. 泥质粉砂岩；10. 白云岩；11. 辉绿辉长岩；12. 铜矿体；13. 地质界线；14. 不整合界线；15. 断层；16. 地层产状

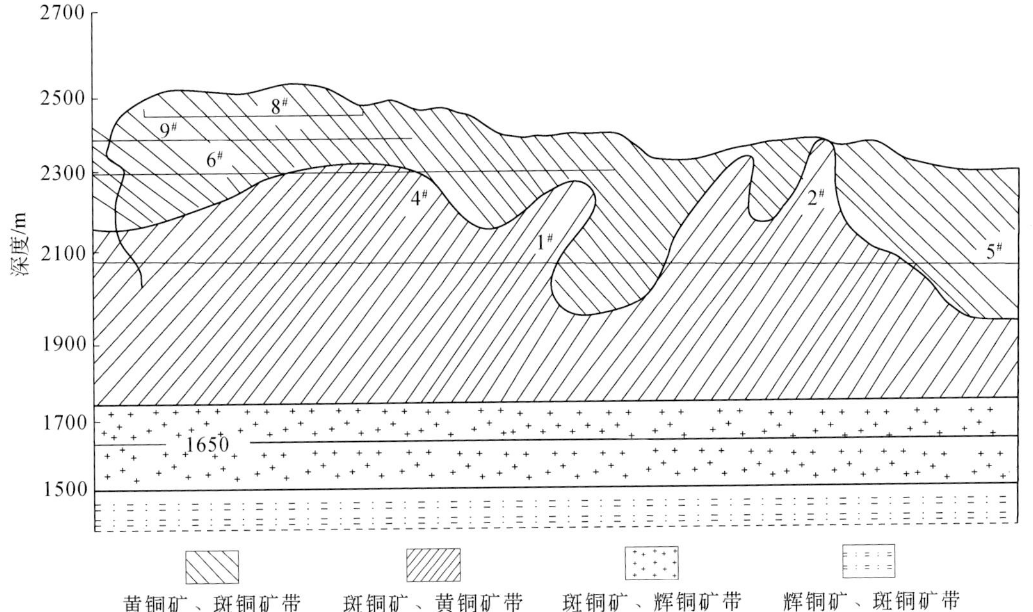

图 8-3　汤丹铜矿区金属硫化物分带图（据龚琳等，1996 修改）

8.1.1　储矿地层与构造岩相学特征

东川汤丹铜矿床主要赋矿地层为中元古界东川群落雪组、因民组三段和黑山组。①在马柱硐矿段局限沉积洼地中因民组三段为马柱硐型铜矿床的赋矿层位。落雪组上覆的黑山组，为桃园型铜矿床的赋矿层位。②东川式火山热水沉积-改造型铜矿床主要赋存于落雪组一段黄白色-灰白色硅质白云岩，落雪组二段青灰色碳酸岩化、弱硅化白云岩中。东川式火山热水沉积-改造型铜矿床的后期改造作用强烈，特别是在 F_{11} 断层两侧的中部地段，构造裂隙发育，矿化范围扩大，整个落雪组白云岩几乎全被矿化。层状矿体受到叠加改造，铜质沿构造裂隙向白云岩的中上部转移，形成脉状铜矿体。整体看，汤丹铜矿区的东西两端以层状矿为主，中部以脉状矿为主。含矿地层自上而下为：

（1）中元古界东川群黑山组（Pt_2Dh）：厚度大于 1000m，黑山组底部为 4#矿体（桃园型）赋矿层位，为灰色、黑色薄层碳泥质板岩夹泥质白云岩，中上部夹有凝灰岩或似层状凝灰岩，与下伏地层落雪组上段呈整合接触，局部表现为断层接触。铜矿物主要为黄铜矿，呈条带状、细脉状顺层产出及网脉状产出。在底部与落雪组交界处的有利构造部位（侵入岩床+断裂构造耦合部位）赋存有工业利用价值的 3#矿体。

（2）中元古界东川群落雪组（Pt_2Dl），落雪组东川式铜矿床主含矿层位分为两段：落雪组二段（Pt_2Dl^2）为青灰色及青灰色夹灰白色中-厚层块状白云岩，夹硅质条带及团块，厚 200～300m，为汤丹 2#矿体赋存层位。汤丹铜矿区上部中段（1770m 中段以上）该层位含矿性相对较差，局部赋存有裂隙型矿脉；下部中段该层位含矿性较好，矿体走向上连续，厚度最大可达 135.5m，铜品位 0.3%～1.69%。落雪组一段（Pt_2Dl^1）为黄色、黄白色薄层至中厚层泥砂质白云岩及浅肉色、灰色、灰白色厚层至块状硅质、砂质、泥砂质白云岩，厚 30～100m，为汤丹 1#矿体赋矿层位。

下部厚 30～60m，含瘤状、波纹状及核球状叠层石，是东川式层状铜矿体的主要赋矿层位。黄铜矿和斑铜矿沿岩石层理和叠层石层纹分布，形成条带状和马尾丝状铜矿石。其下部夹有 1～2 层 0.2～1.0m 厚的硅质白云岩，含密集细点状斑铜矿和黄铜矿，为富矿层。常有厚度 1m 左右的含铜鲕状白云岩，鲕心为斑铜矿和泥质物，外圈为微晶白云岩，胶结物为白云石。白云岩具同生角砾状构造（竹叶状矿石）。

上部厚 60～100m，柱状叠层石发育，是汤丹中部地段脉（带）状铜矿体的重要赋存层位。脉状矿受构造裂隙控制，与含矿层多呈大角度交切，有单脉、平行脉和交叉脉三种。矿脉膨缩显著，延深大于延长，其两侧岩石有明显硅化、褐铁矿化。脉状矿体的铜矿物以斑铜矿、黄铜矿、孔雀石为主，黑铜矿、硅孔雀石次之，脉石矿物以石英、白云石、方解石为主，少量褐铁矿、绿泥石、绢云母，偶见重晶石脉。与层状矿体差异是脉状矿中见有斜方硫砷铜矿，在碱性辉长岩体附近脉状矿中含钴黄铁矿；脉状矿体中伴生元素 Ag 和 Au 常高于层状矿。

（3）中元古界东川群因民组三段（Pt_2Dy^3）：出露厚度大于 150m，为紫红色薄层至厚层泥质粉砂岩、砂泥质板岩，在因民组三段顶部与落雪组一段底部过渡部位常发育厚约 40cm 的同生角砾岩及含铜热水同生角砾岩。在因民组三段顶部发育顺层和切层铜矿脉。

在马柱硐矿段局限沉积洼地因民组三段含铜硅质白云岩+斜冲走滑断裂控制了铜矿体。

（4）古元古界汤丹岩群平顶山组（Pt_1Tp）：出露厚度大于 467m，为紫红色铁质砂砾板岩、赤铁矿化粉砂质板岩、绢云母千枚岩。基底地层平顶山组为赤铁矿体含矿层位，赋矿岩性为赤铁矿化粉砂质板岩，赤铁矿顺层理分布。矿石类型主要有层纹条带状赤铁矿矿石和角砾状赤铁矿矿石。在平顶山组中赤铁矿矿体，TFe 为 37. 84%，厚度 80m。

8. 1. 2　构造样式与构造组合

东川运动期基底褶皱群落褶皱为洒海沟背斜。洒海沟背斜位于汤丹东南部洒海至望厂一带，轴迹过洒海-马鞍桥一线，轴迹走向 NE62°，核部为古元古界汤丹岩群洒海沟组下段，北西翼依次正常叠置汤丹岩群望厂组、菜园湾组和平顶山组，南东翼被断层破坏而保存不全，出露较少的望厂组和菜园湾组为南东翼；北西翼向北西倾，倾角 40°～65°，为正常翼，南东翼也向北西倾，倾角 55°，为倒转翼，是一个倒转背斜，轴面倾向北西，倾角约 75°，背斜转折端的岩层产状平缓，两翼同向倾斜，倾角相近，因此可以判定该背斜的形态为具圆弧形转折端的同斜背斜。根据岩层产状分析，该背斜向南西方向倾伏。该背斜北西翼在菜园湾一带，岩层发生了膝状弯曲，可能是由于基底存在近东西向的断层，当这种基底断层发生右行剪切运动时，在盖层上形成的膝折构造。

（1）格林威尔期（小黑箐期）褶皱为黄草岭向斜和望厂背斜。①汤丹铜矿区在区域构造上属于黄草岭向斜南东翼、望厂背斜北西翼。黄草岭向斜轴迹走向 NE60°～65°，轴长 5km。黄草岭向斜北翼倾向 SSE，倾角为 75°，南翼倾向 NNW，倾角为 55°，故为一轴面北北西倾斜的斜歪向斜。该向斜的转折端比较宽缓，岩层倾角只有 23°，向斜两翼向西收敛，经井巷工程揭露证实，黄草岭向斜南东翼东川群地层总体向西侧伏。②望厂背斜（小黑箐运动期褶皱）。位于汤丹至宝台厂一带，轴部位置在望厂-马店一线，由于轴部已被剥蚀，无从追索其轴迹，但根据两翼关系，仍然可大致推测其轴迹走向大致为 NE65°左右，轴长 6km。核部地层为望厂组，北西翼完整，由黄草岭向斜南东翼组成。南东翼被小江等断裂破坏，只在小清河一带零星保存因民组和落雪组。北西翼倾向 NNW，倾角 70°～85°，局部倒转，南东翼也倾向 NNW，倾角 55°，为倒转翼，因此，该背斜是轴面向北北西倾斜的倒转背斜。该背斜的轴部宽达 3km，其原因主要是受东川运动期褶皱的洒海沟背斜影响，但是，褶皱过程中的主要滑动面应是因民组底部的不整合面，因此，虽然两褶皱位置相近，但轴部不重合。

（2）断裂构造在汤丹矿区发育。矿床东面有北北西向深沟断层和赵家丫口断裂，北西面有水泄沟断裂（汤丹碱性钛铁质辉绿辉长岩岩床），南面有汤丹斜冲走滑逆冲断裂，北面有黄水箐断裂。矿床内部断层按走向可分为北东、北西和北北西三组。三组断层对矿体空间位置和形态造成破坏，使原来呈似层状、扁豆状断续分布的矿体形态更为复杂，对矿床的开采有较大的影响。①黄水箐断裂沿黄水箐沟呈东西向延伸，在月亮田附近转为北北东向，在达朵以北被小江断裂所切，成为一弧形断裂。黄水箐断裂的产状，在新塘经坑道揭露走向为南北向，西倾 40°。沿断层形成厚约 10m 的糜棱岩带，带内并有小辉绿辉长岩脉侵入。断层上盘大营盘组，分别与断层下盘的黑山组、落雪组、因民组、平顶山组及菜园弯组等不同时代地层呈角度不整合接触或断层接触。②汤丹断裂位于汤丹铜矿区南部和东部边界处，呈北东东向弧形展布，断层上盘地层为因民组，下盘地层为平顶山组。东至矿王山，被赵家丫口断层错移；西至山猫狸沟一带，由于火草断层逆冲作用古元古界汤丹岩群平顶山组推覆至东川群地层之上。在剖面上呈波状S形，断层性质为斜冲走滑逆冲断层，总体倾向北西，倾角30°～80°，沿断裂上盘辉绿辉长岩岩枝侵位，为马柱硐型铜矿床的成矿提供热源和物源。

（3）构造组合、构造交汇与断裂多期活动。汤丹铜矿区位于南北向小江深断裂与东西向宝台厂-九龙大断裂交汇处，为滥泥坪-汤丹褶断带的弧形转折部位。两大断裂均具多期活动特征，先后形成了汤丹断层、水泄沟断层等纵向断层组和 F_1 ～ F_{19} 横断层组，沿水泄沟断层碱性钛铁质辉绿辉长岩床侵入，以及矿床内部广泛发育于落雪组白云岩中的一系列低序次NE、NW和NNW向三组张性、张剪性构造裂隙和羽状裂隙。纵向断层组控制着落雪组含矿白云岩构造透镜体的形态和规模；横断层组错断含矿层，破坏矿体的完整性；张性、张剪性构造裂隙及羽状裂隙为储矿构造，控制着脉（带）状矿体的发育。中部地段（24～44#勘探线间）落雪组一段灰白色、落雪组二段青灰色白云岩中，张剪性构造裂隙及羽状裂隙发育，为脉状铜矿重要赋矿层位，含矿裂隙最发育，品位较富。

8.1.3 岩浆岩与岩浆侵入构造系统

格林威尔期形成汤丹碱性钛铁质辉绿辉长岩床（1069±25Ma，LA-ICP-MS锆石U-Pb加权平均年龄），同时伴随有沿汤丹斜冲走滑逆冲断层上盘侵位的岩枝。汤丹碱性钛铁质辉绿辉长岩岩床地表出露于汤丹西南的桃园村，长约3.2km，宽50～350m，近东西向延伸，辉绿辉长岩岩床侵位地层有古元古界汤丹岩群平顶山组，中元古界东川群因民组、落雪组和黑山组，主体大致顺层侵位。在小松坡-妖精塘辉绿辉长岩侵入体侵位最高层位为东川群黑山组，侵入岩体平面呈马蹄形，该侵入岩体为隐伏岩体，位于黄草岭向斜轴部。在辉绿辉长岩侵入岩体中沿裂隙充填有鳞片状镜铁矿，该侵入岩体深部往西可能与滥泥坪-白锡腊侵入岩体（岩株）合为一体，在滥泥坪-白锡腊东十三中段辉绿辉长岩侵入体边部角砾带中赋存富铜矿体，其岩体接触带部位赋存铁铜矿体（IOCG矿体），因此在滥泥坪-白锡腊矿段东部-汤丹铜矿区西部（黄草岭向斜轴部位置）其深部存在隐伏岩体，认为其隐伏岩体深部具有寻找IOCG矿床的潜力。

8.1.4 矿体特征

1. 东川式火山热水沉积-改造型铜矿床特征及分布规律

（1）汤丹矿区1#铜矿体属于本区的主采矿体。该矿体严格受地层层位控制，铜矿体富集程度与节理裂隙发育密切相关，矿体定位于落雪组一段底部，容矿岩石为落雪组一段底部的黄色、黄白色、灰白色薄-中层块状硅质白云岩。为本区规模最大的铜矿体，矿体产状与地层产状基本一致，走向北东，倾向北西，倾角较陡，75°～90°。1#矿体呈顺层产出，F_{11} 以东矿体倾向北北西，F_{11} 以西矿体倾向南南西，矿体走向总体为近东西向，呈似层状、层状、脉状、脉带状断续分布，在走向及倾向上均有三级断裂错动，但错距不大，具有分支、复合、膨胀现象，对矿体错动的断层主要为右行逆断层，倾向南西。铜矿体走向延伸近 2500m，倾向延深大于 1200m，矿化在中部最好，东部和西部有变贫趋势。在西部 F_{11} 断层往西地层发生反转，倾向南西，上部中段矿化变贫且不连续，多呈透镜状、脉状分布，下部中段矿体品位相对贫化，矿体连续厚大。在走向上层间褶皱发育，属断层传播褶皱，无矿天窗多数位于层间背斜转折端部位，表明其深部存在水下隆起，层间背斜位于水下隆起位置，不利于铜矿质的沉淀和聚集。

该矿体铜矿物主要为黄铜矿、斑铜矿，次之有少量辉铜矿、孔雀石和蓝铜矿等。脉石矿物为白云石、方解石、石英、钠长石等。铜矿石构造主要有两种类型：一类为脉状、网脉状构造，另一类为浸染状构造。硫化铜矿物以浸染状构造形成散点状、层纹状、条带状、竹叶状、“马尾丝”状为主；层状、条带状、竹叶状矿石显示同生成矿的特点，而脉状、网脉状矿石则显示格林威尔期和晋宁期岩浆侵入构造叠加改造成矿的特点。孔雀石普遍发育显示次生富集作用，孔雀石主要呈薄膜状沿节理和裂隙面分布。矿体在断层、节理裂隙发育地段，铜矿尤为富集。铜矿物产出形态随着矿化程度或富集程度不同而表现出的特征有所不同，局部沿节理裂隙富集。

（2）汤丹矿区 2#矿体定位于落雪组二段中下部灰白色–青灰色细晶白云岩中，顺层产出，局部有条纹条带状构造。矿化不均匀且品位总体较低，局部形成富矿体（脉）。青灰色细晶白云岩发生褪色化蚀变时矿化相对较好，表现为明显的热液叠加改造，局部沿断裂矿化较好，尤其是在层间断层中表现明显，显示格林威尔期和晋宁期岩浆侵入构造叠加改造作用对矿化富集特征。矿体多呈脉状产出，局部沿断裂呈扁豆状、脉枝状产出，上部中段矿体一般规模不大，连续性也较差，断续分布，下部中段连续性较好，厚度稳定，呈似层状、脉带状产出，从纵剖面看，走向上形成层间褶皱，该矿体具有上部分支下部复合的特征。含铜矿物主要有黄铜矿、斑铜矿和辉铜矿，次为孔雀石等，偶见黄铁矿。脉石矿物有白云石、石英、方解石等。黄铜矿、斑铜矿呈星点状、斑点状，少量呈马尾丝状、细脉状和浸染状产出。孔雀石则多呈薄膜状沿节理裂隙及断层边部出现。

（3）汤丹矿区 3#矿体定位于落雪组二段上部与黑山组底部过渡部位，容矿岩石为青灰色、灰黑色细晶白云岩，局部含有凝灰质，并发生碳化作用。一般规模不大，连续性也较差，断续分布，在构造有利部位形成有利用价值的工业矿体，NW、NNW 和 NWW 向断层组（横断层）表现为错动和破坏矿体，少量为储矿构造，而 NE 向断层（层间断层或纵断层）为储矿构造，纵断层对矿体叠加改造富集。3#矿体形态多呈扁豆状，脉状产出，一般规模不大，矿层延伸较小、厚度小，连续性较差，断续分布，难以开采利用，仅在 2038m 中段呈一较大的囊状体。局部呈串珠状，厚度为 2 ~ 30m。铜矿物主要有黄铜矿、斑铜矿，次要为少量辉铜矿、孔雀石。脉石矿物主要有白云石、石英、方解石等。黄铜矿和斑铜矿呈斑点状、团块状、马尾丝状、细脉状、浸染状等产出。孔雀石多呈薄膜状沿岩石节理裂隙及断层边部出现。

2. 桃园型铜矿 4#矿体特征及产出规律

该矿体赋存于中元古界东川群黑山组底部薄至中厚层碳泥质白云岩及碳质板岩，矿体定位于汤丹碱性钛铁质辉绿辉长岩岩床外接触带。矿体顶板为碳质板岩及碳泥质白云岩互层，底板为落雪组顶部白云岩。桃园型铜矿床的成矿方式为火山喷气沉积作用+后期岩浆热液叠加改造。在黑山期碳酸盐潮坪向半深水滞流还原环境转化，沉积相为潟湖–海湾相，局部为深水相，为有利的沉积容纳成矿空间。围岩蚀变为硅化、白云石化及石墨化。矿体走向呈北东东向，倾向北西，顺层产出，局部受构造作用具有穿层特征。铜矿体呈似层状、脉带状和透镜状，产状与地层产状一致，矿层较为稳定。受汤丹碱性钛铁质辉绿辉长岩岩床侵入作用，形成了系列层间褶皱和层间滑脱构造带，矿体由上至下呈现断续→连续→断续分布规律，总体呈中上部膨大，下部收敛。赋矿岩性为含铜碳质板岩、含铜碳泥质白云岩；铜矿物主要为黄铜矿，次之有少量斑铜矿、辉铜矿。脉石矿物主要有白云石、石英、方解石等。矿石组构为浸染状、细脉状、有的呈微细粒状与碳泥质共生；黄铜矿主要呈条带状，局部形成铜矿脉，宽 1 ~ 10cm。矿石的组构除反映原生沉积特征的金属矿物沿层理分布组构外，还有切割层理的脉状组构，说明桃园型铜矿经历了早期的火山喷气沉积成岩阶段及其格林威尔期的岩浆热液叠加改造阶段。叠加改造阶段的成矿物质部分可能来自于北西侧汤丹碱性钛铁质辉绿辉长岩侵入岩床。

3. 马柱硐型铜矿体分布规律

马柱硐矿段位于汤丹背斜南翼及汤丹东西向长山脊的南部，矿体出露平均海拔为 2400m。该矿段位于汤丹区本部 $1^{\#}$矿体的下盘，距 $1^{\#}$矿体 80 ~ 120m 的紫红色泥质粉砂岩、板岩带，矿体赋存于中元古界东川群因民组三段的白云岩扁豆体内。矿体平面形态为马蹄形，剖面形态为“花蕾”状。四周为因民组三段条带状泥质粉砂岩所围限，灰白色硅质白云岩和因民组三段泥质粉砂岩接触带形态变化很大。白云岩扁豆体走向大致与因民组三段泥质粉砂岩一致，但局部也与因民组三段泥质粉砂岩斜交。铜矿体沿层理方向展布，也形成马蹄形。上部为氧化矿，中下部为硫化矿，铜矿物为斑铜矿，次为黄铜矿、辉铜矿、孔雀石等。脉石矿物主要有白云石、石英、方解石等。斑铜矿和黄铜矿呈细脉状、网脉状、浸染状、马尾丝状、团斑状等产出。

受区内岩浆活动及高温热液作用影响，地层发生了不同程度的变质作用，黑山组发生硅化、白云石化及石墨化。在桃园式铜矿体中，常见黄铜矿沿顺层、切层硅化脉分布。落雪组一段、二段围岩蚀变主要有硅化、碳酸盐化，该层位铜矿化与其蚀变关系密切，在硅化、碳酸盐脉发育地段形成富铜矿体，铜矿化沿硅化碳酸盐化分布呈脉状、网脉状。因民组三段围岩蚀变主要有白云石化、绢云母化和褪色化，在因民组三段地层中，马柱硐型铜矿体顺层、切层脉状铜矿化与其褪色化蚀变（硅化、白云石化）关系较为密切。

8.2　储矿构造特征与矿体富集规律

从落雪期成矿环境看，汤丹铜矿区受滥泥坪–汤丹同生断裂控制，沉降幅度最大，落雪期白云岩厚度大于 400m。金属硫化物分带处于斑铜矿–黄铜矿带。从总体看，地表及浅部以黄铜矿为主，少量斑铜矿，为黄铜矿、斑铜矿带。随着深度的增加，斑铜矿储量增多，黄铜矿相对减少，在 2 号硐和 4 号硐（2215.56m 标高）水平以下为斑铜矿、黄铜矿带。到 1650m 中段经工程揭露为斑铜矿、辉铜矿带，其范围推测自 1750m 标高到 1550m 标高间；1550m 标高以下可能出现以辉铜矿为主的辉铜矿、斑铜矿带。总的来说，从地表至深部，金属硫化物具逆向分带特征。

8.2.1　汤丹 1#矿体及储矿构造岩相学特征

在汤丹矿区 1#铜矿体严格受地层层位控制。铜矿体的富集程度与节理裂隙发育密切相关，属于本区主矿体，赋存于落雪组一段底部米黄色薄-中层硅质白云岩。1#铜矿体为汤丹矿区规模最大的铜矿体，矿体产状与地层产状基本一致，走向北东，倾向北西，倾角较陡，75°~90°。1#矿体呈顺层产出，F11 以东矿体倾向北北西，F11 以西矿体倾向南南西，矿体走向总体为近东西向，呈似层状、层状、脉状、脉带状断续分布，在走向及倾向上均有三级断裂错动，但错距不大，具有分支、复合、膨胀现象，对矿体错动的断层主要为右行逆断层，倾向南西。本次工作对上部及下部中段进行调研，发现各中段均揭露该矿体稳定存在，走向延伸近 2500m，倾向延伸大于 1200m，矿化在中部最好，东部和西部有变贫趋势。在西部过 F11 断层后地层发生倒转，上部中段矿体多呈透镜状和脉状分布，下部中段矿体连续厚大（图 8-4）。

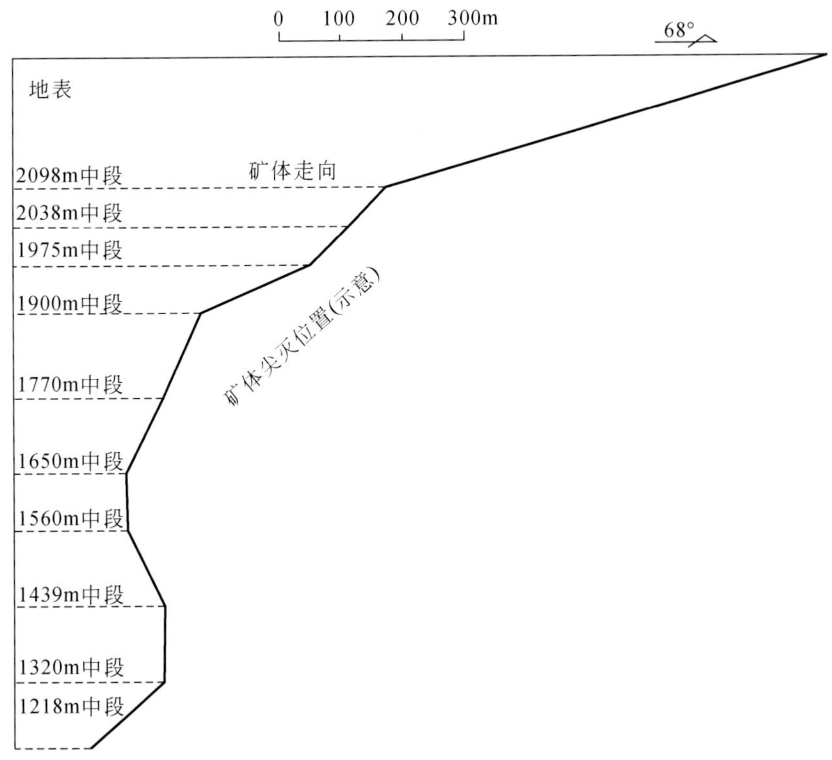

图 8-4　汤丹铜矿床东川式火山热水沉积-改造型铜矿矿带侧伏规律示意图

（1）地表：0~46#线呈带状分布，矿带连续，西端出露标高 2388m，东端出露标高 2300m，受横断层错动，局部膨大。矿体地表出露长度为 2800m。

（2）2098m 中段：12#～33#线呈层状、似层状分布；38#～49#呈脉带状分布，矿体整体连续。长度 2261.2m，厚度 1.4～30.7m，品位 0.56%～0.97%。12#～38#线地层产状：325°∠85°～342°∠80°，38#～49#线地层产状：176°∠77°～180°∠88°。

（3）2038m 中段：13#～35#线呈层状分布；41#～47#线呈层状、似层状分布。长度 2004m，厚度 1～29.8m，品位 0.55%～2.03%。35#～40#为无矿天窗，长 250m。13#～15#线地层产状：165°∠66°～185°∠76°，15#～16#线地层产状：340°∠88°，16#线地层产状：165°∠86°，16#～40#线地层产状：328°∠60°～342°∠84°，40#～47#线地层产状：165°∠78°。

（4）1975m 中段：14#～25#线呈层状分布；41#～50#线呈似层状、脉状断续分布；矿带整体连续分布。矿体长度 2165m，厚度 0.6～29.6m，品位 0.50%～1.20%；35#～41#为 392m 的无矿天窗。14#线地层产状（汤丹断裂）：328°∠60°～342°∠84°，15#～16#线地层产状：158°∠86°，16#～17#线地层产状：346°∠80°，17#线地层产状：168°∠80°～170°∠87°，18#～41#线地层产状：329°∠82°～341°∠80°，41#～50#线地层产状：160°∠70°～185°∠68°。

（5）1900m 中段：14#～37#线呈层状分布；42#～52#线呈似层状、脉带状断续分布；矿带东西不连续分布，中部断续分布。长度 2107m；厚度 1～20.8m，品位 0.75%～1.21%；37#～42#线为无矿天窗，长 970m，局部见裂隙型脉状矿断续分布。14#线地层产状（汤丹断裂）：167°∠85°～169°∠81°，15#～46#线地层产状：301°∠64°～356°∠89°，46#～52#线地层产状：171°∠61°～193°∠54°。

（6）1770m 中段：18#～42#线呈层状分布，局部呈脉状断续分布；43#～54#线呈层状、脉状断续分布；矿带连续分布。长度 2124m；厚度 0.5～38.6m，品位 0.52%～1.5%；42#～43#线为无矿天窗，长 60m。18#～50#线地层产状：3°∠73°～278°∠51°，50#～54#线地层产状：172°∠79°～190°∠62°。

（7）1650m 中段：19#～24#线呈脉带状分布；31#～57#线呈层状、脉状分布；矿带连续分布。长度 2432m；厚度 1～24.1m，品位 0.52%～1.72%；31#～24#线为无矿天窗，局部揭露脉状铜矿体，长 243m。19#～48#线地层产状：274°∠25°～330°∠65，48#～50#线地层产状：140°∠84°～170°∠88°，50#～52#线地层产状：341°∠71°～358°∠84°，52#～54#+线地层产状：170°∠81°～195°∠81°。

（8）1560m 中段：18#～54#+线呈层状、脉带状分布，矿带连续分布。长度 2418m；厚度 6～46.7m，品位 0.35%～1.06%。18#～51#线地层产状：315°∠70°～351°∠87°，51#～52#线地层产状：137°∠75°～155°∠81°，52#～53#线地层产状：335°∠80°～340°∠85°，53#～54#+线地层产状：170°∠85°～185°∠70°。

（9）1439m 中段：18#～54#+线呈层状、脉带状分布，矿带连续分布。长度 2216m；厚度 2～48m，品位 0.39%～0.89%。18#～54#线地层产状：170°∠85°～185°∠70°，54#～54#+线地层产状：162°∠84°～215°∠64°。

（10）1320m 中段：17#～49#+线呈层状、脉带状分布，矿带连续分布。长度 1940m；厚度 2～26m，品位 0.30%～1.26%。17#～23#线地层产状：344°∠75°～345°∠86°，23#～31#线地层产状：166°∠82°～184°∠68°，31#～49#线地层产状：310°∠65°～350°∠70°。

（11）1218m 中段：20# ~ 49# + 线呈层状、脉带状分布，矿带连续分布。长度 1735.8m；厚度 1.42 ~ 35.7m，品位 0.35% ~ 1.13%。20# ~ 24#线地层产状：326°∠84° ~ 344°∠76°，24# ~ 27#线地层产状：166°∠82° ~ 184°∠68°，28# ~ 49#线地层产状：305°∠68° ~ 330°∠73°。

综上所述，含矿层矿体东端出露位置：地表 2300m（0#线）→2098m（12#线）→2038m（13#线）→1975m（14#线）→1900m（17#线）→1770m（18#线）→1650m（19#线）→1560m（18#线）→1439m（18#线）→1320m（17#线）→1218m（20#线），东川铜矿床落雪组一段含矿层位总体向西（248°）侧伏，侧伏角上缓下陡呈 S 形（图 8-4），侧伏角依次 15.6°→45°→46.4°→22.6°→65.2°→63.4°→-56.3°→90°→-63.2°→29.5°。在走向上层间褶皱发育，无矿天窗多数位于层间背斜转折端部位，推测深部存在古水下隆起，层间背斜位于水下隆起位置。

1#矿体在 40#勘探线以西，在剖面上总体呈 S 形，49#勘探线以西呈反 C 形。矿体在产状转换部位（即应力集中区）厚大，东川式火山热水沉积-改造型铜矿成矿与其构造应力集中区关系密切。S 形和 C 形铜矿体的产状转换部位在 1320m 中段标高。

在矿石组构特征及矿化特征上，该矿体铜矿物主要为黄铜矿、斑铜矿，次之有少量辉铜矿、孔雀石和蓝铜矿等。脉石矿物主要为白云石、方解石、石英、钠长石等。铜矿石构造为脉状、网脉状和浸染状构造。硫化铜矿物呈层纹状、条带状、竹叶状、"马尾丝"状为主（图 8-5）；层状、条带状和竹叶状矿石具有火山热水同生沉积成矿特点，而脉状和网脉状铜矿石为后期叠加改造成矿所形成，孔雀石为次生富集作用形成。

图 8-5　汤丹铜矿床的矿石特征

（a）、（b）马尾丝状铜矿；（c）、（d）灰白色-黄白色白云岩中浸染状、细脉状、团斑状等斑铜矿、黄铜矿

铜矿物产出状态随着矿化富集程度不同而表现不同，局部沿节理裂隙富集。孔雀石主要呈薄膜状沿节理和裂隙面分布。矿体在断层、节理裂隙发育地段，铜矿尤为富集。该矿体的控矿和储矿构造样式具有如下规律。

（1）双冲构造控制矿体空间展布沿汤丹断裂岩浆侵位导致因民组三段地层发生变形，呈S形。受汤丹岩墙（逆冲作用）、汤丹逆冲断层的南北双冲构造影响，导致落雪组、黑山组地层发生褶曲变形，形成层间褶皱-断层传播褶皱（紧闭斜歪背斜，紧闭同斜背斜等），同时受F9、F11逆冲作用，形成下部构造圈闭，导致地表落雪组铜矿体分布密集，未延深至下部中段。矿体在勘探线剖面上呈S形和C形分布，受小黑箐运动近南北向挤压应力形成东西向双冲构造，导致在S-C形产状变化部位形成构造应力集中区，汤丹断裂在后期侵入岩枝的侵位形成一系列的羽状、花状断裂、裂隙，形成构造热液成矿流体通道和储矿构造，故在S-C形产状变化部位形成富或厚大矿体。

（2）辉长辉绿岩侵入岩枝成矿。1770m中段辉长辉绿岩岩枝沿断裂侵位至落雪组一段，落雪组一段硅质白云岩发生重结晶形成大理岩化，孔雀石、斑铜矿沿辉长辉绿岩裂隙充填。成矿机制为：断裂+侵入岩岩枝+岩浆流体耦合成矿［图8-6剖面图和（a）、（b）］，

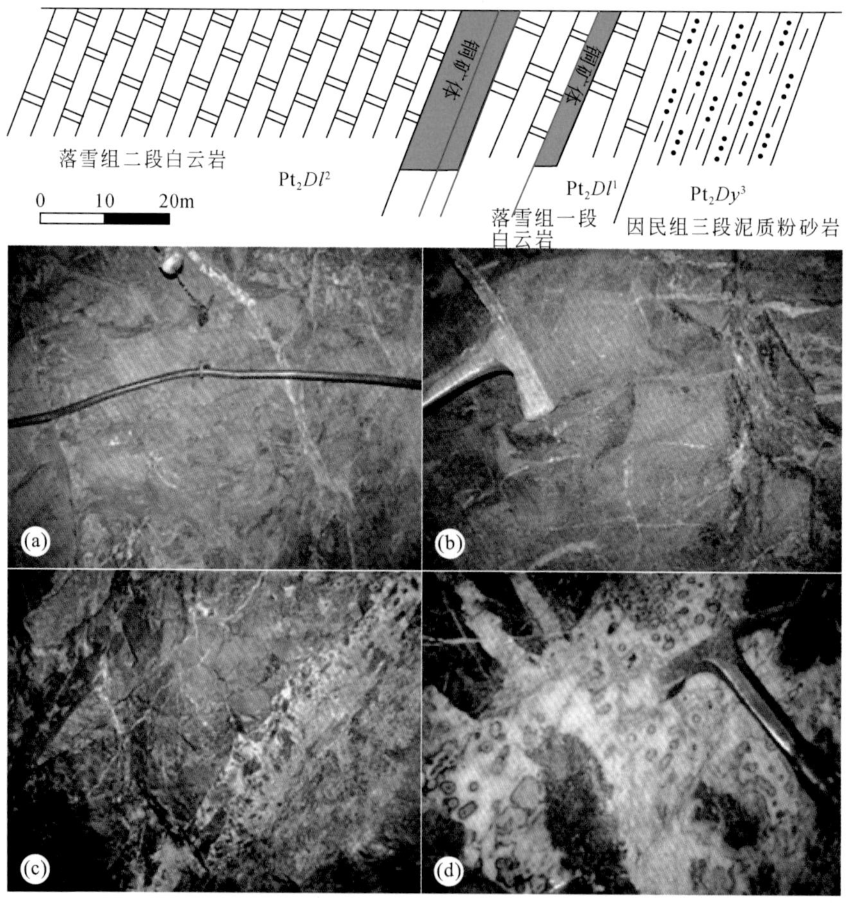

图8-6　汤丹铜矿床1770中段2#绕道剖面图

（a）侵入岩枝沿断层侵位；（b）岩体内部见孔雀石化；（c）落雪组裂隙中见黑云母-绿泥石蚀变相；（d）石英团块中火山热液喷气孔构造

断裂为成矿热液通道，该矿体分布于36#勘探线附近，矿体走向延伸不长，倾向延深不深，矿体呈透镜状，靠近侵入岩枝上盘落雪组二段青灰色白云岩发生褪色化蚀变，沿岩石裂隙可见黑云母及绿泥石［图8-6（c）］，石英方解石脉发育，其脉中见热液角砾岩［图8-6（d）］，远离侵入岩枝落雪组二段青灰色白云岩石英团块中椭圆状、同心圆状石英，且被斑铜矿包裹，推测为火山热液喷气孔，上述特征显示该矿体为后期侵入沿岩枝侵位岩浆热液叠加改造成矿。

（3）小型构造叠加改造富集成矿。断层按走向可分为NE、NW和NNW三组（图8-7），一般情况走向NW和NNW组断裂主要表现为错动矿体，使矿体呈阶梯状断块排列，对矿床的开采有较大的影响，发育密度20～30m/条，倾向多为SW，次为NE。而NE走向的断裂组（层间断裂或纵断裂）则表现为富集矿体，最明显的为矿区的2#、3#矿体，则在层间断裂密集发育处铜矿化富集，最大密度可达1～2条/m，铜矿物主要发育孔雀石，次为黄铜矿、斑铜矿。这些小型断裂构成了热流体通道，使矿体叠加富化。在滥泥坪–汤丹一带，近南北向挤压应力作用下剪性、张性裂隙、张剪性裂隙中充填有单脉和平行脉带，这些小型构造为东川式火山热水沉积–改造型铜矿床在后期改造过程中形成的典型储矿构造样式。

剪性–张剪性裂隙组走向为NW向，张性裂隙走向为NNW向，倾向SW，在汤丹铜矿区等分布较多且较为典型，显示近南北向挤压应力作用下形成的张性裂隙、裂隙构造组特征。①在汤丹铜矿中，富铜单脉呈透镜状、香肠状充填在剪性裂隙中，单脉厚在数厘米到数十厘米，脉体两侧伴随有明显硅化与褐铁矿化，铜品位在10%左右或更高。②平行脉带沿张性和张剪性裂隙中充填，单脉厚度在数厘米至十几厘米，脉带宽度在几米到十几米，脉体密度在13～15条/10m，与矿层侧伏方向一致，一般延深大于延长，铜品位在1%～5%，以斑铜矿和黄铜矿为主，在脉体之间发育细脉浸染状和星点状斑铜矿和黄铜矿。③交叉脉状充填于张性和剪性共轭裂隙组中，长和宽在数米到十几米。④这些含铜脉体群在落雪组含矿层位中稳定分布和密集产出，一般原沉积形成的含矿层中品位不变，由于这些脉体叠加使铜矿层的品位富化；在汤丹铜矿中，这些脉体群主体矿物组合为斑铜矿–黄铜矿–石英–白云石–方解石脉，属于东川式火山热水沉积–改造型铜矿床在后期改造过程中形成的典型储矿构造样式。

本区节理和裂隙类等小型构造是后期热液叠加改造流体通道和储矿构造，节理和裂隙发育地段铜矿物尤为富集，铜品位较好。东川式火山热水沉积–改造型铜矿床第一期为火山热水同生成岩成矿期，以斑铜矿和辉铜矿为主，它们呈斑点状、顺层细脉状、定向排列的椭圆状–圆状。定向排列的椭圆状–圆状为火山热水喷流作用形成的喷流孔构造（图8-8），矿石构造为纹层状和浸染状构造、喷气孔状和同生角砾状构造。第二期为叠加改造成矿期，斑铜矿和辉铜矿沿节理和裂隙充填，矿石构造为细脉状和网脉状构造。小型构造（节理和裂隙类）多发育于断层上下盘地层，含矿节理和裂隙主要有三组：NW、SW和NE向，NW和SW向发育密集，NE向次之。

对劈理等微型储矿构造进行了构造测量，分为三组：①第一组劈理走向300°～335°，倾角25°～60°，发育密度100～200条/m，其中矿化地带有50%～60%含有斑铜矿及黄铜矿，是发育频率最高、与矿化关系密切的劈理组；②第二组劈理走向200°～250°，倾角40°～85°，发育密度80～150条/m，其中含矿劈理较第一组少；③第三组劈理走向40°～

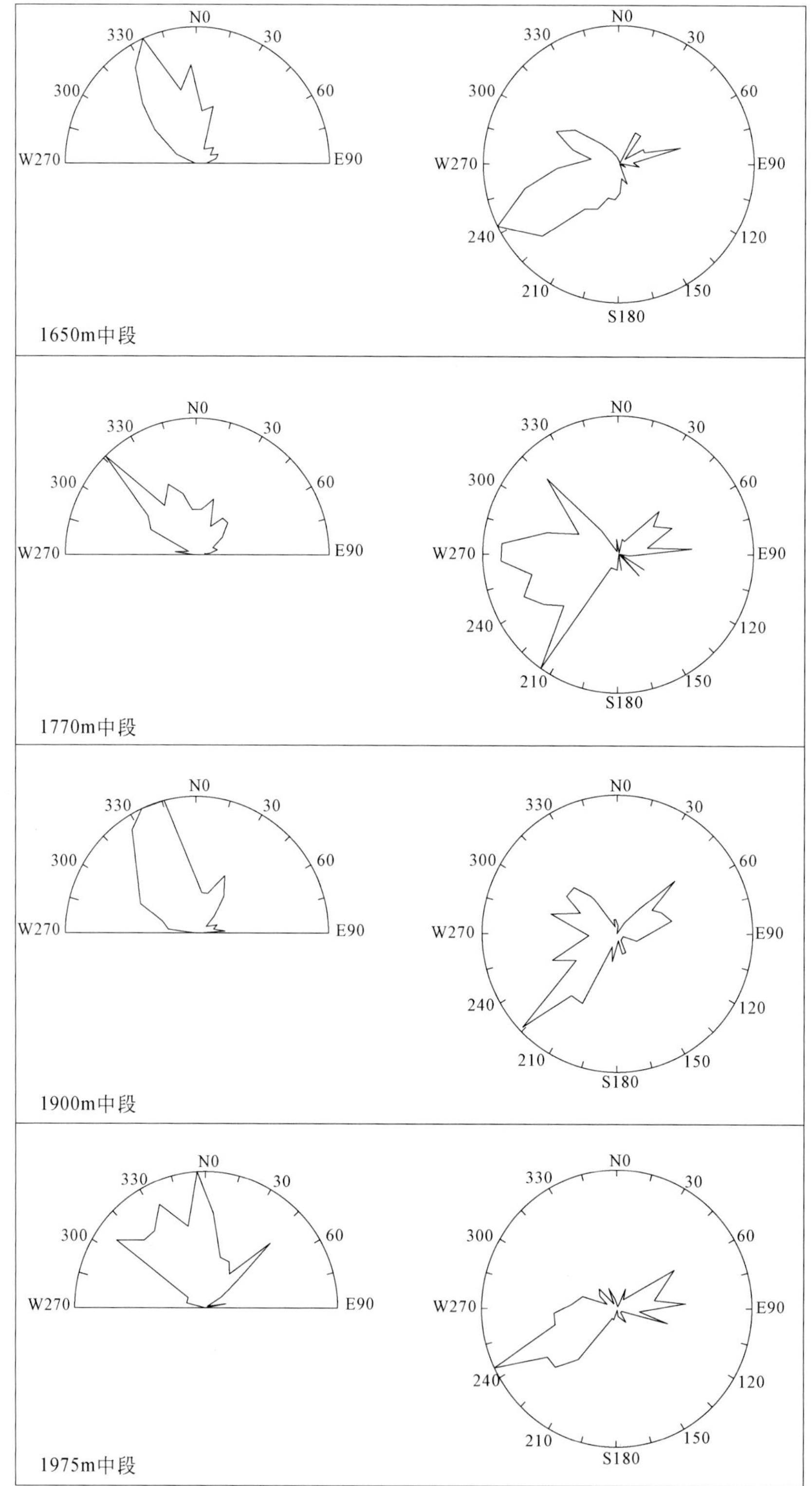

图 8-7　东川汤丹铜矿区各中段断裂走向-倾向玫瑰花图

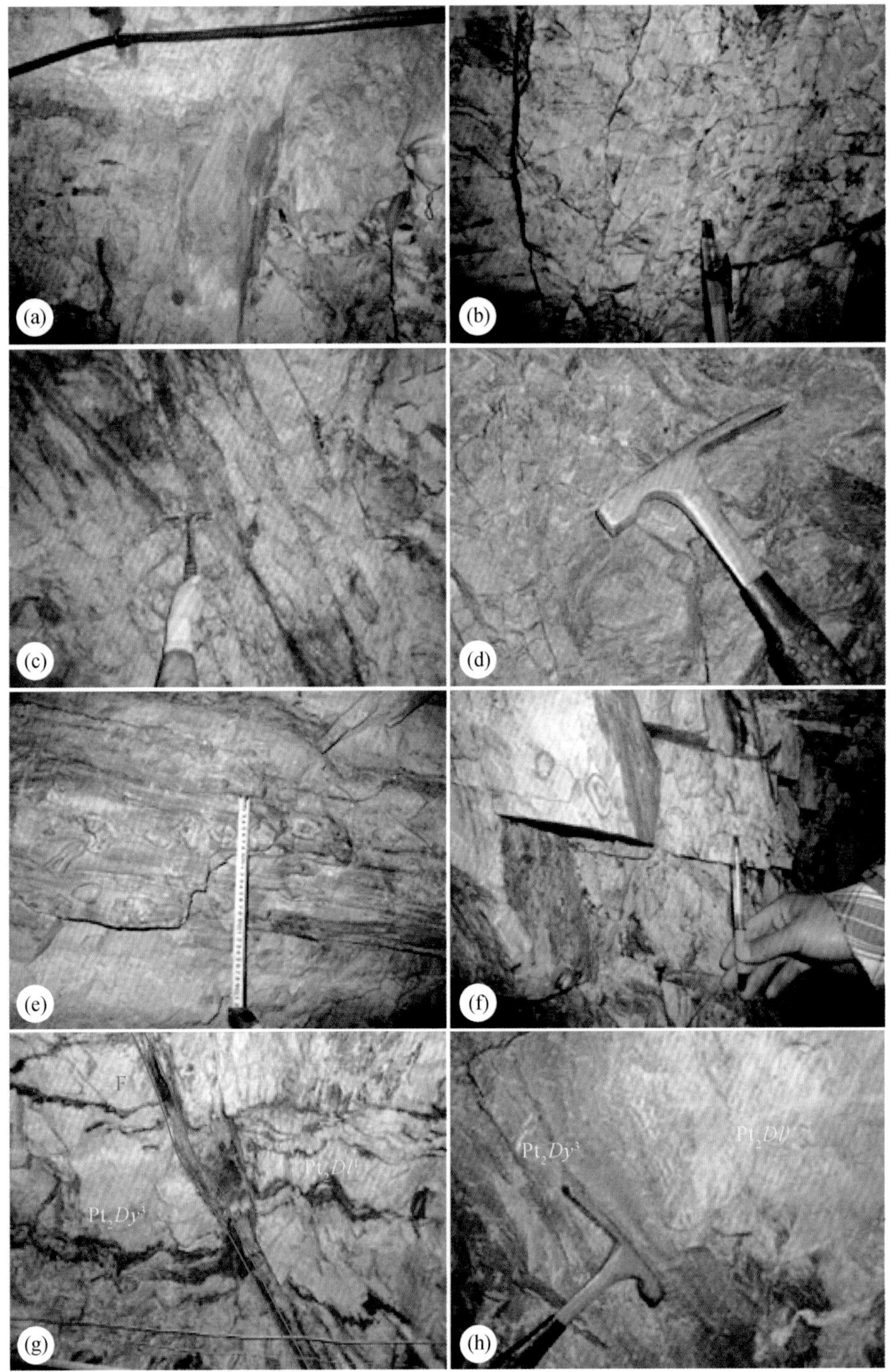

图 8-8　汤丹铜矿床密集发育的含铜节理裂隙及热水喷流孔构造

(a) ~ (f) 汤丹铜矿床密集发育的含铜节理裂隙及热水喷流孔构造；(g) 汤丹铜矿床内黄绿色凝灰质条带含矿；(h) 因民三段/落雪一段界线

80°，倾角35°～75°，发育密度50～80条/m，含矿性较差、发育频率最低。这些劈理组与中小型断裂构造相对应，属于在构造应力作用下，白云岩和硅质白云岩类形成的密集脆性破裂面，这些劈理构造中多充填辉铜矿、辉铜矿-斑铜矿细脉，单脉宽在0.1～3mm，矿石构造为细脉带状和微细脉状。总之，小型储矿构造主要样式为节理、裂隙和密集劈理带，它们为后期改造过程中形成的储矿构造样式。

（4）层位成矿控矿。1#矿体赋存于因民组三段顶部与落雪组底部过渡部位及落雪组底部，赋矿岩性为黄色、黄白色、灰白色薄-中层块状硅质白云岩，该矿体存在两个找矿标志层。①矿体底部存在明显的黄绿色含铜凝灰质条带，铜矿物一般为辉铜矿、黄铜矿，次为斑铜矿，厚度一般几厘米至20～30cm；②局部黄绿色凝灰质条带缺失，但通过1650m中段及1700m中段都发现在因民组三段顶部和落雪组底部有一层厚度20～50cm稳定延伸的角砾岩层，角砾主要为紫红色、浅紫红色粉砂质白云岩。

（5）找矿预测靶区圈定和找矿预测。推测1218m以下标高46#～60#勘探线之间仍具有巨大的找矿潜力。其依据：①含矿层位向西侧伏，侧伏方向为248°，在1218m标高1#矿体连续且稳定；②纵剖面显示在1560m中段深部46#～60#勘探线处于两个东川群水下隆起之间的深水盆地中，该深水盆地为本区的热水喷流沉积成矿中心；③深水沉积盆地中心利于铜矿质堆积成矿；④深水沉积盆地底部为因民组三段紫红色砂泥质板岩构成，盆地底板流体圈闭，阻碍了成矿流体下渗流失，但局部可见成矿流体下渗形成的弱同生蚀变，以网脉状-脉状褪色化为主，主要沿裂隙带有限范围内分布，为火山喷流沉积成矿-后期盆地流体叠加成矿提供了良好的底板围岩岩性圈闭条件。

8.2.2　汤丹2#矿体及储矿构造岩相学特征

汤丹2#矿体空间定位于落雪组二段中下部，赋存于落雪组二段中下部灰白色-青灰色细晶白云岩中，顺层产出，局部有条纹条带状构造。青灰色细晶白云岩发生褪色化蚀变时矿化相对较好，局部沿断裂矿化较好，尤其是在层间断层中表现出后期改造作用对矿化富集特征。该矿体沿断裂呈扁豆状和脉枝状产出，上部中段矿体规模不大，断续分布，在下部中段矿体连续性较好，厚度稳定，呈似层状和脉带状产出，在纵剖面矿体具有上部分支下部复合特征。在各中段的分布情况如下：

（1）2038m中段：13#～25#线呈脉状断续分布，矿体厚2～50m；26#～38#线呈似层状、脉状断续分布，矿体厚2～15m，长200m；39#～50#线呈似层状，矿体厚2～13m，长10～60m。

（2）1975m中段：15#～26#线呈脉状断续分布，矿体厚1～6m，长10～30m；27#～40#线呈脉状断续分布，矿体厚2～15m，长200m；41#～50#线呈脉状断续分布，矿体厚1～8m，长10～100m。

（3）1900m中段：17#～26#线呈似层状，脉状断续分布，矿体厚15m，长10～50m；27#～42#线呈似层状、脉状断续分布，厚1～15m，长200m；43#～51#线呈带状，矿体厚1～30m，长100m。

（4）1770m中段：20#～23#线呈脉状断续分布，矿体厚1～8m，长100m；24#～27#线

呈似层状、脉状断续分布，厚～10m，长 150m；28#～34#线呈脉状断续分布，厚 2～12m，长 100m；35#～45#线呈脉状、似层状，厚 1～8m，长 200m；45#～54#线呈脉状断续分布，厚 1～5m，长 100m。

（5）1650m 中段：19#～23#线呈脉状断续分布，厚 1～5m，长 10～100m；23#～33#线矿体分布较为稀疏；33#～43#线呈脉状断续分布，厚 1～6m，长 50m；43#～54#线呈脉状断续分布，厚 1～4m，长 10～70m。

（6）1560m 中段：20#～54#+矿体呈似层状，脉带状。矿带长度 2418m，厚度 1.7～65m，品位 0.37%～0.90%。18#～51#线地层产状：315°∠70°～351°∠87°，51#～52#线地层产状：137°∠75°～155°∠81°，52#～53#线地层产状：335°∠80°～340°∠85°，53#～54#+线地层产状：170°∠85°～185°∠70°。受 F12 逆冲断层作用，在 51#～54#形成层间褶皱，矿体在该部位变富变厚。

（7）1439m 中段：18#～54#+矿体呈似层状，脉带状。矿带长度 2201m，厚度 6～62.6m，品位 0.3%～1.07%。18#～54#线地层产状：170°∠85°～185°∠70°，54#～54#+线地层产状：162°∠84°～215°∠64°。

（8）1320m 中段：17#～49#+矿体呈似层状，脉带状。矿带长度 1940m，厚度 4.35～135.5m，品位 0.3%～1.11%。17#～23#线地层产状：344°∠75°～345°∠86°，23#～31#线地层产状：166°∠82°～184°∠68°，31#～49#线地层产状：310°∠65°～350°∠70°。在走向上形成层间褶皱。

（9）1218m 中段：21#～49#+矿体呈似层状，脉带状。矿带长度 1659m，厚度 2.2～58m，品位 0.31%～1.69%。21#～24#线地层产状：326°∠84°～344°∠76°，24#～27#线地层产状：166°∠82°～184°∠68°，28#～49#线地层产状：305°∠68°～330°∠73°。

在矿石组构特征及矿化特征上，含铜矿物主要有黄铜矿、斑铜矿和辉铜矿，次为孔雀石等，另偶见星点状黄铁矿。脉石矿物主要有白云石、石英、方解石等。黄铜矿、斑铜矿呈星点状、斑点状、少量呈马尾丝状、细脉状和浸染状产出。孔雀石则多呈薄膜状沿岩石节理裂隙及断层边部出现。

储矿构造样式、构造组合与富集规律为：

（1）落雪二段含矿层与落雪组一段矿带具有类似的侧伏规律，矿体在横、纵剖面上反映出上部分支下部复合特征，在 1560m 中段深部 46#～60#勘探线处于两个东川群水下隆起之间的深水盆地中，该深水盆地为本区的热水喷流沉积成矿中心；深水沉积盆地中心利于铜矿质堆积成矿。推测 1218m 以下标高 46#～60#勘探线之间仍具有巨大的找矿潜力。矿体受断裂构造影响，品位变富，局部出现矿囊（富矿包），该类型的成矿作用为热水隐爆作用所形成。

（2）裂隙富矿（1650m 中段西部 19 穿）。灰色厚层块状白云岩，岩层中见有叠层石，碎裂岩化较发育。局部见劈理化带，劈理中见孔雀石。地层产状为 122°∠77°，①含矿裂隙产状 61°∠79°，密度 3 条/m；②含矿裂隙产状 255°∠65°，密度 30 条/m。含矿断层产状 239°∠66°，边部为石英方解石黄铁矿、黄铜矿脉，含铜方解石脉断层上盘发育挤压片理化带，沿裂隙发育石英方解石脉，脉中见黄铜矿、孔雀石化，脉宽 20cm，发育后期压性劈理，劈理产状：245°∠48°，为后期挤压剪切作用形成，显示该脉体遭受后期构造挤压。中部为含铜团块状、浸染状断层角砾，黄铜矿含量10%，目估品位0.7%~0.9%，矿体厚度为0.6m，该带为后期叠加改造成矿特征。断层下盘为挤压劈理化带，劈理化带宽4.7m，劈理产状：256°∠77°，40条/m；248°∠69°，13~30条/m。劈理化带发育脉状、团块状和浸染状黄铜矿。

（3）1650m中段富矿包（W082点东5m岔口处）：岩性为含铜硅质热液角砾岩，斑铜矿、黄铜矿胶结角砾，铜品位约10%。地层产状：175°∠82°。该处见一大角度切层的断层：258°∠67°，宽2.2m，断层内碎裂状青灰色白云岩劈理面见孔雀石化。破碎带2.2m为角砾岩型铜矿体。上盘劈理发育，160°∠76°，24条/m。节理：①5°∠36°，15条/m，石英、方解石脉充填，局部脉中见孔雀石；②172°∠73°，10条/m，切穿第①组且不含矿，脉宽5~6cm，该富矿体位于断层下盘，碧玉岩为热水喷发中心标志。矿浆胶结碧玉岩，碧玉岩早期破碎，后期矿浆胶结成富矿体。热水喷流沉积形成“牛眼”状，边部以黄铜矿为主，核部以斑铜矿、辉铜矿为主。碧玉岩被斑铜矿、辉铜矿胶结，在边部可见热水同生沉积硅质角砾岩和硅质岩，沿层面有条带条纹状辉铜矿同生角砾岩，呈浑圆状（D=8~13cm）。外围为黄铜、斑铜矿胶结，本处主要为斑铜矿、辉铜矿胶结碧玉硅质白云岩角砾，为热水沉积隐爆作用形成的富矿体。与上覆青灰色白云岩呈整合接触，岩石发生碎裂岩化。后期改造脉体为黄铜矿脉，黄铜矿脉呈“S”形，切割劈理面为压剪性，两组劈理产状：260°∠76°、251°∠77°。

8.2.3　桃园式矿体及储矿构造岩相学特征

桃园式3#矿体空间定位于落雪组二段上部与黑山组底部接触部位，赋矿岩石为青灰色、灰黑色细晶白云岩，局部含有凝灰质，并发生碳化作用。在构造有利部位形成有利用价值的工业矿体，NW、NNW和NWW向断层组（横断层）主要表现为错动和破坏矿体，少量为成矿构造，而NE向断层（层间断层或纵断层）一般情况为成矿断层（层间断裂），矿体改造富化。3#矿体形态多呈扁豆状，枝脉状产出，一般规模不大，矿层延伸较小、厚度小，连续性较差，断续分布；局部呈串珠状，厚度为2~30m，多为构造作用富矿，大多规模较小，形态多样，难以开采利用，仅在2038m中段呈一较大的囊状体。在断层、裂隙处多富集成团块状、囊状、脉状等富矿体，但规模不大，局部形成具有工业价值的矿体。3#矿体铜矿物主要有黄铜矿、斑铜矿，次为少量辉铜矿、孔雀石。脉石矿物主要有白云石、石英、方解石等。黄铜矿、斑铜矿呈星点状、斑点状、团块状、马尾丝状、细脉状、浸染状等产出，随铜矿物富集程度的不同，而表现出不同的特征。孔雀石多呈薄膜状、鳞片状沿岩石节理裂隙及断层边部出现。

桃园式铜矿体赋存于东川群黑山组底部中厚层碳泥质白云岩及碳质板岩。矿体顶部为碳质板岩及碳泥质白云岩互层。底板为落雪组顶部白云岩。4#矿体产出于汤丹矿床中部，矿体厚度1~47.5m，现有工程控制垂深约583m。4#矿体在各中段的分布情况如下。①2098m中段：36#~45#线呈脉带状断续分布，矿带长度580.8m，厚度5.9~36.6m。在42#~44#线出现无矿天窗，长度115m。②2038m中段：32#~42#线呈透镜状断续分布，矿带长度571.2m，厚度1~43.3m，地层产状：315°∠65°~336°∠76°；在38#~40#线、

33# ~ 37#线为无矿天窗，累计长度 360m。③1975m 中段：32# ~ 43#线呈脉带状、透镜状断续分布，矿带长度 675m，厚度 1 ~ 18.6m；36# ~ 42#线出现无矿天窗，长度 119m。32# ~ 34#线地层产状：324°∠88° ~ 329°∠69°，34#线地层产状：120°∠57°，35# ~ 49#线地层产状：200°∠62° ~ 216°∠57°，39# ~ 42#线地层产状：150°∠80° ~ 185°∠70°，显示层间褶皱发育。④1900m 中段 39# ~ 45#线呈脉带状、透镜状连续分布，矿带长度 321m，厚度 4.5 ~ 34m，铜品位 0.51%~1.66%；39# ~ 44#线地层产状：305°∠48° ~ 320°∠84°；44# ~ 45#线地层产状：130°∠78° ~ 150°∠84°，显示层间褶皱发育。⑤1770m 中段：39# ~ 46#线呈层状、脉状连续分布，矿带长度 383.5m，厚度 1 ~ 47.5m，铜品位 0.40%~1.15%。地层产状：271°∠36° ~ 322°∠68°。⑥1650m 中段：36# ~ 47#线呈脉状、透镜状断续分布，矿带长度 230m，厚度 1 ~ 9.3m，铜品位 0.5%~1.34%。地层产状：324°∠70° ~ 340°∠70°。⑦1560m 中段：38# ~ 45#线呈脉带状、透镜状断续分布，矿带长度 207m，厚度 2 ~ 16.9m，铜品位 0.23%~0.92%。地层产状：324°∠64° ~ 342°∠87°。综上所述，受岩浆侵入构造和层间褶皱控制，矿体由上至下呈现断续分布→连续分布→断续分布的特征，总体呈中上部膨大，下部收敛。

在桃园式铜矿体产出规律及控矿因素上具有显著特点。①汤丹辉长辉绿岩岩墙出露于汤丹之西南桃园村，长约 3.2km，宽 50 ~ 350m，近东西向延伸，辉长辉绿岩岩墙侵位主体大致顺层侵位至中元古界东川群黑山组。桃园型铜矿体空间定位于辉长辉绿岩侵入岩墙的外接触带，矿体主要受侵入岩墙产状变化部位+断裂+地层+岩浆流体多重因素耦合控制，受侵入构造逆冲作用影响，黑山组地层中发育层间褶皱，层间褶皱控制了桃园型铜矿的空间展布，多数层间褶皱发育轴部断裂，轴面倾向北西和南东，显示汤丹岩墙由北西向南东逆冲，汤丹断裂反方向逆冲，铜矿体主要产于层间褶皱部位，在层间褶皱+断层构造耦合部位矿体品位尤为富集。铜矿物沿层间微裂隙带产出，黑山组受构造影响发生塑性变形，形成平卧褶皱和流变褶皱，黄铜矿顺层间裂隙、平卧褶皱和流变褶皱分布，显示后期构造热液叠加改造成矿的特征。②产于黑山组底部的桃园型铜矿床为应力集中区，矿体定位于侵入岩墙、断层、岩性（落雪组白云岩）所圈闭的特定空间。47#勘探线以西深部具有桃园型铜矿的成矿条件，建议进行工程验证。在 1900m 中段 45# ~ 46#勘探线穿脉揭露黑山组水平穿层厚度 44m，相对正常黑山组层位厚度的 1/3。黑山组层位厚度在东川铜矿区整体稳定，晋宁期辉长辉绿岩顺层侵位至黑山组，认为西部黑山组并不是被岩墙所截断，而是在深部表现出岩墙下盘黑山组变薄，岩墙上盘黑山组依旧存在。③通过工程已经揭露的桃园型铜矿体的控矿规律，认为在岩墙北侧同样存在岩墙产状变化部位+断裂+地层+岩浆流体多重因素耦合部位。建议在 1900m 中段 45# ~ 46#勘探线穿脉继续进行工程施工，打穿辉长辉绿岩岩墙探寻桃园型铜矿。④矿体走向呈北东东向，倾向北西，顺层产出，局部受构造作用具有穿层特征。矿体呈似层状、脉带状、透镜状，为本区规模较大的矿体，产状与地层产状一致，矿层较为稳定。矿体赋存在碳质板岩和碳泥质白云岩内，以黄铜矿、斑铜矿和黄铁矿为主，少量斑铜矿和辉铜矿。脉石矿物主要有白云石、石英、方解石等。矿石组构为浸染状、细脉状和微细粒状；黄铜矿呈条带状，宽 1 ~ 10cm。⑤矿石的组构除反映原生沉积特征的金属矿物沿层理分布组构外，还有切割层理的脉状组构，叠加改造阶段的成矿物质部分可能来自北西侧辉长辉绿岩侵入岩墙。其动力来源于晋宁期岩浆侵位及岩浆逆冲推覆，热源来源于岩浆热液。

8.2.4　因民组三段内马柱硐式矿体及储矿构造岩相

汤丹背斜南翼及汤丹东西向长山脊南侧，马柱硐矿段出露平均海拔为2400m。该矿段位于汤丹区本部1#矿体的下盘，距1#矿体80～120m的紫红色砂泥质板岩带，矿体赋存于中元古界东川群因民组的白云岩扁豆体内。平面形态为马蹄形，月牙状，剖面形态为“花蕾”状，四周为因民紫色层所围限，灰白色硅质白云岩和因民紫色层接触带形态变化很大，有时呈S形，白云岩扁豆体走向大致与因民紫色层一致，但局部也与因民紫色层斜交，在扁豆体西端走向渐弯曲成为马蹄形产状，铜矿体沿层理方向展布，也形成马蹄形。地表为铜氧化矿石。中下部为硫化矿，以斑铜矿、黄铜矿和辉铜矿为主。脉石矿物主要有白云石、石英、方解石等。斑铜矿和黄铜矿等铜硫化物呈细脉状、网脉状、浸染状、马尾丝状和团斑状。

马柱硐型矿床在矿区为规模较大的富矿体之一，产于汤丹铜矿床的东部19～25#勘探线之间，定位于侵入岩枝上盘（汤丹断裂）。受汤丹断裂右行-斜冲走滑作用，矿体形态发生左旋变形，上部中段平面上宏观形态呈马蹄形状，在北端为NE向，中部近SN向，南部转为NW向，沿因民组三段（Pt_2Dy^3）顺层产出，局部受构造断裂控制，形成穿层矿脉的特征［图8-9（a）］；深部马蹄形逐渐收敛，1320m中段矿体呈透镜状，马蹄形消失。工程揭露的矿体在垂向上总体呈似层状、脉带状，从2098m中段→2038m中段→1975m中段→1990m中段→1770m中段→1650m中段→1560m中段→1439m中段→1320m中段，均控制到稳定延深的矿体，矿体各中段分布情况如下（矿体长度按近南北向测量）：①2098m中段：20#～25#线呈脉带状、似层状，厚度0.8～6.2m，长度270m，铜品位0.41%～1.3%。②2038m中段：22#～24#线呈脉带状、透镜状，厚度1.5～12.2m，长度270m，铜品位0.76%～1.26%。③1975m中段：22#～24#线呈层状、脉状，厚度2.0～13.0m，长度295m，铜品位0.74%～1.2%。④1900m中段：21#～24#线呈层状、脉状，厚度2.0～15.0m，长度280m，铜品位0.68%～1.1%。⑤1770m中段：22#～25#线呈层状、脉状，厚度3.0～13.0m，长度290m，铜品位0.56%～1.18%。⑥1650m中段：22#～24#线呈层状、脉状，厚度1.0～20.0m，长度209m，铜品位0.65%～1.02%。⑦1560m中段：20#～23#线呈层状、脉状、透镜状，厚度1.0～43.0m，长度220m，铜品位0.47%～1.14%。⑧1439m中段：20#～22#线呈层状、透镜状，厚度8.0～24.0m，长度220m，铜品位0.36%～2%。⑨1320m中段：19#～21#线呈透镜状，厚度2.0～27.0m，长度200m，铜品位0.69%～1.4%。

在储矿构造岩相学特征上：①马柱硐式火山热水沉积-改造型铜矿体定位于中元古代因民期末形成的局限四级沉积洼地，以因民组三段中发育凝灰质白云岩和粗面质凝灰岩为特征。与沿汤丹同生断裂上盘侵位的隐伏岩枝产状变缓及透镜体顶部+断裂流体叠加耦合部位，属于火山热水同生沉积-岩浆热液叠加改造型铜矿床。②汤丹同生断裂在格林威尔和晋宁造山期发生构造反转，构造动力学性质为压扭性-斜冲走滑断层。汤丹断裂带现今在剖面上呈S形透镜体，岩浆岩（钠长岩类）沿汤丹断裂带侵位，形成张扭性羽状断裂、正花状断裂和裂隙等与钠长岩类岩枝侵位构造有关的外接触带的构造样式。③铜矿体分布在逆冲推覆断裂带和钠长岩类侵入岩的产状变缓部位，为张扭性应力集中区，推测为构造扩容空间和上升成矿流体耦合，因构造扩容释压导致矿液聚集沉淀并富集成矿，沿上部张扭性断层运移的成矿流体，在同期上部压扭性断裂带形成的构造圈闭多重耦合作用下，铜矿质于该压扭性断裂下部富集成矿。④马柱硐矿段的含矿硅质白云岩-凝灰质白云岩相体，在三维空间上呈次圆筒状产出，与周围地层的产状明显不协调。从整体上看，马柱硐矿段含矿硅质白云岩-白云岩相体是因民组紫色层在局部地段相变的产物，主要为火山热水沉积作用形成的硅质白云岩相，因而其分布具有局限性。

在 1560m 中段可见到马柱硐矿段含矿硅质白云岩-白云岩相体，与紫色层之间有明显的层间滑动现象；马柱硐矿段南部，汤丹断裂（辉长辉绿岩侵入）发生右行走滑作用，由于二者能干性差异，在附近近东西向断裂滑移的过程中，含矿硅质白云岩-白云岩相体发生旋扭运动，从而导致了马蹄形产出形态。因此，预测在东部有较大找矿潜力。

1. *局限四级沉积洼地控矿*

各中段工程揭露马柱硐式铜矿体，被因民组三段紫红色泥质粉砂岩所包围。在黄白色、白色、灰白色含铜硅质白云岩（马柱硐型铜矿床赋矿岩性）中夹有因民组三段紫色层［图 8-9（b）］，证实马柱硐型铜矿床赋矿层位为中元古界东川群因民组三段。含矿层岩性为黄白色、灰白色硅质白云岩，说明马柱硐矿段岩相古地理环境为因民组三段中的一个局限沉积洼地。

1900m 中段马柱硐矿段马 23 测点见一断层，断层宽 50cm，产状 290°∠64°。断层上盘见 3m 宽热液角砾岩，角砾成分为紫灰色粗面质凝灰岩。1900m 中段马柱硐 1#绕道掌子面南东向（130°）6m 处，见 3m 宽热液角砾岩。因民组三段紫色层地层产状 355°∠75°。角砾成分为紫灰色泥质粉砂岩，胶结物为石英和碳酸盐类矿物。角砾中见少量镜铁矿呈鳞片状。热液角砾岩上盘为马柱硐型铜矿体，赋矿岩性为因民组三段黄白色、灰白色硅质含铜白云岩，铜矿物主要为辉铜矿和斑铜矿，次为孔雀石，沿地层呈层纹条带状、浸染状产出，沿裂隙充填为细脉和网脉状，孔雀石沿裂隙面呈薄膜状产出［图 8-9（c）］。

在因民组三段中热液角砾岩体走向为 NNW—SSE，为盆地流体卸压带和含矿热液上升的构造通道相，推测热液通道相东西两侧，可能在沉积洼地含矿热液沉淀成矿。经工程验证，热液角砾岩体西侧，马柱硐型铜矿体厚度较厚、品位均较好，该矿体定位于西侧的局限性沉积洼地中，研究认为热液角砾岩体东侧，也存在类似的局限性沉积洼地，预测在 1650～2098m 中段 21 线以东，具有寻找马柱硐型铜矿体潜力。

2. *侵入构造控矿-岩浆热液叠加改造*

马柱硐矿床赋矿层位为因民组三段，矿体定位于因民组三段局限沉积洼地与沿汤丹同生断裂上盘侵位的隐伏岩枝叠加耦合部位。属于火山热水同生沉积-岩浆热液叠加改造成矿，叠加改造热液来自侵入岩体，马柱硐矿床物源、热源来源于侵入岩体。赋矿岩性为灰白色硅质白云岩，属于因民组三段同时异相含矿层。汤丹铜矿床工程揭露隐伏侵入岩枝分布范围位于 16#～26#勘探线之间，在地表以下 550m 未见该岩枝出露。沿汤丹压扭性-斜冲

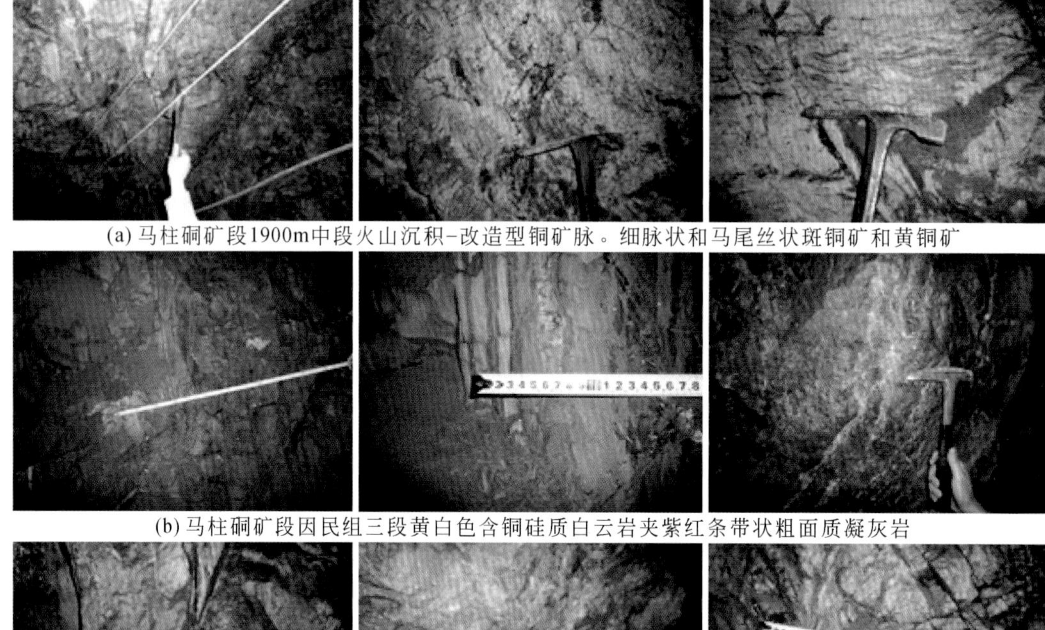

(a) 马柱硐矿段1900m中段火山沉积-改造型铜矿脉。细脉状和马尾丝状斑铜矿和黄铜矿

(b) 马柱硐矿段因民组三段黄白色含铜硅质白云岩夹紫红条带状粗面质凝灰岩

(c) 马柱硐矿段层纹条带状和浸染状、穿层脉状斑铜矿与辉铜矿(含薄膜状孔雀石)

图 8-9　马柱硐矿段因民组三段和铜矿石的构造岩相学特征

走滑断裂上盘侵位形成的岩枝，该岩枝为透镜状，呈串珠状断续分布。走向长度 600m，倾向延深约 820m（2038～1218m），推测该岩枝断续分布延深至深部。

汤丹断裂为压扭性-斜冲走滑断层，在马柱硐矿段横剖面上呈波状 S 形，纵剖面呈“上陡下缓”的弧形，在岩枝侵位部位呈小 S 形。沿汤丹逆冲断裂上盘岩浆侵位形成张扭性羽状、伞状和花状的断裂-裂隙等构造组合样式，所形成的断裂群组为岩浆热液叠加改造流体循环提供了良好的构造通道，形成导矿-储矿构造。铜矿体就位于侵入岩枝产状变缓部位（为张扭性应力集中区），该部位有利于矿液沿上部张扭性断层运移，同时上部压扭性断层形成构造流体圈闭，铜矿质于该压扭性断裂下部富集成矿。马柱硐型铜矿体空间就位受侵入岩岩枝+低序次断裂+层间褶皱（断裂传播褶皱）+压扭性断裂构造圈闭多重因素共同控制。经工程揭露，马柱硐型铜矿体在横、纵剖面上呈“花蕾”状，“花蕊”位于 1439m 中段～1560m 中段侵入岩岩枝与花状断裂交汇部位。矿体呈此形态主要是受正花状、负花状四级断裂控制。成矿热液沿四级断裂流动，并在扩容裂隙汇聚成矿。

马柱硐型铜矿床形成机制：①汤丹同生逆冲断层为侵入岩枝侵位提供构造空间，同生断裂不仅作为流体运移的通道，而且与其控制的水下基底隆起构成一个力学性质上的软弱带和构造应力转化带；②侵入岩体后期沿逆冲推覆断层侵位（断裂与侵入岩耦合）；③岩体侵位在产状变缓部位形成一套张扭性局域型的花状断裂组，向岩体收敛，形成岩浆热液成矿流体循环通道；④四级花状断裂组构造扩容形成扩容裂隙，成矿流体在扩容裂隙中汇聚成矿。由此推测，马柱硐矿段 1320m 中段以下深部存在沿断裂充填所形成的裂隙型富矿体——马柱硐型铜矿体。根据马柱硐型铜矿体已知控矿规律及形成机制，认为本区马柱硐矿段还存在马柱硐型矿体另一部分，其空间定位于 1725 ~ 1975m 标高，14# ~ 17#勘探线之间。预测依据：①在 2#、2-1#、2-2#横剖面汤丹同生逆冲断裂（侵入岩枝）呈波状 S 形，已揭露的马柱硐型铜矿体就位于侵入岩枝产状变缓部位；②侵入岩枝呈波状 S 形，形成了多个应力集中区，故为成矿流体提供了多个汇聚场所；③通过类比，认为在马柱硐矿段 1725 ~ 1975m 标高，13# ~ 17#勘探线之间是该类矿体的有利成矿部位。

3. 小型构造控矿-叠加改造成矿

铜矿体富集与小型断裂、节理和裂隙发育程度有密切关系，在马柱硐型铜矿体品位较高的富集地段，发育的三组剪节理和节理密度分别为：①275°∠65° ~ 262°∠30°，密度 16 ~ 60 条/m；②100°∠20° ~ 132°∠42°，密度 20 ~ 25 条/m；③32°∠77° ~ 69°∠62°，密度 15 ~ 25 条/m。沿剪节理充填斑铜矿和辉铜矿呈细脉状和网脉状，其中成矿贡献率较大的为第①组，其产状与本区中小型控矿断裂一致，发育频率高。显示该矿体经历了后期热液叠加改造成矿作用。

4. 碱性辉长辉绿岩侵入岩体与成矿关系

马柱硐矿段多个中段揭露到沿汤丹同生断裂上盘侵位的辉长辉绿岩岩枝。这些岩枝多数顺层或小角度切层侵位至因民组三段，在接触带部位形成了脉状铜矿体，侵入岩枝内局部形成铜-金红石矿化。

碱性辉长辉绿岩侵入岩体成矿。1320m 中段马柱硐矿段沿脉 SW05 测点观察到闪长岩岩枝侵位到因民组三段，接触带内发育铜矿脉［图 8-10（a）］。侵入接触产状：315°∠45°，下盘为 Pt_2Dy^3 紫红色砂泥质白云岩（热液交代蚀变）发生大理岩化，重结晶粒度变粗，发生大理岩化的白云岩具星点状黄铜矿化、黄铁矿化，在碳酸盐脉发育处可见团块状黄铜矿、黄铁矿。上盘为方解纤闪钠长石化蚀变岩。方解纤闪钠长石化蚀变岩（B1320-2），原岩恢复为闪长岩：岩石具细粒他形-半自形（柱）粒状变晶结构，交代假象结构，局部见变余交织结构，块状构造。矿物成分主要为钠长石、纤闪石、方解石和少量的黑云母、榍石等。裂隙发育，宽 0. 01 ~ 0. 15mm，被方解石充填。钠长石呈粒状，粒径 0. 103 ~ 0. 5mm，含量约占 80%；纤闪石呈针状、柱状，粒径 0. 01 ~ 0. 15mm，含量约占 9%；方解石呈粒状，粒径 0. 03 ~ 0. 25mm，含量约占 6%，主要充填裂隙；黑云母呈绿色片状，粒径 0. 1 ~ 0. 35mm，含量约占 3%；榍石呈楔形、粒状，粒径 0. 01 ~ 0. 1mm，含量约占 2%。

1439 中段 MB-04 北东 14m 处坑道揭露闪长岩侵入因民组三段，侵入岩体边部发育 40cm 厚的绿泥石蚀变带，钠长石化蚀变岩（闪长岩）中发育细粒浸染状黄铜矿；侵入岩上盘因民组三段紫红色砂泥质白云岩中裂隙黄铜矿、孔雀石［图 8-10（b）］。闪长岩中发育金红石型钛矿化。推测其深部闪长岩岩枝为黄铜矿-金红石的有利赋矿载体。碎裂岩化绿泥白云石钠长石岩（B1439-12）具细粒他形-半自形（柱）粒状变晶结构，交代假象结构，块状构造。矿物成分主要为钠长岩、白云石、绿泥石、金红石和少量的石英等。裂隙发育，宽0.1～4mm，被白云石和黄铜矿充填。①钠长石呈粒状，粒径0.103～0.8mm，含量约占57%。②白云石呈粒状，粒径0.03～0.25mm，含量约占26%，主要充填裂隙或钠长石粒间。③绿泥石呈绿色片状，粒径0.1～0.35mm，含量约占9%，系纤闪石、黑云母蚀变形成。④金红石呈柱状，粒径0.01～0.08mm，含量约占5%，为典型金红石型钛矿体标志。粒状黄铜矿的粒径0.01～0.35mm，含量约占3%；属黄铜矿-金红石共生矿体。

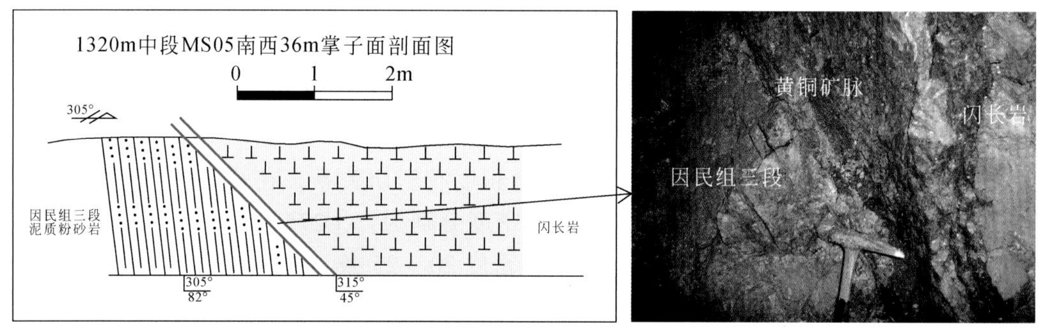

(a) 马柱硐矿段1320m中段碱性闪长岩与因民组三段侵入关系和铜矿脉

(b) 马柱硐矿段1439m中段碱性闪长岩与因民组三段侵入关系和铜矿脉

图8-10　马柱硐矿段侵入岩与岩浆热液叠加成矿关系

8.3　盆地变形构造样式与控矿规律

盆地变形构造样式在滥泥坪-汤丹铁铜矿带主要有以下表现形式：

（1）滥泥坪-汤丹铁铜矿带位于滥泥坪-汤丹弧形逆冲推覆构造带上，由于北西挤压受到南北向小江断裂和东西向宝九断裂阻挡，在两断裂夹持地带形成向南东突出的弧形逆冲推覆构造带（图8-11）。①滥泥坪式沉积岩型铜矿床位于复式背斜两翼角度不整合面上陡山沱组中，受基底构造及其起伏形态控制明显。赋矿层位为陡山沱组，总体分布范围受东川群（基底隆起）范围控制。②白锡腊型铁（钛）氧化物铜金型（IOCG）矿床属于隐伏矿床，受碱性铁质辉长岩岩株和岩枝控制明显，矿体产出于碱性钛铁质辉长岩岩株边部和附近，铜矿体与铁铜矿体同体共生，呈现铁→铁铜→铜分带。③东川式火山热水沉积-改造型铜矿床严格受地层层位和层间裂隙-碎裂岩化相控制，与格林威尔同造山期

[(1069±25)～(1047±15)Ma] 碱性钛铁质辉绿辉长岩关系密切。铜矿体富集程度与节理裂隙密切相关，节理裂隙为叠加成矿的重要储矿构造样式。其控岩控矿构造组合为先存热水沉积盆地+格林威尔侵入构造叠加成矿+成矿期后阶段断块式横断层破矿。④桃园型铜矿体为火山热水同生沉积-岩浆热液叠加改造型铜矿床。矿体定位于汤丹碱性钛铁质辉绿辉长岩岩床外接触带内层间褶皱构造中，由上至下呈现断续→连续→断续的分布特征，具有“上部膨大、下部收敛”趋势。⑤马柱硐式铜矿床定位于汤丹断裂上盘和侵入岩产状变缓部位。受汤丹断裂右行斜冲走滑作用，矿体发生左旋变形，矿体平面形态为马蹄形，剖面形态为花蕾状。

（2）中元古代陆缘裂谷盆地与盆地分级特点。古元古代汤丹岩群为盆地基底构造层（图 8-11）。滥泥坪-汤丹铁铜矿带位于汤丹-滥泥坪-新塘二级断陷盆地内。汤丹铜矿床位于汤丹岩群所围限的三级沉积盆地，三个边界同生断裂分别为南边界汤丹同生断裂，北边界黄水箐断裂，东部边界小江断裂。汤丹四级海湾沉积盆地为东南侧三面环山，北西侧为古海湾，古水流方向由南东向北西，因民期初期具有高山深盆构造-古地理特征。盆内同生构造组合结构为三级沉积盆地+同生断裂+四级局限海湾洼地。

（3）岩浆侵入构造系统与盆地变形特点。格林威尔期汤丹碱性钛铁质辉绿辉长岩岩床沿中元古界东川群黑山组大致顺层侵位，侵入岩体总体走向为北东向，在空间上与先存高山深盆构造样式形成正交叠加，即高山深盆叠加碱性钛铁质辉绿辉长岩侵入构造样式。现今残存的海湾沉积盆地为北西向，盆中基底隆起（汤丹岩群）和东川群因民组三段等组成的水下古隆起控制着汤丹铜矿区东川式火山热水沉积-改造型铜矿床的空间定位。该海湾沉积盆地基底地层为古元古界汤丹岩群，其基底地层在望厂-马店一带形成基底褶皱，如望厂背斜、洒海沟背斜。汤丹同生断裂控制的海湾沉积盆地为中元古界的最初同生构造样式。在海湾沉积盆地内部发育隐伏的同生紧闭斜歪褶皱-裙边褶皱（图 8-12），受到南西至北东的构造挤压应力，基底地层古元古界汤丹岩群平顶山组，由南西向北东逆冲至东川群之上，深部形成轴面倾向南西的隐伏大型复式紧闭向斜（同生褶皱）；受逆冲构造作用及水下隆起共同作用，在汤丹铜矿区形成了“高山深盆+水下隆起+同生褶皱+叠加侵入构造”的构造组合，控制着汤丹铜矿区矿体的空间就位和空间展布。

（4）变形构造组合。①汤丹铜矿区位于黄草岭弧形褶断带中段转折部位，落雪组和因民组沿黄草岭向斜南东翼分布，因民组下盘与汤丹岩群平顶山组呈断层接触，未见与因民铁铜矿区类似的因民组一段角砾岩，并构成洒海沟背斜的北西翼。②汤丹铜矿区东川群落雪组和因民组的分布范围严格受断层控制：南部受纵向汤丹断层控制，北部受水泄沟断层（汤丹碱性钛铁质辉绿辉长岩岩床）控制，西部受横向火草断层控制，东部受横向赵家丫口断层控制，碱性钛铁质辉绿辉长岩岩床向东西两侧延伸逐渐斜切落雪组。③汤丹断层与水泄沟断层，向东西两端逐渐收拢，使汤丹铜矿区构成长约 5km，最宽 1.2km 的构造透镜体。因民组和落雪组整体向西侧伏，侧伏角上缓下陡。④西部受火草断层（NNE）高角度逆冲作用，汤丹岩群平顶山组上覆于因民组三段和黑山组之上。⑤汤丹格林威尔造山期碱性钛铁质辉绿辉长岩床（1069±25Ma，LA-ICP-MS 锆石 U-Pb 年龄）沿水泄沟断裂侵入，碱性钛铁质辉绿辉长岩岩床呈近东西向延伸，侵位地层有古元古界汤丹岩群平顶山组，中元古界东川群因民组、落雪组和黑山组，主体大致顺层侵位至黑山组。深部井巷工程揭露沿汤丹斜冲走滑逆冲断层上盘见闪长岩岩枝侵位，推测侵位时间为晋宁期。

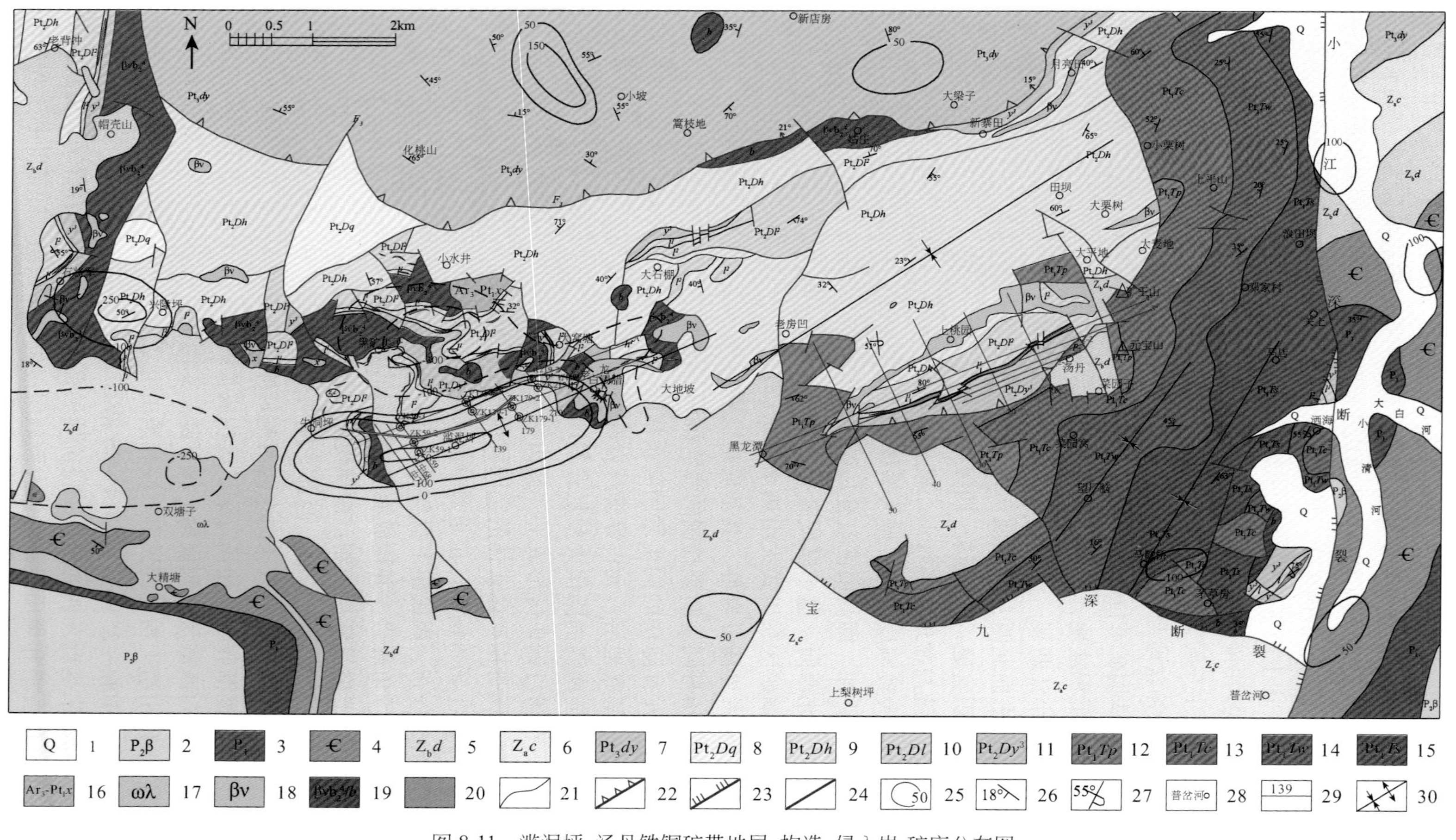

图 8-11　滥泥坪–汤丹铁铜矿带地层–构造–侵入岩–矿床分布图

1. 第四系；2. 上二叠统峨眉山玄武岩；3. 下二叠统；4. 寒武系；5. 震旦系陡山沱组；6. 震旦系澄江组；7. 新元古界大营盘组；8. 中元古界东川群青龙山组；9. 中元古界东川群黑山组；10. 中元古界东川群落雪组；11. 中元古界东川群因民组三段；12. 古元古界汤丹岩群平顶山组；13. 古元古界汤丹岩群菜园湾组；14. 古元古界汤丹岩群望厂组；15. 古元古界汤丹岩群洒海沟组；16. 古元古界–新太古界小溜口岩组；17. 辉长岩、辉绿岩；18. 辉绿辉长岩；19. 中元古代青龙期末岩浆侵入角砾岩；20. 铜矿体；21. 地质界线；22. 滑脱断层；23. 深大断裂；24. 一般断层；25. 磁异常等值线；26. 地层产状；27. 倒转地层产状；28. 地名；29. 勘探线/剖面线；30. 褶皱轴迹

8.3.1　叠加构造组合与构造岩相学变形筛分

马柱硐式铜矿床为规模较大富矿体，产于汤丹铜矿东部 19# ~25#勘探线，定位于沿汤丹断裂上盘侵入岩枝产状变缓部位。受汤丹断裂右行斜冲走滑作用，矿体发生右旋变形，上部中段平面上宏观形态呈马蹄形状，在北端为 NE 向，中部近 SN 向，南部转为 NW 向，沿因民组三段顺层产出。局部受构造断裂控制，形成穿层矿脉。深部马蹄形逐渐收敛消失（图 8-12）。矿体在垂向上总体呈似层状，从 2098m→2038m→1975m→1990m→1770m→1650m→1560m→1439m→1320m 等 10 个中段，均控制到稳定延深矿体。

构造岩相学变形筛分：①在东川地区加里东期—喜马拉雅期以垂向断隆运动和断陷作用为主，构造组合以断裂+碎裂岩化相（裂隙-节理相）为主，主要为东川地区铜矿床形成构造破坏和表生富集成矿作用。②澄江运动（约 0. 74Ga）在云南-四川较为显著，为发育在南华系内部的褶皱运动，根据云南中东部澄江南华纪南沱冰碛层与下伏澄江砂岩之间的微弱角度不整合关系确定。在晋宁运动后造山磨拉石相建造出现之后，在东川地区仍以断裂作用为主，褶皱作用较弱。③汤丹断裂带现今在剖面上呈 S 形透镜体（碱性钛铁质闪长岩充填），晋宁期（0. 90 ~0. 78Ga）在东川和邻区形成自西向东挤压和逆冲推覆作用，形成近南北向、北东向和北西向叠加褶皱-断裂构造组合。碱性钛铁质闪长岩类沿汤丹断裂带侵位，形成张扭性羽状断裂、负花状断裂和裂隙等与侵入构造有关的外接触带的构造样式，具有晋宁期构造样式特征，与东川和邻区晋宁期区域构造应力场具有协调性。④格林威尔期在东川和邻区，区域应力场具有以近南北向挤压收缩为主体特点，同构造期侵入岩有汤丹碱性钛铁质辉绿辉长岩床（1069±25Ma，LA-ICP-MS 锆石 U-Pb 年龄）、滥泥坪-白锡腊深部隐伏碱性钛铁质辉长岩-碱性钛铁质闪长岩侵入岩［（1067±20）~（1047±15）Ma，SHRIMP 锆石 U-Pb］和因民老新山碱性钛铁质辉长岩-辉绿岩侵入岩体（1097±28Ma，LA-ICP-MS 锆石 U-Pb 年龄；1054±29Ma，LA-ICP-MS 斜锆石 U-Pb 年龄）。因此，汤丹断裂带主体形成于格林威尔期，在晋宁期自西向东区域挤压应力场下，叠加了较强的斜冲走滑作用。⑤格林威尔期汤丹碱性钛铁质辉绿辉长岩床（1069±25Ma，LA-ICP-MS 锆石 U-Pb 年龄）可能是汤丹铜矿床形成岩浆热液叠加成矿期，铜矿体分布在逆冲推覆断裂带和侵入岩产状变缓部位（张扭性应力区），为构造扩容和成矿流体耦合成矿部位，因构造扩容释压导致成矿流体聚集沉淀和富集成矿，同期在上部压扭性断裂带形成的构造圈闭多重耦合作用下，成矿物质在该压扭性断裂下部富集成矿，形成马柱硐型热液脉带状铜矿体。中元古代汤丹同生断裂，构造动力学性质为张扭性-斜冲走滑断层。⑥马柱硐型铜矿体定位于中元古代因民期形成的局限型沉积洼地（因民组三段）中，汤丹同生断裂上盘侵位的隐伏岩枝产状由陡变缓部位及透镜体顶部+断裂流体叠加耦合部位，马柱硐型铜矿床属于火山热水同生沉积-岩浆热液叠加改造型铜矿床。因此，经过构造岩相学变形筛分，先存基底构造主要分布在汤丹岩群内，汤丹铜矿区和马柱硐式铜矿体主要成矿控矿构造样式恢复为：

（1）中元古代因民期四级局限火山热水沉积洼地；

（2）双冲构造与断裂-岩浆构造带；

（3）格林威尔期—晋宁期负花状走滑断裂系统+岩浆侵入构造；

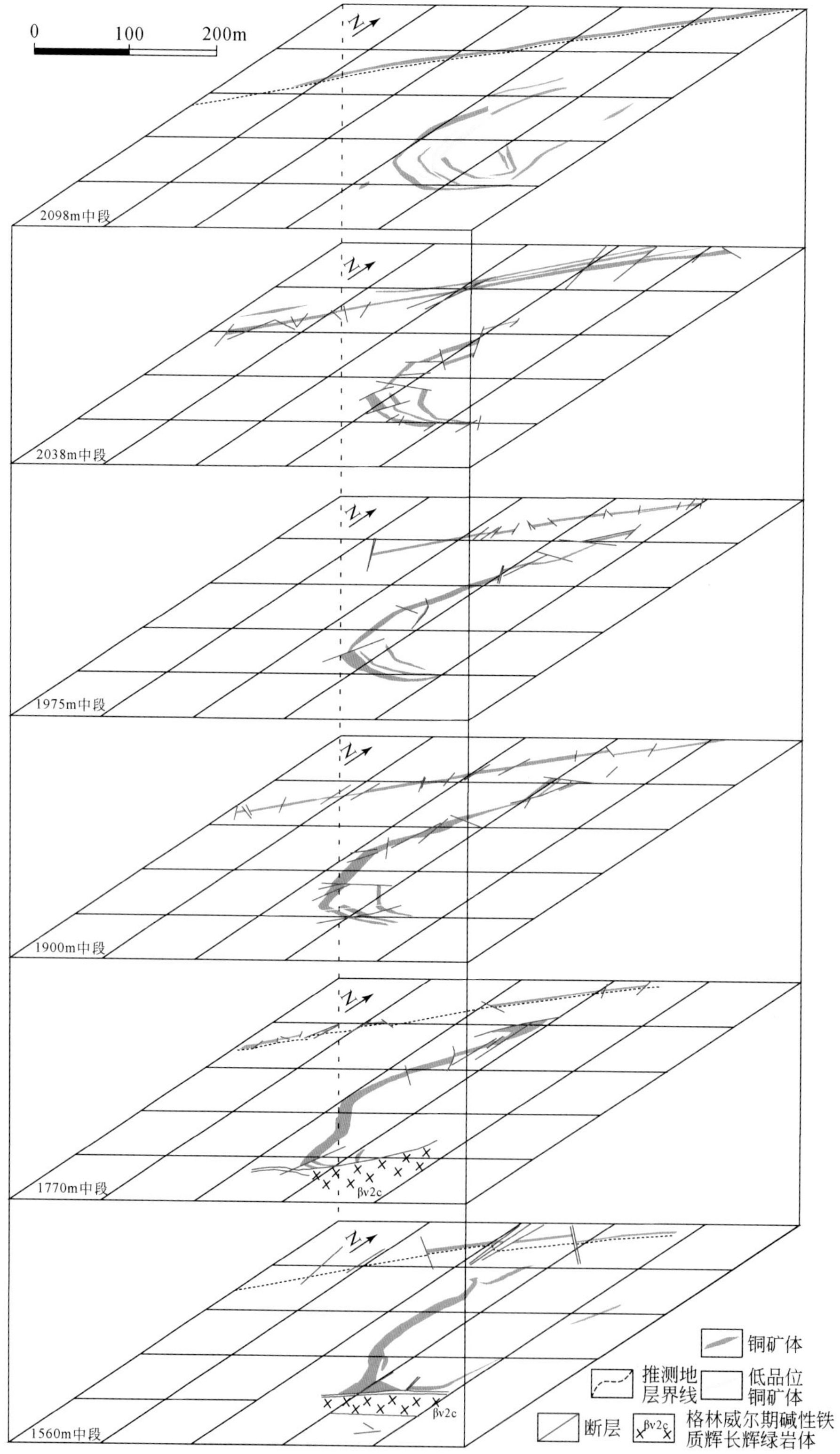

图 8-12　东川汤丹铜矿床中段实测联立图（马柱硐矿体形态联立图）

（4）岩浆叠加侵入构造系统（侵入岩体+接触热动力变质相带+顶垂体+末端相）；

（5）层间碎裂岩化相带+劈理化相带；

（6）断裂-裂隙储矿构造（碎裂岩化相）。

8.3.2　四级局限火山热水沉积洼地构造

汤丹铜矿区相体结构和储矿相体如下：

（1）在构造岩相学物质组成上，马柱硐矿段储矿相体由含矿硅质白云岩-凝灰质白云岩为主组成。在三维空间上储矿相体形态学呈次圆筒状产出，与周围地层的产状明显不协调。①从整体上看，马柱硐矿段含矿硅质白云岩-凝灰质白云岩等储矿相体为东川群因民组三段泥质粉砂岩在横向的局部相变产物，主要由火山热水沉积作用形成的硅质白云岩、粗面质凝灰岩和粗面质白云岩等组成，推测为因民期末期衰竭火山口（洼地相），因而其分布具有局限性。②在 1560m 中段可见到马柱硐矿段含矿硅质白云岩-凝灰质白云岩，与因民组三段泥质粉砂岩之间有明显的层间滑动现象。马柱硐矿段南部，因碱性闪长岩侵入和汤丹断裂发生右行走滑作用耦合，在近东西向断裂走滑过程中，含矿硅质白云岩-白云岩等组成的储矿相体发生旋扭运动，从而导致了现存独特的“马蹄形”铜矿体几何学形态特征。③各个中段工程揭露马柱硐式铜矿体（图 8-13），被因民组三段紫红色泥质粉砂岩所包围，而且在黄白色、白色、灰白色含铜硅质白云岩（马柱硐型铜矿床赋矿岩性）中夹有因民组三段条带状泥质粉砂岩，证实马柱硐型铜矿床赋矿层位为中元古界东川群因民组三段，而含矿层岩性为黄白色、灰白色硅质白云岩，说明马柱硐矿段岩相古地理环境为局限沉积洼地。

（2）热液角砾岩体相-盆地流体卸压带和含矿热液上升的构造通道相。①在 1900m 中段马柱硐矿段马 23 测点断层宽 50cm，产状 290°∠64°。断层上盘见 3m 宽方解石热液角砾岩，角砾成分为紫灰色泥质粉砂岩。1900m 中段马柱硐 $1^{\#}$绕道掌子面南东向（130°）6m 处，见 3m 宽热液角砾岩。因民组三段泥质粉砂岩地层产状 355°∠75°，角砾成分为紫灰色泥质粉砂岩，胶结物为石英和碳酸盐类矿物，角砾中见少量鳞片状镜铁矿。方解石热液角砾岩上盘为马柱硐型铜矿体，赋矿岩性为因民组三段黄白色、灰白色硅质含铜白云岩，属于因民组三段同期异相地层。铜矿物主要为辉铜矿和斑铜矿，次为孔雀石，沿岩层呈层纹条带状、浸染状产出，沿裂隙充填为细脉和网脉状，孔雀石沿裂隙面呈薄膜状产出。②热液角砾岩体走向为 NNW—SSE，为盆地流体卸压带和含矿热液上升的构造通道相，推测热液通道相东西两侧可能为因民组三段局限型沉积洼地，为火山热水同生沉积成矿容纳空间。经工程验证，该矿体定位于热液角砾岩体西侧的局限型沉积洼地中，马柱硐型铜矿体厚度较厚、品位均较高。在热液角砾岩体东侧发育局限型沉积洼地，预测在 1650 ~ 2098m 中段 21 线以东，具有寻找马柱硐型铜矿体的潜力。

（3）火山热水隐爆角砾岩相-火山热水喷流口相与富矿包（富矿囊）。东川式火山热水沉积-改造型铜矿体在横、纵剖面上反映出上部分支下部复合的特征（图 8-13），在深部 1560m 中段 $46^{\#}$ ~ $60^{\#}$勘探线处于两个东川群水下隆起之间的深水盆地中，有利于铜矿质堆积成矿，该深水盆地为本区的热水喷流沉积成矿中心。推测 1218m 以下标高 $46^{\#}$ ~ $60^{\#}$勘探线之间仍具有巨大的找矿潜力。矿体受后期断裂叠加改造形成了局部富矿囊，该类型的

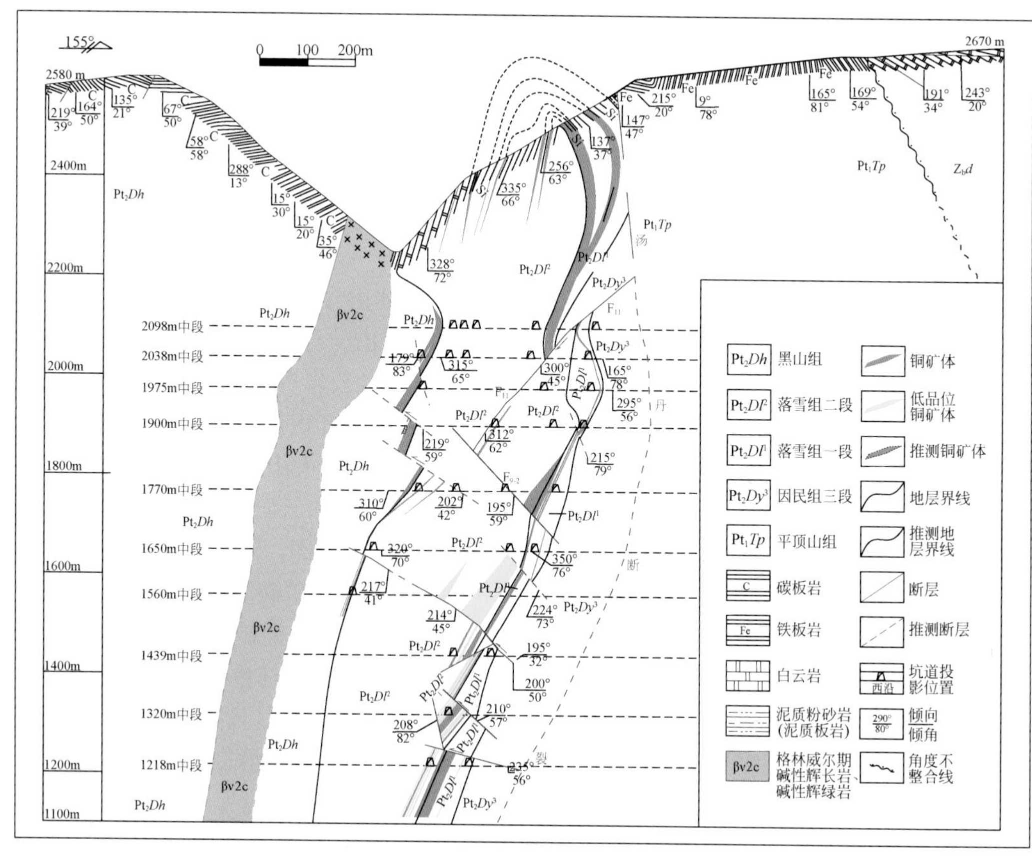

图 8-13　东川汤丹铜矿床 40 勘探线（2#矿体上部分支，下部复合）

成矿作用为热水隐爆作用所形成。1650m 中段富矿囊（W082 点东 5m 岔口处）：岩性为含铜硅质热液角砾岩，斑铜矿、黄铜矿胶结角砾，铜品位约 10%。地层产状：175°∠82°。该处见一大角度切层断层，产状为 258°∠67°，宽 2. 2m，断层内碎裂状青灰色白云岩劈理面见孔雀石。破碎带为角砾岩型铜矿体充填。上盘劈理发育，产状 160°∠76°，密度 24 条/m。发育两组节理：第①组产状为 5°∠36°，密度 15 条/m，石英、方解石脉充填，局部脉中见孔雀石；第②组产状为 172°∠73°，密度 10 条/m，切穿第①组，不含矿，脉宽 5～6cm。该富矿体位于断层下盘，碧玉岩早期破碎，后期铜硫化物胶结成富矿体，碧玉岩为热水喷发中心标志。热水喷流沉积形成“牛眼”状构造，边部以黄铜矿为主，核部以斑铜矿、辉铜矿为主。角砾状碧玉岩胶结物为斑铜矿和辉铜矿，在边部可见热水同生沉积硅质角砾岩和硅质岩，沿层面有条带条纹状辉铜矿的浑圆状同生角砾岩，长轴 $D=13$cm，短轴 $d=8$cm，外缘热液胶结物为黄铜矿和斑铜矿。斑铜矿和辉铜矿胶结的角砾状碧玉硅质白云岩，为热水隐爆-同生沉积作用形成的富矿体。与上覆青灰色白云岩呈整合接触，岩石发生碎裂岩化，后期改造脉体为黄铜矿脉，黄铜矿脉呈“S”形。

（4）汤丹铜矿区含矿地层相序结构。

①黑山期。大地构造岩相学（一级构造岩相学）属于陆缘裂谷盆地中心相（深水滞

流还原沉积环境)。区域构造岩相学(二级构造岩相学)陆缘裂谷盆地中心相+火山喷发-沉积相+层状辉长岩侵入相。揭示在陆缘裂谷盆地成熟期有较弱的火山喷发作用,层状碱性钛铁质辉绿辉长岩侵入相属于格林威尔期顺层侵位。碱性钛铁质辉绿辉长岩侵位导致黑山组地层发生层间褶曲变形,在侵入岩下盘构造有利部位形成桃园型铜矿床,属典型的热水同生沉积-格林威尔同造山期岩浆热液叠加改造型铜矿床。

②落雪期。在垂向相序结构上,从下到上,从混合潮坪相沉积岩相(凝灰质沉积岩亚相+热水沉积岩亚相+白云岩亚相)→潮坪相白云岩亚相→浅海局限碳酸盐台地相(准同生白云质角砾岩亚相+潮坪相白云岩亚相),中下部代表了三级沉积盆地中热水沉积、火山喷发沉积和潮坪相白云岩三种物质来源混合沉积过程,浅海局限碳酸盐台地相发育为东川式火山热水沉积-改造型铜矿保持提供了条件。这种在断陷盆地沉积充填的垂向构造岩相学相序结构反映了火山喷发热衰竭与稳定热沉降过程,即火山喷发热衰竭表现为热水沉积和火山喷发沉积物不断向上减薄消失,矿物包裹体研究证明在藻硅质白云岩和白云岩中铜矿沉积期,矿物包裹体气相成分中含有 CO_2、H_2、N_2、CH_4、CO 和 H_2O,CO_2含量在56.009~161.369mg/kg,成矿温度在109~290℃,CO_2逸度在 $\lg f_{CO_2}=0.72\sim1.13$,平均为0.87(杨应选等,1988),揭示在藻硅质白云岩和白云岩中铜矿沉积期形成过程中有富 CO_2 热水沉积作用存在。稳定热沉降表现为白云岩比例和白云石含量不断增加变纯。

③因民期。汤丹铜矿区因民期在垂向相序结构上,从下到上:火山浊流沉积岩相→局限洼地热水沉积岩相(热水沉积岩亚相/硅质白云岩亚相)→混合潮坪相沉积岩相(凝灰质沉积岩亚相+热水沉积岩亚相)→碱性钛铁质辉绿辉长岩岩枝。这种垂向构造岩相学结构揭示了在马柱硐矿段硅质白云岩为因民组三段局限沉积洼地相变的产物。向上逐渐变为凝灰质白云岩和硅质白云岩,表明火山作用逐渐减弱,热水沉积作用不断增强。在深部部分中段观察到马柱硐段白云岩与上、下紫色泥质粉砂岩整合接触,其间无断层迹象。局部剖面直接看到灰白色的马柱硐段白云岩与其下的紫色层呈犬牙交错状的镶嵌相变现象。马柱硐白云岩属因民组三段紫色层相变的产物。野外宏观地质现象也表明汤丹马柱硐矿段因民组三段为正常沉积岩段,是因民紫色泥质粉砂岩的相变产物,推测其形成于突出海底的孤立台地局限型水域中。后期碱性钛铁质闪长岩沿汤丹同生断裂侵位形成岩枝,对马柱硐型铜矿床具有叠加成矿作用。

8.3.3　双冲构造组合与控岩控矿

总体上,水泄沟和汤丹两个断裂-岩浆带(碱性铁质辉长岩带)形成了双冲构造带。水泄沟断层和汤丹同生断层组成了双冲构造。在两期同造山期碱性钛铁质辉绿辉长岩-闪长岩类侵位事件过程中,强化了这种双冲构造作用,构造岩相学特征为水泄沟断层充填了汤丹格林威尔期碱性钛铁质辉绿辉长岩,汤丹同生断层内充填晋宁期碱性钛铁质闪长岩,断裂-岩浆构造岩相学特征,揭示岩浆侵位初期为被动侵位机制。

汤丹-水泄沟双冲构造带之间为巨大构造透镜体(5000m×1200m),控制了含矿层位构造变形,铜矿体均产于双冲构造带内。沿汤丹断裂岩浆侵位导致因民组三段地层发生变形，勘探线剖面上呈 S 形。受汤丹碱性辉绿辉长岩岩床和汤丹逆冲断层南北双冲构造控制，在落雪组和黑山组中发育紧闭斜歪背斜和紧闭同斜背斜等层间褶皱。同时，受 F_9 和 F_{11} 压扭性逆冲断裂作用，形成下部构造圈闭，在地表落雪组铜矿体分布密集，但没有延深至下部中段。在勘探线剖面上铜矿体呈 S 形和 C 形分布。在格林威尔期（小黑箐运动）近南北向挤压应力场作用下形成东西向双冲构造带，在 S 形和 C 形产状变化部位形成构造应力集中区，后期羽状和花状侵入岩枝和断裂带为热液成矿流体通道和储矿构造，富厚大矿体定位在 S 形和 C 形产状变化部位。

8.3.4　走滑断裂系统+侵入构造叠加构造样式控矿

汤丹铜矿深部揭露隐伏闪长岩岩枝分布范围在 16# ~ 26# 勘探线，在地表以下 550m 未见该岩枝出露。沿汤丹斜冲走滑断裂上盘侵位岩枝为透镜状和串珠状断续分布。走向长度 600m，倾向延深约 820m（2038 ~ 1218m），推测该岩枝断续分布延深至深部。

汤丹断裂在马柱硐矿段横剖面上呈 S 形，纵剖面呈"上陡下缓"的多个 S 形（图 8-14、图 8-15），为双冲构造底部断裂带。沿汤丹逆冲断裂上盘岩浆侵位时，形成张扭性羽状和

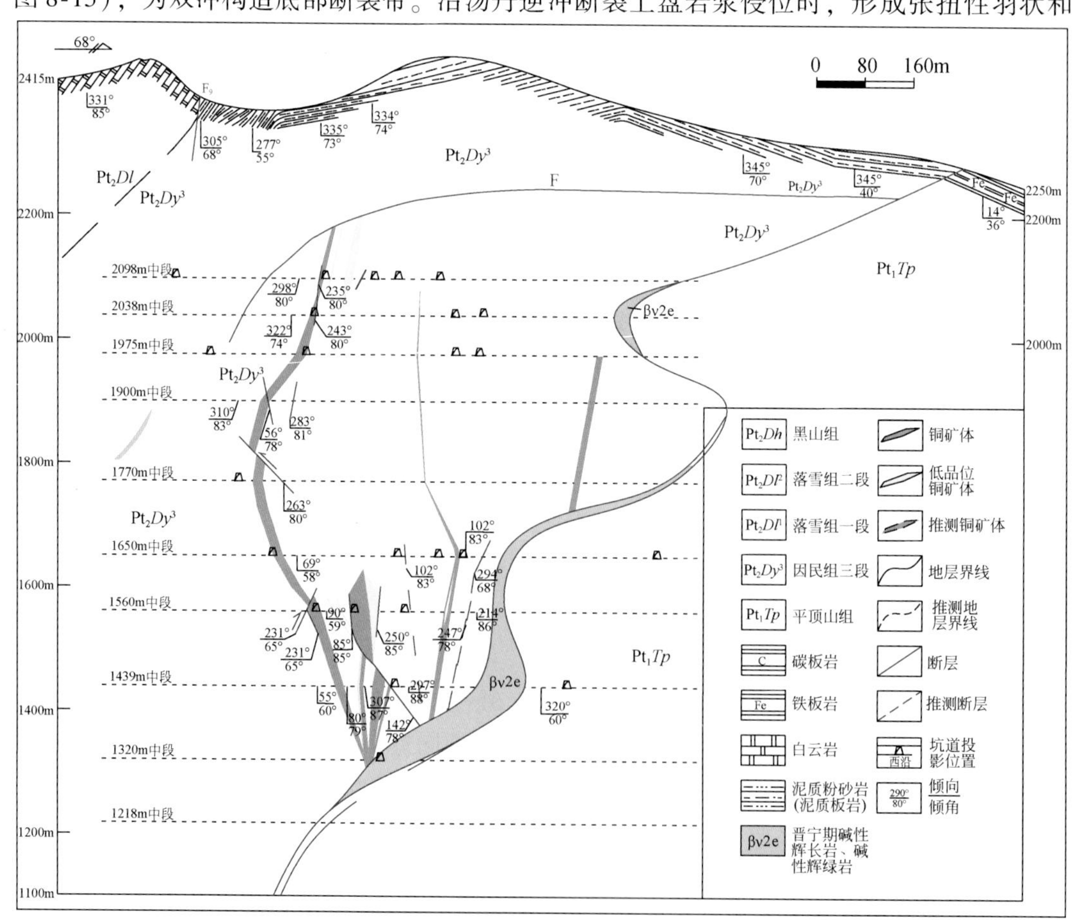

图 8-14　东川汤丹铜矿区马柱硐型铜矿体 2# 横剖面

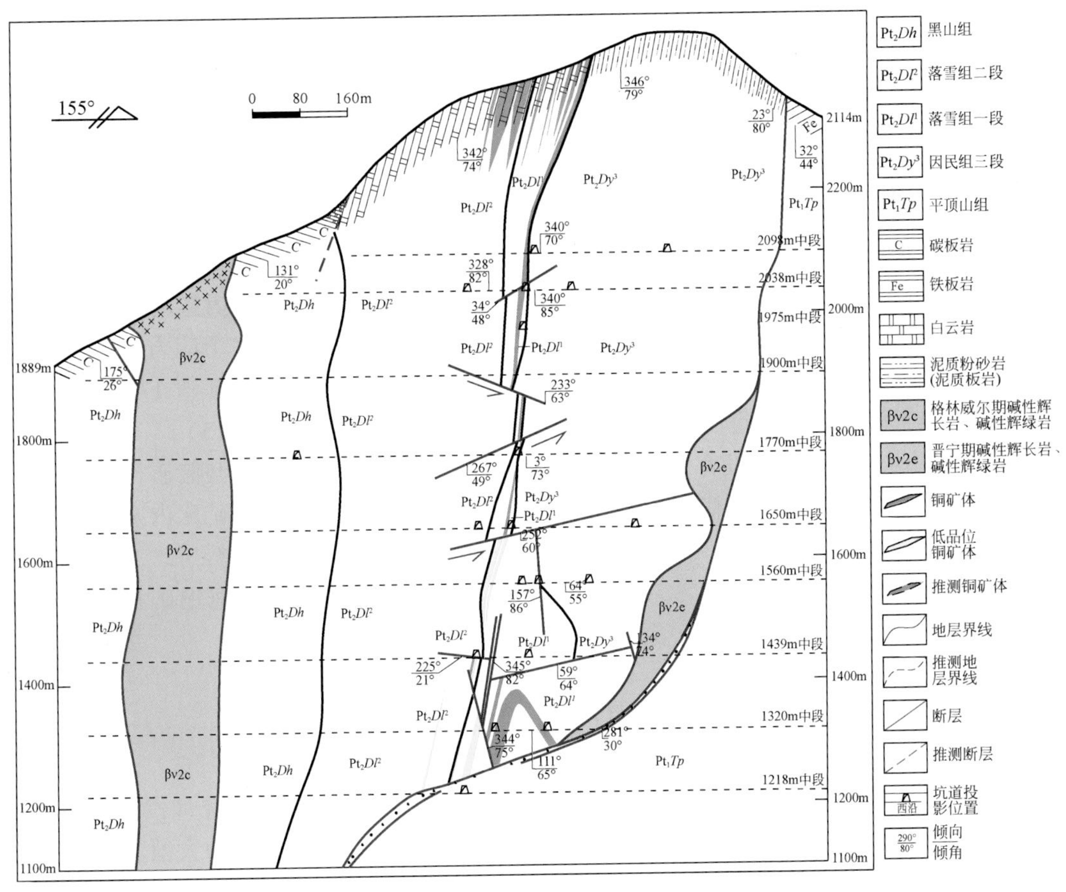

图 8-15　东川汤丹铜矿区马柱硐型铜矿体实测构造岩相学纵剖面

负花状断裂–裂隙群等构造组合，它们为斜冲走滑断裂与岩浆侵入构造相互耦合作用形成的构造岩相学产物，可称为岩浆型–斜冲走滑–双冲构造。这些断裂群组以岩浆热启断裂为主，同时斜冲走滑断裂形成了局部构造扩容控制，断裂群组为岩浆热液叠加改造流体循环提供了良好构造通道，为导矿–储矿构造组合型。铜矿体产于侵入岩枝产状变缓部位（为张扭性应力集中区），属于火山热水同生沉积–岩浆热液叠加改造成矿，其叠加改造物源和热源均来源于侵入岩体。岩浆型–斜冲走滑–双冲构造部位有利于矿液沿上部张扭性断层运移，同时上部压扭性断层（F_{11}）形成构造流体圈闭，铜矿质于该压扭性断裂下部富集成矿。深部受层间褶皱（断层传播褶皱）影响矿体形态随之变形。马柱硐型铜矿体空间定位构造组合为侵入岩岩枝+负花状走滑断裂系统+层间褶皱（断裂传播褶皱）+压扭性断裂构造，构造–岩相–岩性多重圈闭因素共同控制。

经矿山井巷工程控制和揭露，在马柱硐型铜矿床在横剖面和纵剖面上，铜矿体呈花“蕾状”，“花蕊”位于 1439m 中段～1560m 中段侵入岩岩枝与花状断裂交汇部位，矿体形态受负花状走滑断裂系统控制。岩浆型–斜冲走滑–双冲构造是马柱硐型铜矿床定位构造组合，形成机制为：①汤丹同生逆冲断层为侵入岩枝侵位提供构造空间，同生断裂不仅作为流体运移通道，与水下基底隆起构造共同组成了岩石软弱带和构造应力转化带。②晋宁期闪长岩沿汤丹断层侵入（断裂与岩浆侵入耦合），为叠加改造成矿提供了物源和热源。③在侵入岩体产状变缓部位，形成一套张扭性局域性花状断裂组，向岩体收敛，形成岩浆热液成矿流体运移通道和储矿构造。④负花状走滑断裂系统构造扩容形成扩容裂隙和微裂隙，成矿流体在扩容裂隙中汇聚成矿。由此推测，马柱硐矿段1320m中段以下深部仍存在沿负花状走滑断裂系统充填所形成的裂隙型富矿体。

根据马柱硐型铜矿体已知控矿规律及形成机制，认为马柱硐矿段还存在马柱硐式铜矿体新空间，预测其空间定位于1725～1975m标高，13#～17#勘探线之间。预测依据：①在2#、2-1#、2-2#横剖面汤丹同生逆冲断裂（侵入岩枝）呈波状S形，已揭露的马柱硐型铜矿体就位于侵入岩枝产状变缓部位；②侵入岩枝呈波状S形，形成了多个应力集中区，故为成矿流体提供了多个汇聚场所；③通过构造岩相学解析认为在马柱硐矿段1725～1975m标高，13#～17#勘探线之间是该类矿体的有利成矿部位（图8-14、图8-15）。

在上述两类构造带内，发育碎裂岩化相+劈理化相–节理–裂隙类小型储矿构造。铜矿体富集与小型断裂、节理和裂隙等储矿构造密切有关，如在马柱硐型铜矿床内发育三组剪节理：①275°∠65°～262°∠30°，密度16～60条/m；②100°∠20°～132°∠42°，密度20～25条/m；③32°∠77°～69°∠62°，密度15～25条/m。细脉状和网脉状斑铜矿和辉铜矿沿剪节理充填成矿，第①组对铜成矿贡献率最大。

8.3.5　岩浆侵入构造+褶皱构造与矿体定位规律

汤丹铜矿区定位构造组合为“高山深盆+水下隆起+同生褶皱+岩浆叠加侵入构造+断褶带”。①汤丹铜矿区东川式火山热水沉积–改造型铜矿床定位构造现今为大型复式紧闭向斜，铜矿体形态及产出随隐伏的同生褶皱群落–裙边褶皱形态而变化（图8-16～图8-18）。东川式火山热水沉积–改造型铜矿体总体向南西侧伏（图8-19）。②在空间上碱性辉绿辉长岩岩床，与四级局限海湾洼地呈正交叠加，即格林威尔期碱性钛铁质辉绿辉长岩叠加在先存的高山深盆构造之上。③因民期–落雪期四级局限海湾洼地内，发育火山热水喷流通道相和热水喷流口相。在先存沉积盆地形成成矿物质的初始富集与成矿，叠加侵入构造时对东川式火山热水沉积–改造型铜矿床形成叠加成矿作用；通过深部井巷工程地质编录，发现深部存在热水喷口相和热水同生角砾岩，走滑断裂为本区叠加成矿作用提供热流体通道（图8-16、图8-17）。④四级局限海湾洼地东南侧强烈构造变形，推测为格林威尔期逆冲推覆作用所形成。由联合纵剖面可知，沉积盆地总体向北西迁移，南东侧纵剖面褶皱形态相对较为紧闭，北西侧纵剖面相对较为宽缓。由于南西向北东的逆冲推覆作用，汤丹岩群平顶山组逆冲至东川群因民组三段之上，导致紧闭向斜的轴面产状总体向南西倾斜。⑤在汤丹同生断裂上盘闪长岩侵位至因民组三段，对因民期局限型沉积洼地的马柱硐铜矿体产生叠加成矿作用（图8-18）。东川式火山热水沉积–叠加改造型铜矿床为热水沉积–叠加改造成矿，主叠加成矿期有两期，格林威尔期和晋宁期。

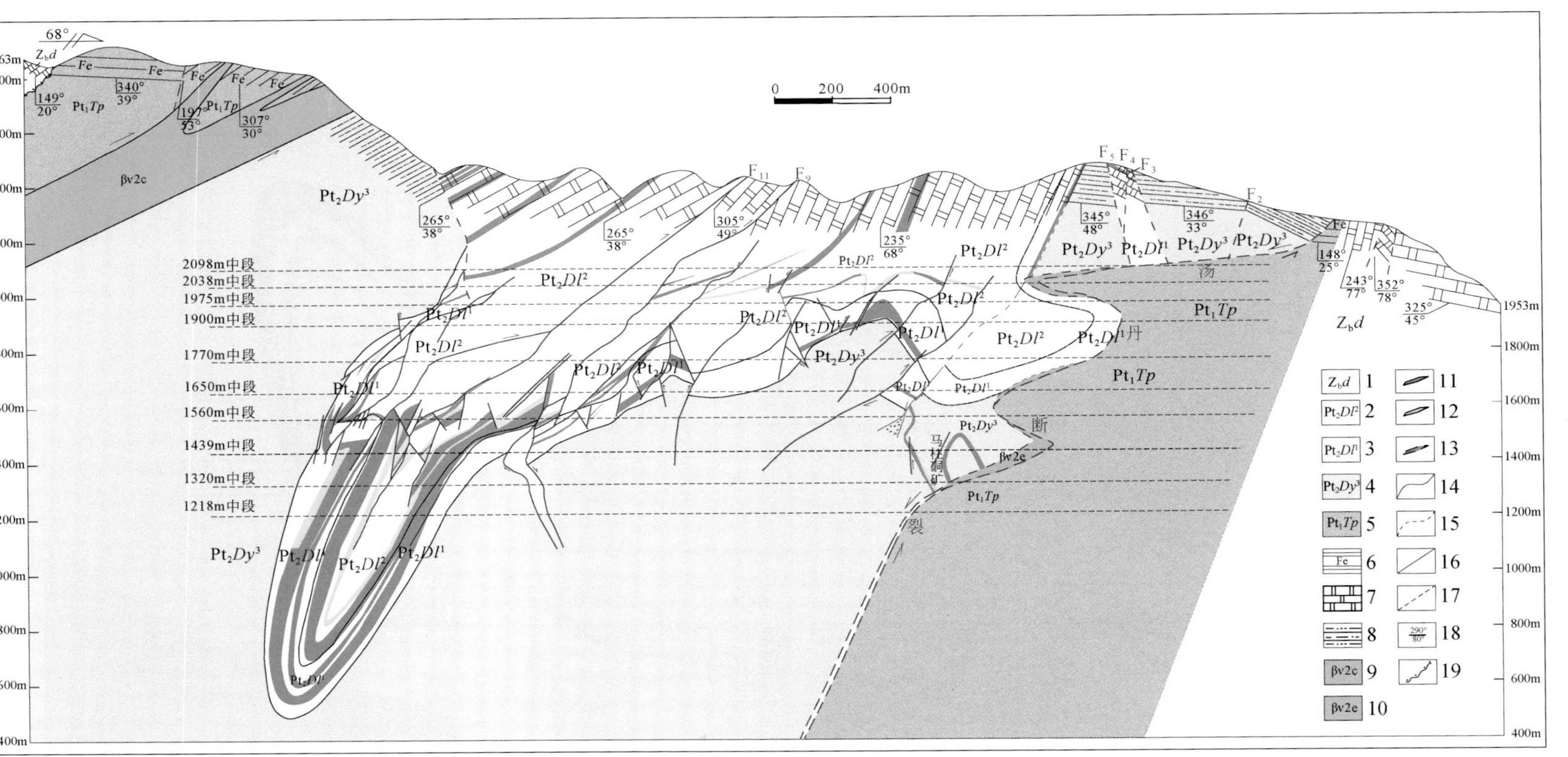

图 8-16　汤丹铜矿区3#实测构造岩相学纵剖面

1. 新元古界震旦系；2. 中元古界东川群落雪组二段；3. 中元古界东川群落雪组一段；4. 中元古界东川群因民组三段；5. 古元古界汤丹岩群平顶山组；6. 铁质板岩；7. 白云岩；8. 泥质粉砂岩；9. 辉绿辉长岩——格林威尔期；10. 辉绿辉长岩——晋宁期；11. 铜矿体；12. 低品位铜矿体；13. 推测铜矿体；14. 地质界线；15. 推测地质界线；16. 断层；17. 推测断层；18. 地质产状；19. 不整合接触界线

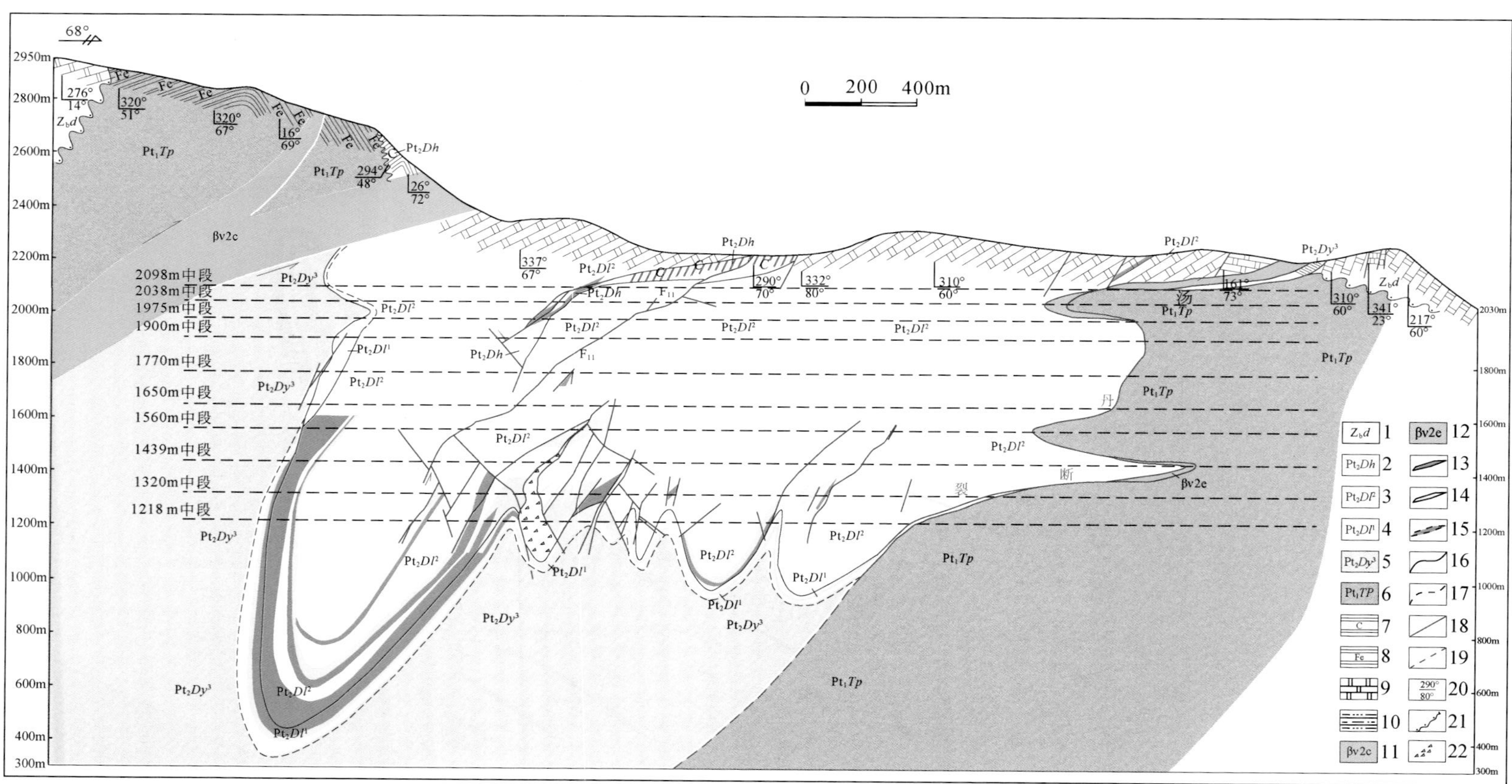

图 8-17　汤丹铜矿区4#实测构造岩相学纵剖面

1. 新元古界震旦系；2. 中元古界东川群黑山组；3. 中元古界东川群落雪组二段；4. 中元古界东川群落雪组一段；5. 中元古界东川群因民组三段；6. 古元古界汤丹岩群平顶山组；7. 碳板岩；8. 铁质板岩；9. 白云岩；10. 泥质粉砂岩；11. 辉绿辉长岩-格林威尔期；12. 辉绿辉长岩-晋宁期；13. 铜矿体；14. 低品位铜矿体；15. 推测铜矿体；16. 地质界线；17. 推测地质界线；18. 断层；19. 推测断层；20. 地质产状；21. 不整合接触界线；22. 角砾岩

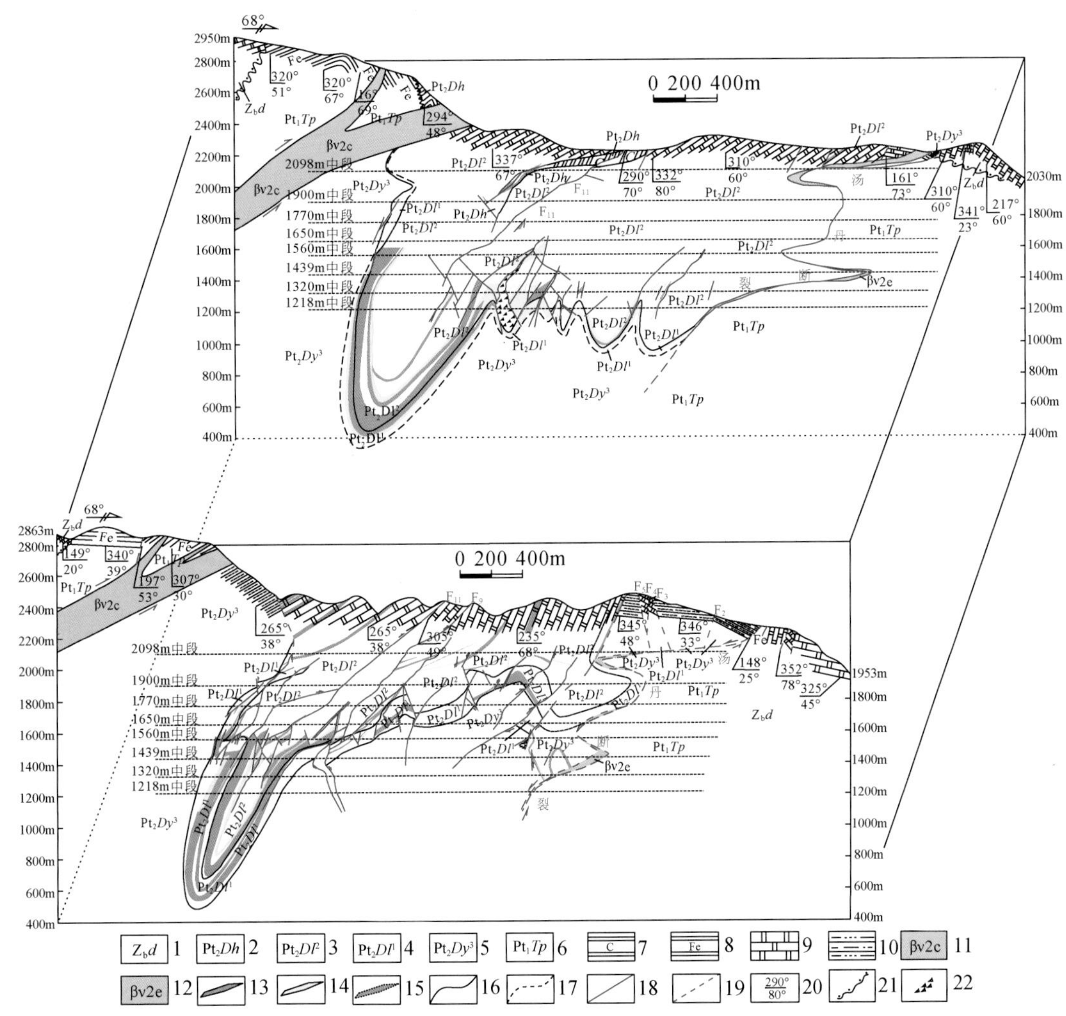

图8-18　汤丹铜矿区实测构造岩相学纵剖面联立图

1. 新元古界震旦系；2. 中元古界东川群黑山组；3. 中元古界东川群落雪组二段；4. 中元古界东川群落雪组一段；5. 中元古界东川群因民组三段；6. 古元古界汤丹岩群平顶山组；7. 碳板岩；8. 铁质板岩；9. 白云岩；10. 泥质粉砂岩；11. 辉绿辉长岩——格林威尔期；12. 辉绿辉长岩——晋宁期；13. 铜矿体；14. 低品位铜矿体；15. 推测铜矿体；16. 地质界线；17. 推测地质界线；18. 断层；19. 推测断层；20. 地质产状；21. 不整合接触界线；22. 角砾岩

通过构造解析和岩相古地理恢复，可知：①中元古代初期，汤丹铜矿区为三面环山(汤丹岩群为盆地基底地层)，一面为古海湾的海湾沉积盆地，形成了中元古代最初构造样式。②在中元古代因民初期，海湾沉积盆地向南东收敛，北西张开，显示水流方向由南东向北西，表明沉积盆地中心往北西迁移，形成高山深盆构造样式。③在中元古代因民期，盆地边缘发育水下隆起并形成了同生褶皱（裙边褶皱），有利于铜矿成矿物质初始富集。此时形成“高山深盆+水下隆起+同生褶皱”构造样式。④在格林威尔期（1067±20～1047±15Ma；1069±25Ma），受先存沉积盆地的制约，碱性铁质辉长岩类沿同期形成的水泄沟断裂侵入，在空间上，与先存沉积盆地呈正交叠加，形成“高山深盆+水下隆起+同

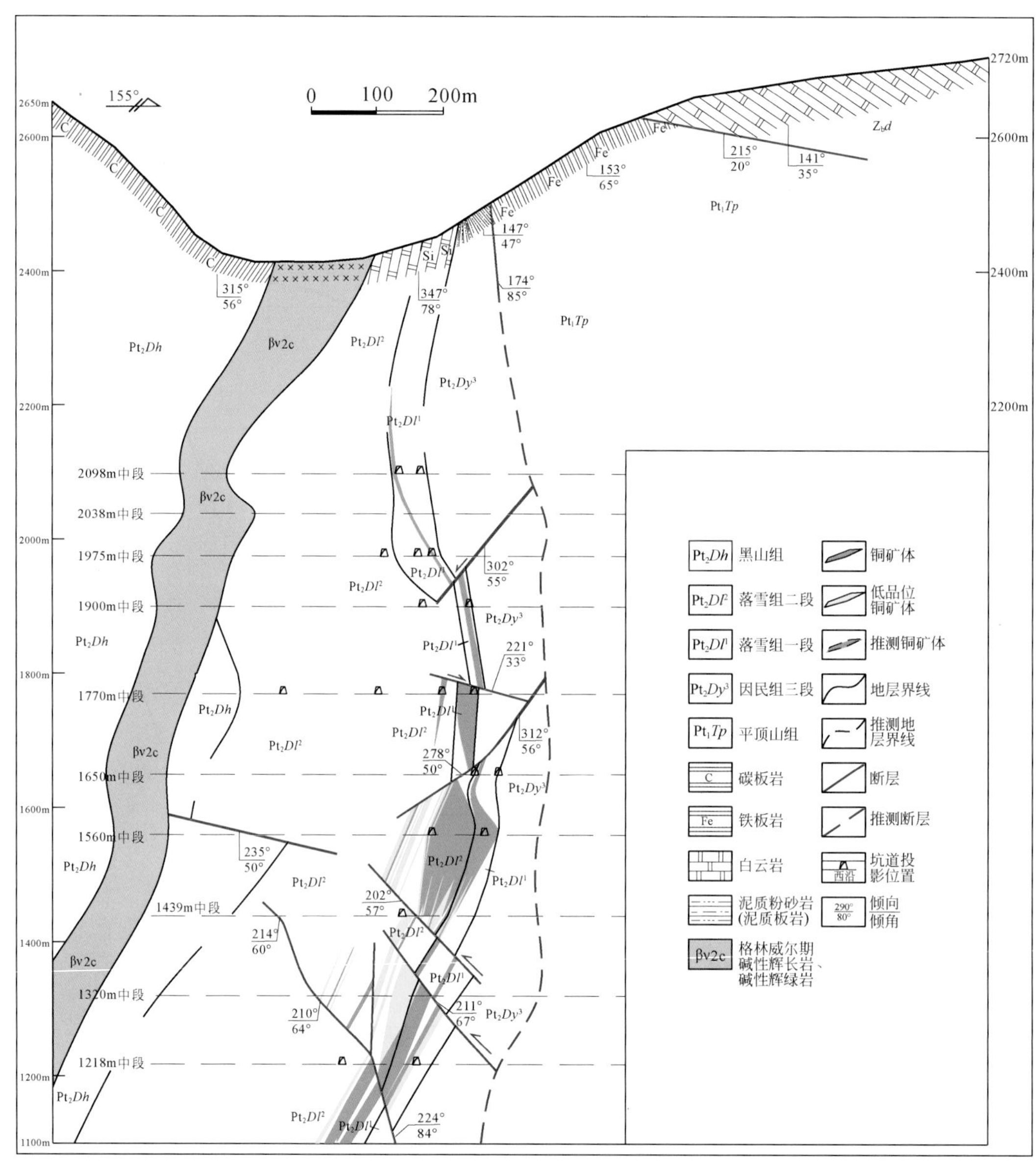

图 8-19　东川汤丹铜矿床 47 勘探线实测地质剖面图（$1^{\#}$和 $2^{\#}$矿体呈 S 形展布）

生褶皱+叠加侵入构造”复合构造样式，并与早期沉积形成的东川式火山热水沉积-改造型铜矿床发生叠加成矿作用。同时受到小黑箐运动近南北向的挤压收缩，沉积盆地产生变形变位，形成了一系列的近东西向的褶皱。⑤受到晋宁运动东西挤压收缩，使先存沉积盆地中的同生褶皱再度发生变形变位，伴随叠加成矿作用，使东川式火山热水沉积-改造型铜矿体进一步富集成矿。表现尤为突出的是马柱硐型铜矿床的叠加成矿作用。

含矿层矿体东端出露位置：地表 2300m（$0^{\#}$线）→2098m（$12^{\#}$线）→2038m（$13^{\#}$线）→1975m（$14^{\#}$线）→1900m（$17^{\#}$线）→1770m（$18^{\#}$线）→1650m（$19^{\#}$线）→1560m（$18^{\#}$线）→

1439m（18#线）→1320m（17#线）→1218m（20#线），汤丹铜矿区落雪组一段含矿层位总体向西侧伏，侧伏角上缓下陡呈S形，侧伏角依次15.6°→45°→46.4°→22.6°→65.2°→63.4°→-56.3°→90°→-63.2°→29.5°。

1#矿体在40#勘探线以西，在剖面上总体呈S形，49#勘探线以西呈反C形。矿体在产状转换部位（应力集中区）厚大（图8-19、图8-20），东川式火山热水沉积-改造型铜矿床叠加成矿部位为构造应力集中区。

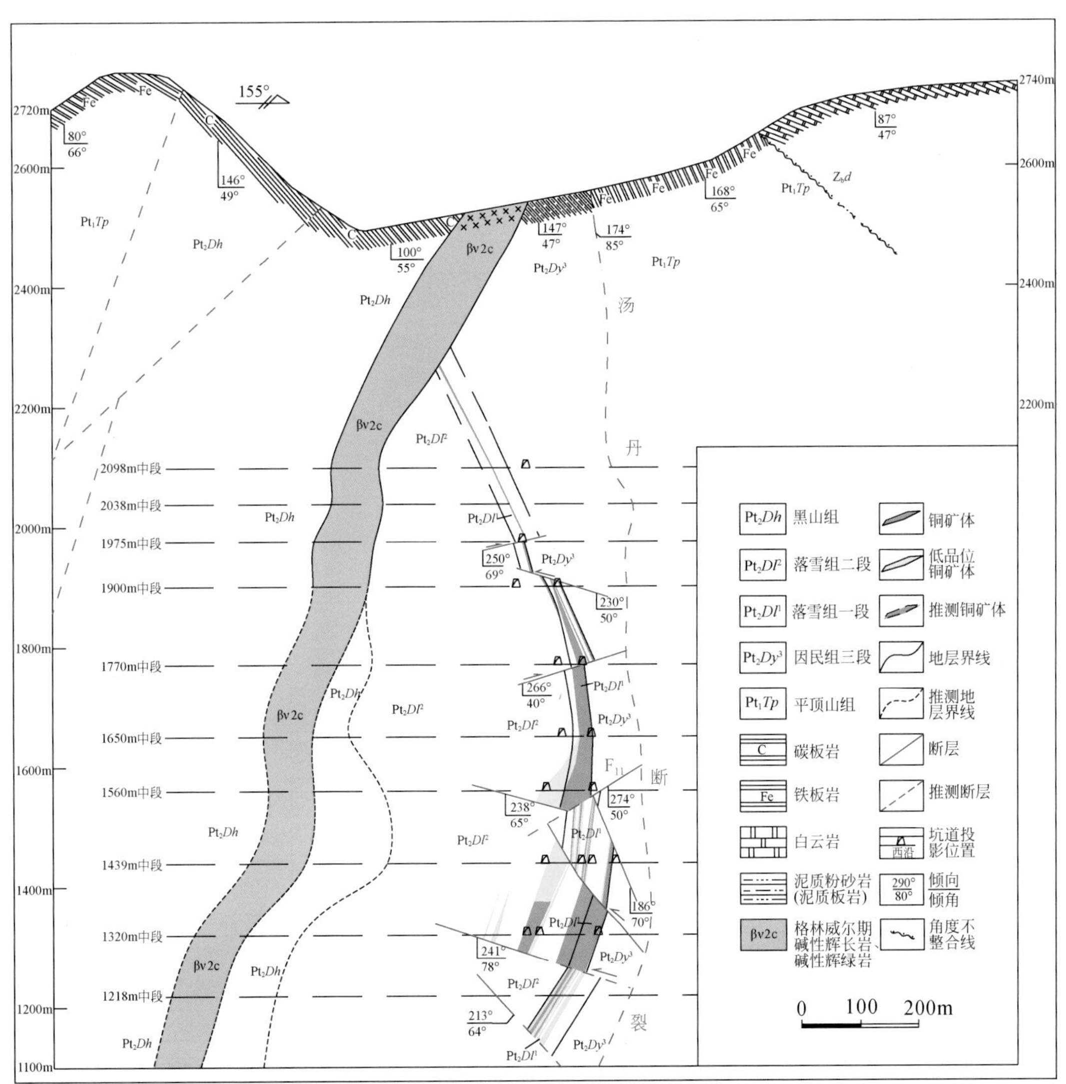

图8-20　东川汤丹铜矿床49勘探线实测地质剖面图（1#和2#矿体呈反C形展布）

东川式火山热水沉积-改造型铜矿体成矿机制大体为：①火山热水同生沉积成矿期，先存火山热水沉积盆地中形成铜矿质的初始富集。②岩浆构造叠加成矿期，格林威尔期碱性钛铁质辉绿辉长岩叠加在先存火山热水沉积盆地之上，在空间叠置关系上呈正交叠加。格林威尔期（小黑箐运动）构造运动学指向为近南北向挤压应力场，在区域近南北挤压收缩和碱性钛铁质辉绿辉长岩侵位双重作用下，形成一系列密集节理、劈理和裂隙等小型储矿构造，在碱性钛铁质辉绿辉长岩侵位过程中，对先存东川式火山热水沉积-改造型铜矿床形成叠加成矿。③成矿期后断裂：成矿期后断裂主要为破矿的横断层，对东川式火山热水沉积-改造型铜矿错断，呈阶梯状断块（图 8-19、图 8-20）。

8.3.6　接触热动力变质-层间褶皱叠加构造

云南东川桃园型铜矿床定位于侵入岩床、断层、岩性（落雪组白云岩）所圈闭的特定空间，桃园型铜矿体位于碱性钛铁质辉绿辉长岩侵入岩床下盘的外接触带，矿体主要受侵入岩床产状变化部位+断裂+层间褶皱+岩浆流体多重因素耦合控制（图 8-21），说明桃园型铜矿床产于挤压构造应力集中区，属格林威尔期同造山期岩浆热液叠加改造富集的脉带型矿体。受岩浆侵入构造和逆冲断裂作用，黑山组中发育的层间褶皱控制了桃园型铜矿体

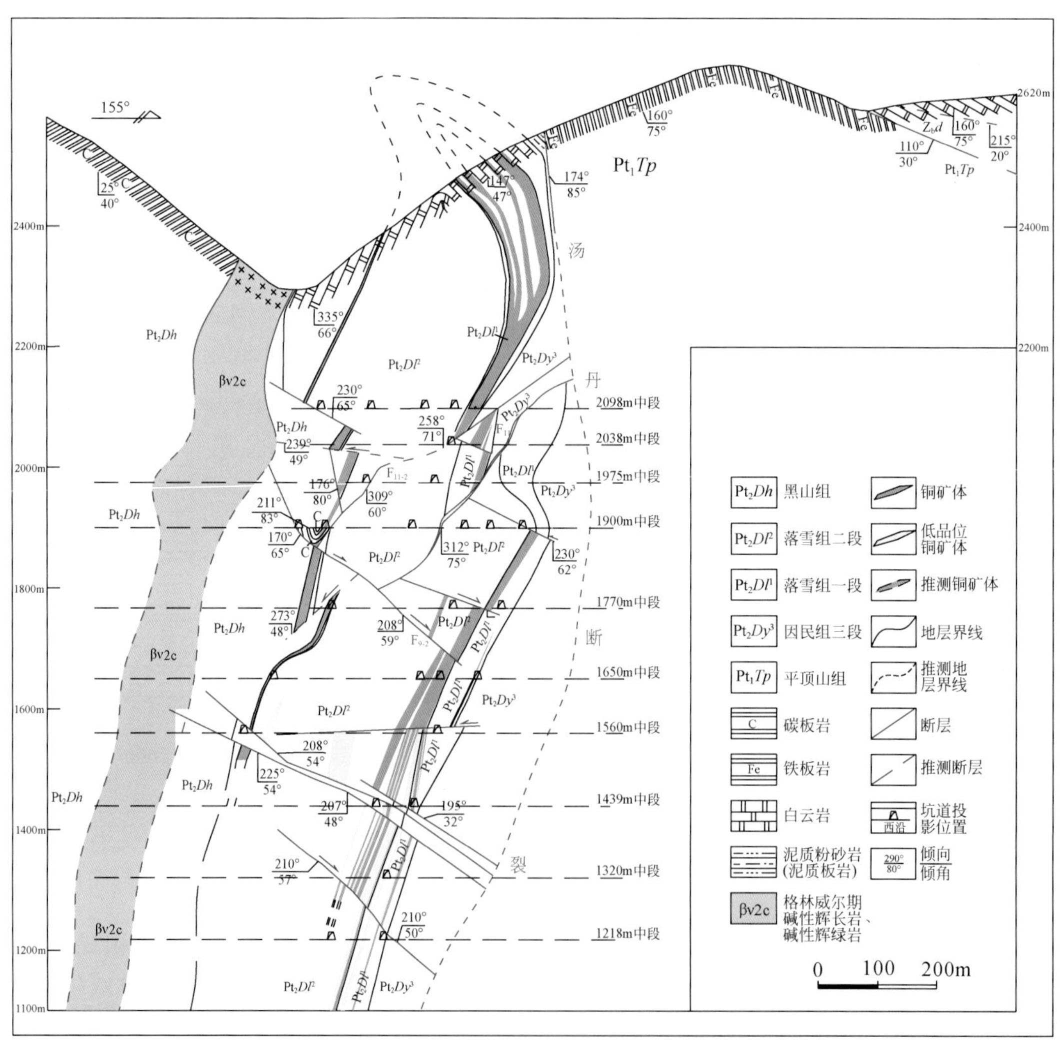

图 8-21　东川汤丹铜矿床 41 勘探线（4#矿体多重因素耦合控矿）

空间展布规律，在多数层间褶皱发育轴部断裂，褶皱轴面倾向北西和南东（图8-22）。汤丹碱性辉绿辉长岩岩床由北西向南东侵位并形成逆冲断裂，汤丹断裂反方向逆冲作用，它们共同组成了构造圈闭空间。铜矿体产于层间褶皱部位，在层间褶皱+断层构造耦合部位矿体品位尤为富集。铜矿物沿大致顺层的层间微裂隙带和切穿微裂隙充填和富集，受构造影响发生黑山组塑性变形，以平卧褶皱和流变褶皱群落为主，黄铜矿顺层间裂隙、平卧褶皱和流变褶皱耦合区富集，显示后期构造热液叠加改造成矿特征。

总之，桃园型铜矿体受侵入岩床产状变化部位+断裂+层间褶皱+岩浆流体多重耦合控制。通过工程已经揭露的桃园型铜矿体的控矿规律，认为在岩床北侧同样存在岩床产状变化部位+断裂+地层+岩浆流体多重因素耦合部位。通过对比研究，推测47#勘探线以西深部也具有与已知桃园型铜矿类似的成矿条件，建议进行工程验证。

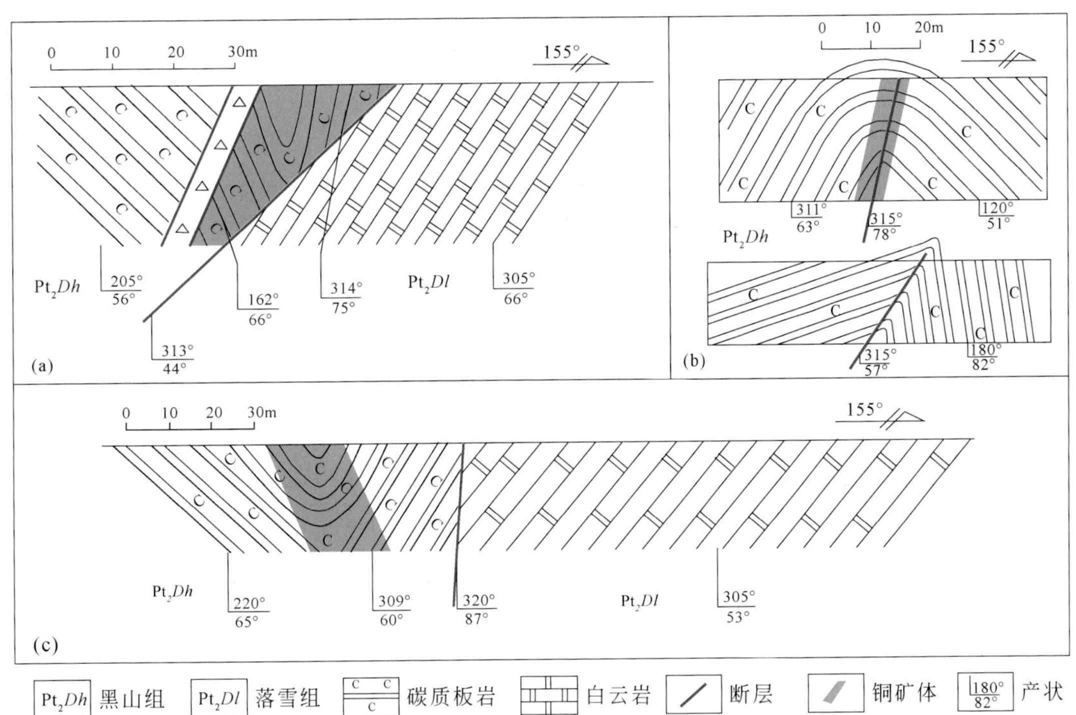

图8-22　东川汤丹铜矿床1900m中段实测剖面图

（a）层间褶皱与轴部断层控矿；（b）层间褶皱核部控矿；（c）层间褶皱核部控矿

8.3.7　岩浆叠加侵入构造系统的末端相（岩枝和岩脉）

汤丹铜矿区马柱硐矿段多个中段揭露到沿汤丹断裂上盘闪长岩岩枝，这些岩枝多数顺层或小角度切层侵位至因民组三段。在接触带部位发育脉状铜矿体；侵入岩枝具有铜矿化和金红石矿化。认为本区侵入岩枝内部是铜矿和金红石型钛矿的有利找矿部位。

（1）马柱硐矿段1320m中段沿脉SW05测点，闪长岩岩枝侵位到因民组三段，接触带内发育铜矿脉。侵入接触面产状315°∠45°，下盘为因民组三段紫红色砂泥质白云岩发生大理岩化，伴有黄铜矿化-黄铁矿化，在碳酸盐脉中发育团块状黄铜矿和黄铁矿。上盘为方解纤闪钠长石化蚀变岩。

（2）马柱硐矿段1439m中段MB-04北东14m处，闪长岩侵位至因民组三段，侵入岩体边部发育40cm厚的绿泥石蚀变带，碎裂岩化绿泥石钠长石化蚀变岩中发育细粒浸染状黄铜矿；侵入岩上盘因民组三段紫红色砂泥质白云岩中发育裂隙黄铜矿、孔雀石。闪长岩中发育金红石型钛矿化。推测闪长岩岩枝为黄铜矿-金红石矿体有利赋矿相体。

（3）1770m中段辉绿辉长岩岩枝沿断裂侵位至落雪组一段，导致硅质白云岩发生重结晶形成大理岩化，孔雀石、斑铜矿沿辉绿辉长岩裂隙充填。成矿机制为：断裂+侵入岩岩枝+岩浆流体耦合成矿，断裂为成矿热液通道。该矿体分布于36#勘探线附近，矿体呈透镜状，矿体走向延伸和倾向延深不大，靠近侵入岩枝上盘落雪组二段青灰色白云岩发生褪色化蚀变，沿岩石裂隙可见黑云母及绿泥石。石英方解石脉中发育热液角砾岩，远离侵入岩枝落雪组二段青灰色白云岩中石英团块呈椭圆状、同心圆状，且被斑铜矿包裹，推测为火山热液喷气孔，显示为后期岩浆沿岩枝侵位，形成岩浆热液叠加改造成矿。

（4）顶悬垂体构造。杨家地-黑人地中元古界东川群落雪组位于辉绿辉长岩岩体内部呈顶悬垂体，通过1：1万构造岩相学填图发现，在该悬垂体中发现存在古采硐，采集富矿脉、脉带状铜矿体。矿体位于辉绿辉长岩侵入体与落雪组接触带或侵入岩内部，侵入岩侵位为矿体成矿后期叠加改造提供热源和物源。

8.3.8　岩浆热液叠加储矿构造相

NE、NW和NNW三组低序次断层对矿体有不同程度错动，NW和NNW两组断裂主要表现为错动矿体，使矿体呈阶梯断块状排列，断裂间隔20～30m，倾向多为SW向。NE走向的断裂组（层间断裂或纵断裂）则表现为富集矿体，如2#、3#矿体，在层间断裂密集发育处铜矿化富集，最大密度可达1～2条/m。这些小型断裂构成了热流体通道，使矿体叠加富化。在滥泥坪-汤丹铁铜矿带，受小黑箐运动近南北向挤压应力作用，剪性、张性裂隙、张剪性裂隙中充填有脉状和网脉状黄铜矿、斑铜矿、辉铜矿，这些小型构造成为东川式火山热水沉积-改造型铜矿床后期岩浆热液叠加改造的重要储矿构造样式。NW向剪性-张剪性裂隙和NNW向张性裂隙（倾向SW）形成于格林威尔期近南北向挤压应力作用下。①在汤丹铜矿床中富铜单脉呈透镜状和香肠状充填在剪性裂隙中，单脉宽数厘米到数十厘米，脉体两侧伴随有明显硅化与褐铁矿化，铜品位约在10%或更高。②平行脉带沿张性和张剪性裂隙中充填，脉带宽度在几米到十几米，脉体密度在13～15条/10m，具有延深大于延长特征，铜品位在1%～5%。以斑铜矿和黄铜矿为主，在脉体间发育细脉浸染状斑铜矿和黄铜矿。③交叉脉状充填于张性和剪性共轭裂隙组中，长和宽在数米到十几米。④含铜脉体群在落雪组稳定而密集产出，矿物组合为斑铜矿-黄铜矿-石英-白云石-方解石，属后期岩浆热液叠加改造形成的典型储矿构造样式。

东川式铜矿床第一期同生成岩成矿期，斑铜矿和辉铜矿呈浸染状，定向排列的椭圆状-圆状为热水喷流孔构造。矿石构造为纹层状和浸染状构造、喷气孔状和同生角砾状构造。第二期为叠加改造成矿期，斑铜矿和辉铜矿沿节理-裂隙充填，矿石构造为细脉状和网脉状构造；在断层上下盘地层中含矿节理和裂隙主要有 NW、SW 和 NE 向三组，其中：NW 和 SW 向发育密集，NE 向次之；它们揭示节理和裂隙类小型构造是后期岩浆热液叠加改造流体通道和储矿构造，铜品位较高。

构造测量统计表明三组小微型储矿构造特征为：①第一组劈理走向 300° ~335°，倾角 25° ~60°，发育密度 100 ~200 条/m，有 50%~60% 含有斑铜矿及黄铜矿，该组是发育频率最高且与铜矿化关系密切的劈理组；②第二组劈理走向 200° ~250°，倾角 40° ~85°，发育密度 80 ~150 条/m，其中：含矿劈理比第一组少；③第三组劈理走向 40° ~80°，倾角 35° ~75°，发育密度 50 ~80 条/m，含矿性较差。这些劈理组属白云岩和硅质白云岩中密集脆性破裂面，多充填辉铜矿、辉铜矿-斑铜矿细脉，单脉宽在 0.1 ~3mm，矿石构造为细脉带状和微细脉状。裂隙型富矿脉（1650m 中段西部 19 穿）：灰色厚层块状白云岩，岩层中见有叠层石，碎裂岩化及裂隙较发育，局部见劈理化带。灰色厚层块状白云岩的地层产状为 122°∠77°，储矿裂隙与地层之间呈斜交拓扑学关系，含矿裂隙产状为 61°∠79°，密度为 3 条/m；含矿裂隙产状 255°∠65°，密度为 30 条/m。

含矿断层产状为 239°∠66°，断裂带内发育石英方解石黄铁矿和黄铜矿脉，含铜方解石脉发育在断层上盘挤压片理化带。后期压剪性劈理产状为 245°∠48°，在断裂带内含团块状和浸染状黄铜矿的断层角砾岩中含黄铜矿 10%，矿体厚度为 0.6m。断层下盘挤压劈理化带宽 4.7m，劈理产状有两组，其中：产状为 256°∠77°的劈理密度在 40 条/m，产状为 248°∠69°的劈理密度在 13 ~30 条/m。在劈理化带发育脉状、团块状和浸染状黄铜矿。

8.4　岩浆叠加侵入构造系统

8.4.1　碱性钛铁质辉长岩类岩石学特征

汤丹碱性钛铁质辉绿辉长岩岩床大致顺层侵位至黑山组，斜切侵位至落雪组。岩床边缘带发育较宽的内外接触带。内接触带为中细粒蚀变辉绿辉长岩，发生了绿泥石化和黑云母化，铜含量降低。外接触带发生角岩化和大理石化。该岩体中金属矿物含量较高，特别富含黄铜矿，个别样品化学分析中，辉长岩体含 Cu 达 0.5%（尤以蚀变强烈的岩体为多），另外，当辉长岩体与含矿层位接触时，含矿品位增高。碱性钛铁质辉绿辉长岩普遍发生钛铁矿化，镜下鉴定发现钛铁矿含量达 5%~8%；经重砂实验分析，发现本区钛矿物赋存状态为钛铁矿，重砂分析钛铁矿品位为 3.03%，地表刻槽取样 28 件，送中国冶金地质总局一局测试中心，利用过氧化氢光度法测定 TiO_2 品位 1.70%~3.60%，平均品位为 2.41%。岩石类型有黑云辉长岩、辉长辉绿玢岩和辉绿辉长岩，分别组成岩床的中心相、过渡相和边缘相。

（1）黑云母辉长岩出露于该岩床中心，属岩体的中心相。岩石呈黑绿-灰绿色，中粒至粗粒，具辉长辉绿结构，块状构造。主要矿物成分有斜长石、角闪石、辉石、黑云母及少量金属矿物，副矿物主要为磷灰石、榍石及白钛石。斜长石呈自形板状，聚片双晶发育，次生变化强烈，已基本蚀变成绢云母、钠黝帘石，含量 50% 左右。辉石为普通辉石，呈自形短粒状，常被角闪石及次闪石所代替，含量35%左右。

（2）黑云母-角闪石化辉长辉绿玢岩（过渡相）。岩石呈绿-暗绿色，岩石具变余辉长辉绿结构，变余斑状结构，变余嵌晶含长结构，变余交代残余结构，块状构造。矿物成分为斜长石、黑云母、角闪石和少量的绿泥石。长板状斜长石呈交错分布而形成不规则格架，其间被黑云母、绿泥石、角闪石充填，形成变余辉长辉绿结构。裂隙发育，见宽0.5～0.8mm，被方解石和石英充填。斜长石呈长条板状，粒径0.1～2.0mm，含量约占60%，见泥化、绢云母化。黑云母呈绿色片状，粒径0.03～0.5mm，含量约占7%，见绿泥石化。角闪石呈粒状，粒径0.03～0.2mm，含量约占26%，见黑云母化、纤闪石化、绿泥石化。钛铁矿（6%）呈长条状，粒径0.1～0.5mm，均匀分布于基质中。黄铜矿（<1%）呈粒状，粒径0.01～0.15mm。黄铁矿呈粒状，粒径0.01～0.05mm，含量约占1%。

（3）辉绿辉长岩（边缘相）。岩石呈绿-暗绿色，具变余辉长辉绿结构、变余嵌晶含长结构和交代假象结构，块状构造。矿物成分主要为斜长石和角闪石，现大多已蚀变，斜长石均已泥化、钠长石化、绿帘石化、方解石化等，仅保留长条板状晶骸，形成交代假象结构，见角闪石晶体中镶嵌有若干个斜长石晶体，形成变余嵌晶含长结构；角闪石系辉石蚀变形成，且发生蚀变，见纤闪石化、绿泥石化、黄铜矿化等。见榍石、磷灰石等副矿物。裂隙发育，宽0.01～1.4mm，被方解石、钠长石、黄铜矿、黄铁矿充填。①斜长石呈长条板状，粒径0.2mm×0.1mm～1.5mm×0.3mm，均已蚀变，含量约占62%。角闪石呈绿色、黄褐色长柱状，具多色性，粒径0.28mm×0.2mm～8.8mm×3.0mm，大多已蚀变，含量约占28%；榍石呈粒状，粒径0.01～0.1mm，含量约占2%。②钛铁矿呈板状、粒状，粒径0.4～2.0mm，含量约占5%，见榍石化、赤铁矿化；黄铁矿呈粒状，粒径0.01～0.1mm，含量约占1%；黄铜矿呈粒状，粒径0.01～0.25mm，含量约占2%。

8.4.2 碱性钛铁质辉长岩类与岩浆源区

1. 主量元素特征与岩石系列和岩石类型

从表8-1看，汤丹侵入岩具有硅不饱和、高钛和高铁特征。SiO_2含量在42.78%～44.58%，平均43.74%，均小于中国（47.62%）和世界（48.36%）辉长岩平均值，与月球（40.5%）辉长岩接近，属SiO_2不饱和系列。含TiO_2在1.80%～4.45%，平均3.02%，属于高钛系列。全铁含量在14.30%～17.16%，平均15.72%，高于中国（10.47%）和世界（13.46%）辉长岩平均值。（$Fe_2O_3+FeO+MgO$）含量在18.83%～26.54%，均值为22.78%，属铁质辉长岩类。碱含量偏高，（K_2O+Na_2O）在3.55%～6.98%（平均4.35%），较中国正常闪长岩值（6.83%）低，K_2O/Na_2O值在0.23～0.64（平均为0.45）。CaO的平均含量为5.34%，高于中国同类岩石的平均值（花岗闪长岩3.70%，石英闪长岩4.63%），显示岩浆在成岩过程明显受到钙质围岩的同化混染。汤丹碱性钛铁质辉绿辉长岩属于碱性钛铁质辉长岩类。CIPW计算表明主要标准矿物为紫苏辉石、钙长石和钠长石，少量钛铁矿。液相线温度为1251～1311℃，分异指数为33.97～53.21，显示原始岩浆演化过程中曾发生较强结晶分异。可以看出，汤丹铜矿区碱性钛铁质辉长岩具有一定结晶分异作用，形成了碱性钛铁质二长辉长岩和石英二长岩，与滥泥坪-白锡腊矿段碱性钛铁质辉长岩具有类似特征和相近的岩浆结晶演化序列。

表 8-1　东川汤丹碱性钛铁质辉长岩类岩石化学特征表　　（单位：%）

样号	H1770-23	H1770-24	H1900-18	H1900-24	TD01	TD02
岩性	辉绿辉长岩	辉绿辉长岩	辉绿辉长岩	辉绿辉长岩	辉长岩	钛辉长岩
SiO_2	43.2	42.8	43.9	43.8	44.2	44.6
Al_2O_3	15.3	16.0	15.9	14.5	15.9	14.4
Fe_2O_3	4.90	3.39	2.93	3.53	5.12	3.11
CaO	4.48	2.90	8.36	7.32	2.31	10.2
MgO	6.47	9.38	4.99	7.97	9.00	4.53
K_2O	3.10	0.78	0.91	2.07	1.98	1.57
Na_2O	3.88	2.77	3.20	1.83	1.73	2.26
MnO	0.15	0.13	0.27	0.25	0.06	0.22
P_2O_5	0.51	0.49	0.34	0.33	0.35	0.37
TiO_2	2.41	1.80	4.45	2.73	2.37	4.38
FeO	12.3	12.9	12.4	12.7	9.18	11.9
LOI	3.30	6.68	2.30	2.87	6.87	2.27
总量	99.99	99.98	99.97	99.99	99.04	99.85
σ	2.65	0.69	0.89	0.8	0.71	0.74
AR	2.09	1.46	1.41	1.43	1.51	1.37
A/CNK	0.86	1.50	0.74	0.78	1.73	0.60
液相线温度	1311	1290	1306	1303	1251	1293
分异指数	53.21	36.71	38.44	33.97	40.09	34.57

总之，汤丹碱性钛铁质辉绿辉长岩具有硅不饱和、高钛、富铁质和高碱性等地球化学特征，属于碱性钛铁质辉长岩，与板内洋岛玄武岩（OIB）系列类似，推测属于残余地幔柱在格林威尔造山期（小黑箐运动）被动上涌侵位所形成。

2. 稀土元素、微量元素特征与岩浆源区

汤丹碱性钛铁质辉长岩稀土元素、微量元素分析（表 8-2）显示，稀土总量 ΣREE 变化较大，总量变化范围为 $95.6\times10^{-6}\sim251\times10^{-6}$，平均为 152×10^{-6}。轻稀土（LREE）富集，变化范围为 $76.2\times10^{-6}\sim213\times10^{-6}$，平均为 126×10^{-6}；重稀土（HREE）相对亏损，变化范围为 $19.41\times10^{-6}\sim38.06\times10^{-6}$，平均为 26.55×10^{-6}，LREE/HREE 值变化范围为 3.75～5.66，平均为 4.65，$(La/Yb)_N$ 变化范围为 3.18～6.07，平均为 4.58，相对富集轻稀土；$(La/Sm)_N$ 值变化范围为 1.67～2.14，平均为 1.93；$(Gd/Yb)_N$ 值变化范围为 1.39～2.21，平均为 1.79，略小于 $(La/Sm)_N$ 值。轻稀土分馏程度大于重稀土分馏程度。$\delta Eu\approx1.09$，

δCe≈1，代表了原始岩浆特征。δEu 变化范围为 0.69 ~ 1.21，平均值为 1.03，大多数样品具弱 Eu 正异常。其中样品 H1770-23 和 H1770-24 出现了 Eu 负异常，δEu 分别为 0.87 和 0.69，其余样品的 δEu 均大于 1。推测 Eu 正异常与辉长岩中斜长石堆晶作用有关，斜长石富集 Ca，Eu^{2+}可以取代其中的 Ca^{2+}形成类质同象，说明岩浆岩在形成期间斜长石分离结晶作用不明显；所有样品均没有 Ce 的负异常，表明低温蚀变作用对辉长岩的影响较小。稀土元素的球粒陨石标准化配分模式为右缓倾斜曲线，与 OIB 相似而不同于 N-MORB（图 8-23）。

表 8-2　东川汤丹碱性钛铁质辉长岩类中微量及稀土元素含量表　（单位：10^{-6}）

样号	La	Ce	Pr	Nd	Sm	Eu	Gd	Tb	Dy	Ho	Er	Tm
H1770-23	39.34	95.84	12.62	49.72	11.65	3.44	12.42	1.88	10.40	1.91	5.46	0.711
H1770-24	22.29	53.59	6.92	28.18	6.79	1.5	6.37	1.08	6.01	1.15	3.18	0.422
H1900-18	24.68	60.85	8.21	34.17	8.43	3.36	8.52	1.53	8.73	1.67	4.53	0.661
H1900-24	19.94	52.33	7.33	30.36	7.59	2.93	8.13	1.34	7.77	1.5	4.13	0.644
TD01	15.36	35.97	5.04	22.62	5.15	2.15	5.83	1.104	6.62	1.29	3.63	0.57
TD02	13.91	31.97	4.47	19.36	4.72	1.74	5	0.88	5.57	1.071	3.11	0.466
样号	Yb	Lu	Y	ΣREE	LREE	HREE	LREE/HREE	$(La/Yb)_N$	$(La/Sm)_N$	$(Gd/Yb)_N$	δEu	δCe
H1770-23	4.65	0.629	43.76	250.67	212.61	38.06	5.59	6.07	2.14	2.21	0.87	1.05
H1770-24	2.53	0.33	24.05	140.34	119.27	21.07	5.66	6.32	2.09	2.08	0.69	1.05
H1900-18	3.93	0.557	35.58	169.83	139.7	30.13	4.64	4.5	1.87	1.79	1.21	1.04
H1900-24	3.61	0.512	33.13	148.12	120.48	27.64	4.36	3.96	1.67	1.86	1.14	1.06
TD01	3.46	0.509	33.05	109.3	86.29	23.01	3.75	3.18	1.90	1.39	1.2	1
TD02	2.89	0.423	27.84	95.58	76.17	19.41	3.92	3.45	1.88	1.43	1.09	0.99
样号	Rb	Ba	Th	U	Ta	Nb	Sr	Nd	Zr	Hf	Sm	
H1770-23	138	366	2.63	0.683	2.05	29	84.1	49.7	232	3.19	11.7	
H1770-24	21.7	156	2.08	0.44	1.54	28.2	54.5	28.2	224	5.74	6.79	
H1900-18	28.1	262	2.19	0.406	2.22	25.2	289	34.2	191	3.85	8.43	
H1900-24	64.7	404	1.99	0.394	1.75	20.7	293	30.4	165	4.02	7.59	

汤丹铜矿区辉绿辉长岩富集大离子半径元素，如 Rb、Ba、K 等。微量元素的 MORB 标准化配分图呈向右缓倾曲线（图 8-24），大离子半径元素，如 Rb、Ba、K，多数样品显示正异常（图 8-25）。高场强元素中，多数样品没有明显的 Ti 异常，反映原始岩浆没有发生明显的钛镁矿结晶分异作用，而样品 H1900-18（钛辉长岩）具有 Ti 正异常，这可能与岩浆后期结晶分异有关（其主量元素分析中 TiO_2含量为 4.45%）。Nb、Ta 负异常不明显，Zr、Hf 显示微弱负异常，区别于岛弧环境基性岩，因岛弧基性岩中 Nb、Ta、Zr、Hf 具有明显的负异常，微量元素配分模式明显更类似于洋岛玄武岩（OIB）及富集型洋中脊玄武岩（E-MORB）（Sun and McDonough，1989）。本区辉绿辉长岩的微量元素配分模式与西侧河口群同期变质基性火山岩相似（周家云等，2011），同华北地台同期基性岩相比，汤丹碱性钛铁质辉绿辉长岩 Nb、Ta 负异常较微弱，可能暗示本区辉绿辉长岩壳源

物质混染较少。

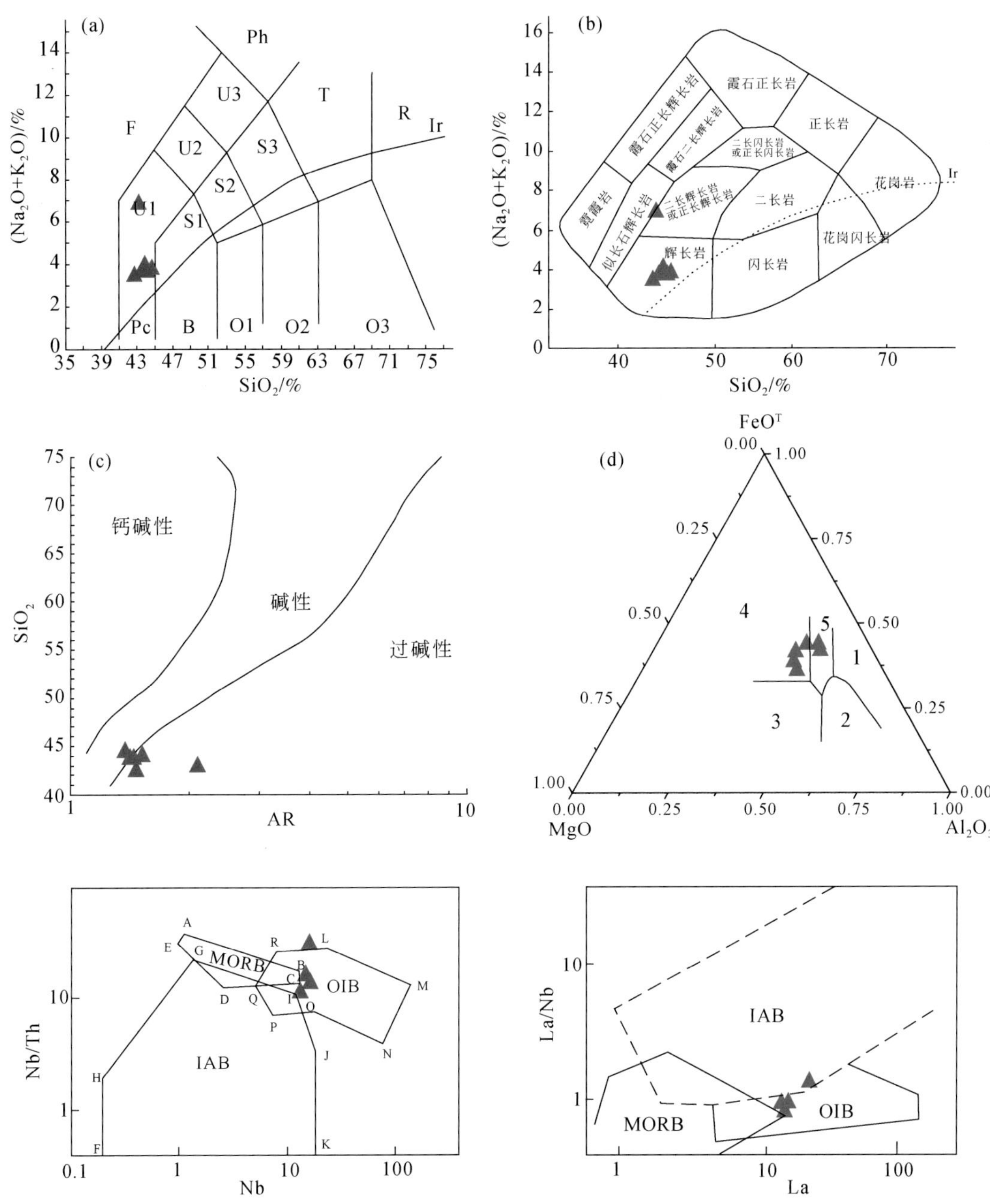

图 8-23　云南东川汤丹碱性钛铁质辉绿辉长岩岩石学分类图

(a) 火山岩 TAS 分类图：Pc. 苦橄玄武岩；B. 玄武岩；O1. 玄武安山岩；O2. 安山岩；O3. 英安岩；R. 流纹岩；S1. 粗面玄武岩；S2. 玄武质粗面安山岩；S3. 粗面安山岩；T. 粗面岩、粗面英安岩；F. 副长石岩；U1. 碱玄武岩、碧玄岩；U2. 响岩质碱玄武岩；U3. 碱玄质响岩；Ph. 响岩；Ir. Irvine 分界线，上方为碱性，下方为亚碱性。(b) 侵入岩 TAS 分类图。(c) SiO_2-AR（碱度率图解）。(d) Al_2O_3-FeO^T-MgO 构造背景判别图解：1. 扩张中心；2. 造山带；3. 大洋中脊；4. 大洋岛屿；5. 大陆内部。(e) Nb/Th-Nb 判别图解。(f) La/Nb-La 判别图解：IAB. 岛弧玄武岩；MORB. 洋脊玄武岩；OIB. 洋岛玄武岩

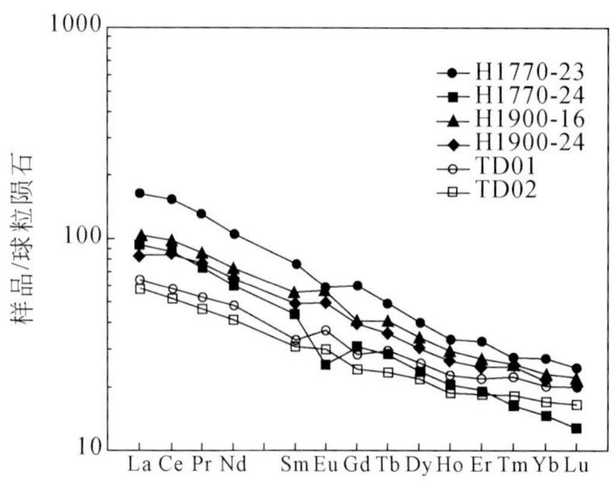

图 8-24　稀土元素球粒陨石标准化配分模式图（标准化值据 Sun and McDonough，1989）

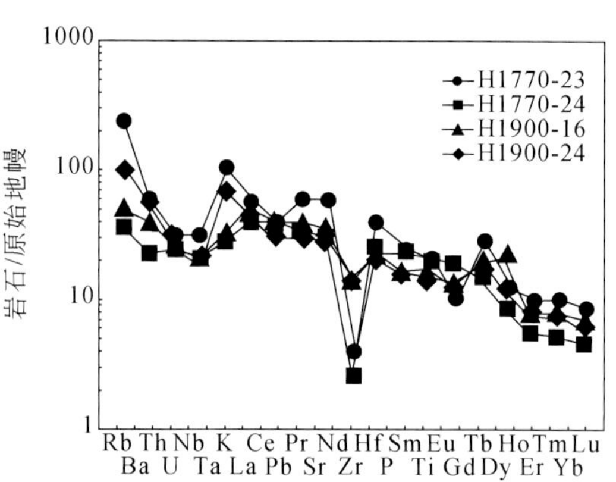

图 8-25　微量元素原始地幔标准化蛛网图（标准化值据 Sun and McDonough，1989）

8.5　碱性钛铁质辉绿辉长岩的年代学研究

从碱性钛铁质辉绿辉长岩样品（ZS1900-A）中挑选出锆石进行 LA-ICP-MS 锆石 U-Pb 法年代学测试，锆石阴极发光图像如图 8-26。汤丹岩床碱性辉绿辉长岩的锆石内部结构均匀，都表现出条带状的均匀吸收，自形-半自形晶形，无裂纹，具有典型岩浆锆石的韵律环带特征。对碱性钛铁质辉绿辉长岩 ZS1900-A 样品的 7 粒锆石进行了定年分析，所有分析数据标定在图 8-26 中。ZS1900-A 样品所有测点锆石的 Th/U 值为 0.48 ~ 1.3（表 8-3），显示出岩浆锆石的特征。汤丹岩床碱性钛铁质辉绿辉长岩样品中 7 粒锆石的定年结果为 1020 ~ 1117Ma，其加权平均值为 1069±25Ma（MSWD＝0.79），代表了汤丹岩床的形成年龄和叠加成矿年龄（中元古代末期）。该年龄值与滥泥坪铁铜矿区白锡腊铁铜矿段深部碱性钛铁质辉长岩形成年龄［(1067±20) ~ (1047±15) Ma，SHRIMP 锆石 U-Pb)］（方维萱等，2013）属同构造期，也与东川地区黑山组中顺层侵位的碱性铁质辉长岩岩床形成时代（1028Ma、1059Ma，龚琳等，1996）属同构造期产物。

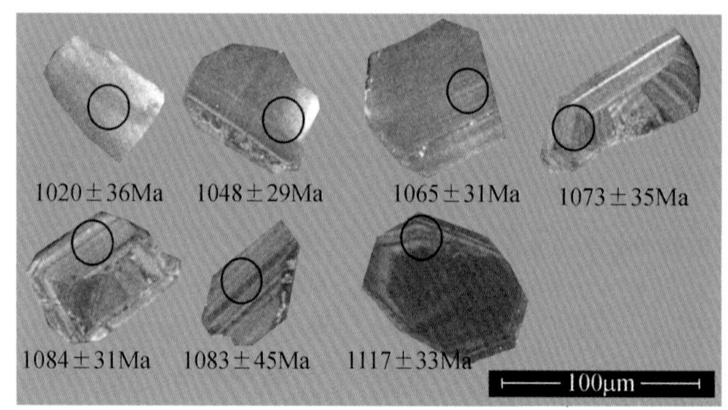

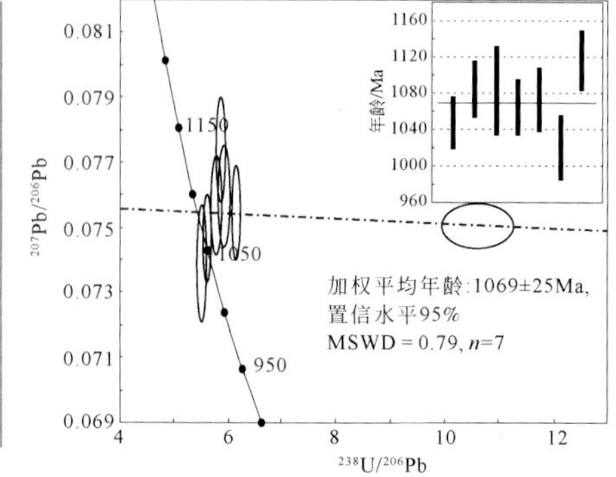

图 8-26　东川汤丹铜矿区辉绿辉长岩中锆石阴极发光照片和锆石 U-Pb 年龄图

表 8-3　汤丹碱性钛铁质辉绿辉长岩锆石 LA-ICP-MS 同位素分析结果

序号	$U/10^{-6}$	$Th/10^{-6}$	$^{232}Th/^{238}U$	$^{207}Pb/^{206}Pb$	$^{207}Pb/^{235}U$	$^{206}Pb/^{238}U$	$^{207}Pb/^{206}Pb$	1σ
1	652	486	1.34	0.0742	1.8326	0.1780	1048	29
2	327	289	1.13	0.0756	1.7655	0.1686	1084	31
3	568	1175	0.48	0.0755	0.9759	0.0943	1083	49
4	992	732	1.35	0.0748	1.6904	0.1626	1065	31
5	438	361	1.21	0.0752	1.8031	0.1728	1073	35
6	183	199	0.92	0.0732	1.8449	0.1812	1020	36
7	502	464	1.08	0.0768	1.8167	0.1703	1117	33

汤丹铜矿区格林威尔期碱性钛铁质辉长岩类以切层岩株和较大规模岩墙（岩枝、岩脉和岩脉群）、大致顺层的岩床等组成了岩浆侵入构造系统，具体控矿规律如下。

（1）本区侵入构造对各类型铜矿床成矿表现为叠加成矿作用。①在格林威尔期和晋宁期，分别形成了两期辉绿辉长岩-闪长岩。在侵入岩带之间形成了东西向双冲构造带，局限火山热水沉积洼地+负花状走滑断裂系统+叠加侵入构造等构造组合，共同控制了马柱硐型铜矿床。②东川式火山热水沉积-改造型铜矿床定位于中元古代火山沉积盆地中，受东川群落雪组一段和二段硅质白云岩和含凝灰质白云岩岩相控制，后期叠加碱性钛铁质辉长岩类侵入构造系统形成岩浆热液叠加成矿作用。③在碱性钛铁质辉长岩类侵入体外接触带黑山组中，形成火山热水沉积-岩浆热液叠改造加型铜矿床（桃园型）。

（2）东川式火山热水沉积-改造型铜矿床成矿机制为：①火山热水同生沉积成矿期：在因民期-落雪期火山热水沉积盆地中形成铜矿质的初始富集。②叠加成矿期：格林威尔期碱性钛铁质辉绿辉长岩（1069±25Ma）叠加在先存火山热水沉积盆地之上，在空间叠置关系上呈正交叠加。格林威尔期（小黑箐运动）构造运动学指向为近南北向挤压应力场，在区域近南北挤压收缩和碱性钛铁质辉绿辉长岩侵位热动力双重作用下，形成一系列密集节理、劈理和裂隙等小型储矿构造样式，在碱性钛铁质辉绿辉长岩侵位过程对先存东川式火山热水沉积-改造型铜矿床形成叠加成矿作用。③成矿期后断裂主要为破矿的横断层，对东川式火山热水沉积-改造型铜矿体错断。

（3）马柱硐型热液脉带状铜矿体定位于因民期（因民组三段）局限型沉积洼地中，受汤丹断裂上盘隐伏岩枝产状由陡变缓部位及透镜体顶部+断裂流体叠加复合控制，马柱硐型铜矿床属于火山热水同生沉积-岩浆热液叠加改造型铜矿床。中元古代汤丹同生断裂，构造动力学性质为张扭性-斜冲走滑断层，汤丹断裂带现今在剖面上呈 S 形透镜体（闪长岩充填），晋宁期岩浆岩（闪长岩类）沿汤丹断裂带侵位，形成张扭性羽状断裂、负花状断裂和裂隙等与侵入构造有关的外接触带的构造样式。马柱硐型铜矿体空间就位受侵入岩岩枝+负花状走滑断裂系统+层间褶皱（断裂传播褶皱）+压扭性断裂构造圈闭多重因素共同控制。

（4）桃园型铜矿床为热水同生沉积-岩浆热液叠加改造型铜矿床。桃园型铜矿体定位于碱性钛铁质辉绿辉长岩侵入岩床外接触带，受侵入岩床产状变化部位+断裂+层间褶皱+岩浆流体多重因素耦合控制。

（5）经汤丹铜矿区 1∶1 万地表地质修图和矿山井巷工程构造岩相学填图，揭示控矿构造样式为侵入构造派生的节理、裂隙和密集劈理带小型构造，它们是东川式铜矿床、马柱硐型铜矿床和桃园型铜矿床在后期岩浆热液叠加的重要储矿构造样式。

（6）汤丹碱性钛铁质辉绿辉长岩具有硅不饱和、高钛、富铁质和高碱性，属于碱性钛铁质辉长岩，推测属残余地幔柱在格林威尔造山期（1069±25Ma）被动侵位所形成。

8.6　汤丹碱性钛铁质辉长岩类 *T-P-t* 研究

滥泥坪-汤丹铁铜矿带碱性辉绿辉长岩侵入岩体内，广泛发育黑云母、绿泥石和角闪石-斜长石共生矿物，为研究岩浆成岩成矿演化和形成机制提供了良好的条件。通过电子探针分析了角闪石-斜长石、黑云母、绿泥石等矿物，利用角闪石、黑云母、绿泥石地质温压计深入研究汤丹侵入岩成岩成矿机制。滥泥坪-汤丹碱性钛铁质辉绿辉长岩侵入岩体蚀变较强，镜下鉴定显示，滥泥坪铁铜矿区与成矿有关蚀变有两期，早期碱性钾钠硅酸盐蚀变（岩浆热液蚀变），为磁铁矿含矿围岩蚀变类型。晚期水解硅酸盐蚀变、碳酸盐蚀变（岩浆热液+盆地流体热液叠加蚀变），为黄铜矿、斑铜矿含矿相的围岩蚀变类型。

8.6.1　角闪石-斜长石成分特征及形成机制

1. 角闪石矿物地球化学与成岩环境恢复

按国际矿物学协会角闪石专业委员会提出的命名原则，当 $(Ca+Na)_B \geqslant 1.00$，$Na_B < 0.50$ 时，属钙角闪石组成员。滥泥坪-汤丹碱性钛铁质辉绿辉长岩侵入岩体角闪石属于钙角闪石（表 8-4），投影到 $Si-Mg/(Mg+Fe^{2+})$ 图解上分别为铁浅闪石、铁韭闪石、镁角闪石、阳起石等（图 8-27、图 8-28）。滥泥坪-汤丹碱性钛铁质辉绿辉长岩侵入体中角闪石矿物地球化学特征为：贫镁（0.21%～11.98%）、富 CaO（9.94%～10.81%）、富铁（$FeO^* = 14.13\% \sim 28.5\%$）和贫钾、富钠（$K_2O = 0.61\% \sim 2.01\%$，$Na_2O = 1.69\% \sim 2.65\%$）。其 TiO_2 含量在 1.80%～3.87%，Al_2O_3 含量在 3.14%～12.99%（表 8-4）。滥泥坪碱性钛铁质辉长岩类侵入体角闪石的 $Mg/(Mg+Fe^{2+})$ 变化范围为 0.20～0.66，平均 0.49，表明角闪石为岩浆形成 [$Mg/(Mg+Fe^{2+})<0.68$]。闪长岩（包括中粗粒闪长岩、中细粒闪长岩、细粒辉石闪长岩、细粒辉长闪长岩）的 $Mg/(Mg+Fe^{2+})$ 与 Si 间显示出一种正相关关系，这反映了它们母岩浆具有相似的 $Mg/(Mg+Fe^{2+})$ 值。推测滥泥坪侵入岩角闪石的母岩浆具有相似性，为演化岩浆的岩浆形成。

表 8-4　滥泥坪–汤丹铁铜矿带碱性钛铁质辉绿辉长岩类角闪石电子探针数据表

（单位:%）

位置	滥泥坪铁铜矿区侵入岩（1067±20 ~ 1047±15Ma）															汤丹铜矿区侵入岩（1069±25Ma）		
测点	ZB24-2-3	ZB25-2-2	ZB25-1-2	LB01-2-1	WB05-1-2	WB05-1-3	WB06-1-2	WB06-1-3	ZB01-1-1	QB50-3-1	WB01-2-1	WB01-2-2	LB03-1-2	LB03-3-1	LB03-3-2	B1770-24	1770-23	B1900-18
岩性	含铜钛铁矿闪长岩	粗中粒钛铁矿闪长岩		细粒辉石闪长岩	中细粒闪长岩		中细粒闪长岩		辉长闪长岩	矿化蚀变闪长岩	矿化蚀变岩（矿化钠帘石化蚀变闪长岩）		碎裂岩化相中粗粒绿泥石绿帘石黑云母化闪长岩			辉长辉绿（玢）岩	辉长辉绿岩	辉长辉绿岩
SiO_2	41.34	36.81	40.58	50.69	51.54	51.54	37.32	50.80	45.03	48.93	41.80	45.17	52.64	38.44	48.56	42.22	44.65	41.22
TiO_2	1.80	0.22	3.41	0.13	0.24	1.21	0.05	0.19	0.32	1.52	3.63	0.69	0.07	3.91	0.32	2.90	1.89	3.87
Al_2O_3	7.91	12.71	9.53	4.71	3.14	1.74	12.99	2.89	7.10	4.26	9.55	7.33	0.98	9.51	4.50	9.77	7.34	9.77
FeO^*	25.47	28.50	23.85	14.13	15.20	15.38	27.17	17.45	20.78	17.07	17.38	17.34	17.38	22.00	18.39	16.69	23.79	19.71
MgO	4.71	3.04	5.84	13.32	13.86	13.01	3.83	12.26	10.18	11.84	10.19	12.01	12.36	6.14	11.98	0.23	0.23	0.21
MnO	0.33	0.22	0.27	0.14	0.08	0.15	0.11	0.16	0.31	0.21	0.20	0.18	0.23	0.14	0.18	10.91	7.99	8.60
CaO	9.94	10.74	10.57	11.22	11.23	12.33	10.81	12.49	10.03	11.49	10.59	10.02	12.06	12.06	10.17	10.52	10.14	10.74
Na_2O	1.69	1.71	2.44	1.03	0.81	0.42	1.93	0.45	1.97	0.76	2.21	2.26	0.25	1.46	0.71	2.56	2.06	2.65
K_2O	1.24	2.01	1.41	0.43	0.12	0.07	1.47	0.38	0.46	0.22	1.10	0.58	0.07	1.16	0.86	1.03	0.61	1.04
合计	94.87	99.11	98.34	96.56	96.33	95.96	98.58	97.54	96.76	96.58	97.07	96.04	96.16	96.79	95.99	97.26	99.09	98.37
以 23 个氧原子为基准计算的阳离子数																		
Si_T	6.68	5.95	6.33	7.48	7.59	7.70	5.98	7.53	6.85	7.31	6.35	6.82	7.88	6.11	7.35	6.80	7.06	6.62
Al_T^{IV}	1.32	2.05	1.67	0.52	0.41	0.30	2.02	0.47	1.15	0.69	1.65	1.18	0.12	1.89	0.65	1.20	0.94	1.38
Al_C^{VI}	0.18	0.37	0.08	0.30	0.13	0.00	0.44	0.04	0.12	0.06	0.07	0.12	0.05	(0.10)	0.15	0.65	0.42	0.47
Ti_C	0.22	0.03	0.40	0.01	0.03	0.14	0.01	0.02	0.04	0.17	0.42	0.08	0.01	0.47	0.04	0.35	0.22	0.47
Fe_C^{3+}	0.43	0.93	0.28	0.24	0.26	0.01	0.93	0.31	0.73	0.28	0.38	0.67	0.07	0.74	0.29	0.38	0.05	0.36
Mg_C	1.13	0.73	1.36	2.93	3.04	2.89	0.91	2.71	2.31	2.64	2.31	2.70	2.76	1.46	2.70	0.06	0.05	0.05
Mn_C	0.04	0.03	0.04	0.02	0.01	0.02	0.01	0.02	0.04	0.03	0.03	0.02	0.03	0.02	0.02	1.49	1.07	1.17
Fe_C^{2+}	2.99	2.91	2.83	1.49	1.53	1.91	2.70	1.86	1.77	1.83	1.80	1.40	2.09	2.19	1.80	1.86	3.09	2.29

续表

位置	滥泥坪铁铜矿区侵入岩（1067±20～1047±15Ma）															汤丹铜矿区侵入岩（1069±25Ma）		
测点	ZB24-2-3	ZB25-2-2	ZB25-1-2	LB01-2-1	WB05-1-2	WB05-1-3	WB06-1-2	WB06-1-3	ZB01-1-1	QB50-3-1	WB01-2-1	WB01-2-2	LB03-1-2	LB03-3-1	LB03-3-2	B1770-24	1770-23	B1900-18
岩性	含铜钛铁矿闪长岩	粗中粒钛铁矿闪长岩		细粒辉石闪长岩	中细粒闪长岩		中细粒闪长岩		辉长闪长岩	矿化蚀变闪长岩	矿化蚀变岩（矿化钠帘石化蚀变闪长岩）		碎裂岩化相中粗粒绿泥石绿帘石黑云母化闪长岩			辉长辉绿（玢）岩	辉长辉绿岩	辉长辉绿岩
以23个氧原子为基准计算的阳离子数																		
Ca_C	0.00	0.00	0.02	0.00	0.00	0.03	0.00	0.05	0.00	0.00	0.00	0.00	0.00	0.24	0.00	0.21	0.08	0.20
Fe_B	0.02	0.01	0.00	0.01	0.08	0.00	0.01	0.00	0.15	0.03	0.03	0.11	0.02	0.00	0.24	0.00	0.00	0.00
Ca_B	1.72	1.86	1.75	1.78	1.77	1.94	1.86	1.94	1.63	1.84	1.72	1.62	1.93	1.82	1.65	1.61	1.63	1.65
Na_B	0.26	0.13	0.25	0.21	0.14	0.06	0.13	0.06	0.22	0.13	0.25	0.27	0.05	0.18	0.11	0.39	0.37	0.35
Ca_A	0.00	0.00	0.00	0.00	0.00	0.00	0.00	0.00	0.00	0.00	0.00	0.00	0.00	0.00	0.00	0.00	0.00	0.00
Na_A	0.27	0.41	0.48	0.08	0.09	0.07	0.47	0.07	0.36	0.09	0.40	0.39	0.02	0.27	0.09	0.41	0.26	0.48
K_A	0.26	0.42	0.28	0.08	0.02	0.01	0.30	0.07	0.09	0.04	0.21	0.11	0.01	0.23	0.17	0.21	0.12	0.21
$Fe^{3+}/Fe^{3+}+Fe^{2+}$	0.13	0.24	0.09	0.14	0.14	0.00	0.26	0.14	0.28	0.13	0.17	0.31	0.03	0.25	0.12	0.17	0.02	0.13
Fe^T/Fe^T+Mg	0.75	0.84	0.70	0.37	0.38	0.40	0.80	0.44	0.53	0.45	0.49	0.45	0.44	0.67	0.46	0.98	0.98	0.98
Mg/Fe^T	0.33	0.19	0.44	1.68	1.62	1.51	0.25	1.25	0.87	1.24	1.05	1.23	1.27	0.50	1.16	0.02	0.02	0.02
$Mg/Fe^{2+}+Mg$	0.27	0.20	0.32	0.66	0.65	0.60	0.25	0.59	0.55	0.59	0.56	0.64	0.57	0.40	0.57	0.03	0.02	0.02
Si/Si+Ti+Al	0.79	0.71	0.75	0.90	0.93	0.95	0.71	0.93	0.84	0.89	0.75	0.83	0.98	0.73	0.90	0.76	0.82	0.74
Al/Si	0.41	0.28	0.11	0.07	0.04	0.41	0.07	0.19	0.19	0.10	0.27	0.19	0.02	0.29	0.11	0.41	0.28	0.11
Mg/Fe^T+Al^{vi}	0.31	0.17	0.43	1.43	1.52	1.51	0.22	1.23	0.83	1.20	1.01	1.17	1.24	0.52	1.09	0.02	0.02	0.02
Al^T	1.51	2.42	1.75	0.82	0.55	0.31	2.46	0.51	1.27	0.75	1.71	1.30	0.17	1.78	0.80	1.85	1.37	1.85
种属	铁韭闪石	绿钙闪石	铁韭闪石	阳起石	阳起石	阳起石	铁浅闪石	阳起石	镁角闪石	镁角闪石	镁铝钙闪石	镁角闪石	阳起石	铁钙闪石	浅铝闪石	铁浅闪石	铁闪石	铁浅闪石

注：Holland 等计算的角闪石配位参数（按 23 个氧原子计算），FeO* 为全铁（林文蔚，1994）。

角闪石具有嵌晶含长结构和在光学显微镜下显示的均一干涉色，表明滥泥坪-汤丹侵入岩体内角闪石是岩浆成因，而非后期热液蚀变的产物。滥泥坪-汤丹侵入岩体角闪石含 Al_2O_3 在 3.14%~12.99%，Si/(Si+Ti+Al)=0.71~0.98，结合钙质角闪石中 Al_2O_3-TiO_2 分类图解（图 8-29）可知，滥泥坪-汤丹侵入岩体角闪石部分具有幔源岩浆角闪石中 Al_2O_3>10% 和 Si/(Si+Ti+Al)≤0.765（姜常义和安三元，1984）；部分具有壳源岩浆角闪石的特征，揭示滥泥坪-汤丹铁铜矿带碱性基性岩浆来源于幔源和壳源。其大多数 Al/Si 值为 0.1~0.41，Mg/(Fe^{3+}+Fe^{2+}+Al^{VI}) 值为 0.02~1.52，具有中-基性岩浆角闪石［Al/Si=0.10~0.67，Mg/(Fe^{3+}+Fe^{2+}+Al^{VI})=1.50~2.0］的特征。

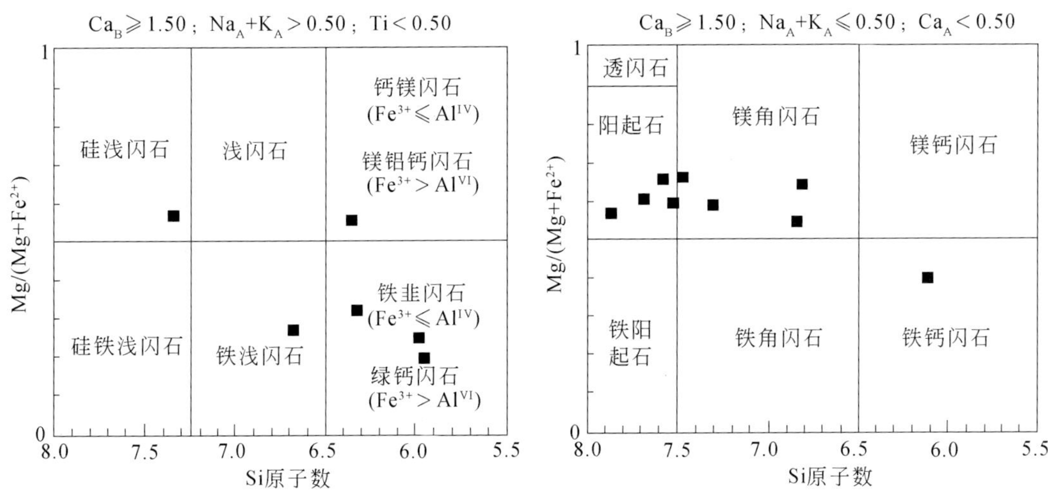

图 8-27　滥泥坪碱性辉长岩类中角闪石成分分类图解

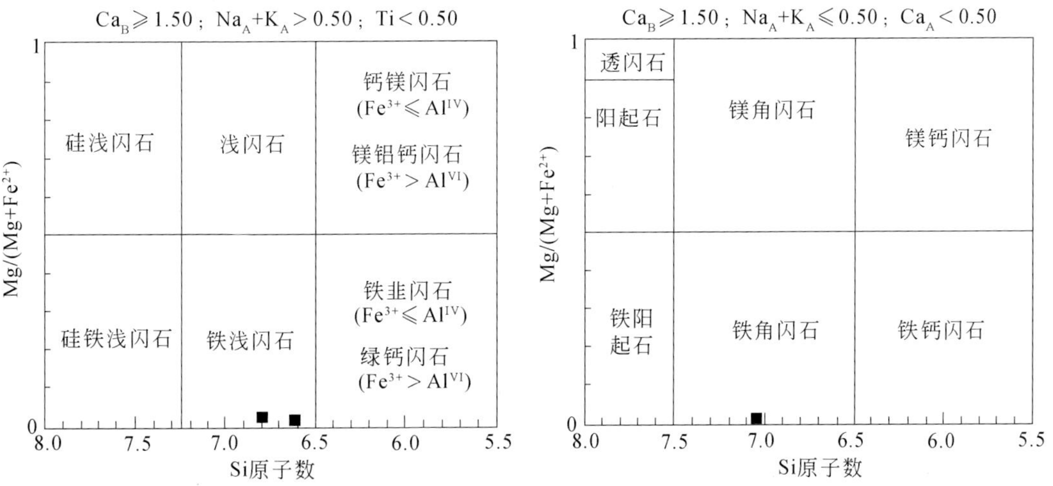

图 8-28　汤丹碱性辉长岩类中角闪石成分分类图解

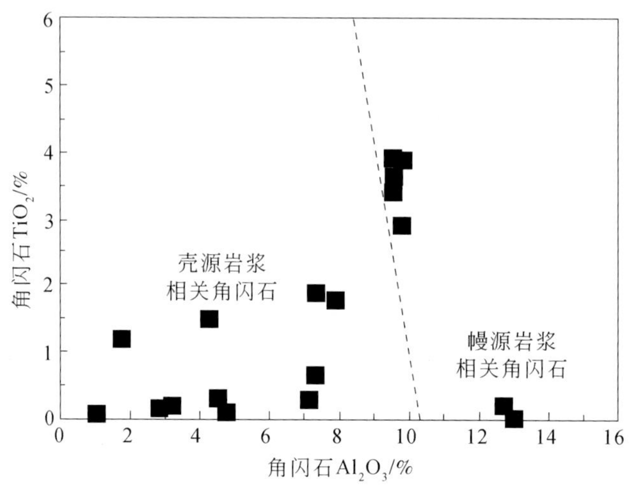

图 8-29　汤丹-滥泥坪碱性辉长岩类中角闪石 Al_2O_3-TiO_2 成因判别图解

2. 斜长石与成岩环境恢复

滥泥坪-汤丹侵入岩体内多数斜长石斑晶或晶体为自形-半自形板状晶形，卡钠复合双晶与聚片双晶发育。Or 含量一般在 0.15%～15.47%，An 变化幅度为 1.37%～46.52%，Ab 变化幅度为 0.74%～97.96%（表 8-5、图 8-30）。滥泥坪闪长岩中的斜长石以中长石和钠长石为主，少数为正长石和奥长石；汤丹碱性钛铁质辉绿辉长岩的斜长石为中长石、奥长石、钠长石。根据公式计算了滥泥坪-汤丹侵入岩（闪长岩、辉绿辉长岩）的角闪石-斜长石平衡温度（表 8-6）。总体 TA 和 TB 值相差较大，大部分角闪石平衡温度表现为 TA>TB（除阳起石外）。滥泥坪闪长岩内角闪石平均平衡结晶温度为 772℃，结晶压力为 501MPa，成岩深度为 18.93km。汤丹碱性钛铁质辉绿辉长岩中角闪石平均平衡温度为 642℃，结晶压力为 521MPa，对应的侵位深度为 19.70km；滥泥坪侵入岩体 SHRIMP 锆石 U-Pb 年龄为 1067±20Ma 和 1047±15Ma（方维萱等，2013），汤丹侵入岩体 LA-ICP-MS 锆石 U-Pb 年龄为 1069±25Ma（王同荣，2015），它们均为格林威尔期，侵位深度大致相等。

3. 角闪石 T-P-$\lg f_{O_2}$ 估算

角闪石中含有变价元素 Fe，其 Fe^{3+}/Fe^{2+} 值对氧逸度（$\lg f_{O_2}$）的变化非常敏感。根据 Ridolfi 等（2008）估算公式，计算出滥泥坪侵入岩体角闪石结晶时氧逸度变化范围在 NNO -1.78～1.60，汤丹侵入岩体角闪石结晶时氧逸度变化范围在 NNO -4.28～-3.49（表 8-6）。表明滥泥坪侵入岩体中角闪石结晶的氧逸度高于汤丹侵入岩体，这样成岩物化条件对于在滥泥坪侵入岩内形成金红石富集成矿较为有利。与汤丹形成钛铁矿矿体和磁铁矿相较为吻合，高氧逸度有利于形成金红石和磁铁矿，低氧逸度有利于形成钛铁矿，推测滥泥坪侵入岩体结晶分异作用形成磁铁矿和金红石，汤丹侵入岩体岩浆熔离作用形成钛铁矿。

表 8-5　滥泥坪–汤丹铁铜矿带碱性钛铁质辉绿辉长岩类斜长石电子探针数据表

（单位：%）

位置	滥泥坪铁铜矿区侵入岩															汤丹铜矿区侵入岩
测点	ZB24-2-2	ZB25-2-1	ZB25-1-3	LB01-2-2	WB05-1-1	WB06-2-2	WB06-1-1	ZB01-1-2	ZB01-1-4	QB50-3-2	WB01-2-3	LB03-1-3	LB03-3-3	B1770-24	1770-23	B1900-18
SiO_2	67.81	55.58	67.09	59.85	56.46	67.26	55.75	60.37	53.55	47.86	66.48	67.16	67.91	59.09	60.20	65.58
TiO_2	0.00	0.05	0.02	0.02	0.04	0.00	0.06	0.04	0.10	0.20	0.01	0.00	0.02	0.03	0.04	0.03
Al_2O_3	20.23	27.23	20.10	23.91	25.12	19.95	27.24	24.06	28.75	30.71	19.88	20.12	19.69	25.51	24.33	25.31
FeO	0.06	0.38	0.14	0.21	1.31	0.07	0.43	0.34	0.47	3.24	0.08	0.05	0.21	0.32	0.49	0.44
MnO	0.00	0.03	0.00	0.00	0.02	0.00	0.01	0.02	0.04	0.00	0.00	0.01	0.02	0.02	0.00	0.04
MgO	0.01	0.04	0.00	0.00	0.71	0.01	0.05	0.02	0.08	1.34	0.00	0.00	0.00	0.01	0.07	0.05
CaO	0.55	9.51	0.74	5.80	7.24	0.61	9.60	5.54	9.22	0.19	0.51	0.76	0.36	6.99	4.39	1.41
Na_2O	10.32	5.72	11.33	8.04	5.40	11.03	5.65	8.12	4.69	1.74	10.60	11.08	11.32	7.31	6.99	7.57
K_2O	0.24	0.48	0.13	0.12	2.11	0.12	0.41	0.46	1.50	8.61	1.22	0.07	0.06	0.45	2.44	2.32
合计	99.20	99.02	99.55	97.96	98.40	99.05	99.20	98.97	98.41	93.88	98.77	99.25	99.58	99.73	98.94	102.74
以8个氧原子为基准计算的阳离子数																
Si^{4+}	2.98	2.53	2.95	2.72	2.60	2.97	2.53	2.72	2.46	2.36	2.96	2.96	2.98	2.65	2.72	2.81
Ti^{4+}	0.00	0.00	0.00	0.00	0.00	0.00	0.00	0.00	0.00	0.01	0.00	0.00	0.00	0.00	0.00	0.00
Al^{3+}	1.05	1.46	1.04	1.28	1.36	1.04	1.46	1.28	1.56	1.78	1.04	1.05	1.02	1.35	1.30	1.28
Fe^{2+}	0.00	0.01	0.01	0.01	0.05	0.00	0.02	0.01	0.02	0.13	0.00	0.00	0.01	0.01	0.02	0.02
Mn^{2+}	0.00	0.00	0.00	0.00	0.00	0.00	0.00	0.00	0.00	0.00	0.00	0.00	0.00	0.00	0.00	0.00
Mg^{2+}	0.00	0.00	0.00	0.00	0.05	0.00	0.00	0.00	0.01	0.10	0.00	0.00	0.00	0.00	0.00	0.00
Ca^{2+}	0.03	0.46	0.03	0.28	0.36	0.03	0.47	0.27	0.45	0.01	0.02	0.04	0.02	0.34	0.21	0.06
Na^+	0.88	0.50	0.97	0.71	0.48	0.94	0.50	0.71	0.42	0.17	0.91	0.95	0.96	0.64	0.61	0.63
K^+	0.01	0.03	0.01	0.01	0.12	0.01	0.02	0.03	0.09	0.54	0.07	0.00	0.00	0.03	0.14	0.13
$\omega B/\%$																
An	2.81	46.52	3.44	28.31	37.08	2.95	47.24	26.64	47.29	1.37	2.40	3.63	1.72	33.68	22.01	7.86
Ab	95.75	50.68	95.85	70.98	50.06	96.35	50.35	70.71	43.56	23.17	90.75	95.96	97.96	63.76	0.74	90.25
Or	1.44	2.80	0.70	0.71	12.86	0.70	2.41	2.66	9.15	75.46	6.85	0.42	0.32	2.55	0.15	15.47
种属	钠长石	中长石	钠长石	奥长石	中长石	钠长石	中长石	奥长石	中长石	正长石	钠长石	钠长石	钠长石	中长石	奥长石	钠长石

表 8-6　滥泥坪–汤丹铁铜矿带碱性钛铁质辉绿辉长岩类角闪石 D-T-P-$\lg f_{O_2}$ 估算表

位置	滥泥坪铁铜矿区侵入岩															汤丹铜矿区侵入岩		
样品号	ZB24-2-3	ZB25-2-2	ZB25-1-2	LB01-2-1	WB05-1-2	WB05-1-3	WB06-1-2	WB06-1-3	ZB01-1-1	QB50-3-1	WB01-2-1	WB01-2-2	LB03-1-2	LB03-3-1	LB03-3-2	B1770-24	1770-23	B1900-18
岩性	含铜钛铁矿闪长岩	粗中粒钛铁矿闪长岩		细粒辉石闪长岩	中细粒闪长岩		中细粒闪长岩		辉长闪长岩	矿化蚀变闪长岩	矿化蚀变岩（矿化钠帘石化蚀变闪长岩）		碎裂岩化相中粗粒绿泥石绿帘石黑云母化闪长岩			辉长辉绿（玢）岩	辉长辉绿岩	辉长辉绿岩
角闪石种属	铁韭闪石	绿钙闪石	铁韭闪石	阳起石	阳起石	阳起石	铁浅闪石	阳起石	镁角闪石	镁角闪石	镁铝钙闪石	镁角闪石	阳起石	铁钙闪石	浅铝闪石	铁浅闪石	铁角闪石	铁浅闪石
P/MPa	448	461	546				944		186		545	342		535		579	372	626
平均/MPa	501															521		
D/km	16.93	17.41	20.63				35.67		7.05		20.61	12.92		20.21		21.87	14.06	23.68
平均/km	18.93															19.7		
T_A/℃	695.3	1128.7	898.5	556.5	630.7	631.3	769.9	646.9	779.1	820.7	848.2	732.0	466.8	1072.6	585.9	612.2	624.5	638.1
平均/℃	772															642		
T_B/℃	576.0	832.1	662.2	618.4	711.3	688.5	605.7	694.7	763.1	545.3	637.3	583.7	477.1	686.0	451.4	677.4	640.8	613.4
平均/℃	662															652		
ΔNNO	−1.53	−1.72	−1.78	1.39	1.60	1.12	−1.51	1.20	0.52	0.73	−0.49	0.91	1.30	−1.63	1.19	−4.12	−3.49	−4.28

注：T_A为 Holland 等（1994）基于浅闪石–透闪石的反应平衡建立的温度计（℃）；T_B为 Holland 等基于浅闪石–钠透闪石的反应平衡建立的温度计（℃）；Anderson 和 Smith（1995）基于角闪石–斜长石建立 $P=4.76\mathrm{Al}^{T}-3.01-\frac{T-675}{85}\times[0.530\mathrm{Al}^{T}+0.05294(T-675)]$；$P=\rho gD$，$g=9.8\mathrm{m/s^2}$，$\rho=2760\mathrm{kg/m^3}$根据压力估算的侵位深度。$\Delta\mathrm{NNO}=1.644\mathrm{Mg}^{*}-4.01$，其中 $\mathrm{Mg}^{*}=\mathrm{Mg}+\mathrm{Si}/47-{}^{C}\mathrm{Al}/9-1.3{}^{C}\mathrm{Ti}+\mathrm{Fe}^{3+}/3.7+\mathrm{Fe}^{2+}/5.2-{}^{B}\mathrm{Ca}/20-{}^{A}\mathrm{Na}/2.8+{}^{A}\mathrm{K}/9.5$。

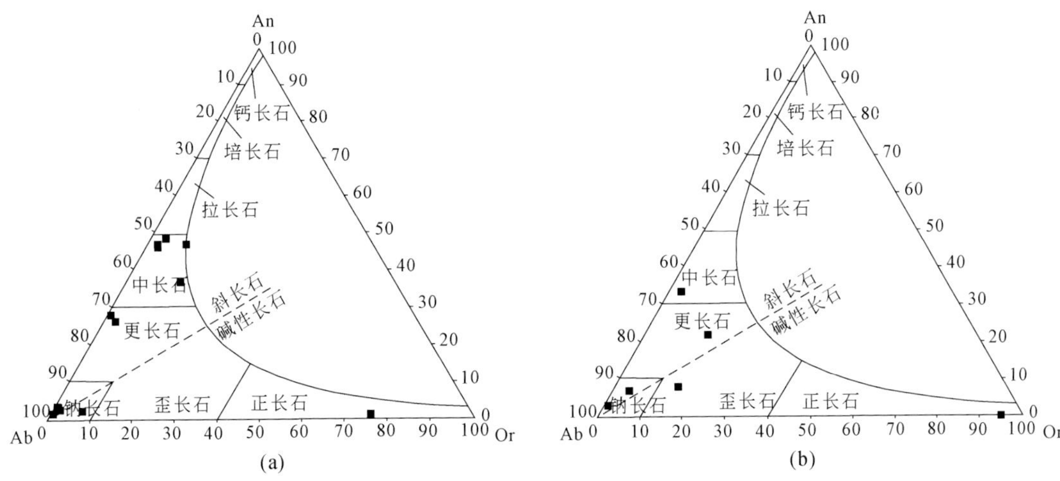

图8-30　滥泥坪-长石的判别图（a）和汤丹-长石的判别图（b）

在地球化学岩相学的 *T-P-t-M* 四维研究角度上，将滥泥坪铁铜矿区辉长-闪长岩类中角闪石划分为两个系列，根据矿物压力计估算其成岩温度和压力范围（表8-6）。①铁浅闪石-铁韭闪石-铁钙闪石属富铁闪石系列，FeO^* =22.0%~27.17%，铁浅闪石形成压力最大为944MPa，形成温度为769.9℃，估算成岩深度为35.67km。②铁韭闪石形成压力为546MPa，形成温度为898.5℃，估算成岩深度20.63km。③铁钙闪石形成压力为535MPa，形成温度为1072.6℃，估算成岩深度为20.21km。④推测随着成岩深度变浅（D = 35.67km→20.63km→20.21km）和岩浆上升侵位，成岩温度具有升高趋势（769.9℃→898.5℃→1072.6℃），形成铁浅闪石→铁韭闪石→铁钙闪石的矿物地球化学 *D-P-T* 相序列。该矿物地球化学 *D-P-T* 相序列，揭示滥泥坪-白锡腊碱性钛铁质基性岩浆的成岩系列地球化学动力学为减压增温过程。⑤镁铝钙闪石/铁韭闪石→铁钙闪石→绿钙闪石属铁钙闪石系列，为铁镁质闪石系列中铁韭闪石（铁镁硅酸盐化相），逐渐被绿钙闪石替代形成了钙硅酸盐化相；镁铝钙闪石形成压力为545MPa，形成温度为848.2℃，估算成岩深度20.61km，；铁韭闪石形成压力为546MPa，形成温度为898.5℃，估算成岩深度20.63km；铁钙闪石形成压力为535MPa，形成温度为1072.6℃，估算成岩深度20.63km；绿钙闪石形成压力为461MPa，形成温度为1128.7℃，估算成岩深度17.41km。⑥推测随着成岩深度变浅（D=20.63km→20.61km→20.21km→17.41km）和岩浆上升侵位，成岩温度具有升高趋势（848.2℃→898.5℃→1072.6℃→1128.7℃），形成铁韭闪石→铁钙闪石→绿钙闪石的矿物地球化学 *D-P-T* 相序列。该矿物地球化学 *D-P-T* 相序列，揭示白锡腊碱性钛铁质基性岩浆的成岩系列地球化学动力学仍为减压增温过程，与钛铁质辉长-闪长岩类属富钛铁质系列一致，角闪石平均平衡结晶温度为772℃，结晶平均成岩压力为 5.01×10^8 Pa，推测其侵位成岩深度为18.93km。角闪石属典型地幔流体交代矿物，其成岩年龄与锆石形成年龄基本一致，因此认为形成年龄为1067±20Ma。

总之，通过滥泥坪-白锡腊矿段深部侵入岩体的 *T-P-t-M*（*m-D-T-P*）四维地球化学岩相学解析研究，认为碱性钛铁质基性岩浆成岩系统的成岩温度769.9℃→1128.7℃，成岩深度 35.67km→17.41km，其地球化学动力学为减压增温过程，碱性钛铁质基性岩浆在结晶过程中上升侵位了 18.26km；碱性钛铁质基性岩浆成岩年龄 $t=1067\pm20$Ma，成岩系统的成岩物质 M=碱性钛铁质辉长岩类-碱性钛铁质闪长岩类-碱性钛铁质辉绿辉长岩类-碱性钛铁质辉绿岩类，碱性钛铁质基性岩浆成岩系统具有减压熔融动力学机制形成的碱性钛铁质基性岩浆主动上涌侵位的软流圈动力学机制。

在 T-P-t-M 四维地球化学解析研究上，汤丹铜矿区碱性钛铁质辉绿辉长岩中角闪石为铁浅闪石-铁角闪石富铁闪石系列，FeO^* = 16.69%~23.79%：①铁浅闪石形成压力为 579 ~ 626MPa，形成温度为 612.2 ~ 638.1℃，估算成岩深度为 21.87 ~ 23.65km。②铁角闪石形成压力为 372MPa，形成温度为 624.5℃，估算成岩深度为 14.06km。汤丹铜矿区碱性钛铁质基性岩浆成岩系统的成岩深度变浅，成岩温度总体变化不大，角闪石平均成岩温度为 642℃，平均成岩压力为 521MPa，平均成岩深度为 19.7km。认为汤丹碱性钛铁质基性岩浆在结晶过程中上升侵位了 9.62km，碱性钛铁质基性岩浆成岩年龄 $t=1069\pm25$Ma，成岩系统内成岩物质（M）具有被动上涌侵位动力学机制。

8.6.2 黑云母矿物地球化学特征及形成机制

1. 黑云母矿物地球化学特征

从表 8-7、图 8-31 和图 8-32 看：①滥泥坪侵入岩中黑云母具有富镁特征，表现为高 MgO（平均 13.6%），低 Al_2O_3（平均 14.38%）和 FeO^T（平均 17.62%）。XMF 值较高，0.91 ~ 1.50（平均 1.20），侵入岩中心相向边缘相 XMF 值减小，TiO_2质量分数具有减少趋势；TiO_2变化范围较大（0.90%~4.98%），这种黑云母矿物地球化学岩相学特征，揭示具有钛金云母存在。②汤丹侵入岩中黑云母具有富铁特征，表现为高 FeO^T（平均 23.76%），低 Al_2O_3（平均 13.81%）和 MgO（平均 9.25%）。X_{Fe}值较高，为 0.55 ~ 0.58；TiO_2较高且均一，平均为 4.38%。③滥泥坪侵入岩的黑云母落在镁质黑云母范围，汤丹侵入岩的黑云母落在铁质黑云母范围内（图 8-31、图 8-32），滥泥坪-汤丹铁铜矿带辉绿辉长岩侵入体中的黑云母均为原生黑云母，为原生黑云母和岩浆再平衡原生黑云母。但在滥泥坪碱性辉长岩类中，岩浆再平衡原生黑云母较为发育，显示经历了两期岩浆作用所形成。

$Fe^{2+}/(Fe^{2+}+Mg)$ 值均一性是氧化态岩浆的重要标志。黑云母中 $Fe^{2+}/(Fe^{2+}+Mg)$ 值能够反映其是否遭受后期流体改造，黑云母中 $Fe^{2+}/(Fe^{2+}+Mg)$ 值均一，表明未遭受后期流体的改造（Stone，2000）。滥泥坪铁铜矿区侵入岩中黑云母 $Fe^{2+}/(Fe^{2+}+Mg)$ 值为 0.25 ~ 0.26、0.32 ~ 0.37 和 0.42 ~ 0.55 之间，比值具有较大离差，说明遭受了岩浆热液流体叠加改造强烈，将钛金云母中钛活化，为形成金红石矿体提供了成矿物质来源。汤丹侵入岩中黑云母 $Fe^{2+}/(Fe^{2+}+Mg)$ 值在 0.55 ~ 0.58，均一性较好，表明黑云母遭受后期流体改造较弱。

表 8-7　滥泥坪-汤丹铁铜矿带碱性钛铁质辉绿辉长岩类黑云母电子探针数据表

（单位:%）

位置	滥泥坪铁铜矿区侵入岩																	汤丹铜矿区侵入岩		
样号	WB04	ZB24	ZB25	LB01	WB05	WB06	B5907	WB08	WB08	ZB18	LB05	BII59-2	BII59-15	17B71-19	B5908	BXIV59-8	B5914	B1770-24	1770-23	B1900-18
岩相类型	侵入岩中心相	侵入岩过渡相					侵入岩过渡相	隐爆角砾岩相			构造-热流体蚀变岩相			铜硫化物相	边缘相	构造-热流体蚀变岩相	火山角砾岩相	侵入岩过渡相		
SiO_2	37.25	36.74	34.73	38.03	36.36	35.98	37.67	36.97	37.06	38.12	37.57	38.07	37.29	38.18	38.13	37.81	38.31	35.21	36.57	33.75
TiO_2	4.98	2.32	2.18	1.82	2.00	3.04	1.33	1.17	1.32	0.47	1.04	1.07	0.95	1.37	0.90	1.18	1.26	4.07	3.70	5.38
Al_2O_3	14.06	14.26	14.38	15.59	14.45	13.99	15.00	14.00	13.67	13.43	14.52	13.95	13.79	14.85	14.01	15.80	14.72	13.98	13.58	13.88
Fe_2O_3	3.02	1.53	1.68	1.68	1.57	1.72	1.36	1.31	1.44	1.09	1.23	1.48	1.30	1.42	1.40	1.53	1.18	3.24	1.90	2.01
FeO	13.63	18.30	22.53	16.64	19.68	19.91	14.75	18.32	17.66	11.29	13.37	17.85	17.54	14.67	12.84	14.44	10.13	20.71	21.35	22.07
MnO	0.03	0.07	0.09	0.05	0.11	0.03	0.10	0.18	0.16	0.09	0.38	0.12	0.03	0.27	0.12	0.12	0.07	0.08	0.07	0.10
MgO	13.58	11.93	10.52	12.78	11.37	10.27	14.66	12.71	12.65	17.67	15.27	13.44	13.61	13.91	15.55	14.16	17.13	9.43	9.38	8.93
CaO	0.00	0.44	1.04	0.01	0.01	0.21	0.01	0.11	0.28	0.30	0.04	0.00	0.03	0.05	0.12	0.05	0.03	0.15	0.08	0.98
Na_2O	1.20	0.06	0.24	0.12	0.12	0.12	0.10	0.14	0.11	0.20	0.06	0.08	0.31	0.07	0.11	0.12	0.14	0.21	0.20	0.29
K_2O	7.49	9.19	7.02	9.00	8.88	8.96	9.22	9.07	8.90	8.55	9.31	8.99	8.67	9.57	8.35	8.67	8.88	8.49	9.02	7.43
Cr_2O_3	0.07	0.02	0.03	0.13	0.02	0.10	0.06	0.13	0.15	0.06	0.05	0.01	0.07	0.03	0.05	0.03	0.08	0.07	0.18	0.14
NiO	0.02	0.02	0.00	0.02	0.02	0.00	0.06	0.01	0.04	0.04	0.00	0.00	0.01	0.00	0.01	0.00	0.03	0.00	0.01	0.00
F	0.00	0.26	0.09	0.11	0.28	0.23	0.43	0.25	0.32	0.87	0.27	0.19	0.49	0.37	0.31	0.43	1.01	0.08	0.00	0.11
Cl	0.17	0.45	0.60	0.27	0.57	0.46	0.92	0.57	0.65	0.51	0.38	0.70	0.64	0.47	0.61	0.45	0.37	0.19	0.52	0.19
合计	95.49	95.58	95.15	96.26	95.43	95.03	95.66	94.94	94.40	92.69	93.47	95.95	94.72	95.23	92.49	94.78	93.34	95.91	96.56	95.27
* H_2O	1.97	1.86	1.72	1.88	1.66	1.70	1.55	1.68	1.62	1.42	1.74	1.71	1.55	1.69	1.66	1.67	1.41	1.85	1.82	1.82
* F,Cl=O	0.04	0.06	0.17	0.11	0.25	0.20	0.39	0.23	0.28	0.48	0.20	0.24	0.35	0.26	0.27	0.28	0.51	0.07	0.12	0.09
Si^{4+}	5.54	5.63	5.44	5.69	5.62	5.60	5.69	5.71	5.75	5.83	5.74	5.78	5.75	5.76	5.84	5.70	5.78	5.45	5.63	5.29
Al^{IV}	2.46	2.37	2.56	2.31	2.38	2.40	2.31	2.29	2.25	2.17	2.26	2.22	2.25	2.24	2.16	2.30	2.22	2.55	2.37	2.71
T-site	8.00	8.00	8.00	8.00	8.00	8.00	8.00	8.00	8.00	8.00	8.00	8.00	8.00	8.00	8.00	8.00	8.00	8.00	8.00	8.00

续表

位置	滥泥坪铁铜矿区侵入岩																	汤丹铜矿区侵入岩		
样号	WB04	ZB24	ZB25	LB01	WB05	WB06	B5907	WB08	WB08	ZB18	LB05	BII59-2	BII59-15	17B71-19	B5908	BXIV59-8	B5914	B1770-24	1770-23	B1900-18
岩相类型	侵入岩中心相	侵入岩过渡相					侵入岩过渡相	隐爆角砾岩相			构造-热流体蚀变岩相			铜硫化物相	边缘相	构造-热流体蚀变岩相	火山角砾岩相	侵入岩过渡相		
Al^{VI}	0.01	0.21	0.09	0.43	0.25	0.17	0.36	0.26	0.25	0.26	0.35	0.27	0.26	0.41	0.38	0.50	0.40	0.00	0.10	(0.14)
Ti^{4+}	0.56	0.27	0.26	0.21	0.23	0.36	0.15	0.14	0.16	0.06	0.12	0.12	0.11	0.16	0.10	0.13	0.14	0.47	0.43	0.63
Fe^{3+}	0.34	0.18	0.20	0.19	0.18	0.20	0.16	0.15	0.17	0.13	0.14	0.17	0.15	0.16	0.16	0.17	0.13	0.38	0.22	0.24
Fe^{2+}	1.70	2.35	2.95	2.08	2.54	2.59	1.86	2.37	2.29	1.45	1.71	2.27	2.26	1.85	1.65	1.82	1.28	2.68	2.75	2.89
Mn^{2+}	0.00	0.01	0.01	0.01	0.01	0.00	0.01	0.02	0.02	0.01	0.05	0.02	0.00	0.04	0.02	0.02	0.01	0.01	0.01	0.01
Mg^{2+}	3.01	2.73	2.46	2.85	2.62	2.39	3.30	2.93	2.93	4.03	3.48	3.04	3.13	3.13	3.55	3.18	3.85	2.18	2.16	2.09
M-site	5.62	5.74	5.97	5.77	5.85	5.71	5.84	5.87	5.82	5.93	5.84	5.89	5.91	5.74	5.85	5.82	5.82	5.72	5.67	5.72
Ca^{2+}	0.00	0.07	0.17	0.00	0.00	0.04	0.00	0.02	0.05	0.05	0.01	0.00	0.01	0.01	0.02	0.01	0.00	0.03	0.01	0.17
Na^{+}	0.35	0.02	0.07	0.04	0.04	0.04	0.03	0.04	0.03	0.06	0.02	0.02	0.09	0.02	0.03	0.04	0.04	0.06	0.06	0.09
K^{+}	1.42	1.80	1.40	1.72	1.75	1.78	1.78	1.79	1.76	1.67	1.81	1.74	1.71	1.84	1.63	1.67	1.71	1.68	1.77	1.49
Cr^{3+}	0.01	0.00	0.00	0.02	0.00	0.01	0.01	0.02	0.02	0.01	0.01	0.00	0.01	0.00	0.01	0.00	0.01	0.01	0.02	0.02
Ni^{2+}	0.00	0.00	0.00	0.00	0.00	0.00	0.00	0.00	0.00	0.00	0.00	0.00	0.00	0.00	0.00	0.00	0.00	0.00	0.00	0.00
A-site	1.78	1.89	1.65	1.77	1.79	1.86	1.81	1.86	1.86	1.79	1.85	1.77	1.81	1.87	1.69	1.71	1.76	1.77	1.87	1.76
F^{-}	0.00	0.13	0.05	0.05	0.14	0.11	0.21	0.12	0.16	0.42	0.13	0.09	0.24	0.18	0.15	0.21	0.48	0.04	0.00	0.05
Cl^{-}	0.04	0.12	0.16	0.07	0.15	0.12	0.24	0.15	0.17	0.13	0.10	0.18	0.17	0.12	0.16	0.12	0.10	0.05	0.14	0.05
* OH^{-}	1.96	1.76	1.79	1.88	1.71	1.77	1.56	1.73	1.67	1.45	1.77	1.73	1.59	1.70	1.69	1.68	1.42	1.91	1.86	1.90
X_{Fe}	0.36	0.46	0.55	0.42	0.49	0.52	0.36	0.45	0.44	0.26	0.33	0.43	0.42	0.37	0.32	0.36	0.25	0.55	0.56	0.58
X_{Mg}	0.64	0.54	0.45	0.58	0.51	0.48	0.64	0.55	0.56	0.74	0.67	0.57	0.58	0.62	0.68	0.63	0.75	0.45	0.44	0.42
X_{MF}	1.28	1.07	0.91	1.15	1.01	0.96	1.28	1.10	1.12	1.47	1.33	1.14	1.16	1.25	1.36	1.27	1.50	0.89	0.88	0.84

注：$X_{Fe}=n(Fe^{2+})/n(Fe^{2+}+Mg)$，$X_{Mg}$表示含镁系数，$X_{Mg}=n(Mg)/n(Mg+Fe^{2+}+Mn)$，$X_{MF}=2n(Mg)/n(Mg+Fe^{2+}+Mn)$；$Fe_2O_3$和FeO依据林文蔚和彭丽君（1994）计算，* H_2O，* F，Cl=0，* OH^-为计算所得，黑云母结构式的阳离子数以22个氧为基础计算。

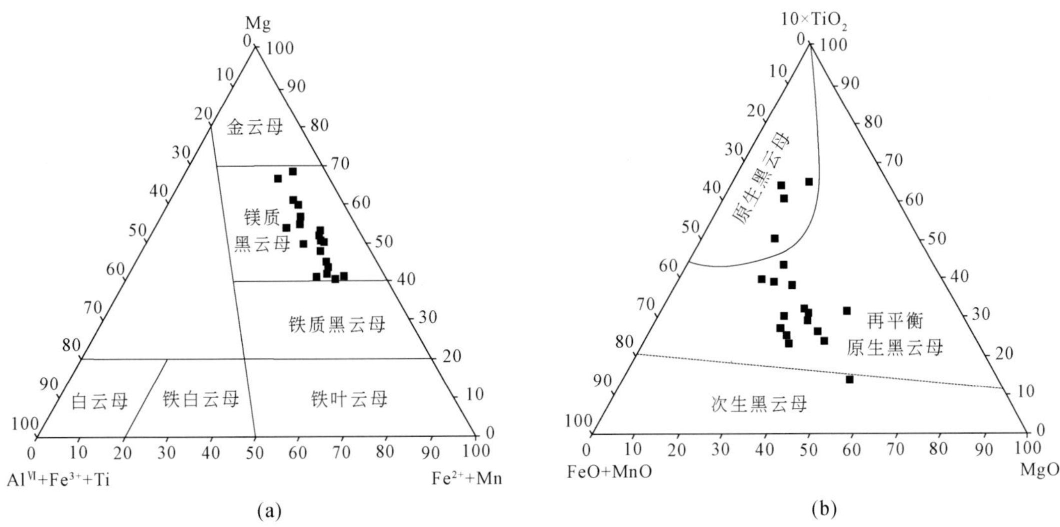

图 8-31　滥泥坪碱性辉长岩类中黑云母分类图解（底图据 Foster，1960）

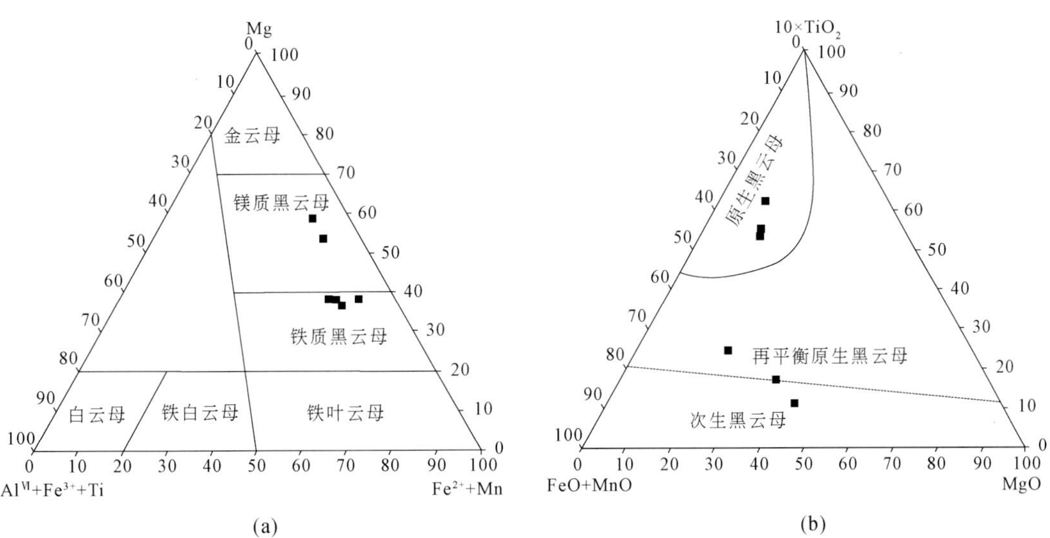

图 8-32　汤丹碱性辉长岩类中黑云母分类图解（底图据 Foster，1960）

滥泥坪铁铜矿区碱性辉长岩类的黑云母 Ti 的含量有两类，一类是 Ti 的含量介于 0.21 ~ 0.56，且 X_{Mg} 为 0.48 ~ 0.64，表明黑云母为岩浆成因；另一类是 Ti 的含量为 0.06 ~ 0.15（Ti<0.20），该类黑云母主要为构造流体岩相、隐爆角砾岩相等构造岩岩相。揭示滥泥坪铁铜矿区辉长岩类的黑云母为岩浆成因，且遭受了后期的退变质作用（后期中低温热液蚀变作用）。汤丹铜矿区侵入岩的黑云母 Ti 的含量为 0.43 ~ 0.63，且 X_{Mg} 为 0.42 ~ 0.45，为岩浆成因，遭受后期退变质作用或退变质作用不强。

表 8-8　滥泥坪-汤丹铁铜矿带碱性钛铁质辉长类侵入体共存流体的 HF-HCl-H_2O 逸度

位置	滥泥坪铁铜矿区侵入岩																汤丹铜矿区侵入岩		
样号	WB04	ZB24	ZB25	LB01	WB05	WB06	B5907	WB08	WB08	ZB18	LB05	BII59-2	BII59-15	17B71-19	B5908	BXIV59-8	B5914	B1770-24	1770-23	B1900-18
岩相类型	侵入岩中心相	侵入岩过渡相					侵入岩过渡相	隐爆角砾岩相			构造-热流体蚀变岩相			铜硫化物相	边缘相	构造-热流体蚀变岩相	火山角砾岩相	侵入岩过渡相		
T/℃	777	652	626	616	619	684	580	517	552	309	542	497	469	581	513	551	623	720	705	754
$\lg f_{O_2}$	-9.30	-12.20	-14.22	-11.60	-13.10	-13.70	-9.50	-12.00	-11.80	-9.80	-8.50	-11.60	-11.30	-10.00	-7.80	-9.60	-5.20	-14.40	-14.60	-14.70
X_{Mg}	0.64	0.54	0.45	0.58	0.51	0.48	0.64	0.55	0.56	0.74	0.67	0.57	0.58	0.63	0.68	0.64	0.75	0.45	0.44	0.42
X_{Fe}	0.36	0.46	0.54	0.42	0.49	0.52	0.36	0.45	0.44	0.26	0.33	0.43	0.42	0.37	0.32	0.36	0.25	0.55	0.56	0.58
P/MPa	94	128	151	180	145	125	156	119	105	81	139	103	106	147	114	197	141	120	94	124
深度 D/m	3.49	4.73	5.60	6.64	5.34	4.63	5.78	4.41	3.87	2.99	5.13	3.81	3.93	5.45	4.22	7.29	5.20	4.43	3.49	4.58
$\lg(f_{H_2O}/f_{HCl})$	3.20	2.92	2.87	3.22	2.87	2.88	2.65	3.07	2.91	3.79	3.15	3.04	3.11	2.99	2.99	3.05	2.88	3.27	2.84	3.22
$\lg(f_{H_2O}/f_{HF})$	—	2.09	2.57	2.52	2.08	2.13	1.87	2.23	2.06	1.98	2.16	2.39	1.96	1.97	2.11	1.93	1.40	2.62	—	2.45
$\lg(f_{HF}/f_{HCl})$	—	-0.44	-1.09	-0.61	-0.57	-0.51	-0.56	-0.75	-0.63	-0.58	-0.42	-0.99	-0.58	-0.34	-0.60	-0.30	0.30	-0.57	—	-0.41

注：黑云母 Ti 饱和或再平衡时的温度 $T=\{[\ln(\mathrm{Ti})-a-c(X_{Mg})^3]/b\}^{0.333}$；其中 $a=-2.3594$，$b=4.6482\times10^{-9}$，$c=-1.7283$，Ti 和 X_{Mg}是由黑云母成分按照 22 个氧原子计算得出。公式适用于 $X_{Mg}=0.275\sim1.000$，Ti=0.04～0.60apfu。

成岩深度采用 $p=\rho gD$，其中 $\rho=2760\mathrm{kg/m^3}$，$g=9.8\mathrm{m/s^2}$；$X_{Fe}=n(Fe^{2+})/n(Fe^{2+}+Mg)$，$X_{Mg}$表示含镁系数，$X_{Mg}=n(Mg)/n(Mg+Fe^{2+}+Mn)$。

$\lg(f_{H_2O}/f_{HF})^{fluid}=1000/T[2.37+1.1(X_{Mg})^{Bio}]+0.43-\lg(X_F/X_{OH})^{Bio}$。

$\lg(f_{H_2O}/f_{HCl})^{fluid}=1000/T[1.15+0.55(X_{Mg})^{Bio}]+0.68-\lg(X_{Cl}/X_{OH})^{Bio}$。

$\lg(f_{HF}/f_{HCl})^{fluid}=-1000/T[1.22+1.65(X_{Mg})^{Bio}]+0.25+\lg(X_F/X_{Cl})^{Bio}$；其中 X_F，X_{Cl}，X_{OH}是黑云母分子中 OH 位置的 F，Cl，OH 的摩尔分数，$(X_{Mg})^{Bio}$为 Mg/(Mg+Fe)，T 为卤素交换温度。

2. 黑云母 T-P-$\lg f_{O_2}$ 估算

1）黑云母成岩环境恢复与五维地球化学岩相学结构模型

Uchida 等（2007）对低压条件（P<0.2GPa）结晶岩体的角闪石全铝含量与黑云母全铝含量进行线性回归，得到黑云母全铝压力计公式：$P=0.303\times Al^T-0.65$。公式中 Al^T 为黑云母分子式（基于 O=22）中 Al 的摩尔分数，压力 P 的单位是 GPa，误差为±0.033GPa。上述黑云母全铝压力计不能用来估算岩浆岩的结晶压力。但可以用来估算岩浆热液蚀变系统的黑云母形成压力。黑云母中 Ti 含量可作为地质温度计（Henry and Guidotti，2002；Ren et al.，2008）。本区黑云母多数与钛铁矿、金红石、榍石等含钛矿物共生，表明其达到了钛饱和，符合黑云母全铝压力计估算条件。通过黑云母全铝压力计估算可知（表8-8），滥泥坪侵入岩体中黑云母化相成岩压力为 94～197MPa，推测成岩深度为 3.49～7.29km，黑云母化相与滥泥坪铁铜矿区同岩浆侵入期，发育糜棱岩化相带的成岩深度和成岩条件一致，再次证明在脆韧性构造变形域内形成构造–热流体耦合反应作用。汤丹碱性钛铁质辉绿辉长岩侵入体中黑云母化相成岩压力为 94～124MPa，推测成岩深度为 3.94～4.58km，汤丹地区黑云母化相与滥泥坪地区有显著差异。

从碱性辉绿辉长岩侵入体中黑云母 Fe^{3+}-Fe^{2+}-Mg 图解（图 8-33）看，滥泥坪和汤丹碱性钛铁质辉绿辉长岩侵入体中黑云母样品点均落在 NNO 与 FMQ 两条缓冲线之间，且均靠近 NNO 缓冲线，表明黑云母形成的岩浆–热液体系属中氧逸度条件。

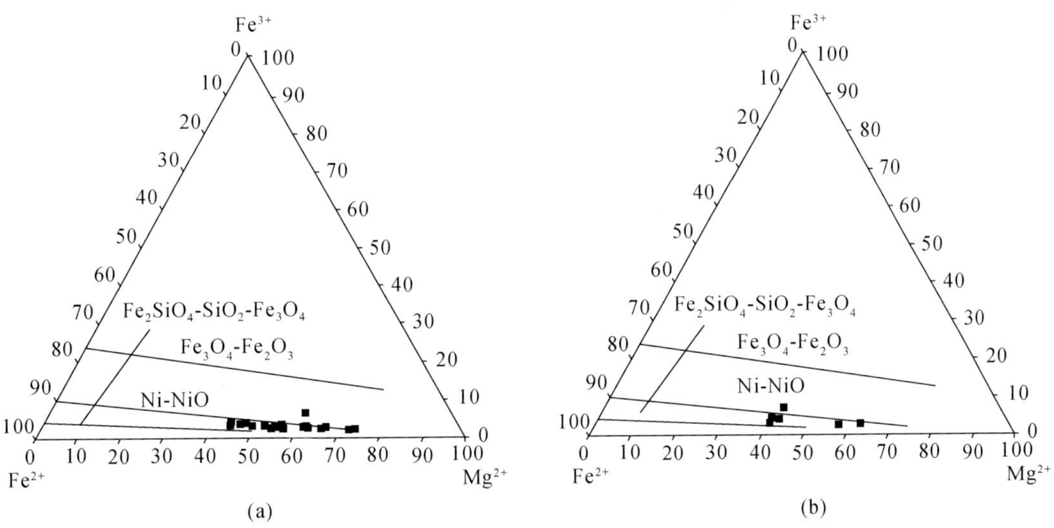

图 8-33　滥泥坪–黑云母氧缓冲图解（a）和汤丹–黑云母氧缓冲图解（b）（Wones and Eugster，1965）

结合黑云母 Fe^{3+}-Fe^{2+}-Mg 图解和黑云母 Ti 温度计估算，黑云母化相成岩温度范围，在 $P(H_2O)$=207.0MPa 条件下（Wones and Eugster，1965），黑云母的 $\lg f_{O_2}$-T 图解上投图（图 8-34），①滥泥坪碱性钛铁质辉长岩类侵入体中黑云母化形成温度范围为 469～777℃，具有明显的高温相岩浆热液蚀变系统特征。黑云母化相形成期间大致氧逸度值（$\lg f_{O_2}$）为

−14.22 ~ −5.2。②汤丹碱性钛铁质辉绿辉长岩侵入体中黑云母化相形成温度范围为 705 ~ 754℃，具有明显的高温相岩浆体系蚀变系统特征；黑云母化形成期间大致氧逸度值（$\lg f_{O_2}$）为−14.7 ~ −14.4。

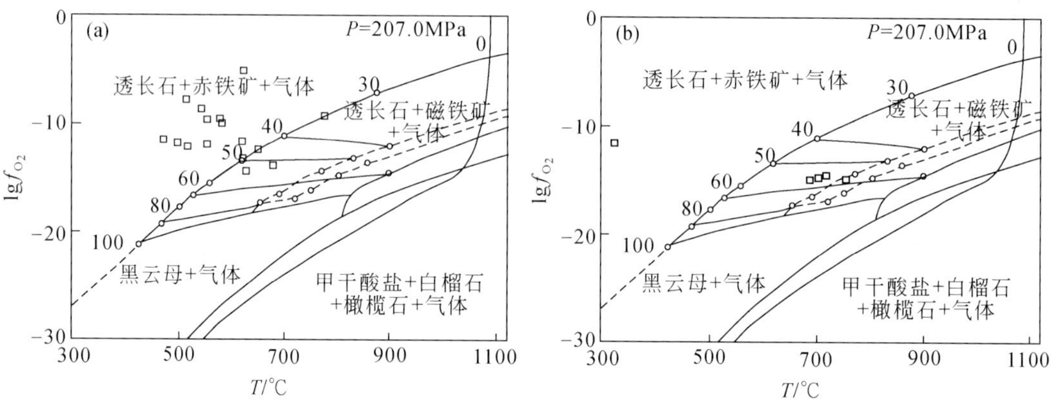

图 8-34 滥泥坪−黑云母 $\lg f_{O_2}$-T 图解（a）和汤丹−黑云母 $\lg f_{O_2}$-T 图解（b）（Wones and Eugster，1965）

总体上汤丹铜矿区侵入岩体中黑云母化相形成温度高于滥泥坪铁铜矿区，但氧逸度低于滥泥坪铁铜矿区，揭示与滥泥坪−白锡腊矿段深部碱性钛铁质辉长岩类侵入岩体有关的同岩浆侵入期糜棱岩化岩相带黑云母化（碱性钾质水解硅酸盐蚀变相）形成于相对较高的氧逸度环境。

滥泥坪−白锡腊碱性钛铁质闪长岩中，阳起石形成温度在 466.8 ~ 631.3℃，发育糜棱岩化相（黑云母阳起石化蚀变岩−阳起石黑云母岩）和糜棱岩相（黑云母糜棱岩），它们为黑云母−阳起石之间含量连续性变化形成的围岩蚀变系统。阳起石形成温度在黑云母化相成岩温度范围内，也揭示了估算的黑云母形成温度可信；同时也证明黑云母−阳起石蚀变系统，是构造−原岩−热流体耦合作用机制不同所形成的不同成分矿物，总体属于同一脆韧性剪切构造变形域内（糜棱岩化相−糜棱岩相）。总之，与白锡腊矿段深部侵入岩体有关的同岩浆侵入期糜棱岩化岩相带 T-P-t-M-$\lg f_{O_2}$ 五维地球化学岩相学相体结构模型特征可恢复如下：①成矿温度 T=469 ~ 777℃；②成岩深度 P=3.49 ~ 7.29km；③成岩年龄 t<1047±15Ma（斜锆石）；④成岩成矿围岩蚀变系统物质 M=糜棱岩化黑云母阳起石绿帘石岩+糜棱岩化绿帘石阳起石黑云母岩+黑云母化蚀变岩=碱性水解钾化硅酸盐化蚀变相；⑤氧化−还原地球化学岩相学类型=较高的氧逸度环境（$\lg f_{O_2}$=−14.22 ~ −5.2）。

2）与辉长岩类有关的共存流体性质

温度、压力、氧逸度、组分变化和挥发分含量制约着元素（Sn、Cu、W、Mo 等）在熔体/流体相中分配、流体体系地球化学行为及其成矿效应。富 Cl 的热液能够从共存的熔体中迁移出更多的 Cu，因此岩浆中 Cl 的含量对于 Cu 的沉淀富集具有重要意义。因此，开展岩浆演化和结晶过程中热化学参数研究，对认识岩浆演化及其与成矿关系具有重要意义。黑云母中的 F、Cl 不仅可以用来判定岩体的矿化和非矿化程度，而且可以用来估算侵入岩体共存流体的 HF、HCl、H_2O 逸度。利用公式计算出流体逸度相关参数：①与滥泥坪辉绿辉长岩共存的热液流体 $\lg(f_{H_2O}/f_{HF})^{fluid}$、$\lg(f_{H_2O}/f_{HCl})^{fluid}$、$\lg(f_{HF}/f_{HCl})^{fluid}$值变化范围分别为 1.40 ~2.57、2.65 ~3.79、-1.09 ~ -0.30；②与汤丹碱性钛铁质辉绿辉长岩共存的热液流体 $\lg(f_{H_2O}/f_{HF})^{fluid}$、$\lg(f_{H_2O}/f_{HCl})^{fluid}$、$\lg(f_{HF}/f_{HCl})^{fluid}$值变化范围分别为 2.45 ~2.62、2.84 ~3.27、-0.57 ~ -0.41。滥泥坪铁铜矿区侵入岩相、构造热流体蚀变岩相带、隐爆角砾岩相带和铜硫化物相 $\lg(f_{H_2O}/f_{HCl})^{fluid}$、$\lg(f_{HF}/f_{HCl})^{fluid}$值低于汤丹铜矿区，表明滥泥坪铁铜矿区黑云母蚀变阶段热流体中 Cl 含量较高，富 Cl 的热液能够析出和迁移更多的 Cu，有利于铜矿质形成铜矿体，这也是滥泥坪铁铜矿区侵入岩体能形成铜矿体、铁铜矿体的因素之一。

3. 黑云母与成岩环境恢复

在岩浆起源和演化过程中，早结晶的铁镁矿物比晚结晶者具有更高的 X_{MF}值（马昌前等，1994）。在滥泥坪铁铜矿区侵入岩中心相→过渡相→边缘相→隐爆角砾岩相中黑云母 X_{MF}值逐渐变大，即 X_{MF}平均值由 1.28→1.28→1.36→1.47（表 8-7），反映侵入岩中心相和过渡相为晚期岩浆结晶作用产物，边缘相和隐爆角砾岩相为早期结晶作用的产物，这与研究区侵入岩中黑云母含镁系数变化趋势相同。表明在岩浆演化过程中，随结晶温度的变化，氧逸度均减小，且向富铁方向演化，岩石中黑云母的 X_{Mg}值是区别深源或浅源岩体的可靠判别标志。滥泥坪-汤丹矿区侵入岩中黑云母 X_{Mg}平均值分别为 0.56、0.48（X_{Mg}>0.45 代表深源系列岩石），表明碱性钛铁质辉绿辉长岩均为深源岩浆。

在 $FeO^T/(MgO+FeO^T)$-MgO 图解中（图 8-35），滥泥坪铁铜矿区侵入岩中黑云母在壳幔混源和幔源区域，汤丹铜矿区侵入岩中黑云母在壳源区。揭示滥泥坪侵入岩形成与幔源岩浆作用有关，汤丹铜矿区侵入岩形成与壳源岩浆作用有关。从滥泥坪铁铜矿区到汤丹铜矿区侵入岩具有幔源岩浆向壳源岩浆演化的趋势，因此，滥泥坪-汤丹铁铜矿带侵入岩岩浆可能为地幔源区碱性基性岩浆经过分离结晶演化后的产物。

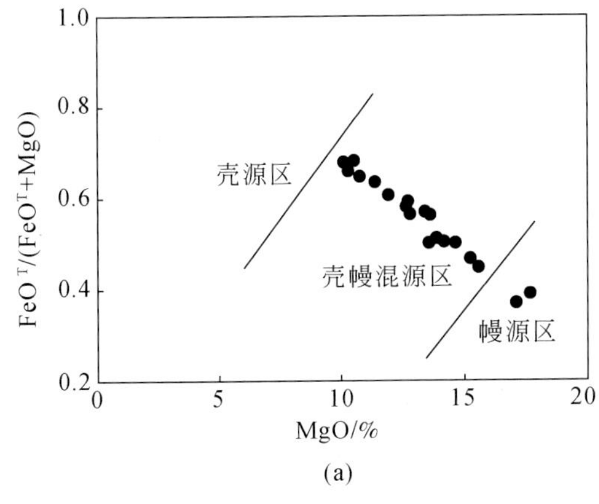

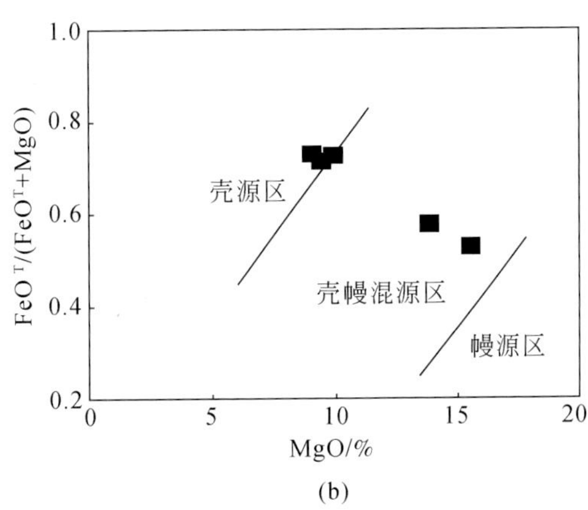

图 8-35　碱性辉长岩类中黑云母的 $FeO^T/(MgO+FeO^T)$-MgO 图解（底图据周作侠，1986）

（a）滥泥坪铁铜矿区；（b）汤丹铜矿区

8.6.3　绿泥石化蚀变相与五维地球化学岩相学结构模型

1. 绿泥石矿物地球化学特征

在滥泥坪-汤丹铁铜矿带内，绿泥石是格林威尔期碱性钛铁质辉绿辉长岩侵入岩体中分布较为广泛的蚀变矿物，主要由角闪石和黑云母等通过热液蚀变作用而形成。由于绿泥石颗粒细小、结构复杂，加上绿泥石与其他矿物之间复杂的伴生关系，利用电子探针分析绿泥石成分时容易产生误差。因此，在利用测试数据进行分析之前要先剔除因被混染而存在误差的测点。删除被混染的绿泥石测点数据后，滥泥坪-汤丹侵入岩中绿泥石矿物地球化学特点（表 8-9）为：①滥泥坪侵入岩中绿泥石 MgO 为 12.74%～20.76%，平均为 15.42%；Al_2O_3为 13.12%～18.08%，平均为 16.26%；FeO^T为 20.39%～31.08%，平均为 26.30%；SiO_2为 25.76%～29.47%，平均为 27.81%；MnO 为 0.03%～0.24%，平均为 0.13%。②汤丹侵入岩中绿泥石 MgO 为 13.58%～15.51%，平均为 14.43%；Al_2O_3为 19.65%～21.08%，平均为 20.06%；FeO^T为 25.46%～29.64%，平均为 27.25%；SiO_2为 25.86%～26.95%，平均为 26.29%；MnO 为 0.14%～0.29%，平均为 0.22%。

野外地质观察发现，滥泥坪铁铜矿区侵入岩受到同岩浆侵入期脆韧性剪切变形作用，岩石发生糜棱岩化和碎裂岩化，为流体活动提供了通道，绿泥石蚀变相程度增强。随着蚀变程度加强，MgO 和 SiO_2含量总体上减少，Al_2O_3、MnO、FeO^T含量总体上增加，与汤丹铜矿区侵入岩中绿泥石相比较，滥泥坪铁铜矿区与铁铜矿成矿有关的绿泥石化蚀变相，具有相对低 Si 和 Mg，相对高 Al、Mn 和 Fe 的特点，这与野外地质现象吻合。总体上，滥泥坪铁铜矿区侵入岩绿泥石蚀变相的强度大于汤丹铜矿区侵入岩。

在绿泥石分类方案上，选用了 Deer 等（1962）提出的 Fe-Si 分类方案，对研究区辉绿辉长岩中的绿泥石进行图解（图 8-36），滥泥坪铁铜矿区侵入岩中绿泥石为富铁镁种属的

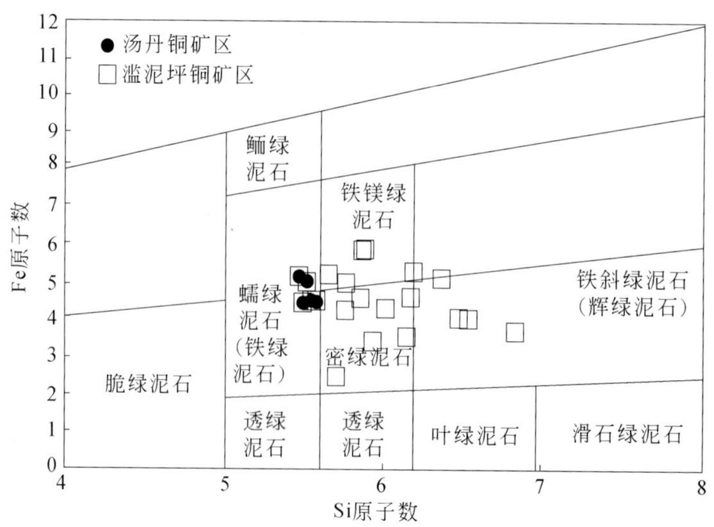

图 8-36　绿泥石分类图解（底图据 Deer et al.，1962）

铁镁绿泥石、密绿泥石、辉绿泥石（铁斜绿泥石）和鳞绿泥石（铁绿泥石）。汤丹铜矿区侵入岩中绿泥石为富铁种属的鳞绿泥石（铁绿泥石）。在脉状矿床的热液蚀变中，在低氧化、低 pH 的条件下，有利于形成富镁绿泥石（Inoue，1995）；而还原环境则有利于形成富铁绿泥石。实验研究表明（Bryndzia and Steven，1987），绿泥石 $Fe^{2+}/(Fe^{2+}+Mg^{2+})$ 的变化与系统的氧逸度有关，系统越还原，其形成的绿泥石 $Fe^{2+}/(Fe^{2+}+Mg^{2+})$ 值越大。

铁绿泥石的形成还可能与流体的沸腾作用有关，流体沸腾作用会改变成矿流体温度、盐度、氧化还原状态和 pH，降低 Cu 在热液体系中稳定性和溶解度，导致 Cu 的沉淀（Heinrich，1990；Muller et al.，2001）。

滥泥坪铁铜矿区多数为富铁镁绿泥石，$Fe^{2+}/(Fe^{2+}+Mg^{2+})$ 值为 0.25～0.59，平均 0.44，指示绿泥石形成于低氧化-弱还原、低 pH 的环境，汤丹铜矿区侵入岩中绿泥石均为富铁绿泥石，$Fe^{2+}/(Fe^{2+}+Mg^{2+})$ 值变化为 0.47～0.53，平均 0.50，指示绿泥石形成于弱还原环境。滥泥坪铁铜矿区白锡腊矿段深部 IOCG 矿床主要含矿岩相为同岩浆侵入期脆韧性剪切带中构造-流体蚀变岩相带和隐爆角砾岩相带。其含矿相带主要形成机制为岩浆侵位过程减压沸腾所形成，流体的沸腾改变了成矿流体的理化性质，降低了铜在热液体系中的溶解度和稳定性，导致铜矿质沿裂隙充填成矿。这就是 IOCG 矿床主成矿阶段的成矿机制，揭示绿泥石蚀变为铁铜硫化物的围岩蚀变，也是 IOCG 矿床找矿标志。

一般认为，由泥质岩蚀变形成的绿泥石，比由镁铁质岩石转化而成的绿泥石具有较高的 $Al/(Al+Mg^{2+}+Fe^{2+})$ 值（>0.35）。由表 8-10 可知，滥泥坪铁铜矿区侵入岩中绿泥石 $Al/(Al+Mg^{2+}+Fe^{2+})$ 值均小于 0.35，反映滥泥坪铁铜矿区侵入岩中绿泥石的化学成分主要由镁铁质岩石转化而来。汤丹铜矿区侵入岩中所有测点 $Al/(Al+Mg^{2+}+Fe^{2+})$ 值为 0.35～0.37，平均 0.36（接近 0.35），反映汤丹铜矿区侵入岩中绿泥石的化学成分主要由镁铁质岩石转化而来，少部分由围岩地层中黑山组碳质白云岩、板岩转化而来。

高 $Mg^{2+}/(Fe^{2+}+Mg^{2+})$ 值的绿泥石一般产于基性岩中，而低 $Mg^{2+}/(Fe^{2+}+Mg^{2+})$ 值的绿泥石产于含铁建造中（Zang and Fyfe，1995）。滥泥坪-汤丹铁铜矿带侵入岩中绿泥石所有测点 $Mg/(Fe+Mg)$ 值为 0.41～0.75（表 8-10），平均 0.55，相对较高，指示研究区侵入岩中绿泥石形成于较为富铁的基性岩中。在 $Al/(Al+Mg^{2+}+Fe^{2+})-Mg^{2+}/(Fe^{2+}+Mg^{2+})$ 图解中［图 8-37（c）］，绿泥石样品的投影点比较分散，总体上有一定的负相关性，但是线性关系差，反映了岩体构造变形程度不同，流体蚀变强度不同。前人在研究绿泥石过程中发现：若绿泥石是在一次蚀变作用中形成的，其主要阳离子与 Mg^{2+} 应该呈现良好的线性关系（Xie et al.，1997）。而在本研究区所研究绿泥石的 $Mg^{2+}-Si^{4+}$、$Fe^{2+}-Si^{4+}$ 图解中［图 8-37（g）、（h）］，Fe^{2+}、Mg^{2+} 虽然与 Si^{4+} 有线性关系，但线性关系差，其拟合程度分别为 $R^2=0.0603$、$R^2=0.0031$；Mg 与 Fe、Al 线性关系也比较差［图 8-37（b）、（c）、（f）］，这说明滥泥坪-汤丹铁铜矿带侵入岩中绿泥石可能是多期热液活动形成的。

表 8-9　滥泥坪–汤丹铁铜矿带碱性钛铁质辉长岩类绿泥石化学成分电子探针分析结果表

（单位：%）

位置	滥泥坪铁铜矿区侵入岩																汤丹铜矿区侵入岩				
样号	ZB20-1		ZB24	LB01	ZB01	WB01		ZB28	LB03		BII59-2	BII59-15	17B71-18	B5912	B5917	BXIV59-9	B1770-24		B1900-18		B1900-24
岩性	中细粒橄榄苏长岩		含铜钛铁矿黑云角闪闪长岩	细粒辉石闪长岩	矿化蚀变辉长闪长岩	矿化蚀变岩（矿化钠帘石化蚀变闪长岩）		磁铁矿钛铁矿闪长岩质角砾岩	碎裂岩化相中粗粒绿泥石绿帘石黑云母化闪长岩		黑云绿帘石化岩（含铜方柱石黑云母绿帘石蚀变岩）	钠长石黑云母化岩	斑铜矿黄铜矿磁铁矿石	复成分火山角砾岩	钠长石角砾岩	黄铜黄铁磁铁矿石	黑云母化角闪石化辉长辉绿（玢）岩		黑云母化角闪石化蚀变辉长辉绿岩		角闪石化蚀变辉长辉绿岩
SiO_2	34.49	25.76	25.76	26.94	28.59	30.76	31.92	27.28	28.12	29.20	27.73	28.99	27.96	29.47	27.81	25.82	25.82	26.95	25.96	26.13	26.60
TiO_2	0.00	0.13	0.01	0.00	0.00	1.37	0.64	0.03	0.18	0.10	0.05	0.07	0.04	0.03	0.24	0.01	0.06	0.03	0.04	0.02	0.04
Al_2O_3	13.42	12.83	18.05	17.48	15.39	14.99	16.01	18.08	14.13	13.12	17.10	16.55	16.85	17.48	19.42	15.52	19.65	19.91	19.74	19.93	21.08
Fe_2O_3	2.12	2.19	1.63	1.65	1.94	1.49	1.31	1.66	1.85	1.85	1.51	1.75	1.64	1.56	1.30	1.49	1.77	1.53	1.52	1.76	1.85
FeO	20.71	20.27	27.12	26.53	23.88	21.82	22.50	22.87	27.22	26.47	24.76	18.64	24.68	18.97	13.37	29.58	23.69	24.76	28.12	26.95	24.28
MnO	0.05	0.10	0.14	0.24	0.12	0.10	0.12	0.13	0.14	0.13	0.32	0.03	0.15	0.14	0.16	0.06	0.20	0.20	0.29	0.26	0.14
MgO	18.86	16.21	12.74	14.50	15.22	12.64	13.28	16.64	13.74	14.85	15.82	17.90	16.27	20.76	22.07	11.54	14.60	15.51	13.61	13.58	14.83
CaO	0.29	0.47	0.20	0.06	0.29	1.02	0.07	0.04	0.18	0.12	0.08	0.06	0.20	0.18	0.11	0.22	0.05	0.02	0.05	0.03	0.17
Na_2O	0.08	0.11	0.11	0.02	0.00	0.11	0.05	0.03	0.04	0.06	0.09	0.28	0.04	0.05	0.25	0.10	0.00	0.22	0.08	0.00	0.04
K_2O	0.58	1.88	0.05	0.00	0.03	4.33	5.19	0.03	0.01	0.02	0.37	0.15	0.01	0.05	0.15	0.07	0.01	0.26	0.02	0.03	0.06
F	0.02	0.20	0.00	0.00	0.00	0.21	0.00	0.00	0.00	0.00	0.00	0.04	0.00	0.00	0.02	0.00	0.00	0.00	0.00	0.00	0.11
Cl	0.03	0.04	0.07	0.02	0.01	0.28	0.31	0.04	0.03	0.03	0.09	0.03	0.01	0.02	0.22	0.02	0.08	0.00	0.02	0.01	0.07
合计	90.66	80.18	85.88	87.43	85.45	89.12	91.40	86.82	85.62	85.94	87.91	84.47	87.85	88.70	85.11	84.43	85.92	89.40	89.44	88.68	89.28

表 8-10　滥泥坪–汤丹铁铜矿带碱性钛铁质辉长岩类绿泥石结构阳离子、温度、氧逸度、硫逸度计算表（以 14 个氧原子计算的阳离子数）　（单位:%）

位置	滥泥坪铁铜矿区侵入岩																汤丹铜矿区侵入岩				
样号	ZB20-1		ZB24	LB01	ZB01	WB01		ZB28	LB03		BII59-2	BII59-15	17B71-18	B5912	B5917	BXIV59-9	B1770-24		B1900-18		B1900-24
岩性	中细粒橄榄苏长岩		含铜钛铁矿黑云角闪闪长岩	细粒辉石闪长岩	矿化蚀变辉长闪长岩	矿化蚀变岩（矿化钠帘石化蚀变闪长岩）		磁铁矿钛铁矿闪长岩质角砾岩	碎裂岩化相中粗粒绿泥石绿帘石黑云母化闪长岩		黑云绿帘石化岩	钠长石黑云母化岩	斑铜矿黄铜矿磁铁矿石	复成分火山角砾岩	钠长石角砾岩	黄铜黄铁磁铁矿石	黑云母化角闪石化辉长辉绿（玢）岩		黑云母化角闪石化蚀变辉长辉绿岩		角闪石化蚀变辉长辉绿岩
Si^{4+}	3.42	3.01	2.83	2.88	3.09	3.24	3.27	2.88	3.10	3.18	2.93	3.07	2.95	2.97	2.85	2.94	2.78	2.79	2.74	2.76	2.75
Ti^{4+}	0.00	0.01	0.00	0.00	0.00	0.11	0.05	0.00	0.02	0.01	0.00	0.01	0.00	0.00	0.02	0.00	0.01	0.00	0.00	0.00	0.00
Al^{3+}	1.57	1.77	2.34	2.21	1.96	1.86	1.93	2.25	1.83	1.69	2.13	2.07	2.09	2.08	2.35	2.08	2.49	2.43	2.45	2.48	2.57
Fe^{3+}	0.16	0.19	0.14	0.13	0.16	0.12	0.10	0.13	0.15	0.15	0.12	0.14	0.13	0.12	0.10	0.13	0.14	0.12	0.12	0.14	0.14
Fe^{2+}	1.72	1.98	2.49	2.38	2.16	1.92	1.93	2.02	2.51	2.41	2.19	1.65	2.17	1.60	1.15	2.81	2.13	2.14	2.48	2.38	2.10
Mn^{2+}	0.00	0.01	0.01	0.02	0.01	0.01	0.01	0.01	0.01	0.01	0.03	0.00	0.01	0.01	0.01	0.01	0.02	0.02	0.03	0.02	0.01
Mg^{2+}	2.78	2.82	2.09	2.31	2.45	1.99	2.03	2.62	2.25	2.41	2.49	2.83	2.56	3.12	3.38	1.95	2.34	2.39	2.14	2.14	2.29
Ca^{2+}	0.03	0.06	0.02	0.01	0.03	0.12	0.01	0.00	0.02	0.01	0.01	0.01	0.02	0.02	0.01	0.03	0.01	0.00	0.01	0.00	0.02
Na^{+}	0.01	0.03	0.02	0.00	0.00	0.02	0.01	0.01	0.01	0.01	0.02	0.06	0.01	0.01	0.05	0.02	0.00	0.04	0.02	0.00	0.01
K^{+}	0.07	0.28	0.01	0.00	0.00	0.58	0.68	0.00	0.00	0.00	0.05	0.02	0.00	0.01	0.02	0.01	0.00	0.03	0.00	0.00	0.01
Al^{IV}	0.58	0.99	1.17	1.12	0.91	0.76	0.73	1.12	0.90	0.82	1.07	0.93	1.05	1.03	1.15	1.06	1.22	1.21	1.26	1.24	1.25
Al^{VI}	0.98	0.78	1.17	1.09	1.05	1.10	1.20	1.13	0.93	0.87	1.06	1.14	1.04	1.05	1.20	1.02	1.26	1.22	1.19	1.24	1.32
Fe /(Fe+Mg)	0.38	0.41	0.54	0.51	0.47	0.49	0.49	0.44	0.53	0.50	0.47	0.37	0.46	0.34	0.25	0.59	0.48	0.47	0.54	0.53	0.48
Mg /(Fe+Mg)	0.62	0.59	0.46	0.49	0.53	0.51	0.51	0.56	0.47	0.50	0.53	0.63	0.54	0.66	0.75	0.41	0.52	0.53	0.46	0.47	0.52
Al /(Al+Fe+Mg)	0.26	0.27	0.34	0.32	0.30	0.32	0.33	0.33	0.28	0.26	0.31	0.32	0.31	0.31	0.34	0.30	0.36	0.35	0.35	0.35	0.37

续表

位置	滥泥坪铁铜矿区侵入岩																汤丹铜矿区侵入岩				
样号	ZB20-1		ZB24	LB01	ZB01	WB01		ZB28	LB03		BII59-2	BII59-15	17B71-18	B5912	B5917	BXIV59-9	B1770-24		B1900-18		B1900-24
岩性	中细粒橄榄苏长岩		含铜钛铁矿黑云角闪闪长岩	细粒辉石闪长岩	矿化蚀变辉长闪长岩	矿化蚀变岩（矿化钠帘石化蚀变闪长岩）		磁铁矿钛铁矿闪长岩质角砾岩	碎裂岩化相中粗粒绿泥石绿帘石黑云母化闪长岩		黑云绿帘石化岩	钠长石黑云母化岩	斑铜矿黄铜矿磁铁矿石	复成分火山角砾岩	钠长石角砾岩	黄铜黄铁磁铁矿石	黑云母化角闪石化辉长辉绿（玢）岩		黑云母化角闪石化蚀变辉长辉绿岩		角闪石化蚀变辉长辉绿岩
d_{001}	14.24	14.18	14.15	14.16	14.19	14.21	14.22	14.17	14.18	14.20	14.17	14.20	14.17	14.19	14.18	14.16	14.15	14.16	14.14	14.15	14.15
$T_{d_{001}}$/℃	142	194	225	217	189	166	163	210	195	183	207	180	206	191	195	219	224	223	236	231	227
a_3	1738.15	4198.63	22183.01	15880.26	8212.82	4247.98	4557.10	7314.85	15351.81	11052.26	9991.30	2395.00	9347.48	2004.96	466.10	33348.65	11221.41	11107.04	23040.08	19398.97	11046.90
a_6	1958.34	4974.83	14668.82	10852.40	7317.69	3195.74	2916.81	5822.56	11442.44	8501.22	6683.40	2466.55	6829.77	1814.77	499.39	18485.69	9202.74	7538.17	13648.18	13920.23	9249.44
$\lg a_3$	3.24	3.62	4.35	4.20	3.91	3.63	3.66	3.86	4.19	4.04	4.00	3.38	3.97	3.30	2.67	4.52	4.05	4.05	4.36	4.29	4.04
$\lg a_6$	3.29	3.70	4.17	4.04	3.86	3.50	3.46	3.77	4.06	3.93	3.82	3.39	3.83	3.26	2.70	4.27	3.96	3.88	4.14	4.14	3.97
$\lg K_1$	14.22	12.15	11.08	11.37	12.35	13.21	13.34	11.60	12.14	12.58	11.68	12.68	11.75	12.28	12.11	11.27	11.11	11.15	10.73	10.88	11.03
$\lg K_2$	-103.47	-131.52	-153.22	-146.81	-128.10	-115.24	-113.60	-142.01	-131.87	-124.46	-140.30	-122.89	-139.00	-129.42	-132.28	-148.92	-152.52	-151.51	-161.50	-157.80	-154.27
$\lg f_{O_2}$	-56.69	-48.32	-45.03	-46.13	-49.62	-53.35	-54.13	-46.79	-49.05	-50.77	-47.44	-50.67	-47.55	-49.28	-48.33	-46.11	-44.78	-45.29	-43.84	-44.11	-44.44
$\lg f_{S_2}$	-18.07	-9.34	-4.47	-5.99	-10.61	-14.54	-15.23	-7.00	-9.79	-11.81	-7.63	-11.88	-7.88	-10.14	-9.10	-5.72	-4.38	-4.81	-2.60	-3.28	-3.93

注：Fe^{3+}的含量不能通过电子探针直接获得，采用林文蔚和彭丽君（1994）等的计算方法获得 Fe^{2+} 和 Fe^{3+} 值，基于 14 个氧原子按标准氧法计算其阳离子数及相关参数；绿泥石的 $w(Na_2O+K_2O+CaO)$ 可以作为判别其成分是否存在混染的指标（Hiller and Velde，1991）；绿泥石面网间距及温度计算公式（Rausell，1991）：$d_{001}=14.339-0.1155Al^{IV}-0.0201Fe^{2+}$；$T_{d_{001}}=(14.339-d_{001})\times1000$。

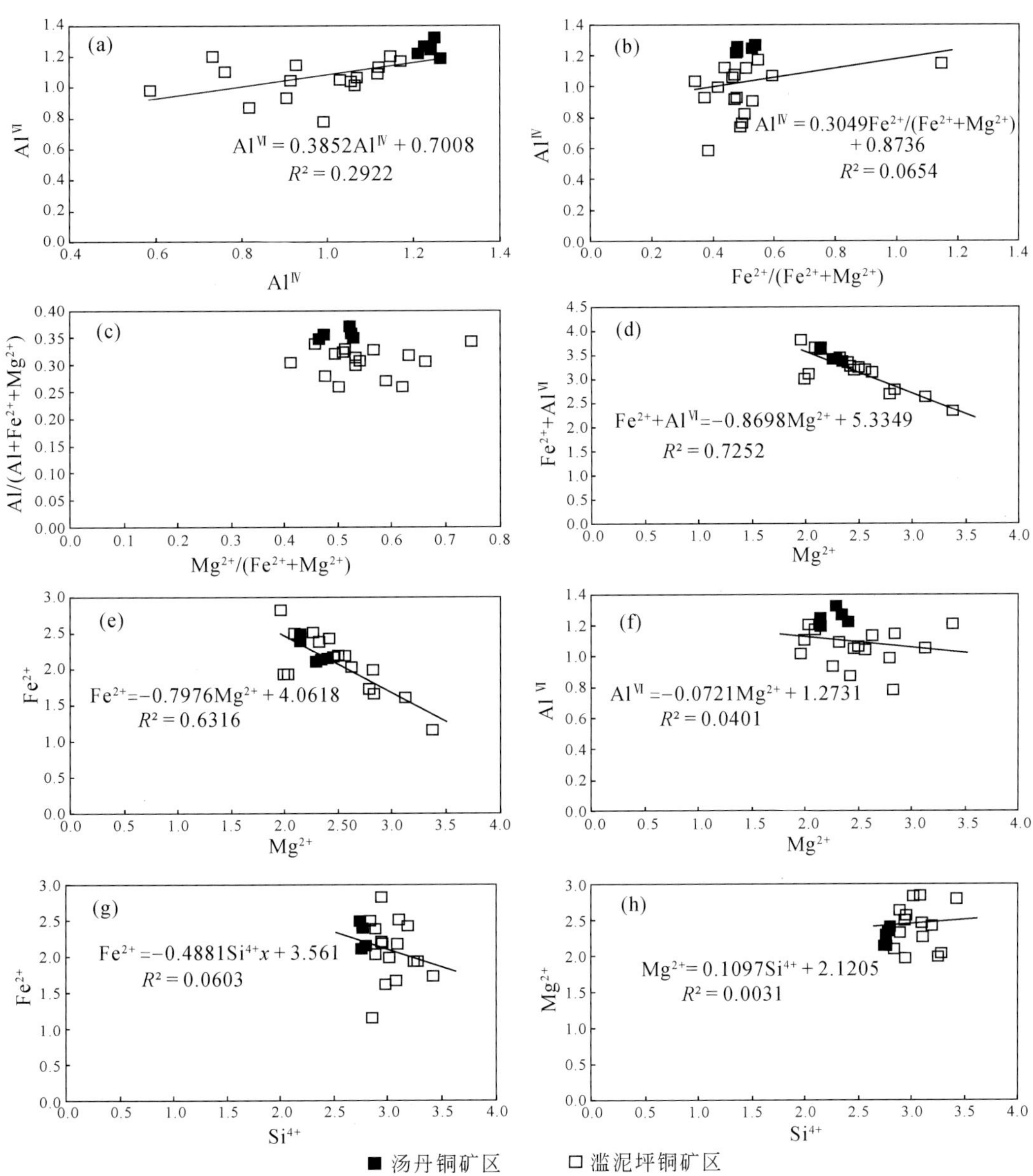

图 8-37　滥泥坪–汤丹铁铜矿带侵入岩中绿泥石主要阳离子关系图

2. 绿泥石蚀变相与 $M(t)$-T-P-$\lg f_{O_2}$-$\lg f_{S_2}$ 五维地球化学结构模型

1）绿泥石形成温度

绿泥石是水岩反应常见的产物，主要由中低温热液作用、浅变质作用和沉积作用所形成。由于绿泥石的非理想化学配比，在水岩反应事件中，它记录了丰富的物理化学条件信息，使其在矿床成因研究中具有潜在的应用价值（McLeod and Stanton，1984；Berger and

Beaufort, 2003；陈雷等，2014）。对各种地热体系、热液蚀变体系和成岩环境流体反应中形成的绿泥石的研究表明，当特征、成分、结构及热力学条件满足时，可以利用其成分和结构变化特征来估算绿泥石形成的物理化学条件，从而确定矿床形成的主要物理化学条件并对成岩成矿流体活动进行矿物地球化学示踪（Cathelineau and Nieva，1985；Walshe，1986；Kranidiotis and MacLean，1987；Jowett，1991）。绿泥石中共存在7种可能的离子置换（Walshe，1986；Kranidiotis and MacLean，1987），影响离子置换的因素主要有地质环境中的温度、氧逸度、水溶液pH及岩石中铁的含量，进而绿泥石中各组分含量也随之变化。绿泥石成分温度计就正是利用这一特点，来研究绿泥石中各组分之间的关系，进而将其应用于反演古地温、探讨金属矿床的成矿物理条件等方面。

根据绿泥石特征可以采用Jowett方法（1991），也可以采用Rausell方法（1991）计算绿泥石形成温度；而后者的方法被许多研究者采纳过，得到广泛的认可并取得了好的效果。经计算，Jowett方法所得的温度部分超出公式适用的温度范围，因此采用Rausell的公式估算绿泥石的形成温度（表8-10）。滥泥坪铁铜矿区侵入岩中的绿泥石形成温度变化范围为142～219℃，平均为193℃；汤丹铜矿区绿泥石形成温度变化范围为223～236℃，平均为228℃，它们均属中温相热液蚀变。

汤丹铜矿区侵入岩中绿泥石形成温度高于滥泥坪铁铜矿区，但温度变化范围不大，表明汤丹铜矿区侵入岩中的绿泥石可能为同一期热液活动形成的产物；滥泥坪铁铜矿区侵入岩中绿泥石形成温度变化范围大，推测滥泥坪铁铜矿区侵入岩中的绿泥石可能是多期次热液活动形成的。滥泥坪铁铜矿区辉绿辉长岩侵入体内部及边部产铁铜矿体（IOCG矿体），而汤丹铜矿区辉绿辉长岩侵入体不产铁铜矿体，仅局部形成黄铜矿化。因为温度差异可以形成流体对流循环聚集成矿，流体对流循环有利于铁铜矿成矿物质迁移；尤其是在侵入岩体顶部接触带、糜棱岩化带、碎裂岩化带及隐爆角砾岩带等构造岩相带（成矿结构面）容易聚集成矿，多期次绿泥石化可以析出更多的成矿物质，因此，滥泥坪-白锡腊铁铜矿段侵入构造系统中同岩浆侵入期脆韧性剪切带和隐爆角砾岩相带有利于形成铁铜矿体（IOCG矿体）。然而，汤丹铜矿区侵入岩缺乏构造流体蚀变岩相带、明显温度差异及多期次绿泥石蚀变，所以汤丹侵入岩体不利于形成铁铜矿体。

铁镁质矿物发生绿泥石化可以将碱性铁质基性岩中铁和铜等成矿物质释放，由于滥泥坪铁铜矿区侵入岩体遭受多期次绿泥石化，滥泥坪绿泥石与斑铜矿和黄铜矿共生，表明绿泥石为铜的主成矿阶段蚀变，绿泥石蚀变为铜矿体提供了大量成矿物质，成矿期后的绿泥石-方解石-石英成为铜矿物迁移载体；加之，滥泥坪铁铜矿区在同岩浆侵入期发生脆韧性剪切变形，岩石发生糜棱岩化和碎裂岩化，为后期铜矿物的卸载提供了良好的储矿空间。因此滥泥坪铁铜矿区同岩浆侵入期脆韧性剪切带、糜棱岩化带、碎裂岩化带为本区后期叠加侵入构造的主要储矿构造样式，绿泥石的形成温度反映了本区与侵入岩有关的铁铜矿体中铜的成矿温度范围为142～219℃，平均为193℃。这与滥泥坪铁铜矿区因民组三段蓑衣坡式铜矿床（火山热水喷流沉积型铜矿床）成矿温度（石英流体包裹体均一温度143～229℃（黄有德等，1995）基本一致。

2）绿泥石形成的氧逸度和硫逸度

根据研究区辉绿辉长岩侵入体中绿泥石的化学特征选用了Walshe（1986）的计算方

法。系统计算了绿泥石相关离子含量、C_3 和 C_6 端元的活度和含量。从研究区侵入岩矿物组合中可以看出，与绿泥石密切伴生的矿物中出现了黄铜矿、黄铁矿、方解石和石英等，可以根据以下反应式及公式计算绿泥石形成的氧逸度和硫逸度。

$$Fe_5^{2+}Al_2Si_3O_{10}(OH)_8+\frac{1}{4}O_2(g)\rightleftharpoons Fe_4^{2+}Fe^{3+}Al_2Si_3O_{11}(OH)_7+\frac{1}{2}H_2O(l) \tag{8-1}$$

$$Fe_5^{2+}Al_2Si_3O_{10}(OH)_8+7S_2(g)\rightleftharpoons 7S_2(g)+\frac{1}{2}H_2O(l)+3SiO_2+4O_2(g) \tag{8-2}$$

式中，$Fe_5^{2+}Al_2Si_3O_{10}(OH)_8$ 和 $Fe_4^{2+}Fe^{3+}Al_2Si_3O_{11}(OH)_7$ 分别为绿泥石的第三端元组分（C_3）和第六端元组分（C_6，鲕绿泥石），由反应式（8-1）可得公式：

$$\lg f_{O_2}=4(\lg\alpha_6-\lg\alpha_3-\lg K_1) \tag{8-3}$$

式中，f_{O_2}为绿泥石形成的氧逸度；α_3 和 α_6 分别为端元组分 C_3 和 C_6 的活度，其计算结果见表8-10；K_1 为反应式（8-1）的平衡常数。由反应式（8-2）及式（8-3）可得公式：

$$\lg f_{S_2}=4(\lg f_{O_2}-\lg\alpha_3-\lg K_2) \tag{8-4}$$

其中，f_{S_2}为绿泥石形成的硫逸度，K_2 为反应式（8-2）的平衡常数。

张伟等（2014）在利用其拟合公式计算氧逸度和硫逸度过程中发现其结果存在一些偏差，利用 Walshe 的数据用新的数学方法拟合了反应平衡常数与温度的函数关系，经验证效果较好，公式如下：

$$\lg K_1=21.77e^{-0.003t} \tag{8-5}$$

$$\lg K_2=0.1368t-0.002t^2-82.615 \tag{8-6}$$

根据上述公式计算出绿泥石形成的氧逸度和硫逸度（表8-10）。计算结果表明，滥泥坪铁铜矿区侵入岩中绿泥石的 $\lg f_{O_2}$为−45.03～−56.69，平均为−49.33，$\lg f_{S_2}$在−4.47～−18.07，平均为−9.95，属于低氧逸度和高硫逸度的环境。汤丹铜矿区侵入岩中绿泥石的 $\lg f_{O_2}$在−44.11～−45.29，平均为−44.49；$\lg f_{S_2}$在−2.60～−4.81，平均为−3.80，属于低氧逸度和高硫逸度的环境。滥泥坪-汤丹铁铜矿带侵入岩中绿泥石形成环境属于低氧逸度和高硫逸度，属铜矿的有利成矿物化条件。两区绿泥石具有类似的形成环境，但是成矿属性却完全不同，滥泥坪铁铜矿区侵入岩内部和边部产含铜磁（赤）铁矿体，汤丹铜矿区在侵入岩中主要形成钛铁矿化，局部形成黄铜矿化。主要原因是：①滥泥坪铁铜矿区侵入岩中的绿泥石形成具有多期次；②温度差异大有利于形成对流循环聚集成矿；③具有良好的储矿构造条件。推测滥泥坪铁铜矿区侵入岩中绿泥石蚀变期为与侵入岩有关铜矿床的主矿化期。研究表明 Cu 的沉淀主要与蚀变过程中流体中 S^{2-} 的消耗有关，滥泥坪铁铜矿区侵入岩中的绿泥石蚀变期为低氧逸度高硫逸度环境，有利于绿泥石蚀变所析出的成矿物质形成铁铜硫化物。主矿化期成矿流体沿脆韧性剪切带向两侧糜棱岩带和碎裂岩化带扩散过程中，与岩石发生反应使其性质不断发生变化，导致流体中 S^{2-} 与岩石中的铁反应生成大量黄铁矿而不断降低，导致流体中 Cu-S 配合物的分解和 Cu 的沉淀。

3. 绿泥石蚀变相与成矿关系

滥泥坪-白锡腊 IOCG 矿床围岩蚀变发育，尤其是较强的黑云母、绿泥石、钠长石蚀变。滥泥坪-白锡腊铁铜矿产于碱性钛铁质辉长岩类侵入岩体的糜棱岩带、碎裂岩带及岩体与围岩接触带等，构造岩相带是碱性钛铁质辉长岩类成岩晚期多期热液活动的场所。绿泥石蚀变带位于铁铜矿的外围，蚀变随远离矿体而变弱；绿泥石形成温度为142～219℃，平均为193℃。碱性钛铁质辉长岩类侵入体中主要载铁矿物为黑云母，载铜矿物为绿泥石。显微镜下观察既可见呈团块状分布的绿泥石以及沿岩石、矿物裂隙呈脉状分布的绿泥石，还可见与黄铜矿、黄铁矿等硫化物共（伴）生呈浸染状分布的绿泥石，绿泥石的这些显微组构特征及绿泥石地质产状具有近矿的特征，表明其形成与热液流体活动密切相关。通过电子探针分析结果可知，该矿床绿泥石的种属主要是铁镁绿泥石、密绿泥石、辉绿泥石（铁斜绿泥石）和蠕绿泥石（铁绿泥石），绿泥石蚀变期热液流体中富含 Fe，绿泥石形成于低氧逸度和高硫逸度环境。

Fe 的运移与流体介质具有酸性和还原性特征有关，这与前文得出滥泥坪铁铜矿区侵入岩中的绿泥石形成于低氧化、相对酸性环境这一结论也较为一致，结合绿泥石形成温度为142～219℃，平均为193℃，伴随着热液活动的进行，热液萃取黑云母等镁铁质矿物中的 Fe、Mg 元素，认为本区绿泥石形成机制主要有两种：一是溶蚀-结晶，即热液流体沿围岩构造裂隙、节理以及矿物间裂隙等运移交代黑云母、长石等易蚀变矿物并原地重结晶形成绿泥石，这种机制形成的绿泥石往往保留有母矿物的晶形，出现明显的假象交代结构，且这种情况形成的绿泥石，其铁、镁组分往往较少从成矿溶液带入。其中钠长石蚀变成绿泥石可能的反应式如下：

$$2NaAlSi_3O_8+4(Fe,Mg)^{2+}+2(Fe,Al)^{3+}+10H_2O \longrightarrow (Mg,Fe)_4(Fe,Al)_2Si_2O_{10}(OH)_8+4SiO_2+12Na^++12H^+$$

由以上反应式可知，绿泥石化蚀变为流体提供了 H^+，从而导致流体酸性增强。

绿泥石形成的另一种机制是溶蚀-迁移-结晶，即流体溶蚀黑云母、钠长石等矿物后迁移一定的距离，在矿物裂隙沉淀形成绿泥石，如显微镜下表现出绿泥石呈细脉状沿各矿物裂隙分布的特征，并可见热液形成的黄铁矿、黄铜矿、斑铜矿和磁铁矿等矿物共（伴）生，有时甚至可见绿泥石呈脉状分布于石英脉两侧，属于这种情况的绿泥石成分主要为流体带入铁、镁组分。黑云母蚀变为绿泥石的反应式如下：

$$2K(Mg,Fe)_3AlSi_3O_{10}(OH)_2+4H^+ \longrightarrow Al(Mg,Fe)_5AlSi_3O_{10}(OH)_8+(Mg,Fe)^{2+}+2K^++3SiO_2$$

绿泥石的形成过程是一个由反应动力学控制的水-岩反应过程（张展适等，2007），根据矿体产状、矿石的组构特征、矿物共生组合等，滥泥坪-白锡腊 IOCG 矿床的形成与热液活动关系密切，矿床与本区绿泥石同属热液流体活动的产物。当深部岩浆演化至晚期时分异出富含铜的热液流体，这些富含成矿元素的成矿溶液沿着构造薄弱带（岩石裂隙、节理等）运移，当流体与黑云母、角闪石、长石等矿物接触时，可沿矿物的解理、裂隙等交代这些矿物形成绿泥石；或者流体萃取黑云母、角闪石、长石等矿物中的铁、镁等元素迁移到合适的位置，如围岩裂隙、节理中，再沉淀结晶形成绿泥石，与此同时，由于流体成分的变化以及物理化学条件的改变，导致富含 Cu、Fe 等成矿元素的流体在合适的部位卸载成矿。

综上所述，在五维地球化学岩相学［$M(t)$-T-P-$\lg f_{O_2}$-$\lg f_{S_2}$五维地球化学结构模型］解剖研究上，得出：①滥泥坪铁铜矿区侵入岩中绿泥石的形成温度属于中低温相（142～219℃，T=温度相），该温度为铜硫化物的主要形成阶段；代表滥泥坪-白锡腊矿床铜成矿温度的下限。②绿泥石的形成环境为低氧逸度（还原）和高硫逸度（氧逸度相 = $\lg f_{O_2}$，硫逸度相 = $\lg f_{S_2}$），高硫逸度反映流体中 S^{2-} 含量高，为铜硫化物的形成提供了必要的物质基础。③绿泥石蚀变为主成矿期［M = 绿泥石蚀变相物质相（t）］，主要有两期绿泥石蚀变相［$M(t)$ = 绿泥石蚀变相时间序列相］，早期绿泥石蚀变相与斑铜矿–黄铜矿等共生；晚期绿泥石蚀变相与方解石石英脉和黄铜矿–斑铜矿等共生，表明成矿期后蚀变主要为方解石铁白云石化蚀变相+绿泥石蚀变相。因此，本区绿泥石蚀变相为最直接找矿标志之一。

目前已发现的 IOCG 矿体产于侵入构造系统中构造岩相带内，脉带型铜矿体产于侵入岩与围岩接触带部位；结合侵入岩体产状、侵入岩岩相学分带、矿体产状、矿床围岩蚀变特征、矿物共生组合等资料，推测滥泥坪–白锡腊深部可能存在隐伏岩基（侵入岩根部），矿区深部可能存在规模更大的铁铜矿床。滥泥坪–白锡腊 IOCG 矿床中绿泥石与斑铜矿、黄铜矿紧密相伴，其成分特征不仅可以反映成矿流体的特征，指示成矿的环境和物理化学条件，而且可作为一种重要的找矿标志，对加强矿床成矿机制和矿床成因的认识以及下一步找矿勘探工作均具有重要的理论和现实意义。

通过电子探针分析与矿物地球化学岩相学解剖研究，利用角闪石、黑云母和绿泥石地质温压计，深入研究侵入岩矿物地球化学岩相学类型和成岩成矿机制，新认识如下：

（1）滥泥坪–汤丹侵入岩体角闪石具有岩浆成因的角闪石特征，部分为幔源岩浆成因的角闪石，部分为壳源岩浆成因的角闪石。揭示滥泥坪–汤丹铁铜矿带碱性基性岩浆来源于幔源和壳源。

（2）通过滥泥坪–汤丹侵入岩体的 $T\text{-}P\text{-}t\text{-}M(m\text{-}D\text{-}T\text{-}P)$7 维地球化学岩相学解剖研究和构造岩相学研究，认为滥泥坪–白锡腊矿段深部碱性钛铁质超基性岩–碱性钛铁质基性岩的成岩温度 769.9℃→1128.7℃，成岩深度 35.67km→17.41km，岩浆系统和岩浆侵位的地球化学动力学为减压增温机制，碱性钛铁质岩浆在结晶过程中上升侵位了 18.26km；碱性钛铁质岩浆成岩年龄 t = 1067±20Ma，成岩系统的成岩物质 M = 碱性钛铁质辉长岩类–碱性钛铁质闪长岩类–碱性钛铁质辉绿辉长岩类–碱性钛铁质辉绿岩类，碱性钛铁质岩浆成岩系统具有减压熔融动力学机制为主动上涌侵位的软流圈动力学机制。

随着碱性钛铁质岩浆成岩深度变浅，成岩温度变化不大，角闪石平均成岩温度为 642℃，平均成岩压力为 521MPa，平均成岩深度为 19.7km。认为汤丹碱性钛铁质岩浆在结晶过程中上升侵位了 9.62km，碱性钛铁质岩浆成岩年龄 t = 1069±25Ma，成岩系统的成岩物质 M = 碱性钛铁质辉绿辉长岩类，具有残余地幔柱被动上涌侵位动力学机制。

（3）滥泥坪铁铜矿区黑云母化蚀变岩的成岩压力在 94 ~ 197MPa，推测黑云母化蚀变岩形成深度在 3.49 ~ 7.29km，这与同岩浆侵入期糜棱岩化相带形成条件基本一致，属于热流体耦合的韧性构造变形域；汤丹碱性钛铁质辉绿辉长岩侵入体中黑云母化蚀变岩的形成压力为 94 ~ 124MPa，推测成岩深度为 3.94 ~ 4.58km。滥泥坪碱性钛铁质辉长岩类侵入体中黑云母化形成温度范围为 469 ~ 777℃，为高温相岩浆热液蚀变系统，黑云母化形成期间大致氧逸度值（$\lg f_{O_2}$）为 −14.22 ~ −5.2；汤丹碱性钛铁质辉绿辉长岩侵入体中黑云母化形成温度范围为 705 ~ 754℃，高温相岩浆热液蚀变体系成岩温度相对偏高；黑云母化形成期间大致氧逸度值（$\lg f_{O_2}$）为 −14.7 ~ −14.4。揭示与滥泥坪–白锡腊矿段深部碱性钛铁质辉长岩类侵入岩体有关的同岩浆侵入期糜棱岩化岩相带黑云母化（碱性水解钾硅酸盐蚀变相）形成于相对较高的氧逸度环境。

（4）滥泥坪铁铜矿区侵入岩中绿泥石化蚀变相的形成温度在 142 ~ 219℃，平均为 193℃，属中低温热液蚀变范围。汤丹铜矿区中绿泥石的形成温度变化范围为 223 ~ 236℃，平均为 228℃，属中温热液蚀变范围。推测汤丹铜矿区侵入岩中的绿泥石可能为同一期热液活动形成的产物，滥泥坪铁铜矿区绿泥石可能是多期次热液活动形成的。

滥泥坪铁铜矿区侵入岩中的绿泥石形成机制有两种：一是溶蚀–结晶，二是溶蚀–迁移–结晶。滥泥坪铁铜矿区侵入岩体遭受了多期次的绿泥石蚀变，滥泥坪–白锡腊 IOCG 矿床中绿泥石与斑铜矿–黄铜矿紧密共生相伴，表明绿泥石为铜主成矿阶段蚀变。绿泥石形成温度反映了铜成矿温度范围为 142 ~ 219℃，平均为 193℃，与滥泥坪铁铜矿区因民组三段蓑衣坡式铜矿床成矿温度（石英流体包裹体均一温度 143 ~ 229℃，黄有德等，1995）基本一致。因此，其成分特征不仅可以反映成矿流体的特征，指示成矿的环境和物理化学条件，而且可作为一种重要的找矿标志。

（5）滥泥坪铁铜矿区侵入岩中绿泥石化形成过程中地球化学岩相学类型为低氧逸度和高硫逸度的氧化–还原条件。$\lg f_{O_2}$ 在 –45. 03 ~ –56. 69，平均为 –49. 33，$\lg f_{S_2}$ 在 –4. 47 ~ –18. 07，平均为–9. 95，属于低氧逸度和高硫逸度的成矿环境。汤丹铜矿区侵入岩中绿泥石的 $\lg f_{O_2}$ 在–44. 11 ~ –45. 29，平均为–44. 49；$\lg f_{S_2}$ 在–2. 60 ~ –4. 81，平均为–3. 80，属于低氧逸度和高硫逸度的成矿环境。滥泥坪–汤丹铁铜矿带侵入岩中绿泥石形成环境属于低氧逸度和高硫逸度，对铜富集成矿十分有利。

8.7　碱性钛铁质辉长岩侵入构造与找矿预测

通过对滥泥坪–汤丹铁铜矿带侵入构造几何学特征、侵入构造样式及构造组合成矿控矿作用的论述可知，该矿带的成矿与侵入岩体及其形成的侵入构造系统有着密切的联系。根据滥泥坪–汤丹铁铜矿带侵入构造系统控矿规律，进行找矿预测。

8. 7. 1　大地构造岩相学特征

东川铁铜矿田在大地构造位置上处于扬子板块西缘南段川滇裂谷系（被动大陆边缘裂谷系）中部昆阳元古宙大陆裂谷内会理–东川东西向裂陷槽东端的一个梯形断陷盆地。会理–东川元古宙 EW 向构造带，横亘于总体 SN 向延伸的川滇北东陆缘裂谷系中部，是我国重要的铁铜成矿带，是一个比较典型的多旋回发展的裂陷槽褶皱带。会理–东川裂陷槽的边界深大断裂，这些大型断裂构造带形成时间长、延伸远、切割深，多为超壳型断裂，往往经历了复杂的构造演化。①它破坏了地壳的压力平衡，形成岩浆上升通道和侵位空间，为岩浆期后热液和成矿热液流体提供了对流–循环和汇聚场所。②它切割深度大，穿过多个矿源层或形成对成矿有利的物理化学条件的储矿层的机会多。③它活动强度大和多期次的特点，决定了伴随深大断裂的次级裂隙系统非常发育。构造运动频繁，岩浆活动强烈，成矿作用特殊，形成了丰富多样的铜矿、铁铜矿矿床。会理–东川东西向一级陆缘裂谷盆地内，东川地区为中元古代二级梯形火山–断陷盆地，在二级盆地内，发育一系列三级断陷盆地（洼地）和古火山机构组成的水下隆起，它们是东川铁铜矿田矿床集中区区域定位构造。一级陆缘裂谷盆地具有一个同受裂谷演化阶段、火山活动控制而具内在联系的完整的成矿系列，该系列由底部向上依次为稀矿山式铁铜矿床（IOCG 矿床）、滥泥坪-白锡腊 IOCG 矿床、东川式火山热水沉积-改造型铜矿床、桃园型铜矿床、滥泥坪型铜矿床。

东川断陷盆地内反 S 的断褶带控制了东川铁铜矿田的火山-岩浆活动中心和矿化集中区，沿反 S 断褶带发育一系列的碱性铁质基性侵入岩墙（岩株或岩枝）。矿床的形成与碱性基性侵入岩有直接或间接关系，侵入岩侵位控制了滥泥坪铁铜矿区 IOCG 矿床、东川式火山热水沉积-改造型铜矿床空间展布和矿体形态；汤丹铜矿区侵入岩控制了马柱硐型铜矿床的空间就位，对桃园型铜矿床、东川式火山热水沉积-改造型铜矿床的叠加改造具有重要作用。本研究区位于反 S 断褶带南部滥泥坪-汤丹构造岩浆带中，为区域成矿的有利构造部位。

8.7.2　地层控矿特征

东川铁铜矿田内各矿床产于特定层位，受地层控制。地层含矿性是各类铁、铁铜、铜矿床的原始胚胎矿（低品位矿）或矿源层的物质基础，其富集程度及矿床类型的不同，则主要与地层的含矿强度（取决于沉积时的岩性、古地理条件）、后期侵入岩含矿性和叠加改造作用的性质和强度有关。因此地层的含矿性及其沉积条件是本区铁铜矿成矿诸控制条件中的决定性因素。对于汤丹铜矿床的研究表明，具有“高山深盆”构造古地理特征的次级热水沉积洼地是重要的成矿构造样式，其中，因民组三段、落雪组一段和二段、黑山组等三个层位，它们是本区铜矿床主要初始成矿层位。

8.7.3　侵入构造系统控岩控矿

矿田构造格架是由两个复式背斜+复式向斜构造等组成的复式倒转褶皱构造群落，叠加三个构造岩浆带，一是石将军-滥泥坪-白锡腊侵入杂岩带，碱性辉绿辉长岩侵入体几何学特征为不规则状岩株，延伸最长处 1500m，最宽处 500m；二是妖精塘-上黄草坪隐伏岩体-侵入构造带，该侵入岩带位于黄草岭向斜核部，推测其沿向斜轴部断裂侵位；三是汤丹碱性钛铁质辉绿辉长岩岩床，走向 NEE，长度 3.2km，宽 50 ~ 350m；三者斜列式排列。岩浆侵入构造系统由碱性铁质辉长岩-辉绿辉长岩床（岩枝）、侵入构造、构造-岩浆-角砾岩杂岩带和隐爆角砾岩筒组成。

滥泥坪-白锡腊碱性钛铁质辉长岩岩株及周边岩枝和岩脉侵入体、复式倒转背斜、断裂-裂隙带、构造岩相带等组成的侵入构造系统，形成于中元古代末期［(1067±20) ~ (1047±15) Ma］，并继承了因民期古火山喷发中心位置，在碱性钛铁质辉长岩类侵入体的上涌侵位过程中，其上拱机制形成了构造-岩浆-热流体组成的构造热穹窿，它们是本区 IOCG 矿床的成岩成矿中心位置。本区 IOCG 矿床控矿构造为因民期火山喷发中心±中元古代末期碱性钛铁质辉长岩侵入体形成的侵入构造系统。经过立体构造岩相学填图证实本区侵入构造系统的构造样式和构造组合为格林威尔期火山塌陷机构+复式叠加褶皱+断裂组、碱性钛铁质辉长岩类侵入构造+岩浆热液角砾岩相带+IOCG 矿体。侵入岩体-断裂构造样式、辉长岩岩株-断褶带叠加构造样式、岩体超覆侵入构造等构造样式及组合控制了 IOCG 矿体和热液脉带型铜矿体的成矿与空间就位。

在汤丹铜矿区，中元古代初期，形成高山深盆构造样式。在中元古代因民期，盆地边缘发育水下隆起并形成了同生褶皱，东川式火山热水沉积-改造型铜矿体形态随隐伏同生褶皱群落形态而变化；在格林威尔期（1069±25Ma），受先存沉积盆地的制约，碱性铁质辉长类沿同期形成的水泄沟断裂侵入，形成“高山深盆+水下隆起+同生褶皱+叠加侵入构造”构造样式，并与早期沉积形成的东川式火山热水沉积-改造型铜矿发生叠加成矿作用。汤丹铜矿区侵入构造对各类型铜矿床成矿关系密切：①在格林威尔期和晋宁期，形成了两期辉绿辉长岩-闪长岩岩浆侵位。在侵入岩带之间形成了东西向双冲构造带，局限热水沉积洼地+负花状走滑断裂系统+叠加侵入构造等构造组合控制了马柱硐型铜矿床。②东川式火山热水沉积-改造型铜矿床定位于中元古代火山沉积盆地中，赋存层位为东川群落雪组一段和二段硅质白云岩和含凝灰质白云岩，格林威尔期碱性钛铁质辉长岩类侵入构造系统形成了岩浆热液叠加成矿作用。③在碱性钛铁质辉长岩类侵入体外接触带黑山组中，形成桃园型铜矿床。

8.7.4 汤丹铜矿床的成矿模式

汤丹铜矿为东川式火山热水沉积-改造型铜矿床（SSC 型铜矿床）。成矿模式概括为：①落雪期—因民期末三级火山热水沉积盆地为大型-超大型矿床同生储矿构造，有利于形成大规模富集成矿。构造岩相学特征为复合潮坪相凝灰质白云岩、铁白云岩和藻白云岩，属火山地堑-构造断陷作用结束后，裂谷盆地稳定热沉降期构造-沉积相系。在因民期火山地堑和构造断陷作用下形成的三级沉积盆地，为火山热水沉积矿层提供了足够的沉积容纳空间，残余火山作用在局部依然持续，如汤丹落雪组底部发育粗面质凝灰岩，为热水沉积成岩成矿体系提供了热源和物源支撑。具有稳定成矿物质来源和热源、足够的沉积容纳空间、同生断裂发育、稳定热沉降背景等，有利于形成超大型铜矿床。②构造岩相体类型与结构揭示有利于铜矿发生大规模沉淀富集。粗面凝灰质白云岩相发育，沉火山作用强烈。灰绿色沉凝灰岩和黄灰色-灰白色粉砂质白云岩、灰绿色沉凝灰岩具有粗面凝灰质结构，含有较多钾矿物（如绿泥石化黑云母类）。粉砂质白云岩中粉砂质中含有较多石英和长石碎屑，长石碎屑属于火山物质再沉积形成，高 K_2O、SiO_2 和 Al_2O_3 岩石化学特征揭示粗面质火山物质发育。铜矿物在粉砂质白云岩中以颗粒沉积为特征，在因民组和落雪组之间的过渡层中最为常见，在汤丹矿区和滥泥坪铁铜矿区发育。在白锡腊矿段发育含铜粗面质凝灰岩，证明残余火山活动依然存在。钠质硅质岩-硅质岩等热水沉积岩相发育齐全，揭示具有不同成分和性状的热水混合聚沉作用明显，这些热水沉积岩相属于铜矿储矿岩相，有利于超大型铜矿形成。与一般藻白云岩，含铜藻硅质白云岩具有较明显岩石化学成分差异，主要由泥晶白云石和硅质条纹组成，硅质条纹属热水同生沉积产物，推测为冷泉碳酸盐沉积和热水沉积混合产物，岩石化学具有高 SiO_2（>15%）特征；马尾丝状铜矿石具有热水同生交代作用形成的特征。③同生断裂带-同生角砾岩相带发育，揭示同生断裂对于东川式火山热水沉积-改造型铜矿具有明显的控制作用。滥泥坪铁铜矿区 ZK139-2 钻孔中揭露和圈定了同生断裂和同生角砾岩相带，主要在因民组三段中发育，推测它们是热水沉积成矿作用的构造通道，也是混合潮坪相凝灰质铁白云岩、铁白云岩、硅质铁白云岩等热水沉积岩相形成时热水喷流通道。近南北向落因构造破碎带和近东西向滥泥坪-汤丹同生断裂发育，它们是控制东川式火山热水沉积-改造型铜矿形成的主要同生断裂带。④据东川式火山热水沉积-改造型铜矿成矿流体研究，层状铜矿形成温度在 109 ~ 229℃，平均成矿温度在 169℃，属于中低温热水沉积成矿范围。中期改造型脉状铜矿成矿温度在 115 ~ 290℃，平均成矿温度在 233℃（龚琳等，1996）。⑤东川式火山热水沉积-改造型铜矿主要成矿期有两期，沉积组构特征揭示早期热水同生沉积成岩成矿作用是主要成矿期；在东川式铜矿层中发育后期切层产出的含铜硅化脉、含铜硅化铁白云石脉和含铜方解石脉，为格林威尔期和晋宁期同造山期碱性辉长岩-闪长岩类沿断裂侵位形成的叠加成矿作用。

8.7.5　找矿预测靶区圈定

阮家龙潭-火哨塘-白杨山预测区位于汤丹铜矿区 10#勘探线以东，阮家龙潭-火哨塘-白杨山一带出露的新元古界震旦系陡山沱组，面积 0.5km²。重点找矿靶区依据有：预测区位于汤丹-滥泥坪-九龙相对略为低凹的槽形盆地的东端，震旦系陡山沱组地层位于滥泥坪-汤丹断层下盘。与滥泥坪型铜矿床的形成构造背景（山间含铜沉积盆地）具有相似性，滥泥坪-汤丹断层为构造热液流体提供通道。NNW 向、近南北向断裂构造发育，为形成工业矿体叠加改造、富集提供有利的构造条件。在滥泥坪铁铜矿区滥泥坪型铜矿床边界为哑巴峡-白锡腊倒转背斜剥蚀风化沉积区，其盖层为震旦系白云岩。汤丹铜矿区汤丹断层为望厂倒转背斜的轴向断裂，望厂倒转背斜转折端中元古界东川群含矿层位被剥蚀形成震旦系白云岩盖层。望厂倒转背斜与哑巴峡-白锡腊倒转背斜相似，认为汤丹地区具有形成滥泥坪型铜矿条件。

汤丹铜矿区深部预测区位于汤丹铜矿区 46# ~ 60#勘探线之间，540 ~ 1218m 标高。目前 1218m、1320m 中段 21# ~ 49#以西工程揭露到的铜矿体在走向上稳定连续分布，矿体呈似层状，脉带状，连续分布，且厚大。显示深部具有良好成矿环境和巨大找矿潜力。重点找矿靶区依据有 4 个：①含矿层位总体向西侧伏，地表至 1218m 中段侧伏角依次 15.6°→45°→46.4°→22.6°→65.2°→63.4°→-56.3°→90°→-63.2°→29.5°，在 1218m 标高 1#、2#铜矿体连续分布且厚大。②纵剖面显示在 1560m 中段深部 46# ~ 60#勘探线处于两个水下隆起之间的深水盆地中，该深水盆地为本区的热水喷流沉积成矿中心，深水沉积盆地中心有利于铜矿质堆积成矿。③深水沉积盆地底部由因民组三段紫红色泥质粉砂岩和板岩构成盆地底部流体圈闭，阻碍了成矿流体下渗流失，但局部可见成矿流体下渗形成的弱同生蚀变，以网脉状-脉状褪色化为主，主要沿裂隙带有限范围内分布，为火山喷流沉积成矿-后期盆地流体叠加成矿提供了良好的底板围岩岩性圈闭条件。④1#和 2#铜矿体在 40#勘探线以西，在剖面上总体呈 S 形，49#勘探线以西呈反 C 形。矿体在产状转换部位厚大，S 形和 C 形产状转换部位在 1320m 标高，根据 S-C 形矿体对称规律分析预测，在 1218m 标高以下部位矿体逐渐变薄，矿体在 540m 标高尖灭。

滥泥坪铁铜矿区 139 线至 299 线深部预测区的重点找矿靶区依据有 5 个：①在 139 线至 219 线之间，深部工程揭露出辉绿辉长岩岩枝侵位至落雪组，在岩枝边部伴有铜矿化，局部形成富铜矿体。②滥泥坪铁铜矿区铜矿体受滥泥坪-哑巴峡倒转背斜倒转翼控制。碱性钛铁质辉长岩沿背斜轴部侵入，超覆于东川铁质、硅质白云岩之上，上有因民组三段泥质粉砂岩作地层圈闭，有利热流体在其下部发生叠加成矿作用。③侵位过程中由于热动力导致岩层变形、破碎形成裙边褶皱和裂隙破碎带，裂隙破碎带为热流体提供通道，同时也成为脉带型铜矿体的储矿构造。④滥泥坪-汤丹铁铜矿带重磁异常带位于滥泥坪和白锡腊之间，重磁异常带与已知矿床相吻合。地面磁力异常由磁铁矿体和碱性钛铁质辉绿辉长岩侵入体引起。异常形态较完整，走向近东西。在异常北部伴生有负异常，异常长 4km，宽 1km，异常形状为椭圆形，该异常梯度较陡。表明在本预测区深部具有良好的找矿潜力。⑤预测区上部目前工程已经控制的东川式火山热水沉积-改造型铜矿体标高为 2505m，位于侵入岩体下盘，碱性钛铁质辉长岩超覆侵位标高 2495 ~ 2630m。表明在本预测区深部具有良好的找矿潜力。

滥泥坪-白锡腊深部侵入构造预测区：白锡腊矿段深部铁铜矿属与碱性钛铁质辉长岩有关的 IOCG 矿床，属碱性钛铁质辉长岩类侵入构造系统及叠加复合构造控矿。预测滥泥坪-白锡腊深部是寻找大型 IOCG 矿床的找矿靶区，主要依据有：①滥泥坪 IOCG 矿体定位于碱性钛铁质辉长岩岩株内部和边部，该类侵入体沿滥泥坪-汤丹复式倒转背斜轴部和轴部断裂带侵位，控制了东川群中热液型脉带状铜矿体，具有良好的叠加成岩成矿系统分带。②滥泥坪铁铜矿区因民组三段和碱性钛铁质辉长岩侵入体共同组成了 IOCG 矿床主要赋存层位和储矿构造，侵入体的过渡相和含矿隐爆角砾岩相是隐伏 IOCG 矿体直接找矿预测标志，侵入接触带和断裂带构造组合是寻找隐伏 IOCG 矿床的直接找矿预测标志。③侵入接触带为构造薄弱带，在岩体侵位过程则成为有利的导矿和储矿构造，IOCG 矿体受该类侵入体控制，表现为上部分支-下部复合的“上窄下宽”几何学特征。揭示深部具有广阔的找矿前景。④本区碱性钛铁质辉长岩类岩株、岩枝、岩墙和岩脉群组成的侵入构造系统和相关构造岩相带发育，具有良好的构造-岩浆-热流体循环对流的成岩成矿系统。⑤复式倒转背斜-断裂带与侵入构造系统形成了复合叠加构造，控制次级背斜、向斜和断裂-裂隙构造发育，这些构造样式和构造组合为构造-岩浆-热流体循环对流的成岩成矿系统提供了十分优越的构造通道。

马柱硐找矿预测靶位空间位置：①1725 ~ 1975m 标高，14# ~ 17# 勘探线之间；②1650 ~ 2038m 中段，19# ~ 22#勘探线之间。将上述两个位置圈定为重点找矿靶位的主要依据有：①找矿预测靶位所处构造空间为受因民组三段局限型沉积洼地+侵入构造耦合部位；②已知矿体定位于侵入岩产状变缓部位，已揭露矿体呈“花蕾”状；找矿预测靶位也位于侵入岩枝产状变缓部位；③预测靶位四级断裂带发育，为岩浆流体贯入及耦合作用提供了通道，四级裂隙带为马柱硐型铜矿床的重要储矿构造样式。

妖精塘-上黄草坪找矿预测远景区。在滥泥坪-汤丹铁铜矿带的矿田构造格架由两个复式倒转褶皱构造群落+三个岩浆叠加侵入构造带，其中：妖精塘-上黄草坪隐伏岩体-侵入构造带位于黄草岭向斜核部，推测其沿向斜轴部断裂侵位。找矿预测远景区位于沿黄草岭向斜轴部侵位的妖精塘-上黄草坪隐伏侵入岩一带。其预测依据：①类比因民矿区-四棵树矿带，矿带总体走向为 NW-SE 向，矿带南西侧溜沙坡-面山一带沿黄草岭向斜轴部辉绿辉长岩岩床侵位至黑山组，侵入岩墙走向与矿带走向大体一致，侵入岩墙为东川式火山热水沉积-改造型铜矿体叠加改造提供物源和热源；②黄草岭向斜位于三级盆地中心，向斜核部为黑山组，两翼为落雪组、因民组；③侵入岩体沿向斜轴部侵位可形成轴部断裂及一系列的次级断裂群，断裂群为形成脉带状铁铜矿床提供热液流体循环通道及沉淀场所；④向斜中部为落雪组东川铜矿赋矿层位，为成矿奠定了物质基础，同时侵入岩侵位为铁铜矿成矿提供了热源和物源；⑤向斜底部为因民组三段泥质粉砂岩、板岩，形成了成矿流体的底部圈闭，有利于成矿流体在上部地层富集成矿。

第9章 构造岩相学理论创新与技术研发体系

通过在东天山和陕西秦岭地区试验研究，初步建立了构造岩相学相类型划分、亚相填图新单元和方法（方维萱，1990，1998，1999a，1999b，1999c，1999d，1999e，1999f，1999g，方维萱等，2000a，2000b，2000c，2000d，2001a，2001b，2001c，2001d，2001e，2001f，2009）。在国内的云南个旧锡铜钨铯铷多金属矿集区、新疆东天山、塔西砂砾岩型铜铅锌-天青石-煤矿集区、陕西秦岭金-铜铅锌矿集区、云南墨江金镍矿床、贵州晴隆大厂锑萤石硫铁矿-金矿集区、滇黔桂地区卡林型金矿和重晶石矿床，以及国外的智利科皮亚波IOCG矿集区、玻利维亚铜金矿床等深入研发（方维萱等，2018a，2018b，2019a）。4个国家科研项目的相关创新理论与创新技术的示范推广应用和持续深度研发，包括国家科技支撑计划项目下属课题“东川-易门铜矿山深部及外围勘查技术示范研究”（编号：2006BAB01B09）、科技部科研院所技术开发研究专项资金项目“铁氧化物铜金型矿床元素赋存状态及岩相构造学填图技术研发”（项目编号2011EG115022和2013EG115018）、国家公益性行业科研专项经费项目“塔西砂砾岩型铜铅锌矿床成矿规律与找矿预测”（项目编号：201511016）等，主要研究内容为前期构造岩相学、地球化学岩相学创新理论和创新技术示范应用和深度研发，提升技术重现性、技术成熟度和技术稳定性。

中国地质调查局整装勘查区找矿预测与技术应用示范项目下属有2个子项目，“新疆乌恰县萨热克地区铜多金属矿整装勘查区专项填图与技术应用示范”（编号：12120114081501）和“新疆乌恰县萨热克地区铜多金属矿整装勘查区矿产调查与找矿预测”（编号：121201004000160901-67），为大比例尺构造岩相学和地球化学岩相学填图与找矿预测创新技术示范推广应用项目。

国外矿产资源风险勘查专项有2项：“智利科皮亚波月亮山铁铜矿普查”和“智利科皮亚波地区铁铜矿普查”，为大比例尺构造岩相学、地球物理与深部构造岩相学填图、地球化学岩相学填图与找矿预测创新技术示范推广应用项目。

中国地质调查局1∶5万资源环境综合调查类“新疆乌恰县乌拉根-萨热克地区1∶5万资源-环境综合调查项目”（编号：DD20160001-〖2017〗0418-11、DD20160001-〖2018〗0418-1），为大比例尺构造岩相学与地球化学岩相学在区域尺度和矿山尺度上的矿山生态环境资源综合调查和评价示范应用及深度研发项目。

矿业公司委托项目类以构造岩相学和地球化学岩相学创新理论和找矿预测技术推广应用为主，包括云南金沙矿业股份有限公司委托的“东川铜矿滥泥坪铜矿区基础地质工作、地质综合研究与找矿预测”、“金沙滥泥坪白锡腊西部找矿研究”、“金沙公司矿权范围内综合找矿研究”、“滥泥坪白锡腊矿段矿体赋存规律及共伴生组分分布规律研究”、“汤丹铜矿区靶区定位预测与增储研究”等示范推广项目；海南茂高矿业有限责任公司委托“海南省儋州市丰收铯铷多金属矿区元素赋存状态查定与综合找矿”和“海南省儋州市丰收矿区钨矿（新发现）地质勘查报告”等项目。在以上6大类共17个项目持续进行了大比例尺构造岩相学、地球化学岩相学填图理论和创新技术示范推广应用，在持续深度研发应用基础上，进行了集成创新研究。

取得了十分显著的经济、社会和生态效益。发现和探明了中大型铁铜矿床五处：①在云南因民铁铜矿区经后续工程验证，累计新增铜金属资源量（333 类）50.59 万 t，对小溜口岩组新发现的铜钴金银综合矿体探获铜金属资源量25 万 t（333+334）。在云南东川滥泥坪铁铜矿区，新增铜金属资源量（333 类）17.46 万 t，金红石型钛矿石资源量 16 万 t。在汤丹铜矿区深部经后续工程验证，新增铜金属资源量（333 类）23.26 万 t。云南东川地区新增铜金属资源量（333 类以上）合计 91.31 万 t，新增预测的和控制的铜金属资源量在 116.31 万 t（333+334）。②在智利月亮山-GV 铁铜矿区，累计探获铁矿石量（332+333）1.15 亿 t，铁平均品位为 31.76% 和 44.60%，预测的和探明的合计铁资源量为大型规模矿床（2.0 亿 t，332+333+334）；铜金属量资源量为 25.03 万 t（333+334），铜平均为 0.35% 和 1.24%；伴生金 4.15t，金品位为 0.11g/t 和 0.14g/t。③在海南省儋州市丰收钨铯铷矿区，经 71 个见矿钨矿体钻孔控制，对控制的 W11、W12 和 W13 共计 3 个主要钨矿体（郭玉乾等，2017），新发现了矿石量 1154 万 t，WO_3 金属量 3.2 万 t，WO_3 平均品位 0.28%。伴生 Cs_2O 金属资源量 6148t，Cs_2O 平均品位 0.086%，具有大型规模。在文溪坡矿段预测的资源量为 10.69 万 t，具有大型规模潜力。④萨热克南矿段经过钻孔验证，圈定了南矿带深部隐伏矿体。⑤在 1∶5 万恰特和乌恰幅内，圈定了新疆康西砂砾岩型铅锌矿-杨叶砂岩型铜矿找矿预测区，预测的和控制的铅锌资源量 1618.20 万 t（333+334），铜资源量 67.41 万 t（333+334）。1∶5 万喀炼铁厂幅内，圈定了喀炼铁厂砂砾岩型铜铅锌找矿预测区，具有寻找大型砂砾岩型铜铅锌矿床潜力。

9.1　构造岩相学理论创新与思维方法

理论创新是在社会实践中，对于出现的新情况和新问题等，做出新理性分析和理性解答。对于认识对象或实践对象的本质、规律、发展趋势和变化等做出新揭示和预见，对人类历史经验和现实经验做出新理性升华。也就是对原有理论体系和框架的新突破，对原有理论和方法的新修正和新发展，以及对理论禁区和未知领域的新探索。依据理论创新实现的不同方式，理论创新分为原发性理论创新、阐述性理论创新、修正性理论创新、发掘性理论创新和方法性理论创新等五种类型。在构造岩相学填图创新技术研发和示范应用过程中，也面临构造岩相学理论创新问题，在大量矿山井巷工程构造岩相学编录和找矿预测实践基础上，探索解决构造岩相学填图理论瓶颈，如沉积盆地类型划分和成岩相系、岩浆侵入构造系统、热液角砾岩构造系统等，均需要从理论创新角度入手，重新构建方法性理论创新和原发性理论创新。

9.1.1　方法性理论创新与构造岩相学原理

方法性理论创新是指从科学研究方法和学科体系角度，用新原则、新模式和新视野，对社会生产实践做出新解释，实现科学研究方法和思维方式的更新，如信息论、系统论、控制论等。构造岩相学填图理论、技术创新和示范推广的主体为方法性理论创新，主要核心为采用综合信息方法，运用协同学原理，采用地质学（构造地质学）、岩石岩相学、地球化学等综合研究方法进行构造岩相学的学科理论创立。

9.1.2　原发性理论创新、构造岩相学原创理论与核心技术研发

原发性理论创新是指新原理、新理性体系或新学派的构建与形成，最终形成原创性理论体系和产品系列。而原创性科技成果是指从产品的基础研究或创意，到产品的研发、制造和生产，全部由我国自己主导完成的一类科技成果。如透明计算和量子技术等，可通过理念创新和产品研发、产品拓展和研发合作、产品的推广应用等三个有效路径，实现原创性科技成果产业化（许晔和谢飞，2018）。

理论创新与创新的理论是一个问题的两个方面，前者是实践行为过程，后者是实践行为的形成结果，二者为“一枚硬币的两面视角”。在理论创新过程中，具有实践性和理论性、开放性和综合性、有用性和再现性等6个主要特点。在构造岩相学示矿信息提取原理上，采用构造岩相学、地球物理探测、地球化学测量、遥感数据处理等多学科综合信息融合，对构造岩相体-围岩蚀变体系-矿体等进行多学科综合方法示矿信息提取。

（1）实践性与理论性。理论创新源于实践又回到实践中去，由实践检验其真理性和现实性。实践性原则是原创性理论的现实性体现，又可以检验理论，也是理论发展的桥梁、中介和源动力。在构造岩相学理论创新过程中，驱动因素主要来自矿产勘查实践活动面临的技术难题，如境外矿产战略性勘查选区、矿业权区内（勘查区）深部找矿预测等，由于时间成本和投资有限性及高效性需求，需要开展境外靶区优选和矿业权区快速选区和快速勘查评价等，这些均是面临的新型技术难题。解决这些技术难题过程中形成的创新性理论经过勘查实践活动检验，在取得新认识和研究成果基础上，进一步完善修改，形成新型理论，指导境外矿产勘查活动和综合评价工作。

（2）开放性和综合性。创新性理论要成为引领未来发展的精髓，必须在广泛吸收前人和同行专家的思想和认知成果基础上，进行理论创新活动。同时，也需要吸收和融合不同学科的最新理论成就，实现交叉融合创新。在构造岩相学理论创新过程中，老矿山（如危机矿山接替资源勘查等）深部和外围矿产勘查及找矿预测中，面临的技术难题包括厚基岩覆盖区隐伏矿床勘探、大探测深度强抗干扰能力的勘探技术研发、三维立体综合高精细探测技术研发等，均需要在充分吸收和学习前人各类成果基础上，开展创新方法的有效性试验和创新研究，在取得综合解剖研究成果后，进行综合方法勘查建模，经过修改完善后进行示范推广应用，开展持续深度研发和综合型集成创新。在构造岩相学理论创新过程中，针对高难度技术难题，采用地球化学岩相学进行解剖研究，实现对构造岩相体的多维地球化学岩相学解剖研究，梳理关键性科学问题和控制因素，重建成岩成矿系统的构造岩相学类型和相体结构。在深部隐伏构造岩相体探测和预测中，基于地球物理勘探（如AMT、CSAMT等）进行深部物性填图，通过已知工程和验证工程，进行构造岩相体的地球物理建模预测，开展深部找矿预测。

（3）实用性和再现性。理论创新的科学价值在于面向国民经济主战场，预期解决矿山

企业和矿产勘查业面临的主要技术难题。理论创新必须坚持实用价值尺度与科学价值尺度的相互辩证统一。所创建的理论和技术创新成果需具有普适性和再现性，在局域个性研究基础上，经过示范推广应用进行再现性检验，进行深度研发和理论提升，逐渐完善提升创新理论的普适性和再现性。在构造岩相学理论创新过程中，岩浆侵入构造系统的构造岩相学填图单元确定方法和相关技术流程、成岩相系划分和地球化学岩相学识别技术等，经过持续推广完善后，形成具有普适性的作业指导手册。

9.1.3　修正性理论创新

在学习和运用前人 IOCG 矿床成矿理论基础上，新发现云南东川 IOCG 铜金成矿系统具有高钛特征，采用修正性理论创新方法，创建了高钛系列的 IOCG 铜金铁成矿系统；同时，发现了金红石型钛矿体、铜金银钴-金红石共生型综合矿体、共伴生型稀土元素矿体等，证明创建的创新性理论对新矿种具有极强的发现能力，实现了深度持续创新。

9.1.4　阐述性理论创新与成岩成矿系统的构造岩相学

阐述性理论创新是依据社会生产实践活动需要，引入新方法和新理论后，对原有理论和原理进行梳理归纳和补充完善解释，新增原有理论体系的新标识和新用途。本次采用构造岩相学和地球化学岩相学，对 IOCG 铁铜金成矿系统和沉积岩型铜多金属成矿系统进行了研究，从新视角对成岩成矿系统进行了阐述，为找矿预测提供了新理论依据。

9.2　构造岩相学理论与示矿技术原理

9.2.1　应用领域和技术原理

应用领域包括境外战略性勘查选区和靶区优选、找矿靶区和勘查靶位圈定、矿业权区快速评价、矿山深部和外围找矿预测、新矿种新类型找矿预测、矿山生态环境资源综合调查与规划、矿山生态环境综合治理和修复。主要技术原理如下。

（1）创立了矿山立体构造岩相学、地球化学岩相学、地球物理深部构造岩相体填图等原创性构造岩相学理论。在原创性理论指导下，通过构造岩相学填图单元建立和构造岩相学填图，研究成矿规律和成矿模式，建立构造岩相学综合找矿预测模型，为深地探测和深部找矿预测提供基础理论支撑。

（2）创建了金属成矿盆地、热液角砾岩构造系统、岩浆侵入构造系统、深部隐蔽构造岩相学和成岩成矿系统相关的构造岩相学专项独创性理论。在这些专项独创理论指导下，制定并完善相应的构造岩相学填图工作流程和研究提纲，对构造成岩成矿系统和隐蔽构造岩相体进行圈定和研究，从新视角和综合信息角度揭示了构造岩相体空间几何学形态和成矿规律，建立了专项构造岩相学找矿预测指标体系。

（3）建立不同大比例尺构造岩相学综合示矿信息提取原理和找矿预测技术系列，在战略选区和靶区优选、找矿预测和验证工程等方面具有普适性，包括：①沉积盆地和构造岩相学类型划分与地球化学岩相学-构造岩相学识别技术；②IOCG型铜金成岩成矿系统远端相、外缘相、中心相、流体运移相和根部相划分与构造岩相学-地球化学岩相学识别技术；③热液角砾岩构造系统、构造岩相学填图单元确定方法与找矿预测；④岩浆侵入构造系统、构造岩相学填图单元确定方法与找矿预测；⑤地球化学岩相学类型确定方法、识别技术与找矿预测；⑥地球物理深部构造岩相学填图、关键地质体识别与找矿预测。

（4）进行深部和外围找矿预测和资源潜力评价，开展新成矿带和新矿体找矿预测，圈定和预测新的找矿靶区，提交工程验证。经验证工程跟踪研究与构造岩相学解剖研究，进行构造岩相学找矿预测系统完善、示范推广应用和深度持续研发。

9.2.2　沉积盆地-成岩相系类型划分与地球化学岩相学-构造岩相学识别

按照构造-沉积作用演化规律、沉积充填史和盆地构造史，将沉积盆地形成演化划分为初始成盆期、主成盆期、盆地萎缩期、盆地反转期、盆地改造期、盆内岩浆叠加期和盆地表生变化期。适用于金属成矿盆地、金属-煤-铀-油气资源同盆共存富集区等研究。

（1）原型盆地指在特定时期内特定的构造-古地理位置，相对稳定的地球动力学和盆地动力学条件下，形成特定完整的构造-沉积体系、特定完整的构造岩相学类型和相体组合。现今大洋内沉积盆地和大陆上沉积盆地均为原型盆地。地质历史时期原型盆地均经历了构造变形和构造-岩浆-热流体叠加改造，需要进行原型盆地恢复。在研究盆地基底构造层特征和构造演化、板块边界类型、沉积盆地与板块边界的相对位置、盆地构造古地理位置、初始成盆期和主成盆期的盆地动力学特征、盆地内沉积充填序列、多向沉积物源区分析、蚀源岩区和叠加的深部物源识别、盆地构造反转特征等综合因素基础上，进行原型盆地恢复。

采用大地构造岩相学和区域构造岩相学研究，结合航磁和重力异常资料解译、遥感构造地质解译，在区域构造岩相学路线观测和调查基础上，进行原型盆地恢复。原型盆地命名以盆地动力学类型为第一命名原则，如伸展转换盆地、伸展断陷盆地、挤压压陷盆地、挤压走滑拉分盆地、走滑拉分盆地、走滑拉分断陷盆地等。也可以采用构造-古地理位置和盆地动力学类型进行复合命名，如前陆挤压-伸展转换盆地、后陆走滑拉分断陷盆地、压陷周缘山间盆地、山前断陷盆地、山间断陷盆地等。

在原型盆地恢复研究基础上，厘定内源性热流体是否存在、内源性热流体特征及其构造岩相学记录和地球化学岩相学记录，是厘定内源性热流体改造型盆地的关键基础。内源性热流体改造型盆地一般具有一期多阶段的内源性热流体地质作用。

（2）在沉积盆地形成演化史上，根据构造岩相学类型和组合、盆地动力学、盆山原耦合与镶嵌结构等，盆地类型划分为金属成矿原型盆地、内源性热流体改造型盆地和外源性热流体叠加改造型盆地等三大类。①金属成矿原型盆地一般位于现代大洋中脊、大陆内部、盆山原镶嵌构造区内等。如智利和玻利维亚新生代含锂硼钾盐-硝盐弧前山间盆地和弧后原内盆地。现在构造变形事件仍在形成发生过程中，同时使这些盆地发生新生代钾盐和硝盐成矿。②内源性热流体改造型盆地指内源性热流体为原型盆地在盆地反转和构造改造过程中，成岩成矿成藏流体来自原型盆地内部。它们多位于盆山转换构造带、山前冲断褶皱带等。多期内源性热流体改造型盆地指具有多期次内源性热流体地质作用，具有异期递进成熟演化的方向性，如在盆→山转换期的盆地正反转构造样式基础上，进一步演化为前展式薄皮型前陆冲断褶皱带，随着前展式薄皮型前陆冲断褶皱带构造变形强度增加，叠加后展式厚皮型前陆冲断褶皱带或对冲式厚皮型前陆冲断褶皱带。它们是沉积盆地在构造变形过程中，盆地流体和造山带流体大规模运移的驱动力和能量源区。如新疆乌恰中生代陆内拉分断陷盆地，经历了古近纪和新近纪多期次构造变形形成的构造-热事件。③外源性热流体叠加改造型盆地指外源性热流体来自盆地基底构造层和地壳-地幔尺度，热流体（侵入岩体）以侵入型注入储集层，以岩浆侵入事件和区域性构造-岩浆-热事件叠加为区别性标志。如秦岭造山带柞山和凤太晚古生代陆缘拉分断陷盆地，受石炭纪—二叠纪幔源铁白云石钠长热流体角砾岩等叠加改造强烈，表现为外源性热流体叠加改造型盆地。外源性热流体叠加改造型盆地一般具有一期多阶段的外源性热流体地质作用，以壳源岩浆侵入作用或幔源岩浆侵入作用为主。新疆萨热克巴依-托云中生代陆内拉分断陷盆地内，叠加了晚白垩世—古近纪幔源碱性超基性岩等形成的构造-岩浆-热事件。

多期外源性热流体改造叠加型盆地一般具有多期次多阶段的外源性热流体地质作用，常发育多期次壳源岩浆侵入事件和多期次幔源岩浆侵入事件，热液蚀变相带和热液蚀变分带作用明显。如云南个旧三叠纪弧后裂谷盆地，叠加了燕山期岩浆侵入构造系统。

多期次复源热流体改造叠加型盆地。通过盆地基底构造层和盆内构造岩相层划分和研究，确定和识别盆地构造层变形-热流体活动期次，识别内源性和外源性热流体叠加改造程度，进行内源性热流体改造型盆地和外源性热流体改造叠加型盆地划分。厘定内源性、外源性、内源-外源性热流体的活动期次，相应构造-岩浆-热事件对成岩成藏成矿贡献和在物质-时间-空间上耦合关系。在造山带和沉积盆地内，深源热流体不但是重要黏合剂（沉积成岩作用）和焊接剂（岩浆-热流体侵入作用），也是驱动构造高原抬升的深部动力学机制和成岩成矿成藏关键主控因素。如智利侏罗纪—白垩纪主岛弧带、弧前盆地、弧间盆地、弧后盆地等，在古近纪—新近纪均卷入科迪勒拉岛弧造山带内，在冲断褶皱带内发生构造变形和岩浆叠加事件后而定型。

外源性热流体叠加改造盆地可以划分为：构造-热事件叠加改造型盆地；构造-壳源岩浆-热事件叠加改造型盆地；构造-幔源岩浆-热事件叠加改造型盆地。

（3）对盆地构造岩石地层和盆内沉积充填体进行研究，划分为盆地下基底构造层、盆地上基底构造层、初始成盆期、主成盆期和盆地萎缩期。研究这些不同时期构造岩相学类型和特征，有助于揭示沉积盆地形成动力学过程和流体形成演化过程。

初始成盆期、主成盆期、盆地反转期和盆地萎缩期间，属成盆期埋深压实物理-化学成岩作用期。在成盆期埋深压实物理-化学成岩作用和相系类型划分上，按照成盆期埋深压实物理-化学成岩作用，从地球化学岩相学成岩机理和相分异作用角度，将埋深压实物理-化学成岩相系划分为 6 种主要相系类型，包括酸性成岩相系（如有机质酸性成岩相等）、碱性成岩相系（如 Fe-Mn-Ca-Mg 碳酸盐型成岩相等）、酸碱耦合反应成岩相、氧化-

还原成岩相系（如硫酸盐热化学还原作用）、化学溶蚀-充填成岩相系、同生断裂带-热化学成岩界面相系和标型成岩矿物相系。

（4）在盆地反转期和盆地改造期方面，在盆地构造变形机制与构造-热事件和构造岩相学特征上，目前已识别出的构造岩相学空间拓扑学结构模式主要有6种类型。①盆地单边式盆缘变形带型一般为盆山耦合转换带，在山前盆地和前陆盆地中较为发育。构造组合为冲断层+冲断褶皱带+断层相关褶皱。同构造期的构造-热事件在盆地边缘构造变形带内较为发育，一般在紧邻造山带前缘的构造变形强度大，构造热事件规模显著增大，构造流体运移规模较为强大。构造运动、构造变形强度和盆地流体运移具有显著的定向性规律，成矿成藏流体的圈闭构造组合为断褶带、断层相关褶皱带、劈理化相带、片理化相带、碎裂岩化相带和糜棱岩化相带，以构造裂隙和构造热流体角砾岩储集相体层为主。如新疆乌鲁克恰其中-新生代沉积盆地西侧，为东阿莱山东缘的冲断褶皱带，大规模逆冲推覆于中-新时代地层之上，并形成了构造-岩相圈闭构造。②盆地双边式构造变形带型多为对冲式厚皮型逆冲推覆构造系统，在山间盆地、后陆盆地、背驮式盆地和走滑拉分盆地两侧较为发育，为盆地→造山带和盆地→造山带→构造高原在盆山原转换镶嵌过程中形成的构造组合。在沉积盆地内冲断褶皱带、断层相关褶皱和脆韧性剪切带为造山带流体大规模运移的圈闭构造，储集相体层为断裂-褶皱内碎裂岩化相、穿盆断裂带（切层断裂带）和断裂交汇处碎裂岩化相带、断裂带和褶皱派生的劈理化相带、热液角砾岩化相带、糜棱岩化相-糜棱岩相带等，如新疆萨热克巴依次级盆地内构造变形样式和构造组合（方维萱等，2018a，2018b）和陕西凤太晚古生代拉分盆地等（方维萱和黄转盈，2019）。③在盆山镶嵌构造区内盆地整体递进变形型较为典型，从沉积盆地内部到盆地边缘、再从造山带边缘到造山带核部，褶皱群落和构造变形样式具有显著的构造分带，盆内中心部位变形构造组合为宽缓褶皱+直立褶皱+层间断裂-裂隙，两侧为断褶带+斜歪褶皱群落+层间断裂-裂隙，盆地边缘为逆冲推覆于盆地地层系统之上的冲断褶皱带和逆冲推覆构造系统。如在云南楚雄中-新生代沉积盆地内白垩纪地层中形成了裙边式复式褶皱构造系统。④在两大板块构造或构造地块边缘过渡部位，发育定向迁移式盆山转换带和冲断褶皱带型，这种构造岩相学特征指示盆山镶嵌构造区曾为强烈的盆山耦合转换地带。在造山带之前形成前陆盆地和新生陆内山前盆地（非经典的前陆盆地系统），随着递进造山作用发展和陆内断块作用增强，形成相互伴随的构造差异抬升（断隆构造）和构造沉降作用（新生断陷盆地）。随着后继造山带不断增生，将前陆盆地和新生陆内山前盆地，卷入陆内复合造山带前缘，形成了沉积盆地内递进构造变形系统。但陆内山前盆地发生迁移而形成新生沉降中心和沉积中心（被称为再生前陆盆地），以新疆库车-拜城中-新生代陆内沉积盆地和构造变形最为典型。因陆内复合造山带将沉积盆地卷入造山带外缘，导致沉积盆地内深部烃源岩系在挤压构造应力作用下，形成了大规模构造生排烃作用和生排烃事件。冲断褶皱带、构造片理化相带和碎裂岩化相带为盆地流体大规模运移驱动力和圈闭构造系统。山前冲断褶皱带、前展式薄皮型冲断褶皱带、厚皮型逆冲推覆构造系统、盐底辟构造系统等为主要构造组合，储集相体层结构为节理-劈理-孔隙型；以发育NE向和NW向陆内斜冲走滑转换断裂带为特殊构造样式和构造组合，它们与近东西向断褶带具有大尺度斜交或正交拓扑学结构，形成了局域化片理化相带和节理-裂隙相带；但同时也缺乏岩浆侵入构造系统和盆内岩浆叠加期相关的成岩相系。⑤在盆山原耦合转换区内，弧形楔入盆山转换带和冲断褶皱带型发育，它们为盆山原镶嵌构造区内的典型构造组合。在帕米尔高原北缘正向突刺作用下，塔西南-乌恰-萨哈尔中-新生代沉积盆地内，形成了一系列弧形北向南倾的冲断褶皱带。因受西南天山反向作用，形成了一系列南向北倾的冲断褶皱带。塔西地区最终完全镶嵌在帕米尔高原与西南天山复合造山带之中。这种特殊的盆山原镶嵌构造区内构造变形样式、构造组合和构造-热事件序列结构，对于寻找深部隐伏砂砾岩型铜铅锌矿床十分有利。⑥陆内斜冲走滑转换构造带型位于陆内造山带边缘和沉积盆地过渡部位，在陆内断块构造边缘或盆山过渡部位也是造山带流体大规模运移和聚集区域，具有形成超大型金属矿床条件。因陆内挤压构造以正向和斜向应力场交切，在古老刚性地块边缘效应下，挤压应力场转变为持续稳定的走滑应力场，形成大规模陆内斜冲走滑转换构造带，如康滇断块东侧个旧-小江-鲜水河陆内斜冲转换构造带、大兴安岭中北段陆内斜冲走滑构造带、NE向阿尔金山脉、NW向山区阿尔泰-戈壁阿尔泰等，均为大型陆内斜冲走滑转换构造带。

它们具有显著的区域构造和构造组合分带性：①在盆地基底构造层-古老刚性地块内，以挤压造山隆升作用为主，深部韧性剪切带常被抬升到地表浅部，发育挤压性斜冲走滑脆韧性剪切带，为大型造山型金矿床形成有利成矿地质条件，蚀变糜棱岩化相和蚀变千糜岩相、碎裂岩化相等，为造山带中成矿流体储集相体层。②在盆地基底构造层-古老刚性地块边缘效应下，发育大型陆内斜冲走滑转换构造带，沿断裂带形成小型拉分断陷盆地，为地震和地质灾害易发区。③在沉积盆地区发育冲断褶皱带，发育张剪性结构面（碎裂岩化相）和张剪性断裂带，褶皱群落轴向与主陆内斜冲走滑转换构造带多呈斜交关系，并形成系列轴向一致的褶皱群落，如小江陆内斜冲走滑转换构造带东侧古生代和新生代地层中，发育一系列NE向褶皱群落；在新疆NW向喀拉玉尔滚陆内斜冲走滑转换构造带东侧，分布一系列轴向为近EW向褶皱群落，它们均指示了斜冲走滑构造带的区域运动学方向，同时，也是大规模盆地流体和成矿流体的圈闭构造。④在陆内斜冲走滑转换构造带的较新地层区侧，形成旋转构造区，发育断裂-褶皱带整体呈现旋涡运动，它们也是盆地流体和成矿流体的大型圈闭构造。在以上构造变形-热事件过程中，以盆地构造变形作用为主，缺乏规模性的岩浆侵入事件，仅局部可能形成了盆地改造期构造-热事件成岩作用与相系类型。

在盆地改造期内，构造-热事件成岩作用形成了6类构造-热事件改造成岩相系：构造压实固结成岩相系、节理-裂隙-劈理化成岩相系、碎裂岩-碎裂岩化相系、碎斑岩化相-角砾岩化相系、初糜棱岩化相-热流角砾岩化相系、糜棱岩相系。构造应力和热力改造成岩作用不断增加并伴随构造热流体作用不断增强，形成了不同级次的构造成岩相系。盆地改造期构造成岩相系与构造-热事件场结构和构造-热事件序列有密切关系：①构造岩相学侧向相序结构和分带规律能够揭示单一构造-热事件场热结构和构造应力场分布规律，如塔西地区中-新生代陆内沉积盆地内，从沉积盆地中心到盆地边缘，再到造山带边缘和内部，构造岩相学侧向相序结构为固结压实成岩相系→节理-裂隙-劈理化成岩相系→碎裂岩-碎裂岩化相系→碎斑岩化相-角砾岩化相系→初糜棱岩化相-热流角砾岩化相系→糜棱岩相系，这种构造变形强度和流体作用强度不断增加的构造岩相学侧向相序结构，揭示了从沉积盆地→造山带内部具有构造变形强度不断增加的构造极性，古地温场不断增温和热流体作用不断增强的构造岩相极性规律。②在盆地改造期内，构造-热事件叠加可形成两期以上叠加成岩相系，进行构造岩相学变形筛分可建立构造事件序列与构造-热事件序列。③在盆内构造-岩浆-热事件作用过程中，以侵入岩体为中心，形成盆内构造-岩浆-热事件叠加成岩作用，但随着远离侵入岩体，也形成同期区域构造-热事件改造成岩作用。但在盆内岩浆叠加期，隐伏侵入岩体现今观测为构造-热事件改造相系，需要结合深部构造岩相学填图、地球物理深部探测和地球化学岩相学综合研究等，预测和寻找隐伏岩浆侵入构造系统和隐伏成岩成矿中心。

（5）根据盆内岩浆叠加史、岩浆侵入构造系统、盆内岩浆-构造-热事件和构造岩相学特征，已识别出盆内岩浆叠加期岩浆-构造-热事件的构造岩相学空间拓扑学结构模式有8种类型。①盆缘岩浆侵入-构造-热事件叠加型，以挤压走滑-走滑拉分断陷（伸展）-碱性超基性岩+幔源碱性岩等为主。如萨热克巴依中生代陆内拉分断陷盆地南边界，发育碱性超基性岩-碱性基性岩脉群，形成盆内岩浆叠加期和叠加成矿作用。②在沉积盆地内，底拱式岩浆侵入构造系统和构造-岩浆-热事件叠加型，以中酸性壳源岩浆岩-花岗岩+花岗闪长岩等为主。如广西和云南个旧锡铜钨铯铷矿区内，形成碱性花岗岩岩基和岩浆热液成矿系统。③盆缘多期次岩浆叠加侵入构造系统。如智利侏罗纪—白垩纪GV弧后盆地，发育古近纪和新近纪多期次岩浆侵入岩体，形成电气石岩浆热液角砾岩构造系统。④盆内岩浆侵入-构造-热事件与断陷-断隆作用型，如云南楚雄中-新生代沉积盆地内，NW向碱性斑岩带侵入事件形成了新生代岩浆侵入构造系统，并伴随同期陆内小型拉分盆地。⑤陆缘裂谷盆地内岩浆叠加侵入构造型，如云南东川中元古代陆缘裂谷盆地内，早期中元古代初因民期以碱性铁质超基性岩-碱性铁质基性岩为主，形成了碱玄岩、碱玄质火山岩、碱性辉绿岩和碱性辉绿辉长岩。中元古代末期形成了格林威尔期碱性钛铁质辉长岩-碱性钛铁质闪长岩系列，伴有长石斑岩、钠长斑岩、钾长斑岩和二长斑岩岩脉等。⑥弧后裂谷盆地内岩浆叠加侵入构造型，弧后盆地早期以碱性超基性岩-碱性基性岩为主，晚期叠加了中酸性侵入岩和碱性岩侵入岩等，如个旧三叠纪弧后裂谷盆地内发育碱性苦橄岩-碱性玄武岩层，晚白垩世叠加了碱性花岗岩-碱性侵入岩。⑦弧前盆地与岩浆侵入-构造-热事件叠加型，如智利埃尔索达朵曼陀型铜银矿区内，在安山岩-粗安岩层中侵入后期闪长岩和花岗闪长斑岩，发育岩浆隐爆角砾岩筒和岩浆热液角砾岩相系。⑧弧内盆地内岩浆侵入-构造-热事件叠加型。尚有新类型构造样式和构造组合有待研究。

（6）按照沉积盆地表生变化期和表生成岩作用进行划分和研究，盆内表生成岩相系主要类型有：①古表生成岩相系由盆内角度不整合面和古风化壳、古土壤层、古黏土化风化层和古半风化层等组成。②因沉积盆地发生显著构造抬升作用后，有利于形成表生成岩相系，它们形成于沉积盆地变形改造过程和盆内岩浆叠加过程之中，如智利古近纪斑岩型铜成矿系统形成于侏罗纪—白垩纪弧后盆地构造反转期之后，在新近纪岛弧造山带隆升过程中，斑岩型铜矿床不断抬升和遭受剥蚀，在新近纪形成了铜次生富集带（毯状席状辉铜矿矿体）和“异地型”砂砾岩型铜矿床。③表生成岩相系在热带-亚热带、干旱荒漠气候等特殊景观区较为发育，如塔西中-新生代砂砾岩型铜铅锌矿床内表生成岩相系和表生富集成矿作用发育，地表附近表生裂隙密度大，向深部裂隙密度减小。砂岩型铜矿床露头以铜盐-氯铜矿-副氯铜矿-赤铜矿组成了地表盐晕壳。在砂砾岩型铜多金属矿床地表露头以久辉铜矿-蓝辉铜矿-孔雀石-蓝铜矿标志矿物组合为浅部表生富集成矿特征，铜蓝-黑铜矿-

辉铜矿-斑铜矿等矿物组合为表生富集成矿作用底界面。④山间尾闾湖盆内表生成岩成矿作用，形成了卤水型含锂硼硝石矿床和盐岩型矿床。⑤在金属矿产-煤-铀-油气资源同盆共存富集特殊性上，煤层和煤系烃源岩主要形成于成盆过程中，而金属矿床改造和叠加成矿作用，与沉积盆地变形改造期和盆内岩浆叠加期有关。

9.2.3　金属成岩成矿系统物质结构与构造岩相学识别技术

1. 成岩成矿系统的物质组成

在成岩成矿系统中，物质结构组成是构造岩相学研究的重要对象之一。构造岩相学研究应以热液成岩成矿系统中心和叠加成岩成矿系统物质组成和相系统结构为核心，针对成岩成矿系统物质组成（物源-热源供给子系统、驱动输送子系统、成矿物质卸载子系统、改造-叠加成矿子系统、保存条件子系统等）、时间-空间结构、系统内部结构（亚系统、改造富集成矿亚系统、叠加成矿亚系统）等有关科学问题，采用岩相构造学研究和填图新技术手段，对成岩成矿流体活动、运移、聚集和卸载成矿物质，矿床和围岩蚀变系统的形成机制，从构造岩相学和蚀变岩岩相学分带规律角度，研究恢复成岩成矿事件的物质记录、成岩成矿系统中心位置及分带规律等，为战略性勘查选区、勘查目标区、成矿远景区、找矿靶区和勘查靶位等矿产勘查工作提供新理论和新技术支撑体系。

构造-沉积作用形成沉积岩类、构造变形作用形成构造岩类、沉积盆地中同生流体作用和盆地改造过程中流体作用形成了各类热水沉积岩相和盆地流体改造岩相。岩浆侵入活动形成大规模热流体叠加和对流循环盆地流体作用，形成了岩浆热液叠加岩相（如夕卡岩相等）和盆地流体改造岩相（液压致裂角砾岩相等），因此，构造岩相学填图理论与技术研发，对沉积盆地、盆地构造变形样式和构造组合、构造变形事件序列研究等具有十分重要的应用价值。但对于沉积盆地中成岩成矿系统，需要建立与成岩成矿事件密切相关的独立构造岩相学填图单元，进行岩相构造学填图，恢复重建成岩成矿系统及其物质组成，研究成岩成矿系统的流体活动、运移、聚集和卸载成矿物质的岩相构造学空间结构和相体结构，寻找热流体成岩成矿中心位置，进行深部找矿预测。

如云南中元古代东川大陆裂谷盆地和智利中生代弧后裂谷盆地等，不但发育火山岩相系、火山沉积岩相系和沉积岩相系，而且形成了同期穿时次火山岩相系。这种火山-沉积岩区的火山-沉积岩层中，火山沉积岩和沉积岩遵循顺序堆积成岩，形成了“从老到新-自下而上”火山-沉积垂向层序和相序结构、“同源同相-异源分异”的沉积和火山-沉积近水平叠置交替、纵向水平分异的层序和相序结构。但同期穿时的次火山岩相系和同期晚时的次火山岩相系，却具有“后来者先上”的同期异相结构和同期穿时相体结构，尤其是次火山岩侵入岩体不但具有顺层侵位和穿层侵位，而且还具有多期次形成叠加特征，这给火山成岩成矿系统研究带来诸多困难。构造岩相学最大优势在于研究和解剖建立这种成岩成矿系统空间结构特征及其相体结构，进行成岩成矿系统研究、圈定和恢复重建。

构造岩相学填图理论与技术研发，在侵入岩体岩相学和岩浆侵入构造系统的构造岩相学分带规律基础上，以围岩蚀变系统构造岩相学研究和建立独立构造岩相学填图单元为核心，采用这些独立填图单元，进行岩相构造学填图，研究并建立岩浆侵入构造系统、先存构造系统和后期叠加改造构造系统等，恢复重建岩浆热液成岩成矿系统中心和叠加成岩成矿系统物质组成和相系统结构（图 9-1）。

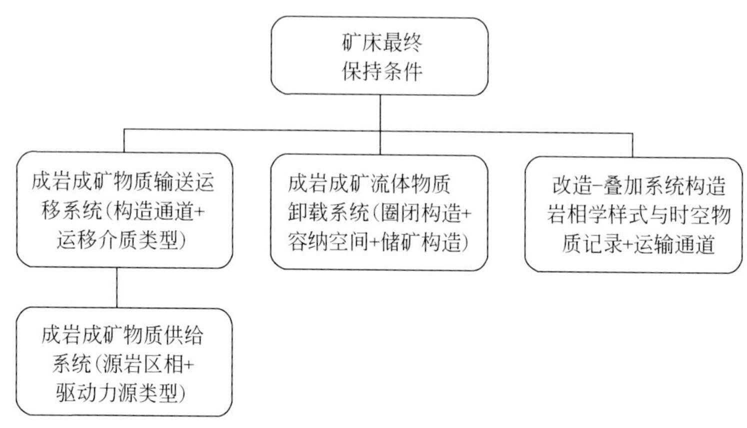

图 9-1　成岩成矿系统物质组成结构图

2. 成岩成矿系统的物质来源供给系统

以智利和中国云南东川地区 IOCG 矿床为例（图 9-2），成岩成矿系统的物质来源供给子系统主要包括四类：①起源于软流圈地幔源区碱性铁质基性岩浆源区，铁质苦橄岩-铁质安山岩与钛铁质辉长岩-钛铁质闪长岩与 IOCG 矿床在空间上紧密相伴。在中国云南-四川和智利科皮亚波地区，铁质苦橄岩、铁质安山岩、铁质玄武岩、铁质辉长岩和铁质辉绿岩与铁矿层关系紧密，铁质苦橄岩、铁质安山岩和铁质玄武岩一般为层状铁矿体上下盘围岩，与层状铁矿体呈整合关系，具有连续的火山喷溢沉积特征。②来源于沉积盆地的高盐度蒸发岩层。③火山岩-次火山岩侵入岩体，经历了大规模区域性热水蚀变作用，将 Fe 和 Cu 等成矿物质迁移到成矿物质卸载中心部位富集成矿。④中性、中酸性和酸性、碱性侵入岩提供大量成矿物质进入岩浆热液成矿体系中。

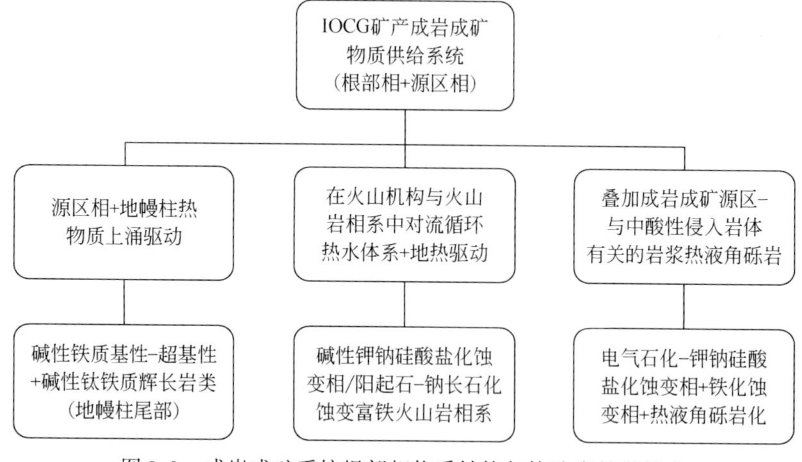

图 9-2　成岩成矿系统根部相物质结构与构造岩相学标志

成岩成矿系统根部相为成矿物质供给系统：①以云南东川滥泥坪-白锡腊矿段深部IOCG矿床为例，蚀变碱性钛铁质辉长岩类为滥泥坪-白锡腊深部隐伏IOCG矿床的成岩成矿系统的根部相，发育弥漫性绿泥石方解石蚀变相；减压熔融作用导致软流圈地幔（地幔柱根部，碱性钛铁质基性岩）形成了碱性钛铁质闪长岩和碱性岩（钾长斑岩-钠长斑岩）；根部相和源区相两类物质的岩相学记录为成矿物质供给子系统物质组成。②在因民铁铜矿区，因民期弯刀山碱性铁质辉长岩-铁质辉绿岩岩株浅部（3000m）到深部（1786m），普遍发育弥漫性网脉状-细网脉状绿泥石-方解石化蚀变相+磁铁矿化微相±赤铁矿化微相，多期次侵位的碱性铁质次火山岩侵入岩体也发育这种弥漫性蚀变相，其主要区别是脉状含斑铜矿-黄铜矿方解石脉宽度增加到5～50cm，显示了铁和铜等成矿物质运移通道的构造岩相学记录。③在深部巷道工程中，直接可以观测到弥漫性网脉状-细网脉状绿泥石-方解石化蚀变相+磁铁矿化微相±赤铁矿化微相，局部较大裂隙和冷凝节理中，充填有黄铁矿-黄铜矿硅化脉和磁铁矿-黄铜矿方解石硅化脉，与强青磐岩化相密切共生。液压致裂角砾岩发育，热液胶结物主要为网脉状方解石和硅质，这些网脉-细网脉定向性明显，揭示了根部相中曾经发生了较大规模的火山热液运移，发育弥漫性青磐岩化相。④在碱性铁质火山岩相系中，因民组二段发育但变化较大，沿走向和垂向多相变为因民组三段火山角砾岩相或因民组一段碱性铁质熔岩相，以因民组二段普遍发育铁质凝灰质板岩和赤铁矿磁铁矿层为特征（TFe含量28%～14%），但仅为铁矿化体，连续性较差但分布广泛，属因民组二段铁铜矿化层（初始成矿物质层）。⑤具有显著的成矿热液运移通道构造相系，分布由含铜铁火山集块岩等组成的火山管道相、含网脉状黄铜矿硅化大理岩火山热水喷流通道相、含斑铜矿-黄铜矿方解石脉裂隙脉带相，揭示成矿流体总体运移的拓扑学结构为垂向和斜向向上的运移裂隙带和火山管道相、垂向向上运移的火山喷流通道相、因民期垂向下沉的沉积型铁铜矿化层等。

在智利月亮山IOCG矿床中：①阳起石化蚀变铁质安山岩-钠长石化蚀变铁质安山质玄武岩-钠长石阳起石蚀变岩-磷灰石透辉石透闪石岩等岩石组合，为IOCG成岩成矿系统根部相物质组成特征；②电气石化岩浆热液角砾岩-赤铁矿化钾长石化岩浆热液角砾岩等，为IOCG型成岩成矿系统中心相和成矿系统根部相特征。

3. 成矿流体运移系统-运移通道构造的蚀变岩岩相学

成矿期成矿流体运移系统-运移通道构造岩相学样式主要为成岩成矿中心相（图9-3），包括：①火山机构中火山热水喷流通道相；②沉积盆地中同生断裂相带；③岩浆侵入构造系统和岩浆热液角砾岩构造系统；④韧性剪切带与同构造期热液角砾岩化相带；⑤脆韧性剪切带和同构造期热液角砾岩相带。将其作为独立构造岩相学填图单元，系统进行岩相构造学填图，可以有效地圈定这些成矿流体运移通道构造相，如滥泥坪-白锡腊矿段深部同岩浆侵入期韧性剪切带和岩浆热液角砾岩化构造系统，就是成矿期成矿流体运移通道构造岩相，以高密度显微劈理中发育黑云母细脉为标志。

糜棱岩化相、碎裂岩化相和液压致裂角砾岩化相围绕碱性杂岩墙（枝）形成明显的构造-流体岩相分带，主体受脆韧性剪切带控制而切割昆阳群层位产出。①糜棱岩化相主要分布在碱性杂岩墙（枝）边部和接触带附近，由糜棱岩化闪长岩亚相、糜棱岩化辉长岩亚

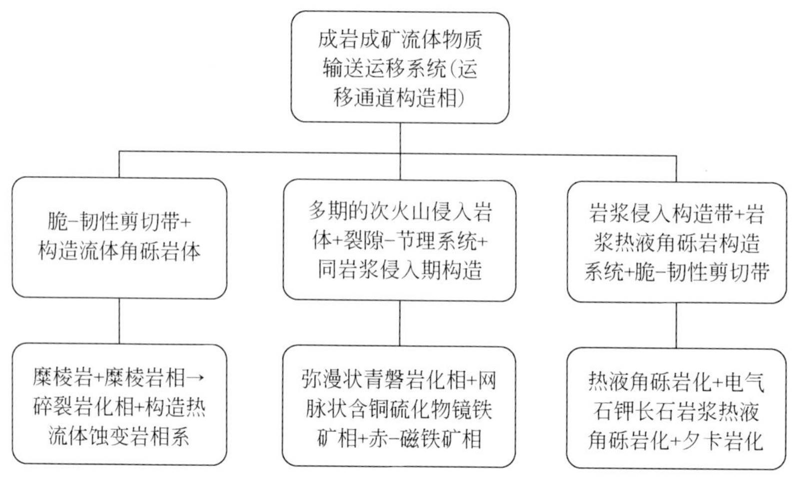

图 9-3　成岩成矿系统的成岩成矿物质输送运移通道构造相与构造岩相学标志

相、蚀变碎裂糜棱岩亚相（如黑云母方解石化碎裂糜棱岩）等构成。一般在铁铜矿体附近发育，属于近矿构造标志，构造-流体耦合作用强烈，围岩蚀变呈现多期叠加现象明显，常伴有电气石化微相。②碎裂岩化相位于糜棱岩化相带之外，构造-流体作用相对减弱。③液压致裂角砾岩化相属于碱性杂岩墙（枝）侵入形成的盆地流体作用形成的产物，一般主要分布在碳酸盐岩中，形成明显的层状液压致裂角砾岩，主要识别标志为锰方解石（浅桃红色）和菱铁矿为网状胶结物，角砾具有可拼接性。局部发育菱锰矿岩和菱铁矿岩，或沿裂隙破碎带形成网脉状菱锰矿蚀变岩和菱铁矿蚀变岩，这种液压致裂角砾岩化相与上述脉带型铜（银金）矿体的含矿蚀变岩相在空间上共存叠加时，属于寻找隐伏碱性铁质杂岩墙（枝）和寻找铁氧化物铜金型（IOCG）矿体的找矿预测指标；但是层状分布的液压致裂角砾岩化找矿价值不大，估计属于盆地超压流体释压形成的产物。④脆韧性剪切带明显晚于碱性杂岩墙侵位时代，脆韧性剪切构造变形与热流体叠加改造年龄为 269. 9±3. 4Ma。

在智利月亮山 IOCG 矿床垂向构造岩相学分带中，中部电气石铁质-钾质蚀变带+热液角砾岩化相带（岩浆热液角砾岩构造系统中心相）的蚀变组合为电气石化、钾长石化、黑云母、绢云母、铁质蚀变由磁赤铁矿-磁铁矿、铁阳起石-铁绿泥石-铁闪石组成。中部电气石铁质-钾质蚀变带+热液角砾岩化相带不但是岩浆热液角砾岩构造系统中心相，也是成矿期成矿流体运移系统-运移通道构造岩相学样式。岩浆体系中因气液成分聚集而内压力持续增加导致岩浆热液角砾岩化作用，这种热液角砾岩化导致岩浆热液系统失稳而发生强烈热液蚀变作用，热能量-热应力中心形成了电气石钾长石等高温热液蚀变系统，伴随铁质蚀变岩中以脉带状-角砾状赤磁铁矿-磁铁矿化为铁成矿作用标志；热液角砾岩化相带也为成矿物质运移提供了热力构造通道，高热能量和高热应力中心驱动了成矿物质向低温低压区迅速运移，它们指示了成岩成矿系统中心相位置。

在东川地区，因民期—落雪期的多期次侵入的碱性蚀变辉绿辉长岩岩株内（1800～1620Ma），发育定向排列的辉铜矿-黄铜矿石英脉、辉铜矿方解石石英脉、辉铜矿方解石脉，它们呈脉带状定向排列，分布于绿泥石-黑云母蚀变辉绿辉长岩岩株内的脆性断裂-节理-裂隙带中，常与黑云母热液角砾岩化相带、黑云母钾长石热液角砾岩化相带、赤铁矿钾长石热液角砾岩化相带等共生，为典型的岩浆热液角砾岩构造系统中心相标志，也是成岩成矿系统的运移通道构造相。在黑云母热液角砾岩化蚀变辉长岩相带内，形成了浸染状和团斑状斑铜矿-磁铁矿，构成了小型富矿体；在脉带状辉铜矿-黄铜矿方解石石英脉强烈发育部位形成了铜矿化和低品位铜矿体，为铜铁富集成矿的标志；而黑云母热液角砾岩、黑云母钾长石热液角砾岩、赤铁矿钾长石热液角砾岩和绿泥石-绿帘石蚀变岩等，为高温热液蚀变体系水岩作用形成的产物，它们为成岩成矿系统中心部位的标志。

4. 成矿流体卸载成矿系统-圈闭和储矿构造岩相学

对 IOCG 矿床而言，成矿物质卸载聚集相（成岩成矿系统中心相）就是 IOCG 成岩成矿系统中心部位（图 9-4），包括：①在韧性剪切带中同构造期热液角砾岩化带；②在火山热水沉积盆地中同生断裂带和次级洼地，水下古火山隆起和先存基底隆起围限的次级洼地等；③古火山机构中火山穹窿与次级洼地；④碱性铁质基性火山熔岩；⑤次火山岩体侵入构造系统；⑥岩浆热液角砾岩化构造系统；⑦盆地流体液压致裂角砾岩相-碎裂岩化相与裂隙-劈理小型构造等。如智利月亮山 IOCG 矿床中，断裂-裂隙带+赤铁矿-黏土化蚀变带为 IOCG 矿床的成矿系统中心相，即成矿物质卸载聚集相（成岩成矿系统中心相），铁铜矿体受断裂和裂隙带控制，矿石类型为含铜镜铁矿型、含铜赤铁矿型、含铜镜铁矿-石英型。伴有金银矿化。

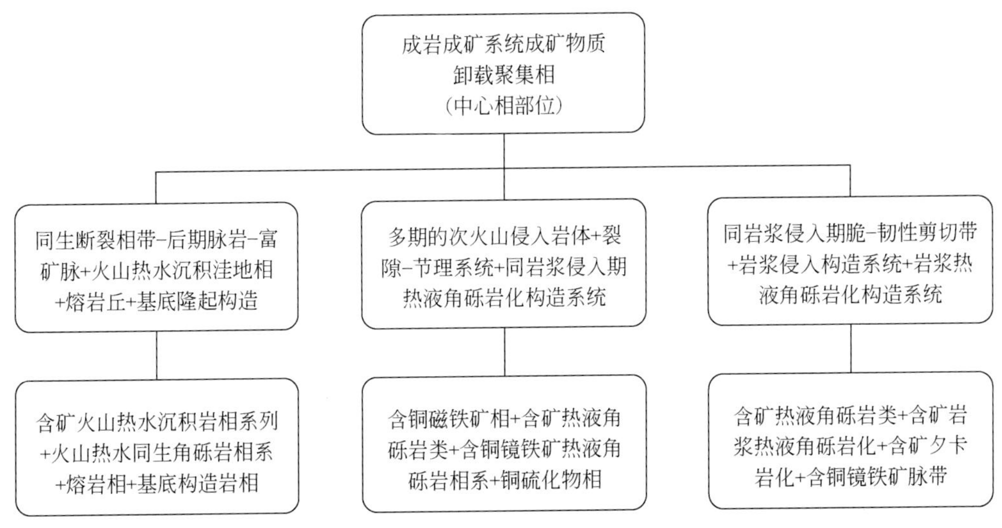

图 9-4　成岩成矿系统的成矿物质卸载聚集相（中心相）与构造岩相学标志

5. IOCG 型铜金矿床与围岩蚀变相体系

铁氧化物铜金型（IOCG）矿床与铁质苦橄岩-铁质安山岩、钛铁质辉长岩-钛铁质闪长岩和二长岩-二长斑岩岩体有密切关系，从围岩蚀变体系、围岩蚀变类型-蚀变组合与构造岩相学角度看，IOCG 矿床的围岩蚀变相系可以划分为：①Na-Ca-Fe 硅酸盐蚀变相系；

②K-Fe 硅酸盐蚀变相系；③电气石-石英强酸性蚀变岩相系；④绿泥石-铁碳酸盐-石英-绢云母蚀变岩相系；⑤夕卡岩化相系；⑥赤铁矿-磁铁矿蚀变岩相系；⑦铁锰碳酸盐蚀变岩相系；⑧青磐岩化相系。总体垂向构造-蚀变岩分带为：上部为黏土化-绢云母化-赤铁矿蚀变带，多为脉带型蚀变带，受断裂-裂隙构造控制显著，具有高氧化偏酸性地球化学岩相学特征；中部钾质蚀变相带（电气石-铁质）+热液角砾岩化相带，发育面状蚀变体并伴有热液角砾岩筒构造，以电气石热液角砾岩-赤铁矿电气石热液角砾岩为标志，指示了高氧化态强酸性地球化学岩相学类型；下部钠质蚀变相（铁质）-岩浆热液角砾岩化带，主要围绕小型岩株（枝）和大型岩脉群顶部和两侧分布，具有面状蚀变体并发育岩浆热液角砾岩筒。围绕二长斑岩-二长闪长岩舌状侵入体形成电气石蚀变岩相带，属于气成热液蚀变中心。大型-超大型铁氧化物铜金型矿床具有多期蚀变相系叠加特征，不同成因的热液角砾岩化相带发育、异时同位多期蚀变岩相叠加和气成热液蚀变相发育等是寻找大型-超大型 IOCG 矿床标志。

9.2.4　热液角砾岩构造系统物质结构与构造岩相学识别技术

热液角砾岩构造系统在沉积盆地形成演化和后期盆地改造叠加变形过程中，与金属成矿有非常密切的关系。在成岩成矿系统物质组成和空间构造岩相学结构方面，角砾岩相系和热液角砾岩相系具有十分重要的位置，因具有高渗透率等构造岩相学特征，它们不但是成矿物质排泄和运移的构造通道，也是成矿流体大规模圈闭的构造岩相学条件和圈闭构造；同时，热液角砾岩相系不但是成矿流体大规模运移的物质记录，热液角砾岩构造系统也是成矿物质大规模卸载、富集成矿的构造-岩相学空间，记录了成岩成矿的时间域-空间域相体结构和叠加作用的历史。

浅成低温热液型金银矿床和斑岩型钼铜金矿床（Candela et al.，2005）、金和锑-萤石-硫铁矿矿床（方维萱等，2000a，2000b，2000c，2000d；Fang et al.，2008）、热水沉积-改造型铅锌矿床、砂砾岩型铜铅锌矿床、铀矿和金刚石矿床中，发育热液角砾岩、岩浆热液角砾岩、隐爆角砾岩、沉积角砾岩等，其中角砾岩类和角砾岩体（筒、带）不但是重要的含矿岩石类型，也是主要的储矿构造样式。含矿角砾岩类和非含矿角砾岩类，它们的成岩成矿机制差异、是否属同一地质体、如何制定独立填图单元进行岩相学填图等一直是困惑地质学家的难题。有效解决这些难题，对于矿田和矿床构造系统研究具有重要价值。热液角砾岩类不但是成岩成矿系统中流体-岩石的多期次地球化学反应、流体交代作用和相互耦合作用的物理-化学界面，也是这些地质作用形成的岩相学物质记录。

从成岩成矿机制和构造岩相学相系角度，方维萱（2016）将角砾岩类划分为沉积角砾岩、岩溶角砾岩、热水沉积角砾岩、构造角砾岩（构造热液角砾岩）、火山角砾岩（火山热液角砾岩）、岩浆侵入角砾岩（岩浆热液角砾岩）、变质角砾岩、热流体液压致裂角砾岩和多因复成角砾岩（复合热液角砾岩）等九大类相系。

岩浆侵入角砾岩相系（岩浆热液角砾岩体）、火山角砾岩相系（火山热液角砾岩体）、构造角砾岩相系（构造热液角砾岩体）和复合热液角砾岩相系（复合热液角砾岩体）等，以热液（热流体）对流循环系统为中心，均可形成热液角砾岩构造系统。按照成岩成矿机制和构造岩相学识别原理，将热液角砾岩构造系统划分为四类，即：岩浆热液角砾岩构造系统、火山热液角砾岩构造系统、构造热流体角砾岩体构造系统和复合热液角砾岩构造系统。其中，岩浆热液角砾岩类深受前人关注，其角砾岩化作用是在滑落、冷却、研磨、爆破和磨蚀等作用时，岩石发生破裂和裂解过程，其形成机制有沉积、构造、地震、岩浆和火山作用等地质作用（Sillitoe，1985；Landtwing et al.，2002；Cooke and Davies，2005）。同时，这些发生角砾岩化空间相体部位也是十分重要构造样式，即岩浆热液角砾岩构造系统。热液角砾岩构造系统形成的有利地质条件有如下四类。

（1）复式侵入岩体在多期次岩浆侵入过程、岩浆不混溶结晶分异、岩浆冷却、围岩中先存构造多重耦合过程、同岩浆侵入体的脆韧性剪切带耦合和侵入岩体在后期构造-流体叠加过程中，对形成与侵入岩体有关的热液角砾岩构造系统十分有利。各类侵入岩体与热液角砾岩构造系统和金属矿床的空间拓扑学结构样式有：①在侵入岩体周边形成环状-半环状岩浆热液角砾岩构造系统，如云南东川滥泥坪-汤丹地区，围绕格林威尔期碱性钛铁质辉长岩侵入体，形成了环状-半环状岩浆热液角砾岩构造系统，IOCG 矿床产于碱性钛铁质辉长岩类侵入体内部和岩浆热液角砾岩构造系统的构造岩相学分带中（方维萱等，2013；方维萱，2014；杜玉龙等，2014；王同荣等，2014）。②多期次岩浆侵入的复式岩体有利于形成岩浆热液角砾岩构造系统，如智利曼托斯布兰科斯铜银矿床（IOCG）为典型多期次岩浆热液角砾岩构造系统（Oliveros，2005）。③在岩浆热液角砾岩-脆韧性剪切带耦合的构造系统中，在智利岛弧造山带，阿塔卡玛断裂构造系统（AFZ）总体走向近南北向，大致平行于俯冲带和海沟走向，早期（侏罗纪—早白垩世）AFZ 断裂系统以近水平韧性剪切作用为主，局部为左旋斜冲走滑构造动力学，形成了大致顺层的剪切面理带、糜棱岩相和分枝断裂，为中酸性侵入岩和岩浆热液角砾岩提供了构造扩容空间；中期（早白垩世末—晚白垩世初）AFZ 断裂系统斜冲走滑作用形成了切层脆韧性剪切带，中酸性侵入岩和岩浆热液角砾岩定位于两组断裂交汇部位或次级分支断裂中，其 AFZ 次级断裂与岩浆热液耦合作用，为热液角砾岩构造系统形成提供了良好地质条件，如智利曼托贝尔德金铜矿床四个矿区均受岩浆热液角砾岩筒和阿塔卡玛断裂构造系统复合控制，该 IOCG 矿床均产于热液角砾岩体中，热液角砾岩构造系统为主要控矿-储矿构造。④叠加构造-岩浆热液角砾岩构造系统。智利月亮山 IOCG 矿床为典型叠加构造-岩浆热液角砾岩构造系统，早期为安山岩-闪长岩有关的含 IOCG 热液角砾岩构造系统，形成由含 IOCG 绿泥石阳起石热液角砾岩和赤铁矿-磁铁矿热液角砾岩等组成的热液角砾岩构造系统。后期与碱性二长斑岩有关的岩浆热液电气石赤铁矿角砾岩构造系统，对早期 IOCG 矿床具有叠加成岩成矿作用，形成了钾硅酸盐化蚀变相、黏土化蚀变相和浅成低温热液型铜金矿床（方维萱和李建旭，2014）。晚期（晚白垩世末）AFZ 断裂系统斜冲走滑作用形成了剪张性断裂带，为脉带状 IOCG 矿床提供了良好构造扩容空间。

（2）在火山岩相系中，早期次火山岩侵入体、晚期次火山岩侵入体、后期岩浆侵入岩体和多期叠加等对于形成火山热液角砾岩体构造系统十分有利。在东川铁铜矿床集中区内：①中元古代因民期初期形成了因民组一段沉积角砾岩、复成分火山角砾岩、火山角砾岩和火山集块岩等组成的角砾岩类相体地层，局部夹钾铁质和钠铁质基性-超基性熔岩层，为火山断陷沉积形成的多成因角砾岩相体，垂向和走向相变十分强烈，具有显著的同时异相结构的相体，在火山喷发中心附近，形成镜铁矿硅化热液角砾岩构造系统。②在碱性辉长岩类次火山岩侵入体附近，分布有上小下大的半环状–环状热液角砾岩相带，在熔结火山集块岩–基性火山熔岩中，形成了含IOCG黑云母化热液角砾岩相。它们组成了含IOCG热液角砾岩构造系统，属IOCG矿床成岩成矿中心和因民–小溜口矿段铁铜矿床的成矿中心和热液供给系统中心。③在中元古代因民期晚期火山活动减弱，在因民期火山机构中心仍有较强火山喷发活动，在因民组三段形成了钠铁质基性熔岩–钠质火山角砾岩–钠质热水沉积岩和钠质火山同生交代蚀变岩等组成的火山热液角砾岩构造系统，形成了因民三段中IOCG矿床的储矿岩相带，因民组三段为IOCG矿床新找矿层位并具有较大找矿潜力。④在中元古代落雪期，主要为昆阳（东川）裂谷盆地的热沉降过程，在落雪组一段中局部发育强烈的火山热水沉积作用，形成了钠质沉凝灰岩–钠质硅质热水角砾岩，伴有钠质火山岩夹层，落雪期在因民–落雪一带，仍有侵入落雪组之中的碱性铁质基性岩等。⑤在大营盘组中，发育铁钠质基性熔岩层和切层的铁质辉绿岩脉，发育赤铁矿火山角砾岩–角砾状赤铁矿矿石。在铁矿层之上，发育钾质凝灰岩和硅质岩等。

（3）在沉积盆地后期改造过程中，先存火山角砾岩、岩溶角砾岩和沉积角砾岩等相系，在后期盆地流体、多期次岩浆侵入活动下，有利于形成构造热液角砾岩构造系统，在沉积盆地向造山带转换过程中，强烈构造变形驱动盆地流体发生大规模运移，这种先存角砾岩相系成为有利运移通道和流体圈闭的构造岩相学层位，同构造期的构造热液作用也形成了热液角砾岩化。①层状–似层状火山角砾岩–岩溶角砾岩等相系，与盆地流体物理性耦合和强烈水岩反应作用有关。这些先存相系呈层状和似层状分布，局部呈不规则状，总体上受原始相体形态控制，如贵州晴隆锑–萤石–硫铁矿矿田。②切层热液流体与层状–似层状岩溶角砾岩发生强烈的物理–化学耦合作用。在东川小溜口岩组顶板发育似层状和不规则状热液–岩溶角砾岩构造系统，在古喀斯特中形成黄铜矿铁白云石岩和黄铜矿硅化铁白云石角砾岩，铁白云石呈较大自形晶，而硅化呈角砾状，黄铜矿–硅化呈热液胶结物，其边部发育网脉状黄铜矿硅化铁白云石脉带，显示具有强烈切层物理–化学耦合作用。③在沉积盆地改造过程中，碱性深源热流体角砾岩带构造系统能够揭示山弧盆耦合与转换过程、深部岩石圈尺度的垂向流体大规模运移叠加机制，如秦岭造山带商南–山阳–柞水–镇安–太白–凤县泥盆系中，碱性钠长石角砾岩–铁白云石角砾岩带断续400km长，为秦岭泥盆—二叠纪侧向造山作用过程中，来源于深部碱性深源热流体垂向强烈的叠加耦合作用，形成了太白双王和镇安二台子等热液角砾岩型金铜矿床等。④区域平行不整合面附近的构造岩相学相变带、岩溶角砾岩相系和热液角砾岩相系等，在沉积盆地构造变形过程中为盆地流体大规模运移的通道和路径，构造热液角砾岩相系发育，它们是（非）金属矿田构造样式，如新疆乌拉根砂砾岩型铅锌矿床中共伴生矿种有天青石和石膏矿床等。

（4）多期次的构造–岩浆叠加作用形成了角砾岩杂岩带。在云南东川和易门等地区，发育区域构造–岩浆–角砾杂岩带，为典型的区域构造系统和矿田构造系统。主要有：①近南北向人占石–因民–落雪–石将军构造–岩浆–角砾杂岩带；②滥泥坪–汤丹–新塘构造–岩浆–角砾杂岩带；③近南北向拖布卡–双水井–老杉木箐构造–岩浆–角砾杂岩带；④易门地区为阿百里–梅山–凤山–峨腊厂构造–岩浆–角砾岩带（韩润生等，2003）。这些角砾岩杂岩带具有火山热水沉积岩、火山角砾岩、岩浆侵入角砾岩、构造流体角砾岩等多期次叠加成岩作用，属复合热液角砾岩构造系统，对于 IOCG 矿床、铁铜矿床和铜矿床形成较为有利，值得今后进一步深入研究，寻找隐伏矿床。

总之，多期次岩浆侵入体、次火山岩侵入体、盆地流体作用和后期多期次岩浆侵入作用等是形成热液角砾岩构造系统的主要机制。岩浆热液角砾岩构造系统、火山热液角砾岩构造系统、构造热液角砾岩构造系统和复合热液角砾岩系统等，是 IOCG 矿床和矿田构造样式，也是多矿种共生矿成岩成矿机制。采用构造岩相学专项填图技术，对不同类型热液角砾岩构造系统进行重建，有助于寻找深部隐蔽构造和隐伏矿床。

9.2.5 岩浆侵入构造系统物质组成与构造岩相学识别技术

岩浆侵入构造系统既包括同期多阶段的侵入体内部因热流体冷凝作用形成的构造样式、岩浆热侵位形成的热力侵入构造带和围岩中先期构造-同侵入期叠加构造，也包括多期次复式岩体中侵入构造、同岩浆侵入期构造样式、侵入岩后期遭受构造变形-变质和叠加侵入构造等。多重耦合结构为构造应力-热应力-地球化学动力所导致的岩石-流体相互作用，它们在时间-空间上形成了多重耦合与空间拓扑结构。岩浆侵入构造系统是矿田构造和区域构造的主要样式之一，如智利科皮亚波地区 IOCG 矿田、云南个旧锡铜多金属矿田和东川铁铜-钛-金矿田等；也是控制金属矿田和金属-非金属矿田的主要构造类型和构造组合之一，如内蒙古大兴安岭中南段白音诺尔-双尖子山-浩布高-巴林石银多金属矿床和金银-铅锌-巴林石-叶蜡石矿床等组成的矿床集中区。

在岩浆侵入构造系统研究中，首先需要对侵入岩的岩石系列、岩石组合和岩相学类型进行研究；其次，从侵入岩体中心到围岩（地层）进行系统的构造岩相学剖面实测，建立构造岩相学类型，研究构造岩相学分带规律，建立构造岩相学填图单元；最后，建立适用于 1∶5000～1∶2000 和 1∶1 万的构造岩相学填图单元，开展地表和不同中段坑道平面、勘探线剖面等构造岩相学系列填图，编制综合研究图件，包括侵入岩体顶面等高线图、矿体顶板和底板等高线图等。在侵入岩体附近地层系统一般经历了构造热改造作用、岩浆热液蚀变作用、岩浆-构造流体叠加作用和岩浆热液充填作用等不同的岩浆-构造-流体-先存岩石的多重耦合作用，所以在空间序列上需要在远离侵入岩体的区域建立先存地层和岩石的构造岩相学类型，这些构造岩相学类型和特征是未经历侵入构造事件影响的对比基准构造岩相学结构，以便与侵入岩体同时代地层进行对比。从构造岩相学研究和大比例尺填编图角度看，主要研究内容可归纳为：

（1）先存地层和岩石的构造热变形-变质事件记录，如角岩化带、角岩化相带及构造变形样式等，通过系统研究恢复重建构造热事件的 T-P-t-M 四维构造岩相学结构型式。

（2）岩浆热液-地层和岩石多重耦合作用事件，如岩浆侵入角砾岩相带、蚀变岩相带、接触交代变质相带（夕卡岩化带）及岩浆热液角砾岩化带、侵入构造带等，采用 X-Y-Z-t 和 T-P-t-M 四维构造岩相学结构型式开展系统研究和填图，恢复重建岩浆热液-地层和岩石多重耦合作用事件形成的岩浆侵入构造系统、岩浆热液角砾岩构造系统、夕卡岩构造系统和接触带构造系统。尤其是侵入岩体外部几何形态学及成矿控制作用，如岩凹、岩凸、岩枝、岩体超覆构造等侵入岩体外部几何形态学，对于侵入构造样式和构造组合、成矿控制因素和成矿规律具有重要的研究价值，也是矿山（床）深部和外围重要的找矿预测依据和标志。

（3）侵入岩体内部原生构造系统研究，主要包括岩浆结晶过程中形成的流动构造、结晶核构造、冷凝节理等，尤其是需要从 *X-Y-Z-t* 四维构造岩相学角度，研究侵入岩体从岩浆结晶中心带（结晶核）到外部（边缘相）、从中心相带侵入岩体顶部的构造岩相学分带、侵入岩体内部捕虏体构造和蚀变分带等，重点在于恢复重建岩浆-热液过渡相部位、岩浆热液构造通道系统和岩浆原生成矿构造类型和样式。部分次火山岩侵入岩相常发育成岩成矿系统中心和成矿物质供给系统，发育弥漫性热液蚀变区域和成矿流体排泄构造通道，这是构造岩相学的研究重点之一。

（4）在侵入岩体形成的时间序列上，主要研究内容包括研究建立：①先存构造样式和构造组合特征，一般选择远离侵入岩体或缺失侵入岩体的地区进行研究，建立岩浆侵入事件之前的构造样式和构造组合，为同岩浆侵入期形成的构造样式和构造组合（如岩浆底拱作用形成的褶皱-断裂组合、复式褶皱、断裂系统等）建立可对比基准。进一步详细研究区域构造对侵入岩体控制作用，如导岩断裂带和背斜轴部等。②同岩浆侵入期构造样式和构造组合，采用构造地质学方法进行研究和建立，但一些复杂地区需要采用构造岩相学填图，才能恢复重建同岩浆侵入期构造样式，如岩浆热液角砾岩构造系统等，尤其是需要从 *X-Y-Z-t* 和 *T-P-t-M* 四维构造岩相学填图，才能识别和重建同岩浆侵入期构造样式，如岩凹构造、复式侵入岩体、次火山岩侵入体及成岩成矿物质供给中心等。③侵入岩体的后期构造变形样式-构造组合-构造热流体改造研究，采用 *X-Y-Z-t* 和 *T-P-t-M* 四维构造岩相学填图、多维构造岩相学筛分和系统研究进行解剖，才能区分前岩浆侵入期、同岩浆侵入期和后岩浆侵入期（构造流体叠加改造期）的构造样式和构造组合。以云南东川地区滥泥坪-白锡腊铁铜矿段岩浆侵入构造系统研究为例说明，

（5）在岩浆侵入构造系统的地表构造岩相学特征上，经过在地表进行 1 : 5 万路线构造岩相学剖面观测、1 : 1 万构造岩相学修图和综合研究认为，在地表，东川群落雪组、因民组和黑山组均有被辉长岩侵入体和岩浆隐爆角砾岩相带分割包围现象，它们残留构造岩块带分布在侵入岩体和岩浆隐爆角砾岩相带中，揭示地表为坍塌次火山机构。①采用构造岩相学分带特征恢复构造样式为坍塌次火山机构。这种坍塌次火山机构物质组成为碱性钛铁质辉长岩-碱性钛铁质辉绿岩、岩浆隐爆角砾岩相、岩浆热液角砾岩、东川群（因民组、落雪组和黑山组）大型坍塌构造岩块带。②岩浆热液角砾岩构造系统（主要储矿构造样式）主要围绕碱性钛铁质辉长岩类侵入岩体边部-岩浆隐爆角砾岩相带-东川群坍塌构造岩块带之间分布，同岩浆侵入期脆韧性剪切带对岩浆热液角砾岩构造系统控制明显。③碱性钛铁质辉长岩类侵入岩体切层侵入到东川群，侵入岩体平面几何形态学特征在地表主要整体呈环状-半环状，其次为不规则脉状、树枝状和椭圆状。④白锡腊上老龙和中老龙矿段，碱性辉绿辉长岩侵入体几何学特征为不规则状岩株，延伸最长处 1500m，最宽处 500m，该岩株呈北东-南西向延伸。

对岩浆侵入构造系统的构造岩相学相序结构认识如下。

（1）东川铜矿区碱性钛铁质辉长岩类侵入体因地质产状和岩相学相体结构不同，具有三类不同成岩成矿作用，形成了不同的构造岩相学相体结构。①滥泥坪碱性钛铁质辉长岩

类中磁铁矿和钛铁矿含量较高，经过岩浆结晶分异作用，形成了橄榄苏长辉长岩、次透辉-钛辉辉长岩、钛铁闪长岩和正长斑岩等次火山侵入相，具有明显岩相学分带。在侵入体外围发育隐爆火山角砾岩相带、黑云母化热液角砾岩相带和绿泥石黑云母化热液角砾岩相带，铁氧化物铜金型（IOCG）矿体赋存在这些相带中。②在滥泥坪铜矿和白锡腊铁铜矿中，碱性钛铁质辉长岩类侵入体大致呈近东西向和北东向断续分布，在白锡腊矿段为 WE 向和 NE 向断褶带交汇构造区，形成了似环状小型岩株群和岩浆隐爆角砾岩相带、东川群因民组和落雪组构造岩块等组成的塌陷古火山机构。③在侵入岩体与东川群因民组和落雪组白云岩接触带之间形成了明显的蚀变角砾岩化相带，在白锡腊矿段深部从内向外为钠长石-次闪石-绿帘石蚀变岩相→透闪石蚀变岩相→透闪石化白云岩相，具有强烈的热液交代蚀变-角砾岩化作用，IOCG 型富铜矿体呈不规则脉状、囊状、脉带型和岩浆热液角砾岩体型，碱性钛铁质辉长岩类侵入过程中形成 IOCG 矿体。

（2）拱形岩体超覆侵入构造样式从上到下构造岩相学垂向相序结构分带明显，现今保存的构造岩相学垂向相序结构（从上到下）为：①碱性钛铁质辉长岩类岩枝和岩浆隐爆角砾岩相带+因民组→②侵入岩体顶面的岩凹构造+岩凸构造+岩浆隐爆角砾岩相带→③侵入岩体中心脆韧性剪切带控制的岩浆热液角砾岩相带→④岩浆隐爆角砾岩相带+因民组三段→⑤落雪组一段→⑥落雪组二段→⑦落雪组二段+碱性钛铁质辉长岩类岩枝和岩浆隐爆角砾岩相带。现今这种垂向构造岩相学相序结构与东川群层序相反，是典型反向层序结构。在滥泥坪-白锡腊铁铜矿段深部，碱性钛铁质辉长岩类侵入体（1067±20Ma、1047±15Ma，锆石 SHRIMP U-Pb 法年龄）斜切东川群因民组三段和落雪组。滥泥坪-白锡腊辉长岩类形成时代与东川地区黑山组中顺层侵位的碱性铁质辉长岩岩床形成时代（1028Ma、1059Ma，龚琳等，1996）一致，也与云南大宝山辉长岩和东川猫狸沟辉长岩年代相近（1059Ma，辉石和黑云母 K-Ar 法，龚琳等，1996）。说明这种现今构造岩相学垂向相序结构形成于格林威尔期（1000Ma 左右）。

（3）东川铁铜矿床集中区具有多期构造叠加相序结构及成岩成矿特征。在滥泥坪-白锡腊矿段深部碱性铁质辉长岩类侵入体的边部，形成了同岩浆侵入期韧性剪切带和糜棱岩化带，叠加了后期碎裂岩化相的脆性构造变形与热流体叠加蚀变作用，含铜碳酸盐细脉和绿泥石化强烈。近南北向挤压应力场时限为格林威尔期（1000Ma 左右），滥泥坪-白锡腊碱性钛铁质辉长岩类形成年龄为 1067±20Ma 和 1047±15Ma，属于格林威尔期构造-岩浆侵位事件。与东川区域性不整合面、大营盘组底部凝灰质硅质岩形成时代，具有相互吻合和配套的构造-岩相学记录。东川群青龙山组顶部与昆阳群大营盘组底部之间发育区域性不整合面（小黑箐运动，龚琳等，1996），大营盘组底部赤铁矿层和铁质碳质板岩之上的凝灰质硅质岩形成时代为 966Ma（Rb-Sr 全岩等时线法，李复汉等，1988）。

近东西向同岩浆侵入期脆韧性剪切带及其控制的岩浆热液角砾岩构造系统，属格林威尔期构造-岩浆事件的产物，推测碎裂岩化相和脆性构造变形的构造叠加成岩时代为晋宁—澄江期。①在近南北向落因断褶构造带北端人占石铜矿区，受近东西向挤压应力形成了人占石近南北向背斜构造，青龙山组白云岩层间构造带和隐爆角砾岩相带控制了铜矿体（聂天等，2014）。这与滥泥坪-白锡腊-汤丹近东西向倒转背斜形成于近南北向挤压应力场方向完全相反，显示二者形成于不同构造变形域中。②邱华宁等（2001）采用真空击碎技术和阶段加热技术，在落雪铜矿老山矿段层状铜矿中选出两个石英样品进行 ^{40}Ar-^{39}Ar 定年，获得 1470Ma 和 810～770Ma 两组年龄，后者与邱华宁等（1998，2000）测定的汤丹铜矿落雪组脉状铜矿石英和稀矿山硅质角砾状铜矿中硅质角砾的脉状铜矿形成时代相一致（780～700Ma）。因此，1470Ma 年龄与落雪组白云岩在压实沉积成岩后的盆地流体成矿作用有关；810～700Ma 年龄值在晋宁—澄江期，与区域性近南北向褶皱带形成于近东西向挤压应力场的构造事件年龄吻合。晋宁—澄江期自西向东挤压应力场对滥泥坪-白锡腊岩浆侵入构造系统形成了改造，推测拱形岩体超覆侵入构造样式和褶曲状 IOCG 矿体几何形态学，与晋宁—澄江期构造变形事件有关。

（4）滥泥坪-白锡腊岩浆侵入构造系统遭受的脆性构造变形与热流体叠加改造事件年龄为 269.9±3.4Ma，暗示与峨眉山玄武岩侵入活动先期形成的构造-热流体事件有密切关系，但不排除深部有隐伏的峨眉山玄武岩先期侵入相分布。此外，缺乏明显岩相学分带特征的碱性铁质杂岩脉找矿前景不佳，有助于直接识别无找矿前景地段。

岩浆侵入构造系统深部构造岩相学特征，在井巷工程中段坑道平面和勘探线剖面图上，因民组和落雪组中切层侵入的辉长岩呈岩墙（枝）产出，与地层夹角在 15°～35°，以低角度岩床形式分布，或大角度（>60°）切割东川群全部层位，被上震旦统陡山沱组和灯影组不整合覆盖（龚琳等，1996）。

在坑道平面和勘探线剖面构造岩相学填图中，采用岩相构造学方法重建侵入构造系统的构造样式和构造组合。碱性钛铁质辉长岩侵入岩体叠加定位于复式倒转背斜轴部+纵向断裂带。在滥泥坪-白锡腊矿段、大西部矿段深部和中老龙矿段，碱性闪长斑岩-辉长岩杂岩体（墙、床）主要沿背斜轴部纵向断裂带侵入，构造组合为复式倒转背斜轴部+纵向断裂带+碱性钛铁质辉长岩岩墙和岩浆隐爆角砾岩相带，在复式倒转背斜轴部形成了岩浆叠加侵入构造系统。

（1）井巷工程控制的隐伏碱性钛铁质辉长岩类侵入岩体规模为长度>2500m，深度>1000m，宽度 80～160m，控制的空间体积>0.4km^3：①在 ZK59-1 和 ZK59-2 钻孔之间，该侵入岩体倾角近于水平，穿层厚度分别为 140m 和 235m，在 ZK59-3 中岩体为倾角 35°左右，穿层厚度变为 130m。②从蓑衣坡新区到 219 线，坑内钻孔和井巷工程控制的该侵入岩体长度大于 2500m，水平宽度 80～160 余米。③从白锡腊南部地表 2900m 到乌蒙山 1900m 平硐，探矿工程控制岩体垂深达 1000m 以上。

（2）碱性钛铁质辉长岩类侵入岩体与东川群之间发生了较大规模的构造-岩浆-热流体交代蚀变事件，在脆韧性剪切带-岩浆热液耦合控制下，形成了岩浆热液角砾岩构造系统和 IOCG 矿床；对于东川型铜矿床形成了显著的岩浆热液叠加成矿作用，滥泥坪深部东川型铜矿床成因类型为火山热水沉积-岩浆热液叠加型铜矿床：①在因民组三段中，形成了岩浆隐爆角砾岩相带。其岩浆热液角砾岩构造系统主要产于因民组三段与碱性钛铁质辉长岩类侵入岩体接触带附近，形成了白锡腊深部隐伏的铁氧化物铜金型矿床。②落雪组硅质白云岩普遍重结晶发生硅化，在侵入岩体接触带附近，落雪组硅质白云岩发生滑石化、透闪石化、绿泥石化、黑云母化、碳酸盐岩化等蚀变现象，局部为绿泥石黑云母岩、绿泥石化白云岩等，蚀变相带在空间上围绕碱性闪长斑岩、辉长岩和辉长辉绿岩体呈带状分布或透镜状产出。

（3）碱性钛铁质辉长岩类侵入岩体在滥泥坪-白锡腊深部形成了拱形岩体超覆侵入构造样式（图 9-5），对落雪组中东川型铜矿床形成了强烈的岩浆叠加成矿作用。经过井巷纵向构造岩相学填图证实拱形岩体超覆侵入构造之下，构造岩相学垂向相序结构从上到下为格林威尔期碱性钛铁质辉长岩类侵入岩→岩浆隐爆角砾岩相带（岩浆热液角砾岩构造系统）→因民组三段→落雪组二段→落雪组一段，东川群为倒转构造岩相学层序，其上为岩浆侵入构造系统，其下为岩浆叠加改造地层系统。在这五个构造岩相学单元中，形成了五层褶曲状铁铜矿体和铜矿体，构造岩相学垂向相序结构形成于格林威尔期。

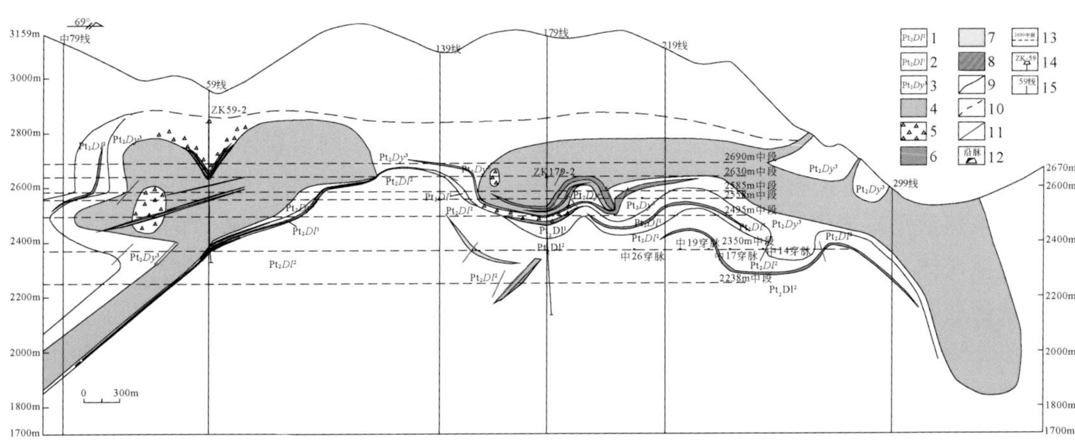

图 9-5　东川滥泥坪-白锡腊-中老龙 C-C′实测构造岩相学纵剖面图

1. 中元古界东川群落雪组二段；2. 中元古界东川群落雪组一段；3. 中元古界东川群因民组三段；4. 碱性铁质辉长岩类；5. 角砾岩带；6. 铜矿体；7. 低品位铜矿体；8. 铁铜矿体（IOCG 矿体）；9. 地质界线；10. 推测地质界线；11. 断层；12. 坑道垂直投影面；13. 井巷工程投影；14. 钻孔位置及编号；15. 勘探线编号及位置

（4）拱形岩体超覆侵入构造样式从上到下构造岩相学垂向相序结构分带明显，有利成矿部位分别是：①侵入岩体之上的岩枝属顶部被断裂带刺破的“膨胀气球”导致了侵入构造系统热能量和热物质释放，不利于 IOCG 矿床形成；②侵入岩体顶面双“膨胀气球”形成的岩凹构造对 IOCG 矿体形成有利，岩凸构造对成矿不利；③侵入岩体中心和下部有利于形成 IOCG 矿体；④因民组三段有利于形成岩浆热液角砾岩构造系统和 IOCG 矿体；⑤对落雪组中火山热水沉积型铜矿，形成了较强的岩浆热液叠加成矿作用；⑥深部落雪组之中分布的岩枝和铁铜矿体，揭示其下部仍有较大规模的隐伏侵入岩体，属新找矿方向和新找矿空间，值得高度重视（图 9-5）。

拱形岩体超覆侵入构造亚系统的构造岩相学垂向相序结构特征、三维相序结构和小型构造具体为：①顶部断裂扩展岩枝状和塌陷次火山机构。碱性钛铁质辉长岩类侵入岩体具有显著的构造岩相学分带，其上部（219～299 勘探线）几何形态学为岩枝状侵入因民组三段中，其上被陡山沱组呈沉积角度不整合覆盖。在 299 勘探线因切割深度较大，出露于地表沟系中，这种碱性钛铁质辉长岩-碱性钛铁质辉绿岩岩枝位于次级拱形顶部，在地表见其周缘发育岩浆隐爆角砾岩相带和因民组三段残留构造岩块。推测这种侵入岩体的岩枝状扩展侵位机制，可能为被断裂系统切破的“膨胀气球”，或者因“膨胀气球”近地表形成断裂释压，热应力破裂导致形成了热力断裂带，这些断裂带连通了侵入岩体与因民组三段，形成了构造-岩浆-热流体耦合作用，最终导致因民组在构造-岩浆-热流体耦合作用最强烈部位形成了坍塌角砾岩相带和构造岩块带，它们组成了坍塌次火山机构。但被断裂带刺破的“膨胀气球”导致了侵入构造系统热能量和热物质释放，形成了岩浆隐爆角砾岩相带和岩浆热液角砾岩构造系统，因属于开放的侵入构造系统对IOCG矿床形成不利，仅形成了大规模蚀变和分散矿化。②在侵入岩体顶面岩凸和岩凹构造上，双“膨胀气球”之间形成的岩凹构造对IOCG矿体形成有利（图9-5、图9-6），如59勘探线形成的岩凹构造，这种小型岩凹构造在NW向（ZK59-3）消失。从59线（ZK59-1和ZK59-2）呈现NE向延伸到139线和179线，主要为侵入岩体顶面之上形成的岩浆隐爆角砾岩相带，在岩凹构造中，形成了同岩浆侵入期脆韧性剪切带控制的岩浆热液角砾岩构造系统，IOCG矿体定位于其中。岩凸构造和平缓的侵入岩体顶面对成矿不利。③侵入岩体中心和下部有利于形成IOCG矿体主要表现为，一是在侵入岩体中心部分发育同岩浆侵入期脆韧性剪切带控制的岩浆热液角砾岩体，在139线（ZK139-2）和59线（ZK59-2）形成了IOCG矿体和金红石型钛矿体。在179线和219线之间，也形成了IOCG矿体和金红石型钛矿体，但该矿体呈现褶曲状，与拱形岩体超覆侵入构造样式协调一致。推测可能在晋宁期经历了自西向东挤压作用，形成了这种构造样式。在侵入岩体中发育因民组和落雪组陷落构造岩块组成的捕虏体，仅见59线IOCG矿体穿越捕虏体，未见陷落构造岩块组成的捕虏体对成矿具有明显的控制作用。二是侵入岩体下界面附近，发育的岩凹构造对于形成IOCG矿体十分有利，如179～219线（图9-5、图9-6）和68～59线之间，均圈定了高品位的IOCG矿体。

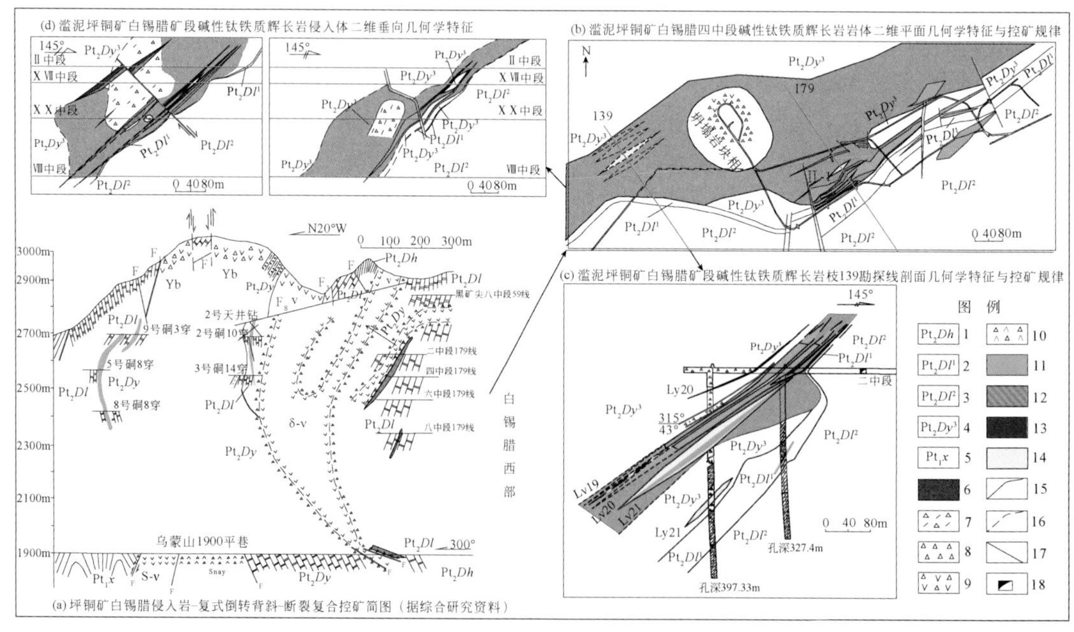

图9-6 东川滥泥坪-白锡腊深部侵入构造系统构造岩相学解剖与控矿规律图

1. 黑山组；2. 落雪组二段；3. 落雪组一段；4. 因民组三段；5. 小溜口岩组；6. 碱性钛铁质辉长岩；7. 火山侵入岩相；8. 简单角砾岩；9. 复杂角砾岩；10. 钠长角砾岩；11. 铜矿体；12. 铁铜矿体；13. 铁矿体；14. 低品位铜矿体；15. 地质界线；16. 推测地质界线；17. 断层；18. 沿脉垂直投影面

④在侵入岩体下界面岩凹构造处，因民组三段有利于形成岩浆热液角砾岩构造系统和 IOCG 矿体，如 139-179-219 线，在拱形岩体超覆侵入构造亚系统中，侵入岩体下界面岩凹构造和次级岩凹构造对于 IOCG 矿体形成最为有利，主要为大型岩凹构造和小型岩凹构造，对于格林威尔期岩浆热液体系具有较强的构造岩相学圈闭作用，对在因民组三段中形成岩浆热液角砾岩构造系统和 IOCG 矿体十分有利。⑤在落雪组一段和二段中均圈定了东川型铜矿体，它们定位于拱形岩体超覆侵入构造亚系统中，侵入岩体下界面岩凹构造，这种构造岩相学圈闭限制了岩浆热液成矿物质外泄流失，对落雪组中火山热水沉积型铜矿，形成了较强岩浆热液叠加成矿作用。⑥深部落雪组中分布的岩枝和铁铜矿体，向 NW 向深部规模不断增大，揭示侵入岩体顶界面向 NW 向持续延伸，并形成岩滴构造，其两侧分布岩浆隐爆角砾岩相带和小型 IOCG 矿体，揭示其 NW 向深部仍有较大规模的隐伏侵入岩体，属新找矿方向。

9.2.6　砂砾岩型成矿系统与构造岩相学–地球化学岩相学识别技术

应用构造岩相学和地球化学岩相学理论与新方法技术，提出“富烃类还原性成矿流体多重耦合结构与找矿预测”理论，经找矿预测和勘查实践，取得了找矿新发现。建立了塔西中–新生代砂砾岩型铜铅锌成矿系统物质–时间–空间结构模型，划分为三个成矿亚系统：①燕山期（J_{2+3}-K_1）铜多金属–煤（铀）成矿亚系统，以萨热克砂砾岩型铜多金属矿床为代表，包括江格吉尔砂砾岩型铜矿床、萨热克北乌恰煤矿、疏勒煤矿和铁热克苏煤矿等，发现局部共伴生钼和铀矿化。②燕山晚期—喜马拉雅早期（K_2-E）铅锌–天青石–铀成矿亚系统，以乌拉根砂砾岩型铅锌矿床和帕卡布拉克天青石矿床等为代表，包括康西砂砾岩型铅锌矿、托帕砂砾岩型铜铅锌矿、吉勒格砂砾岩型铅锌矿床等。③喜马拉雅晚期（$N_{1\text{-}2}$）铜铀成矿亚系统，以滴水、杨叶–花园砂岩型铜矿床为代表，包括伽师砂岩型铜矿床和一批砂岩型铜矿点。区域构造–成矿演化模型为燕山期（J_{2+3}-K_1）砂砾岩型铜多金属–煤（铀）矿床→燕山晚期—喜马拉雅早期（K_2-E）砂砾岩型天青石–铅锌矿床→喜马拉雅晚期（$N_{1\text{-}2}$）砂岩型铜铀矿床。创建了塔西地区构造–热事件和构造–岩浆–热事件生排烃作用与金属成矿时间–空间–物质结构，采用 8 个成岩成矿要素“源、生、气–卤–烃、运–聚–时、耦、存、叠、表”，阐述了砂砾岩型铜铅锌矿床成矿规律。

（1）“源”：成矿物质具有多向来源且在沉积盆地内储矿相体层中，形成多向异源异时的同位叠加富集成矿。塔西砂砾岩型铜铅锌–铀矿床具有多物质来源：①下基底构造层中元古界阿克苏岩群（造山型铜金矿床）提供了铜铅锌初始成矿物源，古生界（造山型铅锌银矿床）提供了铅锌初始成矿物源。铜铅锌钼以铁质（赤铁矿相）吸附相富集在库孜贡苏组紫红色铁质杂砾岩类、克孜勒苏群第四和五岩性段砂砾岩和粗砂岩中。②侏罗系煤系烃源岩分别提供了铜和铅锌物源，以富烃类还原性成矿流体为运移载体，在盆地改造过程中发生了地球化学氧化–还原作用，而导致矿质大规模富集成矿。③铅同位素揭示萨热克砂砾岩型铜多金属矿床具有造山带–地幔–地壳复合来源，而乌拉根铅锌矿床为造山带物质再循环特征；硫和碳同位素揭示具有生物硫和煤系烃源岩硫复合源；氢氧同位素揭示具有变质流体特征。④含矿次级盆地蚀源岩区为造山带再循环物质。萨热克地区发育幔源热点构造和碱性变超基性岩–碱性变基性岩，响岩质碱玄岩–响岩质碧玄岩系对砂砾岩型铜多金属矿床成矿贡献大，盆内构造–岩浆叠加热事件为“同期多层位富集成矿”构造岩相学分异机制。

（2）“生”：为该成矿系统物质来源、成矿能量、富烃类和富 CO_2-H_2S 型非烃类还原性成矿流体等供给源区特征。盆地反转构造期挤压构造热事件为构造生排烃作用提供了构造动力源，侏罗系和三叠系煤系烃源岩生排烃作用显著。①萨热克铜矿区下侏罗统康苏组含煤碎屑岩系 R_o 平均值在 0.856%~0.98%，片理化煤岩（构造煤岩）为 1.034%~1.068%，暗示构造作用导致煤系烃源岩镜质组反射率（R_o）增高，具有构造生排烃作用。②在乌拉根铅锌矿区外围康苏煤矿区煤岩 R_o 0.739%~0.797%（康苏组）和 R_o 0.52%~0.64%（杨叶组），均已超过了生油门限而进入热催化生油阶段。康苏组构造煤岩 R_o 在 1.04%~1.30%，揭示构造煤岩为过成熟，进入热裂解生凝析油阶段。③煤系烃源岩热解试验，揭示康苏组–杨叶组为优质煤系烃源岩，具有良好生烃能力，也富集 Cu-Pb-Zn 等成矿物质。

构造–热事件对侏罗系煤系烃源岩具有构造生排烃作用和能力，提出并建立了盆内侧向构造挤压生排烃模型：①滴水砂岩型铜矿床和拜城新生代盆地经历了喜马拉雅晚期（N_1、Q_1x）构造变形作用和生排烃事件，对砂岩型铜铀矿床贡献大；②乌拉根盆地北侧经历了燕山晚期—喜马拉雅期（K_2、E 和 N）3 期前陆冲断构造作用，构造–热事件生排烃作用强烈，对乌拉根–康西砂砾岩型铅锌矿床贡献大；③在萨热克砂砾岩型铜多金属矿床经历构造反转期（J_{2-3}-K_1）、对冲式厚皮型逆冲推覆构造系统、晚白垩世—古近纪幔源热点构造（K_2-E）和新近纪等 4 期构造（岩浆）–热事件。上述构造–热事件为富烃类和富 CO_2-H_2S 型非烃类还原性成矿流体提供了侧向构造能量供给。

萨热克地区（K_2-E）幔源热点构造为垂向物质能量供给源区，形成了变超基性岩–变基性岩脉群和构造–岩浆–热事件。萨热克南矿带变超基性岩–变基性岩脉群内部发育蒙脱石黏土化蚀变相、绿泥石化蚀变相和碳酸盐化蚀变相，这些岩脉群边部发育褪色化蚀变相，岩浆热液叠加作用显著，为盆内岩浆叠加期构造–热物质垂向驱动生排烃模型的驱动力。在萨热克巴依地区盆内（K_2-E）构造–岩浆–热事件与盆内岩浆叠加期，（K_2-E）构造–热物质垂向驱动生排烃作用，对侏罗系煤系烃源岩具有较强烈的垂向驱动生排烃作用。

（3）“烃–气–卤”。采用构造岩相学填图、矿物包裹体和矿物地球化学岩相学等综合方法，初步确定了“烃–气–卤”具有水–烃–岩–多相态流体的多重耦合结构和构造岩相学–矿物地球化学识别标志：①富烃类还原性成矿流体。以富含甲烷、气烃、液烃、气液烃、轻质油、固体烃（沥青质）为特征，强烈富集烷烃类化探异常，$\sum C_{10\text{-}38}$ 异常达 419.32×10^{-6}，弱沥青化–褪色化蚀变带为 16.7×10^{-6}，褪色化蚀变带为 2.3×10^{-6}。以矿物包裹体、沥青化蚀变相和烷烃类化探异常为有效识别方法。②富 CO_2-H_2S 型非烃类还原性成矿流体。以矿物包裹体、铁锰碳酸盐化蚀变相和矿物地球化学岩相学（气洗蚀变相）为有效识别方法。③新发现和确认了富气高温相氧化态强酸性富 Sr 气相成矿流体，具有高温气侵作用（天青石硅质细砾岩）、高温气侵交代作用（天青石化灰岩）和高温气侵–热水岩溶作用。确认天青石矿床具有中–低温热卤水混合沉积成矿特征。④新发现了含子晶（石盐?)、富液相高盐度（53.26%～32.36% $NaCl_{eqv}$）中温相（228～196℃）和低温相（126～157℃）成矿流体（热卤水型），为天青石-铅锌矿床和砂岩型铜矿内主要成矿流体类型。⑤厘定了含烃盐水类为还原性成矿流体的主要类型之一，在砂砾岩型铜铅锌矿区内普遍发育，以矿物包裹体、褪色化蚀变相（气洗蚀变相）、沥青化蚀变相和烷烃类化探异常（气洗蚀变相）为有效标志。⑥在砂砾岩型铜铅锌矿区，发育低盐度-半咸水低温成矿流体以 H_2O 为主体，富含 Cu-Pb-Zn 和 SO_4^{2-}-Cl^- 等离子态成矿物质的地层封存水，现今为地表出露盐泉-坑内涌出盐泉水。

（4）"运-聚-时"："运-聚-时"要素用于恢复描述成矿机理，包括成矿流体运移机理、运移路径和沉淀聚集方式等。在陆内走滑拉分-伸展体系向挤压走滑体制转换过程中，形成了构造侧向挤压的构造-热事件生排烃作用，构造挤压动力驱动了富烃类还原性和非烃类还原性成矿流体大规模运移。地球化学岩相学和矿物包裹体等研究揭示，富烃类还原性成矿流体以含烃盐水为主，富集气烃、液烃、气液烃、轻质油和沥青等固体烃等多相态烃类成矿流体。①在萨热克砂砾岩型铜多金属矿区，沉积成岩成矿期方解石-白云石化蚀变相中含烃盐水包裹体平均盐度在 19.12%～23.21%（NaCl 当量），平均均一温度 119～136.8℃，属低温相（<200℃）。发育甲烷（气相烃）和液烃包裹体，发育含烃盐水-气烃-液烃三相和含烃盐水-气烃-液烃-固体烃（沥青）四相不混溶作用等，多相态烃类不混溶作用是导致辉铜矿和斑铜矿等铜硫化物沉淀富集成矿机制之一。富烃类还原性成矿流体为中低盐度相，与采用校正硼恢复为半咸水沉积环境（11.12‰～31.06‰）相吻合，缺乏高盐度湖相卤水或油田卤水的证据。②在富烃类还原性成矿流体改造富集成矿期内，强铁碳酸盐化蚀变相（铜品位为 2.29%）为铁白云石和石英所胶结，铁白云石胶结物内部晶间微缝隙中含中轻质油，显示浅蓝色的荧光，第一期（沉积成岩成矿期）白云石胶结物中油气包裹体丰度（GOI）极高（GOI 为 30% 左右），含烃盐水包裹体成群分布于白云石胶结物内，主要为呈褐色、深褐色的液烃包裹体，局部视域内较为发育呈深灰色的气烃包裹体。第二期（盆地流体改造期）含烃盐水包裹体和轻质油包裹体（GOI 为 4%～5%）沿铁白云石微裂隙成带状分布，液烃呈淡褐色、淡黄色、褐色，显示浅蓝色的荧光。气烃呈灰色而无荧光显示。其液烃包裹体占 60% 左右，气液烃包裹体占 30% 左右，气烃包裹体占 10% 左右，存在还原性成矿流体沸腾作用并导致矿质沉淀富集。③石英中发育 CO_2-H_2S 气相包裹体，揭示存在含烃盐水-液烃-气烃和非烃类气相 CO_2-H_2S 等多相烃类和非烃类的不混溶作用，导致铜硫化物大规模沉淀富集成矿。

对萨热克砂砾岩型铜多金属成矿年龄研究取得显著进展：①烃源岩排烃（含铜沥青 Re-Os 模式年龄）为康苏组（180±3Ma、183.4±2.5Ma）和三叠系（220±3Ma），少量来自寒武纪（512.3±30Ma）信息。具有多期成烃运移和叠加作用的信息。②萨热克砂砾岩型铜矿床初始成矿期为中侏罗世末—晚侏罗世初（166.3±2.8Ma，辉铜矿 Re-Os 等时线年龄）。富烃类还原性成矿流体叠加改造成矿期为早白垩世［121±4.8Ma（辉铜矿 Re-Os 等时线年龄）～115.8±4.7Ma（黄铁矿 Re-Os 等时线年龄）］，它们为盆地改造期构造成岩相系和盆地流体改造作用形成的时间。③辉铜矿叠加成矿年龄为 54±1.3Ma（辉铜矿 Re-Os 等时线年龄），斑铜矿 Re-Os 模式年龄为 26.86±0.43Ma，说明萨热克砂砾岩型铜多金属矿床在古近纪和新近纪盆内岩浆叠加期形成了岩浆热液叠加成矿作用和岩浆叠加成岩相系；

萨热克北矿带表生富集成矿期为［(8.8±1)～(6.6±1)Ma，磷灰石裂变径迹年龄］，在盆地表生变化期内，萨热克砂砾岩型铜多金属矿床构造抬升事件和表生作用，形成了表生富集成矿作用和表生成岩相系。可以看出，萨热克砂砾岩型铜多金属矿床具有多期多阶段特征。④杨叶砂岩型铜矿床成矿年龄在（16±2）～(14±2)Ma（磷灰石裂变径迹法）。

（5）“耦”。砂砾岩型铜铅锌矿床储集相体层具有多重耦合结构，储集相体层具有显著改造富集成矿构造岩相学特征。砂砾岩型铜铅锌矿床的储矿岩相体为高孔隙度和渗透率的杂砾岩类、砂砾岩-粗砂砾岩类型；上下盘围岩多为透水性差和渗透率低的粉砂质泥岩和泥岩类。烃类还原性和非烃类还原性成矿流体大规模储集，流体不混溶和流体沸腾、大规模水岩反应、地球化学氧化-还原相界面作用等，导致矿质大规模沉淀富集成矿。成矿流体多重耦合结构具有3种不同类型的构造岩相学组合样式。

萨热克式砂砾岩型铜矿床储集相体结构包括萨热克和江格吉尔等铜矿床，为萨热克式孔隙-裂隙型储集相体层。①构造岩相学结构为杂砾岩+碎裂岩化相+蚀变岩相，即含铜富铁质氧化相（旱地扇扇中亚相含铜紫红色铁质杂砾岩）+碎裂岩化相（碎裂状杂砾岩类）+沥青化蚀变相（富烃类还原性盆地流体相）+铁锰碳酸盐化蚀变相（富烃类还原性成矿流体相）。②孔隙-裂隙型储集层。储矿相体层初始成岩成矿为孔隙型，叠加改造成矿期为裂隙型，最终形成了孔隙-裂隙型储集层。岩性岩相物性耦合结构为低孔隙度（1.392%）-低渗透率（$0.273\times10^{-5}\mu m^2$）泥质粉砂岩（上盘岩性圈闭层）+高孔隙度（3.11%）和高渗透率（$6.09\times10^{-5}\mu m^2$）紫红色杂砾岩（铜矿体）+高孔隙度（3.72%）和中渗透率（$1.777\times10^{-5}\mu m^2$）碳酸盐化黏土化杂砾岩（下盘围岩）。因热液胶结物的胶结作用强烈降低了储集层实测渗透率，显微裂隙为砾内缝、砾缘缝和穿砾缝，强碳酸盐化相裂隙渗透率在（11.25～103.68）$\times10^{-4}cm^{-2}$，弱碳酸盐化相裂隙渗透率在（0.41～8.6）$\times10^{-4}cm^{-2}$。中强绿泥石蚀变相裂隙渗透率在（1.26～4.27）$\times10^{-4}cm^{-2}$，弱绿泥石蚀变相裂隙渗透率在（0.005～0.85）$\times10^{-4}cm^{-2}$。细脉状铜硫化物与裂隙密度和裂隙开度呈正相关关系。③地球化学岩相学耦合结构：富烃类还原性成矿流体+非烃类（Fe-Mn-CO_2型和H_2S型）还原性成矿流体，赤铁矿-辉铜矿和斑铜矿-赤铁矿矿物对间的矿物地球化学氧化-还原作用相界面。④圈闭构造受对冲式厚皮型推覆构造系统、复式向斜构造系统和古近纪岩浆侵入构造系统复合控制。圈闭构造组合为隐蔽向斜+层间滑动构造带+碎裂岩化相带。

滴水-杨叶式砂岩型铜矿床储集相体层为节理-裂隙-孔隙型。①构造岩相学结构钙屑岩屑砂岩+褪色化蚀变相+节理-裂隙相，即含铜褪色化蚀变砂岩+紫红色泥岩，含铜褪色化钙质砂岩+含铜高盐度卤水。②层间裂隙-孔隙型储集相体层，受断层相关褶皱中背斜构造控制显著，层间裂隙-节理相发育。③地球化学岩相学结构含铜高盐度卤水+富烃类还原性成矿流体+氧化物相铜矿物组合（赤铜矿-自然铜-黑铜矿-氯铜矿）。早期成岩成矿期B阶段，在杨叶砂岩铜矿床含子晶（石盐?）的高盐度相（31.87% $NaCl_{eqv}$）成矿流体与低盐度相成矿流体（4.34%～7.17% $NaCl_{eqv}$），在中低温环境下（126～307℃）发生流体混合成矿作用。滴水砂岩型铜矿床中高盐度相成矿流体（30.48%～32.92% $NaCl_{eqv}$）与低盐度相成矿流体（10.98%～11.1% $NaCl_{eqv}$）在低温相环境（132～195℃）中，两类成矿流体混合作用导致矿质沉淀。④受新近纪冲断褶皱带和背斜构造控制显著。富烃类和非烃类CO_2-H_2S型还原性成矿流体圈闭构造为隐蔽褶皱和基底隆起、前陆冲断构造带。

（6）“存”：矿床保存条件与同生沉积成岩成矿期和盆地改造成矿期的构造样式与构造组合密切相关。①萨热克式砂砾岩型铜多金属矿床受陆内走滑拉分断陷盆地内隐伏基底隆起、古构造洼地和同生披覆背斜同生成矿构造控制；受对冲式厚皮型逆冲推覆构造系统驱动，成矿流体圈闭在复式向斜构造系统中。萨热克南北两个矿带赋存在萨热克裙边复式向斜构造系统，富矿体赋存于隐蔽褶皱-断裂带和沥青化蚀变相+碎裂岩化相强烈部位。受晚白垩世—古近纪深源碱性辉绿辉长岩脉群叠加成岩成矿显著。②乌拉根式砂砾岩型铅锌-天青石矿床受迁移前陆盆地内近东西同生断裂带、三级热水洼地、热水沉积岩相和同生断裂角砾岩相带等盆内同生构造控制显著。经历了中-晚侏罗世、晚白垩世和古近纪三次前陆冲断褶皱作用，形成了反冲三角构造区，反冲三角构造区和三级热水洼地为 Ca-Sr-Ba-SO_4^{2-}型强酸性强氧化热卤水型+富烃类还原性成矿流体+富烃类（Fe-Mn-CO_2型）还原性成矿流体圈闭构造。受古近纪倒转-斜歪复式向斜构造系统和前陆冲断褶皱带复合控制。③滴水-杨叶砂岩型铜矿床受周缘山间湖盆同生断裂相带（含泥岩角砾钙屑砂岩相）+咸化湖泊退积型泥灰岩-钙质砂岩复合控制，在喜马拉雅晚期盆山原耦合过程中，前陆冲断褶皱带控制了砂岩型铜矿床，铜矿定位于背斜构造两翼和层间滑动构造带中。

（7）“叠”。构造-岩浆-热事件形成叠加富化多层位储矿，如萨热克晚白垩世—古近纪变超基性岩-变基性岩脉群，对萨热克砂砾岩型铜多金属矿床具有岩浆热液叠加成矿作用。岩浆热液叠加成矿年龄为早白垩世（121±4. 8Ma，辉铜矿 Re-Os 等时线年龄；115. 8±4. 7Ma，黄铁矿 Re-Os 等时线年龄）和古近纪（54±1. 3Ma，辉铜矿 Re-Os 等时线年龄；斑铜矿 Re-Os 模式年龄为 26. 86±0. 43Ma）。在砂砾岩型天青石-铅锌矿床和砂岩型铜矿床内，尚未发现岩浆叠加成矿作用。在帕卡布拉克天青石矿床中，天青石内发育高温（480～468℃）气相包裹体。

（8）“表”。塔西砂砾岩型铜铅锌矿床具有强烈表生富集成矿作用：①萨热克砂砾岩型铜多金属矿床表生富集成矿带底界限以铜蓝带（2685m）为标志，表生富集成矿作用发育在 2900～2685m，以蓝辉铜矿、久辉铜矿-铜蓝为矿物地球化学岩相学标志。表生富集成矿作用形成于（8. 8±1）～(6. 6±1)Ma 和<6. 6±1Ma。②乌拉根铅锌矿床表生富集成矿带以钠水锌矿-钠红锌矿为底界限标志，表生富集成矿作用发育在 2300～2160m，钠水锌矿-钠红锌矿-锌明矾-菱锌矿、白铅矿-铅矾-铁铅矾为矿物地球化学岩相学标志。表生富集成矿作用形成<14±2Ma。③砂岩型铜矿床表生富集成矿带底界限以铜蓝带为标志，深度从地表到深部 240m，以“红化蚀变带”和氯铜矿-蓝铜矿-赤铜矿-自然铜-黑铜矿为矿物地球化学岩相学标志。表生富集成矿作用主要为西域期（<5. 3Ma）。

以构造岩相学填图技术和矿物地球化学岩相学填图研发为核心，建立了 6 种构造岩相学填图新技术系列的应用理论基础，实现了技术创新。

（1）根据综合方法研究，将本区盆地流体划分为天然气型、油气型、卤水型、热水沉积型、富烃类强还原型、富 CO_2非烃类流体型、构造体型、岩浆热液型和层间水-承压水型等 9 种类型。其热水沉积型、高盐度卤水型、富 Fe-Mn-CO_2流体型、岩浆热液型和富烃类还原性成矿流体系统等 5 种类型成矿流体，在盆地后期变形过程与碎裂岩化相之间，发生了强烈的构造-岩相-岩性物理性多重耦合作用和大规模水-岩耦合反应。

（2）在地球化学岩相学机制上，砂砾岩型铜铅锌矿床中大规模低温围岩蚀变机制为强烈的成矿流体蚀变作用，地球化学岩相学标志为“一黑（沥青化蚀变相）二白（碳酸盐化蚀变相）三褪色（褪色化-绿泥石化蚀变相）”。①沥青化蚀变相可划分为黑色强沥青化蚀变带、灰黑色中沥青化蚀变带和灰色弱沥青化-褪色化蚀变带。②碳酸盐化蚀变相可划分为强碳酸盐化蚀变带、中碳酸盐化蚀变带和弱碳酸盐化蚀变带，这些围岩蚀变作用将大量 Fe^{3+} 还原为 Fe^{2+} 而使紫红色铁质碎屑岩类发生了褪色化-变色化蚀变作用，而且形成了砂砾岩型-砂岩型铜铅锌-铀矿床。③泥化蚀变相带包括蒙脱石化、伊利石化、高岭石化、绢云母化和绿泥石化。④硅化蚀变相包括石英重结晶、硅质胶结物、细脉状硅化、小透镜状碳酸盐化硅化等。在上述多重耦合机制过程中，含烃盐水-液烃-气烃-气相 CO_2、含烃盐水-气烃-液烃-气液烃-轻质油-沥青等多相态流体不混溶作用导致矿质沉淀富集；气相 CO_2 逃逸与热水解作用导致带状碳酸盐化蚀变带形成和矿质沉淀富集，富烃类还原性成矿流体和 Ca-Mg-Fe-Mn-CO_3^{2-} 型酸性还原性成矿流体、以赤铁矿-铁辉铜矿为标志的地球化学氧化-还原相作用界面导致矿质沉淀；强酸性氧化相 Ca-Sr-Ba-SO_4^{2-} 型低温热卤水沉积作用形成了含铅锌石膏天青石岩等，它们为砂砾岩型铜铅锌-铀矿床矿质大规模沉淀富集成矿机制。

（3）沥青化蚀变相强度不同、Ca-Sr-Ba-SO_4^{2-} 型热卤水、富烃类还原性成矿流体和非烃类还原性成矿流体（铁锰碳酸盐化蚀变相）、原型盆地演化，以及它们和重大地质事件耦合序列等综合因素，控制了铜和铅锌成矿系统物质组成和共生分异规律。①萨热克式砂砾岩型铜多金属矿床以发育沥青化蚀变相+蚀变碱性辉绿辉长岩脉群和大规模褪色化蚀变相为特征。主要为中低温蚀变相，局部发育高温蚀变相，缺乏高盐度油田卤水特征。②在面状+带状灰黑色-黑色强沥青化蚀变相与碎裂岩化相强烈耦合部位，新发现了 Cu-Mo-Ag 同体共生特征，矿石矿物为银辉铜矿、富银斑铜矿、硫铜钼矿、胶硫钼矿等，并伴生 U，它们控制了萨热克式 Cu-Mo-Ag（±U）同体共生富集成矿。③蚀变碱性辉绿辉长岩脉群和大规模褪色化蚀变相与沥青化蚀变相异时异位叠加、异时同位叠加；预测在萨热克南矿带深部存在隐伏异时同位叠加成矿，Cu-Pb-Zn-Mo-U 共生矿体为最佳找矿预测目标。④乌拉根式砂砾岩型铅锌矿床以发育 Ca-Sr-Ba-SO_4^{2-} 型热水同生沉积岩相（天青石岩岩相+石膏岩相+石膏天青石岩相）+菱锌矿-白铅矿相为特征。⑤斑点状-团斑状沥青化蚀变相+褪色化蚀变相 Ca-Sr-Ba-SO_4^{2-} 型热水同生沉积岩相（天青石岩相+石膏岩相+石膏天青石岩相），控制了乌拉根式砂砾岩型铅锌矿床。⑥在乌拉根式铅锌矿床上盘，新发现了与天青石共生的 Zr-Hf 富集层位，揭示具有稀散元素找矿新潜力。⑦滴水-杨叶式砂岩型铜矿床以辉铜矿-斑铜矿钙质砂岩-泥灰岩相和氯铜矿-赤铜矿-自然铜等铜氧化相为特征，含铜高盐度卤水（含铜石膏-氯铜矿等）浓缩沉淀富集成矿作用明显。

（4）创新了矿物地球化学岩相学填图技术。①通过在中国科学院广州地球化学研究所和自然资源部（原国土资源部）中心实验室开展铼锇同位素试验研究，建立了以辉铜矿同位素定年的方法。②深入研究证明其方法原理主要是含钼辉铜矿、铜钼共生（如硫铜钼矿等）、含铜钼沥青化蚀变相等铜钼具有同体同位同时富集规律。③通过对萨热克式铜矿床矿物地球化学岩相学填图，初步确定矿物地球化学岩相学分带模式：上部铜氧化矿石带中铜矿物组合为氯铜矿+蓝铜矿+赤铜矿+黑铜矿+久辉铜矿±钼钙矿。自由相铜富集显著，次生硫化物相铜富集明显，缺乏原生硫化物相（黄铜矿）。中部混合铜矿石带中铜矿物组合为次生硫化物相铜富集明显，以辉铜矿为主，少量斑铜矿，原生硫化物相铜（黄铜矿）含量不高。下部为原生铜矿石带。④在银辉铜矿-辉铜矿-铁辉铜矿、辉铜矿-赤铁矿、富铜斑铜矿-斑铜矿-富铁斑铜矿等矿物系列中，发现存在明显的矿物地球化学氧化-还原反应相界面作用。⑤以构造岩相学填图为主导的新技术系列，包括辉铜矿-含铜钼沥青化蚀变定年、沥青化蚀变相、铜矿物组合填图和绿泥石矿物地球化学温度计、碎裂岩化相填图等，为圈定初始成矿地质体、叠加成矿地质体、隐蔽成矿结构面和隐蔽构造，提供了构造岩相学填图和找矿预测示范，经过钻孔验证并揭露了工业矿体。

（5）厘定了后陆盆地系统→山前盆地系统→周缘山间盆地系统，提出了“盆山原”镶嵌构造区和中-新生代陆内“盆山原”耦合转换过程中盆地系统构造演替序列的创新性观点。通过对其盆地基底构造、内部构造和盆边构造等沉积盆地分析、构造-热演化史、深部隐蔽构造恢复等深入研究揭示：①托云中-新生代后陆盆地系统由萨热克巴依中生代NE向陆内拉分断陷盆地、库孜贡苏中生代NW向陆内拉分断陷盆地和托云中-新生代NE向幔源热点盆地等组成，前二者与西南天山复合陆内造山带呈斜交叠置的盆-山耦合关系，由于中侏罗世杨叶期和古近纪碱性玄武岩喷发-侵入等构造-岩浆-热事件有利于形成砂砾岩型铜多金属-铀-煤矿床。萨热克巴依原型盆地为陆内走滑拉分断陷盆地，盆内发育隐伏基底隆起和构造洼地等侏罗纪同生构造。库孜贡苏组下段湿地扇（残余湖泊相）→库孜贡苏组上段复式旱地扇（山麓冲积扇相）的叠加复合冲积扇相序列结构证明为山间尾闾湖盆，为铁质吸附的铜铅锌氧化相成矿物质聚集提供了良好的构造-古地理封闭环境，旱地扇扇中亚相为主要储矿相体和初始成矿相体，可以划分为五个微相。下白垩统克孜勒苏群第三岩性段为砂岩型铜矿体和砂砾岩型铅锌矿体储矿相体，为初始成矿相体。盆内隐蔽褶皱-断裂带和碎裂岩化相带形成于晚白垩世—古近纪，碎裂岩化相+沥青化蚀变相+网脉状铁锰碳酸盐化蚀变相为盆地成矿流体叠加改造成矿相体。辉绿辉长岩脉群和周边大规模褪色化蚀变相带为岩浆热液叠加成矿相体。构造岩相学填图、AMT和地面高精度磁力测量揭示萨热克南和萨热克北两个盆边NE向同生断裂带，在晚侏罗世反转为挤压-逆冲断裂带形成了山间尾闾湖盆，至古近纪末最终构造定型，构造样式和组合为对冲式厚皮型逆冲推覆构造带。萨热克巴依深部存在隐伏岩浆侵入构造系统。②西南天山复合陆内造山带分割了前陆盆地系统和后陆盆地系统，形成了造山型铅锌矿床、铜金矿和金矿，具有寻找造山型铜金钨矿潜力。③乌鲁-乌拉中-新生代前陆盆地系统位于西南天山复合陆内造山带南侧。盆地下基底构造层中元古界阿克苏岩群组成了乌拉根前陆隆起，晚古生代地层组成了萨里塔什盆中隆起构造，它们为乌拉根前陆盆地提供了铅锌初始成矿物质，在下侏罗统康苏组和中侏罗统杨叶组煤层和煤系地层中形成了铅锌矿源层。燕山期中侏罗世杨叶期和晚白垩世形成了康苏前陆冲断褶皱带，为前陆盆地中形成热水同生沉积（$Ca\text{-}Sr\text{-}Ba\text{-}SO_4^{2-}$型热卤水）成岩成矿提供了良好的储矿盆地和构造岩相学条件。古近纪（喜马拉雅早期）发生了富烃类还原性成矿流体改造富集成矿。④乌鲁-乌拉周缘山间盆地形成于帕米尔高原北侧前陆冲断褶皱带与西南天山陆内复合造山带之间，向上变浅和粒度变粗的沉积相序揭示继承了塔西古近纪局限海湾盆地构造古地理，形成了宽阔尾闾湖盆，为铁质吸附相氧化相铜和咸化湖泊相卤水聚集提供了良好的封闭环境。⑤拜城-库车新生代周缘山间咸化湖盆，形成于古近—新近纪盆山耦合转换过程，陆内咸化湖泊相发育形成了向上变浅和变粗含膏岩层序。建立了塔西“盆山原”镶嵌构造区在盆山原耦合转换过程大陆动力成矿系统和成矿序列的时间–空间–物质结构。

（1）1∶5 万区域找矿预测相体类型包括：①在构造变形域、构造变形样式和构造岩相学研究基础上，构造岩相学相序域和基本填图单位划分为盆地下基底构造层前寒武纪构造岩石地层（韧性→脆韧性剪切变形构造域/糜棱岩相–糜棱岩化相），厘定了萨热克铜矿区深部阿克苏岩群下基底构造层和古生界上基底构造层，确定阿克苏岩群形成年龄在 1528±140Ma（$n=6$，加权平均年龄，MSWD = 4.6）。盆地上基底构造层为古生界脆韧性剪切变形构造域/糜棱岩化相。②下二叠统—上三叠统岩石地层系统（造山带卷入地层系统，面带型脆韧性剪切带/糜棱岩化相–构造片理化相）。③侏罗系—白垩系陆内盆地地层系统（侏罗系—白垩系岩石地层系统，脆性构造变形域/碎裂岩化相）。④古近系海峡–局限海湾盆地地层系统。⑤新近系周缘山间盆地地层系统（冲断褶皱带，脆性构造变形域/构造角砾岩相–构造片岩相等）。⑥重大构造岩相学事件与构造岩相学独立填图单元（非正式独立填图单位）。⑦盆中–盆边–盆缘外围构造样式和构造组合、岩浆侵入构造与褪色化蚀变带。⑧遥感构造–蚀变相（铁化蚀变相+泥化蚀变相）解译+物化探异常，圈定找矿靶区。⑨矿点和化探异常检查评价和构造岩相学填图，圈定找矿靶位。

（2）矿区深部和外围大比例尺（1∶1 万～1∶5000）构造岩相学系列填图新方法和找矿预测技术要点。包括 9 套图件揭示矿体和相体三维空间几何形态学特征、变化规律、控矿规律、富集成矿规律和富矿体分布规律，结合地球化学岩相学和同位素精确绝对定年，研究相体五维时间–空间–物质结构和演化规律：①实测勘探线构造岩相学剖面图、相体分布规律、相体结构模式和控矿特征；②实测纵向构造岩相学剖面图、相体分布规律、相体结构模式和控矿特征；③矿（化）体顶板等高线图、变化规律和控矿特征；④矿化体底板等高线图、变化规律和控矿特征；⑤含矿层厚度等值线图、变化规律和控矿特征；⑥矿体厚度等值线图、变化规律和控矿特征；⑦铜矿化强度等值线图、变化规律和控矿特征；⑧成矿强度等值线图、变化规律和控矿特征；⑨隐伏基底顶面等高线、变化规律、古隆起和古构造洼地、控矿特征；⑩构造岩相学剖面（平面）+物探（AMT 和磁法）= 找矿靶位圈定→验证工程设计和施工。

（3）区域找矿预测、矿区深部和外围找矿预测方法系列推广示范应用取得显著效果，并得到了不断完善和提升。①创新完成了萨热克巴依幅（$396.9km^2$）和乌恰幅（$396km^2$）两幅 1∶5 万找矿预测与资源潜力评价示范应用研究，喀炼铁厂幅 1∶5 万找矿预测示范应用总面积 $1000km^2$，创新了区域找矿预测的关键技术系列。②在萨热克砂砾岩型铜矿床深部和外围圈定三处勘查找矿预测区，共圈定了萨热克铜矿区南矿带和深部 5 号找矿预测区（甲 1 类）面积 $11.67km^2$，圈定了具体找矿靶位并验证见矿；萨热克北矿带东延深部和外围 6 号勘查找矿预测区（甲 1 类）面积 $11.26km^2$，圈定了具体找矿靶位并验证见矿。萨热克 4 号勘查找矿靶区面积近 $10km^2$。预测的资源量达到大型规模。

9.3 今后创新方向

对沉积盆地形成演化、盆内构造–岩浆–热事件和资源环境进行研究，需要将造山带–

沉积盆地-构造高原与资源环境耦合转换紧密结合起来，进行多学科协同研究和融合创新。先后在国内的秦岭晚古生代沉积盆地、热水沉积-改造型铅锌矿床和卡林型-类卡林型金矿床，贵州热水沉积型重晶石矿床，云南墨江晚古生代有限洋盆、三叠纪前陆盆地和金镍矿床，云南个旧三叠纪弧后裂谷盆地和卡房-老厂矿田锡铜钨铯铷多金属矿田，云南中元古代陆缘裂谷盆地和东川铁铜金矿床（SSC型铜矿床和IOCG型铜金钴稀土矿床），以及国外的智利中生代火山岛弧带、弧后盆地、弧内盆地、弧前盆地和IOCG型铜金矿床等，进行大比例尺构造岩相学填图和找矿预测、地球化学岩相学解剖和预测建模。经对创新技术应用推广，验证工程取得了显著效果，取得了找矿突破。在智利、玻利维亚、老挝等境外矿产勘查项目中，持续进行创新技术示范推广应用，有针对性地开展深度研发，促进了技术重现性持续增长，技术成熟度不断提升。构造岩相学理论和找矿技术具有以下几方面的优势。

（1）大比例尺构造岩相学填图理论和找矿预测方法系列技术为自主创新，具有原创性和独创性，示范应用效果显著。包括：①矿山井巷工程立体构造岩相学解析与找矿预测新技术、地球化学岩相学解剖与建模预测技术、地球物理探测与深部构造岩相学填图技术。②独创性专题填图理论与找矿预测技术包括热水沉积盆地构造岩相学解析方法，热液角砾岩构造系统与构造岩相学填图和找矿预测方法，岩浆侵入构造系统构造岩相学填图和找矿预测方法，深部隐蔽构造与综合识别圈定方法，成岩成矿系统时间-空间-物质结构与构造岩相学和地球化学岩相学解析方法。③在原创性理论指导下，创建了大比例尺构造岩相学示矿信息提取新方法和找矿预测，大比例尺地球化学岩相学示矿信息提取新方法和找矿预测，实现了以自主创新技术为主的总体技术突破。④针对砂砾岩型铜铅锌矿床、IOCG型铜金矿床和钨铯铷多金属矿床等深部找矿预测、境外战略性勘查选区和矿业权区快速评价关键技术难题进行研发，自主创立了构造岩相学填图理论体系和地球化学岩相学预测评价系统，分别在中国云南东川和智利月亮山铁铜金矿床、中国海南省儋州丰收钨铯铷矿床、中国新疆萨热克砂砾岩型铜多金属矿床等进行示范推广应用，取得显著效果。

（2）与国内外最先进技术相比，总体技术水平达到同类技术的领先水平。一是构造岩相学填图理论、地球化学岩相学填图理论等，以多学科协同研究和融合创新为总体思想，创新技术具有层级系列和层级穿透性。依据地球科学复杂性理论，制订了构造岩相学填图工作流程，运用于战略选区及目标靶区研究，到预查-普查-详查-勘探等各矿产勘查阶段与找矿预测，提高了找矿预测效果和矿产勘查的成功率。二是将大比例尺地球化学岩相学填图理论和找矿预测技术、构造岩相学填图理论和找矿预测技术，应用于矿山生产勘探→矿山生产流程跟踪研究→尾矿资源评价→残采回收区综合找矿评价→矿山生态环境调查评价与修复等矿山地质各阶段工作，为主矿产、共伴生矿产和有害杂质元素的综合评价提供了支撑体系。三是在矿山生态环境调查和修复等方面具有开拓性，对陕西省富硒黑色岩系区石煤矿区、超基性岩区镁砂矿区和硒中毒区，云南东川铁铜矿床和个旧锡铜多金属矿山等，进行了生态环境和尾矿可利用性研究。对新疆萨热克砂砾岩型铜多金属矿山、乌拉根砂砾岩型铅锌矿山、帕卡布拉克天青石矿山、康苏-前进-岳普湖煤矿山等开展综合调查评价，提出了区域社会-生态环境-资源协调发展相关建议。

（3）在自创的大比例尺构造岩相学和地球化学岩相学理论和模型等支撑下，实现了技术创新，具有技术难度大和复杂程度高特点。首先，以构造岩相学填图技术和矿物地球化学岩相学填图研发为核心，依据大比例尺构造岩相学原创性的填图理论体系，创建的关键核心技术具有普适性。①实测勘探线构造岩相学剖面图、相体分布规律、相体结构模式和储矿相体类型的解析技术；②实测纵向构造岩相学剖面图、相体分布规律、相体结构模式和储矿相体类型的解析技术；③矿体顶板等高线变化规律和控矿规律研究分析技术；④矿化体底板等高线变化规律和控矿规律研究分析技术；⑤含矿层厚度等值线变化规律和控矿规律研究技术；⑥矿体厚度等值线变化规律研究和控矿规律分析技术；⑦铜矿化强度等值线变化规律和控矿规律研究分析技术；⑧成矿强度等值线变化规律研究和控矿规律分析技术；⑨隐伏基底顶面等高线变化规律与古隆起和古构造洼地控矿规律研究分析技术。其次，依据所创立的地球化学岩相学理论，按照流体地球化学动力学–岩石组合系列，将地球化学岩相学相系类型划分为氧化–还原相（FOR）、酸碱相（FEh-pH）、盐度相（FS）、温度相（FT）、压力相（FP）、化学位相（FC）、不等化学位相和不等时不等化学位相等8种不同的相系类型，创建了相应的地球化学岩相学识别新技术。最后，依据原创的构造岩相学理论，创建了热水沉积岩相系、成岩相系、火山热水沉积岩相系、碎裂岩化相系、糜棱岩化相系和沥青化蚀变相系等构造岩相学相系结构模型和地球化学岩相学识别新技术。对沉积岩型铜铅锌矿床、IOCG型铜金矿床、夕卡岩型锡铜多金属矿床、火山热水沉积–岩浆热液叠加型铜锡钨–铯铷矿床等，进行了构造岩相学类型和地球化学岩相学识别和填图，取得良好应用效果和找矿突破。

（4）技术重现性好，技术成熟度高。已实施规模化应用证实技术稳定性好，成果的转化程度高，实现了集成创新和持续深度研发。经在国内的云南东川铜铁金矿集区、海南省儋州市丰收钨铯铷矿床、塔西砂砾岩型铜铅锌矿床以及国外的智利月亮山铁铜矿床、玻利维亚图披萨（Tupiza）和古布利达（Cuprita）铜矿床等国内外勘查项目和生产矿山示范应用，取得了良好的示范推广应用效果和找矿突破，在圈定隐蔽成矿构造岩相体空间几何形态、新矿体和新矿种的发现等方面具有显著功能。包括如下9个方面：①沉积盆地和构造岩相学类型划分的地球化学岩相学识别技术和构造岩相学识别技术；②IOCG型铜金成岩成矿系统的远端相、成矿流体通道相、中心相和根部相，多期次叠加相系列的构造岩相学–地球化学岩相学识别技术；③热液角砾岩构造系统和构造岩相学填图单元确定方法与找矿预测；④岩浆侵入构造系统和构造岩相学填图单元确定方法与找矿预测；⑤地球化学岩相学类型确定方法、识别技术与找矿预测；⑥基于AMT深部地球物理构造岩相学探测和隐蔽构造岩相填图，恢复沉积盆地的基底顶面形态，圈定隐伏找矿靶区，进行工程验证修改完善技术，提高了隐伏矿体的预测能力；⑦依据创建的云南东川“九层立交地铁式”铜铁–金红石–铜钴金银成矿系统时间–空间–物质结构模式、成矿系统深部结构和根部相模式，建立了相应的构造岩相学、地球化学岩相学和地球物理探测等综合识别技术；⑧建立了塔西中–新生代砂砾岩型铜铅锌成矿系统物质–时间–空间结构模型，划分出燕山期（J_{2+3}-K_1）铜多金属–煤（铀）成矿亚系统、燕山晚期—喜马拉雅早期（K_2-E）铅锌–天青石–铀成矿亚系统、喜马拉雅晚期（N_{1-2}）铜铀成矿亚系统三个成矿亚系统；⑨系统揭示了砂砾岩型铜矿床和铅锌矿床成矿系统的时–空结构与子系统组成，包括“源、生、气–卤–烃、运–聚–时、耦、存、叠、表”8个成岩成矿要素和成矿系统内部结构，创建了成岩成矿要素识别技术。提出了构造-热事件和构造-岩浆-热事件生排烃作用与金属成矿新认识。

(5) 促进行业技术进步和提高矿山企业的竞争力。大比例尺构造岩相学原创性理论和技术创新，显著地推动了行业科技进步和提高了市场竞争能力，市场需求度高，具有国际市场竞争优势。①新增东川铜铁矿山资源储量，延长了云南金沙矿业股份有限公司下属因民矿区、滥泥坪矿区和汤丹矿区的服务年限，新发现了铜钴金、稀土和金红石等新类型的新矿种，拓展了找矿新空间。②在云南金沙矿业股份有限公司、云南金水矿业有限责任公司等下属矿山，进行新技术示范推广应用和找矿预测，创建了产学研合作新范式，取得显著找矿突破，提高了企业和相关行业竞争能力。③在构造岩相学-地球化学岩相学理论创新、新技术研发和示范推广过程中，探索出了多学科集成研究、协同创新和融合解释、工程验证和完善修改提升的新路径，推动和实现了行业技术跨越和技术进步作用。④相关技术在智利、玻利维亚、苏里南、老挝、墨西哥等国家的矿产勘查项目中，进行了深度研发和示范应用，具有显著的国际竞争优势。⑤先后在中国矿业联合会培训班和“第五届全国矿田构造与深部找矿预测”会前培训班，进行技术培训和科普推广，取得良好效果。⑥探索建立了砂砾岩型铜铅锌矿床的找矿预测集成方法技术体系和找矿预测指标体系、覆盖层下IOCG矿床和铁铜矿床深部隐伏矿体找矿技术，在新疆萨热克、乌拉根和喀炼铁厂，云南东川铜铁矿集区，海南儋州市丰收钨铯铷多金属矿区等示范应用取得显著找矿效果。⑦发现和探明了中大型铁铜矿床五处，为矿山企业提交了后备资源，推广示范应用成果对行业中找矿预测系列技术难题的攻破具有促进作用。⑧为我国同行业开展境外资源勘查提供了经验，对创新技术传播和进一步应用奠定了良好的基础，取得了十分显著的经济、社会和生态效益。

今后创新研究方向主要如下：①在构造岩相学和地球化学岩相学研究过程中，做到了深入细致、多学科跨尺度综合研究，数据库管理和数据综合分析研究问题也随之出现，大量数据和图像图形综合研究和综合分析也是尚未完善解决的问题，因此，数据库管理和自动化数据-图像图形处理和制作，是今后亟待研发方向；②虽然在协同学理论指导下，建立了跨学科综合方法解决构造岩相学理论和创新技术研发问题，但跨学科综合信息融合处理仍是今后需要加强的研究方向，尤其是亟待研究采用大数据平台技术实现人工智能化问题；③基于以往取得系统性研究成果和今后不断新增的示范推广应用，深度研发和集成创新、专著出版、人才培养、创新团队建设等工作，尚待进一步加强。

参考文献

曹东宏,朱赖民.2009.陕西省柞水县王家沟卡林型金矿床地质特征及成因初探.地质与勘探,45(1):23-29.

曹养同,刘成林,焦鹏程,等.2009.库车盆地铜矿化与盐丘系统的关系.矿床地质,29(3):553-562.

曹养同,杨海军,刘成林,等.2010.库车盆地古-新近纪蒸发岩沉积对喜马拉雅构造运动期次的响应.沉积学报,28(6):1054-1065.

常健,邱楠生.2017.磷灰石低温热年代学技术及在塔里木盆地演化研究中的应用.地学前缘,24(3):79-93.

常向阳,朱炳泉,孙大中,等.1997.东川铜矿同位素地球化学研究:Ⅰ.地层年代与铅同位素化探应用.地球化学,26(2):32-38.

陈杰,尹金辉,曲国胜,等.2002.塔里木盆地西缘西域组的底界、时代、成因与变形过程的初步研究.地震地质,22(增刊1):104-116.

陈杰,Heermance R V,Burbank D W,等.2007.中国西南天山西域砾岩的磁性地层年代与地质意义.第四纪研究,27(4):576-587.

陈雷,王宗起,闫臻,等.2014.秦岭山阳-柞水矿集区150~140Ma斑岩-矽卡岩型CuMoFe(Au)矿床成矿作用研究.岩石学报,30(2):415-436.

陈咪咪,田伟,潘文庆.2008.新疆西克尔碧玄岩中的地幔橄榄岩包体.岩石学报,4(4):681-688.

陈绍聪,王义天,胡乔青,等.2018.西秦岭凤太矿集区花岗闪长斑岩脉的成因类型和年龄及其地质意义.地球学报,39(1):14-26.

陈衍景.2010.秦岭印支期构造背景、岩浆活动及成矿作用.中国地质,37(4):854-865.

陈衍景,张静,张复新,等.2004.西秦岭地区卡林-类卡林型金矿床及其成矿时间、构造背景和模式.地质论评,50:134-152.

程海艳.2014.库车褶皱冲断带西段盐底辟成因机制.吉林大学学报:地球科学版,44(4):1134-1141.

崔建堂,赵长缨,王炬川.1999.南秦岭东江口、柞水岩体岩石谱系单位划分及演化.陕西地质,17(2):7-15.

丁林,Maksatbek S,蔡福龙,等.2017.印度与欧亚大陆初始碰撞时限、封闭方式和过程.中国科学:地球科学,47(3):293-309.

董林森,刘立,朱德丰,等.2011.海拉尔盆地贝尔凹陷火山碎屑岩自生碳酸盐矿物分布及对储层物性的影响.地球科学与环境学报,33(3):253-260.

董新丰,薛春纪,李志丹,等.2013.新疆喀什凹陷乌拉根铅锌矿床有机质特征及其地质意义.地学前缘,20(1):129-145.

董耀松,范继璋,杨言臣,等.2004.吉林红旗岭铜镍矿床的地质特征及成因.现代地质,18(2):198-203.

杜定汉.1987.陕西秦巴地区泥盆系研究.西安:西安交通大学出版社.

杜乐天.1989.幔汁——HACONS流体的重大意义.大地构造与成矿学,31:91-99.

杜乐天,欧光习.2007.盆地形成及成矿与地幔流体间的成因联系.地学前缘,14(2):218-200.

杜乐天,张景廉,欧光习.2015.石油天然气藏幔汁加氢和碱交代成因的再认识.地质论评,61(5):1008-2010.

杜玉龙,方维萱.2019.玻利维亚盆山原镶嵌构造区特殊景观区沟系次生晕-遥感-构造岩相学综合评价技术组合研发与应用效果.物探与化探,43(5):932-947.

杜玉龙,方维萱,王同荣,等.2014.云南东川因民铁铜矿区辉长岩类侵入构造特征与找矿预测.大地构造与成矿学,38(4):772-786.

杜玉龙,方维萱,鲁佳.2020.玻利维亚TUPIZA铜矿床碱性火山岩的岩相地球化学特征及找矿预测.中国地质,47(2):315-333.

段嘉瑞,刘继顺,胡祥昭.1994.云南东川铜矿区1∶5万地质图修编及成矿预测研究(1991~1993).长沙:中南工业大学出版社.

樊硕诚,金勤海.1994.陕西双王金矿床//刘东升,谭运金,王建业,等.中国卡林型(微细浸染型)金矿.南京:南京大学出版社:254-285.

范效仁,吴延之,刘继顺.1999.滇中-川西昆阳群层序归属的古地磁学依据.桂林工学院学报,19(1):19-27.

范玉须,方维萱,李廷栋,等.2018.陕西双王金矿钠长角砾岩锆石SHRIMP U-Pb年代学、岩石地球化学特征及其构造意义.地质学报,92(9):1873-1887.

方维萱.1990.陕西省小秦岭地区断裂构造地球化学特征.地质与勘探,26(12):40-43.

方维萱.1996.小秦岭含金石英脉矿物地球化学研究.地质与勘探,32(3):40-50.

方维萱.1998.北山黄尖丘-跃进山蚀变岩型金矿特征、找矿标志.有色金属矿产与勘查,7(4):210-215.

方维萱.1999a.秦岭造山带古热水场地球化学类型及流体动力学模型探讨热水沉积成矿盆地分析与研究方法之二.西北地质科学,20(2):17-27.

方维萱.1999b.陕西铅铜山大型铅锌矿床热水沉积岩相特征.沉积学报,17(1):44-50.

方维萱.1999c.秦岭造山带中热水沉积成矿盆地的研究思路与方法初探——兼论秦岭超大型金属矿集区的研究与勘查.西北地质科学,20(2):28-41.

方维萱.1999d.秦岭造山带古热水场地球化学类型及流体动力学模型探讨-热水沉积成矿盆地分析与研究方法之二.西北地质科学,20(2):17-27.

方维萱.1999e.陕西凤县铅硐山大型铅锌矿床矿物地球化学研究.矿物学报,19(2):198-205.

方维萱.1999f.柞水银硐子特大型银多金属矿床矿物地球化学研究.矿物学报,19(3):349-357.

方维萱.1999g.柞山泥盆纪沉积盆地成矿动力学分析.矿产与地质,13(3):141-147.

方维萱.2012a.地球化学岩相学类型及其在沉积盆地分析中应用.现代地质,26(5):966-1007.

方维萱.2012b.论铁氧化物铜金型(IOCG)矿床地球化学岩相学填图新技术研发.地球科学进展,27(10):1178-1184.

方维萱.2014.论扬子地块西缘元古宙铁氧化物铜金型矿床与大地构造演化.大地构造与成矿学,38(4):733-757.

方维萱.2016.论热液角砾岩构造系统及研究内容、研究方法和岩相学填图应用.大地构造与成矿学,40(2):237-265.

方维萱.2017.地球化学岩相学的研究内容、方法与应用实例.矿物学报,37(5):509-527.

方维萱.2018.论沉积盆地内成岩相类型划分、动力学机制与找矿预测.矿床地质(增刊):245-247.

方维萱.2019.岩浆侵入构造系统Ⅰ:构造岩相学填图技术研发与找矿预测效果.大地构造与成矿学,43(3):473-506.

方维萱.2020.论沉积盆地内成岩相系划分及类型.地质通报,39(11):1692-1714.

方维萱,郭玉乾.2009.基于风险分析的商业性找矿预测新方法与应用.地学前缘,16(2):209-226.

方维萱,胡瑞忠.2001.秦岭造山带泥盆纪三级构造热水沉积成矿盆地主控因素-大型-超大型矿床集中区研究(Ⅰ).大地构造与成矿学,25(1):27-35.

方维萱,韩润生.2014.云贵高原-造山带-沉积盆地的构造演化与成岩成矿作用(代序).大地构造与成矿学,38(4):729-732.

方维萱,黄转盈.2012a.陕西凤太拉分盆地构造变形样式与动力学及金-多金属成矿.中国地质,39(5):1211-1228.

方维萱,黄转盈. 2012b. 陕西凤太晚古生代拉分盆地动力学与金-多金属成矿. 沉积学报,30(3):405-421.

方维萱,黄转盈. 2019. 沉积盆地变形序列 Ⅰ:秦岭晚古生代拉分盆地构造组合与金-铜铅锌多金属矿集区构造. 地学前缘,26(5):53-83.

方维萱,贾润幸. 2011. 云南个旧超大型锡铜矿区变碱性苦橄岩类特征与大陆动力学. 大地构造与成矿学,35(1):173-148.

方维萱,李建旭. 2014. 智利铁氧化物铜金型矿床成矿规律、控制因素与成矿演化. 地球科学进展,29(9):1011-1024.

方维萱,刘家军. 2013. 陕西柞-山-商晚古生代拉分断陷盆地动力学与成矿作用. 沉积学报,31(2):193-209.

方维萱,张国伟,黄转莹. 1999a. 银硐子-大西沟特大型矿床中重晶石岩类特征及成岩成矿作用. 岩石学报,15(3):484-491.

方维萱,卢纪英,张国伟. 1999b. 南秦岭及邻区大陆动力成矿系统及成矿系列特征与找矿方向. 西北地质科学,20(2):1-16.

方维萱,刘方杰,胡瑞忠,等. 2000a. 凤太泥盆纪拉分盆地中硅质铁白云岩-硅质岩特征及成岩成矿方式. 岩石学报,16(4):700-710.

方维萱,张国伟,胡瑞忠,等. 2000b. 陕西二台子铜金矿床钠长石碳酸(角砾)岩类特征及形成构造背景分析. 岩石学报,16(3):392-400.

方维萱,黄转莹,刘方杰. 2000c. 八卦庙超大型金矿床构造-矿物-地球化学. 矿物学报,20(2):121-127.

方维萱,黄转莹,王瑞庭,等. 2000d. 秦岭造山带二台子铜金矿床矿物地球化学研究. 矿物学报,20(3):264-271.

方维萱,张国伟,胡瑞忠,等. 2001a. 秦岭造山带泥盆系热水沉积岩相的亚相和微相划分及特征. 地质与勘探,37(2):50-54.

方维萱,张国伟,李亚林,等. 2001b. 秦岭造山带晚古生代伸展构造特征及意义. 西北大学学报(自然科学版),31(3):235-240.

方维萱,张国伟,胡瑞忠,等. 2001c. 秦岭造山带泥盆系热水沉积岩相应用研究及实例. 沉积学报,19(1):48-54.

方维萱,胡瑞忠,谢桂青,等. 2001d. 云南墨江-元江镍金矿床主要控矿因素分析与研究. 矿物学报,21(1):80-89.

方维萱,胡瑞忠,谢桂青,等. 2001e. 墨江镍金矿床(黄铁矿)硅质岩的成岩成矿时代及意义. 科学通报,46(10):857-860.

方维萱,胡瑞忠,王明再,等. 2001f. 云南墨江含金脆-韧性剪切构造带中显微构造的矿物地球化学研究. 矿物学报,21(4):602-608.

方维萱,胡瑞忠,谢桂青. 2002. 云南哀牢山地区构造岩石地层单元及其构造演化. 大地构造与成矿学,26(1):28-36.

方维萱,刘方杰,胡瑞忠,等. 2003. 八方山大型多金属矿床热水沉积岩相特征与矿化剂组分关系. 矿物学报,23(1):75-81.

方维萱,胡瑞忠,漆亮,等. 2004. 云南墨江金矿含镍金绿色蚀变岩的构造地球化学特征及时空演化. 矿物学报,24(1):31-38.

方维萱,黄转盈,唐红峰,等. 2006. 东天山库姆塔格-沙泉子晚石炭世火山-沉积岩相学地质地球化学特征与构造环境. 中国地质,33(3):529-544.

方维萱,柳玉龙,张守林,等. 2009. 全球铁氧化物铜金型(IOCG)矿床的三类大陆动力学背景与成矿模式. 西北大学学报(自然科学版),39(3):404-413.

方维萱,杨新雨,柳玉龙,等. 2012. 岩相学填图技术在云南东川白锡腊铁铜矿段深部应用试验与找矿预测.

矿物学报,32(1):101-114.

方维萱,杨新雨,郭茂华,等. 2013. 云南白锡腊碱性钛铁质辉长岩类与铁氧化物铜金型矿床关系研究. 大地构造与成矿学,37(2):242-261.

方维萱,贾润幸,王磊,等. 2015. 新疆萨热克大型砂砾岩型铜多金属矿床的成矿控制规律. 矿物学报,35(增刊):202-204.

方维萱,贾润幸,郭玉乾,等. 2016. 塔西地区富烃类还原性盆地流体与砂砾岩型铜铅锌-铀矿床成矿机制. 地球科学与环境学报,38(6):727-752.

方维萱,贾润幸,王磊. 2017a. 塔西陆内红层盆地中盆地流体类型、砂砾岩型铜铅锌-铀矿床的大规模褪色化围岩蚀变与金属成矿. 地球科学与环境学报,39(5):585-619.

方维萱,王磊,鲁佳,等. 2017b. 新疆萨热克铜矿床绿泥石化蚀变相与构造-岩浆-古地热事件的热通量恢复. 矿物学报,37(5):661-675.

方维萱,杜玉龙,李建旭,等. 2018a. 大比例尺构造岩相学填图技术与找矿预测. 北京:地质出版社.

方维萱,王磊,郭玉乾,等. 2018b. 新疆萨热克巴依盆内构造样式及对萨热克大型砂砾岩型铜矿床控制规律. 地学前缘,25(3):240-259.

方维萱,王磊,王寿成,等. 2019a. 塔西砂砾岩型铜铅锌矿床成矿规律与找矿预测. 北京:科学出版社.

方维萱,王磊,杜玉龙. 2019b. 论陆内转换构造区盆山原激变带与地球化学岩相学. 中国矿物岩石地球化学学会会议论文集.

冯建忠,邵世才,汪东波,等. 2002. 陕西八卦庙金矿脆-韧性剪切带控矿特征及成矿构造动力学机制. 中国地质,29(1):48-66.

冯建忠,汪东波,王学明,等. 2003. 陕西凤县八卦庙超大型金矿床成矿地质特征及成矿作用. 地质学报,77(3):387-397.

冯乔,杨晚,柳益群. 2008. 博格达南缘二叠系古土壤类型及其在层序地层研究中的应用. 沉积学报,26(5):725-729.

付于真. 2015. 西秦岭八卦庙和丁马含金剪切带构造地球化学对比研究. 北京:中国地质大学(北京).

高长海,查明. 2008. 不整合运移通道类型及输导油气特征. 地质学报,82(8):1113-1120.

高峰,裴先治,李瑞保,等. 2019. 东秦岭商丹地区刘岭群浅变质沉积岩系碎屑锆石 U-Pb 年龄及其地质意义. 地球科学,44(7):2519-2535.

高菊生,王瑞廷,张复新,等. 2006. 南秦岭寒武系黑色岩系中夏家店金矿床地质地球化学特征. 中国地质,33(6):1371-1378.

高山,张本仁. 1990. 扬子地台北部太古宙 TTG 片麻岩的发现及其意义. 地球科学,15(6):675-679.

弓虎军,朱赖民,孙博亚,等. 2009. 南秦岭沙河湾、曹坪和柞水岩体锆石 U-Pb 年龄、Hf 同位素特征及其地质意义. 岩石学报,25(2):248-264.

龚琳,何毅特,陈天佑. 1996. 云南东川元古宙裂谷型铜矿. 北京:冶金工业出版社.

龚美菱. 2007. 相态分析与地质找矿. 第 2 版. 北京:地质出版社.

龚松林. 2004. 角闪石全铝压力计对黄陵岩体古隆升速率的研究. 东华理工学院学报,27(1):52-58.

郭玉乾,方维萱,曹经纬. 2017. 海南省儋州文溪坡钨铯多金属矿段钨元素的赋存状态. 矿物学报,37(5):545-550.

韩宝福,王学潮,何国琦,等. 1998. 西南天山早白垩世火山岩中发现地幔和下地壳捕虏体. 科学通报,43(23):2544-2547.

韩凤彬. 2012. 新疆乌恰乌拉根铅锌矿床成因研究. 北京:中国地质科学院.

韩凤彬,陈正乐,陈柏林,等. 2012. 新疆喀什凹陷巴什布拉克铀矿流体包裹体及有机地球化学特征. 中国地质,39(4):985-998.

韩润生,刘丛强,马德云,等. 2003. 易门式大型铜矿床构造成矿动力学模型. 地质科学,38(2):200-213.

韩润生,邹海俊,吴鹏,等. 2010. 楚雄盆地砂岩型铜矿床构造-流体耦合成矿模型. 地质学报,84(1):1438-1447.

韩润生,王雷,方维萱,等. 2011. 初论易门凤山铜矿床刺穿构造岩-岩相分带模式. 地质通报,30(4):495-504.

韩文华,方维萱,张贵山,等. 2017. 新疆萨热克砂砾岩型铜矿区碎裂岩化相特征. 地球科学与环境学报,39(3):1-9.

郝国强,王玖玲,胡社荣,等. 2013. 峰峰矿区煤变质作用对煤层气中氮气含量的影响. 中国煤层气,10(1):14-16.

郝诒纯,万晓樵. 1985. 西藏定日的海相白垩、第三系. 青藏高原地质文集,(2):227-232.

何登发,周新源,杨海军,等. 2009. 库车拗陷的地质结构及其对大油气田的控制作用. 大地构造与成矿学,33(1):19-32.

何登发,李德生,何金有,等. 2013. 塔里木盆地库车拗陷和西南拗陷油气地质特征类比及勘探启示. 石油学报,34(2):202-218.

何海清. 1996. 西秦岭早三叠世沉积特征及其构造控制作用. 沉积学报,14(1):87-92.

侯贺晟,高锐,贺日政,等. 2012. 西南天山-塔里木盆地结合带浅深构造关系-深地震反射剖面的初步揭露. 地球物理学报,55(12):4166-4125.

侯连华,王京红,邹才能,等. 2011. 火山岩风化体储层控制因素研究——以三塘湖盆地石炭系卡拉岗组为例. 地质学报,85(4):557-568.

侯增谦. 2010. 大陆碰撞成矿论. 地质学报,84(1):30-58.

侯增谦,吕庆田,王安建,等. 2003. 初论陆-陆碰撞与成矿作用——以青藏高原造山带为例. 矿床地质,(4):319-333.

胡国辉,胡俊良,陈伟,等. 2010. 华北克拉通南缘中条山-嵩山地区 1.78Ga 基性岩墙群的地球化学特征及构造环境. 岩石学报,25(6):1563-1576.

胡加昆,吴文飞,郄晓鑫,等. 2020. 玻利维亚多尔各市 D 铜矿矿物元素组合分带及找矿预测. 地质论评,66(4):945-963.

胡西顺,李建斌,刘新伟,等. 2015. 山阳中村—商南湘河一带金矿成矿地质背景、矿床类型与找矿方向. 陕西地质,33(2):70-77.

胡煜昭,张桂权,王津津,等. 2012. 黔西南中部卡林型金矿床冲断-褶皱构造的地震勘探证据及意义. 地学前缘,19(4):063-071.

黄瑞芳,孙卫东,丁兴,等. 2013. 基性和超基性岩蛇纹石化的机理及成矿潜力. 岩石学报,29(12):4336-4348.

黄瑞芳,孙卫东,丁兴,等. 2015. 橄榄岩蛇纹石化过程中氢气和烷烃的形成. 岩石学报,31(7):1901-1907.

黄有德. 1995. 东川矿田生产矿山及周边找矿研究总结报告. 昆明东川:云南东川金沙公司资料馆.

季建清,韩宝福,朱美妃,等. 2006. 西天山托云盆地及周边中新生代岩浆活动的岩石地球化学与年代学研究. 岩石学报,22(5):124-1340.

贾润幸,方维萱,王磊,等. 2017. 新疆萨热克砂砾岩型铜矿床富烃类还原性盆地流体特征. 大地构造与成矿学,41(4):1-13.

贾润幸,方维萱,李建旭,等. 2018. 新疆萨热克铜矿床铼-锇同位素年龄及其地质意义. 矿床地质,37(1):151-162.

姜常义,安三元. 1984. 论火成岩中钙质角闪石的化学组成特征及其岩石学意义. 矿物岩石,(3):1-9.

琚宜文,李清光,颜志丰,等. 2014. 煤层气成因类型及其地球化学研究进展. 煤炭学报,39(5):806-815.

孔华,段嘉瑞,何绍勋. 1999. 云南东川金沙江变质杂岩的地球化学特征. 桂林工学院学报,19(1):28-33.

黎敦朋,赵越,王瑜,等. 2017. 昆仑-黄河运动的时代下限:来自塔里木盆地南缘西域砾岩顶部火山岩$^{40}Ar/^{39}Ar$定年的约束. 大地构造与成矿学,41(6):1135-1147.

李复汉,覃嘉铭,申玉莲,等. 1988. 康滇地区的前震旦系. 重庆:重庆出版社.

李怀坤,张传林,姚春彦,等. 2013. 扬子西缘中元古代沉积地层锆石 U-Pb 年龄及 Hf 同位素组成. 中国科学:地球科学,43(8):1287-1298.

李建旭,方维萱,刘家军. 2011. 智利科皮亚波 GV 地区侵入岩地球化学及年代学研究. 现代地质,25(5):877-888.

李谨,李志生,王东良,等. 2013. 塔里木盆地含氮天然气地球化学特征及氮气来源. 石油学报,34(增刊):102-111.

李平,陈天虎,杨燕,等. 2013. 氮气保护下热处理胶状黄铁矿的矿物特性演化. 硅酸盐学报,41(11):1564-1570.

李荣西,段立志,陈宝赟,等. 2011a. 东胜砂岩型铀矿氧化-酸性流体与还原碱性热液流体过度界面蚀变带成矿作用研究. 大地构造与成矿学,35(4):524-531.

李荣西,段立志,张少妮,等. 2011b. 鄂尔多斯盆地低渗透油气藏形成研究现状与展望. 地球科学与环境学报,33(4):364-372.

李世琴,唐鹏程,饶刚. 2013. 南天山库车褶皱-冲断带喀拉玉尔滚构造带新生代变形特征及其控制因素. 地球科学:中国地质大学学报,38(4):859-869.

李曙光. 1993. 蛇绿岩生成构造环境的 Ba-Th-Nb-La 判别图. 岩石学报,9(2):146-157.

李天成,杨新雨,彭晓明,等. 2015. 智利中北部赛罗伊曼-月亮山-赛罗诺尔戴磁铁矿矿床地质特征与找矿标志. 矿产勘查,6(1):77-85.

李天成,方维萱,王磊,等. 2017. 萨热克砂砾岩型铜矿成矿物质来源与隐伏基底顶面形态控矿特征. 矿物学报,37(5):536-544.

李天福. 1993. 东川矿区"小溜口组"地层特征及与因民组的接触关系. 云南地质,12(1):1-11.

李向东,王可卓. 2000. 塔里木盆地西南及邻区特提斯格局和构造意义. 新疆地质,18(2):113-120.

李旭兵,王传尚,刘安. 2008. 印支运动的沉积学响应——以湖北秭归盆地中、上三叠统为例. 中国地质,35(5):985-991.

李亚林,张国伟,宋传中. 1998. 东秦岭二郎坪弧后盆地双向式俯冲特征. 高校地质学报,4(3):286-293.

李延河,蒋少涌,薛春纪. 1997. 秦岭凤-太矿田与柞-山矿田成矿条件及环境的对比研究. 矿床地质,16(2):171-180.

李永安,李强,张慧,等. 1995. 塔里木及其周边古地磁研究与盆地形成演化. 新疆地质,13(4):293-376.

李勇,苏春乾,刘继庆. 1999. 东秦岭造山带钠长岩的特征、成因及时代. 岩石矿物学杂志,18(2):121-127.

李勇,漆家福,师俊,等. 2017. 塔里木盆地库车拗陷中生代盆地性状及成因分析. 大地构造与成矿学,41(5):829-842.

李玉宏,魏仙样,卢进才,等. 2007. 内蒙古自治区商都盆地新生界氢气成因. 天然气工业,27(9):28-30.

李忠,刘嘉庆. 2009. 沉积盆地成岩作用的动力机制与时空分布研究若干问题及趋向. 沉积学报,27(5):837-848.

梁涛,罗照华,柯珊,等. 2007. 新疆托云火山群 SHRIMP 锆石 U-Pb 年代学及其动力学意义. 岩石学报,23(6):1381-1391.

林文蔚,彭丽君. 1994. 由电子探针分析数据估算角闪石、黑云母中的 Fe^{3+},Fe^{2+}. 长春地质学院学报,24(2):155-162.

刘宝珺,许效松,徐强,等. 1990. 东秦岭柞水-镇安地区泥盆纪沉积环境和沉积盆地演化. 沉积学报,8(4):

3-12.

刘必政,王建平,王可新,等. 2011. 陕西省双王金矿床成矿流体特征及其地质意义. 现代地质,25(6):1088-1098.

刘池洋. 2008. 沉积盆地动力学与盆地成藏(矿)系统. 地球科学与环境学报,30(1):1-23.

刘池洋,孙海山. 1999. 改造型盆地类型划分. 新疆石油地质,20(2):79-82.

刘池洋,赵红格,桂小军,等. 2006. 鄂尔多斯盆地演化-改造的时空坐标及其成藏(矿)响应. 地质学报,(5):617-638.

刘池洋,王建强,赵红格,等. 2015. 沉积盆地类型划分及其相关问题讨论. 地学前缘,22(3):1-26.

刘池洋,赵红格,赵俊峰,等. 2017. 能源盆地沉积学及其前沿科学问题. 沉积学报,35(5):1032-1043.

刘崇民,胡树起,马生明,等. 2013. 成矿元素相态对地球化学异常识别的作用. 物探与化探,37(6):1049-1055.

刘楚雄,许保良,邹天人,等. 2004. 塔里木北缘及邻区海西期碱性岩岩石化学特征及其大地构造意义. 新疆地质,22(1):43-49.

刘殿蕊. 2020. 云南宣威地区峨眉山玄武岩风化壳中发现铌、稀土矿. 中国地质,47(2):540-541.

刘函,王国灿,曹凯,等. 2010. 西昆仑及邻区区域构造演化的碎屑锆石裂变径迹年龄记录. 地学前缘,17(3):64-78.

刘红旭,董文明,刘章月,等. 2009. 塔北中新生代构造演化与砂岩型铀成矿作用关系——来自磷灰石裂变径迹的证据. 世界核地质科学,26(3):125-133.

刘家军,郑明华,刘建明,等. 1997. 西秦岭大地构造演化与金成矿带的分布. 大地构造与成矿学,21(4):307-314.

刘家军,郑明华,刘建明. 1999. 西秦岭寒武系金矿床中硅岩的地质地球化学特征及其沉积环境. 岩石学报,15(1):145-154.

刘琳,高建利,杨莉. 2012. 柞山盆地窑火沟铜矿地质特征及成因分析. 矿业工程研究,27(2):70-74.

刘全有,戴金星,金之钧,等. 2009. 塔里木盆地前陆区和台盆区天然气的地球化学特征及成因. 地质学报,83(1):107-114.

刘绍锋. 2016. 智利科皮亚波地区月亮山铁铜矿床地质特征、成矿模型和找矿方向研究. 北京:中国科学院大学.

刘树文,杨朋涛,李秋根,等. 2011. 秦岭中段印支期花岗质岩浆作用与造山过程. 吉林大学学报(地球科学版),41(6):1928-1943.

刘伟,杨飞,吴金才,等. 2015. 喀什凹陷北缘阿克莫木气田气源探讨. 天然气地球科学,26(3):486-494.

刘武生,赵兴齐,史清平,等. 2017. 中国北方砂岩型铀矿成矿作用与油气关系研究. 中国地质,44(2):279-287.

刘协鲁,王义天,胡乔青,等. 2014. 陕西省凤太矿集区柴蚂金矿碳酸盐矿物的 Sm-Nd 同位素测年及意义. 岩石学报,30(1):271-280.

刘学龙,李文昌,尹光侯. 2013. 云南格咱岛弧印支期地壳隆升与剥蚀及其地质意义:来自黑云母矿物压力计的证据. 现代地质,27(3):537-546.

刘增仁,田培仁,祝新友,等. 2011. 新疆乌拉根铅锌矿成矿地质特征及成矿模式. 矿产勘查,2(6):669-680.

刘增仁,漆树基,田培仁,等. 2014. 塔里木盆地西北缘中新生代砂砾岩型铅锌铜矿赋矿层位的时代厘定及意义. 矿产勘查,(2):149-158.

刘章月,秦明宽,刘红旭,等. 2016. 南天山中、新生代造山作用与萨瓦甫齐铀矿床叠加富集效应. 地质学报,90(12):3310-3323.

卢华复,贾东,陈楚铭,等. 1999. 库车新生代构造性质和变形时间. 地学前缘,6(4):215-221.

卢民杰,朱小三,郭维民. 2016. 南美安第斯地区成矿区带划分探讨. 矿床地质,35(5):1073-1083.

鲁佳,方维萱,王同荣,等. 2017. 云南因民铁铜矿区次火山杂岩中黑云母和绿泥石矿物化学特征与成矿指示. 矿物学报,37(5):576-587.

陆松年,李怀坤,相振群. 2010. 中国中元古代同位素地质年代学研究进展述评. 中国地质,37(4):1002-1013.

吕庆田,董树文,汤井田,等. 2015. 尺度综合地球物理探测:揭示成矿系统、助力深部找矿——长江中下游深部探测(SinoProbe-03)进展. 地球物理学报,58(12):4319-4343.

吕勇军,罗照华,任忠宝,等. 2006. 西南天山托云盆地新生代玄武岩中巨晶的研究. 中国科学(D辑:地球科学),36(2):154-166.

罗金海,周亚军,徐欢,等. 2017. 南秦岭旬阳盆地东部晚泥盆世岩浆成因钠长岩及其构造意义. 地质学报,91(2):302-314.

罗静兰,邵红梅,杨艳芳,等. 2013. 松辽盆地深层火山岩储层的埋藏-烃类充注-成岩时空演化过程. 地学前缘,20(5):175-187.

麻菁,曾普胜,苟瑞涛,等. 2015. 中国碱性杂岩的成因及其成矿作用. 地质与勘探,51(3):466-477.

马昌前,杨坤光,唐仲华. 1994. 花岗岩类与岩浆动力学——理论方法及鄂东花岗岩类例析. 武汉:中国地质大学出版社.

马玉杰,卓勤功,杨宪彰,等. 2013. 库车拗陷克拉苏构造带油气动态成藏过程及其勘探启示. 石油实验地质,35(3):249-254.

毛景文. 2005. 深部流体成矿系统. 北京:地质出版社.

孟庆任,薛峰,张国伟. 1994. 秦岭商丹带内黑河地区砾岩沉积及其构造意义. 沉积学报,12(3):37-46.

孟庆任,梅志超,于在平,等. 1995. 秦岭板块北缘一个消失了的泥盆纪古陆. 科学通报,40(3):254-256.

孟子岳,朱飞霖,张凯亮. 2016. 研究岩浆岩的金钥匙:角闪石-斜长石矿物温压计. 广东微量元素科学,23(1):38-41.

聂天,方维萱,杜玉龙. 2014. 云南东川因民铁铜矿区落因复式褶皱-断裂带与控矿规律研究. 大地构造与成矿学,38(4):813-821.

牛利锋,张宏福. 2005. 南太行山地区中基性侵入岩中角闪石的矿物学及其成因. 大地构造与成矿学,29(2):269-277.

裴先治. 1997. 东秦岭商丹构造带的组成与构造演化. 西安:西安地图出版社.

彭澎,翟明国,张华锋,等. 2004. 华北克拉通 1.8Ga 镁铁质岩墙群的地球化学特征及其地质意义:以晋蒙交界地区为例. 岩石学报,20(3):439-456.

漆家福,雷刚林,李明刚,等. 2009. 库车拗陷克拉苏构造带的结构模型及其形成机制. 大地构造与成矿学,33(1):49-55.

祁思敬,李英. 1999. 南秦岭晚古生代海底喷气沉积成矿系统. 地学前缘,6(1):171-179.

钱俊锋. 2008. 塔里木盆地西北缘中、新生代构造特征及演化. 浙江:浙江大学.

覃小丽,李荣西,席胜利,等. 2017. 鄂尔多斯盆地东部上古生界储层热液蚀变作用. 天然气地质,28(1):43-50.

邱华宁,Wijbrans J R,李献华,等. 2001. “东川式”层状铜矿 ^{40}Ar-^{39}Ar 成矿年龄测定. 矿物岩石地球化学通报,20(4):358-359.

邱华宁,孙大中,朱炳泉,等. 1998. 东川汤丹铜矿床石英真空击碎及其粉末阶段加热 ^{40}Ar-^{39}Ar 年龄谱的含义. 地球化学,27(4):335-343.

邱华宁,朱炳泉,孙大中. 2000. 东川铜矿硅质角砾 ^{40}Ar-^{39}Ar 定年探讨. 地球化学,29(1):21-27.

邱小平,孟凡强,于波,等. 2013. 黔西南灰家堡金矿田成矿构造特征研究. 矿床地质,32(4):783-793.

任彩霞,马黎春,曹养同. 2012. 新疆库车盆地滴水沟砂岩型铜矿矿化特征研究. 矿床地质,31(S1):341-342.

任涛,王瑞廷,孟德明,等. 2014. 南秦岭造山型金矿地质特征及成矿模式——以陕西山阳夏家店金(钒)矿床为例. 西北地质,47(1):150-158.

任战利,赵重远,张军,等. 1994. 鄂尔多斯盆地古地温研究. 沉积学报,12(1):56-65.

任战利,张盛,高胜利,等. 2007. 鄂尔多斯盆地构造热演化史及其成藏成矿意义. 中国科学(D 辑:地球科学),37(增刊):23-32.

任战利,田涛,李进步,等. 2014. 沉积盆地热演化史研究方法与叠合盆地热演化史恢复研究进展. 地球科学与环境学报,36(3):1-20.

邵世才,汪东波. 2001. 南秦岭三个金矿床的^{39}Ar-^{40}Ar 年龄及其地质意义. 地质学报,75(1):106-110.

沈光政,王殿斌,张民. 2006. 海拉尔盆地柯绿泥石和钠板石的组合特征及其石油地质意义. 电子显微学报,25(增刊):311.

石准立,刘瑾璇,樊硕诚,等. 1989. 陕西双王金矿床地质特征及其成因. 西安:陕西科学技术出版社.

时文革,巩恩普,褚亦功,等. 2015. 新疆拜城新近系含铜岩系沉积体系及沉积环境. 沉积学报,33(6):1074-1086.

舒武林,侯贵廷,王传成,等. 2011. 中条山西南地区基性岩墙群的地球化学特征及其地质意义. 北京大学学报(自然科学版),47(6):1055-1062.

帅燕华,邹艳荣,彭平安. 2003. 塔里木盆地库车拗陷煤成气甲烷碳同位素动力学研究及其成藏意义. 地球化学,32(5):469-475.

宋彪,张玉梅,万渝生,等. 2002. 锆石 SHRIMP 样品靶制作、年龄测定及有关现象讨论. 地质论评,48(S1):26-30.

孙先达,李宜强,崔永强,等. 2013. 海拉尔-塔木察格盆地凝灰质储层次生孔隙及碱交代作用. 东北石油大学学报,37(5):32-44.

孙志明,尹福光,关俊雷,等. 2009. 云南东川地区昆阳群黑山组凝灰岩锆石 SHRIMP U-Pb 年龄及其地层学意义. 地质通报,28(7):896-900.

孙紫坚,方维萱,鲁佳,等. 2017. 云南因民铁铜矿区辉长岩类中黑云母-金红石化特征及其指示意义. 现代地质,31(2):267-277.

汤良杰,邱海峻,云露,等. 2012. 塔里木盆地北缘-南天山造山带盆-山耦合和构造转换. 地学前缘,19(5):195-204.

汤良杰,李萌,杨勇,等. 2015. 塔里木盆地主要前陆冲断带差异构造变形. 地球科学与环境学报,37(1):46-56.

唐敏,任永国,曹养同. 2012. 库车盆地古近纪-新近纪蒸发岩沉积演化特征及其资源效应初步探讨. 盐湖研究,20(3):1-8.

唐鹏程,汪新,谢会文,等. 2010. 库车拗陷却勒地区新生代盐构造特征、演化及变形控制因素. 地质学报,84(12):1735-1745.

唐鹏程,饶刚,李世琴,等. 2015. 库车褶皱-冲断带前缘盐层厚度对滑脱褶皱构造特征及演化的影响. 地学前缘,22(1):312-327.

唐永忠,齐文,刘淑文,等. 2007. 南秦岭古生代热水沉积盆地与热水沉积成矿. 中国地质,34(6):1091-1100.

腾道鹏. 2001. 陕西双王金矿床韧脆性剪切变形控矿特征. 黄金学报,3(1):14-18.

滕志宏,岳乐平,蒲仁海,等. 1996. 用磁性地层学方法讨论西域组的时代. 地质论评,42(6):481-489.

万丛礼,付金华,张军. 2005. 鄂尔多斯西缘前陆盆地构造热事件与油气运移. 地球科学与环境学报,27(2):43-47.

汪欢,王建平,刘必政,等. 2011. 南秦岭西坝岩体的壳-幔相互作用:岩相学和锆石饱和温度计制约. 矿物学报,31(增刊).

汪新,贾承造,杨树锋,等. 2002. 南天山库车冲断褶皱带构造变形时间——以库车河地区为例. 地质学报,76(1):55-63.

汪新,唐鹏程,谢会文,等. 2009. 库车坳陷西段新生代盐构造特征及演化. 大地构造与成矿学,33(1):57-65.

汪洋. 2014. 钙碱性火成岩的角闪石全铝压力计——回顾、评价和应用实例. 地质评论,60(4):830-850.

王冲,郑敏,王华,等. 2014. 柴油在氮气存在条件下还原铜渣中磁性铁的模拟. 化工进展,33(5):1101-1107.

王丹,吴柏林,寸小妮,等. 2015. 柴达木盆地多种能源矿产同盆共存及其地质意义. 地球科学与环境学报,37(3):55-57.

王冬兵,孙志明,尹福光,等. 2012. 扬子地块西缘河口群的时代:来自火山岩锆石 LA-ICP-MS U-Pb 年龄的证据. 地层学杂志,36(3):630-635.

王建平,刘俊,刘家军,等. 2009. 黑云母全铝压力计估算胶东西北部玲珑花岗质杂岩剥蚀程度. 矿物学报,29(增刊):481-482.

王珂,张惠良,张荣虎,等. 2017. 超深层致密砂岩储层构造裂缝定量表征与分布预测——以塔里木盆地库车坳陷克深 5 气藏为例. 地球科学与环境学报,39(5):652-668.

王雷,韩润生,胡一多,等. 2014. 易门凤山铜矿床两类刺穿构造岩石地球化学特征及形成机制. 大地构造与成矿学,38(4):822-832.

王磊,方维萱,张德会,等. 2009. 岩矿石磁化率测量方法在智利瑞康纳达地区的研究及应用. 矿产与地质,23(5):473-479.

王立本. 2001. 角闪石命名法——国际矿物学协会新矿物及矿物命名委员会角闪石专业委员会的报告. 岩石矿物学杂志,20(1):84-100.

王清晨,李忠. 2007. 库车-天山盆山系统与油气. 北京:科学出版社.

王瑞廷,李剑斌,任涛,等. 2008. 柞水-山阳多金属矿集区成矿条件及找矿潜力分析. 中国地质,35(6):1291-1298.

王瑞廷,李芳林,陈二虎,等. 2011. 陕西凤县八方山-二里河大型铅锌矿床地球化学特征及找矿预测. 岩石学报,27(3):779-793.

王生伟,廖震文,孙晓明,等. 2013. 云南东川铜矿区古元古代辉绿岩地球化学——Columbia 超级大陆裂解在扬子陆块西南缘的响应. 地质学报,87(12):1834-1852.

王涛,王晓霞,田伟,等. 2009. 北秦岭古生代花岗岩组合、岩浆时空演变及其对造山作用的启示. 中国科学(D 辑:地球科学),39(7):949-971.

王同荣. 2015. 云南滥泥坪-汤丹铁铜矿带碱性辉绿辉长岩侵入构造特征及形成机制. 昆明:昆明理工大学.

王同荣,方维萱,郭玉乾,等. 2014. 云南东川白锡腊碱性钛铁质辉长岩类岩株与侵入构造控矿特征. 大地构造与成矿学,38(4):833-847.

王伟,李文渊,唐小东,等. 2018. 塔里木陆块西北缘滴水铜矿成矿流体特征与成矿作用. 地质与勘探,54(3):441-445.

王彦斌,王永,刘训,等. 2000. 南天山托云盆地晚白垩世-早第三纪玄武岩的地球化学特征及成因初探. 岩石矿物学杂志,19(2):131-173.

王义天,李霞,王瑞廷,等. 2014. 陕西凤太矿集区丝毛岭金矿床成矿时代的 Ar-Ar 年龄证据. 地球科学与环境学报,36(3):61-72.

王莹. 2017. 新疆西南天山地区铅锌矿床区域成矿作用研究. 北京:中国地质大学(北京).

王泽利,司如一,赵远方,等. 2015. 试论新疆伽师砂岩型铜矿的推覆构造控制. 山东科技大学学报(自然科学版),34(6):25-31.

王招明,赵孟军,张水昌,等. 2005. 塔里木盆地西部阿克莫木气田形成初探. 地质科学,40(2):237-247.

王子正,郭阳,杨斌,等. 2013. 扬子克拉通西缘 1.73Ga 非造山型花岗斑岩的发现及其地质意义. 地质学报,87(7):931-942.

韦龙明. 2004. 秦岭凤太矿集区八卦庙式金成矿地质条件及其成矿预测. 成都:成都理工大学:69-70.

吴柏林,魏安军,胡亮,等. 2014. 油气耗散作用及其成岩成矿效应:进展、认识与展望. 地质论评,60(6):1119-1211.

吴海枝,韩润生,吴鹏,等. 2014. 滇中郝家河砂岩型铜矿床成岩期与改造期热液蚀变作用——来自组分迁移计算的证据. 大地构造与成矿学,38(4):866-878.

肖文交,宋东方,Windley B F,等. 2019. 中亚增生造山过程与成矿作用研究进展. 中国科学:地球科学,49:1512-1545.

谢桂青,任涛,李剑斌,等. 2012. 陕西柞山盆地池沟铜钼矿区含矿岩体的锆石 U-Pb 年龄和岩石成因. 岩石学报,28(1):15-26.

谢玉玲,徐九华,何知礼,等. 2000. 太白金矿流体包裹体中黄铁矿和铁白云石等子矿物的发现及成因意义. 矿床地质,19(1):54-60.

徐少康. 2012. 八庙-青山金红石矿床成矿年龄. 化工矿产地质,34(3):129-134.

徐少康,李博昀,程建祖,等. 1997. 八庙-青山金红石矿床变质条件与成矿的关系研究. 化工矿产地质,19(2):93-98.

徐学义,夏林圻,夏祖春,等. 2003. 西南天山托云地区白垩纪-早第三纪玄武岩地球化学及其成因机制. 地球化学,32(6):551-560.

徐义刚,何斌,罗震宇,等. 2013a. 我国大火成岩省和地幔柱研究进展与展望. 矿物岩石地球化学通报,32(1):25-39.

徐义刚,王焰,位荀,等. 2013b. 与地幔柱有关的成矿作用及其主控因素. 岩石学报,29(10):3307-3322.

许晔,谢飞. 2018. 我国原创性科技成果如何实现产业化. 科技中国,(4):26-27.

许志琴,卢一伦,汤耀庆,等. 1988. 东秦岭复合山链的形成——变形、演化及板块动力学. 北京:环境科学出版社,137-149.

许志琴,赵中宝,彭淼,等. 2016. 论"造山的高原". 岩石学报,32(12):3557-3571.

薛春纪,祁思敬,梁文艺. 1989. 东秦岭中泥盆世成矿海盆中一类特殊岩石——方柱黑云岩. 西安地质学院学报,11(1):30-39.

薛君治,白学让,陈武. 1986. 成因矿物学. 武汉:中国地质大学出版社.

薛松鹤. 1988. 河南省三叠系及其印支期构造. 河南地质,6(2):25-30.

薛祥煦,张云翔. 1993. 秦岭东段红色盆地地层. 西北大学学报(自然科学版),23(1):59-67.

闫臻,王宗起,陈雷,等. 2014. 南秦岭山阳-柞水矿集区构造-岩浆-成矿作用. 岩石学报,30(2):401-414.

杨海军,张荣虎,杨宪彰,等. 2018. 超深层致密砂岩构造裂缝特征及其对储层的改造作用——以塔里木盆地库车坳陷克深气田白垩系为例. 天然气地球科学,29(7):942-950.

杨恺,刘树文,李秋根,等. 2009. 秦岭柞水岩体和东江口岩体的锆石 U-Pb 年代学及其意义. 北京大学学报(自然科学版)网络版,1:36-42.

杨雷,金之钧. 2001. 深部流体中氢的油气成藏效应初探. 地学前缘,8(4):337-341.

杨朋涛,刘树文,李秋根,等. 2013. 何家庄岩体的年龄和成因及其对南秦岭早三叠世构造演化的制约. 中国科学:地球科学,43(11):1874-1892.

杨兴科,晁会霞,张哲,等. 2010. 鄂尔多斯盆地东部紫金山岩体特征与形成的动力学环境——盆地热力-岩浆活动的深部作用典型实例剖析. 大地构造与成矿学,34(2):269-281.

余一欣,汤良杰,杨文静,等. 2007. 库车坳陷盐相关构造与有利油气勘探领域. 大地构造与成矿学,31(4):404-411.

於崇文.2003.地质系统的复杂性(上册和下册).北京:地质出版社.

原莲肖,任涛,李英,等.2007.陕西山阳县夏家店金矿物质组分和成矿流体特征及成矿物质来源探讨.地质与勘探,45(1):69-73.

翟明国,胡波,彭澎,等.2014.华北中—新元古代的岩浆作用与多期裂谷事件.地学前缘,21(1):100-119.

翟裕生.1999.论成矿系统.地学前缘,6(1):13-27.

翟裕生.2004.地球系统科学与成矿学研究.地学前缘,11(1):1-10.

翟裕生.2007.地球系统、成矿系统到勘查系统.地学前缘,14(1):172-181.

翟裕生,彭润民,邓军.2000.成矿系统分析与新类型矿床预测.地学前缘,7(1):125-132.

张帆,刘树文,李秋根,等.2009.秦岭西坝花岗岩LA-ICP-MS锆石U-Pb年代学及其地质意义.北京大学学报(自然科学版),45(5):833-840.

张复新,肖丽,齐亚林.2004.卡林型-类卡林型金矿床勘查研究回顾及展望.中国地质,31(4):406-412.

张国伟,张本仁,袁学诚,等.2001.秦岭造山带与大陆动力学.北京:科学出版社.

张海,方维萱,杜玉龙.2014.云南个旧卡房碱性火山岩地球化学特征及意义.大地构造与成矿学,38(4):885-897.

张鸿翔.2009.我国特色成矿系统的研究进展与重点关注的科学问题.地球科学进展,24(5):565-570.

张金亮,张鹏辉,谢俊,等.2013.碎屑岩储集层成岩作用研究进展与展望.地球科学进展,28(9):957-967.

张君峰,王东良,王招明,等.2005.喀什凹陷阿克莫木气田天然气成藏地球化学.天然气地球科学,16(4):507-513.

张丽娟,张立飞.2016.金红石和榍石Zr温度计在新疆西南天山榴辉岩中的应用.岩石矿物学杂志,35(5):840-854.

张丽娟,马昌前,王连训,等.2011.扬子地块北缘古元古代环斑花岗岩的发现及其意义.科学通报,56(1):44-57.

张丽娟,张立飞,初旭.2018.传统温压计在低温榴辉岩应用中的局限:以西南天山超高压变质带为例.地球科学,43(1):164-175.

张培震,邓起东,杨小平,等.1996.天山的晚新生代构造变形及其地球动力学问题.中国地震,12:127-140.

张涛.2014.天山南麓库车坳陷新生代高精度磁性地层与构造演化.兰州:兰州大学.

张雪彤,张荣华,胡书敏.2017.橄榄岩-卤水反应实验生成富烷氢流体.中国地质,44(5):1027-1028.

张有瑜,Zwingmann H,Todd A,等.2004.塔里木盆地典型砂岩油气储层自生伊利石K-Ar同位素测年研究与成藏年代探讨.地学前缘,11(4):637-648.

张展适,华仁民,季峻峰,等.2007.201和361铀矿床中绿泥石的特征及其形成环境研究.矿物学报,27(2):161-172.

张志亮.2013.库车拗陷克拉苏河剖面新生界岩石磁学与磁性地层学研究.杭州:浙江大学.

赵靖舟,戴金星.2002.库车油气系统油气成藏期与成藏史.沉积学报,20(2):314-319.

赵孟军,鲁雪松,卓勤功,等.2015.库车前陆盆地油气成藏特征与分布规律.石油学报,36(4):395-404.

赵沔,杨水源,左仁广,等.2015.赣杭构造带相山火山侵入杂岩的岩浆演化特征——来自斜长石和黑云母的化学成分研究.岩石学报,31(3):759-768.

赵太平,陈福坤,翟明国,等.2004.河北大庙斜长岩杂岩体锆石U-Pb年龄及其地质意义.岩石学报,20(3):685-690.

赵新苗,张复新,何军,等.2004.陕西柞水下梁子类卡林型金矿床特征与成因探讨.地质找矿论丛,19(3):168-172.

郑大中,郑若锋.2004.论氢化物是成矿的重要迁移形式.盐湖研究,12(4):9-16.

郑海飞,欧阳建平,韩吟文.1994.元素比值研究玄武岩源区成分的若干问题讨论.矿物学报,14(1):61-67.

郑建平,路凤香,O'Reilly S R,等. 2001. 新疆托云地幔单斜辉石微量元素与西南天山岩石圈深部过程. 科学通报,46(6):497-502.

郑民,孟自芳. 2006. 新疆拜城古近系磁性地层划分. 沉积学报,24(5):650-656.

中华人民共和国石油天然气行业标准. 1993. 碳酸盐岩成岩阶段划分规范 SY/T 5478—92. 中华人民共和国能源部发布.

中华人民共和国石油天然气行业标准. 2003. 碎屑岩成岩阶段划分规范 SY/T 5477—2003. 国家经济贸易委员会发布.

周邦国,王生伟,孙晓明,等. 2012. 云南东川望厂组熔结凝灰岩锆石 SHRIMP U-Pb 年龄及其意义. 地质论评,58(2):359-368.

周鼎武,张成立,韩松,等. 1995. 东秦岭早古生代两条不同构造-岩浆杂岩带的形成构造环境. 岩石学报,11(2):115-126.

周家云,毛景文,刘飞燕,等. 2011. 扬子地台西缘河口群钠长岩锆石 SHRIMP 年龄及岩石地球化学特征. 矿物岩石,31(3):66-73.

周强,江洪清,梁汉东. 2006. 沁水盆地南部煤层气中氢气释放规律研究. 天然气地球科学,17(6):871-873.

周清洁,郑建京,刘子贵,等. 1990. 塔里木构造分析. 北京:科学出版社.

周作侠. 1986. 湖北丰山洞岩体成因探讨. 岩石学报,2(1):59-70.

朱华平. 2004. 柞山地区铜锌多金属矿床地质-地球化学-后生成矿作用的重要性. 北京:中国地质科学院.

朱华平,范文玉,周邦国,等. 2011. 论东川地区前震旦系地层层序:来自锆石 SHRIMP 及 LA-ICP-MS 测年的证据. 高校地质学报,17(3):452-461.

祝新友,王京彬,王玉杰,等. 2011. 新疆萨热克铜矿——与盆地卤水作用有关的大型矿床. 矿产勘查,2(1):28-35.

邹才能,陶士振,周慧,等. 2008. 成岩相的形成、分类与定量评价方法. 石油勘探与开发,35(5):526-540.

邹海俊,韩润生,方维萱,等. 2017. 大姚六苴砂岩型铜矿矿区构造岩矿物岩石学特征与地质意义. 矿物学报,37(5):528-535.

邹和平,张珂,李刚. 2008. 鄂尔多斯地块早白垩世构造-热事件:杭锦旗玄武岩的 Ar-Ar 年代学证据. 大地构造与成矿学,32(3):360-364.

邹华耀,郝芳,张伯桥,等. 2005. 库车山前逆冲带超压流体主排放通道对油气成藏的控制. 石油学报,26(2):11-20.

Ahlfeld F. 1967. Metallogenetic epochs and provinces of Bolivia;part 1,the Tin province;part 2,the metallogenic provinces of the Altiplano. Mineralium Deposita,2:291-311.

Aldanmaz E, Pearce J A, Thirlwall M F, et al. 2000. Petrogenetic evolution of late cenozoic, post- collision volcanism in western Anatolia,Turkey. Journal of Volcanology and Geothermal Research,10(1-2):67-95.

Anders E, Greresse N. 1989. Abundances of the elements: meteoritic and solar. Geochimica et Cosmochimica Acta,53:197-214.

Anderson J L. 1996. Status of thermobarometry in granitic batholiths. Geological Society of America Special Papers,315:125-138.

Anderson J L, Smith D R. 1995. The effect of temperature and oxygen fugacity on Al- in- hornblende barometry. American Mineralogist,80:549-559.

Anderson J L, Barth A P, Wooden J L, et al. 2008. Thermometers and thermobarometers in granitic systems. Reviews in Mineralogy and Geochemistry,69:121-142.

Arce B O R. 2009. Metalliferous ore deposits of Bolivia,Second Edition. La Paz:SPC Impresores S. A.

Arévalo C. 1995. Mapa geológico de la Hoja Copiapó, región de Atacama: SERNAGEOMIN, Santiago, Chile.

Documentos de Trabajo 8, scale 1 : 100, 000.

Arévalo C, Grocott J, Martin W, et al. 2006. Structural setting of the Candelaria Fe Oxide Cu-Au deposit, Chilean Andes. Economic Geology, 101(4):819-841.

Bahlburg H, Herve F. 1997. Geodynamic evolution and tectonostratigraphic terranes of northwestern Argentina and northern Chile. Geological Society of America Bulletin, 109:869-884.

Barbarin B. 1999. A reviewof the relationship betweengranitoid types, their origins and their geodynamic environments. Lithos, 46:605-626.

Barth T F W. 1957. The feldspar geological thermometers. Neues Jahrbuch fur Mineralogie-Abhandlungen, 82:143-154.

Barton M D, Johnson D A. 1996. Evaporitic source model for igneous-related Fe oxide-(REE-Cu-Au-U) mineralization. Geology, 24:259-262.

Benavides J, Kyser T K, Clark A H. 2007. The mantoverde iron oxide-copper-gold district, III region, Chile: the role of regionally derived, nonmagmatic fluids in chalcopyrite mineralization. Economic Geology, 102(3):415-440.

Berger G, Beaufort D. 2003. Chlorites: occurrence, genesis and crystal chemistry introduction. Clay Minerals, 38(3):279-280.

Bertrand H, Vitaliano M A, Jorge B L T, et al. 2000. Mapa Metalogenico de Bolivia. Servicio Nacional de Geología y Minería, 1-28.

Bertrand H, Jorge B L T, Vitaliano M A, et al. 2002. Las Areas Prospectivas de Bolivia para yacimientos metalíferos. Boletín del Servicio Nacional de Geología y Minería, 30:1-154.

Blundy J D, Holland T J B. 1990. Calcic amphibole equilibria and a new amphibole-plagioclase geothermometer. Contributions to Mineralogy and Petrology, 104:208-224.

Boric R, Holmgren C, Wilson N S F, et al. 2002. The geology of the El Soldado manto type Cu(Ag) deposit, Central Chile//Porter T M. Hydrothermal Iron Oxide Copper-Gold & Related Deposits: a Global Perspective. PGC Publishing, Adelaide, 2:163-184.

Boynton W V. 1984. Cosmochemistry of the rare earth elements: meteorite studies. Developments in Geochemistry, 2:63-114.

Bromiley G D, Redfern S A T. 2008. The role of TiO_2 phases during melting of subduction-modified crust: implications for deep mantle melting. Earth and Planetary Science Letters: 267(1/2):301-308.

Bryndzia L T, Steven D S. 1987. The composition of chlorite as a function of sulfur and oxygen fugacity: an experimental study. American Journal of Science, 287:50-76.

Caballero V, Mora A, Quintero I, et al. 2013. Tectonic controls on sedimentation in an intermontane hinterland basin adjacent to inversion structures: the Nuevo Mundo syncline, Middle Magdalena Valley, Colombia//Nemčok M, Mora A, Cosgrove J W. Thick-skin-dominated Orogens: from Initial Inversion to Full Accretion. Geological Society of London Special Publication, 377:315-342.

Campbell I H. 2002. Implications of Nb/U, Th/U and Sm/Nd in plume magmas for the relationship between continental and oceanic crust formation and the development of the depleted mantle. Geochimica et Cosmochimica Acta, 66(9):1651-1661.

Candela P A, Philip M, Piccoli P M. 2005. Magmatic processes in the development of porphyry-type ore systems. Economic Geology, 100:25-28.

Cathelineau M, Nieva D. 1985. A chlorite solid solution geothermometer: the Los Azufres (Mexico) geothermal system. Contribution to Mineralogy and Petrology, 91:235-244.

Chavez W. 1985. Geological setting and the nature and distribution of disseminated copper mineralization of the Mantos Blancos district, Antofagasta Province, Chile. Ph. D Thesis. University at California, Berkeley, USA: 1-142.

Condie K C. 1993. Chemical composition and evolution of the upper continental crust: contrasting results from surface samples and shales. Chemical Geology, 104: 1-37.

Condie K C. 2003. Incompatible element ratios in oceanic basalts and komatiites tracking deep mantle sources and continental growth rates with time. Geochem Geophys Geosyst, 4(1): 1005.

Cooke D R, Davies A G S. 2005. Breccias in epithermal and porphyry deposits: the birth and death of magmatic hydrothermal system. 8th SGA Meeting, Beijing.

Cox D P, Singer D A, Diggles D A, et al. 2003. Sediment-hosted copper deposits of the world. Center for Integrated Data Analytics Wisconsin Science Center.

Dalmayrac B, Laubacher G, Marocco R. 1980. Caractères généraux de l'évolution géologique des Andes péruviennes. Travaux et Doc de L'ORSTOM 122, 501.

DeCelles P G, Carrapa B, Horton B K, et al. 2015. The Miocene Arizaro Basin, central Andean hinterland: response to partial lithosphere removal//DeCelles P G, Ducea M N, Carrapa B, et al. Geodynamics of a Cordilleran Orogenic System: the Central Andes of Argentina and Northern Chile. Geological Society of America Memoir, 212: 359-386.

Deer W A, Howie R A, Iussman J. 1962. Rock-Forming Minerals: Sheet Silicates. London: Longman, 270.

Depaolo D J, Farmer G L. 1984. Isotopic data bearing on the origin of Mesozoic and Tertiary granitic rocks in the western United States. Phil Trans R Soc London A, 310: 823-825.

Ernst R E, Bell K. 2010. Large igneous provinces (LIPs) and carbonatites. Mineralogy and Petrology, 98(1-4): 55-76.

Espinoza S. 1990. The Atacama-Coquimbo ferriferous belt, northern Chile//Fontboté L, Amstutz G C, Cardozo M, Cedillo E, Frutos J. Stratabound Copper Deposits in the Andes. Soc Geol Appl Mineral Dep Spec Publ, 8: 353-364.

Ewart A. 1982. The mineralogy and petrology of Tertiary-Recent orogenic volcanic rocks: with special reference to the andesite-basaltic compositional range//Thorpe R S. Andesites. New York: John Wiley and Sons: 25-95.

Fang W X. 2017. Innovations on assembled techniques of geochemical lithofacies and their applications in basin analysis and exploration for minerals in basins. Acta Geologica Sinica (English Edition), 91(supp. 1): 199-201.

Fang W X, Hu R Z, Su W C, et al. 2008. Emplacement ages and geochemical characteristics of grabbroic intrusions and prospecting orientation of related deposits in Luodian, Guizhou Province. Acta Geologica Sinica, 82(4): 864-874.

Ferry J M, Watson E B. 2007. New thermodynamic models and revised calibrations for the Ti-in-zircon and Zr-in-rutile thermometers. Contrib Mineral Petrol, 154: 429-437.

Flint S S. 1989. Sediment-hosted stratabound copper deposits of the central Andes//Boyle R W, Brown A C, Jefferson C W, et al. Sediment-hosted Stratiform Copper Deposits, 371-398.

Flores B O F, Hardyman R F, Jimenez C H N, et al. 1994. Mapa Geologico Del Area Berenguela Hojas Santiago De Machaca-Charana-Thola Kkollu (Escala 1 : 100 000). Servicio Geologico De Bolivia, Proyecto Bid-USGS Geobol, 1-34.

Foster M D. 1960. Interpretation of the composition of trioctahedral micas. US Government Printing Office, 354B: 1-49.

Franzese J R, Spalletti L A. 2001. Late Triassic-Early Jurassic continental extension in southwestern Gondwana:

tectonic segmentation and pre-break-up rifting. Journal of South American Earth Sciences,14:57-270.

Friedrich L,Gerhard F,Rolf L,et al. 2007. Pre-Cenozoic intra-plate magmatism along the Central Andes(17-34° S):composition of the mantle at an active margin. ScienceDirect,99:312-338.

Goldsmith J R,Newton R C. 1969. P-T-X relations in the system $CaCO_3$-$MgCO_3$ at high temperatures and pressures. American Journal of Science,276-A:160 -190.

Grocott J,Brown M,Dallmeyer R D, et al. 1994. Mechanisms of continental growth in extensional arcs:an example from the Andean plate boundary zone. Geology,22:391-394.

Hammarstrom J M, Zen E. 1986. Aluminum in hornblende, an empirical igneous geobarometer. American Mineralogist,71:1297-1313.

Haynes D W,Cross K C,Bills R T. 1995. Olympic dam ore genesis:a fluid-mixing model. Economic Geology,90: 281-307.

Heermance R V,Chen J,Burbank D W,et al. 2007. Chronology and tectonic controls of Late Tertiary deposition in the south western Tian Shan foreland,NW China. Basin Research,19:599-632.

Heinrich C A. 1990. The chemistry of hydrothermal tin(tungsten) ore deposition. Economic Geology,85(3): 457-481.

Henry D J,Guidotti C V. 2002. Titanium in biotite from metapelitic rocks:temperature effects,crystal-chemical controls, and petrologic applications. American Mineralogist,87(4):375-382.

Henry D J,Guidotti C V,Thomson J A. 2005. The Ti-saturation surface for low-to-medium pressure metapelitic biotites:implication for geothermometry and Ti-saturation mechanisms. American Mineralogist,90(2-3):316-312.

Hitzman M W,Oreskes N,Einaudim T. 1992. Geological characteristics and tectonic setting of proterozoic iron oxide(Cu-U-Au-REE)deposits. Precambrian Research,58:241-287.

Hofmann A W. 1988. Chemical differentiation of the Earth:the relationships between mantle,continental crust and oceanic crust. Earth Planet,90(3):297-314.

Hofmann A W. 1997. Mantle geochemistry:The message from oceanic volcanism. Nature,385:219-229.

Holland T J B,Blundy J D. 1994. Non-ideal interactions in calcic amphiboles and their bearing on amphibole-plagioclase thermometry. Contributions to Mineralogy and Petrology,116:433-447.

Hollister L S,Grissom G C,Peters E K,et al. 1987. Confirmation of the empirical correlation of Al in hornblende with pressure of solidification of calc-alkaline plutons. American Mineralogist,72:231-239.

Horton B K. 2012. Cenozoic evolution of hinterland basins in the Andes and Tibet//Busby C,Azor A. Tectonics of Sedimentary Basins:Recent Advances. Wiley-Blackwell,Oxford,UK,427-444.

Horton B K. 2018. Sedimentary record of Andean mountain building. Earth-Science Reviews,178:279-309.

Humphreys E R,Niu Y L. 2009. On the composition of ocean island basalts(OIB):the effects of lithospheric thickness variation and mantle metasomatism. Lithos,112:118-136.

Hunt J A,Baker T,Thorkelson D J. 2007. A review of iron oxide copper-gold deposits,with focus on the Wernecke Breccias,Yukon,Canada,as an example of a non-magmatic end member and implications for IOCG genesis and classification. Exploration and Mining Geology,16(3-4):209-232.

Inoue A. 1995. Formation of Clay Minerals in Hydrothermal Environments. Origin and Mineralogy of Clays, Springer Berlin Heidelberg,268-330.

Irvine T N,Baragar W R A. 1971. A guide to the chemical classification of the common volcanic rocks. Canadian Journal of Earth Sciences,8(5):523-548.

Irving A J,Frey F A. 1978. Distribution of trace elements between garnet megacrysts and host volcanic liquids of kimberlitic to rhyolitic composition. Geochimica et Cosmochimica Acta,42:771-787.

Jacobshagen V, Müller J, Wemmer K, et al. 2002. Hercynian deformation and metamorphism in the Cordillera Oriental of Southern Bolivia, Central Andes. Tectonophysics, 345: 119-130.

Jennings D S, Mitchell R H. 1969. An estimate of the temperature of intrusion of carbonatite at the Fen complex, S. Norway. Lithos, 2: 167-169.

Jiménez N, López-Velásquez S. 2008. Magmatism in the Huarina belt, Bolivia, and its geotectonic implications. Tectonophysics, 459: 85-106.

Johnson M C, Rutherford M J. 1989. Experimental calibration of an aluminum in hornblende geobarometer with application to Long Valley caldera (California) volcanic rocks. Geology, 17: 83-841.

Jorge O M. 2008. Geología y Yacimientos Minerales Metalogénesis Andina. Economic Geology, 103(4): 1-6.

Jowett E C. 1991. Fitting iron and magnesium into the hydrothermal chlorite geothermometer. GAC/MAC/SEG Joint Annual Meeting, Program with Abstracts, 16: A62.

Keppie J D, Ramos V A. 1999. Odyssey of terranes in the Iapetus and Rheic oceans during the Paleozoic. Geological Society of America (GSA): 267-276.

Kirkham R V. 1996. Volcanic redbed copper//Eckstrand O R, Sinclair W D, Thorpe R I. Geology of Canadian mineral deposit types. Geology of Canada 8. Geological Survey of Canada, Canada: 241-252.

Kogiso T, Hirschmann M. 2006. Partial melting experiments of bimineralic eclogite and the role of recycled mafic oceanic crust in the genesis of ocean island basalts. Earth Planet Sci Lett, 249: 188-199.

Kogiso T, Hirschmann M, Frost D. 2003. High-pressure partial melting of garnet pyroxenite: possible mafic lithologies in the source of ocean island basalts. Earth Planet Sci Lett, 216: 603-617.

Kojima S, Trista-Aguilera D, Hayashi K. 2008. Genetic aspects of the manto-type copper deposits based on geochemical studies of north Chilean. Deposits, Resource Geology, 59, 1: 87-98.

Kontak D J, Clark A H, Farrar E, et al. 1985. The rift associated Permo-Triassic magmatism of the Eastern Cordillera: a precursor to the Andean orogeny//Pitcher W S, Atherton M P, Cobbing J, et al. Magmatism at a plate edge: the Peruvian Andes. New York: Blackie, Glasgow, and Halsted Press: 36-44.

Kranidiotis P, MacLean W H. 1987. Systematics of chlorite alteration at the Phelps Dodge Massive sufide deposit. Matagami, Quebec. Economic Geology, 82: 1898-1991.

Landtwing M R, Dillenback D E, Leake M H, et al. 2002. Evolution of the breccia-hosted porphyry Cu-Mo-Au deposit at Agua Rica, Argentina: progressive unroofing of a magmatic hydrothermal system. Economic Geology, 97: 1273-1292.

Laubacher G. 1978. Géologie de la Cordillére Orientale et de l'Altiplano au nord et nord-ouest du lac Titicaca (Pérou). Travaux et Documents de l'ORSTOM, 95: 217.

Le Maitre R W. 1976. The chemical variability of some common igneous rocks. J Petrol, 17(4): 589-637.

Le Maitre R W, Bateman P, Dudek A, et al. 1989. A classification of Igneous Rocks and Glossary of Terms. Oxford: Blackwell Scientific.

Leake B E, Woolley A R, Aros C E S. 1997. Nomenclature of amphiboles: report of the subcommittee on amphiboles of the international mineralogical association commission on new minerals and mineral names. Canadian Mineralogist, 35(1): 219-246.

Lopez G. 2014. The El Espino Iron-oxide Copper Gold District, Costal Cordillera of North-Central Chile. Colorado, USA: The Colorado School of Mines.

Lu S N, Yang C L, Li H K, et al. 2002. A group of rifting events in the terminal Paleoproterozoic in the North China Craton. Gondwana Research, 5: 123-131.

Maksaev V, Munizaga F, Valencia V. 2009. LA-ICP-MS zircon U-Pb geochronology to constrain the age of post-

Neocomian continental deposits of the Cerrillos Formation, Atacama Region, northern Chile: tectonic and metallogenic implications. Andean Geology, 36(2): 264-287.

Mao J W, Qiu Y M, Goldfarb R J, et al. 2002. Geology, distribution and classification of gold deposits in the western Qinling belt, central China. Mineralium Deposita, 37: 352-377.

Marcelo C Z, Raú L P, Carlos R K, et al. 2000. Mapa Geologico de Bolivia. Servicio Nacional de Geologia y Minera, Yacimientos Petroliferos Fiscales Bolivia.

Marschik R, Fontboté L. 2001a. The Candelaria-Punta del Cobre iron oxide Cu-Au(-Zn-Ag) deposits, Chile. Economic Geology, 96: 1799-1826.

Marschik R, Fontboté L. 2001b. The Punta del Cobre Formation, Punta del Cobre-Candelaria area, northern Chile. Journal of South American Earth Sciences, 14(4): 401-433.

Marschik R, Söllner F. 2006. Early Cretaceous U-Pb zircon ages for the Copiapó plutonic complex and implications for the IOCG mineralization at Candelaria, Atacama Region, Chile. Mineralium Deposita, 41: 785-801.

Marschik R, Leveille R A, Martin W. 2000. La Candelaria and the Punta del Cobre district, Chile. Early Cretaceous iron oxide Cu-Au(-Zn-Ag) mineralization//Porter T M. Hydrothermal iron oxide copper-gold and related deposits: a global perspective. Australian Mineral Foundation, Adelaide, 163-175.

Marschik R, Fontignieb D, Chiaradiab M, et al. 2003a. Geochemical and Sr-Nd-Pb-O isotope composition of granitoids of the Early Cretaceous Copiapó plutonic complex(27°30′S), Chile. Journal of South American Earth Sciences, 16: 381-398.

Marschik R, Chiaradia M, Fontboté L. 2003b. Implications of Pb isotope signatures of rocks and iron oxide Cu-Au ores in the Candelaria Punta del Cobre district, Chile. Mineralium Deposita, 38: 900-912.

Mathur R, Marschik R, Ruiz J, et al. 2002. Age of mineralization of the Candelaria Fe Oxide Cu-Au deposit and the origin of the Chilean Iron Belt, based on Re-Os Isotopes. Econ Geol, 97: 59-71.

McBride S. 2008. Sediment Provenance and Tectonic Significance of the Cretaceous Pirgua Subgroup, NW Argentina. the Graduate College at the University of Arizona.

McBride S L, Robertson R C R, Clark A M, et al. 1983. Magmatic and metallogenetic episodes in the northern tin belt, Cordillera Real, Bolivia. Geologische Rundschau, 72: 685-713.

McCulloch M T, Gamble J A. 1991. Geochemical and geodynamical constraints on subduction zone magmatism. Earth and Planetary Science Letters, 102(3-4): 358-374.

McLeod R L, Stanton R L. 1984. Phyllosilicates and associated minerals in some Paleozoic stratiform sulfide deposits of southeastern Australia. Economic Geology, 79: 1-22.

Middlemost E A K. 1985. Magmas and Magmatic Rocks. London: Longman.

Misra K C. 1999. Understanding Mineral Deposit. Dordrecht: Kluwer Academic Publishers: 450-461.

Montecinos P. 1985. Pétrologie des roches intrusives associées augisement de fer El Algarrobo(Chile). Thése de Dr-Ing, Université de Paris-Sud, 191.

Muller B, Frischknecht R, Seward T. 2001. A fluid inclusion reconnaissance study of the Huanuni tin deposit (Bolivia), using LA-ICP-MS microanalysis. Mineralium Deposita, 36(7): 680-688.

Munizaga F, Huete C, Hervé F. 1985. Geocronología K-Ar y razones iniciales Sr87/Sr86 de la"Faja Pacífica"de "Desarrollos Hidrotermales". Proc 4th Chilean Geol Congr, Antofagasta, Chile, 4: 357-379.

Naslund H R, Henríquez F, Nystróm J O, et al. 2002. Magmatic iron ores and associated mineralization: examples from the Chilean High Andes and Coastal Cordillera//Porter T M. Hydrothermal iron oxide copper-gold and related deposits: a global perspective, vol 2. PGC Publishing, Adelaide: 207-226.

Niu Y L, Collerson K D, Batiza R, et al. 1999. Origin of enriched, type mid-ocean ridge basalt at ridges far from mantle plumes: The East Pacific Rise at 11°20′N. Journal of Geophysical Research, 104: 7067-7087.

Noble D C, Silberman M L, Mégard F, et al. 1978. Comendite (peralkaline rhyolites) in the Mitu Group, central Peru: evidence of Permian-Triassic crustal extension in the Central Andes. U. S. Geological Survey Journal of Research, 6: 453-457.

Oliveros V. 2005. Les formations magmatiques jurassiques et mineralisation du nord Chili, origine, mise en place, alteration, metamorphisme: etude geochronologique et geochemie. Universite de Nice-Sophia Antipolis, France.

Oliveros V, Tristá-Aguilera D. 2008. Time relationships between volcanism plutonism alteration mineralization in Cu stratabound ore deposits from the Michilla mining district, northern Chile: a $^{40}Ar/^{39}Ar$ geochronological approach. Miner Deposita, 43: 61-78.

Orrego M, Robles W, Sanhueza A et al. 2000. Mantos Blancos y Mantoverde: depósitos del tipo Fe-Cu-Au? Una comparación con implicancias en la exploración. Actas 9th Congr Geol Chileno, 2: 145-149.

Osvaldo R, Arce B. 2009. Metalliferous ore deposits of Bolivia. La Paz-Bolivia: SPC Impresores S. A.

Oyarzún J, Frutos J. 1984. Tectonic and petrological frame of the Cretaceous iron deposits of northern Chile. Mining Geol, 34: 21-31.

Oyarzún R, Oyarzún J, Ménard J J, et al. 2003. The Cretaceous iron belt of northern Chile: role of oceanic plates, a superplume event, and a major shear zone. Mineralium Deposita, 38: 640-646.

Pearce J A. 2007. Geochemical fingerprinting of oceanic basalts with applications to ophiolite classification and the search for Archean oceanic crust. Lithos, 100: 14-48.

Peccerillo R, Taylor S R. 1976. Geochemistry of eocene calc-alkaline volcanic rocks from the Kastamonu area, Northern Turkey. Contrib Mineral Petrol, 58: 63-81.

Pollard P J. 2000. Evidence of a magmatic fluid and metal source for Fe-oxide Cu-Au mineralisation//Porter T M. Hydrothermal iron oxide copper-gold and related deposits: a global perspective. Australian Mineral Foundation, Adelaide: 27-41.

Ramírez L E, Palacios C, Townley B, et al. 2006. The Mantos Blancos copper deposit: an upper Jurassic breccia-style hydrothermal system in the coastal range of northern Chile. Mineral Deposita, 41: 246-258.

Ramos V A. 2000. Tectonic evolution of South America: the southern central Andes. Rio de Janeiro, 561-604.

Ramos V A, Aleman A. 2000. Tectonic evolution of the Andes. Rio de Janeiro, 635-685.

Rausell J A. 1991. Wiewiora A and Matesanz E. Relationship between composition and D001 for chlorite. Am, Mineral, 76: 1373-1379.

Ren M, Holtz F, Luo C F. 2008. Biotite stability in peraluminousgranitic melts: compositional dependence and application to the generation of two-mica granites in the South Bohemian batholiths (Bohemian Massif, Czech Republic). Lithos, 102(1-4): 538-553.

Ridolfi F, Puerini M, Renzulli A. 2008. The magmatic feeding system of El Reventador volcano (Sub-Andean zone, Ecuador) constrained by texture, mineralogy and thermobarometry of the 2002 erupted products. Journal of Volcanology & Geothermal Research, 176(1): 94-106.

Rogers J J W, Santosh M. 2002. Configuration of Columbia, a Mesoproterozoic Supercontinent. Gondwana Research, 5(1): 5-22.

Rosas S, Fontboté L. 1995. Evolución sedimentológica del Grupo Pucar (Trisico superior-Jursico inferior) en un perfil SW-NE en el centro del Perú. Sociedad Geológica del Perú, vol. jubilar A. Benavides, 279-309.

Rosas S, Fontboté L, Morche W. 1997. Vulcanismo de tipo intraplaca en los carbonatos del Grupo Pucará (Triásico superior-Jurásico inferior, Perú central) ysu relación con el vulcanismo del Grupo Mitu (Pérmico superior-Triásico). IX Congreso Peruano de Geología, 393-396.

Ruiz C, Aguilar A, Eger E, et al. 1971. Strata-bound copper sulphide deposits of Chile. Soc Min Geol Jpn Spec Issue, 3: 252-260.

Ruiz J, Freydier C, McCandless T et al. 1997. Re-Os-Isotope systematics of sulfides from base-metal porphyry and manto type mineralization in Chile. International Geology Review, 39: 317-324.

Salters V J M, Hart S R. 1989. The hafnium paradox and the role of garnet in the source of mid-ocean ridge basalts. Nature, 342: 420-422.

Saltify J A, Marquillas R A. 1999. La cuenca Cretacico-Terciaria del norte Argentino, in Geologia Argentina, Instituto de Geologia y Recursos Minerales, Buenos Aires.

Santos T. 1984. Manto type copper deposits in Chile: a review. Bull Geol Surv Jpn, 35(11): 565-582.

Schmidt M W. 1992. Amphibole composition in tonalite as a function of pressure: an experimental calibration of the Al-in-hornblende barometer. Contributions to Mineralogy and Petrology, 110: 304-310.

Sempere T, Carlier G, Carlotto V, et al. 1998. Rifting Pérmico superior-Jursico medio en la Cordillera Oriental de Perúy Bolivia. Memorias XIII Congreso Geológico Boliviano, Potosí, 1: 31-38.

Sempere T, Carlier G, Carlotto V, et al. 1999. Late Permian-Early Mesozoic rifts in Peru and Bolivia, and their bearing on Andean-age tectonics. Ⅳ International Symposium on Andean Geodynamics, Göttingen, 680-685.

Sempere T, Carlier G, Soler P, et al. 2002. Late Permian-Middle Jurassic lithospheric thinning in Peru and Bolivia, and its bearing on Andean-age tectonics. Tectonophysics, 345: 153-181.

Sempere T. 1995. Phanerozoic evolution of Bolivia and adjacent regions//Tankard A J, Suárez-Soruco R, Welsink H J. Petroleum Basins of South America. AAPG Memoir, 62: 207-230.

Shaw D M. 1970. Trace element fractionation during anatexis. Geochimica et Cosmochimica Acta, 34: 137-243.

Sheppard S M F, Schwarcz H P. 1970. Fractionation of carbon and oxygen isotopes and magnesium between coexisting metamorphic calcite and dolomite. Contributions to Mineralogy and Petrology, 26: 161-198.

Sillitoe R H. 1985. Ore-related breccias in volcanoplutonic arcs. Economic Geology, 80(6): 1467-1514.

Sillitoe R H. 1992. Gold and copper Metallogeny of the central Andes: past, present and future exploration objectives. Economic Geology, 87: 2205-2216.

Sillitoe R H. 2003. Iron oxide-copper-gold deposits: an Andean view. Mineralium Deposita, 38: 787-812.

Sillitoe R H, McKee E H. 1996. Age of supergene oxidation and enrichment in the Chilean Porphyry Copper Province. Economic Geology, 91: 164-179.

Sobel E R. 1995. Basin analysis and apatite fission-track, themo—chronology of the Jurassic—Paleogene southwest Tarim Basin, NW China. California: Stanford University.

Sobel E R, Arnaud N. 2000. Cretaceous-Paleogene basaltic rocks of the Tuoyun basin, NW China and the Kyrgyz Tian Shan: the trace of a small plume. Lithos, 50: 191-215.

Sobel E R, Dumitru T A. 1997. Exhumation of the Margins of the western Tarim basin during the Himalayan orogeny. Journal of Geophysical Research, 102: 5043-5064.

Sobel E R, Chen J, Heermance R V. 2006. Late Oligocene-Early initiation of shortening in the Southwestern Chinese Tian Shan: implication for Neogene shortening rate variations. Earth and Planetary Science Letters, 247: 70-81.

Sobel E R, Chen J, Schoenbohm L M, et al. 2013. Oceanic-style subduction controls late Cenozoic deformation of the Northern Pamir orogeny. Earth and Planetary Science Letters, 363: 204-218.

Soruco R S. 2000. Compendio de Geologia de Bolivia. Revista Tecnia de Yacimientos Petroliferos Fiscales Bolivia, 18(1-2): 1-127.

Stone D. 2000. Temperature and pressure variations in suites of Archean felsic plutonic rocks, Berens River area, northwest Superior Province, Ontario, Canada. The Canadian Mineralogist, 38(2): 455-470.

Sun J M, Jiang M S. 2013. Eocene seawater retreat from the southwest Tarim Basin and implications for early Cenozoic tectonic evolution in the Pamir Plateau, Tectonophysics, 588:27-38.

Sun J M, Liu T S. 2006. The age of the Taklimakan Desert. Science, 312(5780):1621-1621.

Sun S S, McDonough W F. 1989. Chemical and isotopic systematics of oceanic basalt: implications for mantle composition and processes//Saunders A D, Norry M J. Magmatism in the Ocean Basins. London: Geological Society Special Publications, 42:313-345.

Tawackoli S, Jacobshagen V, Wemmer K, et al. 1996. The Eastern Cordillera of southern Bolivia: a key region to the Andean back-arc uplift and deformation history. Extended Abstracts, Ⅲ International Symposium on Andean Geodynamics, Saint-Malo, France:505-508.

Tawackoli S, Róssling R, Lehmann B, et al. 1999. Mesozoic magmatism in Bolivia and its significance for the evolution of the Bolivian Orocline. Extended Abstracts, Ⅳ International Symposium on Andean Geodynamics, Góttingen, Germany:733-740.

Tomkins H S, Powell R, Ellis D J. 2007. The pressure dependence of the zirconium-in-rutile thermometer. Journal Metamorph Geol, 25:703-713.

Tornos F, Velasco F, Barra F, et al. 2010. The Tropezón Cu-Mo-(Au) deposit, Northern Chile: the missing link between IOCG and porphyry copper systems? . Miner Deposita, 45(4):313-321.

Tosdal R M, Munizaga F. 2003. Lead sources in Mesozoic and Cenozoic Andean ore deposits, north-central Chile (30-34°S). Mineral Deposita, 38:234-250.

Uchida E, Endo S, Makino M. 2007. Relationship between solidification depth of granitic rocks and formation of hydrothermalore deposits. Resource Geology, 57(1):47-56.

Vila T, Lindsay N, Zamora R. 1996. Geology of the Mantoverde copper deposit, northern Chile: a specularite-rich hydrothermal-tectonic breccia related to the Atacama fault zone. Society of Economic Geologists Special Publication, 5:157-170.

Viramonte J G, Kay S M, Becchio R, et al. 1999. Cretaceous rift related magmatism in central-western South America. Journal of South American Earth Sciences, 12:109-121.

Vivallo W, Henríquez F. 1998. Génesis común de los yacimientos estratoligados y vetiformes de cobre del Jurásico Medio a Superior en la Cordillera de la Costa, Región de Antofagasta, Chile. Revista Geol Chile, 25:199-228.

Walshe J L. 1986. A six-component chlorite solution model and the conditions of chlorite formation in hydrothermal and geothermal systems. Econ Geol, 81:681-708.

Wang C Y, Zhou M F, Qi L. 2007. Permian flood basalts and mafic intrusions in the Jinping(SW China)-Song Da (northern Vietnam) district: mantle sources, crustal contamination and sulfide segregation. Chemical Geology, 243:317-343.

Wang C L, Zhang L C, Lan C Y, et al. 2014. Rare earth element and yttrium compositions of the Paleoproterozoic Yuanjiacun BIF in the Luliang area and their implications for the Great Oxidation Event(GOE). Science China-Earth Sciences, 57(10):2469-2485.

Watson E B, Harrison T M. 2005. Zircon thermometer reveals minimum melting conditions on earliest Earth. Science, 308:84-844.

Watson E B, Wark D A, Thomas J B. 2006. Crystallization thermometers for zircon and rutile. Contrib Mineral Petrol, 151:413-433.

Weaver B L. 1991. The origin of ocean island basalt endmember compositions: trace element and isotopic constraints. Earth Planet, 104(2-4):381-397.

Williams P J. 1999. Fe-oxide-Cu-Au Deposits of the Olympic Dam/ Ernest Henry-type. New Developments in the

Understanding of Some Major ore Types and Environments, with Implications for Exploration//Proc Prospectors and Developers Association of Canada Short Course, Toronto: 2-43.

Williams P J, Barton M D, Johnson D A, et al. 2005. Iron oxide copper- gold deposits: geology, space- time distribution, and possible modes of origin. Economic Geology, 371-405.

Wilson M. 1989. Igneous Petrogenesis. London: Unwin Hyman.

Wilson M. 2001. Igneous Petrogenesis. London: Kluwer Academic Publishers.

Wilson N, Zentilli M, Reynolds P H, et al. 2003a. Age of mineralization by basinal fluids at the El Soldado manto-type copper deposit, Chile: $^{40}Ar/^{39}Ar$ geochronology of K-feldspar. Chem Geol, 197(1-4): 161-176.

Wilson N S F, Zentilli M, Spiro B. 2003b. A sulfur, carbon, oxygen, and strontiumisotope study of the volcanic-hosted El Soldado Manto-Type copper deposit, Chile: the essential role of bacteria and petroleum. Econ Geol, 98(1): 163-174.

Wones D R, Eugster H P. 1965. Stability of biotite: experiment, theory, and application. American Mineralogist, 50(9): 1228-1272.

Wood D A. 1980. The application of a Th- Hf- Ta diagram to problems of tectonomagmatic classification and to establishing the nature of crustal contamination of basaltic lavas of the British Tertiary Volcanic Province. Earth and Planetary Science Letters, 50(1): 11-30.

Wooden J L, Czamanske G K, Fedorenko V A. 1993. Isotopic and trace-element constraints on mantle and crustal contributions to Siberian continental flood basalts, Noril'sk area, Siberia. Geochimica et Cosmochimica Acta, 57(15): 3677-3704.

Woodhead J D. 1988. The origin of geochemical variations in Mariana Lavas: a general model for Petrogenesis in Intra-Oceanic Island Arcs. Journal of Petrology, 29(4): 805-830.

Xiao L, Xu Y G, Mei H J, et al. 2004. Distinct mantle sources of low-Ti and high-Ti basalts from the western Emeishan large igneous province, SW China: implications for plume-lithosphere interaction. Earth and Planetary Science Letters, 228: 525-546.

Xiao W J, Mao Q G, Windley B F, et al. 2010. Paleozoic multiple accretionary and collisional processes of the Beishan orogenic collage. American Journal of Science, 310 (10): 1553-1594.

Xie X G, Byerly G R, Ferrel R E. 1997. IIb trioctahedral chlorite from the Barberton greenstone belt crystal structure and rock composition constraints with implications to geothermometry. Contribution to Mineralogy and Petrology, 126: 275-291.

Xu Y G, Chung S L, Jahn B M, et al. 2001. Petrologic and geochemical constraints on the petrogenesis of Permian-Triassic Emeishan flood basalts in southwestern China. Lithos, 58: 145-168.

Xu Y G, Wei X, Luo Z Y, et al. 2014. The Early Permian Tarim Large Igneous Province: main characteristics and a plume incubation model. Lithos, 204: 20-35.

Zack T, Moraes R, Kronz A. 2004. Temperature dependence of Zr in rutile: empirical calibration of a rutile thermometer. Contributions to Mineralogy and Petrology, 148: 471-488.

Zang W, Fyfe W S. 1995. Chloritization of the hydrothermally altered bedrock at the Igarape-Bahia gold deposit, Carajas, Brazil. Mineral Deposita, 30(1): 30-38.

Zentilli M. 1974. Geological evolution and metallogenic relationships in the Andes of northern Chile between 26° and 29° South. Kingston, Canada: Queens University.

Zhang C L, Li Z X, Li X H, et al. 2010. A Permian large igneous province in Tarim and Central Asian Orogenic Belt, NW China: results of a ca. 275 Ma mantle plume. The Geological Society of America Bulletin, 122(11-12): 2020-2040.

Zhang S H, Yue Z, Santosh M. 2012. Mid-Mesoproterozoic bimodal magmatic rocks in the northern North China Craton: implications for magmatism related to breakup of the Columbia supercontinent. Precambriam Research, 222-223: 339-367.

Zhao T P, Zhou M F, Zhai M G, et al. 2002. Paleoproterozoic rift related volcanism of the Xiong'er Group, North China Craton: implication for the breakup of Columbia. International Geology Review, 44: 336-351.

Zhao T P, Chen W, Zhou M F. 2009. Geochemical and Nd-Hf isotopic constraints on the origin of the ~1.74 Ga Damiao anorthosite complex, North China Craton. Lithos, 113: 673-690.

Zhao X F, Zhou M F. 2011. Fe-Cu deposits in the Kangdian region, SW China: a Proterozoic IOCG (iron-oxide-copper-gold) metallogenic province. Mineralium Deposita, 46(7): 731-747.

Zheng H B, Powell C M, An Z S, et al. 2000. Pliocene uplift of the northern Tibetan Plateau. Geology, 28(8): 715-718.

Zhou M F, Nicolas T A, John M, et al. 2008. Two magma series and associated ore deposit types in the Permian Emeishan Large igneous province, SW China. Lithos, 103: 352-368.